Autodesk

AutoCAD 2014 从入门到精通

张友龙 高凤梅 编著

人民邮电出版社
北京

图书在版编目（CIP）数据

AutoCAD 2014从入门到精通 / 张友龙，高凤梅编著
. -- 北京 : 人民邮电出版社，2016.4
ISBN 978-7-115-40832-7

Ⅰ. ①A… Ⅱ. ①张… ②高… Ⅲ. ①AutoCAD软件
Ⅳ. ①TP391.72

中国版本图书馆CIP数据核字(2016)第023338号

内 容 提 要

本书以 AutoCAD 2014 简体中文版为蓝本进行讲解，同时兼容 AutoCAD 2010~AutoCAD 2013 等低版本软件。通过专家提示、实例演练和视频演示，帮助读者在最短的时间内从新手成为设计高手。

书中详细介绍了 AutoCAD 2014 软件入门知识，包括设置绘图环境，设置视图显示，创建与管理图层，绘制二维图形，编辑二维图形，对象特性管理，图案与渐变色填充，图块的使用，创建文字和表格，尺寸与公差标注，图形打印方法与技巧，轴测图的绘制方法与技巧，三维建模，网格与曲面建模，创建与编辑 3D 实体模型，灯光、材质与渲染等内容。全书贯穿 87 个典型案例，使读者可以融会贯通、举一反三，还设置了 110 个课后练习，让读者随学随练，稳步提升学习效果。

本书配套光盘包含 120 个多媒体语音教学视频，详细记录了大部分典型案例和课后上机练习的具体操作过程，帮助读者直观掌握关键技术，提高实际操作能力。

本书结构清晰，语言简洁，适合 AutoCAD 2014 的初、中级读者使用，包括室内外建筑设计、机械设计、电气设计等相关专业人员。同时也可以作为各类计算机培训中心、中职中专、高职高专等院校相关专业的辅导教材。

◆ 编　　著　张友龙　高凤梅
　责任编辑　杨　璐
　责任印制　陈　犇
◆ 人民邮电出版社出版发行　北京市丰台区成寿寺路 11 号
　邮编　100164　电子邮件　315@ptpress.com.cn
　网址　http://www.ptpress.com.cn
　北京昌平百善印刷厂印刷
◆ 开本：787×1092　1/16
　印张：29.5
　字数：970 千字　　2016 年 4 月第 1 版
　印数：1－2 800 册　　2016 年 4 月北京第 1 次印刷

定价：59.80 元（附光盘）

读者服务热线：(010)81055410　印装质量热线：(010)81055316
反盗版热线：(010)81055315
广告经营许可证：京东工商广字第 8052 号

Preface
前言

本书从AutoCAD软件基础开始，深入挖掘AutoCAD的核心工具、命令与功能，帮助读者在最短的时间内迅速掌握AutoCAD，并将其运用到实际操作中。本书作者具有多年的丰富教学经验与实际工作经验，将自己实际授课和项目制作过程中积累下来的宝贵经验与技巧展现给读者，让读者从学习AutoCAD软件使用的层次迅速提升到应用的阶段。

本书的内容特点

• 完善的学习模式

"基础知识+典型案例+课后练习+课后答疑" 4大环节保障了可学习性。明确每一阶段的学习目的，做到有的放矢。详细讲解操作步骤，力求让读者即学即会。

• 进阶式讲解模式

全书共16章，每一章都是一个技术专题，从基础入手，逐步进阶到灵活应用。讲解与实战紧密结合，87个典型案例，110个课后练习，做到处处有案例，步步有操作，提高读者的应用能力。

• 超值的教学视频

120个多媒体语音教学视频，详细记录了大部分典型案例和课后上机练习的具体操作过程，帮助读者直观掌握关键技术，提高实际操作能力。

• 便捷的配套案例文件

提供了书中所有典型案例和课后上机练习的源文件，全面配合书中所讲知识与技能，提高学习效率，提升学习效果。

本书内容安排

本书共16章，全面系统地讲解了AutoCAD的各个模块。关于各章的教学内容讲解如下。

第1章：介绍AutoCAD的界面元素以及图形管理操作，同时从初学者的角度出发，讲解读者最需要掌握的一些基本操作。

第2章：学习设置绘图环境、图层以及对象属性的方法，这些是绘制图纸必要的基础。

第3章：学习基本图形元素包括直线、点、圆（圆弧）、正多边形、多段线、多线等图形元素的绘制方法，掌握辅助绘图功能以及编辑功能的运用技法。

第4章：学习AutoCAD的图形编辑工具，包括对图形进行变换、增加、删除和修改等工作。

第5章：掌握夹点的运用，通过夹点编辑线段；学习多段线和多线的绘制与编辑。

第6章：主要介绍AutoCAD的图层高级管理功能和对象属性设置、对象特性的匹配功能以及图形信息的查询功能。

第7章：重点介绍使用Batch命令填充各种图案和自定义图案，以及相关参数的设置。

第8章：学习创建与编辑块、编辑和管理属性块的方法，以及如何在图形中附着外部参照图形。

第9章：本章逐步介绍如何在图形中输入文字、如何控制文字外观，以及如何对已输入的文字进行编辑修改等，另外还将学习表格的创建方法和导入Excel表格。

第10章：学习AutoCAD的多种尺寸标注方式和公差标注的应用，以适用于机械设计图、建筑图、土木图和电路图等不同类型图形的要求。

第11章：本章重点介绍打印图形的相关设置。

第12章：本章学习轴测投影图概念，以及机械零件轴测图的绘制方法和技巧。先讲解在轴测环境中绘制基本的图形元素，再通过实例对所学的知识加以应用和巩固。

第13章：本章主要让读者理解AutoCAD三维空间的坐标系，熟悉三维坐标系的相关知识并掌握用户坐标系的设置方法，这是3D建模必须掌握的基础知识。另外还要了解三维对象的各种查看方式，以方便绘图。

第14章：本章详细讲解在AutoCAD中如何创建各种曲面，以及如何通过简单曲面创建复杂的模型。

第15章：本章介绍AutoCAD三维模型的创建和编辑命令，使用二维和三维编辑命令对基本实体图元进行编辑，通过编辑得到复杂的三维实体。

第16章：本章学习渲染参数的设定以及渲染图形输出，主要介绍材质的制作方法和光源的特性，以及不同光源的设置技巧。

配书光盘

本书配套光盘不仅附带了所有案例的DWG工程源文件，同时还配有大部分典型案例的多媒体教学视频和AutoCAD基础操作的视频教学，就像有一位老师在您身旁指导一样，不仅可以通过图书了解每一个细节，而且通过多媒体教学演示将学习到更多实用的绘图技巧。

在本书中，“↙”表示回车符号；“//”表示对命令的解释或者操作说明，请读者在阅读的时候注意。

本书内容丰富，易学易用，是读者朋友全面学习AutoCAD的理想参考用书。另外，使用AutoCAD 2010～AutoCAD 2014版本的读者都可以参阅本书，因为这几个版本的差别非常小，不会对大家的学习造成障碍。

本书主要由张友龙编写。此外，新乡医学院高凤梅老师也参与了本书中3个章节的写作，共计8万字。由于编者水平有限，本书难免存在不少缺点和错误，敬请读者批评指正。

编者

Contents
目录

第1章 AutoCAD快速入门

AutoCAD是美国Autodesk公司开发的著名的计算机辅助设计软件，是当今最优秀、最流行的计算机辅助设计软件之一，它充分体现了当今CAD技术的发展前沿和方向。

本章将向读者简要介绍AutoCAD的发展历程和主要功能。将重点介绍AutoCAD 2014的新增功能、工具条、菜单和工作界面等。

学习重点

- AutoCAD的发展简史
- AutoCAD 2014的工作界面
- 快速启动与退出AutoCAD 2014
- 自定义AutoCAD 2014的工作界面
- AutoCAD文件的打开和保存
- AutoCAD 2014的帮助功能

1.1 初步了解AutoCAD 2014

1.1.1 什么是AutoCAD

CAD（Computer Aided Design）的含义是计算机辅助设计，是计算机技术的一个重要的应用领域。AutoCAD是美国Autodesk公司开发的一个交互式绘图软件，是用于二维/三维设计、绘图的系统工具，用户可以使用它来创建、浏览、管理、打印、输出、共享及准确复用富含信息的设计图形。

AutoCAD是Autodesk公司旗下的一款旗舰产品，是全球应用最为广泛的绘图软件，主要应用于建筑、机械、工程、设计等诸多领域的计算机辅助绘图。AutoCAD软件具有如下特点。

- ◆ 具有完善的图形绘制功能。
- ◆ 具有强大的图形编辑功能。
- ◆ 可以采用多种方式进行二次开发或用户定制。
- ◆ 可以进行多种图形格式的转换，具有较强的数据交换能力。
- ◆ 支持多种硬件设备。
- ◆ 支持多种操作平台。
- ◆ 具有通用性、易用性，适用于各类用户。

AutoCAD 2014比起以前的版本增添了许多强大的功能，从而使AutoCAD系统更加完善。虽然AutoCAD本身的功能集已经足以协助用户完成各种设计工作，但用户还可以通过Autodesk的脚本语言Auto Lisp进行二次开发，从而将AutoCAD改造成为满足各专业领域的专用设计工具。

专家提示

AutoCAD 2014这个名称是由“软件名称（AutoCAD）+版本号（2014）”构成的，版本号是以年份为标志的，这也是目前比较流行的软件命名方式，比如AutoCAD 2014之前有AutoCAD 2010、AutoCAD 2005等。其他图形软件也多采用这种命名方式，比如大家熟悉的3ds Max 2014、3ds Max 2010等。

1.1.2 AutoCAD和AutoCAD LT的差别

AutoCAD LT程序是AutoCAD代码的一个子集，它能够与AutoCAD完全兼容。以下是它们的主要区别。

◆ AutoCAD允许用户按照某些标准保存图形的特性，例如图层名称和文字样式等，而AutoCAD LT没有这些功能。

◆ AutoCAD LT没有AutoCAD那么多的自定义功能，而AutoCAD是可编程的且可以完全自定义的。

◆ AutoCAD LT仅包含很少的三维功能，而AutoCAD则拥有全部的三维功能。

◆ AutoCAD LT的显示性能不如AutoCAD，其中包括渐变填充、真彩显示和三维渲染等。

◆ 虽然AutoCAD LT同样可以在网络上部署，但不具备AutoCAD的网络管理功能，如报告功能和灵活的许可管理。

◆ AutoCAD LT没有AutoCAD的数据库连接功能，但现在可以使用表格连接Excel文件中的数据，而AutoCAD则提供了灵活的功能来连接其他类型的数据库和从数据库中创建标签等。

◆ AutoCAD LT没有AutoCAD的快速标注功能，该功能允许用户快速依次插入标注数字。

◆ AutoCAD LT中不包含Express Tools工具包，它是随AutoCAD一同发布的一组额外的例程。

◆ AutoCAD LT没有图纸集和字段功能。

◆ 除以上几点之外，AutoCAD LT与AutoCAD还有一些小的差别，也可以说AutoCAD LT就是AutoCAD的简化版。只要学会了AutoCAD，那么也就学会了AutoCAD LT。

1.1.3 平台和系统要求

1. 32位AutoCAD 2014系统需求

◆ Windows 8标准版/企业版/专业版；Windows 7企业版/旗舰版/专业版/家庭高级版；Windows XP专业版/家庭版（SP3或更高版本）操作系统。

◆ 对于Windows 8和Windows 7：英特尔Pentium 4或AMD双核处理器，3.0 GHz或更高，支持SSE2技术。

◆ 对于Windows XP：Pentium 4或Athlon双核处理器，1.6 GHz或更高，支持SSE2技术。

◆ 2 GB RAM（推荐使用4 GB）。

◆ 6 GB的可用磁盘空间用于安装。

◆ 1024像素 × 768像素显示分辨率真彩色（推荐1600像素 × 1050像素）。

◆ 安装Microsoft Internet Explorer 7或更高版本的互联网网页浏览器。

2. 64位AutoCAD 2014系统需求

◆ Windows 8标准版/企业版/专业版；Windows 7企业版/旗舰版/专业版/家庭高级版；Windows XP专业版（SP2或更高版本）。

◆ 支持SSE2技术的AMD Opteron（皓龙）处理器；支持英特尔EM64T和SSE2技术的英特尔至强处理器；支持英特尔EM64T和SSE2技术的奔腾4的Athlon 64。

◆ 2 GB RAM（推荐使用4 GB）。

◆ 6 GB的可用空间用于安装。

◆ 1024像素 × 768像素显示分辨率真彩色（推荐1600像素 × 1050像素）。

◆ 安装Microsoft Internet Explorer 7或更高版本的互联网网页浏览器。

3. 附加要求的大型数据集、点云和3D建模（所有配置）

◆ Pentium 4或Athlon处理器（3 GHz或更高）；英特尔或AMD双核处理器（2 GHz或更高）。

◆ 4 GB RAM或更高。

◆ 6 GB可用硬盘空间（除了自由空间安装所需的）。

◆ 1280像素×1024像素真彩色视频显示适配器（128 MB或更高），支持Pixel Shader 3.0或更高版本的Microsoft的Direct3D工作站级图形卡。

案例001 安装AutoCAD 2014

01 将AutoCAD 2014光盘放入光驱后，将自动运行安装程序。用户也可在Windows系统的资源管理器中查找光盘中的“setup.exe”文件并运行该文件。

02 运行安装程序后，会显示AutoCAD 2014 的安装界面，在这里单击“安装”选项，如图1-1所示。

03 在弹出的对话框中选择“我接受”选项，然后单击“下一步”按钮，系统将继续安装，如图1-2所示。如果选择“我拒绝”选项，则无法进行安装。

04 安装向导将提示用户输入产品序列号，确认序列号正确以后，单击“下一步”按钮，如图1-3所示。

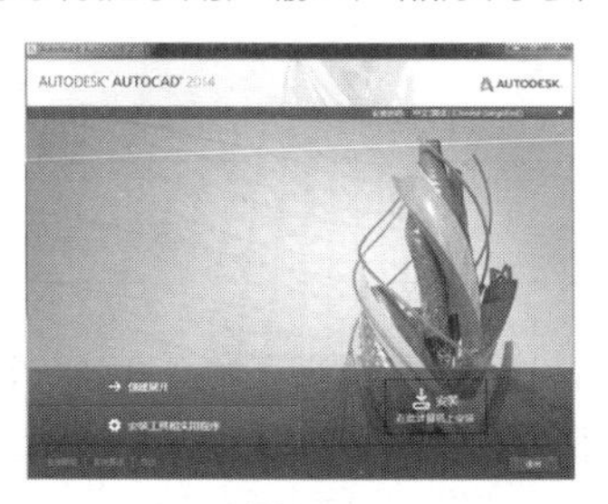

图1-1

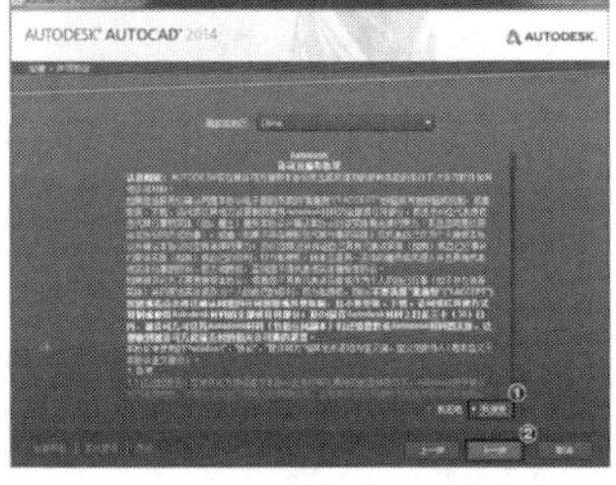

图1-2

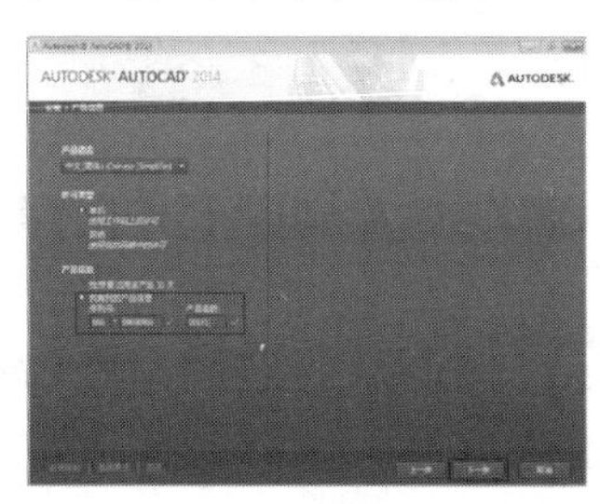

图1-3

05 在窗口中选择要安装的程序，默认情况下两个选项都要安装，如图1-4所示，单击“安装”按钮即可开始安装。

06 单击“安装”按钮后，安装程序将自动进行安装的初始化工作，并会弹出图1-5所示的安装进度窗口。

07 如果用户成功地完成了上述安装步骤，安装程序提示用户完成安装，单击“完成”按钮结束安装，如图1-6所示。

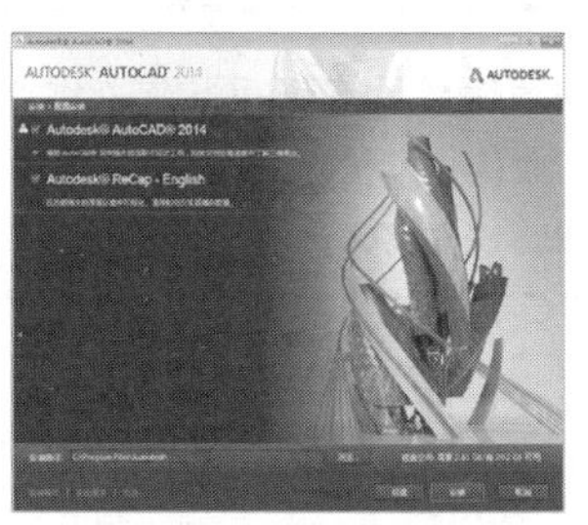

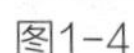

图1-4

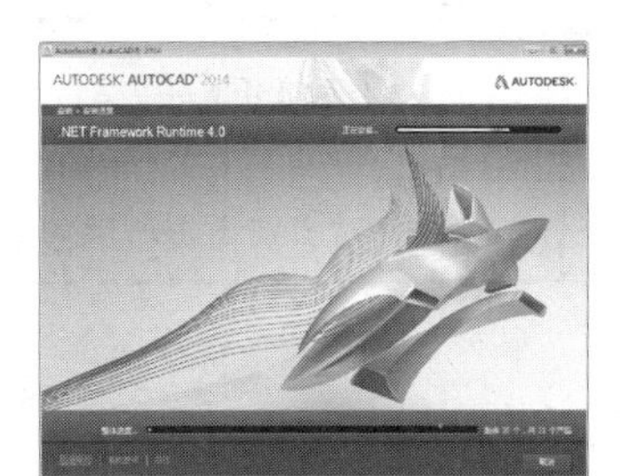

图1-5

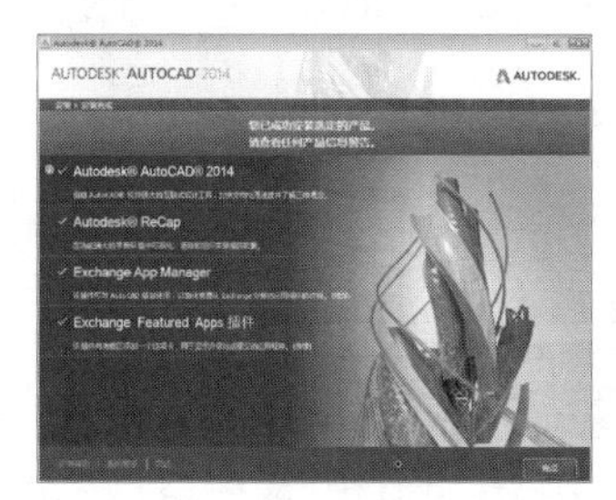

图1-6

1.2 AutoCAD的启动与退出

AutoCAD 2014的启动方法与大家已经接触过的其他软件的启动方法是一致的，尽管方法比较简单，但是笔者在这里还是简单讲述一下，不需要了解的读者可以跳过此节内容。

1.2.1 启动AutoCAD 2014

首先介绍如何进入AutoCAD的图形界面。直接双击桌面上的AutoCAD 2014启动快捷方式，或者选择“开始”菜单中的“所有程序”，打开Autodesk文件夹，再选择“AutoCAD 2014-简体中文”，然后选择AutoCAD 2014程序图标，如图1-7所示。

打开AutoCAD之后，会弹出一个欢迎窗口，在此可以了解AutoCAD 2014的新功能，如图1-8所示，直接单击窗口右上角的按钮可以关闭该窗口。

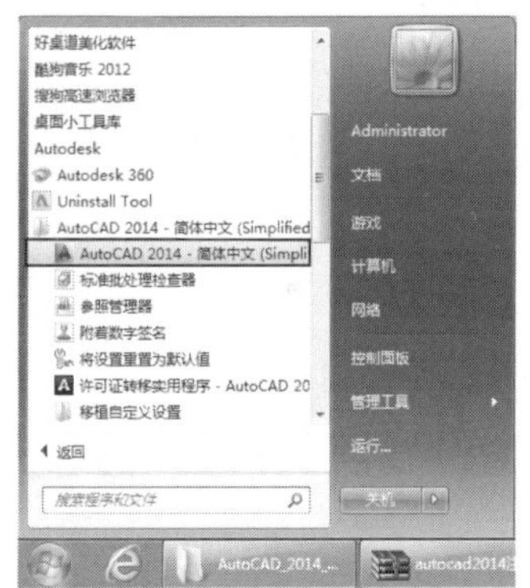

图1-7

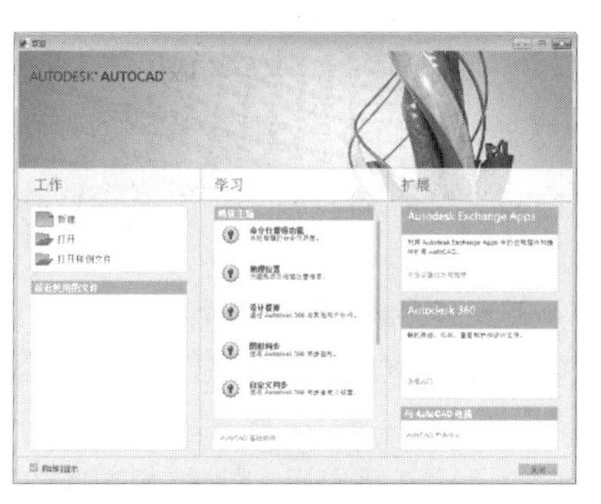

图1-8

注意

要观看AutoCAD快速入门的视频教程，必须安装Flash播放插件，否则无法观看。

1.2.2 退出AutoCAD 2014

打开AutoCAD之后，AutoCAD都会新建一个名为“Drawing1.dwg”文件。这时可以立即开始在这张新图上绘制图形，并在随后的操作中执行“文件>保存”或“另存为”菜单命令将这张新图保存成图形文件。

用户可以通过以下几种方式来退出AutoCAD。

- 直接单击AutoCAD主窗口右上角的按钮。
- 执行“文件>退出”菜单命令。
- 在命令行中输入Quit或Exit命令。

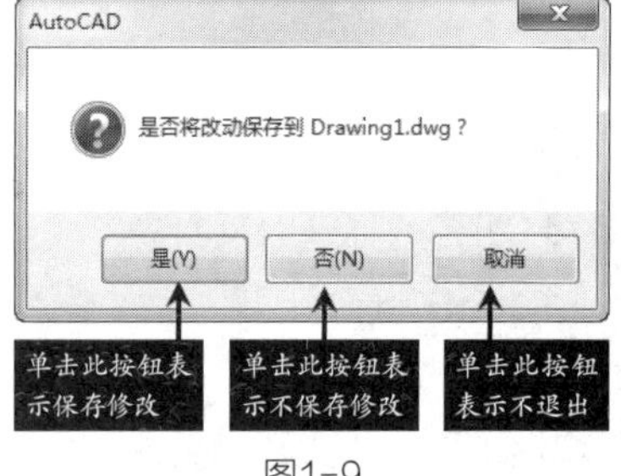

图1-9

注意

如果在退出AutoCAD 2014的时候没有保存当前工作文件，那么系统就会弹出图1-9所示的提示对话框，它提示用户在退出之前保存或者放弃对当前图形所做的修改，或者取消退出操作。

1.3 熟悉AutoCAD 2014的界面

AutoCAD 2014的默认用户界面相比AutoCAD 2010以前的版本有很大的变化。当然，为了照顾AutoCAD的老用户，该软件依然保留了经典用户界面，不习惯新界面的用户依然可以使用以前的工作界面进行工作。

1.3.1 认识AutoCAD 2014的工作空间

AutoCAD 2014提供的工作空间有4种：分别为草图与注释、三维基础、三维建模和AutoCAD经典，可以根据工作方式进行选择。AutoCAD 2014的默认工作空间为草图与注释，如图1-10所示。

AutoCAD 2014提供了4种工作空间，同时也提供空间切换功能，用户可以非常方便地在不同的工作空间之间切换，下面具体介绍切换的方法。

方法一：单击用户界面左上角的“工作空间”列表。在弹出的下拉列表中选择选择“AutoCAD 经典”，如图1-11所示。这样用户就可以把工作空间切换到和以前的版本相似的界面。

方法二：单击AutoCAD 2014默认工作界面右下角的“切换工作空间”按钮，在弹出菜单中单击“AutoCAD 经典”命令，如图1-12所示。如果单击“三维建模”命令，则系统将切换到“三维建模”工作界面。

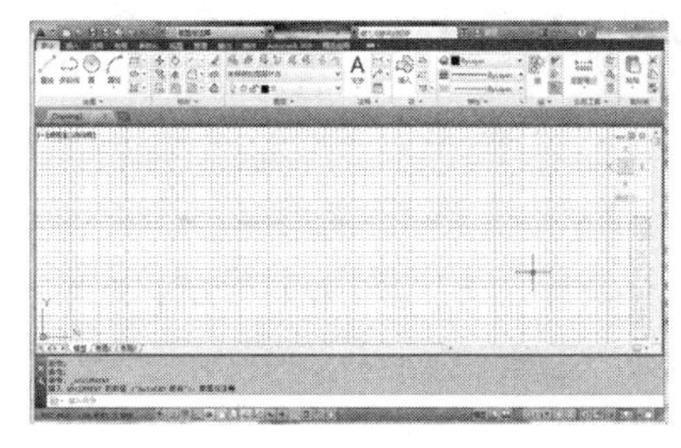

图1-10

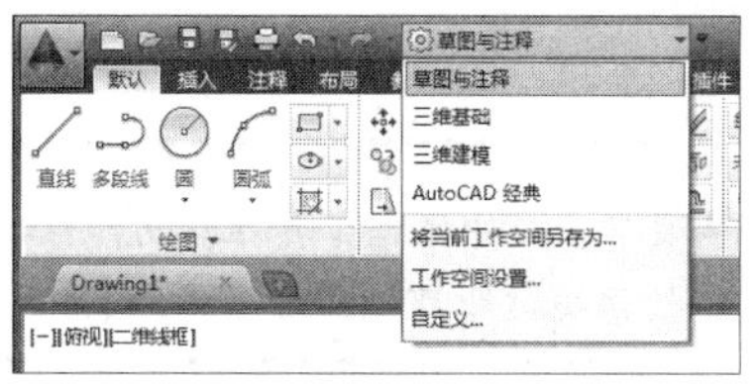

图1-11

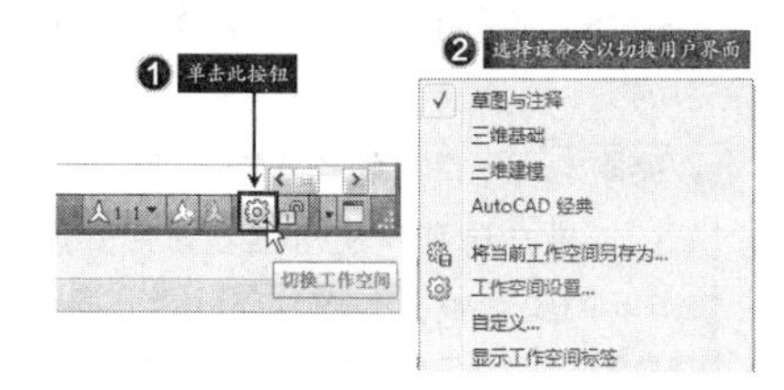

图1-12

如图1-13所示，这是“AutoCAD 经典”工作界面，笔者以图示的形式对工作界面的各个部分进行标示，大家可以通过相应的名称来设想各部分的基本功能。在深入学习各部分功能之前，请大家多熟悉一下这个界面。

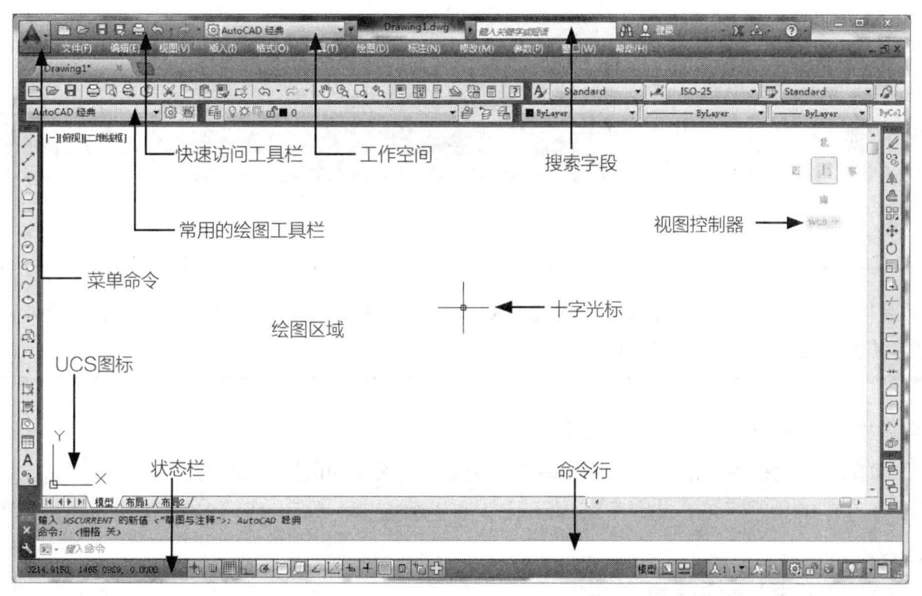

图1-13

1.3.2 全面了解AutoCAD 2014界面的构成要素

1. 快速访问工具栏

“快速访问”工具栏位于工作界面的顶部，用于显示当前正在运行的工作文件名称和常用的工具，如图1-14所示。如果是AutoCAD默认的图形文件，其名称为DrawingN.dwg（N是数字，比如Drawing1.dwg）。

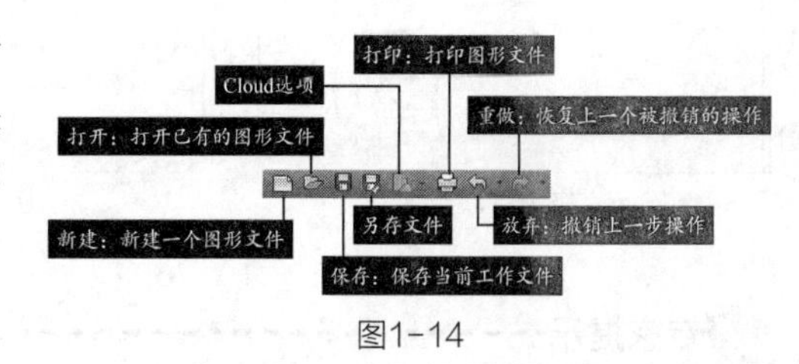

图1-14

单击按钮可以新建一个工作文件。

单击按钮可以打开一个已经存在的工作文件。

单击按钮可以保存当前工作文件。

单击按钮可以进入打印设置面板并打印当前工作文件。

单击按钮可以设置用于使用Autodesk 360联机工作的选项，并提供对存储在Cloud账户中的设计文档的访问，这是AutoCAD 2014的新功能。

单击按钮可以撤销上一个操作步骤。比如上一步绘制了一个圆，如果单击该按钮就可以取消绘制这个圆。

单击按钮可以恢复上一个被撤销的操作。比如绘制了一条直线但是又被撤销了，这时就可以单击该按钮恢复被撤销的操作。

由左向右分别单击标题栏右端的按钮，可以最小化、最大化或关闭工作窗口。

通过工具可以查找一些帮助信息，在此可以输入任何语言的搜索术语，搜索结果可以包括菜单命令、基本工具提示和命令提示文字字符串。

专家提示

用户还可以使用键盘访问应用程序菜单、文件操作工具栏和功能区。按Alt键可以显示应用程序窗口中常用工具的快捷键，如图1-15所示，再按相应的快捷键即可执行对应的命令。

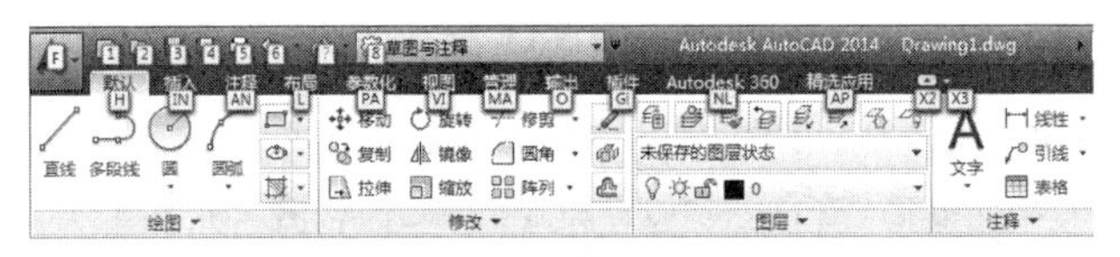

图1-15

2. 菜单栏

紧贴着标题栏下面是主菜单栏，这里包含了AutoCAD绝大部分功能，用户可以很方便地从这里执行相关的命令，如图1-16所示。

图1-16

专家提示

在“草图与注释”工作空间，主菜单栏被隐藏起来了，需要单击按钮，在弹出的下拉菜单中选择“显示菜单栏”即可将其显示出来，如图1-17所示。

例如通过菜单栏执行Line命令，操作步骤如下。

01 单击“绘图”菜单，然后在弹出的下拉菜单中单击“直线”命令，如图1-18所示。

02 将十字光标置于空白的绘图区域，此时系统提示用户指定直线的第一点，步骤1如图1-18所示，单击鼠标左键即可确认直线的起点。

03 单击以确认直线的第二点，步骤2如图1-18所示。

04 因为两点确定一条直线，所以不需要再指定第三点，直接按Enter 键完成直线的绘制，步骤3如图1-18所示。

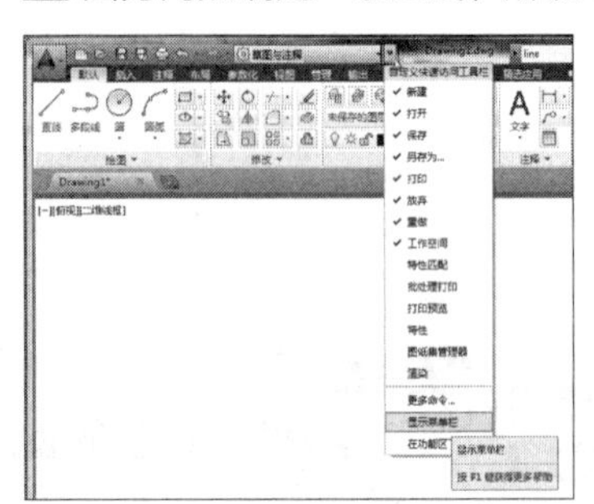

图1-17

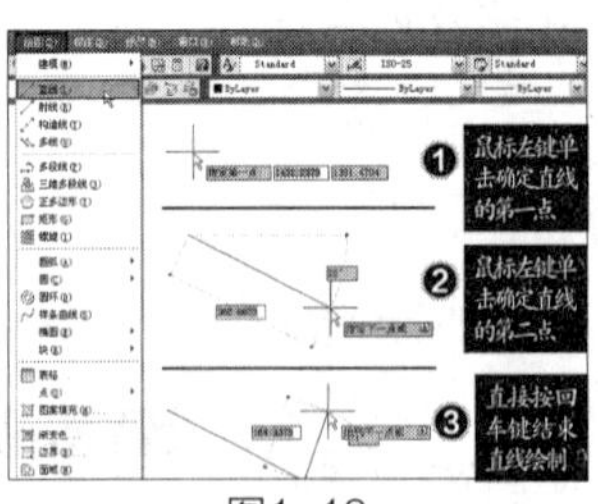

图1-18

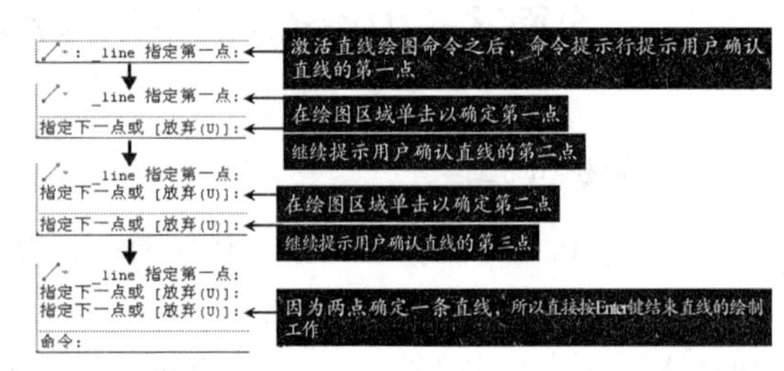

图1-19

专家提示

AutoCAD最大的特点就是“根据命令提示绘图”，图1-18所示的操作在AutoCAD的命令提示行都有相对应的提示。如图1-19所示，根据这个图示可以看出命令提示行的每个操作提示与鼠标操作步骤是相对应的。AutoCAD是一款精确绘图软件，因为用户可以在命令提示行输入精确的数值来控制图形，大家将会通过后面的内容完全理解AutoCAD的这个特性。

3. “绘图”工具栏与“修改”工具栏

“绘图”工具栏集成了AutoCAD 2014的一些常用绘图工具，比如Line（直线）、Rectang（矩形）和Circle（圆）等绘图工具。

“修改”工具栏集成了AutoCAD 2014的一些常用修改工具，比如Move（移动）、Rotate（旋转）和Scale（缩放）等修改工具。

专家提示

单击相应的图标按钮即可执行“绘图”工具栏和“修改”工具栏中的命令，比如要执行Line（直线）命令，则单击“直线”按钮就可以将该命令激活。

如果要显示当前隐藏的工具栏，可在任意工具栏上右击鼠标，此时将弹出一个快捷菜单，选择相应命令就可以显示或关闭相应的工具栏。

单击工具栏上的向下小箭头标志，可以展开没有显示出来的工具，移开鼠标后便会自动收缩，单击按钮可以将工具面板锁定。

4. “图层”工具栏

“图层”工具栏主要用于对AutoCAD的图层属性进行设置，这是AutoCAD的一项非常重要的功能，本书将会有专门的内容来介绍这项功能。

5. 命令提示行与命令历史区

命令提示行与命令历史区是用户借助键盘输入AutoCAD命令和显示系统反馈信息的地方。

命令提示行显示有命令提示符“命令：”，表示AutoCAD已处于准备接收命令的状态；而命令历史区则显示已经被执行完毕的命令，如图1-20所示。

6. 辅助绘图工具

辅助绘图工具主要用于设置一些辅助绘图功能，比如设置点的捕捉方式、设置正交绘图模式以及控制栅格显示等。虽然这些功能并不参与绘图，但是其作用更甚于绘图命令，因为利用这些功能可以使绘图工作更加流畅、方便。

7. 搜索工具

AutoCAD 2014的搜索工具其实是一项帮助功能，如用户对某个命令的功能不太熟悉，那么可以在搜索工具的文本框中输入搜索关键词并按Enter键，如图1-21所示。

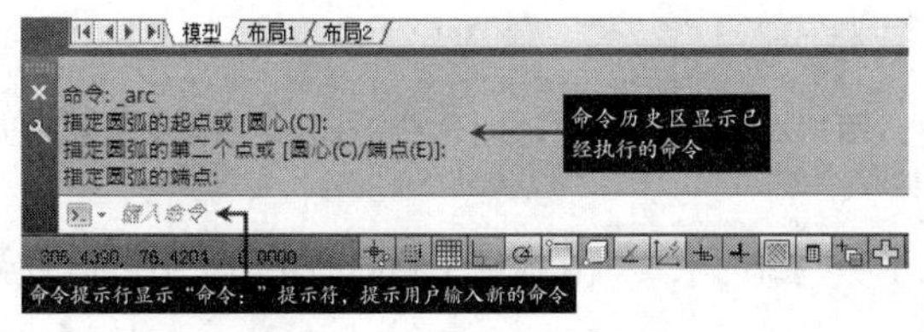

图1-20

图1-21

专家提示

在搜索工具的文本框中输入搜索关键词之后，单击“搜索”按钮也可以执行搜索操作，与按Enter键的功能一样。

8. 模型与布局选项卡

在绘图窗口的下方有“模型”和“布局”选项卡，单击其标签可以在模型空间或图纸空间之间来回切换，默认绘图时是处于模型选项卡位置。布局选项卡提供了一个称为图纸空间的区域，在图纸空间中可以放置标题栏、创建用于显示视图的布局视口、标注图形以及添加提示，如图1-22所示。

模型空间：这是系统默认的工作空间，启动AutoCAD之后系统直接进入模型空间。在模型空间中，用户可以按任意比例绘制图形并确定图形的测量单位。模型空间是一个三维环境，大部分的设计和绘图工作都是在模型空间的三维环境中进行的，即使对于二维图形也是如此。

图纸空间：图纸空间是一个二维环境，主要用于安排在模型空间绘制的图形的各种视图，以及添加边框、标题栏、尺寸标注和注释等内容，然后打印输出图形。

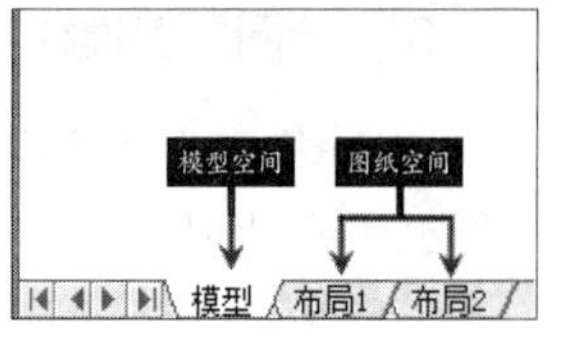

图1-22

在布局选项卡上可以查看和编辑图纸空间对象（例如布局视口和标题栏），也可以将对象（如引线或标题栏）从模型空间移到图纸空间，反之亦然。

默认情况下，新图形最开始有两个布局选项卡，即“布局1”和“布局2”，用户还可以在“快速查看布局”选项卡上单击鼠标右键，然后在弹出菜单中单击“新建布局”菜单命令来创建新的布局选项卡，如图1-23所示。

图1-23

在上图的右键菜单中，还可以对现有布局进行删除、重命名、移动、复制等操作，并且可以隐藏布局和模型选项卡。

专家提示

用户可以在图形中创建多个布局，每个布局都可以包含不同的打印设置和图纸尺寸。但是为了避免在转换和发布图形时出现混淆，通常建议每个图形只创建一个布局。

9. 状态栏

状态栏用来显示AutoCAD 当前的状态，如当前光标的坐标、命令和按钮的说明等。

在绘图窗口中移动光标时，状态行的“坐标”区将动态地显示当前坐标值。坐标显示取决于所选择的模式和程序中运行的命令，有“相对”“绝对”和“无”3种模式。

AutoCAD状态栏已经升级了，它拥有了新的工具和图标。状态栏的左边包括切换按钮，用于一些熟悉的功能，如对象捕捉、栅格和动态输入。在工具栏上单击鼠标右键，在弹出的菜单中取消勾选“显示图标”命令，可以将状态栏转换为传统的文字标签，如图1-24和图1-25所示。

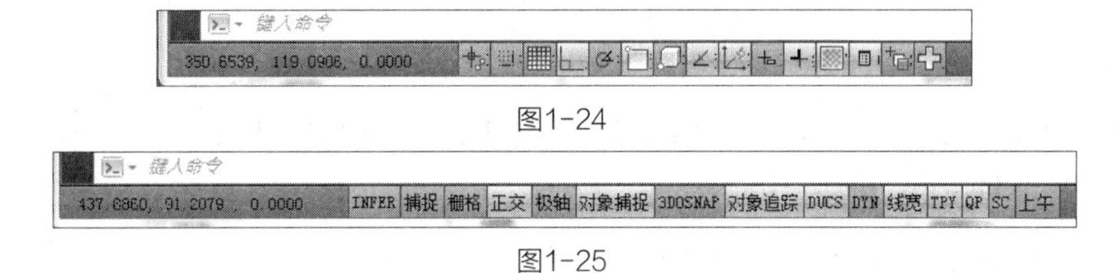

图1-24

图1-25

状态栏切换按钮的右键菜单包含一些特定的附加控制，用户可以很容易地访问这些控制，这样就大大减少了在设置对话框中进行设置的时间，如图1-26示。

模型和布局按钮被移动到了状态栏的右边，同时添加了一些新的工具。它提供了相同的功能，但占据的空间却少很多，如图1-27所示。

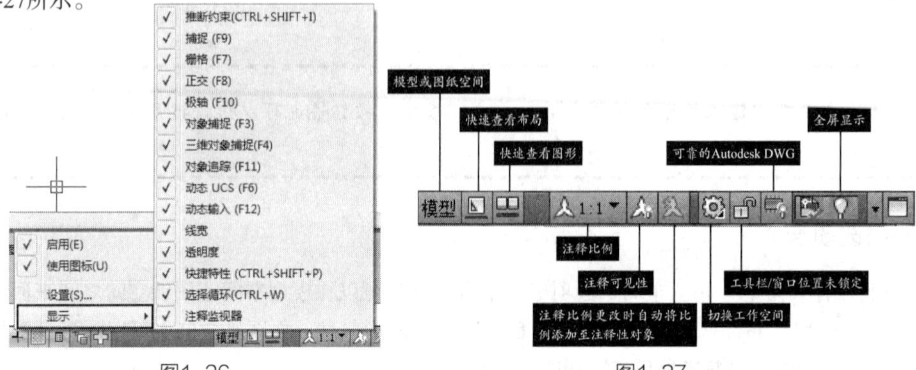

图1-26　　图1-27

1.4 控制命令窗口

命令窗口在AutoCAD软件中有着非常重要的作用，用户可以对命令窗口进行控制，包括浮动、固定、锚定、隐藏以及调整窗口大小。

1.4.1 调整命令窗口的大小

如果大家觉得命令提示区太小，可以查看的信息不够多，那么可以通过拖动拆分条而垂直调整命令窗口的大小。将鼠标光标移动到拆分条上，鼠标变为÷形状，然后向上或向下拖动鼠标调整窗口即可，如图1-28所示。

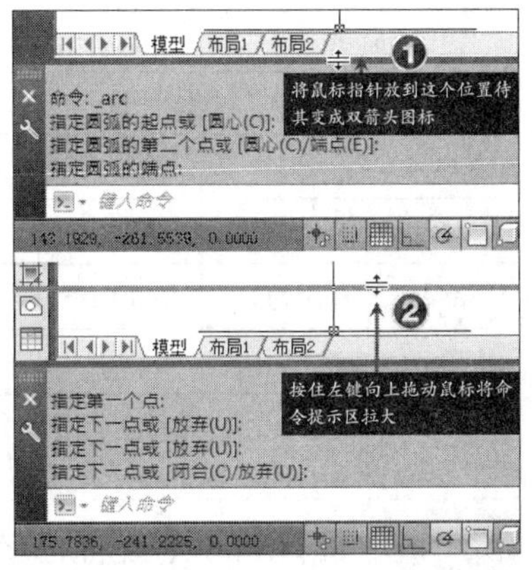

图1-28

专家提示

要调整命令窗口的大小，必须是在命令窗口没有锁定的前提下。当窗口固定在底部时，拆分条定位在窗口的上边界；当窗口固定在顶部时，拆分条定位在窗口的下边界。

1.4.2 隐藏和显示命令窗口

另外有一种方式就是单独将命令提示区显示出来，按F2键就可以把命令提示区以文本窗口的形式显示出来，如图1-29所示。不过这个方式并不实用，文本窗口显示在界面上会妨碍绘图操作。

用户可以自由控制命令窗口的显示与隐藏，要显示或隐藏命令窗口，单击“工具>命令行”菜单命令或按快捷键“Ctrl”+“9”。

当第一次隐藏命令行窗口时，会出现一个提示窗口，如图1-30所示。

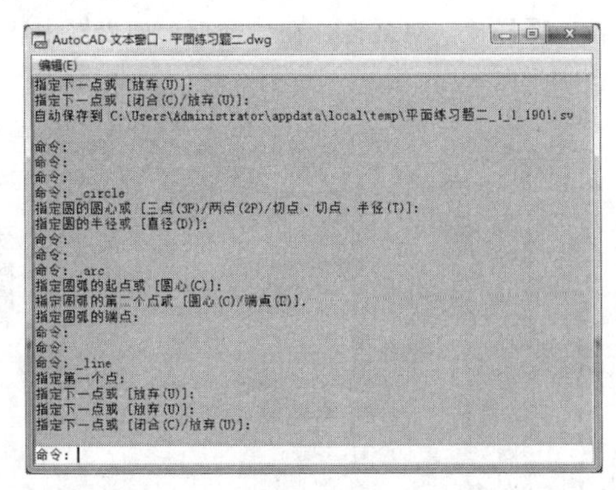

图1-29

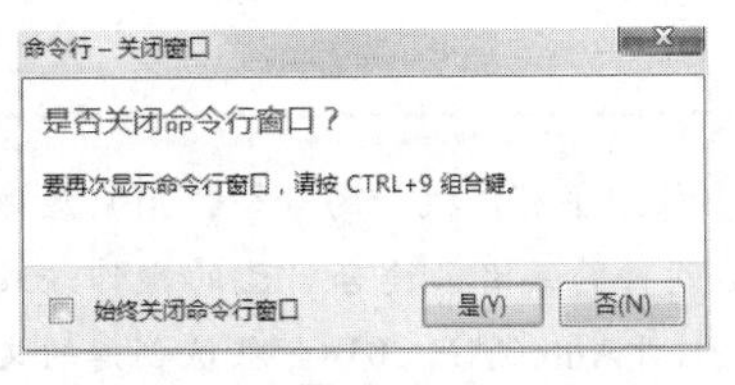

图1-30

专家提示

隐藏命令行时，用户仍然可以输入命令。但是，某些命令和系统变量将在命令行上返回对应的数值。因此，在这些情况下建议用户显示命令行。

1.5 文件的基本操作

在使用AutoCAD绘图时，首先要准备绘图文件，就像在进行手工绘图前必须先准备图纸一样，然后才能在上面画草图直至最后完成绘制。

如果用户要保留自己的工作成果，那么就应该以磁盘文件的形式将绘制的图形保存下来。要编辑已绘制的图形，则需要打开文件。在AutoCAD中有多种打开和保存文件的方法，非常灵活，能够节约大量的工作量。

文件基本操作命令如表1-1所示。

表1-1 AutoCAD文件基本操作命令

命令	简写	功能
New（新建）	N	用于新建一个工作文件
Open（打开）	OPEN	用于打开已有的文件
Qsave（保存）	QS	用于保存文件
Saveas（另存为）	SAVEAS	用于以新名称保存当前文件的副本
Export（输出）	EXP	用于将文件保存为其他图形格式

1.5.1 使用样板创建新文件

图形样板文件通过提供标准样式和设置来保证用户创建的图形保持一致。图形样板文件的扩展名为.dwt。如果根据现有的图形样板文件创建新图形并进行修改，则新图形中的修改不会影响图形样板文件。

样板内现有的设置可以使用户立即开始工作，而不用再去设置图形界限、单位、图层等相关属性。由于要确保特定范围内的所有用户均采用同一设置标准进行工作，因此样板对于那些需要协同工作的用户是不可缺少的。

通常在初次运行AutoCAD 2014软件时，系统都会默认创建一个文件，但有时候一个文件可能无法满足工作的需求，这时就需要用户新建多个文件。新建文件的命令为New命令，其执行方式有以下几种。

方法一：单击快速访问工具栏中的“新建”按钮（快捷键为“Ctrl”+“N”）。

方法二：执行“文件>新建”菜单命令。

方法三：在命令行输入New并按Enter键。

默认情况下，在创建一个新文件时，系统会弹出“选择样板”对话框，在“样板”列表框中选择一个合适的样板，然后单击“打开”按钮，即可完成新建工作，如图1-31所示。

专家提示

对于有多种方法可以执行的命令，用户应该选择能够最快达到目的或者最适合自己的操作方式。另外，在初次打开AutoCAD 2014时默认创建的文件名称为Drawing1.dwg。如果用户新建了多个文件，那么这些文件会以Drawing2.dwg、Drawing3.dwg……的顺序依次命名。

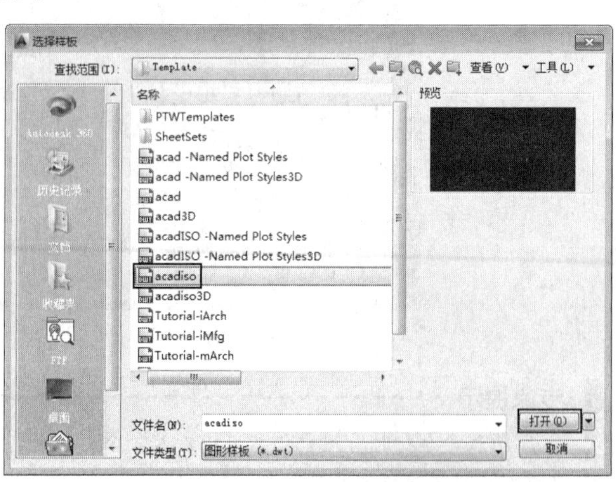

图1-31

1.5.2 不使用样板创建图形文件

如果要创建一个不使用任何样板的空白文件，那么单击“标准”工具栏中的“新建”按钮之后，再单击“选择样板”对话框的“打开”按钮右侧的三角形按钮，在弹出的下拉列表中选择“无样板打开”命令即可，如图1-32所示。

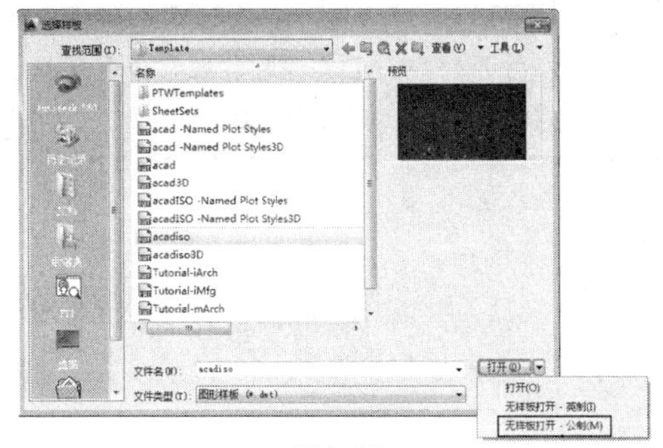

图1-32

1.5.3 创建自己的样板

默认的图形样板（DWT）文件集与AutoCAD一起安装，用于创建二维和三维模型。多数默认图形样板以两种度量类型提供：英制和公制。使用其中一个默认图形样板时，需要确定是要在二维模型还是三维模型中进行工作，以及哪种测量类型最符合所从事的工作。

虽然默认样板提供了一种快速创建新图形的方法，但是最好针对公司和创建的图形的要求创建图形样板。可以通过初始设置选择最符合用户所在行业的图形样板，但是需要执行某些操作以使图形样板文件最符合用户的要求。

在实际工作中，可以根据自己的需要创建多个样板。要创建自己的样板，可以基于某个样板创建一个新图形，然后对其进行修改，也可以打开一个已包含某些设置的现有图形进行修改。

通常存储在样板文件中的约定和设置包括以下几种。

- 单位类型和精度。
- 标题栏、边框和徽标。
- 图层名。
- 捕捉、栅格和正交设置。
- 栅格界限。
- 注释样式（标注、文字、表格和多重引线）。
- 线型。

专家提示

默认情况下，图形样板文件存储在程序安装路径下的template文件夹中，以便之后访问。

1.5.4 打开现有的文件

对于已经存在的DWG格式的文件，主要有以下5种打开方法。

方法一：使用鼠标左键双击将要打开的DWG格式的文件。

方法二：在需要打开的文件上单击鼠标右键，然后在弹出的菜单中选择“打开方式>AutoCAD Application”命令，如图1-33所示。

方法三：在快速访问工具栏中单击“打开”按钮（快捷键为“Ctrl”+“O”）。

方法四：执行“文件>打开”菜单命令。

方法五：在命令行输入Open并按Enter键。

执行Open命令后，系统会弹出一个“选择文件”对话框，在“搜索”下拉列表中找到要打开文件的路径，然后选中待打开的文件，最后单击“打开”按钮，如图1-34所示。

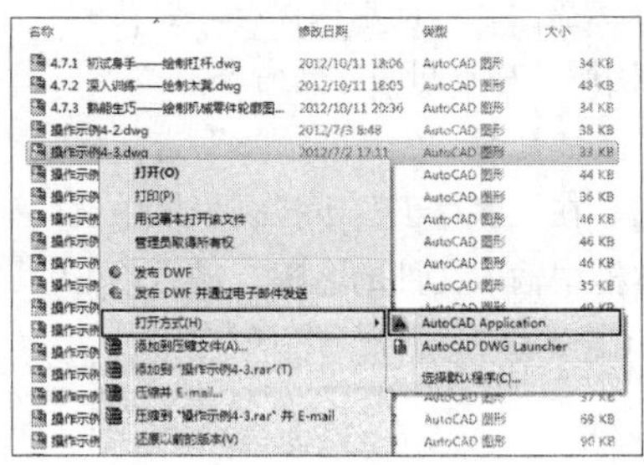

图1-33

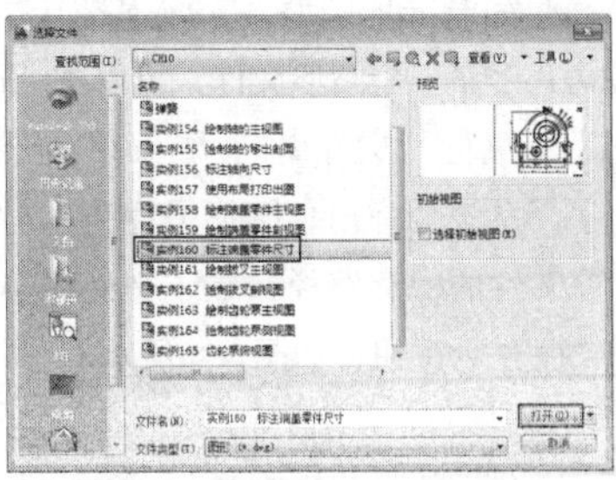

图1-34

单击“打开”按钮右边的下拉按钮，会弹出一个下拉菜单，可以在该菜单中选择打开文件的方式，如图1-35所示。如果不修改文件，只是查看文件，则可以用只读方式打开文件。

专家提示

在打开一些CAD文件时，经常会遇到找不到相应字体的情况，这时可以选择其他字体来代替。例如打开个文件，系统提示未找到字体:hztt2，那么就可以在图1-36所示的对话框中指定一个字体代替它。

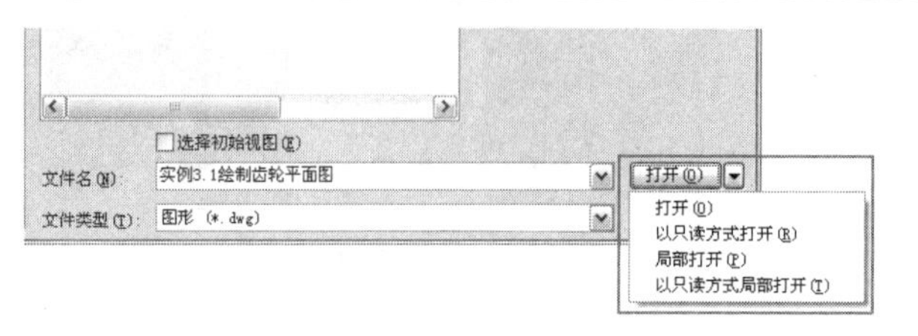

图1-35

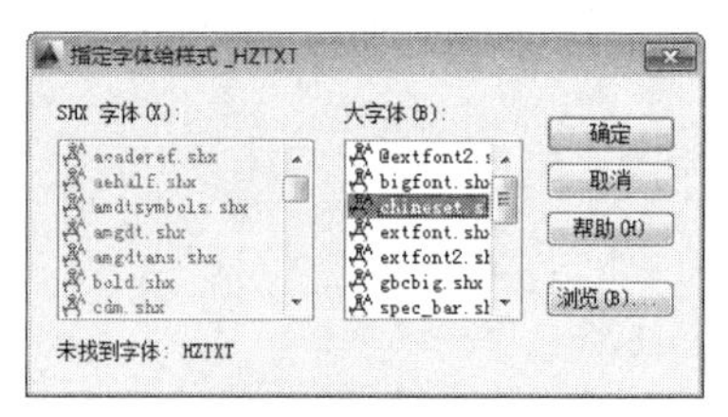

图1-36

专家提示

如果打开一个旧的文件时遇到异常错误而中断退出，那么可以尝试新建一个图形文件，而把旧图以图块形式插入。

1.5.5 打开大图形的一部分（局部打开）

如果要处理的图形很大，可以使用Open命令的“局部打开”选项选择图形中要处理的视图和图层几何图形（仅限于图形对象）。通过将大图形分成几部分显示在不同的视图中，可以只加载和编辑所需部分。

例如打开配套光盘中的“DWG文件/CH01/二层别墅建施图.dwg”，选择“局部打开”，系统会弹出图1-37所示的“局部打开”对话框，勾选要加载的图层。例如，只打开道路和绿化图形内容，那么只勾选这两个图层即可；如果要全部加载，可以单击“全部加载”按钮。

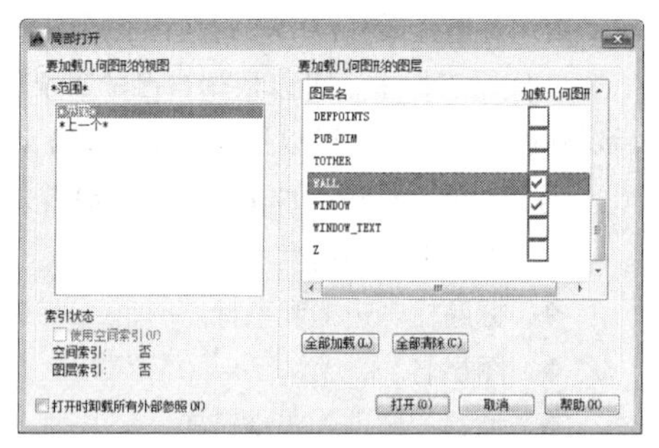

图1-37

注意

用户只能编辑加载到图形文件中的部分，但是图形中所有命名对象均可以在局部打开的图形中使用。命名对象包括图层、视图、块、标注样式、文字样式、视口配置、布局、UCS 和线型。

局部打开图形后，可以使用Partiaload命令将其他几何图形从视图、选定区域和图层加载到图形中。“局部打开”选项仅适用于以AutoCAD 2004或更高版本格式保存的图形。

1.5.6 以新名称保存图形文件

绘制完成图形后，必须将其存储在磁盘上，以便永久保存。要在磁盘上存储一个图形文件，可以视情况分别用几种不同的存储命令。

执行“文件>保存”菜单命令或者按快捷键“Ctrl”+“S”进行保存，系统会弹出“图形另存为”对话框。在“保存于”下拉列表框中设置文件的保存路径，在“文件名”文本框中输入文件的名称，最后单击“保存”按钮，如图1-38所示。

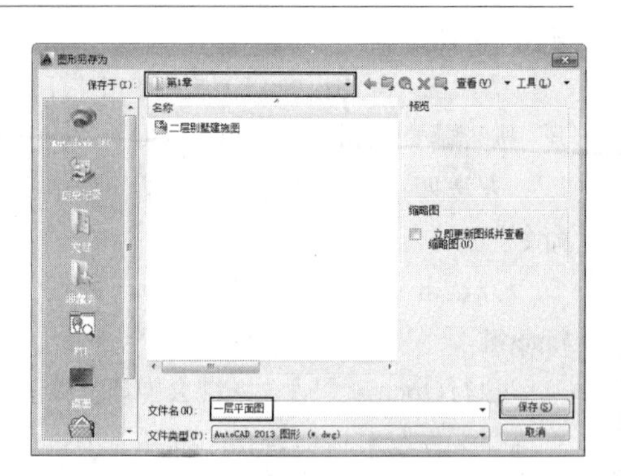

图1-38

在绘图工作中，可以将一些常用设置（如图层、标注样式、文字样式、栅格捕捉等）内容设置在一个图形模板文件中（即另存为*.dwt文件），以后在绘制新图时可以在创建新图形向导中单击“使用模板”来打开它，并开始绘图。

专家提示

如果误保存了文件，覆盖了原图时要想恢复数据，怎么办呢？

如果仅保存了一次，及时找到后缀为bak的同文件名文件（默认情况是保存在C:\Documents and Settings\user\Local Settings\Temp文件夹下），将后缀改为dwg，再在AutoCAD中打开就行了。如果保存了多次，原图就无法恢复了。

还可以单击“文件>另存为”菜单命令，或者按快捷键“Ctrl”+“Shift”+“S”进行保存。这种保存方式相当于对原有文件的备份，保存之后原来的文件依然存在（两份文件的保存路径不同，或者文件名不同）。

1.5.7 自动保存文件

执行“工具>选项”菜单命令，在弹出的“选项”对话框中选择“打开和保存”选项卡，在“文件安全措施”选项区域中勾选“自动保存”复选框，并设置每隔多少时间进行自动保存，如图1-39所示。这样可以防止用户因为忘记保存文件而造成数据丢失等情况。

很多初学者或许都不知道文件自动保存的路径，不知道在什么地方找到自动保存的文件。切换到“选项”对话框中的“文件”选项卡，在“搜索路径、文件名和文件位置”列表框中有 “自动保存文件位置”选项，展开此选项，便可以看到文件的默认保存路径（C:\Uers\Administrator\appdata\local\temp），如图1-40所示，单击“浏览”按钮，可以改变文件的保存位置。

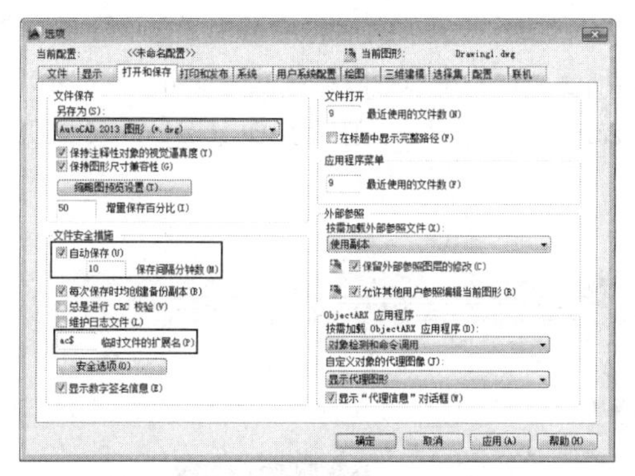

图1-39

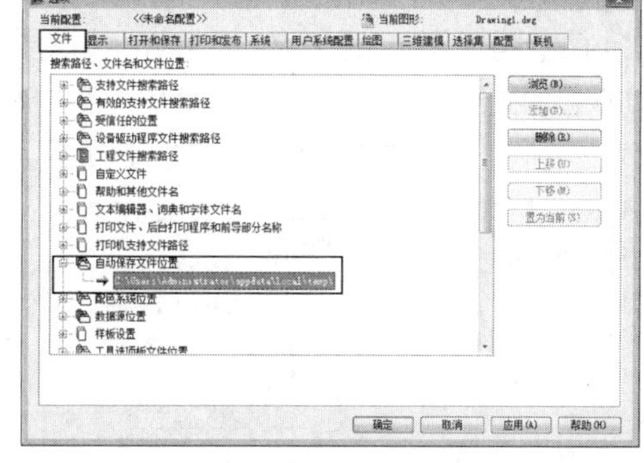

图1-40

虽然设置了自动保存，但是一旦文件出错或者丢失，却不知道如何从备份文件中恢复图形，这也是让初学者比较头疼的问题。因为AutoCAD自动保存的文件是具有隐藏属性的文件，所以要先将隐藏文件显示出来。

1.5.8 保存为与低版本兼容的文件

由于版本兼容性的问题，低版本的软件不能打开高版本软件的文件，所以有时候需要将文件保存为低版本的格式。

执行“文件>另存为”菜单命令，在弹出的“图形另存为”对话框中选择文件类型为AutoCAD 2000或2007图形（*.dwg）格式，如图1-41所示。

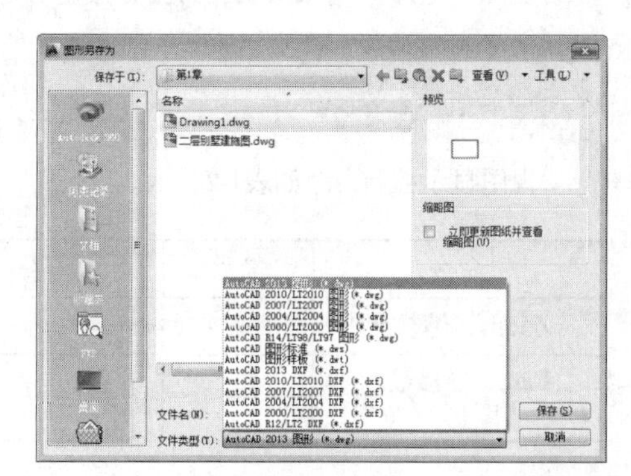

图1-41

1.5.9 保存为图片格式

在AutoCAD中还可以将图形文件输出为其他图片和文档格式，单击按钮，在弹出的菜单中选择“输出”命令，然后选择要输出的格式，如图1-42所示。

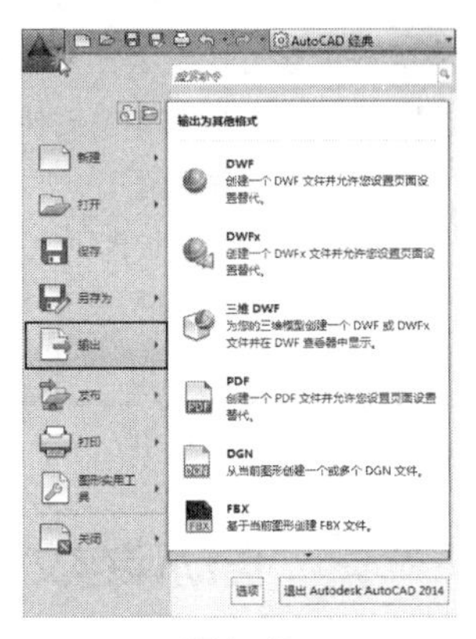

图1-42

案例 002 恢复备份文件

- **学习目标** | 学习如何恢复自动保存的备份文件。
- **视频路径** | 光盘\视频教程\CH01\恢复备份文件.avi

01 首先打开“我的电脑”，执行“工具>文件夹选项”菜单命令（Windows XP系统），如果是Windows 7（简称Win7）系统，则是执行“组织>文件夹和搜索选项”菜单命令，如图1-43所示。

02 在弹出的“文件夹选项”对话框中选择“查看”选项卡，在“高级设置”列表框中选中“显示隐藏的文件、文件夹和驱动器”单选按钮，然后单击“确定”按钮，如图1-44所示，便会将具有隐藏属性的备份文件显示出来。

03 找到自动保存的文件，因为这些文件的默认扩展名是“.ac$”，所以不能直接用AutoCAD将文件打开，需要将其扩展名改为“.dwg”之后才能打开，如图1-45所示。

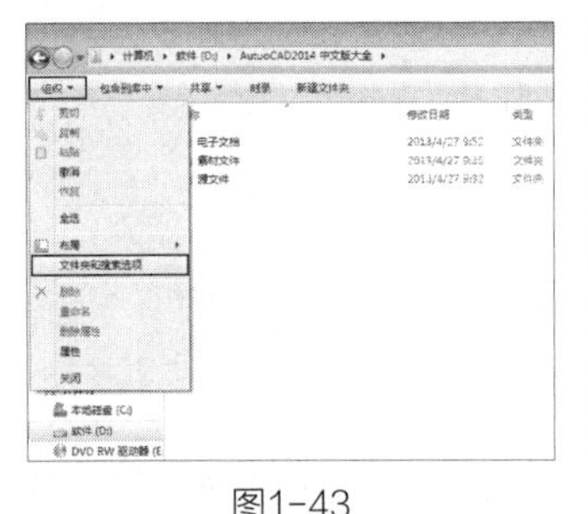

图1-43

图1-44

图1-45

1.6 视图显示控制

AutoCAD提供有强大的图形显示控制功能，显示控制功能用于控制图形在屏幕上的显示方式。但显示方式的改变只改变了图形的显示尺寸，而并不改变图形的实际尺寸，即仅仅改变了图形给人们留下的视觉效果。本节仅介绍几种基本的显示控制功能。

视图显示控制命令如表1-2所示。

表1-2 视图显示控制命令

命令	简写	功能
Zoom（缩放）	Z	用于控制图形缩放显示
Pan（平移显示图形）	P	用于在不改变图形缩放显示的条件下平移图形

1.6.1 缩放视图

Zoom（缩放）命令用于控制图形缩放显示，主要是指缩小或者放大图形在屏幕上的可见尺寸，这只是视觉上的放大或缩小，而图形的实际尺寸大小是不变的。在绘图中最常用的还是通过滚动鼠标中键来缩放视图，按住中键并拖曳鼠标则可以移动视图。

在命令行中输入Zoom命令，命令提示如下。

```
命令:_zoom↙
指定窗口角点,输入比例因子(nX 或 nXP),或[全部(A)/中心点(C)/动态(D)范围(E)/上一个(P)/比例(S)/窗口(W)]<实时>:
```

提示行中各选项的含义如下。

全部（A）：选择该选项将满屏显示整个图形范围，即使图形超出图限之外。

中心点（C）：让用户指定一个中心点以及缩放系数或一个高度值，AutoCAD按该缩放系数或相应的高度值缩放中心点区域的图形。较大的高度值将减小缩放系数，而较小的高度值将增大缩放系数。

选择该选项后，命令提示如下。

```
指定中心点:                      //指定中心点
输入比例或高度<当前值>:          //指定缩放系数
```

动态（D）：动态显示图形中由视图框选定的区域图形。选择该选项后，屏幕上将会出现一个矩形框（视图框），用户可以调整这个视图框的大小和位置。

范围（E）：最大限度地满屏显示视图区内的图形。

上一个（P）：在使用Zoom命令放大过程中恢复上一次显示状态下的图形。连续选择该选项可以恢复到前10次所显示的图形，该选项不会引起图形的重新生成，快捷图标为。

比例（S）：根据输入的组合系数缩放显示图形，如果输入的仅是一个数值，则为相对于图限的缩放；如果输入的是一个数值后加X，则为相对于当前图形的缩放。

窗口（W）：缩放显示由两个对角点所指定的矩形窗口内的图形。选择该选项后，AutoCAD要求用户在屏幕上指定两个点，以确定矩形窗口的位置和大小，快捷图标为。

命令提示如下。

```
指定第一个角点:                  //确定第一点
指定对角点:                      //确定第二点
```

实时：此为默认选项，用户可以实时交互地缩放显示图形。选择该选项后，光标的形状将变成一个放大镜。此时用户可以按住鼠标左键上下移动鼠标来放大或缩小图形：向上移动则放大图形；向下移动则缩小图形。如果要退出缩放状态，则可以单击鼠标右键，在弹出的快捷菜单中选择Exit；或者按Esc键或Enter键，快捷图标为。

在“标准”工具条上单击“实时缩放”按钮、“窗口缩放”按钮或者“缩放上一个”按钮。

1.6.2 平移视图

Pan（平移显示图形）命令用于在不改变图形缩放显示的条件下平移图形，以可以使图中的特定部分位于当前的视区中，以便查看图形的不同部分。如果使用Zoom命令放大了图形，则通常需要用Pan命令来移动图形。

在“标准”工具条上单击按钮来实现实时平移图形，或者按住鼠标中键并移动鼠标来平移视图。

1.6.3 重画和重新生成视图

当用户对一个图形进行了较长时间的编辑之后，可能会在屏幕上留下一些痕迹。要清除这些痕迹，可以用刷新屏幕显示的方法来解决。刷新屏幕显示的方法有“重画”和“重新生成”两种。

由于使用Regen命令重新生成当前视区中的图形时需要这种数据转换，所以它要比使用Redraw命令耗费更多的时间，特别是对于一个比较复杂和庞大的图形更是如此。

对于Regen命令命令的功能，我们用一个简单的例子来说明：图1-46所示的图形是两个圆，对于左侧的圆没有使用Regen命令，看起来像一个多边形，右侧的圆是使用Regen命令后的圆。由此可见，Regen命令可以重新创建图形数据库索引，从而优化显示和对象选择的性能。

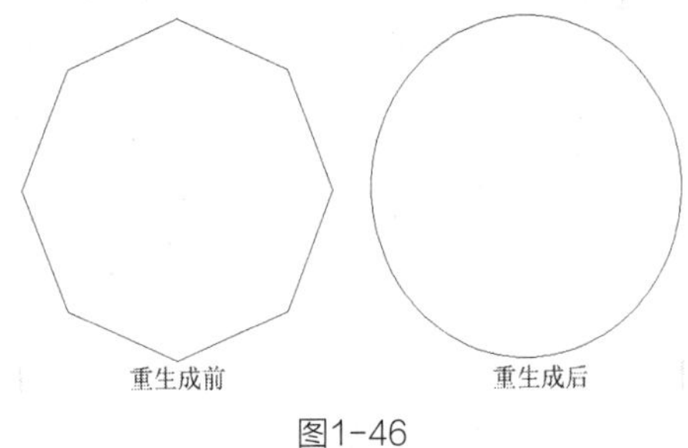

图1-46

专家提示

大型图形文件重新生成的重点分析

重生成目录会重新计算图形文件内所有对象的数据，通常重新生成较大的图形文件时会花费更多的时间。

如果想在处理大型文件时提高效率，减少工作时间，可以将自动重生成系数Regenmode设置为0，以停止图形文件自动重生成。当需要界面重新生成时，可以通过手动的方式来使界面重生成。需要注意的是，文件在建立之后，自动重生成系数Regenmode的预设值为1，此时无论执行什么命令都能自动重生成界面。

1.6.4 鼠标滚轮的应用

鼠标滚轮位于鼠标左右键的中间，也称为鼠标中键，它在绘图工作中使用的频率是非常高的。滚动滚轮可以实时缩放视图，按住滚轮的同时移动鼠标可以平移界面。

滚轮的动作与相应功能如表1-3所示。

表1-3 滚轮的动作与相应功能

动作	功能
滚轮向前滚动	放大显示界面
滚轮向后滚动	缩小显示界面
双击滚轮	等同于范围缩放，整个图形布满绘图区域
按住滚轮并拖曳鼠标	平移界面
按住Shift键和滚轮并拖曳鼠标	旋转界面
按住Ctrl键和滚轮并拖曳鼠标	动态平移

在AutoCAD中可以使用变量来控制滚轮的动作。

利用Zoomfactor变量可以控制鼠标滚轮在向前或向后时的缩放倍率。无论向前或向后，该变量数值越大，缩放界面的倍率越大。

将Mbuttonpan变量设置为1时，按住滚轮即为平移功能。

将Mbuttonpan变量设置为0时，按住滚轮则打开对象捕捉菜单。

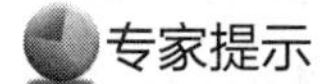

专家提示

在某些情况下使用鼠标滚轮执行平移或缩放功能时，界面可能没有任何变化，比如用户只能缩小到某些区域，当遇到这种情况时可以使用重生成（Regen命令）功能来解决。

1.7 图形实用工具

在操作AutoCAD文件操作时，有时会遇到莫名出错的问题。比如突然提示出错并退出软件，或者AutoCAD停止响应而无法继续操作，但用同一台计算机打开其他的AutoCAD文件却可以正常操作。对于这些问题可以使用“图形实用工具”菜单栏中的命令访问可修复的图形。

表1-4 就来介绍这些工具的用法。

表1-4 “图形实用工具”菜单中的命令

命令	简写	功能
Audit（核查）	AUD	检查图形的完整性并更正某些错误
Drawingrecovery（图形修复管理器）	Drawi	显示可以在程序或系统故障后修复的图形文件的列表
Purge（清理图形）	PU	删除图形中未使用的项目，如块定义和图层

1.7.1 核查

使用“核查”命令可以核查图形文件是否与标准冲突，然后解决冲突。使用标准批处理检查器一次可以核查多个文件。

将标准文件与图形相关联后，应该定期检查该图形，以确保它符合其标准。这在有许多人同时更新一个图形文件时尤为重要。例如，在一个具有多个次承包人的工程中，某个次承包人可能创建了新的但不符合所定义的标准的图层。在这种情况下，需要能够识别出非标准的图层然后对其进行修复。

可以使用通知功能警告用户在操作图形文件时发生标准冲突。此功能允许用户在发生标准冲突后立即进行修改，从而使创建和维护遵从标准的图形更加容易。

可以使用Checkstandards命令查看当前图形中存在的所有标准冲突。“检查标准”对话框报告所有非标准对象并给出建议的修复方法。

可以选择修复或忽略报告的每个标准冲突。如果忽略所报告的冲突，将在图形中对其进行标记。可以关闭被忽略问题的显示，以便下次核查该图形时不再将它们作为冲突的情况而进行报告。

如果对当前的标准冲突未进行修复，那么在“替换为”列表中将没有项目高亮显示，“修复”按钮也不可用。如果修复了当前显示在“检查标准”对话框中的标准冲突，那么除非单击“修复”或“下一个”按钮，否则此冲突不会从对话框中删除。

在整个图形核查完毕后，将显示“检查完成”消息。此消息总结在图形中发现的标准冲突，还显示自动修复的冲突、手动修复的冲突和被忽略的冲突。

注意

如果非标准图层包含多个冲突（例如一个是非标准图层名称冲突，另一个是非标准图层特性冲突），则将显示遇到的第一个冲突。不计算非标准图层上存在的后续的冲突，因此也不显示。用户需要再次运行命令，以检查其他冲突。

1.7.2 修复

执行“图形实用工具>修复>修复”菜单命令。在“选择文件”对话框中选择一个文件，然后单击“打开”按钮。在核查后，系统会弹出一个对话框，显示文件修复信息，如图1-47所示。

注意

如果将Auditctl系统变量设定为1（开），则核查结果将写入核查日志（ADT）文件。

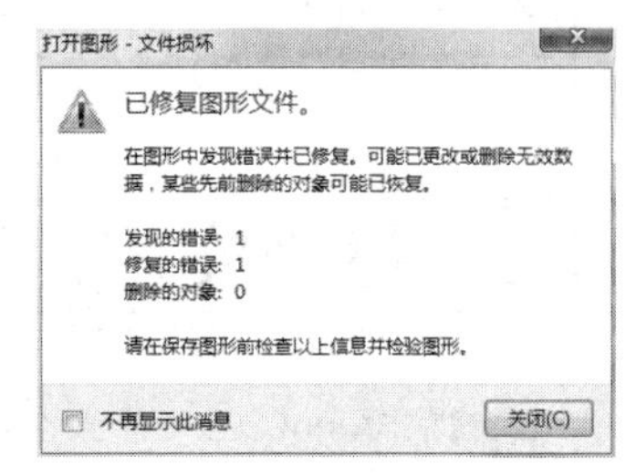

图1-47

1.7.3 图形修复管理器

在“图形修复管理器”中会显示在程序或系统失败时打开的所有图形文件列表，如图1-48所示。在该对话框中可以预览并打开每个图形，也可以备份文件，以便选择要另存为DWG文件的图形文件。

备份文件：显示在程序或系统失败后可能需要修复的图形。顶层图形节点包含了一组与每个图形关联的文件。如果存在，最多可显示 4 个文件，包括程序失败时保存的已修复图形文件（DWG 和 DWS）、自动保存的文件（也称为“自动保存”文件，SV$格式）、图形备份文件（BAK）和原始图形文件（DWG 和 DWS）。打开并保存了图形或备份文件后，将会从“备份文件”区域中删除相应的顶层图形节点。

详细信息：提供有关在“备份文件”区域中当前选定节点的以下信息。如果选定顶层图形节点，将显示有关与原始图形关联的每个可用图形文件或备份文件的信息；如果选定一个图形文件或备份文件，将显示有关该文件的其他信息。

预览：显示当前选定的图形文件或备份文件的缩略图预览图像。

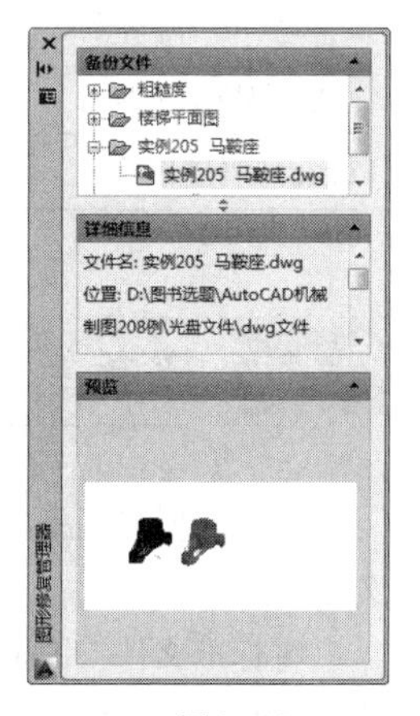

图1-48

1.7.4 清理图形

执行“文件>图形实用工具>清理”菜单命令，系统将打开图1-49所示的“清理”对话框，在此显示了可以被清理的项目。可以删除图形中未使用的项目，例如块定义和图层。

已命名的对象：查看能清理的项目，切换树状图以显示当前图形中可以清理的命名对象的概要。

清理嵌套项目：从图形中删除所有未使用的命名对象，即使这些对象包含在其他未使用的命名对象中或被这些对象所参照。

Purge命令不会从块或锁定图层中删除长度为0的几何图形、空文字或多行文字对象。

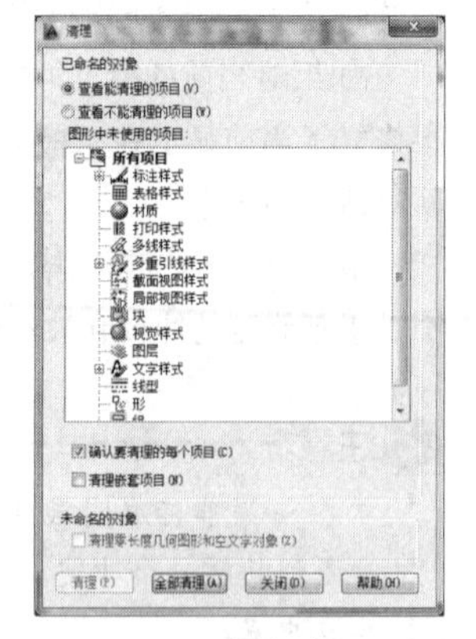

图1-49

1.8 综合实例

本节将通过实例来介绍如何使用AutoCAD的帮助，学习如何对图形文件进行加密，以及如何将系统界面设置为自己喜欢的风格。

案例003 通过帮助文件学习Ellipse（椭圆）命令

- **学习目标** | 学习如何系统使用AutoCAD的帮助文件。
- **视频路径** | 光盘\视频教程\CH01\通过帮助文件学习Ellipse（椭圆）命令.avi

AutoCAD 2014的帮助与以前版本有所不同，它是基于互联网的帮助。按F1键可获得详细信息及指向相关资源的链接。

例如在命令行中输入Line命令，然后按F1键，系统就会在浏览器中显示出关于Line命令的相关信息，如图1-50所示。

如果所使用的计算机无法访问互联网，可以执行“工具>选项”菜单命令，然后在“选项”对话框中的“系统”选项卡上取消勾选“访问联机内容”复选框，如图1-51所示。

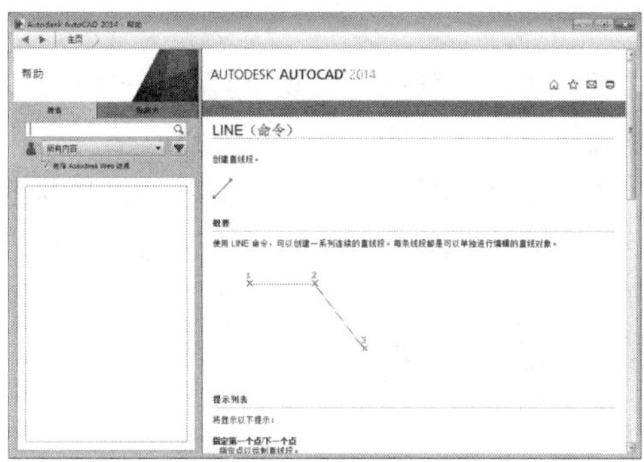

图1-50

图1-51

案例004 加密保存图形文件

- **学习目标** | 学习如何对图形进行加密保存。
- **视频路径** | 光盘\视频教程\CH01\加密保存图形文件.avi

01 执行“文件>另存为”菜单命令，然后单击“图形另存为”对话框右上方的“工具”下拉菜单中的“安全选项”菜单命令，如图1-52所示。

02 系统会弹出“安全选项”对话框，在“用于打开此图形的密码或短语”文本框中输入密码，如图1-53所示。用户还可以切换到“数字签名”选项卡，设置数字签名。

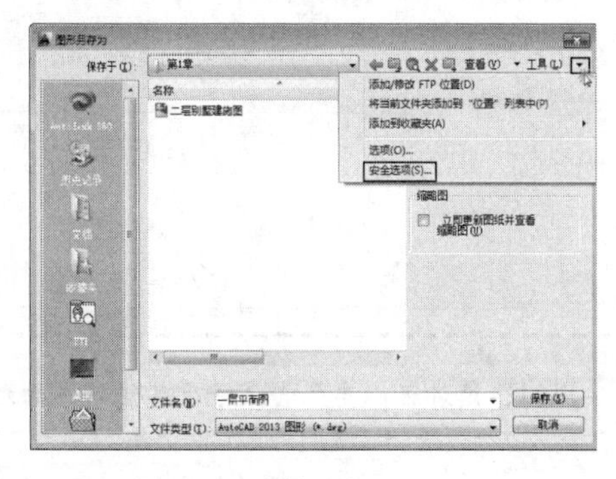

图1-52

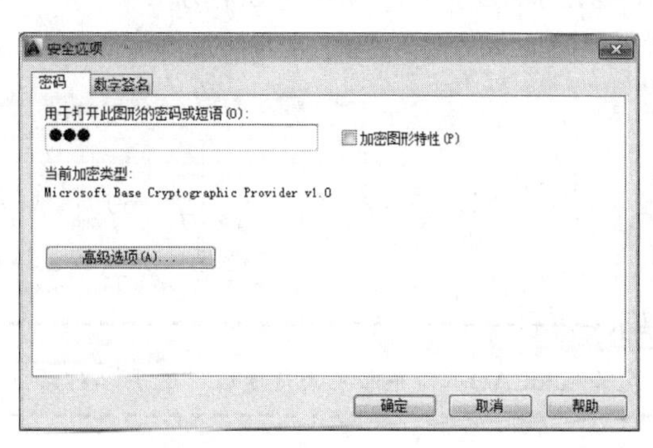

图1-53

03 单击“确定”按钮后，系统还会弹出一个“确定密码”对话框，要求再输入一次先前设置的密码，如图1-54所示，两次密码必须完全相同。

04 密码设置好之后就可以保存文件了。在下次打开文件时，系统会要求用户输入密码，如图1-55所示。如果密码错误，则不能打开文件。

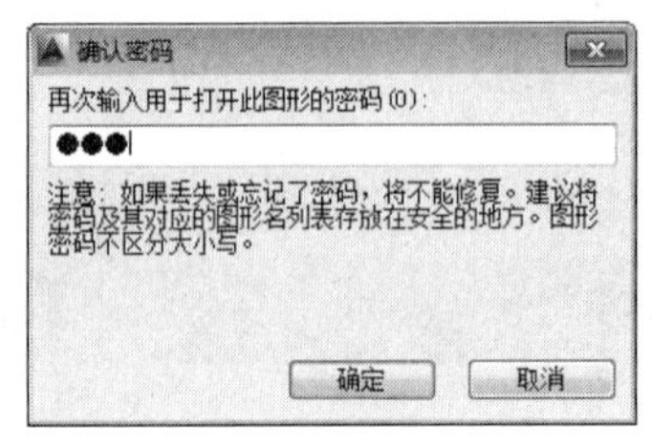

图1-54

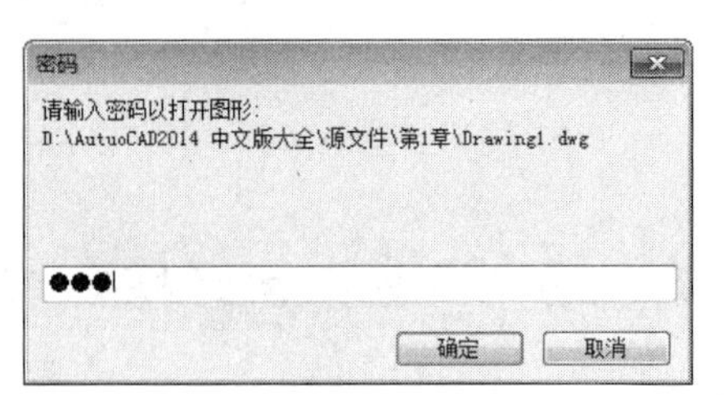

图1-55

案例 005 自定义AutoCAD的工作界面

- **学习目标** | 学习设置相关的界面元素，比如设置绘图区域的背景色以及设置光标的大小等。
- **视频路径** | 光盘\视频教程\CH01\自定义AutoCAD的工作界面.avi

01 首先来修改绘图区域的背景色。系统默认的背景色是深灰色，现在将其修改为纯白色。在命令行中输入Options（选项）命令，或者执行“工具>选项”菜单命令，系统便会弹出图1-56所示的“选项”对话框。

02 单击“显示”选项卡中的“颜色”按钮，在“颜色选项”对话框中设置绘图区域（即模型空间）的颜色为白色，也可以设置布局窗口和其他一些界面元素的颜色，如图1-57所示。设置完成之后单击“应用并关闭”按钮。

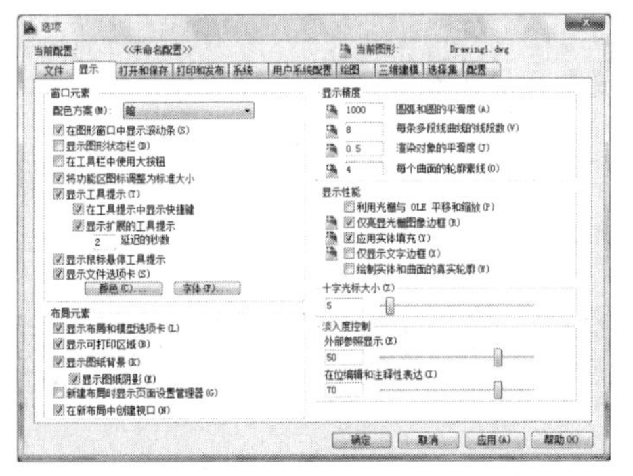

图1-56

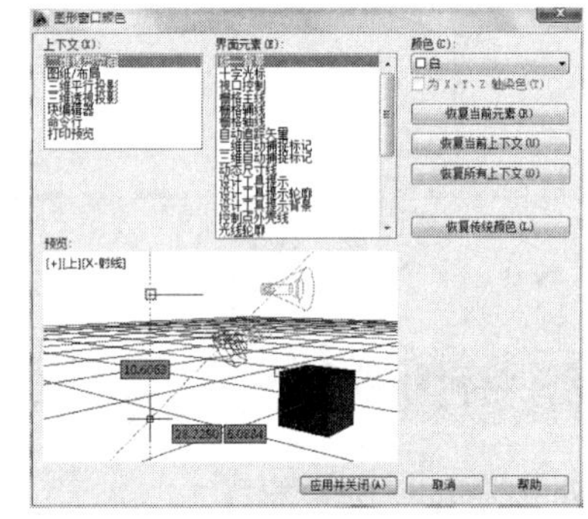

图1-57

03 单击“字体”按钮，系统会弹出图1-58所示的“命令行窗口字体”对话框，顾名思义就是用于设置命令行窗口的字体格式。

04 拖动“十字光标大小”滑块，可以设置十字光标的大小，用户可根据自己的喜好来设置光标的显示大小，如图1-59所示。

05 按F7键取消绘图区域的栅格显示，以方便绘图。

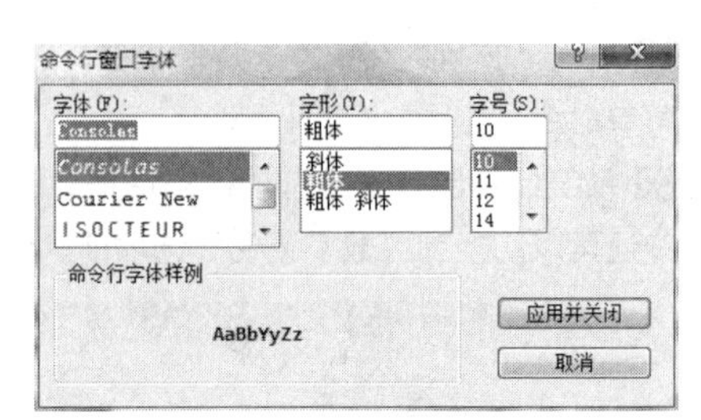

图1-58

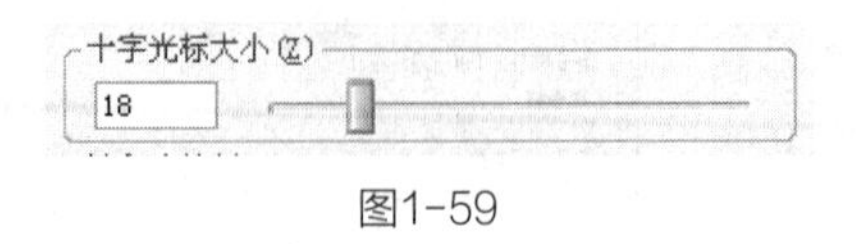

图1-59

专家提示

自定义AutoCAD工作界面主要是通过“选项”对话框来实现的，读者可以自己尝试修改其他的界面元素。

1.9 课后练习

1. 选择题

（1）AutoCAD软件的基本图形格式是什么？（　　）

A. *.map　　B. *.lin　　C. *.lsp　　D. *.dwg

（2）AutoCAD为用户提供了多种工作界面，请问哪一种工作界面的实用性更强？（　　）

A. 草图与注释　　B. 三维建模　　C. AutoCAD经典　　D. 三维基础

（3）在AutoCAD中，新建工作文件的快捷键是什么？（　　）

A. “Ctrl”+“O”　　B. “Ctrl”+“N”　　C. “Ctrl”+“S”　　D. “Ctrl”+“Shift”+“N”

（4）在使用某个命令时，欲了解该命令，应该如何操作？（　　）

A. 按F1键　　B. 按F10键　　C. 按F2键　　D. 按F12键

（5）当丢失了下拉菜单，可以用下面哪一个命令重新加载标准菜单？（　　）

A. New　　B. Open　　C. Menu　　D. Load

2. 上机练习

（1）使用多种方式启动与退出AutoCAD 2014。

（2）单击“布局”选项卡，将模型空间切换到图纸空间。

（3）新建一个文件，将其保存到桌面，并将其命名为“New.dwg”文件。

（4）将AutoCAD经典空间切换到三维建模工作空间，最少使用两种方法。

1.10 课后答疑

1. AutoCAD 的作用是什么?

答：AutoCAD 是目前最流行的计算机辅助设计软件，利用AutoCAD 可以绘制二维和三维图形，与传统的手工绘制相比，AutoCAD 绘图速度快、精确度高，能够方便地帮助设计人员表达设计构想。

2. 想自学 AutoCAD 不知道怎么入手怎么办?

答：目前学习的最好方法还是买一本好的书，按书中所写的一步一步学习。现在互联网上的教材很多，但都比较零散，不系统。因此要系统学习，还是要有一本好的书，互联网上的教材可以当做有利的补充。

3. AutoCAD 初学者应该从哪方面学起，怎样循序渐进?

答：AutoCAD 初学者应该从如何执行AutoCAD 命令学起，然后掌握二维图形的绘制和编辑操作，最后掌握绘制图形的基本流程。

4. AutoCAD 2014 没有菜单栏，该怎么使用菜单命令?

答：需要单击工具栏上方的按钮，在弹出的下拉菜单中选择“显示菜单栏”即可将其显示出来。

第 2 章

绘图前的准备工作

熟练掌握AutoCAD 2014的命令执行方式、绘图环境设置方法和对象选择与缩放控制技法，清楚各种辅助绘图工具的功能和设置方法，熟悉AutoCAD的坐标系统并掌握多种坐标输入方式。

学习重点

- AutoCAD的5种命令执行方式
- 坐标系的概念与坐标输入方式
- 绘图环境的设置方法与技巧
- 辅助绘图工具的运用
- 对象选择与缩放控制
- 删除或修复操作过程中的失误

2.1 AutoCAD命令执行的方式

用户与软件之间的互动通常被称为人机对话，也就是说用户向软件下达指令，然后软件根据用户的指令执行相关操作。就AutoCAD而言，最基本的人机对话工作就是用户向软件下达绘图命令，下面就来介绍如何向AutoCAD下达绘图命令。

2.1.1 使用鼠标操作执行命令

在绘图窗口，鼠标光标通常显示为“十”字线形式。将光标移至菜单选项、工具或对话框内时，它会变成一个箭头。无论光标是“十”字线形式还是箭头形式，当单击或者按动鼠标键时，都会执行相应的命令或操作。在AutoCAD中，鼠标键是按照下述规则定义的。

1. 拾取键

通常指鼠标左键，用于指定屏幕上的点，也可以用来选择Windows对象、AutoCAD对象、工具栏按钮和菜单命令等。

2. Enter键

指鼠标右键，相当于键盘上的Enter键，用于结束当前使用的命令，此时系统将根据当前绘图状态而弹出不同的快捷菜单。

3. 弹出菜单

当使用Shift键和鼠标右键的组合时，系统将弹出一个快捷菜单，用于设置捕捉点的方法。对于3键鼠标，弹出按钮通常是鼠标的中间按钮。

2.1.2 通过命令提示行执行绘图命令

这种方法就是通过键盘输入绘图命令，用户在命令提示行的“命令：”提示符后输入相关命令，然后按一下Enter键或Space键（本书以↙表示Enter键或者Space键，请读者注意）执行命令，每确认一次提示操作都要按Enter键或Space键，如图2-1所示。

在“命令行”窗口中右击鼠标，AutoCAD将显示一个快捷菜单，如图2-2所示。通过它可以选择最近使用过的6个命令、复制选定的文字或全部命令历史记录、粘贴文字以及打开“选项”对话框。还可以使用Backspace键或Delete键删除命令行中的文字；也可以选中命令历史，并执行“粘贴到命令行”命令，将其粘贴到命令行中。

专家提示

如果要选择多个图形，则在输入命令的过程中系统会弹出一个命令索引列表，供用户选择所需要的命令。当用户不能完全记住命令的单词时，该项功能就显得很有用处了。

下面以绘制一个圆为例来说明命令提示行的使用方法，假设圆心位置为（50,50），圆的半径为100mm。

在命令行中输入Circle命令，并按Enter键，命令执行过程如下。

```
命令: _circle ↙            //在命令提示符后面输入circle并按Space键或按Enter键
指定圆的圆心或 [三点(3P)/两点(2P)/切点、切点、半径(T)]: 0,0 ↙ //输入圆心坐标（0,0）并按Enter键确认
指定圆的半径或 [直径(D)] <849.5592>:: 50 ↙  //输入半径值50并按Enter键确认。
```

这样就可以完成一个圆的绘制，效果如图2-3所示。

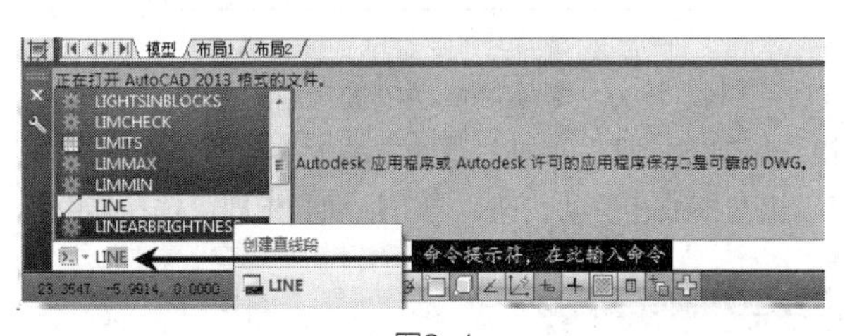

图2-1

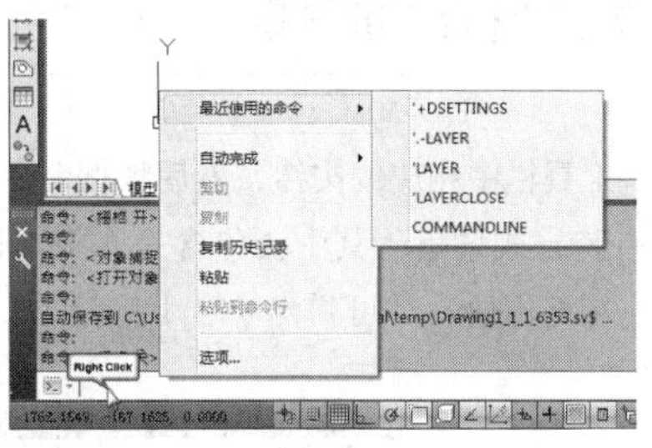

图2-2

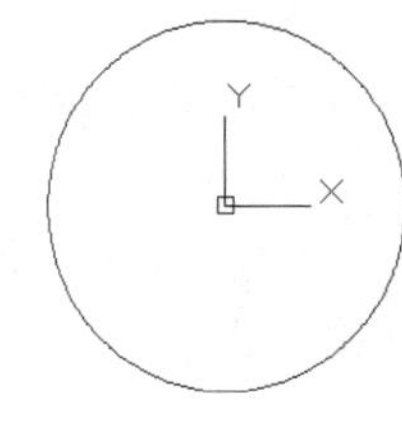

图2-3

**专家提示**

在输入圆心坐标的时候，中间的逗号是“,”（英文标点），而不是“，”（中文标点），请读者注意输入法的调整。

2.1.3 通过菜单执行绘图命令

这种方法就是先单击菜单栏中的主菜单项，再选择子菜单中的相应命令。在菜单中选择的命令都会反映到命令行中，然后根据命令行中的提示进行绘制。

使用菜单是比较容易记住的操作方法，同Windows其他程序一样，菜单项都会给出一些提示，如图2-4所示。▸表示需要打开子菜单，在子菜单中选择相应的命令；…表示会打开一个对话框；而单击其他普通菜单项则会立即执行相应命令。

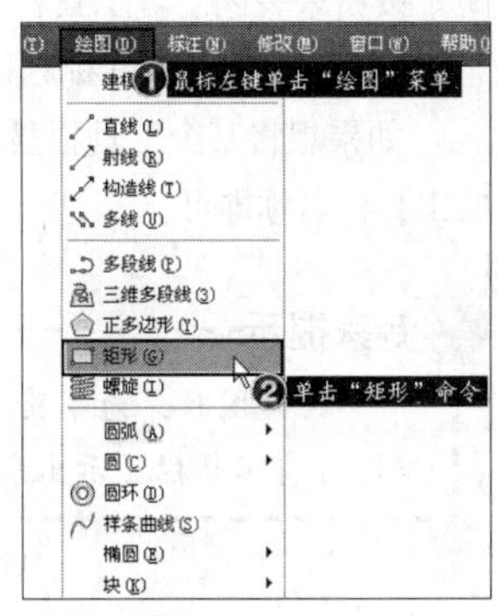

图2-4

2.1.4 使用快捷菜单

使用快捷菜单比使用命令行更快，可以提高工作效率。在某一区域或对象上单击鼠标右键，都会弹出一个针对该区域或对象的快捷菜单，针对不同的对象而弹出的菜单内容也有所不同。

如果在没有执行任何命令也没有选中任何对象的情况下，在绘图区域单击鼠标右键就会打开默认的快捷菜单，如图2-5所示。

如果在选择了某个对象时右击鼠标，则会打开编辑模式的菜单，大多是编辑该对象的相关命令。

如果在执行命令之后右击鼠标，则会打开命令模式菜单，允许选择该命令的选项。

当打开某个对话框的时候，用鼠标右键单击激活部分能看到对话框模式菜单，不同的对话框会有不同的菜单内容。

其他的菜单还包括用鼠标右击某个工具栏时出现的工具栏列表，以及用鼠标右击命令行并选择“近期使用的命令”时出现的命令行历史记录。

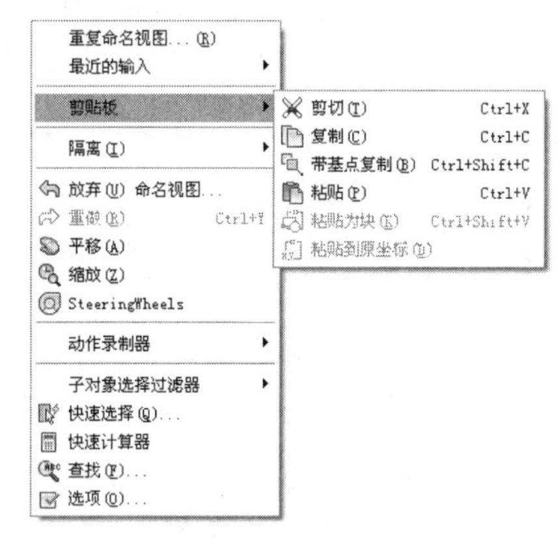

图2-5

2.1.5 通过工具栏执行绘图命令

这种方法是先单击工具栏中相应的按钮，然后根据命令行进行绘制，该方法是实际应用中最常用的方法。

在一些工具栏上有弹出式菜单，其中会包含一些附加按钮。例如“标准”工具栏上的“缩放”按钮，如图2-6所示，在按钮上按住鼠标左键不放，即可弹出一个下拉菜单，显示出与缩放相关的按钮，向下拖动光标即可选择其中一个按钮。

图2-6

当工具栏被打开之后，只要它处于浮动状态，也就是说没有停靠在屏幕边缘，就可以通过单击其右上角的“关闭”按钮来关闭它。工具栏可以浮动在绘图区域甚至应用程序窗口以外，可以通过拖曳鼠标来调整它们的位置。如果想将其固定，只要按住标题栏，然后将其拖曳到应用程序窗口的边缘处即可。

如果想将某个工具栏显示或隐藏，可以在任意工具栏的空白处右击鼠标，然后在弹出的菜单中选择要显示或隐藏的工具栏名称即可。

专家提示

在绘图时，为了获得最大化的绘图区域，可以按快捷键“Ctrl”+“0”将所有工具栏隐藏，再按一次该快捷键即可将工具栏显示出来。这种方式比较简单，单击工具栏中的按钮就可以执行相应的命令。

2.1.6 使用对话框和选项板

对话框和选项板主要为用户提供了一种简单的方式来控制AutoCAD命令的各项参数设置，使用户不必死记众多的参数选项。

这里以“图案填充和渐变色”对话框为例，介绍一下对话框中常见的一些组件，如图2-7所示。

选项板是一个窗口，它将某些相关的命令和集中设置到一起。单击“工具>选项板”菜单项，然后在子菜单中选择要打开或要隐藏的选项板，如图2-8所示。

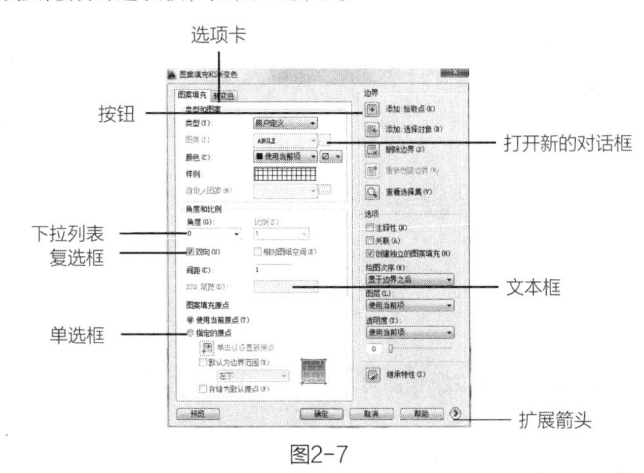

图2-7

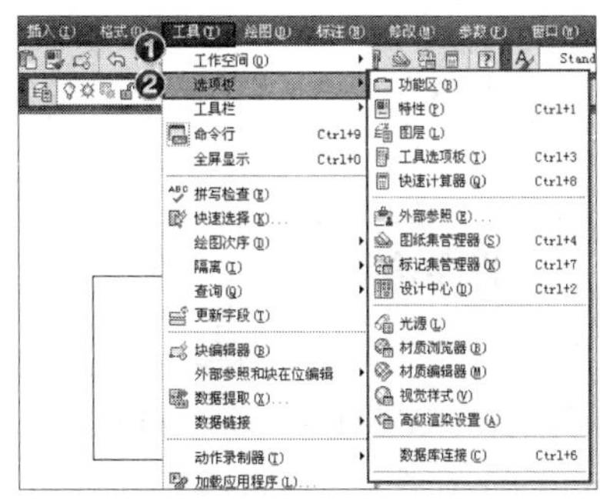

图2-8

2.2 AutoCAD的命令执行技巧

在绘图过程中灵活运用一些技巧可以提高绘图效率，下面就来介绍一些常用的命令执行技巧。

相关命令如表2-1所示。

表2-1 AutoCAD常用命令

命令	简写	功能
Multiple（重复）	Multip	重复指定下一条命令直至被取消
Undo（放弃）	U	撤销已执行命令的效果
Redo（重做）	REDO	重复执行上一次执行的命令

2.2.1 重复命令

当执行完一个命令后，如果还要继续执行该命令，可以直接按Enter键或Space键重复执行上一个命令。

比如执行Arc命令绘制了一段圆弧，接下来还要继续绘制圆弧，这时可以左手按Space键，右手用鼠标指定绘制圆弧的几个点，这样将双手都利用起来以提高绘图速度。

如果提前知道某个命令将会执行多次，还可以在命令行中输入Multiple命令，然后在“输入要重复的命令：”提示后面输入命令名称，那么这个命令就可以自动重复执行。要停止重复执行该命令，按Esc键即可。

2.2.2 使用近期输入内容

在实际绘图中常常需要多次输入相同的参数。例如需要以同样的半径来绘制几个圆形，就可以直接在“近期输入”列表中选择最近绘制圆形时使用的半径，而不用再次输入。

看到输入提示时，右击鼠标后在弹出的快捷菜单中选择“最近的输入”命令，然后从列表中选择一个近期输入项。

“最近输入”功能显示一些适合当前提示的项，如果提示要求输入半径，在近期输入列表中就不会看到角度或x，y坐标值而只能看到长度值，如图2-9所示。

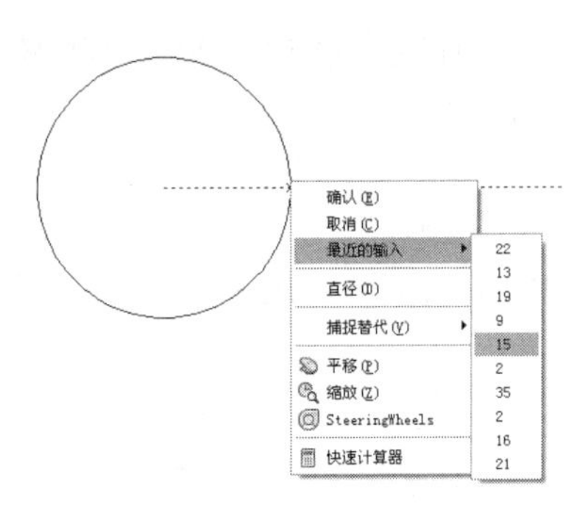

图2-9

2.2.3 取消命令

有时操作失误，错误执行了某个命令，这时直接按Esc键终止该命令即可。

2.2.4 撤销绘图命令

在绘图过程中，如果执行了误操作，此时就需要撤销刚才的操作。撤销操作在AutoCAD也称为放弃操作，由Undo（放弃）命令实现。

1. 命令执行方式

菜单栏：执行“编辑>放弃”菜单命令。

快捷键：按快捷键“Ctrl”+“Z”。

工具栏：单击“标准”工具栏中的“重做”按钮。

命令行：在命令提示行中输入undo命令并按Enter键。

2. 操作步骤

在这几种方法中，都只能放弃单个操作。如果要一次放弃几步操作，可以单击“标准”工具栏中“放弃”按钮后面的按钮，然后在下拉列表中单击需要放弃的操作，如图2-10所示。

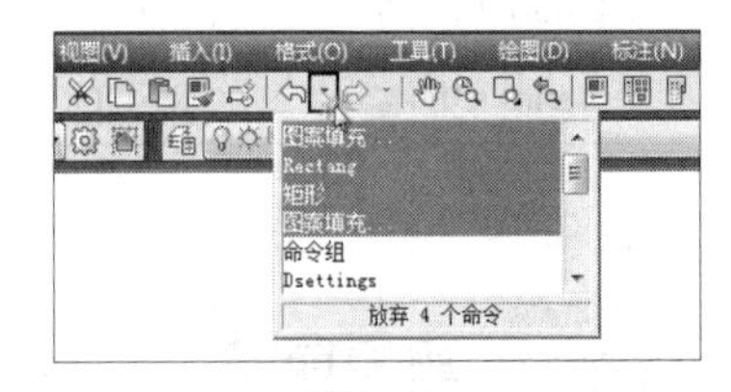

图2-10

直接在命令行中执行Undo命令也可一次放弃多步操作，命令行相关提示如下。

```
命令: _undo↙
当前设置: 自动 = 开，控制 = 全部，合并 = 是
输入要放弃的操作数目或[自动(A)/控制(C)/开始(BE)/结束(E)/标记(M)/后退(B)]<1>:3↙
样条曲线 group 圆 group group                //显示撤销的操作名称
```

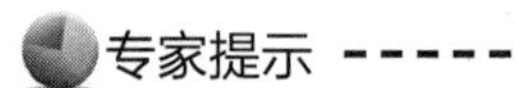

专家提示

许多命令包含自身的U（放弃）选项，不需要退出此命令即可更正错误。例如，使用Line（直线）命令创建直线或多段线时，输入U即可放弃上一个线段。

2.2.5 重复绘图命令

像大多数软件一样，AutoCAD也提供了撤销和重复执行操作的功能。可以在使用放弃操作后立即使用Redo（重做）命令，取消单个放弃操作的效果。

1. 命令执行方式

菜单栏：执行“编辑>重做”菜单命令。

快捷键：按快捷键“Ctrl”+“Y”。

工具栏：单击“标准”工具栏中的“重做”按钮。

命令行：在命令提示行中输入Redo命令并按Enter键。

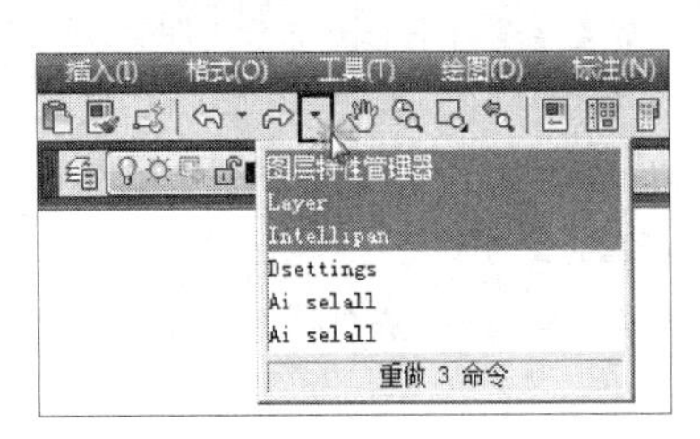

图2-11

2. 操作步骤

如果要立即重做几步操作，可以单击“标准”工具栏中按钮后面的按钮，然后在下拉列表中单击需要重做的操作，如图2-11所示。

注意

Redo命令必须在Undo命令后立即执行。

2.2.6 使用透明命令

在AutoCAD中，透明命令是指在执行其他命令的过程中可以执行的命令。常使用的透明命令多为修改图形设置的命令和绘图辅助工具命令和例如Snap、Grid、Zoom等。下面以实际操作的方式进行介绍。

01 单击“绘图”工具栏中的Rectang（矩形）按钮，执行Rectang（矩形）绘图命令。

02 用鼠标左键在绘图区域的适当位置（单击）拾取一点作为矩形的左下顶点，如图2-12所示。

03 在确定矩形的右上顶点之前，单击“标准”工具栏中的“实时平移”按钮，如图2-13所示

04 单击“实时平移”按钮之后，鼠标变成形状，此时按住鼠标左键进行拖动，即可将视图平移。

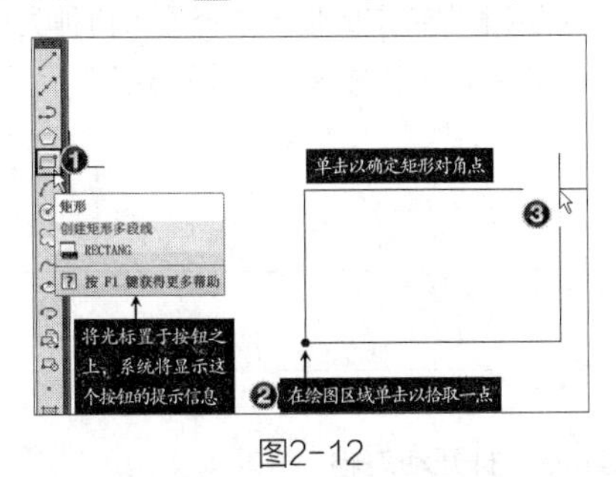

图2-12

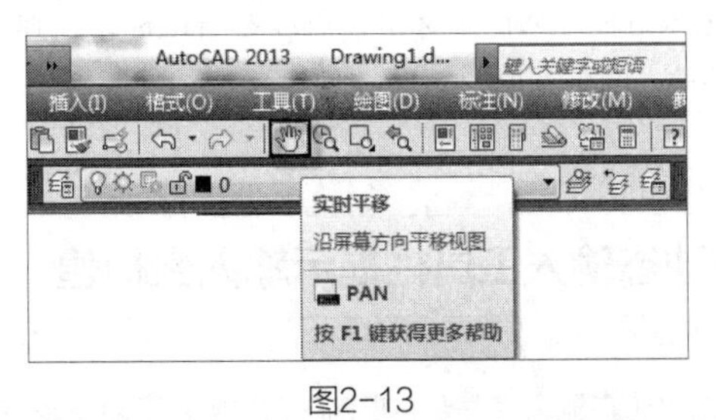

图2-13

注意

这是只是移动视图，并没有改变图形的位置。关于图形的移动，将在第4章做详细介绍。

05 按Esc键中止“实时平移”命令，系统提示用户继续确定矩形的右上顶点，暂时中断的Rectang（矩形）绘图命令恢复执行。

专家提示

要以透明方式使用命令，应在输入命令之前输入单引号“'”。在命令行中，在透明命令的提示前有一个双折号“>>”，完成透明命令后将继续执行原命令。AutoCAD最常用的透明命令有Help（帮助）、Zoom（缩放）和Pan（实时平移）等。

2.3 理解AutoCAD的坐标系统

要利用AutoCAD来绘制图形，首先要了解坐标的概念，了解图形对象所处的环境。在这里将深入阐述AutoCAD中的坐标系，并通过示意图来帮助大家加深理解。

下面主要是对平面坐标系（即第三维坐标始终为0）进行讨论，关于三维坐标系请参见第12章。

在中学时我们就学过几何学和三角学，那时通过x轴和y轴的坐标值来绘图，在AutoCAD中其实也一样。图2-14所示为AutoCAD的UCS图标，其中x轴的箭头指向x轴的正方向，也就是说顺着箭头方向前进则x轴坐标值增加，y轴的箭头指向y轴的正方向。

利用这个系统，在屏幕上的每一个二维点都可以使用x和y坐标值来指定。我们称之为笛卡尔坐标系。

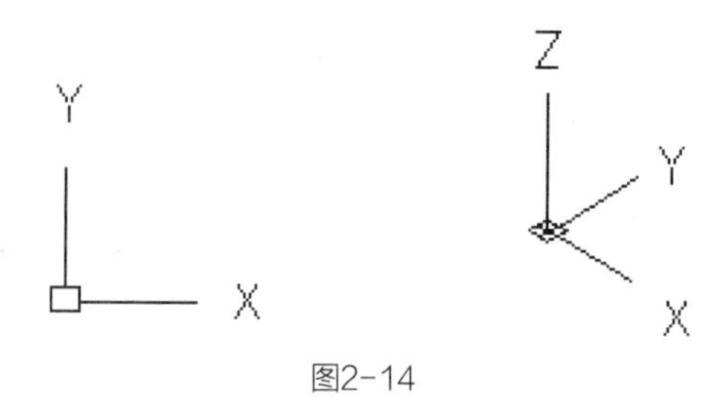

图2-14

在AutoCAD中绘图时，使用的是未定义的单位，例如从点$P1$（2,0）到点$P2$（6,0），两点之间的直线距离为4个单位长度。在绘图时，可以任意指定这些单位。

专家提示

如果使用的是工程或建筑业的单位，AutoCAD对英寸长度的部分的显示（分数）与其输入的格式有所不同。而且由于在AutoCAD中按Space键等同于按Enter键，都表示结束输入，所以在输入坐标值时不能加空格。输入时在整数的英寸和分数的英寸之间需要使用一个连字符“-”。

指定某个对象的位置的基本方法是使用键盘输入它的坐标值，可以根据特定的情况选择输入何种类型的坐标值。

如果要重复输入近期输入的坐标值，可以右击鼠标，在弹出的快捷菜单中选择“最近的输入”命令，然后从出现的列表中选择想要输入的坐标值。

2.3.1 使用动态输入工具栏提示输入坐标值

在状态行上的“动态输入”按钮用于打开或关闭动态输入功能。打开动态输入功能，在输入文字时就能看到光标附近的工具栏提示，如图2-15所示。这样就可以将注意力集中在绘图区域中，而不用把目光移向命令行。动态输入适用于输入命令、对提示进行响应以及输入坐标值。

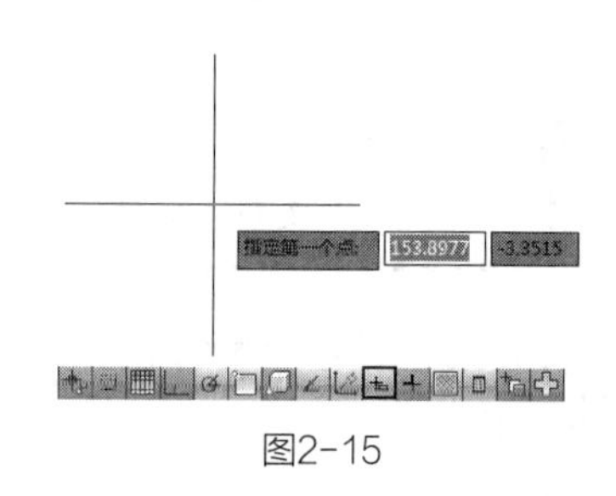

图2-15

案例 006 通过动态输入工具栏输入坐标值绘制三角形

- **学习目标** | 掌握动态输入的开启和关闭方法，并能通过动态输入工具栏输入参数绘制图形。
- **视频路径** | 光盘\视频教程\CH02\通过动态输入工具栏输入坐标值绘制三角形.avi

01 单击状态行上的“动态输入”按钮，使其打开。如果已经是打开的则不用单击它（该按钮呈灰色时为关闭状态）。

02 在命令行中输入L并按Enter键。

03 此时屏幕上显示出当前光标所在的坐标，首先输入x轴的坐标，例如输入100，如图2-16所示。

04 按下Tab键之后，就会出现第二个输入框，并锁定x轴的坐标，接着输入y轴的值，然后按Enter键完成输入，如图2-17所示。

05 接下来指定直线段的第二个点，系统首先要求输入线段的长度，再输入线段与x轴的角度（也可以直接按Tab键切换到角度值输入框，先确定角度再确定长度）。设置线段长度为400mm，然后按Tab键，设置极轴角度为0°，如图2-18所示。

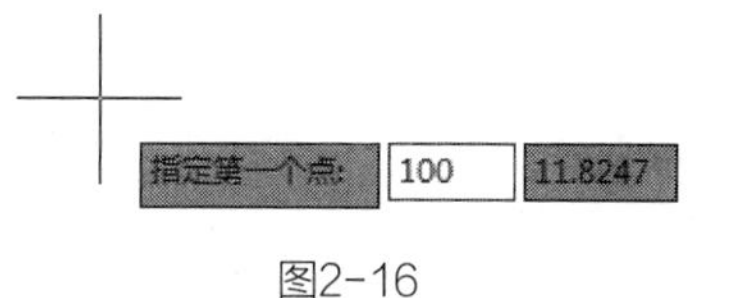

图2-16

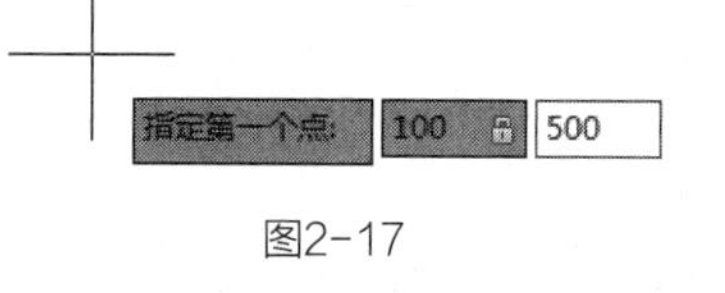

图2-17

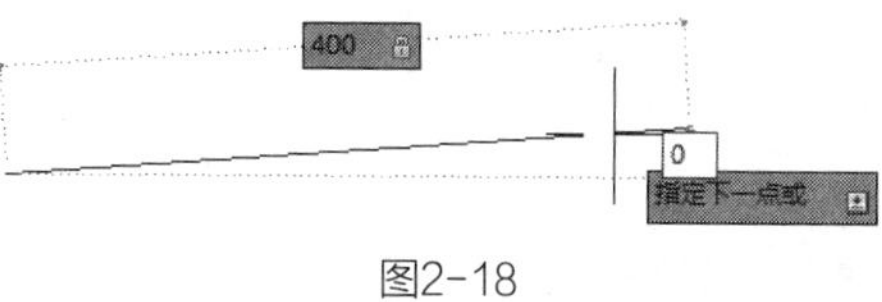

图2-18

06 接下来指定第二段直线段的长度和角度，设置线段长度为300mm，然后按Tab键，设置极轴角度为90°，如图2-19所示。

07 最后输入选项C闭合线段，如图2-20所示。

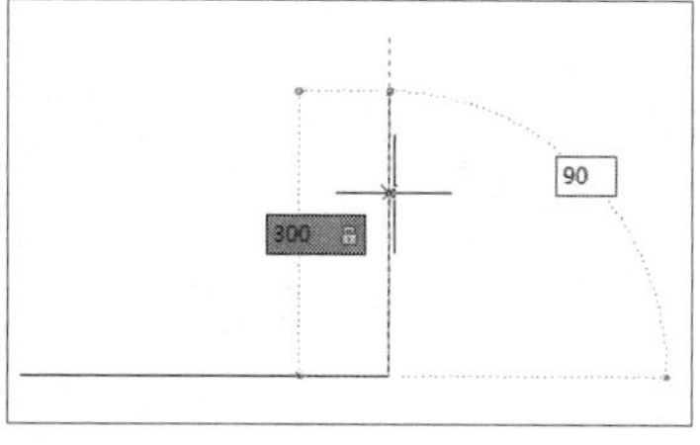

图2-19

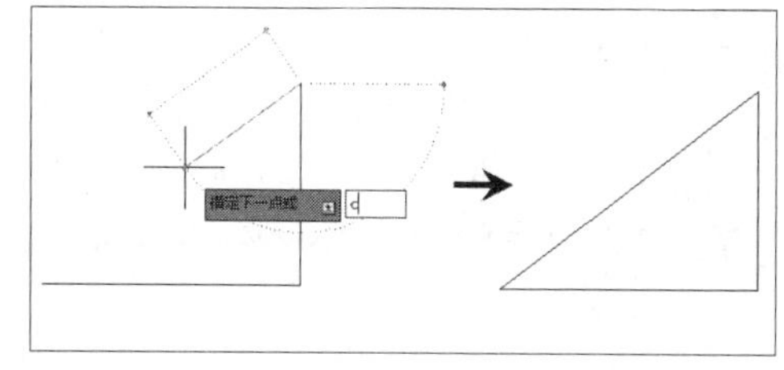

图2-20

注意

在输入坐标之前，x轴和y轴的值会随着鼠标指针的移动而改变，在输入x轴坐标值之后，该值就被锁定，在输入y轴坐标值之前，它依然处于未锁定状态。

2.3.2 指定动态输入设置

用户可以指定在输入坐标值时动态输入的工作方式，不同的设置会带来很不一样的结果，所以要熟悉这个参数选项的功能。

用鼠标右键单击“动态输入”按钮，在弹出的菜单中选择“设置”命令，如图2-21所示。然后系统会弹出图2-22所示的“草图设置”对话框。

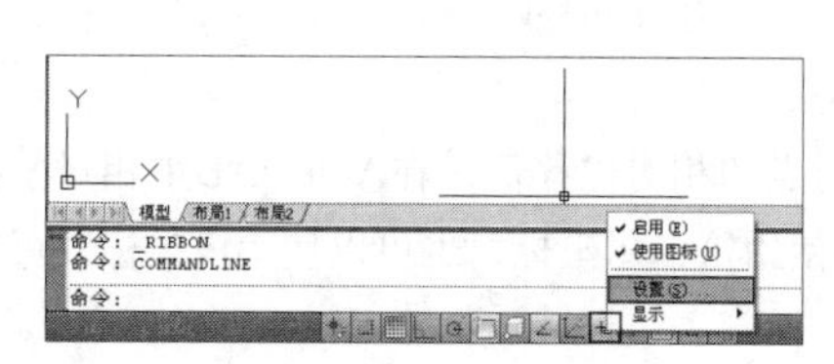

图2-21

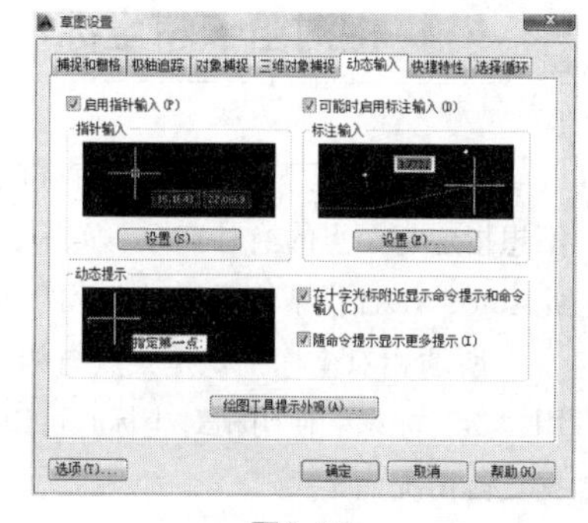

图2-22

2.3.3 绝对笛卡尔坐标

笛卡尔坐标系又称为直角坐标系，由一个原点（坐标为0,0）和两个通过原点的、相互垂直的坐标轴构成，如图2-23所示。

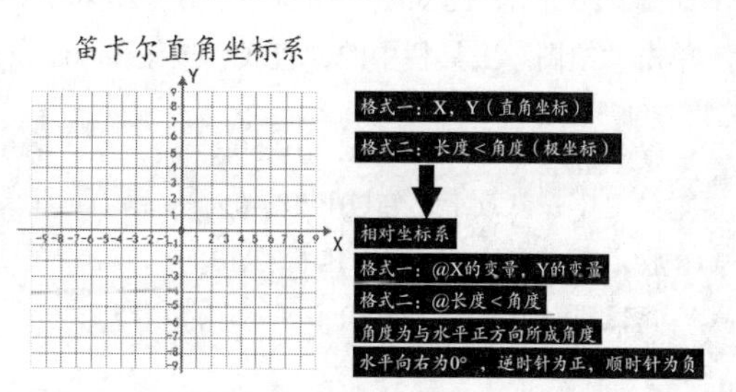

图2-23

其中，水平方向的坐标轴为x轴，以向右为其正方向；垂直方向的坐标轴为y轴，以向上为其正方向。平面上任何一点P都可以由x轴和y轴的坐标所定义，即用一对坐标值（x，y）来定义一个点，例如某点的直角坐标为（3,2），如图2-24所示。

绝对直角坐标是指相对于坐标原点的坐标，坐标中间用逗号隔开。在实际绘图中，很少用绝对坐标绘图，对其大致了解一下即可。

例如第一个点的坐标是（10,30），则表示该点在x轴上的坐标是10，在y轴上的坐标是30。当使用键盘输入该点的坐标时，只需在输入提示符后直接输入这两个数，中间用逗号分开，然后按Enter键，下面举例说明。

单击“绘图”工具栏中的“直线”按钮，然后根据命令提示输入4个点的坐标，先绘制出一个矩形，如图2-25所示。命令执行过程如下。

```
命令: _line
指定第一个点: 0,0↙                                //输入起点坐标
指定下一点或 [放弃(U)]: 12,0↙                     //表示该点在x轴上的坐标是12，在y轴上的坐标是0，即绘制一条长度为12的水平线段
指定下一点或 [放弃(U)]: 12,2↙                     //绘制一条长度为2的垂直线段
指定下一点或 [闭合(C)/放弃(U)]: 0,2↙              //绘制一条长度为12的水平线段
指定下一点或 [闭合(C)/放弃(U)]: c↙                //闭合线段
```

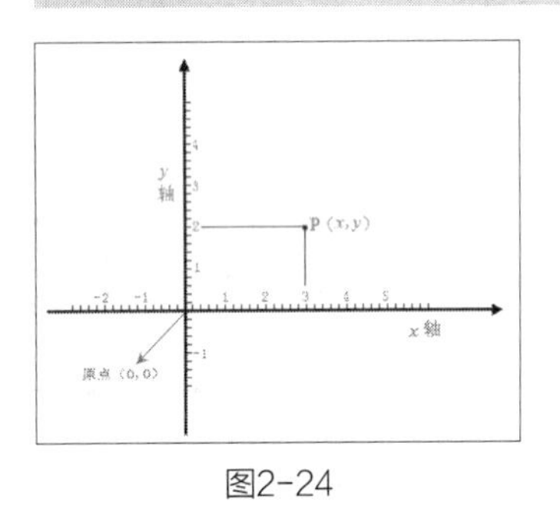

图2-24

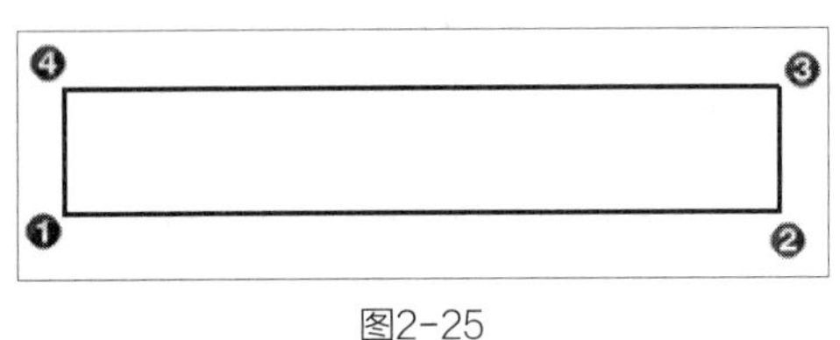

图2-25

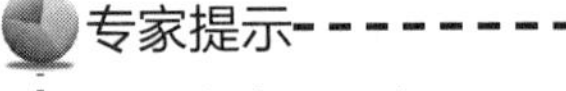

专家提示

在命令行中输入ID命令并按Enter键，然后在视图中单击图形上的点，可以查询该点的绝对坐标值。

2.3.4 相对笛卡尔坐标

在某些情况下，用户需要直接通过点与点之间的相对位置来绘制图形，而不想指定每个点的绝对坐标。实际上很难在绘图时找到相应的x轴和y轴坐标，为此AutoCAD提供了使用相对坐标的办法。

所谓相对坐标，就是某点与相对点的相对位移值，在AutoCAD中相对坐标用“@”标识。使用相对坐标时可以使用笛卡尔坐标，也可以使用极坐标，可根据具体情况而定。

图2-26

例如，某一直线的起点A坐标为（5,5）、终点B坐标为（10,5），则终点B相对于起点A在x轴的正方向上的距离为5，y轴上的距离为0，那么它的相对坐标为（@5,0），用相对极坐标表示应为（@5<0）。

如图2-26所示，已知A（-10,50），B（20,40），C点距B点（Δx=3，Δy=13），D点距C点（Δx=15，Δy=2）。

单击“绘图”工具栏中的“直线”按钮，命令执行过程如下。

```
命令: _line 指定第一点: -10,50↙
指定下一点或 [放弃(U)]: 20,40↙
指定下一点或 [放弃(U)]: @-3,13↙
指定下一点或 [闭合(C)/放弃(U)]: @-15,2↙
```

指定下一点或 [闭合(C)/放弃(U)]: C↙

2.3.5 极坐标系

极坐标系是由一个极点和一个极轴构成（如图2-27所示），极轴的方向为水平向右。平面上任何一点*P*都可以由该点到极点的连线长度*L*（>0）和连线与极轴的交角*a*（极角，逆时针方向为正）所定义，即用一对坐标值（*L*<a）来定义一个点，其中“<”表示角度。

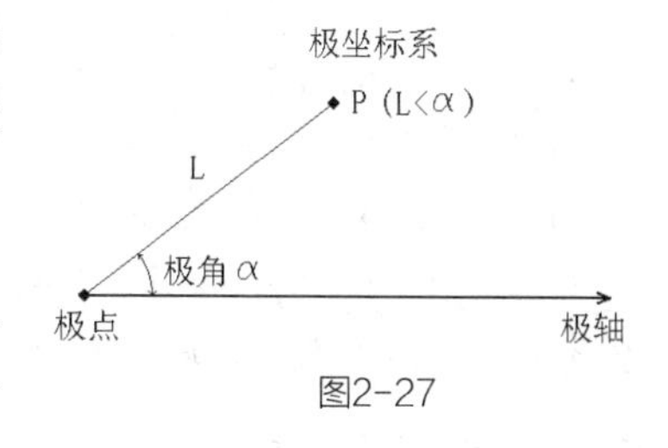

图2-27

例如，某点的极坐标为（5<30）。

在实际工作中，相对于前面三种数据，角度可能是使用频率较低的一个。要指定角度替代，方法是在命令提示指定点时输入<（小于符号），其后跟一个角度值。

2.3.6 坐标值的显示

在屏幕底部状态栏中显示当前光标所处位置的坐标值，该坐标值有3种显示状态。

1891.6748, 697.3334, 0.0000 绝对坐标状态：显示光标所在位置的坐标。

32.1741<345, 0.0000 相对极坐标状态：在相对于前一点来指定第二点时可使用此状态。

关闭状态：颜色变为灰色，并“冻结”关闭时所显示的坐标值。

用户可根据需要在这3种状态之间进行切换，方法也有3种。

方法一：连续按F6键可在这3种状态之间相互切换。

方法二：在状态栏中显示坐标值的区域，双击也可以进行切换。

方法三：在状态栏中显示坐标值的区域，单击鼠标右键可以弹出快捷菜单，如图2-28所示，可以在菜单中选择所需状态。

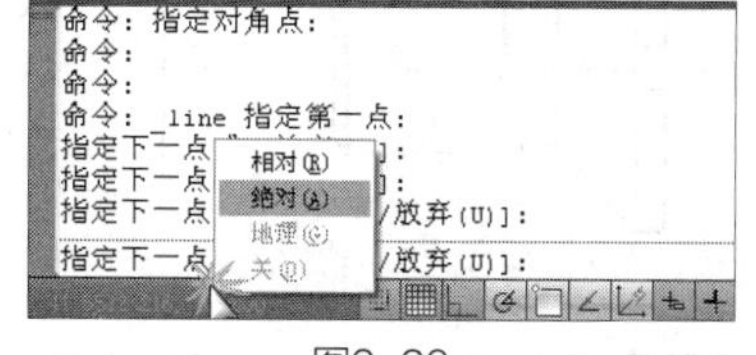

图2-28

2.3.7 WCS和UCS

AutoCAD系统为用户提供了一个绝对的坐标系，即世界坐标系（WCS）。通常AutoCAD构造新图形时将自动使用WCS。虽然WCS不可更改，但可以从任意角度、任意方向来观察或旋转。

相对于世界坐标系WCS，用户可根据需要创建无限多的坐标系，这些坐标系称为用户坐标系（User Coordinate System，UCS）。用户使用Ucs命令来对UCS进行定义、保存、恢复和移动等一系列操作。如果在用户坐标系UCS下想要参照世界坐标系WCS指定点，在坐标值前加星号“*”。

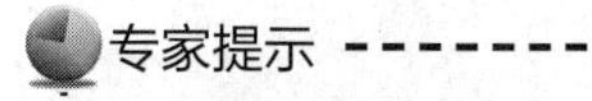
专家提示

使用Ucsicon命令可以隐藏和显示AutoCAD的坐标系图标。

案例 007 利用极坐标绘制沉头螺钉

- **学习目标** | 学习使用极坐标绘制图2-29所示的沉头螺钉图形，理解极坐标的概念，掌握极坐标在实际绘图中的用途。
- **视频路径** | 光盘\视频教程\CH02\利用极坐标绘制图形.avi

01 单击“绘图”工具栏中的“直线”按钮，根据螺钉的尺寸，用直线绘制出沉头螺钉一半的轮廓线，如图2-30所示。命令执行过程如下。

```
命令: _line
指定第一个点:
指定下一点或 [放弃(U)]: @0,2.35↙
指定下一点或 [放弃(U)]: @0.4,0↙
指定下一点或 [闭合(C)/放弃(U)]: @1.73<-45↙
指定下一点或 [闭合(C)/放弃(U)]: @0.33,0↙
指定下一点或 [闭合(C)/放弃(U)]: @0.47<15↙
指定下一点或 [闭合(C)/放弃(U)]: @2.38,0↙
指定下一点或 [闭合(C)/放弃(U)]: @0.34<-45↙
指定下一点或 [闭合(C)/放弃(U)]: ↙
```

02 单击“修改”工具栏中的“镜像”按钮，将图2-31所示的两条线段水平镜像复制，并将其线型更改为细实线。

03 选中全部线段，然后按Space键继续执行Mirror（镜像）命令，将绘制完成的图形水平镜像复制，如图2-32所示。命令执行过程如下。

```
命令: _mirror找到9个
指定镜像线的第一点: //捕捉图2-32所示的点1
指定镜像线的第二点: //打开“极轴”捕捉或“正交”捕捉，将鼠标水平向右移动，然后任意指定一点
要删除源对象吗? [是(Y)/否(N)] <N>:↙
```

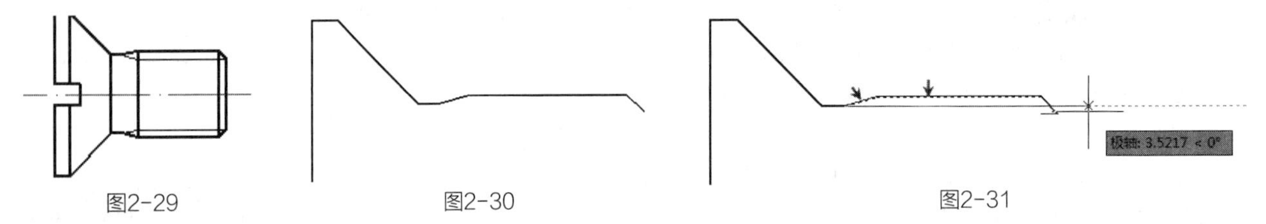

图2-29　　图2-30　　图2-31

04 最后单击“绘图”工具栏中的“直线”按钮，连接线段上的端点，绘制垂直线段，沉头螺钉的正立面就绘制完成了，如图2-33所示。

05 绘制一个0.75×0.6的矩形，以矩形左边中点为基点，移动到螺钉左侧边上的中点，如图2-34所示。

06 选中矩形，单击“分解”按钮将其分解，然后单击“修改”工具栏中的“修剪”按钮，将其修剪成图2-35所示的形状。

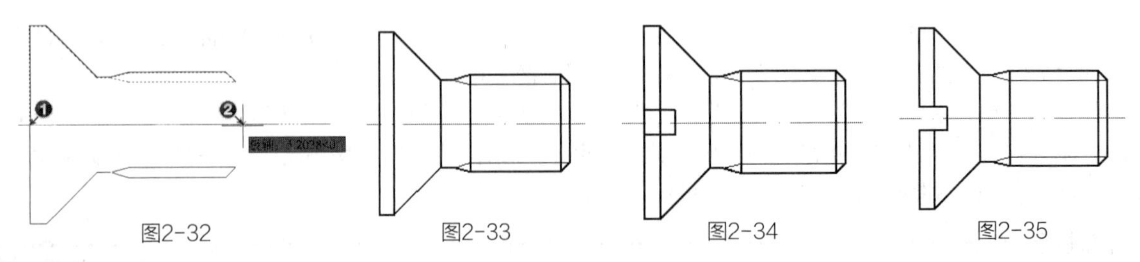

图2-32　　图2-33　　图2-34　　图2-35

2.4　设置AutoCAD的绘图环境

设置绘图环境是计算机辅助绘图的第一步，任何正式的工程绘图都避免不了绘图环境的设置。比如在建筑或机械制图中，设计人员首先要设置当前图纸的幅面（采用国标图幅A0、A1、A2、A3等），然后设置绘图单位，接着设定相关的图层及对象属性。

相关命令如表2-2所示。

表2-2 设置绘图环境相关命令

命令	简写	功能
Units（单位）	UN	设置显示坐标、距离和角度时要使用的格式、精度及其他设置
Limits（图形界限）	LIM	在绘图区域中设置不可见的图形边界
Layer（图层）	LA	打开图层特性管理器，以管理图层和图层特性

2.4.1 确定绘图单位

绘图单位本身是无量纲的，但用户在绘图时可以将绘图单位视为被绘制对象的实际单位，如毫米（mm）、厘米（cm）、米（m）、千米（km）等，工程制图最常用的单位是毫米（mm）。

注意

一般情况下，AutoCAD采用实际的测量单位来绘制图形，等完成图形绘制后，再按一定的缩放比例来输出图形。

1. 命令执行方式

菜单栏：执行“格式>单位”菜单命令。

命令行：在命令行中输入Units命令并按Enter键。

2. 操作步骤

01 执行“格式>单位”菜单命令或者在命令提示行输入Units（单位）命令并按Enter键，打开“图形单位”对话框。

02 在“长度”参数栏的“类型”下拉列表中选择“小数”；在“精度”下拉列表中选择“0.00”；在“用于缩放插入内容的单位” 下拉列表中选择“毫米”，如图2-36所示。

03 其他参数保持默认设置即可，最后单击“确定”按钮完成单位设定。

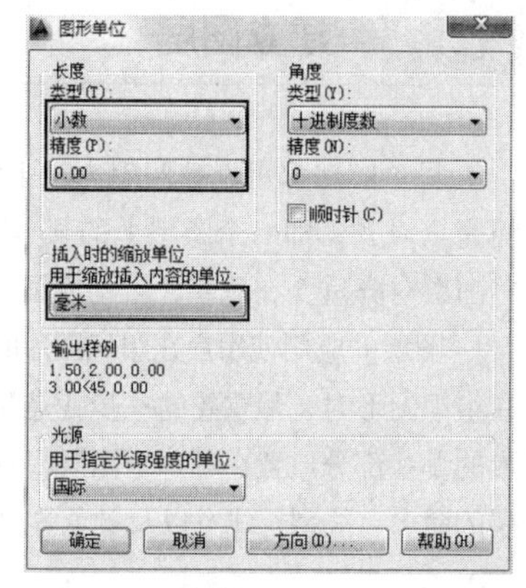

图2-36

注意

在国内的工程绘图领域，毫米（mm）是最常用的单位，而AutoCAD默认的绘图单位也是毫米。

2.4.2 设置绘图界限

在绘图前可执行绘图区域的大小，也就是设定绘图区域的边界，也称为图形界限。默认情况下是以（0,0）点为边界的左下角，右上角的坐标决定了图形界限的大小。

图形界限相当于在图纸上人为增加了一个不可见的边界。但是，绘图时可以超越这个界限。

在AutoCAD中使用Limits（图形界限）命令来设置图限，用它在当前的“模型”或布局选项卡上设置并控制栅格显示的界限。

1. 命令执行方式

菜单栏：执行“格式>图形界限”菜单命令。

命令行：在命令行中输入Limits命令并按Enter键。

2. 操作步骤

01 执行“格式>图形界限”菜单命令或者在命令提示行输入Limits命令并按Enter键，命令执行过程如下。

```
命令: _limits
重新设置模型空间界限:
指定左下角点或 [开(ON)/关(OFF)] <0.00,0.00>: 0,0↙  //输入坐标（0,0）并按Enter键确认
指定右上角点 <420.00,297.00>: 297,210↙          //输入坐标（297,210）并按Enter键确认
```

02 把设置的图形界限（A4图纸）放大至全屏显示，这样有利于观察绘制的图形。在命令提示行输入Zoom命令并按Enter键。命令提示如下。

```
命令: _zoom↙          //输入zoom，命令并按Enter键
指定窗口的角点，输入比例因子 (nX或nXP)，或者[全部(A)/中心(C)/动态(D)/范围(E)/上一个(P)/比例(S)/窗口
(W)/对象(O)] <实时>: a↙    //输入选项A表示把绘图界限放大到全屏显示
正在重生成模型。
```

此时在视觉上并不能感受到图形界限是否被放大，但事实上这个A4图纸已经布满AutoCAD的绘图区域，如果给图纸加一个边框就能从视觉上感受到了。

2.4.3 建立图层

每个图层都可以被假想为一张没有厚度的透明片，在图层上画图就相当于在这些透明片上画图。各个图层相互之间完全对齐，即一个图层上的某一基准点准确无误地对齐于其他各图层上的同一基准点。在各图层上画完图后，把这些图层对齐重叠在一起，就构成了一张完整的图，如图2-37所示。

图层的应用使用户在组织图形时拥有极大的灵活性和可控性。在组织图形时，最重要的一步就是要规划好图层的结构。例如，图形的哪些部分放置在哪一个图层，总共需设置多少个图层，每个图层的命名、线型、线宽以及颜色等属性如何设置。

多个图层　构成一张整图

图2-37

1. 命令执行方式

菜单栏：执行“格式>图层”菜单命令。

命令行：在命令行中输入Layer命令并按Enter键。

工具栏：单击“图层”工具栏中的“图层特性管理器”按钮。

2. 操作步骤

01 执行“格式>图层”菜单命令（快捷键“Alt”+“O”+“L”）或者单击“图层”工具栏中的“图层特性管理器”按钮，打开“图层特性管理器”对话框，如图2-38所示。

02 单击“新建图层”按钮，新建一个图层，把新图层命名为“图框”，如图2-39所示。

03 采用相同的方法建立“辅助线”“图线”“标注”和“技术说明”图层，如图2-40所示。

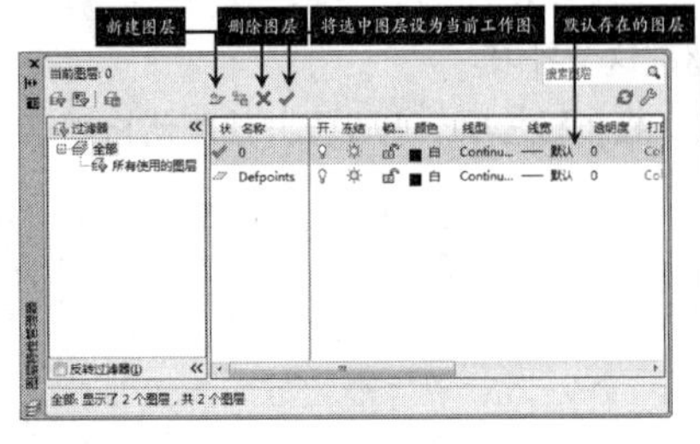

图2-38

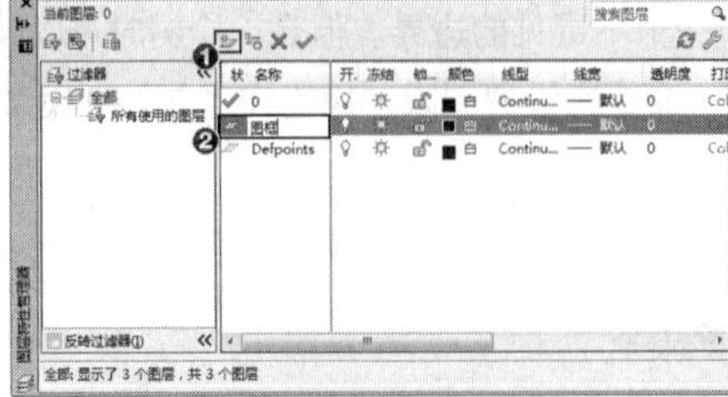

图2-39

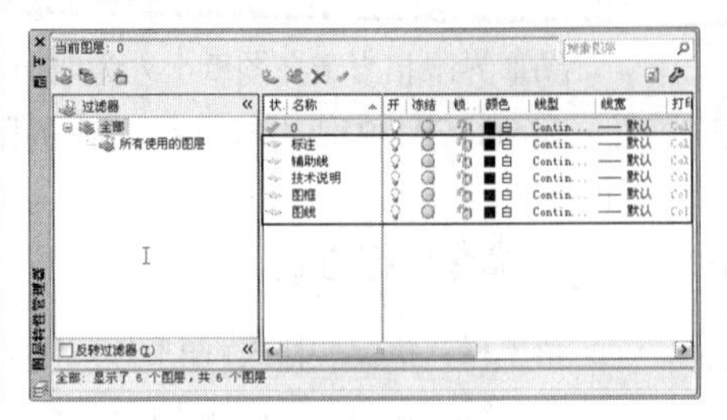

图2-40

专家提示

在上图的“图层列表框”中有一个0图层，这是系统的默认设置，用户不能修改该图层的名称，也不能删除该图层，但是可以设定该图层的相关属性，比如颜色、线型等。在创建图块时，一般都先将图形放置在0图层，再进行创建。

2.5 利用AutoCAD辅助绘图功能精确绘图

辅助绘图功能是AutoCAD为方便用户绘图而提供的一系列辅助功具，用户可以在绘图之前设置相关的辅助功能，也可以在绘图过程中根据需要设置。尤其在绘制精度要求较高的建筑图时，对象捕捉是精确定位的最佳工具。Autodesk公司对此也非常重视，每次版本升级，目标捕捉的功能都有很大提高。切忌用鼠标光标直接指定点的位置，这样的点不可能很准确。

辅助绘图功能主要包括对象捕捉（用于精确定位）、栅格显示（控制绘图区域是否显示栅格）、正交模式（规定绘制垂直或水平直线）等，这些功能（按钮）位于工作界面最底部的状态栏中，如图2-41所示。

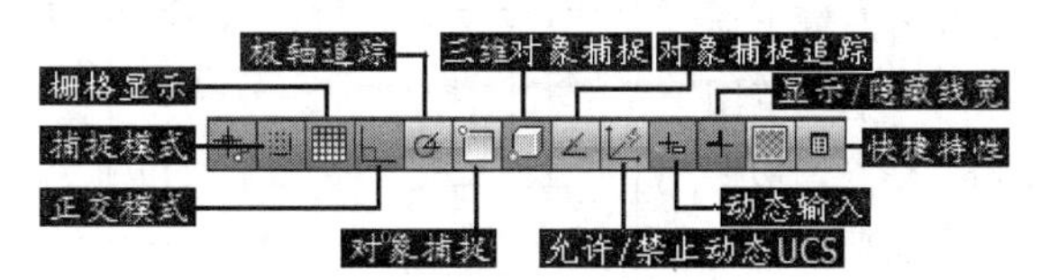

图2-41

专家提示

单击这些辅助绘图工具按钮就可以打开或者关闭相应的功能。以“对象捕捉”功能为例，如果该功能能处于关闭状态，则按钮显示为灰色状态；如果该功能处于启用状态，则按钮显示为亮色；单击该按钮就可以在关闭和打开之间切换，其他功能亦是如此。

辅助绘图相关命令如表2-3所示。

表2-3 辅助绘图相关命令

命令	简写	功能
Autosnap（自动捕捉）	Autos	这是一个系统变量，用于设置显示坐标、距离和角度时要使用的格式、精度及其他设置
Dsettings（草图设置）	DS	设置显示坐标、距离和角度时要使用的格式、精度及其他设置
Snap（捕捉）	SN	限制光标按指定的间距移动
Osnap（对象捕捉）	OS	显示“草图设置”对话框的“对象捕捉”选项卡

2.5.1 自动捕捉设置

所谓自动捕捉，就是当用户把鼠标光标放在一个对象上时，系统会自动捕捉到该对象上的所有符合条件的目标，并显示出相应的标记。

如果把鼠标光标放在目标上多停留一会儿，则系统还会显示该捕捉的提示。这样，用户在选点之前，就可以预览和确认捕捉目标了。因此，即使有多个符合条件的目标点时，也将不易捕捉到错误的点。

自动捕捉设置需要打开“选项”对话框，执行“工具>选项”菜单命令，单击“草图”标签后，可在该选项卡中的“自动捕捉设置”选项区域进行自动捕捉的设置，如图2-42所示。

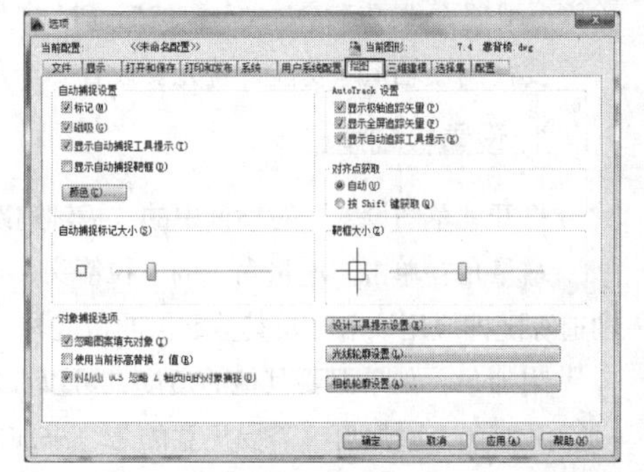

图2-42

2.5.2 捕捉和栅格设置

栅格是点或线的矩阵，遍布指定为栅格界限的整个区域。在AutoCAD 2014中的栅格类似于在图形下放置一张坐标纸，利用栅格可以对齐对象并直观显示对象之间的距离，如图2-43所示。

捕捉模式用于限制十字光标，使其按照用户定义的间距移动。当“捕捉”模式打开时，光标似乎附着或捕捉到不可见的栅格。捕捉模式有助于使用箭头键或定点设备来精确地定位点。“栅格”模式和“捕捉”模式各自独立，但经常同时打开。

启用捕捉能控制光标移动的间距。捕捉的特性与栅格的特性类似，但它是不可见的，所以其实质是Snap命令提供了一个不可见的栅格。

然而当用户在屏幕上移动十字光标时，就可以看到这种不可见栅格的效果，即光标不能随意停留在任何位置上，而只能停留在一些等距的点上。

由于Snap命令能强制十字光标按规定的增量移动，因此使用户可以精确地在绘图区域内拾取与捕捉间距成倍数的点。但当用户用键盘输入坐标值时，该输入数据将不受捕捉的影响。

在命令行中输入Dsettings（草图设置）命令，在按下Enter键后，系统会弹出一个“草图设置”对话框。单击“捕捉和栅格”标签，切换到“捕捉和栅格”选项卡，勾选“启用捕捉”和“启用栅格”复选框，便可以设置它们的间距，然后单击“确定”按钮，如图2-44所示。

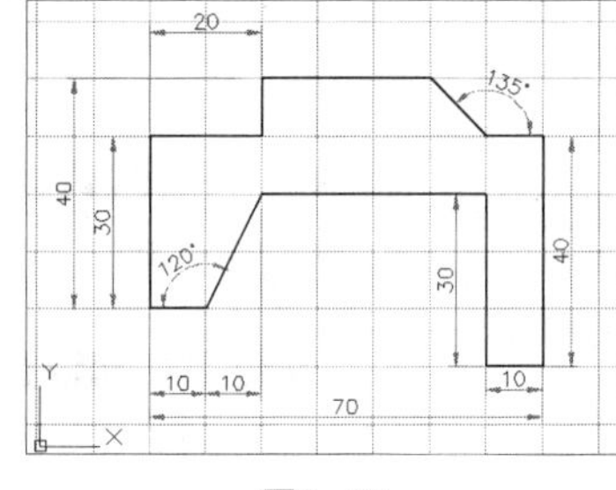

图2-43

图2-44

注意

栅格点仅仅是一种视觉辅助工具，并不是图形的一部分，所以绘图输出时并不输出栅格。

专家提示

在AutoCAD中，系统特别为捕捉、栅格、正交、等轴测等方式命令提供了功能快捷键。按快捷键“Ctrl”+“B”可打开或关闭捕捉；按快捷键“Ctrl”+“E”可按循环方式选择下一个等轴测面；按快捷键“Ctrl”+“G”可打开或关闭栅格；按快捷键“Ctrl”+“O”可打开或关闭正交。

2.5.3 极轴追踪设置

极轴追踪是按事先给定的角度增量来追踪点。当AutoCAD要求指定一个点时，系统将按预先设置的角度增量来显示一条辅助线，用户可沿辅助线追踪得到光标点，如图2-45所示。

用户可以通过单击状态栏上的按钮或按F10键来切换极轴追踪的打开或关闭。

对象捕捉追踪将沿着基于对象捕捉点的辅助线方向追踪。在打开对象捕捉追踪功能之前，必须先打开对象捕捉（单点覆盖方式或运行方式），然后通过单击状态栏上的“对象捕捉”按钮来切换对象捕捉追踪的打开或关闭。

要使用极轴追踪功能，首先要设置一个角度。

1. 设置极轴角

打开“草图设置”对话框中的“极轴追踪”选项卡，设置极轴的增量角，如图2-46所示。

增量角：单击“增量角”的下拉箭头，可以在5°～90°的范围内选择角度。还可以在文本框中输入增量角度。极轴追踪随即应用该角度及其整数倍的角度。

附加角：如果需要其他的角度，可以在勾选“附加角”复选框后，单击“新建”按钮，然后输入新的角度。最多只能添加10个附加角。需要注意的是，添加的附加角度不是增量角，例如在其中输入25°，那么只有25°被标记，而

50° 以及25° 的其他整数倍角则不会被标记。要删除附加角，先选中所需要的角度，然后单击“删除”按钮即可。

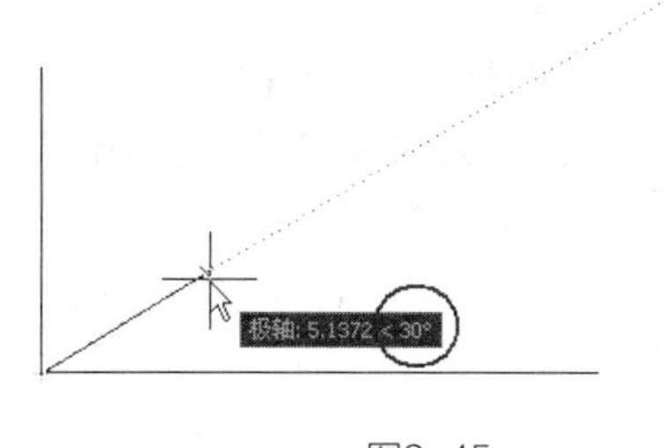

图2-45

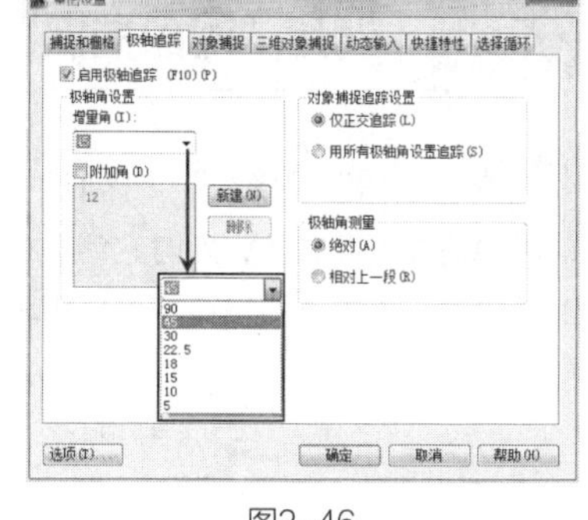

图2-46

2. 使用极轴追踪

使用极轴追踪时，需要将鼠标指针慢慢地移过一定的角度，使计算机有时间对当前角度进行计算并显示出极轴矢量和工具栏提示。

假设此时要绘制一条直线，首先要指定直线的起点，然后在指定第二个点的时候，将鼠标光标移动到一个欲绘制角度上。当看到极轴追踪矢量和工具栏提示之后，让鼠标停在此处并手动输入直线的长度，最后按Enter键即可绘制一条指定长度和角度的直线。

2.5.4 对象捕捉设置

对象捕捉（Osnap）功能用于辅助用户精确地选择某些特定的点。如果要在已经画好的图形上拾取特定的点，例如两直线的交点、圆心点、切点等，就可以设置相应的对象捕捉模式。

当处于对象捕捉模式中时，只要将光标移到一个捕捉点，AutoCAD就会显示出一个几何图形（称为捕捉标记）和捕捉提示。通过在捕捉点上显示出来的捕捉标记和捕捉提示，用户可以得知所选的点以及捕捉模式是否正确。AutoCAD将根据所选择的捕捉模式来显示捕捉标记，对于不同的捕捉模式会显示出不同形状的捕捉标记。

每当AutoCAD要求输入一个点时，就可以激活对象捕捉模式。

在绘图时最常用的捕捉模式是端点捕捉，为了更加方便地使用常用的对象捕捉功能，可以将其设置为常驻式对象捕捉，使指定的对象捕捉功能一直处于开启状态，直到关闭它们为止。打开“草图设置”对话框中的“对象捕捉”选项卡，勾选需要常用的捕捉类型即可，如图2-47所示。

在“草图设置”对话框中的“对象捕捉”选项卡中，可以选择一种或同时选择多种对象捕捉模式，这只要简单地勾选模式名称前的复选框就可以了。每个复选框前面都有一个小几何图形，这就是捕捉标记。

如果要全部选取所有的对象捕捉模式，则可单击对话框中的“全部选择”按钮；如果要清除掉所有的对象捕捉模式，则单击对话框中的“全部清除”按钮。另外，通过勾选“启用对象捕捉追踪”复选框，可以控制对象捕捉的打开或关闭。

单击状态栏中的“对象捕捉”按钮，按F3键或快捷键“Ctrl”+“F”，都可以打开或关闭当前的对象捕捉设置。

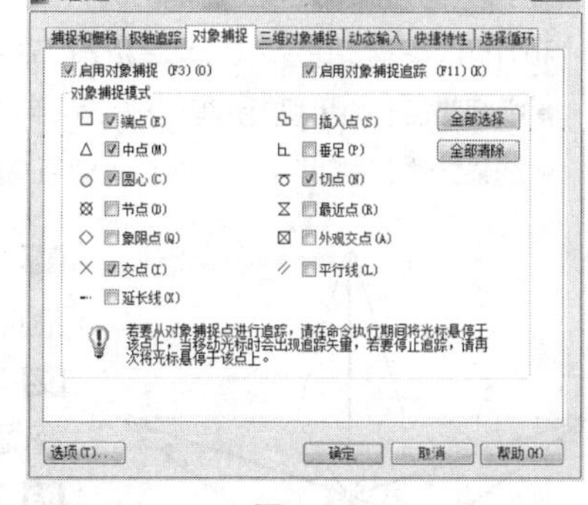

图2-47

专家提示

有时打开的常驻式对象捕捉类型太多，往往一时难以找到所需要的对象捕捉，这时可以通过按Tab键循环查找所需要的对象捕捉。

2.5.5 调用“对象捕捉”工具栏

在“绘图”“修改”“标准”等任一工具栏上单击鼠标右键，在弹出的菜单中单击“对象捕捉”命令，即可打开“对象捕捉”工具栏，此时它浮动在绘图区域内，如图2-48所示。前面提到的对象捕捉方式都以工具按钮的形式集成在工具栏中，单击这些按钮即可启用相应的对象捕捉方式。

图2-48

运行对象捕捉有以下两种模式。

运行方式的对象捕捉：运行方式的对象捕捉模式一旦设定，则在用户关闭系统、改变设置或者临时使用覆盖方式之前就一直有效。用户还可以同时设置多种对象捕捉方式，例如可以同时设置端点、中点、圆心等多种捕捉方式。在同时设置多种捕捉方式的情况下，AutoCAD将捕捉离用户指定点最近的捕捉目标。但多种方式的组合一般都不能很好地进行工作，比如“最近点”捕捉方式与其他任何方式都不能很好地进行组合。

专家提示

前面介绍的在“草图设置”对话框中设置捕捉方式就属于“运行方式的对象捕捉”，因为在这里面启用了某一种捕捉方式之后，它就会在整个绘图过程中一直有效。

覆盖方式的对象捕捉：如果在命令运行期间，当要求指定一个点时，用所需的对象捕捉方式来响应，则该对象捕捉的执行方式为覆盖方式。覆盖方式为最优先的方式，它将中断当前运行的任何对象捕捉方式，而执行覆盖方式的对象捕捉。

专家提示

覆盖方式是临时打开的对象捕捉方式，当捕捉到一个点后，该对象捕捉方式就自动关闭了，所以这种方式是一次性的。使用这种方法，必须打开图2-48所示的工具栏进行操作。

案例 008 利用对象捕捉绘制五角星

- **学习目标 |** 通过绘制图2-49所示的五角星来练习捕捉线段上的端点和线段的交点。至于本例中用到的Polygon（正多边形）命令和Trim（修剪）命令，在第3章和第4章中会详细讲解。
- **视频路径 |** 光盘\视频教程\CH02\利用对象捕捉绘制五角星.avi
- **结果文件 |** 光盘\DWG文件\CH02\五角星.dwg

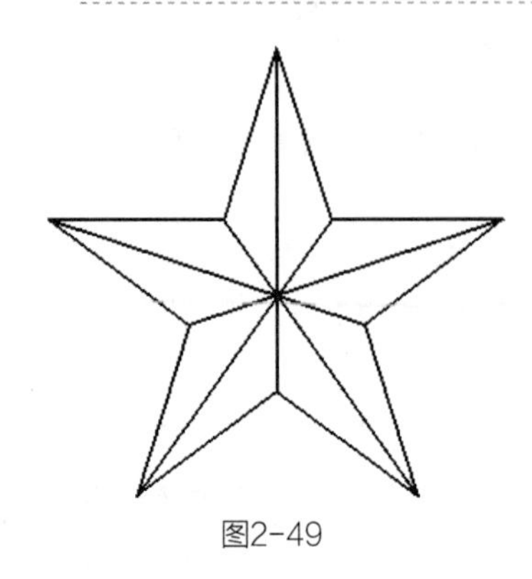

图2-49

01 执行“工具>绘图设置”菜单命令，打开“草图设置”对话框，切换到“对象捕捉”选项卡，勾选“端点”和“交点”这两种捕捉模式。

02 单击辅助绘图工具中的“对象捕捉”按钮和“正交模式”按钮，使其呈高亮显示状态，启用这两项辅助绘图功能。

03 单击“绘图”工具栏中的“正多边形”按钮，执行Polygon（正多边形）绘图命令，如图2-50所示。

04 根据命令提示输入多边形的边数5并按Enter键，然后在绘图区域的适当位置拾取一点作为正五边形角形的中心点，接着在命令提示后输入选项I，然后用鼠标拾取点以确定圆的半径（如图2-51所示）。命令执行过程如下。

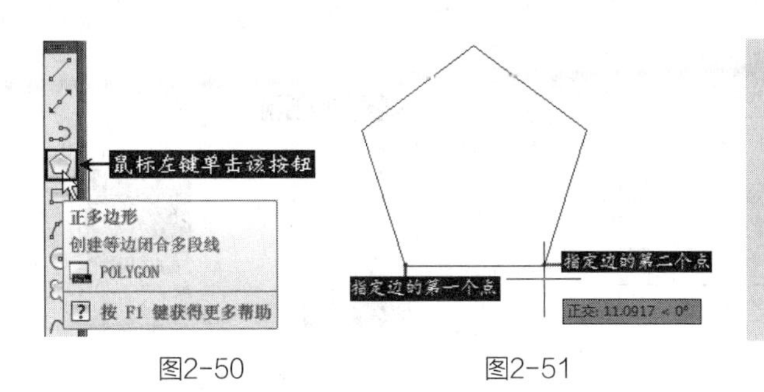

图2-50 图2-51

命令: _polygon 输入侧面数 <3>:5↙ //输入多边形的边数5并按Enter键

指定正多边形的中心点或 [边(E)]: e↙

指定边的第一个端点: //任意指定一点

指定边的第二个端点: 10↙ //因为打开了正交模式，也就是说已经确定了角度为90°，所以可以直接输入边的长度

05 单击“正交模式”按钮，关闭正交模式。

06 执行“绘图>直线”菜单命令，或者在命令行中输入L并按Enter键。

07 首先根据命令提示捕捉正五边形的顶点；然后移动鼠标至“对象捕捉”工具栏上并单击“捕捉到端点”按钮，然后捕捉正五边形的5个端点绘制对角线，如图2-52所示。

08 按Space键继续执行Line命令，这次捕捉端点和交点的连线，并删除正五边形，如图2-53所示。

09 最后使用Trim命令对图形进行修剪，把多余线段剪掉，这个五角星图形就绘制完成了，如图2-54所示。

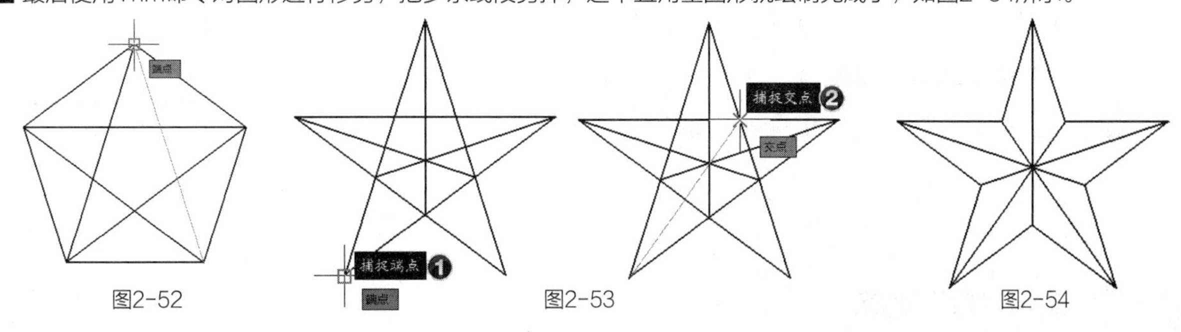

图2-52 图2-53 图2-54

2.6 点定位

在绘图时，有时需要在现有图形以外的区域指定某个点的位置，例如需要在距离现有图形对象一定距离和角度的位置指定一个点。下面就来介绍定位于图形对象外的点的3种方法，它们是对象捕捉追踪、点过滤器和源自功能。

2.6.1 使用对象捕捉追踪

使用对象捕捉追踪，可以沿着基于对象捕捉点的对齐路径进行追踪。已获取的点将显示一个小加号“+”，一次最多可以获取7个追踪点。获取点之后，当在绘图路径上移动鼠标光标时，将显示相对于获取点的水平、垂直或极轴对齐路径。例如，可以基于对象端点、中点或者对象的交点，沿着某个路径选择一点。

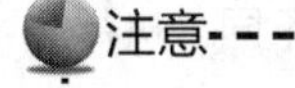

注意

即使关闭了对象捕捉追踪，用户也可以从命令中的最后一个拾取点追踪“垂足”或“切点”对象捕捉。

为了让大家更容易理解，下面举例说明它的用途。

01 打开配套光盘中的“DWG文件\ CH02\261.dwg”文件。

02 在辅助绘图工具栏上的“对象捕捉”按钮上单击鼠标右键，在弹出的菜单中选择“设置”命令，然后在弹出的“草图设置”对话框中勾选“启用对象捕捉”“启用对象捕捉追踪”和“端点”复选框，如图2-55所示，最后单击“确定”按钮完成设置。

03 通过按F3键来打开对象捕捉，如果对象捕捉已经打开了，就不需要再按此键。

04 单击“绘图” 工具栏上的“直线”按钮，首先捕捉直线段下方的端点，然后将鼠标光标移动到圆弧的端点上，再将光标垂直向下移动，直到出现一个延伸的交点，这时再单击鼠标，即可捕捉到该点，如图2-56所示。

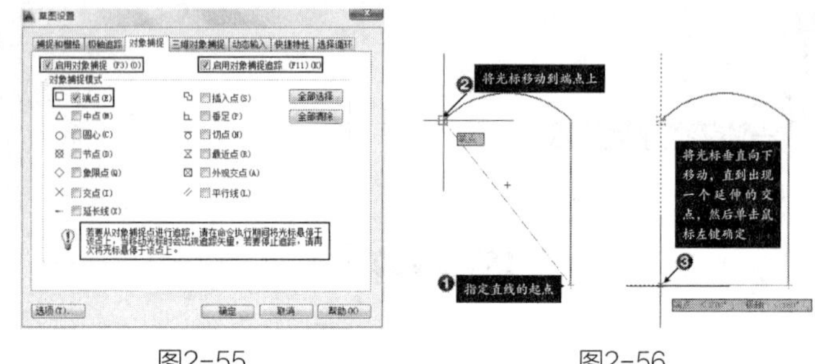

图2-55　图2-56

如果要以一个矩形的中心位置为圆心绘制一个圆，可以在打开对象捕捉追踪功能的状态下，先逐一将光标移动到矩形4条边上的中点上，再将光标移动到矩形的中心位置，这时就会出现一个矩形中点连线的交点，此点即是矩形的中心点，如图2-57所示。

另外，当需要从两条直线的延长线的交点处绘制直线时也可以使用这种方法，如图2-58所示。

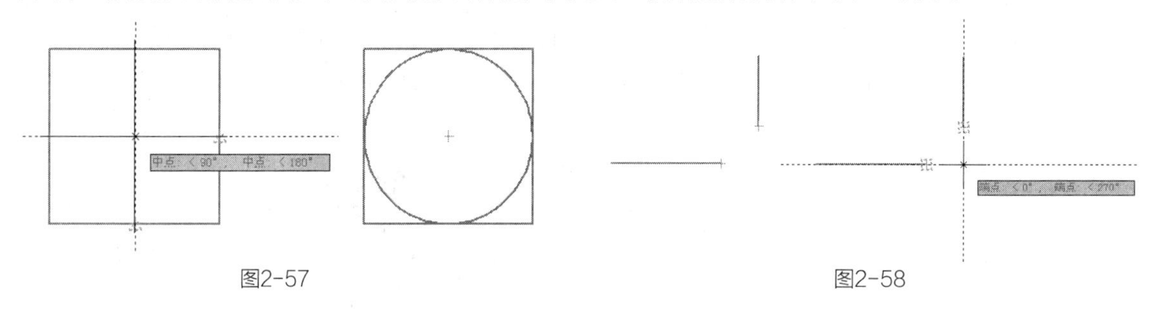

图2-57　图2-58

2.6.2 使用“自”功能

使用“自”功能可以在距离某个点一定距离和角度处开始绘制新对象。需要指定的点在*x*/*y*方向上距离对象捕捉点的距离是已知的，但是该点不在任何对象捕捉点上时，就可以使用“自”功能。

01 打开配套光盘中的“DWG文件\CH02\262.dwg”文件。这里已经绘制两个矩形，如图2-59所示。现在需要用直线绘制出桌架，已知桌架左侧距离桌面左侧的距离为290mm，桌架右侧的线段距离桌面右侧的距离也是290mm。

命令: _line 指定第一点: //按住Shift键，在弹出的菜单中选择“自”
-from //捕捉图2-60所示的点1
<偏移>: @290,0↙ //输入距离点1的相对坐标值
指定下一点或 [放弃(U)]: //捕捉直线垂直向下与下面水平线段的交点
指定下一点或 [放弃(U)]:↙ //结束绘制

图2-59

02 在命令行中输入Line命令，按Enter键，然后按住Shift键，在弹出的菜单中选择“自”，如图2-60所示。命令执行过程如下。

03 再使用相同的方法绘制另外一条线段，结果如图2-61所示。注意捕捉的点和输入的相对坐标有所不同。执行命令过程如下。

命令: _line 指定第一点: //捕捉图2-61所示的点2
-from <偏移>: @-290,0↙ //输入距离点2的相对坐标值
指定下一点或 [放弃(U)]: //捕捉直线垂直向下与下面水平线段的交点
指定下一点或 [放弃(U)]:↙ //结束绘制

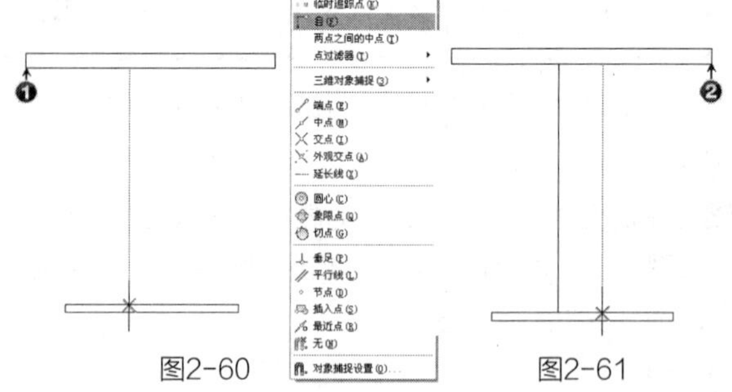

图2-60　图2-61

在为“自”功能指定偏移量的时候，即使动态输入中默认的设置是相对坐标，也需要在输入时加上@来指明这是一个相对坐标值。因为动态输入的相对坐标仅适用于指定第二个点的时候。

2.6.3 捕捉两点之间的中点

Mtp命令用来捕捉中点，那与普通的中点捕捉选项有什么不同呢？对象捕捉选项中的中点，命令是Mid，通常用于捕捉某条线段或弧的中点，而Mtp可以捕捉两个选择点之间的中点，这两点之间不需要有连线。我们以一个矩形为例，用Mid命令可以捕捉4条边的中点，而利用Mtp命令就可以直接捕捉到对角线的中点。

我们通过一个简单的例子来看一下。

01 单击“绘图”工具栏中的“矩形”按钮，绘制一个长65mm、宽40mm、圆角半径为3mm的圆角矩形。命令执行过程如下。

```
命令: _rectang
指定第一个角点或 [倒角(C)/标高(E)/圆角(F)/厚度(T)/宽度(W)]:
指定另一个角点或 [面积(A)/尺寸(D)/旋转(R)]: @50,30 ↙
```

02 单击“绘图”工具栏中的“圆”按钮，然后在命令行中输入Mtp，根据提示捕捉矩形的对角点，就将圆心定位到了矩形的中心，如图2-62所示。命令执行过程如下。

```
命令: _circle
指定圆的圆心或 [三点(3P)/两点(2P)/切点、切点、半径(T)]: mtp ↙
中点的第一点://捕捉矩形对角点1
中点的第二点://捕捉矩形对角点2
指定圆的半径或 [直径(D)] <234.9884>: 3 ↙//输入圆的半径
```

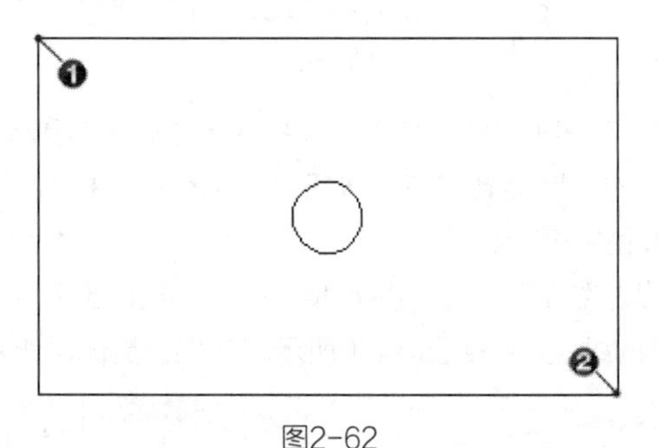

图2-62

案例 009 使用“递延切点”功能绘制两圆的切线

- **学习目标** | 利用端点捕捉和切点捕捉，绘制出两个圆的切线（如图2-63所示），以进一步熟悉对象捕捉方式的运用技巧。本例中用到的Circle（圆）命令将在第3章详细讲解。
- **视频路径** | 光盘\视频教程\CH02\使用“递延切点”功能绘制两圆的切线.avi
- **结果文件** | 光盘\DWG文件\CH02\绘制两圆的切线.dwg

01 单击“绘图”工具栏中的“直线”按钮，在视图中绘制一条长度为60mm的直线段，命令执行过程如下。

```
命令: _line
指定第一个点:
指定下一点或 [放弃(U)]: @60,0
指定下一点或 [放弃(U)]:
```

02 单击“绘图”工具栏中的“圆”按钮，以直线左边的端点为圆心，绘制半径为10mm和20mm的同心圆，如图2-64所示。

```
命令: _circle
指定圆的圆心或 [三点(3P)/两点(2P)/切点、切点、半径(T)]:
指定圆的半径或 [直径(D)]: 10
按Space键继续执行circle命令
命令: _circle
指定圆的圆心或 [三点(3P)/两点(2P)/切点、切点、半径(T)]:
指定圆的半径或 [直径(D)] <10.0000>: 20
命令: 指定对角点或 [栏选(F)/圈围(WP)/圈交(CP)]:
```

03 按Space键继续执行Circle命令，这次以直线段右边的端点为圆心绘制半径为5mm和10mm的同心圆，如图2-65所示。

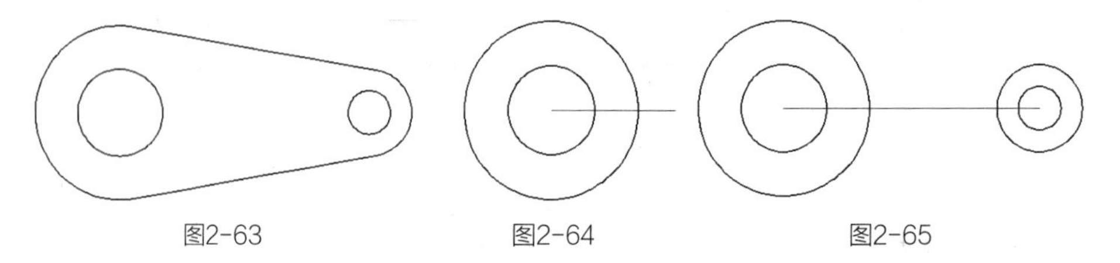

图2-63　　图2-64　　图2-65

04 单击“绘图”工具栏中的“直线”按钮。

05 单击“对象捕捉”工具栏中的“捕捉到切点”按钮，如图2-66所示。

图2-66

06 将鼠标光标置于小圆的合适位置，在出现“递延切点”捕捉提示之后单击鼠标左键，如图2-67所示。

07 再次单击“对象捕捉”工具栏中的“捕捉到切点”按钮，然后将光标置于大圆的合适位置，在出现“递延切点”捕捉提示之后单击鼠标左键，如图2-68所示。

08 按Enter键或者Space键完成切线的绘制工作。然后用相同的方法绘制出另外一条切线，如图2-69所示。

09 最后使用Trim命令剪掉圆形多余的线段，得到图2-70所示的效果。具体操作方法将在后面的内容中详细讲解。

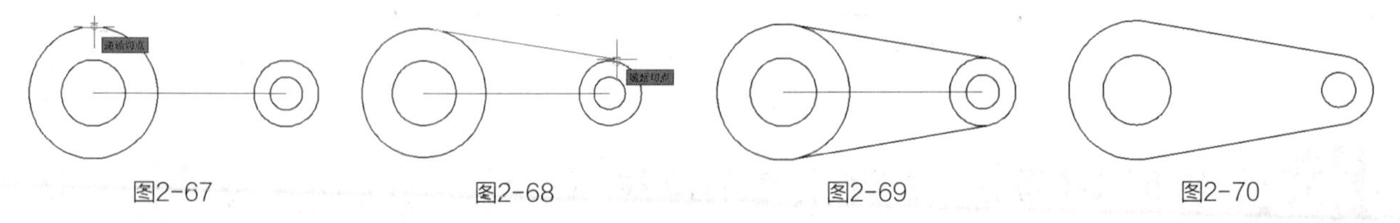

图2-67　　图2-68　　图2-69　　图2-70

2.7 综合实例

本节通过两个实例来复习和总结本章所学过的重点知识，使读者能够加深印象。

案例 010 绘制螺帽平面图

- **学习目标 |** 要熟练掌握绘图环境的设置方法，以及对线宽、线型等属性的设置。案例效果如图2-71所示。
- **视频路径 |** 光盘\视频教程\CH02\绘制螺帽平面图.avi
- **结果文件 |** 光盘\DWG文件\CH02\螺帽平面图.dwg

本例的主要操作步骤如图2-72所示。

◆ 绘制两条辅助线，然后以辅助线的交点为圆心绘制一个圆。

◆ 以辅助线的交点为圆心绘制正多边形。

◆ 设置正多边形的线宽。

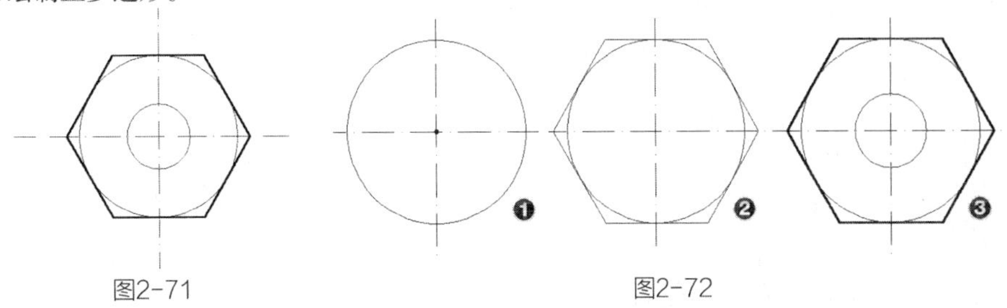

图2-71　　图2-72

1. 设置绘图单位

01 启动AutoCAD 2014并新建一个图形文件。

02 执行“格式>单位”菜单命令，设置“长度”的类型、精确度以及测量单位，如图2-73所示。

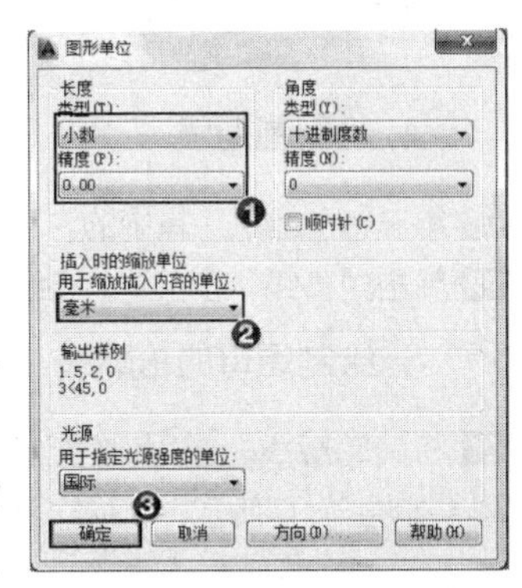

图2-73

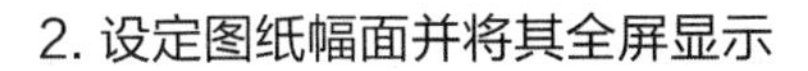

2. 设定图纸幅面并将其全屏显示

01 执行“格式>图形界限”菜单命令，设置100mm×50mm的图纸幅面，命令执行过程如下。

02 在“标准”工具栏中单击“全部缩放”按钮，将图纸放大至全屏显示，此时设定的图纸将布满整个绘图区域（也可以直接双击鼠标中键将图纸放大至全屏显示，这样更加方便）。

```
命令: _limits
重新设置模型空间界限:
指定左下角点或 [开(ON)/关(OFF)] <0.00,0.00>: 0,0↙   //输入坐标（0,0）并按Enter键确认
指定右上角点 <420.00,297.00>: 100,50↙           //输入坐标（100,50）并按Enter键确认
```

注意：

由于没有给图纸加上边框，所以看不出来图纸是否已经全屏显示，如果加上一个边框就可以看出来，如图2-74所示。

3. 建立图层并设置相关属性

01 单击“图层”工具栏中的“图层特性管理器”按钮，打开“图层特性管理器”对话框，如图2-75所示。

02 在“图层特性管理器”对话框中连续两次单击“新建图层”按钮，新建两个图层，如图2-76所示。

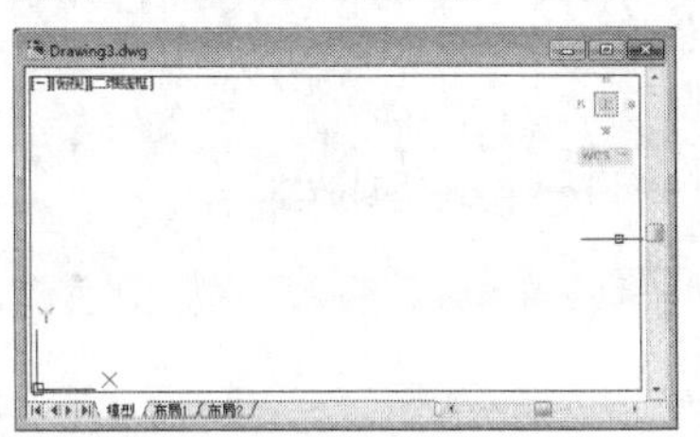

图2-74

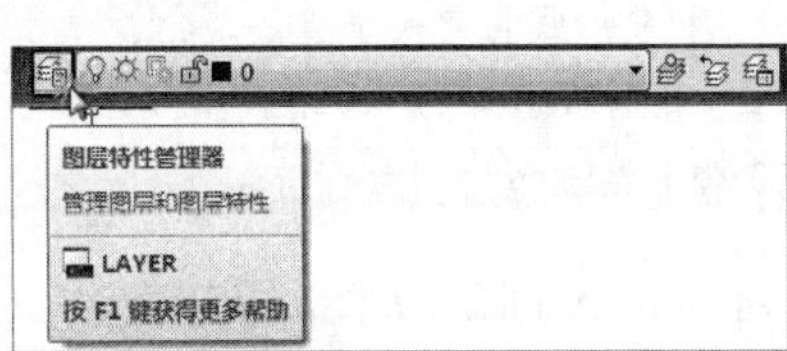

图2-75

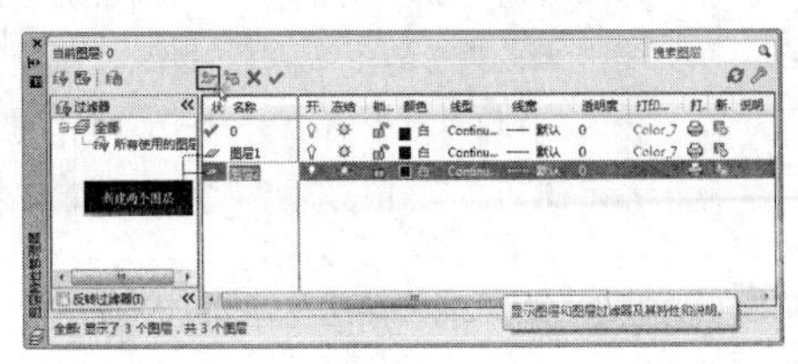

图2-76

03 将“图层1”重命名为“轮廓线”，将“图层2”重命名为“辅助线”，如图2-77所示。

04 把“辅助线”图层的线性设置为点划线。单击“线型”属性栏下的文字Continuous，打开“选择线型”对话框；此时该对话框中没有需要的线型，于是单击“加载”按钮。系统打开“加载或重载线型”对话框，从中选择ACAD_ISO4W100线型（点划线）。最后单击“确定”按钮，如图2-78所示。

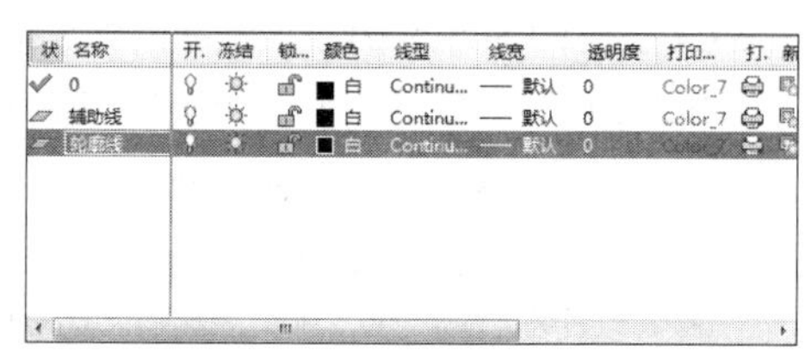

图2-77

05 在“选择线型”对话框中出现上一步加载的线型，将其选中，然后单击“确定”按钮，如图2-79所示。

06 单击“线宽”属性栏下的实线，打开“线宽”对话框，选择该图层上的线宽为0.30mm，然后单击“确定”按钮，如图2-80所示。

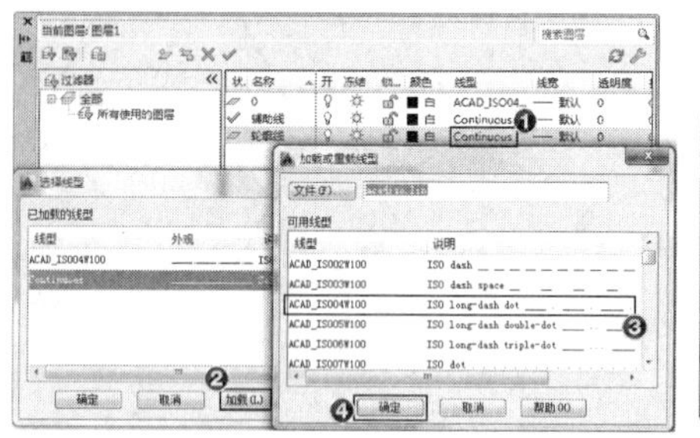

图2-78

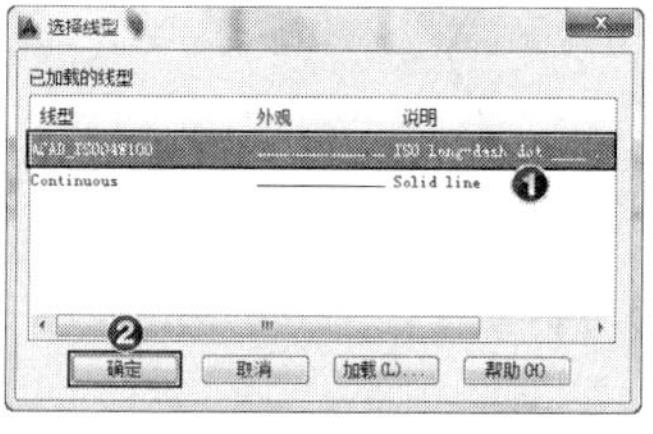

图2-79

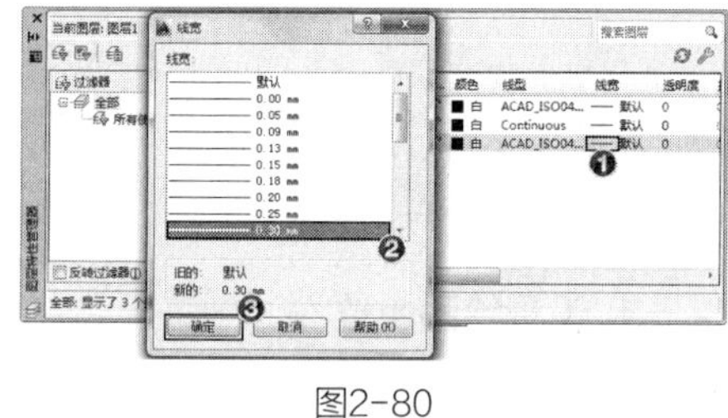

图2-80

4. 绘制辅助线

01 单击辅助绘图工具中的“正交模式”按钮，启用正交绘图功能。

02 单击“直线”按钮，在绘图区域的正中间绘制两条正交的辅助线，如图2-81所示。

5. 绘制螺母的轮廓线

01 将“轮廓线”图层设为当前工作图层。单击图层列表框右侧的按钮，在打开的下拉列表中选择“轮廓线”图层，如图2-82所示。

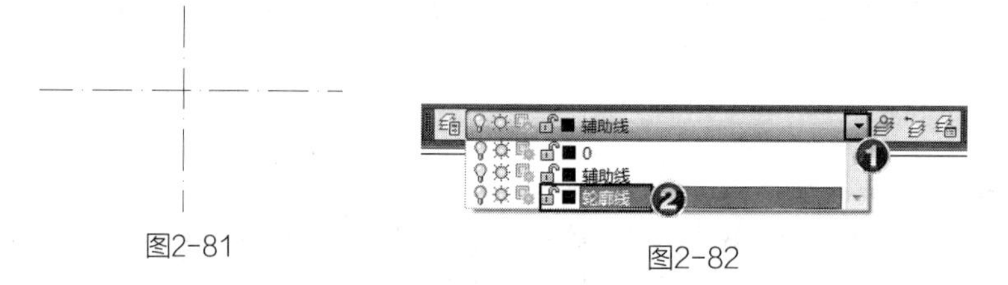

图2-81　　图2-82

02 单击“绘图”工具栏中的“圆”按钮，绘制一个半径为10mm的圆，如图2-83所示。命令执行过程如下。

```
命令: _circle.
指定圆的圆心或 [三点(3P)/两点(2P)/切点、切点、半径(T)]:  //捕捉辅助线的交点
指定圆的半径或 [直径(D)] <11.15>: 10↙                //输入半径值并按Enter键
```

03 单击“绘图”工具栏中的“正多边形”按钮，绘制一个半径为10mm的正六边形，如图2-84所示。命令执行过程如下。

```
命令: _polygon
输入边的数目 <4>: 6↙    //输入6并按Enter键表示绘制正六边形
指定正多边形的中心点或 [边(E)]:        //捕捉辅助线的交点作为中心点
输入选项 [内接于圆(I)/外切于圆(C)] <C>: c↙  //输入选项C并按Enter键表示该六边形外切于刚才绘制的圆
指定圆的半径: 10↙            //输入半径值并按Enter键
```

04 以辅助线的交点为圆心，继续绘制一个半径为4mm的圆，如图2-85所示。

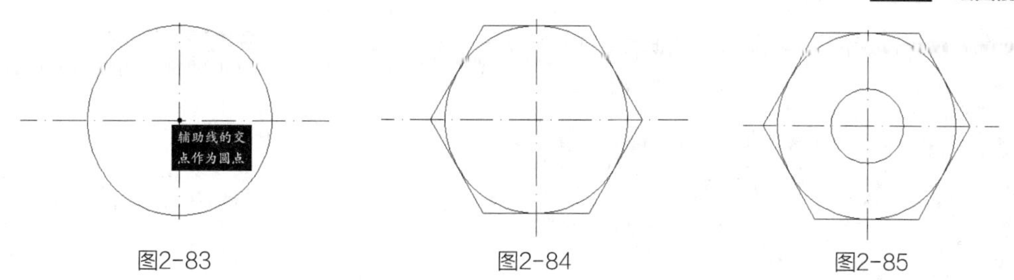

图2-83　　图2-84　　图2-85

6. 控制轮廓线的线宽

01 单击辅助绘图工具中的“显示/隐藏线宽”按钮，使其高亮显示，表示绘图区域将显示图线的宽度。

02 单击正六边形将其选中，然后单击“特性”工具栏中的线宽属性栏中的按钮，在弹出的下拉列表中选择“0.30毫米”线宽，如图2-86所示。

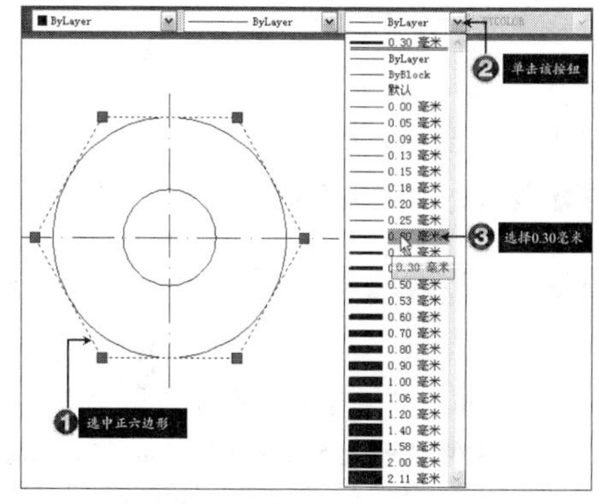

图2-86

专家提示

> 本例在设置线宽的时候，笔者并没有在“图层特性管理器”中进行整体设置，而仅仅是针对特定的图形设置线宽，这种方式仅对选中的图形元素有效，比如本例中的正六边形。如果在“图层特性管理器”中进行设置，那么“轮廓线”图层的所有图形元素都会产生变化，比如本例中的两个圆的线宽也会同正六边形一样变化。

到此为止，螺帽平面图就绘制完成了，如图2-87所示。

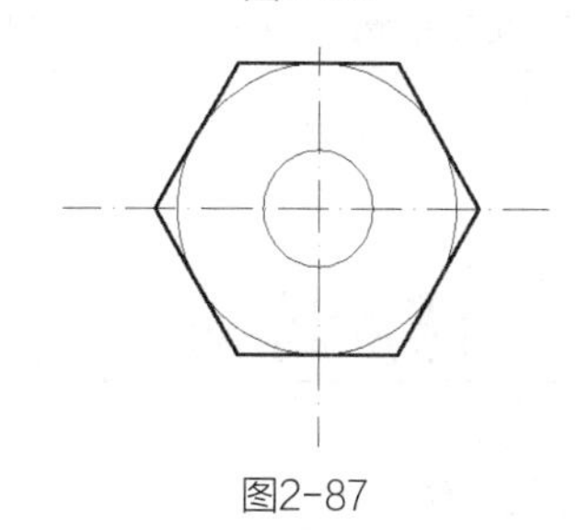

图2-87

案例 011 绘制单层固定窗图例

- **学习目标** | 本例将学习用直线命令绘制图2-88所示的单层固定窗立面图，练习Line命令和点定位的应用。
- **视频路径** | 光盘\视频教程\CH02\绘制单层固定窗图例.avi
- **结果文件** | 光盘\DWG文件\CH02\单层固定窗图例.dwg

本例的主要操作步骤如图2-89所示。

- ◆ 用直线绘制一个矩形。
- ◆ 在矩形内再绘制一个矩形。
- ◆ 在矩形内绘制一条水平线。
- ◆ 捕捉线段中点绘制一条垂直线段。

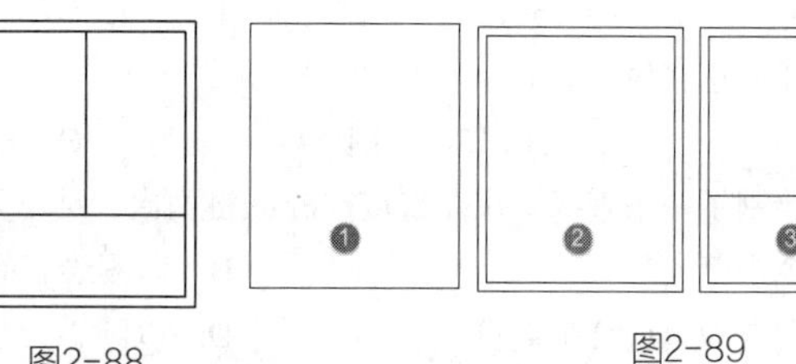

图2-88　　图2-89

01 在命令行中输入L并按Enter键，绘制一个矩形。命令执行过程如下。

```
命令: _L ↙
_line
指定第一个点://在绘图区任意位置单击鼠标
指定下一点或 [放弃(U)]: @120,0↙
指定下一点或 [放弃(U)]: @0,150 ↙
指定下一点或 [闭合(C)/放弃(U)]: @-120,0 ↙
指定下一点或 [闭合(C)/放弃(U)]: c ↙//闭合图形
```

02 按Space键继续执行L命令，在矩形内绘制一个110mm×140mm的矩形。命令执行过程如下。

```
命令: _line
指定第一个点: //按住Shift键，在弹出的菜单中选择“自”
_from 基点: //单击矩形的左下角端点
<偏移>: @5,5 ↙//输入距离点1的相对坐标值
指定下一点或 [放弃(U)]: @110,0 ↙
指定下一点或 [放弃(U)]: @0,140 ↙
指定下一点或 [闭合(C)/放弃(U)]: @-110,0 ↙
指定下一点或 [闭合(C)/放弃(U)]: c ↙//闭合图形
```

03 按Space键继续执行L命令，在矩形内绘制一条长为110mm的水平线段。命令执行过程如下。

04 按Space键继续执行L命令，捕捉线段的中点绘制一条垂直线段，如图2-90所示。

```
命令: _line
指定第一个点: //按住Shift键，在弹出的菜单中选择“自”
_from 基点: //单击上一步绘制的矩形的左下角端点
<偏移>: @5,5 ↙//输入距离点1的相对坐标值
指定下一点或 [放弃(U)]: @110,0 ↙
指定下一点或 [放弃(U)]:: ↙//退出命令
```

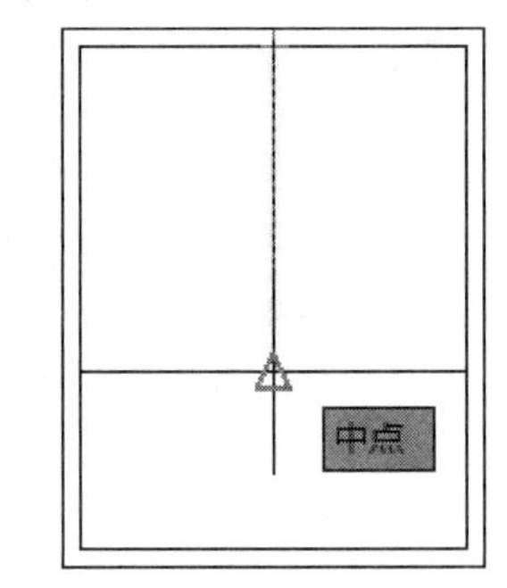

图2-90

2.8 课后练习

1. 选择题

（1）在下面的4个命令中，哪个是透明命令？（ ）

A. Line　　B. Zoom　　C. Rectang　　D. Circle

（2）下面4种点的坐标表示方法中，哪一种是绝对直角坐标的正确表示？（ ）

A. 25 32　　B. 25，32　　C. @25,32　　D. 25,32

（3）要表示离现在10单位远且呈50° 角的点有?（ ）

A. @10<50　　B. 10 < 50　　C. 10，50　　D. 50 < 10

（4）若要中断任何正在执行的命令可以按?（ ）

A. Enter键　　B. Space键　　C. Esc键　　D. 鼠标右键

（5）刚刚结束绘制了一条直线，现在直接按Enter键两次，结果是?（ ）

A. 直线命令中断　　B. 以刚绘制的直线的末端为起点继续绘制直线

C. 以圆弧端点为起点绘制直线　　D. 以圆心为起点绘制直线

（6）在AutoCAD的一幅图形中，世界坐标系共有几个?（ ）

A. 1　　B. 2　　C. 3　　D. 任意多

（7）在十字光标处被调用的菜单，称为?（ ）

A. 鼠标菜单　　B. 十字交叉线菜单　　C. 快捷菜单　　D. 此处不出现菜单

（8）取消命令执行的键是?（ ）

A. Esc　　B. 鼠标右键　　C. Enter　　D. F1

2. 上机练习

（1）使用Line命令绘制出图2-91所示的图形，目的是让大家熟悉几种坐标值的使用。

（2）新建一个文件，在该文件中新建两个图层，设置图层1的线宽为0.3mm，设置图层2的线型为“点划线”，用直线绘制出如图2-92所示的图形，并将中心线和轮廓线分别放置在两个图层中。

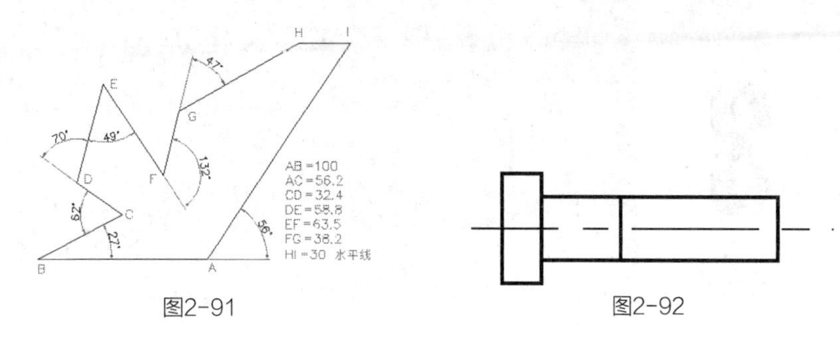

图2-91

图2-92

2.9 课后答疑

1. 窗口选择和交叉选择有什么区别？

答：窗口选择方式是使用鼠标自左向右拉出一个矩形，将被选择的对象全部都框在矩形内。使用窗口选择方式选择目标时，只有被完全框取的对象才能被选中；交叉选择的操作方式与窗口选择的操作方式相反，使用这种选择方式，可将矩形框内的图形对象以及与矩形边线相触的图形对象都选中。

2. 如果选择了一些多余的对象，该怎么减除这些对象？

答：在窗口选择对象时，如果选择了一些多余的对象，可以在按住Shift 键的同时再次去选择不需要的对象，即可将其从选择集中减去。

3. 怎样执行 AutoCAD 的命令？

答：执行AutoCAD 的命令可以通过鼠标操作和键盘输入方式实现。鼠标操作是直接使用鼠标选择的菜单命令或单击工具按钮调用命令，而键盘操作是使用键盘在命令行中输入命令语句，来调用AutoCAD的操作命令。

4. 在 AutoCAD 中启用了捕捉功能，但只能捕捉线条的端点，却不能捕捉线条的中心，这是为什么？

答：果在AutoCAD 中已经启用了捕捉功能，却不能捕捉线条的中心，是因为没有打开中点捕捉功能。

5. 在 AutoCAD 中只能绘制出水平或垂直的线段，怎样才能绘制出斜线？

答：如果在AutoCAD 中只能绘制出水平或垂直的线段，那么这是因为已打开正交绘图模式。此时要绘制出斜线，只需按F8 键，关闭正交模式功能即可。

6. 如何设置绘图边界？

答：设置绘图边界就是设置绘图界限的大小，在命令行中输入并执行图形界限（Limits）命令，然后根据命令行上的提示，即可对绘图界限的尺寸进行设置。

7. 创建新图层的线条颜色是什么？

答：在AutoCAD 中创建新图层时，由于新建图层的所有特性将自动继承被选择图层的相应特性。因此创建新图层的线条颜色将与选择图层的颜色相同。

8. “选择线型”对话框中只有一种线型供选择怎么办？

答：在设置图层的线型时进入“选择线型”对话框，默认情况下在该对话框中只有一种线型，要使用其他的线型作为图层线型，则需要单击“选择线型”对话框下方的“加载”按钮，在打开的“加载”对话框中可以为图层选择其他的线型。

9. 为什么不能将图形绘制到新建的图层上？

答：在绘制图形时，如果想将图形绘制到刚创建的图层上，则应该将创建的图层设置为当前层，否则绘制的图形将自动生成在当前层上。

第3章 AutoCAD二维图形的绘制

所谓简单的二维图形，是指最常用的基本图形单元，包括点、直线、圆、矩形、圆弧、多边形、椭圆等。这些图形的绘制难度小，操作步骤简单，用户可以轻松地完成这些图形的绘制。

本章将详细讲解基本绘图命令的执行过程以及它们的各项参数，并讲解如何绘制简单的图形。

学习重点

- 定数等分和定距等分命令的应用
- 直线和构造线的应用
- 矩形的绘制方法
- 圆形的几种绘制方式
- 圆弧的几种绘制方式

3.1 绘制点

点是最基本的二维图形元素，也是用途非常广泛的二维基本元素。在二维图形中，点的外形可以多种多样。

绘制点的相关命令如表3-1所示。

表3-1 绘制点的相关命令

命令	简写	功能
Point（点）	PO	用于绘制单个或多个点
Ddptype（点样式）	DDP	用于设置点的样式
Divide（定数等分）	DIV	用于沿对象的长度或周长创建等距离排列的点对象
Measure（定距等分）	ME	用于沿对象的长度或周长按指定距离创建点对象

3.1.1 绘制单个点（Point）

绘制单点和多点的方法基本相同，都是执行命令后直接在视图中单击鼠标指定点的位置即可，也可以输入点的绝对坐标，如（0,10）。

1. 命令执行方式

命令行：在命令行输入Point并按Enter键。

菜单栏：单击“绘图>点>单点”菜单命令。

工具栏：单击“绘图”工具栏中的“点”按钮。

2. 操作步骤

01 在命令行中输入Point命令并按Enter键。命令提示如下。

```
命令：_Point↙
当前点模式：Pdmodf=0 Pdsize=0.0000，
指定点：
```

02 在视图中单击以指 定点的位置，直到按Ese键退出命令为止。

3. 技术要点：设置点样式

AutoCAD所提供的点样式和大小如图3-1所示，系统默认为第一种类型。

要设置点的样式和大小，可以在命令行中输入Ddptype命令，或者单击“格式>点样式”菜单命令，打开“点样式”对话框，如图3-2所示。

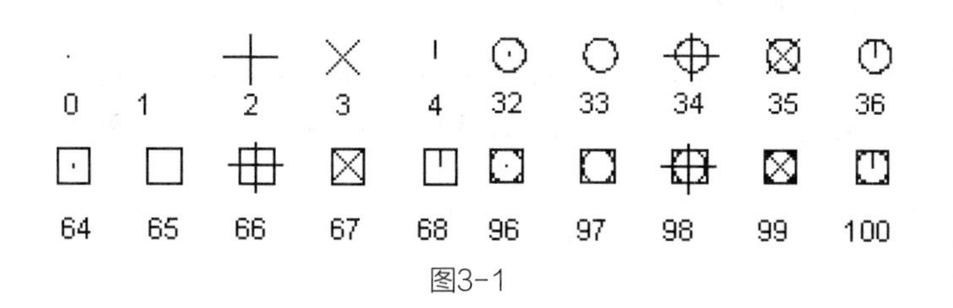

图3-1

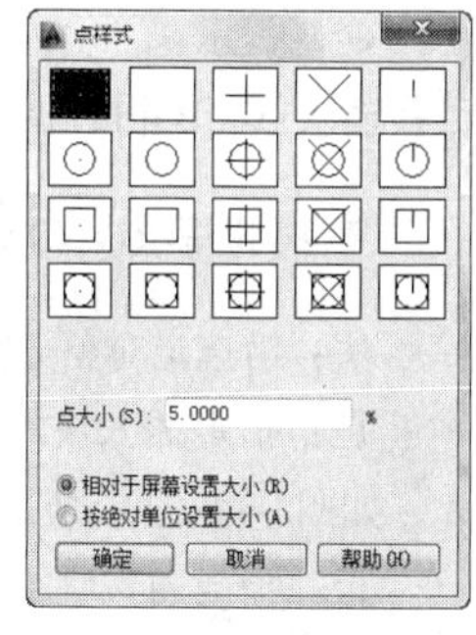

图3-2

在点样式对话框中，左上角的点的形状是系统默认的点样式，其大小为5%。单击其中任何一个图框即可选中相应的点样式，并可通过下边的“点大小”文本框调整点的大小。

“相对于屏幕设置大小”：系统按画面比例显示点。

“按绝对单位设置大小”：系统按绝对单位比例显示点。

专家提示

在AutoCAD中，点可以作为捕捉对象的节点，其大小和形状可以由Pdmode和Pdsize系统变量来控制。

Pdmode的值0、2、3和4指定表示点的图形，值1指定不显示任何图形。Pdsize控制点图形的大小（Pdmode系统变量为0和1时除外）。

如果设置为0，将按绘图区域高度的5%生成点对象，正的Pdsize值指定点图形的绝对尺寸，负值将解释为视口尺寸的百分比，重生成图形时将重新计算所有点的尺寸。

3.1.2 定数等分（Divide）

定数等分是将点对象或块沿对象的长度或周长等间隔排列，可定数等分的对象包括圆弧、圆、椭圆、椭圆弧、多段线和样条曲线。

从图3-3中可以看出，将线段分为5等份后产生了4个节点，但线段本身的点（中点和端点）并没有发生变化。

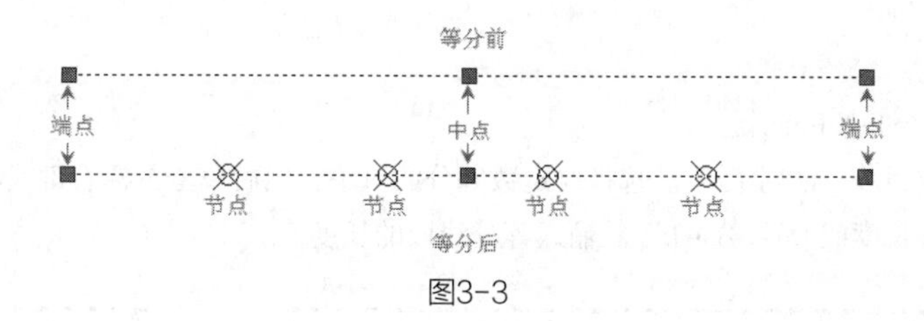

图3-3

1. 命令执行方式

命令行：在命令行输入Divide命令并按Enter键。

菜单栏：单击“绘图>点>定数等分”菜单命令。

2. 操作步骤

在命令行输入Divide命令并按Enter键。

命令提示：“选择要定数等分的对象:”。选择要定数等分的对象，然后单击右鼠标键或者按Enter键确定选择集。

命令提示：“输入线段数目或 [块（B）]:”。输入线段数目，如果要在等分的同时插入图块，只需在输入等分数目钱输入选项B并按Enter键，然后在命令提示“输入要插入的块名:”后面输入要插入的图块名称。

3. 技术要点：Divide命令子选项含义

块：沿选定对象等间距放置块。如果块具有可变属性，插入的块中将不包含这些属性。

是：指定插入块的 x 轴方向与定数等分对象在等分点以相切的方式对齐，主要用于曲线等分时插入块的相切对齐，如图3-4和图3-5所示。

否：指定插入块的 x 轴方向与定数等分对象在等分点以法线对齐，主要用于曲线等分时插入块的法线方对齐，如图3-6和图3-7所示。

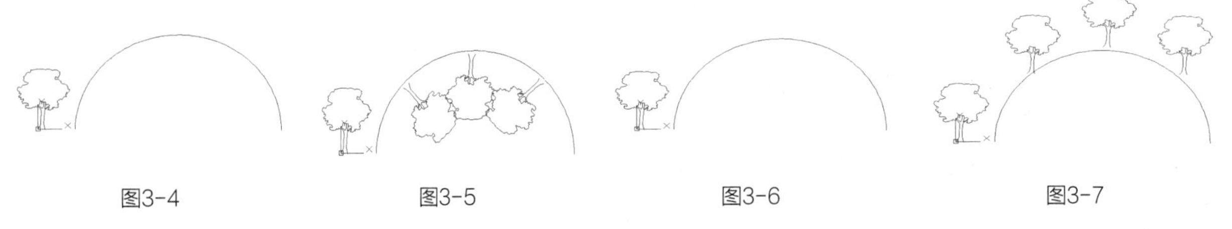

图3-4　　图3-5　　图3-6　　图3-7

3.1.3 定距等分（Measure）

定距等分是将点对象或块对象的第一个端点为起点，按指定的间距排列在对象上，如图3-8所示。

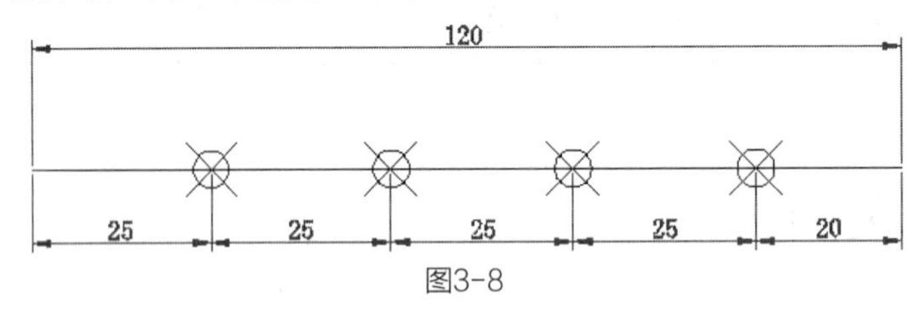

图3-8

1. 命令执行方式

命令行：在命令行输入Divide命令并按Enter键。

菜单栏：单击“绘图>点>定距等分”菜单命令。

2. 操作步骤

在命令行输入Divide命令并按Enter键。

命令提示：“选择要定距等分的对象:”。选择要定数等分的对象，然后单击鼠标右键或者按Enter键确定选择集。

命令提示：“指定线段长度或 [块（B）]:”。输入等分线段的长度值。

专家提示

定距等分或定数等分的起点随对象类型变化。对于直线或非闭合的多段线，起点是距离选择点最近的端点。对于闭合的多段线，起点是多段线的起点。对于圆，起点是以圆心为起点、当前捕捉角度为方向的捕捉路径与圆的交点。例如，如果捕捉角度为 0，那么圆等分从3点（时钟）的位置处开始并沿逆时针方向继续。

案例012 绘制“应拆除建筑”图例

- **学习目标 |** 如图3-9所示，在这个案例中我们用节点来表示图例中×的造型，是一个很巧妙的办法。本例使用Rectang（矩形）命令绘制一个矩形；使用Divide（定数等分）命令得到线段上的节点，通过设置点的样式得到所需图形。通过本例来学习Divide（定数等分）命令和点样式的灵活运用。
- **视频路径 |** 光盘\视频教程\CH03\绘制“应拆除建筑”图例.avi
- **结果文件 |** 光盘\DWG文件\CH03\应拆除建筑.dwg

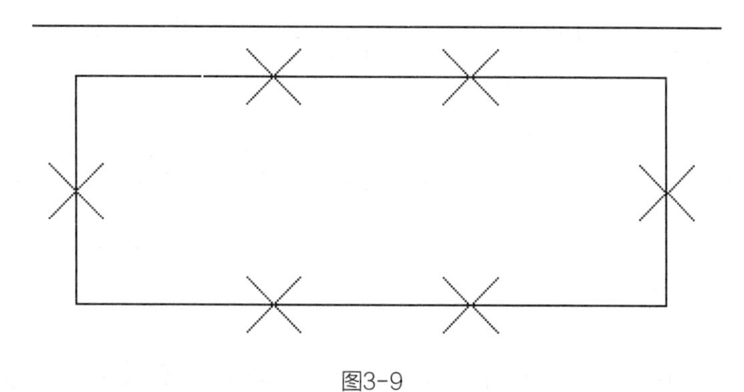

图3-9

01 在命令行中输入Rectang命令，绘制一个70mm×30mm的矩形。命令执行过程如下所示。

```
命令: _rectang ↙
指定第一个角点或 [倒角(C)/标高(E)/圆角(F)/厚度(T)/宽度(W)]: //任意指定一点
指定另一个角点或 [面积(A)/尺寸(D)/旋转(R)]: @70,30 ↙ //输入数值后按Enter键
```

02 选择矩形，然后在命令行中输入Explode命令，或单击“修改”工具栏中的（分解）按钮，将矩形分解成4条独立的线段，如图3-10所示。

03 使用Divide命令将两条垂直直线分别等分成两段，将两条水平直线分别等分成3段。

04 此时等分之后的直线上还看不见等分节点。单击“格式>点样式”菜单命令，打开“点样式”对话框，设置点的样式和大小，如图3-11所示。

05 最后在矩形的上方绘制一条水平线段即可，完成效果如图3-12所示。

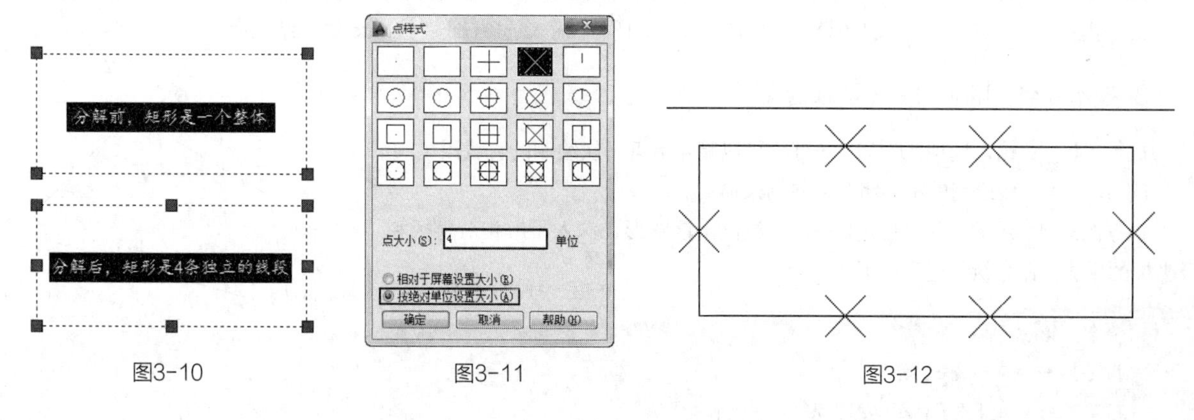

图3-10　图3-11　图3-12

3.2 绘制线

线是由点所构成，过两个点就可以确定一条直线，本节要介绍的线包括射线、构造线和多线，其中射线和构造线多用作辅助线，而多线一般用作墙线。

绘制线的相关命令如表3-2所示

表3-2 绘制线相关命令

命令	简写	功能
Line（直线）	L	用于绘制开始于一点并无限延伸的线
Ray（射线）	RA	用于绘制从指定点起向一个方向无限延长的直线
Xline（构造线）	XL	用于绘制无限长的线

3.2.1 绘制直线（Line）

直线也是最常用的基本图形元素之一，任何二维线框图都可以用直线段近似构成。使用Line（直线）命令可以绘制直线，这是最为常用的AutoCAD绘图命令。

1. 命令执行方式

命令行：在命令行输入Line命令（简写L）并按Enter键。

菜单栏：单击“绘图>直线”菜单命令。

工具栏：单击“绘图”工具栏中的“直线”按钮，如图3-13所示。

图3-13

2. 操作步骤

在命令行输入L并按Enter键。

命令提示：“指定第一个点:”。使用鼠标在绘图区域指定直线的第一个点，或者输入第一个点的坐标值。

命令提示：“指定下一点或[放弃（U）]:”。使用鼠标在绘图区域指定直线的第二个点，或者输入第二个点的坐标值。

命令提示：“指定下一点或[闭合（C）/放弃（U）]:”。输入选项C或者按Enter键，结束命令。

3. 技术要点：Line命令子选项含义

放弃（U）：输入选项U并按Enter键，可以删除最近一次绘制的直线段。

闭合（C）：使绘制的图形闭合，并结束命令。

根据图3-14所示的条件，使用Line命令绘制出该图形，深入了解相对坐标和极坐标的用法。命令执行过程如下。

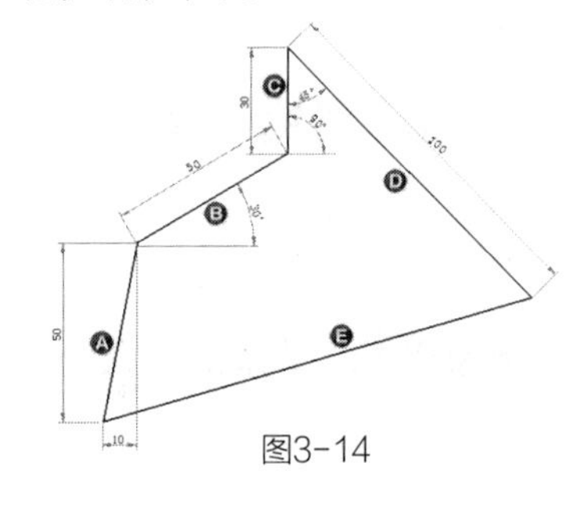

图3-14

```
命令: _line
指定第一个点: //任意指定一点
指定下一点或 [放弃(U)]: @10,50 ↙ //绘制线段A
指定下一点或 [放弃(U)]: @50<30 ↙//绘制线段B
指定下一点或 [闭合(C)/放弃(U)]: @30<90 ↙//绘制线段C
指定下一点或 [闭合(C)/放弃(U)]: @100<-45 ↙//绘制线段D
指定下一点或 [闭合(C)/放弃(U)]: c ↙ //自动闭合，得到线段E
```

3.2.2 绘制射线（Ray）

射线是一种从指定点起向一个方向无限延长的直线，在实际工作中很少用到。

1. 命令执行方式

命令行：在命令行输入Ray命令并按Enter键

菜单栏：单击“绘图>射线”菜单命令。

2. 操作步骤

在命令行输入Ray命令并按Enter键，命令提示如下。

```
命令:_ray ↙
指定起点:            //拾取射线的起点
指定通过点:           //指定射线通过的点1
指定通过点:           //指定射线通过的点2
指定通过点:           //指定射线通过的点3
指定通过点: ↙//结束命令,绘制结果如图3-15所示。
```

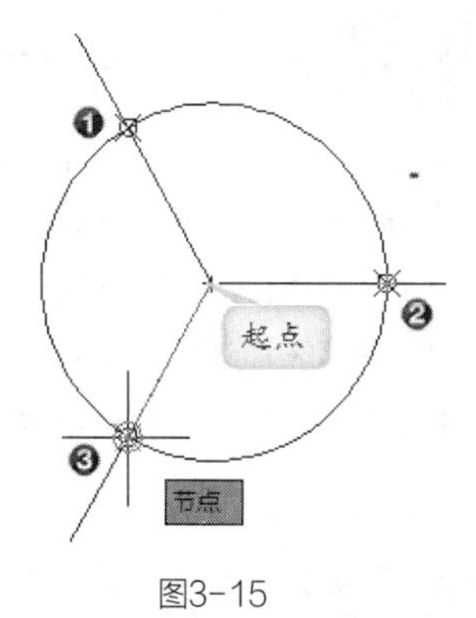

图3-15

3.2.3 绘制构造线（Xline）

构造线是一种无限长的直线，它可以从指定点开始向两个方向无限延伸，主要用于绘制辅助线。

1. 命令执行方式

命令行：在命令行中输入Xline命令并按Enter键或Space键。

菜单栏：单击“绘图>构造线”菜单命令，如图3-16所示。

工具栏：单击“绘图”工具栏中的“构造线”按钮。

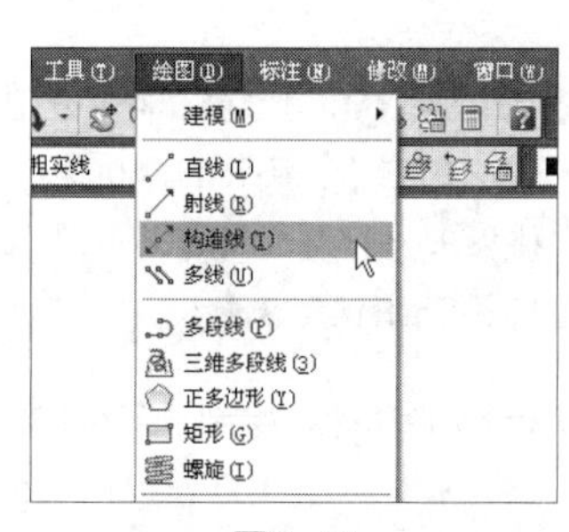

图3-16

2. 操作步骤

在命令行中输入Xline命令并按Enter键。

命令提示：“指定点或 [水平（H）/垂直（V）/角度（A）/二等分（B）/偏移（O）]：”。在绘图区域中指定两个点确定一条构造线。或者输入一个选项，确定绘制哪种类型的构造线，然后指定构造线经过的点即可。

3. 技术要点：Xline命令各选项的含义

水平（H）：绘制通过指定点的水平构造线，也就是与x轴平行的构造线。

垂直（V）：绘制通过指定点且垂直的构造线，也就是平行于y轴的构造线。

角度（A）：绘制x轴成指定角度的构造线。

二等分（B）：绘制通过指定角的顶点且平分该角的构造线。可以连续指定角边产生角平分线，直到终止该命令为止，如图3-17所示。

偏移（O）：绘制以指定距离平行于指定直线对象的构造线，如图3-18所示。

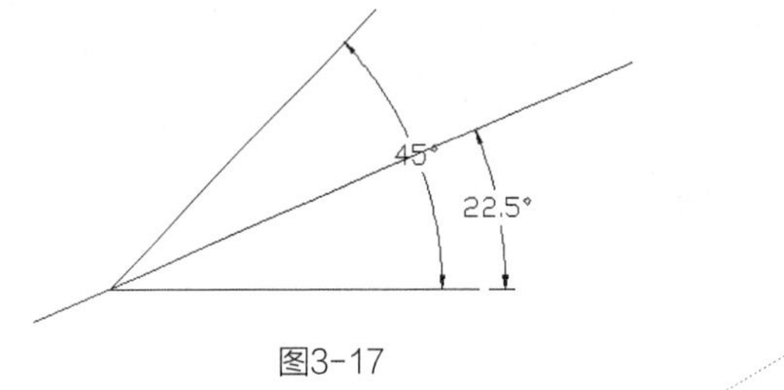

图3-17

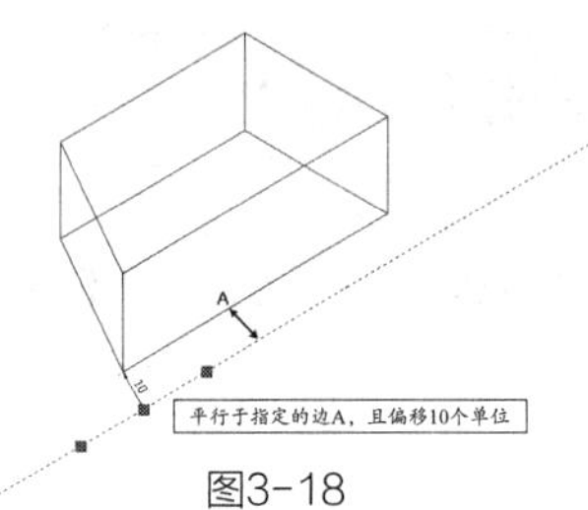

图3-18

案例 013 使用Xline命令绘制粗糙度符号

- **学习目标 |** 本例将使用Xline命令来绘制图3-19所示的粗糙度符号。学习使用Xline命令中绘制指定角度的辅助线、垂直、水平辅助线以及偏移辅助线，了解Xline命令中各子选项的作用以及在绘图中的应用。
- **视频路径 |** 光盘\视频教程\CH03\使用Xline命令绘制粗糙度符号.avi
- **结果文件 |** 光盘\DWG文件\CH03\使用Xline命令绘制粗糙度符号.dwg

01 单击“绘图”工具栏中的“构造线”按钮，绘制一条与x轴呈60°角的构造线。命令执行过程如下。

```
命令: _xline
指定点或 [水平(H)/垂直(V)/角度(A)/二等分(B)/偏移(O)]: a ↙
输入构造线的角度 (0) 或 [参照(R)]: 60 ↙
指定通过点: //在视图中任意指定一点
指定通过点: ↙ //按Enter键结束命令
```

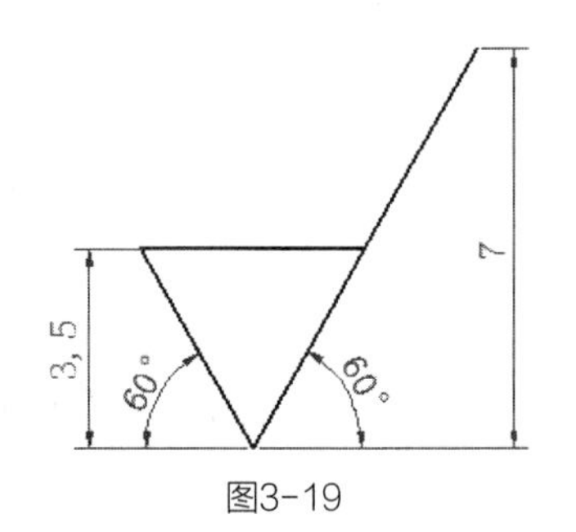

图3-19

02 按Space键继续执行Xline命令，绘制一条与x轴呈-60°角的构造线。命令执行过程如下。

```
命令: _xline
指定点或 [水平(H)/垂直(V)/角度(A)/二等分(B)/偏移(O)]: a ↙
输入构造线的角度 (0) 或 [参照(R)]: -60 ↙
指定通过点: //捕捉上一条构造线的中点,如图3-20所示
指定通过点: ↙ //按Enter键结束命令
```

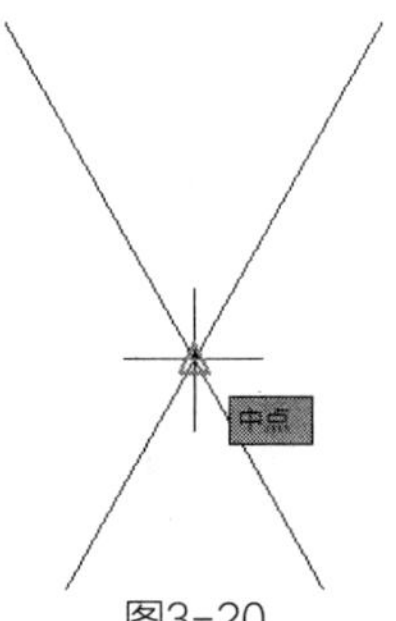

图3-20

03 按Space键继续执行Xline命令，绘制一条经过构造线中点的水平构造线，如图3-21所示。命令执行过程如下。

```
命令: _xline
指定点或 [水平(H)/垂直(V)/角度(A)/二等分(B)/偏移(O)]: h ↙
指定通过点: //捕捉构造线的中点
指定通过点: ↙
```

04 按Space键继续执行Xline命令，将水平构造线分别向上偏移3.5mm，得到两条水平构造线，如图3-22所示。命令执行过程如下。

```
命令: _xline
指定点或 [水平(H)/垂直(V)/角度(A)/二等分(B)/偏移(O)]: a ↙
输入构造线的角度 (0) 或 [参照(R)]: 60 ↙
指定通过点: //在视图中任意指定一点
指定通过点: ↙ //按Enter键结束命令
```

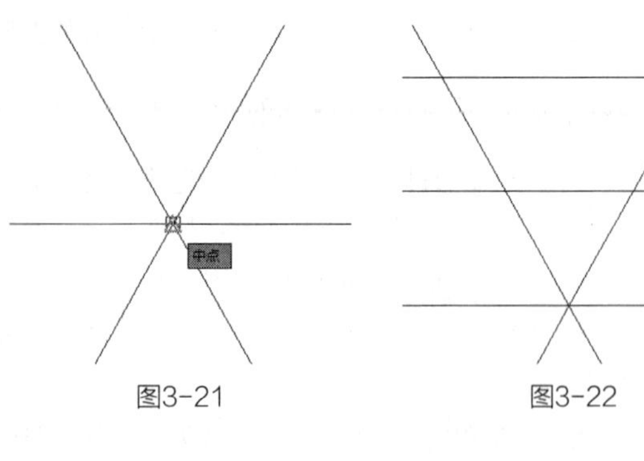

图3-21　　图3-22

```
命令: _xline
指定点或 [水平(H)/垂直(V)/角度(A)/二等分(B)/偏移(O)]: o ↙
指定偏移距离或 [通过(T)] <通过>: 3.5 ↙
选择直线对象: //选择水平构造线
指定向哪侧偏移: //在其上方单击
选择直线对象: //选择偏移出来的水平构造线
指定向哪侧偏移: //在其上方单击
选择直线对象: ↙ //结束命令
```

05 单击“绘图”工具栏中的“直线”按钮，然后捕捉构造线的交点，绘制出图3-23（右）所示的图形，最后再删除构造线即可。当然也可以直接用Trim（修剪）命令减掉构造线多余部分得到。

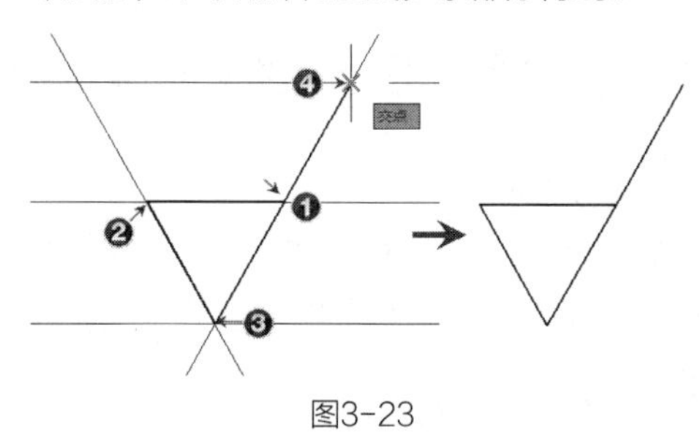

图3-23

3.3 绘制矩形和正多边形

矩形是由4条边组成，正多边形是由多条长度相等的边组成，下面就来讲解相关绘制方法和技巧。

绘制矩形和正多边形的相关命令如表3-3所示。

表3-3 绘制矩形和正多边形的命令

命令	简写	功能
Rectang（矩形）	REC	从指定的矩形参数（长度、宽度、旋转角度）和角点类型（圆角、倒角或直角）创建矩形多段线对象
Polygon（正多边形）	POL	根据指定的边书创建等边的多边形

3.3.1 绘制矩形（Rectang）

使用Rectang（矩形）命令可以绘制矩形，包括长方形和正方形。在AutoCAD中，执行Rectang命令的方式有如下3种。

1. 命令执行方式

命令行：在命令行中输入Rectang命令并按Entre键或Space键。

工具栏：单击“绘图”工具栏中的“矩形”按钮。

菜单栏：单击“绘图>矩形”菜单命令。

2. 操作步骤

01 在命令行中输入Rectang命令并按Entre键，命令提示如下。

命令: _rectang
指定第一个角点或 [倒角(C)/标高(E)/圆角(F)/厚度(T)/宽度(W)]:
指定另一个角点或 [面积(A)/尺寸(D)/旋转(R)]:

02 使用鼠标在绘图区域制定矩形的第一个角点，或者输入角点的坐标值。

03 使用鼠标在绘图区域制定矩形的第二个角点，或者输入角点的绝对坐标或相对坐标值。

3. 技术要点：Rectang命令各选项含义

倒角（C）：设置矩形的倒角距离，用于绘制倒角矩形，如图3-24所示。命令提示如下。

指定矩形的第一个倒角距离 <0.00>: 3 ↙
指定矩形的第二个倒角距离 <0.00 >: 5 ↙

标高（E）：指定矩形的标高，即矩形在z轴上的高度，这个需要在三维视图中才能观察到效果，图3-25所示是两个标高不同的矩形。

圆角（F）：指定矩形的圆角半径，如图3-26所示。

厚度（T）：指定矩形的厚度，相当于绘制一个立方体，切换到三维视图就可以看到它的效果，如图3-27所示。

宽度（W）：为要绘制的矩形指定多段线的宽度，如图3-28所示。

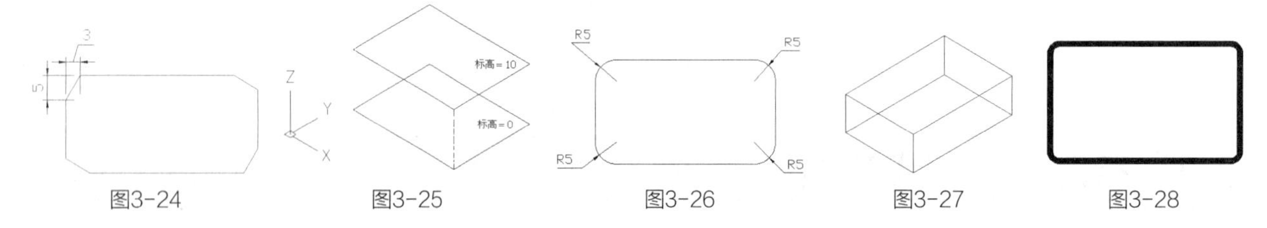

图3-24　图3-25　图3-26　图3-27　图3-28

案例 014 使用矩形命令绘制吊灯图例

- **学习目标** | 本例通过学习使用Rectang命令、Move（移动）命令和Trim命令来绘制吊灯图形，掌握矩形的绘制方法和调整矩形的端点改变矩形的形状，案例效果如图3-29所示。
- **视频路径** | 光盘\视频教程\CH03\使用矩形命令绘制吊灯图例.avi
- **结果文件** | 光盘\DWG文件\CH03\使用矩形命令绘制吊灯图例.dwg

01 在命令提示行中输入Rectang 命令，绘制一个边长为60mm的正方形。命令执行过程如下。

命令: rectang
指定第一个角点或 [倒角(C)/标高(E)/圆角(F)/厚度(T)/宽度(W)]: //指定矩形的起点
指定另一个角点或 [面积(A)/尺寸(D)/旋转(R)]: d ↙
指定矩形的长度 <10.0000>:60 ↙
指定矩形的宽度 <10.0000>:60 ↙
指定另一个角点或 [面积(A)/尺寸(D)/旋转(R)]: // 任意指定一点确定矩形的方向

02 选中矩形后会出现4个点，先单击矩形左上角的顶点，然后向左平移鼠标，接着在命令行中输入准确地移动距离，如图3-30（左）所示。命令执行过程如下。

命令: //选择第一个顶点
** 拉伸 **
指定拉伸点或 [基点(B)/复制(C)/放弃(U)/退出(X)]: @-5,0 ↙//输入移动的距离

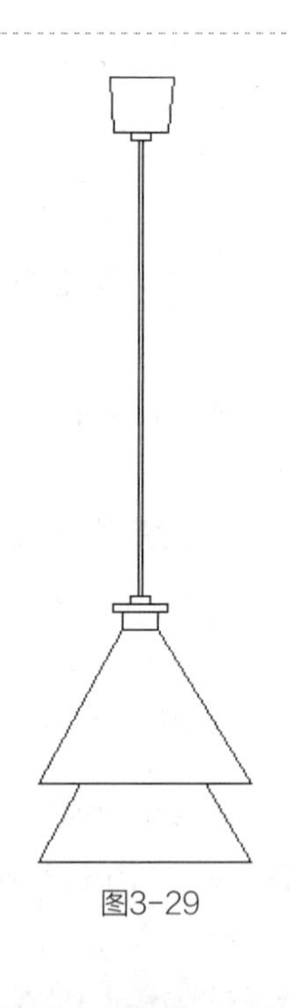
图3-29

03 使用相同的方法将右上角的顶点也向右移动5个单位，如图3-30（右）所示。

04 绘制一个长度为20mm，宽度为8mm的矩形，然后使用Move命令，将其移动到大矩形的底边中点，如图3-31所示。命令执行过程如下。

```
命令: _move ↙
选择对象: 找到 1 个   //选择小矩形
选择对象: ↙       //按Enter键或单击鼠标右键结束选择
指定基点或 [位移(D)] <位移>: // 捕捉小矩形的中点
指定第二个点或 <使用第一个点作为位移>: // 捕捉大矩形的中点
```

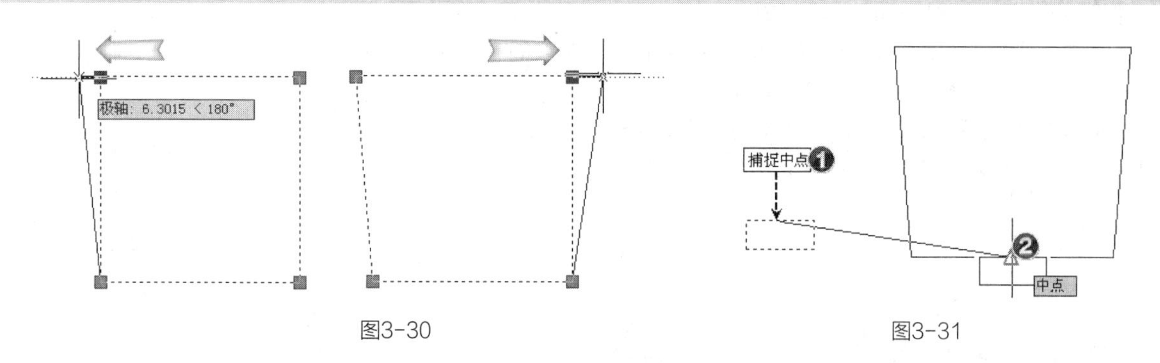

图3-30

图3-31

05 绘制一个4mm×500mm的矩形，使用同样的方法捕捉中点，移动到小矩形的下方，如图3-32所示。

06 分别绘制尺寸为20mm×8mm、60mm×8mm和40mm×20mm的3个矩形，使用相同的方法移动到图3-33所示的位置。

07 在命令提示行中输入Rectang命令，绘制一个240mm×180mm的矩形。

08 选中矩形，在单击矩形上面的顶点，然后向中间平移鼠标，输入移动距离，将其向中间移动100个单位，如图3-34所示。

09 使用Copy命令垂直向下复制多边形，如图3-35所示。命令执行过程如下。

```
命令: _copy ↙
选择对象: 指定对角点: 找到 1 个 //选择多边形
选择对象: ↙ //结束选择
当前设置: 复制模式 = 多个
指定基点或 [位移(D)/模式(O)] <位移>:          //捕捉左边上的中心点
指定第二个点或 <使用第一个点作为位移>:       //垂直向下移动到图3-45所示的位置
指定第二个点或 [退出(E)/放弃(U)] <退出> ↙
```

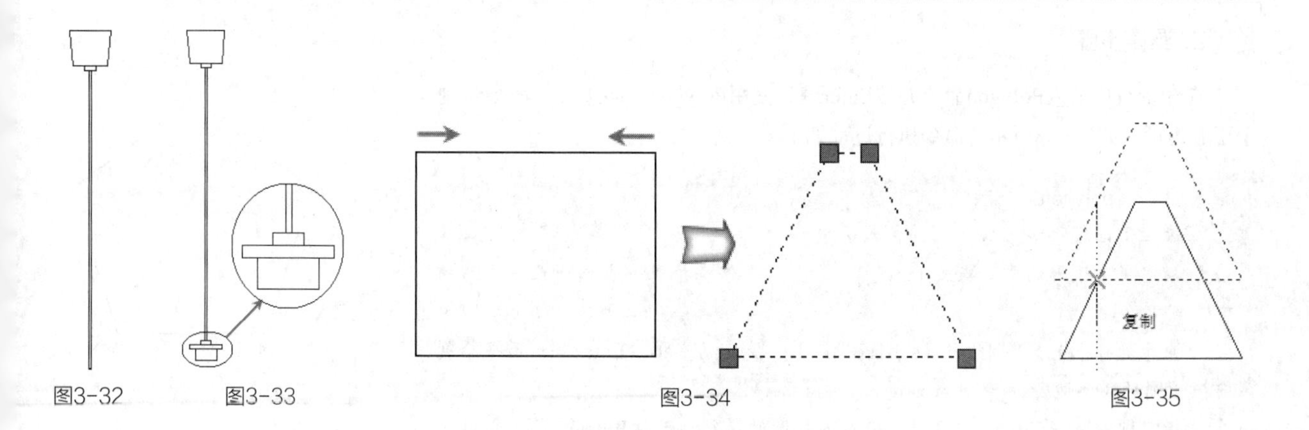

图3-32　图3-33　图3-34　图3-35

10 在命令行中输入Trim命令或单击“修改”工具栏上的“修剪”按钮，将多余部分剪掉，如图3-36所示。命令执行过程如下。

11 将灯罩平移到灯杆的合适位置上，这样就绘制完成了吊灯，效果如图3-37所示。

```
命令: _trim
当前设置:投影=UCS，边=无
选择剪切边
选择对象或 <全部选择>: ↙//按Enter键表示全部选择
选择要修剪的对象，或按住 Shift 键选择要延伸的对象，或[栏选(F)/窗交(C)/投影(P)/边(E)/删除(R)/放弃(U)]: //单击线段A
选择要修剪的对象，或按住 Shift 键选择要延伸的对象，或[栏选(F)/窗交(C)/投影(P)/边(E)/删除(R)/放弃(U)]: //单击线段B
选择要修剪的对象，或按住 Shift 键选择要延伸的对象，或[栏选(F)/窗交(C)/投影(P)/边(E)/删除(R)/放弃(U)]: ↙//结束命令，结果如图3-37所示。
```

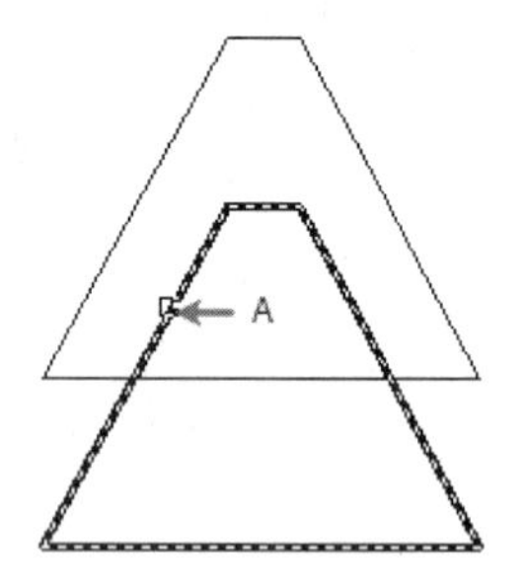

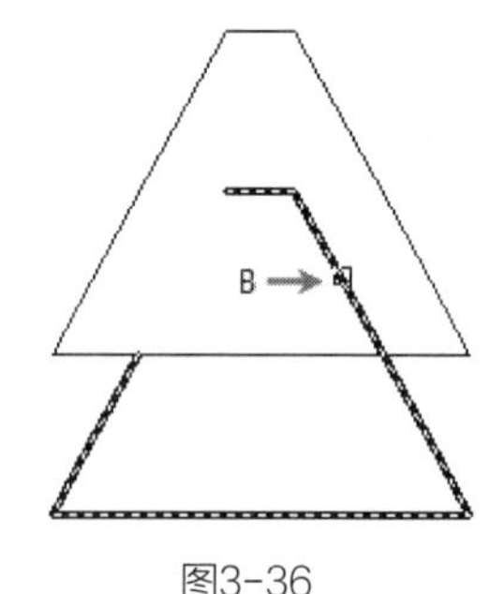

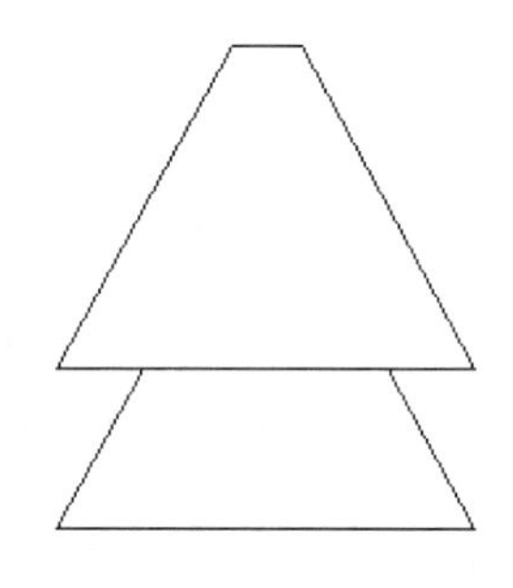

图3-36

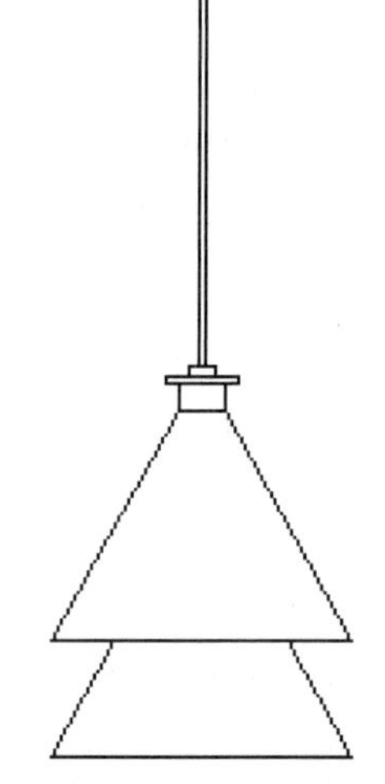

图3-37

3.3.2 绘制正多边形（Polygon）

创建多边形是绘制等边三角形、正方形、五边形、六边形等简单方法。

1. 命令执行方式

命令行：在命令行中输入Polygon命令并按Enter键或Space键。

工具栏：单击“绘图”工具栏上的“正多边形”按钮。

菜单栏：单击“绘图>正多边形”菜单命令。

2. 操作步骤

在命令行中输入Polygon命令并按Enter键，使用Polygon（多边形）命令绘制一个正五边形，如图3-38所示。命令执行过程如下。

```
命令: _polygon
输入侧面数 <4>: 5 ↙        //输入边数
指定正多边形的中心点或 [边(E)]:        //任意拾取一点作为正多边形的中心点
输入选项 [内接于圆(I)/外切于圆(C)] <I>: ↙     //直接按Enter键表示将绘制内接于圆的正多边形
指定圆的半径: 20 ↙        //输入内接圆的半径然后按Enter键完成绘制
```

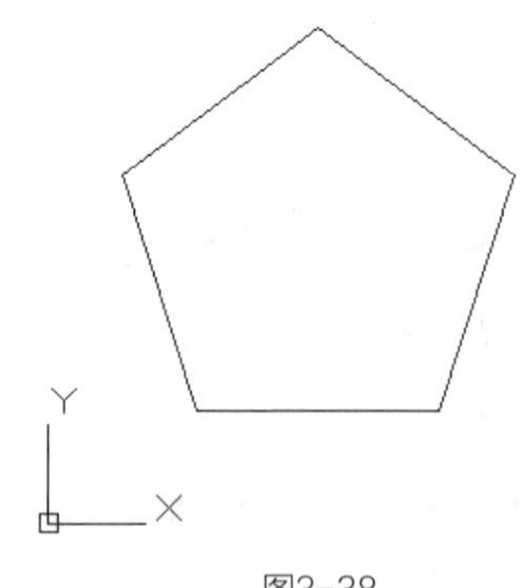

图3-38

3. 技术要点：Polygon命令子选项的含义

侧面数：定义正多边形的边数，输入3~1024的数值。

中心点：指定正多边形的中心点，可以通过输入坐标来精确定位。

边：通过指定边长来绘制正多边形，如图3-39所示。命令执行过程如下。

```
命令: _polygon
输入侧面数 <5>:5 ↙
指定正多边形的中心点或 [边(E)]: e ↙
指定边的第一个端点:          //任意拾取一点
指定边的第二个端点: @15,0 ↙
```

内接于圆：指定外接圆的半径，正多边形的所有顶点都在此圆周上，如图3-40所示。

外切于圆：指定内接圆的半径，圆与正多边形各条边都相切，正多边形各边上的中点到圆心的距离就是半径，如图3-41所示。命令执行过程如下。

```
命令: _polygon
输入侧面数 <5>: 5 ↙
指定正多边形的中心点或 [边(E)]:          //任意拾取一点
输入选项 [内接于圆(I)/外切于圆(C)] <I>: c ↙
指定圆的半径: 50 ↙
```

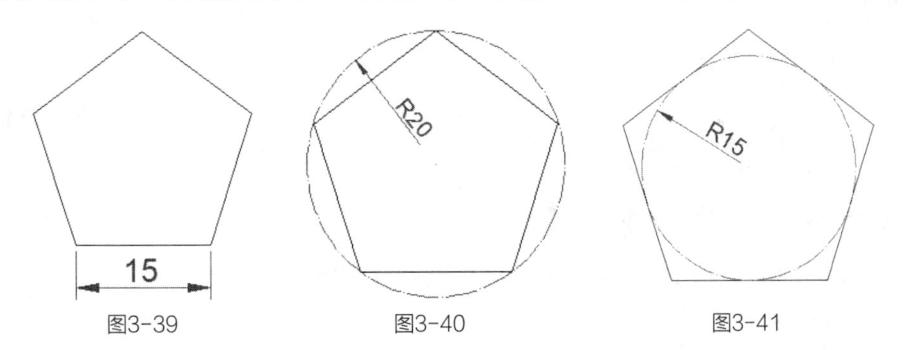

图3-39　图3-40　图3-41

案例 015 绘制一个由正多边形和圆形组成的图案

- **学习目标** | 本例将学习用Polygon命令绘制正五边形、正三角形及圆的基本绘制方法，并掌握Polygon命令绘制正多边形的两种方式，如图3-42所示。
- **视频路径** | 光盘\视频教程\CH03\绘制一个由正多边形和圆形组成的图案.avi
- **结果文件** | 光盘\DWG文件\CH03\绘制一个由正多边形和圆形组成的图案.dwg

01 单击“绘图”工具栏中的“圆”按钮，以原点（0,0）为圆心，绘制一个半径为9mm的圆形，如图3-43所示。命令执行过程如下。

```
命令: _circle
指定圆的圆心或 [三点(3P)/两点(2P)/切点、切点、半径(T)]: 0,0 ↙
指定圆的半径或 [直径(D)] <5.3156>: 9 ↙
```

02 单击“绘图”工具栏上的“正多边形”按钮，以圆心为正多边形的中心绘制一个正六边形，如图3-44所示，命令执行过程如下。

```
命令: _polygon 输入侧面数 <6>: 6 ↙
指定正多边形的中心点或 [边(E)]: //捕捉圆心
输入选项 [内接于圆(I)/外切于圆(C)] <I>: c ↙
指定圆的半径:9 ↙
```

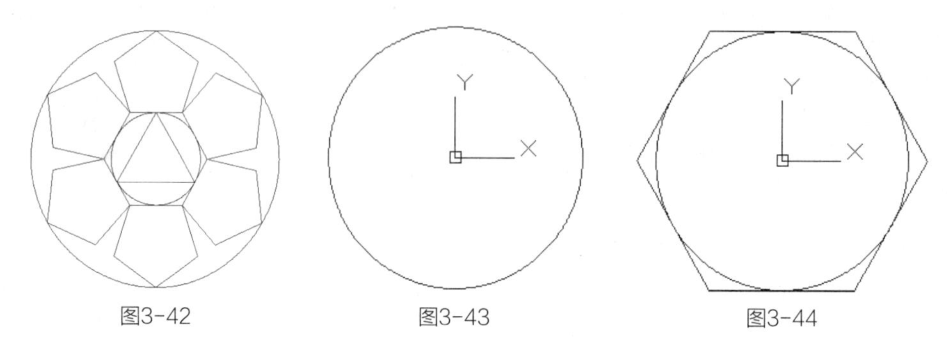

图3-42　　图3-43　　图3-44

专家提示

在捕捉圆心时，如果遇到找不到圆心的情况，可以先将鼠标移动到圆形的象限点上，然后再移动鼠标到圆心的位置，就会出现圆心标记了。当然前提是打开了对象捕捉，并开启了圆心捕捉。

03 按Space键继续执行Polygon命令，绘制一个等边三角形，如图3-45所示。命令执行过程如下。

```
命令: _polygon
输入侧面数 <6>: 3 ↙
指定正多边形的中心点或 [边(E)]: //捕捉圆心
输入选项 [内接于圆(I)/外切于圆(C)] <C>: I ↙
指定圆的半径: //输入9或者捕捉圆形上的象限点都可以
```

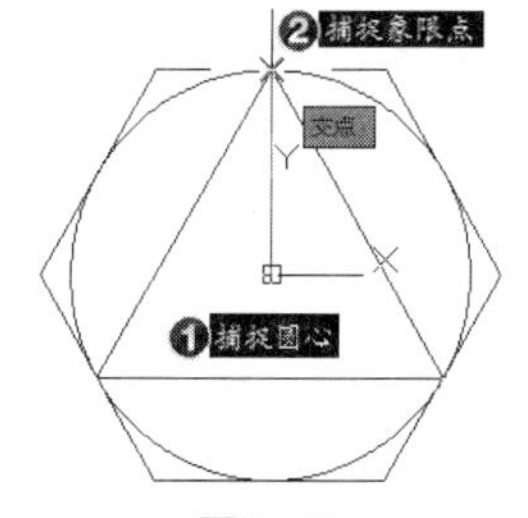

图3-45

04 按Space键继续执行Polygon命令，绘制一个正五边形，如图3-46所示。命令执行过程如下。

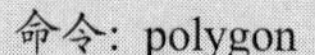

```
命令:_polygon
输入侧面数 <3>: 5 ↙
指定正多边形的中心点或 [边(E)]: e ↙
指定边的第一个端点: //捕捉正六边形边上的端点1
指定边的第二个端点: // 捕捉正六边形边上的端点2
```

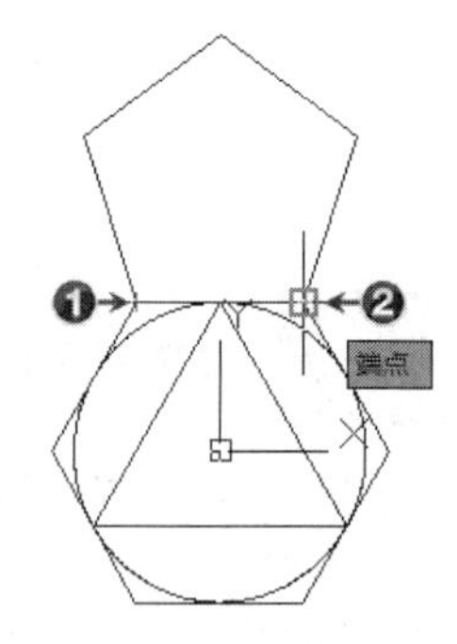

图3-46

05 使用相同的方法，在正六边形的每条边上绘制一个正五边形，如图3-47所示。

06 最后单击“绘图”工具栏中的“圆”按钮，捕捉圆心和正五边形的顶点绘制一个圆形，这个图案就绘制完成了，如图3-48所示。命令执行过程如下。

```
命令: _circle
指定圆的圆心或 [三点(3P)/两点(2P)/切点、切点、半径(T)]: //捕捉半径为9mm的圆形的圆心
指定圆的半径或 [直径(D)] <24.9921>: //捕捉正五边形的顶点
```

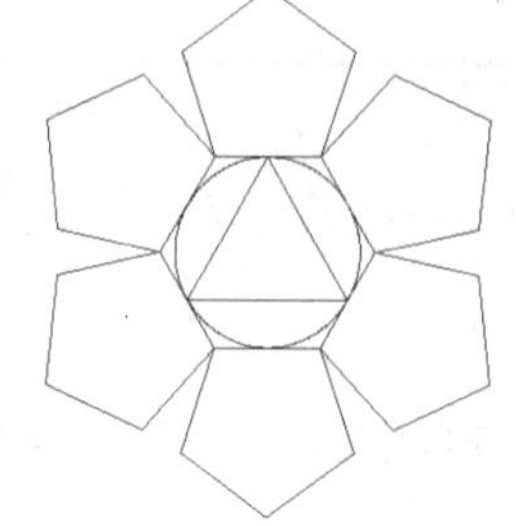

图3-47

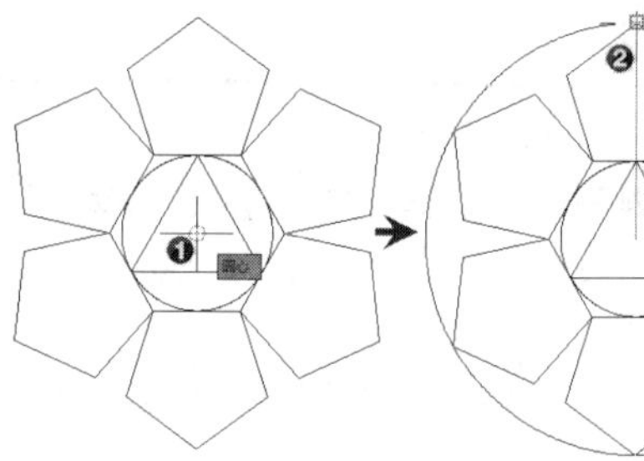

图3-48

3.4 绘制曲线图形

在AutoCAD中提供了多种绘制曲线对象的命令，可以绘制圆、圆弧、椭圆和椭圆弧等。

相关命令如表3-4所示。

表3-4 绘制曲线对象的命令

命令	简写	功能
Circle（圆形）	C	创建圆形
Arc（圆弧）	A	创建圆弧
Ellipse（椭圆）	EL	创建椭圆或椭圆弧
Donut（圆环）	DO	创建实心圆或较宽的环

3.4.1 绘制圆形（Circle）

圆也是最常用最基本的图形元素之一。AutoCAD提供了6种绘制圆的方式，这些方式都可以通过“绘图”菜单来执行，用户可以根据不同的条件来选择不同的绘制方式。

1. 命令执行方式

命令行：在命令行中输入Circle命令并按Enter键或Space键。

工具栏：单击“绘图”工具栏中的“圆”按钮。

菜单栏：在“绘图”菜单中选择“圆”，然后在子菜单中选择所需要的绘制方式，如图3-49所示。

2. 操作步骤

01 以“圆心、半径”方式绘制圆。例如绘制一个半径为30mm的圆。命令执行过程如下。

```
命令: _circle ↙
指定圆的圆心或 [三点(3P)/两点(2P)/切点、切点、半径(T)]: // 任意指定一点为圆心
指定圆的半径或[直径(D)]: 30 ↙//直接输入半径的值，或者指定一个点来确定半径，如图3-50所示。
```

02 使用“两点”法绘制一个圆。例如，法绘制一个半径为40mm的圆，如图3-51所示。命令执行过程如下。

```
命令: _circle ↙
指定圆的圆心或[三点(3P)/两点(2P)/相切、相切、半径(T)]: 2 P ↙
指定圆直径的第一个端点:        //拾取直径的端点1
指定圆直径的第二个端点: @80,0 ↙//输入第二个点的相对坐标，或拾取直径的端点2，如图3-8所示
```

03 采用“三点”法绘制一个圆。例如捕捉已知的3个点绘制一个圆，如图3-52所示。命令执行过程如下。

```
命令: _circle ↙
指定圆的圆心或[三点(3P)/两点(2P)/相切、相切、半径(T)]: 3P ↙
指定圆上的第一个点:        //拾取点1
指定圆上的第二个点:        //拾取点2
指定圆上的第三个点:        //拾取点3
```

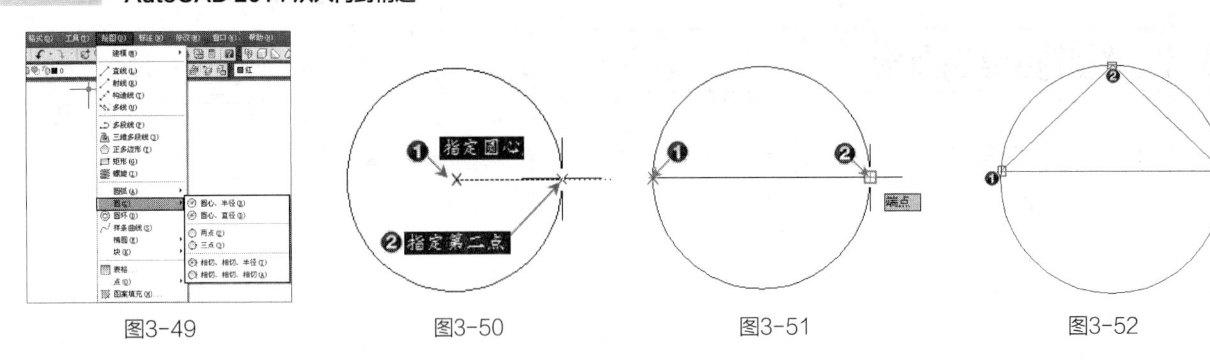

图3-49　　图3-50　　图3-51　　图3-52

04 相切、相切、半径采用“相切、相切、半径”法画圆。命令执行过程如下。

```
命令: _circle ↙
指定圆的圆心或[三点(3P)/两点（2P）/相切、相切、半径(T)]: T ↙
指定对象与圆的第一个切点：　//拾取切点1，如图3-53(左)所示。
指定对象与圆的第二个切点：　//拾取切点2，如图3-53(右)所示。
指定圆的半径<21.5276>：　//指定半径值
```

05 相切、相切、相切采用“相切、相切、相切”法画圆。单击“绘图>圆>相切、相切、相切”菜单命令。命令执行过程如下。

```
命令: _circle ↙
指定圆的圆心或 [三点(3P)/两点(2P)/切点、切点、半径(T)]: _3p
指定圆上的第一个点：_tan到：　　//拾取切点1，如图3-54所示
指定圆上的第二个点：_tan到：　　//拾取切点2
指定圆上的第三个点：_tan到：　　//拾取切点3
```

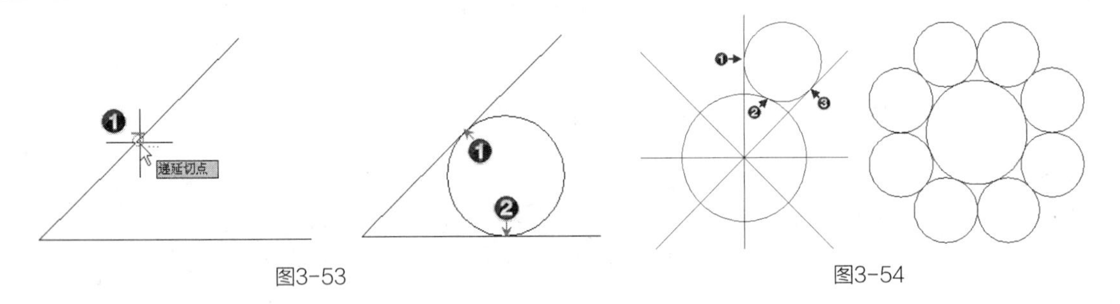

图3-53　　图3-54

案例 016 复杂图案绘制技巧

- **学习目标 |** 这个案例主要练习正六边形、圆形和圆弧的绘制，通过对象捕捉绘制辅助线，然后用三相切的方式绘制圆，再用三点法绘制圆弧，案例效果如图3-55所示。
- **视频路径 |** 光盘\视频教程\CH03\复杂图案绘制技巧.avi
- **结果文件 |** 光盘\DWG文件\CH03\复杂图案绘制技巧.dwg

01 在绘制图形的过程中需要打开对象捕捉，以方便在绘图时准确地捕捉相应的点，捕捉设置如图3-56所示。

02 单击“绘图”工具栏中的“圆”按钮，绘制一个直径为105mm的圆形，如图3-57所示。命令执行过程如下。

```
命令: _circle ↙
指定圆的圆心或 [三点(3P)/两点(2P)/切点、切点、半径(T)]: //任意指定一点
指定圆的半径或 [直径(D)] <1.1171>: d ↙
指定圆的直径 <2.2341>: 105 ↙
```

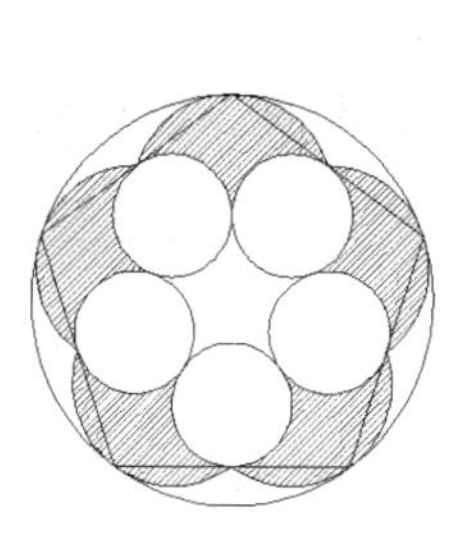

图3-55

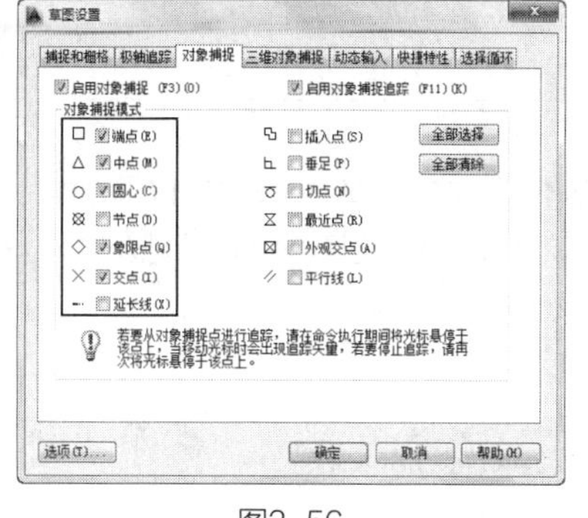

图3-56

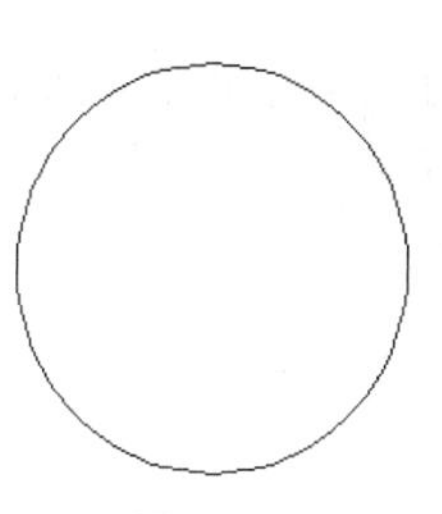

图3-57

03 单击“绘图”工具栏上的“正多边形”按钮，绘制一个内接于圆的正五边形，如图3-58所示。命令执行过程如下。

```
命令: _polygon
输入侧面数 <6>: 5 ↙
指定正多边形的中心点或 [边(E)]: //捕捉圆心
输入选项 [内接于圆(I)/外切于圆(C)] <I>: i ↙
指定圆的半径: //捕捉象限点
```

04 单击“绘图”工具栏中的“直线”按钮，捕捉正五边形的顶点和与它相对于的边上的中点，如图3-59所示。

05 单击“绘图>圆>相切、相切、相切”菜单命令，绘制出图3-60所示的圆形。命令执行过程如下。

```
命令: _circle
指定圆的圆心或 [三点(3P)/两点(2P)/切点、切点、半径(T)]: _3p 指定圆上的第一个点: _tan 到
指定圆上的第二个点: _tan 到
指定圆上的第三个点: _tan 到
```

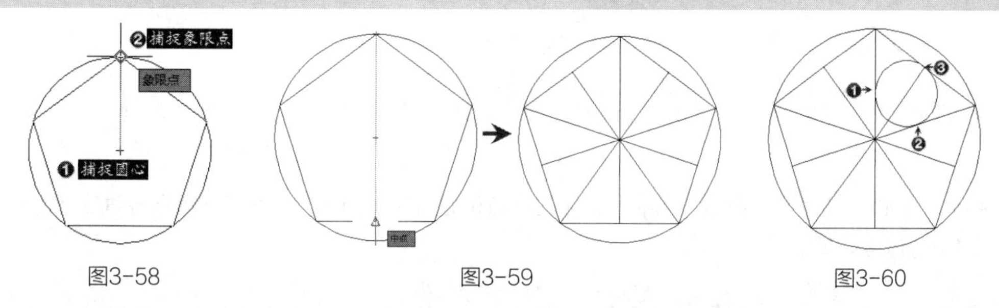

图3-58　　图3-59　　图3-60

06 继续单击“绘图>圆>相切、相切、相切”菜单命令，绘制出图3-61所示的圆形。

07 单击“绘图”工具栏中的“圆弧”按钮，用三点法绘制一段圆弧（方法和用三点法绘制圆形一样），如图3-62所示。命令执行过程如下。

```
命令: _arc
指定圆弧的起点或 [圆心(C)]: //捕捉点1
指定圆弧的第二个点或 [圆心(C)/端点(E)]:  //捕捉点2
指定圆弧的端点: //捕捉点3
```

08 用相同的方法绘制出其余的5段圆弧，然后填充图案，效果如图3-63所示。关于图案填充的应用将在后面的内容详细讲解。

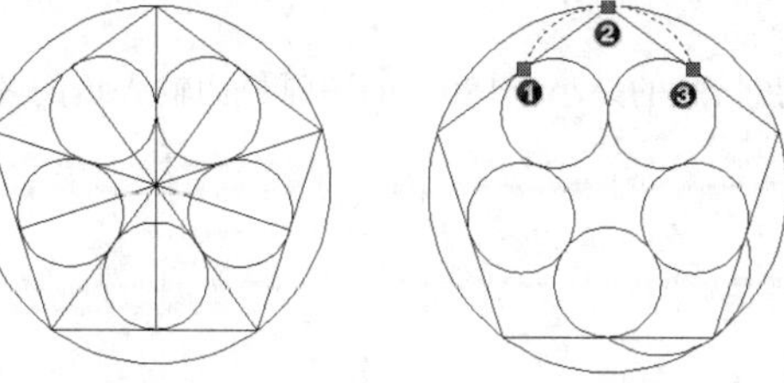

图3-61　　图3-62

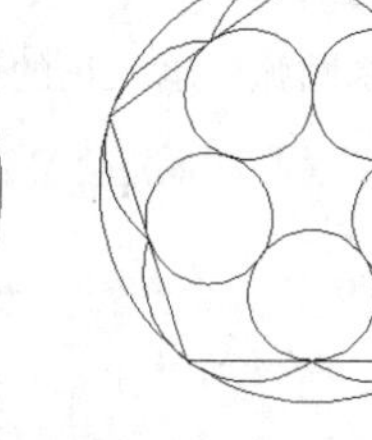

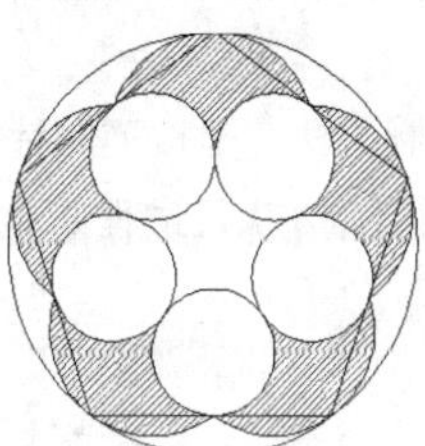

图3-63

3.4.2 绘制圆弧（Arc）

圆弧是圆的一部分，也是最常用的基本图元之一。AutoCAD提供了11种绘制圆弧的方式，这些方式都在“绘图”菜单下的Arc（圆弧）选项中，用户可以根据不同的条件选择不同的绘制方式。

1. 命令执行方式

执行Arc命令的方法有以下3种。

命令行：在命令行中输入Arc命令并按Enter键或Space键。

工具栏：单击“绘图”工具栏中的“圆弧”按钮。

菜单栏：在“绘图”菜单中单击“圆弧”命令，然后在子菜单中选择不同的绘制方式，如图3-64所示。

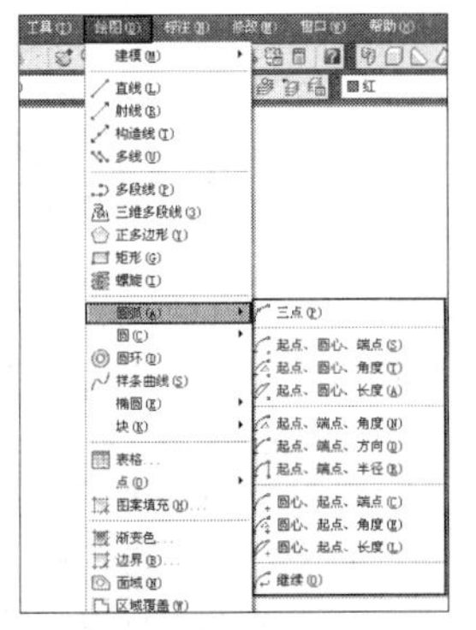

图3-64

2. 操作步骤

01 通过3个点绘圆弧。通过指定圆弧的起点、第二点和终点这3个点来确定一段圆弧（如图3-65所示）。命令执行过程如下。

```
命令: _arc ↙
指定圆弧的起点或[圆心(C)]:  //指定圆弧的起点1
指定圆弧的第二个点或[圆心(C)/端点(E)]:  //指定圆弧的第二点
指定圆弧的端点:                //指定圆弧的终点，即第三点
```

当选中绘制的圆弧后，圆弧上会出现4个夹点，单击夹点即可选中夹点，可以通过移动夹点来调节圆弧的弧度和位置等属性，如图3-66所示。

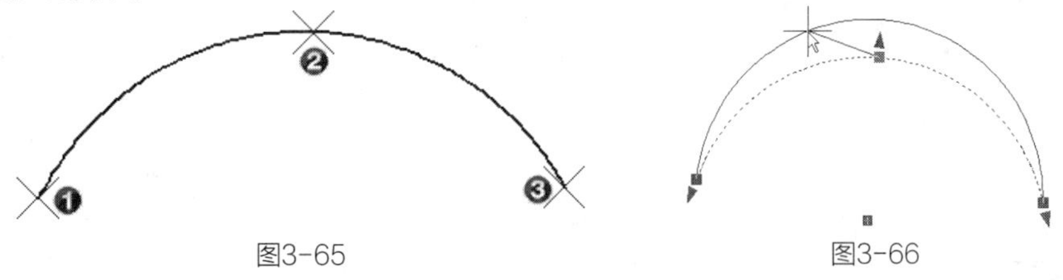

图3-65　　图3-66

02 通过指定起点、圆心、端点绘制圆弧，当给出圆弧的起点和圆心后，圆弧半径实际上就已经确定了，圆弧的端点只决定弧长。命令执行过程如下。

```
命令: _arc ↙
指定圆弧的起点或[圆心(C)]:               //指定圆弧的起点1
指定圆弧的第二个点或[圆心(C)/端点(E)]: C ↙
指定圆弧的圆心:                          //指定圆弧的圆心2
指定圆弧的端点或[角度（A）/弦长(L)]:        //指定圆弧的端点3
使用圆心2，从起点1向终点逆时针绘制圆弧。终点将落在从第三点到圆心的一条假想射线上，如图3-67所示。
```

03 通过指定起点、圆心、角度绘制圆弧。这里所说的角度是指从圆弧的圆心到两个端点的两条半径之间的夹角。如果该夹角为正值，则按逆时针方向绘制圆弧；如果该夹角为负值，则按顺时针方向绘制圆弧。

04 通过指定起点、圆心、长度绘制圆弧。采用这种方法绘制圆弧，首先要指定圆弧的起点与圆心，然后指定圆弧的弦长来画圆弧。

这种绘制方法总是按逆时针方向绘制圆弧，输入正的弦长画的是小于180° 的圆弧，而输入负的弦长画的是大于180° 的圆弧。命令执行过程如下。

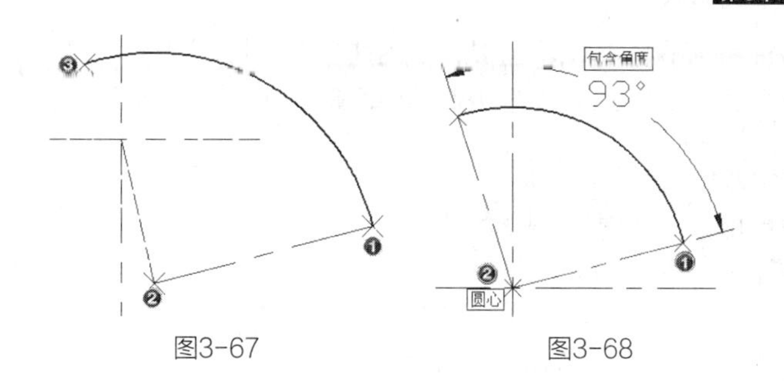

图3-67　　图3-68

```
命令: _arc ↙
指定圆弧的起点或[圆心(C)]:                    //指定圆弧的起点1
指定圆弧的第二个点或[圆心(C)/端点(E)]: C ↙
指定圆弧的圆心:                               //指定圆弧的圆心2
指定圆弧的端点或[角度(A)/弦长(L)]: L ↙
指定弦长: 21 ↙                  //输入弦的长度值，结果如图3-69所示
```

05 通过指定起点、端点、角度绘制圆弧，输入正的角度值按逆时针方向画圆弧，而输入负的角度值按顺时针方向画圆弧（均从起点开始）。命令执行过程如下。

```
命令: _arc ↙
指定圆弧的起点或 [圆心(C)]:                   //指定圆弧的起点1
指定圆弧的第二个点或[圆心(C)/端点(E)]: E ↙
指定圆弧的端点:                              //指定圆弧的端点2
指定圆弧的圆心或[角度(A)/方向(D)/半径(R)]: A ↙
指定包含角:                                //输入角度值
```

06 通过指定起点、端点、方向绘制圆弧，从起点确定该方向，绘制的圆弧在起点处与指定方向相切，这将绘制从起点1开始到终点2结束的任何圆弧，而不考虑是劣弧、优弧还是顺弧、逆弧，如图3-70所示。

这里所说的方向是指圆弧的切线方向（以度数表示），圆弧的起点方向与给出的方向相切。

```
命令: _arc ↙
指定圆弧的起点或 [圆心(C)]:                  //指定圆弧的起点
指定圆弧的第二个点或[圆心(C)/端点(E)]: E ↙
指定圆弧的端点:                             //指定圆弧的端点
指定圆弧的圆心或[角度(A)/方向(D)/半径(R)]: D ↙
指定圆弧的起点切向:  //指定圆弧起点切线方向，如图3-71所示
```

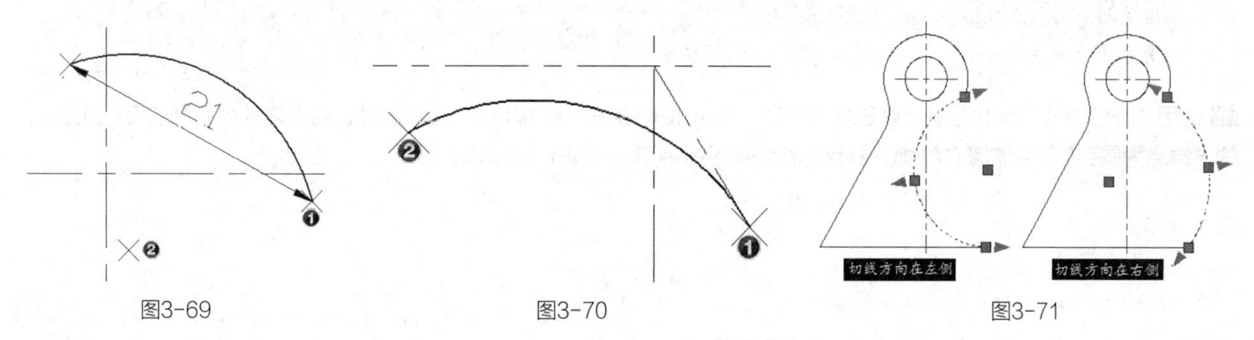

图3-69　　图3-70　　图3-71

注意

在绘制圆弧时，起点和端点的顺序一样，绘制的圆弧方向也会不同。

07 通过指定起点、端点、半径绘制圆弧，如图3-72所示。这种方法只能按逆时针方向绘制圆弧，输入正的半径值画的是小于180° 的圆弧，而输入负的半径值画的是大于180° 的圆弧。

```
命令: _arc ↙
定圆弧的起点或 [圆心(C)]:                //指定圆弧的起点
指定圆弧的第二个点或[圆心(C)/端点(E)]: E ↙
指定圆弧的端点:                          //指定圆弧的端点
指定圆弧的圆心或[角度(A)/方向(D)/半径(R)]: R ↙
指定圆弧的半径:                          //确定圆弧的半径
```

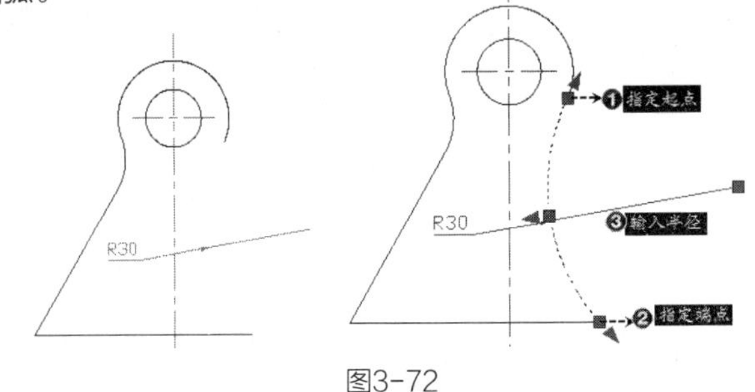

图3-72

08 通过指定圆心、起点、端点绘制圆弧，如图3-73所示。命令执行过程如下。

```
命令: _arc ↙
指定圆弧的起点或[圆心(C)]: C ↙
指定圆弧的圆心:                          //指定圆弧的圆心
指定圆弧的起点:                          //指定圆弧的起点
指定圆弧的端点或[角度(A)/弦长(L)]:       //指定圆弧的端点
```

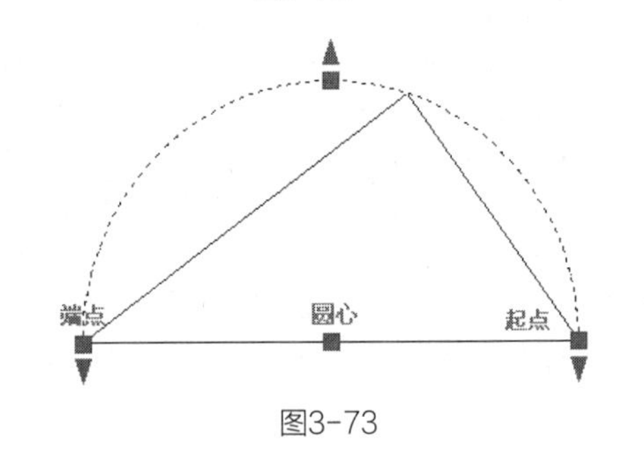

图3-73

09 通过指定圆心、起点、角度绘制圆弧。输入正的角度值按逆时针方向画圆弧，而输入负的角度值按顺时针方向画圆弧（均从起始点开始）。命令执行过程如下。

```
命令: _arc ↙
指定圆弧的起点或[圆心(C)]: C ↙
指定圆弧的圆心:                          //指定圆弧的圆心
指定圆弧的起点:                          //指定圆弧的起点
指定圆弧的端点或[角度(A)/弦长(L)]: A ↙
指定包含角:                              //指定圆弧的包含角
```

10 通过指定圆心、起点、弦长绘制圆弧。这种方法总是按逆时针方向画圆弧。输入正的弦长值画的是小于180° 的圆弧，而输入负的弦长值画的是大于180° 的圆弧。命令执行过程如下。

```
命令: _arc ↙
指定圆弧的起点或[圆心(C)]: C ↙
指定圆弧的圆心:                          //指定圆弧的圆心
指定圆弧的起点:                          //指定圆弧的起点
指定圆弧的端点或[角度(A)/弦长(L)]: L ↙
指定弦长:                                //指定圆弧的弦长
```

11 使用“连续方式”绘制圆弧，这是默认选项，在Arc命令的第一个提示中按Enter键，则以之前最后画的直线或圆弧的末端点为圆弧起点绘制新的圆弧，并且与直线或圆弧相切，如图3-74所示。

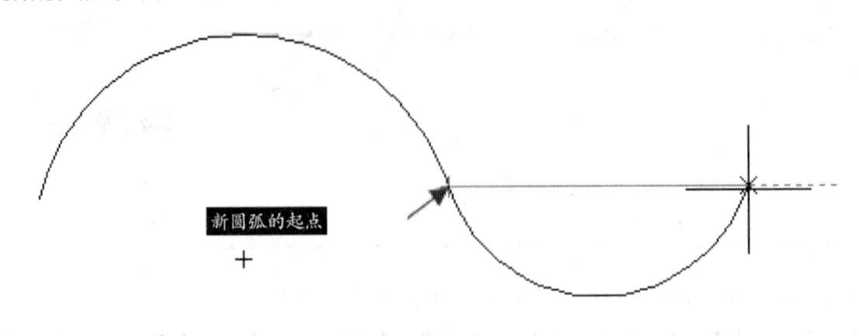

图3-74

3.4.3 绘制椭圆（Ellipse）

椭圆由定义其长度和宽度的两条轴决定。较长的轴称为长轴，较短的轴称为短轴。椭圆的默认画法是指定一根轴的两个端点和另一根轴的半轴长度，如图3-75所示。

1. 命令执行方式

执行Ellipse命令的方法有以下3种。

命令行：在命令行中输入Ellipse命令并按Enter键或Space键。

工具栏：在“绘图”工具栏中单击“椭圆”按钮，如图3-76所示。

菜单栏：在“绘图”菜单中单击“椭圆”命令，然后在子菜单中选择不同的绘制方式，如图3-77所示。

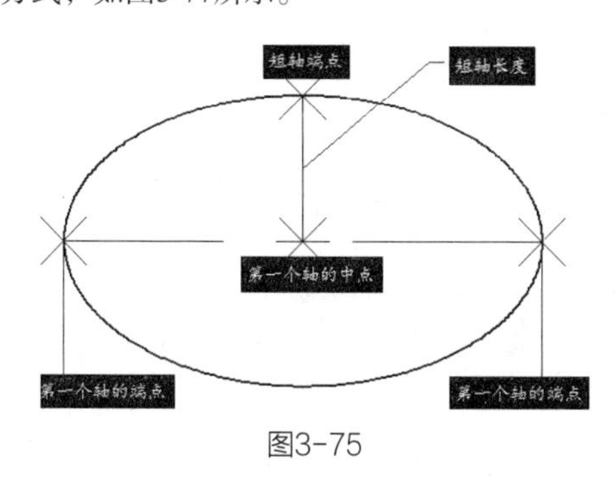

图3-75

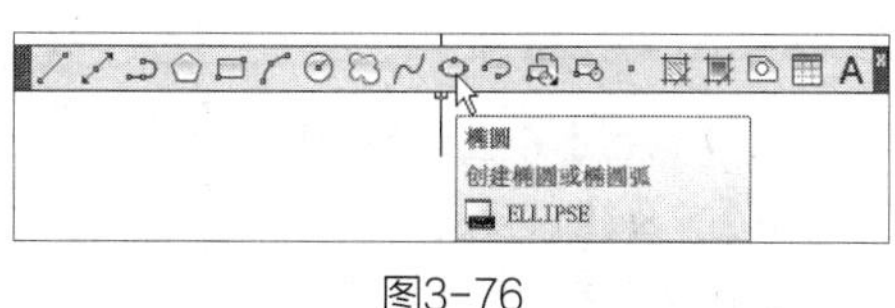

图3-76

图3-77

2. 操作步骤

在命令行提示行中输入Ellipse命令，或者单击“绘图”工具栏中的“椭圆”按钮。命令执行过程如下。

```
命令: _ellipse
指定椭圆的轴端点或 [圆弧(A)/中心点(C)]: //指定端点1
指定轴的另一个端点:            //指定端点2
指定另一条半轴长度或 [旋转(R)]:  //指定端点3
绘制结果如图3-78所示。
```

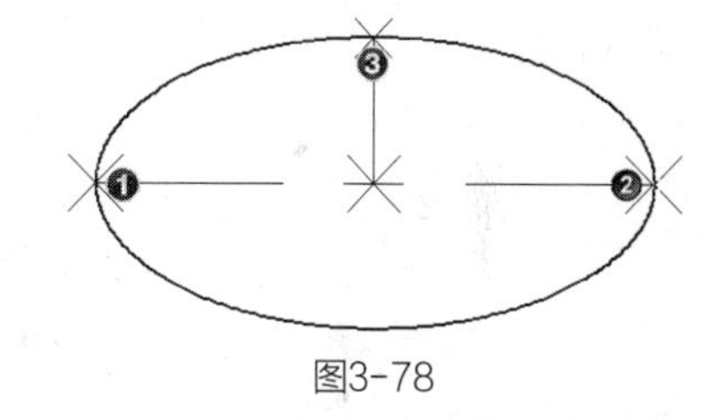

图3-78

专家提示

椭圆命令生成的椭圆是以多义线还是以椭圆为实体的是由系统变量Pellipse决定，当其为1时，生成的椭圆是Pline。

Ellipse命令还有一个重要用途，就是在等轴测视平面视图中绘制等轴测圆，如图3-79所示。

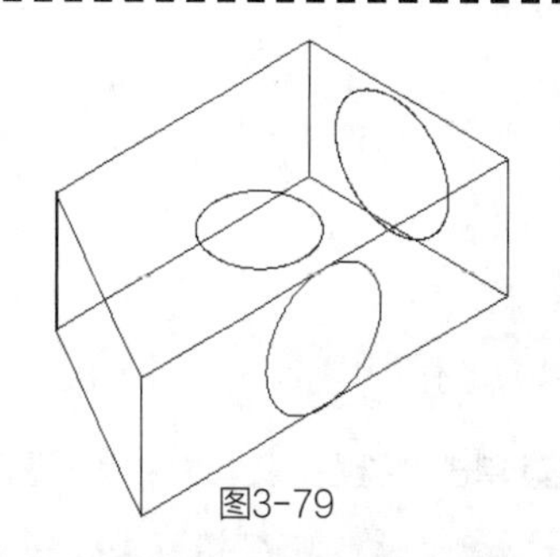

图3-79

注意

“等轴测圆”选项仅在捕捉类型为“等轴测”时才可用。在后面的内容中将专门讲解轴测图的绘制。

案例 017 绘制洗手池平面图例

- **学习目标** | 这个案例主要练习学习圆、圆弧和椭圆的绘制方法，使用Line（直线）命令和Arc（圆弧）命令绘制轮廓，然后使用Ellipse（椭圆）命令和Circle（圆）命令绘制内部的图形，案例效果如图3-80所示。
- **视频路径** | 光盘\视频教程\CH03\绘制洗手池平面图例.avi

● **结果文件** | 光盘\DWG文件\CH03\绘制洗手池平面图例.dwg

01 使用Line（直线）命令绘制一条长度为480mm的水平直线，如图3-81所示。命令执行过程如下。

```
命令: _line
指定第一点:          //任意拾取一点
指定下一点或 [放弃(U)]: @480,0 ↙
指定下一点或 [放弃(U)]: ↙
```

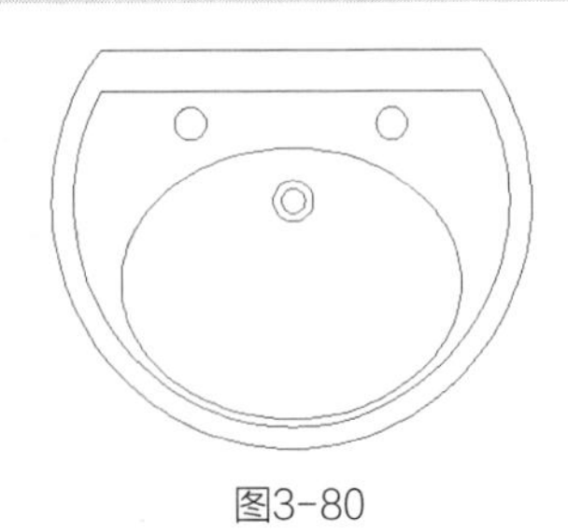

图3-80

图3-81

02 单击“绘图/圆弧/起点、端点、角度”菜单命令，绘制图3-82所示的圆弧。命令执行过程如下。

```
命令: _arc
指定圆弧的起点或 [圆心(C)]:    //捕捉水平直线的左端点
指定圆弧的第二个点或 [圆心(C)/端点(E)]: _e
指定圆弧的端点:              //捕捉水平直线的右端点
指定圆弧的圆心或 [角度(A)/方向(D)/半径(R)]: _a 指定包含角: 255 ↙
```

03 使用Line命令再次绘制一条水平直线，如图3-83和图3-84所示。命令执行过程如下。

```
命令: _line
指定第一点:    //按住Shift键的同时单击鼠标右键，然后选择“自”命令，如图2-83所示
_from 基点:            //捕捉水平直线的左端点
<偏移>: @0,-50 ↙
指定下一点或 [放弃(U)]: @480,0 ↙
指定下一点或 [放弃(U)]: ↙
```

图3-82　　图3-83　　图3-84

04 单击“绘图”工具栏中的“圆弧”按钮，绘制第二段圆弧，如图3-85所示。命令执行过程如下。

```
命令: _arc
指定圆弧的起点或 [圆心(C)]: c ↙
指定圆弧的圆心:        //捕捉圆弧B的圆心
指定圆弧的起点:        //捕捉直线A的左端点
指定圆弧的端点或 [角度(A)/弦长(L)]:      //捕捉直线A的右端点
```

05 在命令行输入Ellipse并按Enter键，绘制图3-86所示的椭圆。命令执行过程如下。

```
命令: _ellipse
指定椭圆的轴端点或 [圆弧(A)/中心点(C)]: c ↙
指定椭圆的中心点:                //按住Shift键的同时单击鼠标右键，然后选择“自”命令
_from 基点:                     //捕捉圆弧的圆心
<偏移>: @0,-100 ↙
指定轴的端点: @215,0 ↙
指定另一条半轴长度或 [旋转(R)]: 165 ↙
```

06 单击“绘图”工具栏中的“圆”按钮，分别绘制半径为15mm、25mm两个的同心圆，作为漏水孔，如图3-87所示。命令执行过程如下。

```
命令: _circle
指定圆的圆心或 [三点(3P)/两点(2P)/切点、切点、半径(T)]:   //捕捉圆弧的圆心
指定圆的半径或 [直径(D)]: 15 ↙
命令: ↙
Circle 指定圆的圆心或 [三点(3P)/两点(2P)/切点、切点、半径(T)]:   //捕捉圆弧的圆心
指定圆的半径或 [直径(D)] <15.0000>: 25 ↙
```

07 在适合位置绘制两个半径为20mm的圆作为阀门，如图3-88所示。

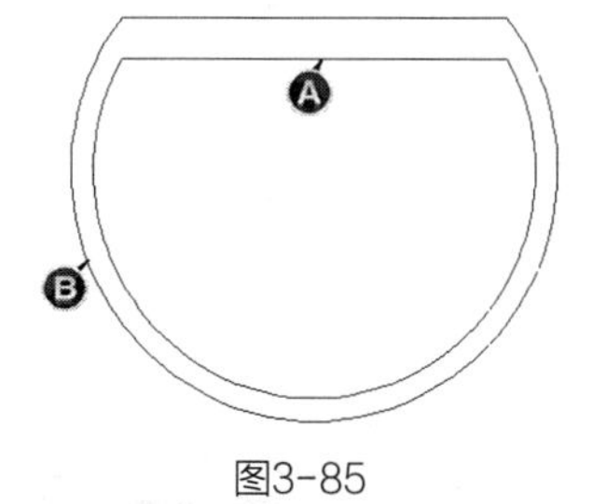

图3-85

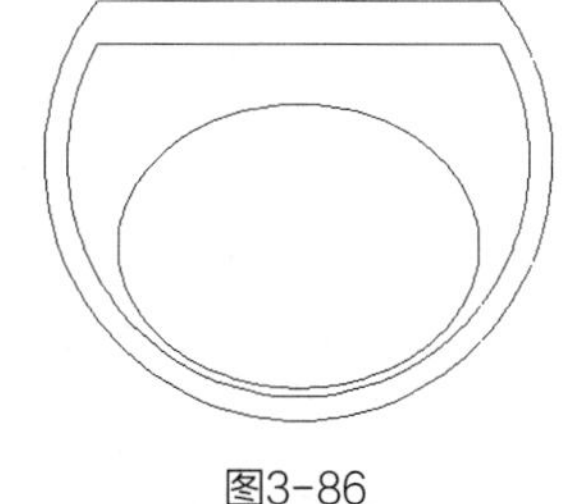

图3-86

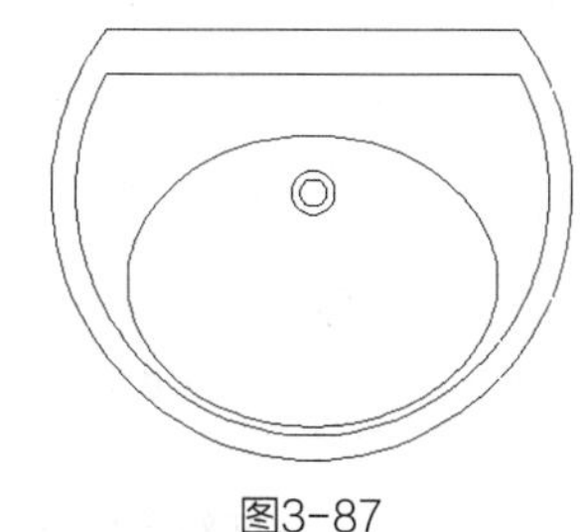

图3-87

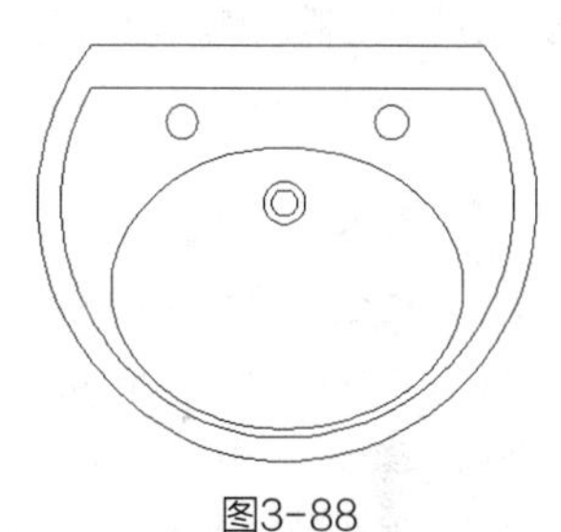

图3-88

3.4.4 绘制椭圆弧（Ellipse）

首先绘制一个完整的椭圆，然后移动光标删除椭圆的一部分，剩余部分即为所需要的椭圆弧。

1. 命令执行方式

执行Ellipse命令的方法有以下3种。

命令行：在命令行中输入Ellipse命令并按Enter键或Space键。

工具栏：单击“绘图”工具栏中的Ellipse按钮。

菜单栏：在命令行中输入Ellipse命令并按Enter键。

2. 操作步骤

在“绘图”菜单中单击“椭圆”命令，然后在子菜单中选择“圆弧”。Ellipse命令执行过程如下。

```
命令: _ellipse
指定椭圆的轴端点或[圆弧(A)/中心点(C)]: A ↙
指定椭圆弧的轴端点或[中心点(C)]:        //指定椭圆主轴端点
指定轴的另一个端点:                    //指定椭圆主轴另一个端点
```

```
指定另一条半轴长度或[旋转(R)]:        //指定另一根轴的半轴长度
指定起始角度或[参数(P)]:              //指定起始角度
指定终止角度或[参数(P)/包含角度(I)]:   //指定终止角度
```

3. 技术要点

ellipse命令的各参数选项含义。

指定椭圆的轴端点：此为默认选项，让用户指定椭圆某一轴（长轴或短轴均可）的第一个端点。系统接着显示“指定轴的另一个端点”，要求用户指定该轴的第二个端点。

旋转：在指定该轴的第二个端点后，显示的提示为“指定另一条半轴长度或[旋转（R）]”，默认的选择是指定另一轴的半轴长，这样可以画出一个椭圆。

如果选择“旋转”选项，则接下来的提示为“指定绕长轴旋转的角度”，要求输入一个角度，该角度确定了椭圆长轴和短轴的比值，据此也可以绘制出椭圆。输入的角度为0°，则画出一个圆。最大的输入角度可以是89.4°，表示画一个很扁的椭圆。

中心点（C）：选择Center选项，将显示“指定椭圆的中心点”提示，要求指定椭圆的中心。在用户指定完中心后，继续显示“指定轴的端点”的提示，要求指定轴的一个端点。然后显示的提示为“指定另一条半轴长度或[旋转（R）]”，该提示含义同上。

圆弧（A）：选择该选项表示要画一个椭圆弧。选择后显示“指定椭圆的轴端点或[圆弧（A）/中心点（C）]”，这一提示与前面画椭圆的提示相同。在画完椭圆后，将显示“指定起始角度或[参数（P）]：”的提示，默认的选项是让用户指定椭圆弧的起始角和终止角。

使用“椭圆弧法”法绘制椭圆弧，命令执行过程如下。

```
命令: _ellipse
指定椭圆的轴端点或[圆弧(A)/中心点(C)]: A ↙
指定椭圆弧的轴端点或[中心点(C)]:          //用鼠标在适当位置拾取一点
指定轴的另一个端点:                       //用鼠标在适当位置拾取一点
指定另一条半轴长度或[旋转(R)]:            //用鼠标在适当位置拾取一点
指定起始角度或[参数(P)]: 10 ↙
指定终止角度或[参数(P)/包含角度(I)]: -90 ↙
绘制结果如图3-89所示。
```

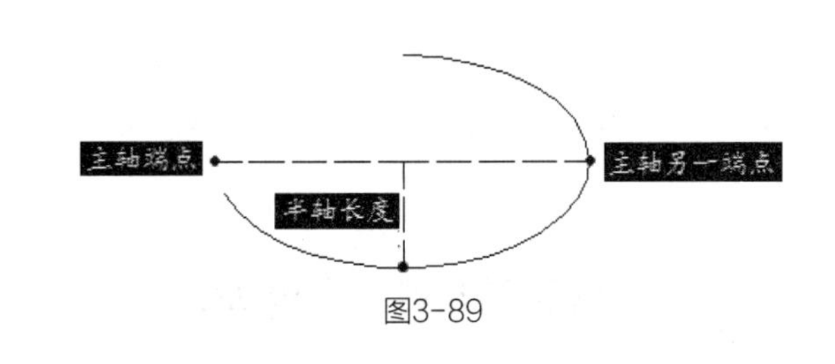

图3-89

3.4.5 绘制圆环（Donut）

圆环在实质上也是一种多段线，使用Donut（圆环）命令可以绘制圆环。圆环可以有任意的内径与外径，如果内径与外径相等，则圆环就是一个普通的圆；如果内径为0mm，则圆环为一个实心圆，如图3-90所示。

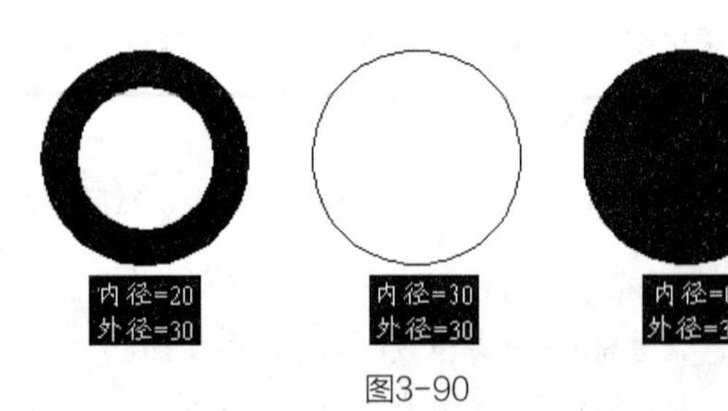

图3-90

专家提示

圆环通常在工程制图中用于表示孔、接线片或者基座等。

1. 命令执行方式

在AutoCAD中，执行Donut（圆环）命令的方式有如下两种。

菜单栏：单击“绘图>圆环”菜单命令。

命令行：在命令提示行输入Donut（简化命令为Do）并按Enter键。

下面举例说明Donut（圆环）命令的使用方法，假设绘制一个内径为10mm、外径为40mm的垫片，它的中心可以随意确定。

2. 操作步骤

单击“绘图>圆环”菜单命令，绘制图3-91所示的圆环。命令执行过程如下。

```
命令: _donut
指定圆环的内径 <0.0000>: 10 ↙          //输入圆环的内径
指定圆环的外径 <30.0000>: 40 ↙         //输入圆环的外径
指定圆环的中心点或 <退出>:             //拾取一点作为圆环的中心
指定圆环的中心点或 <退出>: ↙
```

图3-91

案例018 使用Ellipse（椭圆弧）命令绘制零件轮廓图

● **学习目标** | 本例将学习椭圆弧在机械制图中的应用方式之一，有的可以直接绘制椭圆弧，有些地方则需要绘制椭圆，然后进行修剪，得到椭圆弧，案例效果如图3-92所示。

● **视频路径** | 光盘\视频教程\CH03\使用Ellipse（椭圆弧）命令绘制零件轮廓图.avi

● **结果文件** | 光盘\DWG文件\CH03\使用Ellipse（椭圆弧）命令绘制零件轮廓图.dwg

01 单击“绘图”工具栏中的“直线”按钮，绘制两条辅助线，如图3-93所示。命令执行过程如下。

```
命令: _line
指定第一个点:
指定下一点或 [放弃(U)]: @38,0 ↙
指定下一点或 [放弃(U)]: @25<45 ↙
指定下一点或 [闭合(C)/放弃(U)]: ↙
```

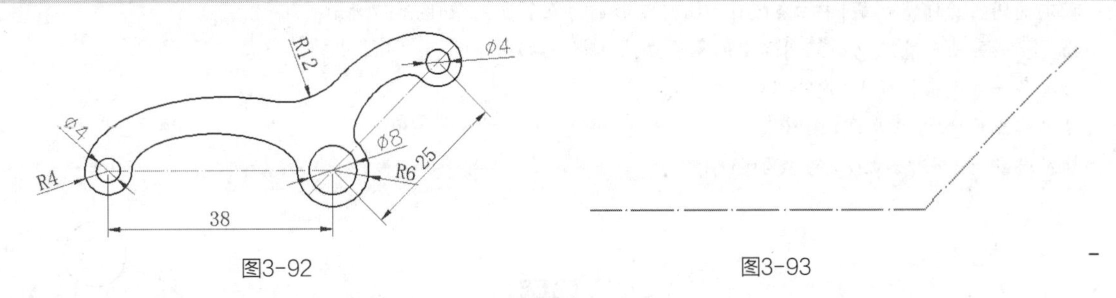

图3-92 图3-93

02 单击“绘图”工具栏中的“圆”按钮，捕捉直线的端点绘制6个圆，如图3-94所示。命令执行过程如下。

03 单击“绘图”工具栏中的“椭圆弧”按钮，分别以半径为4mm和半径为6mm的两个圆的象限点作为椭圆弧的起点和端点绘制一段椭圆弧，如图3-95所示。命令执行过程如下。

```
命令: _ellipse
指定椭圆的轴端点或 [圆弧(A)/中心点(C)]: _a
指定椭圆弧的轴端点或 [中心点(C)]: //捕捉圆形上的象限点1，如图3-95所示
指定轴的另一个端点: //捕捉圆形上的象限点2，如图3-95所示
指定另一条半轴长度或 [旋转(R)]: @0,6 ↙
指定起点角度或 [参数(P)]: 180 ↙ //
指定端点角度或 [参数(P)/包含角度(I)]: 0 ↙
```

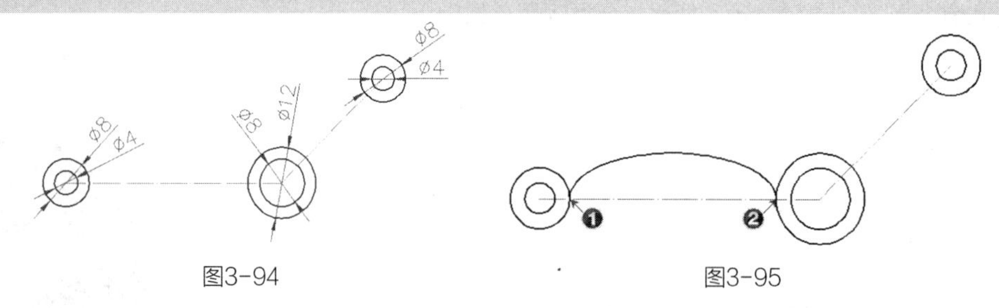

图3-94　　图3-95

专家提示

在AutoCAD中是将逆时针方向设定为正方向，所以设定椭圆弧起始角度是从180°～0°，而不是0°~180°。当然，设置为0°~180°也能绘制出椭圆弧，只不过绘制的是相反方向的椭圆弧。

04 按Space键继续绘制圆弧，分别以两个圆的象限点椭圆弧的起点和端点绘制一段椭圆弧，如图3-96所示。命令执行过程如下。

```
命令: _ellipse
指定椭圆的轴端点或 [圆弧(A)/中心点(C)]: _a
指定椭圆弧的轴端点或 [中心点(C)]: //捕捉圆形上的象限点1，如图3-96所示
指定轴的另一个端点: //捕捉圆形上的象限点2，如图3-96所示
指定另一条半轴长度或 [旋转(R)]: 4 ↙ //输入短轴长度
指定起点角度或 [参数(P)]: 180 ↙
指定端点角度或 [参数(P)/包含角度(I)]: I ↙ //输入选项I，以指定圆弧包含角度
指定圆弧的包含角度 <180>: 180 ↙
```

05 按Space键继续绘制圆弧，分别以两个圆的象限点椭圆弧的起点和端点绘制一段椭圆弧，如图3-97所示。命令执行过程如下。

```
命令: _ellipse
指定椭圆的轴端点或 [圆弧(A)/中心点(C)]: _a
指定椭圆弧的轴端点或 [中心点(C)]: //捕捉圆形上的象限点1，如图3-97所示
指定轴的另一个端点: //捕捉圆形上的象限点1，如图3-97所示
指定另一条半轴长度或 [旋转(R)]: 12 ↙
指定起点角度或 [参数(P)]: 180 ↙
指定端点角度或 [参数(P)/包含角度(I)]: 0 ↙
```

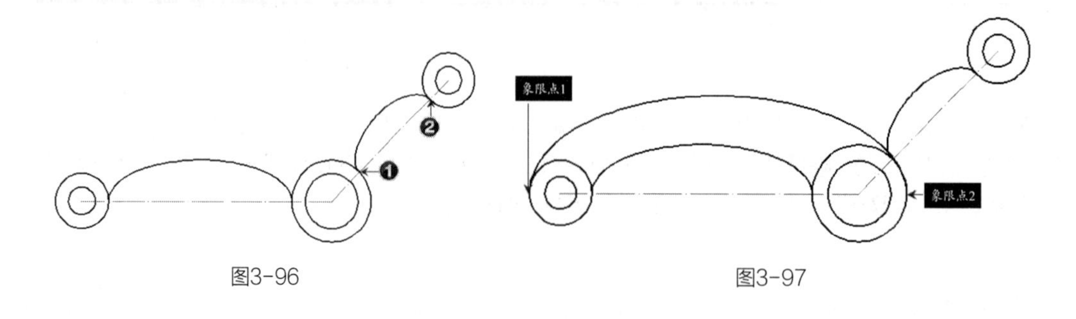

图3-96　　图3-97

06 将辅助线延长使其与圆相交，然后分别以辅助线与两个圆外侧的交点作为椭圆弧的起点和端点绘制一段椭圆弧，如图3-98所示。命令执行过程如下。

```
命令: _ellipse
指定椭圆的轴端点或 [圆弧(A)/中心点(C)]: _a
指定椭圆弧的轴端点或 [中心点(C)]: //捕捉图3-98所示的交点1
指定轴的另一个端点: //捕捉图3-98所示的交点2
指定另一条半轴长度或 [旋转(R)]: 10 ↙
指定起点角度或 [参数(P)]: 180 ↙
指定端点角度或 [参数(P)/包含角度(I)]: 0 ↙
```

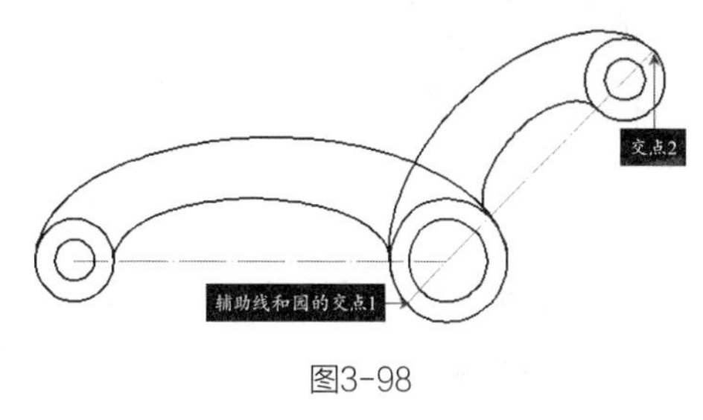

图3-98

07 单击“修改”工具栏中“圆角”按钮，对最后绘制的两个椭圆弧进行圆角处理，结果如图3-99所示。命令执行过程如下。

```
命令: _fillet
当前设置: 模式 = 修剪, 半径 = 0.0000
选择第一个对象或 [放弃(U)/多段线(P)/半径(R)/修剪(T)/多个(M)]: r ↙
指定圆角半径 <0.0000>: 12 ↙ //设置圆角半径
选择第一个对象或 [放弃(U)/多段线(P)/半径(R)/修剪(T)/多个(M)]: //单击其中一个椭圆弧
选择第二个对象，或按住 Shift 键选择对象以应用角点或 [半径(R)]: //单击另外一个椭圆弧
```

08 最后单击“修改”工具栏中“修剪”按钮，直接按Enter键，然后单击3个圆在椭圆弧之间的多余部分，将其剪掉，结果如图3-100所示。

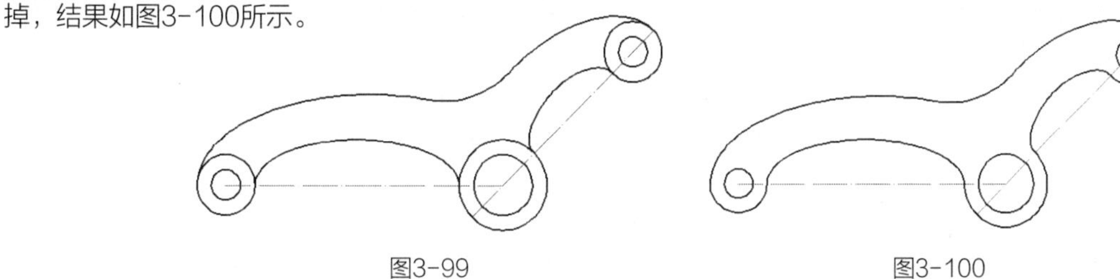
图3-99　　图3-100

3.5 综合实例

这一节将针对本章介绍的知识安排几个实例，以帮助读者通过实际操作进一步掌握学习的内容。本节的实例是按照由简单到复杂的顺序安排的，读者可根据自己的实际情况学进行习。

案例019 绘制古典花墙

- **学习目标 |** 通过绘制古典花墙，复习多种基本几何图形对象的绘制方法，以及使用布尔操作生成不规则的二维图形，案例效果如图3-101所示。
- **视频路径 |** 光盘\视频教程\CH03\绘制古典花墙.avi
- **结果文件 |** 光盘\DWG文件\CH03\绘制古典花墙.dwg

本例主要操作步骤如图3-102所示。

- ◆ 绘制不需要编辑的基本几何图形。
- ◆ 通过对基本几何图形进行编辑绘制出特殊的几何图形。
- ◆ 用直线绘制出墙体轮廓。

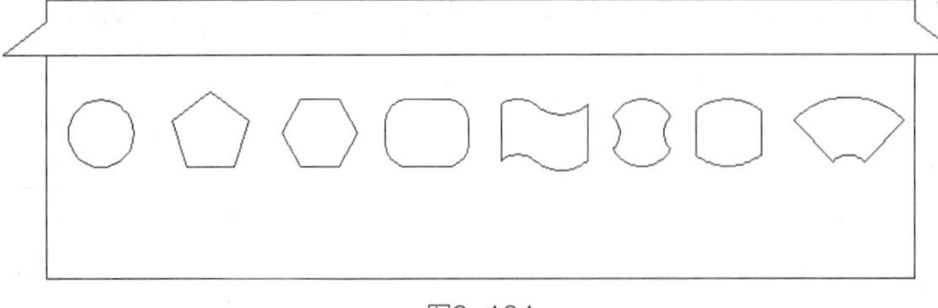

图3-101

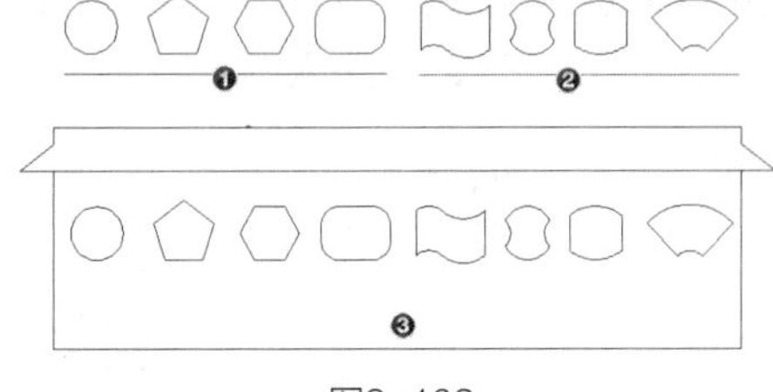

图3-102

1. 绘制墙体内的图形

01 单击“绘图”工具栏中的“圆”按钮，绘制一个半径为30mm的圆，如图3-103所示。命令执行过程如下。

```
命令: _circle
Circle 指定圆的圆心或 [三点(3P)/两点(2P)/切点、切点、半径(T)]: 50,50 ↙
指定圆的半径或 [直径(D)]: 30 ↙
```

02 单击“绘图”工具栏中的“正多边形”按钮，绘制一个正五边形，如图3-104所示。命令执行过程如下。

```
命令: _polygon
输入边的数目 <4>: 5 ↙
指定正多边形的中心点或 [边(E)]: 150,50 ↙
输入选项 [内接于圆(I)/外切于圆(C)] <I>: c ↙
指定圆的半径: 30 ↙
```

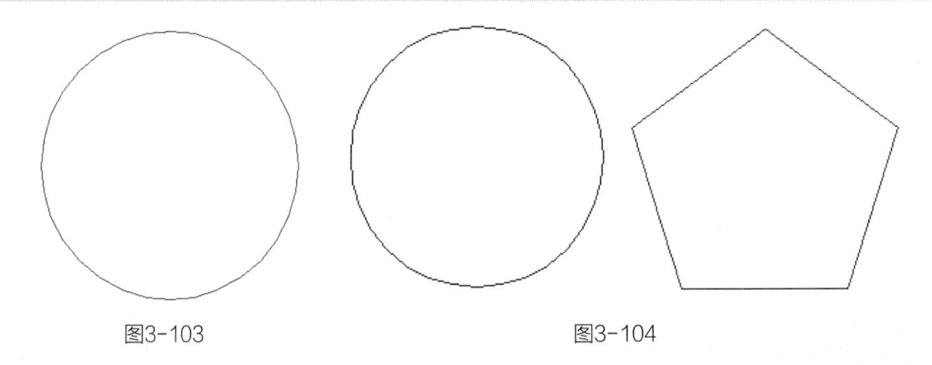

图3-103　　图3-104

03 单击“绘图”工具栏中的“正多边形”按钮，绘制一个正六边形，如图3-105所示。命令执行过程如下。

```
命令: _polygon
输入边的数目 <5>: 6 ↙
指定正多边形的中心点或 [边(E)]: 250,50 ↙
输入选项 [内接于圆(I)/外切于圆(C)] <I>: c ↙
指定圆的半径: 30 ↙
```

04 单击“绘图”工具栏中的“矩形”按钮，绘制一个80mm×60mm的圆角矩形，如图3-106所示。命令执行过程如下。

```
命令: _rectang
指定第一个角点或 [倒角(C)/标高(E)/圆角(F)/厚度(T)/宽度(W)]: f ↙
指定矩形的圆角半径 <0.00>: 20 ↙
指定第一个角点或 [倒角(C)/标高(E)/圆角(F)/厚度(T)/宽度(W)]: 300, 20 ↙
指定另一个角点或 [面积(A)/尺寸(D)/旋转(R)]: @80, 60 ↙
```

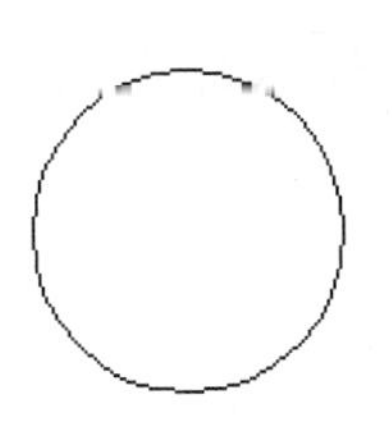
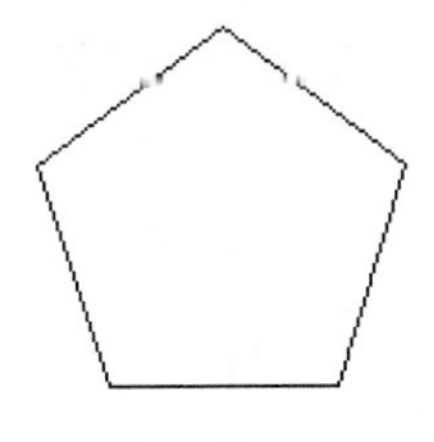

图3-105

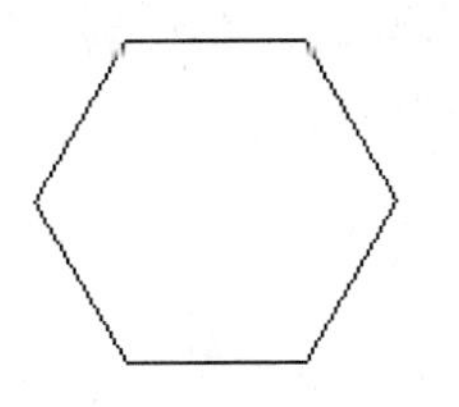
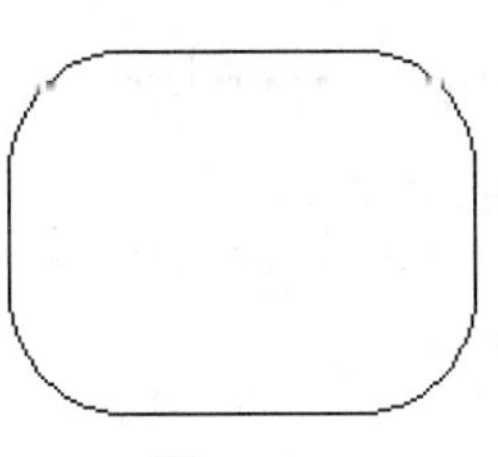

图3-106

05 单击“绘图”工具栏的“直线”按钮，绘制一段直线。命令执行过程如下。

```
命令: _line
指定第一点: 420，25 ↙
指定下一点或 [放弃(U)]: @0，50 ↙
指定下一点或 [放弃(U)]: ↙
```

06 单击“修改”工具栏中的“复制”按钮，将直线复制一段，如图3-107所示。命令执行过程如下。

```
命令: _copy
选择对象: 找到 1 个 //选择直线
选择对象: ↙
当前设置: 复制模式 = 多个
指定基点或 [位移(D)/模式(O)] <位移>: //在屏幕上任意选择一点
指定第二个点或 <使用第一个点作为位移>: @80，0 ↙
指定第二个点或 [退出(E)/放弃(U)] <退出>: ↙
```

07 单击“绘图”工具栏中的“圆弧”按钮，以第一条直线的端点为起点绘制一段圆弧，如图3-108所示。命令执行过程如下。

```
命令: _arc
指定圆弧的起点或 [圆心(C)]: 420,25 ↙
指定圆弧的第二个点或 [圆心(C)/端点(E)]: 430,30 ↙
指定圆弧的端点: 450,25 ↙
```

图3-107

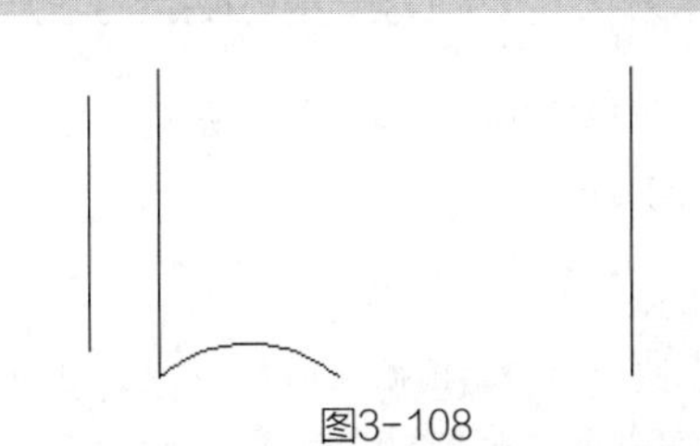

图3-108

08 单击“绘图”工具栏中的“圆弧”按钮，用“起点、端点、半径”方式以圆弧的末端点为起点绘制圆弧。命令执行过程如下。

```
命令: _arc
指定圆弧的起点或 [圆心(C)]: //捕捉图3-109所示的点1
指定圆弧的第二个点或 [圆心(C)/端点(E)]: e ↙
指定圆弧的端点: //捕捉图3-19所示的点2
指定圆弧的圆心或 [角度(A)/方向(D)/半径(R)]: r ↙
指定圆弧的半径: 40 ↙
```

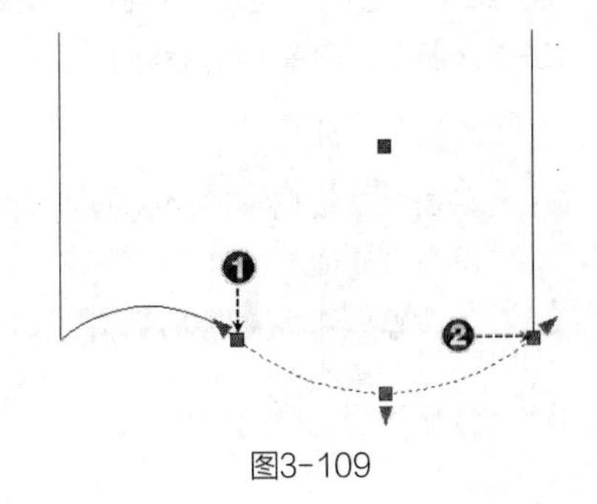

图3-109

09 单击“修改”工具栏中的“复制”按钮，复制圆弧，如图3-110所示。命令执行过程如下。

```
命令: _copy
选择对象: //选择刚绘制的两个圆弧
选择对象: ↙
指定基点或位移，或者 [重复(M)]: //在屏幕上任意选择一点
指定位移的第二点或 <用第一点作位移>: @0，50 ↙
```

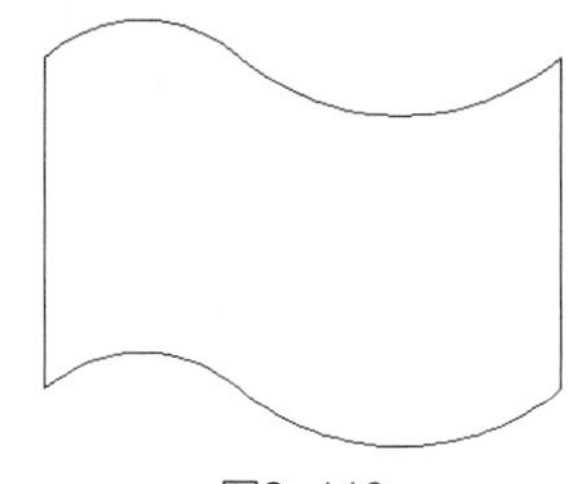

图3-110

10 单击“绘图”工具栏中的“圆”按钮，绘制3个圆，如图3-111所示。命令执行过程如下。

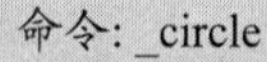

```
命令: _circle
指定圆的圆心或 [三点(3P)/两点(2P)/相切、相切、半径(T)]: 510,50 ↙
指定圆的半径或 [直径(D)] <30.00>: 20 ↙
命令: _circle ↙
指定圆的圆心或 [三点(3P)/两点(2P)/相切、相切、半径(T)]: 550,50 ↙
指定圆的半径或 [直径(D)] <30.00>: 30 ↙
命令: _circle ↙
指定圆的圆心或 [三点(3P)/两点(2P)/相切、相切、半径(T)]: 590,50 ↙
指定圆的半径或 [直径(D)] <20.00>: 20 ↙
```

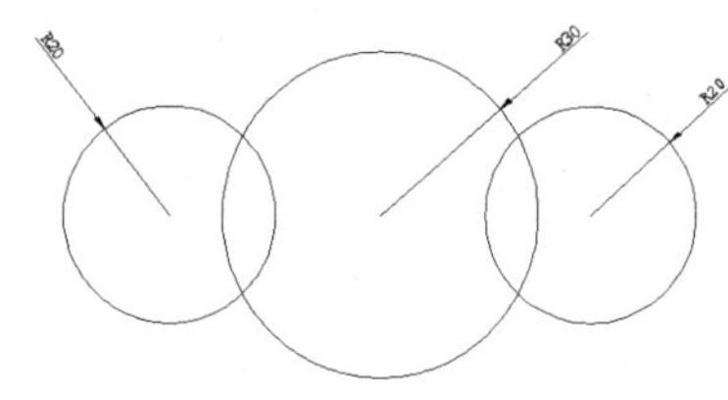

图3-111

11 单击“绘图”工具栏中的“面域”按钮，将3个圆转换成面域。

12 单击“建模”工具栏中的“差集”按钮，从大圆中减去两小圆。命令执行过程如下。

```
命令: _subtract
选择要从中减去的实体或面域
选择对象: // 选择大的圆形面域
选择对象: ↙
选择要减去的实体或面域
选择对象: // 选择两个小的圆形面域
选择对象: ↙// 经过差集后生成的面域如图3-112所示。
```

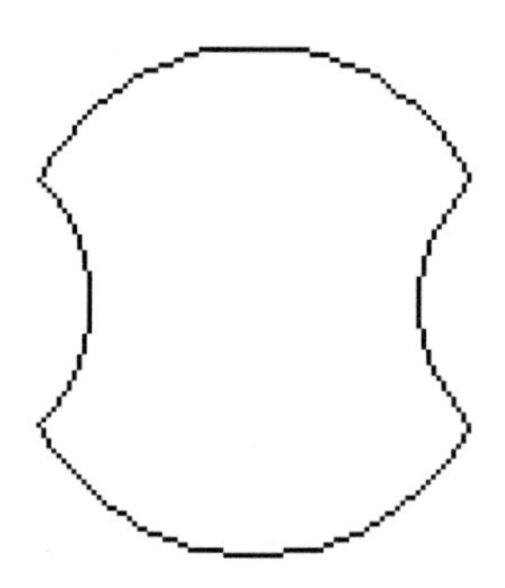

图3-112

13 单击“绘图”工具栏中的“椭圆”按钮，绘制一个椭圆，如图3-113所示。命令执行过程如下。

```
命令: _ellipse
指定椭圆的轴端点或 [圆弧(A)/中心点(C)]: 590，50 ↙
指定轴的另一个端点: @80，0 ↙
指定另一条半轴长度或 [旋转(R)]: 30 ↙
```

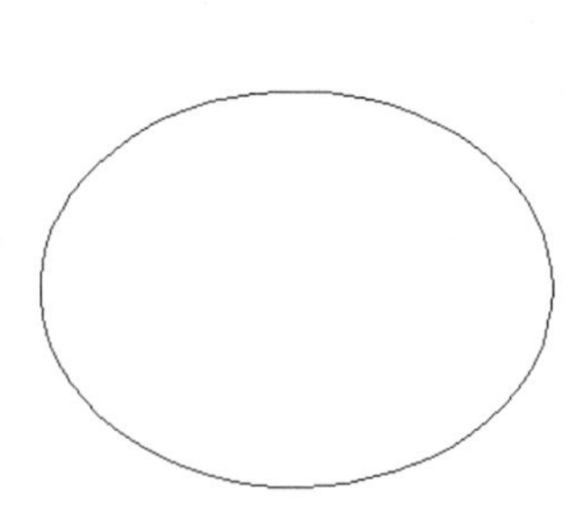

图3-113

14 单击“绘图”工具栏中的“射线”按钮，绘制两条垂直辅助线，如图3-114所示。命令执行过程如下。

```
命令: _xline
指定点或 [水平(H)/垂直(V)/角度(A)/二等分(B)/偏移(O)]: v ↙
指定通过点: 600,0 ↙
指定通过点: 660,0 ↙
指定通过点: ↙
```

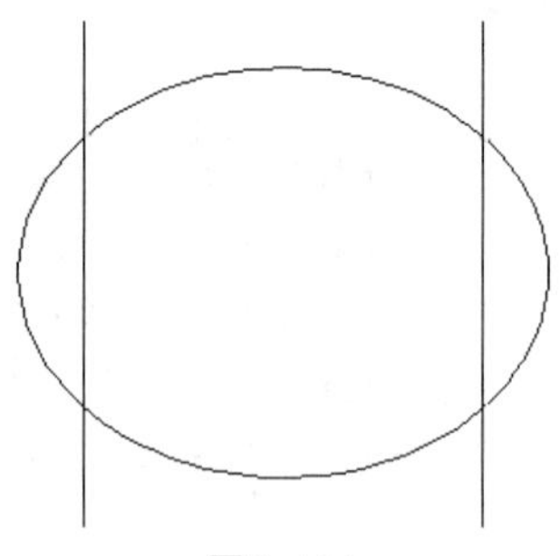

图3-114

15 单击“修改”工具栏中的“修剪”按钮，修剪多余的线段，如图3-115所示。

16 单击“绘图”工具栏中的“圆”按钮，以点（750,10）为圆心分别绘制半径为72mm、10mm的两个同心圆，如图3-116所示。

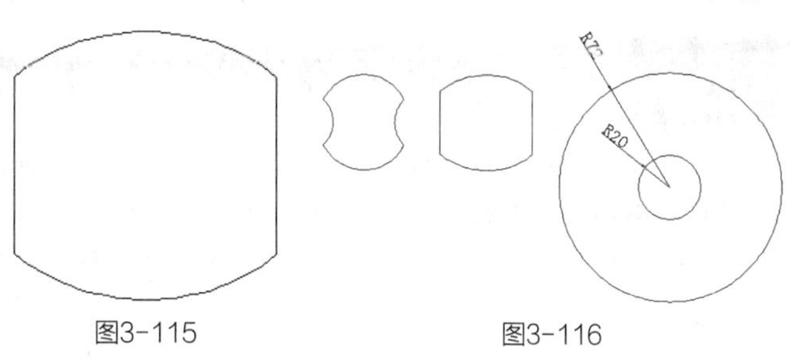

图3-115　　图3-116

17 单击“绘图”工具栏中的“射线”按钮，绘制两条辅助线，分别为45°、-45°，如图3-117所示。命令执行过程如下。

```
命令: _xline
指定点或 [水平(H)/垂直(V)/角度(A)/二等分(B)/偏移(O)]: a ↙
输入构造线的角度 (0) 或 [参照(R)]: 45 ↙
指定通过点: 750，10 ↙
指定通过点: ↙
命令: _xline ↙
指定点或 [水平(H)/垂直(V)/角度(A)/二等分(B)/偏移(O)]: a ↙
输入构造线的角度 (0) 或 [参照(R)]: - 45 ↙
指定通过点: 750，10 ↙
指定通过点: ↙
```

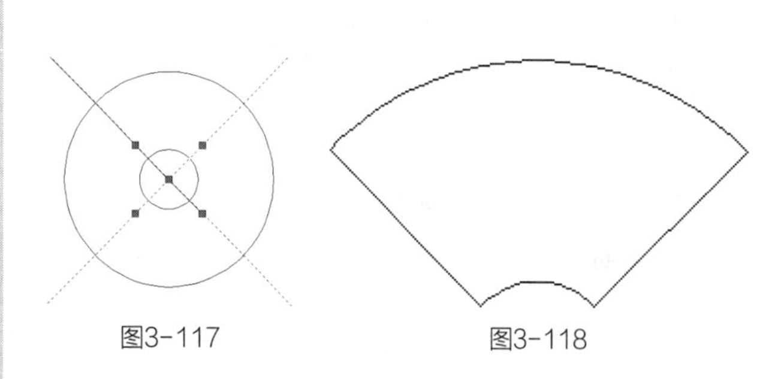

图3-117　　图3-118

18 单击“修改”工具栏中的“修剪”按钮，修剪多余的线段，如图3-118所示。

2. 绘制墙体

01 单击“绘图”工具栏中的“矩形”按钮，绘制一个1020mm×120mm的矩形。命令执行过程如下。

```
命令: _rectang
指定第一个角点或 [倒角(C)/标高(E)/圆角(F)/厚度(T)/宽度(W)]: 0，-80 ↙
指定另一个角点或 [面积(A)/尺寸(D)/旋转(R)]: @800，200 ↙
```

02 单击“绘图”工具栏中的“多段线”按钮。命令执行过程如下。

```
命令: _pline
指定起点: -40，120
当前线宽为 0.00
指定下一个点或 [圆弧(A)/半宽(H)/长度(L)/放弃(U)/宽度(W)]: 840,120 ↙
指定下一点或 [圆弧(A)/闭合(C)/半宽(H)/长度(L)/放弃(U)/宽度(W)]: 800,150 ↙
指定下一点或 [圆弧(A)/闭合(C)/半宽(H)/长度(L)/放弃(U)/宽度(W)]: @0,20 ↙
指定下一点或 [圆弧(A)/闭合(C)/半宽(H)/长度(L)/放弃(U)/宽度(W)]: @-800,0 ↙
指定下一点或 [圆弧(A)/闭合(C)/半宽(H)/长度(L)/放弃(U)/宽度(W)]: @0,-20 ↙
指定下一点或 [圆弧(A)/闭合(C)/半宽(H)/长度(L)/放弃(U)/宽度(W)]: c ↙
```

03 单击“缩放”工具栏的“实时缩放”按钮放大显示图形，完成后的图形如图3-119所示。

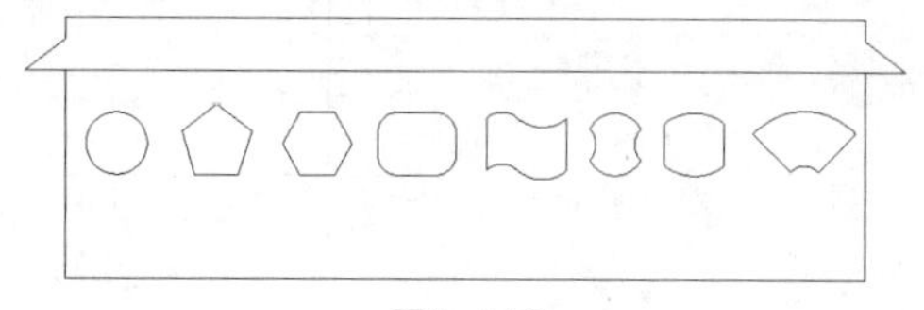

图3-119

案例 020 根据“同圆中同弦的圆周角相等”原理绘制图形

- **学习目标** | 根据图3-120给出的条件绘制出图形，求出线段A和B的长度。学习直线、圆和定数等分等命令的应用。
- **视频路径** | 光盘\视频教程\CH03\根据“同圆中同弦的圆周角相等”原理绘制图形.avi
- **结果文件** | 光盘\DWG文件\CH03\根据“同圆中同弦的圆周角相等”原理绘制图形dwg

本例的绘制关键是根据几何定理“弦为直径的圆周角为90° ”和“同圆中同弦的圆周角相等”来求出，主要操作步骤如图3-121所示。

- 根据已知边长绘制出梯形。
- 用“两点”法捕捉B点和C点绘制一个圆，以圆和线段DE的交点F为起点连接FB和FC得到直角。
- 将线段DE等分为3等份，在捕捉节点绘制一条垂直向上的线段。
- 分别以B点和C点为端点绘制两条呈100° 角的线段。
- 经过B点、C点绘制呈100° 角的三角形，然后绘制B、C两点和三角形顶点绘制圆。
- 将三角形的端点移动到垂直线段和圆的交点上。

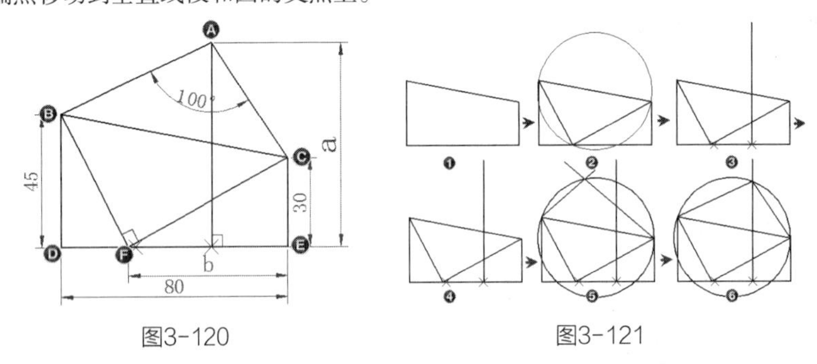

图3-120　　图3-121

01 打开正交捕捉，然后在命令行中输入L命令并按Enter键，绘制根据已知边长绘制出图3-122所示的梯形。命令执行过程如下。

```
命令: _line
指定第一个点: //任意指定一点
指定下一点或 [放弃(U)]: 45 ↙ //将光标垂直向下移动,然后输入线段长度
指定下一点或 [放弃(U)]: 80 ↙ //将光标水平向右移动,然后输入线段长度
指定下一点或 [闭合(C)/放弃(U)]: 35 ↙//将光标垂直向上移动,然后输入线段长度
指定下一点或 [闭合(C)/放弃(U)]: c ↙
```

02 单击“绘图”工具栏中的“圆”按钮，用“两点”法捕捉B点和C点绘制一个圆，如图3-123所示。命令执行过程如下。

```
命令: _circle
指定圆的圆心或 [三点(3P)/两点(2P)/切点、切点、半径(T)]: 2p ↙
指定圆直径的第一个端点: //捕捉图3-123所示的点1
指定圆直径的第二个端点: //捕捉图3-123所示的点2
```

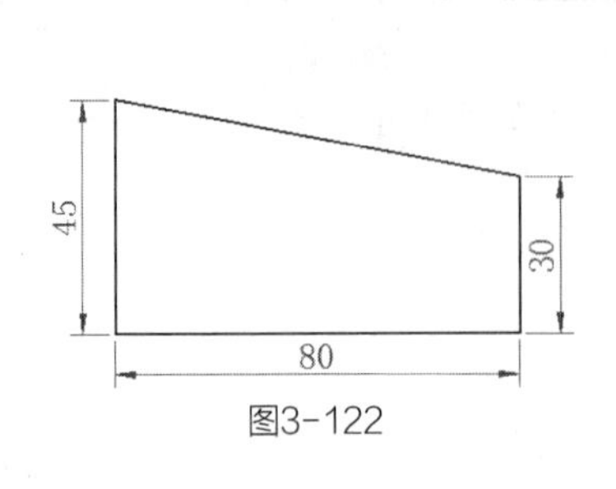

图3-122

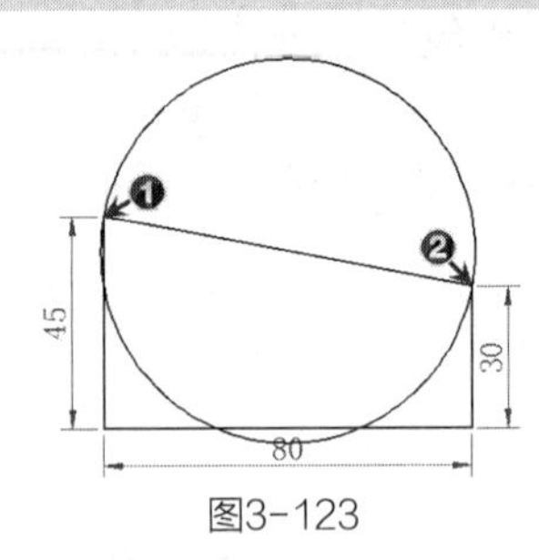

图3-123

03 在命令行输入L并按Enter键，以圆和线段*DE*的交点*F*为起点连接*FB*和*FC*得到直角，如图3-124所示。

04 在命令行输入Dvide命令或者单击“绘图>点>定数等分”菜单命令，将线段*DE*等分为3等份，如图3-125所示。命令执行过程如下。

```
命令: _divide
选择要定数等分的对象: //选择线段DE
输入线段数目或 [块(B)]: 3 ↙
```

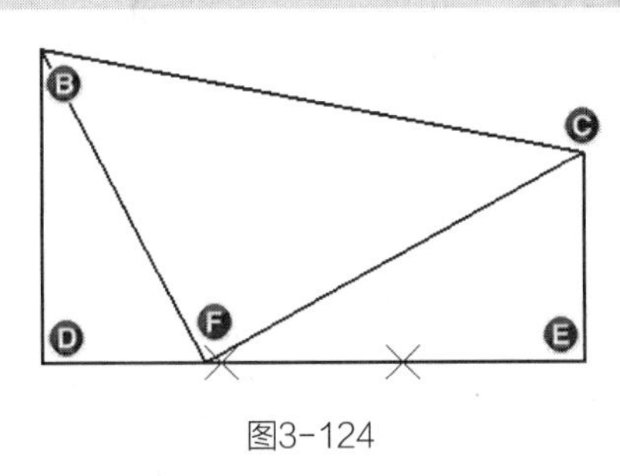

图3-124

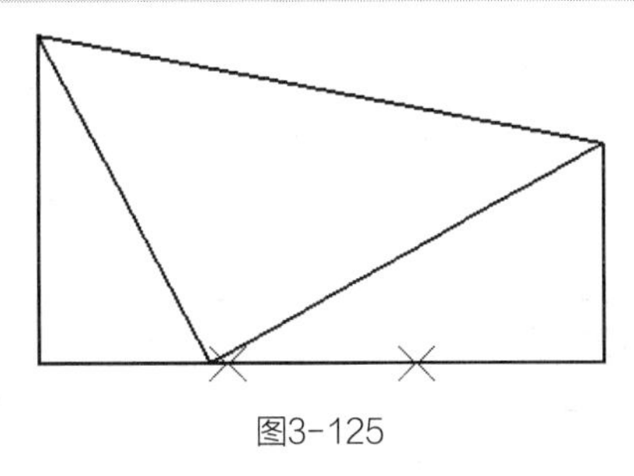

图3-125

05 在命令行中输入Ddptype命令，或者单击“格式>点样式”菜单命令，打开“点样式”对话框，设置点的样式和大小，如图3-126所示。

06 捕捉第二个节点为起点绘制一条垂直向上的直线段，如图3-127所示。

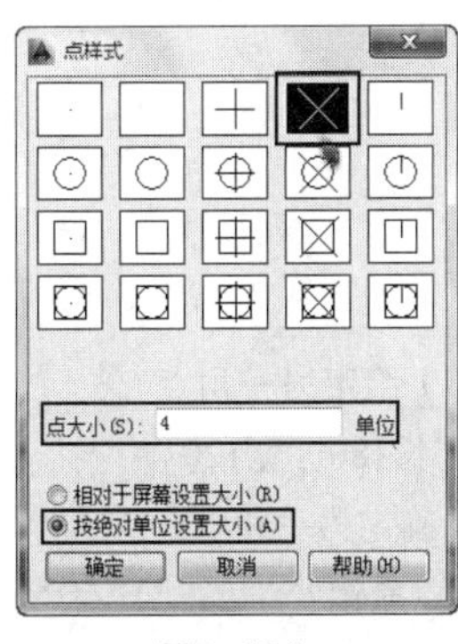

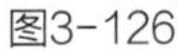

图3-126

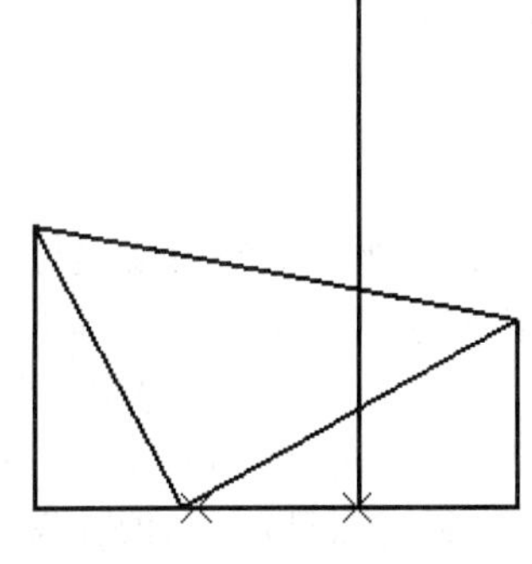

图3-127

07 继续执行L命令，以*B*点为起点绘制一条与*x*轴呈40° 角的线段，以*C*点为起点绘制一条与*x*轴呈140° 角的线段，这样两条线段相交构成的角度则为100° ，如图3-128所示。命令执行过程如下。

```
命令: _line
指定第一个点: //捕捉B点
指定下一点或 [放弃(U)]: @100<40 ↙
指定下一点或 [放弃(U)]:
命令: _line
指定第一个点:
指定下一点或 [放弃(U)]: @100<140 ↙
指定下一点或 [放弃(U)]://捕捉C点
```

08 单击“绘图”工具栏中的“圆”按钮，捕捉图3-129所示的*A*、*B*和*C*这3个点绘制一个圆，命令执行过程如下。

```
命令: _circle
指定圆的圆心或 [三点(3P)/两点(2P)/切点、切点、半径(T)]: 3p ↙
指定圆上的第一个点: //捕捉A点
指定圆上的第二个点: //捕捉B点
指定圆上的第三个点: //捕捉C点
```

09 单击“修改”工具栏中的“修剪”按钮，将线段*AB*和*AC*在圆形以外的部分剪掉。

10 选中线段*AB*和*AC*，然后单击*A*点，将其移动到垂直线段与圆的交点上，该图形就绘制完成了，如图3-130所示。也可以直接绘制该交点到*B*、*C*两点的连线，然后删除辅助线即可。

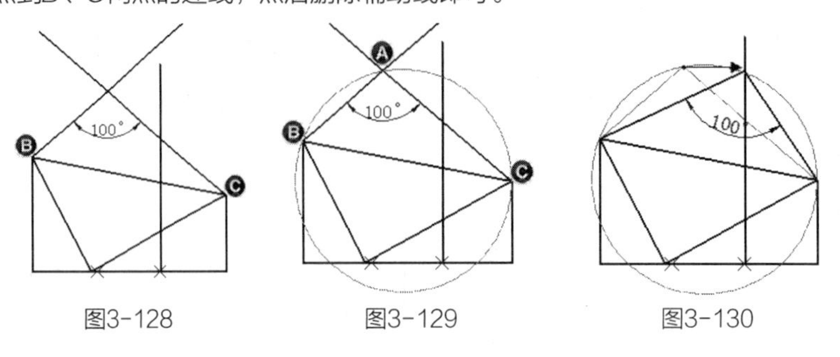

图3-128　　图3-129　　图3-130

3.6 课后练习

1. 选择题

（1）Point点命令可以？（　　）

A. 绘制单点或多点

B. 定距等分直线、圆弧或曲线

C. 等分角

D. 定数等分直线、圆弧或曲线

（2）绘制图中矩形，方法不当的是？（　　）

A. 确定第一角点后，用相对坐标@180,120给定另一角点

B. 打开DYN，确定第一角点后，直接输入坐标（180,120）给定另一角点

C. 确定第一角点后，选择“尺寸（D）”选项，然后给定长180，宽120

D. 在点（30,30）处确定第一角点后，用坐标（210,150）确定另一角点

（3）刚刚绘制了一个圆，想撤销该图形，下面哪个操作不可以撤销？（　　）

A. 按键盘上的Esc键

B. 点击放弃（Undo）命令或快捷键“Ctrl” + “Z”

C. 通过输入命令U或Undo

D. 单击鼠标右键后在快捷菜单中选择放弃（U）圆

（4）直线命令“Line”中的“C”选项表示？（　　）

A. 闭合（Close）

B. 继续（Continue）

C. 创建（Create）

D. 粘连（Cling）

（5）刚刚绘制了一圆弧，然后单击“直线”按钮，直接按Enter键或单击鼠标右键，结果是？（　　）

A. 以圆弧端点为起点绘制直线，且过圆心

B. 以直线端点为起点绘制直线

C. 以圆弧端点为起点绘制直线，且与圆弧相切

D. 以圆心为起点绘制直线

2. 上机练习

（1）使用Line（直线）命令绘制出图3-131所示的直角三角形，并用Divide（定数等分）命令将其等分，捕捉等分后的节点绘制出它们之间的连线。

（2）使用本章介绍的几个常用绘图命令，绘制图3-132所示的圆和多边形。

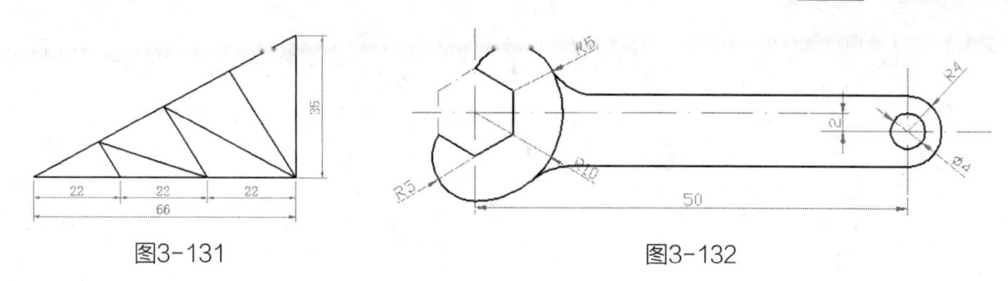

图3-131　　图3-132

（3）用Ellipse（椭圆）命令和Circle（圆）命令绘制图3-133所示的洗水盆图例。

（4）用Rectong（矩形）命令绘制图3-134所示的双人床平面图。

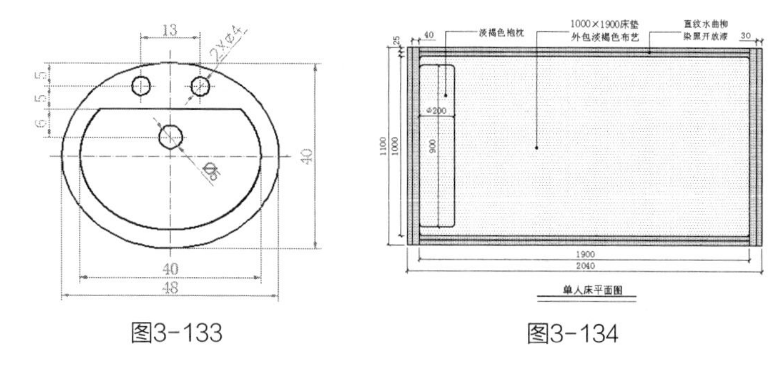

图3-133　　图3-134

3.7 课后答疑

1. 找不到“绘图”面板怎么办?

答：如果在绘图时找不到“绘图”工具栏，可以在任意工具栏上单击鼠标右键，在弹出的菜单中执行“工具栏>绘图”命令，即可调出“绘图”工具栏。同样可以使用这种方法调出其他面板。

2. 使用 Line 命令绘制线条时，为什么不能绘制斜线?

答：使用Line 命令绘制线条时，如果不能绘制斜线，原因是由于打开了正交模式，从而使绘制的线条总是处于水平或垂直的方向。按F8 键后将关闭正交模式，即可使用Line 命令绘制斜线。

3. 为什么绘制点时只能一次绘制一个单点?

答：在绘制点时，如果只能一次绘制一个单点，则是因为执行的是Point（PO）命令。如果单击“绘图”面板上的“多点”按钮，则可以连续绘制多个点，直到按Esc键才中止连续绘点操作。

4. 点的大小可以改变吗?

答：在 AutoCAD中可以对点的样式进行重新设置，包括点的形状和大小。在命令行中输入并执行Ddptype 命令，打开“点样式”对话框，在该对话框中即可设置点的形状和大小，对点样式进行更改后，绘图区中的点对象将发生相应的变化。

5. 执行矩形命令可以绘制带圆角的矩形吗?

答：执行矩形（Rectang）命令可以绘制带圆角的矩形，在命令行中输入并执行Rectang（REC）命令后，当命令行中提示“指定第一个角点或 [倒角（C）/标高（E）/圆角(F)/厚度（T）/宽度（W）]:”时，输入F并按Space键，即可启动圆角命令，然后设置圆角的大小即可。

6. 绘制圆形和椭圆是同样的命令吗?

答：绘制圆形和椭圆的命令不同，绘制圆形的命令是Circle（C），绘制椭圆的命令是Ellipse（EL），执行Ellipse（EL）命令可以绘制椭圆和圆形，但是执行Circle（C）命令只能绘制圆形。

第4章 二维图形的基本编辑方法

本章将学习AutoCAD的图形编辑工具，包括对图形进行变换、增加、删除以及修改等工作。再复杂的图形都是由基本的图形编辑而来，本章的内容是掌握AutoCAD绘图必不可少的知识，不仅要明白这些命令的用途，还要能够举一反三，灵活运用。

学习重点

- 选择对象的几种方法
- 移动和旋转对象的几种方式
- 复制对象的方法
- 修剪线段的方法
- 对图形进行圆角和倒角
- 改变图形大小和长度的方法

4.1 图形选择高级技法

在编辑图形之前或者之中，对图形的选择都是不可避免的。试想，如果不选择要修改的图形对象，那么系统如何知道用户想修改什么呢？本节将继续对图形选择技法做更深入的讲解。

图形选择的相关命令如表4-1所示。

表4-1 图形选择的相关命令

命令	简写	功能
Selected（选择对象）	SEL	将选定对象置于“上一个”选择集中
Addselected（添加选择）	ADD	创建一个新对象，该对象与选定对象具有相同的类型和常规特性，但具有不同的几何值
Ddselect（选择集）	DDS	打开“选项”对话框，显示“选择集”选项卡面板

4.1.1 选择图形的各种方式

执行编辑命令之后，AutoCAD通常会提示用户“选择对象:”，即要求用户选择需要编辑的图形。此时，十字光标会变成一个拾取框“□”，移动拾取框并单击要选择的图形，就可以选中一个图形，如图4-1所示。每完成一个选择，“选择对象:”提示便会重复出现，直至按Enter键或Space键来结束选择，这是系统默认的选择方法。

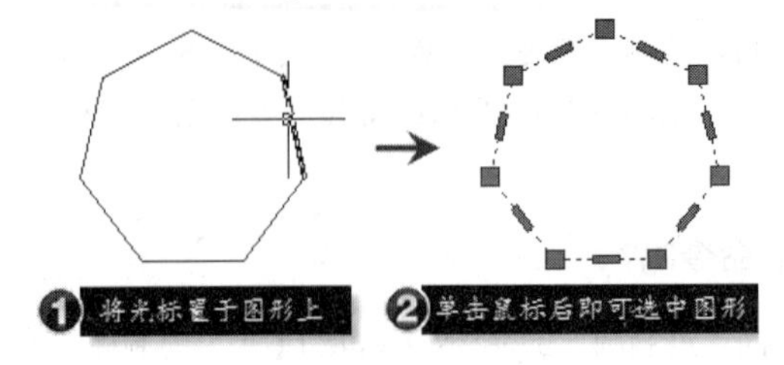

图4-1

除此之外，用户也可以指定选择图形的方法，AutoCAD提供了多种选择图形的方式，但在所有的选择方式中，单点选择法和窗口（Window）选择法是最常用的两种。

1. 窗口（Window）

窗口（Window）选择法通过对角线的两个端点来定义矩形区域（窗口），凡是完全落在矩形窗口内的图形都会被选中，如图4-2所示。

在“选择对象:”提示后输入W并按Enter键，系统将提示用户指定矩形窗口。

```
选择对象: W ↙
指定第一个角点:                //指定窗口对角线的第一点
指定对角点:                    //指定窗口对角线的第二点
```

2. 交叉（Crossing）

交叉（Crossing）选择法通过对角线的两个端点来定义矩形区域（窗口），凡是完全落在矩形窗口内以及与矩形窗口相交的图形都会被选中，如图4-3所示。

在“选择对象:”提示后输入C并按Enter键，系统将提示用户指定矩形窗口。

```
选择对象: C ↙
指定第一个角:            //指定窗口对角线的第一点
指定对角点:             //指定窗口对角线的第二点
```

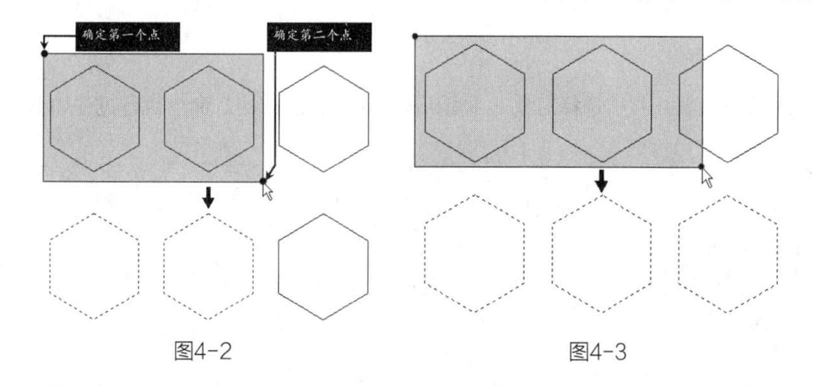

图4-2　　　　图4-3

3. 矩形窗口（Box）

矩形窗口（Box）选择法同样是通过对角线的两个端点来定义一个矩形窗口，选择完全落在该窗口内以及与窗口相交的图形。

需要注意的是，指定对角线的两个端点的顺序不同将会对图形的选择有所影响，如果对角线的两个端点是从左向右指定的，则该方法等价于窗口（Window）选择法；如果对角线的两个端点是从右向左指定的，则该方法等价于交叉（Crossing）选择法，如图4-4所示。

```
选择对象: box ↙
指定第一个角点:           //指定窗口对角线的第一点
指定对角点:             //指定窗口对角线的第二点
```

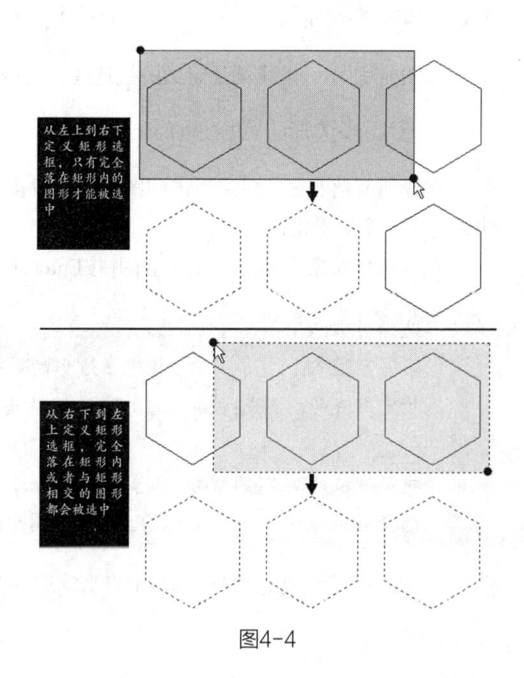

图4-4

专家提示

形窗口（Box）也是一种默认选择方法，用户可以在“选择对象:”提示后直接使用鼠标从左下到右上（左上到右下）或从右下到左上（右上到左下）定义窗口，便可以实现以上选择，也就是说不输入Box选项也能直接使用上述方法选择图形。

4. 最后一个（Last）

选择所有可见对象中最后一个创建的图形对象。如图4-5所示，在“选择对象:”提示后输入Last并按Enter键，则第3个圆（这个圆是最后绘制的）被选中。

```
选择对象: last ↙
```

5. 全部（All）

选择屏幕上显示的所有图形。在“选择对象:”提示后输入All并按Enter键，则全部图形被选中，如 图4-6所示。

```
选择对象: all ↙
```

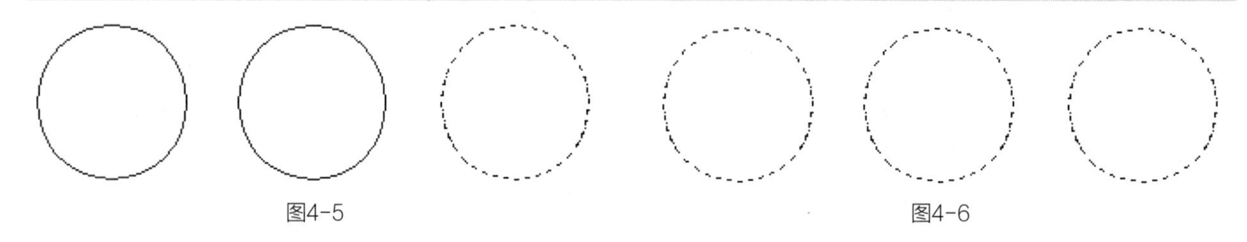

图4-5　　　　图4-6

注意

使用全部（All）选择法时，位于冻结图层上的图形不能被选中。

6. 栏选线（Fence）

选择所有与栏选线相交的对象。在“选择对象:”提示后输入F并按Enter键。命令执行过程如下。

```
选择对象: F ↙
指定第一个栏选点:                        //指定栏选线的第一点
指定下一个栏选点或 [放弃(U)]:            //指定栏选线的第二点
指定下一个栏选点或 [放弃(U)]:            //指定栏选线的第三点
指定下一个栏选点或 [放弃(U)]: ↙          //按Enter键结束栏选线的定义
找到 3 个
选择对象: ↙                    //按Enter键确认图形选择工作结束
```

如图4-7所示，虚线就是定义的栏选线，与该栏选线相交的三个圆都会被选中。

7. 窗口多边形（Wpolygon）

选择所有落在窗口多边形内的图形。窗口多边形（Wpolygon）方法定义了一个多边形窗口，而窗口（Window）方法则定义一个矩形窗口。

在“选择对象:”提示后输入Wp并按Enter键。命令执行过程如下。

```
选择对象: Wp ↙
第一圈围点:              //指定多边形的第一个顶点
指定直线的端点或[放弃（U）]:  //继续指定多边形的下一个顶点，或输入选线U删除刚才指定的顶点
……
指定直线的端点或[放弃（U）]:  //Enter结束多边形的定义
选择对象: ↙              //按Enter确认图形选择工作结束
```

如图4-8所示，通过鼠标拾取6个点来确定一个多边形窗口，完全落在窗口内的3个三角形就会被选中。

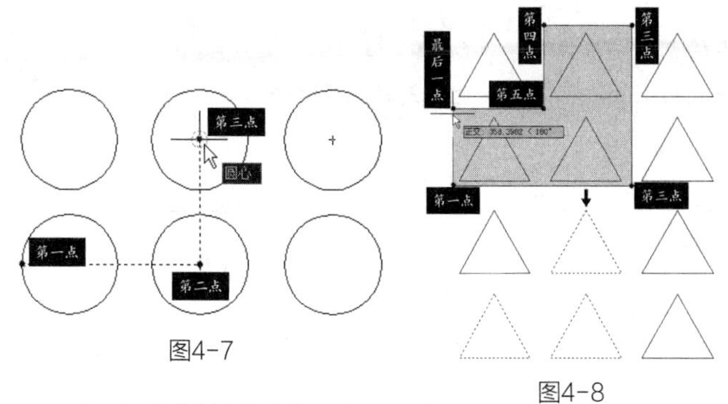

图4-7

图4-8

注意

在定义多边形窗口的时候，多边形自身不能相交。与多边形相交的图形不能被选中，只能选中完全落在多边形内的图形。

8. 交叉多边形（Cpolygon）

选择所有落在多边形内以及与多边形相交的图形对象。如图4-9所示，与定义的多边形相交的两个三角形和完全落在其中的那个三角形被选中，其操作方法同窗口多边形（Wpolygon）一致。

在“选择对象:”提示后输入Cp并按Enter键，命令执行过程如下。

```
选择对象: cp ↙
第一圈围点:                //指定多边形的第一个顶点
指定直线的端点或[放弃(U)]:  //继续指定多边形的下一个顶点，或输入选线U删除刚才指定的顶点
……
指定直线的端点或[放弃(U)]:  //按Enter键结束多边形的定义
选择对象: ↙               //按Enter键确认图形选择工作结束
```

9. 删除（Remove）

切换到删除模式，从选择集中取消对指定图形的选择。命令执行过程如下。

```
选择对象: r ↙
删除对象:                 //指定要删除的图形
```

下面举例说明这种方法的操作流程。

01 随意绘制3个矩形，如图4-10所示。

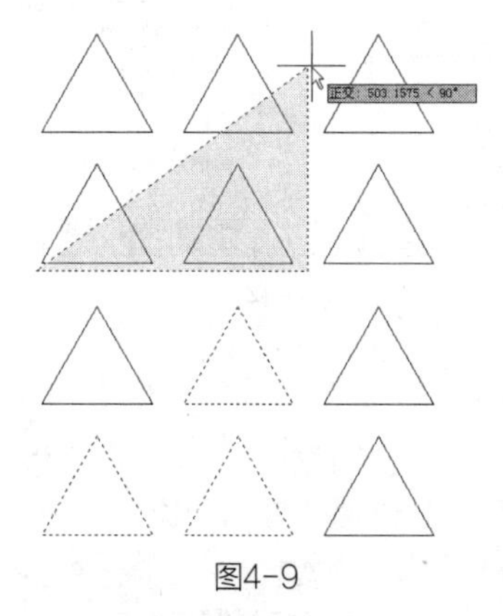

图4-9

 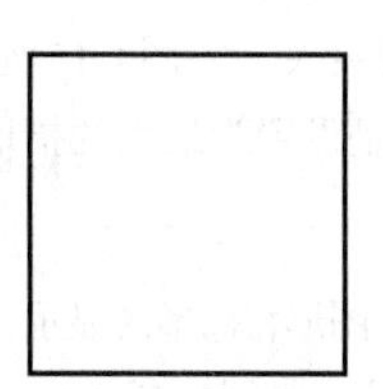 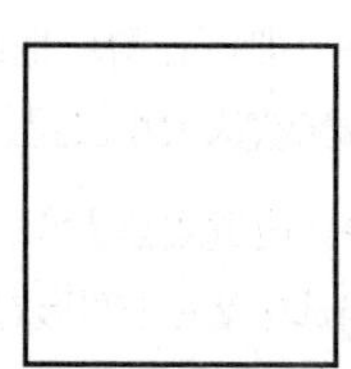

图4-10

02 单击“修改”工具栏中的“移动”按钮，激活Move（移动）命令。命令执行过程如下。

```
命令: _move
选择对象: 指定对角点: 找到 3 个        //框选3个矩形，如图4-11所示
选择对象: R ↙                         //输入R并按Enter键
删除对象: 找到 1 个，删除 1 个，总计 2 个 //将拾取框置于中间的矩形上并单击，如图4-12所示
删除对象: ↙                           //按Enter键确认从选择集中删除该矩形
```

```
指定基点或 [位移(D)] <位移>:              //捕捉矩形的任意一个端点
指定第二个点或<使用第一个点作为位移>:        //垂直向下拾取第二点，也就是目标位置点
```

完成移动之后的效果如图4-13所示。

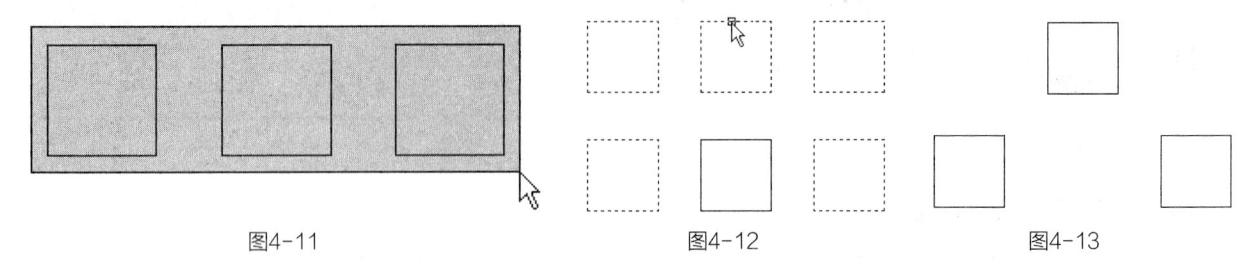

图4-11　　图4-12　　图4-13

10. 添加（Add）

把未被选择的图形添加到选择集中。这种方法与删除（Remove）恰好相反，添加（Add）是把未被选中的图形补选上，而删除则是把被选中的图形取消选择。

当然，AutoCAD提供的图形选择方式远不止这些，但其他的选择方式的使用频率非常低，这里介绍的这些方式已经足够应付任何工作要求了。

4.1.2 设置选择模式

AutoCAD提供了6种选择模式来加强图形选择功能，用户可以通过“选项”对话框中的“选择集”选项卡来设置选择模式，如图4-14所示。

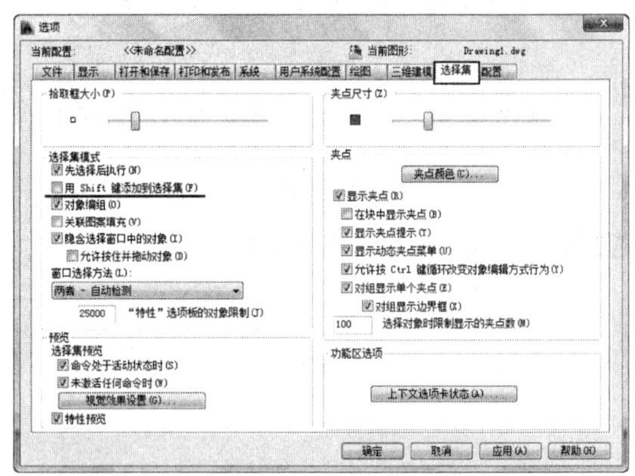

图4-14

1. 命令执行方式

打开“选项”对话框的方式有如下两种。

菜单栏：执行“工具>选项”菜单命令。

命令行：在命令提示行输入Ddselect命令并按Enter键。

2. 技术要点：“选择集”选项卡中主要参数设置

◆ 设置拾取框的大小

“拾取框大小”参数用于设置拾取框的大小，向左或向右移动滑块，即可让拾取框缩小或放大。如图4-15所示，左边的拾取框为系统默认大小设置，右边是设置为最大的拾取框。

◆ 设置夹点大小

当选中某一个图形对象时，图形将以虚线显示，并且在关键位置会显示一些矩形色块，这些色块就是夹点，如图4-16所示。

和拾取框一样，夹点的大小也是可以调整的。另外，用户还可以自定义夹点的颜色，如图4-17所示。

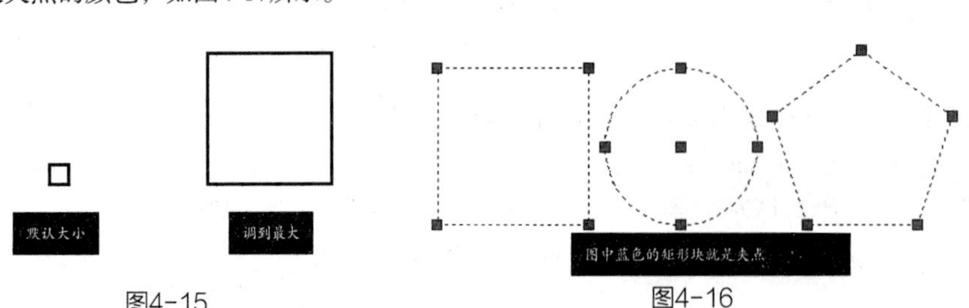

图4-15　　图4-16

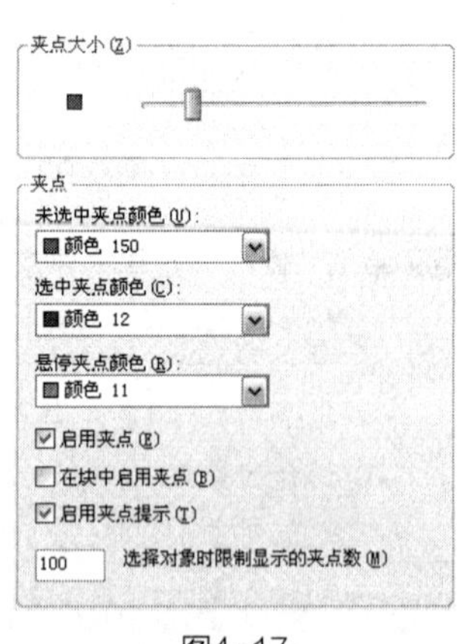

图4-17

◆ 设置选择模式

先选择后执行：AutoCAD提供了两种基本的选择编辑方式，一种是先激活编辑命令再选择编辑对象，即所谓的先执行后选择；另一种是先选择编辑对象，再执行编辑命令，即所谓的先选择后执行。

注意

"先执行后选择"模式在任何时候都可以使用，而"先选择后执行"模式仅当"先选择后执行"复选项被选中时才可以使用。

用Shift 键添加到选择集：控制如何添加图形到选择集中。该选项被选中时，向选择集中添加更多的图形时必须按住Shift键来拾取，否则选中的只是最后拾取的那一个图形，或者是最后用矩形框选的图形。

注意

在没有勾选"用Shift 键添加到选择集"的时候，连续单击多个图形可以将它们都选中；如果勾选了"用Shift键添加到选择集"复选框，则要在按住Shift键的同时用连续单击多个图形才能将它们都选中。

按住并拖动：该选项被勾选后，按住鼠标左键（不要松开）确定一个角点并移动鼠标到与之相对应的另一个角点，然后松开鼠标，就在这两个对角点之间建立了一个窗口，如图4-18所示。

专家提示

上述方法其实就是框选图形，只是因为勾选了"按住并拖动"复选框，所以在操作上有些变化。如果没有勾选这个选项，则按照图4-19所示的方法框选图形。笔者建议大家不要勾选这个复选框。

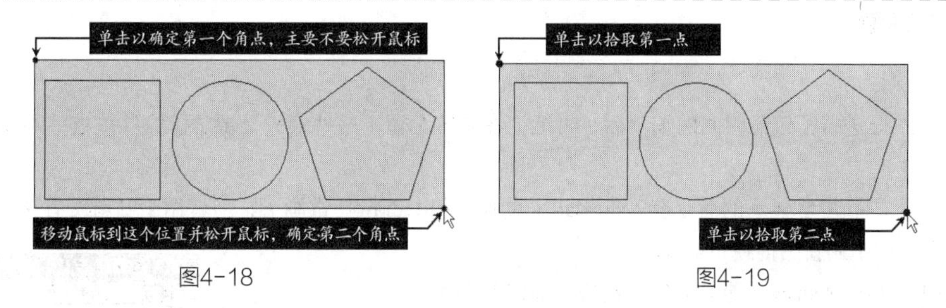

图4-18　　图4-19

隐含窗口：该选项被选中时（此为默认设置），从左向右定义选择窗口，可使完全位于选择窗口内的所有图形被选中；而从右向左定义选择窗口，则完全位于选择窗口内以及与窗口相交的所有图形会被选中。该选项未选中时，必须用窗口（Window）或交叉（Crossing）选项生成选择窗口。

对象编组：打开或者关闭自动组选择。打开时，选择组中的任意一个对象就相当于选择了整个组。

关联填充：当选择相关的剖面线时，控制是否同时选择边界对象。如果不勾选这个选项，选择剖面线时不能同时选择其边界对象；如果勾选了这个选项，选择剖面线时能同时选择其边界对象，如图4-20所示。

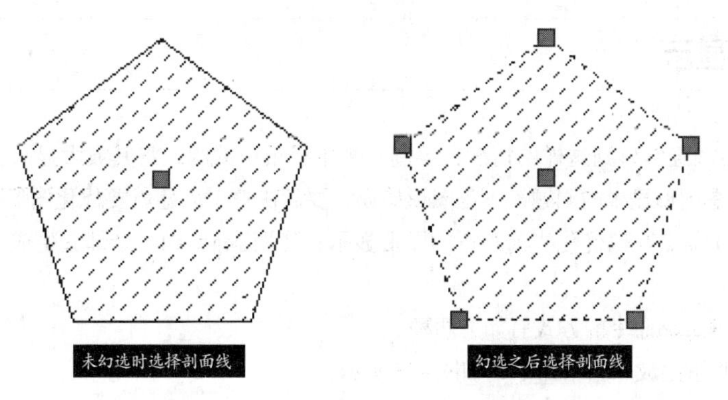

图4-20

4.2 图形操作

本节主要介绍刷新屏幕、优化图形显示、调整图形的显示层次，以及复制粘贴对象的几种图形操作方法。

相关命令如图4-2所示。

表4-2 图形操作命令

命令	简写	功能
Redraw（重画）	Redraw	删除当前视口中的某些操作遗留的临时图形。要删除零散像素，请使用Regen命令
Regen（重生成）	RE	优化当前视口的图形显示
Pasteorig（粘贴到原坐标）	PA	将复制到剪贴板的对象粘贴到当前图形中，其粘贴位置与原始图形中使用的坐标相同
Copybase（带基点复制）	COPYB	带基点复制通常是从已经画好的图纸中的部分图形或线条复制过来，便于新图的绘制，加快绘图速度
Pasteblock（粘贴为块）	PASTEB	将复制到剪贴板的对象粘贴的同时将其变成一个块
Pastespe（选择性粘贴）	PASTES	将剪贴板中的内容粘贴到图形中时，可以选择作为何种格式粘贴到AutoCAD中

4.2.1 刷新屏幕

当用户对一个图形进行了较长时间的编辑后，可能会在屏幕上留下一些痕迹。要清除这些痕迹，可以用刷新屏幕显示的方法来解决。

在AutoCAD中，刷新屏幕显示的命令有Redrawall（重画）和Redraw（重画），前者用于刷新所有视口的显示（针对多视口操作），后者用于刷新当前视口的显示。

在AutoCAD中，执行Redraw（重画）命令的方式有如下两种。

菜单栏：执行“视图>重画”菜单命令，如图4-21所示。

命令行：在命令提示行输入Redraw命令并按Enter键。

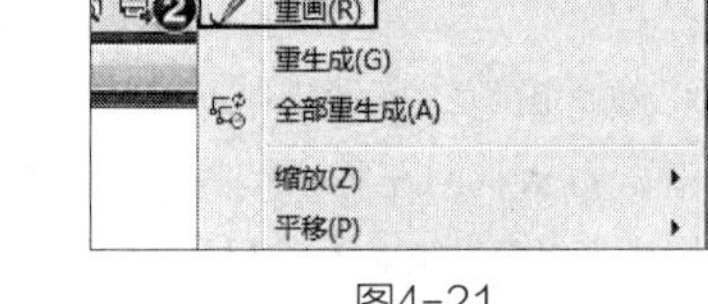

图4-21

注意

Redraw和Redrawall命令只能通过命令提示行来执行。

4.2.2 优化图形显示

笔者使用AutoCAD绘图经常碰到这样的情况：绘制一个半径很小的圆，将其放大显示，圆看起来就像正多边形。这是为什么呢？这其实就是图形显示的问题，不是图形错误，要解决这个问题就要优化图形显示，如图4-22所示。

使用Regen（重生成）命令可以优化当前视口的图形显示；使用Regenall（全部重生成）命令可以优化所有视口的图形显示。

在AutoCAD中，执行Regen命令的方式有如下两种。

菜单栏：执行“视图>重生成”菜单命令，如图4-23所示。

命令行：在命令提示行输入Regen命令并按Enter键。

Regenall命令的执行方式与Regen命令一致，可以通过菜单和命令提示行来执行。

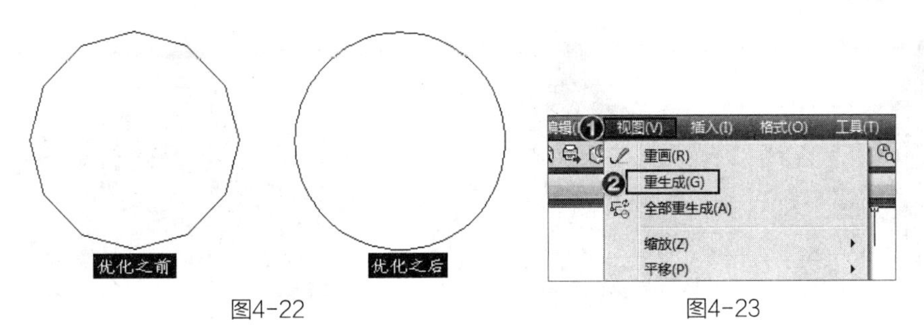

图4-22　　图4-23

4.2.3 调整图形的显示层次

如果当前工作文件中的图形元素很多，而且不同的图形互相重叠，非常不利于操作。比如要选择某一个图形，但是这个图形被其他的图形遮住了，这时候该怎么办呢？很简单，通过控制图形的显示层次来解决，把挡在前面的图形后置，让被遮住的图形显示在最前面。

AutoCAD提供了一个名为“绘图次序”的工具栏，位于“修改”工具栏的下方；同时，AutoCAD还提供了与之相对应的菜单命令，如图4-24所示。

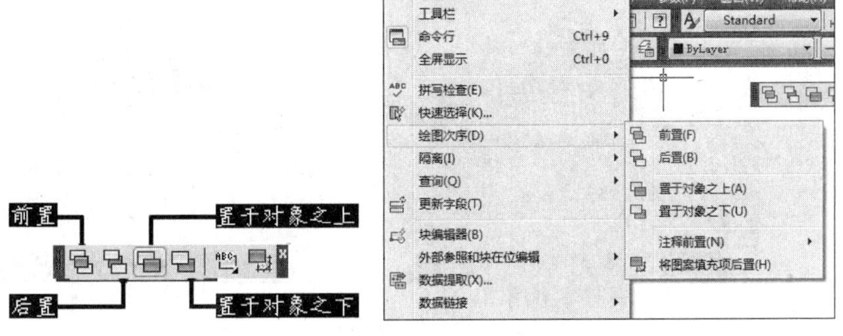

图4-24

（前置）：把选择的图形显示在所有图形的前面。

（后置）：让选择的图形显示在所有图形的后面。

（置于对象之上）：使选定的图形显示在指定的参考对象前面。

（置于对象之下）：使选定的图形显示在指定的参考对象后面。

下面举例说明调整图形显示层次的方法。

案例 021 调整图形的显示层次

● **学习目标** | 在这个案例中我们学习调整图形的显示层次的几种命令的使用方法，并制作如图4-25所示的效果。使用Rectang（矩形）命令绘制一个矩形；使用Divide（定数等分）命令得到线段上的节点，通过设置点的样式得到所需图形。通过本例来学习Divide命令和点样式的灵活运用。

● **视频路径** | 光盘\视频教程\CH04\调整图形的显示层次.avi

● **结果文件** | 光盘\DWG文件\CH04\调整图形的显示层次.dwg

01 根据原始文件路径打开图形，如图4-26所示，此时矩形显示在最下层，三角形显示在中间，圆形显示在最前面。

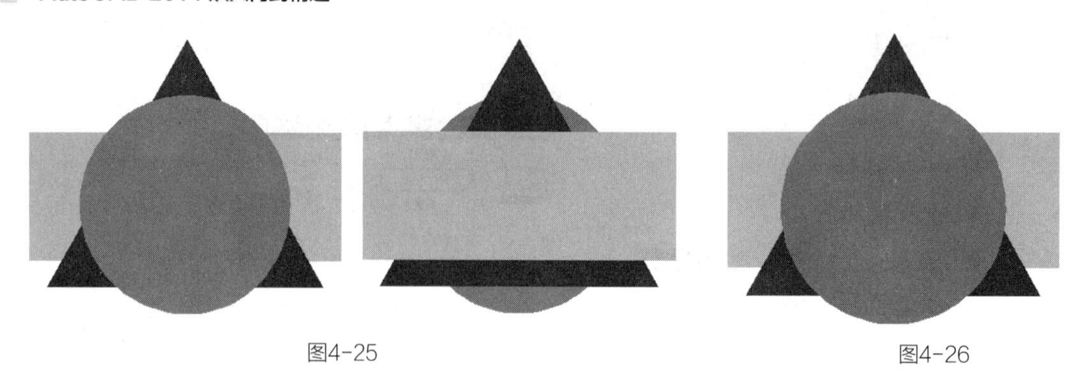

图4-25　　图4-26

02 单击“前置”按钮，然后单击矩形将其选中，接着按Enter键确认选中，即可将矩形显示在最前面，如图4-27所示。

03 单击“置于对象之上”按钮，把三角形置于圆和矩形之间，如图4-28所示。命令执行过程如下。

```
命令:
选择对象: 找到 1 个          //选择三角形（要置于参考对象之上的图形）
选择对象: ↙                  //按Enter键确认选中
选择参照对象: 找到 1 个      //选择圆（参考对象）
选择参照对象: ↙              //按Enter键确认选中
```

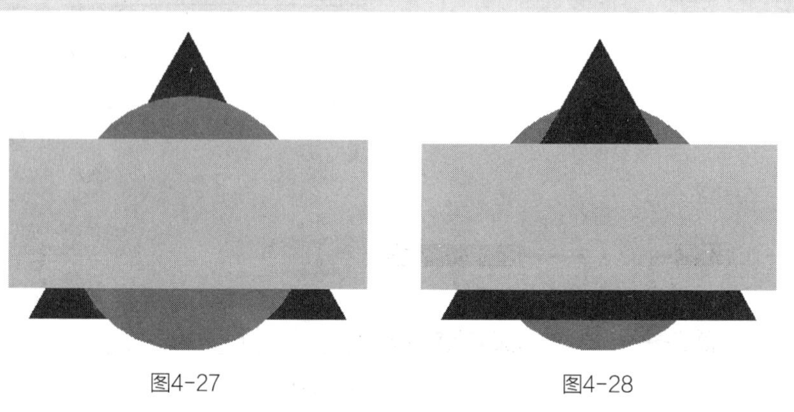

图4-27　　图4-28

4.2.4 带基点复制（Copybase）

使用“带基点复制”以及“粘贴到原坐标”都可以确保精确地放置对象。比如图例复制就可以选基点复制，基点选择边框的交点比较好。操作过程是先选择要复制的图形或线条、点、域面，然后鼠标右击带基点复制，确定基点，粘贴的时候放到相同的基点上就可以了。

命令行：在命令行中输入Copybase命令并按Enter键。

菜单栏：执行“编辑>带基点复制”菜单命令，如图4-29所示。

快捷菜单：单击鼠标右键，在弹出的快捷菜单中选择“剪贴板>带基点复制”命令，如图4-30所示。

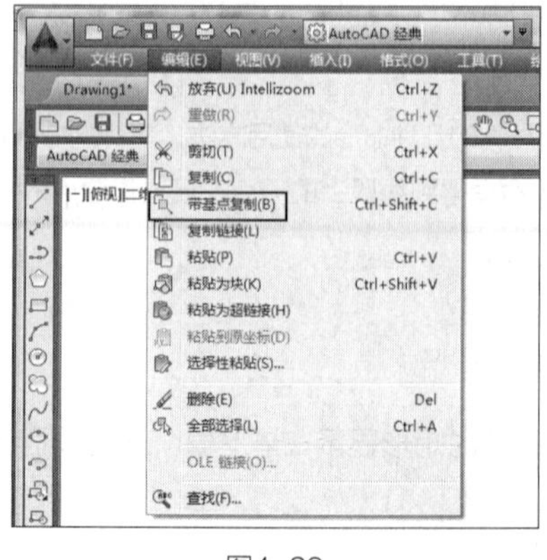

图4-29

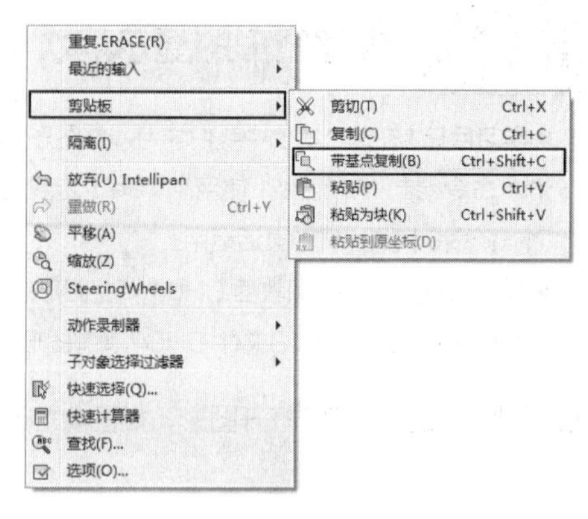

图4-30

4.2.5 粘贴为块（Pastcblock）

粘贴为块，就是在粘贴之后，被粘贴对象成了一个块，但可以使用Explode命令将其“炸开”，炸开之后与粘贴没有区别了，粘贴的块名自动生成。这样便于对此块以外的对象进行修改，并可以将其作为临时图参考，之后将其删除也方便。

执行“粘贴为块”命令的方法有以下3种。

命令行：在命令行中输入Pasteblock并按Enter键。

菜单栏：执行“编辑>粘贴为块”菜单命令。

快捷菜单：单击鼠标右键，在弹出的快捷菜单中选择“剪贴板>粘贴为块”命令。

4.2.6 粘贴到原坐标（Pasteorig）

使用“粘贴到原坐标”命令可以将复制到剪贴板的对象粘贴到当前图形中，其粘贴位置与原始图形中使用的坐标相同。

执行“粘贴到原坐标”命令的方法有以下3种。

命令行：在命令行中输入Pasteorig命令并按Enter键。

菜单栏：执行“编辑>粘贴到原坐标”菜单命令。

快捷菜单：单击鼠标右键，在弹出的快捷菜单中选择“剪贴板>粘贴到原坐标”命令。

注意

只有将图形复制到剪贴板，在另外的文件中选中任意图形，然后才能粘贴到原坐标。

4.2.7 选择性粘贴（Pastespec）

将对象复制到剪贴板时，将以所有可用格式存储信息。将剪贴板中的内容粘贴到图形中时，可以选择作为何种格式粘贴到AutoCAD中。

执行“粘贴到原坐标”命令的方法有以下两种。

命令行：在命令行中输入Pastespec并按Enter键。

菜单栏：执行“编辑>选择性粘贴”菜单命令。

执行“编辑>选择性粘贴”菜单命令，系统会弹出图4-31所示的对话框，在此选择按照这些格式将剪贴板内容粘贴到当前图形中。

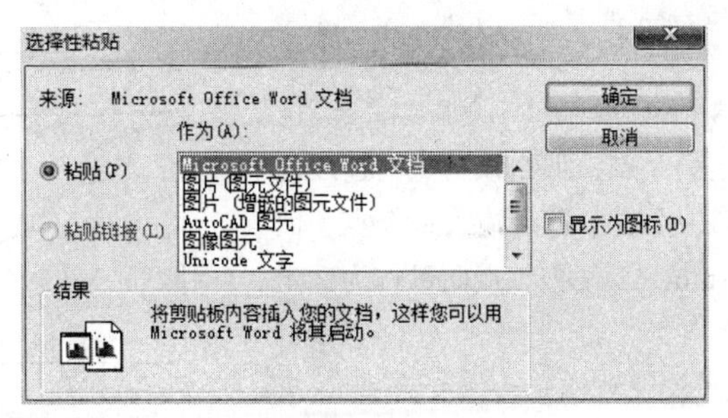

图4-31

4.3 调整对象位置

调整对象的位置主要是指定移动对象和旋转对象，在绘图时经常需要移动图形的位置或者通过旋转工具来改变图形的位置。

相关命令如表4-3所示。

表4-3 调整对象位置相关命令

命令	简写	功能
Move（移动）	M	用于将选定的图形对象从当前位置平移到一个新的指定位置，而不改变对象的大小和方向
Rotate（旋转）	RO	用于将选定的图形对象围绕一个指定的基点进行旋转

4.3.1 移动对象（Move）

Move（移动）命令用于将选定的图形对象从当前位置平移到一个新的指定位置，而不改变对象的大小和方向，如图4-32所示。

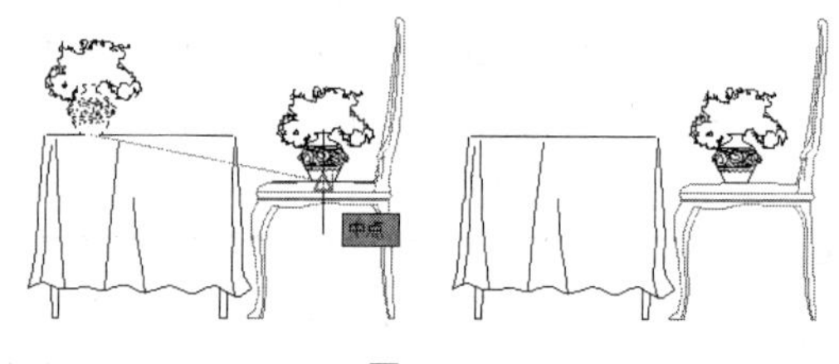

图4-32

1. 命令执行方式

执行Move命令的方法有以下3种。

命令行：在命令行中输入M（Move命令的简写）并按Enter键。

菜单栏：执行“修改>移动”菜单命令。

工具栏：单击“修改”工具栏上的“移动”按钮。

2. 操作步骤

01 打开配套光盘中的“DWG文件\CH04\沙发立面图例.dwg”文件。如图4-33所示，利用Move命令将台灯图形移动到沙发上。

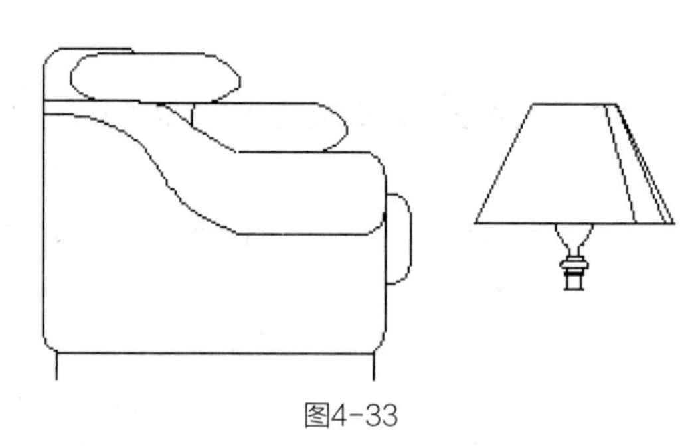

图4-33

02 在命令行中输入M并按Enter键命令的执行过程如下。

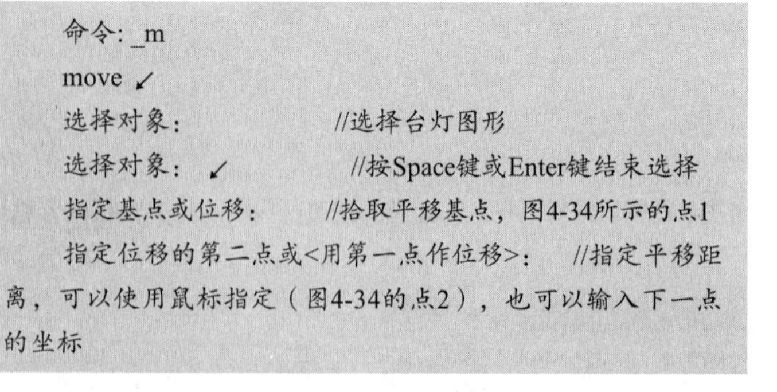

命令: _m
move ↙
选择对象：　　　　//选择台灯图形
选择对象：↙　　　　//按Space键或Enter键结束选择
指定基点或位移：　　//拾取平移基点，图4-34所示的点1
指定位移的第二点或<用第一点作位移>：　//指定平移距离，可以使用鼠标指定（图4-34的点2），也可以输入下一点的坐标

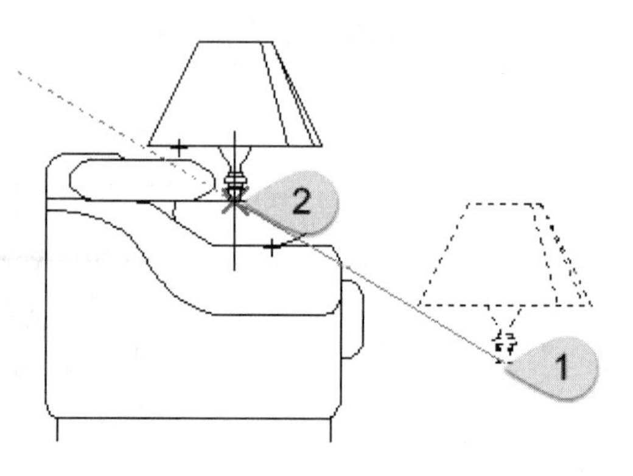

图4-34

如果用户在两个提示行后指定两个点，那么该两点的连线便是选定对象的位移向量；如果在第一个提示符后输入一个点，而在第二个提示符后按Enter键，则AutoCAD便把该点向量作为选定对象的位移向量。

专家提示

在绘图时经常需要精确地移动对象，可以通过极轴捕捉来确定要移动的方向，然后在命令行中直接输入要移动的距离，这样可以提高绘图效率。

在不需要精确地移动距离时，可以直接选择对象，然后在对象上按住鼠标右键并将其拖动到指定位置，当松开鼠标时，系统便会弹出一个快捷菜单，在菜单中可以选择移动或复制选中的对象，如图4-35所示。

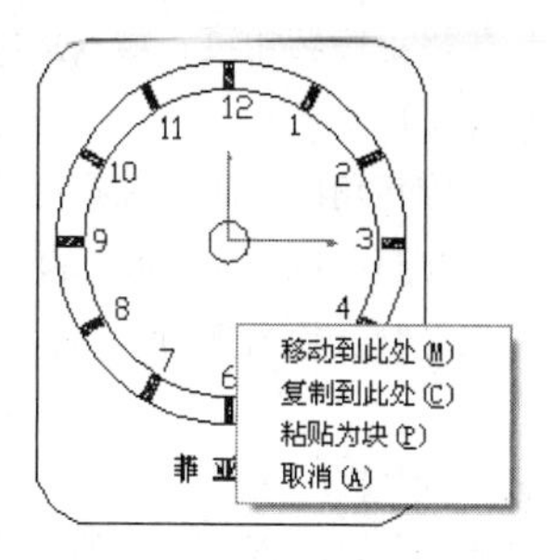

图4-35

4.3.2 旋转对象（Rotate）

Rotate（旋转）命令用于将选定的图形对象围绕一个指定的基点进行旋转，如图4-36所示。默认的旋转方向为逆时针方向，输入负的角度值时则按顺时针方向旋转对象。

1. 命令执行方式

执行Rotate命令的方法有以下3种。

命令行：在命令行输入R（Rotate命令的简写）并按Enter键。

菜单栏：执行“修改>旋转”菜单命令。

工具栏：单击“修改”工具栏上的（旋转）按钮。

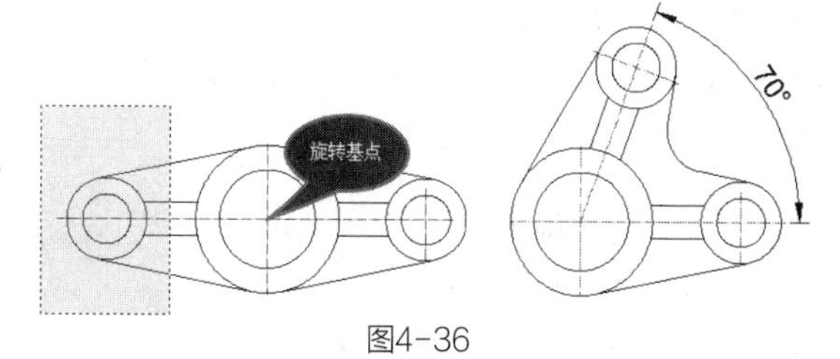

图4-36

2. 操作步骤

01 打开配套光盘中的“DWG文件\CH04\零件俯视图.dwg”文件，如图4-37所示。利用Rotate命令将中心辅助线左侧的图形旋转250° 。

02 单击“修改”工具栏上的（旋转）按钮，命令执行过程如下。结果如图4-39所示。

```
命令: _rotate
UCS 当前的正角方向: Angdir=逆时针 Angbase=0
选择对象: 指定对角点: 找到 8 个
//用鼠标从右到左拖出一个矩形框选择左侧图形，如图4-38所示
选择对象: ↙
指定基点: //捕捉大圆的圆心
指定旋转角度，或 [复制(C)/参照(R)] <0>: 250 ↙
```

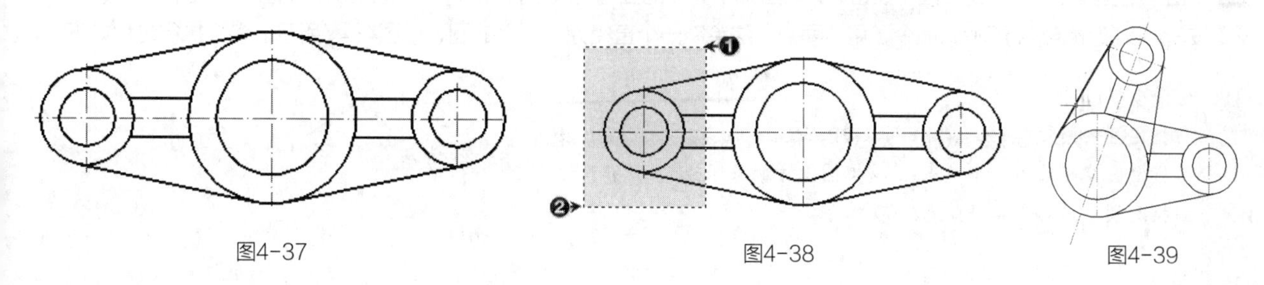

图4-37　　图4-38　　图4-39

3. 技术要点：Rotate命令子选项含义

选择对象：使用对象选择方法并在完成选择后按 Enter 键。

指定基点：指定一个点。

指定旋转角度：输入角度，也可以指定点，如果要在旋转的同时进行复制，则输入 C；要使用参照方式进行旋转则输入 R。

旋转角度。决定对象绕基点旋转的角度。旋转轴通过指定的基点，并且平行于当前 UCS 的 z 轴。

参照：将对象从指定的角度旋转到新的绝对角度。旋转视口对象时，视口的边框仍然保持与绘图区域的边界平行。

复制：输入选项C，可以将对象复制一个副本，并旋转到指定位置，原对象位置不变。

案例 022 使用“参照旋转”绘制图形

● **学习目标** | 如图4-40所示，图中只给出了圆弧的半径和两条圆弧的弦长，要求画出这3条圆弧，并求出3条圆弧的总长度。本例的关键是*R*14与R7相切，*R*14的弦长是*R*7的弦长的两倍，根据这个条件就可以绘制出这两段圆弧。然后绘制一个*R*9的圆，再使用“参照旋转”将其旋转到所需要的位置。

● **视频路径** | 光盘\视频教程\CH04\使用“参照旋转”绘制图形.avi

● **结果文件** | 光盘\DWG文件\CH04\使用“参照旋转”绘制图形.dwg

01 单击“绘图”工具栏中的“直线”按钮，绘制一条长度为36mm的水平线段。

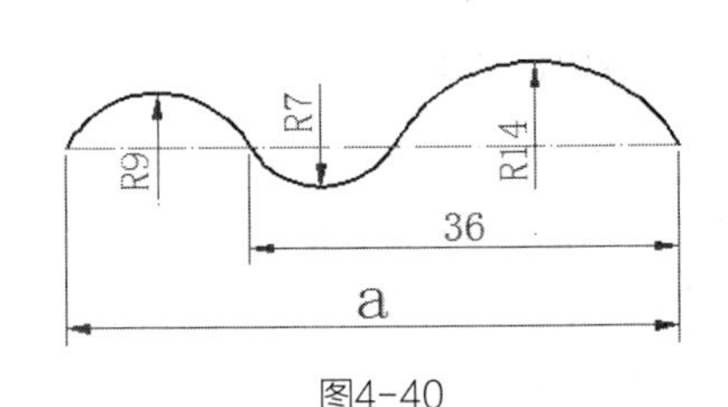

图4-40

02 在命令行中输入Divide命令，将直线段等分为3等份，如图4-41所示。命令执行过程如下。

```
命令: _divide ↙
选择要定数等分的对象: //选择直线
输入线段数目或 [块(B)]: 3 ↙
```

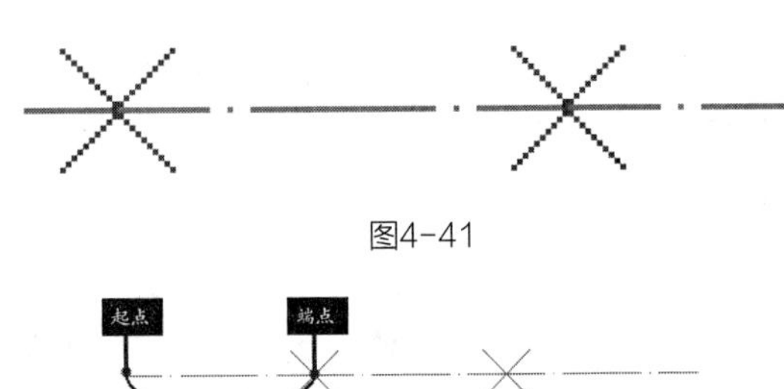

图4-41

03 单击“绘图”工具栏中的“圆弧”按钮，用“起点、端点、半径”方式绘捕捉直线的端点和节点绘制圆弧，如图4-42所示。命令执行过程如下。

```
命令: _arc
指定圆弧的起点或 [圆心(C)]:
指定圆弧的第二个点或 [圆心(C)/端点(E)]: E ↙
指定圆弧的端点:
指定圆弧的圆心或 [角度(A)/方向(D)/半径(R)]: R ↙
指定圆弧的半径: 7 ↙
```

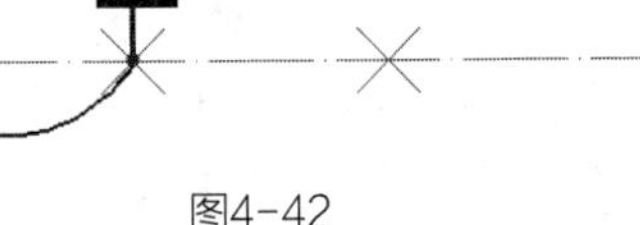

图4-42

04 用相同的方法，捕捉直线右侧的端点为起点，第一个节点为端点绘制半径为14mm的圆弧，如图4-43所示。

05 单击“绘图”工具栏中的“圆”按钮，以圆弧*R*7mm的圆心为圆心，绘制一个半径为7mm的圆，如图4-44所示。

06 按Space键继续执行Circle命令，用“两点”法绘制一个直径为18mm的圆，如图4-45所示。命令执行过程如下。

```
命令: _circle
指定圆的圆心或 [三点(3P)/两点(2P)/切点、切点、半径(T)]: 2p ↙
指定圆直径的第一个端点: //捕捉圆上方的象限点
指定圆直径的第二个端点: @0,18 ↙
```

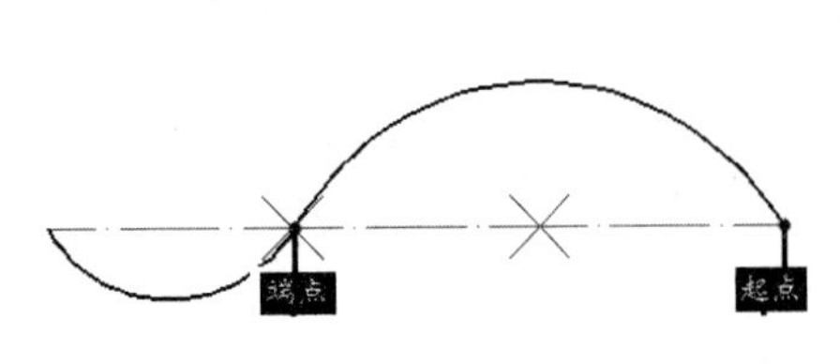

图4-43

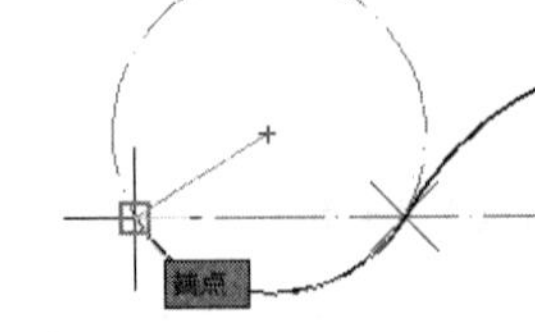

图4-44

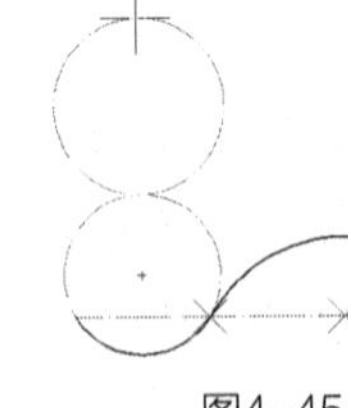

图4-45

07 选中半径为9mm的圆，然后单击“修改”工具栏中的“旋转”按钮，将其旋转到图4-46所示的位置。命令执行过程如下。

命令: _rotate
UCS 当前的正角方向: Angdir=逆时针 Angbase=0
找到 1 个
指定基点: //捕捉R7的圆心
指定旋转角度，或 [复制(C)/参照(R)] <121>: R ↙
指定参照角 <90>: //捕捉R7的圆心
指定第二点: //捕捉R7的上方的象限点
指定新角度或 [点(P)] <211>: 捕捉R7与直线的交点

08 单击“修改”工具栏中的“修剪”按钮，将图形修剪成图4-47所示的形状。

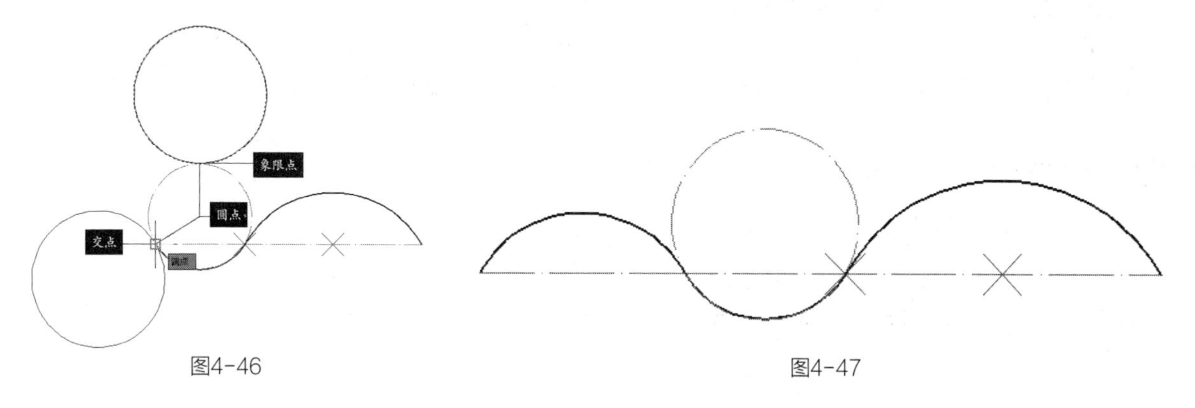

图4-46　　图4-47

4.4 复制对象的几种方式

在绘制一些相同的图形时，可以利用复制命令提高绘图速度，本节将学习在AutoCAD中复制对象、镜像复制和通过偏移复制对象。

相关命令如表4-4所示。

表4-4 复制对象命令

命令	简写	功能
Copy（复制）	CO	在指定方向上按指定距离复制对象
Mirror（镜像）	MI	创建表示半个图形的对象，选择这些对象并沿指定的线进行镜像以创建另一半
Offset（偏移）	O	用于从指定的对象或者通过指定的点来建立等距偏移的同心圆、平行线和平行曲线

4.4.1 复制对象（Copy）

Copy（复制）命令用于将选定的对象复制到指定的位置，而原对象不受任何影响，如图4-48所示。

1. 命令执行方式

执行Copy命令的方法有以下3种。

命令行：在命令行中输入Copy命令并按Enter键或Space键。

菜单栏：执行“修改>复制”菜单命令。

工具栏：单击“修改”工具栏中的“复制”按钮。

2. 操作步骤

01 打开配套光盘中的“DWG文件\CH04\路灯.dwg”文件。如图4-49所示，将图形复制出3个，它们之间的间距为2000mm。

02 单击“修改”工具栏中的“复制”按钮。命令执行过程如下。

```
命令: _copy
选择对象: 找到 1 个 // //选择路灯图形
选择对象: ↙//完成选择
当前设置: 复制模式 = 多个
指定基点或 [位移(D)/模式(O)] <位移>: //任意指定一个点
指定第二个点或 [阵列(A)] <使用第一个点作为位移>: @2000,0 ↙//指定复制距离为2000
指定第二个点或 [阵列(A)/退出(E)/放弃(U)] <退出>: @4000,0 ↙//指定复制距离为2000，距离第一个对象的距离为4000
指定第二个点或 [阵列(A)/退出(E)/放弃(U)] <退出>:↙ //结束复制命令
```

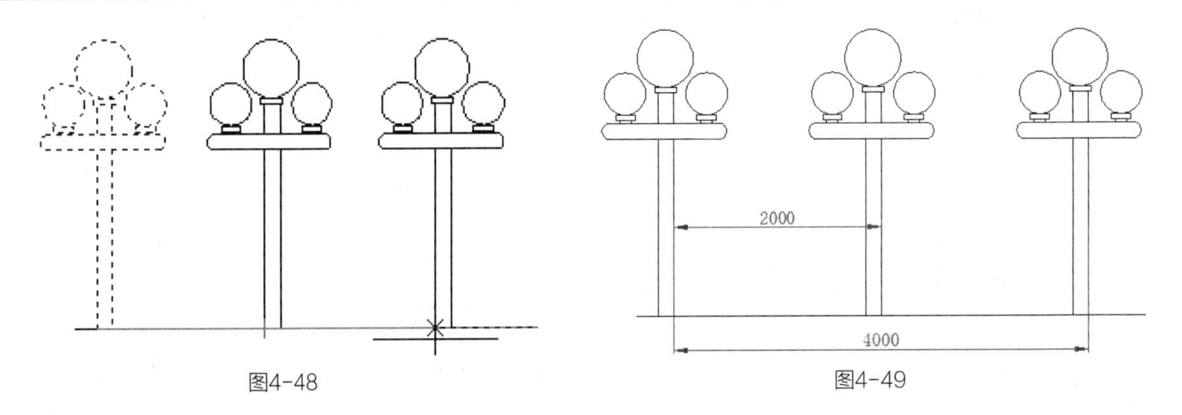

图4-48　　图4-49

3. 技术要点：Copy命令子选项的 含义

位移：使用坐标指定相对距离和方向。指定的两点定义一个矢量，指示复制对象的放置离原位置有多远以及以哪个方向放置。如果在“指定第二个点”提示下按 Enter 键，则第一个点将被认为是相对 *X,Y,Z* 位移。例如，如果指定基点为（2,3）并在下一个提示下按Enter键，对象将被复制到距其当前位置在 *X* 方向上两个单位、在*Y* 方向上3个单位的位置。

模式：控制命令是否自动重复（Copymode系统变量）。“单一”表示创建选定对象的单个副本，并结束命令；“多个”则替代“单个”模式设置，在命令执行期间，将Copy命令设定为自动重复。

阵列：指定在线性阵列中排列的副本数量，包括原始选择集在内。

```
指定第二个点或 [阵列(A)] <使用第一个点作为位移>: a
输入要进行阵列的项目数: 5
指定第二个点或 [布满(F)]:
指定第二个点或 [阵列(A)/退出(E)/放弃(U)] <退出>:
```

第二点：确定阵列相对于基点的距离和方向。默认情况下，阵列中的第一个副本将放置在指定的位移。其余的副本使用相同的增量位移放置在超出该点的线性阵列中。

布满：在阵列中指定的位移放置最终副本。其他副本则布满原始选择集和最终副本之间的线性阵列。

专家提示

使用Copy命令只能在同一个文件中复制图形，如果要在多个图形文件之间复制图形，可以打开的DWG文件中使用Copyclip命令或按快捷键“Ctrl”+“C”，将图形复制到剪贴板中，然后在打开的目的文件中用Pasteclip命令或者按快捷键“Ctrl”+“V”，将图形复制到指定位置。

4.4.2 镜像对象（Mirror）

Mirror（镜像）命令对创建对称的对象非常有用，因为可以快速地绘制半个对象，然后将其镜像，而不必绘制整个对象。

指定的两个点将成为直线的两个端点，选定对象相对于这条直线被镜像，如图4-50所示，路灯图形沿中心线镜像。

1. 命令执行方式

执行Copy命令的方法有以下3种。

命令行：在命令行中输入MI（Mirror命令的简写）并按Enter键或Space键。

菜单栏：执行“修改>复制”菜单命令。

工具栏：单击“修改”工具栏中的“镜像”按钮。

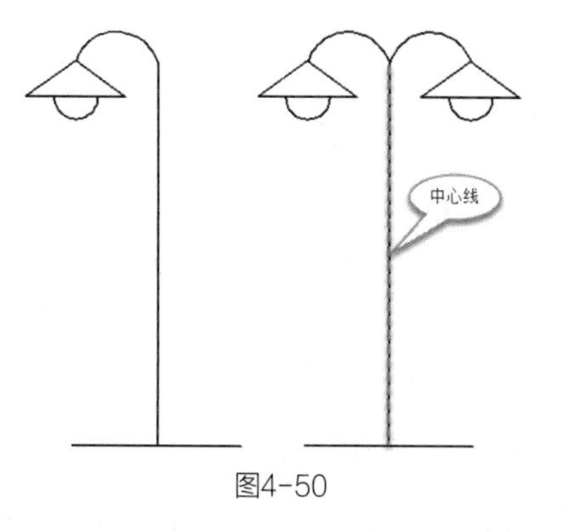

图4-50

2. 操作步骤

01 打开配套光盘中的“DWG文件、CH04\路灯02.dwg”文件。如图4-51所示，将路灯图形镜像复制。

02 在命令行中输入MI并按Enter键或Space键，Mirror命令执行过程如下。

命令: _Mi

mirror↙

选择对象: 指定对角点: 找到5 个 //框选要镜像的对象

选择对象: ↙ //结束对象的选择

指定镜像线的第一点: //指定镜像线的第一点，如图4-51所示

指定镜像线的第二点: //指定第二点，通过指定两点确定镜像对象的轴向

要删除源对象吗? [是（Y）/否（N）] <N>:↙ //按Enter键，则不删除源对象，相当于复制一个对象，而复制的这个对象与源对象是镜像关系

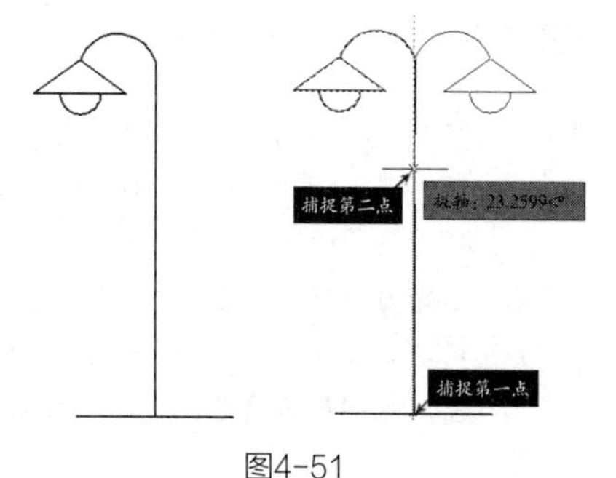

图4-51

专家提示

创建文字、属性和属性定义的镜像时，仍然按照轴对称规则进行，结果为被反转或倒置的图像。如果要避免出现这种结果，需要将系统变量Mirrtext设置为0（关）。这样文字的对齐和对正方式在镜像前后相同，如图4-52所示。

系统变量的设置与命令的执行方式相同，直接在命令行中输入变量，然后根据提示输入新的变量值。

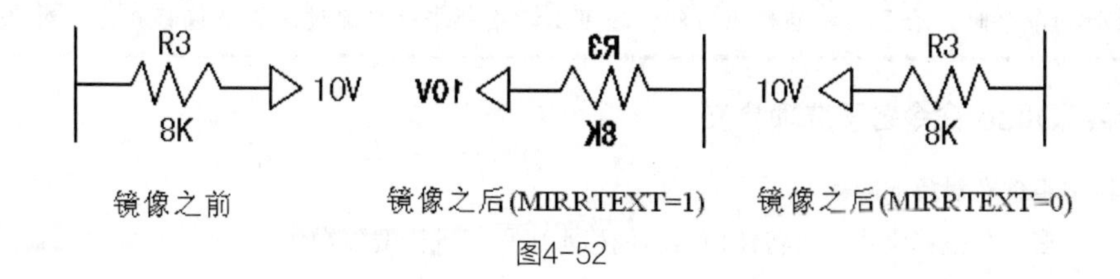

图4-52

4.4.3 偏移对象（Offset）

Offset（偏移）命令用于从指定的对象或者通过指定的点来建立等距偏移（有时可能是放大或缩小）的新对象。例如，可以建立同心圆、平行线以及平行曲线等，如图4-53所示。

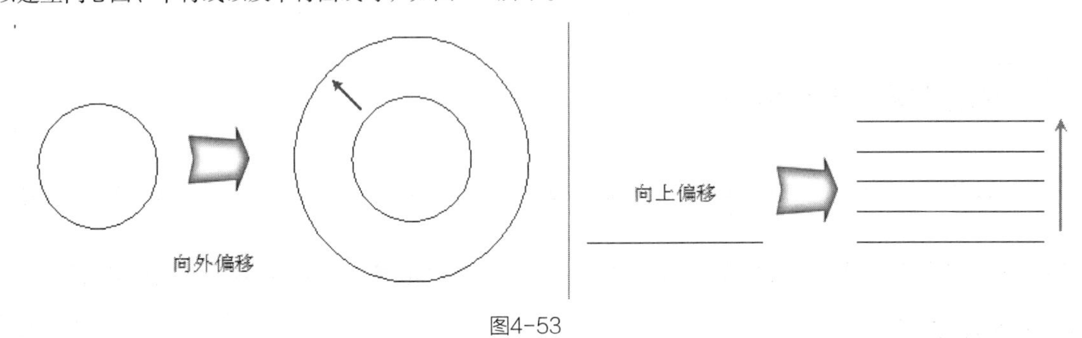

图4-53

1. 命令执行方式

执行Offset命令的方法有以下3种。

命令行：在命令行中输入O（Offset命令的简写）并按Enter键或Space键。

菜单栏：执行“修改>偏移”菜单命令。

工具栏：单击“修改”工具栏中的“偏移”按钮。

2. 操作步骤

01 打开配套光盘的“DWG文件\CH04\浴盆图例.dwg”文件，如图4-54所示。

02 单击“修改”工具栏中的“偏移”按钮，将图形向外侧偏移两个单位，如图4-55所示。命令执行过程如下。

```
命令: _offset ↙
当前设置: 删除源=否  图层=源  Offsetgaptype=0
指定偏移距离或 [通过(T)/删除(E)/图层(L)] <4.0000>: 100 ↙
选择要偏移的对象, 或 [退出(E)/放弃(U)] <退出>: //一次只能选择一个对象
指定要偏移的那一侧上的点, 或 [退出(E)/多个(M)/放弃(U)] <退出>: //在图形内部单击鼠标, 如图4-47所示。
选择要偏移的对象, 或 [退出(E)/放弃(U)] <退出>: ↙//结束命令
```

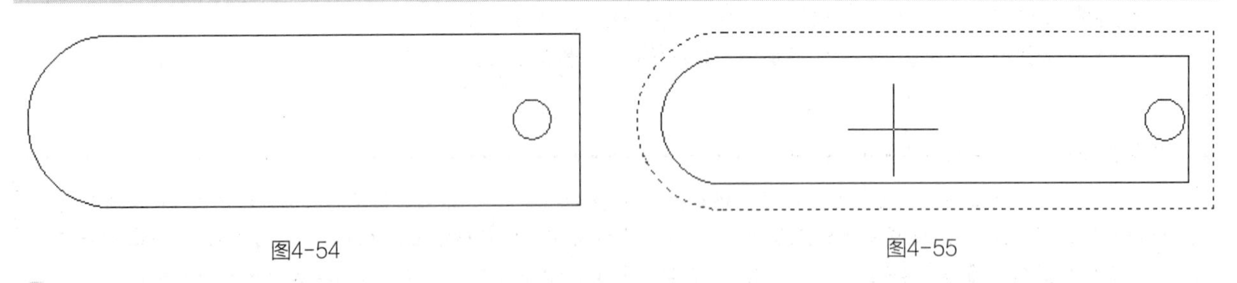

图4-54　　图4-55

注意

在使用Offset命令时，除了指定偏移距离外，还可以指定新平行线通过的点来偏移并复制对象。

3. 技术要点：Offset命令各子选项含义

偏移距离：指定距现有对象的距离。

多个：默认为“多个”偏移模式，这将使用当前偏移距离重复进行偏移操作。

放弃：恢复前一个偏移。

通过：创建通过指定点的对象。

注意

要在偏移带角点的多段线时获得最佳效果，请在直线段中点附近（而非角点附近）指定通过点。

删除：偏移源对象后将其删除。

图层：确定将偏移对象创建在当前图层上还是源对象所在的图层上。

案例 023 使用过点偏移绘制图形

● **学习目标** | 根据图4-56给出的已知边长和*DF*=2*DE*等条件绘制三角形，求*a*的长度，本例是利用1：2的比例关系，来确定斜线与三边形之间关系。主要用到圆和偏移命令来确定线段*DE*和*DF*的位置和长度。

● **视频路径** | 光盘\视频教程\CH04\使用过点偏移绘制图形.avi

● **结果文件** | 光盘\DWG文件\CH04\使用过点偏移绘制图形.dwg

01 单击“绘图”工具栏中的“直线”按钮，先绘制长度为40mm的底边。

02 单击“绘图”工具栏中的“圆”按钮，分别以点1和点2为圆心绘制两个圆，圆的半径为三角形的边长，如图4-57所示。

03 单击“绘图”工具栏中的“直线”按钮，以两圆的交点为起点连接三角形底边的两个端点，绘制出三角形，如图4-58所示。

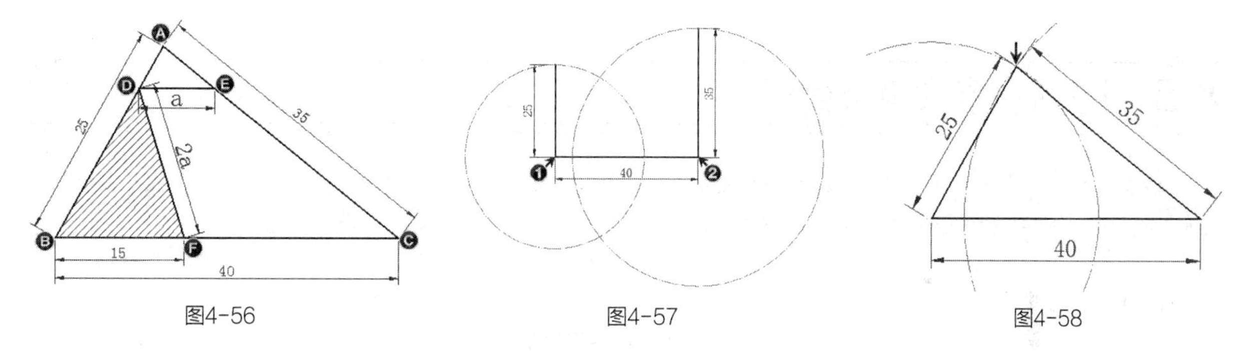

图4-56　图4-57　图4-58

04 单击“绘图”工具栏中的“直线”按钮，在三角形上方绘制一条连接两边的水平线段，如图4-59所示。

05 单击“绘图”工具栏中的“圆”按钮，分别捕捉直线段的两个端点以绘制一个圆，如图4-60所示。

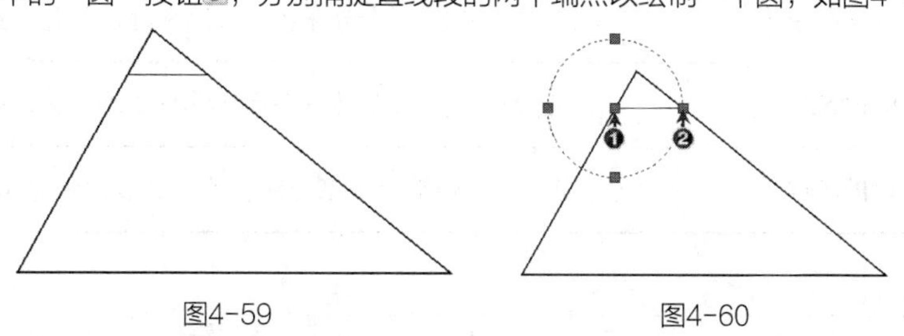

图4-59　图4-60

06 单击“修改”工具栏中的“缩放”按钮，以圆的圆心为基点将圆放大两倍，如图4-61所示。

07 单击“绘图”工具栏中的“直线”按钮，连接图4-62所示的*AD*点和*BC*点。

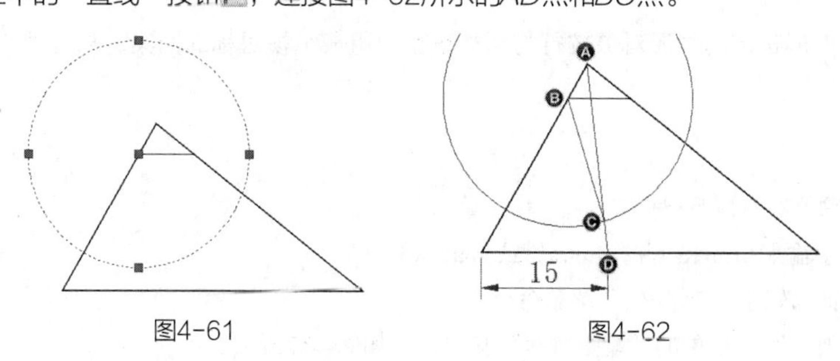

图4-61　图4-62

08 单击“修改”工具栏中的“偏移”按钮，将线段*BC*过*D*点偏移，如图4-63所示，命令执行过程如下。

```
命令: _offset ↙
当前设置: 删除源=否  图层=源  Offsetgaptype=0
指定偏移距离或 [通过(T)/删除(E)/图层(L)] <通过>: t ↙
选择要偏移的对象，或 [退出(E)/放弃(U)] <退出>: //选择线段BC
指定通过点或 [退出(E)/多个(M)/放弃(U)] <退出>: //捕捉D点
选择要偏移的对象，或 [退出(E)/放弃(U)] <退出>: ↙
```

09 单击“修改”工具栏中的“延伸”按钮，将偏移出来的线段延伸至三角形底边，并删除其余线段，如图4-64所示。

10 捕捉线段*DE*与*AB*的交点为起点，绘制一条水平线与线段*AC*相交，这个图形就绘制出来了，如图4-65所示。

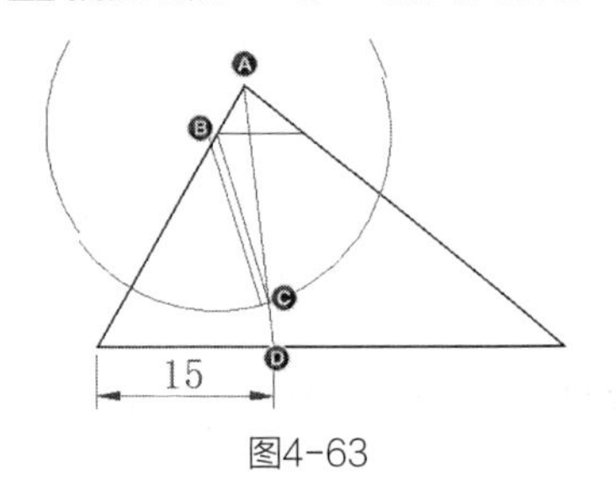

图4-63

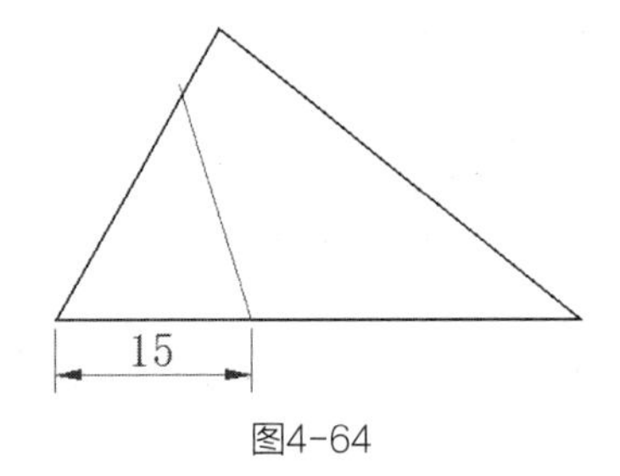

图4-64

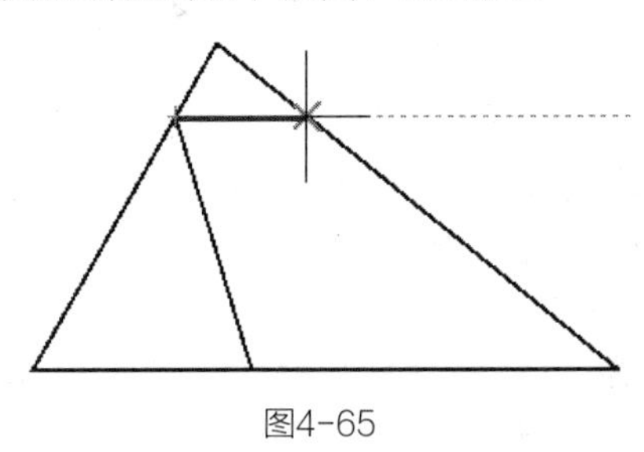
图4-65

4.5 阵列对象（Array）

Array（阵列）命令用于对所选定的图形对象进行有规律地多重复制，从而可以建立一个矩形或者环形的阵列，从AutoCAD 2013开始还新增加了一个“沿路径阵列”命令。

相关命令如表4-5所示。

表4-5 阵列命令

命令	简写	功能
Arrayrect（矩形阵列）	ARRAYR	将对象副本分布到行、列和标高的任意组合
Arraypolar（环形阵列）	ARRAYRO	围绕中心点或旋转轴在环形阵列中均匀分布对象副本
Arraypath（沿路径阵列）	ARRAYRA	沿路径或部分路径均匀分布对象副本

4.5.1 矩形阵列对象（Arrayrect）

Arrayrect命令用于对所选定的图形对象按行与列整齐排列组成纵横对称的图案，从而建立一个矩形的阵列，如图4-66所示。

1. 命令执行方式

执行Arrayrect命令的方法有以下3种。

命令行：在命令行中输入Arrayrect并按Enter键或Space键。

菜单栏：执行“修改>阵列>矩形阵列”菜单命令。

工具栏：单击“修改”工具栏中的“矩形阵列”按钮，如图4-67所示。

2. 操作步骤

01 打开配套光盘的“DWG文件\CH04\451.dwg”文件，如图4-68所示。

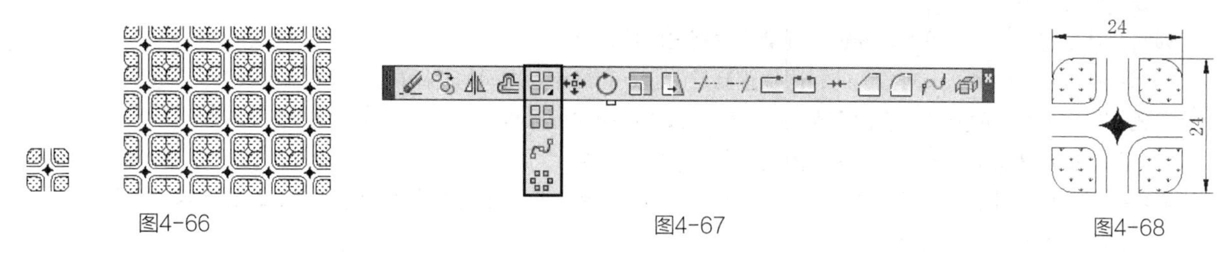

图4-66　　图4-67　　图4-68

02 单击“修改”工具栏中的“矩形阵列”按钮，将其阵列复制出6行、6列，行间距为1000，列间距为1200，命令执行过程如下，结果如图4-69所示。

```
命令: _arrayrect
选择对象: 指定对角点: 找到 44 个 //选择整个图形
选择对象: ↙
 类型 = 矩形  关联 = 是
选择夹点以编辑阵列或 [关联(AS)/基点(B)/计数(COU)/间距(S)/列数(COL)/行数(R)/层数(L)/退出(X)] <退出>: Col ↙
输入列数数或 [表达式(E)] <4>: 6 ↙
指定 列数 之间的距离或 [总计(T)/表达式(E)] <36>: 24 ↙
选择夹点以编辑阵列或 [关联(AS)/基点(B)/计数(COU)/间距(S)/列数(COL)/行数(R)/层数(L)/退出(X)] <退出>: R ↙
输入行数数或 [表达式(E)] <3>: 6 ↙
指定 行数 之间的距离或 [总计(T)/表达式(E)] <36>: 24 ↙
指定 行数 之间的标高增量或 [表达式(E)] <0>: ↙
选择夹点以编辑阵列或 [关联(AS)/基点(B)/计数(COU)/间距(S)/列数(COL)/行数(R)/层数(L)/退出(X)] <退出>: ↙//退出命令
```

完成“矩形阵列”后，选中阵列出的对象，上面会出现一系列夹点选中这些夹点，可以选中需要修改的“行数和列数”“行和列间距”和“轴角度”等参数，如图4-70所示。

另外，系统还会弹出一个属性对话框，在此同样可以设置相关属性，如图4-71所示。

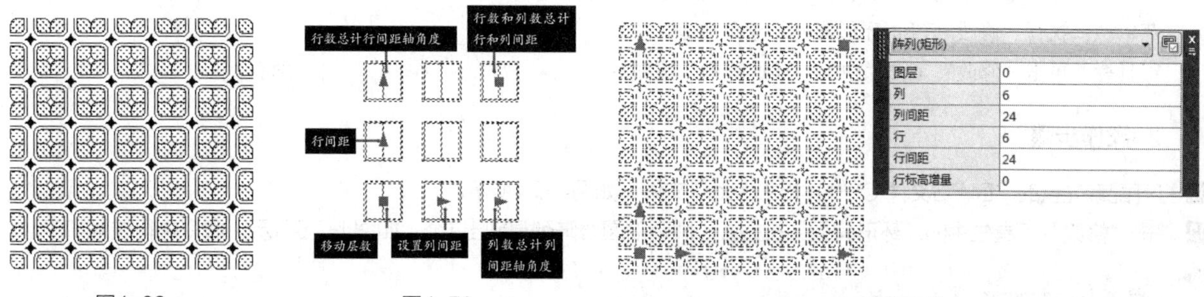

图4-69　　图4-70　　图4-71

专家提示

通过阵列复制出的图形对象是一个整体，若要对其进行修改，需要使用Explode命令将其分解为独立的对象。

3. 技术要点：Arrayrect命令提示行中的主要选项含义

选择对象：选择要在阵列中使用的对象。

关联：指定阵列中的对象是关联的还是独立的。

基点：定义阵列基点和基点夹点的位置。

计数：指定行数和列数并使用户在移动光标时可以动态观察结果。

表达式：基于数学公式或方程式导出值。

间距：指定行间距和列间距并使用户在移动光标时可以动态观察结果。

列数：设置栏数。

列间距：指定从每个对象的相同位置测量的每列之间的距离。

全部：指定从开始和结束对象上的相同位置测量的起点和终点列之间的总距离。

行数：指定阵列中的行数、它们之间的距离以及行之间的增量标高。

行间距：指定从每个对象的相同位置测量的每行之间的距离。

增量标高：设置每个后续行的增大或减小的标高，这个效果要在三维视图中才能体现出来，如图4-72所示。

层：指定三维阵列的层数和层间距。

层间距：在z坐标值中指定每个对象等效位置之间的差值。

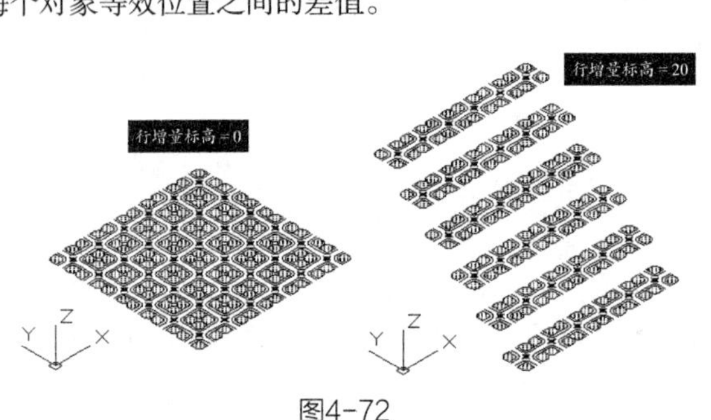

图4-72

4.5.2 环形阵列对象（Arraypolar）

使用Arraypolar命令可以围绕中心点或旋转轴均匀分布对象副本，如图4-73所示。

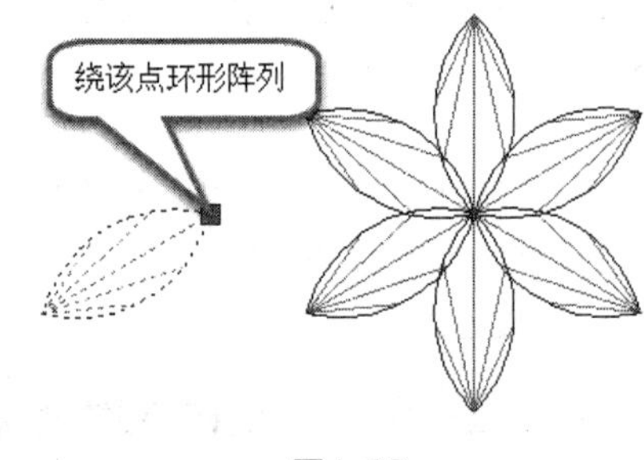

图4-73

1. 命令执行方式

执行Arraypolar命令的方法有以下3种。

命令行：在命令行中输入Arraypolar并按Enter键或Space键。

菜单栏：执行“修改>阵列>环形阵列”菜单命令。

工具栏：单击“修改”工具栏中的“环形阵列”按钮。

2. 操作步骤

01 打开配套光盘的“DWG文件\CH04\452.dwg”文件，如图4-74所示。

02 单击“修改”工具栏中的“环形阵列”按钮，扇叶沿圆心阵列复制出4个，如图4-75所示。命令执行过程如下。

```
命令: _arraypolar
选择对象: 指定对角点找到 7 个 //选择扇叶图形
选择对象: ↙
类型 = 极轴  关联 = 是
指定阵列的中心点或 [基点(B)/旋转轴(A)]: //捕捉圆心
选择夹点以编辑阵列或 [关联(AS)/基点(B)/项目(I)/项目间角度(A)/填充角度(F)/行(ROW)/层(L)/旋转项目(ROT)/退出(X)] <退出>: I ↙
输入阵列中的项目数或 [表达式(E)] <6>: 4 ↙
选择夹点以编辑阵列或 [关联(AS)/基点(B)/项目(I)/项
```

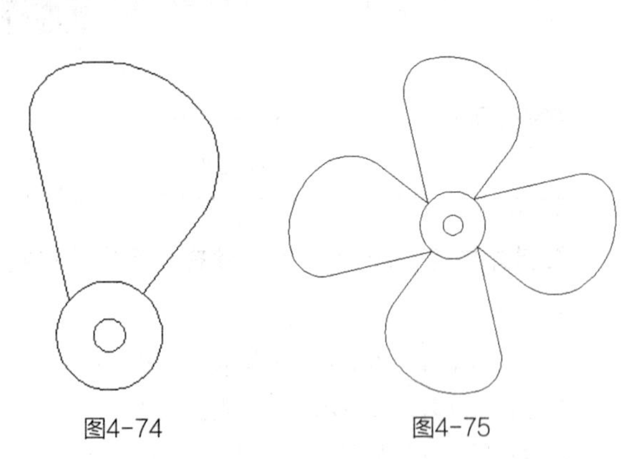

图4-74　　图4-75

目间角度(A)/填充角度(F)/行(ROW)/层(L)/旋转项目(ROT)/退出(X)] <退出>: ↙//退出命令

3. 技术要点：Arraypolar命令提示行中的主要选项含义

关键点：对于关联阵列，在源对象上指定有效的约束（或关键点）以用作基点。如果编辑生成的阵列的源对象，阵列的基点保持与源对象的关键点重合。

旋转轴：指定由两个指定点定义的自定义旋转轴。

项目：使用值或表达式指定阵列中的项目数。注意当在表达式中定义填充角度时，结果值中的（+或-）数学符号不会影响阵列的方向。

项目间角度：使用值或表达式指定项目之间的角度。

填充角度：使用值或表达式指定阵列中第一个和最后一个项目之间的角度。

旋转项目：控制在排列项目时是否旋转项目。

选中阵列后的对象，在上面单击鼠标右键，在弹出的快捷菜单中选择“特性”，在弹出的“特性”对话框中可以修改阵列参数，如图4-76所示。

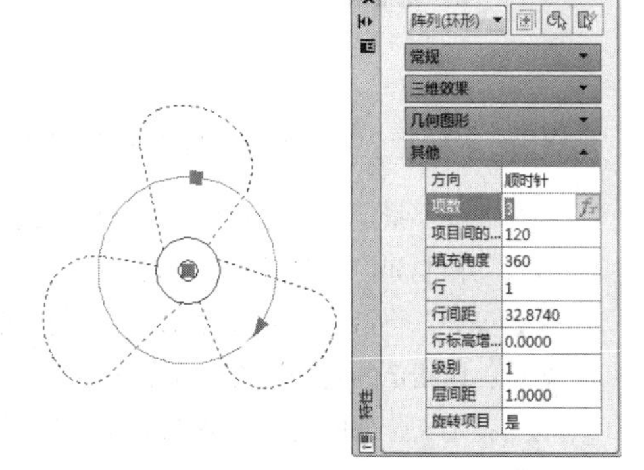

图4-76

4.5.3 沿路径阵列对象（Arraypath）

使用Arraypath命令可以沿路径或部分路径均匀分布对象副本。路径可以是直线、多段线、三维多段线、样条曲线、螺旋、圆弧、圆或椭圆，如图4-77所示。

1. 命令执行方式

执行Arraypath命令的方法有以下3种。

命令行：在命令行中输入Arraypath并按Enter键或Space键。

菜单栏：执行“修改>阵列>路径阵列”菜单命令。

工具栏：单击“修改”工具栏中的“路径阵列”按钮。

2. 操作步骤

01 打开配套光盘的“DWG文件\CH04\453.dwg”文件，如图4-78所示。

02 单击“修改”工具栏中的“路径阵列”按钮，将树沿样条曲线复制出4个。命令执行过程如下。

命令: _arraypath

选择对象: 找到 1 个 //选择树图形

选择对象: ↙

类型 = 路径 关联 = 是

选择路径曲线: //选择样条曲线

选择夹点以编辑阵列或 [关联(AS)/方法(M)/基点(B)/切向(T)/项目(I)/行(R)/层(L)/对齐项目(A)/Z 方向(Z)/退出(X)] <退出>: A ↙//设置对齐方式

是否将阵列项目与路径对齐？[是(Y)/否(N)] <是>: N ↙//设置为不对齐

选择夹点以编辑阵列或 [关联(AS)/方法(M)/基点(B)/切向(T)/项目(I)/行(R)/层(L)/对齐项目(A)/Z 方向(Z)/退出(X)] <退出>: ↙//结束命令，结果如图4-79所示。

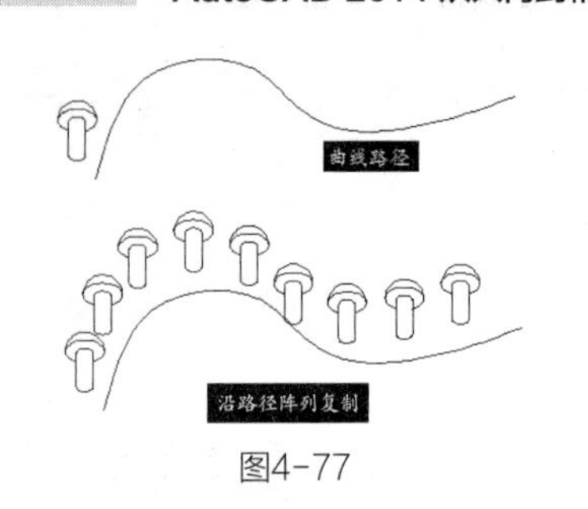

图4-77

图4-78

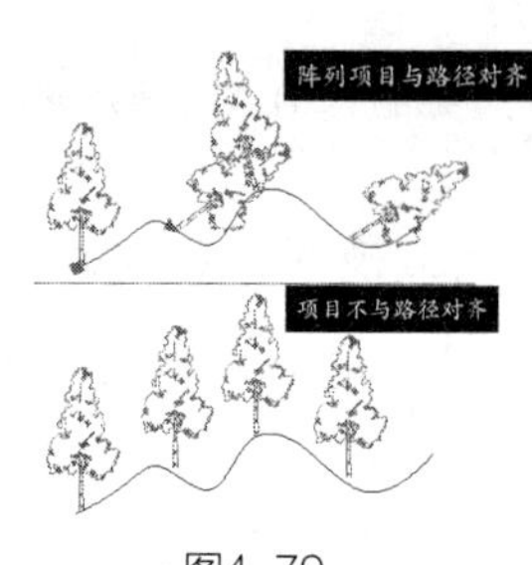

图4-79

3. 技术要点：Arraypath命令提示行中的主要选项含义

路径曲线：指定用于阵列路径的对象。选择直线、多段线、三维多段线、样条曲线、螺旋、圆弧、圆或椭圆。

方式：控制如何沿路径分布项目。

定数等分：将指定数量的项目沿路径的长度均匀分布。

测量：以指定的间隔沿路径分布项目。

基点：定义阵列的基点。路径阵列中的项目相对于基点放置。

基点：指定用于在相对于路径曲线起点的阵列中放置项目的基点。

关键点：对于关联阵列，在源对象上指定有效的约束（或关键点）以与路径对齐。如果编辑生成的阵列的源对象或路径，阵列的基点保持与源对象的关键点重合。

切向：指定阵列中的项目如何相对于路径的起始方向对齐。

两点：指定表示阵列中的项目相对于路径的切线的两个点。两个点的矢量建立阵列中第一个项目的切线。“对齐项目”设置控制阵列中的其他项目是否保持相切或平行方向。

普通：根据路径曲线的起始方向调整第一个项目的Z方向。

将光标悬停在方形基准夹点上，系统会弹出一个选项菜单，如图4-80（左）所示。例如选择“行数”，然后进行拖动就可以将更多行添加到阵列中，如图4-80（右）所示。

如果拖动三角形夹点，可以更改沿路径进行排列的项目数，如图4-81所示。

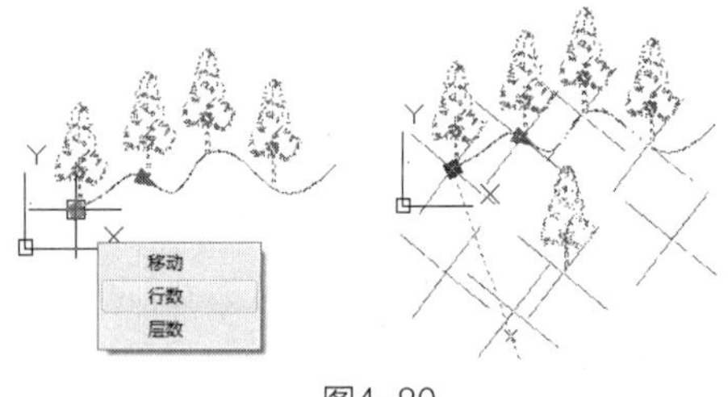

图4-80

图4-81

案例 024 绘制会议桌平面图例

● **学习目标** | 本例主要练习矩形阵列和路径阵列，可以分两个步骤进行绘制，先绘制出桌面图例，然后绘制椅子图例，最后围绕桌子图形阵列复制出椅子，案例效果如图4-82所示。

● **视频路径** | 光盘\视频教程\CH04\绘制会议桌平面图例.avi

● **结果文件** | 光盘\DWG文件\CH04\绘制会议桌平面图例.dwg

1. 绘制圆桌

01 单击“绘图”工具栏中的“矩形”按钮，或者在命令行中输入Rec命令，绘制一个3000mm×2000mm的矩形，如图4-83所示。命令执行过程如下。

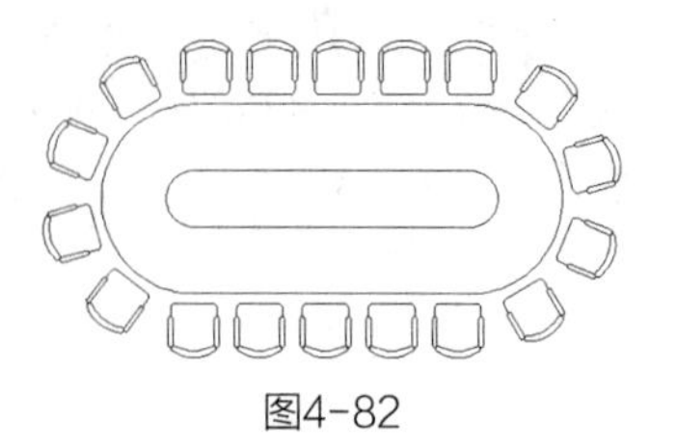

图4-82

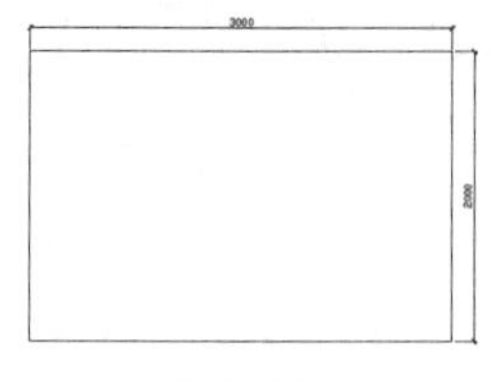

图4-83

```
命令: _rectang
指定第一个角点或 [倒角(C)/标高(E)/圆角(F)/厚度(T)/宽度(W)]:
指定另一个角点或 [面积(A)/尺寸(D)/旋转(R)]: @3000,2000 ↙
```

02 选中矩形，将鼠标移动到矩形两侧的边上的中点，在弹出的菜单中选择“转换为圆弧”，如图4-84所示。

03 将鼠标水平向右移动，然后在命令行中输入1000并按Enter键，即可将矩形的边转换为半径为1000mm的圆弧，如图4-85所示。

04 使用相同的方法，将矩形另外一侧的边也转换为圆弧，如图4-86所示。

05 单击“修改”工具栏中的“偏移”按钮，将修剪后的图形向内侧偏移700mm，如图4-87所示。此时会议桌平面就绘制好了，接下来绘制座椅。

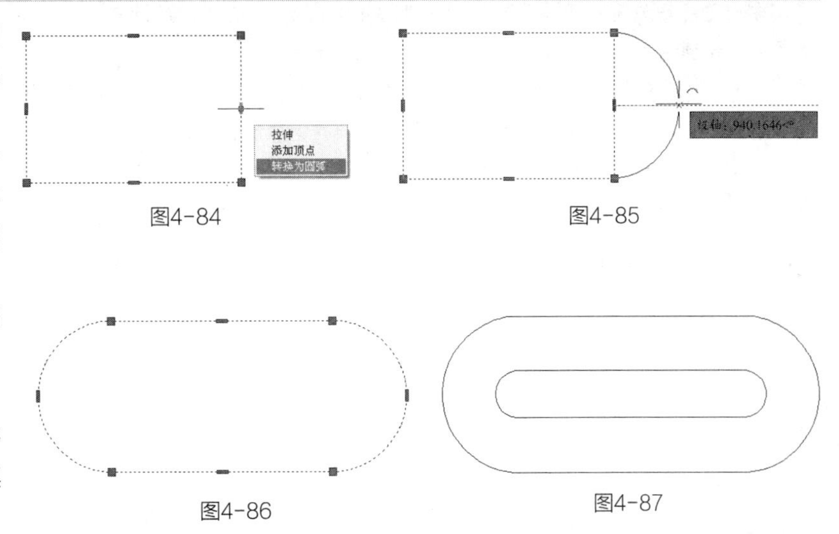

图4-84　图4-85　图4-86　图4-87

2. 绘制椅子

01 单击“绘图”工具栏中的“矩形”按钮，或者在命令行中输入Rce命令，绘制一个500mm×480mm的矩形，如图4-88所示。命令执行过程如下。

```
命令: _rectang
指定第一个角点或 [倒角(C)/标高(E)/圆角(F)/厚度(T)/宽度(W)]:
指定另一个角点或 [面积(A)/尺寸(D)/旋转(R)]: @500,480 ↙
```

02 单击“修改”工具栏中的“圆角”按钮，对矩形的4个角进行圆角，上面两个角的圆角半径为40mm，下面的为50mm，如图4-89所示。

03 单击“绘图”工具栏中的“圆”按钮，分别捕捉圆弧两边的端点为圆心，绘制直径为60mm和直径为50mm的圆，如图4-90所示。

04 先选中直径为50mm的圆，然后单击“修改”工具栏中的“复制”按钮，将其向下复制出一个，复制距离为275mm，然后将这3个圆复制到右边，如图4-91所示。

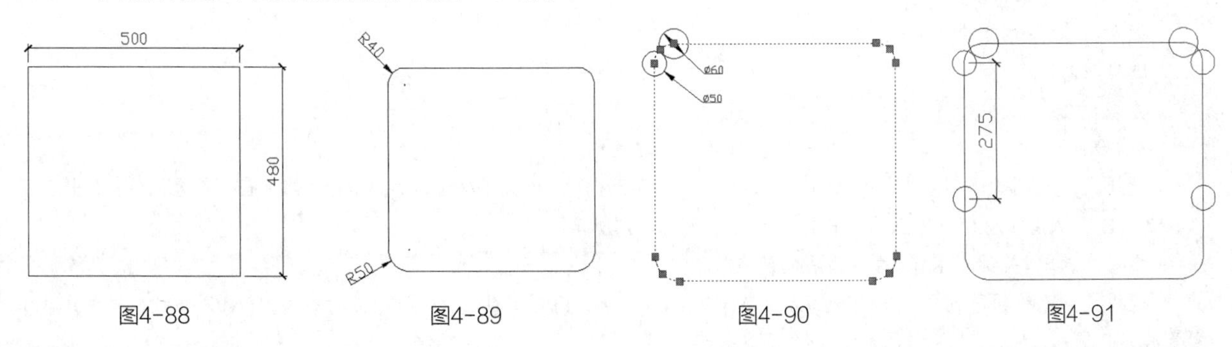

图4-88　图4-89　图4-90　图4-91

05 使用直线连接直径为50mm的圆的象限点，然后单击“修改”工具栏中的“修剪”按钮，剪掉多余的线段，如图4-92所示。

06 单击“绘图”工具栏中的“圆”按钮，或者单击“绘图>圆>相切、相切、半径”菜单命令，绘制两个与直径为60mm的圆的相切圆，如图4-93所示。命令执行过程如下。

命令: _circle
指定圆的圆心或 [三点(3P)/两点(2P)/切点、切点、半径(T)]: T ↙
指定对象与圆的第一个切点: //捕捉图4-93所示的点1附近的切点
指定对象与圆的第二个切点: //捕捉图4-93所示的点2附近的切点
指定圆的半径 <500.00>: 425 ↙ //输入圆的半径
命令: circle指定圆的圆心或 [三点(3P)/两点(2P)/切点、切点、半径(T)]: T ↙
指定对象与圆的第一个切点: //捕捉图4-93所示的点3附近的切点
指定对象与圆的第二个切点: //捕捉图4-93所示的点4附近的切点
指定圆的半径 <425.00>: 550 ↙ //输入圆的半径

07 单击“修改”工具栏中的“修剪”按钮，剪掉多余的线段，座椅图例就绘制好了，如图4-94所示。

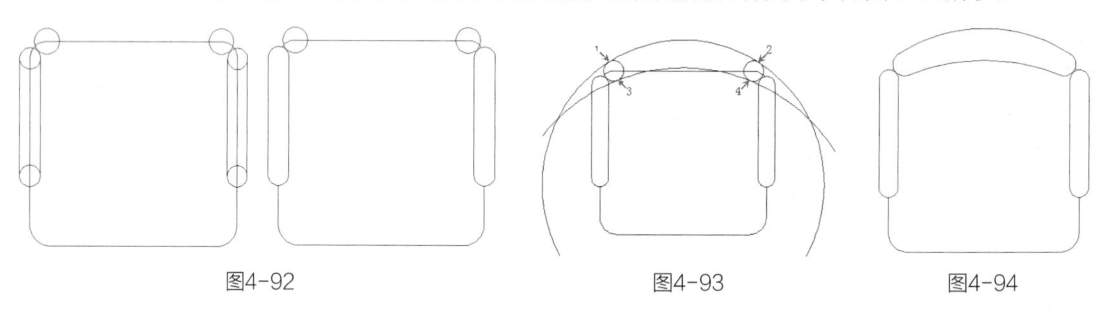

图4-92　　图4-93　　图4-94

3. 使用路径阵列

01 使用“移动”命令将椅子图形放置在图4-95所示的位置。

02 单击“修改”工具栏中的“偏移”按钮，将圆桌图形向外偏移100mm，作为阵列的路径曲线，阵列之后再将其删除，如图4-96所示。

03 单击“修改”工具栏中的“路径阵列”按钮，或者在命令行中输入Arraypath命令，命令执行过程如下。

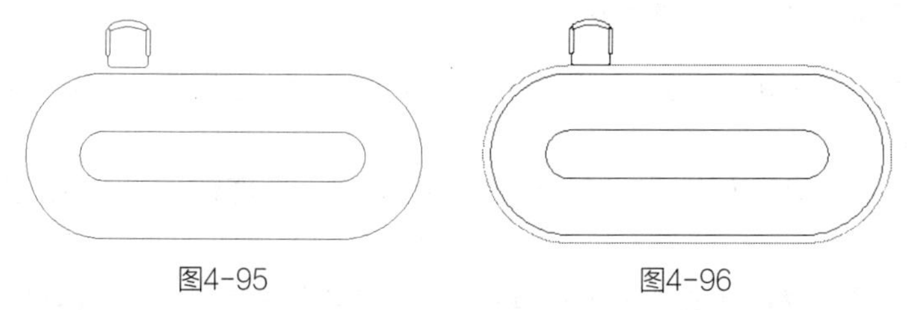

图4-95　　图4-96

命令: _arraypath
选择对象: 找到 1 个//选择座椅
选择对象: ↙
类型 = 路径　关联 = 是
选择路径曲线: ↙//选择上一步中偏移复制出来的曲线
选择夹点以编辑阵列或 [关联(AS)/方法(M)/基点(B)/切向(T)/项目(I)/行(R)/层(L)/对齐项目(A)/Z 方向(Z)/退出(X)] <退出>: B ↙ //捕捉座椅下边上的中点作为基点，如图4-97所示
指定基点或 [关键点(K)] <路径曲线的终点>:
选择夹点以编辑阵列或 [关联(AS)/方法(M)/基点(B)/切向(T)/项目(I)/行(R)/层(L)/对齐项目(A)/Z 方向(Z)/退出(X)] <退出>: T
指定切向矢量的第一个点或 [法线(N)]: //捕捉路径上的端点1
指定切向矢量的第二个点: //捕捉路径上的端点2
选择夹点以编辑阵列或 [关联(AS)/方法(M)/基点(B)/切向(T)/项目(I)/行(R)/层(L)/对齐项目(A)/Z 方向(Z)/退出(X)] <退出>: ↙ //结果如图4-98所示

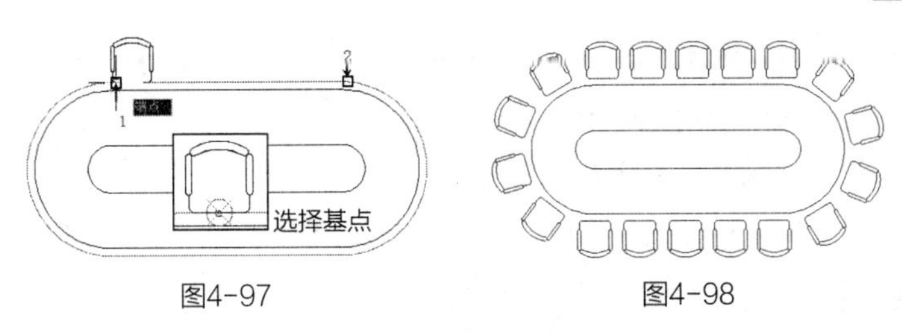

图4-97　　图4-98

4.6 编辑对象操作

在前面学习了绘制基本图形，本节将学习如何对这些图形进行编辑，以绘制出更加复杂的图形。

相关命令如表4-6所示。

表4-6 编辑对象命令

命令	简写	功能
Trim（修剪）	TR	修剪对象使其与其阿他对象的边相接
Extend（延伸）	TR	扩展对象使其与其他对象的边相接
Break（打断）	BR	可以在对象上的两个指定点之间创建间隔，从而将对象打断为两个对象。如果这些点不在对象上，则会自动投影到该对象上。通常用于为块或文字创建空间
Explode（分解）	EXPL	将复合对象分解为其组件对象。在希望单独修改复合对象的部件时，可分解复合对象。可以分解的对象包括块、多段线及面域等
Join（合并）	JO	合并线性和弯曲对象的端点，以便创建单个对象
Chamfer（倒角）	CHA	将按用户选择对象的次序应用指定的距离和角度给对象加倒角
Fillet（圆角）	Fillet	按用户指定的半径给对象加圆角

4.6.1 修剪对象（Trim）

Trim（修剪）命令用于将指定的切割边去裁剪所选定的对象。切割边和被裁剪的对象可以是直线、圆弧、圆、多段线、构造线和样条曲线等。被选中的对象既可以作为切割边，同时也可以作为被裁剪的对象。

选择时的拾取点决定了对象被裁剪掉的部分，如果拾取点位于切割边的交点与对象的端点之间，则裁去交点与端点之间的部分，如图4-99所示。

如果拾取点位于对象与两个切割边的交点之间，则裁去两个交点之间的部分，而两个交点之外的部分将被保留，如图4-100所示。

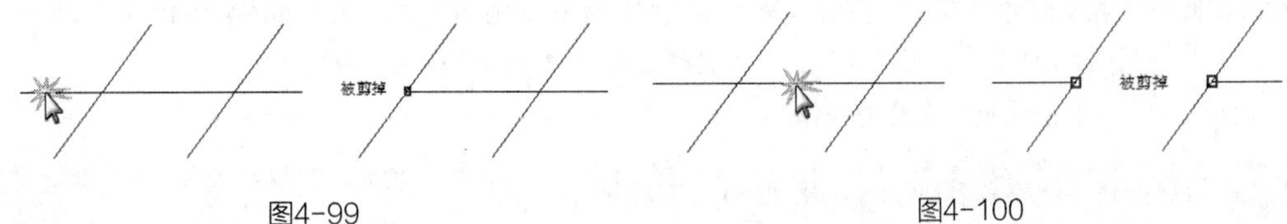

图4-99　　图4-100

1. 命令执行方式

执行Trim命令的方法有以下3种。

命令行：在命令行中输入TR（Trim命令的简写）并按Enter键或Space键。

菜单栏：执行“修改>修剪”菜单命令。

工具栏：单击“修改”工具栏中的“修剪”按钮，如图4-101所示。

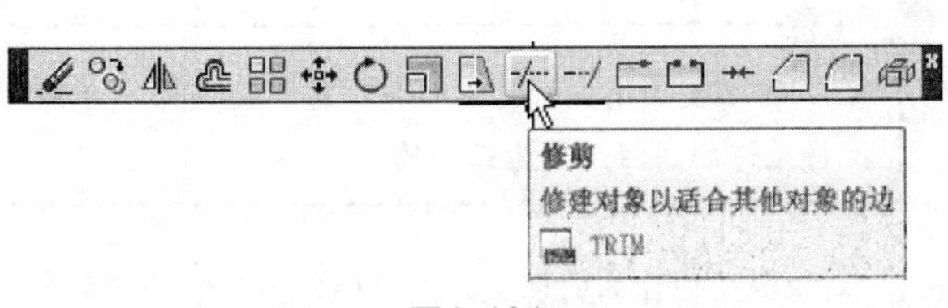

图4-101

2. 操作步骤

01 打开配套光盘的“DWG文件\CH04\461.dwg”文件，如图4-102所示。

02 单击“修改”工具栏中的“修剪”按钮。命令执行过程如下。

```
命令: _trim
当前设置:投影=UCS，边=延伸
选择剪切边
选择对象或 <全部选择>: 找到 1 个 //选择切割边
选择对象: 找到 1 个，总计 2 个 //选择切割边，如图4-103（左）所示。
选择对象: ↙//结束选择
选择要修剪的对象，或按住 Shift 键选择要延伸的对象，或[栏选(F)/窗交(C)/投影(P)/边(E)/删除(R)/放弃(U)]: E ↙
输入隐含边延伸模式 [延伸(E)/不延伸(N)] <延伸>: E ↙
选择要修剪的对象，或按住 Shift 键选择要延伸的对象，或[栏选(F)/窗交(C)/投影(P)/边(E)/删除(R)/放弃(U)]: //单击要剪掉的线段，如图4-103（中）所示
选择要修剪的对象，或按住 Shift 键选择要延伸的对象，或[栏选(F)/窗交(C)/投影(P)/边(E)/删除(R)/放弃(U)]:
选择要修剪的对象，或按住 Shift 键选择要延伸的对象，或[栏选(F)/窗交(C)/投影(P)/边(E)/删除(R)/放弃(U)]:
选择要修剪的对象，或按住 Shift 键选择要延伸的对象，或[栏选(F)/窗交(C)/投影(P)/边(E)/1删除(R)/放弃(U)]:
选择要修剪的对象，或按住 Shift 键选择要延伸的对象，或[栏选(F)/窗交(C)/投影(P)/边(E)/删除(R)/放弃(U)]: ↙//结束命令，如图4-103（右）所示
```

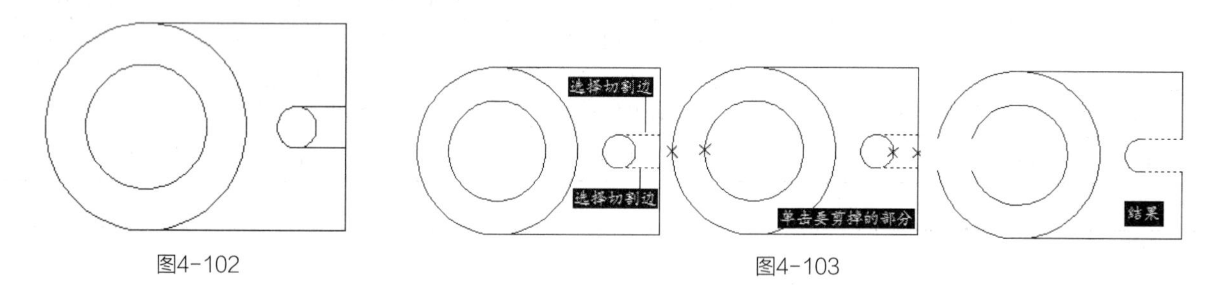

图4-102　　图4-103

注意

当用多段线作为切割边时，多段线的宽度将被忽略，并以其中心线作为切割边进行裁剪。

3. 技术要点：Trim命令主要选项含义

投影（P）：让用户指定投影模式。默认模式为UCS，表示将对象和边投影到当前UCS的*XY*平面上进行裁剪。

边（E）：确定切割边与待裁剪对象是直接相交还是延伸相交。默认选项为“不延伸”，表示仅当切割边与待裁剪对象实际直接相交时才对其进行裁剪，而若要延伸后才相交则不进行裁剪。如图4-104（左）所示，直线段与圆不相交，若要裁剪为图4-104（右）所示的形状，则必须设置为“延伸”模式，命令提示如下。

放弃（U）：取消最近一次修剪操作。

```
输入隐含边延伸模式 [延伸(E)/不延伸(N)] <不延伸>:E ↙
```

注意

修剪图案填充时，不要将“边”设置为“延伸”。否则，修剪图案填充时将不能填补修剪边界中的间隙，即使将允许的间隙设置为正确的值。

对象既可以作为剪切边，也可以作为被修剪的对象。如图4-105所示，圆是构造线的一条剪切边，同时它也正在被修剪。

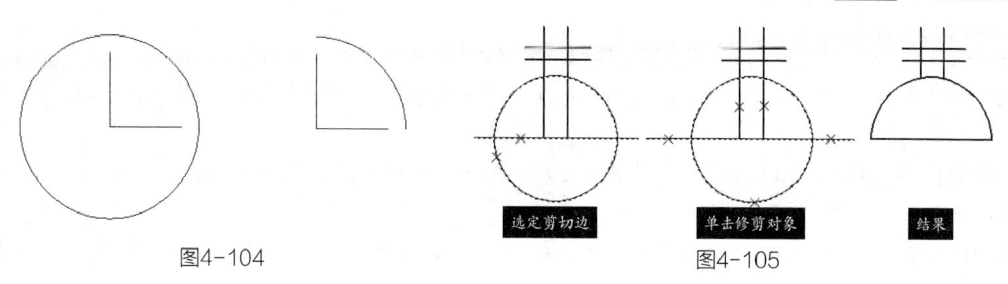

图4-104　　图4-105

修剪若干个对象时，使用不同的选择方法有助于选择当前的剪切边和修剪对象。在本例中，剪切边是利用交叉选择选定的，如图4-106所示。

直接按Enter键可以选择所有对象作为修剪边，然后选择单击要剪掉的部分即可，如图4-107所示。

图4-106　　图4-107

4.6.2 延伸对象（Extend）

Extend命令通过拉长对象，将对象延伸到另一个对象的隐含边，或仅延伸到三维空间中与其实际相交的对象。如图4-108所示，以线段*a*为边界，将线段*b*延长到与*a*相交。

1. 命令执行方式

执行Extend命令的方法有以下3种。

命令行：在命令行中输入Extend命令并按Enter键或Space键。

菜单栏：执行“修改>延伸”菜单命令。

工具栏：单击“修改”工具栏中的“延伸”按钮，如图4-109所示。

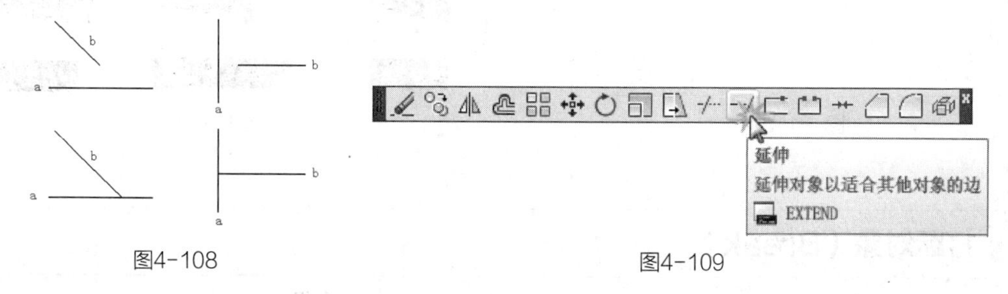

图4-108　　图4-109

2. 操作步骤

01 打开配套光盘的“DWG文件\CH04\462.dwg”文件。

02 在命令行中输入Extend命令，将图4-110所示的线段*a*和线段*b*延伸到线段*c*。命令执行过程如下。

```
命令: _extend
当前设置:投影=UCS，边=无
选择边界的边
选择对象或 <全部选择>: 找到 2 个 //选择线段c
选择对象: ↙                //结束对象的选择
```

输入隐含边延伸模式 [延伸(E)/不延伸(N)] <延伸>: E

选择要延伸的对象，或按住 Shift 键选择要修剪的对象，或[栏选(F)/窗交(C)/投影(P)/边(E)/放弃(U)]: //单击线段*a*与边界线相邻的一端

选择要延伸的对象，或按住 Shift 键选择要修剪的对象，或[栏选(F)/窗交(C)/投影(P)/边(E)/放弃(U)]: //单击线段*b*与边界线相邻的一端

选择要延伸的对象，或按住 Shift 键选择要修剪的对象，或[栏选(F)/窗交(C)/投影(P)/边(E)/放弃(U)]: ↙ //按Enter键或单击鼠标右键，结束命令

注意

某些要延伸的对象的相交区域不明确。通过沿矩形窗交窗口以顺时针方向从第一点到遇到的第一个对象，将Extend融入选择。

3. 技术要点：Trim命令主要选项含义

在二维宽多段线的中心线上进行修剪和延伸，宽多段线的端点始终是正方形的，以某一角度修剪宽多段线会导致端点部分延伸出剪切边。

如果修剪或延伸锥形的二维多段线线段，请更改延伸末端的宽度以将原锥形延长到新端点。如果此修正给该线段指定一个负的末端宽度，则末端宽度被强制为0mm，如图4-111所示。

注意

在使用Extend命令时，可以再选取对象时按Shift键切换到修剪状态。在使用Trim或Extend时，它们都会自动查找边界。

应用Trim或Extend命令时，往往提示先选取边界，再选取剪切或延伸对象。如果在提示选取边界时直接按Enter键或单击鼠标右键，就可以直接选取剪切或延伸对象了，剪切或延伸的边界就是离它最近的实体。应该注意的是，如果实体完全不在当前视图内，将不作为边界。

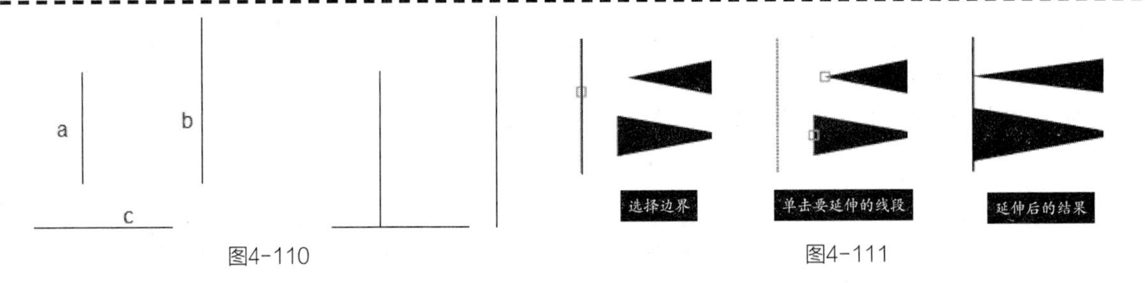

图4-110　　图4-111

4.6.3 打断对象（Break）

Break命令用于删除所选定对象的一部分，或者分割对象为两个部分，在对象之间可以具有间隙，也可以没有间隙，如图4-112所示。

图4-112

1. 命令执行方式

执行Break命令的方法有以下3种。

命令行：在命令行中输入Break并按Enter键或Space键。

菜单栏：执行“修改>打断”菜单命令。

工具栏：单击“修改”工具栏中的“打断于点”按钮，如图4-113所示。

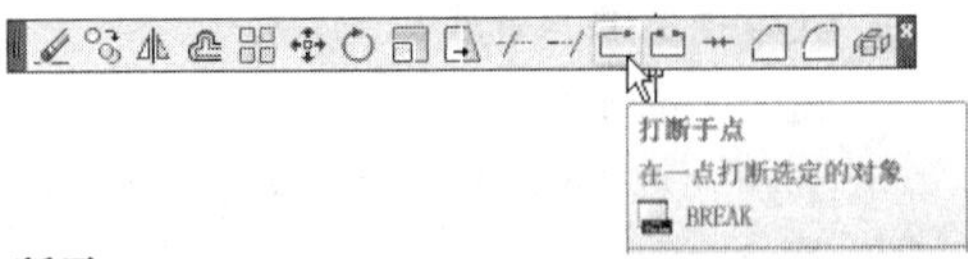

图4-113

2. 操作步骤

01 打开配套光盘的“DWG文件\CH04\463.dwg”文件。

02 单击“修改”工具栏中的“打断”按钮，将矩形的下边线打断，如图4-114所示。命令执行过程如下。

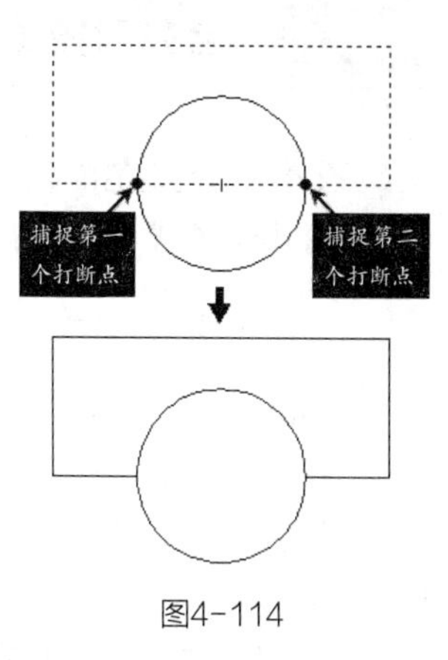

图4-114

```
命令: _break
选择对象:                //选择矩形
指定第二个打断点 或 [第一点(F)]: F ↙        //输入选项F表示将要指定第一个打断点
指定第一个打断点:                //捕捉第一个打断点
指定第二个打断点:                //捕捉第二个打断点
```

AutoCAD还提供了一种名为“打断于点”的功能，该功能仅仅将图形在某一个点位置打断，打断后的图形在外观上不会有明显变化。

执行“打断于点”命令，可以单击“修改”工具栏中的“打断于点”按钮，如图4-115所示。

如图4-116所示，左边上面是一条单独的直线（打断之前），左边下面是两条直线（打断之后），但此时很难判断直线是否被打断。如果把直线选中，那么就可以通过显示的夹点来进行判断，观察右边的处于选中状态的直线，我们可以很清楚地知道直线确实被分成了两段。

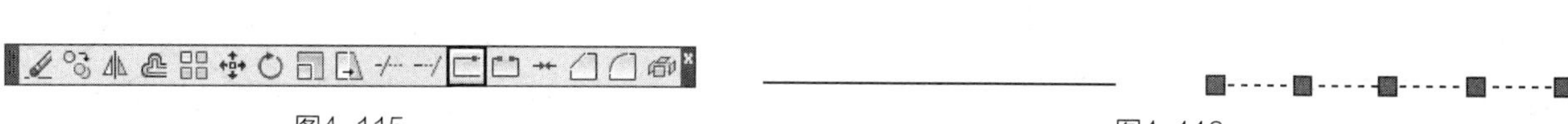

图4-115

图4-116

如果直接指定的是第二个断点，则Break命令将第一步选择对象时的拾取点作为第一个断点，并删除两个断点之间的线段。

如果指定的第二个断点不是在对象上，则系统将距离该指定点最近的端点作为第二个断点。

如果用户仅需将原来的一个对象分割成两个对象，而不需要删除任何部分，那么只需在第二个提示“指定第二个打断点：”后输入“@”并按Enter键即可，表示第二个断点与第一个断点相同，于是原对象就在该断点处被断开而变成两个对象相当于（打断于点）工具。

3. 技术要点：Break命令子选项的含义

选择对象：指定对象选择方法或对象上的第一个打断点。将显示的下一个提示取决于选择对象的方式。如果使用定点设备选择对象，本程序将选择对象并将选择点视为第一个打断点。在下一个提示下，可指定第二个点或替代第一个点以继续。

指定第二个打断点或第一个点：指定第二个打断点或输入F以指定第一个点。

注意

对于直线、圆弧、多段线等类型的对象，都可以删除掉其中的一段，或者在指定点将原来的一个对象分割成两个对象。

但对于闭合类型的对象，例如圆和椭圆等，Break命令只能用两个不重合的断点按逆时针方向删除掉一段，从而使其变成弧，但是不能将原来的一个对象断裂成两个对象，如图4-117所示。

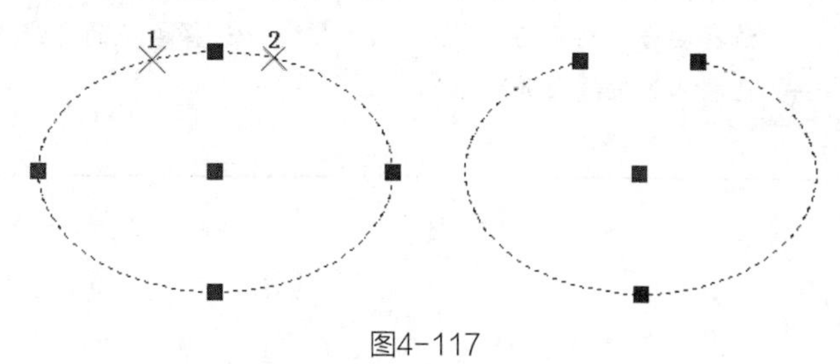

图4-117

4.6.4 合并对象（Join）

合并图形就是把单个图形合并以形成一个完整的图形，在AutoCAD中可以合并的图形包括直线、多段线、圆弧、椭圆弧和样条曲线等。使用Join（合并）命令可以合并图形。

1. 命令执行方式

在AutoCAD中，执行Join（合并）命令的方式有如下3种。

命令行：执行“修改>合并”菜单命令。

菜单栏：单击“修改”工具栏中的“合并”按钮。

工具栏：在命令提示行输入Join（简化命令为J）并按Enter键。

合并图形不是说任意条件下的图形都可以合并，每一种能够合并的图形都会有一些条件限制。

如果要合并直线，那么待合并的直线必须共线（位于同一无限长的直线上），它们之间可以有间隙。如图4-118所示，左边的两条平行线不能被合并；但右边的两条直线可以被合并，因为它们共线。

如果要合并圆弧，那么待合并的圆弧必须位于同一假想的圆上，在它们之间可以有间隙。如图4-119所示，左边的两段圆弧（以粗线表示）可以合并，因为它们共用一个圆（以虚线表示）；但右边的两段圆弧不可以合并，因为这两段圆弧分别代表了两个不同的圆。

图4-118

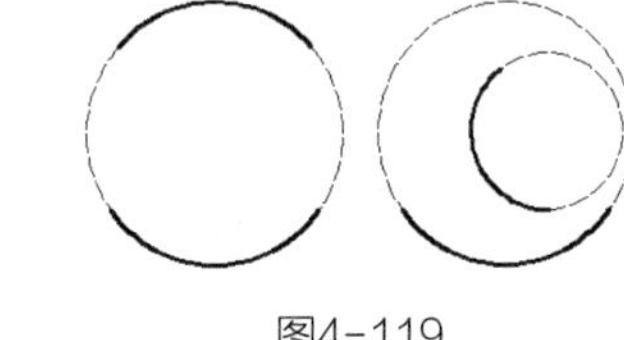

图4-119

> **专家提示**
>
> 其他的能进行合并操作的图形的合并条件大致都是这样，比如要合并椭圆弧，那么椭圆弧必须位于同一椭圆上。有兴趣的读者可以自己深入研究一下。

2. 操作步骤

01 打开配套光盘的“DWG文件\CH04\464.dwg”文件，如图4-120所示。

02 合并操作是非常简单的，分别选择两个待合并的图形就可以了。单击“修改”工具栏中的“合并”按钮，将两条直线合并为一条直线，如图4-121所示。命令执行过程如下。

```
命令: _join
选择源对象:
选择要合并到源的直线: 找到 1 个        //选择左边的直线
选择要合并到源的直线:                  //选择右边的直线
已将 1 条直线合并到源
```

图4-120

图4-121

4.6.5 分解对象（Explode）

Explode命令可用于分解一个复杂的图形对象。例如它可以使块、阵列对象、填充图案和关联的尺寸标注从原来的整体化解为分离的对象；它也能使多段线、多线和草图线等分解成独立的、简单的直线段和圆弧对象。

注意

用户可以使用一种或多种对象选择方法。被选定的对象必须适合于分解，否则将出现错误的信息。分解时，对象可能改变，也可能不改变其外观。

4.6.6 倒角对象（Chamfer）

通过指定距离进行倒角，倒角距离是每个对象与倒角线相接或与其他对象相交而进行修剪或延伸的长度，如图4-122所示。

建立了倒角

图4-122

1. 命令执行方式

执行Chamfer命令的方法有以下3种。

命令行：在命令行中输入Chamfer并按Enter键或Space键。

菜单栏：执行“修改>倒角”菜单命令。

工具栏：单击“修改”工具栏中的“倒角”按钮，如图4-123所示。

2. 操作步骤

01 打开配套光盘的“DWG文件\CH04\466.dwg”文件，如图4-124所示。

02 单击“修改”工具栏上的“倒角”按钮，对矩形的角进行倒角，如图4-125所示。命令执行过程如下。

```
命令: _chamfer
(“修剪”模式) 当前倒角距离 1 = 0.0000，距离 2 = 0.0000
选择第一条直线或 [放弃(U)/多段线(P)/距离(D)/角度(A)/修剪(T)/方式(E)/多个(M)]:d ↙
指定 第一个倒角距离 <0.0000>: 2 ↙
指定 第二个 倒角距离 <2.0000>: 4 ↙
选择第一条直线或[放弃(U)/多段线(P)/距离(D)/角度(A)/修剪(T)/方式(E)/多个(M)]: //选择图4-125所示的A边
选择第二条直线，或按住 Shift 键选择直线以应用角点或 [距离(D)/角度(A)/方法(M)]:
//选择图4-125所示的B边
```

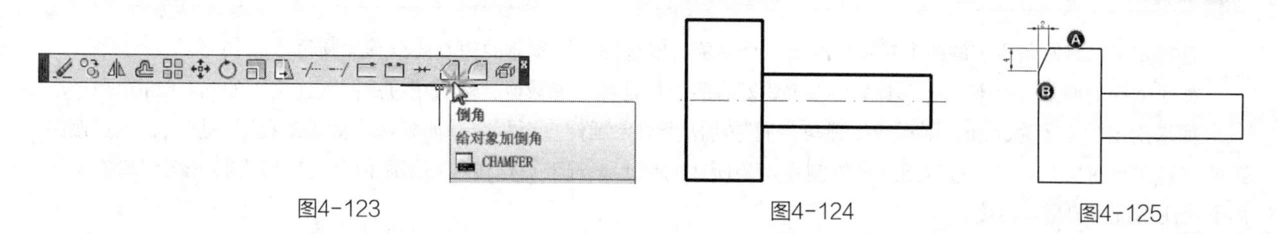

图4-123　图4-124　图4-125

03 按Space键继续执行倒角命令，对右边的矩形进行倒角，倒角距离为1.5，如图4-126所示。命令执行过程如下。

```
命令: _chamfer
(“修剪”模式) 当前倒角距离 1 = 2.0000，距离 2 = 4.0000
选择第一条直线或 [放弃(U)/多段线(P)/距离(D)/角度(A)/修剪(T)/方式(E)/多个(M)]: d ↙
```

指定 第一个 倒角距离 <2.0000>: 1.5 ↙

指定 第二个 倒角距离 <1.5000>: ↙

选择第一条直线或 [放弃(U)/多段线(P)/距离(D)/角度(A)/修剪(T)/方式(E)/多个(M)]:m ↙//要对多个角进行倒角，可以输入M选项

选择第一条直线或 [放弃(U)/多段线(P)/距离(D)/角度(A)/修剪(T)/方式(E)/多个(M)]:

选择第二条直线，或按住 Shift 键选择直线以应用角点或 [距离(D)/角度(A)/方法(M)]:

选择第一条直线或 [放弃(U)/多段线(P)/距离(D)/角度(A)/修剪(T)/方式(E)/多个(M)]:

选择第二条直线，或按住 Shift 键选择直线以应用角点或 [距离(D)/角度(A)/方法(M)]:

选择第一条直线或 [放弃(U)/多段线(P)/距离(D)/角度(A)/修剪(T)/方式(E)/多个(M)]: ↙

04 按Space键继续执行倒角命令，对矩形左下角进行倒角，倒角距离与第一个倒角相同，如图4-127所示。

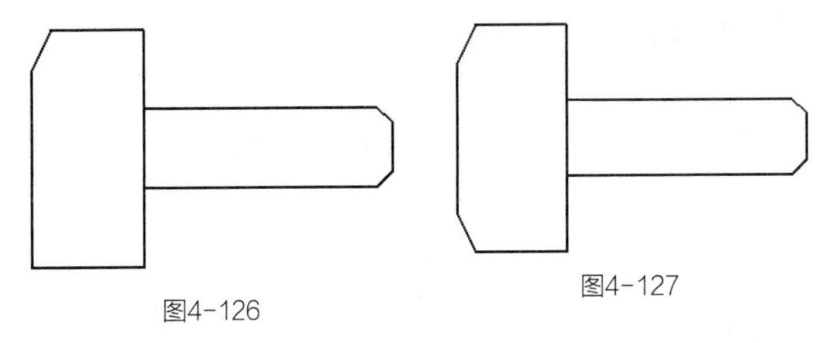

图4-126　　图4-127

3. 技术要点：Chamfer命令子选项的含义

多段线：对整个二维多段线倒角。相交多段线线段在每个多段线顶点都将被倒角。

距离：设定倒角至选定边端点的距离。如果将两个距离均设定为0，Chamfer 将延伸或修剪两条直线，以使它们终止于同一点。

角度：用第一条线的倒角距离和第二条线的角度设定倒角距离。

控制 Chamfer 是否将选定的边修剪到倒角直线的端点。

注意

“修剪”选项将Trimmode系统变量设置为1；“不修剪”选项将Trimmode设置为0。

方式：控制Chamfer使用两个距离还是一个距离和一个角度来创建倒角。

多个：为多组对象的边倒角。

表达式：使用数学表达式控制倒角距离。

4.6.7 圆角对象（Fillet）

选择定义二维圆角所需的两个对象中的第一个对象，或选择三维实体的边以便给其加圆角。

如果选择的两条直线不相交，则AutoCAD将对直线进行延伸或者裁剪，然后用过渡圆弧连接，如图4-128所示。

如果指定的半径为0mm，则不产生圆角，而是将两个对象延伸直至相交。如果两个对象不在同一层上，则过渡圆弧被绘制在当前层上，否则过渡圆弧被绘制在对象所在的层上。对于平行线和在图限以外的线段（打开图限检查），都不能使用过渡圆弧来连接。

1. 命令执行方式

执行Fillet命令的方法有以下3种。

命令行：在命令行中输入Fillet命令并按Enter键或Space键。

菜单栏：执行“修改>圆角”菜单命令。

工具栏：单击“修改”工具栏中的“圆角”按钮，如图4-129所示。

图4-128　　　　图4-129

2. 操作步骤

01 绘制一个100mm × 18mm的矩形，如图4-130所示。

02 单击“修改”工具栏中的“圆角”按钮，在矩形的左上角建立半径为9mm的圆角，如图4-131所示。命令执行过程如下。

```
命令: _fillet
当前设置: 模式 = 修剪, 半径 = 0.0000
选择第一个对象或 [放弃(U)/多段线(P)/半径(R)/修剪(T)/多个(M)]: R ↙ //输入选项R表示将要设置圆角半径
指定圆角半径 <0.0000>: 9 ↙                //设置圆角半径为9mm
选择第一个对象或 [放弃(U)/多段线(P)/半径(R)/修剪(T)/多个(M)]:   //单击矩形的上边线
选择第二个对象, 或按住 Shift 键选择要应用角点的对象:        //单击矩形的左边线
```

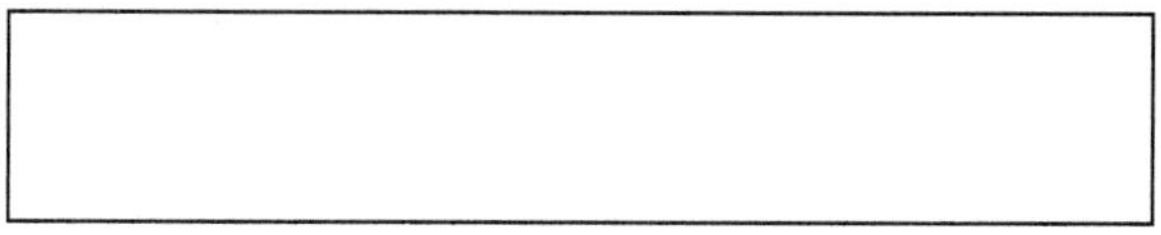

图4-130 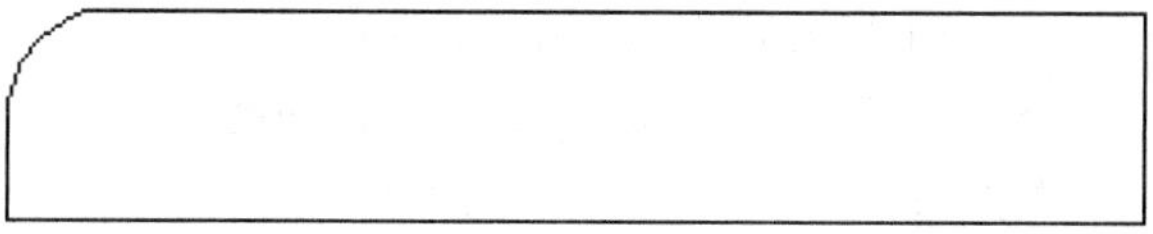　　　　图4-131

03 采用相同的方法和参数绘制其他3个顶点位置的圆角，结果如图4-132所示。

注意

如果在修剪模式下输入N，则保留原对象被修剪的部分，如图4-133所示。命令执行过程如下。

输入修剪模式选项 [修剪(T)/不修剪(N)] <不修剪>: N ↙ //如果选择的两条直线不相交，则AutoCAD将对直线进行延伸或者裁剪，然后用过渡圆弧连接。

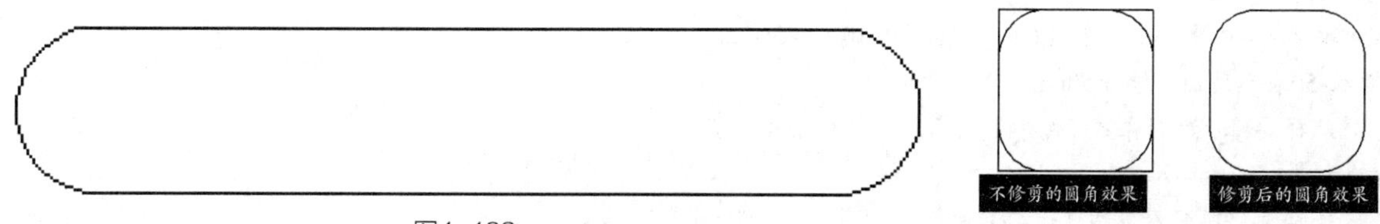

图4-132　　　　图4-133

专家提示

如果指定的半径为0mm，则不产生圆角，而是将两个对象延伸直至相交。如果两个对象不在同一层上，则过渡圆弧被绘制在当前层上，否则过渡圆弧被绘制在对象所在的层上。对于平行线和在图限以外的线段（打开图限检查），都不能使用过渡圆弧来连接。

4.7 调整对象尺寸

本节将学习如何将图形对象拉长，以及如何将图形对象缩小或放大。

相关命令如表4-7所示。

表4-7 调整对象命令

命令	简写	功能
Lengthen（拉长）	LEN	更改对象的长度和圆弧的包含角
Stretch（拉伸）	STR	拉伸与选择窗口或多边形交叉的对象。将移动（而不是拉伸）完全包含在框选的对象或单独选定的对象
Scale（缩放）	SC	放大或缩小选定对象，使缩放后对象的比例保持不变

4.7.1 拉长对象（Lengthen）

Lengthen（拉长）命令用于改变非封闭对象的长度，包括直线和弧线。但对于封闭的对象，则该命令无效。

用户可以通过直接指定一个长度增量、角度增量（对于圆弧）、总长度或者相对于原长的百分比增量来改变原对象的长度，也可以通过动态拖动的方式来直观地改变原对象的长度。但对于多段线来说，则只能缩短其长度，而不能加长其长度。

1. 命令执行方式

Lengthen命令的执行方法有以下两种。

命令行：在命令行中输入Fillet并按Enter键或Space键。

菜单栏：执行“修改>拉长”菜单命令。

2. 操作步骤

01 绘制一条长度为100mm的直线。

02 执行“修改>拉长”菜单命令，将该直线的长度变成50mm，如图4-134所示。命令执行过程如下。

```
命令: _lengthen
选择对象或 [增量(DE)/百分数(P)/全部(T)/动态(DY)]: De ↙ //输入选项DE表示通过设置长度增量来拉长或者缩短图形
输入长度增量或 [角度(A)] <10.0000>: -50 ↙ //输入-50表示将图形缩短50mm
选择要修改的对象或 [放弃(U)]: //单击直线的右端
选择要修改的对象或 [放弃(U)]: ↙ //按Enter键结束命令
```

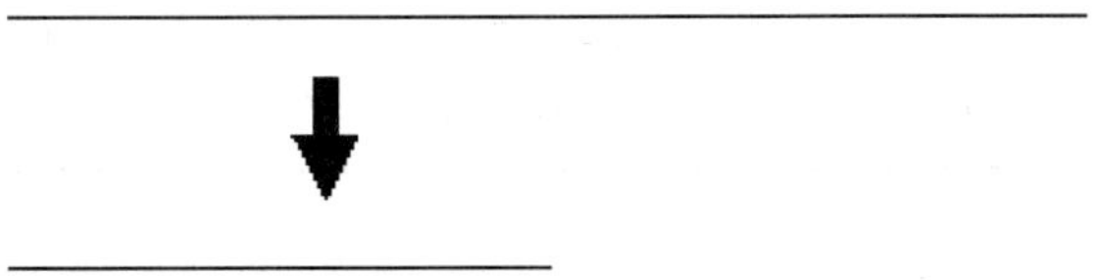

图4-134

专家提示

在上述操作过程中，在选择修改对象的时候，如果单击直线的左端，则缩短后的直线将保留右侧部分，如图4-135所示。由此可见，在拉长或者缩短图形的时候，鼠标选择的是哪个方向，则哪个方向的图形发生变化。

03 在命令提示行输入Len并按Enter键，将缩短后的直线的长度变为150mm，如图4-136所示。命令执行过程如下。

```
命令: _len
Lengthen
选择对象或 [增量(DE)/百分数(P)/全部(T)/动态(DY)]: P ↙ //输入选项P表示通过设置百分比来修改长度
```

```
输入长度百分数 <-50.0000>: 300 ↙     //输入300表示将直线的长度变为原来的300%，也就是3倍
选择要修改的对象或 [放弃(U)]:        //单击直线的右端
选择要修改的对象或 [放弃(U)]: ↙
```

图4-135

图4-136

在上一步操作中，如果输入选项T，则表示通过设置总长度来控制直线的长度，其结果是一样的，命令提示如下。

```
命令: _len
lengthen
选择对象或 [增量(DE)/百分数(P)/全部(T)/动态(DY)]: T ↙   //输入选项T
指定总长度或 [角度(A)] <1.0000)>: 150 ↙            //设置总长度为150mm
选择要修改的对象或 [放弃(U)]:                     //单击直线的右端
选择要修改的对象或 [放弃(U)]: ↙
```

专家提示

在拉长直线的时候，需要确定直线向哪一端延长，以便选择待延长的对象。比如在本例中，把直线向右拉长50个单位，那么选择光标拾取直线的右端部分，系统就会以直线的右端点作为起点把直线延长50个单位，使直线的总长度变为100个单位。

04 单击“修改”工具栏中的“圆弧”按钮，随意绘制一段圆弧，如图4-137所示。

05 在命令提示行输入Len并按Enter键，然后通过鼠标拖动的方式来拉长圆弧，如图4-138所示。命令执行过程如下。

```
命令: _len
lengthen
选择对象或 [增量(DE)/百分数(P)/全部(T)/动态(DY)]: Dy ↙
选择要修改的对象或 [放弃(U)]:            //单击圆弧的右下端
指定新端点:                          //拖动鼠标来确定圆弧的新端点
选择要修改的对象或 [放弃(U)]: ↙
```

图4-137

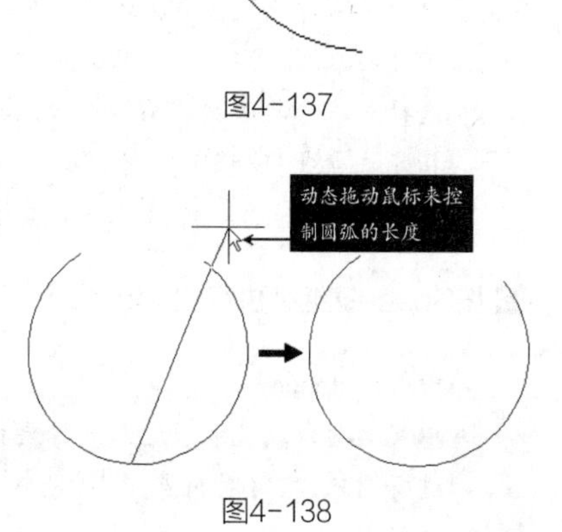

图4-138

注意

与直线一样，通过其他选项的设置也可以控制圆弧的长度，比如通过设置百分数。

4.7.2 拉伸对象（Stretch）

Stretch（拉伸）命令用于拉伸所选定的图形对象，使图形的形状发生改变。拉伸时图形的选定部分被移动，但同时仍保持与原图形中的不动部分相连，如图4-139所示。

1. 命令执行方式

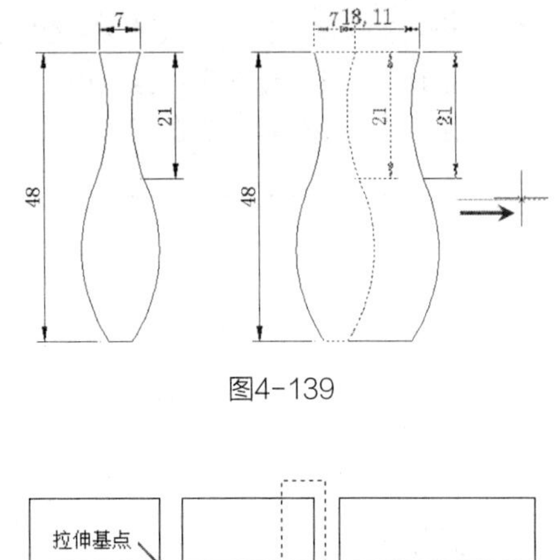

图4-139

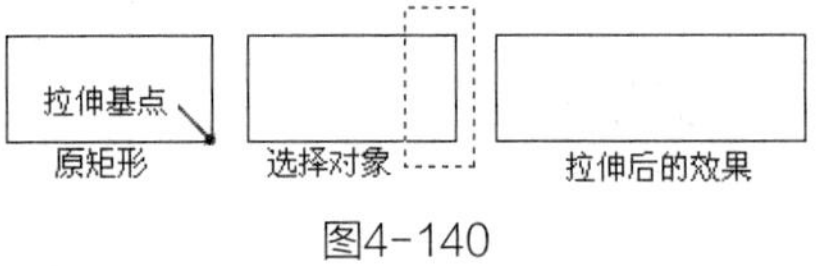

图4-140

在AutoCAD中，执行Stretch命令的方式有如下3种。

命令行：在命令提示行输入Stretch（简化命令为S）命令并按Enter键。

菜单栏：执行“修改>拉伸”菜单命令。

工具栏：单击“修改”工具栏中的“拉伸”按钮。

在命令行输入Stretch命令并按Enter键，命令执行过程如下。

```
命令: _stretch ↙
以交叉窗口或交叉多边形选择要拉伸的对象
选择对象:        //拖动鼠标选择对象（图4-140所示的虚线框）
选择对象: ↙
指定基点或位移:        //拾取拉伸基点
指定位移的第二个点或<用第一个点作位移>：@30，0 ↙
```

拉伸后的结果如图4-140所示。

在选定对象后，系统要求用户指定拉伸移动的基点或者10个坐标值。指定基点后，将显示一条橡皮筋线，橡皮筋线的一端连在指定的基点上。然后在接下来的提示后指定第二点或者直接按Enter键即可。

在执行Stretch命令时，选择对象的方法只能使用交叉窗口方式或者多边形方式。如果在选择中有组成图形的直线、圆弧、椭圆弧、多段线、构造线以及样条曲线等与选择窗口相交，那么只有落在窗口内的线条端点能被拉伸移动，而落在窗口外的端点则仍保持不动，并且整个图形的拓扑关系不变。

如果组成图形对象的所有线条都落在了选择窗口中，那么使用Stretch命令和使用Move命令对该对象产生的变化效果相同。

2. 操作步骤

01 打开配套光盘的“DWG文件\CH04\472.dwg”文件。下面要做的就是按图4-141所示的尺寸拉伸*a*、*b*两段圆弧，使花瓶变矮、变宽。

02 单击“修改”工具栏中的“拉伸”按钮，先将*a*段圆弧缩短5个单位，如图4-142所示。命令执行过程如下。

```
命令: _stretch
以交叉窗口或交叉多边形选择要拉伸的对象 //在图形右上角按住鼠标左键向左下角拖动，如图4-142（左）所示
选择对象: 指定对角点: 找到 9 个 //拖动到左下角时松开鼠标
选择对象: //单击鼠标右键结束选择
指定基点或 [位移(D)] <位移>: //任意指定一点
指定第二个点或 <使用第一个点作为位移>: @0,-5 ↙ //输入移动距离
```

03 按Space键继续执行Stretch命令，将*b*段圆弧缩短6个单位，如图4-143所示。命令执行过程如下。

```
命令: _stretch
以交叉窗口或交叉多边形选择要拉伸的对象 //从右下角向左上角拖动鼠标
选择对象: 指定对角点: 找到 8 个
选择对象:
指定基点或 [位移(D)] <位移>:
指定第二个点或 <使用第一个点作为位移>: @0,6 ↙
```

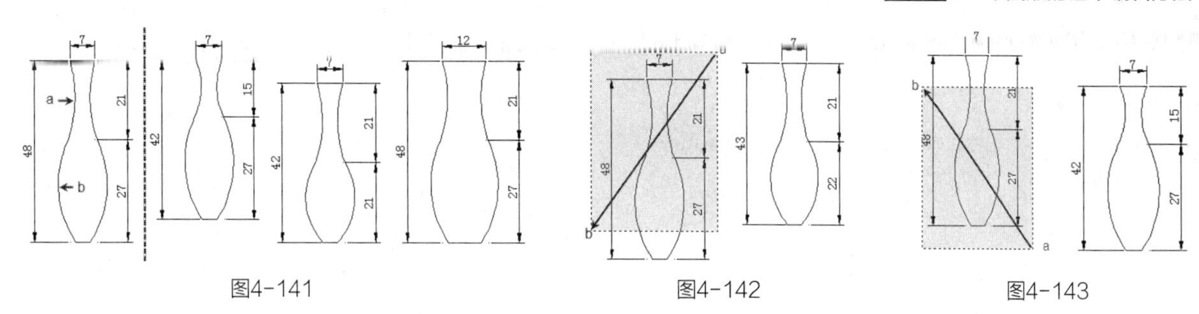

图4-141　　图4-142　　图4-143

04 按Space键继续执行Stretch命令，花瓶图形变宽，如图4-144所示。命令执行过程如下。

命令: _stretch

以交叉窗口或交叉多边形选择要拉伸的对象 //从右上角线左下角拖动鼠标，框住图形右侧部分，不能全部框选，如图4-144（左）所示。

选择对象: 指定对角点: 找到 7 个

选择对象:

指定基点或 [位移(D)] <位移>:

指定第二个点或 <使用第一个点作为位移>: @5,0 ↙

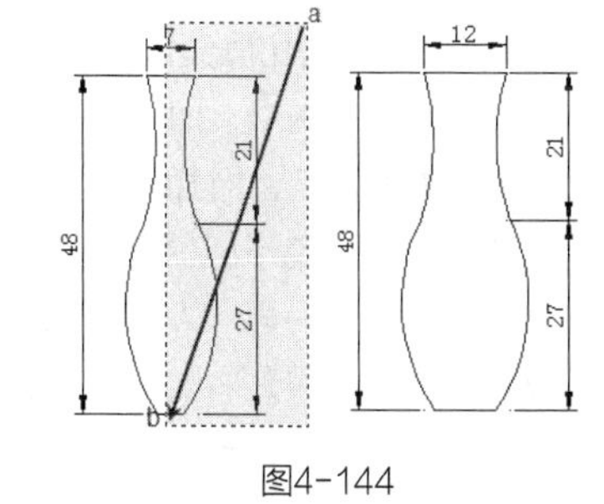

图4-144

4.7.3 缩放对象（Scale）

Scale（缩放）命令用于将选定的图形对象在x和y方向上按相同的比例系数放大或缩小，如图4-145所示，注意缩放系数不能取负值。

1. 命令执行方式

在AutoCAD中，执行Scale命令的方式有如下3种。

命令行：在命令提示行输入Scale（简化命令为Sc）并按Enter键。

菜单栏：执行“修改>缩放”菜单命令。

工具栏：单击“修改”工具栏中的“缩放”按钮。

2. 操作步骤

01 打开配套光盘的“DWG文件\CH04\473.dwg”文件，如图4-146所示。将房屋图形复制出两个，并将其中一个缩小50%，另一个放大1.5倍。

02 在命令行中输入Scale命令并按Enter键，将房屋缩小50%，如图4-147所示。命令执行过程如下。

命令: _scale

选择对象: 指定对角点: 找到 1 个 //选择房屋图形

选择对象: ↙

指定基点: //选择缩放的基点

指定比例因子或 [复制(C)/参照(R)]: 0.5 ↙

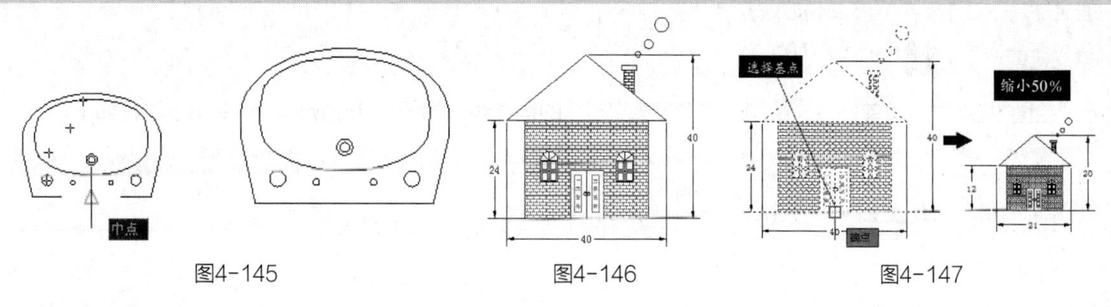

图4-145　　图4-146　　图4-147

03 按Space键继续执行Scale命令，将另一个复制出的房屋放大1.5倍，如图4-148所示。命令执行过程如下。

```
命令: _scale
选择对象: 指定对角点: 找到 1 个 //选择房屋图形
选择对象: ↙
指定基点: //选择缩放的基点
指定比例因子或 [复制(C)/参照(R)]: 1.5 ↙
```

默认选项是用户在第二个提示行后直接输入一个缩放系数，那么该值便是选定对象相对于基点缩小或放大的倍数；而如果在第二个提示行后又指定一个点，那么系统将认为用户选择了参考（Reference）方式，于是该两个点的连线长度与绘图单位的比值便作为选定对象的缩放系数。

缩放图形时，图形上的点（坐标值）都按缩放系数放大或缩小，缩放基点的位置不同，则图形缩放的起点也不一样。如图4-149所示，同样是放大一个矩形，但是指定不同的基点，则放大的途径就不一样，左边是以顶点为基点进行放大，右边是以中点为基点进行放大。如果缩放比例相同，则不论采用哪个基点进行缩放，最终结果都是一样，只是图形的位置有所差别。

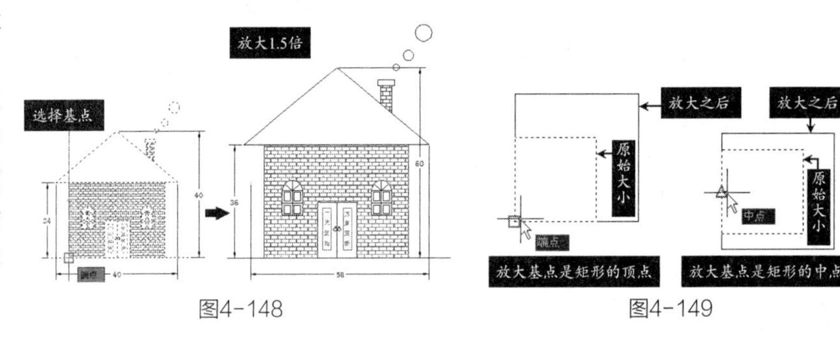

图4-148　　图4-149

专家提示

“使用Scale（缩放）命令缩放图形”将改变图形的物理大小，比如半径为5mm的圆放大一倍之后变成半径为10mm的圆；“使用Zoom（缩放）命令缩放图形”只在视觉上放大或缩小图形，就像用放大镜看物体一样，不能改变图形的实际大小。

案例 025 使用“参照缩放”绘制图形

● **学习目标** | 如图4-150所示，本例中只给出了梯形两条垂直边的长度和斜边的角度，并且知道两个圆直径相等。绘制方法是：先绘制出梯形，然后在梯形内绘制出任意大小的两个圆，使其相切，最后以围绕两个圆的新梯形底边为参照将其长度缩放至100mm即可。

● **视频路径** | 光盘\视频教程\CH04\使用“参照缩放”绘制图形.avi

● **结果文件** | 光盘\DWG文件\CH04\使用“参照缩放”绘制图形.dwg

01 执行“绘图>直线”菜单命令，绘制图4-151所示的直角。命令执行过程如下。

```
命令: _line
指定第一个点:
指定下一点或 [放弃(U)]: @0,-100 ↙
指定下一点或 [放弃(U)]: @100,0 ↙
指定下一点或 [闭合(C)/放弃(U)]: ↙
```

02 执行“绘图>构造线”菜单命令，绘制一条角度为120° 的构造线，如图4-152所示。命令执行过程如下。

```
命令: _xline
指定点或 [水平(H)/垂直(V)/角度(A)/二等分(B)/偏移(O)]: a ↙
```

```
输入构造线的角度(0)或[参照(R)]: 60 ↙
指定通过点://捕捉水平直线右侧端点
指定通过点: ↙//结束命令
```

03 执行“绘图>直线”菜单命令，捕捉垂直直线上方端点，然后水平向右移动光标，捕捉到直线与构造线的交点绘制条直线，最后用Trim命令剪掉构造线多余部分，如图4-153所示。

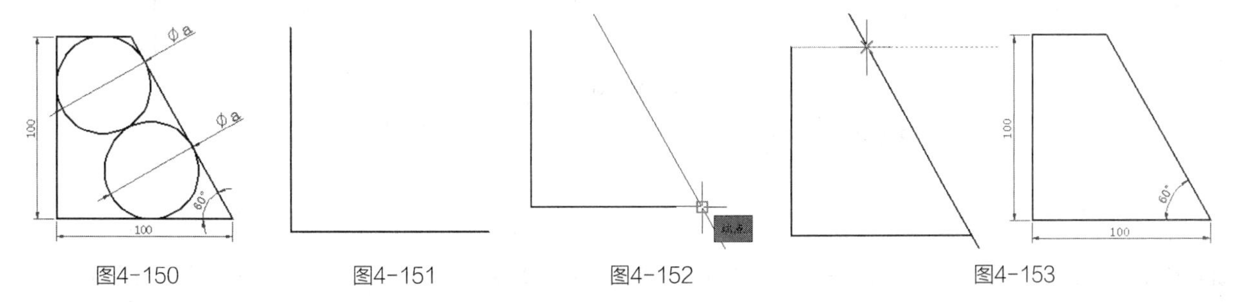

图4-150　　图4-151　　图4-152　　图4-153

04 执行“绘图>圆>切点、切点、半径”菜单命令，绘制一个半径为20mm并且与图4-154所示的*B*、*C*两条相切的圆。命令执行过程如下。

```
命令: _circle
指定圆的圆心或[三点(3P)/两点(2P)/切点、切点、半径(T)]: _ttr
指定对象与圆的第一个切点://捕捉图4-154所示的B边
指定对象与圆的第二个切点://捕捉图4-154所示的C边
指定圆的半径: 20 ↙
```

05 使用相同的方法再绘制一个与*A*边的*D*边相切的圆，半径同样为20mm，如图4-155所示。

06 捕捉梯形的对角点绘制一条斜线，然后过点偏移复制到圆心上，如图4-156所示。命令执行过程如下。

```
命令: _offset
当前设置: 删除源=否  图层=源  Offsetgaptype=0
指定偏移距离或[通过(T)/删除(E)/图层(L)] <通过>: t ↙
选择要偏移的对象，或[退出(E)/放弃(U)] <退出>: //选择绘制的斜线
指定通过点或[退出(E)/多个(M)/放弃(U)] <退出>: //捕捉下边的圆的圆心
选择要偏移的对象，或[退出(E)/放弃(U)] <退出>: ↙
```

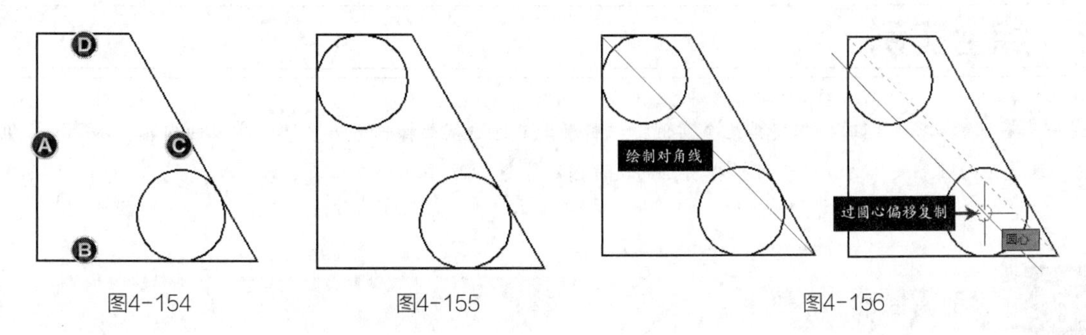

图4-154　　图4-155　　图4-156

07 单击“绘图”工具栏中的“圆”按钮，绘制一个圆心与上面的圆相同且半径为它的两倍的圆（即半径为40mm），如图4-157所示。

08 以下面的圆的圆心为基点，将下圆和与其相切的两条边一起移动至偏移斜线与圆的交点上，下圆则会与上圆相切，如图4-158所示。

09 单击“修改”工具栏中的“修剪”按钮，将多余的线段剪掉，此时梯形底边的尺寸为74.64mm，如图4-159所示。

注意

这一步的操作是根据“与圆外切的弧其圆心在以已知圆的圆心为圆心，所求弧的半径与已知圆的半径相加为半径的圆周上”的原理。

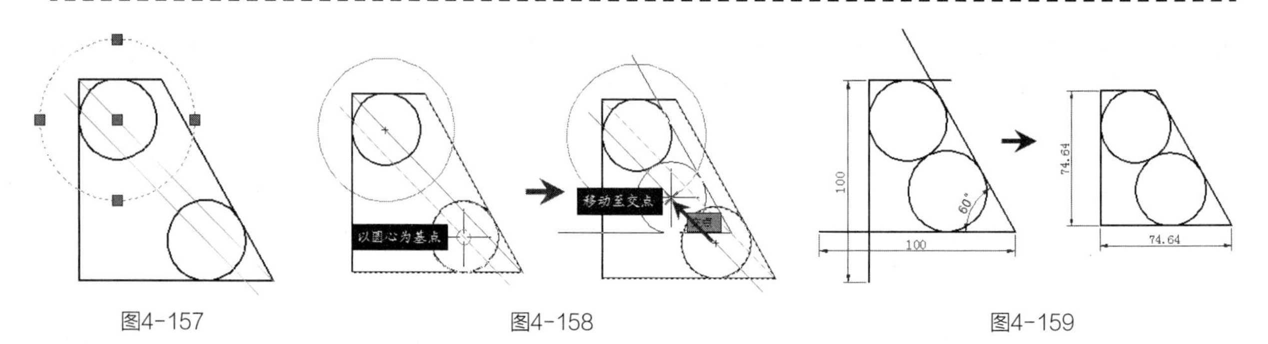

图4-157　　图4-158　　图4-159

10 单击“修改”工具栏中的“缩放”按钮，将整个图形全部选中，使用参照缩放，使其底边长度为100mm，如图4-160所示。命令执行过程如下。

```
命令: _scale
选择对象: 指定对角点: 找到 6 个，总计 6 个 //选中整个图形
选择对象: ↙
指定基点: //捕捉图4-160所示的点1为基点
指定比例因子或 [复制(C)/参照(R)]: r ↙
指定参照长度 <1.0000>: //捕捉图4-160所示的点1
指定第二点: //捕捉图4-160所示的点2
指定新的长度或 [点(P)] <1.0000>: 100 ↙ //指定新的长度
```

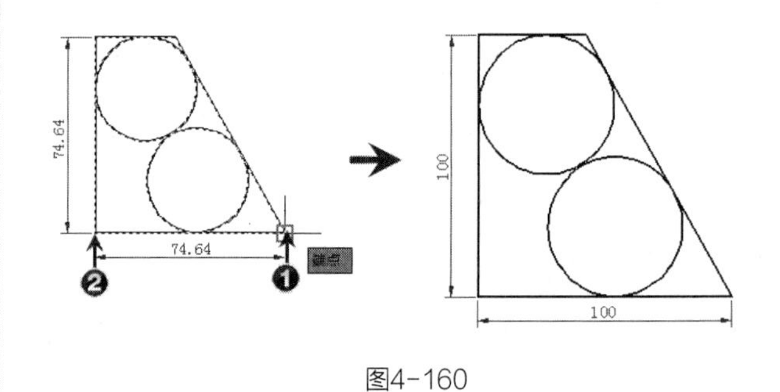

图4-160

专家提示

如果要对图形进行等比缩放，则在“指定比例因子或 [复制（C）/参照（R）]:”命令提示后输入缩放比例即可。例如输入2，则放大1倍；输入0.5则缩小一半。

4.8 综合实例

这一节将针对本章介绍的知识安排几个实例，以帮助读者通过实际操作进一步掌握学习的内容。本节的实例是按照由简单到复杂的顺序安排的，读者可根据自己的实际情况学进行习。

案例 026 绘制蹲便器

- **学习目标 |** 本例通过绘制图4-161所示的蹲便器来练习矩形、圆角和偏移命令的综合应用。
- **视频路径 |** 光盘\视频教程\CH04\绘制蹲便器.avi
- **结果文件 |** 光盘\DWG文件\CH04\绘制蹲便器.dwg

本例主要操作步骤如图4-162所示。

- 绘制两个矩形。
- 绘制一个圆。
- 对矩形进行圆角。
- 偏移复制线段。

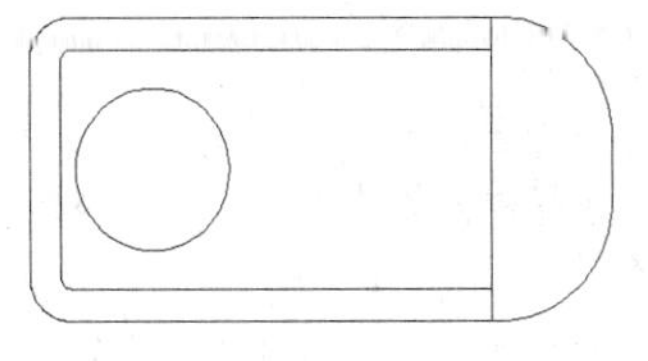
图4-161

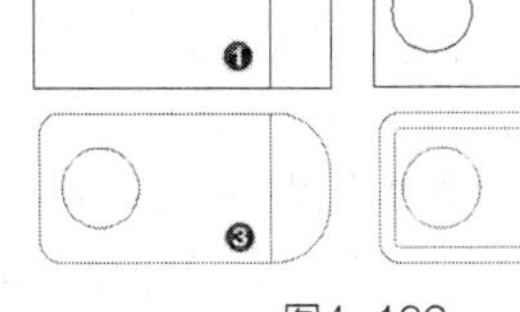
图4-162

01 在命令行中输入REC（Rectang）命令，或者单击绘图工具栏中的“矩形”按钮。命令执行过程如下。

```
命令: _rec ↙
rectang
指定第一个角点或 [倒角(C)/标高(E)/圆角(F)/厚度(T)/宽度(W)]:
指定另一个角点或 [面积(A)/尺寸(D)/旋转(R)]: @450，280 ↙
```

02 按Space键或Enter键继续执行Rectang命令，再绘制一个矩形，命令执行过程如下。

```
命令: ↙
rectang
指定第一个角点或 [倒角(C)/标高(E)/圆角(F)/厚度(T)/宽度(W)]: //以上一个矩形的右下角点为起点
指定另一个角点或 [面积(A)/尺寸(D)/旋转(R)]: @120，280 ↙ //结果如图4-163所示
```

03 在命令行中输入C（Circle）命令，在矩形内绘制一个圆，命令执行过程如下。

```
命令: _c
circle
指定圆的圆心或 [三点(3P)/两点(2P)/相切、相切、半径(T)]:
指定圆的半径或 [直径(D)]: 75 ↙ //结果如图4-164所示
```

04 在命令行中输入Explode（分解）命令，将两个矩形分解。命令执行过程如下。

```
命令: _explode ↙
选择对象: 指定对角点: 找到 2 个
选择对象: ↙
```

05 在命令行中输入Fillet（圆角）命令，对矩形进行倒圆角处理。命令执行过程如下。

```
命令: _fillet ↙
当前设置: 模式 = 修剪，半径 = 110.00
选择第一个对象或 [放弃(U)/多段线(P)/半径(R)/修剪(T)/多个(M)]: R ↙
指定圆角半径 <110.00>: 40 ↙ //输入圆角半径
选择第一个对象或 [放弃(U)/多段线(P)/半径(R)/修剪(T)/多个(M)]: //选择图4-165所示的a边
选择第二个对象，或按住 Shift 键选择要应用角点的对象: //选择图4-165所示的b边
```

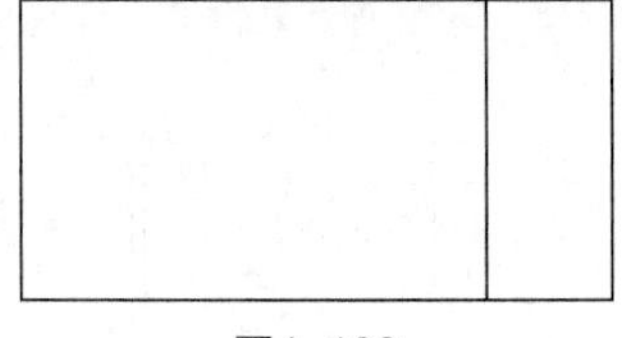
图4-163

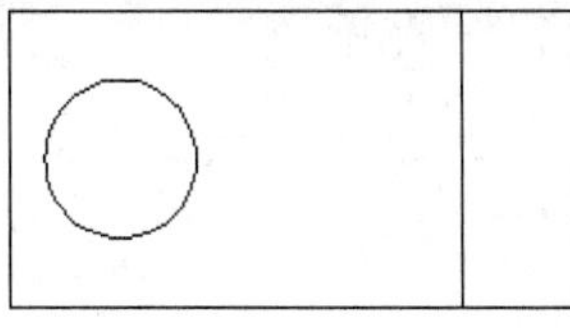
图4-164

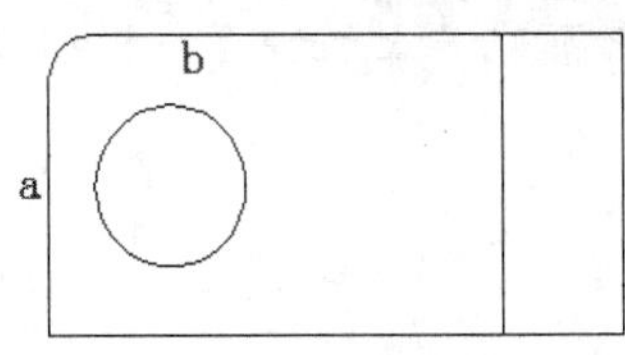

图4-165

06 使用相同的方法再将矩形的右下角进行圆角处理，继续执行Fillet命令，对另一个矩形进行圆角处理，结果如图4-166所示。命令执行过程如下。

```
命令：_fillet
当前设置：模式 = 修剪，半径 = 120.00
选择第一个对象或 [放弃（U）/多段线（P）/半径（R）/修剪（T）/多个（M）]: R ↙
指定圆角半径 <120.00>: 110 ↙
选择第一个对象或 [放弃（U）/多段线（P）/半径（R）/修剪（T）/多个（M）]:
选择第二个对象，或按住 Shift 键选择要应用角点的对象:
```

07 在命令行中输入O（Offset）命令，将矩形的边向内偏移30mm，偏移后的结果如图4-167所示。

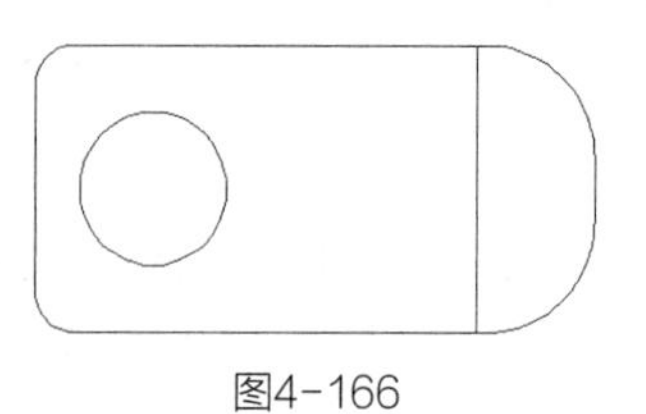
图4-166

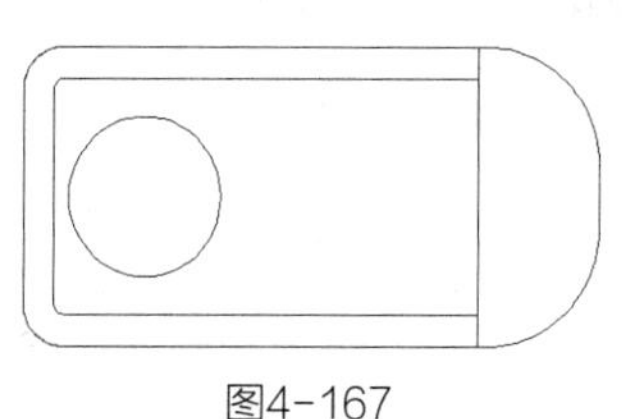
图4-167

案例 027 绘制木凳平面图

- **学习目标 |** 本节将学习绘制实木凳子的平面图和立面图，主要用到“矩形”“阵列”“移动”和“修剪”命令，案例效果如图4-168所示，在平面图中表达了凳子腿和凳面的长度和宽度，立面图中则表达了凳子各部件的高度和撑杆和凳腿之间采用榫结合的方式。
- **视频路径 |** 光盘\视频教程\CH04\绘制木凳平面图.avi
- **结果文件 |** 光盘\DWG文件\CH04\木凳平面图.dwg

本例主要操作步骤如图4-169所示。

- ◆ 绘制一个矩形并复制一个。
- ◆ 继续绘制一个矩形。
- ◆ 阵列复制矩形。
- ◆ 修剪图形。

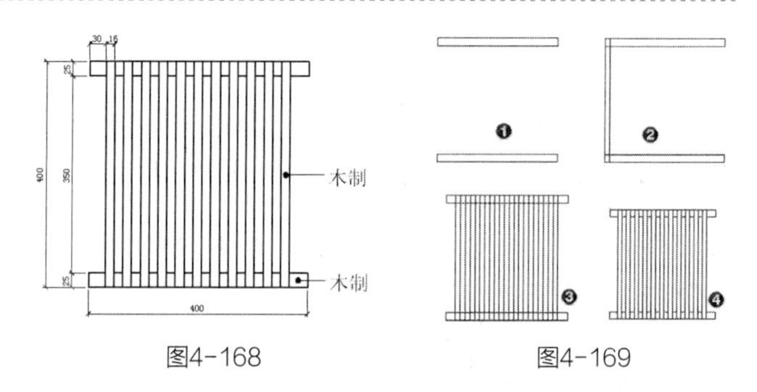

图4-168　　图4-169

01 按快捷键“Ctrl”+“N”新建一个文件。

02 单击“绘图”工具栏中的“矩形”按钮，绘制一个400mm×25mm的矩形，如图4-170所示。

03 单击“修改”工具栏中的“复制”按钮，将矩形垂直向上复制375mm，使两个矩形两边的距离为400mm，如图4-171所示。

04 单击“绘图”工具栏中的“矩形”按钮，捕捉下面矩形的左下角端点为起点，绘制一个16mm×400mm的矩形，如图4-172所示。

05 选中矩形，然后单击“修改”工具栏中的“移动”按钮，将上一步绘制的矩形向右水平移动30mm，如图4-173所示。命令执行过程如下。

```
命令：_move 找到 1 个
指定基点或 [位移(D)] <位移>: //任意指定一点
指定第二个点或 <使用第一个点作为位移>: @30,0 ↙
```

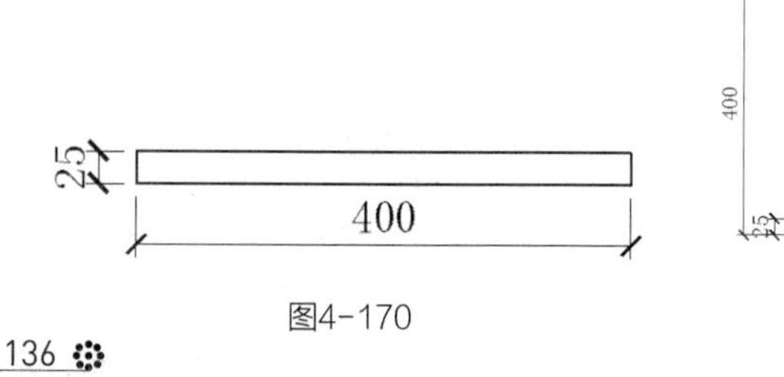

图4-170

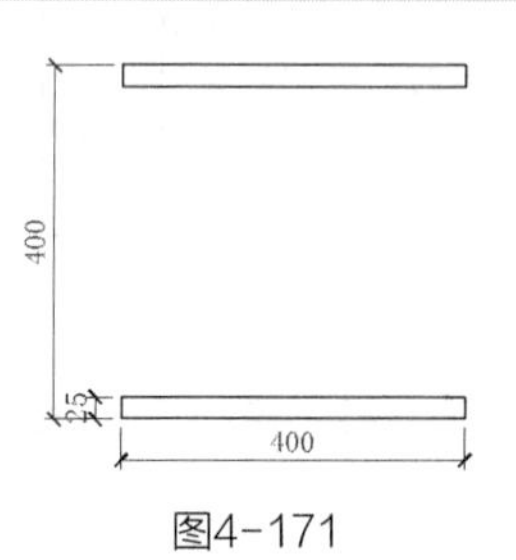

图4-171

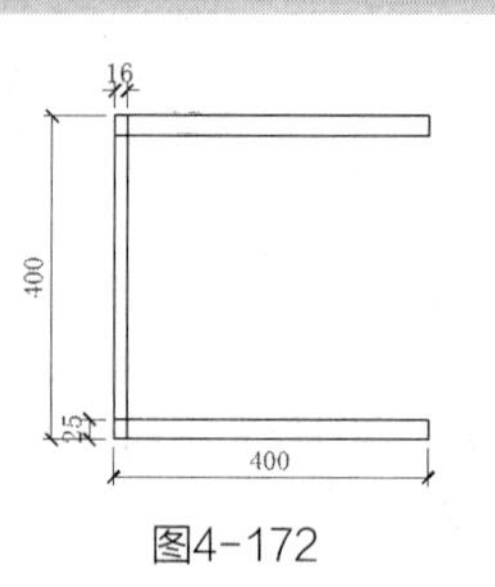

图4-172

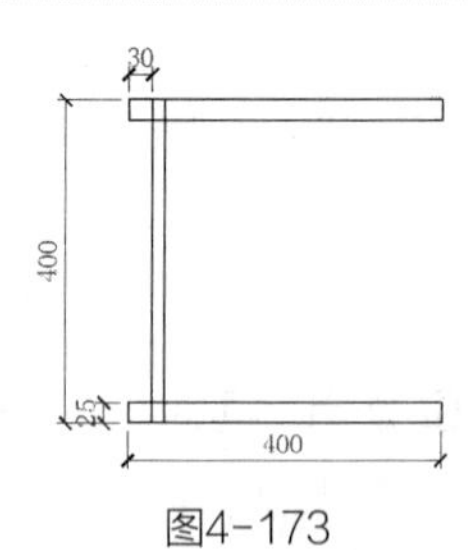

图4-173

06 单击“修改”工具栏中的“阵列”按钮，设置列数为11，列偏移为32，结果如图4-174所示。命令执行过程如下。

```
命令: _arrayrect 找到 1 个
类型 = 矩形 关联 = 是
选择夹点以编辑阵列或 [关联(AS)/基点(B)/计数(COU)/间距(S)/列数(COL)/行数(R)/层数(L)/退出(X)] <退出>: Col ↙
输入列数数或 [表达式(E)] <4>: 11 ↙
指定 列数 之间的距离或 [总计(T)/表达式(E)] <61.3380>: 32 ↙
选择夹点以编辑阵列或 [关联(AS)/基点(B)/计数(COU)/间距(S)/列数(COL)/行数(R)/层数(L)/退出(X)] <退出>: R ↙
输入行数数或 [表达式(E)] <3>: 1 ↙
指定 行数 之间的距离或 [总计(T)/表达式(E)] <50.7382>: 1 ↙
指定 行数 之间的标高增量或 [表达式(E)] <0.0000>: ↙
选择夹点以编辑阵列或 [关联(AS)/基点(B)/计数(COU)/间距(S)/列数(COL)/行数(R)/层数(L)/退出(X)] <退出>: ↙
```

07 单击“修改”工具栏中的“修剪”按钮，然后按Enter键，再单击要剪掉的部分，结果如图4-175所示。

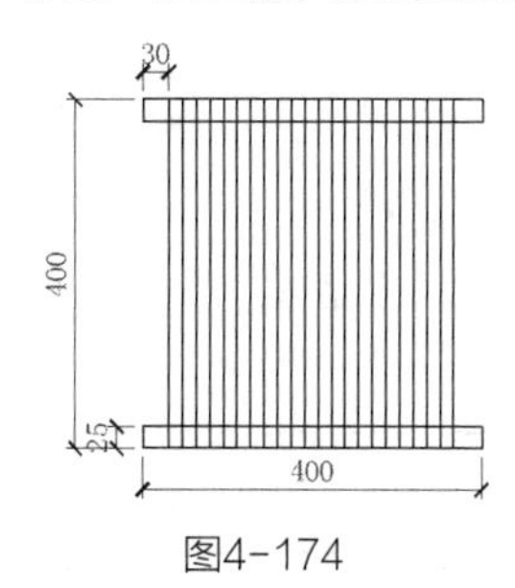

图4-174

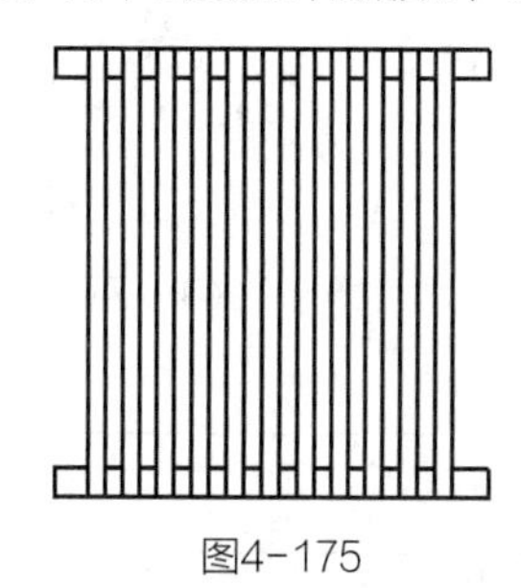
图4-175

4.9 课后练习

1. 选择题

（1）绘制一个4个角为R3圆角的矩形，首先要？（　　）

A. 给定第一角点

B. 选择“圆角（F）”选项，设定圆角为3

C. 选择“倒角（C）”选项，设定为3

D. 绘制R3圆角

（2）下面不可以实现复制的是？（　　）

A. 按快捷键“Ctrl” + “C”，然后按快捷键“Ctrl” + “V”

B. 选择对象，然后单击鼠标右键，在快捷菜单中选择“复制”

C. 按住Shift，选择图形对象后按鼠标左键拖动

D. 按住Ctrl，选择图形对象后按鼠标左键拖动

（3）选择图形后同时按住Ctrl键和鼠标左键拖动图形，则可以？（　　）

A. 移动对象　　B. 无法选择对象　　C. 复制出新的图形对象　　D. 删除图形对象

(4）矩形阵列的方向是由什么确定的？（　　）

A. 行数和列数　　B. 行距和列距大小　　C. 图形对象的位置　　D. 行数和列数的正负

（5）环形阵列的方向是？（　　）

A. 顺时针　　B. 逆时针　　C. 取决于阵列方法　　D. 无所谓方向

（6）应用Chamfer（倒角）命令进行倒角操作时，下面哪种图形不能被倒角？（　　）

A. 多段线　　B. 对样条曲线　　C. 文字　　D. 三维实体

（7）应用Stretch（拉伸）拉伸图形时，下面哪一种操作是不可行的？（　　）

A. 把圆拉伸为椭圆　　B. 把正方形拉伸成长方形　　C. 移动图形的特殊点　　D. 整体移动图形

（8）下面不能应用Trim（修剪）命令进行修剪的对象是什么？（　　）

A. 圆弧　　B. 圆　　C. 直线　　D. 文字

2. 上机练习

（1）绘制图4-176所示的滚花高头螺钉来练习矩形阵列命令和圆弧命令的应用。

（2）绘制图4-177所示的图案，尺寸自定。主要是练习环形阵列命令的应用，另外还要用到Trim命令，大致绘图思路如图4-178所示。

（3）根据已知尺寸绘制图4-179所示的零件轮廓图，需要灵活应用圆弧的绘制方法以及通过绘制圆形并进行修剪得到所需要的圆弧，尤其是注意用“相切、相切、半径”的方法绘制圆。

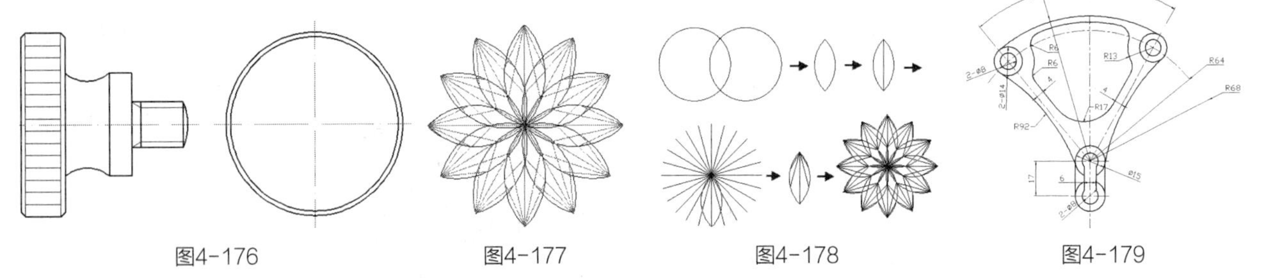

图4-176　　图4-177　　图4-178　　图4-179

4.10 课后答疑

1. 怎样可以将对象按指定距离移动？

答：在移动对象的操作中，可以通过输入移动的距离值将对象按指定距离移动。首先当命令行中提示“指定基点或位移:”时，使用鼠标在绘图区内指定移动的基点，命令行中将继续提示“指定位移的第二点或 <用第一点作位移>:”，此时将鼠标移向要移动对象的方向，在输入移动的距离后，按Space键进行确定即可。

2. 可以使用 Copy 命令连续复制对象吗？

答：执行Copy 命令可以连续复制对象，在进行第一次复制操作后，命令行中将继续提示“指定第二个点或 [退出(E)/放弃(U)] <退出>:”，此时可以继续进行复制操作，如果要退出复制操作，只需要按Space键进行确定即可。

3. 如何使用 Mirror命令只镜像对象？

答：执行Mirror命令镜像对象时，默认情况下保留了源对象，如果只是对源对象执行镜像处理，而不再需要源对象，可以在命令行提示“是否删除源对象？[是(Y)/否(N)] <N>:”时，输入Y，然后Space键进行确定，即可删除源对象。

4. Offest 命令和Copy 命令有何异同点。

答：Offest 命令用于偏移对象，如果是偏移单条线段，效果类似于Copy命令；如果是偏移圆形对象，将按指定的距离创建新的圆，但是其半径会增大或减小与距离相等的值。

5. 如何快速创建多个相同的对象？

答：使用复制方法可以快速创建多个相同的对象。

6. 如何快速创建大量且保持相同间距的对象？

答：使用阵列命令可以创建大量且保持相同间距的对象。

7. 偏移图形有哪些方向？

答：在执行偏移命令时，对于圆、多边形等密封的整体图形，偏移的方向只有内、外之分；而对于直线、圆弧等开放式图形线段，偏移方向只能在线段所在的两边，而无法在同一条线的方向上进行偏移操作。

8. 可以把直角矩形转变为圆角矩形吗?

答：使用圆角（Fillet）命令可以将直角矩形转变为圆角矩形，执行Fillet命令后，当提示“选择第一个对象或 [多段线(P)/半径(R)/修剪(T)]：”时，选择第一条圆角线段，然后选择第二条圆角线段即可。

9. Scale 命令和Zoom 命令有什么区别?

答：Scale可以改变实体的尺寸大小，而Zoom只可以缩放显示实体，而不会改变实体的尺寸值。

10. 如何使用延伸命令?

答：使用延伸命令时，一次可选择多个实体作为边界，选择被延伸实体时应选择靠近边界的一端，否则会出现错误。选择要延伸的实体时，应该从拾取框靠近延伸实体边界的那一端来选择目标。

11. Chamfer 命令不能对哪些图形进行倒角?

答：使用 Chamfer 命令只能对直线和多段线进行倒角，不能对弧和椭圆弧进行倒角。

12. Break 命令有什么特点?

答：从圆或圆弧上删除一部分时，将从第一点以逆时针方向到第二点之间的圆弧删除。在“选择对象”的提示下，用点选的方法选择对象。在“指定第二个打断点或 [第一点(F)]”的提示下，直接输入@并按Space键，则第一断开点与第二断开点是同一个点。

13. 合并两条或多条椭圆弧时，将从什么方向合并椭圆弧?

答：合并两条或多条椭圆弧时，将从源对象开始按逆时针方向合并椭圆弧。

14. 当鼠标在绘图区移动时，显示的坐标没有变化怎么办?

答：按F6键或者将Coords的系统变量修改为1或2。系统变量为0时，是指用定点设备指定点时更新坐标显示，系统变量为1时；是指不断更新坐标显示。

15. 用 AutoCAD打开一张旧图，有时会遇到异常错误而中断退出怎么办?

答：新建一个图形文件，而把旧图以图块形式插入即可。

16. 在 AutoCAD 中有时尺寸箭头及Trace 画的轨迹线变为空心怎么办?

答：执行 Trimmode 命令，在提示行下输入新值1 可将其重新变为实心。

17. 如何才能使 *a*、*b* 线段连在一起?

答：使用结合命令可以连接线段。

18. 如何消除点标记?

答：AutoCAD 中有时在交叉点处产生点标记，执行Blipmode命令，并在提示行下输入Off即可消除它。

第5章 二维图形高级编辑功能详解

除了简单的二维图形对象之外，在工程设计和绘图中，往往需要大量的比较复杂的图元对象。在AutoCAD中，这些复杂的二维图形对象也是系统提供的基本图元，即可以直接生成这些图形对象。在这些图形对象中，包括各种绘图用的辅助线，也包括各种结构图形。

学习重点

- 使用夹点编辑图形对象
- 多段线的绘制和编辑
- 多线的绘制和编辑
- 样条线的绘制和编辑
- 对象属性的更改
- 对象编组

5.1 夹点编辑

在AutoCAD 2014中增强了夹点编辑功能，使用它可以修改多段线、样条曲线和非关联多段线图案填充对象。这些夹点提供了一种可替代Pedit和Splinedit命令的更轻松的编辑方法。本节将学习如何来编辑这些夹点。

5.1.1 关于夹点

夹点是一些实心的小方框，使用定点设备指定对象时，对象关键点上将出现夹点，如图5-1所示。通过它可以修改对象的位置、大小和方向和重塑对象的形状。例如使用夹点模式可以移动、旋转、缩放或镜像对象；还可以编辑顶点、拟合点、控制点、线段类型和相切方向。

利用夹点可以很方便地知道某个对象的一些基本信息。例如将鼠标光标悬停在矩形任意一个顶点，将快速标注出该矩形的长、宽尺寸；将光标悬停在直线任意一个端点，将快速标注出该直线的长度及夹角度数，如图5-2所示。对于其他对象请读者自行测试。

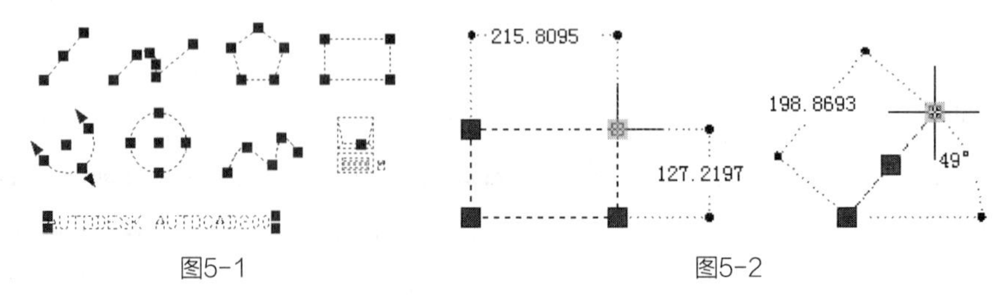

图5-1　　图5-2

要使用夹点模式，应选择作为操作基点的夹点（基准夹点），选定的夹点也称为热夹点，然后选择一种夹点模式。

专家提示

按Enter键或Space键可以循环选择夹点模式（包括拉伸、移动、旋转、缩放、镜像）。图5-3是同一对象切换到不同的夹点模式下的示意图。

可以使用多个夹点作为操作的基准夹点。选择多个夹点（也称为多个热夹点选择）时，选定夹点间对象的形状将保持原样。

专家提示

要选择多个夹点，可以按住Shift键然后选择适当的夹点。选中的夹点以红色显示，如图5-4所示。

除直接使用夹点外，还可以单击“工具>选项”菜单命令，在“选择集”面板中自定义夹点的一些相关设置，如图5-5所示。

拖动“夹点尺寸”下的滑块，可以更改夹点的大小。

单击“夹点颜色”按钮，用户可以在此设置未选中的和选中的夹点颜色，在弹出的对话框中的下拉列表中选择一种颜色即可，如图5-6所示。

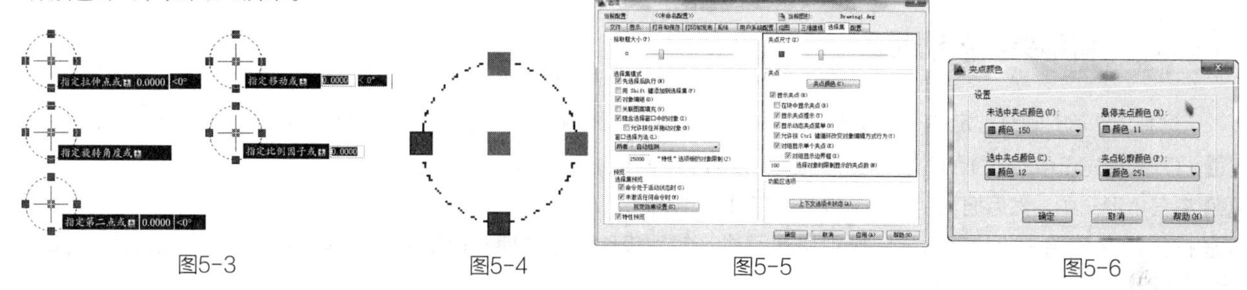

图5-3 图5-4 图5-5 图5-6

默认情况下，夹点是打开的。而对于块来说，在默认状态下夹点是关闭的，当块的夹点关闭时，在选择块时只能看到唯一的一个夹点（插入点）。一旦块的夹点打开后，即可看到其上的所有夹点。

5.1.2 利用夹点拉伸对象

这种方法就是通过将选定夹点移动到新位置来拉伸对象。如图5-7所示，先选择梯形，然后在按住Shift键的同时单击梯形右边的两个夹点，即可将两个夹点选中，再以上面的夹点为基准夹点进行拉伸。

注意

使用文字、块参照、直线中点、圆心和点对象上的夹点，将移动对象而不是拉伸它。

01 打开配套光盘中的“DWG文件\CH05\512.dwg”文件，如图5-8所示。

02 单击三角造型的多段线，将其选中，此时多段线将显示3个夹点，如图5-9所示，

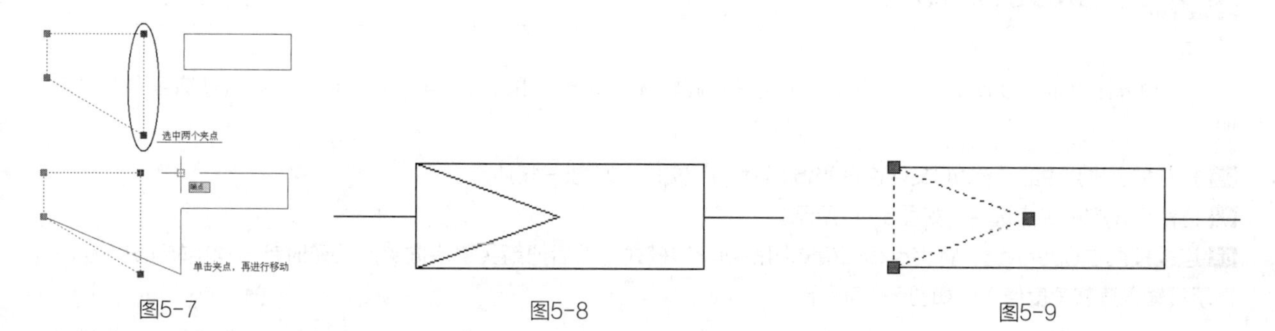

图5-7 图5-8 图5-9

03 将十字光标悬停在右边的夹点上，然后单击以将其选中，接着拖动鼠标并捕捉右侧水平直线的左端点，完成拉伸操作，如图5-10所示。

04 按Esc键取消对图形的选择，减压阀图例的最终效果如图5-11所示。

注意

拖动文字、点、直线中点、圆心和块参照上的夹，点将移动图形而不是拉伸图形。

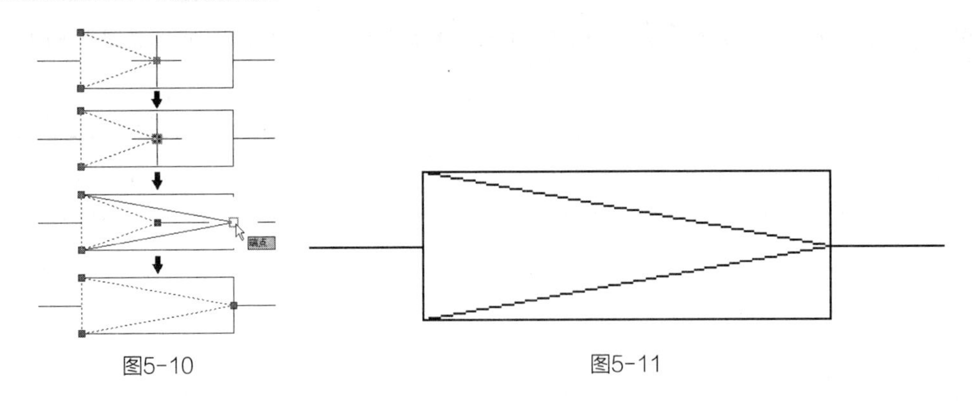

图5-10　　图5-11

5.1.3 利用夹点移动对象

这种方法就是通过选定的夹点移动对象，选定的对象被高亮显示并按指定的下一点位置移动一定的方向和距离。

01 打开配套光盘中的“DWG文件\CH05\513.dwg”文件，如图5-12所示。

02 将三角形选中，然后把顶部的夹点选中，如图5-13所示。

03 按Space键将夹点编辑模式切换到移动模式，然后移动光标并捕捉直线的端点作为基准夹点的新位置，如图5-14所示。

04 完成后的图例效果如图5-15所示。

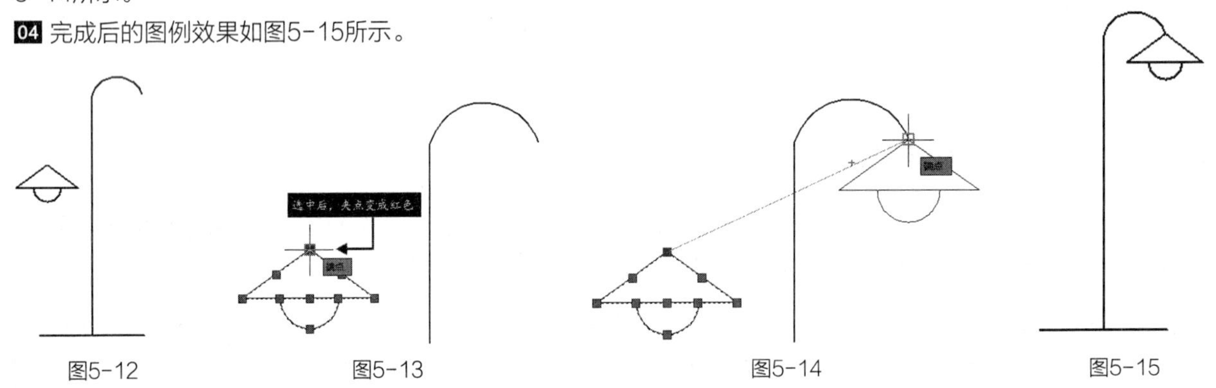

图5-12　　图5-13　　图5-14　　图5-15

5.1.4 利用夹点旋转对象

这种方法就是通过拖动和指定点位置来绕基点旋转选定对象，用户可以输入角度值。下面通过练习实例进行说明。

01 打开配套光盘中的“DWG文件\CH05\514.dwg”文件，如图5-16所示。

02 把箭头左端的夹点选中，如图5-17所示。

03 连续按两次Space键，将夹点编辑模式切换到旋转模式，然后把箭头绕基准夹点按逆时针方向旋转45°（在命令提示行输入旋转角度值），如图5-18所示。

在执行夹点编辑功能的时候，命令提示行也将同步显示相应的命令操作提示。它主要有两大作用：一是告诉用户当前是什么夹点编辑模式，比如是拉伸还是移动；二是提示用户进行精确操作，比如输入旋转角度值。

```
命令:
** 拉伸 **
指定拉伸点或 [基点(B)/复制(C)/放弃(U)/退出(X)]:    //按Space键切换到移动模式
** 移动 **
```

```
指定移动点或 [基点(B)/复制(C)/放弃(U)/退出(X)]:    //按Space键切换到旋转模式
** 旋转 **
指定旋转角度或 [基点(B)/复制(C)/放弃(U)/参照(R)/退出(X)]: 45 ↙  //输入旋转角度并按Enter键
命令: *取消*
```

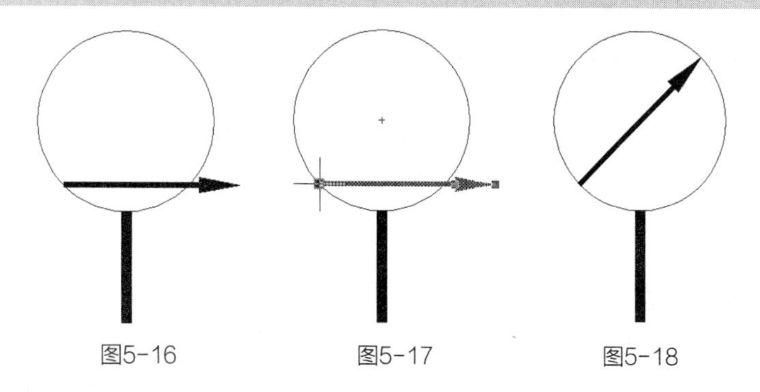

图5-16　　图5-17　　图5-18

5.1.5 利用夹点缩放对象

这种方法就是相对于基点缩放选定对象。可以通过从基准夹点向外拖动并指定点位置来增大对象尺寸，或通过向内拖动减小尺寸，也可以为相对缩放输入一个值。下面通过练习实例进行说明。

01 打开配套光盘中的“DWG文件\CH05\515.dwg”文件，如图5-19所示。

02 选中图形，然后单击图形的夹点。

03 当前为“拉伸”模式，按3次Space键切换到“比例缩放”模式，然后缩放对象，如图5-20所示。命令执行过程如下。

```
命令:
** 比例缩放 **
指定比例因子或 [基点(B)/复制(C)/放弃(U)/参照(R)/退出(X)]: 2 ↙  // 放大至2倍
```

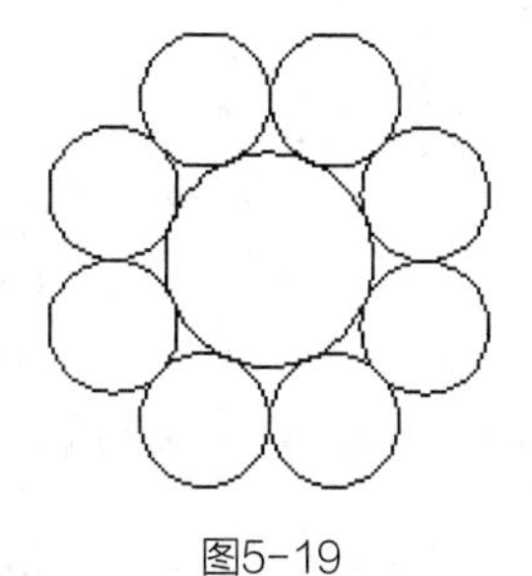

图5-19

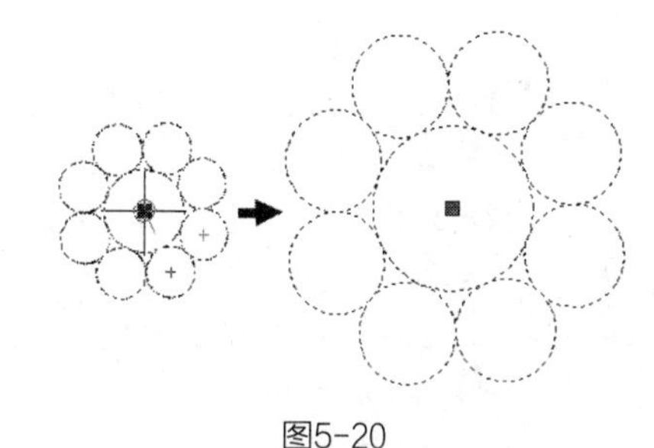

图5-20

5.1.6 利用夹点镜像复制对象

这种方法就是沿临时镜像线为选定对象创建镜像。下面通过练习实例进行说明。

01 打开配套光盘中的“DWG文件\CH05\516.dwg”文件，如图5-21所示。

02 选择图形。

03 单击直线段上的中点使其作为基准夹点。

04 当前为“拉伸”模式，按4次Space键切换到“镜像”模式，然后镜像对象，如图5-22所示。命令执行过程如下。

```
命令:
** 镜像 **
指定第二点或 [基点(B)/复制(C)/放弃(U)/退出(X)]:c ↙
指定第二点或 [基点(B)/复制(C)/放弃(U)/退出(X)]:            //捕捉直线端点
```

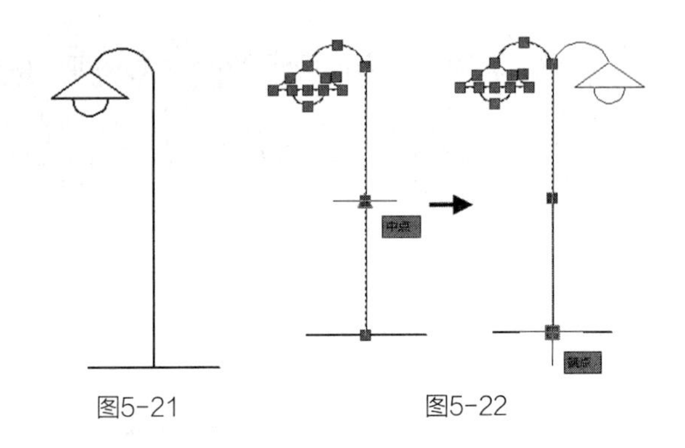

图5-21　　　　图5-22

注意

打开“正交”选项有助于指定垂直或水平的镜像线。

5.1.7 使用夹点创建多个副本

利用任何夹点模式修改对象时均可以创建对象的多个副本。下面以“旋转”模式创建对象的副本为例进行说明。

01 打开配套光盘中的“DWG文件\CH05\517.dwg”文件，如图5-23所示。

02 选择图形。

03 单击图形的夹点作为旋转的基准夹点。

04 按两次Space键切换到“旋转”模式，然后旋转对象，如图5-24所示。命令执行过程如下。

```
命令:_
** 旋转 **
指定旋转角度或 [基点(B)/复制(C)/放弃(U)/参照(R)/退出(X)]: c ↙//指定“复制”方式
** 旋转 (多重) **
指定旋转角度或 [基点(B)/复制(C)/放弃(U)/参照(R)/退出(X)]: 60 ↙  //旋转60°
** 旋转 (多重) **
指定旋转角度或 [基点(B)/复制(C)/放弃(U)/参照(R)/退出(X)]: 120 ↙  //旋转120°
** 旋转 (多重) **
指定旋转角度或 [基点(B)/复制(C)/放弃(U)/参照(R)/退出(X)]: 180 ↙  //旋转180°
** 旋转 (多重) **
指定旋转角度或 [基点(B)/复制(C)/放弃(U)/参照(R)/退出(X)]: 240 ↙ //旋转240°
** 旋转 (多重) **
指定旋转角度或 [基点(B)/复制(C)/放弃(U)/参照(R)/退出(X)]: 300 ↙  //旋转300°
** 旋转 (多重) **
指定旋转角度或 [基点(B)/复制(C)/放弃(U)/参照(R)/退出(X)]: ↙        //完成操作
```

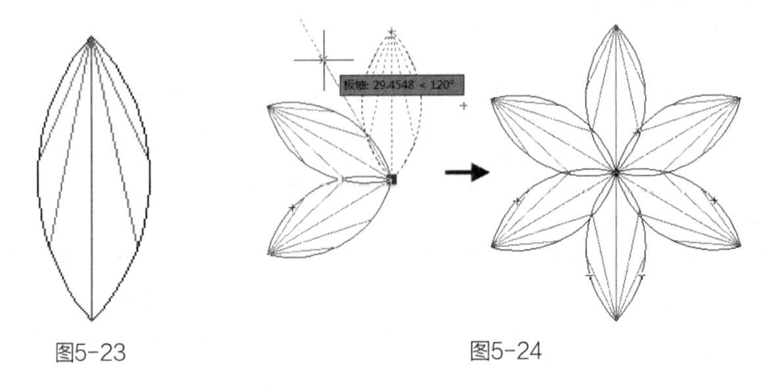

图5-23　　　　图5-24

利用其他模式创建对象副本的方法请读者自行操作，这里不再赘述。

5.1.8 使用夹点新功能

在AutoCAD 2014中增强了夹点编辑功能。可以很方便地增加夹点，还可以将直线段更改为圆弧。

如图5-25所示，先选中对象，然后将鼠标光标移动到夹点上，就会显示出一个快捷菜单，在菜单中选择“添加夹点”命令，然后移动夹点，再单击即可添加一个夹点，

在弹出的菜单中选择“转换为圆弧”命令，然后选中并移动夹点，即可将该夹点所在的线段转换为圆弧，如图5-26所示。

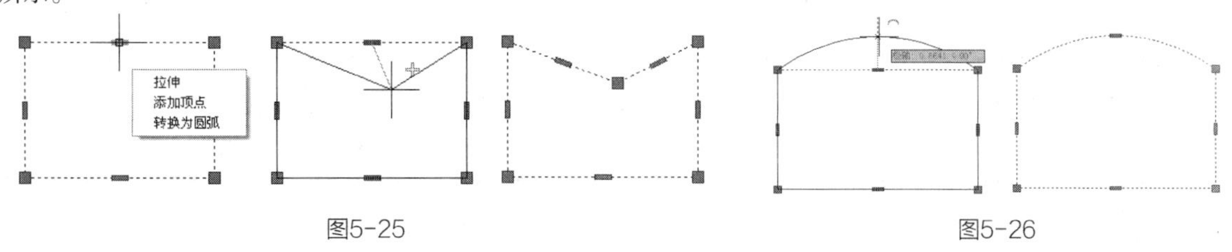

图5-25　　图5-26

案例028 利用夹点绘制椅子图例

- **学习目标** | 本例通过学习使用夹点的编辑功能，使用一个矩形创建出椅子图例，案例效果如图5-27所示。
- **视频路径** | 光盘\视频教程\CH05\利用夹点绘制椅子图例.avi
- **结果文件** | 光盘\DWG文件\CH05\利用夹点绘制椅子图例.dwg

01 首先绘制一个600mm×600mm矩形，然后单击选中矩形。选择矩形左下角的点将它向左水平移动50mm，再将右下角的点向右水平移动50mm，如图5-28所示（直接在命令栏中输入50后按Enter键即可），将矩形变成一个等腰梯形。

02 选中矩形，将鼠标移动到矩形底边中间的夹点上，在弹出的快捷菜单中选择“转换为圆弧”，如图5-29所示。

03 将鼠标水平向下移动，然后输入移动距离为50mm，按Enter键结束操作，如图5-30所示。

04 使用相同的方法将上边的线段也转换为圆弧，并向上移动50mm，如图5-31所示。

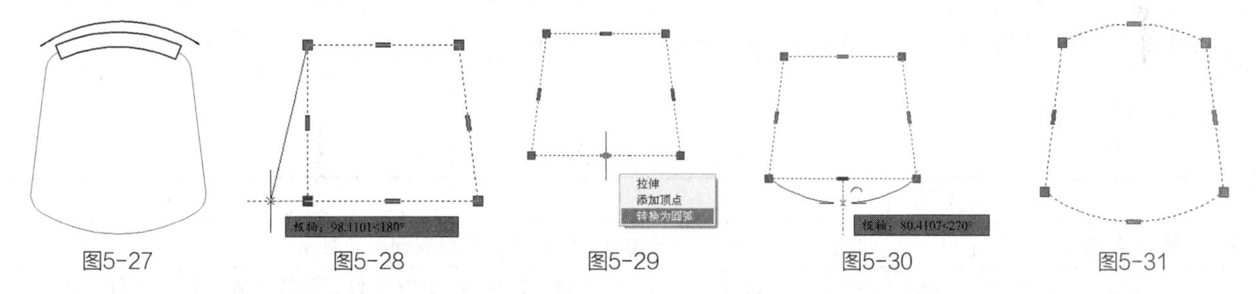

图5-27　　图5-28　　图5-29　　图5-30　　图5-31

05 现在图形的4个角还不够圆滑，使用Fillet命令对4个角进行倒角，命令的具体执行过程如下。 完成圆角后的效果如图5-32所示。

```
命令: _fillet ↙
当前设置: 模式＝修剪，半径－10.0000 //显示当前设置
选择第一个对象或 [多段线(P)/半径(R)/修剪(T)/多个(U)]: r ↙
指定圆角半径 <10.0000>: 60 ↙    //设置倒角半径为60mm
选择第一个对象或 [多段线(P)/半径(R)/修剪(T)/多个(U)]:  //单击右下角的一条边
选择第二个对象:                //单击右下角的另一条边
```

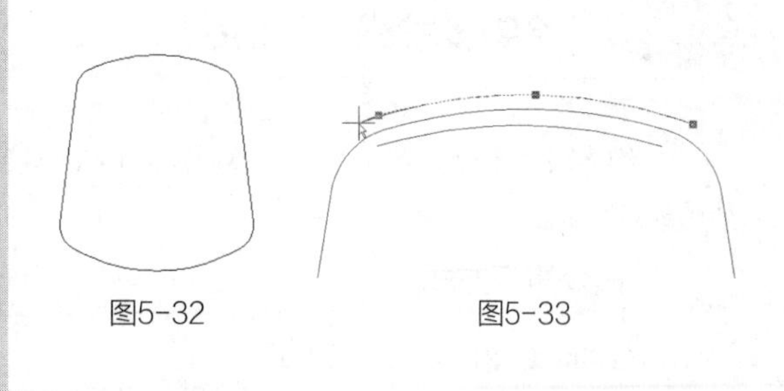

图5-32　　图5-33

06 接下来绘制椅子的靠背，选择图形上方的一段弧线，按住鼠标右键将其拖动复制出两段，将复制到上方的一段弧线再拉长一点，如图5-33所示。

07 使用Line命令将两段弧线的两端分别连接起来，再使用Trim命令将中间的一段剪掉，如图5-34所示。

08 再使用Arc命令在椅子靠背上方绘制一条弧线，如图5-35所示。

09 将上一步绘制的弧线和椅子靠背图形选中，双击鼠标左键，系统弹出图5-36所示的“对象特性”对话框，在对话框中设置线宽为0.30mm。

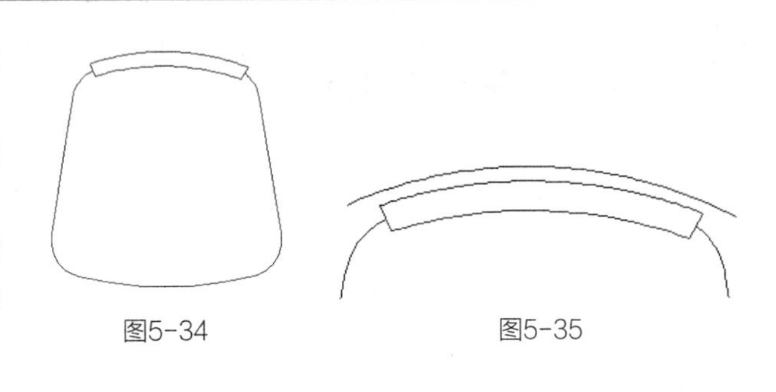

图5-34　　图5-35

此时椅子图形在视图中显示的效果如图5-37所示。

专家提示

要使图像能够在绘图区域中显示出线宽，则需要执行“格式>线宽”命令，在“线宽设置”对话框中将“显示线宽”复选框选中，如图5-38所示。否则图形的线条在绘图区域中的显示将不会发生变化。

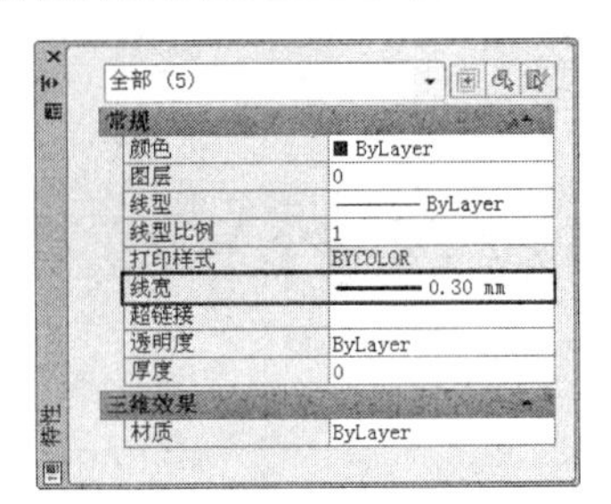

图5-36

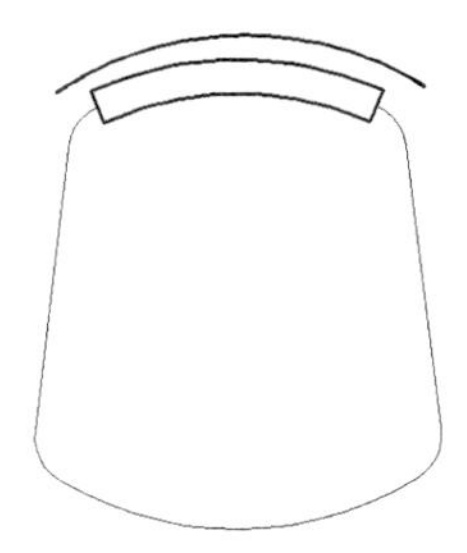

图5-37

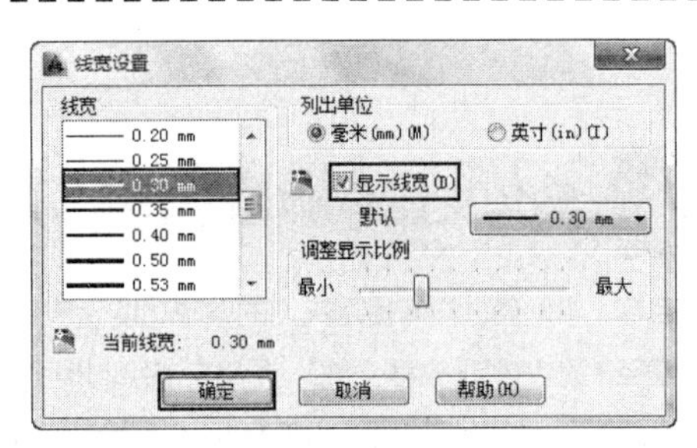

图5-38

5.2 绘制和编辑多段线

使用直线工具绘制出的图形是由独立的直线段构成的，而使用多段线工具绘制的图形则是一个整体，选择其中一条线段，则整个图形都会被选中。下面就来学习多段线的绘制和编辑。

相关命令如表5-1所示。

表5-1 多线段的绘制和编辑命令

命令	简写	功能
Pline（多段线）	PL	创建二维多段线，它是由直线段和圆弧段组成的单个对象。
Pedit（编辑多段线）	PEDIT	用于编辑多段线，它的常见用途包含合并二维多段线、将线条和圆弧转换为二维多段线以及将多段线转换为近似 B 样条曲线的曲线（拟合多段线）

5.2.1 绘制多段线（Pline）

二维多段线是作为单个平面对象创建的相互连接的线段序列，用户可以创建直线段、弧线段或两者的组合线段，如图5-39所示。

1. 命令执行方式

执行Pline命令的方法有以下3种。

命令行：在命令行提示行中输入Pline命令。

菜单栏：执行“绘图>多段线”菜单命令。

工具栏：在“绘图”工具栏中单击“多段线”按钮。

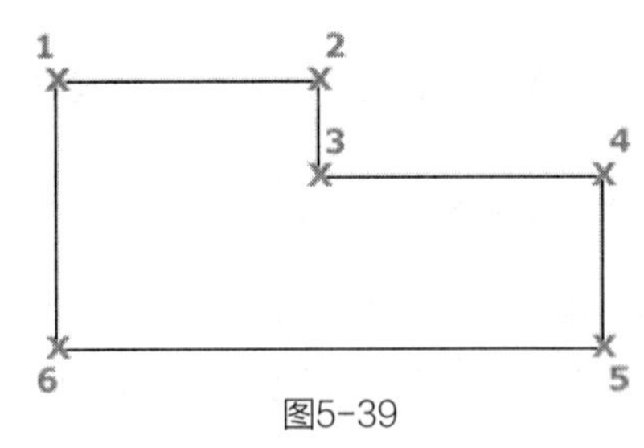

图5-39

2. 操作步骤

执行“绘图>多段线”菜单命令，用多段线绘制出图5-40所示的门洞图例。命令执行过程如下。

```
命令: _pline
指定起点:
当前线宽为 0.0000
指定下一个点或 [圆弧(A)/半宽(H)/长度(L)/放弃(U)/宽度(W)]: @-6,0 ↙
指定下一点或 [圆弧(A)/闭合(C)/半宽(H)/长度(L)/放弃(U)/宽度(W)]: @0,38 ↙
指定下一点或 [圆弧(A)/闭合(C)/半宽(H)/长度(L)/放弃(U)/宽度(W)]: w ↙
指定起点宽度 <0.0000>: 1.5 ↙
指定端点宽度 <1.5000>: ↙
指定下一点或 [圆弧(A)/闭合(C)/半宽(H)/长度(L)/放弃(U)/宽度(W)]: @34,0 ↙
指定下一点或 [圆弧(A)/闭合(C)/半宽(H)/长度(L)/放弃(U)/宽度(W)]: @0,-38 ↙
指定下一点或 [圆弧(A)/闭合(C)/半宽(H)/长度(L)/放弃(U)/宽度(W)]: w ↙
指定起点宽度 <1.5000>: 0 ↙
指定端点宽度 <0.0000>: ↙
指定下一点或 [圆弧(A)/闭合(C)/半宽(H)/长度(L)/放弃(U)/宽度(W)]: @-6,0 ↙
指定下一点或 [圆弧(A)/闭合(C)/半宽(H)/长度(L)/放弃(U)/宽度(W)]: @0,19 ↙
指定下一点或 [圆弧(A)/闭合(C)/半宽(H)/长度(L)/放弃(U)/宽度(W)]: a ↙
指定圆弧的端点或[角度(A)/圆心(CE)/闭合(CL)/方向(D)/半宽(H)/直线(L)/半径(R)/第二个点(S)/放弃(U)/宽度(W)]: w ↙
指定起点宽度 <0.0000>: ↙
指定端点宽度 <0.0000>: 1.5 ↙
指定圆弧的端点或[角度(A)/圆心(CE)/闭合(CL)/方向(D)/半宽(H)/直线(L)/半径(R)/第二个点(S)/放弃(U)/宽度(W)]: @-22,0 ↙
指定圆弧的端点或[角度(A)/圆心(CE)/闭合(CL)/方向(D)/半宽(H)/直线(L)/半径(R)/第二个点(S)/放弃(U)/宽度(W)]: L ↙
指定下一点或 [圆弧(A)/闭合(C)/半宽(H)/长度(L)/放弃(U)/宽度(W)]: c ↙
```

3. 技术要点：Pline命令各选项的含义

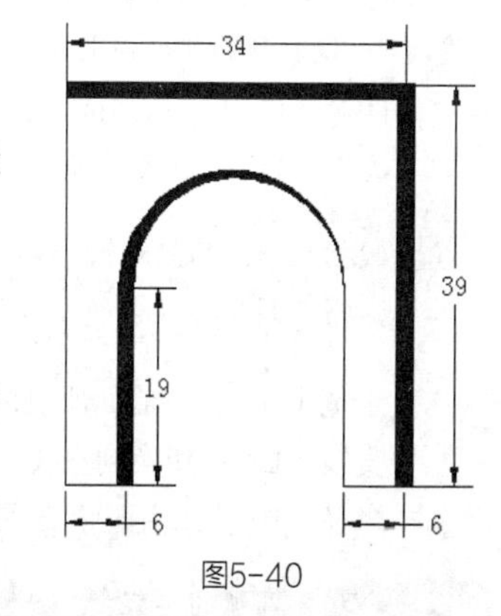

图5-40

指定起点：提示用户指定多段线起点。

当前线宽为 0.0000：显示的是多段线当前的线宽。这个宽度将对多段线的所有线段起作用，直到用户重新指定线宽为止。

指定下一个点：此为默认选项，让用户指定多段线的下一个点。在该点被指定以后，将从起点开始画一条直线，这一步类似于Line命令。画完后继续显示Pline命令的选项。

圆弧（A）：将Pline命令设置为画圆弧的模式，并显示与之相应的提示（在后面将进行说明）。

半宽（H）：指定下一段多段线的半宽度，即从多段线的中线到多段线边界的宽度。在输入H并按Enter键后，系统将显示以下提示。

```
指定起点半宽<当前值>:    //要求指定起始点半宽
指定端点半宽<当前值>:    //要求指定结束点半宽
```

当起始半宽和结束半宽设为不同值时，将能画出带有锥度的线段。在结束该Pline命令之前，其结束半宽将作为新的默认半宽，即该结束半宽适用于以后画的所有线段，除非在之前改变它。

长度（L）：按与前一线段相同的方向画指定长度的线段。例如，如果前一线段为圆弧，则画一条与该圆弧相切并具有指定长度的直线段。

放弃（U）：将最后加到多段线中的线段或者圆弧删除。

宽度（W）：指定下一段多段线的宽度。在输入W并按Enter键后，系统将显示以下提示。

```
指定起点宽度<当前值>:（要求指定起始点宽度）
指定端点宽度<当前值>:（要求指定结束点宽度）
```

当起始宽和结束宽设为不同值时，将能画出带有锥度的线段。在结束该Pline命令之前，其结束宽度将作为新的默认宽度，即该结束宽度适用于以后画的所有线段，除非在之前改变它，如图5-41所示。

闭合（C）：从当前位置画一条直线到多段线的起点，形成一条封闭的多段线，并结束该Pline命令。

如果选择Pline命令的“圆弧（A）”选项（继续刚才的步骤），将切换到圆弧模式，并显示以下提示。

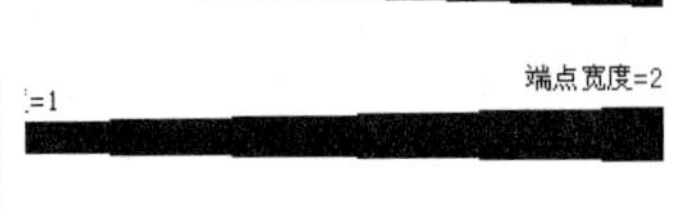

图5-41

```
指定圆弧的端点或[角度(A)/圆心(CE)/闭合(CL)/方向(D)/半宽(H)/直线(L)/半径(R)/第二个点(S)/放弃(U)/宽度(W)]
```

各选项的含义如下。

指定圆弧的端点：此为默认选项，让用户指定圆弧的终点。圆弧的起点就是前一线段（可以是直线段或圆弧段）的终点，并与前一线段相切。

角度（A）：让用户指定圆弧的弧心角。在输入A并按Enter键后，系统将显示以下提示。

```
指定包含角:        //指定角度值。如果角度值为正，则按逆时针方向画出圆弧；如果角度值为负，则按顺时针方向画出圆弧
指定圆弧的端点或[圆心(CE)/半径(R)]:   //指定圆弧的端点，或者输入选项
```

其中，“指定圆弧的端点”为默认选项，让用户指定圆弧的终点；“圆心（CE）”让用户指定圆弧的中心；“半径（R）”让用户指定圆弧的半径。

圆心（CE）：让用户指定圆弧的中心。在输入CE并按Enter键后，系统将显示以下提示。

```
指定圆弧的圆心:                //要求指定圆弧中心
指定圆弧的端点或[角度(A)/长度(L)]:   //指定圆弧的端点，或者输入选项
```

其中，“指定圆弧的端点”为默认选项，让用户指定圆弧的终点；“角度（A）”让用户指定圆弧的弧心角；“长度（L）”让用户指定圆弧的长度。

闭合（CL）：从当前位置画一圆弧段到多段线的起点，构成一闭合的多段线，同时结束Pline命令。

方向（D）：让用户指定圆弧的起始方向。在输入D并按Enter键后，系统将显示以下提示。

```
指定圆弧的起点切向: //让用户指定一个点，该点与前一点连线形成圆弧的起始方向
指定圆弧的端点:   //让用户指定圆弧的终点
```

半宽（H）：与前面所说讲的“半宽（H）”含义相同。弧段的半宽可以取从0mm到圆弧半径之间的任意值。

直线（L）：切换到直线模式

半径（R）：让用户指定圆弧的半径。在输入R并按Enter键后，系统将显示以下提示。

```
指定圆弧的半径:          //指定半径
指定圆弧的端点或[角度(A)]: //指定一个点作为圆弧的端点或者指定圆弧的弧心角
```

第二个点（S）：指定三点画圆弧的第二点和第三点。在输入S并按Enter键后，系统将显示以下提示。

```
指定圆弧上的第二个点:          //指定圆弧上的第二点
```

如果用拾取一个点来响应，此点就是第二点，然后提示指定圆弧的端点。

放弃（U）与宽度（W）：含义与前面所述的“放弃（U）”与“宽度（W）”的作用相同。

当多段线带有宽度时，可以通过执行Fill命令来打开或者关闭填充模式。

5.2.2 编辑多段线（Pedit）

Pedit（编辑多段线）命令特殊的编辑功能，可以处理多段线的特殊属性。Pedit命令含有几个多选项子菜单，总共大约有70个命令选项。

1. 命令执行方式

执行Pedit命令有以下两种方法。

命令行：在命令行提示行中输入Pline命令。

菜单栏：执行“修改>对象>多段线”命令。

2. 操作步骤

在命令行中输入Pedit命令并按Enter键，命令提示如下。

```
命令: _pedit
选择多段线： //选择多段线
选定的对象不是多段线，是否将其转换为多段线? <Y>:
```

如果选择的对象不是多段线，而是直线或者圆弧等，则系统出现该提示，回答Y或者按Enter键，则将所选择的直线或者圆弧转变为一段多段线，然后再进行编辑。如果所选择的对象已是一条多段线，则系统将给出一个具有多个选项的提示。

```
输入选项 [打开(O)/合并(J)/宽度(W)/编辑顶点(E)/拟合(F)/样条曲线(S)/非曲线化(D)/线型生成(L)/反转(R)/放弃(U)]: //可选择其中的一个选项
```

在使用Pedit命令的过程中，如果选择的线段不是多段线，则必须按上述方法将其转变为多段线，然后才能使用Pedit命令对其进行编辑。

3. 技术要点：Pedit命令子选项的含义

打开（O）：与闭合（C）选项相反，用于打开封闭的多段线图形，图5-42所示是一个使用“闭合”选项封闭的多边形，使用“打开”选项将其打开后的效果。

注意

如果多段线的最后一段的端点与第一段的起点相连，但不是用闭合选项封闭的，则“打开”选项将不起作用，也就是说只能打开封闭的多段线对象。

闭合（C）：类似于Line命令的“闭合”选项，即封闭该多段线。如果最后一段是多段线圆弧，那么下一段将类似于圆弧与圆弧的连接，并用上一段多段线圆弧的方向作为开始方向，用第一段线段的起点作为封闭多段圆弧的端点，画一段圆弧，如图5-43所示。

并（J）：将所选定的直线、圆弧和（或）多段线与先前选定的多段线连成一条多段线。但前提条件是所有的线段都必须顺序相连且端点重合，否则将无法连接。

宽度（W）：改变多段线的宽度。它可使多段线的宽度变得一致或不相同。

编辑顶点（E）：修改多段线的顶点。顶点是两条线段相连的点。选择E（Editvertex）选项后，AutoCAD就用×标记出可见顶点，以指示修改那一个顶点，如图5-44所示。

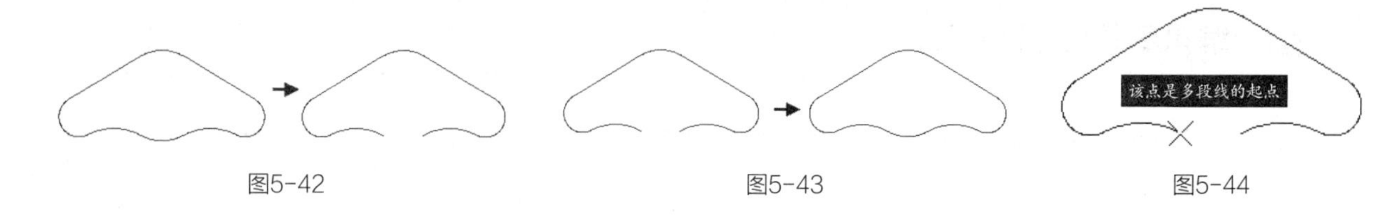

图5-42　　图5-43　　图5-44

案例 029 使用Pline（多段线）绘制支架轮廓

- **学习目标** | 本例主要练习使用Pline命令绘制直线段和弧线，案例效果如图5-45所示。
- **视频路径** | 光盘\视频教程\CH05\使用Pline（多段线）绘制支架轮廓.avi
- **结果文件** | 光盘\DWG文件\CH05\支架轮廓.dwg

01 单击“绘图”工具栏中的“多段线”按钮，绘制出图5-46所示的直线和圆弧。命令执行过程如下。

```
命令: _pline
指定起点:
当前线宽为 0.0000
指定下一个点或 [圆弧(A)/半宽(H)/长度(L)/放弃(U)/宽度(W)]: @-60,0 ↙
指定下一点或 [圆弧(A)/闭合(C)/半宽(H)/长度(L)/放弃(U)/宽度(W)]: @0,-10 ↙
指定下一点或 [圆弧(A)/闭合(C)/半宽(H)/长度(L)/放弃(U)/宽度(W)]: @10,0 ↙
指定下一点或 [圆弧(A)/闭合(C)/半宽(H)/长度(L)/放弃(U)/宽度(W)]: a ↙
指定圆弧的端点或[角度(A)/圆心(CE)/闭合(CL)/方向(D)/半宽(H)/直线(L)/半径(R)/第二个点(S)/放弃(U)/宽度(W)]: @0,-10 ↙
指定圆弧的端点或[角度(A)/圆心(CE)/闭合(CL)/方向(D)/半宽(H)/直线(L)/半径(R)/第二个点(S)/放弃(U)/宽度(W)]: l ↙
指定下一点或 [圆弧(A)/闭合(C)/半宽(H)/长度(L)/放弃(U)/宽度(W)]: @-10,0 ↙
指定下一点或 [圆弧(A)/闭合(C)/半宽(H)/长度(L)/放弃(U)/宽度(W)]: @0,-10 ↙
指定下一点或 [圆弧(A)/闭合(C)/半宽(H)/长度(L)/放弃(U)/宽度(W)]: @60,0 ↙
指定下一点或 [圆弧(A)/闭合(C)/半宽(H)/长度(L)/放弃(U)/宽度(W)]:
```

02 单击“绘图”工具栏中的“圆”按钮，用“两点”法绘制一个直径为30mm的圆，如图5-47所示。命令执行过程如下。

```
命令: _circle
指定圆的圆心或 [三点(3P)/两点(2P)/切点、切点、半径(T)]: 2p ↙
指定圆直径的第一个端点: //捕捉多段线右上方的端点
指定圆直径的第二个端点: //捕捉多段线右下方的端点
```

03 按Space键继续执行Circle命令，绘制一个半径为10mm的同心圆，如图5-48所示。命令执行过程如下。

```
命令: _circle
指定圆的圆心或 [三点(3P)/两点(2P)/切点、切点、半径(T)]: //捕捉上一个圆的圆心
指定圆的半径或 [直径(D)] <15.0000>: 10 ↙
```

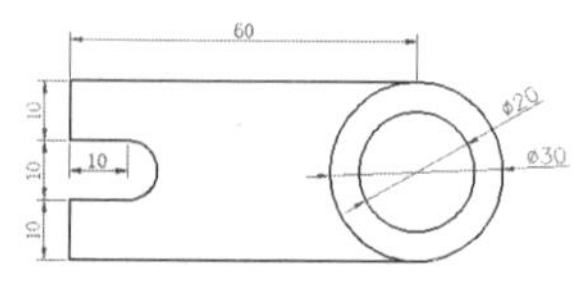

图5-45

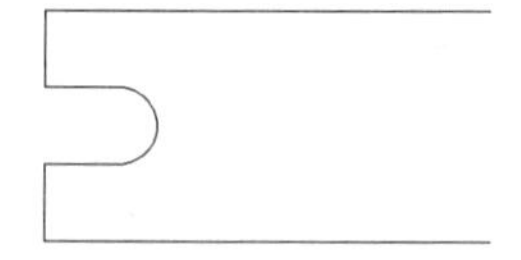

图5-46

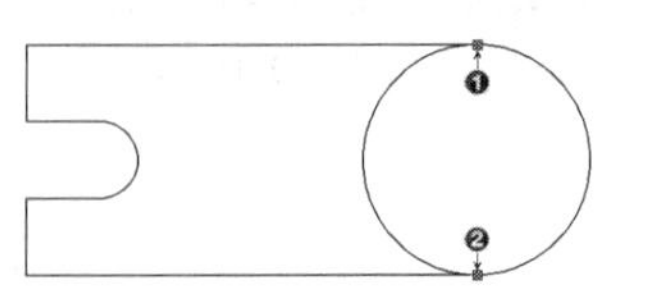

图5-47

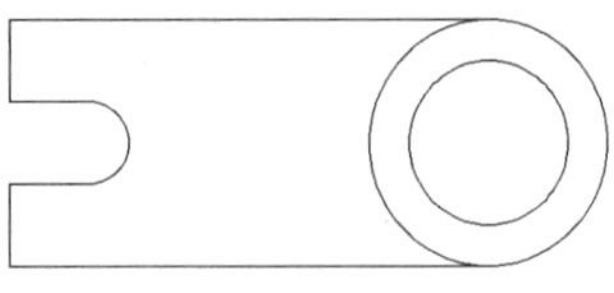

图5-48

5.3 绘制和编辑多线

我们把由多条平行线组成的图形对象称为多重线（Multiline），其中组成多重线的单个平行线称为元素，每个元素由其到多重线中心线的偏移量（Offset）来定位。多重线最多可以由16个元素组成。

绘制和编辑多线命令如表5-2所示。

表5-2 绘制和编辑多线命令

命令	简写	功能
Mline	ML	用于创建多条平行线
Mledit	MLED	将显示“多线编辑工具”对话框，用于编辑多线交点、打断点和顶点
Mlstyle	MLS	将显示“多线样式”对话框，用于创建、修改和管理多线样式

5.3.1 绘制多线（Mline）

1. 命令执行方式

执行Mline命令的方法有以下两种。

命令行：在命令行提示行中输入Mline命令。

菜单栏：执行“绘图>多线”菜单命令。

2. 操作步骤

在命令行中输入Mline命令并按Enter键，命令执行过程如下。

```
命令: _mline ↙
前设置：对正=<当前值>，比例=<当前值>，样式= Standard
指定起点或 [对正(J)/比例(S)/样式(ST)]:
//指定多重线的起点或者选择一个选项，其中“指定起点”为默认选项
指定下一点:
指定下一点或[放弃(U)]:
指定下一点或[闭合(C)/放弃(U)]: ↙ //选择“闭合(C)”选项会使下一段多线与起点相连，并对所有线段之间的接头进行圆弧过渡，然后结束该命令，结果如图5-49所示
```

如果画了任意一段线后选择“放弃(U)”选项，则AutoCAD将擦除最后画的一段线，然后再继续提示指定下一点，这和Line命令相同。

3. 技术要点：Mline命令各子选项的含义

对正（J）：确定多重线的元素与指定点之间的对齐方式。当用户选择该选项后，AutoCAD有如下提示。

```
输入对正类型 [上(T)/无(Z)/下(B)] <当前值>:
```

该提示要求用户指定多重线的元素之间的对齐方式，AutoCAD提供3种对齐方式。

上（T）：使元素相对于选定点所确定的基线以最大的偏移画出，从每条线段的起点向终点看，该多重线的所有其他元素均在该指定基线的右侧，如图5-50所示。

无（Z）：使选定点所确定的基线为该多线的中线，如图5-51所示，从每条线段的起点向终点看，具有正偏移量的元素均在该指定基线的右侧；而具有负偏移量的元素均在该指定基线的左侧。

下（B）：此种对齐方式使元素相对于选定点所确定的基线以最小的偏移画出，如图5-52所示，从每条线段的起点向终点看，该多重线的所有其他元素均在该指定基线的左侧。

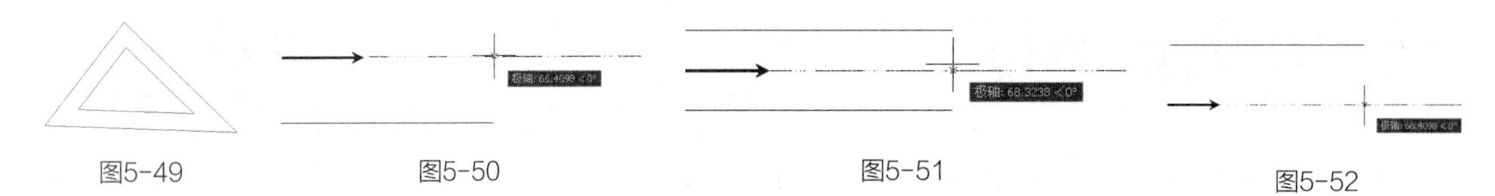

图5-49　图5-50　图5-51　图5-52

比例（S）：设置组成多线的两条平行线之间的距离。

样式（ST）：此选项用于在多重线式样库中选择当前多重线的式样。

```
指定起点或 [对正(J)/比例(S)/样式(ST)]：ST ↙
输入多线样式名或 [?]:
```

此提示要求用户指定所画多重线的式样名，可用“?”选项显示所有多重线的式样名。如果直接在该提示下按Enter键，则系统将选择默认的式样。

5.3.2 使用Mledit命令编辑多线

Mledit命令用于编辑多线，它的主要功能是确定多线在相交时的交点特征。

1. 命令执行方式

执行Pedit命令有以下两种方法。

命令行：在命令行提示行中输入Mline命令。

菜单栏：执行“修改>对象>多线”命令。

2. 技术要点

在命令行输入Mledit（编辑多线）命令并按Enter键，系统会弹出图5-53所示的“多线编辑工具”对话框。

在“多线编辑工具”对话框中的第一列是用于处理十字相交多线的交点模式；第二列是用于处理T字形相交多线的交点模式；第三列是用于处理多线的角点和顶点的模式；第四列是用于处理要被断开或连接的多线的模式。

在编辑时先选择要使用的方式，比如使用“十字合并”。先在对话框中单击“十字合并”，然后在绘图区域中选择两条相交的多线，单击鼠标右键或按Enter键即可完成操作，效果如图5-54所示。

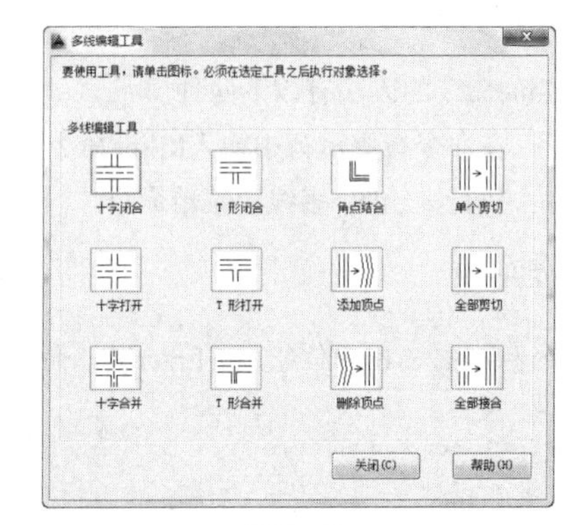

图5-53

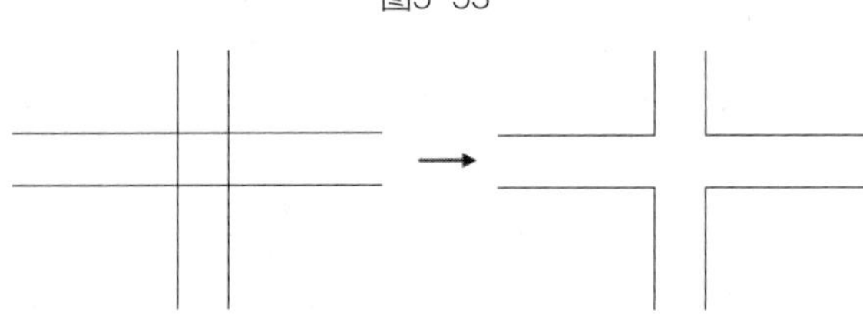

图5-54

5.3.3 设置多线样式

多线的式样将控制元素的数量和每个元素的特性，还可以指定每条多线的背景颜色及端点形状。

Mlstyle命令用于构造多线的新式样，或者编辑修改原有多线的式样。所设置的多线式样最多只能由16条直线组成，这些线叫做元素。

1. 命令执行方式

命令行：在命令行输入Mlstyle命令按Enter键。

菜单栏：执行“格式/多线样式”系统会 弹出图5-55所示的“多线样式”对话框。

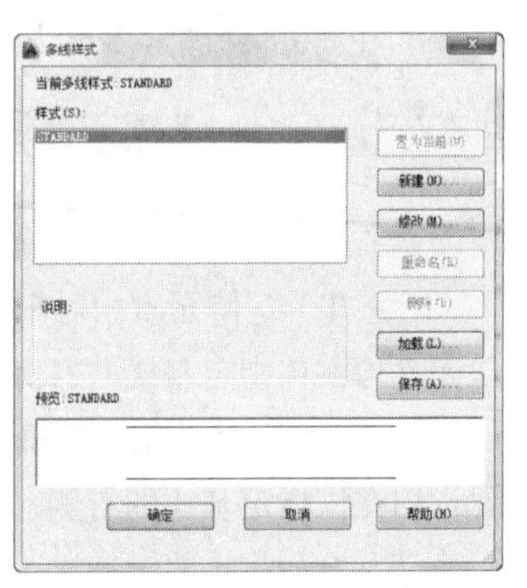

图5-55

2. 技术要点

“多线样式”对话框中各按钮功能

样式：样式列表框列出了当前图形加载的可用多线式样，用户可以从中选择一种所需的式样。从列表框中选择一个式样的名字并单击“置为当前”按钮，然后单击“确定”按钮，则该式样就被设置为当前式样，用于画到当前的图形中。

新建：单击“新建”按钮，系统将显示一个“创建新的多线样式”对话框，如图5-56所示，对话框中的各选项可设置或改变多线元素的数量、偏移量、线型和颜色等特性。

输入名称后单击“确定”按钮，系统便会弹出“新建多线样式”对话框，如图5-57所示，用户需要在对话框中设置样式的属性。其中的“说明”编辑框用于附加对多线式样的描述。该描述包括空格在内不得超过255个字符。

图5-56

图5-57

封口：设置多线封口处的类型，默认情况下绘制的多线是没有封口的，勾选这里的复选框可以使绘制出的多线根据勾选的封口类型进行封口，如图5-58所示。还可以设置封口的角度，默认为90° 。

图5-58

填充颜色：设置多线内部的填充颜色，默认情况是没有使用填充。

图元：这里用于设置多线的偏移基数，有正负两个值，先要选中列表中的数值，才能在下面的“偏移”文本框中修改它的值。

这里的参数和多线命令提示行中的“比例”设置相关，例如要绘制一条宽度为240mm的多线，默认情况下需要在绘图时将比例设置为240，如果将这里的“偏移”值分别放大4倍，设置为2和-2，那么在绘图时就要将比例设置为60，也就是说要缩小相应的倍数。

修改：在多线式样名列表中选择一个样式，然后单击“修改”按钮，即可对该样式重新进行设置，如果已经使用了该样式绘制多线，则不能对该样式进行修改。

加载：用于从多线式样库中加载多线式样到当前图形中。系统将显示“加载多线样式”对话框。如果要从另外的库文件中加载多线式样，则可单击“文件”按钮。在“文件”按钮后面显示的是当前使用的库文件名。

保存：用于保存创建的样式。单击该按钮，AutoCAD将显示“保存多线样式”对话框，供用户选择存储路径。在默认的情况下，AutoCAD将多线式样的定义存储在acm.mln库文件中。用户也可以按照自己的需要，选择另外的文件或指定一个以MLN为扩展名的新文件名。

案例 030 绘制墙线

- **学习目标** | 通过绘制图5-59所示的墙线，学习构造线和多线的绘制方法以及编辑多线的技巧。
- **视频路径** | 光盘\视频教程\CH05\绘制墙线.avi
- **结果文件** | 光盘\DWG文件\CH05\墙线.dwg

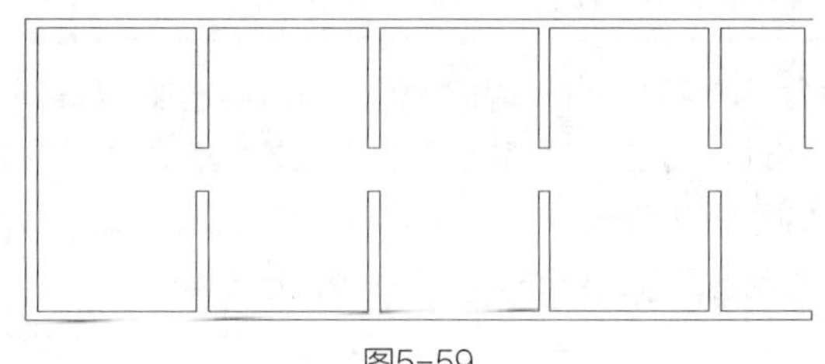
图5-59

01 在“绘图”工具栏中单击“构造线”按钮，然后根据命令提示绘制水平构造线，如图5-60所示。命令执行过程如下。

```
命令: _xline
指定点或 [水平(H)/垂直(V)/角度(A)/二等分(B)/偏移(O)]: h ↙
//输入H表示绘制水平构造线
指定通过点:        //在绘图区域内任意拾取一点
指定通过点: @0,-3500 ↙
指定通过点: @0,-1200 ↙
指定通过点: @0,-3500 ↙
指定通过点: ↙
```

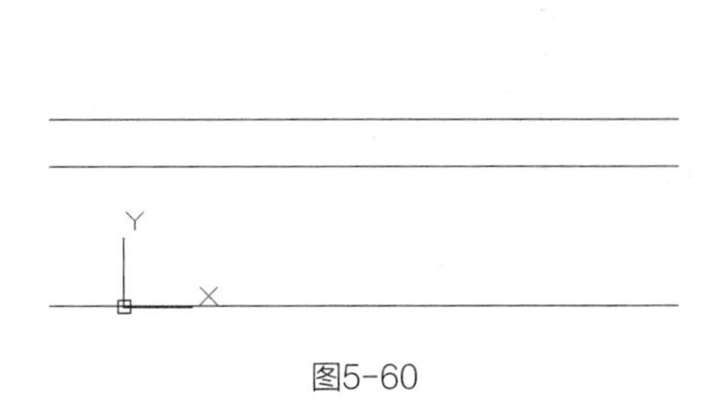

图5-60

02 再次使用Xline（构造线）命令绘制垂直构造线，如图5-61所示。命令执行过程如下。

```
命令: _xline
指指定点或 [水平(H)/垂直(V)/角度(A)/二等分(B)/偏移(O)]: v ↙
//输入V表示绘制垂直构造线
指定通过点:        //在绘图区域左侧任意拾取一点
指定通过点: @3500,0 ↙
指定通过点: @3500,0 ↙
指定通过点: @3500,0 ↙
指定通过点: @3500,0 ↙
指定通过点: @2000,0 ↙
指定通过点: 0 ↙
```

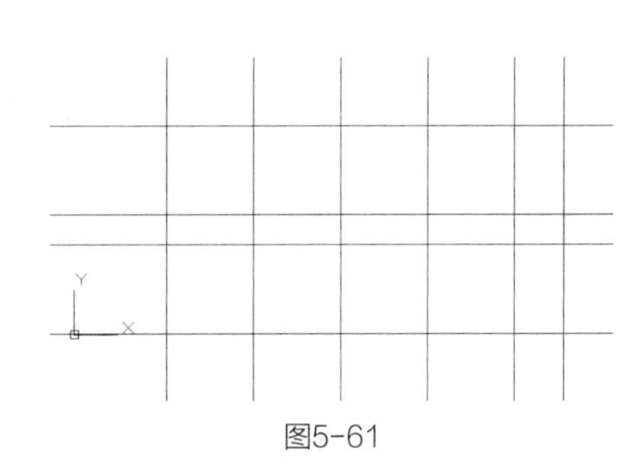

图5-61

03 执行“格式>多线样式”菜单命令打开“多线样式”对话框。

04 单击“新建”按钮，打开“创建新的多线样式”对话框，然后将新样式命名为“墙线”，如图5-62所示。

05 单击“继续”按钮，打开“新建多线样式：墙线”对话框，然后在“封口”选项组下勾选“直线”的“起点”和“端点”选项，接着在“图元”选项组下的元素列表框中选择偏移量为正的元素，并在“偏移”文本框中输入新的偏移量为120.000mm，如图5-63所示。

06 采用相同的方法选择偏移量为负的元素，设置偏移量为-120.000mm，具体参数设置如图5-64所示。

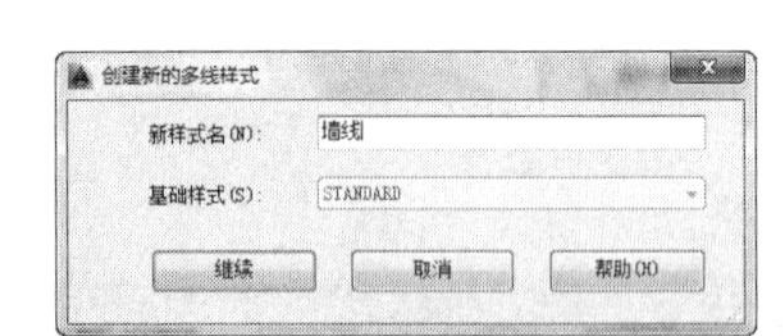

图5-62

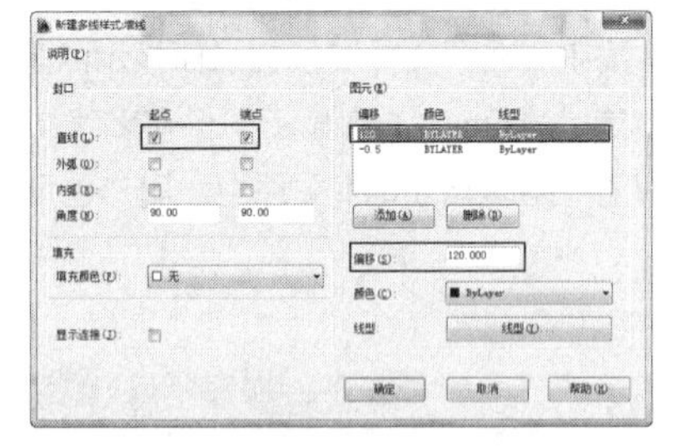

图5-63

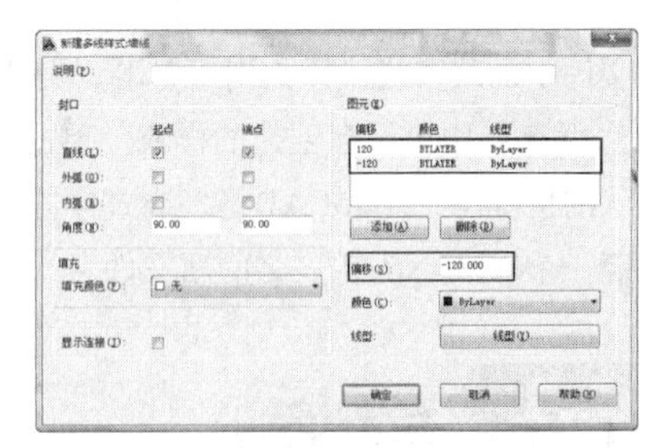

图5-64

专家提示

这里设置多线的正负偏移量分别为120mm、-120mm，合起来就是多线的宽度240mm，这恰好是建筑墙体中常用的“二四墙”的标准厚度。

07 单击“确定”按钮返回“多线样式”对话框，新建的“墙线”样式会出现在样式列表中，将其选中并单击“置为当前”按钮，把“墙线”设为当前多线样式，最后单击“确定”按钮完成设定，如图5-65所示。

08 执行“绘图>多线”菜单命令，绘制图5-66所示的墙线。命令执行过程如下。

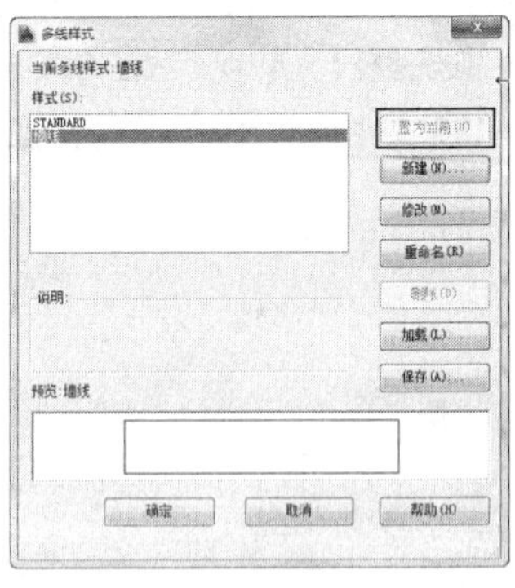

图5-65

```
命令: _mline
当前设置: 对正 = 上, 比例 = 20.00, 样式 = 墙线
指定起点或 [对正(J)/比例(S)/样式(ST)]: s ↙    //输入选项S表示将设置多线的比例
输入多线比例 <20.00>: 240 ↙    //设置多线的比例为240
当前设置: 对正 = 无, 比例 = 240.00, 样式 = 墙线
指定起点或 [对正(J)/比例(S)/样式(ST)]:    //捕捉点1
指定下一点:    //捕捉点2
指定下一点或 [放弃(U)]:    //捕捉点3
指定下一点或 [闭合(C)/放弃(U)]:    //捕捉点4
指定下一点或 [闭合(C)/放弃(U)]:    //捕捉点5
指定下一点或 [闭合(C)/放弃(U)]: ↙
```

图5-66

09 采用相同的方法绘制建筑平面图内部的墙线，如图5-67所示。

图5-67

10 将绘制的墙线放大显示，可以看到交接处有些重复，还需要进行调整，如图5-68所示。

11 执行“修改>对象>多线”菜单命令打开“多线编辑工具”对话框，如图5-69所示。

12 单击“T形合并”按钮，然后根据命令提示合并多线的T形接口，如图5-70和图5-71所示。命令执行过程如下。

```
命令: _mledit
选择第一条多线:    //选择多线任意一条内部竖向多线
选择第二条多线:    //选择多线外围多线
选择第一条多线 或 [放弃(U)]: ↙
```

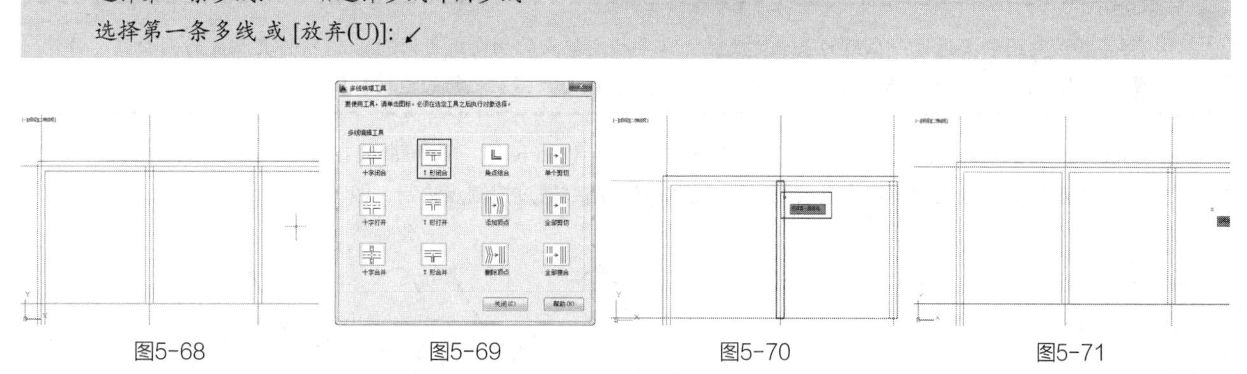

图5-68　图5-69　图5-70　图5-71

专家提示

这里一定要注意第一条多线和第二条多线的选择顺序，顺序不同，结果也不同。比如先选择外围多线，再选择内部多线，那么结果就会不理想，如图5-72和图5-73所示。

13 采用相同的方法对所有T形接口进行合并，然后删除辅助线，最终效果如图5-74和图5-75所示。

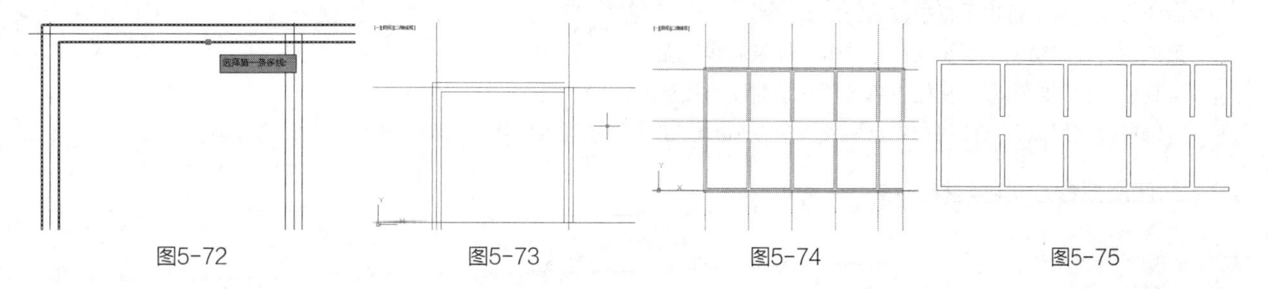

图5-72　图5-73　图5-74　图5-75

5.4 绘制和编辑样条曲线

在前面介绍的绘图命令中包括了一些绘制曲线的命令，如绘制圆、圆弧、椭圆和椭圆弧等。所有这些曲线都属于标准曲线的范围，因为它们都可以用各自相应的标准数学方程式来加以描述。但在工程应用中另有一类曲线，它们不能用标准的数学方程式来加以描述，它们只有一些已测得的数据点，要用通过拟合数据点的办法来绘制出相应的曲线。这种类型的曲线称为样条类曲线。样条类曲线包括很多种，在这里介绍的Spline（样条曲线）命令用于绘制非均匀有理B样条曲线。

绘制和编辑样条曲线命令如表5-3所示。

表5-3 绘制和编辑样条曲线命令

命令	简写	功能
Spline（样条曲线）	SP	创建经过或靠近一组拟合点或由控制框的顶点定义的平滑曲线
Splinedit（编辑曲线）	SPE	修改样条曲线的参数或将样条拟合多段线转换为样条曲线
Blend（平滑曲线）	BLE	在两条选定直线或曲线之间的间隙中创建样条曲线

5.4.1 绘制样条曲线（Spline）

样条曲线是经过或接近一系列给定点的光滑曲线，如图5-76所示。通过编辑曲线的顶点可以控制曲线与点的拟合程度，也以通过使用Splinedit命令更改拟合公差的值来控制B样条曲线和拟合点之间的最大距离。

专家提示

样条曲线的绘制要通过一系列的点来定义，并需要指定端点的切向或者用Close选项将其构成封闭曲线。另外一个要点是需要指定曲线的拟合公差，它决定了所生成的曲线与数据点之间的逼近程度。

使用Spline命令创建的曲线类型称为非一致有理B样条曲线（Nurbs）。Nurbs曲线在控制点或拟合点之间产生一条平滑的曲线。左侧的样条曲线通过拟合点绘制，而右侧的样条曲线通过控制点绘制，如图5-77所示。

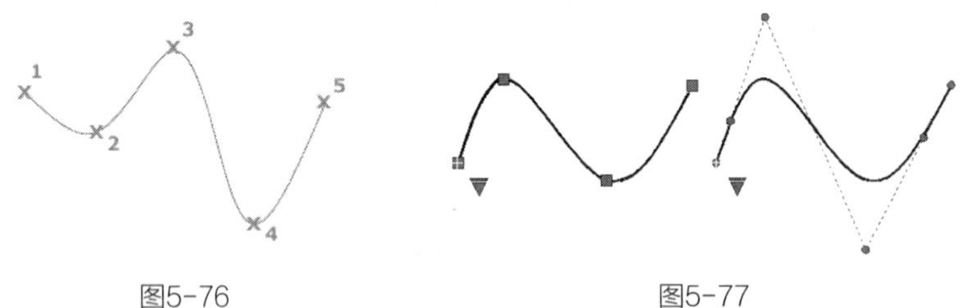

图5-76　　图5-77

1. 命令执行方式

执行Spline命令的方法有以下3种。

命令行：在命令行提示行中输入Spline命令。

菜单栏：在“绘图”下拉菜单中单击“样条曲线”命令。

工具栏：在“绘图”工具栏中单击“样条曲线”按钮。

可以通过使用拟合点使用控制点两种方法在AutoCAD中创建样条曲线，每种方法具有不同的选项。

2. 使用拟合方式创建样条线

```
命令: _spline
当前设置: 方式=拟合  节点=弦
```

```
指定第一个点或 [方式(M)/节点(K)/对象(O)]:
输入下一个点或 [起点切向(T)/公差(L)]:
输入下一个点或 [端点相切(T)/公差(L)/放弃(U)/闭合(C)]:
```

3. 技术要点：Spline命令各子选项的含义

方式（M）：控制是使用拟合点还是使用控制点来创建样条曲线。两种方式的命令选项是不同的。

节点：指定节点参数化，它会影响曲线在通过拟合点时的形状，如图5-78所示。

- ◆ 弦：使用代表编辑点在曲线上位置的十进制数值对编辑点进行编号。
- ◆ 平方根：根据连续节点间弦长的平方根对编辑点进行编号。
- ◆ 统一：使用连续的整数对编辑点进行编号。

对象：将二维/三维的二次/三次样条曲线拟合多段线转换成等效的样条曲线并删除多段线（取决于Delobj系统变量的设置）。

下一点：指定下一个点，直到按Enter键为止。

放弃：删除最后一个指定点。

关闭：通过将最后一个点定义为与第一个点重合并使其在连接处相切，闭合样条曲线。

起点切向：基于切向创建样条曲线，如图5-79所示。

端点相切：停止基于切向创建曲线。可通过指定拟合点继续创建样条曲线。选择“端点相切”后，将提示指定最后一个输入拟合点的最后一个切点，如图5-80所示。

公差：指定距样条曲线必须经过的指定拟合点的距离。公差应用于除起点和端点外的所有拟合点，如图5-81所示。

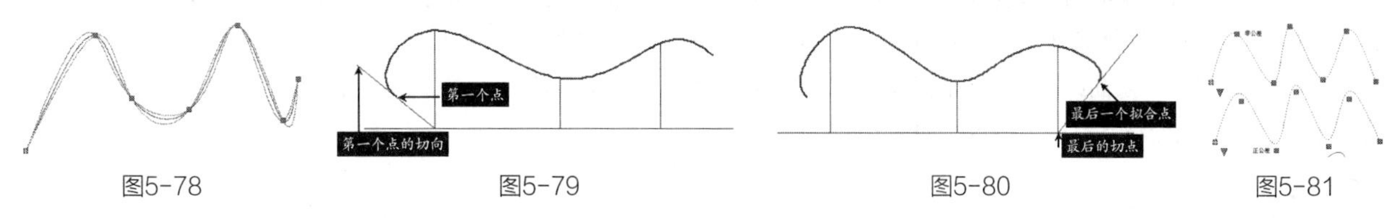

图5-78　图5-79　图5-80　图5-81

4. 使用控制点创建样条线

使用控制点创建样条线如图5-82所示。命令执行过程如下。

```
命令: _spline
当前设置: 方式=控制点  阶数=2
指定第一个点或 [方式(M)/阶数(D)/对象(O)]:
输入下一个点:
输入下一个点或 [闭合(C)/放弃(U)]:
```

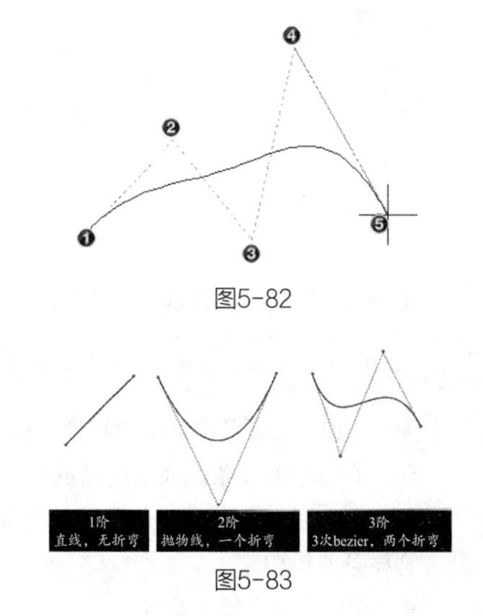

图5-82

图5-83

5. 技术要点：Spline命令子选项的含义

阶数：设定可在每个范围中获得的最大“折弯”数；阶数可以为1、2或3。控制点的数量将比阶数多1，因此3阶样条曲线具有4个控制点，如图5-83所示。

5.4.2 使用Splinedit命令编辑样条曲线

使用Splinedit命令可以修改样条曲线的定义，如控制点数量和权值、拟合公差及起点相切和端点相切。

拟合数据由所有的拟合点、拟合公差以及与由Spline命令创建的样条曲线相关联的切线组成。如果进行以下操作，样条曲线可能丢失其拟合数据。

◆ 编辑拟合数据时使用“清理”选项。

◆ 通过提高阶数、添加或删除控制点或更改控制点的权值来优化样条曲线。

◆ 更改拟合公差

◆ 移动控制点。

◆ 修剪、打断、拉伸或拉长样条曲线 。

注意

即使在选择样条曲线拟合多段线之后立即退出Splinedit，Splinedit仍会自动将样条曲线拟合多段线转换为样条曲线。

执行Splinedit命令的方法有以下3种。

命令行：在命令行提示行中输入Splinedit命令。

菜单栏：执行“编辑>对象>样条曲线”命令。

工具栏：选中样条曲线，单击鼠标右键，在快捷菜单中选择相应的命令，如图5-84所示。

Splinedit命令提示如下。

```
命令: _splinedit
输入选项 [闭合(C)/合并(J)/拟合数据(F)/编辑顶点(E)/转换为多段线(P)/反转(R)/放弃(U)/退出(X)] <退出>:
```

关闭：闭合开放的样条曲线，使其在端点处相切连续（平滑）。如果样条曲线的起点和端点相同，那么关闭后会使样条曲线在两点处均相切连续，如图5-85所示。

打开：打开闭合的样条曲线。如果在使用“闭合”选项前样条曲线的起点和端点相同，则样条曲线会返回到其原始状态。起点和端点保持相同，但失去其相切连续性（平滑）。如果在使用“闭合”选项前样条曲线为开放状态（其起点和端点不同），则样条曲线会返回到其原始开放状态，且会删除相切连续性。

合并：选定的样条曲线、直线和圆弧在重合端点处合并到现有样条曲线。选择有效对象后，该对象将合并到当前样条曲线，合并点处将具有一个折点，如图5-86所示。

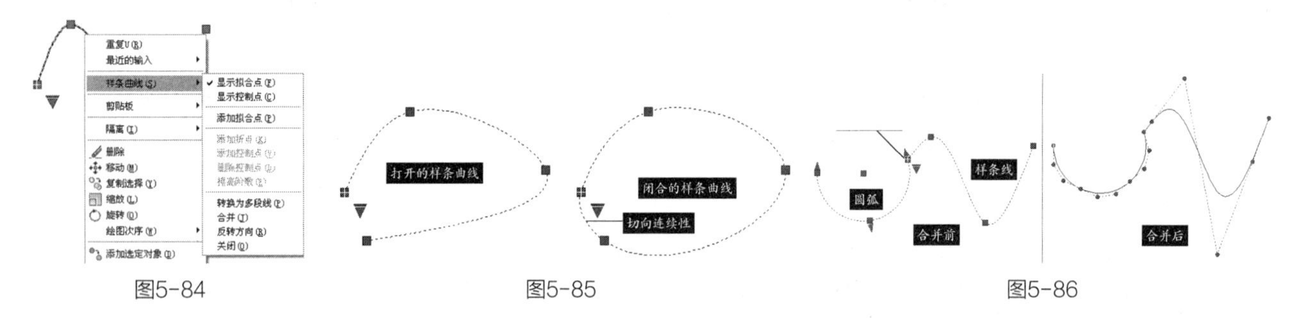

图5-84　　图5-85　　图5-86

拟合数据：输入拟合数据选项后的命令提示如下。

```
[添加(A)/删除(D)/折点(K)/移动(M)/清理(P)/相切(T)/公差(L)/退出(X)] <退出>:
```

◆ 添加：在样条曲线中增加拟合点。选择点之后，Splinedit将高度显示该点和下一点，并将新点置于亮显的点之间。在打开的样条曲线上选择最后一点只高度显示该点，并且 Splinedit将新点添加到最后一点之后。如果在打开的样条曲线上选择第一点，可以选择将新拟合点放置在第一点之前或之后。添加该点，然后通过一组新点重新拟合样条曲线。

◆ 关闭：闭合样条曲线 。

◆ 删除：从样条曲线中删除拟合点并且用其余点重新拟合样条曲线。

◆ 折点：在样条曲线上的选定点处添加节点和拟合点。

◆ 移动：把拟合点移动到新位置。

◆ 清理：从图形数据库中删除样条曲线的拟合数据。清理样条曲线的拟合数据后，将显示不包括“拟合数据”选项的Splinedit主提示。

◆ 相切：编辑样条曲线的起点和端点切向。如果样条曲线闭合，则提示变为：“指定切向或 [系统默认值（S）]”。“系统默认值”选项会计算默认端点相切。可以指定点或使用“切点”或“垂足”对象捕捉模式使样条曲线与现

有的对象相切或垂直。

◆ 公差：使用新的公差值将样条曲线重新拟合至现有点。

◆ 退出：返回到Splinedit主提示。

编辑顶点：精密调整样条曲线定义。命令提示如下。

```
输入顶点编辑选项 [添加(A)/删除(D)/提高阶数(E)/移动(M)/权值(W)/退出(X)] <退出>:
```

◆ 添加：增加控制部分样条曲线的控制点数量。

◆ Splinedit将在影响该部分样条曲线的两个控制点之间紧靠着选定的点添加新的控制点。

◆ 删除：减少定义样条曲线的控制点的数量。

◆ 提高阶数：增加样条曲线上控制点的数量。输入大于当前阶数的值将增加整个样条曲线的控制点数，使控制更为严格。最大值为26。

◆ 移动：重新定位样条曲线的控制顶点并清理拟合点。

◆ 权值：更改不同控制点的权值。权值越大，样条曲线越接近控制点。

◆ 退出：返回到Splinedit主提示。

转换为多段线：将样条曲线转换为多段线。精度值决定结果多段线与源样条曲线拟合的精确程度。有效值为0 ~ 99的任意整数。注意高精度值可能会引发性能问题。

注意

Plineconvertmode系统变量可决定是使用线性线段还是使用圆弧段绘制多段线。Pedit和Splinedit中的转换将遵循Delobj系统变量。

反转：反转样条曲线的方向。此选项主要适用于第三方应用程序。

放弃：取消上一编辑操作。

5.4.3 使用Blend命令光滑曲线

使用Blend命令可以在两条选定直线或曲线之间的间隙中创建样条曲线，如图5-87所示。

执行Splne命令的方法有以下3种。

命令行：在命令行提示行中输入Bleng命令。

菜单栏：执行“修改>光顺曲线”菜单命令。

工具栏：单击“绘图”工具栏中的“光顺曲线”按钮。

01 打开配套光盘中的“DWG文件\CH05\543.dwg”文件，如图5-88所示。

02 单击“绘图”工具栏中的“光顺曲线”按钮，将两条曲线合并，如图5-89所示。命令执行过程如下。

```
命令: _blend
连续性 = 相切
选择第一个对象或 [连续性(CON)]: //选择第一条曲线的右端
选择第二个点: //选择第二条曲线的左端
```

注意

在选择对象时，通过鼠标单击的位置决定两条曲线由哪两个端点相连。例如都是单击曲线的左侧，则会按图5-90所示的方式连接。

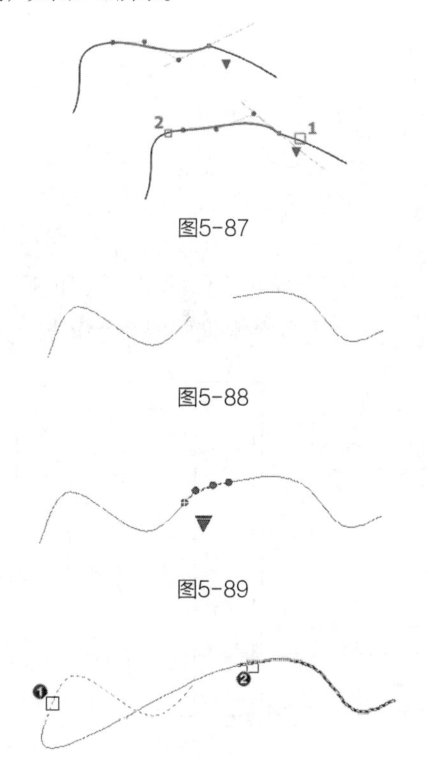

图5-87

图5-88

图5-89

图5-90

在命令提示行中有一个“连续性”选项，在命令行中输入Con，则可以选择以下两种连接方式。

相切：创建一条3阶样条曲线，在选定对象的端点处具有相切（G1）连续性 。

平滑：创建一条5阶样条曲线，在选定对象的端点处具有曲率（G2）连续性。

注意

如果使用“平滑”选项，请勿将显示从控制点切换为拟合点。此操作将样条曲线更改为 3阶，这会改变样条曲线的形状。

案例 031 绘制钢琴示意图

- **学习目标 |** 学习Spline（样条曲线）的绘制方法以及弧度的控制与调整方法，效果如图5-91所示。
- **视频路径 |** 光盘\视频教程\CH05\绘制钢琴示意图.avi
- **结果文件 |** 光盘\DWG文件\CH05\钢琴示意图.dwg

01 执行“绘图>矩形”菜单命令，绘制一个520mm×1400mm的矩形，如图5-92所示。命令执行过程如下。

```
命令: _rectang
指定第一个角点或 [倒角(C)/标高(E)/圆角(F)/厚度(T)/宽度(W)]:   //在绘图区域内拾取一点
指定另一个角点或 [面积(A)/尺寸(D)/旋转(R)]: @520,1400 ↙
```

02 确认开启了“中点”捕捉模式，然后单击“绘图”工具栏中的“直线”按钮，捕捉矩形上下两端的中点，接着绘制图5-93所示的直线。命令执行过程如下。

```
命令: _line
指定第一点:              //捕捉点矩形上方中点
指定下一点或 [放弃(U)]:          //捕捉点矩形下方中点
```

03 单击“绘图”工具栏中的“直线”按钮，结合相对坐标输入、鼠标定向与直接输入绘制键盘处的图形，如图5-94所示。命令执行过程如下。

```
命令: _l
Line
指定第一个点: from                //捕捉矩形左上角顶点为基点
基点: <偏移>: @0,-40 ↙              //通过相对坐标在基点下方40位置确定直线起点
指定下一点或 [放弃(U)]: @220<0 ↙      //通过相对坐标向右绘制长度为220mm的线段
指定下一点或 [闭合(C)/放弃(U)]: 1320 ↙    //首先使用鼠标向下确定直线方向，然后直接输入长度1320
指定下一点或 [闭合(C)/放弃(U)]:        //首先使用鼠标向左确定直线方向，然后捕捉交点结束绘制
```

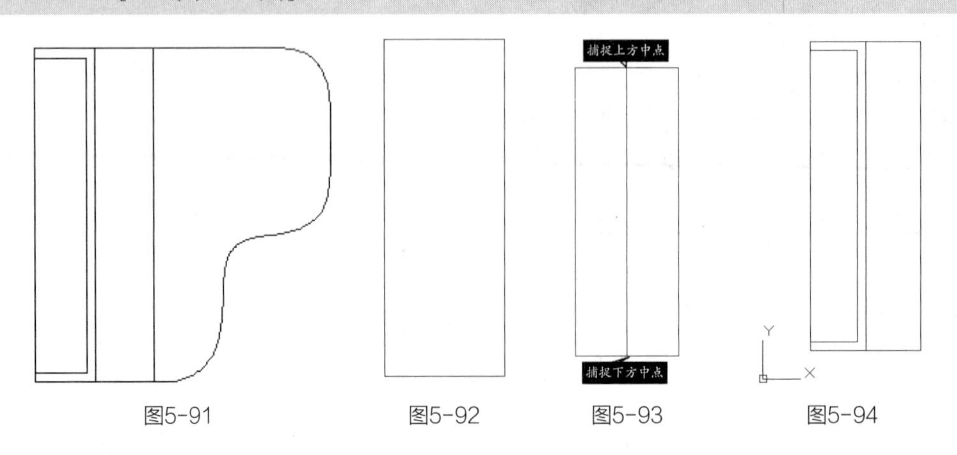

图5-91　图5-92　图5-93　图5-94

04 单击"绘图"工具栏中的"直线"按钮，捕捉矩形右侧端点，然后绘制两条图5-95所示的线段，以方便后面样条曲线的绘制。命令执行过程如下。

命令: _l
ling
指定第一个点: //捕捉矩形右上角顶点为直线起点
指定下一点或 [放弃(U)]: 475 ↙ //鼠标向右确定方向，然后直接输入直线长度按Enter键结束
命令: //直接按Enter键重启直线命令
ling
指定第一个点: //捕捉矩形右下角顶点为直线起点
指定下一点或 [放弃(U)]: 75 ↙ //鼠标向右确定方向，然后直接输入直线长度按Enter键结束

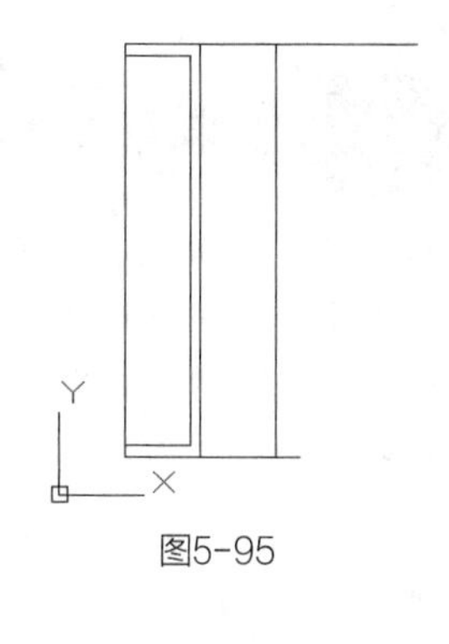

图5-95

05 执行"绘图>样条曲线>控制点"菜单命令，绘制图5-96所示的样条曲线。命令执行过程如下。

当前设置: 方式=拟合 节点=弦
指定第一个点或 [方式(M)/节点(K)/对象(O)]: //捕捉上方线段右侧端点为起点
输入下一个点或 [端点相切(T)/公差(L)/放弃(U)]: //单击绘制控制点1
输入下一个点或 [端点相切(T)/公差(L)/放弃(U)/闭合(C)]: //单击绘制控制点2
输入下一个点或 [端点相切(T)/公差(L)/放弃(U)/闭合(C)]: //单击绘制控制点3
输入下一个点或 [端点相切(T)/公差(L)/放弃(U)/闭合(C)]: //单击绘制控制点4
输入下一个点或 [端点相切(T)/公差(L)/放弃(U)/闭合(C)]: //单击绘制控制点5
输入下一个点或 [端点相切(T)/公差(L)/放弃(U)/闭合(C)]: //单击绘制控制点6
输入下一个点或 [端点相切(T)/公差(L)/放弃(U)/闭合(C)]: //单击绘制控制点7
输入下一个点或 [端点相切(T)/公差(L)/放弃(U)/闭合(C)]: //捕捉上方线段右侧端点为终点

06 绘制完成曲线轮廓的初步造型后，可以再通过调样条曲线的控制点来调整弯曲细节，上部圆弧的调整过程如图5-97、图5-98和图5-99所示。命令执行过程如下。

** 拉伸 **
指定拉伸点或 [基点(B)/复制(C)/放弃(U)/退出(X)]: //选择控制点参考前方直线调整圆弧，使衔接变得光滑

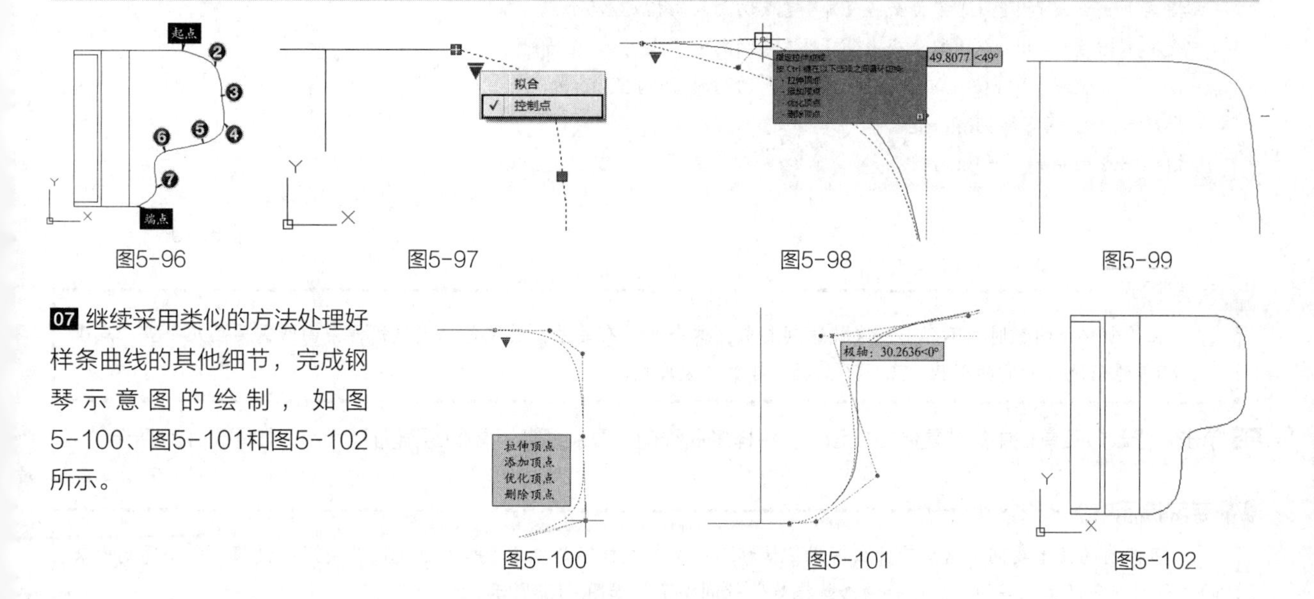

图5-96 图5-97 图5-98 图5-99

07 继续采用类似的方法处理好样条曲线的其他细节，完成钢琴示意图的绘制，如图5-100、图5-101和图5-102所示。

图5-100 图5-101 图5-102

5.5 综合实例

案例 032 绘制双人沙发平面图

- **学习目标** | 本例通将过学习绘制双人沙发平面图（如图5-103所示），从图中可以看出这个案例的难点主要是弧形线段的绘制。在绘制时需要使用一些辅助线定位关键点，然后用样条曲线绘制出大体的形状，然后再慢慢调整样条线的夹点，使绘制的图形更加精确。
- **视频路径** | 光盘\视频教程\CH05\绘制双人沙发平面图.avi
- **结果文件** | 光盘\DWG文件\CH05\双人沙发平面图.dwg

绘制沙发的主要操作步骤如图5-104所示。

◆ 绘制辅助线。

◆ 根据辅助线绘制样条曲线。

◆ 复制样条曲线并进行调整。

◆ 镜像复制样条曲线。

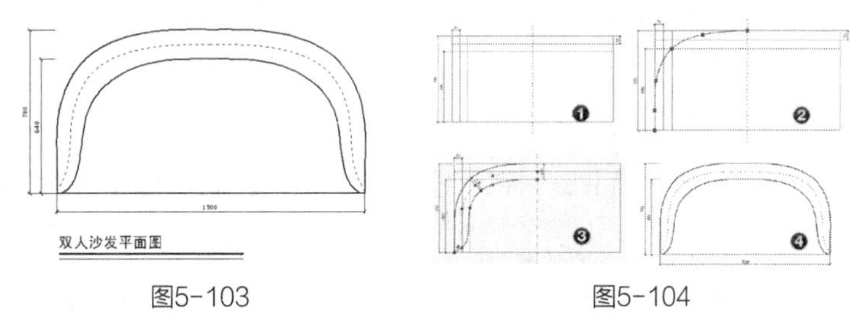

图5-103　　图5-104

01 使用自定义的样板新建一个文件。在这个样板文件中，图层、线型和单位等属性都已经设置好，可以直接开始绘图。

02 单击“绘图”工具栏中的“矩形”按钮，根据平面图中沙发的长度和宽度绘制一个1500mm×780mm的矩形。

03 选中矩形，然后单击“修改”工具栏中的“分解”按钮，将矩形分解为独立的线段。

04 单击“修改”工具栏中的“偏移”按钮，设置偏移距离为70mm，将矩形左侧和上方的线段进行偏移复制作为辅助线，如图5-105所示。

05 选择“轮廓”图层为当前图层，然后单击“绘图”工具栏中的“样条曲线”按钮，或者在命令行中输入Spline命令，绘制出图5-106所示的样条线。命令执行过程如下。

```
命令: _spline
指定第一个点或 [对象(O)]: //捕捉矩形的左下角点为第1个点
指定下一点: //指定第2个点
指定下一点或 [闭合(C)/拟合公差(F)] <起点切向>: //指定第3个点
指定下一点或 [闭合(C)/拟合公差(F)] <起点切向>: //指定第4个点
指定下一点或 [闭合(C)/拟合公差(F)] <起点切向>: //指定第5个点
指定下一点或 [闭合(C)/拟合公差(F)] <起点切向>: //指定第6个点
指定下一点或 [闭合(C)/拟合公差(F)] <起点切向>: ↙//按Enter键
指定起点切向: ↙//按Enter键
指定端点切向: ↙//按Enter键
```

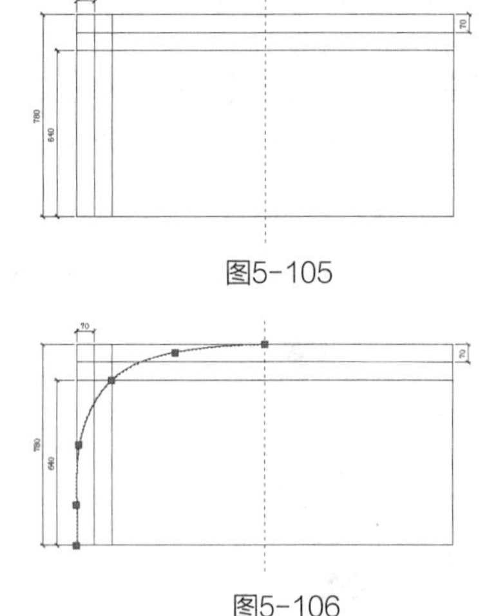

图5-105

图5-106

专家提示

在绘制样条曲线时，不容易一次就达到要求，这个并没有关系，关键是确定这根样条曲线需要画几个点：点少了，不能很好地控制它的形状；点多了，调整起来又太麻烦。

06 单击“修改”工具栏中的“复制”按钮，将样条曲线向下复制两条，复制距离为70mm，如图5-107所示。

专家提示

可能有的读者要问：这里为什么不用“偏移”命令？这样不是更方便吗？这是因为使用“偏移”命令复制出来的样条曲线会产生很多的点，这样的话就很难进行调整了，如图5-108所示。

07 选中复制出来的样条曲线，然后调整曲线上的节点，直到形状符合要求为止，除了起点和端点是固定的，其他点并不需要非常精确，只要图形比例合适就可以，如图5-109所示。注意中间的线段需要设置为虚线。

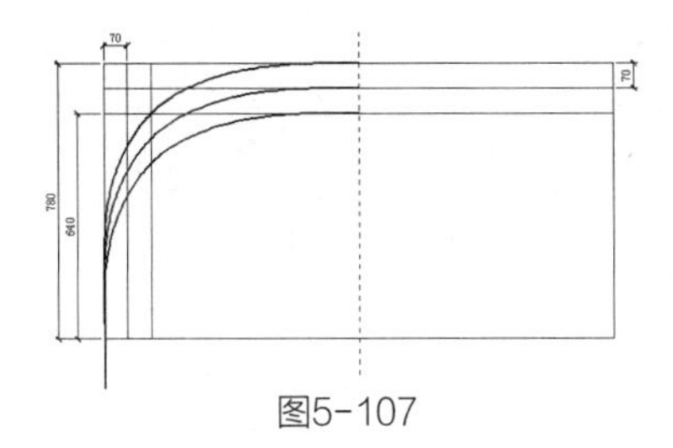

图5-107

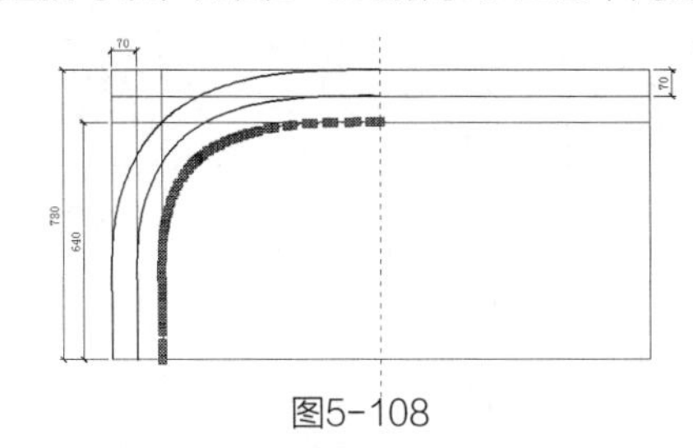

图5-108

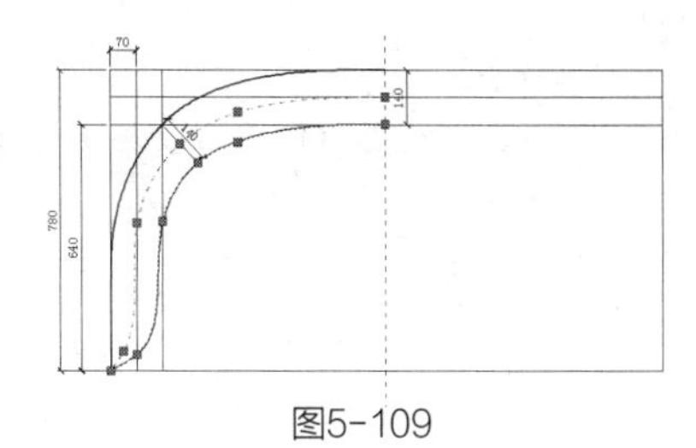

图5-109

08 滚动鼠标中键，将视图放大显示，可以看到扶手图形端点处的角比较尖锐，还需要进行圆角。单击“修改”工具栏中的“圆角”按钮，圆角半径为10mm，圆角后再重新调整一下样条曲线，如图5-110所示。

09 单击“修改”工具栏中的“镜像”按钮，将图形镜像复制出另外一半，如图5-111所示。

10 最后删除辅助线段，标注尺寸，沙发的平面图就绘制完成了，如图5-112所示。

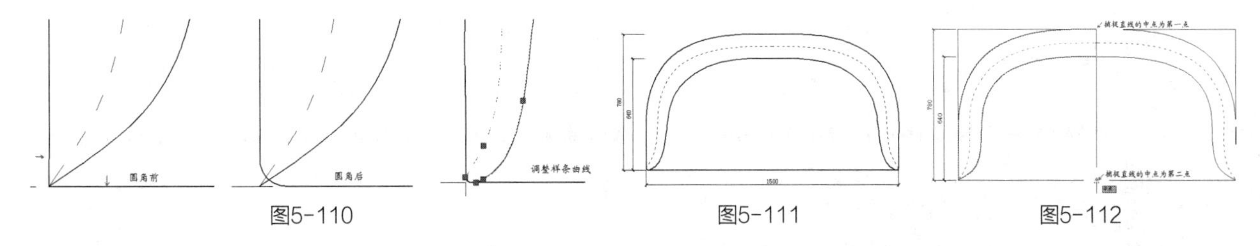

图5-110　　图5-111　　图5-112

案例 033 绘制吊钩轮廓图

- **学习目标 |** 吊钩轮廓图（如图5-113所示）在机械制图中是一个比较典型的案例。绘制这类图形首先要搞清楚定形尺寸和定位尺寸，先画出基准线，根据已知尺寸绘制出图形，再绘制连接图形。其绘制难点在于吊钩前段的圆弧，关键是如何确定它的圆心。
- **视频路径 |** 光盘\视频教程\CH05\绘制吊钩轮廓图.avi
- **结果文件 |** 光盘\DWG文件\CH05\吊钩轮廓图.dwg

主要操作步骤如图5-114所示。

- ◆ 绘制辅助线。
- ◆ 绘制吊钩柄。
- ◆ 绘制圆弧。
- ◆ 绘制R24和R14圆弧。

01 用“机械制图样板.dwg”样板新建一个文件，设置“辅助线”图层为当前图层。

02 单击“直线”按钮，在绘图区域绘制两条垂直相交的辅助线，它们的长度分别为120mm和60mm，如图5-115所示。

03 将水平辅助线分别向上偏移复制54mm、23mm，将垂直辅助线向右侧偏移5mm，如图5-116所示。

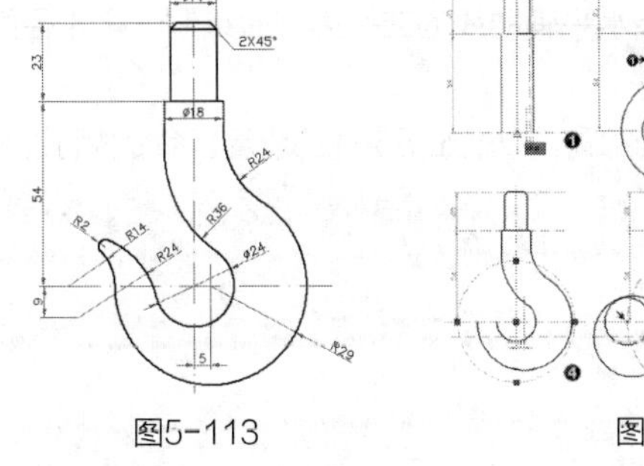

图5-113

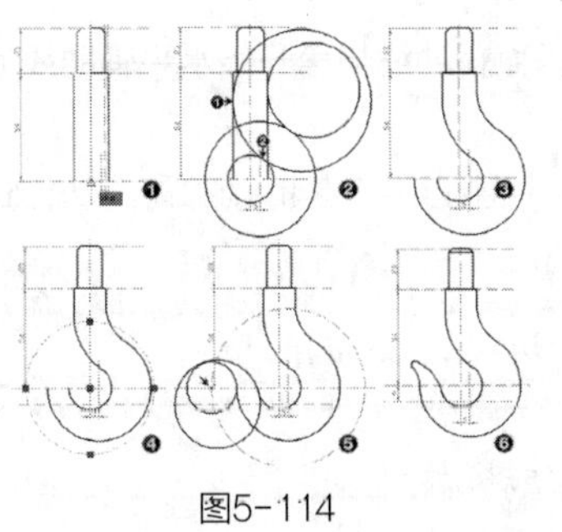

图5-114

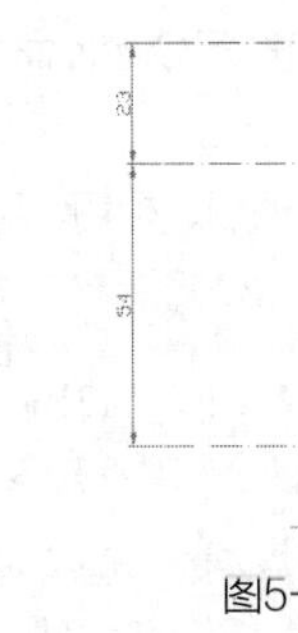

图5-115

图5-116

04 单击“修改”工具栏中的“复制”按钮，将垂直辅助线向右侧复制出两条，根据吊钩柄的直径得知复制的尺寸为7mm、9mm，绘制结果如图5-117所示。命令执行过程如下。

```
命令: _copy
选择对象: 找到 1 个 //选择垂直辅助线
选择对象: ↙
当前设置: 复制模式 = 多个
指定基点或 [位移(D)/模式(O)] <位移>: //任意指定一点
指定第二个点或 [阵列(A)] <使用第一个点作为位移>: @7,0 ↙
指定第二个点或 [阵列(A)/退出(E)/放弃(U)] <退出>: @9,0 ↙
指定第二个点或 [阵列(A)/退出(E)/放弃(U)] <退出>: ↙
```

05 选择“轮廓线”图层为当前图层，捕捉辅助线的交点，绘制出吊钩柄的轮廓线，如图5-118所示。

06 单击“修改”工具栏中的“倒角”按钮，对吊钩柄上方的两条直线进行倒角，倒角距离为2mm，结果如图5-119所示。命令执行过程如下。

```
命令: _chamfer
(“不修剪”模式) 当前倒角距离 1 = 0.00，距离 2 = 0.00
选择第一条直线或 [放弃(U)/多段线(P)/距离(D)/角度(A)/修剪(T)/方式(E)/多个(M)]: d ↙
指定 第一个 倒角距离 <0.00>: 2 ↙
指定 第二个 倒角距离 <2.00>: ↙
选择第一条直线或 [放弃(U)/多段线(P)/距离(D)/角度(A)/修剪(T)/方式(E)/多个(M)]: t ↙
输入修剪模式选项 [修剪(T)/不修剪(N)] <不修剪>: t ↙
选择第一条直线或 [放弃(U)/多段线(P)/距离(D)/角度(A)/修剪(T)/方式(E)/多个(M)]: //选择第一条直线
选择第二条直线，或按住 Shift 键选择直线以应用角点或 [距离(D)/角度(A)/方法(M)]: //选择第二条直线
```

07 单击“修改”工具栏中的“镜像”按钮，将吊钩柄轮廓线镜像复制，如图5-120所示。

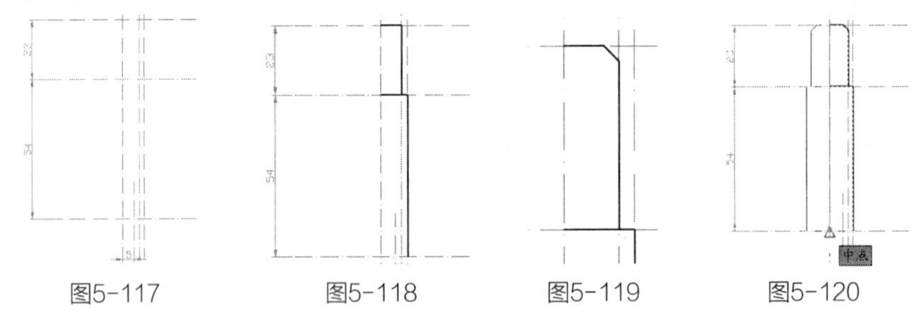

图5-117　图5-118　图5-119　图5-120

专家提示

在绘制机械图纸时，需要用到很多辅助线，为了避免混淆，应及时将已经完成使命的辅助线删除，例如这里就可以将最后复制出来的两条辅助线删除。

08 在命令行中输入C并按Enter键，以第一条垂直辅助线与第一条水平辅助线的交点为圆心绘制一个半径为12mm的圆，如图5-121所示。

09 按Space键继续执行Circle命令，以第二条垂直辅助线与第一条水平辅助线的交点为圆心绘制一个半径为29mm的圆，如图5-122所示。

10 执行“绘图>圆>相切、相切、半径”菜单命令，绘制半径为24mm的圆，效果如图5-123所示。命令执行过程如下。

```
命令: _circle
指定圆的圆心或 [三点(3P)/两点(2P)/切点、切点、半径(T)]: _ttr
指定对象与圆的第一个切点: //捕捉吊钩柄上的切点
指定对象与圆的第二个切点: //捕捉R29圆上的切点
指定圆的半径 <29.00>: 24 ↙
```

11 执行“绘图>圆>相切、相切、半径”菜单命令，绘制半径为36mm的圆，效果如图5-124所示。命令执行过程如下。

```
命令: _circle
指定圆的圆心或 [三点(3P)/两点(2P)/切点、切点、半径(T)]: _ttr
指定对象与圆的第一个切点: //捕捉吊钩柄上的切点
指定对象与圆的第二个切点: //捕捉R29圆上的切点
指定圆的半径 <29.00>: 24 ↙
```

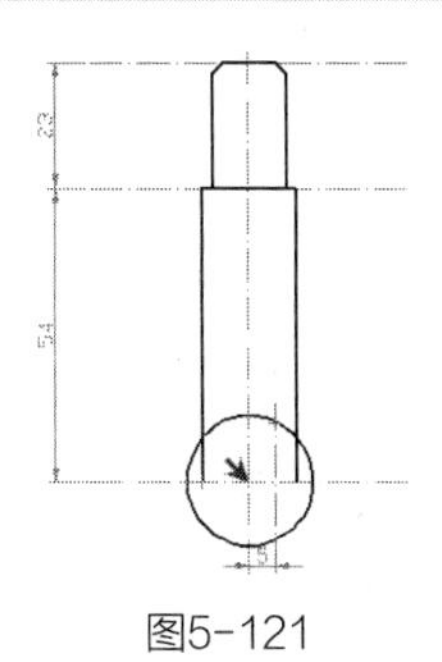

图5-121

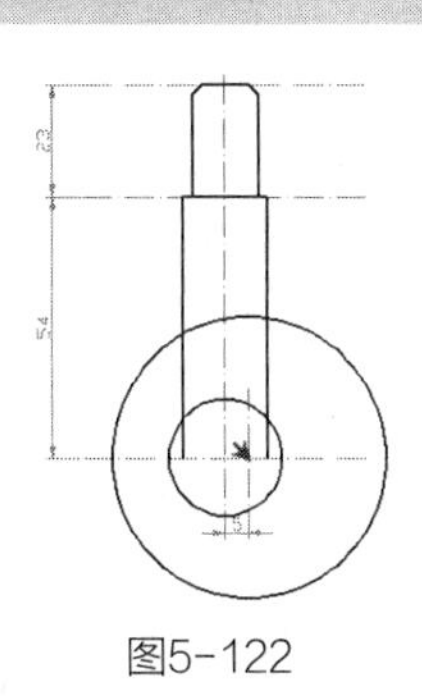

图5-122

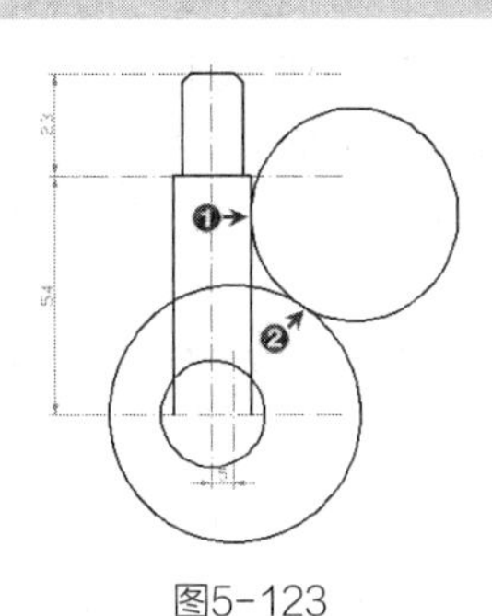

图5-123

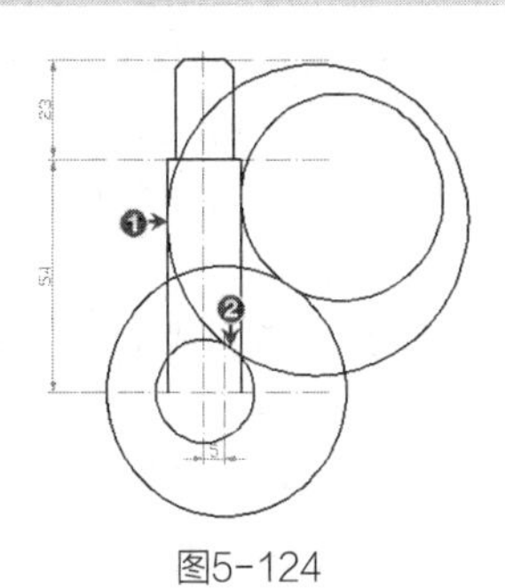

图5-124

12 在命令提示行中输入Trim命令或单击修改工具栏中的“修剪”按钮，将图形修剪成图5-125所示的形状。

13 绘制辅助线求*R*24的圆心。首先将第一条水平辅助线向下偏移9mm，然后以*R*12圆心为圆心绘制一个半径为36mm（即*R*24+↙24/2）的圆，辅助直线和圆弧的交点就是*R*24的圆心，如图5-126所示。

14 在命令提示行中输入Circle命令，以辅助直线和圆弧的交点绘制半径为24mm的圆，该圆就与*R*12相切，如图5-127所示。

15 绘制*R*14圆心辅助线。为了使图面清晰，可以将*R*24圆心辅助线删除。以*R*29圆心为圆心绘制一个半径为43mm（即*R*14+*R*29）的圆，如图5-128所示。

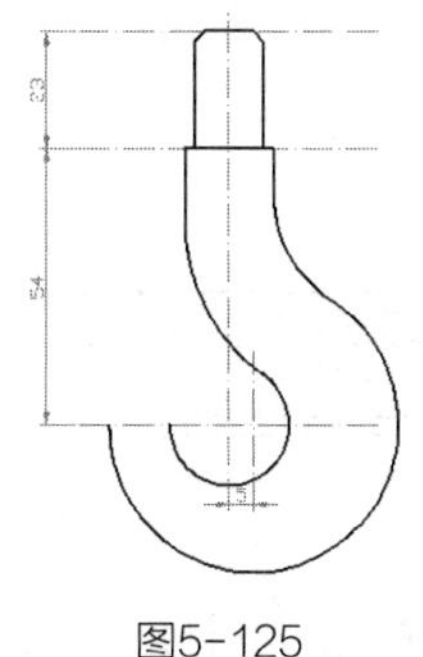

图5-125

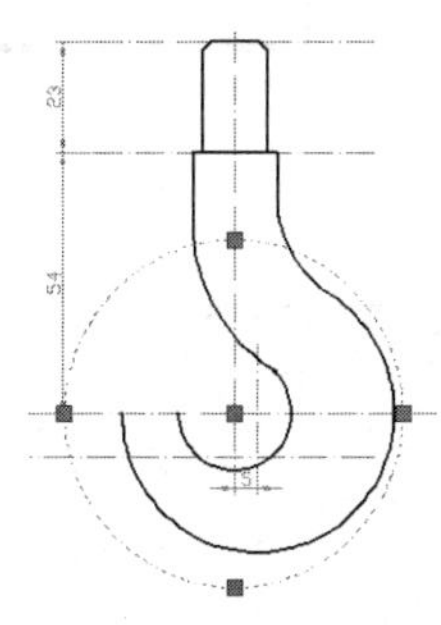

图5-126

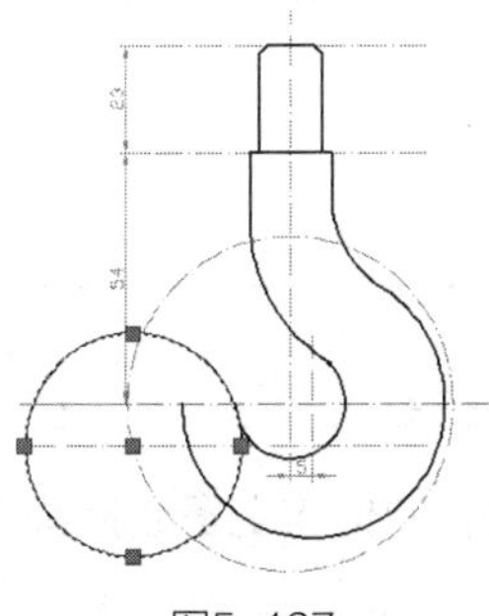

图5-127

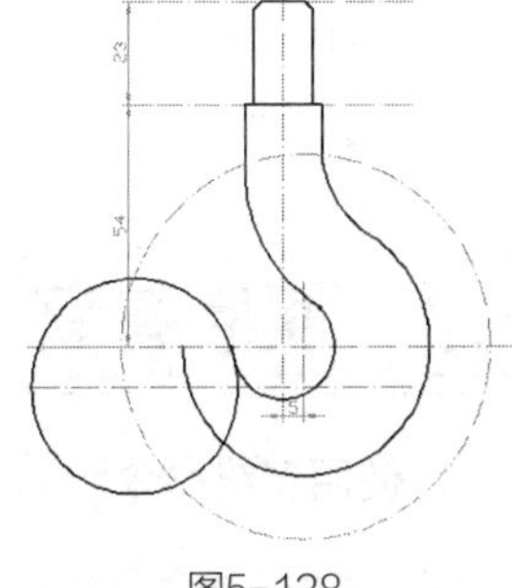

图5-128

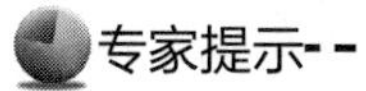

专家提示

当绘制的辅助线过短，可以用延伸命令使其相交，或者直接拉伸直线使其相交。

16 在命令提示行中输入Circle命令，以辅助直线和圆弧的交点绘制半径为14mm的圆，该圆就与*R*29相切，如图5-129所示。

17 单击“修改”工具栏中的“修剪”按钮，先粗略地进行修剪，将绘制的两个圆修剪为圆弧，如图5-130所示。

18 单击“修改”工具栏中的“圆角”按钮，对两段圆弧进行圆角，设置圆角半径为2mm，吊钩轮廓图就绘制完成了，结果如图5-131所示。

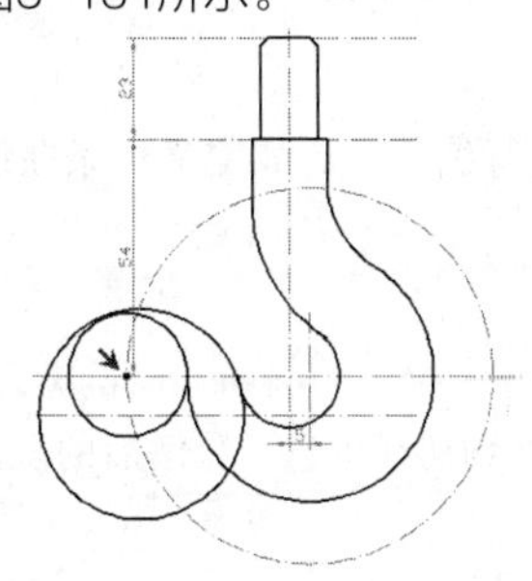

图5-129

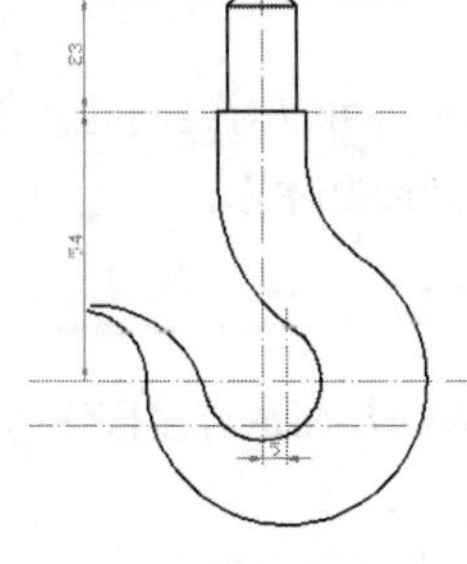

图5-130

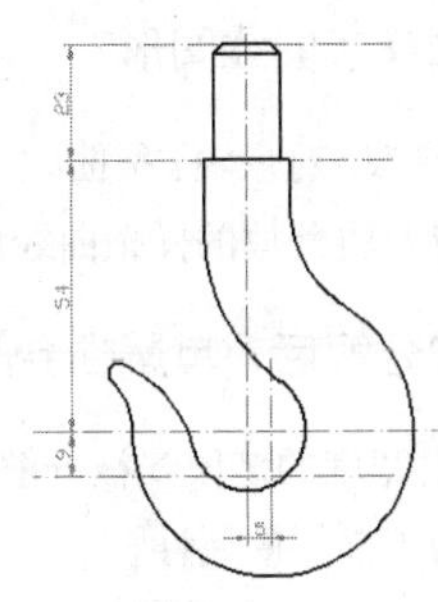

图5-131

5.6 课后练习

1. 选择题

（1）关于使用多段线（Pline）绘制圆弧说法错误的是?（　　）

A. 绘制多段线的弧线段时，圆弧的起点就是前一条线段的端点

B. 通过指定一个中间点和一个端点也可以完成圆弧的绘制

C. 可以指定圆弧的角度、圆心、方向或半径

D. 一旦进入圆弧绘制后只能绘制圆弧，再也无法绘制其他图线

（2）多段线命令（Pline）画圆弧的选项中，哪个选项从画弧切换到画直线?（　　）

A. 角度（A）　B. 直线（L）　C. 闭合（CL）　D. 方向（D）

（3）用多段线命令（Pline）所画的有宽度的线段，在利用Explode命令将其打碎以后，线型宽度为?（　　）

A. 不变

B. 执行“格式>线宽”菜单命令中设置的线宽

C. 细实线

D. 多段线中设置的线宽消失

2. 上机练习

（1）绘制图5-132所示的沙发立面图，主要练习矩形和圆角命令的应用。

（2）绘制图5-133所示所示的图形，主要是练习圆的绘制方法和圆角命令的应用。

（3）绘制图5-134所示的四柱床的立面图，主要是练习样条曲线的应用。

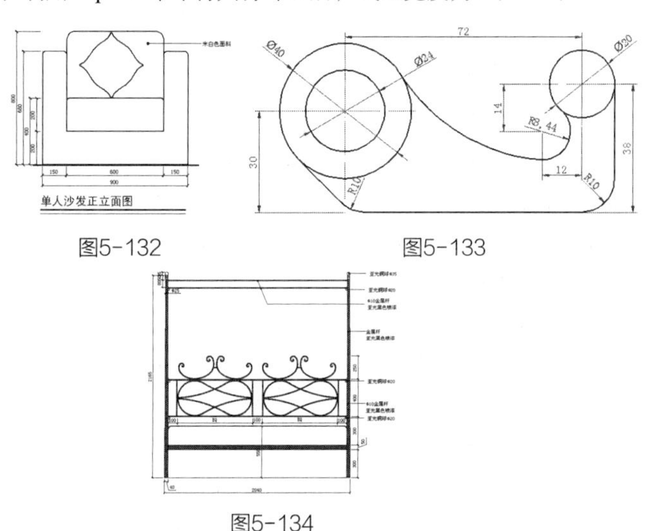

图5-132　图5-133

图5-134

5.7 课后答疑

1. 使用多线命令绘制多线时，如何改变多线接头方式?

答：使用多线命令绘制多线时，可以通过Mledit 命令改变多线的接头方式。在命令行中输入并执行Mledit 命令，将打开“多线编辑工具”对话框，在该对话框中提供了多线的12 种接头方式，用户可以进行选择。

2. 如何使用多段线命令绘制弧线?

答：使用多段线命令绘制线条时，可以通过命令提示行中的相应命令进行弧线绘制。

3. 如何编辑多段线图形?

答：执行“修改>对象>多段线”命令，或直接在命令行中执行Pedit 命令，可以对绘制的多段线进行编辑修改。

4. 如何编辑样条曲线图形?

答：执行“修改>对象>样条曲线”菜单命令，可以对绘制的样条曲线进行编辑，比如定义样条曲线的拟合点数据、移动拟合点以及将开放的样条曲线修改为连续闭合环等。

5. 多段线被分解后，其属性会改变吗?

答：具有一定宽度的多段线被分解后，AutoCAD 将放弃多段线的任何宽度和切线信息，分解后的多段线的宽度、线型和颜色将变为当前层的属性。

第 6 章

对象特性管理

本章主要介绍AutoCAD的图层高级管理功能和对象属性设置，对象属性主要是指它的颜色、线型和线宽等。另外还将学习对象特性的匹配功能和图形信息的查询功能。

学习重点

- 图层创建及属性设置
- 设置对象属性
- 图层管理的高级功能
- 修改线型比例因子
- 图形信息的查询功能

6.1 快速修改对象属性

组织图形的最好方法是按照图层设定对象属性，但有时也需要单独设定某个对象的属性。使用“特性”工具栏可以快速设置对象的颜色、线型及线宽等属性。

在没有选中任何图形对象的情况下，在“特性”工具栏中更改的是当前对象属性，即后面所有绘制的对象都将采用当前“特性”工具栏中的设置，而不管对象图层的属性（设置为ByLayer除外）。

所谓ByLayer（随图层）是表示对象的属性根据图层中设定的属性来决定。在当图层中的对象比较多时，就不需要单独对每个对象进行修改，只需要更改图层中的设置即可，这样可以大大减少工作量。

ByBlock表示对象的属性根据定义的块的属性来决定。

修改对象属性相关命令如表6-1所示。

表6-1 修改对象属性命令

命令	简写	功能
Color（颜色）	COL	显示“颜色”对话框，设置新对象的颜色
Linetype（线型）	LT	显示“线型”对话框，设置新对象的线型
Lweight（线宽）	LW	显示“线宽”对话框，设置新对象的线宽

6.1.1 设置对象颜色

“特性”工具栏中的第一列可以设置对象的颜色。选中图形对象，然后直接从列表中选择一种颜色即可，如图6-1所示。

如果在列表中没有需要的颜色，可以单击“选择颜色”，然后在“选择颜色”对话框中选择一种合适的颜色。

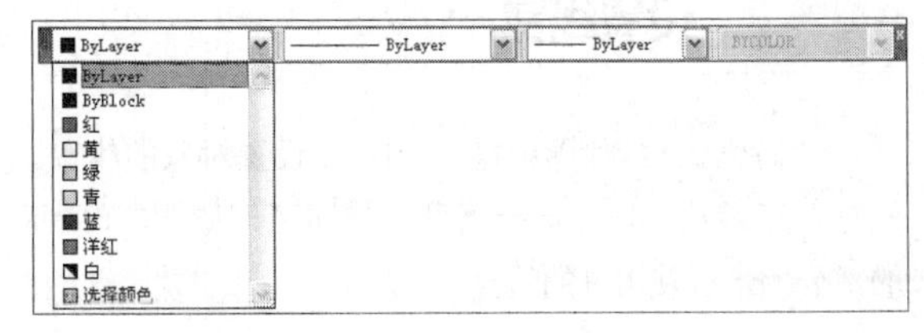

图6-1

6.1.2 设置线型

1. 设置线型方法

“特性”工具栏中的第二列可以设置对象的线型。要设置对象的线型，直接从列表中选择一种线型即可，如图6-2所示。

如果在列表中没有需要的线型，可以单击“其他”，或者在命令行中输入Linetype（线型）命令，然后在“线型管理器”对话框中单击“加载”按钮，并从“加载或重载线型”对话框中选择一种线型，如图6-3所示。

在对话框中系统只提供了3种线型，用户可以单击对话框中的“加载”按钮，从弹出的“加载或重载线型”对话框中指定要加载的线型，如图6-4所示。

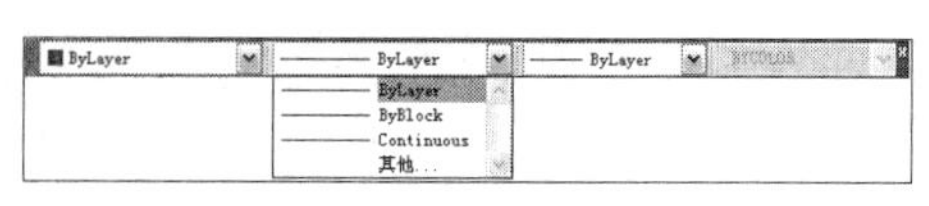

图6-2

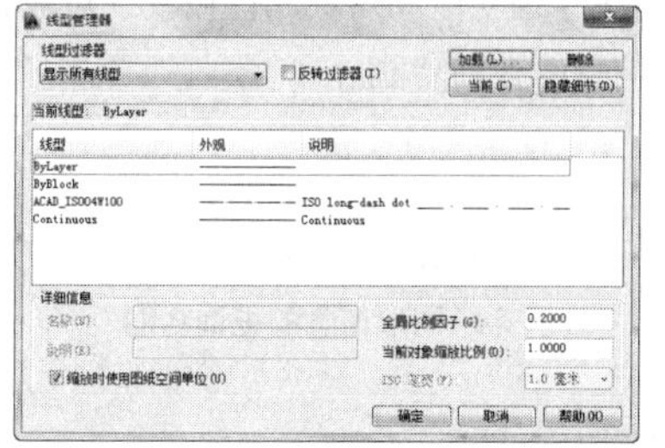

图6-3

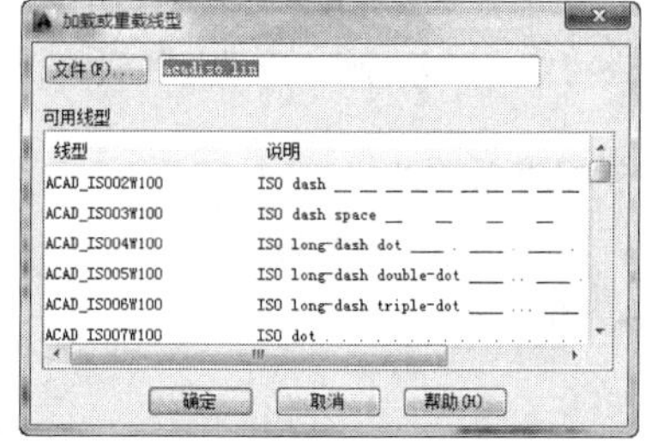

图6-4

单击了“确定”按钮后，将自动返回到“线型管理器”对话框，在对话框中选择刚才加载的线型，然后单击“当前”按钮，才能将选择的线型应用于以后绘制的图形。

2. 技术要点：“线型”对话框中各按钮的功能

加载：添加需要用到的线型。

当前：单击该按钮，后面绘制的图形将使用当前选择的线型。

删除：该按钮用于从线型列表框中删除指定的线型。删除后的线型不会保存到该图形文件中去，这样可以减少图形文件所占有的存储空间。

单击“显示细节”按钮，显示线型设置的详细信息，单击“隐藏细节”按钮则隐藏线型设置的相关参数，“详细信息”栏的参数意义如下。

◆ 名称：用于显示和设置选定线型的名称。

◆ 说明：用于显示和设置选定线型的文字说明。

◆ ISO 笔宽：用于显式ISO线型的笔宽，但不能对笔宽进行设置。

◆ 当前对象缩放比例：显示和设置局部线型比例因子，它需要根据图形比例来进行设置，主要针对虚线的显示效果。

例如图纸的比例为1:50，那么就需要将线型的比例因子设置为50。这样点划线才能在绘图区域中正确显示。图6-5所示是在同一张图中的同一种线型设置为不同的“全局比例因子”时的显示效果。

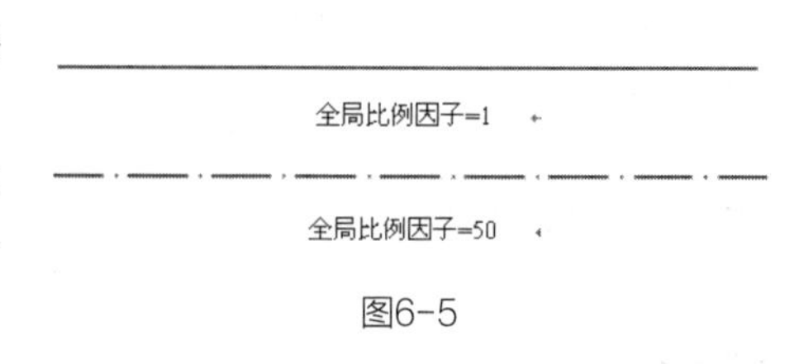

图6-5

6.1.3 设置线宽

“特性”工具栏中的第三列可以设置对象的线宽。要设置对象的线宽，直接从列表中选择一种线宽即可，如图6-6所示，分隔线以上的部分为最近使用过的线型。

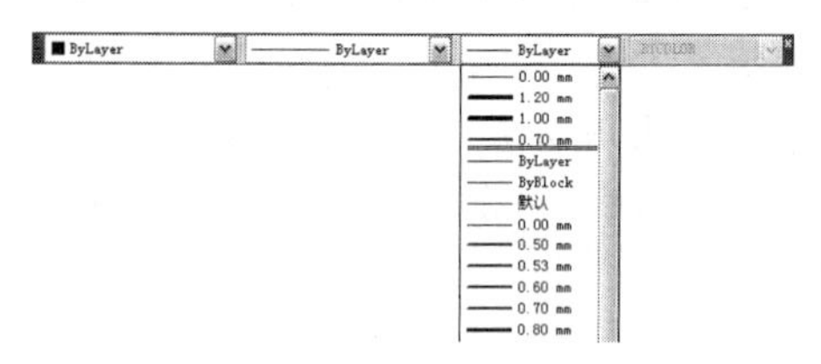

图6-6

6.2 修改线型比例因子

通过全局修改或单个修改每个对象的线型比例因子，可以按不同的比例使用同一个线型。默认情况下，全局线型和单个线型比例均为1.0。比例越小，每个绘图单位中生成的重复图案就越多。

6.2.1 修改全局线型比例因子

修改全局线型比例因子可以全局修改新建和现有对象的线型比例。

1. 命令执行方式

修改全局线型比例因子常用方法有以下两种。

命令行：在命令行中执行Ltscale命令。

菜单栏：执行“格式>线型”菜单命令。

2. 操作步骤

01 打开配套光盘中的“DWG文件\CH06\621.dwg”文件。

02 执行“格式>线型”菜单命令。

03 在“线型管理器”对话框中单击“显示细节”按钮显示细节(D)，然后将“全局比例因子”值设为0.2，如图6-7所示。更改全局比例因子后，绘图区中的对象边界会发生一些变化，更改全局比例因子前后效果对比如图6-8所示。

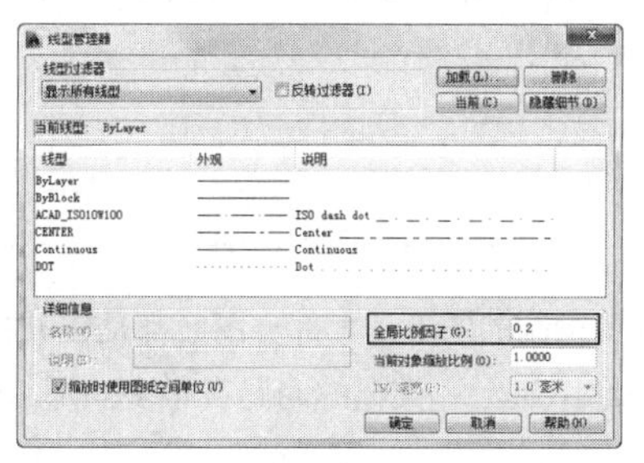

图6-7

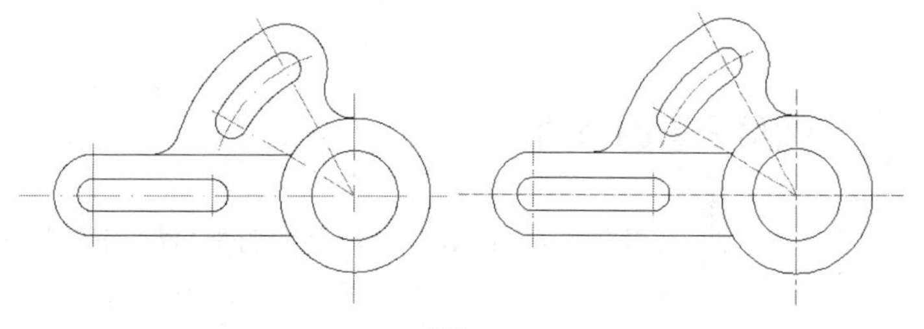

图6-8

6.2.2 修改当前对象线型比例因子

修改当前对象线型比例因子可以设置新建对象的线型比例。

1. 命令执行方式

修改当前对象线型比例因子常用方法有以下两种。

命令行：在命令行中执行Celtscale命令。

菜单栏：执行“格式>线型”菜单命令。

2. 操作步骤

01 打开配套光盘中的“DWG文件\CH06\622.dwg”文件，如图6-9所示。

02 在命令行中执行Celtscale命令。命令提示如下。

```
命令: _celtscale ↙
输入 Celtscale 的新值 <1.0000>: 2.5 ↙
```

 将当前对象线型比例因子设置以后，新建的对象将以上面设置的线型比例显示在绘图区中。使用Circle（圆）命令绘制一个圆，效果如图6-10所示。

专家提示

不能显示完整线型图案的短线段将显示为连续线。对于太短甚至不能显示一个虚线小段的线段，可以使用更大线型比例，如图6-11所示。

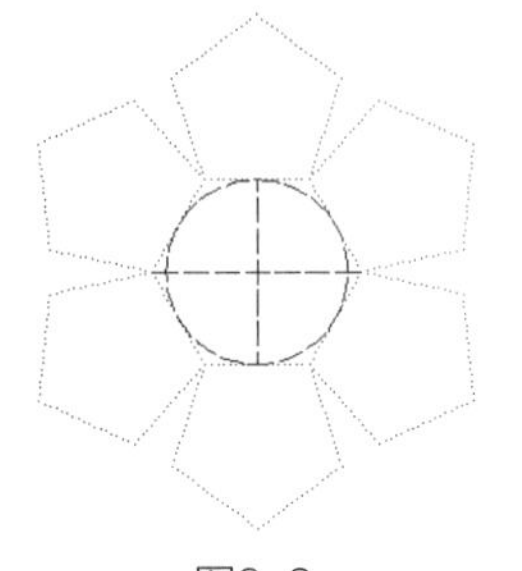

图6-9

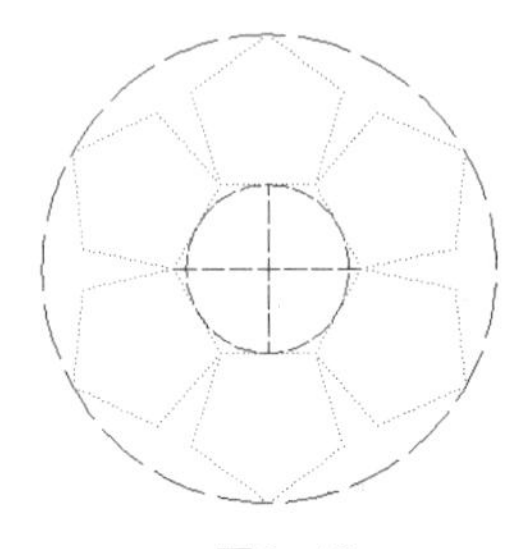

图6-10

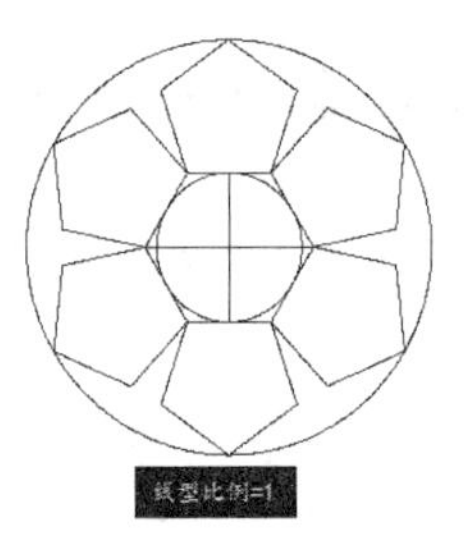

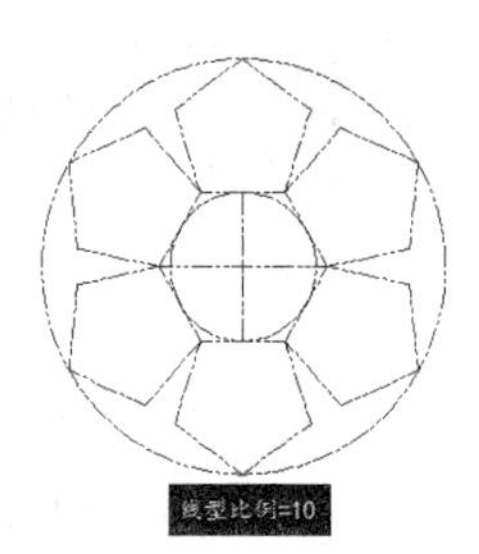

图6-11

6.3 图层管理的高级功能

除了前面介绍的图层的一些基本功能外，AutoCAD还提供了一系列图层管理的高级功能，包括图层排序、图层特性过滤器及图层组过滤器等。

6.3.1 图层设置的原则

可以说，图层的定义是整个AutoCAD软件最为关键的设置，而很多初学者绘制的图形，大部分图元都是在0层上。至于应该在不同的图层上的在一个图层上了，应该在一个图层上的又不在一个图层上，类似的问题有很多。那么图层的设置有哪些原则呢？

1. 在够用的基础上越少越好

不管是什么专业或什么阶段的图纸，图纸上所有的图元都可以用一定的规律来组织整理。比如对于建筑专业的图纸，就平面图而言，可以分为：柱、墙、轴线、尺寸标注、一般标注、门窗看线、家具等。也就是说，建筑专业的平面图，就按照柱、墙、轴线、尺寸标注、一般汉字、门窗看线、家具等来定义图层，然后在画图时，对于应该在哪个类别的，就把该图元放到相应得图层中去。

只要图纸中所有的图元都能有适当的归类办法了，那么图层设置的基础就搭建好了。但是，图元分类是不是越细越好呢？答案是否定的。比如在建筑平面图上有门和窗，还有很多台阶、楼梯等看线，那是不是就分成门层、窗层、台阶层、楼梯层呢？图层太多的话，会为之后的绘制过程造成不便。就像门、窗、台阶、楼梯，虽然不是同一类的东西，但又都属于看线，那么就可以用同一个图层来管理。

因此，图层设置的第一原则是在够用的基础上越少越好。

2. 0层的使用

很多初学者喜欢在0层上画图，因为0层是默认层，但这是绝对不可取的。在0层上是不可以用来画图的，那0层是用来做什么的呢？0层是用来定义块的。定义块时，先将所有图元均设置为0层（有特殊需要时除外），然后再定义块，这样在插入块时，插入时是哪个层，块就是在那个层了。

3. 图层颜色的定义

图层的设置有很多属性，除了图名外，还有颜色、线形、线宽等。我们在设置图层时，就要定义好相应的颜色、线形、线宽。

现在很多用户在定义图层的颜色时都是根据自己的爱好，喜欢什么颜色就用什么颜色，这样做并不合理。

对于图层的颜色定义要注意两点，一是对于不同的图层一般来说要用不同的颜色。这样在画图时才在颜色上很明显地进行区分。如果两个层是同一个颜色，那么在显示时就很难判断正在操作的图元是在哪一个层上。

图层颜色定义的第二点是对于颜色的选择应该根据打印时线宽的粗细来选择。在打印时，对于线形设置越宽的，该图层就应该选用越亮的颜色；反之，如果在打印时该线的宽度仅为0.09mm，那么该图层的颜色就应该选用8号或类似的颜色，这样可以在屏幕上直观地反映出线形的粗细。

4. 线形和线宽的设置

在讲解图层的线形设置前，先提到Ltscale这个命令。一般来说，Ltscale的设置值均应设为1，这样在进行图纸交流时才不会混淆。常用的线形有3种：一是Continous连续线，二是ACAD_IS002W100点划线，三是ACAD_IS004W100虚线。以前AutoCAD 14.0版时用到的hidden、dot等，不建议大家使用。

线宽的设置是有讲究的。一张图纸是否好看、清晰，其中重要的一条因素之一就是是否层次分明。在一张图里，有 0.13mm的细线，有0.25mm的中等宽度线，有0.35mm的粗线，这样就丰富了。对于打印出来的图纸，应该一眼看上去就能够根据线的粗细来区分不同类型的图元：什么地方是墙，什么地方是门窗，什么地方是标注。因此，在线宽设置时一定要将粗细明确。对于一张图，如果全是一种线宽还能够用勉强看得过去来形容的话，那么，门窗线比墙线还粗就可以说是错误了。

另外还有一点需要注意：现在打印有两种规格，一是按照比例打印，这时候线宽可以用0.13、0.25、0.4这些规格；如果我们是不按照比例打印A3规格，这时候线宽设置要比按比例的小一号的0.09、0.15、0.3，这样才能使小图看上去清晰分明。

以上所讲述的是在设置图层时应注意的地方。另外在画图时还有一点要注意，就是所有的图元的各种属性都尽量按层设置。比如这根线是WA层的，颜色却是黄色，线形又变成了点划线，这是不可取的。应该尽量保持图元的属性和图层的一致，也就是说尽可能使图元属性都是ByLayer。这样有助于图面清晰、准确,可以提高效率。

6.3.2 排序图层

图层的排序方式包括升序与降序排列。用户可以按图层中的任一属性进行排序，包括状态、名称、可见性、冻结、锁定、颜色、线型、线宽等。

如果要对图层进行排序，只需要单击属性名称即可，排序后在属性名称后面会出现一个▲或▼图标，再次单击将反向排序，如图6-12所示。

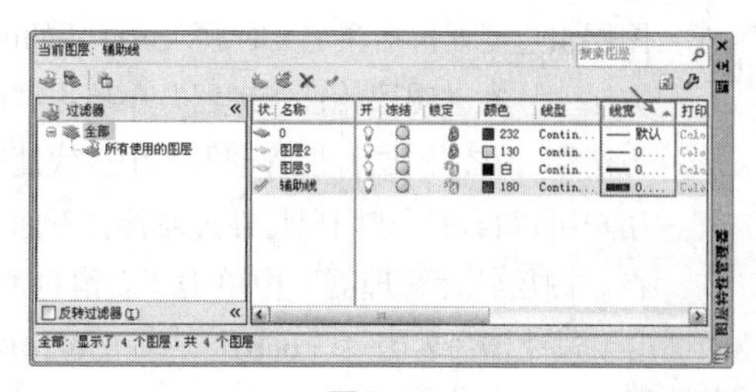

图6-12

6.3.3 按名称搜索图层

用户可以在“图层特性管理器”中列出符合指定条件的图层，打开“图层特性管理器”，在“搜索图层”框中输入关键字，例如输入“kh”，那么就会搜索图层名称中包含“kh”的图层，如图6-13所示。

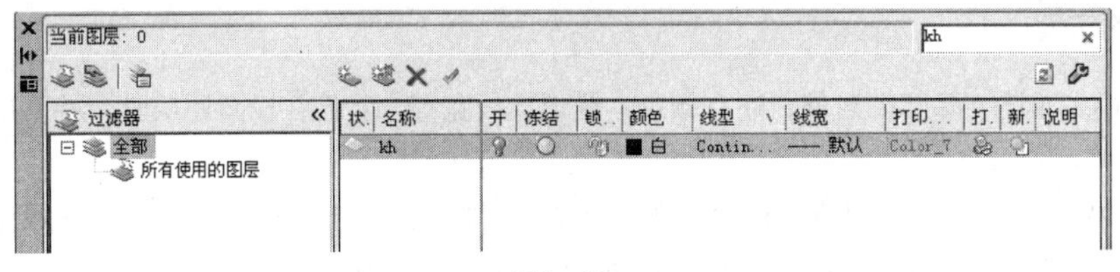

图6-13

在上面输入名称时用到了一个称为通配符的*（星号），AutoCAD允许使用通配符对图层进行搜索。AutoCAD提供了一系列通配符供用户使用，如表6-2所示。

表6-2 通配符含义对照

命令	功能
#（井号）	匹配任意数字字符
@（At）	匹配任意字母字符
.（句点）	匹配任意非字母数字字符
*（星号）	匹配任意字符串，可以在搜索字符串的任意位置使用
?（问号）	匹配任意单个字符。例如，?BC 匹配 ABC、3BC 等
~（波浪号）	匹配不包含自身的任意字符串。例如，~*AB* 匹配所有不包含 AB 的字符
[ ]	匹配括号中包含的任意一个字符。例如，[AB]C 匹配 AC 和 BC
[~]	匹配括号中未包含的任意字符。例如，[AB]C 匹配 XC 而不匹配 AC
[-]	指定单个字符的范围。例如，[A-G]C 匹配 AC、BC 等，直到 GC，但不匹配 HC
`（单引号）	逐字读取其后的字符。例如，`~AB 匹配 ~AB

6.3.4 使用图层特性过滤器

图层过滤器可以限制“图层特性管理器”和“图层”工具栏上的“图层”控件中显示的图层名，这在大型图形中非常有用。

在“图层特性管理器”中单击“新特性过滤器”按钮，或在“图层特性管理器”中按快捷键“Alt”+“P”即可。

图层组过滤器包括在定义时放入过滤器的图层，而不考虑其名称或特性。创建图层组过滤器的方法有以下两种。

方法一：在“图层特性管理器”中单击“新组过滤器”按钮。

方法二：在“图层特性管理器”中按快捷键“Alt”+“G”。

用户可以自由创建图层特性过滤器，下面举例进行说明。

在“图层特性管理器”中单击“新组过滤器”按钮，并将新图层组过滤器命名为“Group1”，如图6-14所示。

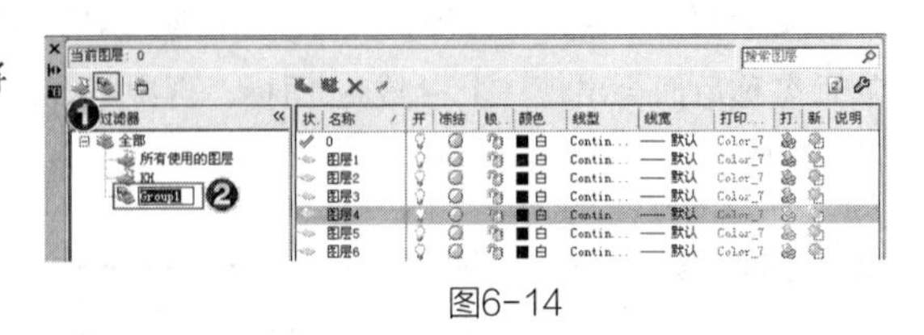

图6-14

6.3.5 保存图层设置

用户可以将图形的当前图层设置保存为命名图层状态，以后再恢复这些设置。

图层设置包括图层状态（例如开或锁定）和图层特性（例如颜色或线型）。在命名图层状态中，可以选择要在以后恢复的图层状态和图层特性。

下面举例说明。

01 在“图层特性管理器”对话框右边空白部分单击鼠标右键，并在弹出的快捷菜单中单击“保存图层状态”命令。

02 在“要保存的新图层状态”窗口设置名称及说明，如图6-15所示。

如果在绘图的不同阶段或打印的过程中需要恢复所有图层的特定设置，在保存图形设置会带来很大的方便。用户可以恢复已保存的图层设置。在恢复命名图层状态时，默认情况下将恢复在保存图层状态时指定的图层设置（图层状态和图层特性）。因为所有图层设置都保存在命名图层状态中，所以可以在恢复时指定不同的设置，未选择恢复的所有图层设置都将保持不变。

下面举例说明。

01 在“图层特性管理器”对话框右边空白部分单击鼠标右键，并在弹出的快捷菜单中单击“恢复图层状态”命令。

02 在“图层状态管理器”中选择需要恢复的图层状态，然后单击“确定”按钮，如图6-16所示。

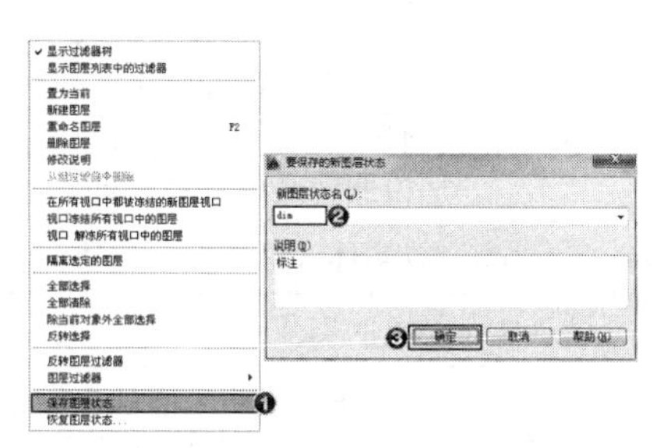

图6-15

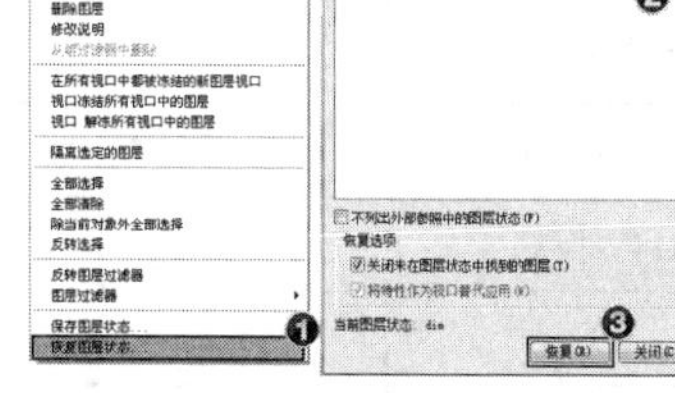

图6-16

使用图层状态管理器，还可以将命名图层状态输出到LAS文件以便在其他图形中使用，或输入以前输出到 LAS 文件中的命名图层状态。

注意

不能输出外部参照的图层状态。

6.3.6 图层II工具栏功能介绍

在工具栏的空白处单击鼠标右键，在弹出的快捷菜单中选择“图层Ⅱ”，即可将其显示出来，在该工具栏上有许多实用的工具，如图6-17所示。

“图层II”工具栏中各按钮功能介绍如下。

图层匹配（Laymch）：将选定对象移动到与目标对象相同的图层。如果在错误的图层上创建了对象，可以通过选择目标对象来更改当前对象的图层。

更改为当前图层（Laycur）：将选定对象所在的图层设置为当前图层。

图层隔离（LayISO）：隐藏或锁定选定对象的图层之外的所有图层。

取消图层隔离：恢复使用Layiso命令隐藏或锁定了的图层。

将对象复制到新图层（Copytolayer）：将一个或多个对象复制到新的图层，即在新的图层上创建选定对象的副本。

图层漫游（Laywalk）：显示选定图层上的对象，并隐藏所有其他图层上的对象。

图层冻结（Layfrz）：冻结选定对象的图层，冻结图层上的对象不可见。在大型图形中，冻结不需要的图层将加快显示和重生成的操作速度。

图层关闭（Layoff）：关闭选定对象的图层，使该对象不可见。例如在处理图形时需要不被遮挡的视图，或者不想打印细节，则此命令将很有用。

图层锁定（Laylockfadectl）：锁定选定对象的图层。

图层解锁（layulk）：用户可以选择锁定图层上的对象并解锁该图层，而不需要指定该图层的名称。

图6-17

6.4 查询图形信息

本节将介绍在AutoCAD中使用各种查询命令来获取相应的信息，如点坐标、距离、面积等。

相关命令如表6-3所示。

表6-3 查询图形信息命令

命令	功能
Dist（距离）	用于计算空间中任意两点间的距离和角度
Area（面积）	计算一系列指定点之间的面积和周长，或计算多种对象的面积和周长。此外，该命令还可使用加模式和减模式来计算组合面积
Massprop	计算并显示面域（Region）或实体（Solids）的质量特性，如面积、质心和边界框等
List（列表）	显示任何对象的当前特性，如图层、颜色、样式等
ID	用于查询指定点的坐标值
Time（时间）	可以在文本窗口显示关于图形文件的日期和时间的统计信息，如当前时间、图形的创建时间等
Status（状态）	用于查询当前图形的基本信息，报告当前图形中对象的数目，包括图形对象（例如圆弧和多段线）、非图形对象（例如图层和线型）和块定义
Sytvar（变量）	可显示出系统变量

6.4.1 查询距离（Dist）

Dist命令用于计算空间中任意两点间的距离和角度。

1. 命令执行方式

该命令的执行方式主要有以下几种。

命令行：在命令提示行中输入Dist命令并按Enter键。

菜单栏：执行“工具>查询>距离”菜单命令。

工具栏：“查询”工具栏中的“距离”按钮。

2. 操作步骤

01 在命令行中输入Dist命令并按Enter键。

02 打开配套光盘中的“DWG文件\CH06\641.dwg”文件，如图6-18所示。测量*P*1到*P*2之间的距离。

03 执行“工具>查询>距离”菜单命令。命令执行过程如下。

```
命令: _measuregeom
输入选项 [距离(D)/半径(R)/角度(A)/面积(AR)/体积(V)] <距离>: _distance
指定第一点: //捕捉P1点
指定第二个点或 [多个点(M)]: //捕捉P2点
距离 = 62.4520，XY 平面中的倾角 = 48， 与 XY 平面的夹角 = 0
X 增量 = 41.4899， Y 增量 = 46.6780， Z 增量 = 0.0000
输入选项 [距离(D)/半径(R)/角度(A)/面积(AR)/体积(V)/退出(X)] <距离>:
↙ //退出命令
```

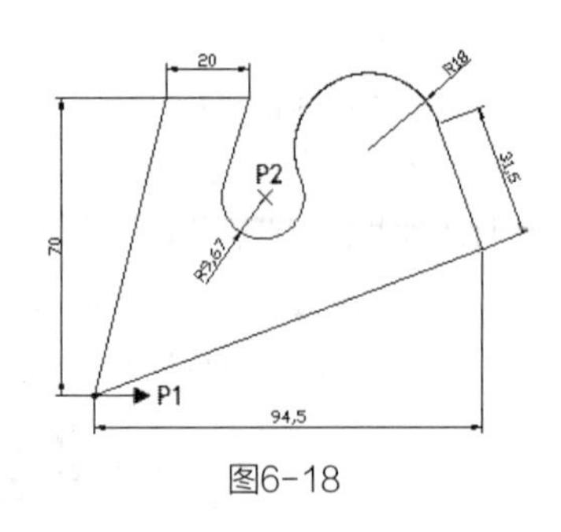

图6-18

执行Dist命令后，根据提示分别指定第一点和第二点，查询结果如表6-4所示。

表6-4 Dist命令查询内容

项目	含义
距离	两点之间的三维距离
平面中倾角	两点之间连线在xy平面上的投影与x轴的夹角
与xy平面的夹角	两点之间连线与xy平面的夹角
x增量	第二点x坐标相对于第一点x坐标的增量
y增量	第二点y坐标相对于第一点y坐标的增量
z增量	第二点z坐标相对于第一点z坐标的增量

在系统变量Distance中存储了Dist命令最后一次的测量结果。

6.4.2 查询面积和周长（Area）

使用AutoCAD中的面积查询命令可以计算一系列指定点之间的面积和周长，或计算多种对象的面积和周长。此外，该命令还可使用加模式和减模式来计算组合面积。

1. 命令执行方式

执行面积查询命令的方法主要有以下3种。

方法一：选择“工具>查询>面积”菜单命令。

方法二：单击“查询”工具栏中的“面积”按钮，如图6-19所示。

方法三：在命令提示行中输入Area命令并按Enter键。

2. 操作步骤

01 打开配套光盘中的“DWG文件\CH06\642.dwg”文件，如图6-20所示。测量3个图形阴影部分的面积。

02 首先使用Pedit（编辑多段线）命令，将连续的圆弧组合成多段线。命令执行过程如下。

```
命令: _pedit ↙
选择多段线或 [多条(M)]: //选择图形中的一段圆弧
选定的对象不是多段线，是否将其转换为多段线? <Y> ↙
输入选项 [闭合(C)/合并(J)/宽度(W)/编辑顶点(E)/拟合(F)/样条曲线(S)/非曲线化(D)/线型生成(L)/反转(R)/放弃(U)]: j ↙
选择对象: 指定对角点: 找到 11 个 //框选整个图形中的圆弧
选择对象: ↙ //结束选择对象
多段线已增加 9 条线段
输入选项 [打开(O)/合并(J)/宽度(W)/编辑顶点(E)/拟合(F)/样条曲线(S)/非曲线化(D)/线型生成(L)/反转(R)/放弃(U)]: ↙ //退出命令
```

03 使用相同的方法将其他两个图形的圆弧也组合成封闭的多段线对象。

04 在“查询”工具栏中单击“面积”按钮。命令执行过程如下。

```
命令: _measuregeom
输入选项 [距离(D)/半径(R)/角度(A)/面积(AR)/体积(V)] <距离>: _area
指定第一个角点或 [对象(O)/增加面积(A)/减少面积(S)/退出(X)] <对象(O)>: a ↙
```

指定第一个角点或 [对象(O)/减少面积(S)/退出(X)]: o ↙
（“加”模式）选择对象: //选择由圆弧组成的多段线对象，要计算的面积区域变为绿色，如图6-21（左）所示。
区域 = 1775.5613，周长 = 194.1611
总面积 = 1775.5613
（“加”模式）选择对象: ↙ //不选择对象，直接按Enter键
区域 = 1775.5613，周长 = 194.1611
总面积 = 1775.5613
指定第一个角点或 [对象(O)/减少面积(S)/退出(X)]: s ↙
指定第一个角点或 [对象(O)/增加面积(A)/退出(X)]: o ↙
（“减”模式）选择对象: //选择中间的圆形，选择的时候不太容易选中它，如图6-21（右）所示。
区域 = 1256.6371，圆周长 = 125.6637
总面积 = 518.9243
（“减”模式）选择对象: ↙ //如果还有要减去的对象，可继续选择
区域 = 1256.6371，圆周长 = 125.6637
总面积 = 518.9243

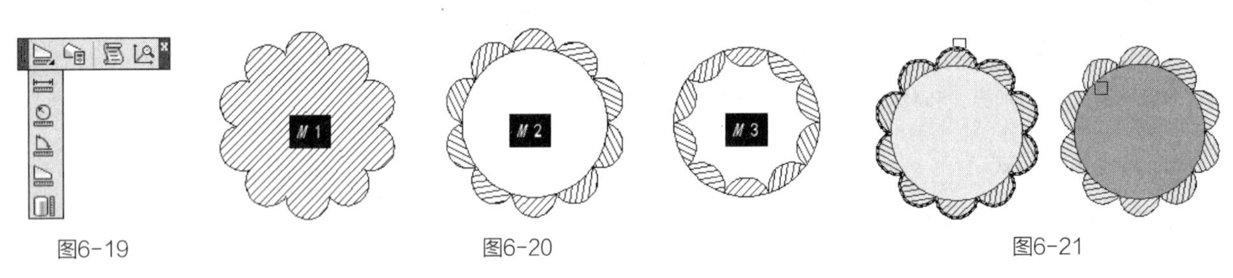

图6-19　图6-20　图6-21

专家提示

在使用S（“减”模式）时，如果得出来的结果还是相加，那只是数值前多了一个负号而已。这种情况大多是操作步骤有误，仔细分析一下本例中的操作顺序。

3. 技术要点

执行Area命令后，根据提示某个对象，AutoCAD将计算和报告该对象的面积和周长；可以被Area命令所使用的对象包括圆、椭圆、样条曲线、多段线、正多边形、面域和实体等。

专家提示

在计算某对象的面积或周长时，如果该对象不是封闭的，则系统在计算面积时认为该对象的第一点和最后一点间通过直线进行封闭；在计算周长时则为对象的实际长度，不考虑对象的第一点和最后一点间的距离。

在通过上述两种方式进行计算时，均可使用“增加面积（Add）”模式和“减少面积（Subtract）”模式进行组合计算。

Add：使用该选项计算某个面积时，系统除了报告该面积和周长的计算结果之外，还在总面积中加上该面积。

Subtract：使用该选项计算某个面积时，系统除了报告该面积和周长的计算结果之外，还在总面积中减去该面积。

如图6-22所示，在加模式下选择对象1，在减模式下选择对象2，则总面积为对象一和对象2之间部分；分别在加模式下选择对象1和对象2，则总面积为面积1和面积2之和。

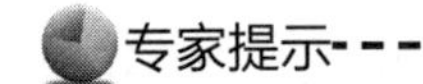
专家提示

系统变量Area存储由Area命令计算的最后一个面积值。系统变量Perineter存储Area、Dblist和List命令计算的最后一个周长值。

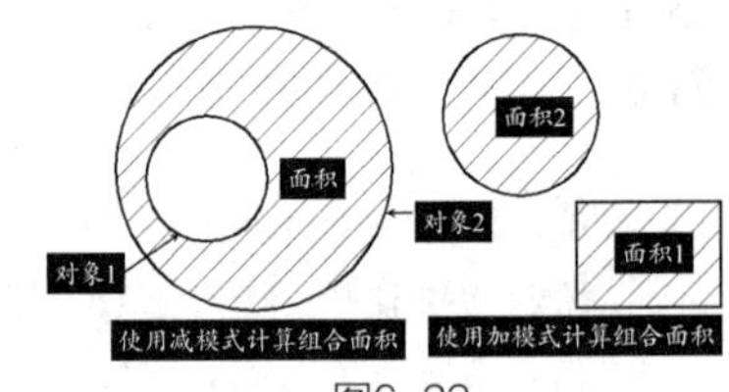

图6-22

6.4.3 查询面域/质量特性（Massprop）

利用AutoCAD中的质量特性查询命令可以计算并显示面域（Region）或实体（Solids）的质量特性，如面积、质心和边界框等。

1. 命令执行方式

命令行：在命令提示行中输入Massprop命令并按Enter键。

菜单栏：执行“工具>查询>面域/质量特性”菜单命令。

工具栏：单击“查询”工具栏中的“面域/质量特性”按钮。

2. 技术要点

执行Massprop命令后，根据提示可指定一个或多个面域对象，Massprop命令查询内部如表6-5所示。

表6-5 Massprop命令查询内容

项目	含义
面积	面域的封闭面积
周长	面域的内环和外环的总长度
质量	用于测量物体的惯性。由于使用的密度为 1，因此质量和体积具有相同的值
体积	实体包容的三维空间总量。
边界框	边界框是包含所选对象的最小的矩形，系统将给出边界框左下角和右上角的坐标
质心	面域质量中心点坐标
惯性矩	计算公式为：面积惯性矩=面积×半径×半径
惯性积	面域的面积惯性积
旋转半径	旋转半径也用于表示实体的惯性矩，计算公式为：旋转半径=（惯性积/物体质量）1/2
主力矩与质心的*x-y-z* 方向:	面积的主力矩和质心的*x*、*y*、*z*轴

AutoCAD还允许用户将Massprop命令的查询结果写入到文本文件中，显示查询结果的最后，系统将给出以下提示。

是否将分析结果写入文件? [是（Y）否（N）] <否>:

如果选择Yes，则系统进一步提示输入一个文件名，并将结果保存在该文件中。

注意

对于一个没有处于*xy*平面上的面域对象，Massprop命令将不显示惯性矩、惯性积、旋转半径以及主力矩和质心的x、*y*、*z*轴等信息。

6.4.4 列表显示命令（List）

利用AutoCAD中的列表显示命令用来显示任何对象的当前特性，如图层、颜色、样式等。此外，根据选定对象的不同，该命令还将给出相关的附加信息。

1. 命令执行方式

执行Liat命令的方法主要有以下3种。

命令行：在命令提示行中输入List命令并按Enter键。

菜单栏：执行“工具>查询>列表”菜单命令。

工具栏：单击“查询”工具栏中的“列表”按钮。

除List命令外，AutoCAD还提供了一个DBList命令，该命令可依次列出图形中所有对象的数据。其中每个对象的显示数据与List命令相同。

2. 技术要点

执行List命令可以显示指定对象的特性，如表6-6所示。

表6-6 List命令查询内容

项目	含义
对象	对象的类型
图层	对象所在的图层
空间	设置当前是模型空间还是图纸空间
句柄	对象的句柄，以十六进制数表示，在图形数据库中作为对象的标志
x、y、z	对象的位置
颜色	如果对象的颜色不是“ByLayer”或“ByBlock”，则显示该信息
线型	如果对象的线型不是“ByLayer”或“ByBlock”，则显示该信息
线宽	如果对象的线宽不是“ByLayer”或“ByBlock”，则显示该信息
线型比例	如果对象的线型比例不是缺省值，则显示该信息
厚度	如果对象厚度非零，则显示该信息
附加数据	与所选择的对象有关，如直线的端点、圆的圆心等

6.4.5 点坐标查询（ID）

ID命令用于查询指定点的坐标值。该命令的执行方式主要有以下几种。

命令行：命令行：在命令提示行中输入ID命令并按Enter键。

菜单栏：执行“工具>查询>定位点”菜单命令。

工具栏：单击“查询”工具栏中的定“位点”按钮。

在命令行中输入ID命令并按Enter键，命令提示如下。

```
命令: _id
指定点://指定要查询的点
X = 2069.4239    Y = 1552.3138    Z = 0.0000 //显示点的坐标值
```

6.4.6 绘图时间查询（Time）

在命令行中输入Time命令可以在文本窗口显示关于图形文件的日期和时间的统计信息，如当前时间、图形的创建时间等，如表6-7所示。该命令使用系统时钟来完成时间功能，采用24小时时间格式，可精确显示到毫秒。

表6-7 Time命令查询内容

项目	含义
当前时间	显示当前的日期和时间
创建时间	显示当前图形创建的日期和时间
上次更新时间	显示当前图形最后一次修改的日期和时间
累计编辑时间	显示编辑当前图形的总时间
经过计时器	运行AutoCAD的同时运行另一个计时器
下次自动保存时间	显示距离下一次自动保存的时间间隔

在累计编辑时间中不包括打印时间。该计时器由 AutoCAD更新，不能重置或停止。

注意

如果不保存图形而退出编辑任务，编辑任务中所花的时间将不记入累计编辑时间。

Time命令还具有如下选项。

- 显示（D）：显示最新的时间信息。
- 开（ON）：启动用户经过计时器。
- 关（OFF）：停止用户经过计时器。
- 重置（R）：将用户经过计时器重置为0日00:00:00.000。

6.4.7 图形统计信息（Status）

Status命令用于查询当前图形的基本信息，并报告当前图形中对象的数目，包括图形对象（例如圆弧和多段线）、非图形对象（例如图层和线型）和块定义。除全局图形统计信息和设置外，还将列出系统中安装的可用内存量、可用磁盘空间量以及交换文件中的可用空间量。

此外，还可以在提示符Dim下使用Status，系统显示所有标注系统变量的值和说明。

执行Status命令后将返回各种统计信息，如表6-8所示。

表6-8 Status命令的查询内容

项目	说　明
当前图形中的对象数	其中包括各种图形对象、非图形对象（如图层和线型）和内部程序对象（如符号表）等
模型空间或图纸空间的图形界限	由Limits定义的图形界限，包括界限左下角和右上角的xy坐标，以及界限检查设置状态
模型空间或图纸空间使用	图形范围，包括图形范围左下角和右上角的xy坐标。如显示注释“Over（超界）”则表明图形范围超出绘图界限
显示范围	显示范围，包括显示范围左下角和右上角的xy坐标
插入基点	图形的插入点
捕捉分辨率	x和y方向上的捕捉间距
栅格间距	x和y方向上的栅格间距
当前空间	显示当前激活的是模型空间还是图纸空间
当前布局	图形的当前布局
当前图层	图形的当前图层

续表

项目	说　明
当前颜色	图形的当前颜色
当前线型	图形的当前线型
当前材质	图形的当前材质
当前线宽	图形的当前线宽
当前打印样式	图形的当前打印样式
当前标高、厚度	图形的当前标高和当前厚度
填充、栅格、正交、快速文字、捕捉、数字化仪	填充、栅格、正交、快速文字、捕捉、数字化仪模式的当前状态
对象捕捉模式	正在运行的对象捕捉模式
可用图形文件磁盘空间	AutoCAD图形文件所在磁盘的可用空间容量
可用临时文件磁盘空间	AutoCAD临时文件所在磁盘的可用空间容量
可用物理内存	系统中可使用的内存容量
可用交换文件空间	操作系统的交换文件中的可用空间容量

6.4.8 列出系统变量（Setvar）

全局线型比例保存在Ltscale系统变量中，对象型比例保存在Celtscale系统变量中，想要了解一组相关系统变量的设置，使用Setvar命令查询所有系统变量及其设置。

在命令行中输入Setvar命令，然后输入？并按Enter键，再按Enter键即可显示出系统变量，如图6-23所示。由于系统变量很多，无法一次全部显示，需要按Enter键继续分屏显示，按Esc键退出。

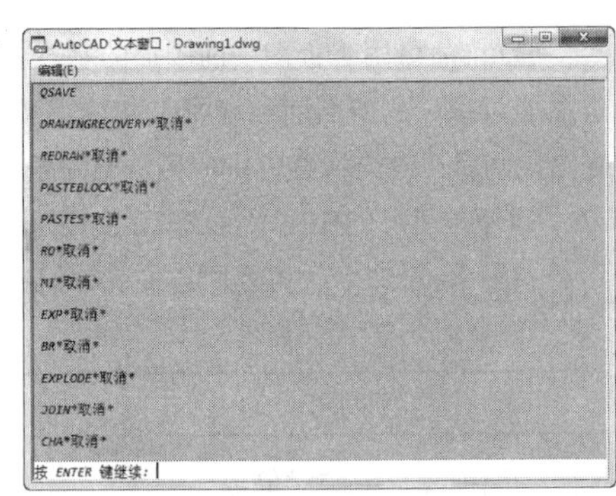

图6-23

专家提示

大多数系统变量只有两个值，分别表示开或关，一般设置1表示开，设置为0表示关，只有少部分变量允许设置为任意数值。

只读系统变量只能提供信息，不能被修改。例如Loginname，它显示当前用户在系统中的注册名，是不可更改的，其他系统变量是可以修改的。

6.5 使用AutoCAD计算器

“快速计算器”包括与大多数标准数学计算器类似的基本功能。另外，“快速计算器”还具有特别适用于AutoCAD的功能，例如几何函数、单位转换区域和变量区域。

直接使用“快速计算器”时，用户可以像使用桌面计算器那样执行计算和单位转换。用户可以使用Windows剪贴板（快捷键“Ctrl”+“C”和“Ctrl”+“V”）将计算结果传输到本程序的其他部分或传输到外部程序中。直接执行的计算不会影响或改变图形中的任何内容。

与大多数计算器不同的是，“快速计算器”是一个表达式生成器。为了获取更大的灵活性，它不会在用户单击某个函数时立即计算出答案。相反，它让用户输入一个可以轻松编辑的表达式，完成后用户可以单击等号“=”或按Enter键。稍后，用户可以从“历史记录”区域中检索出该表达式，对其进行修改并重新计算结果。

使用“快速计算器”可以进行以下操作。

- ◆ 执行数学计算和三角计算。
- ◆ 访问和查看以前输入的计算值进行重新计算。
- ◆ 从特性选项板访问计算器来修改对象特性。
- ◆ 转换测量单位。
- ◆ 执行与特定对象相关的几何计算。
- ◆ 向（从）特性选项板和命令提示复制和粘贴值和表达式。
- ◆ 计算混合数字（分数）、英寸和米。
- ◆ 定义、存储和使用计算器变量。
- ◆ 使用 CAL 命令中的几何函数。

6.5.1 了解“快速计算器”选项板

1. 命令执行方式

菜单栏：执行“工具>选项板>快速计算”菜单命令。

菜单栏：在命令提示下输入Quickcalc（简写QC）命令并按Enter键。

工具栏：在“标准”工具栏中，单击“快速计算器”按钮▤。

快捷菜单：在图形编辑器（无活动命令）中，单击鼠标右键，然后单击“快速计算器”命令。

还可以按快捷键“Ctrl”+“8”打开“快速计算器”，如图6-24所示。单击计算器上的“更多/更少”按钮⊙，将只显示输入框和“历史记录”区域。可以使用展开/收拢箭头打开和关闭区域。还可以控制“快速计算器”的大小、位置和外观。

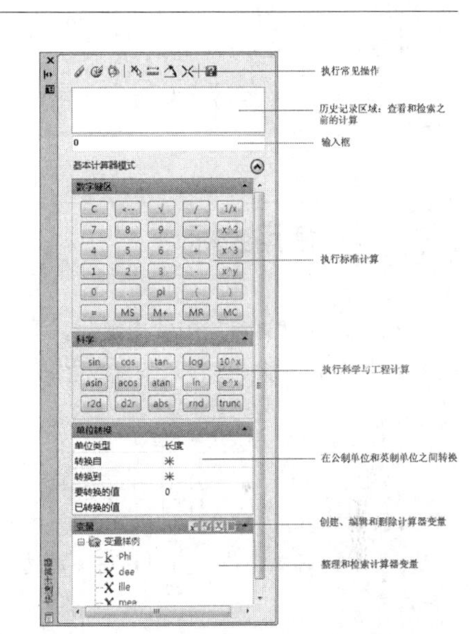

图6-24

2. 技术要点：“快速计算器”对话框中各按钮的功能

✐：清除输入框中的内容。

✐：清除历史记录。

✐：在命令提示下将值粘贴到输入框中。在命令执行过程中以透明方式使用“快速计算器”时，在计算器底部，此按钮将替换为“应用”按钮。

✐：计算点的坐标。

✐：计算两点之间的距离。计算的距离始终显示为无单位的十进制值。

✐：计算由两点定义的直线之间的角度。

✐：计算由四点定义的两条直线之间的交点。

6.5.2 计算数值

在AutoCAD中使用“快速计算器”计算数值非常简单，它使用的是标准的运算法则。如输入5*(2+3)/5-1↙，那么计算结果则为24，如图6-25所示。

根据运算法则，首先计算括号内的2+3之和，再计算5×5（等于25），然后除以5等于5，最后减1等于4。

注意

在输入公式时，要使用英文字符进行输入，如果输入中文字符，则会出错。

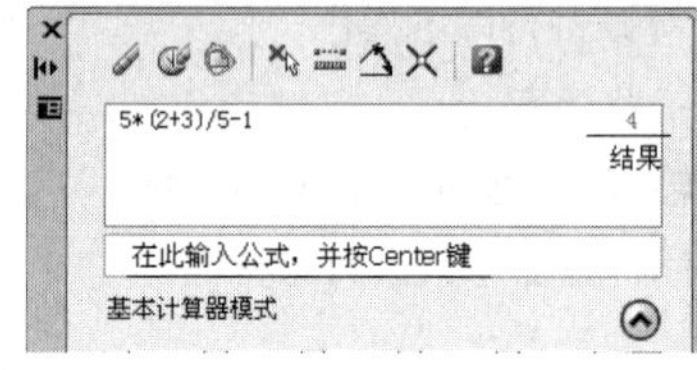

图6-25

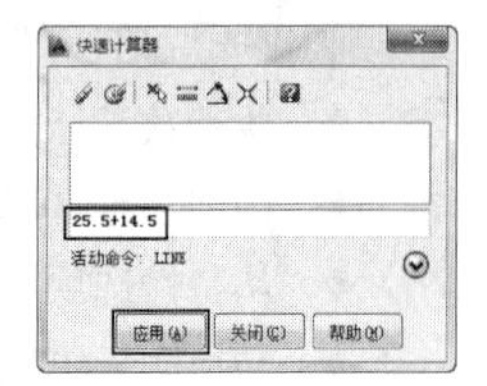

图6-26

下面举例说明。

已知直线长度等于另外两条直线长度之和，利用“快速计算器”绘制这条直线。在命令行中输入L命令。命令执行过程如下。

命令: _line 指定第一点: //指定直线的起点

指定下一点或 [放弃(U)]: 'qc ↙ //输入 'qc 打开“快速计算器”，然后在输入区内输入25.5+14.5并按Enter键，如图6-26所示，再单击“应用”按钮，其结果会显示在命令行中。

‘Quickcalc 正在恢复执行 Line 命令。

指定下一点或 [放弃(U)]: 40 ↙ //将鼠标移动到直线起点的右侧水平位置，然后直接在命令行按Enter键 即可绘制出一条长度为40的水平直线

指定下一点或 [放弃(U)]: //退出命令

6.5.3 使用坐标

在“快速计算器”中使用坐标，需要将其放在方括号中。例如，已知两条长度分别为8.582mm、3.174mm的直线段，要求绘制一条长度为两条直线之和，角度为20° 的直线段。命令执行过程如下。

命令: _line 指定第一点:

指定下一点或 [放弃(U)]: 'qc //输入 'qc 打开“快速计算器”，然后在输入区内输入[@(8.582+3.174)<20]并按Enter键，计算器会将表达式转换为绝对坐标，再单击“应用”按钮关闭选项板，计算结果将显示在命令提示行后面

指定下一点或 [放弃(U)]: 17.8610464,13.0189464,0 ↙

指定下一点或 [放弃(U)]: ↙ //退出命令，结果如图6-27所示。

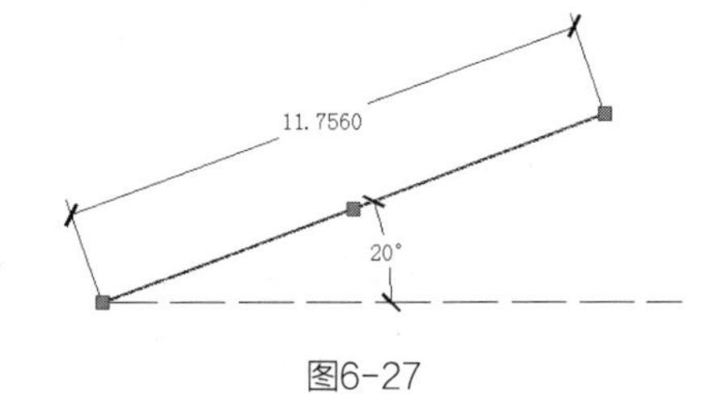

图6-27

6.5.4 使用快捷函数

在快速计算器中含有一些变量，可将它们用于表达式中，这些变量包括若干函数和一个常量，即所谓的黄金比率phi。快捷函数是常用表达式，它们将函数与对象捕捉组合在一起。在列表中预定义的快捷函数如表6-9所示。

表6-9 快捷函数

快捷函数	快捷方式所对应的函数	说明
dee	dist(end,end)	两端点之间的距离
ille	ill(end,end,end,end)	4个端点确定的两条直线的交点
mee	(end+end)/2	两端点的中点
nee	nor(end,end)	*xy* 平面中两个端点的法向单位矢量
rad	rad	选定的圆、圆弧或多段线圆弧的半径

续表

快捷函数	快捷方式所对应的函数	说明
vee	vec(end,end)	两个端点所确定的矢量
vee1	vec1(end,end)	两个端点所确定的单位矢量

01 打开配套光盘中的“DWG文件\CH06\654.dwg”，这是一个绘制好的三角形，如图6-28所示。

02 单击“绘图”工具栏中的“构造线”按钮。

03 在“_xline 指定点或 [水平（H）/垂直（V）/角度（A）/二等分（B)/偏移(O)]:”命令提示行后面输入'qc并按Enter键。

04 在弹出的“快速计算器”选项板的输入框中输入（end+end+end）/3，然后单击“应用”按钮，如图6-29所示。

05 在视图中分别单击三角形的3个端点，计算器会计算出三角形的中心点的坐标，并捕捉到该点。

06 继续在视图中水平位置和垂直方向分别任意指定一点，即可绘制出过三角形中心的十字线，如图6-30所示。

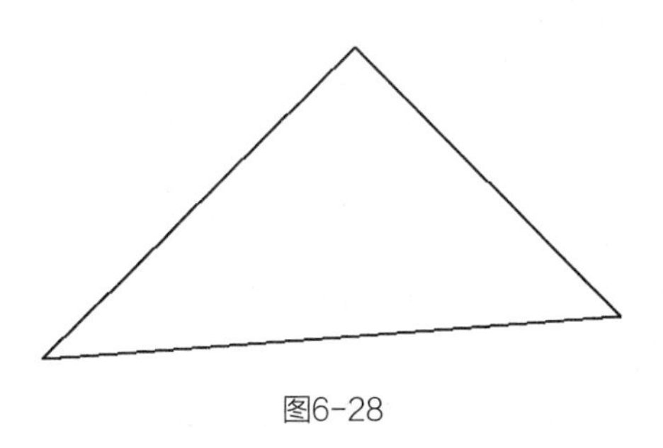

图6-28

图6-29

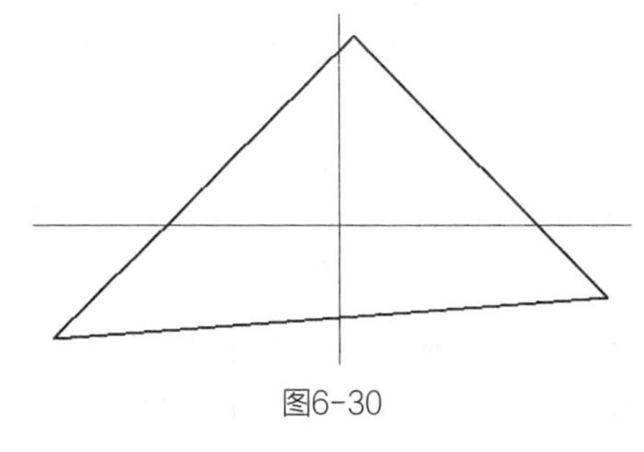

图6-30

6.5.5 转换单位

可以使用“快速计算器”中的“单位转换”部分转换长度、面积、体积以及角度等量的单位。例如，可以将英亩转换为平方英尺或者将米转换为英寸。转换单位的步骤如下。

- 从“单位类型”下拉列表中选择要转换的单位。
- 从“转换自”下拉列表中选择要转换的单位。
- 从“转换到”下拉列表中选择转换为何种单位。
- 在“要转换的值”文本框中输入要转换的值并按Enter键。
- 为了在命令行中使用该值，可以单击所输入的数值，并单击“将转换结果返回到计算器输入区域”按钮，然后单击计算器选项板上的“将数值粘贴到命令行”按钮。

6.6 综合实例

本节将学习使用快速计算器计算图形缩放比例以及绘制风向玫瑰图。

案例 034 使用快速计算器计算缩放比例

- **学习目标** | 根据图6-31中给出的条件绘制出该图形。本例中的图形给出的已知条件不多，关键是合理利用五边形与圆弧的关系。主要用到Lengthen命令修改圆弧的长度，用等比缩放修改圆弧的长度，用“端点、端点、切点”绘制圆。
- **视频路径** | 光盘\视频教程\CH06\使用快速计算器计算缩放比例.avi
- **结果文件** | 光盘\DWG文件\CH06\使用快速计算器计算缩放比例.dwg

主要操作步骤如图6-32所示。

- 绘制一个半径为25mm的圆和内接正五边形，并连接圆心到各顶点。
- 将圆修剪成两段圆弧。
- 用Lengthen命令改变圆弧的长度，用“标注>弧长”命令标出⌒*AE*和⌒*CD*的长度。
- 捕捉*A*点、*B*点和*OB*的切点绘制圆，并修剪。
- 以*A*点为基点缩放⌒*AE*，再绘制弧线两段到圆心的连线，并将其旋转15°。
- 捕捉*D*点、E点和*OD*的切点绘制圆，并修剪。

01 单击“绘图”工具栏中的“圆”按钮，绘制一个半径为25mm的圆。

02 单击“绘图”工具栏上的“正多边形”按钮，绘制一个圆的内接正五边形，如图6-33所示。

03 单击“绘图”工具栏中的“直线”按钮，连接圆心到五边形的顶点，并将*OE*旋转-28°，如图6-34所示。

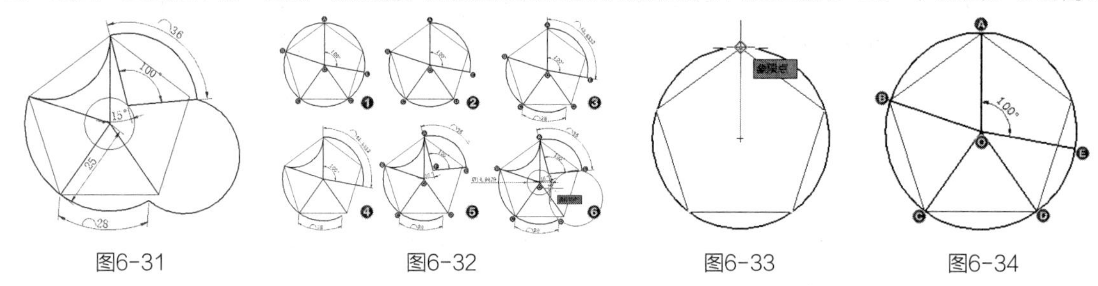

图6-31　图6-32　图6-33　图6-34

04 单击“修改”工具栏中的“修剪”按钮，将⌒*AB*和⌒*DE*剪掉，如图6-35所示。

05 单击“修改”工具栏中的“打断于点”按钮，将⌒*BD*从*C*点打断为两段圆弧，以便于修改⌒*CD*的长度。

```
命令: _break
选择对象: //选择⌒BD
指定第二个打断点 或 [第一点(F)]: _f
指定第一个打断点: //单击点C
指定第二个打断点: @
```

06 执行“编辑>拉长”菜单命令，修改⌒*CD*的长度，如图6-36所示。命令执行过程如下。

```
命令: _lengthen
选择对象或 [增量(DE)/百分数(P)/全部(T)/动态(DY)]: t ↙
指定总长度或 [角度(A)] <30.0000>: 28 ↙
选择要修改的对象或 [放弃(U)]: //单击⌒CD 右半部分
选择要修改的对象或 [放弃(U)]: ↙
```

专家提示

执行“标注>弧长”菜单命令，然后单击圆弧，再确定标注的位置，即可标注出圆弧的长度，如图6-36所示。

07 单击“绘图”工具栏中的“圆”按钮，用“三点”方式绘制一个经过*A*点和*B*点并与*OB*和*OA*相切的圆，如图6-37所示。命令执行过程如下。

```
命令: _circle
指定圆的圆心或 [三点(3P)/两点(2P)/切点、切点、半径(T)]: 3p ↙
指定圆上的第一个点: //捕捉点A
指定圆上的第二个点: //捕捉点B
指定圆上的第三个点: _tan 到 //单击“对象捕捉”工具栏中的“捕捉到切点”按钮，然后捕捉OA或OB上的切点
```

08 单击“修改”工具栏中的“修剪”按钮，将圆在*AB*外侧的部分剪掉，如图6-38所示。

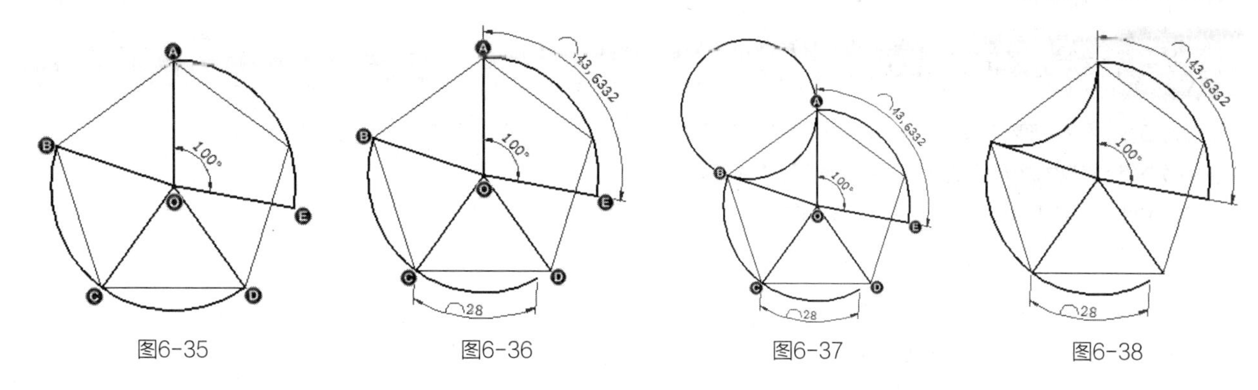

图6-35　图6-36　图6-37　图6-38

09 单击"修改"工具栏中的"缩放"按钮，以A点为缩放基点，将⌒AE的长度缩放为36mm，如图6-39所示。命令执行过程如下。

命令: _scale

选择对象: 找到 1 个 //选择线段OA和⌒AE

选择对象:

指定基点: //捕捉A点

指定比例因子或 [复制(C)/参照(R)]: '_quickcalc //在"标准"工具栏中，单击"快速计算器"按钮，输入36/43.6332，如图6-40所示，然后单击"应用"按钮，即可计算出缩放比例因子

正在恢复执行 Scale 命令。

指定比例因子或 [复制(C)/参照(R)]: 0.825059817 ↙

10 单击"绘图"工具栏中的"直线"按钮，连接⌒AE的圆心到它的两个端点PE和PA，如图6-41所示。

11 单击"修改"工具栏中的"旋转"按钮，以A点为旋转基点，将⌒AE和PA、PE一起旋转15°，如图6-42所示。

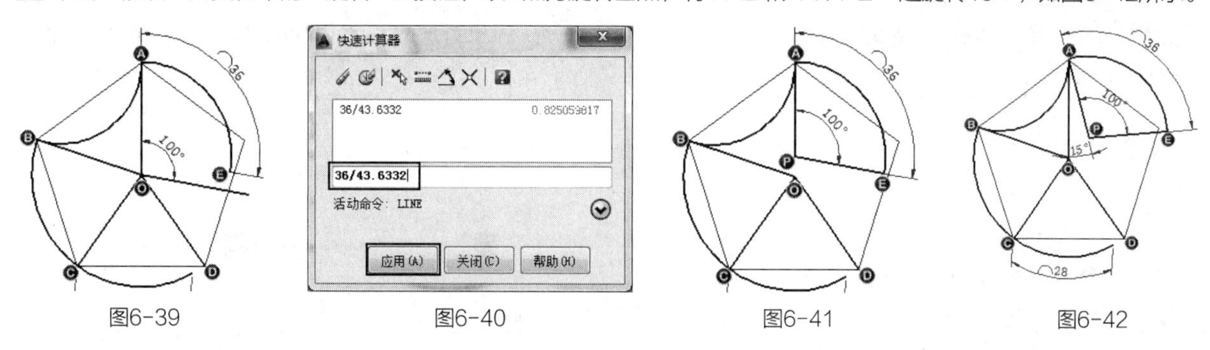

图6-39　图6-40　图6-41　图6-42

12 以点O为圆心，OP为半径绘制一个圆，然后执行"标注>直径"菜单命令，即可得到该圆的直径，如图6-43所示。

13 单击"绘图"工具栏中的"圆"按钮，用"三点"方式绘制一个经过D点和E点并与前一步骤中的圆相切的圆，如图6-44所示。

14 单击"修改"工具栏中的"修剪"按钮，将新绘制的圆在DE左侧的部分剪掉，该图形就绘制完成了，如图6-45所示。

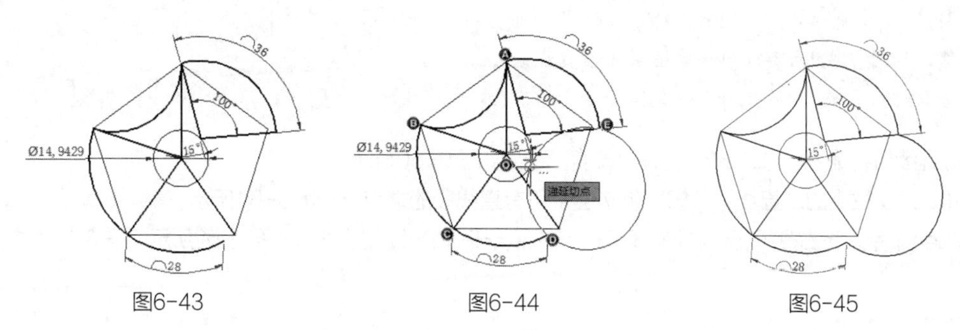

图6-43　图6-44　图6-45

案例 035 绘制风向玫瑰图

● **学习目标** | 本例主要练习使用Lengthen命令改变直线段的长度，同时还用到了环形阵列命令，案例效果如图6-46所示。

● **视频路径** | 光盘\视频教程\CH06\绘制风向玫瑰图.avi

● **结果文件** | 光盘\DWG文件\CH06\风向玫瑰图.dwg

本例主要操作步骤如图6-47所示。

◆ 绘制一条水平线并将其环形阵列复制16条。

◆ 使用Lenghten命令改变线段长度。

◆ 连接线段端点，最后绘制箭头 。

01 在命令行中输入L（Line）命令，绘制一条长度为30mm的直线段，如图6-48所示。

02 单击“修改”工具栏中的“环形阵列”按钮，环形阵列复制出16条线段，如图6-49所示。命令执行过程如下。

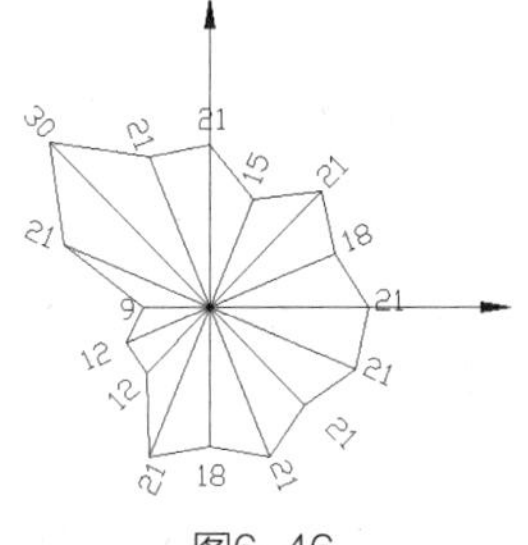

图6-46

```
命令: _arraypolar
选择对象: 找到 1 个 //选择绘制的直线
选择对象: ↙
类型 = 极轴 关联 = 是
指定阵列的中心点或 [基点(B)/旋转轴(A)]: //捕捉直线段左侧的端点
选择夹点以编辑阵列或 [关联(AS)/基点(B)/项目(I)/项目间角度(A)/填充角度(F)/行(ROW)/层(L)/旋转项目(ROT)/退出(X)] <退出>: I ↙
输入阵列中的项目数或 [表达式(E)] <6>: 16 ↙
选择夹点以编辑阵列或 [关联(AS)/基点(B)/项目(I)/项目间角度(A)/填充角度(F)/行(ROW)/层(L)/旋转项目(ROT)/退出(X)] <退出>: ↙
```

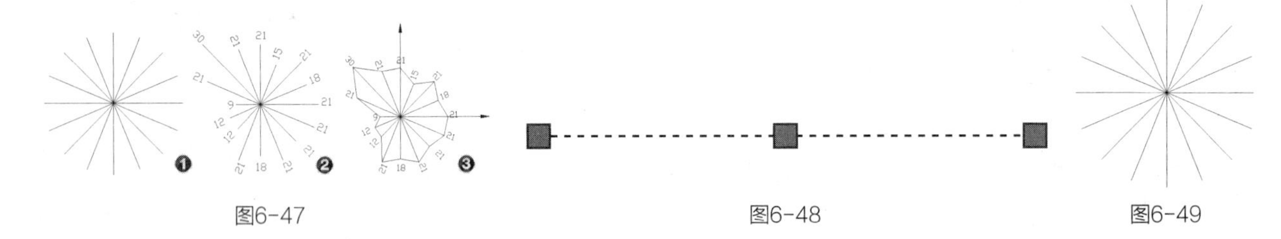
图6-47　图6-48　图6-49

03 选中阵列后的图形，然后单击“修改”工具栏中的“分解”按钮，这样才能对阵列出来的直线段进行编辑。

04 在命令行中输入Len（Lengthen命令的简写）命令，并按Enter键，改变直线段的长度。命令执行过程如下。

```
命令: _len
选择对象或 [增量(DE)/百分数(P)/全部(T)/动态(DY)]: T ↙
指定总长度或 [角度(A)] <1.0000)>: 21 ↙
选择要修改的对象或 [放弃(U)]: //单击第一条直线的外侧
选择要修改的对象或 [放弃(U)]: ↙ //结束命令
```

05 按Space键继续执行命令，依次改变线段的长度，结果如图6-50所示。

06 单击“绘图”工具栏中的“直线”按钮，依次连接所有直线段的端点，如图6-51所示。

07 执行Lengthen命令，将右侧平行于*x*轴的线段和上方平行于*y*轴的线段拉长，如图6-52所示，命令执行过程如下。

```
命令: _lengthen
选择对象或 [增量(DE)/百分数(P)/全部(T)/动态(DY)]: T ↙
指定总长度或 [角度(A)] <45.0000)>: 40 ↙
选择要修改的对象或 [放弃(U)]:
选择要修改的对象或 [放弃(U)]:
选择要修改的对象或 [放弃(U)]: ↙
```

08 最后用直线绘制出两个箭头符号，一个风向玫瑰图就绘制完成了，如图6-53所示。

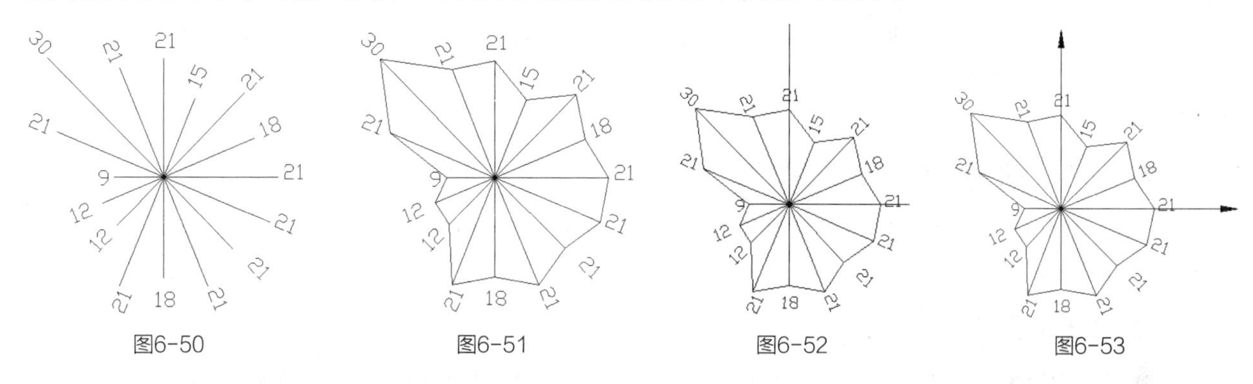
图6-50　　图6-51　　图6-52　　图6-53

6.7 课后练习

1. 选择题

（1）下列有关图层的叙述，错误的有？（　　）

A. 图层名必须是唯一的

B. 图层名最长可达256个字符

C. 图层名中可以包含文字、数字与其他字符

D. 图层名中不允许含有大于号、斜杠以及标点等符号

（2）在AutoCAD中给一个对象指定颜色特性可以使用以下多种调色板，除了？（　　）

A. 灰度颜色　　B. 索引颜色　　C. 真彩色　　D. 配色系统

（3）在AutoCAD中可以给图层定义的特性不包括？（　　）

A. 颜色　　B. 线宽　　C. 打印/不打印　　D. 透明/不透明

（4）在AutoCAD中默认存在的命名图层过滤器不包括？（　　）

A. 显示所有图层　B. 显示所有使用图层　　C. 显示所有打印图层　　D. 显示所有依赖于外部参照的图层

（5）为维护图形文件的一致性，可以创建标准文件以定义常用属性，除了？（　　）

A. 命名视图　　B. 图层和线型　　C. 文字样式　　D. 标注样式

2. 上机练习

（1）打开配套光盘中的“DWG文件\CH06\上机练习6.7.1.dwg”文件，如图6-54所示。求填充区域$M1$和封闭区域$M2$的面积，求$P1$到$P2$的距离。

（2）绘制图6-55所示的拨叉剖视图和俯视图。

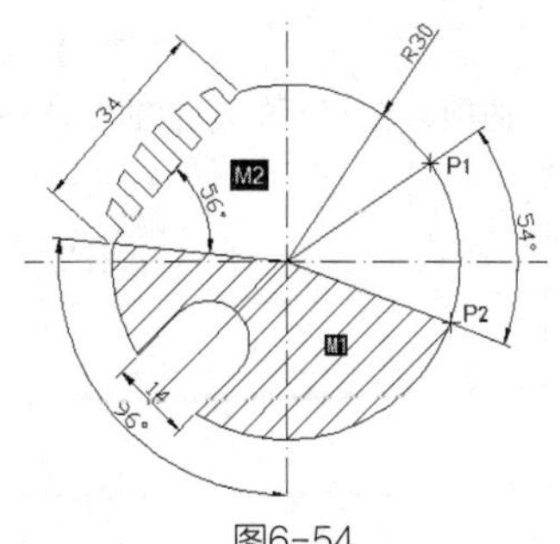

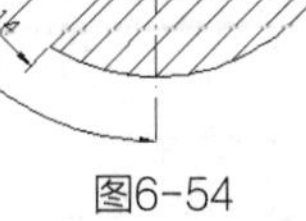

图6-54

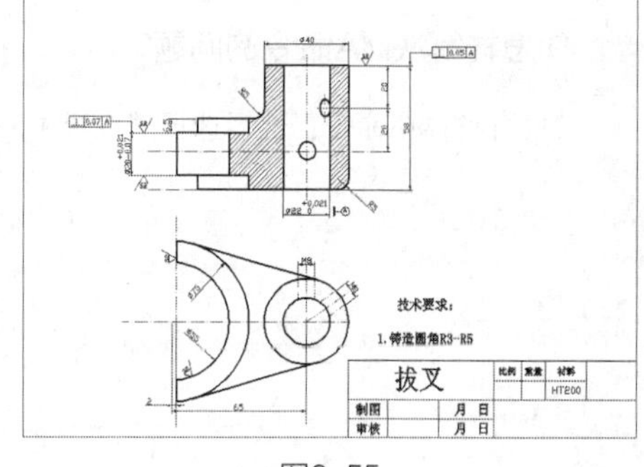

图6-55

6.8 课后答疑

1. 创建新图层的线条颜色是什么?

答：在AutoCAD 中创建新图层时，由于新建图层的所有特性将自动继承被选择图层的相应特性，因此创建新图层的线条颜色将与选择图层的颜色相同。

2. “选择线型”对话框中只有一种线型供选择怎么办?

答：在设置图层的线型时，进入“选择线型”对话框，默认情况下在该对话框中只有一种线型，要使用其他的线型作为图层线型，则需要单击“选择线型”对话框下方的“加载”按钮，在打开的“加载”对话框中可以为图层选择其他的线型。

3. 为什么不能将图形绘制到新建的图层上?

答：在绘制图形时，如果想将图形绘制到刚创建的图层上，则应该将创建的图层设置为当前层，否则绘制的图形将自动生成在当前层上。

4. 为什么删除图层的操作会失败?

答：如果在删除图层的操作过程中没有成功，则是因为该图层属于不能被删除的对象。在AutoCAD 中，0 层、默认层、当前层、含有图形实体的层和外部引用依赖层都是不能被删除的图层。

5. 为什么冻结图层的操作会失败?

答：如果在冻结图层的操作过程中没有成功，则是因为该图层属于当前层。在AutoCAD 中，当前层可以被关闭，但是不能被冻结。如果要冻结该图层，首先要将其他图层设置为当前层，才能执行该操作。

6. 如何删除一个空层?

答：在AutoCAD 图形中，只有当该层内的保留实体或外部引用都被删完后，该层才能被删除。如果一个层是空的，而且又不能使用Purge 命令把它从图形中删除，则该层可能在图纸空间已被冻结，或者它可能被某一个块定义实体参考引用。

7. 如何改变对象特性而不改变图层属性?

答：如果需要在保留图层属性的情况下改变对象的特性，就需要使用修改对象特性的方法。在弹出的菜单中选择“修改>特性”命令，或在命令行中输入并执行Propeties 命令，打开“特性”对话框，在该对话框中可以修改选定对象的特性，而不会影响图层的属性。

8. 要将另一个对象的特性赋予到当前对象上怎么办?

答：如果要将另一个对象的特性赋予到当前对象上，可以使用特性匹配的方法。执行“修改>特性匹配”菜单命令，或在命令行中执行Matchprop 命令，选择要复制特性的对象，然后单击当前对象。

9 怎样解决MA命令的问题?

答：执行MA命令，然后选择“设置（S）”选项，在打开的对话框中选择要复制属性的选项即可。

第 7 章

图案与渐变色填充

对象填充和图块的定义是AutoCAD绘图中比较重要的一部分，要能够熟练地掌握不同图形的填充方法和图块的应用。本章重点介绍使用Batch命令填充各种图案和自定义图案以及相关参数的设置。

学习重点

- 一般图案的填充方法
- 特殊图形的填充方法
- 修改图案填充
- 插入图块
- 定义图块的属性

7.1 了解图案填充

本节主要介绍图案填充的概念和特点，以及图案填充在工程制图中的应用。

7.1.1 什么是填充图案

通俗地说，填充图案就是指一些具有特定样式的用来表现特定（剖面）材质的图形。从工程制图的角度来讲，AutoCAD的填充图案主要用来表现不同的剖面材料，这在建筑和机械制图领域的运用比较广泛。

如图7-1所示，这是一个底座零件的轴测剖视图，其剖面填充图案就是表示“金属材料”的斜线。

并不是所有的图案填充和填充都必须有边界。如图7-2所示，混凝土图案填充有边界，而泥土图案填充无边界。

默认情况下，有边界的图案填充是关联的，即图案填充对象与图案填充边界对象相关联，当修改图案填充对象时，图案填充的边界也会随之发生改变，如图7-3所示。

注意

为了保持关联性，边界对象必须一直完全封闭图案填充。

填充图案的对齐和方向除了由用户界面中的控件确定以外，还由用户坐标系的当前位置和方向确定，如图7-4所示。移动或旋转UCS是控制填充图案的一种替换方法。

专家提示

默认情况下，将光标移至封闭区域上时会显示图案填充的预览。为了加快大型图形中的响应速度，可以使用Hpquickpreview系统变量关闭图案填充预览功能。

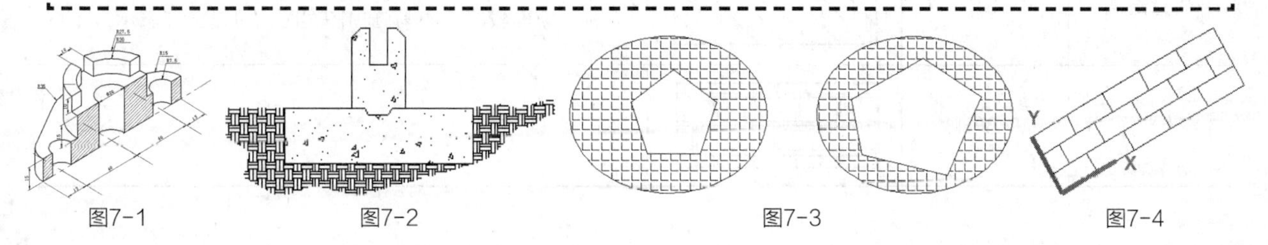

图7-1　图7-2　图7-3　图7-4

7.1.2 填充图案的主要特点

1. 填充图案是一个整体对象

填充图案是由系统自动组成一个内部块，所以在处理填充图案时，用户可以把它作为一个块实体来对待。这种块的定义和调用在系统内部自动完成，因此用户会感觉与绘制一般的图形没有什么差别。

2. 边界定义

在绘制填充图案的时候，首先要确定待填充区域的边界，边界只能由直线、圆弧、圆和二维多段线等组成，并且必须在当前屏幕上全部可见。

3. 填充图案和边界的关系

填充图案和边界的关系可分为相关和无关两种。相关填充图案是指这种图案与边界相关，当边界修改后，填充图案也会自动更新，即重新填充满新的边界；无关填充图案是指这种图案与边界无关，当边界修改后，填充图案不会自动更新，依然保持原状态。

4. 填充图案的可见性控制

用户可以使用Fill命令来控制填充图案的可见与否，即填充后的图案可以显示出来，也可以不显示出来。在命令提示行输入Fill命令并按Enter键，命令执行过程如下。

```
命令: _fill ↙
输入模式 [开(ON)/关(OFF)] <开>: //输入选项，ON表示显示填充图案，OFF表示不显示填充图案
```

专家提示

执行Fill命令以后，需要立即执行“视图>重生成”菜单命令才能观察到填充图案显示或隐藏后的效果。

7.1.3 填充图案在工程制图中的运用

在工程制图中，填充图案主要被用于表达各种不同的工程材料。

1. 填充图案在建筑制图中的运用

填充图案在建筑制图中主要用来表示各种建筑材料。

在建筑剖面图中，为了清楚表现物体中被剖切的部分，在横断面上应该绘制表示建筑材料的填充图案。按照国家规定的标准，表示房屋建筑材料的填充图案应该采用表7-1所规定的图例（这里仅仅列出一部分供读者参考）。

表7-1 建筑工程制图中常用的填充图案

材料名称	AutoCAD中图案代号	填充图案造型	备注
墙身剖面	ANSI31		包括砌体、砌块 断面较窄，不易画出图案时，可以涂红表示
砖墙面	AR-BRELM		

续表

材料名称	AutoCAD中图案代号	填充图案造型	备注
玻璃	AR-RROOF		包括平板玻璃、磨砂玻璃、夹丝玻璃、钢化玻璃等
混凝土	AR-CONC		适用于能承重的混凝土及钢筋混凝土 包括各种标号、骨料、添加剂的混凝土 断面较窄时，不易画出图案时，可涂黑表示
钢筋混凝土	ANSI31+AR-CONC		
夯实土壤	AR-HBONE		
石头坡面	GRAVEL		
绿化地带	GRASS		
草地	SWAMP`		
多孔材料	ANSI37		包括水泥珍珠岩、沥青珍珠岩、泡沫混凝土、非承重加气混凝土、泡沫塑料、软木等
灰、砂土	AR-SAND		靠近轮廓线的点较密
文化石	AR-RSHKE		

2. 填充图案在机械制图中的运用

在机械零件的剖视图和剖面图上，为了区分零件的实心和空心部分，国标规定被剖切到的部分应绘制填充图案，对于不同的材料采用不同的填充图案。表7-2就是机械工程制图中常用的填充图案，供读者参考。

表7-2 建筑工程制图中常用的填充图案

材料名称	填充图案造型	材料名称		剖面符号
金属材料（已有规定剖面符号者除外）		型砂、填砂、砂轮、陶瓷刀片、硬质合金刀片、粉末冶金等		
线圈绕组原件		格网		

续表

材料名称	填充图案造型	材料名称		剖面符号
转子、电机、变压器和电抗器等设备的叠钢片		木纹	纵剖面	
塑料、橡胶、油毡等非金属材料（已有规定剖面符号者除外）			横剖面	
胶合板		玻璃及其供观察用的其他透明材料		

注意

在实际工作当中，不同图纸的同类型填充图案可能会有一些形式上的出入，工作人员要以当前图纸上的具体规定为准。

7.2 使用图案填充对象

图案填充命令如表7-3所示。

表7-3 图案填充命令

命令	简写	功能
Bhatch（图案填充）	BH	对指定的封闭区域或封闭的二维多段线对象进行图案填充

1. 命令执行方式

命令行：在命令行中输入Bhatch（简写BH）命令。

菜单栏：执行“绘图>图案填充”菜单命令。

工具栏：单击“绘图”工具栏中的“图案填充”按钮。

执行Bhatch命令时，系统首先自动计算并构成封闭区域的临时边界，然后创建边界，并用指定的剖面线图案或色彩来填充这个封闭区域。使用Bhatch命令既可以产生相关剖面线，也可以产生无关剖面线。

2. 操作步骤

01 打开配套光盘中的“DWG文件\CH07\轴承剖面图.dwg”文件，如图7-5所示。

02 在命令行中输入Bhatch命令，在弹出的对话框中选择ANSI31图案，如图7-6所示。

03 单击“添加：拾取点”按钮，在图形中选择要填充的区域，如图7-7所示。

04 按Space键返回到对话框，单击“预览”按钮观察效果。如果不满意的话，再调整一下填充比例，最后单击“确定”按钮完成填充，完成后的效果如图7-8所示。

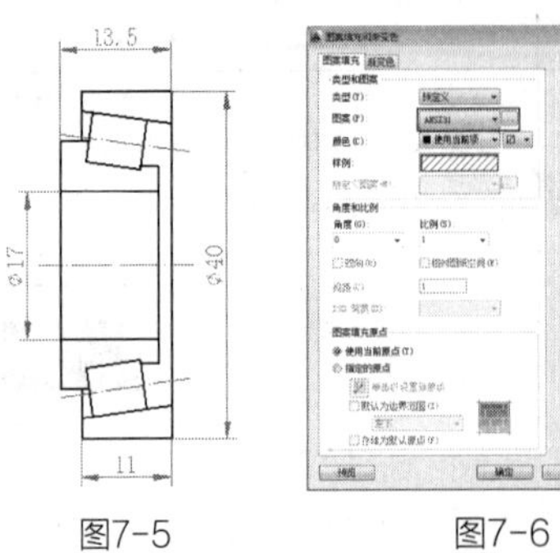

图7-5　　图7-6

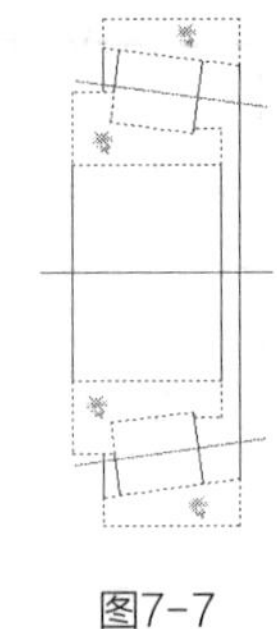

图7-7

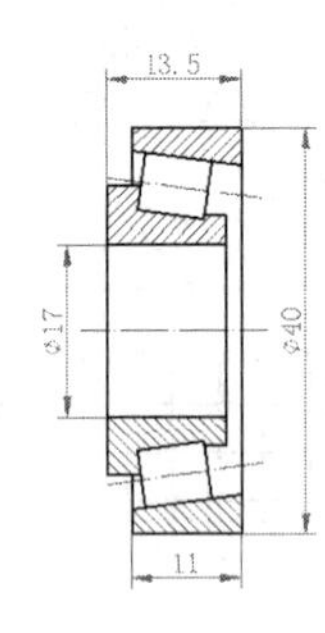

图7-8

专家提示

如果在复杂图形上填充小区域，可以使用边界集加快填充速度。在选择填充区域时，如果选择的对象不是封闭区域，系统会弹出图7-9所示的“图案填充－边界定义错误”对话框。此时可以用“窗口放大”命令观察各个交点，检查线段之间是否有未封闭的地方，将其封闭才能执行填充命令。

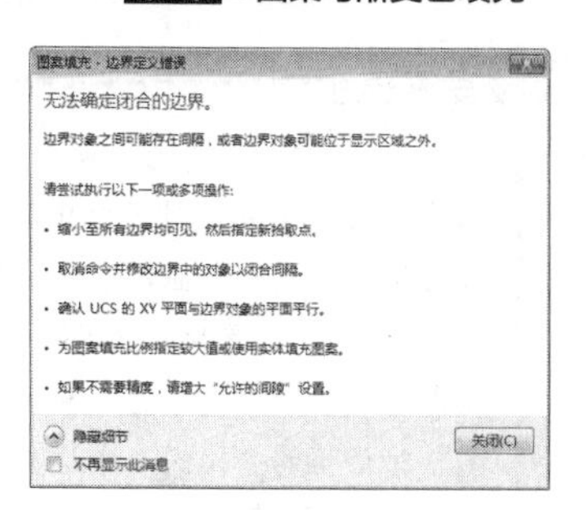

图7-9

7.2.1 选择填充图案的类型

一般情况下，使用系统预定义的填充图案基本上能满足用户需求，用户可以在“图案”下拉列表中选择图案，也可以单击…按钮，系统会弹出一个“填充图案选项板”对话框，如图7-10所示。

在该对话框中包含4个选项卡：ANSI、ISO、“其他预定义”和“自定义”。在每个选项卡中列出了以字母顺序排列并用图像表示的填充图案和实体填充颜色，用户可以在此查看系统预定义的全部图案，并定制图案的预览图像。

用户可以使用预定义填充图案填充对象，也可以使用当前线型来定义填充图案或创建更复杂的填充图案。

另外，还有一种图案类型叫做实体，它使用实体颜色填充区域，如图7-11所示。

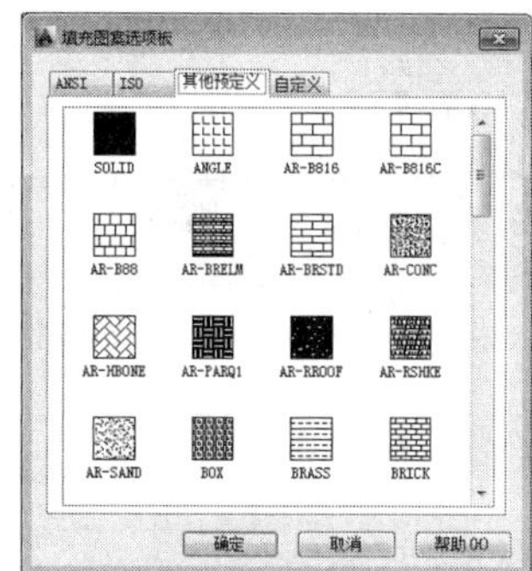

图7-10

图7-11

7.2.2 控制填充图案的角度

在“角度”下拉列表框中可以指定所选图案相对于当前用户坐标系x轴的旋转角度，图7-12所示为两个不同角度的填充效果。

7.2.3 控制填充图案的密度

在“比例”下拉列表框中，用户可以设置剖面线图案的缩放比例系数，以使图案的外观变得更稀疏一些或者更紧密一些，从而在整个图形中显得比较协调，图7-13所示是同一种填充图案使用不同比例的填充效果。

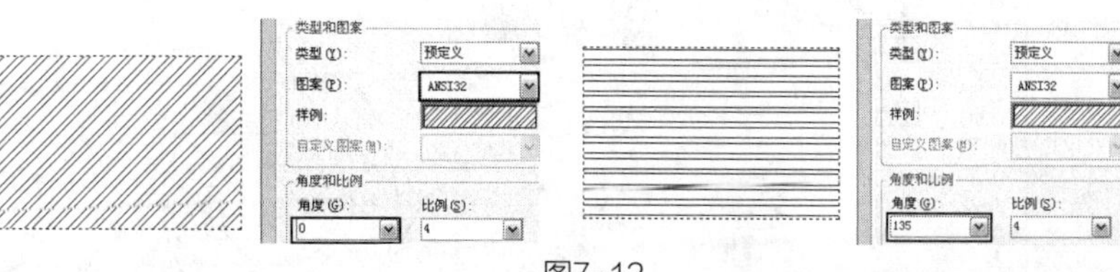

图7-12

“间距”编辑框用于在编辑用户自定义图案时指定图案中线的间距。只有在“类型”下拉列表框中选择了“用户定义”时，才可以使用“间距”编辑框。

“ISO笔宽”下拉列表框用于设置ISO预定义图案的笔宽。只有在“类型”下拉列表框中选择了“预定义”，并且选择了一个可用的ISO图案时，才可以使用此选项。

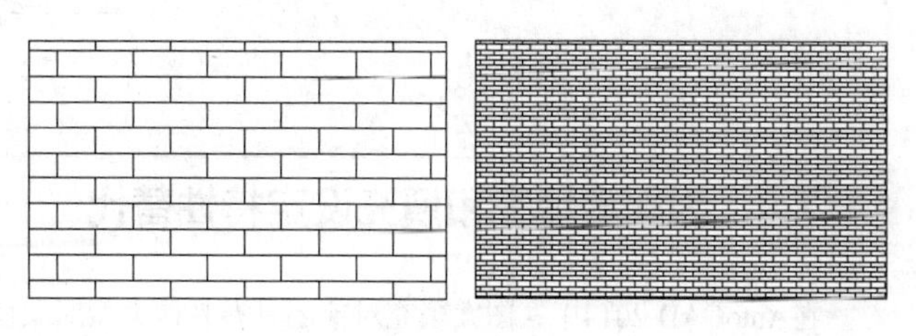

图7-13

专家提示

执行“图案填充”命令后，要填充的区域没有被填入图案，或者全部被填入白色或黑色。出现这些情况，都是因为“图案填充”对话框中的“比例”设置不当，要填充的区域没有被填入图案，是因为比例过大，要填充的图案被无限扩大之后，显示在需填充的局部小区域中的图案正好是一片空白，或者只能看到图案中少数的局部花纹。

反之，如果比例过小，要填充的图案被无限缩小之后，看起来就像一团色块。如果背景色是白色，则显示为黑色色块。如果背景色是黑色，则显示为白色色块。这就是前面提到的全部被填入白色或黑色的情况。在“图案填充”对话框的“比例”中适当调整比例因子即可解决这个问题。

7.2.4 控制图案填充的原点

默认情况下，填充图案始终相互对齐，但是有时可能需要移动图案填充的起点（也称为原点）。例如，如果创建砖形图案，可能希望在填充区域的左下角以完整的砖块开始。在这种情况下，可以使用“图案填充和渐变色”对话框中的“图案填充原点”选项，如图7-14所示。

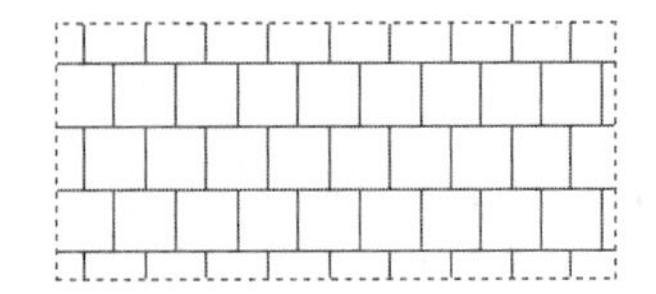

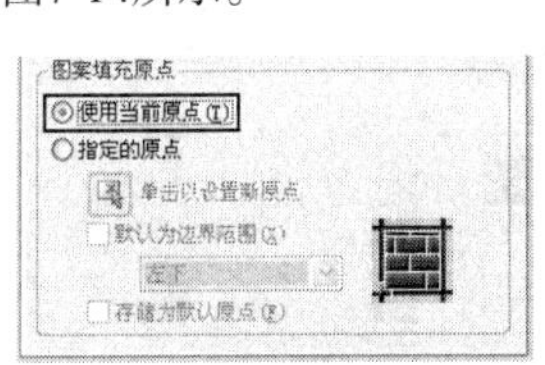

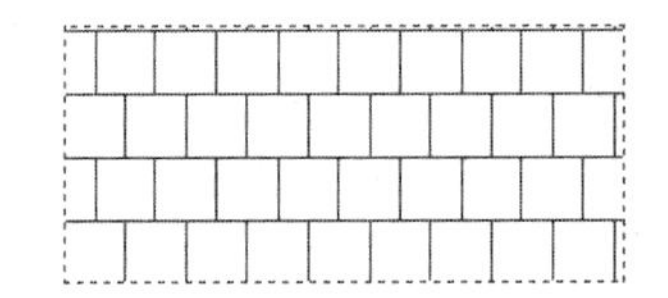

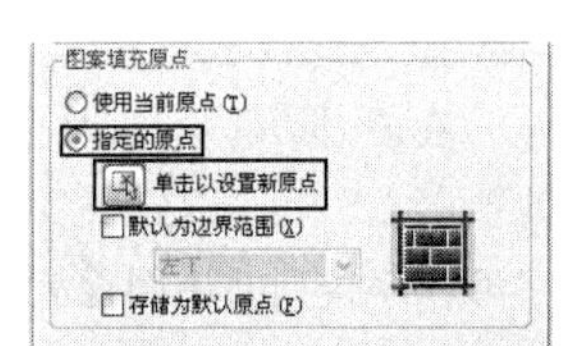

图7-14

7.2.5 填充孤岛

图案填充区域内的封闭区域被称作孤岛，用户可以使用以下3种填充样式填充孤岛：普通、外部和忽略。

“普通”填充样式是默认的填充样式，这种样式将从外部边界向内填充。如果填充过程中遇到内部边界，填充将关闭，直到遇到另一个边界为止。

“外部”填充样式也是从外部边界向内填充，并在下一个边界处停止。

“忽略”填充样式将忽略内部边界，填充整个闭合区域。

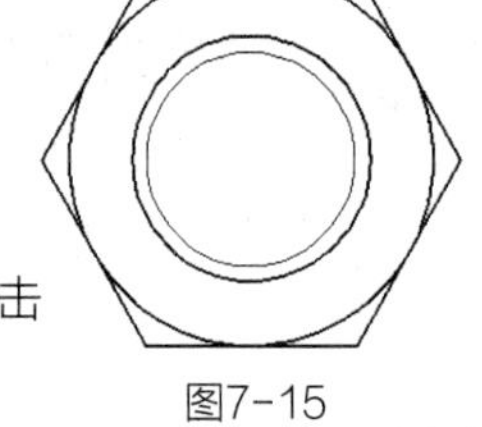

图7-15

01 打开配套光盘中的“DWG文件\CH07\六角螺母.dwg”文件，如图7-15所示。

02 在“绘图”工具栏中单击“图案填充”按钮，然后在“图案填充和渐变色”对话框中单击按钮，将对话框中的参数全部显示出来，以选择孤岛的填充方式，如图7-16所示。

03 分别使用“普通”“外部”和“忽略”这3种填充样式进行填充，得到的填充效果如图7-17所示。

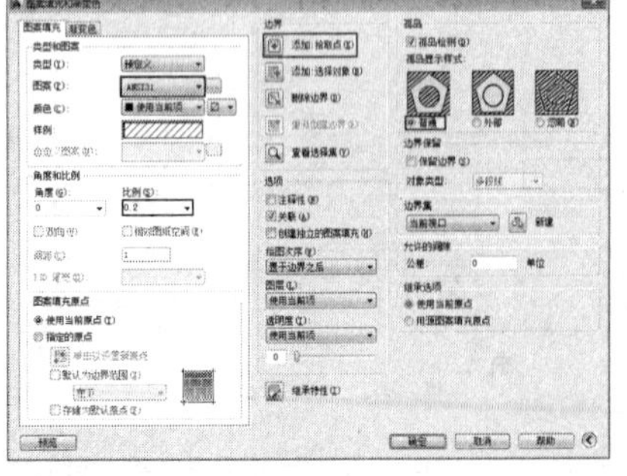

图7-16

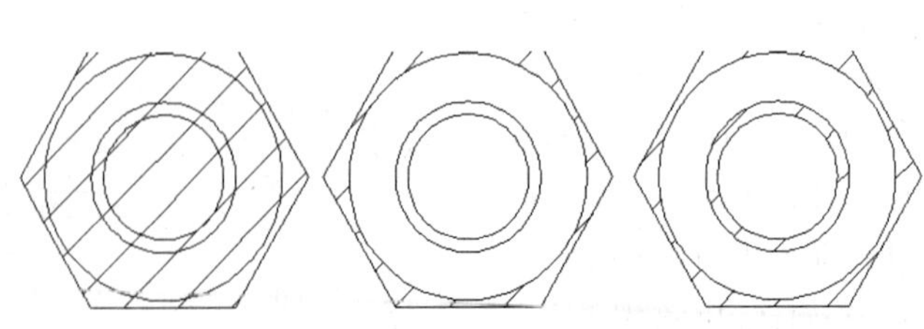

图7-17

7.2.6 为图案填充和填充设定特性替代

在AutoCAD 2014中，图案填充对象还具有其他类型对象所没有的额外功能。用户可以指定哪些图层、颜色和透明度设置将自动应用于每个新的图案填充对象，而无论当前特性设置如何，这样便可节省时间。

例如，可以指定所有新的图案填充对象都自动在一个指定图层上创建，而无论当前图层设置如何，操作步骤如下。

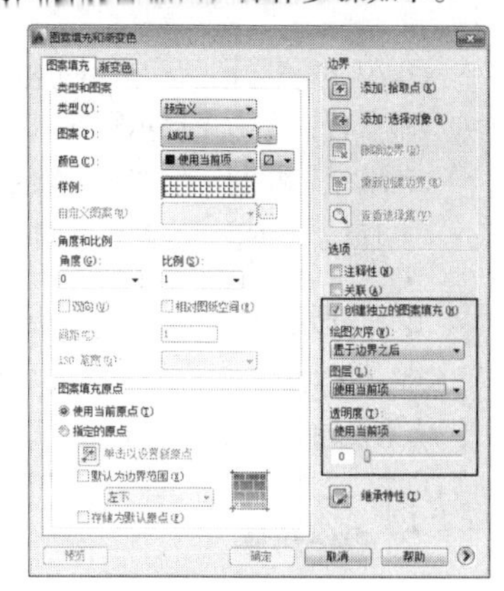

图7-18

01 单击“绘图”工具栏中的“图案填充”按钮。

02 在“图案填充和渐变色”对话框中的“选项”下，从“透明度”下拉列表中选择“指定值”。

03 输入透明度值或拖动滑块，如图7-18所示。

04 在“边界”下单击“添加:拾取点”按钮。

05 在要进行图案填充的每个区域中指定一个点，然后按Enter键。

06 单击“确定”按钮应用图案填充。 所有新的图案填充对象将使用此透明度值，而不是所有其他对象使用的当前透明度值。

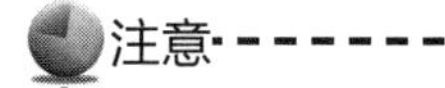

注意

如果不希望替代当前特性设置，可以为图案填充的图层、颜色和透明度设置选择“使用当前设置”。

案例 036 绘制绿化草地图例

- **学习目标** | 本例将学习使用Grass图案绘制绿化草地图例，案例效果如图7-19所示。
- **视频路径** | 光盘\视频教程\CH07\绘制绿化草地图例.avi
- **结果文件** | 光盘\DWG文件\CH07\绿化草地图例.dwg

本例主要操作步骤如图7-20所示。

- ◆ 绘制一个矩形。
- ◆ 填充图案。

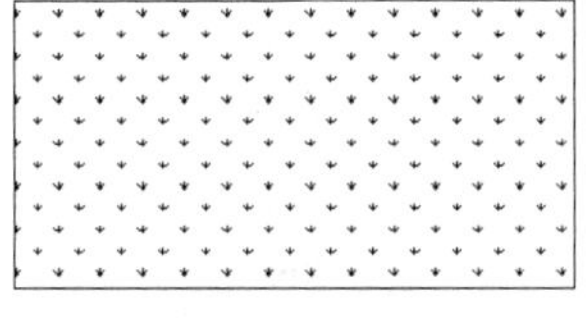

图7-19

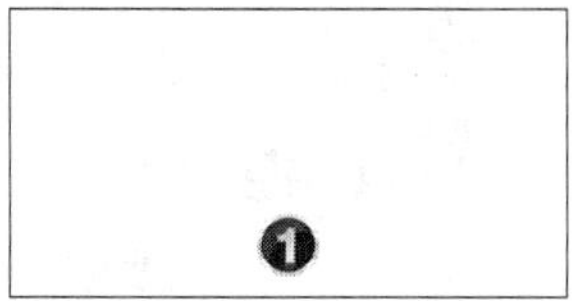

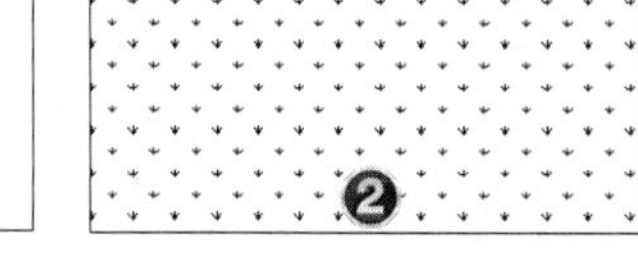

图7-20

01 执行“绘图>矩形”菜单命令，绘制一个100mm×50mm的矩形，如图7-21所示。

02 单击“绘图”工具栏中的“图案填充”按钮，打开“图案填充和渐变色”对话框，在矩形区域内填充Grass图案，相关参数设置如图7-22所示。完成填充之后的案例效果如图7-23所示。

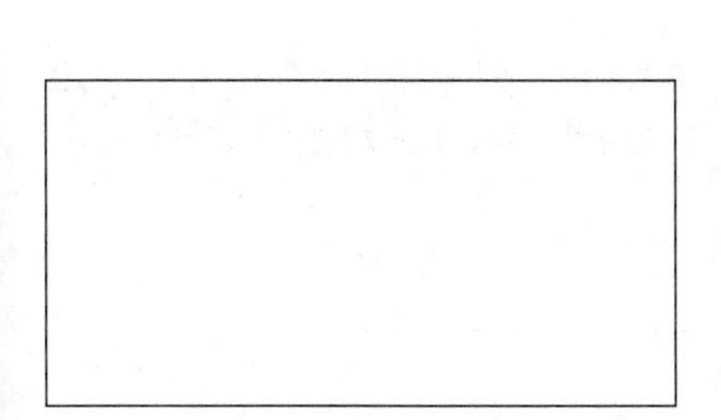

图7-21

图7-22

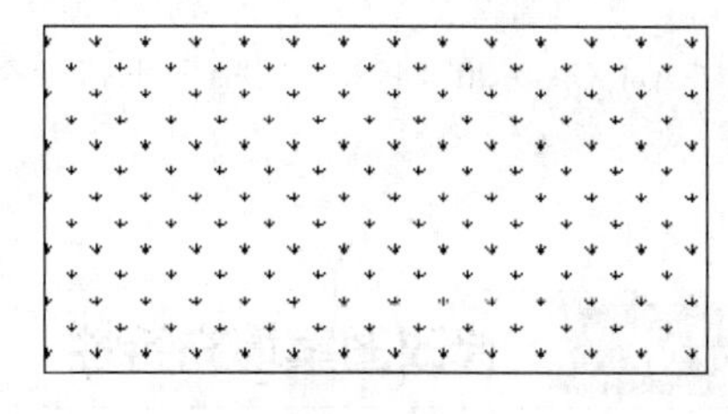

图7-23

7.3 填充渐变色

渐变色填充就是使用渐变色填充封闭区域或选定对象。渐变色填充属于实体图案填充，渐变色能够体现出光照在平面上而产生的过渡颜色效果。使用Gradient（渐变色）命令可以填充渐变色。

1. 命令执行方式

在AutoCAD中，执行Gradient（渐变色）命令的方式有如下3种。

命令行：在命令提示行输入Gradient并按Enter键。

菜单栏：执行“绘图>渐变色”菜单命令 。

工具栏：单击“绘图”工具栏中的“渐变色”按钮，如图7-24所示。

图7-24

专家提示

执行Gradient（渐变色）命令后，系统也会打开“图案填充和渐变色”对话框，也就是说渐变色填充和图案填充使用同一个对话框。

2. 操作步骤

01 打开配套光盘中的“DWG文件\CH07\五角星.dwg”文件，如图7-25所示。

02 执行“绘图>渐变色”菜单命令或者在命令提示行输入Gradient并按Enter键，打开“图案填充和渐变色”对话框，如图7-26所示，“渐变色”选项卡为此时的当前工作选项卡。操持系统默认的参数设置，单击其中的“添加：拾取点”按钮。

03 返回到绘图区域，在需要填充的区域内单击，如图7-27所示。

04 按Enter键，系统返回“图案填充和渐变色”对话框，单击“确定”按钮完成填充，效果如图7-28所示。

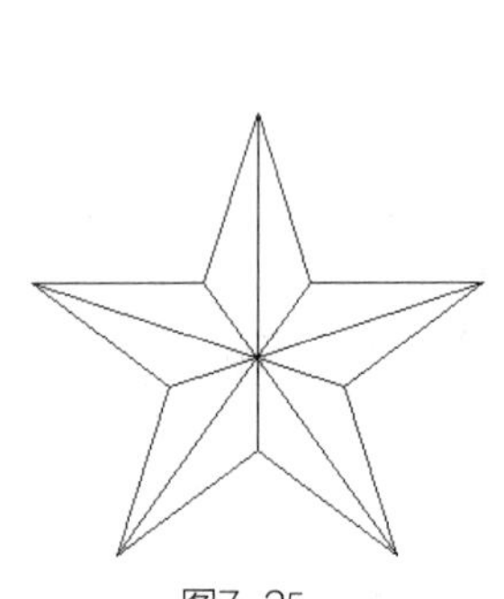
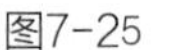

图7-25

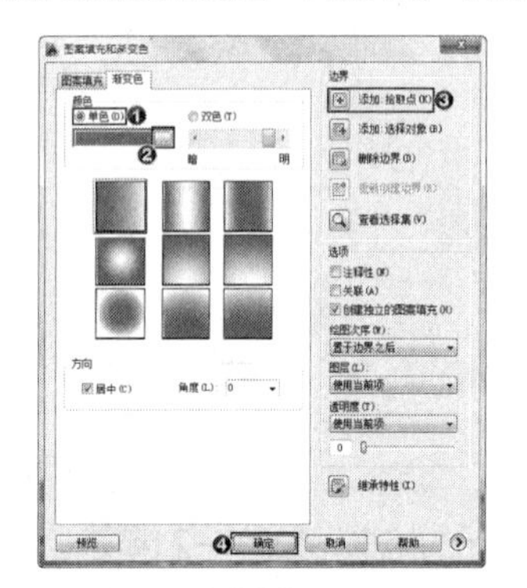

图7-26

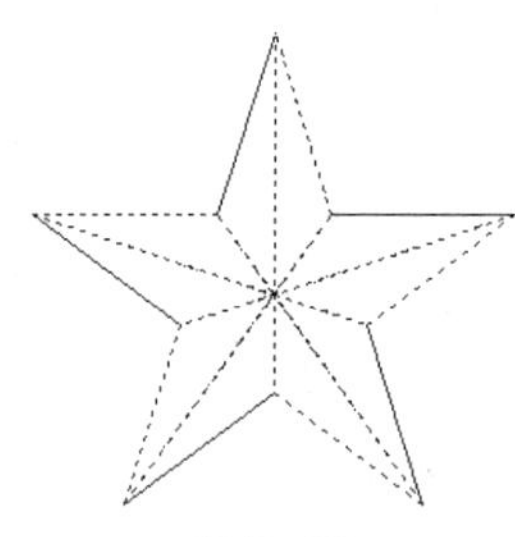

图7-27

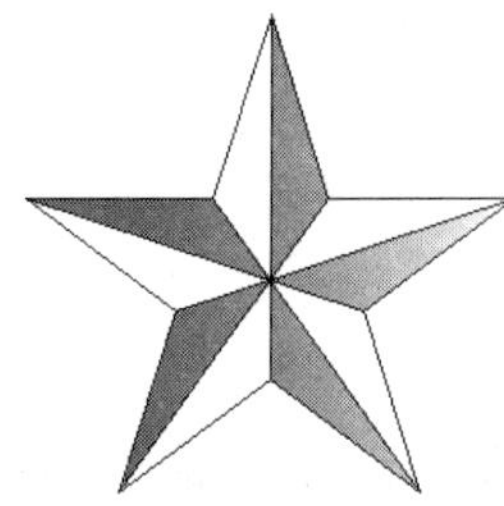

图7-28

7.4 修改图案填充

完成图案填充之后，在以前的版本中可以直接双击图案，在打开的“图案填充和渐变色”对话框中进行修改，但是在AutoCAD 2014中需要使用Hatchedit命令。双击图案打开的是“特性”选项板，也同样可以在此修改填充图案的特性。

7.4.1 修改图案填充特性

用户可以直接修改图案填充对象的特性，或者从其他图案填充对象中复制这些特性。

利用下列工具或命令可用于修改图案填充特性。

- “图案填充”面板控件。选择图案填充对象时会显示在功能区中。
- “图案填充编辑”对话框。可使用Hatchedit访问该对话框。
- 特性选项板。
- “图案填充”快捷菜单。通过在图案填充对象上单击鼠标右键可以访问该菜单。
- 在命令行输入Hatchedit命令。

可以通过下列方法在图案填充之间复制特性。

方法一：使用“图案填充编辑”对话框中的“继承特性”按钮。复制所有特定于图案填充的特性。

方法二：使用Matchprop（特性匹配）命令可以复制常规特性和特定于图案填充的特性，但图案填充原点除外。

7.4.2 修改图案填充对齐、缩放和旋转

用户可以对填充图案进行移动、缩放或旋转，以便与现有对象对齐。要移动填充图案，需要重新定位图案填充对象的原点。用户界面中有一些工具与修改图案填充特性中列出的工具相同，包括用于指定新原点、指定不同旋转角度和更改填充图案比例的选项。

在某些情况下，这样操作可能会更简单：移动或旋转用户坐标系来与现有对象对齐，然后重新创建图案填充。

修改图案填充对象的特性的操作步骤如下。

01 选择图案填充对象

02 选择“修改>对象>图案填充”菜单命令，或者在命令提示下输入Hatchedit，还可以在图案上用鼠标右键单击，在弹出的快捷菜单中选择“图案填充编辑”命令。

7.4.3 重塑图案填充或填充的形状

如果修改关联图案填充的边界对象，同时保持边界闭合，则会自动更新关联的图案填充对象。如果更改致使边界开放，则图案填充将失去与边界对象的关联性，从而保持不变，如图7-29所示。

当选择关联图案填充对象时，在图案填充范围的中心将显示一个圆形夹点（称为控制夹点），如图7-30所示。将光标悬停在控制夹点上可以显示包含多个图案填充选项的快捷菜单，或者单击鼠标右键也可显示其他选项。

另外还可以通过编辑关联的边界对象的夹点更改图案填充对象。如果要轻松选择一个复杂边界中的所有对象，可以单击“图案填充编辑”对话框中的“显示边界对象”按钮，如图7-31所示。

如果边界对象是多段线或样条曲线，则会显示多功能夹点。使用这些夹点可以修改图案填充的范围和一些图案填充特性。

将鼠标光标悬停在非关联图案填充对象上的夹点上时，夹点菜单会根据该夹点类型显示多个编辑选项。例如，线性线段夹点具有将线段转换为圆弧或添加顶点的选项，如图7-32所示。

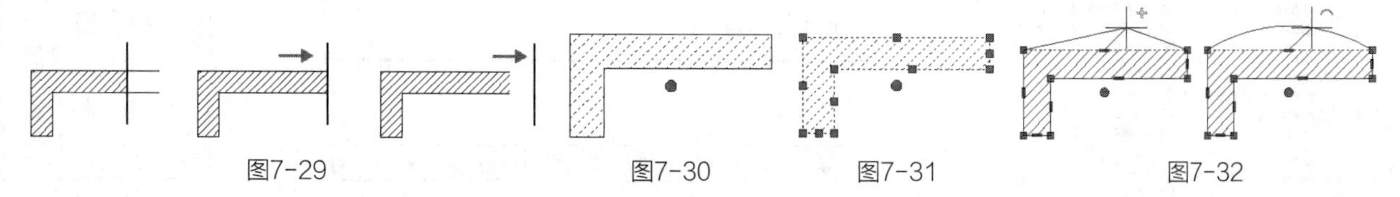

图7-29　图7-30　图7-31　图7-32

注意

对于重大更改，可以使用Trim命令来减少图案填充对象所覆盖的区域，或使用 Explode命令将图案填充分解为其部件对象。

7.4.4 重新创建图案填充或填充的边界

单击“图案填充编辑”对话框中的“重新创建边界”按钮，可以围绕选定的图案填充或填充生成闭合多段线或面域对象，也可以指定将新的边界对象与该图案填充相关联，如图7-33所示。

重新创建图案填充或填充的边界对象的步骤如下。

01 选择图案填充对象。

02 在“图案填充编辑”对话框中的“边界”下，单击“重新创建边界”按钮。

03 指定将创建为新边界的对象类型。

04 指定是否将边界与图案填充对象相关联。

05 单击“确定”按钮以应用图案填充。

打开配套光盘中的“DWG文件\CH07\树.dwg”文件，用鼠标右键单击树根图形部分填充的渐变色，在弹出的快捷菜单中选择“特性”命令，在“特性”面板中将渐变色名称更改为“圆柱形”，将颜色1和颜色2的颜色互换，如图7-34所示。

修改后的渐变填充效果如图7-35所示。

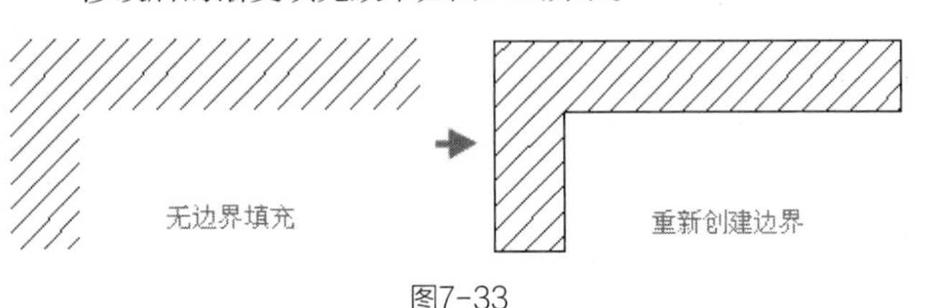

图7-33

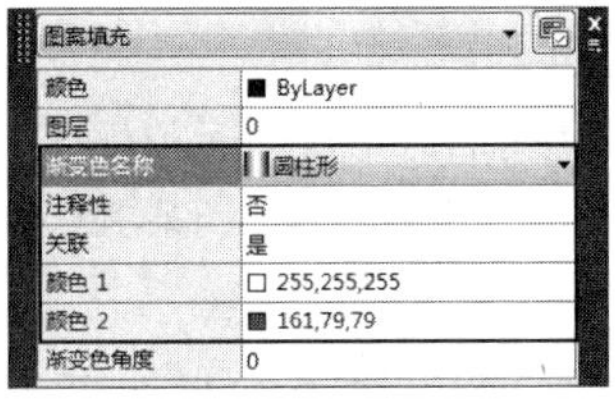

图7-34

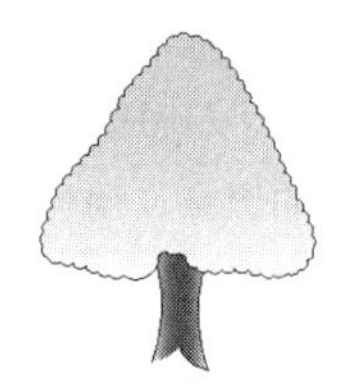

图7-35

7.5 使用工具选项板填充图案

使用工具选项板是组织、共享和放置块及填充图案的有效方法，如果向图形中添加块或填充图案，只需要将其从工具选项板中拖曳至图形中即可。使用Toolpalettes（工具选项板）命令可以调出工具选项板。

在AutoCAD中，执行Toolpalettes（工具选项板）命令的方式如下。

命令行：在命令提示行输入Toolpalettes并按Enter键。

菜单栏：执行“工具>选项板>工具选项板”菜单命令，如图7-36所示。

工具栏：单击“标准”工具栏中的“工具选项板窗口”按钮，如图7-37所示。

执行Toolpalettes（工具选项板）命令后，系统将打开工具选项板，如图7-38所示。在工具选项板中有很多选项卡，每个选项卡中都放置不同的块或填充图案。

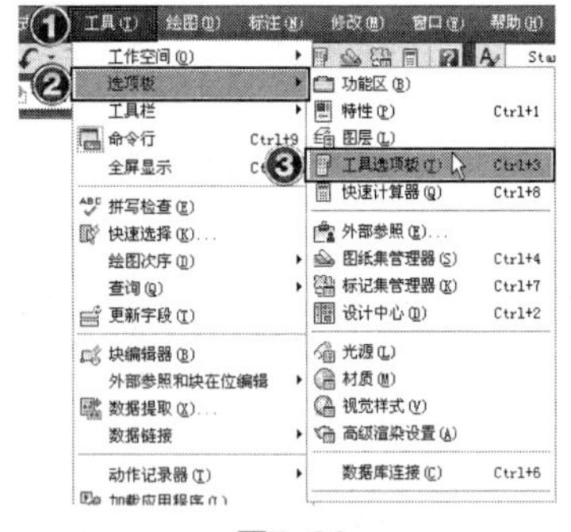

图7-36

> **注意**
>
> 使用快捷键“Ctrl”+“3”也可以打开工具选项板。

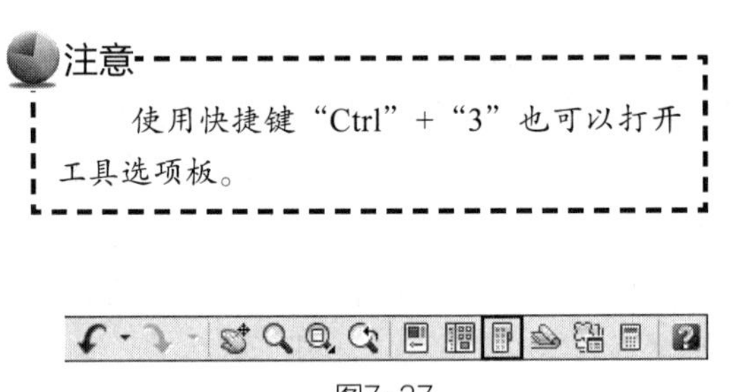

图7-37

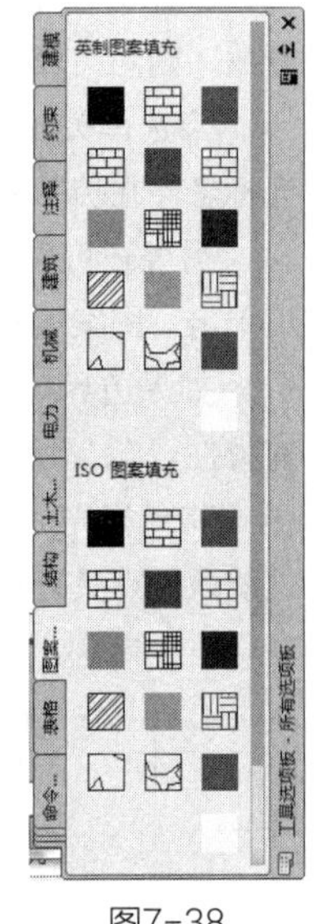

图7-38

7.5.1 工具选项板简介

1. “命令工具”选项卡

在“命令工具”选项卡中集成了很多命令和工具，比如绘图命令、标注命令和表格功能等，用户可以直接从“命令工具”选项卡上执行这些命令和功能。

2. “图案填充”选项卡

在“图案填充”选项卡中集成了很多填充图案，包括砖块、地面、铁丝、砂砾等。

除此之外，工具选项板上还有“结构”选项卡、“土木工程”选项卡、“电力”选项卡、“机械”选项卡等，这些选项卡上都集成了相关专业的一些图块。

7.5.2 修改填充图案的属性

用户可以修改工具选项板中的填充图案的属性，比如可以修改比例、填充角度、图层、颜色和线型等。下面以“砖块”图案为例，向读者介绍一下修改填充图案属性的方法。

01 在“砖块”图案上单击鼠标右键，然后在弹出的菜单中单击“特性”命令，如图7-39所示。

02 系统弹出“工具特性”对话框，在其中可以修改图案名称、填充角度、比例、间距、颜色等属性，修改完毕之后单击“确定”按钮即可，如图7-40所示。

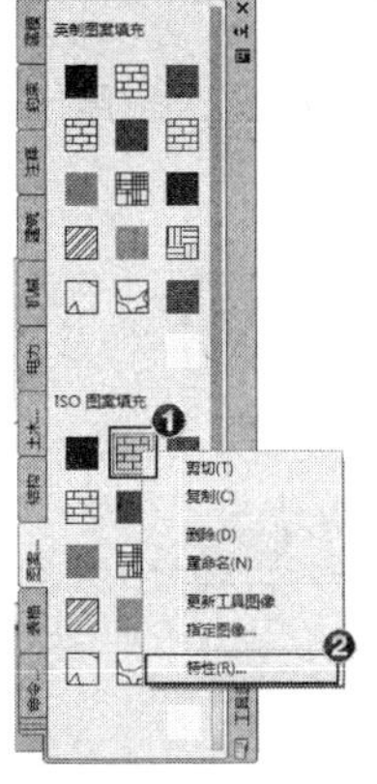
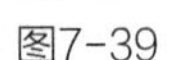

图7-39

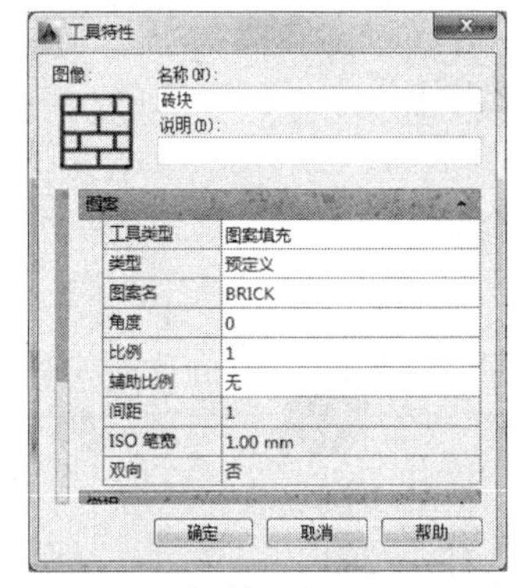

图7-40

注意

在修改填充图案属性的时候，大家一定要根据需要来修改，不要随意修改。

7.5.3 自定义工具选项板

用户还可以自定义工具选项板，比如在工具选项板上添加自己常用的图案或者图块。下面向读者介绍几种自定义工具选项板的方法。

专家提示

在拖曳图形的过程中，要一直按住鼠标左键不放，待进入工具选项板之后，选择一个合适的位置，然后松开鼠标左键可。把已经添加到工具选项板中的图形插入到另一个图形中时，图形将作为块插入。

01 按快捷键“Ctrl”+“2”打开设计中心，把其中的图形从设计中心拖曳到工具选项板上，如图7-41所示。

02 使用“剪切”“复制”和“粘贴”功能可以把一个选项卡中的图案转移到另一个选项卡中，比如将“图案填充”选项卡中的图案转移到“机械”选项卡中，如图7-42所示。

03 对于鼠标拖曳工具选项板中的图案，可以对其位置进行重排。

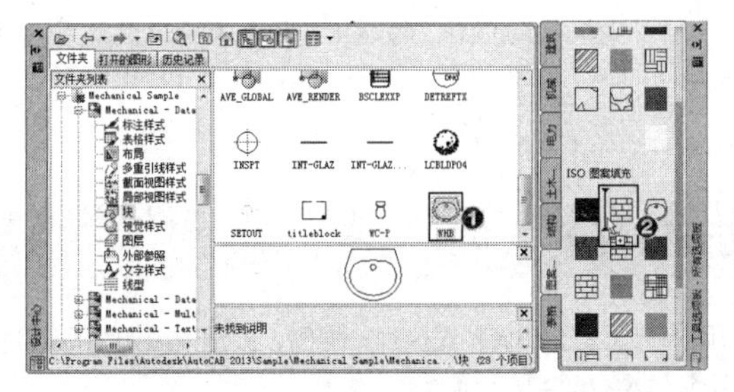

图7-41

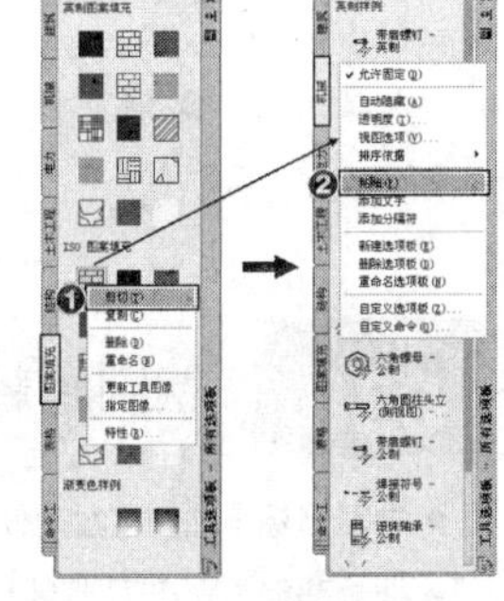

图7-42

专家提示

图7-42中的菜单均为右键菜单，左边的菜单是用鼠标右键单击“砖块”图案弹出的，右边的菜单是用鼠标右键单击选项板空白处弹出的。

案例 037 绘制“截止阀”图例

- **学习目标** | 通过学习绘制“截止阀”图例，学习通过工具选项板填充图案的方法，案例效果如图7-43所示。
- **视频路径** | 光盘\视频教程\CH07\绘制“截止阀”图例.avi
- **结果文件** | 光盘\DWG文件\CH07\“截止阀”图例.dwg

01 使用Line（直线）和Circle（圆）命令绘制图7-44所示的图形。

02 单击“标准”工具栏中的“工具选项板窗口”按钮，打开工具选项板；然后单击“ISO图案填充”里面的“实体”图案，接着将鼠标移至绘图区域，此时光标上面将附着一个黑色的方块（这就是要填充的图案）；在圆的内侧单击鼠标左键，完成图案的填充，如图7-45所示。填充效果如图7-46所示，由于这个属于实体填充，所以填充比例对填充效果没有什么影响。

假如这里填充的是“砖块”，如图7-47所示。系统默认的填充比例比较小，图案分布比较密集，所以需要增大填充比例。

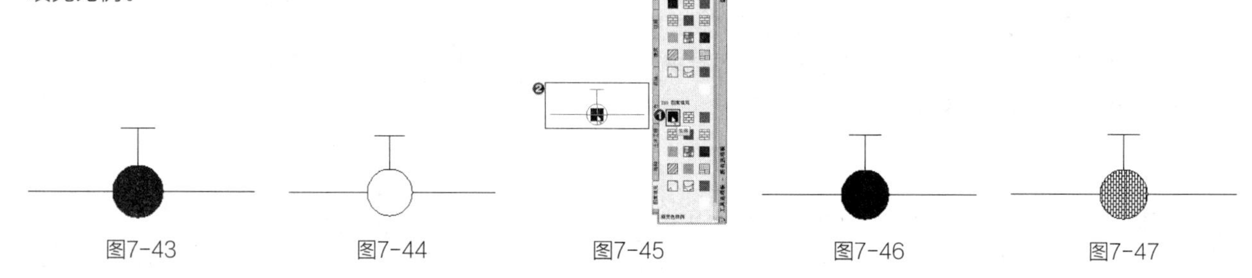

图7-43　　图7-44　　图7-45　　图7-46　　图7-47

03 单击填充图案将其选中，然后单击鼠标右键，在弹出的菜单中单击“特性”命令，打开“特性”管理器。

04 在“特性”管理器的“图案”参数栏中把填充“比例”修改为4，如图7-48所示。然后关闭“特性”管理器，此时的填充效果如图7-49所示，现在的图案分布就比较合理了。

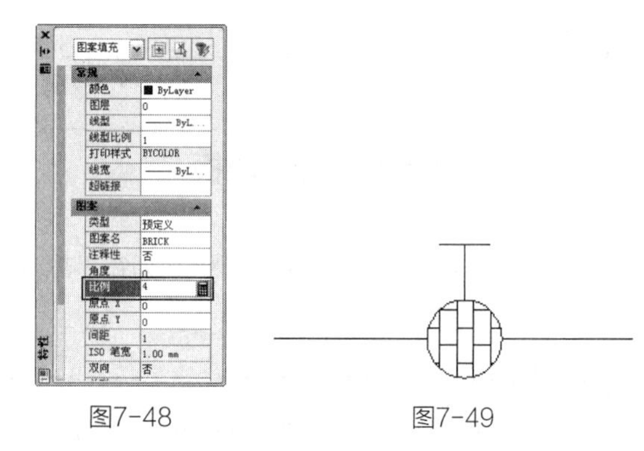

图7-48　　图7-49

7.6 综合实例

以下两个案例主要是针对图案填充功能进行练习，让读者能通过这些练习能达到熟练应用的目的。

案例 038 绘制暗装双极开关

- **学习目标** | 本例将学习使用Solid图案绘制暗装双极开关图例，案例效果如图7-50所示。
- **视频路径** | 光盘\视频教程\CH07\绘制暗装双极开关.avi
- **结果文件** | 光盘\DWG文件\CH07\暗装双极开关.dwg

本例主要操作步骤如图7-51所示。

- 绘制圆和直线。
- 旋转图形。
- 填充图案。

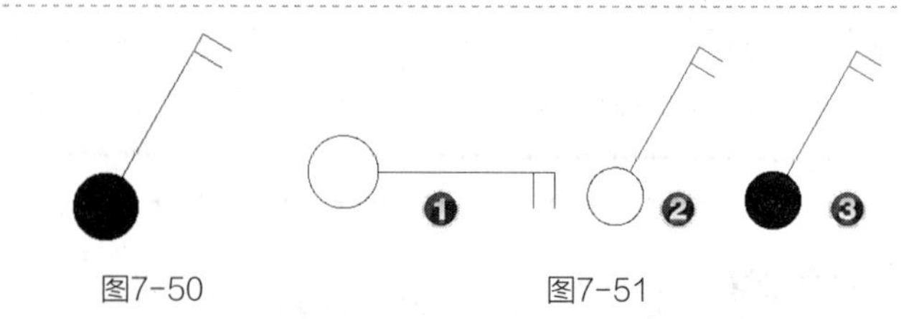

图7-50　　图7-51

01 绘制一个半径为10mm的圆，然后以圆的右象限点为起点绘制一条长度为50mm的水平直线，在直线的右端点绘制一条长为10mm的垂直直线，并将垂直直线水平向左（6mm）复制，如图7-52所示。

02 单击“修改”工具栏中的“旋转”按钮，把上一步绘制的图形按逆时针方向旋转60°，如图7-53所示。命令执行过程如下。

```
命令: _rotate
UCS 当前的正角方向: Angdir=逆时针 Angbase=0
选择对象: 找到 4 个          //框选圆和直线
选择对象: ↙
指定基点:                    //捕捉圆心
指定旋转角度, 或 [复制(C)/参照(R)] <45>: 60 ↙    //输入旋转角度60表示按逆时针方向旋转
```

03 单击“绘图”工具栏中的“图案填充”按钮，打开“图案填充和渐变色”对话框，向圆形区域内填充Solid（这是实体填充），如图7-54所示。

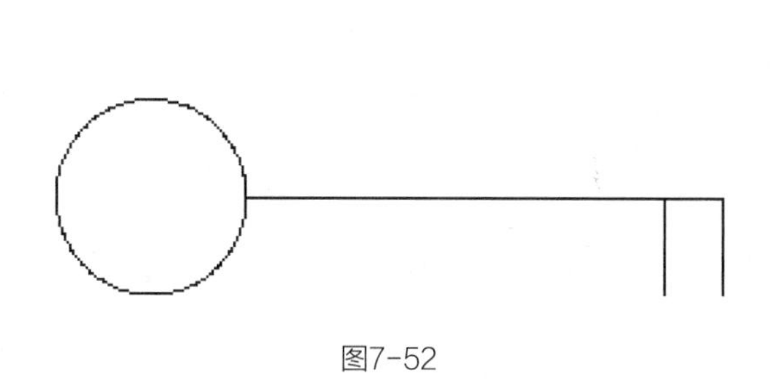

图7-52

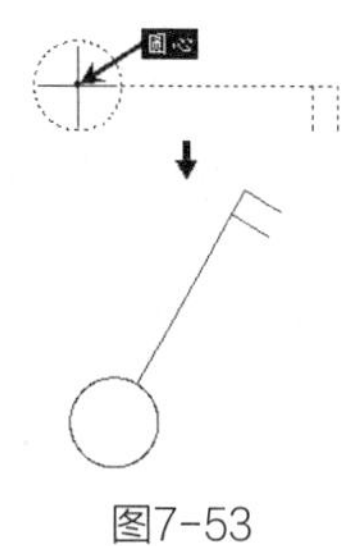

图7-53

图7-54

案例 039 绘制零件剖面图

- **学习目标 |** 本例主要是练习图案的填充和圆角命令的应用，先用Pline命令绘制出零件的剖面轮廓，然后对角进行圆角处理，最后填充图案，案例效果如图7-55所示。
- **视频路径 |** 光盘\视频教程\CH07\绘制零件剖面图.avi
- **结果文件 |** 光盘\DWG文件\CH07\零件剖面图.dwg

01 在命令提示行中输入Pline命令或单击“绘图”工具栏中的“多段线”按钮，绘制出图7-56所示的图形。命令提示如下。

```
命令: _pline ↙
指定起点:
当前线宽为 0.000
指定下一个点或 [圆弧(A)/半宽(H)/长度(L)/放弃(U)/宽度(W)]: @0,35 ↙
指定下一点或 [圆弧(A)/闭合(C)/半宽(H)/长度(L)/放弃(U)/宽度(W)]: @20,0 ↙
指定下一点或 [圆弧(A)/闭合(C)/半宽(H)/长度(L)/放弃(U)/宽度(W)]: @0,-15 ↙
指定下一点或 [圆弧(A)/闭合(C)/半宽(H)/长度(L)/放弃(U)/宽度(W)]: @12,0 ↙
指定下一点或 [圆弧(A)/闭合(C)/半宽(H)/长度(L)/放弃(U)/宽度(W)]: @0,6 ↙
指定下一点或 [圆弧(A)/闭合(C)/半宽(H)/长度(L)/放弃(U)/宽度(W)]: @48,0 ↙
指定下一点或 [圆弧(A)/闭合(C)/半宽(H)/长度(L)/放弃(U)/宽度(W)]: @0,-26 ↙
指定下一点或 [圆弧(A)/闭合(C)/半宽(H)/长度(L)/放弃(U)/宽度(W)]: ↙
```

02 在命令提示行中输入Fillet命令或单击“修改”工具栏中的“圆角”按钮，对有标识的角进行圆角，圆角半径分别为6mm、3mm和10mm，圆角效果如图7-57所示。命令提示如下。

```
命令: _fillet ↙
当前设置: 模式 = 修剪, 半径 = 10.000
选择第一个对象或 [放弃(U)/多段线(P)/半径(R)/修剪(T)/多个(M)]: r ↙
指定圆角半径 <10.000>: 6 ↙
选择第一个对象或 [放弃(U)/多段线(P)/半径(R)/修剪(T)/多个(M)]: //选择标识1的一边
选择第二个对象, 或按住 Shift 键选择要应用角点的对象: //选择另一边
```

03 按Space键继续执行圆角命令。命令执行过程如下。

```
命令: _fillet
当前设置: 模式 = 修剪, 半径 = 6.000
选择第一个对象或 [放弃(U)/多段线(P)/半径(R)/修剪(T)/多个(M)]: r ↙
指定圆角半径 <6.000>: 3 ↙
选择第一个对象或 [放弃(U)/多段线(P)/半径(R)/修剪(T)/多个(M)]: //选择标志2的一边
选择第二个对象, 或按住 Shift 键选择要应用角点的对象: //选择另一边。
```

04 按Space键继续执行圆角命令，命令执行过程如下。

```
命令: _fillet
当前设置: 模式 = 修剪, 半径 = 3.000
选择第一个对象或 [放弃(U)/多段线(P)/半径(R)/修剪(T)/多个(M)]: r ↙
指定圆角半径 <3.000>: 10↙
选择第一个对象或 [放弃(U)/多段线(P)/半径(R)/修剪(T)/多个(M)]://选择标志3的一边
选择第二个对象, 或按住 Shift 键选择要应用角点的对象://选择另一边
```

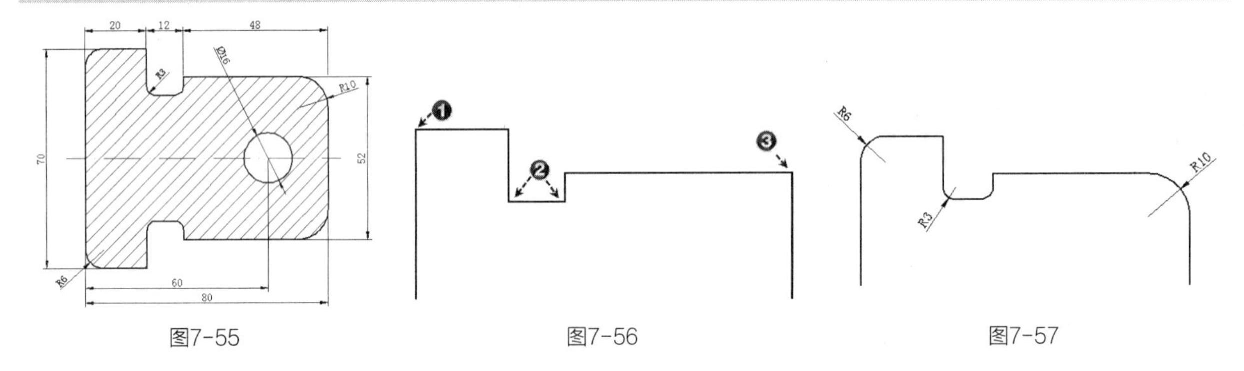

图7-55　　图7-56　　图7-57

05 在命令提示行中输入Mirror命令或单击“修改”工具栏中的“镜像” 按钮，将图形沿*A*点和*B*点镜像复制一份，效果如图7-58所示。命令提示如下。

```
命令: _mirror找到 1 个//选中图形
指定镜像线的第一点: 指定镜像线的第二点://捕捉A点和B点
要删除源对象吗? [是(Y)/否(N)] <N>:N ↙
```

06 单击“圆”按钮，在绘图区域单击鼠标右键，选择“捕捉替代/自（F）”，将基点向右偏移复制60mm作为圆心，绘制半径为8mm的圆，如图7-59所示。命令提示如下。

```
命令: _ circle指定圆的圆心或 [三点(3P)/两点(2P)/切点、切点、半径(T)]: //按住Shift键的同时单击鼠标右键, 在弹出的菜单中选择“自”命令
_from 基点: //捕捉图7-43所示的端点
<偏移>: @60,0 ↙ //后输入距离指定的端点的偏移距离
指定圆的半径或 [直径(D)] <8.3819>: 8 ↙
```

07 单击“绘图”工具栏中的“图案填充”按钮，设置填充图案为ANSI31，其余参数使用默认值即可，然后单击“拾取点”按钮，在视图中单击要填充的区域，填充效果如图7-60所示。

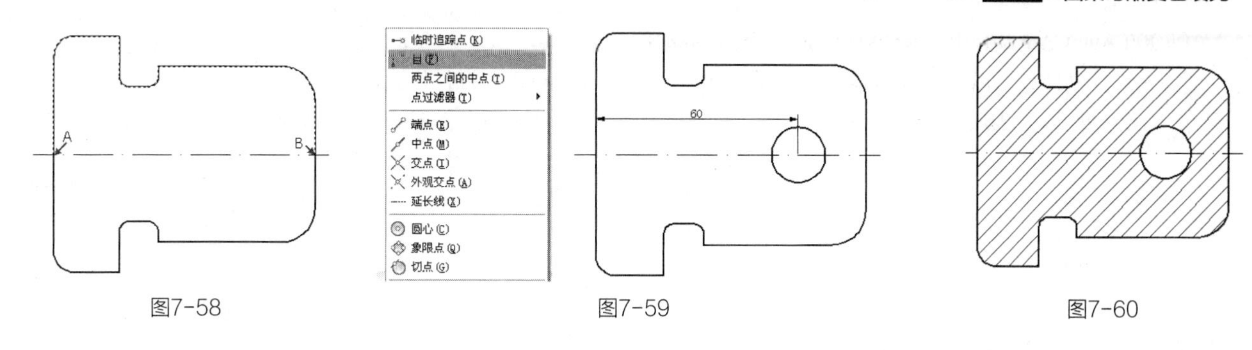

图7-58　　图7-59　　图7-60

7.7 课后练习

1. 选择题

（1）填充的图案与当前图层的哪些因素无关?（　　）

A. 颜色　　B. 线型　　C. 线宽　　D. 图层名称

（2）图案填充中的"角度"的具体含义是什么？（　　）

A. 以x轴正方向为0°，顺时针为正　　B. 以y轴正方向为0°，逆时针为正

C. 以x轴正方向为0°，逆时针为正　　D. ANSI31的角度是45°

（3）对图7-61所示的图形进行图案填充，3种填充效果采用的"孤岛样式"分别是什么？（　　）

A. 忽略、外部、普通　　B. 普通、外部、忽略

C. 普通、忽略、外部　　D. 忽略、普通、外部

（4）在AutoCAD 2014中，填充图案是否可以进行修剪？（　　）

A. 不可以，图案是一个整体　　B. 可以，将其分解后

C. 可以，直接进行修剪　　D. 不可以，图案是不可以编辑的

（5）在图案填充时，"添加：拾取点"方式是创建边界灵活方便的方法，关于该方式说法错误的是？（　　）

A. 该方式自动搜索绕给定点最小的封闭边界，该边界必须封闭

B. 该方式自动搜索绕给定点最小的封闭边界，可以设定该边界允许有一定的间隙

C. 该方式创建的边界中不能存在孤岛

D. 该方式可以直接选择对象作为边界

（6）利用图案填充出图7-62左图的效果，现在更改图形边界，出现了中间图形的填充效果，而没有出现右图的效果，原因是？（　　）

A. 应该删除图案填充，然后重新定义边界再填充

B. 边界定义不合适

C. 在左图填充时未勾选"创建独立的图案填充"

D. 在左图填充时未勾选"关联"

（7）系统默认的填充图案与边界是？（　　）

A. 关联的，边界移动图案随之移动　　B. 不关联

C. 关联的，将边界删除，则图案随之删除　　D. 关联的，内部孤岛移动，图案不随之移动

（8）在AutoCAD 2014中，对于图7-63所示的图形，能否在右半边填充图案？（　　）

A. 不可以，边界不封闭

B. 可以，但必须将间隙去除，变为封闭边界

C. 可以，用"添加：选择对象"创建边界

D. 可以，可以在"允许的间隙"中设置间隙的合适"公差"来忽略间隙

（9）在AutoCAD 2014中，能否对填充的图案进行裁剪？（　　）

A. 不可以，图案是一个整体　　B. 可以，将其分解后

C. 可以，直接修剪　　D. 不可以，图案是不可以编辑的

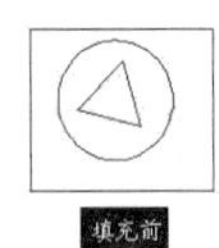

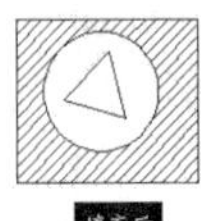
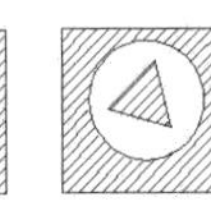

图7-61

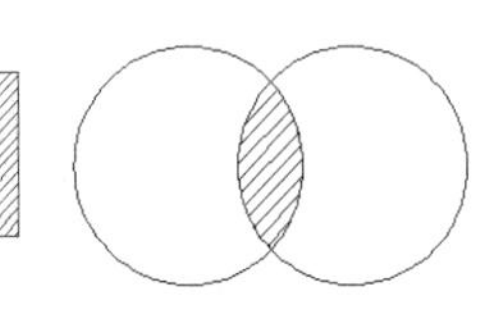
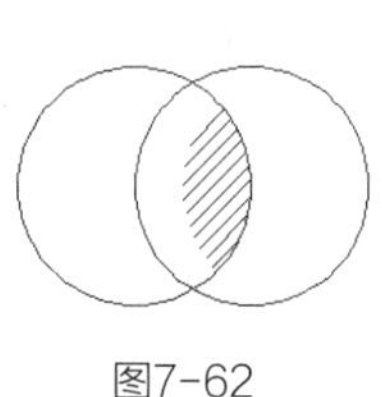
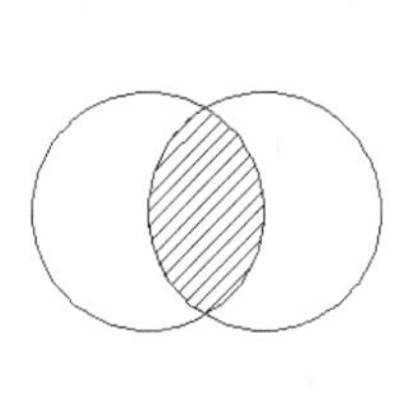

图7-62

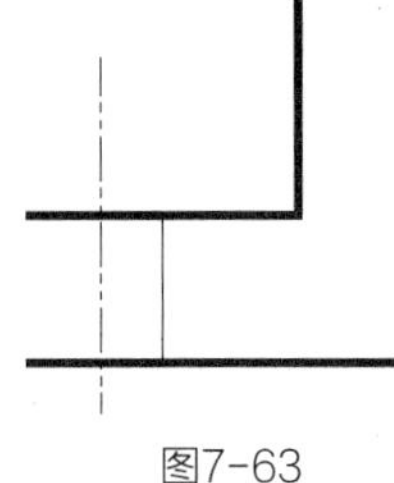

图7-63

2. 上机练习

（1）绘制图7-64所示的弹簧剖面图。

（2）绘制图7-65所示的餐桌平面图。

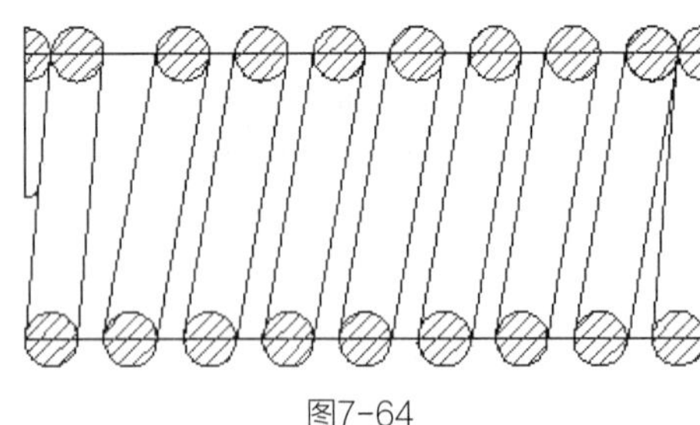

图7-64

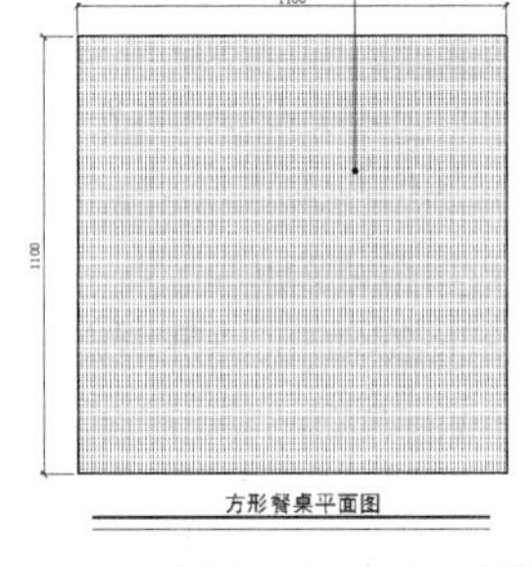

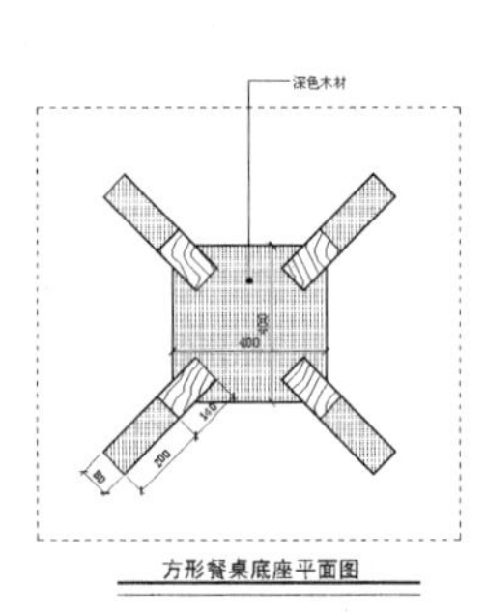

图7-65

7.8 课后答疑

1. 图案填充的作用是什么？

答：为了区别不同形体的各个组成部分，在绘图过程中经常需要用到图案填充。利用AutoCAD的图案填充功能，可以方便地进行图案填充及填充边界的设置。

2. 怎样才能对填充的图案进行编辑？

答：填充的图案是一种特殊的块。无论图案的形状多么复杂，它都可以作为一个单独的对象。执行Explode命令或使用“修改”工具栏中的“分解”工具，即可分解填充的图案。由于分解后的图案不再是单一的对象，而是一组组成图案的线条，因而分解后的图案就不再具有关联了，也无法使用Hatchedit命令来编辑它。

3. 图案填充创建的对象是什么颜色？

答：使用图案填充创建的对象使用了当前层的颜色和线型。用户也可以重新指定填充图案所使用的颜色和线型，其方法是选择填充的图案后，在特性栏中修改图案的颜色即可。

4. 填充无效时怎么办？

答：在“选项”对话框中的“显示”选项卡中选择“应用实体填充”选项即可。

第8章 图块的使用

在使用AutoCAD绘图时，如果图形中有大量相同或相似的内容，或者所绘制的图形与已有的图形文件相同，则可以把重复绘制的图形创建成块，并根据需要为块创建属性，指定块的名称、用途及设计者等信息，在需要时直接插入它们，从而提高绘图效率。

当然，用户也可以使用外部参照功能，把已有的图形文件以参照的形式插入到当前图形中，或是通过AutoCAD 设计中心浏览、查找、预览、使用和管理AutoCAD图形、块、外部参照等不同的DWG文件。

通过本章的学习，读者应掌握创建与编辑块、编辑和管理属性块的方法，并能够在图形中附着外部参照图形。

学习重点

- 创建块
- 存储块
- 在图形中插入块
- 定义属性块
- 在图形中附着外部参照图形
- 创建和使用动态块
- 管理和编辑外部参照

8.1 定义块

块（Block）可以由多个绘制在不同图层上的不同特性对象组成的集合，并具有块名。通过建立块，用户可以将多个对象作为一个整体来操作，可以随时将块作为单个对象插入到当前图形中的指定位置上，而且在插入时可以指定不同的缩放系数和旋转角度。

块的相关命令如表8-1所示。

表8-1 块的相关命令

命令	简写	功能
Block（定义块）	无	将选定的对象定义为块
Wblock（写块）	WB	将选定对象保存到指定的图形文件或将块转换为指定的图形文件
Export（输出）	EXP	以其他文件格式保存图形中的对象

8.1.1 块的特点

块在图形中可以被移动、删除和复制，用户还可以给块定义属性，在插入时附加上不同的信息，它具有以下特点。

1. 积木式绘图

用户可以将经常使用的图形部分构造成多种块，然后按“搭积木”的方法将各种块拼合组织成完整的图形，从而使相同的图形部分不用重复绘制。

2. 建立图形符号库

用户可以利用块来建立图形符号库（图库），然后对图库进行分类，以便营造一个专业化的绘图环境。例如，在机械设计绘图中，可以将螺栓、螺钉、螺母等螺纹连接件，滚动轴承、齿轮、皮带轮等传动件，以及其他一些常用、专用零件等图形构造成块，并分类建立成图库，以供用户在绘图时使用。这样做可以避免许多重复性的工作，提高设计与绘图的效率和质量。

3. 块的处理

虽然块是由多个图形对象组成的，但它是作为单个对象来处理的。所有的图形编辑与查询命令都适用于块。

4. 块的嵌套

块内可以包含对其他块的引用，从而构成嵌套的块。块的嵌套深度不受限制，唯一的限制是不允许循环引用。

5. 块的分解

可以通过使用Explode命令对块进行分解。分解后的块又变成了原先组成块的多个独立对象，此时块的内容可以被修改，然后再重新定义块。对块作了重新定义后，原先图形中所有引用该块的部分就会用新块自动更新。

6. 块的属性

块附带有属性信息。属性是与块有关的特殊的文本信息，用于描述块的某些特征。属性可以随着块的每次引用而改变。用户可以设置属性的可见性；还可以从图形中提取属性，传送给数据库进行管理，供生成属性表时使用。

7. 节省存储空间

对相同块的引用可以大大减少存储空间。块的定义越复杂，引用的次数越多，块的优越性就越明显。

8.1.2 创建块（Block）

1. 创建块命令的方法

这里的"块"指的是内部图块，也就是只能在当前文件中使用，而不能被其他文件所引用的图块。

块的定义方法有多种，用Block命令或Bmake命令都可以从选择的对象中建立块定义，但定义的块只能在存储该块的图形中使用。在进行块定义时，组成块的对象必须在屏幕上是可见的，即块定义所包含的对象必须已经被画出。

"创建块"命令的执行方法有以下几种。

菜单栏：执行"绘图>块>创建"菜单命令。

工具栏：单击"绘图"工具栏中的"创建块"按钮。

命令行：在命令行输入Block或Bmake并按Enter键。

不管以什么方式激活命令，命令执行后，都将显示图8-1所示的"块定义"对话框。

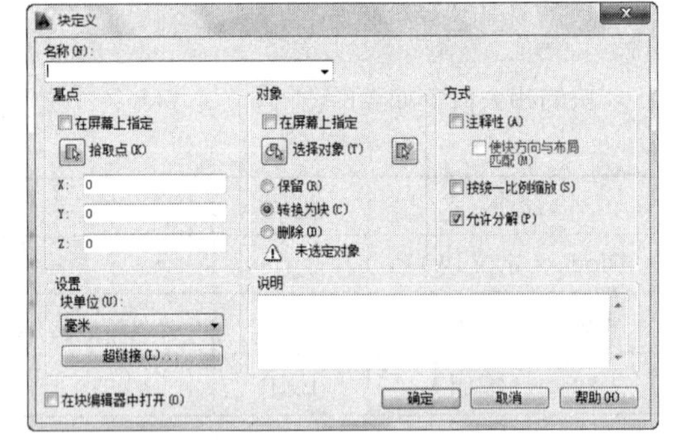

图8-1

2. 技术要点："块定义"对话框中各选项的含义

（1）名称

在"名称"下拉列表框中，用户可以为新建的块输入块名，块名最多不能超过255个字符。也可以利用下拉列表从当前图形的块名中选择一个。块名及其定义将保存在当前图形中。

（2）基点

在对话框中的"基点"区域，用户可以指定块的插入点。在创建块定义时指定的插入点，将成为该块以后插入到图形中的基准点。它是块在插入过程中旋转或缩放的基点。从理论上讲，用户可以选择块上的任意一点或图形区中的任意一点作为基点。但为了绘图方便，应根据图形的结构特点来选择基点。例如，一般将基点选择在块的中心、左下角或其他有特征的位置上。所以在设置插入基点时，重要的是要考虑好今后块在图形中的插入应用。

AutoCAD默认的插入基点是坐标系原点。

用户可以用两种方法来指定块的插入点：一是直接在屏幕上指定一个点，这只要单击该域中的“拾取点”按钮，此时对话框消失，界面回到原图形状态，AutoCAD提示以下信息。

```
指定插入基点:
```

于是用户可以直接用鼠标在图形中拾取某一点作为插入点。二是可以在“基点”域下面的坐标文本框（x，y，z，二维图形中z为0）中直接键入插入点的坐标值。

（3）对象

在对话框中的“对象”区域，用户可以指定块定义所包含的对象，还可以选择在创建块定义之后，是否要保留或删除块定义中所选的对象。

在该选项栏中包括以下控制项。

◆ “选择对象”按钮：用于选择组成块定义的图形对象。单击该按钮后，将暂时关闭对话框，界面回到绘图状态，AutoCAD提示用户从屏幕上的图形中选择要包含到块定义中去的对象。此时用户可以使用任何一种对象选择方法。一旦选定了组成块的对象，按Enter键确认即回到对话框中。

◆ “快速选择”图标按钮：快速选择按钮。单击该按钮后，将弹出一个“快速选择”对话框，用户可通过该对话框来构造一个选择集。

◆ “保留”单选按钮：选择该选项后，系统将在创建块定义后，仍然在图形中保留组成块的图形对象。

◆ “转换为块”单选按钮：选择该选项后，系统将在创建块定义后，同时把在图形中选中的组块图形对象也转换成块。

◆ “删除”单选按钮：选择该选项后，系统将在创建块定义后，在图形中删除组成块的原始图形对象。

（4）方式

◆ 注释性定图形插入其他图形是否表现为注释性块。

◆ 按统一比例缩放：使用统一比例缩放图块。

◆ 允许分解：允许将块炸开。若取消勾选，则不能分解块。

（5）预览图标

◆ 在对话框中的“预览图标”区域中，用户可以选择是否创建一个块定义的图标。该区域包括有两个选择项。

◆ “不包括图标”单选按钮：选择该选项后，系统将不创建块定义的图标。

◆ “从块的几何图形创建图标”单选按钮：选择该选项后，系统将创建一个由块定义中图形对象的几何形状组成的预览图标。

（6）拖放单位

在“拖放单位”下拉列表框中，用户可以指定从AutoCAD设计中心拖放一个块到当前图形中时，该块缩放的单位。

（7）说明在“说明”编辑区中，用户可以输入与块定义相关的描述信息。

案例040 创建名为Clock的图块

- **学习目标** | 本例主要练习使用Block命令将对象定义为图块的方法，案例效果如图8-2所示。
- **视频路径** | 光盘\视频教程\CH08\创建名为Clock的图块.avi
- **源文件** | 光盘\DWG文件\CH08\Clock.dwg
- **结果文件** | 光盘\DWG文件\CH08\Clock图块.dwg

01 打开配套光盘中的“DWG文件\CH08\Clock.dwg”文件，如图8-2所示。

02 单击“绘图”工具栏中的“创建块”按钮，打开“块定义”对话框，如图8-3所示。

03 单击“对象”参数栏中的“选择对象”按钮，在视图中选中所有的图形，然后按Enter键返回到“块定义”对话框。

04 在“块定义”对话框的“名称”文本框中输入图块名称“Clock”，然后单击“基点”选项中的“拾取点”按钮，如图8-4所示。

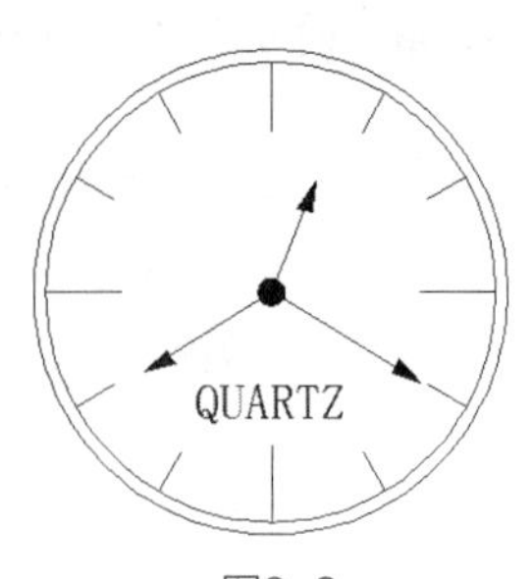

图8-2

图8-3

图8-4

专家提示

每个图块定义都包括图块名称、一个或多个图形、用于插入图块的基点坐标值，以及其他的相关属性。在创建图块的时候，插入基点要根据图形的情况来灵活确定，以“方便使用”为第一原则。在使用图块的时候，用户需要指定当前图形中的插入点才能将图块插入，图块的插入基点将与指定的插入点对齐。

05 系统回到绘图区域，单击钟表图形的圆心（这表示定义图块的插入基点为钟表的圆心），如图8-5所示。

06 系统返回“块定义”对话框，“基点”参数栏将会显示刚才捕捉的插入基点的坐标值。根据国内工程制图的实际情况，设置“块单位”为毫米，然后在“说明”文本框中输入文字说明“室内设计图库”，最后单击“确定”按钮，完成内部图块的定义，如图8-6所示。

07 在绘图区域选中Clock图形，可以发现该图形已经被定义为图块，并且在插入基点位置显示夹点，如图8-7所示。

图8-5

图8-6

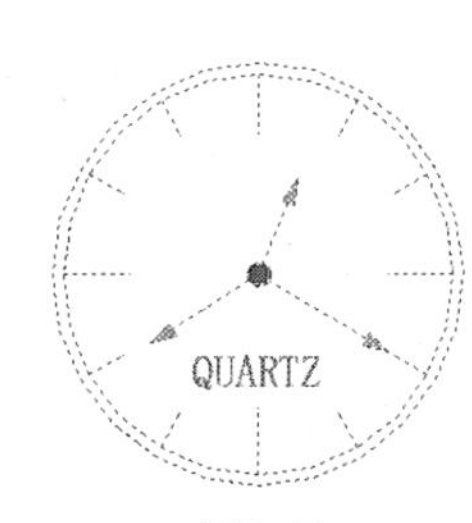

图8-7

8.1.3 存储块（Wblock）

如果想在其他文件中也使用当前定义的块，则需要将块或图形对象保存到一个独立的图形文件中，新的图形将图层、线型、样式及其他设置应用于当前图形中，该图形文件可以在其他图形中作为块定义使用。

在命令行中输入Wblock命令并按Enter键，系统会弹出图8-8所示的“写块”对话框。“写块”对话框中各选项的含义如下。

图8-8

1. 源

在该选项栏，用户可以指定要输出的对象或图块以及插入点，其中包含的选项如下。

“块”单选项：指定要保存到图形文件中的图块。用户可从“名称”下拉列表中选择一个图块名。

“整个图形”单选项：选择当前图形作为图块。

“对象”单选项：指定要保存到图形文件中的图形对象。

2. 目标

在该选项栏，用户可以指定要输出的文件的名称、位置以及单位，其中包含的选项如下。

“文件名和路径”编辑框：指定块或对象要输出到的图形文件的名称。

“预览”按钮：单击该按钮，将显示一个“浏览文件夹”对话框，可用于选择路径，该按钮位于“文件名和路径”编辑框的右侧。

“插入单位”下拉列表框：指定当新文件作为块插入时的单位。

根据激活Wblock命令时的不同情况，“写块”对话框中各域将显示3种不同的默认设置。

（1）如果在激活Wblock命令时，没有进行任何选择，那么在“写块”对话框的“源”域中，“选择对象”单选按钮将处于默认选中状态。

（2）如果在激活Wblock命令时，已经选择了一个单个的块，那么在“写块”对话框中的默认设置如下。

- 在对话框的“源”域中，“块”单选按钮处于默认选中状态。
- 所选图块的名称出现在对话框“源”域中的“名称”下拉列表框中。
- 所选图块的名称和路径出现在对话框“目标”域中的“文件名和路径”框中。

（3）如果在激活Wblock命令时，已经选择了图形中的对象，那么在“写块”对话框中的默认设置为如下。

- 在对话框的“源”域中，“选择对象”单选按钮处于默认选中状态。
- new block. dwg出现在对话框“目标”域的“文件名和路径”框中。

案例041 创建外部图块

- **学习目标** | 本例主要练习使用Wblock命令将图形对象定义为块并保存到指定位置，案例效果如图8-9所示。
- **视频路径** | 光盘\视频教程\CH08\创建外部图块.avi
- **源文件** | 光盘\DWG文件\CH08\house.dwg
- **结果文件** | 光盘\DWG文件\CH08\外部图块.dwg

01 打开配套光盘中的“DWG文件\CH08\house.dwg”文件，如图8-9所示。

02 在命令提示行输入Wblock（简化命令为W）并按Enter键，打开“写块”对话框，单击“写块”对话框中的“选择对象”按钮，然后在绘图区域框选所有的图形并按Enter键确认。

03 单击“写块”对话框中的“拾取点”按钮，然后在绘图区域捕捉房屋左下角的端点作为基点，如图8-10所示。

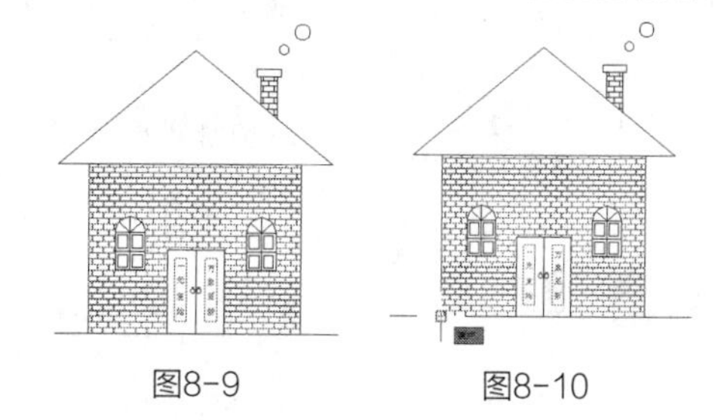

图8-9　　图8-10

04 系统返回“写块”对话框，单击“文件名和路径”文本框后面的按钮，打开“浏览图形文件”对话框，在其中设置保存图块的路径和图块名称，最后单击“保存”按钮，如图8-11所示。

05 在“对象”参数栏中选择“转换为块”单选项，设置插入单位为“毫米”，最后单击“确定”按钮，如图8-12所示。

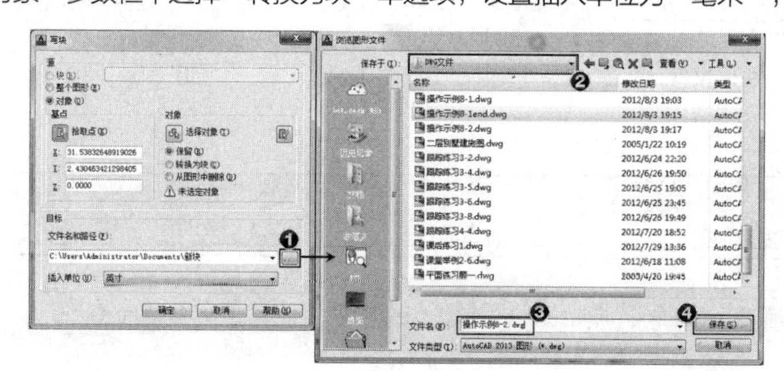

图8-11

图8-12

这样就完成了外部图块的创建，根据刚才设置的图块保存路径就可以找到新创建的外部图块。

专家提示

这里的“转换为块”单选项是将被转换为图块，而“保留”则是指在创建外部图块的同时保持原图形不变。如果选择了“从图形中删除”单选项，则原图形将被删除。在创建内部图块时，“块定义”对话框中也有这样的参数选项。

8.1.4 使用Export（输出）命令创建外部图块

使用 Export（输出）命令也可以创建外部图块，执行Export（输出）命令的方式有如下两种。

菜单栏：执行“文件>输出”菜单命令。

命令行：在命令提示行输入Export并按Enter键。

案例 042 使用Export命令创建外部图块

- **学习目标** | 本例主要练习使用Export命令将图形对象输出为外部图块，案例效果如图8-13图所示。
- **视频路径** | 光盘\视频教程\CH08\使用Export命令创建外部图块.avi
- **源文件** | 光盘\DWG文件\CH08\biaozhi.dwg

01 打开配套光盘中的“DWG文件\CH08\077.dwg”文件，如图8-13所示。

02 执行“文件>输出”菜单命令，打开“输出数据”对话框，首先设置图块的保存路径，然后设置图块的名称并在“文件类型”下拉列表中选择“块（*.dwg）”类型，最后单击“保存”按钮，如图8-14所示。

03 关闭“输出数据”对话框之后，命令提示行将出现相关的命令提示，要求用户继续下面的操作。具体命令提示如下。

```
命令: _export
输入现有块名或
[块=输出文件(=)/整个图形(*)] <定义新图形>: ↙ //按Enter键继续下一步操作
指定插入基点: //捕捉图形左下角端点作为插入基点，如图8-15（左）所示
选择对象: 指定对角点: 找到 8 个//框选所有的图形，如图8-15（右）所示
选择对象: ↙            //按Enter键确认选中图形
```

图8-13

图8-14

图8-15

8.2 调用图块

定义了块之后，如果要使用块则可以通过Insert命令调用它，还可以从设计中心调用系统自带的图块。

相关命令如表8-2所示。

表8-2 调用图块命令

命令	简写	功能
Insert（插入块）	I	将块或图形插入当前图形中
Adcenter（设计中心）	AD	打开“设计中心”窗口，用于管理和插入块、外部参照和填充图案等内容

8.2.1 插入块（Insert）

1. “插入”对话框

在命令行中输入Insert命令并按Enter键，或者单击“绘图”工具栏上的“插入块”按钮，系统会弹出图8-16所示的“插入”对话框。

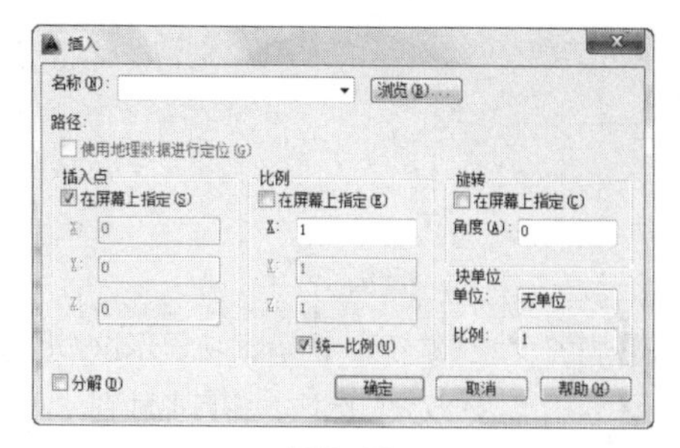

图8-16

2. 技术要点：“插入”对话框的组成及选项意义

名称：在“名称”下拉列表框中，用户可以指定要插入的块的名称，或者是要作为块插入的图形文件的名称。另外也可以直接输入文件名称，或者单击“浏览”按钮，在弹出的“选择图形文件”对话框中选择要插入的图形。

插入点：在选项栏中，用户可以直接在对话框的x、y和z编辑框中输入基点的x、y和z坐标值。如果勾选了“在屏幕上指定”复选框，则不能输入坐标值，此时用户可以直接用鼠标在图形屏幕上拾取一个点作为块的插入点。

比例：在该选项栏中，用户可以在3个坐标轴方向上采用不同的缩放比例，也可以采用相同的缩放比例。如果勾选“统一比例”复选框，则将强制在3个方向只能采用相同的缩放比例。

旋转：在“旋转”选项栏中，用户可以指定块插入时的旋转角度。块可以按任意需要的旋转角度插入，只需要指定角度就可以了。如果勾选了“在屏幕上指定”复选框，则要求用户直接用鼠标在图形屏幕上拾取一点来指定旋转角度。

分解：用于确定是将块作为单一整体来插入，还是分解成离散对象来插入。如果选择了该复选框，则块被插入时将分解成组块前的离散对象，而非一个整体；同时用户只能指定一个x方向上的缩放比例因子，强制各方向等比例缩放。

> **专家提示**
>
> 在AutoCAD中，文件可以作为块插入其他文件中，但这会使文件过于庞大，可以用Purge命令来清除它们。

8.2.2 从设计中心插入块（Adcenter）

用户可以利用设计中心将一个图块插入到图形中。将一个图块插入到图形中时，块定义就被拷贝到图形数据库中。图块被插入图形之后，如果原来的图块被修改，则插入到图形中的图块也会随之改变。

当其他命令正在执行的时候，不能进行插入图块的操作。例如，如果要插入图块时，在命令行中正显示着某个命令的执行过程，则此时的鼠标光标会变成一个带斜线的圆，说明该操作无效。另外，插入操作一次只能插入一个图块。

案例 043 通过设计中心插入图块

- **学习目标** | 学习如何通过设计中心插入图块，掌握设计中心的打开方法，设计中心图块的寻找以及插入操作。本例通过设计中心插入的图块效果如图8-17所示。
- **视频路径** | 光盘\视频教程\CH08\通过设计中心插入图块.avi
- **结果文件** | 光盘\DWG文件\CH08\bed.dwg

01 按快捷键“Ctrl”+“2”打开AutoCAD 2014的设计中心，如图8-18所示。

02 在设计中心内双击“Home-Space Planner.dwg”图块组，然后双击“块”图标，如图8-19所示。

> **专家提示**
>
> 设计中心中文件的详细的路径为：Program Files /Autodesk /AutoCAD 2014/Sample/zh-Cn/DesignCenter。

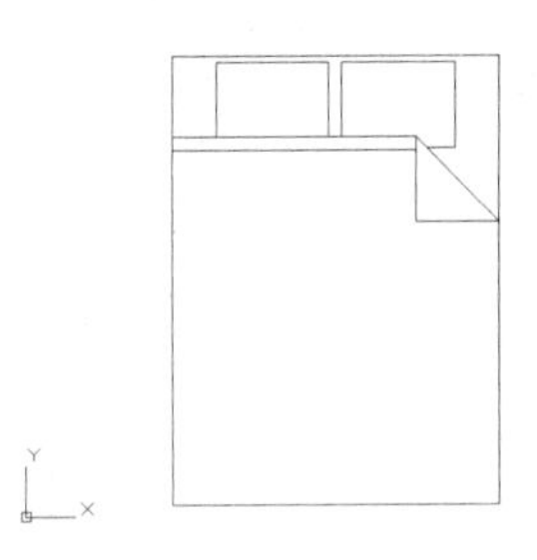
图8-17

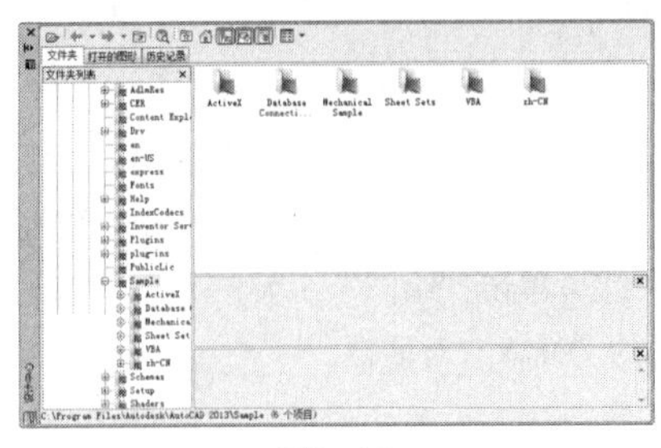
图8-18

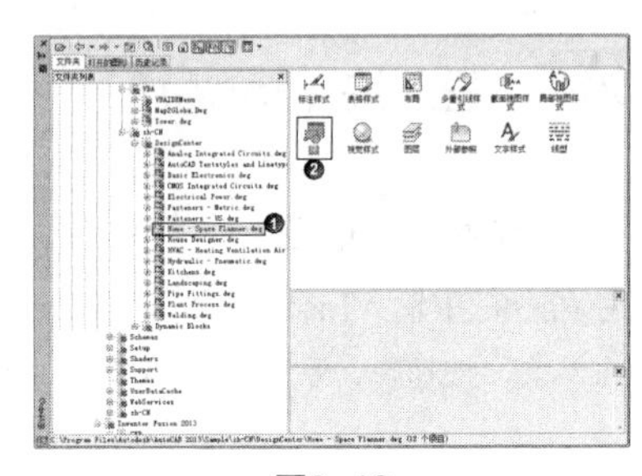
图8-19

03 打开“块”之后，内容区将显示这个图块组里面的所有图块，如图8-20所示。

04 双击“床-双人”图块，将其加载到“插入”对话框中，如图8-21所示。

05 在“插入”对话框中直接单击“确定”按钮，然后将图块插入适当的位置，如图8-22所示。

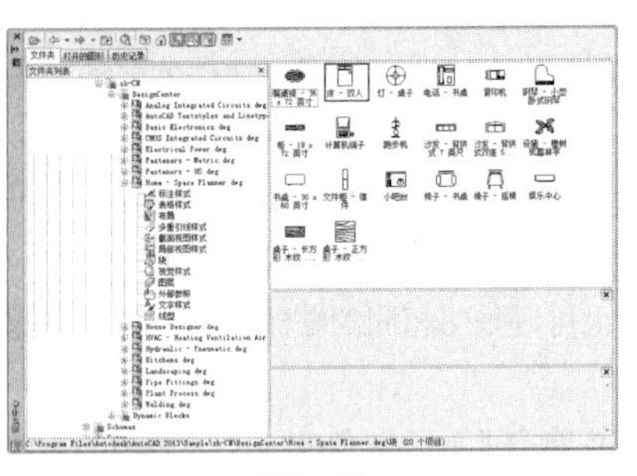
图8-20

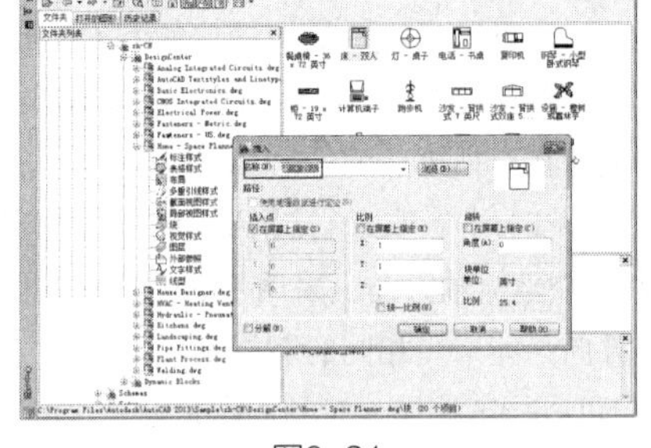
图8-21

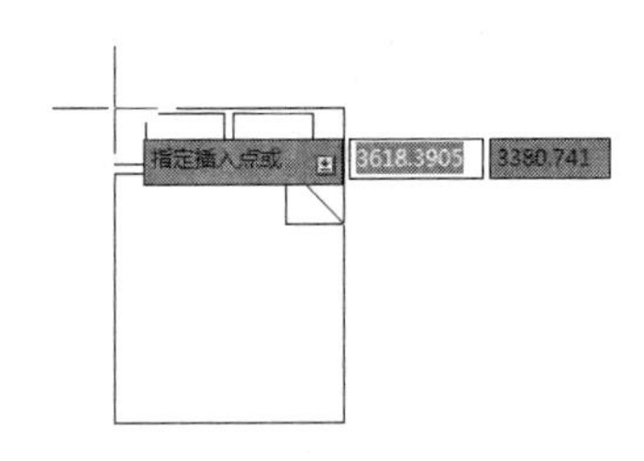

图8-22

8.3 管理图块

一个大型的块库需要有良好管理，以便于快速地找到所需要的块。另外在定义块时，还需要考虑使用哪些图层，以便在插入图块时能够得到满意的效果。

8.3.1 使用图层

用户可以对块的图层以及它们的颜色和线型特性加以管理。一般情况下，都是在0图层上创建图块，这也是最简单的方法。如果想使块具有特定的颜色和线型，可以为其单独创建一个图层，在插入块之前，切换到该图层。插入块之后，可以用与更改其他对象图层相同的方法更改块的图层。

为了确定插入时图块所使用的图层、颜色、线型和线宽等特性，可以用表8-3中的4种方法来定义它。

表8-3 设置图层属性命令

对象特性	插入结果
在任意图层（除了0层）上，把颜色、线宽和线型设置为ByLayer	块保持相应图层的特性。如果把块插入其他没有该图层的图形文件中，则系统会创建该图层。如果是插入有该图层的图形中，但该图层具有不同的特性，则块取当前图层中的相应特性
在任意图层（包括0层）中明确地设置颜色、线宽和线型	块保持明确设置的颜色、线型和线宽特性。如果把块插入到其他图形中，图形将创建图层，在其上构造原来的对象
在任意图层（除了0层）上，把颜色、线宽和线型设置为ByBlock	块采用当前的图层设置
在0层上，设置颜色、线宽和线型为ByLayer或ByBlock	块采用插入它的当前图层的图层和特性

8.3.2 分解块（Xplode）

如果要编辑组成块的原图形对象，则需要将其分解才能进行编辑。可以使用Explode和Xplode命令进行分解。

使用Explode命令可以将块分解为组成它的原对象。在分解具有嵌套块的块时，仅分解顶层的块。要分解下一层的块，必须再次使用Explode命令。

Xplode的命令是Explode命令的一种，可以用来控制对象的最终图层、颜色和线型。如果选择了多个对象，可以一次设置所选择的所有对象的属性或分别地对每个对象进行设置。

分解在0图层上创建的块或者具有ByBlock对象的块时，对象返回到它们原来的状态并再次显示为黑/白色、连续线型和默认线宽。

如果插入具有不同*x*、*y*比例因子的块，该命令会根据对象的新形状来创建它们。例如，如果一个块包含有一个圆形，插入块时设置的*x*比例为1，*y*的比例为2，得到一个椭圆。那么分解后也是得到一个椭圆，而不会还原为圆形。

8.4 块属性的定义与使用

属性是附加在块对象上标签，利用属性可以将相关的文本数据附加到块上，然后可以提取这些数据，并将其导入某个数据库程序、电子表格，或者在AutoCAD表格中重现出来。

它是一种特殊的文本对象，可包含用户所需要的各种信息。不要将其理解为“块的属性”，而应理解为“块和属性”，因为它是两部分复合而成，这个“属性”是针对“文字”信息而言，加上固有的“块”，组合到一起就是“块属性”。

相关命令如表8-4所示。

表8-4 块属性相关命令

命令	简写	功能
Attdef（定义属性）	ATT	创建用于在块中存储数据的属性定义
Batman（块属性管理器）	BATT	打开“块属性管理器”，管理选定块定义的属性。
Eattedlt（增强属性编辑）	EA	在块参照中编辑属性
Attredef（重定义属性）	ATTR	重定义块并更新关联属性
Attext（提取属性）	Attext	将与块关联的属性数据、文字信息提取到文件中

8.4.1 块属性的特点和用途

块属性具有以下几种特点。

- 块属性由属性块标记和属性值两部分组成。
- 定义块之前，应先定义该块的每个属性。
- 定义块时，应将图块对象和表示属性定义的属性标记名一起用来定义块对象。
- 插入有属性的块时，系统将提示用户输入需要的属性值。
- 插入块后，用户可以改变属性的显示可见性。

块属性具有两种基本作用。

一是在插入附着有属性信息的块对象时，根据属性定义的不同，系统自动显示预先设置的文本字符串，或者提示用户输入字符串，从而为块对象附加各种注释信息。

二是可以从图形中提取属性信息，并保存在单独的文本文件中，供用户进一步使用。

在属性被附加到块对象之前，必须先在图形中进行定义。对于附加了属性的块对象，在引用时可显示或设置属性值。

带属性的块在工程设计图中应用非常方便，更为后期的自动统计提供了数据源。例如在化工流程图中，可以将一系列阀门、管件、法兰、管段、泵等设备做成带属性的块，通过对这些块的引用，设计流程图。

块的属性可以包括：名称、型号、规格、材质、压力等级、位号、介质等。许多二次开发的流程图设计软件同样基于这一原理，如图8-23所示。

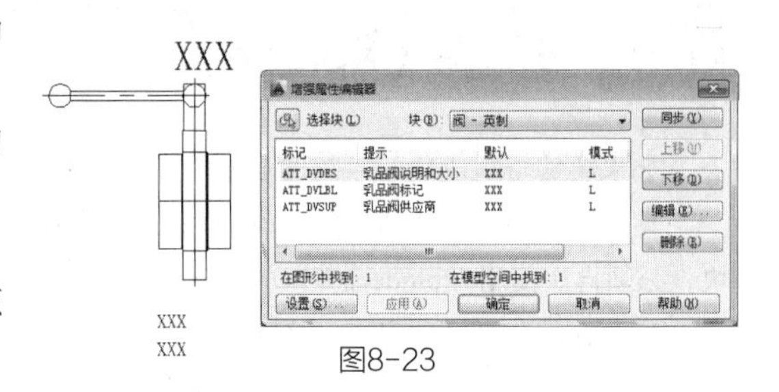

图8-23

8.4.2 创建属性定义

1. Attdef命令

使用Attdef命令可以定义图块的属性，执行Attdef命令的方式有如下两种。

方法一：执行“绘图>块>定义属性”菜单命令。

方法二：在命令提示行输入Attdef并按Enter键

执行“绘图>块>定义属性”菜单命令，系统会弹出“属性定义”对话框，如图8-24所示。

2. 技术要点：“属性定义”对话框中主要参数含义

（1）模式

不可见：使设置的属性值不在视图中显示。对于想提取到某个数据库而又不想在图中显示的属性，可以使用该选项。例如设计图号、购买日期、价格等。

固定：为属性设置一个固定值。在创建块时不会提示输入值，而是自动获得设置的值，不能编辑固定属性的值。

验证：在插入某一属性时，出现提示要求对值进行校验。如果有预置的默认值，可以使用该选项。

锁定位置：将属性相对于块的位置锁定。插入有属性的块时，锁定的属性没有其自己的夹点，不能单独移动属性。反之，则可以单独移动该属性。

多行：允许属性包含多行文字。勾选该复选框之后，在“默认”文本框右侧会出现一个按钮，单击该按钮可打开一个简化的多行文字编辑器，如图8-25所示。

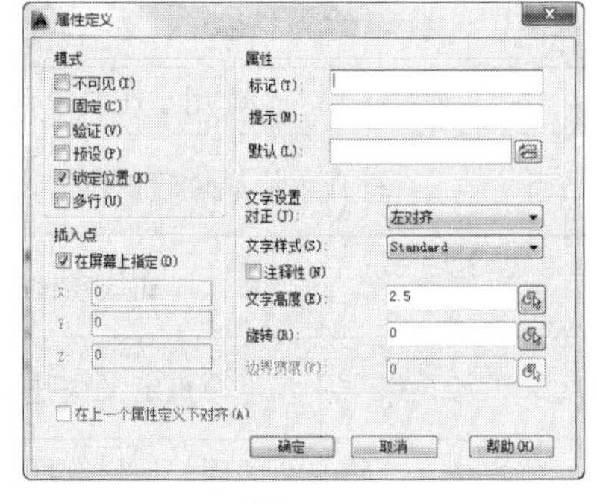

图8-24

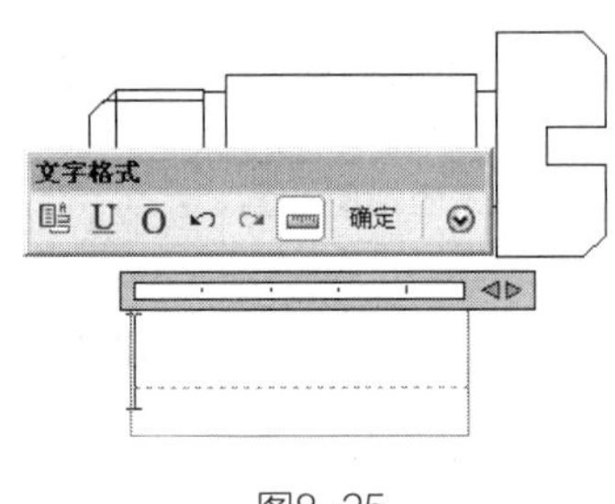

图8-25

（2）属性

在“属性”栏中可以指定标记。标记是属性的名称，它相当于是数据库中的字段。提取属性时，可以使用此标记。

提示：设置显示的提示文字。具体用法可以参见本章后面的内容。

默认：用于设置默认值。如果该值通常相同，可以使用该项。

案例 044 定义图块属性

- **学习目标** | 本例主要学习如何使用Attdef命令为图块添加属性，添加了属性的图块效果如图8-26所示。
- **视频路径** | 光盘\视频教程\CH08\定义图块属性.avi
- **源文件** | 光盘\DWG文件\CH08\light.dwg
- **结果文件** | 光盘\DWG文件\CH08\light_end.dwg

01 打开配套光盘中的“DWG文件\CH08\ light.dwg”，如图8-27所示。

02 执行“绘图>块>定义属性”菜单命令，系统会弹出“属性定义”对话框，具体设置如图8-28所示。

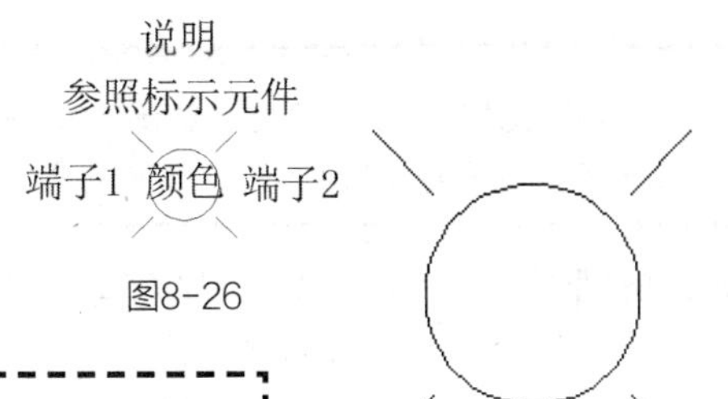

图8-26

图8-27

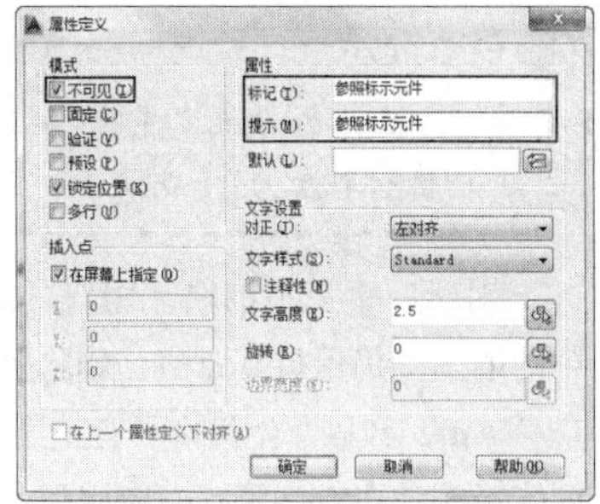

图8-28

专家提示

“不可见”属性用于控制该属性是否在图块中显示出来，例如本例中的“端子1”“端子2”和“颜色”属性则不需要勾选“不可见”复选框。

03 单击“确定”按钮，按钮返回绘图区，在图形中部位置选择一点，将属性放置在图块旁边，即可结束属性定义操作，如图8-29所示。

04 继续使用相同的方法定义多个属性，将它们一一放置在图块的旁边，如图8-30所示。

图8-29

说明
参照标示元件
端子1 颜色 端子2

图8-30

块的属性创建完成后，还需要将其附着在块上，下面就来介绍如何创建附加属性的块。

8.4.3 创建附加属性的块

创建一个或多个属性定义后，定义或重定义块时可以附着这些属性。当出现选择要包含到块定义中的对象的提示时，请将要附着到块的所有属性包含到选择集中。

要同时使用几个属性，请先定义这些属性，然后将它们包括在同一个块中。例如，可以定义标记为“类型”“制造商”“型号”和“价格”的属性，然后将它们包括在名为Chair 的块中。

01 在命令行中输入Block命令，以图例的左下角为基点，选择包含属性在内的全部图形来创建名为“指示灯”的块，其中在“对象”选项中选择“转换为块”选项，如图8-31所示。

专家提示

通常，属性提示顺序与创建块时选择属性的顺序相同。但是，如果使用窗交选择或窗口选择选择属性，则提示顺序与创建属性的顺序相反。可以使用块属性管理器来更改插入块参照时提示输入属性信息的次序。

02 单击“确定”按钮之后，系统会弹出“编辑属性”对话框，在此输入各种属性的值，如图8-32所示。

03 单击“确定”按钮后，即可为图块创建附加属性，结果如图8-33所示。

04 在命令行中输入Eattedit命令，或者直接双击图块，即可打开“增强属性编辑器”对话框，可在此修改属性的值和文字选项，如图8-34所示。

图8-31

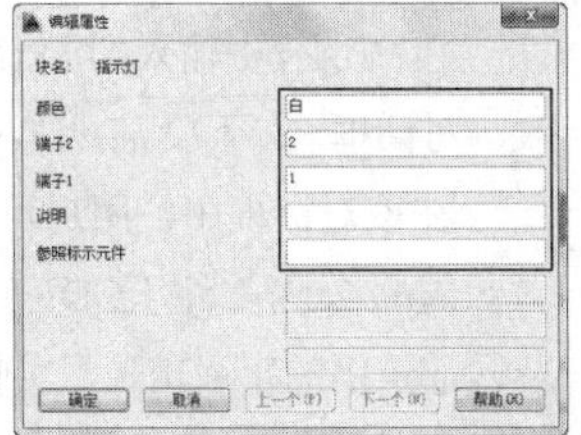

图8-32

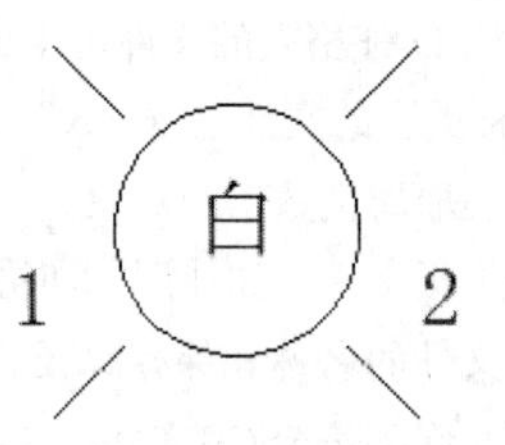

图8-33

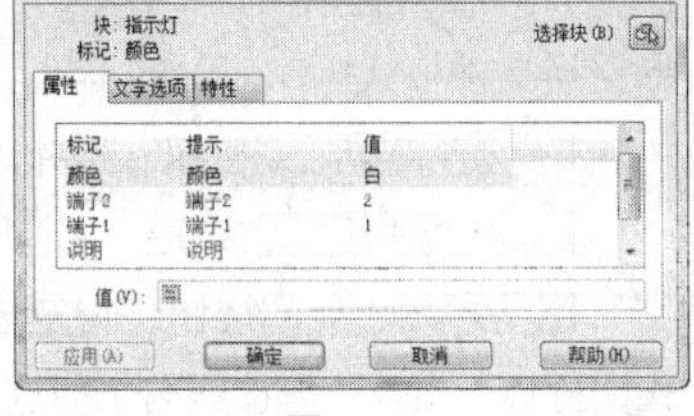

图8-34

专家提示

Attmode系统变量用于控制A属性的可见性。如果该变量取值为0，则不显示所有属性；取值为2，则显示所有属性；取值为1（默认），保持每个属性当前的可见性：即显示可见属性而不显示不可见属性。

对于一个已有的块，用户可使用属性重定义命令，为现有的块参照指定的新属性，通常使用其默认值。新块定义中的旧属性仍保持其原值，删除所有未包含在新块定义中的旧属性。

Attredef命令会删除所有使用Attedit或Eattedit进行的格式更改或特性更改，也将删除所有与块关联的扩展数据，并可能影响动态块和第三方应用程序创建的块。

8.4.4 块属性管理器（Battman）

块属性管理器可以对当前图形中所有块定义中的属性进行管理。

执行“修改>对象>属性>块属性管理器”菜单命令，系统弹出图8-35所示的“块属性管理器”对话框。

在该对话框的列表中显示了当前块中定义的所有属性。如果用户需要显示其他块定义中的属性，则可单击按钮在图形文件中选择一个块对象，或者在“块”下拉列表中进行选择，该列表显示了当前图形中定义的所有块。

默认情况下，列表中将显示属性的“标记”“提示”“默认值”和“模式”等信息。如果用户希望查看其他信息，则可单击编辑(E)...按钮，弹出图8-36所示的“编辑属性”对话框，用户可在该对话框中选择其他可显示在列表中的信息。

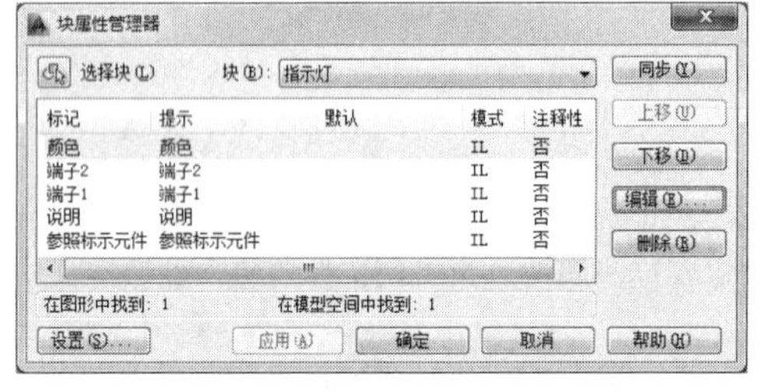

图8-35

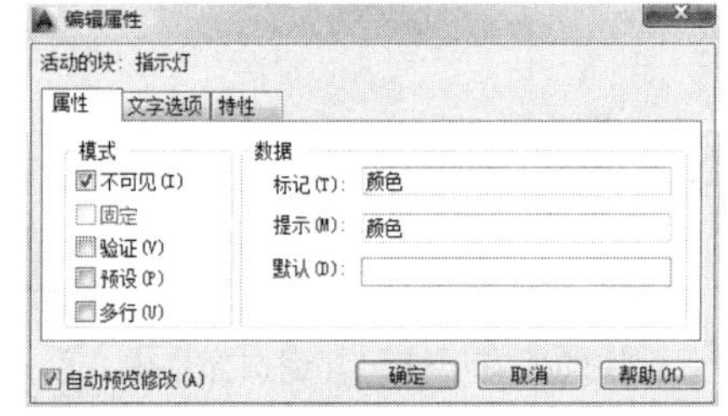

图8-36

8.4.5 从块属性提取数据（Attext）

通常在属性中可能保存有许多重要的数据信息，为了使用户能够更好地利用这些信息，AutoCAD提供了属性提取命令，用于以指定格式来提取图形中包含在属性里的数据信息。

在命令行中输入Attext命令后按Enter键，系统就会弹出图8-37所示的“属性提取”对话框。

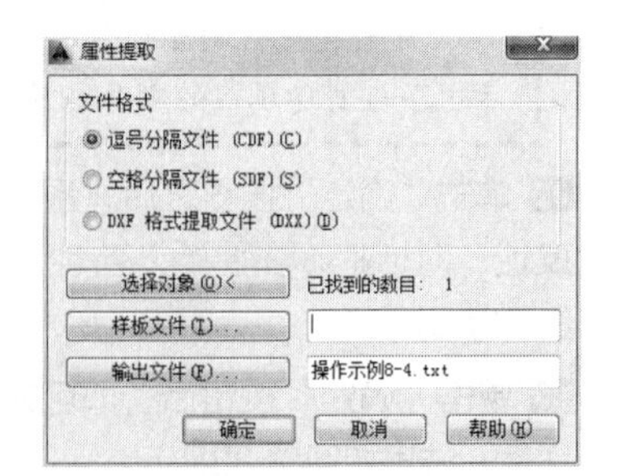

图8-37

在该对话框中，用户可指定输出的数据文件格式，包括如下3种。

逗号分隔文件（CDF）：使用CDF格式的文件可包含图形中每个块参照的记录，记录中的字段用逗号分隔，字符字段括在单引号中。

空格分隔文件（SDF）：使用SDF格式的文件也包含图形中每个块参照的记录。但每个记录的字段有固定的宽度，不使用字段分隔符或字符串分隔符。

DXF格式提取文件（DXX）：使用DXF格式的文件可生成一个只包含块参照、属性和序列终点对象的AutoCAD图形交换文件格式（DXF）的子集。这种类型的文件以“.dxx”为扩展名，以便和DXF文件区分开来。

选择对象(O)<按钮：选择用于提取属性数据的对象。

样板文件(T)...按钮：指定某个样板文件，如使用DXF格式则不需要样板。

输出文件(F)...按钮：指定输入文件的名称和保存路径。CDF格式和SDF格式文件均以“.txt”为扩展名，DXF格式文件以“.dxx”为扩展名，但这3种文件都是ASCII文件。

8.5 创建动态块

通过“动态块”功能，用户在操作时可以轻松地更改图形中的动态块参照，还可以通过自定义夹点或自定义特性来操作动态块参照中的几何图形。下面就来学习动态块的创建方法。

相关命令如表8-5所示。

表8-5 动态块的相关命令

命令	简写	功能
Bedit（块编辑器）	BE	从命令提示打开块编辑器中的块定义
Bparameter	BP	只能在块编辑器中使用该命令。用于向动态块定义中添加带有夹点的参数
BActionTool	BAC	向动态块定义中添加动作。动作定义了在图形中操作块参照的自定义特性时，动态块参照的几何图形如何移动或变化。应将动作与参数相关联

8.5.1 理解动态块的概念

在创建“动态块”之前，首先要清楚“块”与“动态块”的区别。什么是动态块？它有什么意义和用途？要弄清楚这个问题，首先来了解一下AutoCAD自带的动态块。

执行“工具>工具选项板”菜单命令，打开“工具选项板”。

在“工具选项板”中选择一个图块，例如选择“门”，将其拖曳到视图中，然后选中图块，在图块上可以看到几种夹点（普通块只有一个夹点），如图8-38所示。

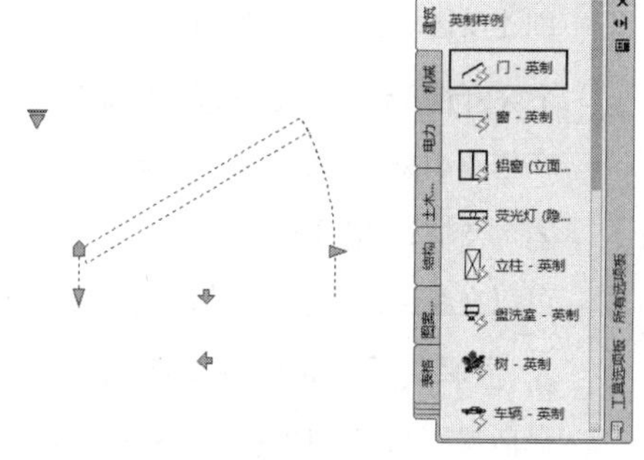

图8-38

专家提示

动态块参照包含可以在插入参照后更改参照在图形中的显示方式的夹点或自定义特性。例如，将块参照插入图形后，门的动态块参照可以更改大小。用户可以使用动态块插入可更改形状、大小或配置的一个块，而不是插入许多静态块定义中的一个。

单击“查询夹点”▼，会弹出一个项目列表，当在菜单中选择“转动式”，就会变成另外一个块，如图8-39所示。

单击“翻转夹点”可以以翻转动态块参照，从而向上下和向左右翻转，如图8-40所示。

单击“线性夹点”，可以按规定方向或沿某一条轴拉伸图块，如图8-41所示。

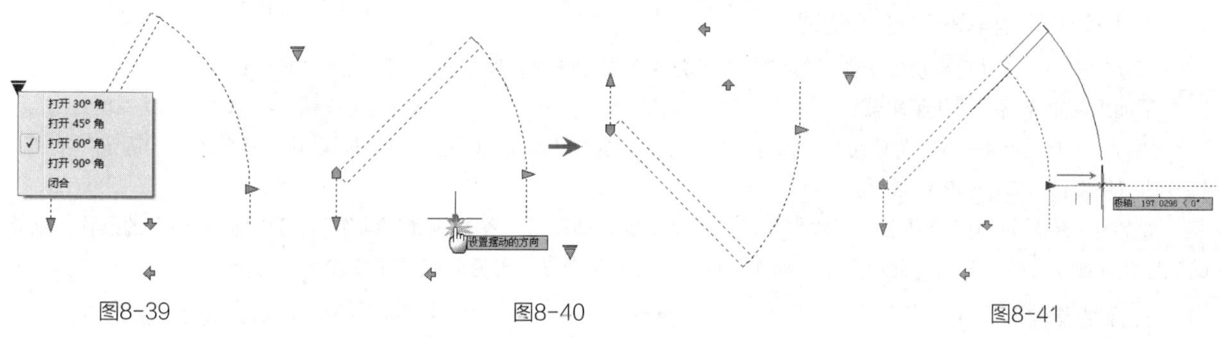

图8-39 图8-40 图8-41

我们先从夹点的形状上对动态块有一个感性认识，表8-6显示了可以包含在动态块中的不同类型的自定义夹点。

表8-6 动态中的自定义夹点

夹点类型	图标	夹点在图形中的操作方式
标准	■	在平面内的任意方向移动、拉伸
线性	▶	按规定方向或沿某一条轴往返移动、拉伸、缩放、阵列
旋转	●	围绕某一条轴旋转
翻转	⇨	单击以翻转动态块参照
对齐	▶	如果在某个对象上移动，则使块参照与该对象对齐
查寻	▼	单击以显示项目列表

8.5.2 创建动态块

要定义动态块，首先要创建该块需要的对象或者显示现有的某个块，也就是说动态块是建立在块的基础之上。

用户可以使用块编辑器创建动态块。块编辑器是用于添加能够使块成为动态块的元素。可以从头创建块，也可以向现有的块定义中添加动态行为。向块中添加参数和动作可以使其成为动态块。

创建动态块一般需要经过以下几个步骤。

1. 在创建动态块之前规划动态块的内容

在创建动态块之前，应当了解其外观以及在图形中的使用方式。

2. 绘制几何图形

可以在绘图区域或块编辑器中绘制动态块中的几何图形，也可以使用图形中现有几何图形或块定义。

3. 了解块元素如何共同作用

在向块定义中添加参数和动作之前，应了解它们相互时间以及它们与块中的几何图形的相关性。在向块定义添加动作时，需要将动作参数以及几何图形的选择集相关联。

4. 添加参数

按照命令行中的提示想动态块定义中添加适当的参数。使用块编写选项板的“参数集”选项卡可以同时添加参数和关联动作。

5. 添加动作

向动态块定义中添加适当的动作，按照命令行上的提示进行操作，确保将动作与正确的参数和几何图形相关联。

6. 定义动态块参照的操作方式

指定在图形中操作动态块参照的方式。可以通过自定义夹点和自定义特性来操作动态块参照。

7. 保存块然后再图形中进行测试

保存动态块定义并退出块编辑器，然后将动态块参照插入到一个图形中，并测试该块的功能。

下面来简单介绍一下块编辑器。

执行“工具>块编辑器”菜单命令，在弹出的“编辑块定义”对话框中选择要编辑的块，然后单击“确定”按钮，打开动态块编辑窗口，如图8-42所示。

要想让动态块具有某个功能，通常需要经过两个步骤，即赋予“参数”和“动作”，这是两个独立的操作。通常的顺序是先赋予参数，然后为此参数添加动作，也可以先添加动作，再为动作添加参数。

1. 添加参数

单击“块编写选项板”中的参数，然后根据命令提示行的提示将参数赋予块。例如选择“线性参数”，它的命令提示如下。

```
命令: _bparameter 线性
指定起点或 [名称(N)/标签(L)/链(C)/说明(D)/基点(B)/选项板(P)/值集(V)]:
指定端点:
指定标签位置:
```

线性参数命令各个选项的含义如下。

名称：可以更改参数的名称。当需要对多个对象应用同一种参数时，为了避免混淆，可以分别命名。

标签：标签显示在“特性”选项板中，但是当块编辑器打开时也会出现在块旁边。可以根据自身需要更改标签。例如，线性参数使用“距离”标签，可以将其更改为“长度”“宽度”或其他更具体的名称。

链：如果要让一个动作引起块中多个地方更改，可以链接参数。链接后，激活一个参数的动作会使其他次要参数的动作发生。

说明：可以添加参数说明。在“块编辑器”内选择参数时，此说明会显示在“特性”选项板中。

基点：创建基点参数，用于为块设置基点。

选项板：默认情况下，选择图形中的块参照时，会在“特性”选项板中显示参数标签。如果不需要显示这些标签，可以将其设置为“无”。

直集：可以约束块大小可用的数字范围，以增量（例如，从2cm~6cm，以5mm递增）或列表（只能是固定的值，例如10mm、13mm和17mm）形式。该选项会提示选择增量还是列表方式，然后提示输入数值。

输入选项或指定必需的坐标之后，提示“指定标签位置：”，拾取一个点，放置该参数的标签。这时会出现一个黄色叹号标记，表示还没有为块添加动作，如图8-43所示。大多数参数需要动作才能正常运行。

插入动态块时，可以使用该参数的夹点作为插入点。在插入过程中，如果加点的“循环”特性设置为“是”，可以按Ctrl键在各个夹点之间循环。为检查该属性，可以选择一个夹点，打开“特性”选项板，寻找“循环”特性，还可以指定循环的顺序。选择一个夹点，单击右键，在弹出的快捷菜单中选择“插入循环”打开“插入循环顺序”对话框，在这里既可以打开或者关闭每个夹点的循环，又可以在顺序列表中上下移动夹点。

2. 添加动作

放置参数后可以添加关联的动作。单击“块编写选项板”上的“动作”选项卡，如图8-44所示，这里列出了可以与各个参数关联的动作。

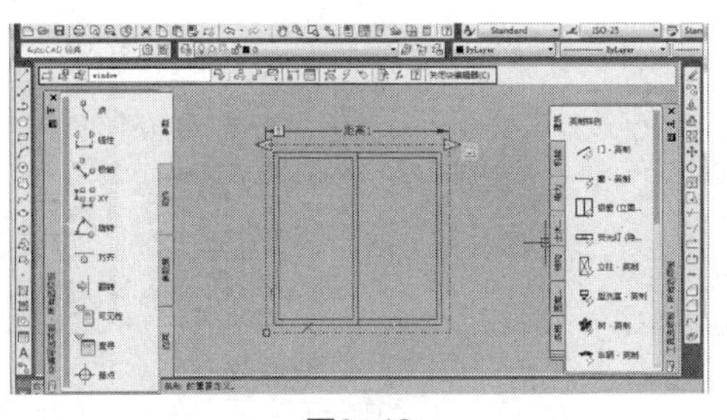

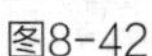

图8-42

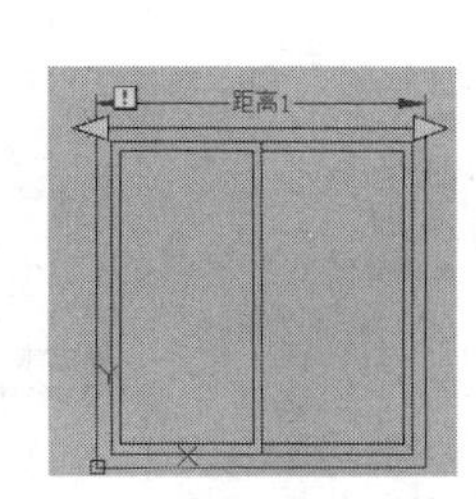

图8-43

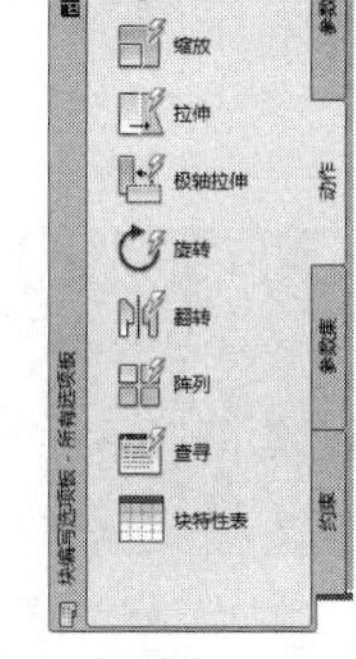

图8-44

为参数选择相匹配的动作，然后根据命令提示行中的提示进行操作。命令提示的内容取决于选择的动作和附加动作的参数，表8-7中为常用动作的一些提示选项。

表8-7 动作提示选项

动作	参数	命令提示
移动	点	选择对象
移动	线性、极轴或者xy	由于有多个点，所以需要制定与该动作相关联的是哪一个点。可以通过在点上移动鼠标选择点：在有效点上会显示一个红框。也可以使用“起点/第二点”选项。按Enter键使用第二点，然后选择对象
缩放	线性、极轴或者xy	可以选择对象，也可以制定非独立基点（相对于动作参数的基点）或独立基点（用户指定）。如果使用xy参数，也可以分别指定距离是x距离、y距离或者xy距离。

续表

动作	参数	命令提示
拉伸	线性、极轴或者xy	由于有多个点，所以需要选择与该动作相关联的是哪一个点。可以通过在点上移动鼠标指针选择点；在有效点上会显示一个红框。也可以使用“起点/第二点”选项。按Enter键使用第二点，然后选择对象。再指定拉伸框架的对角点定义拉伸所包含的区域，最后选择对象。还可以继续添加或删除对象，与拉伸命令的操作相似
极轴拉伸	极轴	与“拉伸”参数的提示相同，但只是指定要旋转（而非拉伸）的对象

如果在添加动作之后没有显示叹号!，就表明动作添加失败。可以放弃上一个命令重新试一次。通常问题涉及选择合适的参数部分以及正确地选择可应用的对象。

有时要使用的参数有很多夹点，例如使用一个线性参数，其中就会包含两个夹点：一头一尾各一个。但是可能只需要在一个方向上延伸，在这种情况下只需要其中的一个夹点即可。为了移除多余夹点，要选择参数，然后单击鼠标右键，在弹出的菜单中选择“夹点显示”，选择需要显示的夹点数目，如图8-45所示。

为了添加动作，需要为参数选择合适的动作。然后在“选择参数：”提示下选择参数。切记一定是将某一动作应用于参数，而不是对象。但是，作为这一过程的一部分，可以指定一个选择动作集，这意味着要选中一个或多个对象，也可以向一个参数添加多个动作。

3. 添加可见性参数

可见性参数允许用户在插入时打开或关闭块的各部件的可见性。可以定义多种命名的可见性状态，从而创建许多可见性或不可见性的变化。使用可见性参数的方法有两种。

使单个部件可见或不可见：可以选择是否显示某个部件。

在多个部件之间切换：插入过程中，可以包括某个部件的变化并在它们之间循环。

可见性参数的强大功能为块的使用增加了极大的灵活性，而且也使用户不必保存大量相似的块。每个块只能添加一个可见性参数。

现在也许大家还不太明白可见性参数到底是什么概念，我们来举个例子。在“工具选项板”中的“建筑”选项卡中将“树”块拖入到视图中，如图8-46所示。

选中这个图块，并单击▽夹点，会弹出图8-47所示的快捷菜单，在菜单中选择其他选项后图块就变了。

图8-45

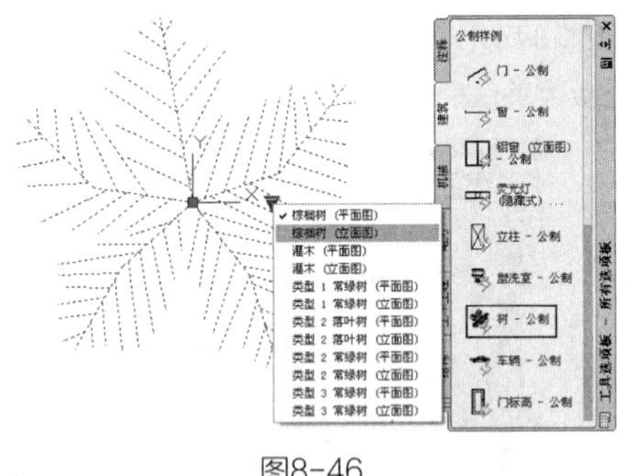

图8-46

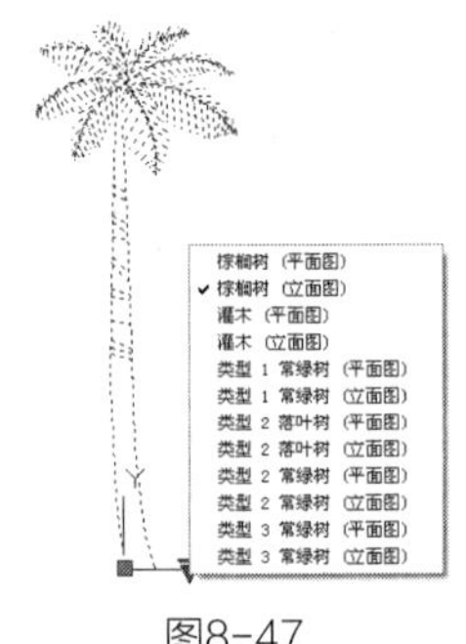

图8-47

双击图块，打开“块编辑器”，可以看到在块编辑器左上角的一组按钮变为可用状态，在块的“特性”选项板中可以看到动态块运用了“可见性参数”，如图8-48所示。

单击“可见性模式”按钮，可以看到出现多个不同类型的树图块，如图8-49所示。由此我们可以知道，图块之所以能根据在快捷菜单中的选择而发生变化，只不过是将其他图块隐藏，只显示选择的类型。

4. 添加查询参数和动作

查询参数/动作组合会创建一个标签和数值成对的表。在绘图时通常会遇到一些图形的尺寸是固定的组合。例如，有3种尺寸的螺母零件，可以创建此螺母并使用“数值集”选项创建一个有3种尺寸的列表：4mm、8mm和12mm。接下来创建名为M1、M2和M3的标签。

在插入螺母时，可以从下拉列表中选择需要的标签；螺母会自动拉伸为正确的尺寸。而如果能在查询表里指定数值，则不需要使用“数值集”选项。

在需要为块预设尺寸时，查询表十分有用。插入块时不必考虑具体尺寸，而只需要从列表中选择，如图8-50所示。

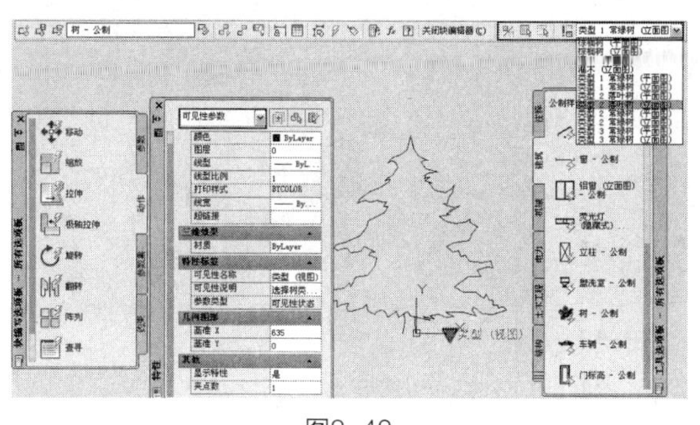
图8-48

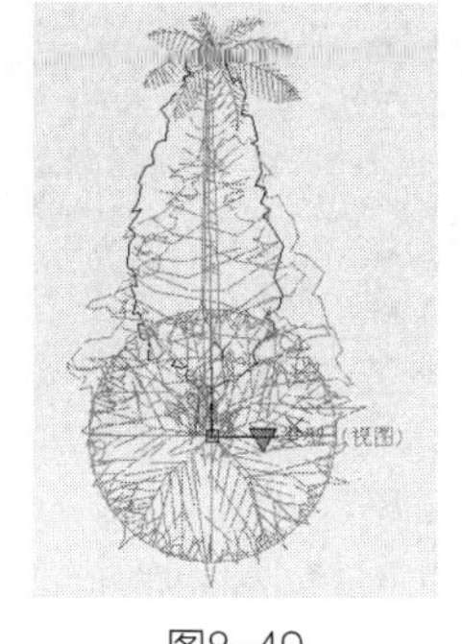
图8-49

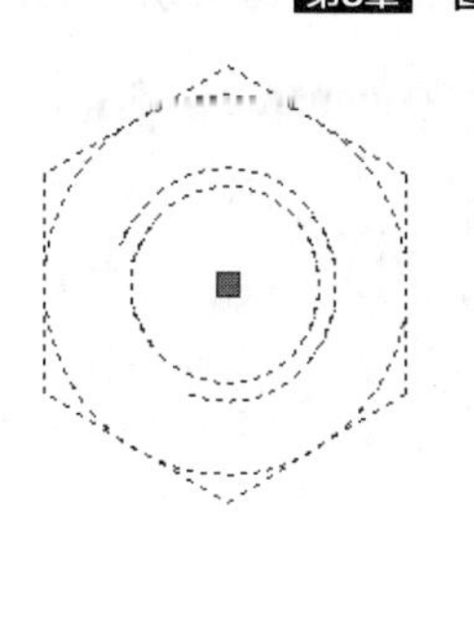
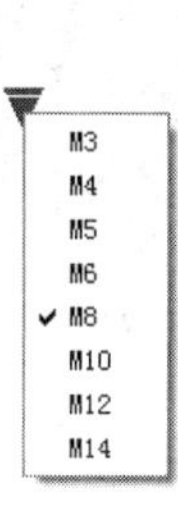

图8-50

5. 使用参数集

在“块编写选项板”的“参数集”选项卡中有许多现成的参数动作组合供用户使用，这些集合对于快速创建一些简单的动态块非常有用。用鼠标光标划过它们可以看到工具栏提示解释其功能。放置参数集之后，由于还没有为动作选择对象，所以仍然会看到叹号。双击该动作，可以显示要求选择对象的提示。

6. 保存动态块

创建动态块之后，单击块编辑器工具栏上的“保存块定义”按钮。应该总是在关闭块编辑器之前保存块定义，然后单击“关闭块编辑器”按钮。

案例 045 创建最简单的动态块

● **学习目标 |** 本例通过创建一个最简单的动态块，让读者对动态块的创建流程有一个初步认识，为创建更为复杂的动态块打下基础，案例效果如图8-51所示。

● **视频路径 |** 光盘\视频教程\CH08\创建最简单的动态块.avi

● **结果文件 |** 光盘\DWG文件\CH08\rec.dwg

01 选择0图层为当前图层，绘制一个100mm×60mm矩形，并将其定义为块，如图8-52所示。

02 双击图块，在弹出的“块编辑定义”对话框中选择定义的块名称，然后单击“确定”按钮，如图8-53所示。

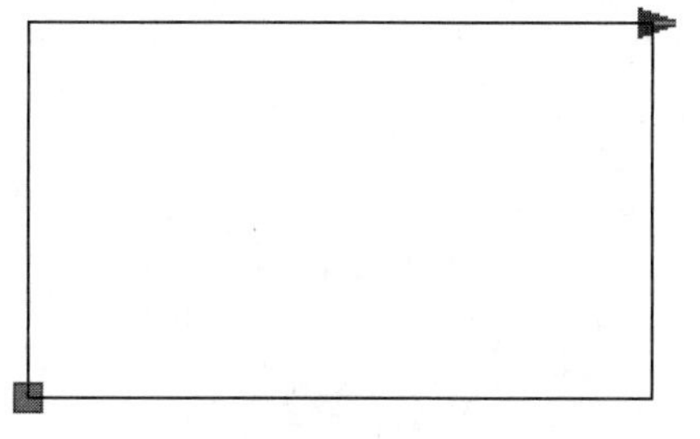
图8-51

图8-52

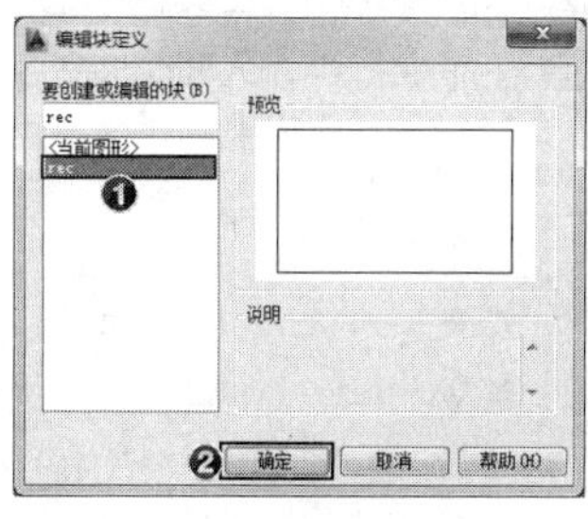

图8-53

03 在“块编写选项板”上选择参数，单击“线性参数”图标，然后像使用线性标注一样，捕捉矩形两端并单击，再拖曳鼠标确定线性参数位置，如图8-54所示。

注意

这里的标注是从左向右进行，此时出现一个名为“距离”的特殊标注，即“线性参数”。

04 接下来为参数添加动作。在“块编写选项板”单击动作选项卡，选择“拉伸”动作，如图8-55所示。此时在命令提示行中提示“选择参数:”，在视图中拾取“距离1”线性参数。

05 此时，参数的一个端点出现红色的圆框，在命令行中提示“指定要与动作关联的参数点或输入 [起点（T）/第二点（S）] <第二点>:”，这是要求制定“与动作关联的参数点”。因为这里采用的是“拉伸动作”，需要确定是哪个方向拉伸，而“线性参数”具有两个方向，所以需要制定参数点，就是询问一线性参数的哪一端为拉伸的动点。可以在矩形的右侧端点上单击，确定向右侧拉伸，如图8-56所示。

06 指定参数点后，命令行提示“指定拉伸框架的第一个角点或 [圈交（CP）]:”，因为需要拉伸对象，所以框选需要拉伸的部位，这里从左上角向下拖曳出一个矩形框，如图8-57所示。

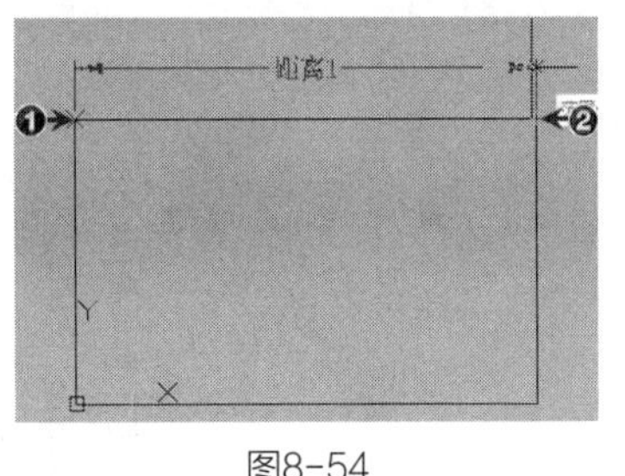
图8-54

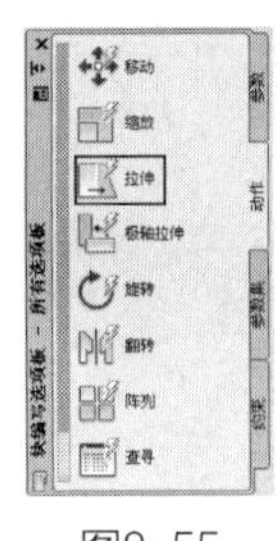
图8-55

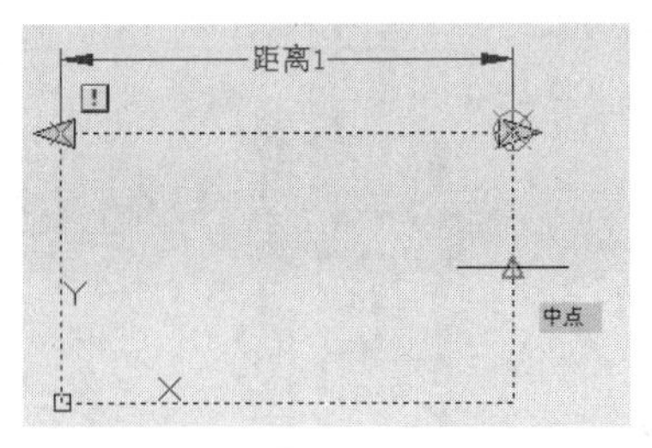
图8-56

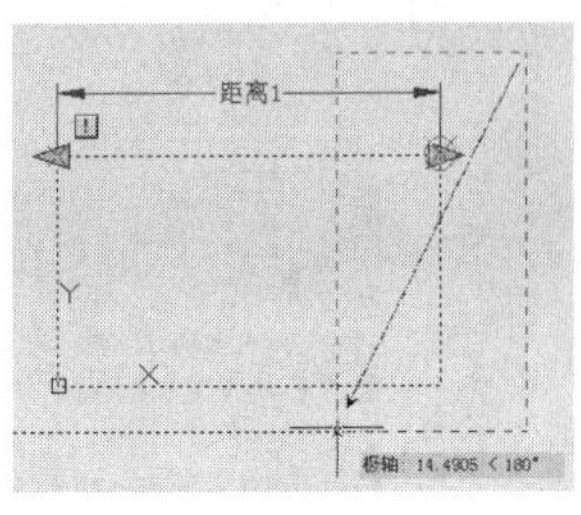
图8-57

07 在命令行中继续提示“指定要拉伸的对象”，在视图中单击矩形，到此动态块就创建完成了。

08 单击视图上方的块编辑工具栏中的关闭块编辑器(C)按钮，在弹出的对话框中选择“将更改保存到”，如图8-58所示。

09 在视图中选中动态块，可以看到在它的右上角多了一个拉伸夹点，单击此夹点，向右移动即可拉伸这个块中的矩形，如图8-59所示。

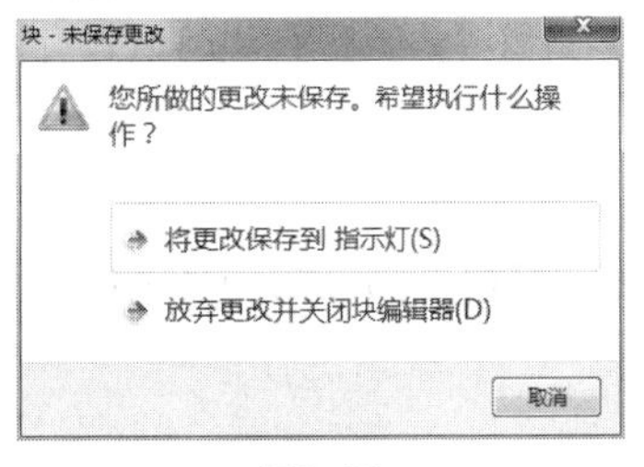

图8-58

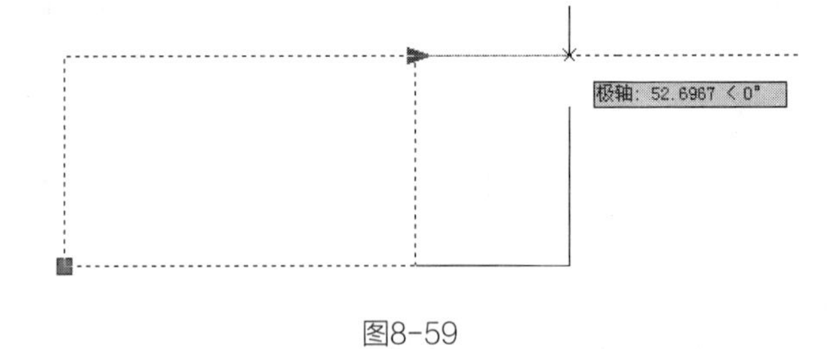

图8-59

案例 046 创建动态查询列表

- **学习目标** | 本例将学习如何创建动态查询列表，学习添加更多的参数和动作，案例效果如图8-60所示。
- **视频路径** | 光盘\视频教程\CH08\创建动态查询列表.avi
- **结果文件** | 光盘\DWG文件\CH08\dtcxlb.dwg

01 单击“绘图”工具栏中的“矩形”按钮，在视图中创建一个20mm×10mm的矩形，如图8-61所示。

02 在命令行中输入Block命令，用前面介绍的方法将其定义为块，操作步骤如图8-62所示。

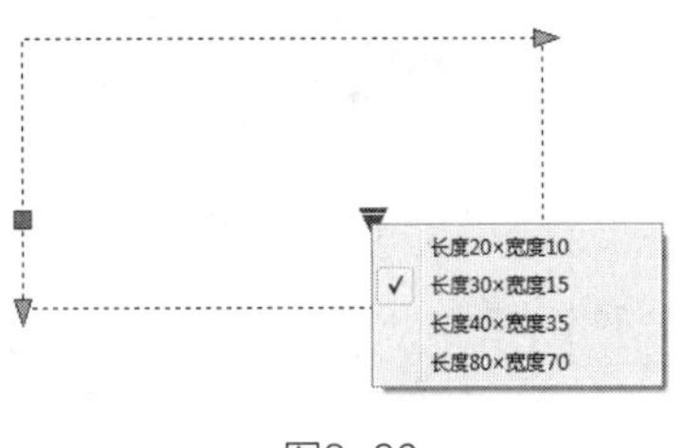

图8-60

图8-61

图8-62

03 在命令行中输入Bedit命令，在弹出的“编辑块定义”对话框中选择上一步中定义的块“REC”，然后单击“确定”按钮，如图8-63所示。

04 在“参数”面板中为其添加两个“线性”参数，如图8-64所示。

05 切换到“动作”面板，分别给两个“线性”参数添加“拉伸”动作，将其定义为动态块，如图8-65所示。

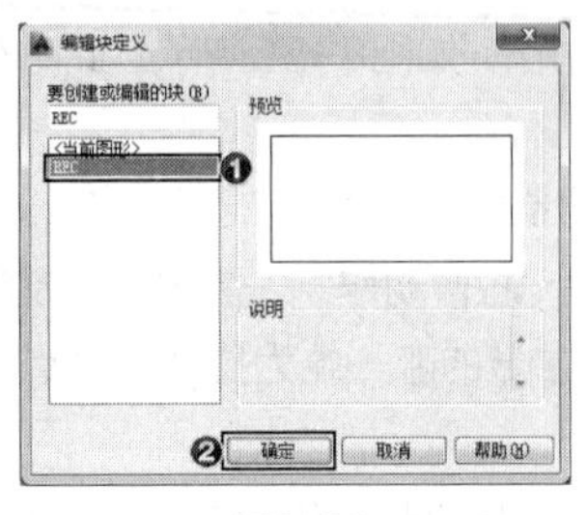

图8-63

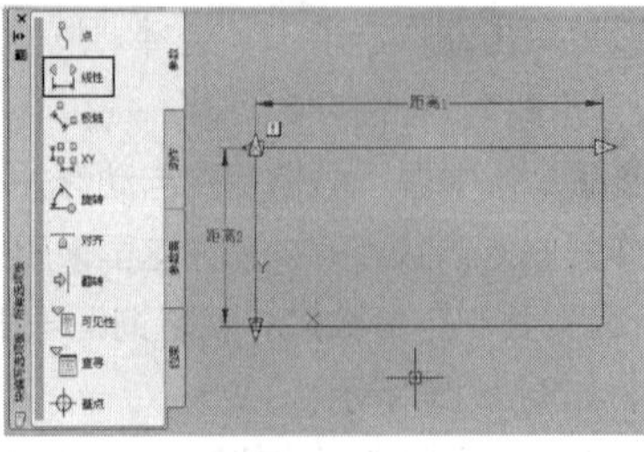
图8-64

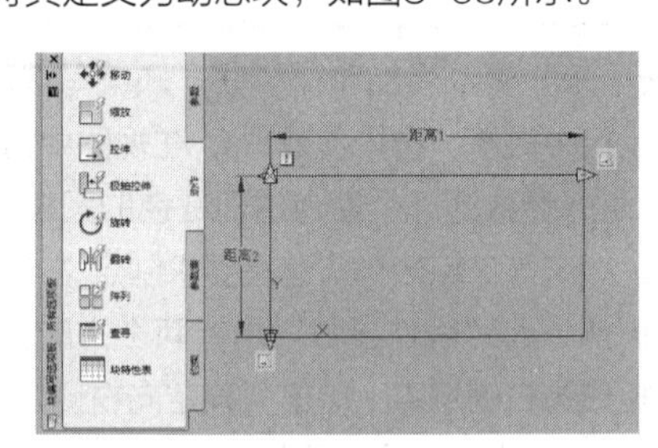
图8-65

专家提示

双击参数的名称，例如这里双击“距离1”，可以重新输入参数的名称，以便于区分。

06 为横向参数添加值集。选择“距离1”线性拉伸参数，单击鼠标右键，在弹出的快捷菜单中选择“特性”命令，在“值集”参数栏下设置“距离类型”为“列表”，然后单击“距离值列表”右侧的按钮，在弹出的对话框中输入要添加的距离，输入一个值后单击一次“添加”按钮，最后单击“确定”按钮完成设置，如图8-66所示。

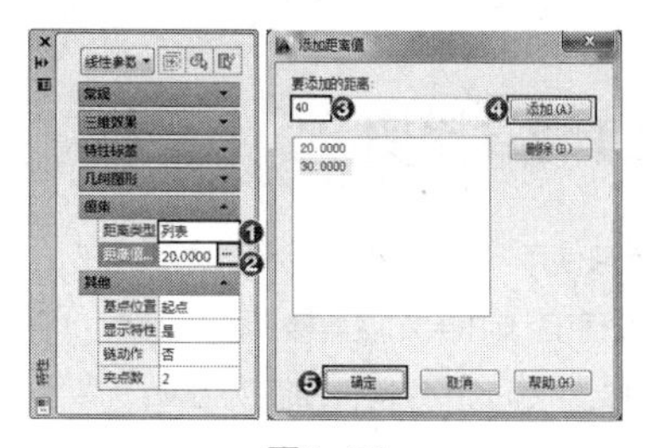

图8-66

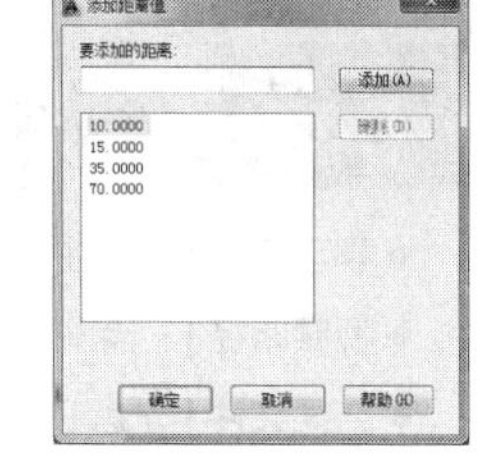

图8-67

07 使用相同的方法为纵向参数“距离2”添加值集，如图8-67所示。

08 从“块编写选项板”的“参数”选项卡中添加一个查询参数，这里将其放置在右下角，如图8-68所示。

09 从“动作”选项卡中添加一个“查询”动作。当体现“选择参数”的命令提示后，选择创建的“查询”参数，系统会打开“特性查询表”对话框，如图8-69所示。

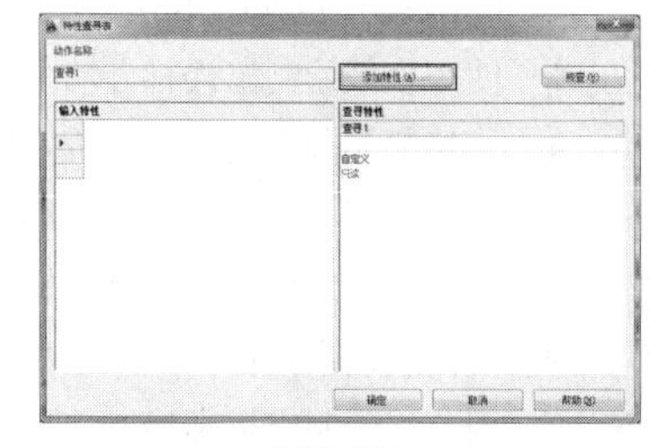

图8-68

图8-69

10 单击“添加特性”按钮，选择需要使用的参数，这里需要选中“距离1”和“距离2”两个线性参数，如图8-70所示。然后单击“确定”按钮，系统自动返回到“特性查询表”对话框。

11 下面将用到在步骤6和步骤7为“线性拉伸”添加的参数。单击对话框“输入特性”一侧的第一行就可以看到它们，这时会显示一个下箭头，选择第一个值。如果没有设置数值集，则可以在每一行上输入一个数值，单击该对话框“查询特性”一侧的同一行并输入对应该数值的标签，如图8-71所示。单击“下一行”，输入下一个数值，并输入下一个标签，以此类推。

12 在“查询特性”下方对应地输入特性的提示文字标签，再单击此对话框右下角默认写着“只读”的单元格，它将变为“允许反向查询”，因此表格中的所有行都必须是唯一的。在插入块时为了从标签的下拉列表中选择一个值，需要使用这个选项

13 单击“确定”按钮返回“块编辑器”，现在查询表中的每个值都与输入的标签关联起来了。单击关闭块编辑器(C)按钮，在弹出的对话框中保存更改，如图8-72所示。

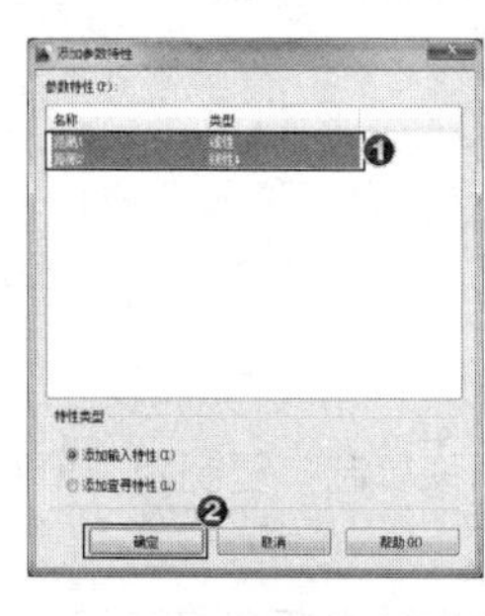

图8-70

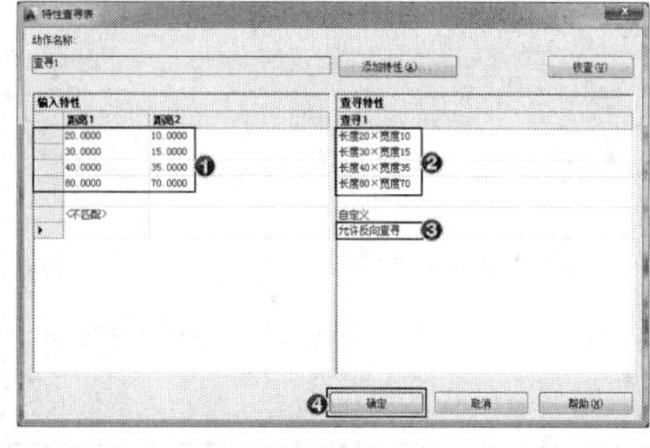

图8-71

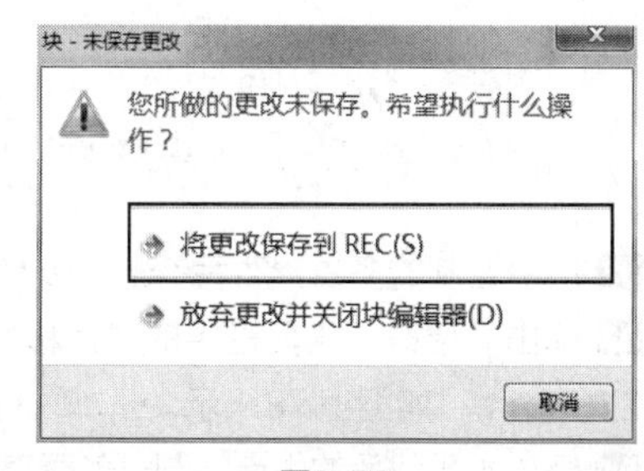

图8-72

14 在插入动态块并选中它时，单击向下箭头可以从下拉选项中进行选择，如图8-73所示。

15 如果要编辑查询动作，先选中它，在“特性”选项板中单击查询表选项旁边的图标，打开“特性查询表”对话框，从中可以进行所需要的更改，如图8-74所示。

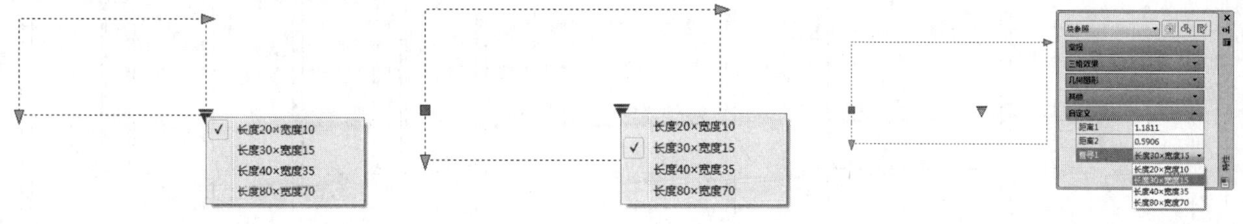

图8-73

图8-74

8.6 综合实例

案例 047 绘制底层楼梯图例

- **学习目标 |** 本例主要练习使用多线和复制命令绘制楼梯图例，并使用Block命令将其定义为图块，案例效果如图8-75所示。
- **视频路径 |** 光盘\视频教程\CH08\绘制底层楼梯图例.avi
- **结果文件 |** 光盘\DWG文件\CH08\底层楼梯图例.dwg

本例主要操作步骤如图8-76所示。

- ◆ 使用多线绘制出楼梯外墙平面。
- ◆ 偏移复制分解后的多线确定中心矩形的位置。
- ◆ 绘制出楼梯中间的两个矩形。
- ◆ 用直线和复制命令绘制出楼梯踏步平面。
- ◆ 镜像复制出楼梯另一半踏步平面。
- ◆ 用直线绘制出折断线。

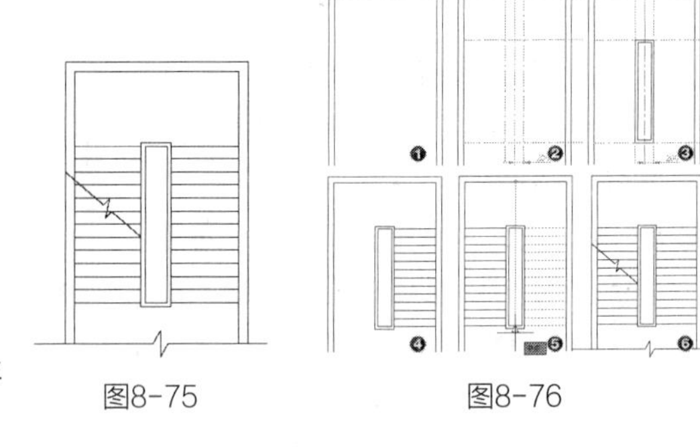

图8-75　　图8-76

01 在命令行中输入ML（多线）命令，绘制出楼梯外侧的墙体平面，如图8-77所示。命令执行过程如下。

```
命令: _ml ↙
mline
当前设置: 对正 = 上, 比例 = 240.00, 样式 = standard
指定起点或 [对正(J)/比例(S)/样式(ST)]: s ↙
输入多线比例 <240.00>: 120 ↙
当前设置: 对正 = 上, 比例 = 120.00, 样式 = standard
指定起点或 [对正(J)/比例(S)/样式(ST)]: //任意指定一点
指定下一点: @0,3600 ↙
指定下一点或 [放弃(U)]: @2400,0 ↙
指定下一点或 [闭合(C)/放弃(U)]: @0,3600 ↙
指定下一点或 [闭合(C)/放弃(U)]: ↙
```

02 选中绘制的多线，然后单击“修改”工具栏中的“分解”按钮，将其分解。

03 单击“修改”工具栏中的“偏移”按钮，将多线上方第2条水平线*A*向下偏移复制，复制距离分别为900mm、2100mm，如图8-78所示。

04 经过水平线段的中点绘制一条垂直辅助线，然后将其向左右两侧各偏移200mm，如图8-79所示。

05 根据辅助线的交点在中间绘制一个矩形，然后将其向内侧偏移50mm，如图8-80所示。

06 捕捉外侧矩形右上角段点为起点，向右绘制一条水平线，并将其向下移动50mm，如图8-81所示。

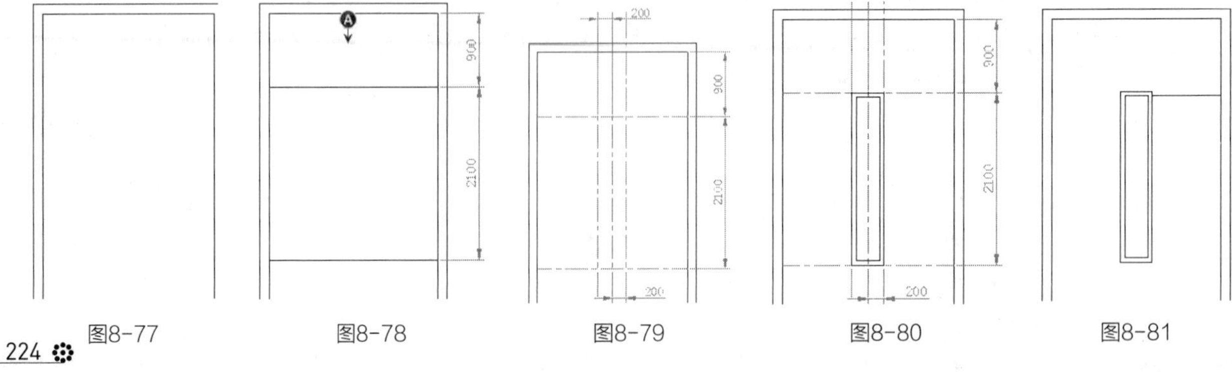

图8-77　　图8-78　　图8-79　　图8-80　　图8-81

07 选中绘制的直线，然后单击“修改”工具栏中的“复制”按钮，使用它的阵列功能复制线段，如图8-82所示。命令执行过程如下。

```
命令: _copy找到 1 个
当前设置: 复制模式 = 多个
指定基点或 [位移(D)/模式(O)] <位移>: //任意指定一点
指定第二个点或 [阵列(A)] <使用第一个点作为位移>: a ↙
输入要进行阵列的项目数: 13 ↙
指定第二个点或 [布满(F)]: f ↙
指定第二个点或 [阵列(A)]: //捕捉图8-82所示的点1
指定第二个点或 [阵列(A)/退出(E)/放弃(U)] <退出>://捕捉图8-82所示的点2
```

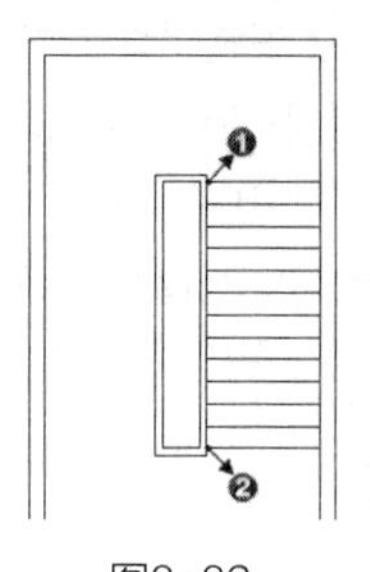

图8-82

08 单击“修改”工具栏中的“镜像”按钮，将阵列复制出的13条水平线沿中心线镜像复制，如图8-83所示。命令执行过程如下。

```
命令: -mirror找到 13 个
指定镜像线的第一点: //捕捉图8-83所示的点1
指定镜像线的第二点: //捕捉图8-83所示的点2
要删除源对象吗? [是(Y)/否(N)] <N>: ↙
```

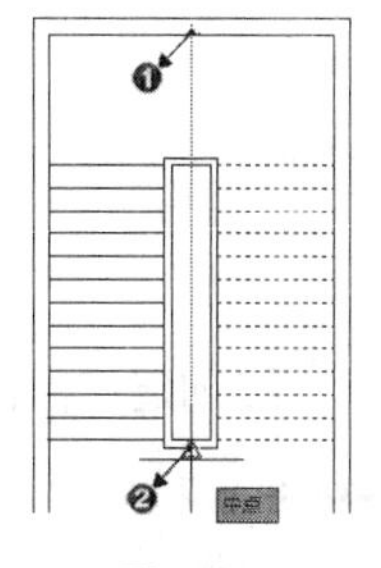

图8-83

09 最后用直线绘制出两条折断线，具体绘制过程就不再赘述了。结果如图8-84所示。

10 执行“绘图>块>创建”菜单命令，打开“块定义”对话框，设置图块的名称为“楼梯”，设置图块的单位为毫米，单击“拾取点”按钮，如图8-85所示。

11 系统回到绘图区域，用鼠标左键拾取楼梯左上角端点作为插入点，系统返回“块定义”对话框，单击其中的“确定”按钮，完成图块的定义。

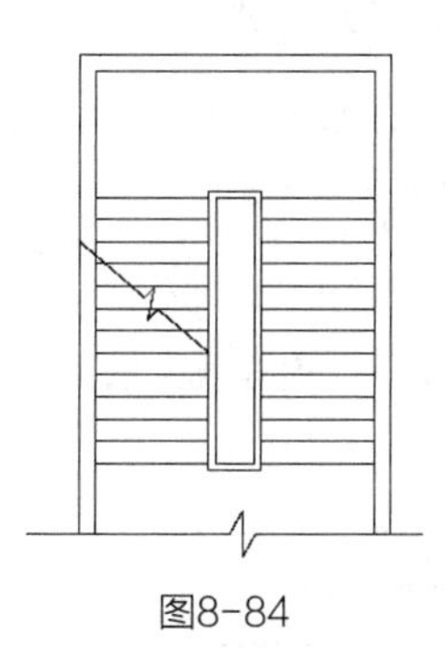

图8-84

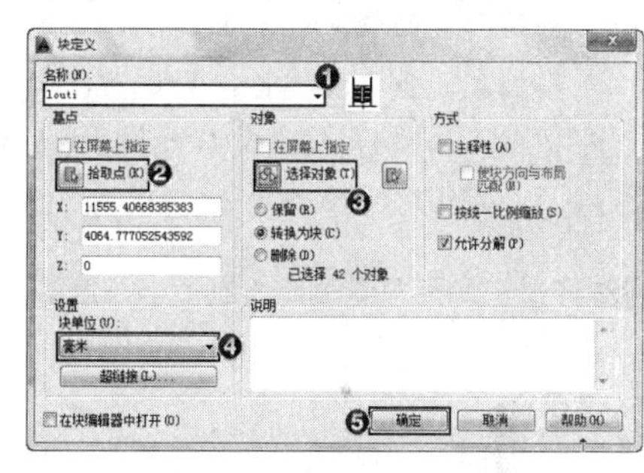

图8-85

案例 048 应用块绘制电路图

- **学习目标 |** 本例将绘制一幅电路图，如图8-86所示。这一幅电路图是由5种基本元件组成，所以必须首先完成这5种基本元件的绘制，先创建5种基本元件并将其设置为块，然后通过插入块等操作完成绘制。
- **视频路径 |** 光盘\视频教程\CH08\应用块绘制电路图.avi
- **结果文件 |** 光盘\DWG文件\CH08\电路图.dwg

本例主要操作步骤如图8-87所示。

- ◆ 绘制出基本电子元器件。
- ◆ 绘制外围线路并插入电容电阻。
- ◆ 绘制整个线路并插入电子元器件。
- ◆ 输入文字。

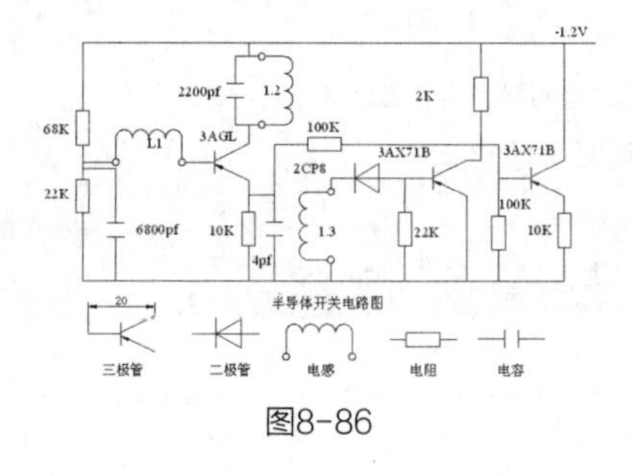

图8-86

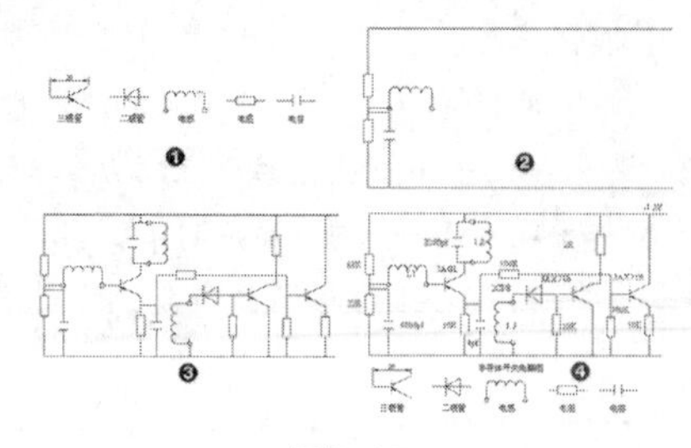

图8-87

1. 创建三极管

01 创建一幅新图。图限设置为200mm×100mm，放大至全屏显示，设置两个图层，分别命名为“图形”和“文字”，设置“图形”为当前图层，如图8-88所示。

02 使用Line（直线）命令在适当位置绘制一条长度为6mm的垂直直线，如图8-89所示。

03 打开正交功能，在命令行中输入Qleader命令，利用“引线”标注绘制出带箭头的直线，并对直线进行修剪，然后把带箭头的直线绕箭头旋转30°，将其平移到适当位置。再利用直线工具绘制另一条倾斜直线，结果如图8-90所示。

04 捕捉直线的中点并绘制一条水平直线，这样就完成了三极管的绘制，效果如图8-91所示

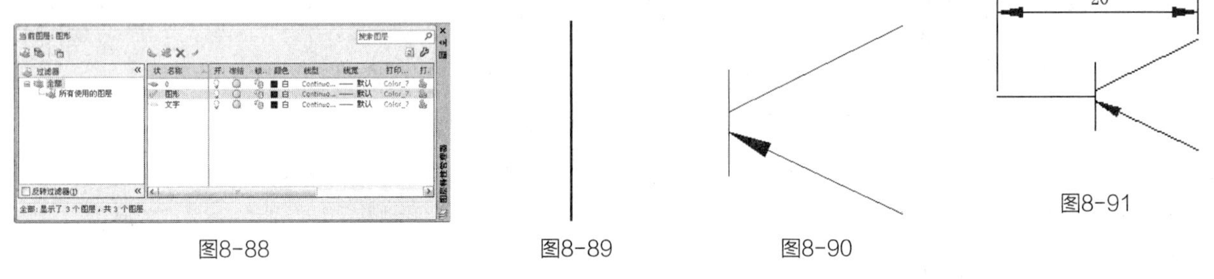

图8-88 图8-89 图8-90 图8-91

2. 创建二极管

01 绘制一条长度为20mm的直线，在直线上绘制半径为5mm的正多边形，绘制结果如图8-92所示。命令执行过程如下。

```
命令: _polygon
输入边的数目 <3>: 3 ↙
指定正多边形的中心点或 [边(E)]: //利用中点捕捉拾取直线的中点
输入选项 [内接于圆(I)/外切于圆(C)] <I>: I ↙
指定圆的半径: 5 ↙
```

02 经过三角形左侧顶点绘制适当长度的垂直线，这样就完成了二极管的绘制，效果如图8-93所示。

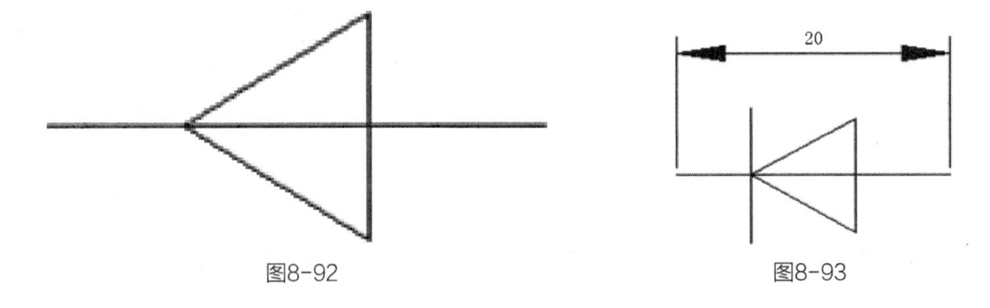

图8-92 图8-93

3. 创建电阻

绘制一个10mm×4mm的矩形，然后在矩形两侧分别绘制长为5mm的直线，这样就完成了电阻的绘制。命令执行过程如下。

```
命令: _rectang ↙
指定第一个角点或 [倒角(C)/标高(E)/圆角(F)/厚度(T)/宽度(W)]://在绘画区域任拾取一点
指定另一个角点或 [面积(A)/尺寸(D)/旋转(R)]: @10, 4 ↙
命令: _line 指定第一点: //拾取矩形宽上的中点
指定下一点或 [放弃(U)]: 5 ↙
按Space键重复直线命令，绘制另一条直线，效果如图8-94所示。
```

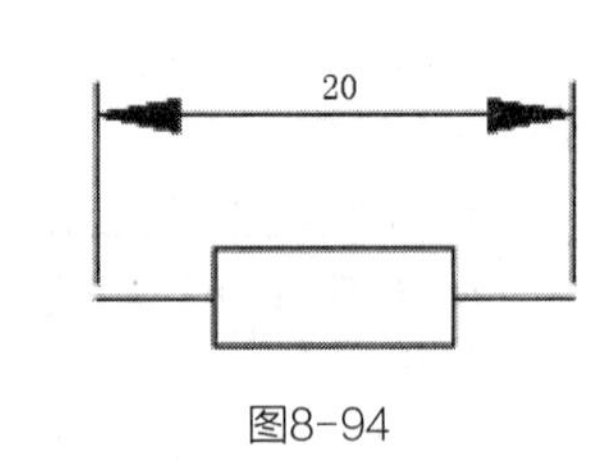

图8-94

4. 创建电容

绘制一条长度为20mm的水平直线，在水平直线的适当位置绘制两条长度相等的垂直线段，并对水平直线进行修剪，绘制完成后电容效果如图8-95所示。

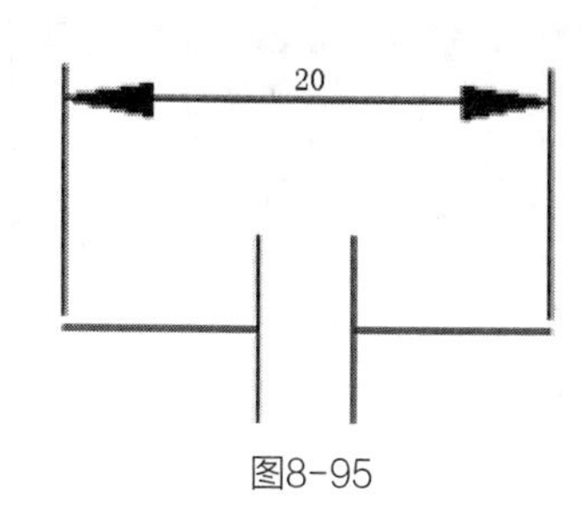

图8-95

5. 创建电感

01 在命令行中输入Line（多段线）命令，绘制一段长度为6mm的垂直线段，然后执行“绘图/圆弧/起点、端点、半径”菜单命令，以线段的端点为起点，绘制一个半径为2.5mm的半圆弧，如图8-96所示。命令执行过程如下。

```
命令: _line指定第一点:
指定下一点或 [放弃(U)]: @0,6 ↙
指定下一点或 [放弃(U)]: ↙
命令: _arc 指定圆弧的起点或 [圆心(C)]: //捕捉直线的端点为起点
指定圆弧的第二个点或 [圆心(C)/端点(E)]: _e
指定圆弧的端点: @-5,0 ↙ //输入端点的相对坐标
指定圆弧的圆心或 [角度(A)/方向(D)/半径(R)]: _r 指定圆弧的半径: 2.5 ↙
```

02 将圆弧复制出3个，并在直线的下端绘制一个半径为1mm的圆形，这样就完成了电感绘制，效果如图8-97所示。

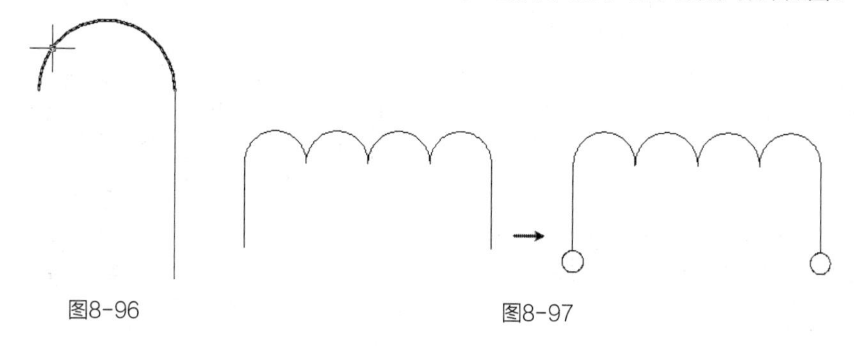

图8-96　　图8-97

6. 创建块

01 在命令行中输入Block（创建块）或者单击绘图工具栏中的按钮。

02 在弹出的“块定义”对话框中输入“sjg”作为三极管块的名称，然后单击“选择对象”按钮，选取绘图区域的三极管并按Enter键确认。

03 单击“拾取点”按钮，然后拾取三极管左端点作为插入基点，这样就完成三极管块的创建。

重复创建块，分别创建二极管块、电阻块、电容块和电感块，其分别命名为ejg、dz、dr和dg。

7. 插入电阻

01 使用直线命令在绘图区域上方绘制一条直线。

02 以直线的左端点为起点绘制一条竖直直线，其长度为15mm。

03 在命令行中输入Insert（插入块）命令，在系统弹出的“插入”对话框中选择“dz”块并确定，如图8-98所示。

```
命令: _insert ↙
指定插入点或 [基点(B)/比例(S)/X/Y/Z/旋转(R)]: R ↙
指定旋转角度 <0>: –90° ↙
指定插入点: 然后捕捉竖直直线的下端点作为插入位置，即完成插入操作。
```

04 重复插入“dz”块，方法同上所述。

05 以电阻块的下端点为起点绘制一条竖直直线，其长度为15mm，然后绘制适当长度的水平直线，效果如图8-99所示。

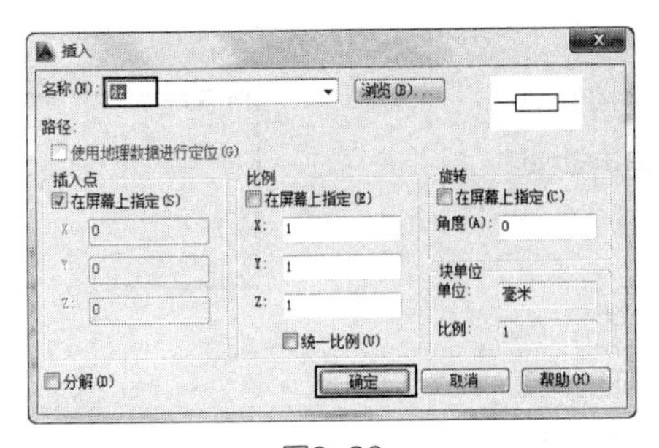

图8-98

图8-99

8. 插入电感

01 捕捉两个电阻的交点为起点，使用直线命令绘制一条长度为10mm的直线。

02 使用偏移命令把直线向下偏移两个距离。

03 使用同样的方式在直线的右端点处插入电感，效果如图8-100所示。

9. 插入电容

01 以偏移直线的右端点为起点绘制一条竖直直线，其长度为8mm。

02 捕捉竖直直线的下端点作为插入位置插入电容，并把电容旋转 - 90° ，效果如图8-101所示。

03 采用类似的方法完成整个图形的绘制，其中要注意辅助线的绘制，效果如图8-102所示。

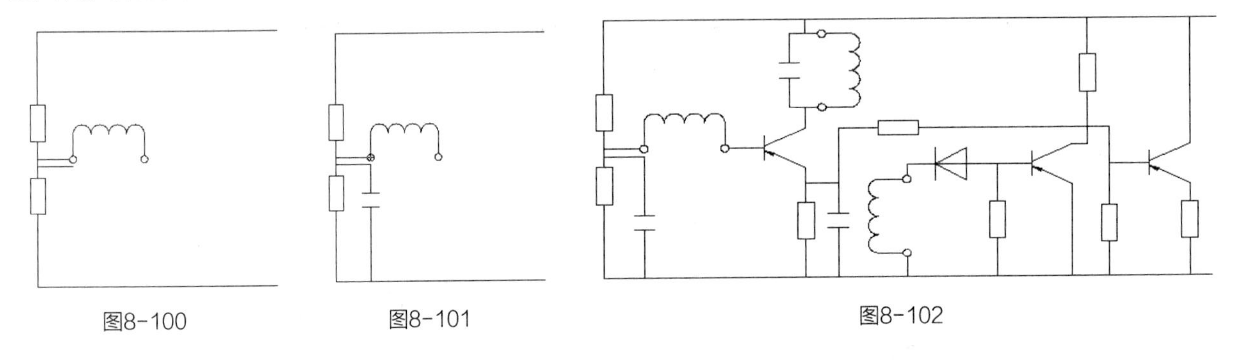

图8-100　　图8-101　　图8-102

10. 输入文字

01 执行“格式>文字样式”菜单命令，在弹出的对话框中选择“Times New Roman”字体，字体样式为常规，字体高度为3。

02 在命令行中输入Text（文字）命令。命令执行过程如下。

```
命令: _test
当前文字样式: Standard 当前文字高度: 3.0000,
指定文字的起点或[对正(J)/样式(S)]: //拾取适当的点,
指定文字的旋转角度 <0>:
输入文字: 68k ↙
```

03 使用Move（移动）命令把文字移到恰当位置，效果如图8-103所示。

04 采用同样的方式完成所有的文字输入，效果如图8-104所示。

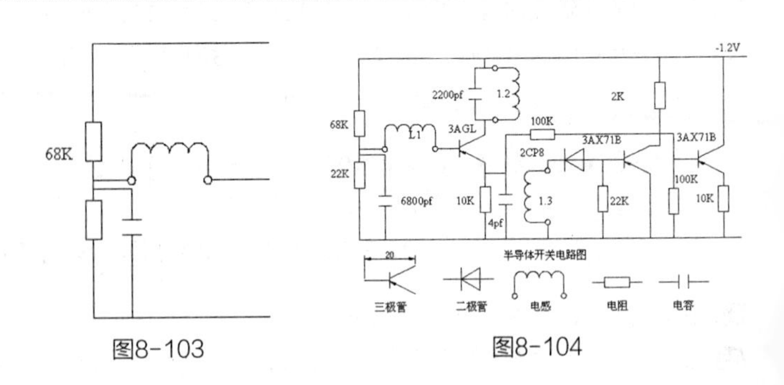

图8-103　　图8-104

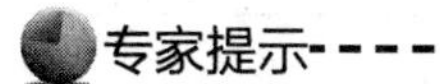

专家提示

在本例中，由于插入的块很多，重复的也比较多，所以为了节省绘图时间，我们不必把所有的块都呆板地执行插入操作，在每一种块分别执行一次插入操作后。对于相同块的插入就可以直接通过复制来代替，这样可以省去重复插入操作。在进行块的插入和复制的时候，读者要灵活把握辅助直线的绘制，要灵活使用多种绘图和编辑命令及功能。

8.7 课后练习

1. 选择题

（1）块与文件的关系是什么？（　　）

A. 块一定以文件的形式存在　　B. 图形文件一定是块

C. 块与图形文件均可插入当前的图形文件　　D. 块与图形文件没有区别

（2）执行创建内部图块命令方式不对的是？（　　）

A. 执行“绘图>块>创建”菜单命令。　　B. 单击“绘图”工具栏中的“创建块”按钮。

C. 在命令提示行输入Wblock并按Enter键　　D. 在命令提示行输入Block并按Enter键

（3）下面的4个命令中，不能对图块进行操作的命令是？（　　）

A. Mirror　　B. Scale　　C. Copy　　D. Trim

（4）下面关于块的说法哪个正确?（　　）

A 任何一个图形文件都可以作为块插入另一幅图中

B. 只有用Wblock命令写到盘上的图块才可以插入另一图形文件中

C. 用Block创建块，再用Wblock把该块写到盘上，此块才能使用

D. 用Block命令定义的块可以直接通过菜单“插入>块”插入到任何图形文件中

（5）把块以DWG文件的格式写到磁盘上的命令是？（　　）

A. Block　　B. Redefine　　C. Wblock　　D. Dblock

2. 上机练习

（1）打开“DWG文件\CH08\上机练习8.7.1dwg”文件，如图8-105所示。将其定义为“门”图块。

（2）打开“DWG文件\CH08\上机练习8.7.2dwg”文件，如图8-106所示。将其定义为“窗”图块。

（3）绘制图8-107所示的螺钉。可以将其分解为多个矩形，先绘制出这些矩形，然后将矩形组合起来；再对矩形进行编辑，得到所需要的图形。

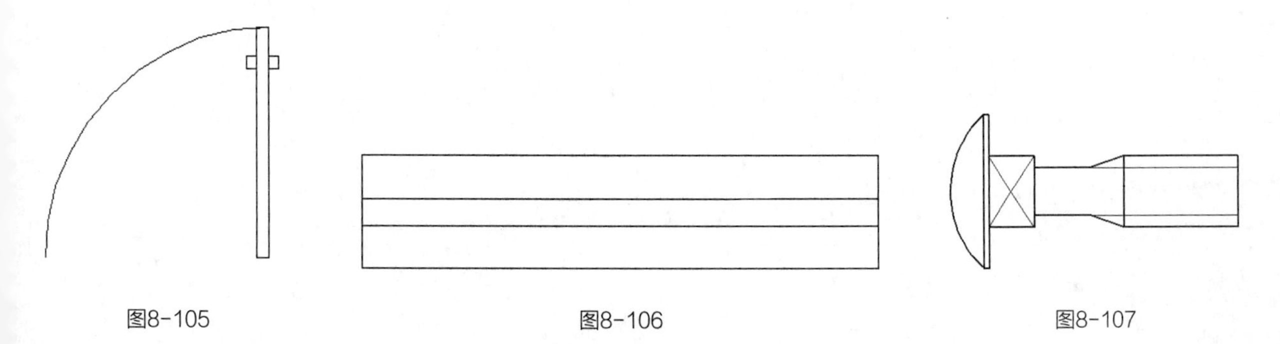

图8-105　　图8-106　　图8-107

8.8 课后答疑

1. 使用Block命令创建的块能用到其他文件中吗?

答：使用Block命令创建的块为内部块，因此不能被插入到其他文件，只能在当前文件中插入该块。如果要将其插入到其他文件中，可以执行Wblock命令将其保存为外部块，这样就可以在其他文件中插入该块了。在命令行中执行Wblock命令后，将打开“写块”对话框，选择创建的块对象，然后指定块名和储存块的路径，最后进行确定即可。

2. 将图形创建为块后，其特性会改变吗?

答：由于块对象可以是多个不同颜色、线型和线宽特性的对象的组合，因此将图形创建为块后，将保存该块中对象的有关原图层、颜色和线型特性的信息。另外，用户也可以根据需要对块中的对象是保留其原特性还是继承当前的图层、颜色、线型或线宽进行设置。

3. 如何创建带属性的块?

答：在创建块属性之前，需要创建描述属性特征的定义，包括标记、插入块时的提示值的信息、文字格式、位置和可选模式。在命令行中输入并执行Attdef命令，将打开“属性定义”对话框，在该对话框中首先定义块的属性，然后在图形处指定属性信息，再执行Block命令将图形和属性文字创建为块对象即可。

4. 如果想修改块怎么办?

答：执行Refedit命令，然后根据提示修改块即可。

创建文字和表格

文字在图纸中是不可缺少的重要组成部分，文字可以对图纸中不便于表达的内容加以说明，使图纸的含义更加清晰，使施工或加工人员对图纸一目了然，例如技术条件、标题栏内容、对某些图形的说明等。

对于工程设计类图纸来说，没有文字说明的图纸毫无用处。还有就是表格，合理使用表格可以让图纸更加美观，也便于使用者阅读。

在图形中添加的文字除了英文和阿拉伯数字外，对于中国设计人员来说，还需要在图形中添加汉字。在图形中添加汉字时，需要设置文字样式，文字样式是在图形中添加文字的标准，是文字输入都要参照的准则。

AutoCAD提供了多种在图形中绘制和编辑文字的功能，本章将逐步介绍如何在图形中输入文字、如何控制文字外观以及如何对已输入的文字进行编辑修改等，另外还将学习表格的创建方法和导入Excel表格。

学习重点

- Text命令的运用
- 输入特殊字符
- Mtext命令的运用
- 文本格式的设置
- 表格的创建和编辑

9.1 设置文字样式

AutoCAD为用户提供了一个标准（Standard）的文字样式，初学者一般都采用这个标准样式来输入文字。但是在工程制图中使用的规范的文字样式为“长仿宋体”，系统并没有直接提供，需要自己设置该样式。

文字样式命令如表9-1所示。

表9-1 文字样式命令

命令	简写	功能
Style（文字样式）	ST	打开“文字样式”对话框。可以新建、修改或指定文字样式

要打开“文字样式”对话框，可以采用以下3种方式。

1. 命令执行方式

菜单栏：执行“格式>文字样式”菜单命令，如图9-1所示。

工具栏：单击“样式”工具栏中的“文字样式”按钮，如图9-2所示。

命令行：在命令提示行输入Style（简化命令为St）并按Enter键。

执行“格式>文字样式”菜单命令，打开图9-3所示的“文字样式”对话框。默认情况下，标准（Standard）文字样式已经存在于该对话框中。

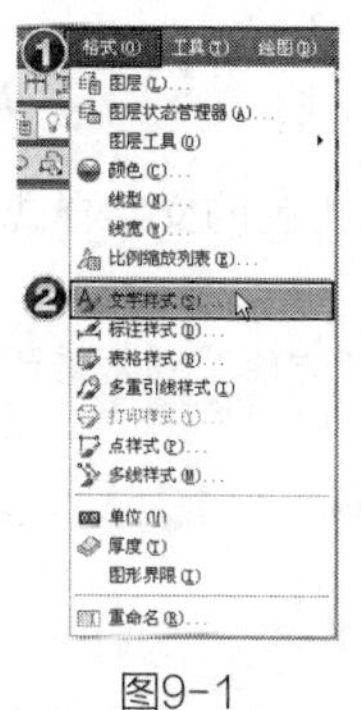

图9-1

图9-2

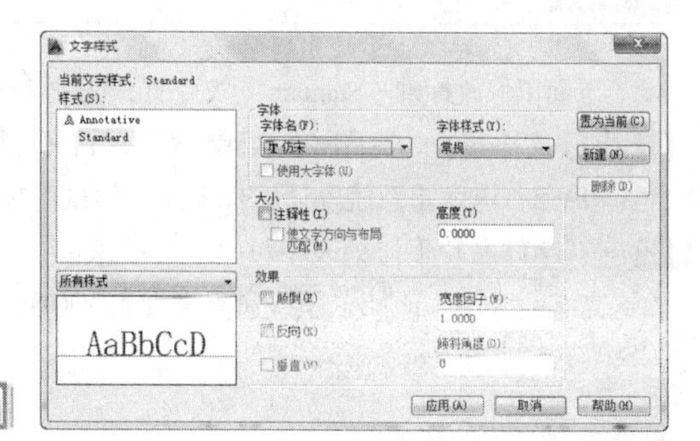

图9-3

单击“新建”按钮，新建一个样式，命名为“长仿宋体”。在对话框中的“字体名”下拉列表中选择“仿宋体”，设置宽度比例为0.67。对于尺寸标注的文字可由“italic.shx”代替“仿宋体”。

专家提示

如果图纸比较小，可以用操作系统的字体，例如宋体等。如果图纸比较大，文字多，建议使用AutoCAD自带的单线*.SHX字体，这种字体比操作系统字体占用的系统资源要少得多。使用SHX字体时要正常显示中文，需要使用大字体，大字体就是针对中、日、韩等双字节文字专门定义的字体。

另一种规范文字更简单的方法是直接使用CAD样板文件提供的“工程字”样式。注意，使用前要用“使用模板”方式启动AutoCAD，选择国标标题（如GBA3）进入绘图状态，再将“工程字”样式设置为当前工作样式。

2. 技术要点：“文字样式”对话框中主要参数介绍

字体名：在该下拉列表中可以选择不同的字体，比如宋体字、黑体字等，如图9-4所示。

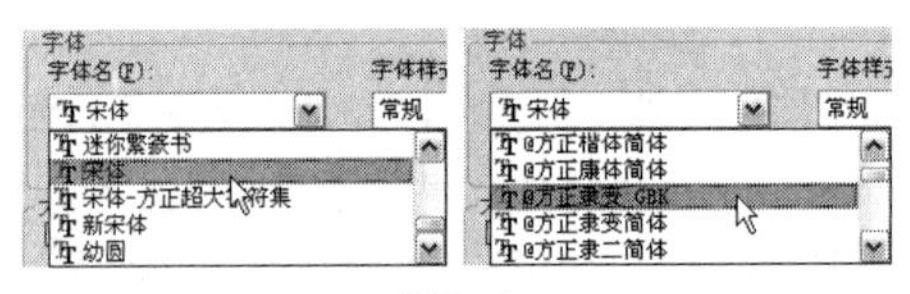

图9-4

专家提示

在图9-4中，有的字体名称前面有@符号，这表示此类文字的方向将与正常情况下的文字方向垂直。如图9-5所示，前者是正常情况下的文字样式，后者是带@符号的文字样式。

高度：该参数控制文字的高度，也就是控制文字的大小。

颠倒：勾选“颠倒”复选框之后，文字方向将反转。如图9-6所示，这是文字颠倒后的效果。

反向：勾选“反向”复选框，文字的阅读顺序将与开始输入的文字顺序相反。如图9-7所示，该文字的输入顺序是从左到右，反向之后文字顺序就变成从右到左。

宽度因子：该参数控制文字的宽度，正常情况下的宽度比例为1，如果增大比例，那么文字将会变宽。如图9-8所示，前者的宽度因子为1，后者的宽度因子为3。

倾斜角度：控制文字的倾斜角度，用户只能输入-85°～85°之间的角度值，超过这个区间的角度值将无效。如图9-9所示，这是倾斜45°的文字效果。

创建文本与表格

图9-5　　图9-6　　图9-7　　图9-8　　图9-9

AutoCAD
AutoCAD
AutoCAD

注意

“宽度因子”和“倾斜角度”这两个参数只能对英文起作用，对中文无效。

9.1.1 修改已有的文字样式

下面以修改标准（Standard）文字样式为例来说明如何修改已经存在的文字样式，具体如下。

01 执行“格式>文字样式”菜单命令，打开“文字样式”对话框，在该对话框中可以看出当前的文字样式名为Standard，这就是系统默认的标准文字样式，如图9-10所示。

02 在“字体名”下拉列表中可以选择“宋体”“黑体”“隶书”“新宋体”等汉字字体；在“高度”文本框中可以设置文字的大小，比如这里设置高度为7.0000，如图9-11所示。

03 在“效果”参数栏中设置文字的“颠倒”“反向”等效果；在“宽度因子”文本框中设置文字的高宽比；在“倾斜角度”文本框中设置文字的倾斜角度，如图9-12所示。

04 完成对标准（Standard）文字样式的修改之后，单击其中的“应用”按钮关闭该对话框。

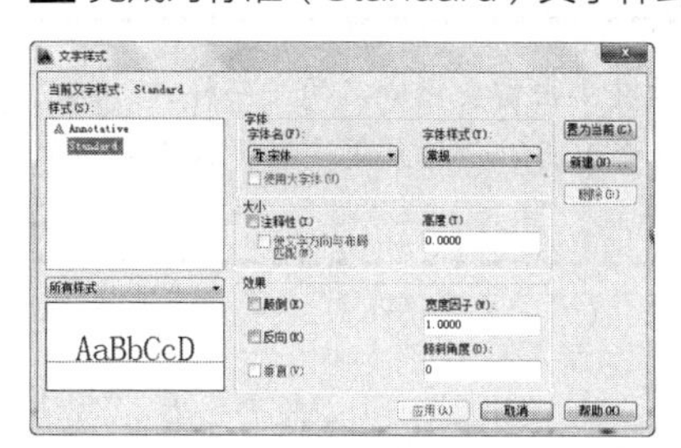

图9-10

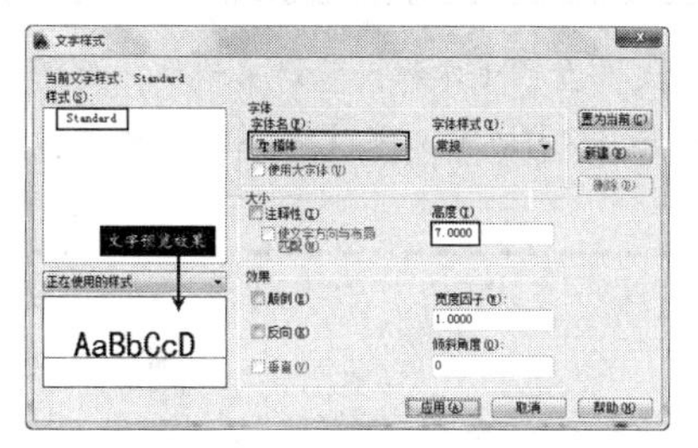

图9-11

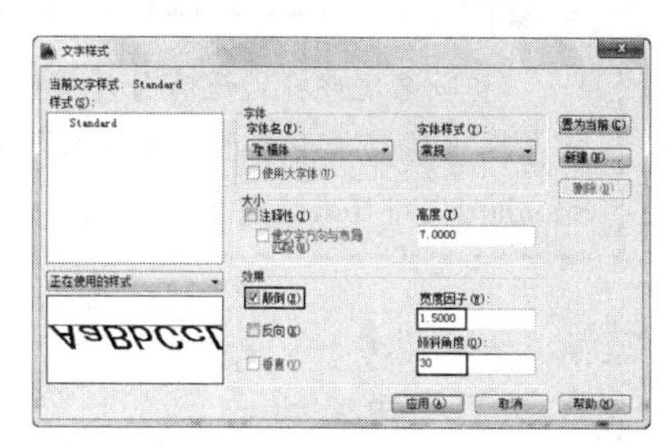

图9-12

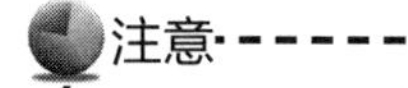

注意

在修改文字样式的时候，旁边的预览框将实时反映出修改的结果，以便用户观察字体样式。

9.1.2 新建文字样式

下面依然以举例的形式来介绍如何创建新的文字样式。

01 在命令提示行输入St并按Enter键，打开“文字样式”对话框。

02 单击其中的“新建”按钮，打开“新建文字样式”对话框，在“样式名”文本框中输入“仿宋”，然后单击“确认”按钮，如图9-13所示。

03 系统自动返回到“文字样式”对话框，新建的“样式1”出现在了“样式”列表中，如图9-14所示。现在就可以来设置文字的字体、大小和效果了。在AutoCAD 2014中，系统会自动将新建的样式设置为当前文字样式。

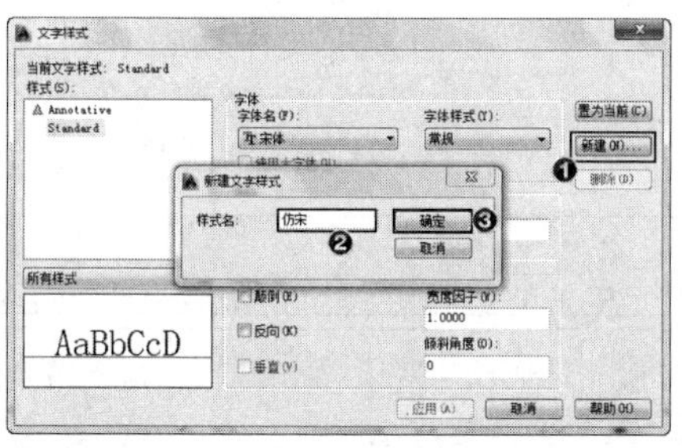

图9-13

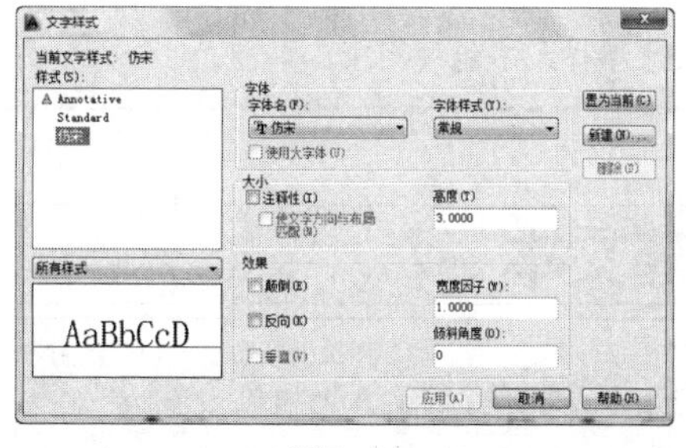

图9-14

注意

文字样式名称最长可以包含255个字符，名称中可包含字母、数字和特殊符号（比如“$”“_”“-”等）。如果不指定文字样式名称，系统将自动命名为“样式n”，其中n表示从1开始的数字。

9.1.3 给文字样式重命名

假设把刚才新建的“样式1”文字样式重命名为“AutoCAD”，具体操作如下。

01 在命令提示行输入Rename（重命名）命令并按Enter键，打开“重命名”对话框。

02 在“命名对象”列表框中选中“文字样式”，然后在“项目”列表框中选中“样式1”。

03 在“重命名为”文本框中输入新的名称“AutoCAD”，然后单击“重命名为”按钮，最后单击“确定”按钮关闭该对话框，如图9-15所示。

04 执行“格式>文字样式”菜单命令，打开“文字格式”对话框，在其中可以看到重命名之后的文字样式“AutoCAD”，如图9-16所示。

专家提示

重命名文字样式还有另外一种方式：在“文字样式”对话框中，用鼠标右键单击需要重命名的文字样式，然后在弹出的菜单中单击“重命名”命令，这样就可以给文字样式重新命名，如图9-17所示。采用这种方式不能对Standard文字样式进行重命名。

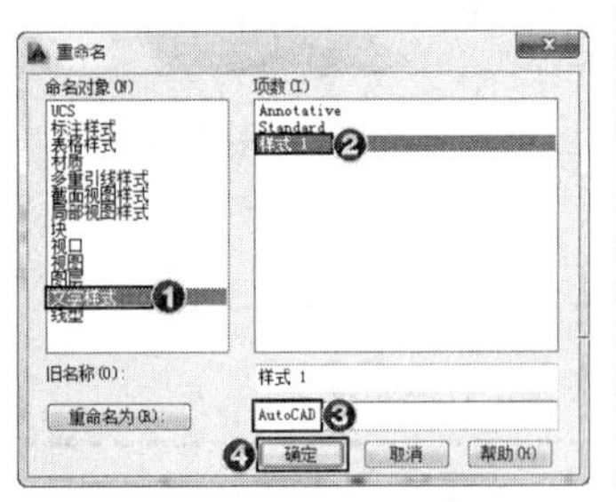

图9-15

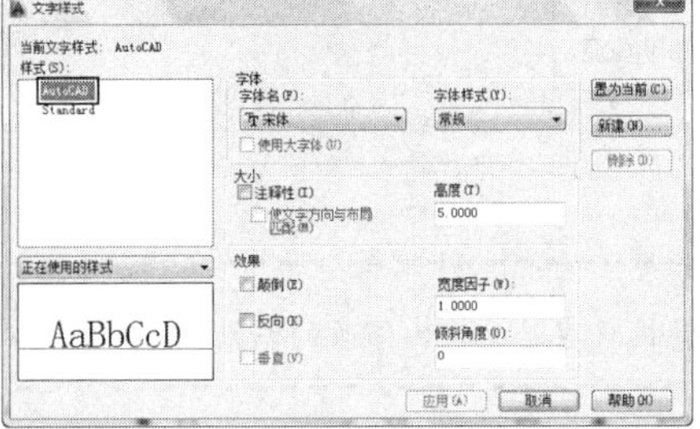

图9-16

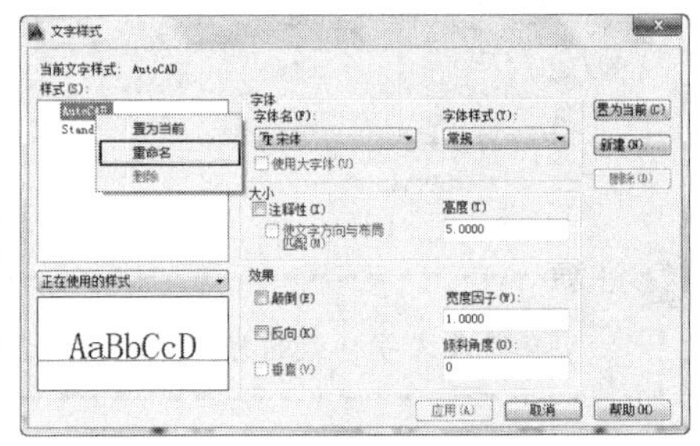

图9-17

9.1.4 删除文字样式

用户可以将不需要的文字样式删除。在“文字样式”对话框中，首先选中将要删除的文字样式，然后单击“删除”按钮，如图9-18所示。

注意

Standard文字样式不能被删除。

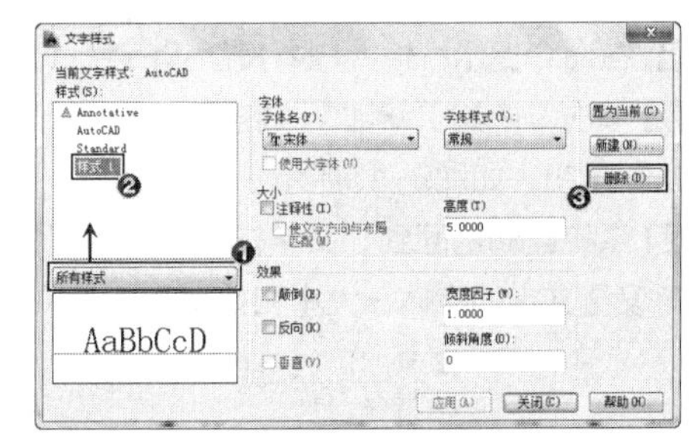

图9-18

9.2 创建文本

本节将介绍单行文本和多行文本的输入方法和一些特殊字符的输入方法。

相关命令如表9-2所示。

表9-2 创建文本命令

命令	简写	功能
Text（单行文字）	DT	创建单行文字
Mtext（多行文字）	T	创建多行文字

9.2.1 单行文字的输入与编辑

单行文字，顾名思义就是一行文字，每行文字都是独立的对象。在AutoCAD中，执行Text（单行文字）或Dtext（单行文字）命令可以输入单行文字，具体方式如下。

方法一：执行“绘图>文字>单行文字”菜单命令。

方法二：单击“文字”工具栏中的“单行文字”按钮，如图9-19所示。

图9-19

方法三：在命令提示行输入Text或Dtext（简化命令为DT）并按Enter键。

1. 创建单行文字

01 执行“绘图>文字>单行文字”菜单命令或者在命令提示行输入DT并按Enter键，然后根据命令提示输入文字，命令执行过程如下。

```
命令: -dt ↙
text
当前文字样式: “Standard”  文字高度: 1.0000 注释性: 否
指定文字的起点或 [对正(J)/样式(S)]: //在绘图区域拾取一点
指定文字的旋转角度 <0>: 45 ↙//设置文字的旋转角度
```

图9-20

02 根据命令提示设置文字样式之后，在绘图区域就会出现一个带光标的矩形框，在其中输入相关文字，如图9-20所示。

专家提示

当输入完一行文字后，按Enter键可以继续输入下一行文字，但是新的文字与上一行文字没有任何关系，它是一个独立存在的新对象；如果在绘图区域的其他位置单击，则可以在新确定的位置继续输入单行文字。

03 按快捷键“Ctrl”+“Enter”或在空行处按Enter键结束文字的输入。

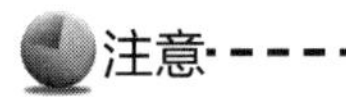
注意

在输入单行文字的时候，按Enter键不会结束文字输入，而是表示换行。

2. 在单行文字中加入特殊符号

在创建单行文字时，有些特殊符号是不能直接输入的，例如直径符号“ø”、正负号“±”等，要输入这类特殊符号需使用其他方法。

01 执行“绘图>文字>单行文字”菜单命令。

02 根据命令提示指定文字的起点、高度及旋转角度。

03 输入文字“%%C100”，其中的%%C是直径符号“ø”的替代符。在输入过程中，“%%C”将会自动转换为直径符号“ø”，如图9-21所示。

专家提示

除了使用%%C可以输入直径符号“ø”外，用户还可以使用%%D输入度数符号“°”，使用%%P输入正负号“±”，使用%%O打开或关闭文字上划线，使用%%U打开或关闭文字下划线。

在输入单行文字的时候，如果输入“%%OAutoCAD”，则文字效果如图9-22所示；如果输入“%%UAutoCAD”，则文字效果如图9-23所示。

∅100

图9-21

AutoCAD

图9-22

AutoCAD

图9-23

3. 编辑单行文字

使用Ddedit命令可以对已经存在的单行文字进行编辑，但是只能修改单行文字的内容（比如删除和添加文字），而不能编辑文字的格式。在Ddedit命令的执行过程中，用户可以连续编辑不同行的文字（在此过程中，系统不会退出文字编辑状态）。

在AutoCAD中，执行Ddedit命令的方式如下。

方法一：执行“修改>对象>文字>编辑”菜单命令，如图9-24所示。

方法二：在命令提示行输入Ddedit并按Enter键。

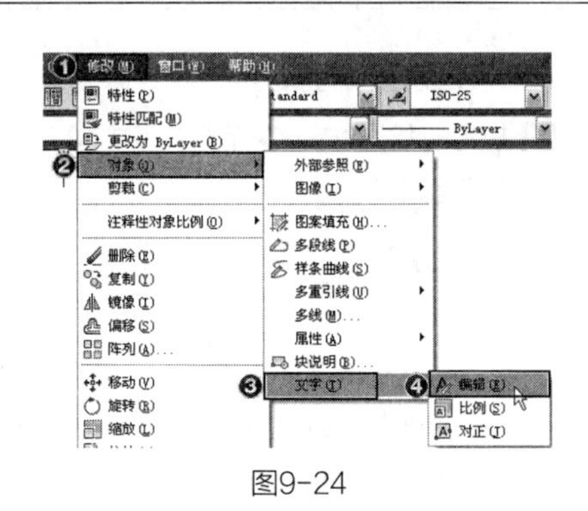

图9-24

9.2.2 多行文字的输入与编辑

采用单行文字输入方法虽然也可以输入多行文字，但是每行文字都是独立的对象，无法进行整体编辑和修改。因此，AutoCAD为用户提供了多行文字输入功能，使用Mtext（多行文字）命令可以输入多行文字。

使用Mtext（多行文字）命令输入的多行文字与使用Text（单行文字）命令输入的多行文字有所不同，系统把前者作为一个段落、一个对象来处理，整个对象必须采用相同的样式、字体和颜色等属性。

执行Mtext（多行文字）命令的方式有以下3种。

菜单栏：执行“绘图>文字>多行文字”菜单命令，如图9-25所示。

工具栏：单击“绘图”工具栏中的“多行文字”按钮A，如图9-26所示。

命令行：在命令提示行输入Mtext（简化命令为T或Mt）并按Enter键。

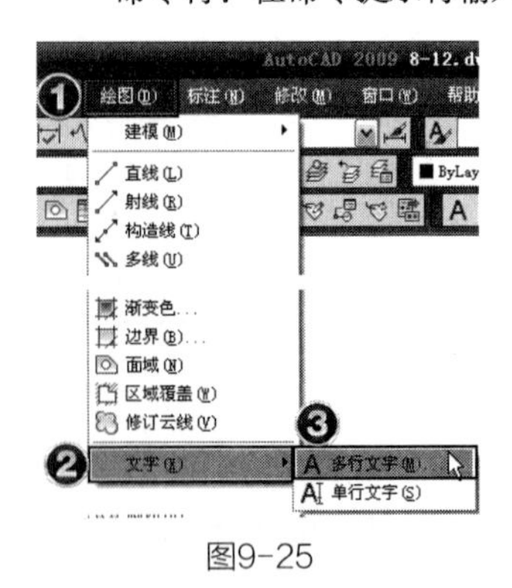

图9-25

注意

在“文字”工具栏中也集成了“多行文字”按钮A。

图9-26

1. 创建多行文字

在创建多行文字的时候，AutoCAD将提供一个“文字格式”编辑器供用户使用，下面举例进行说明。

01 执行“绘图>文字>多行文字”菜单命令，然后在绘图区域划出一个矩形选区作为输入文字的区域，如图9-27所示。

02 确定文字输入区域之后，系统将自动弹出“文字格式”编辑器，如图9-28所示。

03 在“文字格式”编辑器中选择“幼圆”字体，设置文字大小为40、文字颜色为红色，然后输入一段文字，最后单击“确定”按钮，如图9-29所示。创建完成的多行文字如图9-30所示。

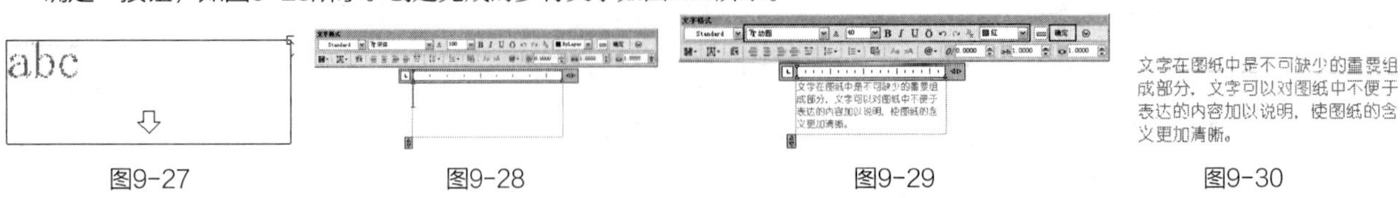

图9-27　图9-28　图9-29　图9-30

专家提示

如果要对已经输入的多行文字进行修改，则可以双击文字，打开“文字格式”编辑器，在其中修改文字内容或属性。

2. 通过“特性”管理器修改文字

AutoCAD为用户提供了一个非常有用的工具，那就是“特性”管理器，使用“特性”管理器可以修改很多图形的属性，包括文字。下面就来介绍如何使用“特性”管理器修改文字的属性。

01 单击前面输入的那段文字，将其选中。

02 按快捷键“Ctrl”＋“1”打开“特性”管理器，在其中修改文字的对齐方式为“正中”，修改文字的高度为50，设置文字的旋转角度为45°，如图9-31所示。

> **专家提示**
>
> 在“特性”管理器的“文字”参数栏中，用户可以修改文字内容、文字样式、对正模式、文字宽度、文字高度等。比如要修改文字的高度，单击“文字高度”参数栏以进入修改状态，然后输入新的文字高度即可，其余参数的修改方法也一样。

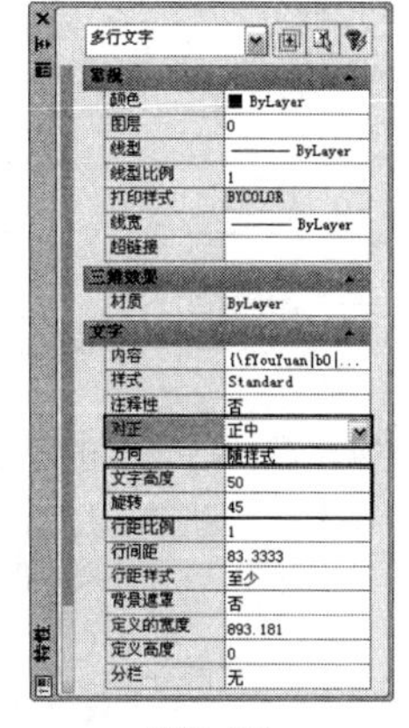

图9-31

文字在图纸中是不可缺少的重要组成部分，文字可以对图纸中不便于表达的内容加以说明，使图纸的含义更加清晰。

图9-32

3. 文字的对齐方式

AutoCAD为用户提供了很多种文字对齐方式，用户可以根据绘图的需要来选择所需的对齐方式。通过“特性”管理器或者执行“修改>对象>文字>对正”菜单命令，都可以设置文字的对齐方式。

4. 向多行文字添加背景

为了在看起来很复杂的图形环境中突出文字，可以向多行文字添加不透明的背景，下面举例进行说明。

01 在命令提示行输入Mtext并按Enter键，然后确定文字的输入区域，接着在“文字格式”编辑器中设置文字属性并输入文字“完全自学教程”，如图9-33所示。

02 在“文字格式”编辑器的文本区单击鼠标右键，在弹出的快捷菜单中单击“背景遮罩”命令，如图9-34所示。

03 系统弹出“背景遮罩”对话框，如图9-35所示。在该对话框中，用户可以设置文字背景颜色与图形背景颜色一致（勾选其中的“使用图形背景颜色”复选框即可），也可以给文字设置其他的背景色（取消对“使用图形背景颜色”的选择，在颜色下拉列表中选择其他的颜色）。

图9-33

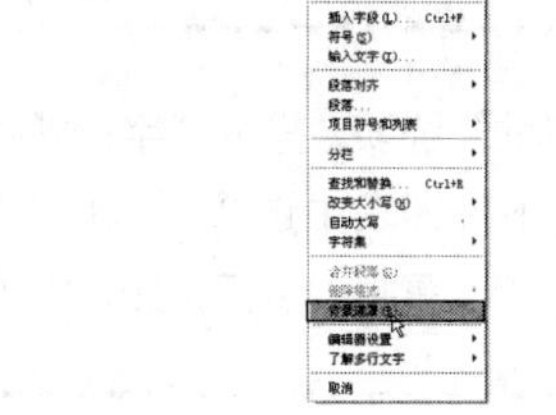

图9-34

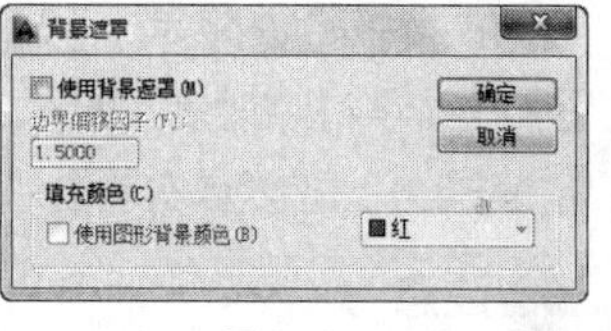

图9-35

04 在“背景遮罩”对话框中勾选“使用背景遮罩”复选框，然后在“填充颜色”下拉列表中选择蓝色，最后单击“确定”按钮关闭“背景遮罩”对话框，如图9-36所示。

05 单击“文字格式”编辑器中的“确定”按钮，完成背景设置，结果如图9-37所示。

图9-36

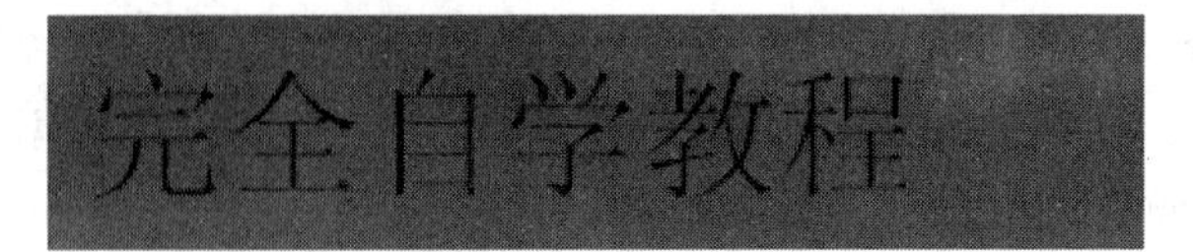

图9-37

案例049 在文字中插入特殊符号

● **学习目标 |** 在AutoCAD中，各种符号的输入不像有的字处理软件那样方便，用户需要通过一些特殊的方法才能顺利输入相关符号。当然，对于一些常用符号也可以通过键盘的相关按键直接输入，比如@、#、$、%、&、+、=、/、\、?、<、>和（）等符号；对于很多不常见的符号或者特殊符号，则需要通过AutoCAD提供的“插入符号”功能来输入。

本例将练习在AutoCAD中输入特殊字符，案例效果如图9-38所示。

● **视频路径 |** 光盘\视频教程\CH09\在文字中插入特殊符号.avi

● **结果文件 |** 光盘\DWG文件\CH09\特殊符号.dwg

01 单击“绘图”工具栏中的“多行文字”按钮A，打开“文字格式”编辑器，在其中选择字体为宋体，设置文字大小为10，如图9-39所示。

02 在文本区单击鼠标右键，然后在弹出的菜单中选择“符号”，接着在“符号”的子菜单中选择“正/负”，这样即可插入符号“±”，如图9-40所示。

03 输入数字5，结果如图9-41所示。

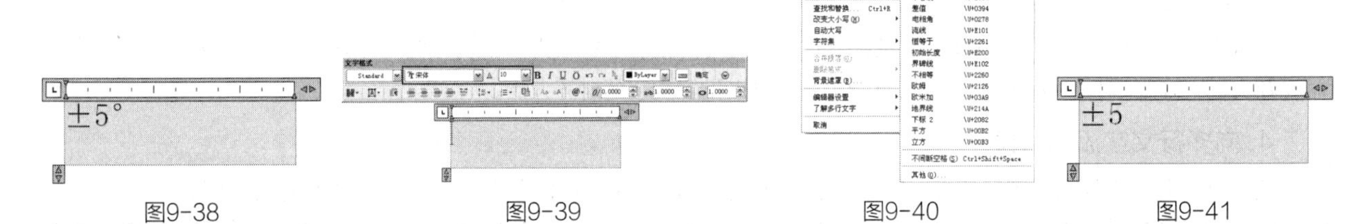

图9-38　图9-39　图9-40　图9-41

04 采用相同的方法插入符号“°”，结果如图9-42所示。

05 单击“文字格式”编辑器中的“确定”按钮，完成文本的输入工作。

专家提示

对于实际绘图中一些特殊字符，如“£”“a”“g”等希腊字母的输入，掌握起来就不那么容易了。需要使用Mtext命令的“其他”选项，拷贝特殊字体的希腊字母和粘贴到书写区等操作。尤其要注意字体的转换等编辑。还有一些特殊的文本，如“φ”在机械制图中应用得较多，叫做带上/下偏差的尺寸公差标注，也可以利用Mtext命令的“堆叠”功能来实现。这样做远比在尺寸标注对话框中调节响应功能数值方便得多。

06 在“符号”的子菜单中单击“其他”选项，打开“字符映射表”。

07 在“字符映射表”的“文字”下拉列表中选择“宋体”，然后选择要插入的字符“1/2”（假设这里需要插入“1/2”），接着依次单击“选择”和“复制”按钮，如图9-43所示。

注意

在上一步操作中，单击“选择”按钮表示选中字符，单击“复制”按钮表示把字符复制到剪贴板。

08 单击“关闭”按钮☒，关闭“字符映射表”。

09 按快捷键“Ctrl”+“V”将剪贴板中的字符“1/2”粘贴到文本区，结果如图9-44所示。

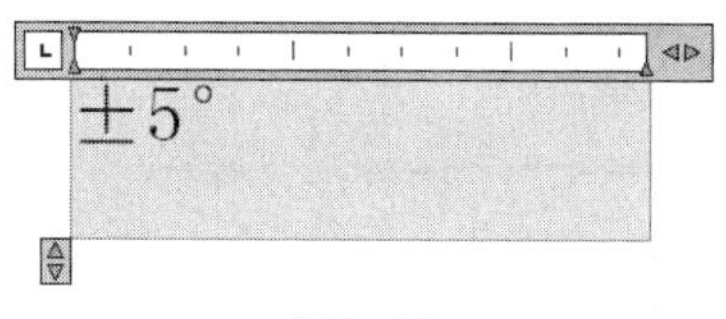

图9-42

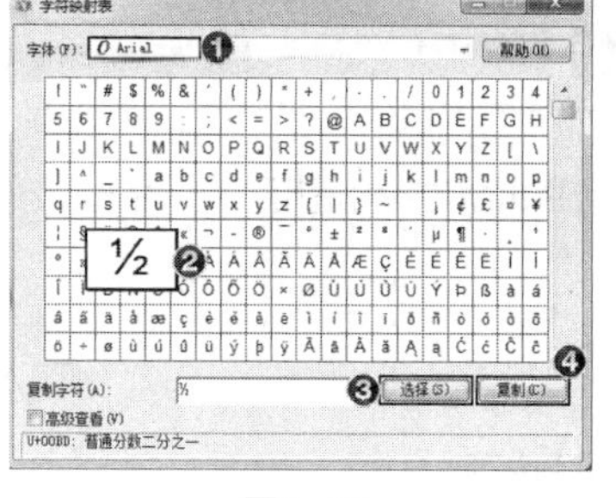

图9-43

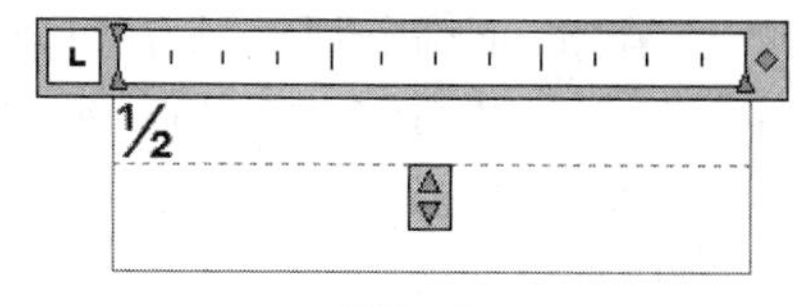

图9-44

9.2.3 使用“堆叠”创建分数

如果在选定文字中包含堆叠字符，先选中这组文字，然后单击“堆叠”按钮即可创建堆叠文字，如图9-45所示。如果选定堆叠文字，再单击该按钮则取消堆叠。

默认情况下，包含插入符的文字转换为左对正的公差值。包含正斜杠“/”的文字转换为居中对正的分数值，斜杠被转换为一条同较长的字符串长度相同的水平线，如图9-46所示。

包含磅符号“#”的文字转换为被斜线分开的分数，斜线高度与两个字符串高度相同，斜线上方的文字向右下对齐，斜线下方的文字向左上对齐，如图9-47所示。

注意

使用堆叠字符、插入符“^”、正向斜杠“/”和磅符号“#”时，堆叠字符左侧的文字将堆叠在字符右侧的文字之上。

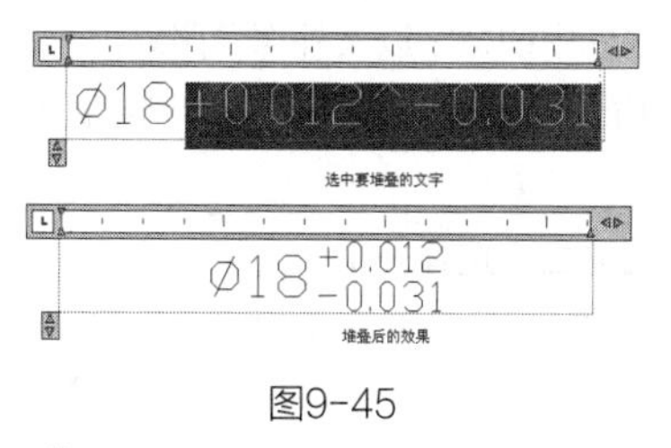

图9-45

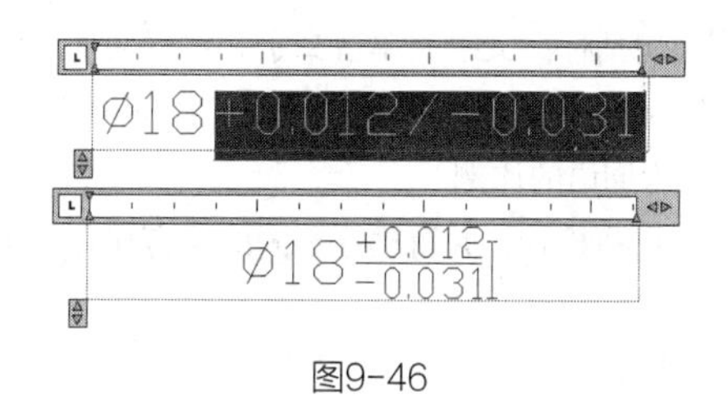

图9-46

图9-47

专家提示

输入上标和下标的方法如下。

下标：编辑文字时，例如输入3^，然后选中3^，单击“文字格式”工具栏中的“堆叠”按钮即可。

下标：编辑文字时，例如输入^3，然后选中^3，单击“堆叠”按钮即可。

9.3 文本编辑功能

对于图形中已有的文字对象，用户可使用各种编辑命令对其进行修改。

相关命令如表9-3所示。

表9-3 文本编辑命令

命令	简写	功能
Ddedit（编辑文字）	DDE	编辑单行文字、标注文字、属性定义和功能控制边框
Spell（拼写检查）	SP	对图形中被选择的文字进行拼写检查
Find（查找）	FIND	对文字对象进行查找、替换、选择或缩放等操作

9.3.1 文字编辑命令（Ddedit）

该命令对多行文字、单行文字以及尺寸标注中的文字均适用。

编辑文字的命令执行方式有以下3种。

命令行：在命令行中输入Ddedit命令。

菜单栏：选择“修改>对象>文字>编辑”菜单命令。

工具栏：单击“文字”工具栏中的“编辑”按钮。

调用该命令后，如果选择多行文字对象或标注中的文字，则出现“多行文字编辑器”对话框。而对于单行的文字对象，则弹出文字编辑框。在该对话框中只能修改文字，而不支持字体调整位置以及文字高度的修改，如图9-48所示。

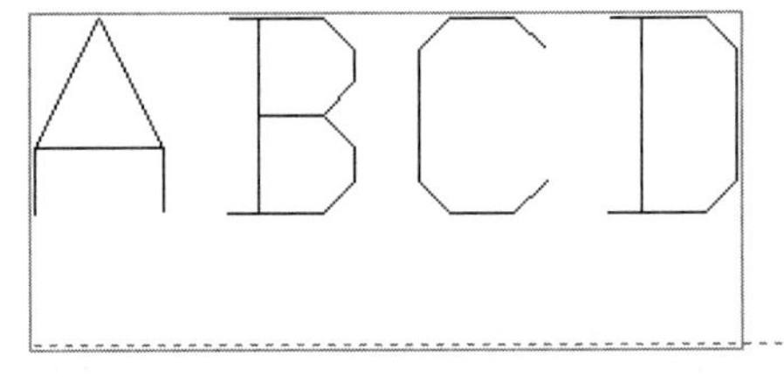

图9-48

专家提示

默认的文字编辑器是“Multiline Text Editor（多行文字编辑器）”（也可以选择使用第三方编辑器），该编辑器在“Option（选项）”对话框中设置，也可以用Mtexted系统变量设置。

9.3.2 拼写检查命令

将文字输入图形中时可以检查所有文字的拼写，也可以指定已使用的特定语言的词典并自定义和管理多个自定义拼写词典。

可以检查图形中所有文字对象的拼写，包括标注文字、单行文字和多行文字、块属性中的文字以及外部参照。

使用拼写检查，将搜索用户指定的图形或图形的文字区域中拼写错误的词语。如果找到拼写错误的词语，则将高亮显示该词语并且图形区域将缩放为便于读取该词语的比例。

该命令用于对图形中被选择的文字进行拼写检查，并可根据不同的语言在几种主词典之中选择一个。

拼写检查命令的执行方式有以下3种。

菜单栏：选择“工具>拼写检查”菜单命令。

命令行：在命令行中输入Spell命令或SP。

运行该命令后，系统会弹出图9-49所示的“拼写检查”对话框。

要进行检查的位置：有3个可用选项，包括“整个图形”“当前空间/布局”和“选定的对象”。

不在词典中：显示标识为拼错的词语。

建议：显示当前词典中建议的替换词列表。两个“建议”区域的列表框中的第一条建议均高亮显示。可以从列表中选择其他替换词语，或在顶部“建议”文字区域中编辑或输入替换词语。

- 主词典：列出主词典选项。默认词典将取决于语言设置。
- 开始：开始检查文字的拼写错误。
- 添加到词典：将当前词语添加到当前自定义词典中。词语的最大长度为63个字符。
- 忽略：跳过当前词语。
- 全部忽略：跳过所有与当前词语相同的词语。
- 修改：用“建议”框中的词语替换当前词语。
- 全部修改：替换拼写检查区域中所有选定文字对象中的当前词语。
- 词典：显示“词典”对话框。
- 设置：显示“拼写检查设置”对话框。

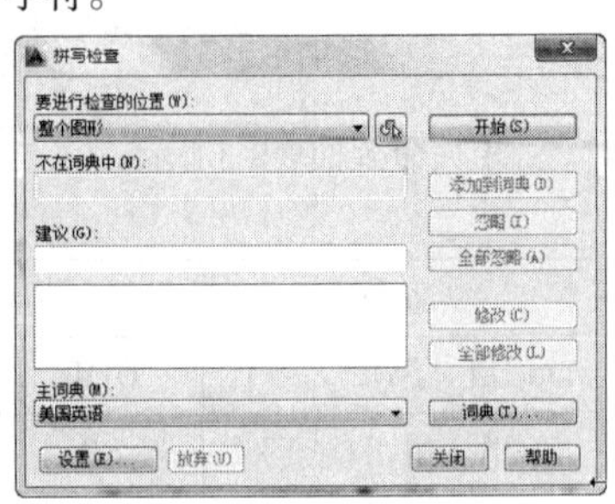

图9-49

9.3.3 查找和替换文件

1. “查找和替换”对话框

查找命令可以对文字对象进行查找、替换、选择或缩放等操作，该命令所适用的对象包含单行文字、多行文字、块属性值、标注注释文字、超级链接说明和超级链接等。

执行“编辑>查找”菜单命令，然后在系统弹出的“查找和替换”对话框中输入要查找和替换的内容，如图9-50所示。

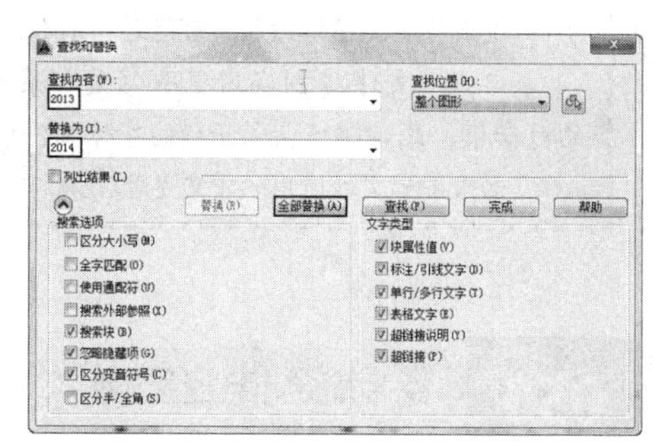

图9-50

专家提示

查找命令将应用于模型空间中和当前图形中定义的任意布局中的所有已加载的对象。如果只部分地打开了当前图形，则该命令不考虑那些未加载的对象。

2. 技术要点：“查找和替换”对话框中个选项含义

查找内容：在此输入要查找的字符串。可以输入包含任意通配符的文字字符串，或从列表中选择最近使用过的字符串。

替换为：输入用于替换找到文字的字符串，或从列表中最近使用过的字符串。

查找位置：指定是搜索整个图形、当前布局还是搜索当前选定的对象。如果已选择一个对象，则默认值为“所选对象”。如果未选择对象，则默认值为“整个图形”。可以用“选择对象”按钮临时关闭该对话框，并创建或修改选择集。

“选择对象”按钮：暂时关闭对话框，允许用户在图形中选择对象。按Enter键返回该对话框。选择对象时，默认情况下“查找位置”将显示“所选对象”。

列出结果：在显示位置（模型或图纸空间）、对象类型和文字的表格中列出结果。可以按列对生成的表格进行排序。

展开查找选项按钮：显示选项，以定义要查找的对象和文字的类型。

替换：单击该按钮将用“替换为”文本框中输入的文字替换找到的文字。

全部替换：查找在“查找”文本框中输入的文字的所有实例，并用“替换为”中输入的文字替换。“查找位置”设置用于控制是在整个图形中、在当前选定对象的文字中还是在对象中查找和替换文字。

搜索选项：定义要查找的对象和文字的类型。

区分大小写：将“查找”中的文字的大小写包括为搜索条件的一部分。

全字匹配：仅查找与“查找”中的文字完全匹配的文字。例如，如果选择“全字匹配”然后搜索“AutoCAD”，则找不到文字字符串“Auto_CAD”。

使用通配符：可以在搜索中使用通配符。

搜索外部参照：在搜索结果中包括外部参照文件中的文字。

搜索块：在搜索结果中包括块中的文字。

忽略隐藏项：在搜索结果中忽略隐藏项。隐藏项包括已冻结或关闭的图层上的文字、以不可见模式创建的块属性中的文字以及动态块内处于可见性状态的文字。

区分变音符号：在搜索结果中区分变音符号标记或重音。

区分半/全角：在搜索结果中区分半角和全角字符。

文字类型：指定要包括在搜索中的文字对象的类型。默认情况下，选定所有选项。

块属性值：在搜索结果中包括块属性文字值。

标注/引线文字：在搜索结果中包括标注和引线对象文字。

单行/多行文字：在搜索结果中包括文字对象（例如单行和多行文字）。

表格文字：在搜索结果中包括在AutoCAD表格单元中找到的文字。

超链接说明：在搜索结果中包括在超链接说明中找到的文字。

超链接：在搜索结果中包括超链接URL。

专家提示

使用AutoCAD打开从别处复制来的图，经常会因为在本机找不到相应的字体，而出现各式各样的乱码。

造成找不到字体的原因可能是：别人使用的字体存放位置和自己机器中的位置不一样，或者本机上没有这种字体。

单击“文件/绘图实用程序/修复”菜单命令，选取要处理的图形进行修复，在修复过程中会出现要求选取字体的对话框，此时即可点取正确的字体文件以重新定义，修复完毕后文字即可正常显示。

如果图形文件使用的中文是非GB编码的字体文件，则要有相应的字体文件才可正常显示出文字。

案例 050 绘制总配电盘图例

- **学习目标** | 本例将练习在AutoCAD中输入特殊符号的方法和“圆环”命令的应用，案例效果如图9-51所示。
- **视频路径** | 光盘\视频教程\CH09\绘制总配电盘图例.avi
- **结果文件** | 光盘\DWG文件\CH09\总配电盘图例.dwg

01 执行“绘图>圆环”菜单命令，绘制一个内径为8mm、外径为8.5mm的圆环，如图9-52所示。命令执行过程如下。

```
命令: _donut
指定圆环的内径 <0.5000>: 8 ↙
指定圆环的外径 <1.0000>: 8.5 ↙
指定圆环的中心点或 <退出>:            //在绘图区域拾取一点作为中心点
```

02 以圆环的中心点为圆心，绘制一个半径为5mm的同心圆，如图9-53所示。

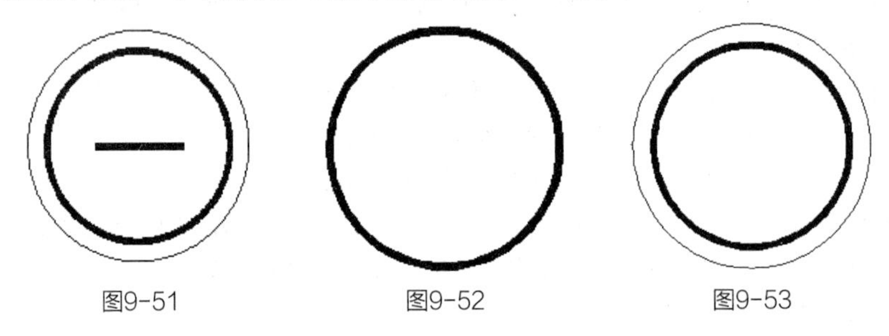

图9-51　　图9-52　　图9-53

03 单击“绘图”工具栏中的“多行文字”按钮A，打开“文字格式”编辑器，设置文字的字体为Times New Roman，设置字高为4，如图9-54所示。

04 在文本区单击鼠标右键，在弹出的菜单中选择“符号”选项，然后在“符号”的子菜单中选择“其他”选项，如图9-55所示。

05 系统弹出“字符映射表”，在“文字”下拉列表中选择“宋体”，然后选择要插入的字符“—”，接着依次单击“选择”和“复制”按钮，如图9-56所示。

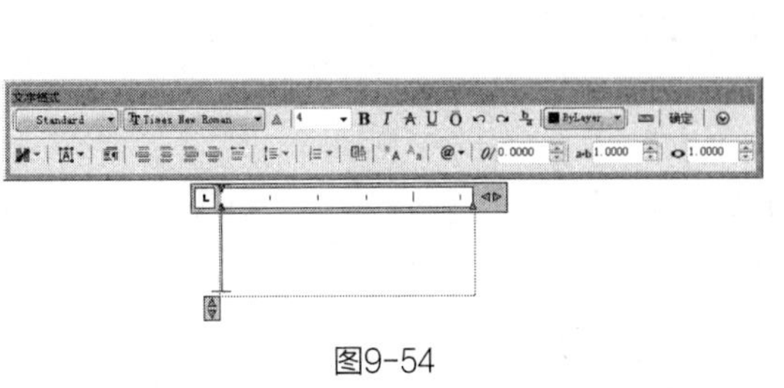

图9-54

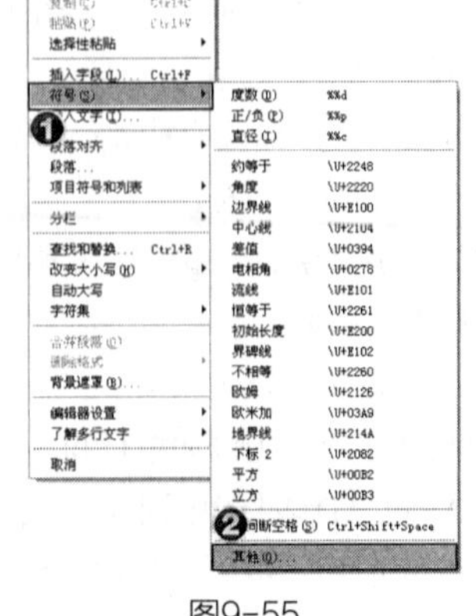

图9-55

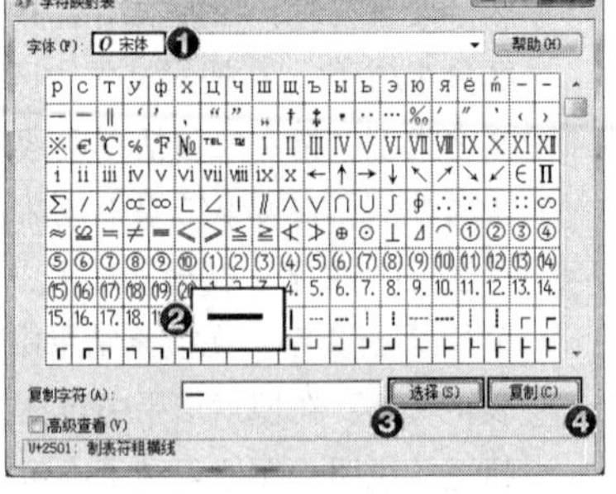

图9-56

06 按快捷键“Ctrl”+“V”将存放在剪贴板中的字符“—”粘贴到文本区中，然后单击“确定”按钮，关闭“文字格式”编辑器，如图9-57所示。

07 将字符“—”移到圆环的正中心位置，最终效果如图9-58所示。

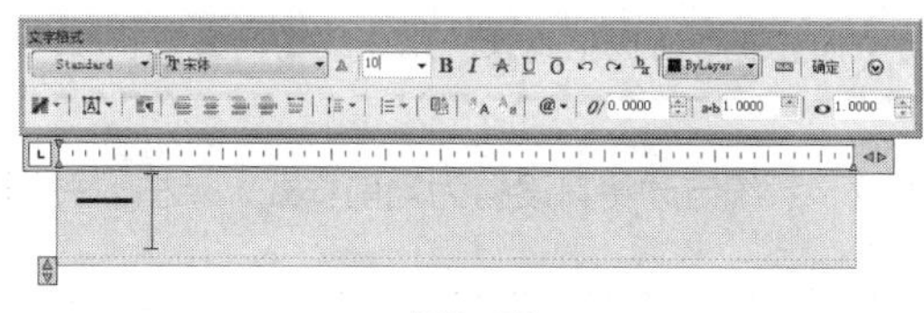

图9-57

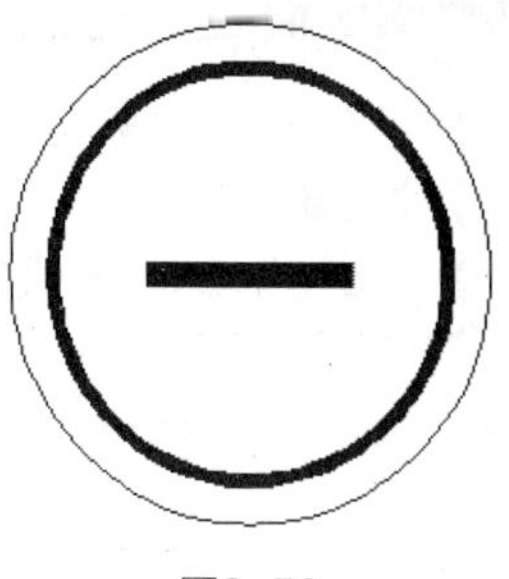

图9-58

9.4 表格的创建与编辑

表格是由单元格构成的矩阵，在这些单元格中包含注释（内容主要是文字，也可以是块）。

表格的相关命令如表9-4所示。

表9-4 表格相关命令

命令	简写	功能
Table（表格）	Table	创建空白的表格
Tablestyle（表格样式）	Tables	设置表格样式

9.4.1 新建与修改表格样式

在AutoCAD中，使用Tablestyle（表格样式）命令可以绘制表格，执行该命令的方式有以下两种。

菜单栏：执行“格式>表格样式”菜单命令。

命令行：在命令提示行输入Tablestyle并按Enter键。

01 执行“格式>表格样式”菜单命令，打开“表格样式”对话框。

02 在弹出的“表格样式”对话框中单击“新建”按钮，如图9-59所示。

> **专家提示**
>
> 如果在“表格样式”对话框中单击“修改”按钮，则将对当前被选中的表格样式进行修改。修改表格样式的方法与新建表格样式的方法类似，所以这里介绍新建表格样式的方法即可。

03 系统弹出“创建新的表格样式”对话框，将新的表格样式命名为“样式01”，然后单击“继续”按钮，如图9-60所示。

04 系统弹出“新建表格样式”对话框，用户可以在其中设置表格的方向、填充色、对齐方式、文字样式、边框属性等，设置完毕后单击“确认”按钮，如图9-61所示。

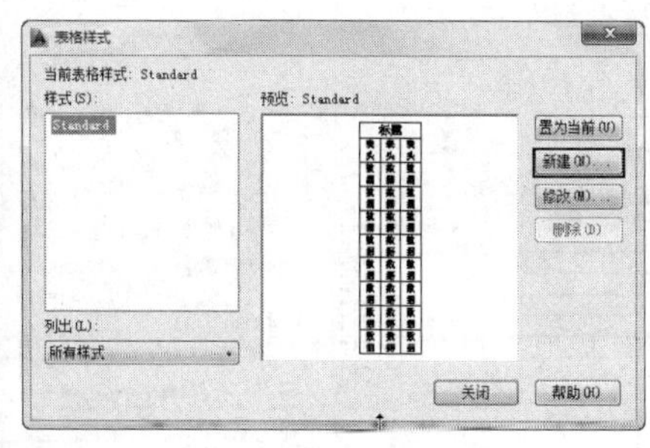

图9-59

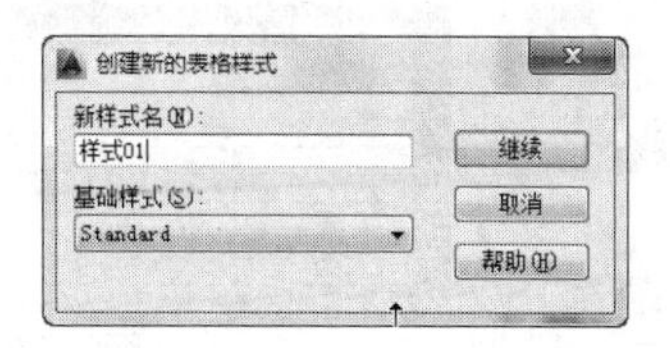

图9-60

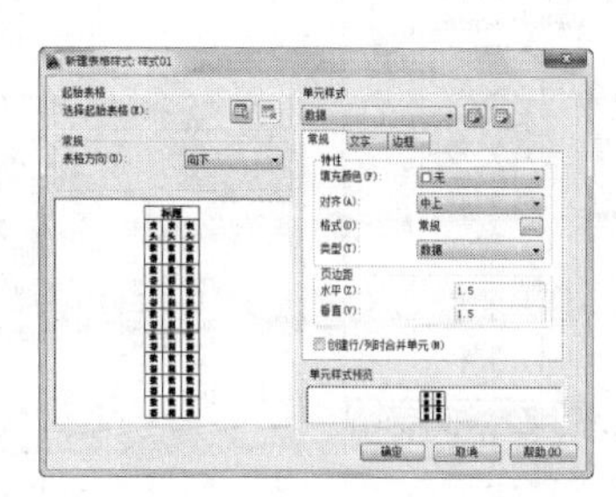

图9-61

专家提示

在图9-61所示的对话框中，“常规”选项卡下的参数用于设置表格的填充颜色、表格中文字的对齐方式、表格中的数据类型等；“文字”选项卡下的参数用于设置文字属性，比如文字样式、文字高度、文字颜色和文字角度；“边框”选项卡下的参数用于设置表格的边框属性，比如线宽、线型和颜色。

05 系统回到“表格样式”对话框，系统自动将其设置为当前样式，单击“关闭”按钮，完成新建表格样式。

专家提示

在图9-62所示的对话框中有一个“表格方向”参数，该参数主要用于控制表格的方向。如果选择“向下”，表格的标题行和表头行将位于表格的顶部（这是系统默认的排列方式）；如果选择“向上”，表格的标题行和表头行将位于表格的底部。

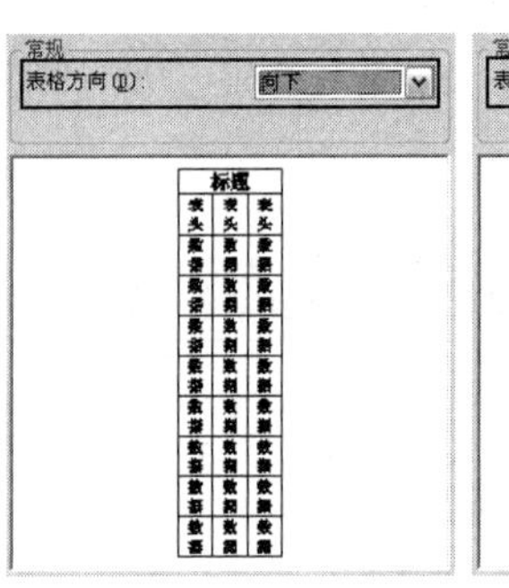

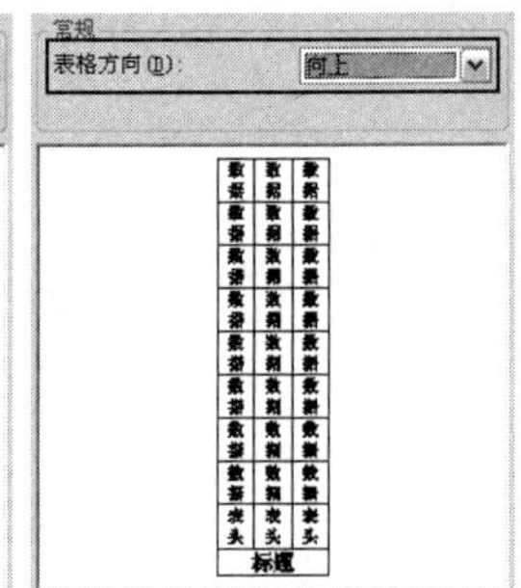

图9-62

9.4.2 新建表格

使用Table命令创建表格可以在“插入表格”对话框中指定表格的样式、行数、列数等参数，下面举例进行说明。执行Table（表格）命令的方式有以下3种。

菜单栏：执行“绘图>表格”菜单命令，如图9-63所示。

工具栏：单击“绘图”工具栏中的“表格”按钮，如图9-64所示。

命令行：在命令提示行输入Table并按Enter键。

01 单击“绘图”工具栏中的“表格”按钮，打开“插入表格”对话框，在“表格样式”下拉列表中选择“样式01”，然后设置表格的列数为4、行数为8，最后单击“确定”按钮，如图9-65所示。

02 在绘图区域单击以拾取一点作为表格的插入点，然后单击“文字格式”编辑器中的“确定”按钮即可插入表格。插入表格后，“文字格式”编辑器会随表格一起出现，此时可以向表格中输入文字，如图9-66所示。

专家提示

在图9-66中，可以发现绘制的表格总共有10行，但开始设置的行数是8行，现在怎么会多出两行呢？其实，多出的两行分别是标题行和表头行，而所设置的8行仅仅是指表格的数据行（即正文行），所以数据行、标题行和表头行加起来就是10行，当然用户也可以把标题行和表头行都设置为数据行，如图9-67所示。

图9-64

图9-63

图9-65

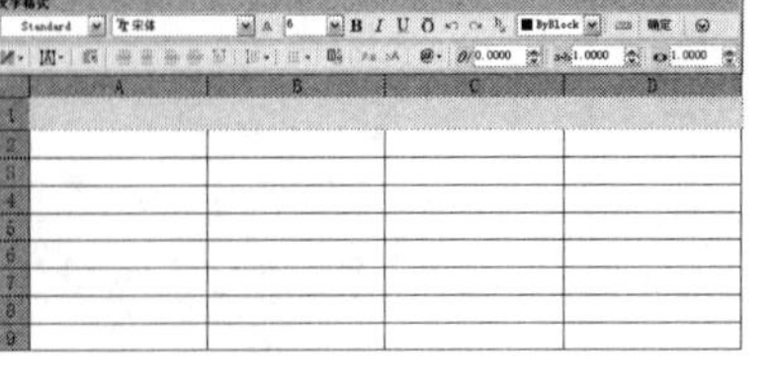

图9-66

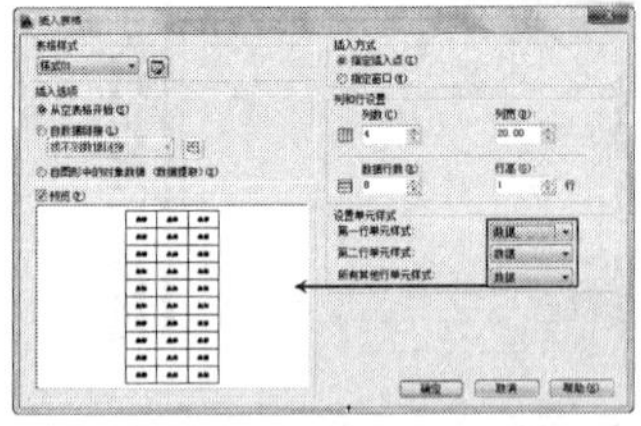

图9-67

9.4.3 在表格中填写文字

表格创建完成之后，用户可以在标题行、表头行和数据行中输入文字，下面举例进行说明。

01 双击表格的标题行，打开“文字格式”编辑器，在其中设置文字的相关属性，然后在标题行输入文字Table Title，如图9-68所示。

02 按方向键↓，把光标移到表头行的第一个单元格，然后输入文字；接着按方向键→，把光标移至下一个单元格，然后输入文字，如图9-69所示。

专家提示

在输入文字的时候，用户可以采用方向键↑、↓、←、→来移动表格中的光标。比如，按↑键把光标移至上一单元格；按→键把光标移至右一单元格。另外，按Tab键也可以移动表格中的光标。

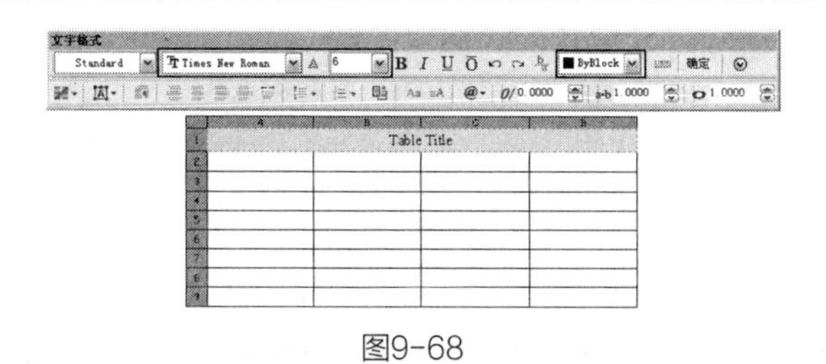

图9-68

	A	B	C	D
1	Table Title			
2	xinhao	mianji		
3				
4				
5				
6				
7				
8				
9				

图9-69

9.4.4 通过“特性”管理器修改单元格的属性

通过“特性”管理器也可以修改单元格的属性，下面举例进行说明。

01 打开配套光盘中的“DWG文件\CH09\944.dwg”文件，如图9-70所示。

02 选中要修改属性的单元格，比如标题行。然后执行“修改>特性”菜单命令，打开“特性”管理器，接着在“特性”管理器中修改背景颜色、文字高度和文字颜色，如图9-71所示。修改之后的效果如图9-72所示。

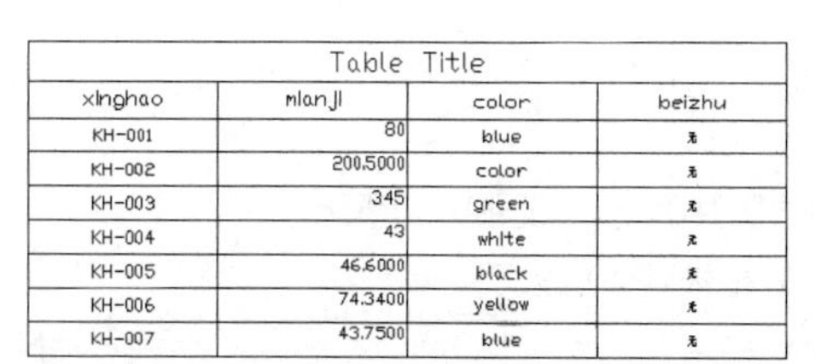

Table Title			
xinghao	mianji	color	beizhu
KH-001	80	blue	无
KH-002	200.5000	color	无
KH-003	345	green	无
KH-004	43	white	无
KH-005	46.6000	black	无
KH-006	74.3400	yellow	无
KH-007	43.7500	blue	无

图9-70

图9-71

Table Title			
xinghao	mianji	color	beizhu
KH-001	80	blue	无
KH-002	200.5000	color	无
KH-003	345	green	无
KH-004	43	white	无
KH-005	46.6000	black	无
KH-006	74.3400	yellow	无
KH-007	43.7500	blue	无

图9-72

专家提示

如果要修改表格中的所有文字，那么就需要把所有的单元格都选中。选中标题行之后，按住 Shift 键并依次单击表头行和数据行，这样即可选中表格中的所有文字。

9.4.5 向表格中添加行/列

在使用表格的时候，有时会发现原来的表格不够用了，需要添加一行（数行）或者一列（数列）。下面以实例介绍向表格添加行/列的方法。

01 在表格的某单元格内单击以选中它，然后单击鼠标右键，在弹出的快捷菜单中选择“列”，接着在“列”的子菜单中选择“在右侧插入”选项，如图9-73所示。这样即可在选中单元格的右侧插入一列，效果如图9-74所示。

02 同理，如果向表格中添加行，其方法是一样的，添加行之后的效果如图9-75所示。

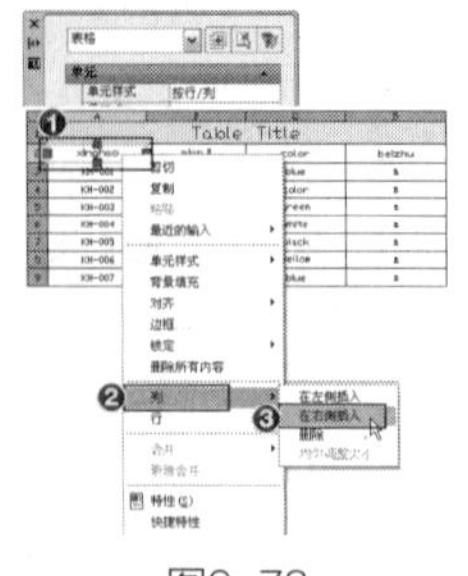

图9-73

	A	B	C	D	E
1	Table Title				
2	xinghao		mian_ji	color	beizhu
3	KH-001		80	blue	[illegible]
4	KH-002		200.5000	color	[illegible]
5	KH-003		345	green	[illegible]
6	KH-004		43	white	[illegible]
7	KH-005		46.6000	black	[illegible]
8	KH-006		74.3400	yellow	[illegible]
9	KH-007		43.7500	blue	[illegible]

图9-74

	A	B	C	D	E
1	Table Title				
2	xinghao		mian_ji	color	beizhu
3					
4	KH-001		80	blue	[illegible]
5	KH-002		200.5800	color	[illegible]
6	KH-003		345	green	[illegible]
7	KH-004		43	white	[illegible]
8	KH-005		46.6800	black	[illegible]
9	KH-006		74.3400	yellow	[illegible]
10	KH-007		43.7500	blue	[illegible]

图9-75

9.4.6 使用夹点法修改表格

1. 使用夹点法修改列宽

下面以实例来介绍如何修改列宽。

01 单击表格的任意边界以选中整个表格，被选中的表格将显示夹点，夹点位于表格的四周以及每列的顶角，如图9-76所示。

02 如图9-77所示，选中第二列右边的夹点，然后将夹点水平向右拖动到合适的位置并单击，这样第二列就被拉宽，并致使第三列变窄，而表格的整体宽度不变。

> **专家提示**
>
> 在上一步操作中，如果在拖动夹点的时候按住Ctrl键，则第三列的宽度将保持不变，而表格的整体宽度将增大，如图9-78所示。

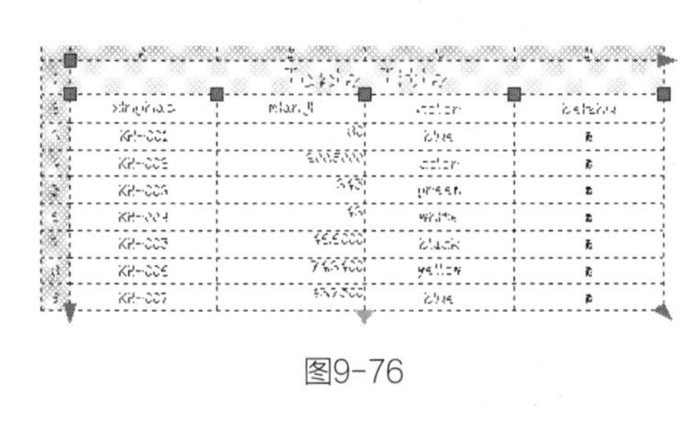

图9-76

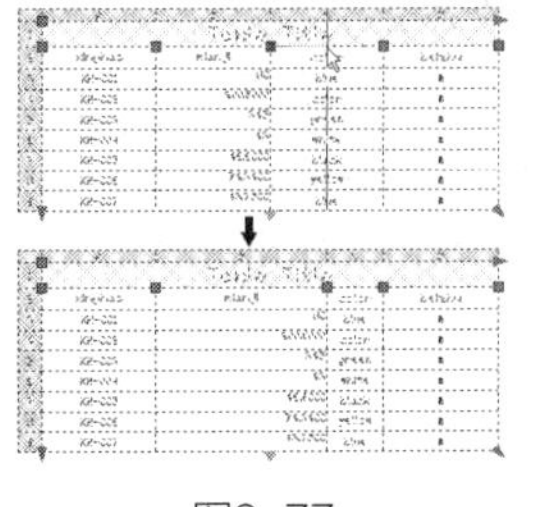

图9-77

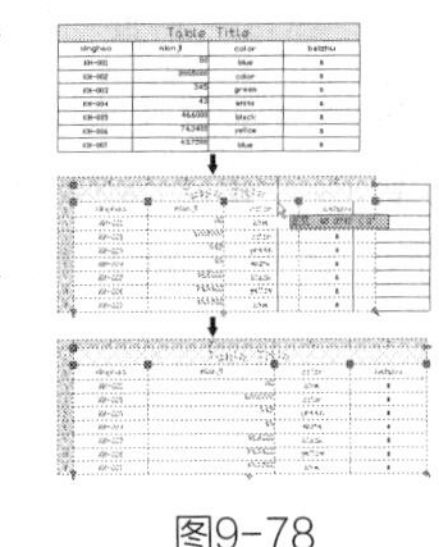

图9-78

2. 使用夹点法修改表格的整体高度和宽度

01 单击表格的任意边界以选中整个表格，如图9-79所示。

02 单击右下角的夹点将其选中，然后将夹点往右下方向拖曳到合适的位置并确定，如图9-80所示。

03 按Esc键取消对表格的选择，结果如图9-81所示，从图中可以看出表格被整体放大了。

图9-79

图9-80

Table Title			
xinghao	mian_ji	color	beizhu
KH-001	80	blue	[illegible]
KH-002	200.5000	color	[illegible]
KH-003	345	green	[illegible]
KH-004	43	white	[illegible]
KH-005	46.6000	black	[illegible]
KH-006	74.3400	yellow	[illegible]
KH-007	43.7500	blue	[illegible]

图9-81

案例 051 绘制建筑图纸的标题栏

● **学习目标** | 本例将练习在AutoCAD中绘制表格的方法。对于某些比较规整的标题栏，采用表格功能进行绘制会快一些。但是，如果标题栏过于复杂并且不规则，建议大家仍然采用Line（直线）等命令进行绘制。本例将要绘制的标题栏效果如图9-82所示。

● **视频路径** | 光盘\视频教程\CH09\绘制建筑图纸的标题栏.avi

● **结果文件** | 光盘\DWG文件\CH09\建筑图纸的标题栏.dwg

工程名称				图 号	
子项名称				比 例	
设计单位		监理单位		设 计	
建设单位		制 图		负 责 人	
施工单位		审 核		日 期	

图9-82

1. 绘制表格

01 执行“绘图>表格”菜单命令，打开“插入表格”对话框，单击其中的“表格样式”按钮。

02 打开“表格样式”对话框，单击其中的“修改”按钮。

03 打开“修改表格样式：Standard”对话框，对Standard表格样式进行修改，如图9-83所示。

注意

上一步操作的核心目标是修改标题行的样式，使标题行在创建的时候不会被合并。

04 修改完表格样式之后，关闭“修改表格样式：Standard”对话框，回到“表格样式”对话框，单击其中的“关闭”按钮。

05 系统返回“插入表格”对话框，在其中设置表格的列数为6、列宽为100，设置数据行数为3、行高为6，最后单击“确定”按钮，关闭该对话框，如图9-84所示。

06 回到绘图区域，此时要插入的表格将随着十字光标出现，在绘图区域的适当位置拾取一点，将表格插入到该位置，系统随即弹出“文字格式”编辑器，单击“确定”按钮，完成表格的插入工作，如图9-85所示。

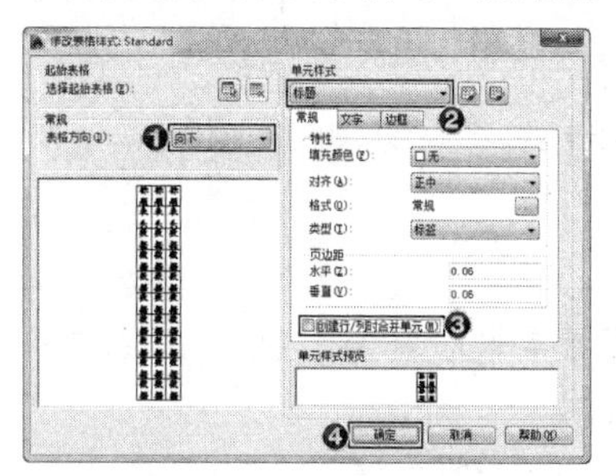

图9-83

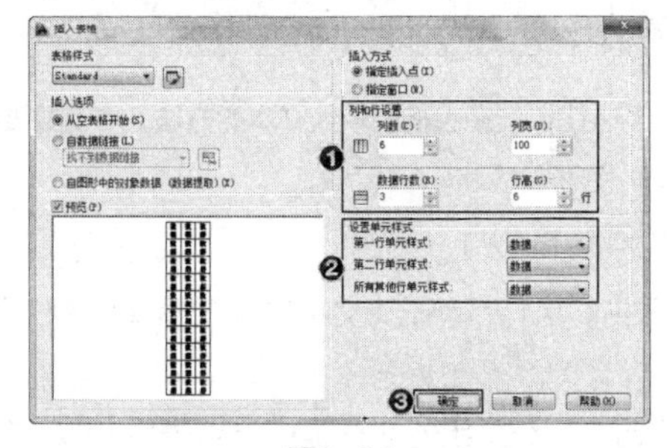

图9-84

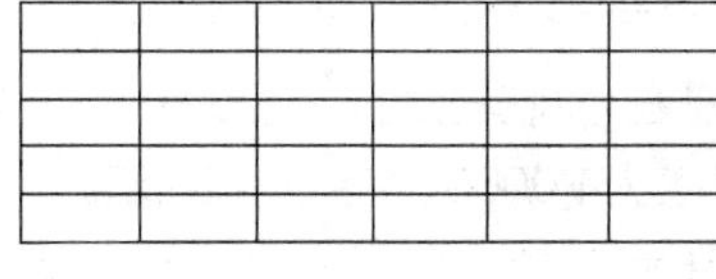

图9-85

07 现在来合并部分单元格。首先按住鼠标左键并拖动鼠标，选中要合并的单元格，然后单击鼠标右键，在弹出的菜单中单击“合并>按行”命令，如图9-86所示。合并之后的表格效果如图9-87所示。

专家提示

在选择单元格的时候，用户可以采用划矩形框的形式进行选择，也可以按住Shift键逐一单击单元格进行选择（首先要先选中一个单元格，然后按住Shift键加选）。

在图9-86中，“合并”的子菜单中有3个选项，其中“全部”表示将选中的表格合并为一个单元格；“按行”表示把选中的单元格以行为基准进行合并；“按列”表示把选中的单元格以列为基准进行合并。如图9-88所示。

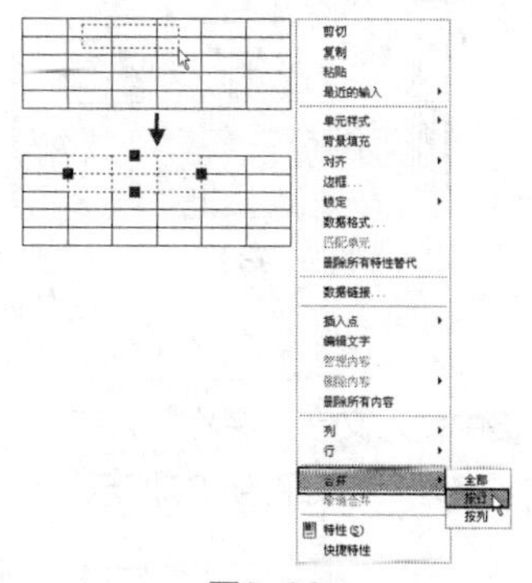

图9-86

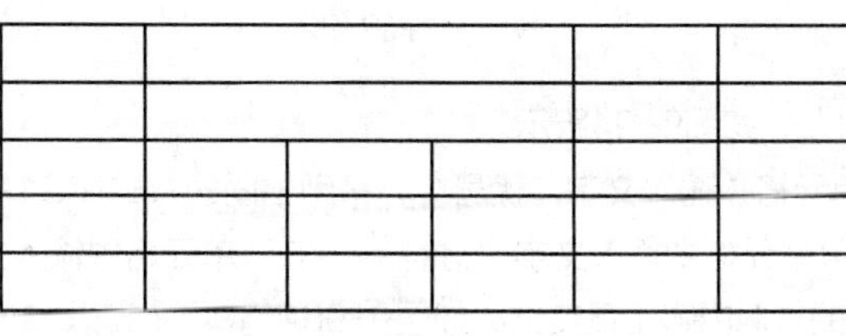

图9-87

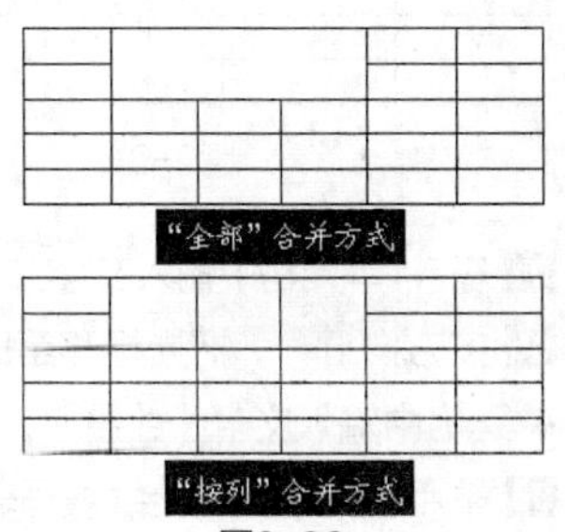

图9-88

2. 输入文本

01 适当放大表格，以便使输入的文字看得清楚。

02 双击任意单元格，进入文字输入状态，然后输入图9-89所示的文字。

03 单击“确定”按钮，完成文字的输入，标题栏的最终效果如图9-90所示。

注意

这个标题栏不是一个完整的标题栏，因为标题栏中的相关栏目还没有具体的内容，这里提供一种方法和样式供读者朋友参考。

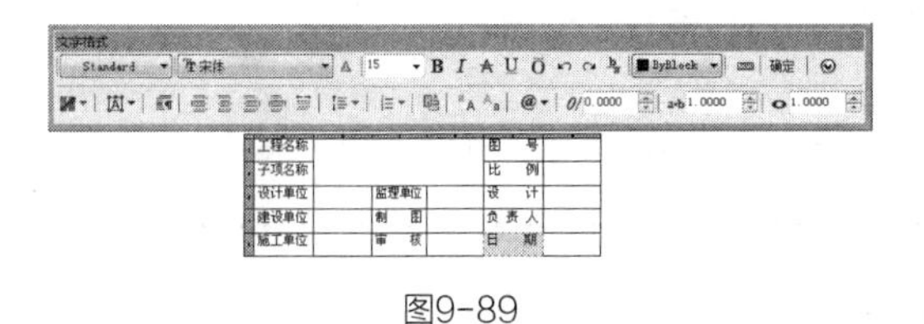

图9-89

工程名称				图　号	
子项名称				比　例	
设计单位		监理单位		设　计	
建设单位		制　图		负 责 人	
施工单位		审　核		日　期	

图9-90

9.5 综合实例

本节将通过两个案例来练习表格和文本的创建。

案例052 绘制机械图纸表格

- **学习目标** | 本例将练习在AutoCAD中绘制表格以及在表格中输入文本的方法。本例将要绘制的标题栏效果如图9-91所示。
- **视频路径** | 光盘\视频教程\CH09\绘制机械图纸表格.avi
- **结果文件** | 光盘\DWG文件\CH09\机械图纸表格.dwg

01 在绘制表格之前，先设置一下文字样式。执行“格式>文字样式”菜单命令，设置字体为“仿宋”字体，设置文字高度为4.0000，如图9-92所示。

02 单击“绘图”工具栏中的“表格”按钮，在弹出的对话框中设置表格参数，如图9-93所示。

03 单击“确定”按钮之后，在命令提示行中指定表格的位置，然后输入第二个角点的相对坐标，确定表格的长宽。命令执行过程如下。

```
命令: _table
指定第一个角点:
指定第二角点: @120,70 ↙
```

序号	代号	名称	数量	材料	备注
1	01	定位轴	1	35	
2	02	支架	2	45	
3	03	套筒	3	25	
4		弹簧	5	50	GB/T 1994-1988
5	04	盖	2	15	
6		螺钉M2.5×4	4	36	
7	05	把手	1	34	

图9-91

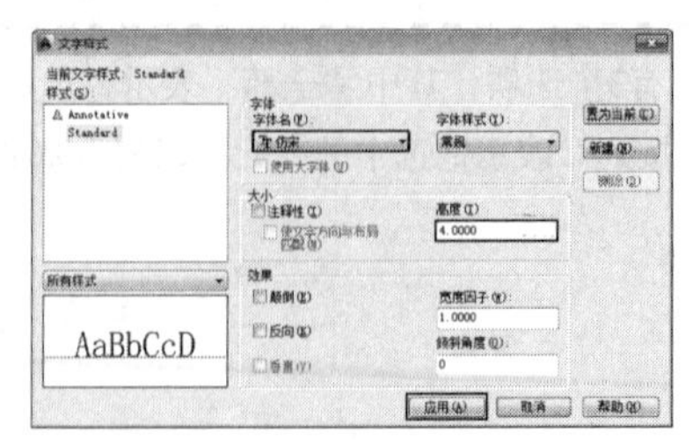

图9-92

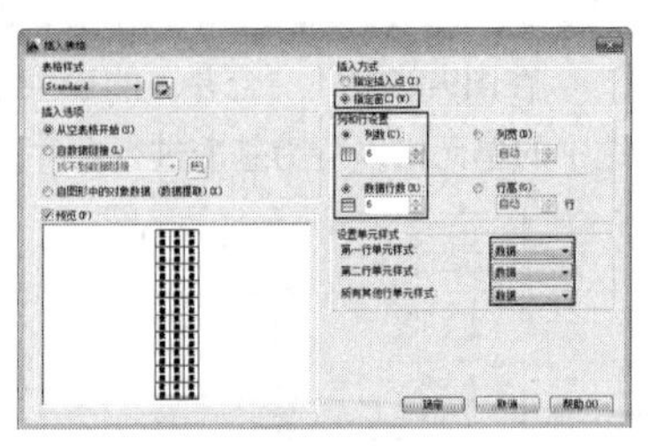

图9-93

04 在A1单元格中输入文字“序号”，如图9-94所示。

05 按方向键→，把光标移至B1单元格并输入文字“代号”，采用相同的方式在C1单元格中输入文字“名称”；在D1单元格中输入文字“数量”；在E1单元格中输入文字“材料”；在F1单元格中输入文字“备注”，如图9-95所示。

06 采用相同的方法继续填写表格的其他内容，最终结果如图9-96所示。

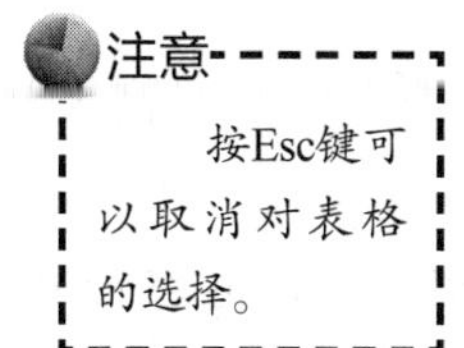

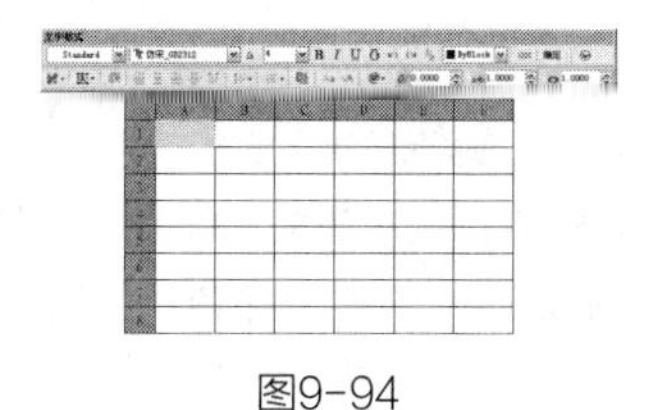

图9-94

	A	B	C	D	E	F
1	序号	代号	名称	数量	材料	备注
2						
3						
4						
5						
6						
7						
8						

图9-95

序号	代号	名称	数量	材料	备注
1	01	定位轴	1	35	
2	02	支架	2	45	
3	03	套筒	3	25	
4		弹簧	5	50	GB/T 1994-1988
5	04	盖	2	15	
6		螺钉M2.5×4	4	36	
7	05	把手	4	34	

图9-96

案例 053 通过Excel 来绘制明细表

● **学习目标 |** 在装配图中，明细表占有很重要的地位。使用AutoCAD绘制明细表往往都比较麻烦，不管是采用"表格"功能或者其他功能都比较烦琐费时。为了提高绘图效率，笔者在这里向大家介绍一种简便方法，也就是借助Excel来制作AutoCAD的明细表，案例效果如图9-97所示。

● **视频路径 |** 光盘\视频教程\CH09\通过Excel来绘制明细表.avi

● **结果文件 |** 光盘\DWG文件\CH09\明细表.dwg

01 在打开Excel，然后在其中输入相应的明细表信息，如图9-98所示。

02 框选所有的信息并单击鼠标右键，在弹出的右键菜单中单击"复制"命令，如图9-99所示。

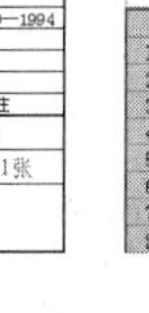

7	05	把手	1	塑料	
6		螺钉M2.5×4	1	35	
5	04	盖	1	15	
4		弹簧YA0.5×7×13	1	50	GB/T2089—1994
3	03	套筒	1	35	
2	02	支架	1	35	
1	01	定位轴	1	45	
序号	代号	名称	数量	材料	备注

定位器	比例	1:1
	共2张	第1张
制图		
审核		

图9-97

	A	B	C	D	E	F
1	7	05	把手	1	塑料	
2	6		螺钉M2.5×4	1	35	
3	5	04	盖	1	15	
4	4		弹簧YA0.5×7×13	1	50	GB/T2089—1994
5	3	03	套筒	1	35	
6	2	02	支架	1	35	
7	1	01	定位轴	1	45	
8	序号	代号	名称	数量	材料	备注

图9-98

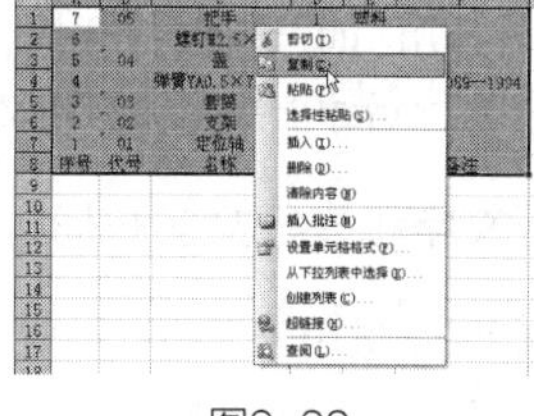

图9-99

03 切换到AutoCAD绘图界面，然后按快捷键"Ctrl"+"V"将Excel形式的表格复制到AutoCAD中，此时绘图区域将会有一个矩形框随鼠标光标出现，单击目标点1，即可将矩形框放置到指定的位置，如图9-100所示。

04 捕捉目标点之后，系统随即弹出"OLE文字大小"对话框，不用修改其中的参数，直接单击"确定"按钮即可，如图9-101所示。这样即可将完成明细表的绘制工作，如图9-102所示。

这样制作的明细表和通过表格制作的明细表完全一样，但这种方法更加方便快捷，建议大家多采用。

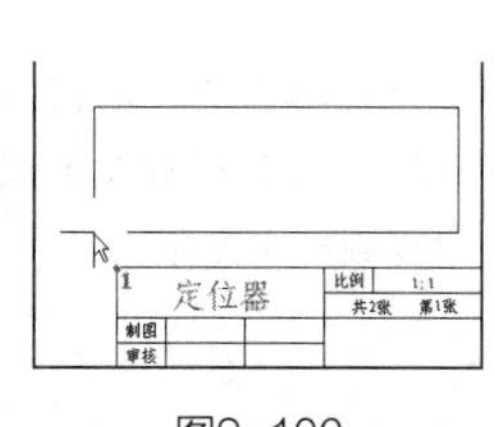

图9-100

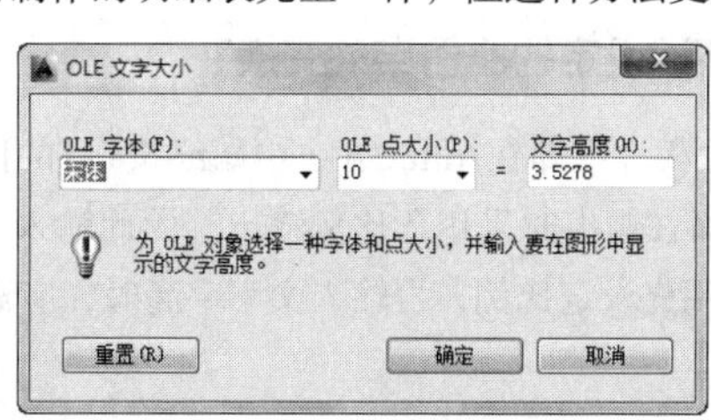

图9-101

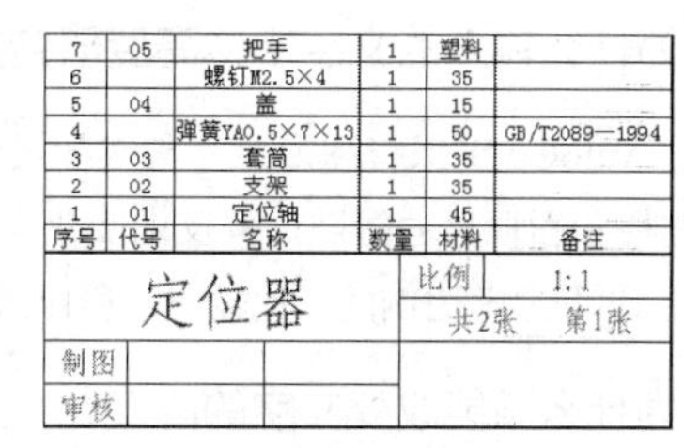

7	05	把手	1	塑料	
6		螺钉M2.5×4	1	35	
5	04	盖	1	15	
4		弹簧YA0.5×7×13	1	50	GB/T2089—1994
3	03	套筒	1	35	
2	02	支架	1	35	
1	01	定位轴	1	45	
序号	代号	名称	数量	材料	备注

定位器	比例	1:1
	共2张	第1张
制图		
审核		

图9-102

9.6 课后练习

1. 选择题

（1）Text（单行文字）或Dtext（单行文字）命令的简写形式是什么？（　　）

A. T　　B. D　　C. Te　　D. Dt

（2）在输入单行文字的时候，如果要输入直径符号，那么需要输入的替代符是什么？（　　）

A. %%C　　B. %%D　　C. %%O　　D. %%U

（3）在绘制表格的时候，如果设置数据行为5行，那么绘制的表格的实际行数是多少？（　　）

A. 3　　B. 5　　C. 7　　D. 6

2. 上机练习

（1）使用单行文字功能输入图9-103所示的文字，文字大小为25，旋转角度为30°。

（2）使用多行文字功能输入图9-104所示的文字，文字字体为楷体，大小为5，并设置背景颜色为蓝色。

（3）绘制建筑图纸的标题栏，如图9-105所示。这个标题栏不是一个完整的标题栏，因为标题栏中的相关栏目还没有具体的内容。

对于某些规整的标题栏，采用表格功能进行绘制比较快捷。但是，如果标题栏过于复杂并且不规则，建议大家采用Line（直线）等命令进行绘制。

图9-103

图9-104

工程名称				图　号	
子项名称				比　例	
设计单位		监理单位		设　计	
建设单位		制　图		负责人	
施工单位		审　核		日　期	

图9-105

9.7 课后答疑

1. 怎样确定使用的字体和字符大小?

答：由于使用AutoCAD 绘图时，所有的文本标注都需要定义文本的样式，即需要预先设定文本的字形，因此只有在设置文本字形之后才能决定在标注文本时使用的字体、字符大小、字符倾斜度和文本方向等文本特性。

2. 单行文字和多行文字有何区别?

答：单行文字适用于那些不需要多种字体或多行的内容，用户可以对单行文字进行字体、大小、倾斜、镜像、对齐和文字间隔调整等设置，其命令是Dtext；多行文字由沿垂直方向任意数目的文字行或段落构成，可以指定文字行段落的水平宽度。用户可以对其进行移动、旋转、删除、复制、镜像或缩放操作，其命令是Mtext。

3. 如何快速更改图形中大量的文字特性?

答：要快速更改图形中大量的文字特性，可以在命令行中执行Properties 命令，打开"特性管理器"对话框，选择要修改的文字对象，即可快速更改这些文字的特性。

4. 为什么输入的文字字体高度值会随已设定的比例自动变换?

答：AutoCAD 保持图形尺寸与实际尺寸相一致即在AutoCAD 中始终按1∶1的比例绘图，只有图中的输入文字高度、标题栏和图框尺寸等随比例反向变化。而在输出时采用正比例输出，因此输入文字高度、标题栏和图框尺寸等输入按1∶1，而图形随比例的正比输出。所以采用先设定比例，再输入文字字高时，应输入"要输出字高/比例"。

5. 为什么不能改变文字的高度?

答：使用的字形高度为非0时，执行Dtext命令书写文本时都不提示输入高度，这样写出来的高度是不变的，包括使用该字形进行的尺寸标注。

6. 为什么输入的汉字变为了问号?

答：可能是因为对应的字形没有使用汉字字体，或是当前系统中没有将相对应的字体文件复制到对应的字体目录中。

7. 镜像的字体保持不旋转怎么办?

答：执行Mintext命令，设置其值为1时，将进行旋转；设置其值为0时，将不进行旋转。

8. 怎样输入特殊符号?

答：执行文字（T）命令，拖出一个文本框，然后在对话框中选择相应的符号即可。

第10章 尺寸与公差标注

标注是向图形中添加测量注释的过程，测量注释则是大多图形的重要部分。本章将学习AutoCAD的多种尺寸标注方式和公差标注的应用，以适用于机械设计图、建筑图、土木图和电路图等不同类型图形的要求。

学习重点

- 尺寸标注的基本概念
- 标注术语
- 长度和弧度的标注
- 引线标注
- 形位公差的标注方法

10.1 尺寸标注简介

在学习尺寸标注之前，首先要了解构成标注的组成元素和在标注尺寸之前需要做的一些准备工作。

10.1.1 尺寸标注的规则

在AutoCAD中，对绘制的图形进行尺寸标注时应遵循以下规则。

- 物体的真实大小应以图样上所标注的尺寸数值为依据，与图形的大小及绘图的准确度无关。
- 图样中的尺寸以毫米为单位时，不需要标注计量单位的代号或名称。如采用其他单位，则必须注明相应计量单位的代号或名称，如度、厘米以及米等。
- 图样中所标注的尺寸为该图样所表示的物体的最后完工尺寸，否则应另加说明。
- 一般物体的每一尺寸只标注一次，并应标注在最后反映该结构最清晰的图形上。

10.1.2 标注的构成元素

完整的尺寸标注通常由尺寸线、尺寸界线、箭头和尺寸文本等部分组成，如图10-1所示。在设置标注样式时，可以分别指定这些元素的特性。

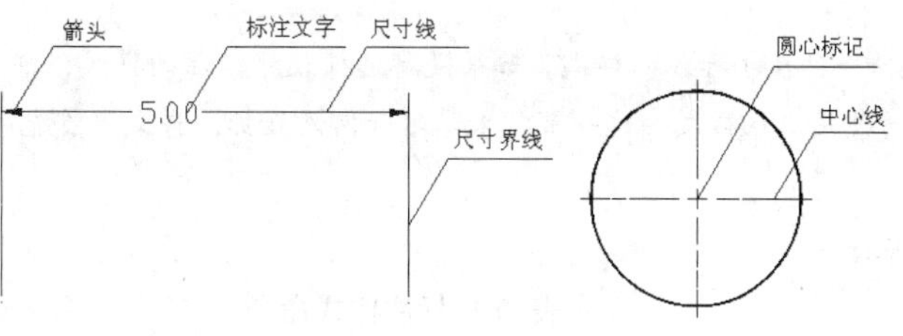

图10-1

尺寸线（Line）：尺寸线是表示尺寸标注的方向和长度的线段。除角度型尺寸标注的尺寸线是弧线段外，其他类型尺寸标注的尺寸线均是直线段。

尺寸界线（Extension line）：尺寸界线是从被标注对象边界到尺寸线的直线，它界定了尺寸线的起始与终止范围。圆弧形的尺寸标注通常不使用尺寸界线，而是将尺寸线直接标注在弧上。

箭头（Arrow-head）：箭头是添加在尺寸线两端的端结符号。在我国的国家标准中，规定该端结符号可以用箭头、短斜线和圆点等。在AutoCAD中，端结符号有多种形式，其中箭头和短斜线最为常用。在机械设计图中一般用箭头，而在建筑设计图中一般用短斜线。

尺寸文本（Text）：尺寸文本是一个字符串，用于表示被标注对象的长度或者角度。尺寸文本中除了包含基本尺寸数字外，还可以含有前缀（prefixes）、后缀（suffixes）和公差（tolerance）等。

引线（Leader）：引线是从注释到引用特征的线段。当被标注的对象太小或尺寸界线间的间隙太窄而放不下尺寸文本时，通常采用引线标注。

10.1.3 标注前的准备工作

在标注之前，先创建一个名为“标注”的新图层，并使该图层的颜色也与图形区别开来，然后将其设置为当前图层，这样就可以很容易地将标注和图形区分开来。

如果要对AutoCAD 2002以前的版本创建的图形文件进行标注，可以在命令行中输入Dimassoc系统变量，将其值设置为2，打开关联标注。或者执行“工具>选项”菜单命令，然后单击“用户系统配置”选项卡，勾选“关联标注”复选框。

为标注创建文字样式，如果要创建注释性标注，那么文字样式也要设置为注释性的。

注意

创建关联标注，当与关联标注相关联的几何对象被修改时，关联标注会自动调整其位置、方向和测量值。

专家提示

在设置文字高度时，可以将其设置为0，以便于在创建标注样式时再设置字高。如果在设置文字样式时，将其高度设置为一个固定值，那么它将替代标注样式中设置的文字高度。

执行“工具>草图设置”菜单命令，单击“对象捕捉”选项卡，设置需要的常驻式对象捕捉，一般端点和交点捕捉是必不可少的。如果要标注圆或圆弧对象，还需要打开圆心和象限点捕捉。设置完成后，单击状态行的“对象捕捉”按钮□打开对象捕捉。

创建标注样式。如果是创建注释性标注，则标注样式也需要设置为注释性的。当需要以多个比例在不同的视口中显示模型时，注释性标注就显得非常有用了。

为了避免每次绘图时都进行设置，可以将设置完成的图层、文字样式和标注样式等保存为一个样板文件，以便于下次直接调用。

10.2 设置尺寸标注样式

在进行标注之前，要选择一种尺寸标注的样式。如果没有选择尺寸标注的样式，则使用当前样式；如果还没有建立样式，则尺寸标注被指定为使用默认样式。这一节就来学习如何设置标注样式，首先来了解标注样式管理器。

标注样式命令如表10-1所示。

表10-1 标注样式命令

命令	简写	功能
Dimstyle（标注样式）	Dims	打开“标注样式管理器”，用于创建新的尺寸标注样式，以及管理、修改已有的尺寸标注样式

10.2.1 了解尺寸标注样式管理器

AutoCAD提供了一个称为尺寸标注样式管理器的工具，利用此工具可以创建新的尺寸标注样式以及管理、修改已有的尺寸标注样式。这样，通过对尺寸标注样式管理器的操作，就可以直观地实现对尺寸标注样式的设置和修改。

在命令行中输入Dimstyle命令并按Enter键或者执行“格式>标注样式”菜单命令。

执行Dimstyle命令后，将在屏幕上弹出“标注样式管理器”对话框，如图10-2所示。

1. 当前标注样式

在此项标题后列出的是当前尺寸标注样式名，AutoCAD将把该标注样式用于当前的尺寸标注中，直到用户改变当前标注样式。

2. “样式”列表框

所有已经建立的尺寸标注样式都显示在“样式”列表框中。如果已有多个尺寸标注样式被建立，则当前标注样式的名字被高亮显示；如果要改变当前尺寸标注样式，则可以在此列表框中选择一个样式名，然后单击该对话框中的“置为当前”按钮。

用鼠标右键单击列表框中的尺寸标注样式名，将弹出一个快捷菜单，其中包含有3个选项：“置为当前”“重命名”和“删除”，用户可以对所选的尺寸标注样式进行设置为当前、改名或删除等操作，如图10-3所示。

3. “列出”下拉列表框

“列出”下拉列表框中提供了控制尺寸标注样式名称显示的选项。

所有样式：显示所有的尺寸标注样式名。

正在使用的样式：只显示被图形中的尺寸标注所用到的尺寸标注样式名。

4. “不列出外部参照中的样式”复选框

该复选框用于控制是否在“样式”列表框中显示外部参照图形中的尺寸标注样式名。

5. “置为当前”按钮

单击该按钮，将把在“样式”列表框中选择的尺寸标注样式设置为当前的尺寸标注样式。

6. “新建”按钮

单击该按钮，将弹出“创建新标注样式”对话框，在该对话框中可以指定新样式的名称和基础样式等。

7. “修改”按钮

单击该按钮，将弹出“修改标注样式”对话框。在该对话框中，用户可以对当前的尺寸标注样式进行修改。

8. “替代”按钮

单击该按钮，将弹出“替代当前样式”对话框。在该对话框中，用户可以设置临时的尺寸标注样式，用来替代当前尺寸标注样式中的相应设置。这样做不会改变当前尺寸标注样式中的设置。

9. “比较”按钮

单击该按钮，将弹出“比较标注样式”对话框。分别在“比较”和“与”两个下拉列表中选择要进行比较的标注样式，随后程序以系统变量的形式列出两者的不同之处，如图10-4所示。

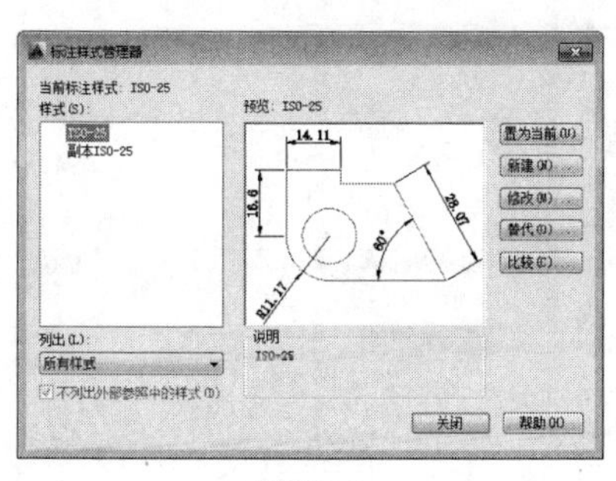

图10-2

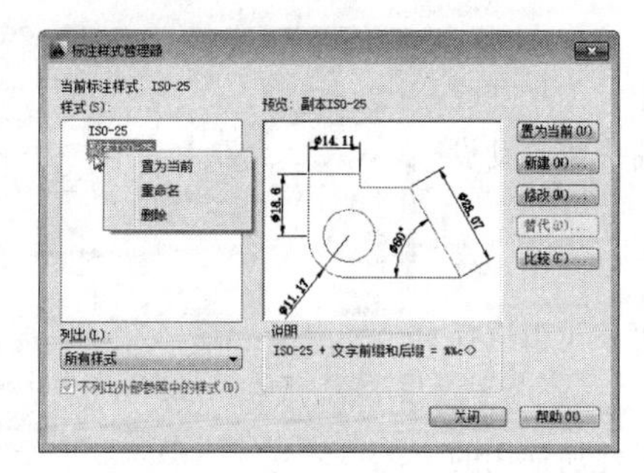

图10-3

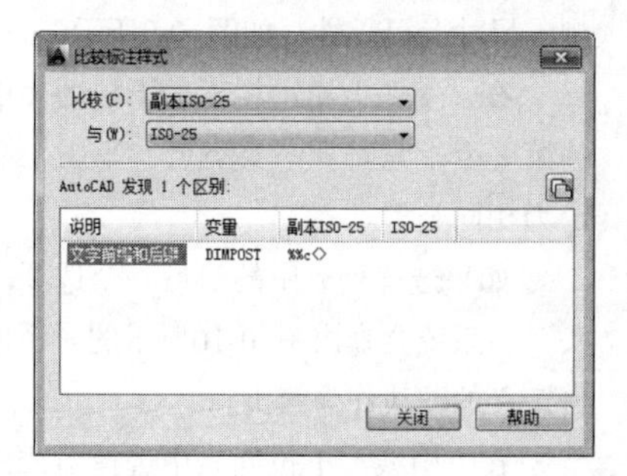

图10-4

10.2.2 新建样式

1. 创建新标注样式

执行Dimstyle命令，将弹出 “标注样式管理器”对话框，单击该对话框中的“新建”按钮，将会弹出“创建新标注样式”对话框，如图10-5所示。

2. 技术要点：“创建新标注样式”对话框中各主要选项的含义

“新样式名”文本框：用于输入新设置的尺寸标注样式名称。

“基础样式”下拉列表框：用于选择新设置的尺寸标注样式的模板，即新的尺寸标注样式是在选定的已有尺寸标注样式的基础上修改、发展而成的。

“注释性”复选框：指定标注样式为注释性。

“用于”下拉列表框：用于指定新设置的尺寸标注样式将应用于哪些类型的尺寸标注，即用户可以为不同类型的尺寸标注设置专用的标注式样。

“继续”按钮：单击该按钮，将关闭“创建新标注样式”对话框，另外弹出“新建标注样式”对话框。

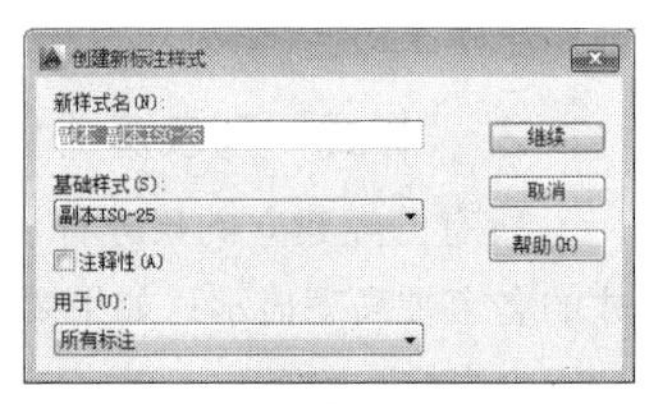

图10-5

10.2.3 设置尺寸线和延伸线的样式

单击“创建新标注样式”对话框中的“继续”按钮以后，在系统弹出的“新建标注样式”对话框中单击“线”选项卡，如图10-6所示。用户可以在此对话框中设置尺寸线和延伸线的颜色、线型、线宽等属性。

基线间距：这个距离是针对使用“基线标注”命令创建的多个标注连续尺寸线之间的距离，如图10-7所示。

隐藏：这里的两个复选框用于控制时候显示标注两端的尺寸线，或者在文字打断尺寸线时，隐藏尺寸线的一半或全部。

超出尺寸线：对于建筑标记（小斜线）箭头，控制尺寸线超出尺寸界线的距离，如图10-8所示。

固定长度的尺寸界线：设定从尺寸线到标注原点的尺寸界线的总长度。

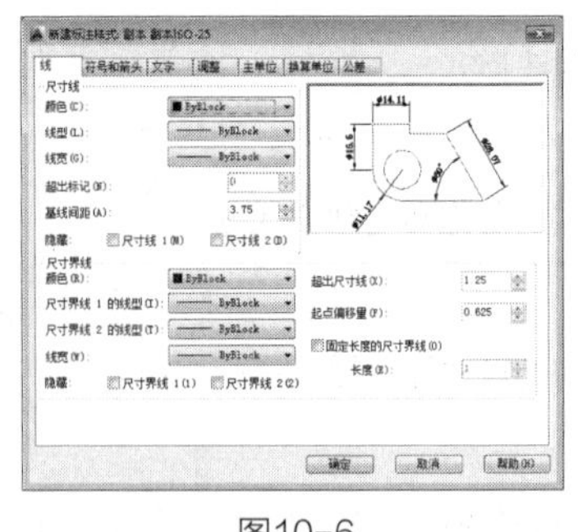

图10-6

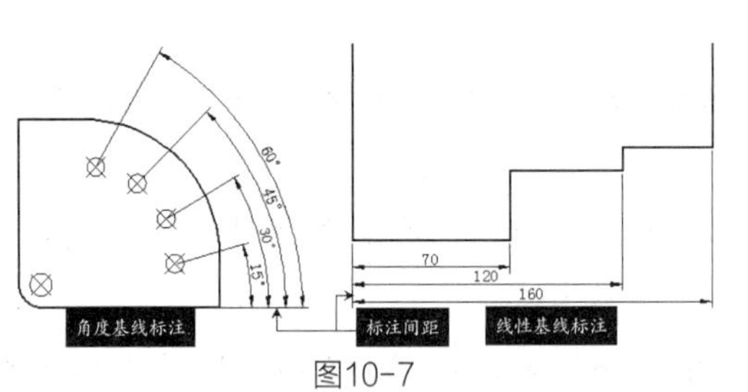

图10-7

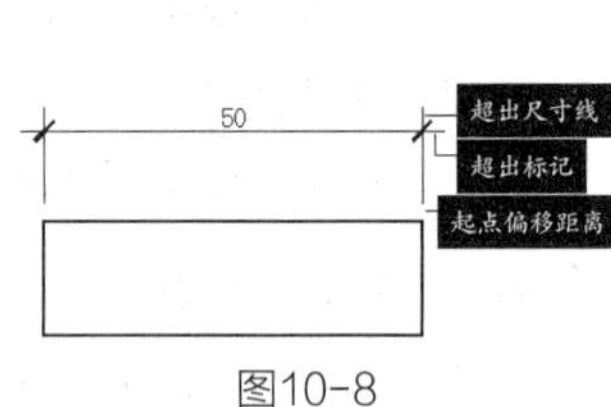

图10-8

10.2.4 设置箭头样式

单击“新建标注样式”对话框中的“符号和箭头”选项卡，在这里可以控制标注和引线中的箭头符号，包括其类型、尺寸及可见性，如图10-9所示。

在“箭头”选项栏下的下拉列表中，为尺寸线的第一个端点选择箭头类型，第二个箭头将自动设定为相同类型。

如果选择列表中的最后一个选项——“用户箭头”，系统会弹出图10-10所示的对话框，可以选择自定义的图块作为箭头。

在“引线”下拉列表中选择引线标注所使用的箭头。

图10-9

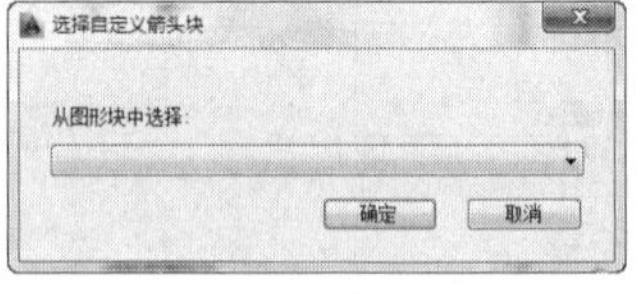

图10-10

10.2.5 设置文字样式

1. “文字”选项卡

在“新建标注样式”对话框中的“文字”选项卡中，可以设置文字外观样式、文字在尺寸线的位置和文字对齐方式等，如图10-11所示。

2. 技术要点：“文字”面板中各选项含义

在“文字”选项卡中可以指定文字颜色和与当前文字样式高度设置无关的高度，还可以指定基本标注文字与其包围线框之间的间距。关于文字样式设置，可以参见第10章的内容。

使用“文字位置”选项可以将文字自动放置在尺寸线的中心、尺寸界线之内或尺寸界线上方，如图10-12所示。

在“垂直”下拉列表中可以指定文字相对于尺寸线的位置。更换这里的选项后，可以在对话框中观察预览效果以得到所期望的结果。具体选项如下。

- 居中：将文字放置在尺寸线中间，并将尺寸线分割成两部分，如图10-13（左）所示。
- 上：将文字放置于尺寸线之上，这是最常用的方式。
- 外部：将文字放置于被标注对象最远尺寸线的一端，如图10-13（右）所示。
- JIS：采用Japanese Industrial Standards（日本工业标准），根据尺寸线的角度对齐文字的位置。

图10-11

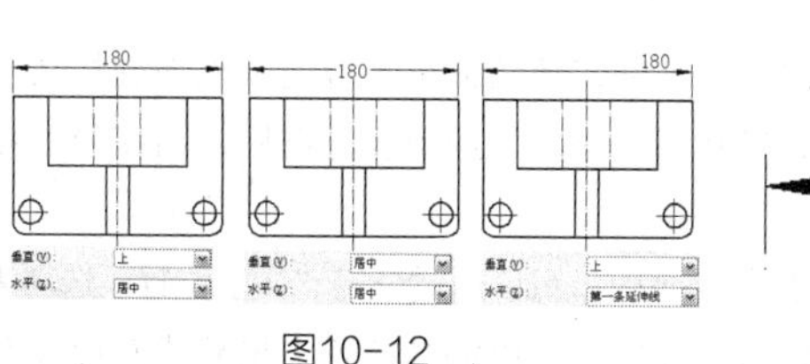

图10-12

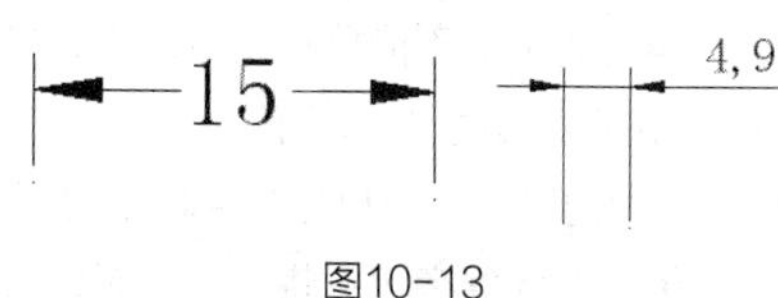

图10-13

在“水平”下拉列表中可以指定尺寸线之间的标注文字的位置，如图10-14所示，具体选项如下。

- 居中：默认位置，将文字放置于尺寸界线的中间位置。
- 第一条延伸线：在紧靠第一条尺寸界线的地方放置文字。
- 第二条延伸线：在紧靠第二条尺寸界线的地方放置文字。
- 第一条延伸线上方：将文字放置于第二条尺寸界线之上。

通过“从尺寸线偏移”数值框可以控制标注文字与尺寸线之间的距离。如果尺寸线是断开的，则距离值为标注文字与两段尺寸线间的距离；如果尺寸线是连续的并且文字位于尺寸线之上，则该值为文字底部与尺寸线之间的距离。该值也用于控制基本公差标注的方框同其中的文字的距离。

在“文字对齐”选项中可以指定文字与尺寸线对齐的方式，不论文字在尺寸界线之内还是之外，都可以选择文字与尺寸线是否对齐或保持水平，具体选项如下。

- 水平：文字在尺寸界线之间水平排列，不考虑尺寸线的角度，如图10-15左所示。
- 与尺寸线对齐：文字与尺寸线保持同一角度，如图10-15右所示。
- ISO标准：使用ISO标准。当文字在尺寸界线内时，与尺寸线一起排列；当文字在尺寸界线外时，与尺寸线水平排列。

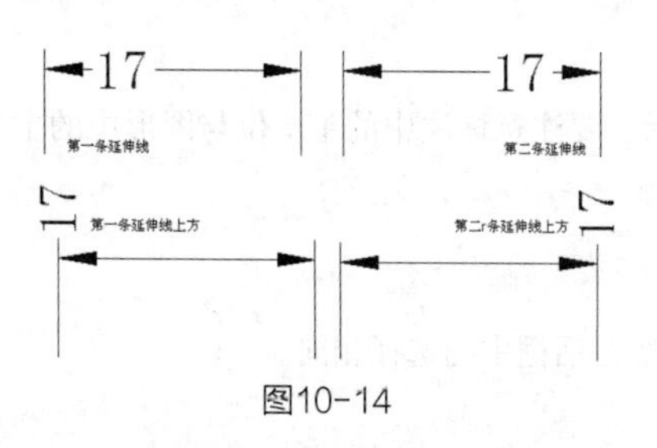

图10-14

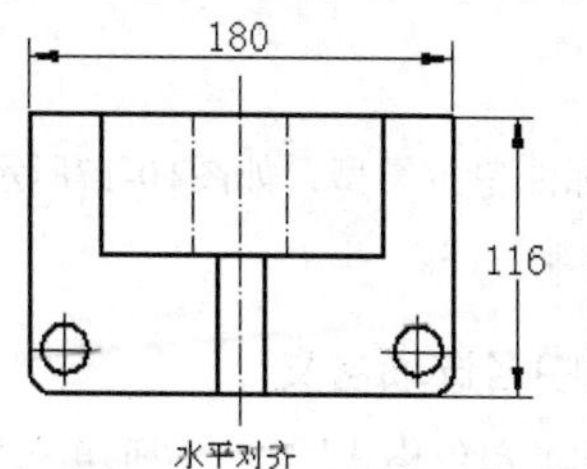

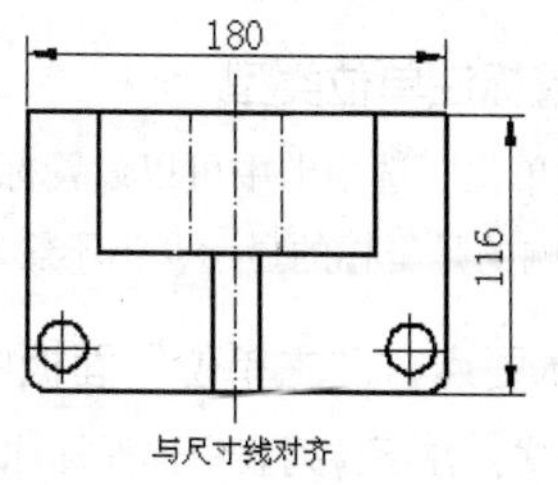

图10-15

10.2.6 调整标注文字

诸多因素（如尺寸界线间距和箭头尺寸的大小）会影响标注文字和箭头在尺寸界线内的调整方式。在“调整”选项卡中可以调整文字在尺寸界限中的位置，如图10-16所示。

在没有足够空间放置箭头、尺寸线和标注文字时，可以在“调整选项”中决定将这些元素放置于何处，具体选项如下。

文字或箭头（最佳效果）：在尺寸界线之间放置两者（文字或箭头）中最合适的，可能箭头能放置于尺寸界线之间，而文字不能。如果没有足够的空间可以将两者放置其中，那么两者都将放置于尺寸界线之外。

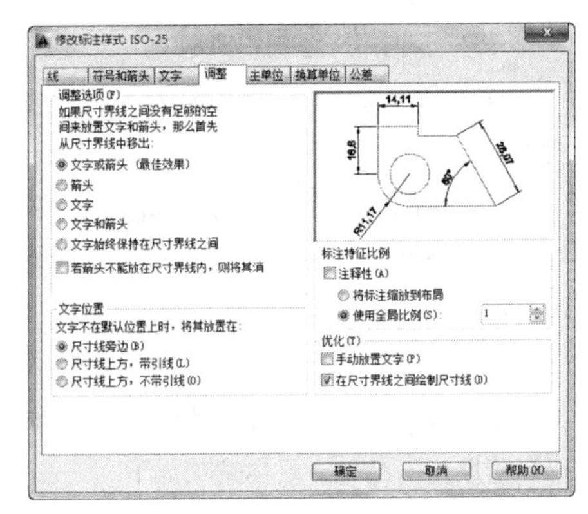

图10-16

专家提示

如果尺寸界线有足够的空间，通常使用默认设置即可，默认为“文字或箭头（最佳效果）”，将在尺寸界线之间放置文字和箭头。

- ◆ 箭头：当尺寸界线直接没足够的空间放置二者时，则将箭头置于尺寸界线之外。
- ◆ 文字：当尺寸界线直接没足够的空间放置二者时，则将文字置于尺寸界线之外，而将箭头放置在里面。
- ◆ 文字和箭头：空间足够时将文字和箭头放在一起，都位于文字尺寸界线里面；没有足够空间时，则两者都放在尺寸界线之外。
- ◆ 文字始终保持在尺寸界线之间：即使二者的大小不合适，也强制将文字始终保持在尺寸界线内部。
- ◆ 若箭头不能放在尺界线内，则将其消除：勾选该复选框后，当在尺寸界线内部放不下时，将完全隐藏箭头，而不是将其放置在线外。

当由于空间不足以将文字放置在默认位置时，可以通过设定“文字位置”选项来决定将其放置于何处，具体选项如下。

- ◆ 尺寸线旁边：将文字放置在尺寸线外，可以将其放置在尺寸线左边或右边，但不能上下移动。
- ◆ 尺寸线上方，带引线：在尺寸线上方、尺寸界线之间的位置放置文字。且在尺寸线到文字之间有引线。
- ◆ 尺寸线上方，不带引线：在尺寸线上方、尺寸界线之间的位置放置文字，但是没有引线。

在“标注特性比例”选项中可以指定比例因子。比例因子用于调整标注文字、箭头、间距等的大小，而对标注文字内容没有影响，也就是说不会影响实际测量内容。每个标注样式都有许多元素的设置，如果逐一去设置则需要浪费很多时间，如果改变整体比例，就只需要设置“全局比例因子”这一个参数就行了。AutoCAD会自动将每个元素的大小乘以全局比例。

要按照布局比例来缩放标注，请勾选“将标注缩放到布局”复选框。如果打算使用多个视口则需要使用此功能，每个视口具有不同的比例因子。否则，将选择全局比例中设置的比例因子。

勾选“调整”选项卡中的“手动放置文字”复选框后，在创建标注时就可以手动定位标注文字并指定其对齐方式和方向。

10.2.7 设置主单位

1. 设置标注单位类型

在“主单位”选项卡中可以设置标注单位类型，如图10-17所示。要注意标注中的主单位与图形中的主单位是不同的，后者影响的是坐标的显示，但不影响标注。

2. 技术要点：“主单位”面板中各选项含义

单位格式：在下拉列表中选择标注的单位格式，与“图形单位”对话框中的选择相同。

精度：在下拉列表中选择一个精度，也就是选择小数点后的位数。

分数格式：当选择分数时候，该选项才可用。“水平”选项将在分子和分母之间放置水平线；“对角”选项将在堆叠的分子和分母之间放置斜杠，而在非堆叠的分子和分母之间放置斜杠，在预览框中可以看到每种选择的效果。

小数分隔符：选择小数分隔符，只有格式为“小数”时，该选项才可用。

舍入：对线性标注的距离值进行舍入。

前缀：使用前缀可以在标注文本内容的前面加上一个前缀，例如在此输入%%C，

那么标注的尺寸前面就会加上一个直径符号，如图所示。

后缀：在标注的后面加上后缀，例如加上mm，如图10-18所示。

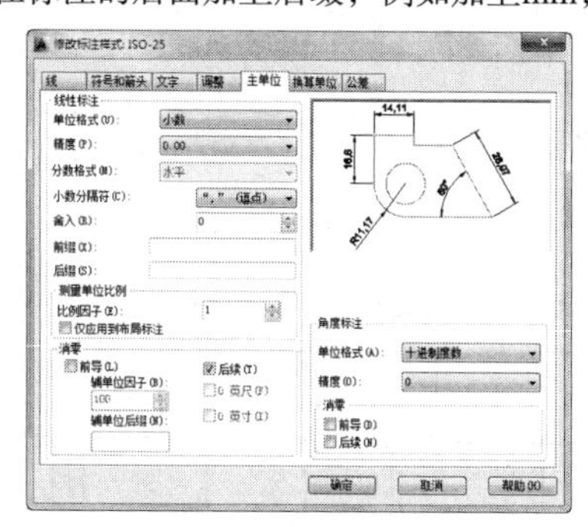

图10-17

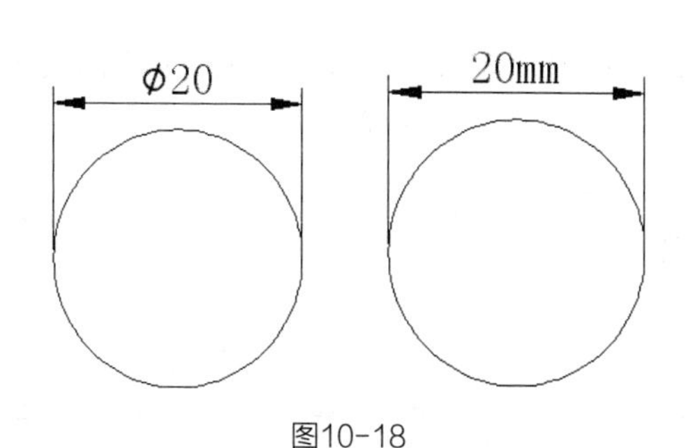

图10-18

10.2.8 换算单位

在AutoCAD中可以同时创建两种测量系统的标注。此特性常用于将英尺和英寸标注添加到使用公制单位创建的图形中。标注文字的换算单位用方括号 [ ] 括起来。不能将换算单位应用到角度标注。

切换到“换算单位”选项卡，首先勾选“显示换算单位”复选框，如图10-19所示。

在编辑线性标注时，如果已打开换算单位标注，则所指定的换算比例值应该乘以测量值。该值表示每一当前测量值单位相当于多少换算单位。英制单位的默认值是 25.4，是指每英寸相当于多少毫米。公制单位的默认值约为0.0394，是指每毫米相当于多少英寸。小数位数取决于换算单位的精度值。

例如，对于英制单位，如果换算比例设置为默认值25.4，并且换算精度为0.00，则标注如图10-20所示。

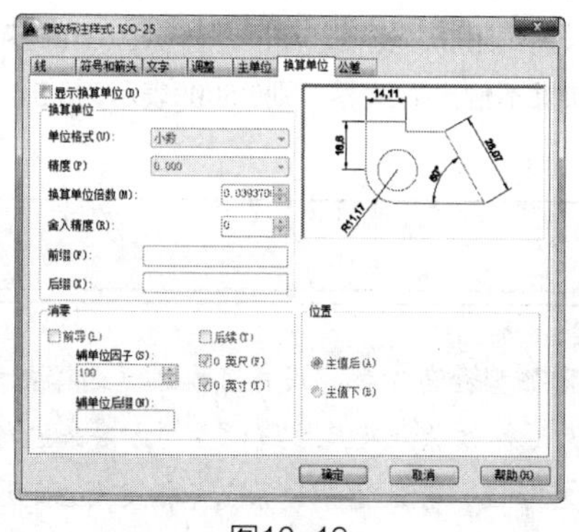

图10-19

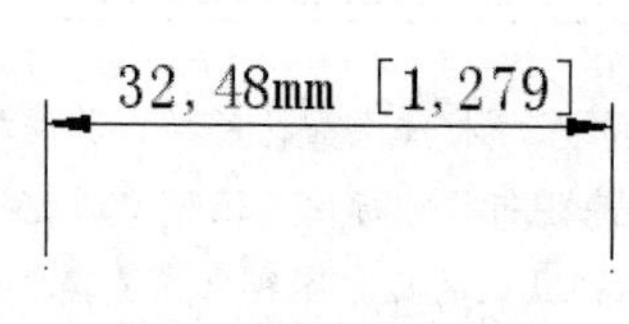

图10-20

10.2.9 设置公差

机械制图中的尺寸公差指定标注可以变动的数目。通过指定生产中的公差，可以控制部件所需的精度等级。特征是部件的一部分，例如点、线、轴或表面。

可以通过为标注文字附加公差的方式，直接将公差应用到标注中。这些标注公差指示标注的最大和最小允许尺寸，还可以应用形位公差，用于指示形状、轮廓、方向、位置以及跳动的极限偏差。具体参数如图10-21所示。

“公差”面板中各选项含义如下。

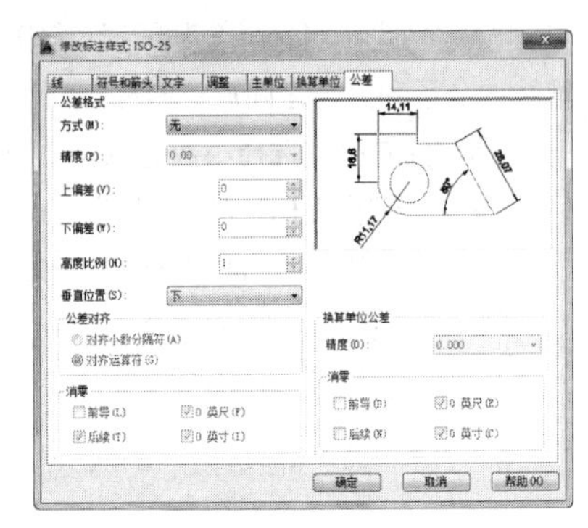

图10-21

1. 公差格式

对称公差：上、下偏差值相同，只是在值的前面有加/减号，如图10-22所示。“上偏差”文本框是激活的，可以在此输入公差值。

极限偏差：公差上、下偏差值不同，分别位于加、减号后面，如图10-23所示。如果选择了“极限偏差”公差，则“上偏差”和“下偏差”文本框同时被激活。

极限尺寸：在“上偏差”和“下偏差”文本框中输入上、下偏差值，程序将使用所提供的正值和负值计算包含实际测量值中的最大和最小尺寸，如图10-24所示。

基本尺寸：尺寸公差可以通过理论上精确的测量值指定，它们被称为基本尺寸，且将标注置于一个方框中，如图10-25所示。

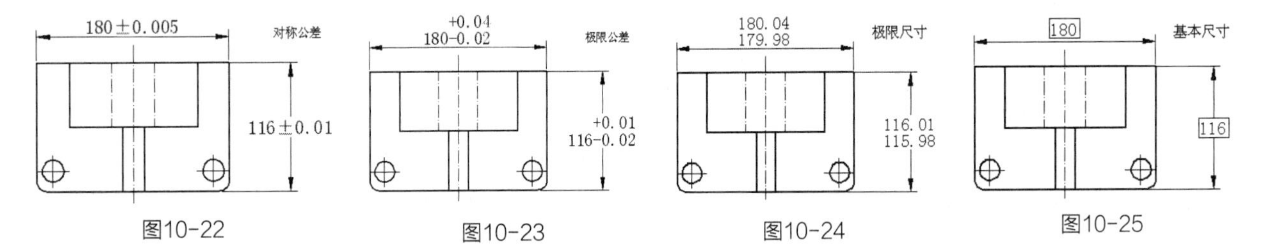

图10-22　图10-23　图10-24　图10-25

2. 精度

可以使用“上偏差”和“下偏差”文本框来为对称公差设置公差值。对于极限偏差和极限尺寸来说，则同时使用“上偏差”和“下偏差”文本框。

3. 高度比例

设置相对于标注文字高度的公差高度。通常公差的文字要小一点。尺寸比例为1时，将创建于标注文字等高的公差文字。如果将尺寸比例设置为0.5，则创建常规标注文字一半大的公差文字。

4. 垂直位置

可以控制公差值相对于主标注文字的垂直位置，可以将公差与标注文字的上、中或下位置对齐。

5. 消零

在“消零”下勾选“前导”即可消除前导零。勾选“后续”即可消除后续零，消除尺寸公差中的零与在主单位和换算单位中消零效果相同。如果不显示前导零，则0.5表示为.5。如果不输出后续零，则0.5000表示为0.5。

10.3 尺寸标注的类型

AutoCAD提供了3种基本的尺寸标注类型，包括：长度型、圆弧型和角度型。用户可以通过选择要标注尺寸的对象，并指定尺寸线位置的方法来进行尺寸标注，还可以通过指定尺寸界线原点及尺寸线位置的方法来进行尺寸标注。

对于直线、多段线和圆弧，默认的尺寸界线原点是其端点；对于圆，其尺寸界线原点是指定角度的直径的端点。

尺寸标注相关命令如表10-2所示。

表10-2 尺寸标注相关命令

命令	简写	功能
Dimlinear（线性）	DIML	使用水平、竖直或旋转的尺寸线创建线性标注
Dimaligned（对齐）	DIMA	创建与尺寸界线的原点对齐的线性标注
Dimarc（弧长）	DIMAR	用于测量圆弧或多段线圆弧上的距离
Dimordinate（坐标）	DIMO	用于测量从原点（称为基准）到要素（例如部件上的一个孔）的水平或垂直距离

续表

命令	简写	功能
Dimradius（半径）	DIMR	测量选定圆或圆弧的半径，并显示前面带有半径符号的标注文字
Dimdiameter（直径）	DIMD	测量选定圆或圆弧的直径，并显示前面带有直径符号的标注文字
Dimjogged（折弯）	DIMJ	测量选定对象的半径，并显示前面带有一个半径符号的标注文字
Dimangular（角度）	DIMAN	测量选定的几何对象或 3 个点之间的角度
Dimbaseline（基线）	DIMB	从上一个标注或选定标注的基线处创建线性标注、角度标注或坐标标注
Dimcontinue（连续）	DIMC	创建从上一个标注或选定标注的尺寸界线开始的标注
Qdim（快速标注）	QD	从选定对象快速创建一系列标注
Qleader（引线）	QL	创建引线和引线注释
Mleader（多重引线）	MLEA	创建多重引线对象

10.3.1 线性标注（Dimlinear）

线性标注可以水平、垂直或对齐放置。使用对齐标注时，尺寸线将平行于两尺寸延伸线原点之间的直线，如图10-26所示。

1. 命令执行方式

执行线性标注命令的方式有以下3种。

命令行：在命令行中输入Dimlinear命令并按Enter键。

菜单栏：执行“标注>线性”菜单命令。

工具栏：单击“标注”工具栏中的“线性”按钮，如图10-27所示。

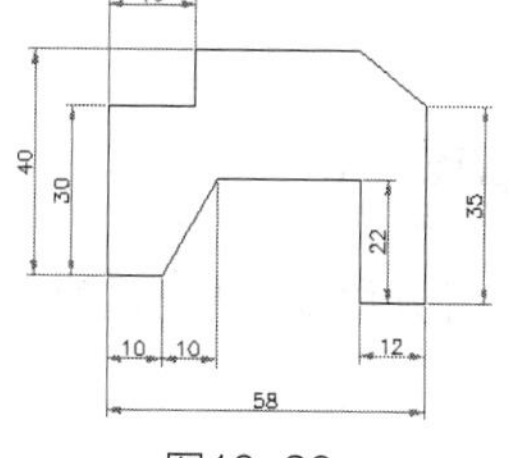

图10-26

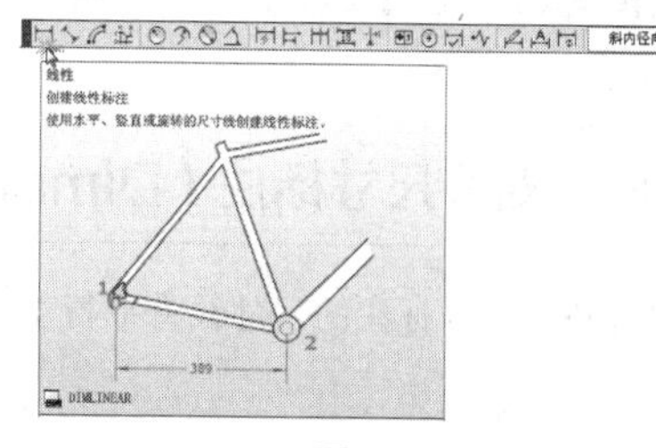

图10-27

2. 操作步骤

01 打开配套光盘中的“DWG文件\CH05\加油孔盖.dwg”文件，如图10-28所示，对图形进行水平型和垂直型尺寸标注，其操作过程如下。

02 执行“标注>线性”菜单命令，标注出总长度，如图10-29所示。命令执行过程如下。

```
命令: _dimlinear
指定第一条尺寸界线原点或 <选择对象>: //捕捉图10-29所示的点1
指定第二条尺寸界线原点:        //捕捉图10-29所示的点2
指定尺寸线位置或[多行文字(M)/文字(T)/角度(A)/水平(H)/垂直(V)/旋转(R)]:
标注文字＝60
```

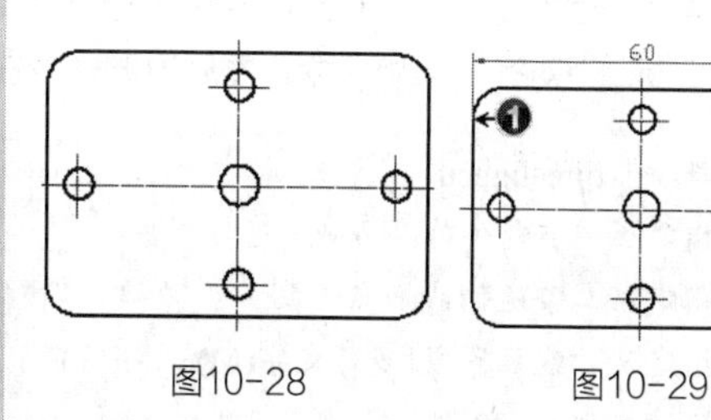

图10-28　图10-29

3. 技术要点：线型尺寸标注各选项的含义

多行文字（M）：如果用户要加注新的尺寸文本，在命令提示行后面输入M并按Enter键。

```
指定尺寸线位置或[多行文字(M)/文字(T)/角度(A)/水平(H)/垂直(V)/旋转(R)]: M ↙
```

在屏幕上将弹出“文字格式”工具栏，对话框中高亮显示的值为原来的测量值，可以直接在该值的前后添加文字，

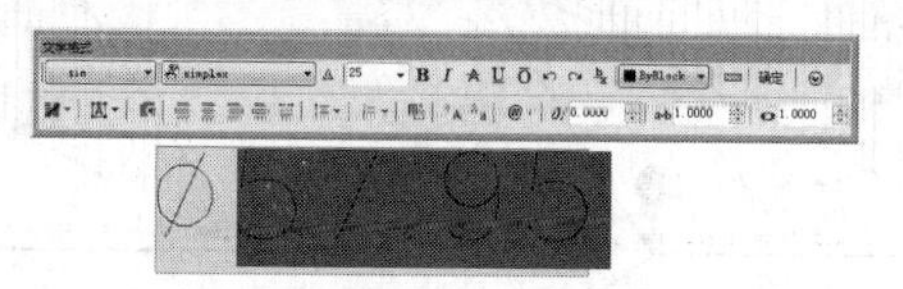

图10-30

图10-31

也可以按→键将光标移动到测量值后面，在其后面输入文本，如图10-30所示。

用户也可以删除该值，输入新的尺寸文本，然后单击“确定”按钮完成输入，如图10-31所示。

文字（T）：与选项“多行文字（M）”类似，不同之处在于选择执行后显示的是命令行提示而不是工具栏，并且新的标注文本是以单行文字的方式输入，在此输入的文本将取代原来的文本。

```
指定尺寸线位置或[多行文字(M)/文字(T)/角度(A)/水平(H)/垂直(V)/旋转(R)]: M ↙
输入标注文字<当前值>: %%C35h6 ↙//输入新的尺寸文本
```

角度（A)：指定标注尺寸文本的角度，如图10-32所示。命令执行过程如下。

```
指定尺寸线位置或[多行文字(M)/文字(T)/角度(A)/水平(H)/垂直(V)/旋转(R)]: a ↙
指定标注文字的角度: 45 ↙
```

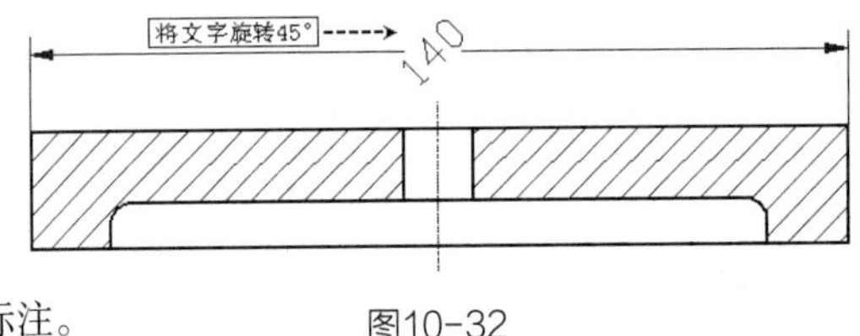

图10-32

图10-33

水平（H）：强制进行水平型尺寸标注。

垂直（V）：强制进行垂直型尺寸标注。

旋转（R）：进行旋转型尺寸标注，使尺寸标注旋转指定的角度，如图10-33所示。

10.3.2 对齐尺寸标注（Dimaligned）

“对齐”尺寸标注的尺寸线将平行于两尺寸延伸线原点之间的连线，常用于标注具有倾斜角度的标注对象，如图10-34所示。

1. 命令执行方式

执行对齐标注命令的方式有以下3种。

命令行：在命令行中输入Dimaligned命令并按Enter键。

菜单栏：执行“标注>对齐”菜单命令。

工具栏：单击“标注”工具栏中的“对齐”按钮。

2. 操作步骤

01 打开配套光盘中的“DWG文件\CH10\菱形.dwg”文件。

02 执行“标注>对齐”菜单命令，然后根据命令提示进行标注，如图10-35所示。命令执行过程如下。

```
命令: _dimaligned
指定第一条延伸线原点或 <选择对象>:        //捕捉菱形的右下角顶点
指定第二条延伸线原点:                    //捕捉菱形的右上角顶点
指定尺寸线位置或[多行文字(M)/文字(T)/角度(A)]:    //确定尺寸线的位置
标注文字 = 600
```

专家提示

如果使用Dimlinear（线性）命令来标注该斜边，则不会得到正确的标注结果，如图10-36所示。

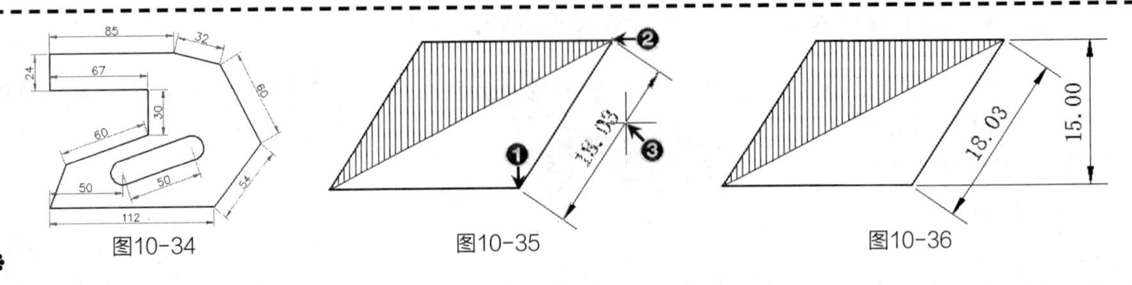

图10-34　　图10-35　　图10-36

10.3.3 弧长标注（Dimarc）

弧长标注用于测量圆弧或多段线弧线段上的距离，如图10-37所示。弧长标注的延伸线可以正交或径向。在标注文字的上方或前面将显示圆弧符号。

图10-37

1. 命令执行方式

执行弧长标注命令的方式有以下3种。

命令行：在命令行中输入Dimarc命令并按Enter键。

菜单栏：执行“标注>弧长”菜单命令。

工具栏：单击“标注”工具栏中的“弧长”按钮。

2. 操作步骤

执行“标注>弧长”菜单命令。

选择要标注的圆弧。

单击鼠标确定标注的位置。

3. 技术要点：Dimarc命令中各选项含义

部分：缩短弧长标注的长度，命令提示如下。

引线：添加引线对象。仅当圆弧（或圆弧段）大于90° 时才会显示此选项。引线是按径向绘制的，指向所标注圆弧的圆心，如图10-38所示。

无引线：创建引线之前取消“引线”选项。

```
指定弧长标注的第一个点：//在要标注的弧线上指定标注的起点
指定弧长标注的第二个点：//在要标注的弧线上指定标注的端点
指定弧长标注位置或 [多行文字(M)/文字(T)/角度(A)/部分(P)/]:
标注文字 = 22.9
```

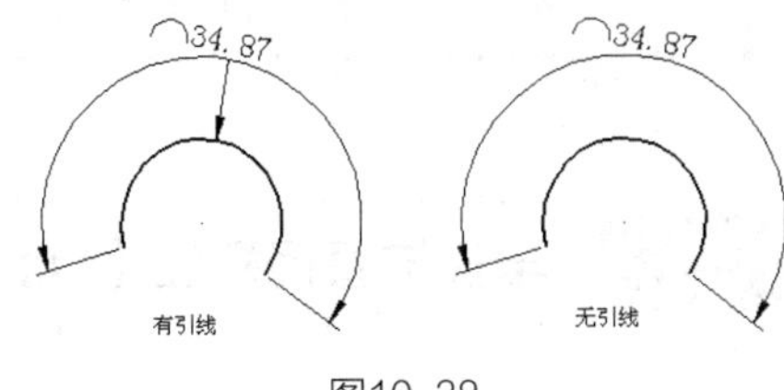

图10-38

注意

要删除引线，需要删除弧长标注，然后重新创建不带引线选项的弧长标注。

10.3.4 坐标标注（Dimordinate）

坐标标注由x或y值和引线组成。x基准坐标标注沿x轴测量特征点与基准点的距离。y基准坐标标注沿y轴测量距离，如图10-39所示。

1. 命令执行方式

执行线性标注命令的方式有以下3种。

命令行：在命令行中输入Dimordinate命令并按Enter键。

菜单栏：执行“标注>坐标”菜单命令。

工具栏：单击“标注”工具栏中的“线性”按钮。

2. 操作步骤

执行“标注>坐标”菜单命令，命令提示如下。

```
命令: _dimordinate
指定点坐标:
```

```
指定引线端点或 [X 基准(X)/Y 基准(Y)/多行文字(M)/文字(T)/角度(A)]:
指定引线端点或 [X 基准(X)/Y 基准(Y)/多行文字(M)/文字(T)/角度(A)]:
标注文字 = 128.3
```

指定要标注的点。

确定标注文字的位置。

3. 技术要点

当前UCS的位置和方向确定坐标值。在创建坐标标注之前，通常要设置UCS原点以与基准相符，如图10-40所示。

指定特征位置后，将提示用户指定引线端点。默认情况下，指定的引线端点将自动确定是创建x基准坐标标注还是y基准坐标标注，如图10-41所示。

例如，通过指定引线端点（相对水平线，该引线端点更接近于垂直线）的位置可以创建x基准坐标标注。

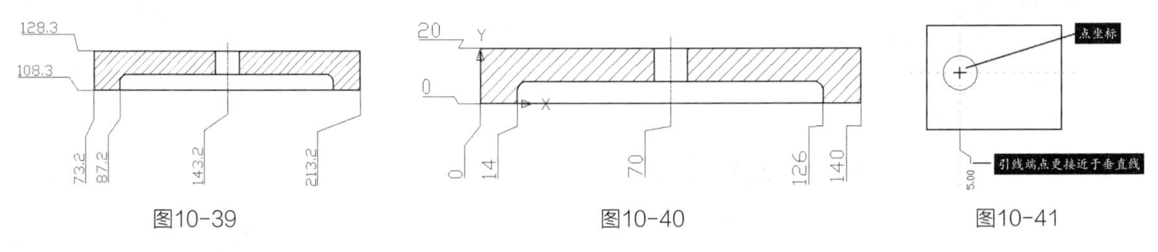

图10-39　　图10-40　　图10-41

> **专家提示**
> 创建坐标标注后，可以使用夹点编辑轻松地重新定位标注引线和文字。标注文字始终与坐标引线对齐。

10.3.5 半径与直径标注（Dimradius）

Dimradius命令用于测量指定圆或圆弧的半径，Dimdiameter命令测量直径，并显示前面带有直径符号的标注文字，如图10-42所示。

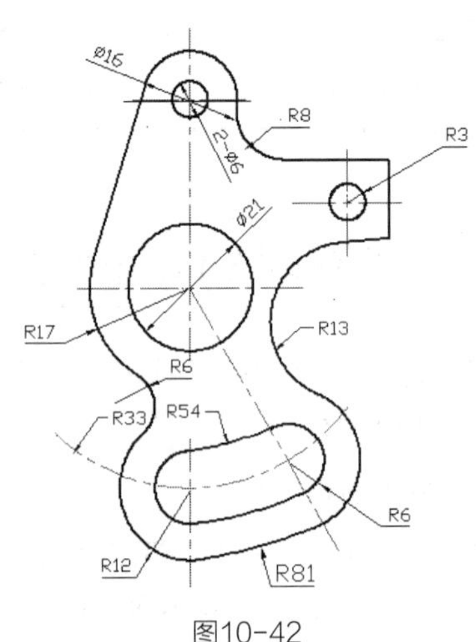

图10-42

1. 命令执行方式

执行半径标注命令的方式有以下3种。

命令行：在命令行中输入Dimradius命令并按Enter键。

菜单栏：执行“标注>半径”菜单命令。

工具栏：单击“标注”工具栏中的“半径”按钮。

> **注意**
> 标注直径或半径后，可以使用夹点轻松地重新定位生成的直径标注。

2. 操作步骤

01 打开配套光盘中的“DWG文件\CH10\1035.dwg”文件。

02 执行“标注>直径”菜单命令，命令提示如下。

```
命令: _dimdiameter
选择圆弧或圆: //单击要标注的圆弧
标注文字 = 31
指定尺寸线位置或 [多行文字(M)/文字(T)/角度(A)]: //指定标注的位置，如图10-43所示。
```

03 按Space键将继续执行Dimdiameter命令，标注圆的直径，如图10-44所示。

04 单击“标注”工具栏中的“半径”按钮，然后在视图中单击要标注半径的圆弧，最后单击以确定标注的位置，结果如图10-45所示。

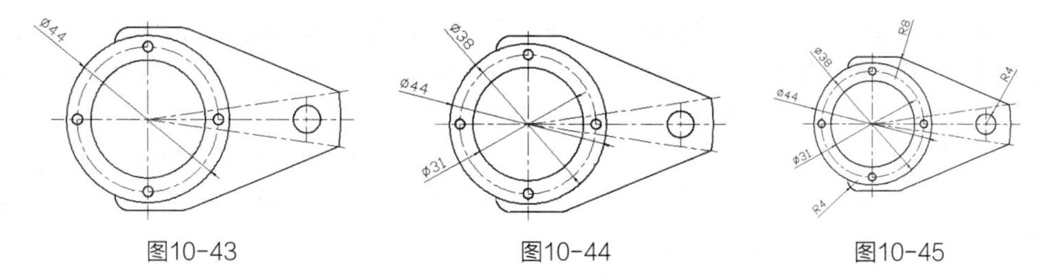

图10-43　　图10-44　　图10-45

3. 技术要点

对圆弧进行标注时，半径或直径标注不需要直接沿圆弧进行放置。如果标注位于圆弧末尾之后，则将沿进行标注的圆弧的路径绘制延伸线，或者不绘制延伸线。取消（关闭）延伸线后，半径标注或直径标注的尺寸线将通过圆弧的圆心（而不是按照延伸线）进行绘制，如图10-46所示。

Dimse1系统变量用于控制在半径标注或直径标注位于圆弧末尾之外时是否使用延伸线进行绘制。如果未取消圆弧延伸线的显示，则圆弧和圆弧延伸线之间会具有间隔，如图10-47所示。所绘制间隔的大小通过Dimexo系统变量控制。

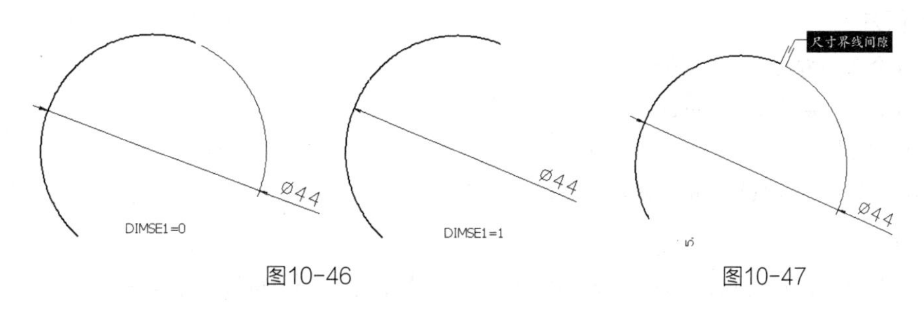

图10-46　　图10-47

10.3.6 折弯标注（Dimjogged）

“折弯”命令用于为圆和圆弧创建折弯标注，也称为“缩放的半径标注”。当圆弧或圆的中心位于布局之外并且无法在其实际位置显示时，将创建折弯半径标注。可以在更方便的位置指定标注的原点（称为中心位置替代），如图10-48所示。

1. 命令执行方式

执行半径标注命令的方式有以下3种。

命令行：在命令行中输入Dimjogged命令并按Enter键。

菜单栏：执行“标注>折弯”菜单命令。

工具栏：单击“标注”工具栏中的“折弯”按钮。

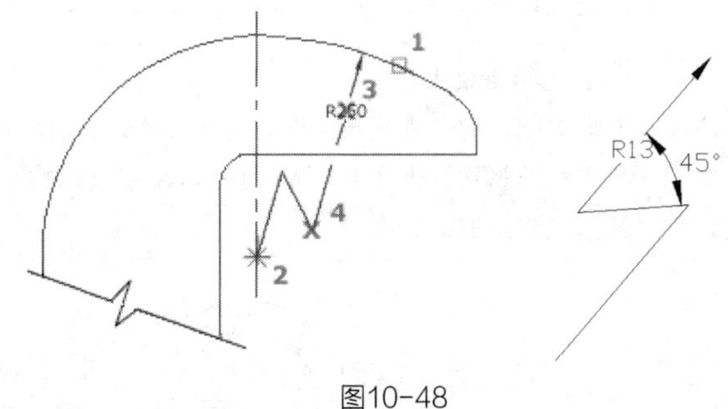

图10-48

2. 操作步骤

执行“标注>折弯”菜单命令，命令提示如下。

```
命令: _dimjogged
选择圆弧或圆: // 选择一个圆弧、圆或多段线圆弧
指定图示中心位置: //指一个点，系统以该点作为折弯半径标注的新圆心替代圆弧或圆的实际圆心
标注文字 = 135
指定尺寸线位置或 [多行文字(M)/文字(T)/角度(A)]: // 指定点或输入选项
指定折弯位置:
```

3. 技术要点：Dimjogged命令各选项含义

尺寸线位置：确定尺寸线的角度和标注文字的位置。如果由于未将标注放置在圆弧上而导致标注指向圆弧外，则AutoCAD会自动绘制圆弧尺寸界线。

多行文字：显示在位文字编辑器，可用它来编辑标注文字。用控制代码和Unicode字符串来输入特殊字符或符号。

如果标注样式中未打开换算单位，可以通过输入方括号 [ ] 来显示它们。当前标注样式决定生成的测量值的外观。

文字：在命令提示下，自定义标注文字。生成的标注测量值显示在尖括号中。要包括生成的测量值，请用尖括号 < > 表示生成的测量值。如果标注样式中未打开换算单位，可以通过输入方括号 [ ] 来显示换算单位。

标注文字特性在“新建标注样式”“修改标注样式”和“替代标注样式”对话框的“文字”选项卡上进行设定。

角度：修改标注文字的角度。还可以确定尺寸线的角度和标注文字的位置。

指定折弯位置：指定折弯的中点，折弯的横向角度在“标注样式管理器”中“符号和箭头”选项卡中的“折弯角度”数值框中设定。

10.3.7 角度标注（Dimangular）

角度标注用于标注两条直线之间的夹角，或者三点构成的角度，如图10-49所示。

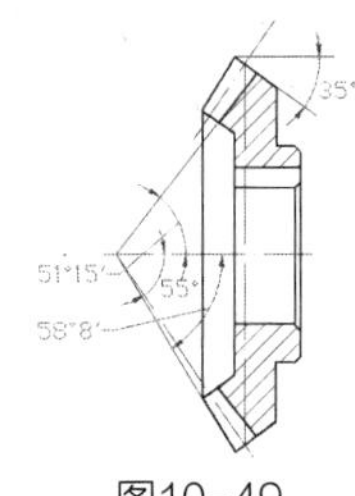

图10-49

1. 命令执行方式

执行角度标注命令的方式有以下3种。

命令行：在命令行中输入Dimangular命令并按Enter键。

菜单栏：执行“标注>角度”菜单命令。

工具栏：单击“标注”工具栏中的“角度”按钮。

2. 操作步骤

要标注圆弧、圆或者直线的角度，必须选择对象并指定角度的端点。命令执行过程如下。

```
命令: _dimangular
选择圆弧、圆、直线或 <指定顶点>: //选择图10-50所示的直线A
选择第二条直线: //选择直线B
指定标注弧线位置或 [多行文字(M)/文字(T)/角度(A)/象限点(Q)]: //指定标注弧线位置
标注文字 = 8
```

用户还可以通过指定角的顶点和端点的方法来进行标注。命令执行过程如下。

```
命令: _dimangular
选择圆弧、圆、直线或 <指定顶点>: //选择图10-51所示的圆弧
指定标注弧线位置或 [多行文字(M)/文字(T)/角度(A)/象限点(Q)]: //指定标注弧线位置
标注文字 = 224
```

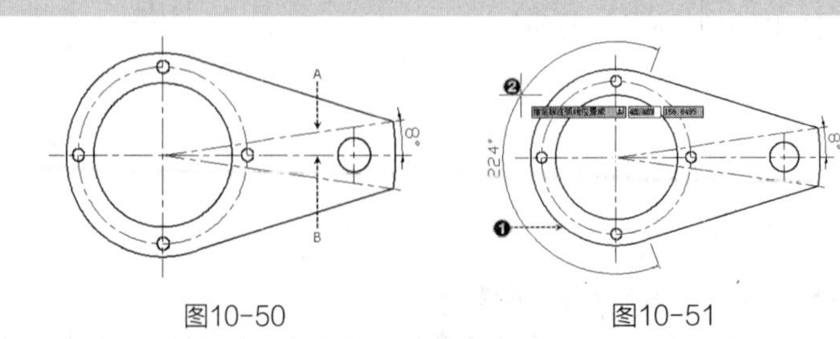

图10-50　　图10-51

专家提示

如果选择的是圆弧，则以圆弧的中心作为角度的顶点，以圆弧的两个端点作为角度的两个端点，来标注弧的夹角；如果选择的是圆，则以圆心作为角度的顶点，以圆周上指定的两点作为角度的两个端点，来标注圆的夹角。

10.3.8 基线尺寸标注（Dimbaseline）

基线尺寸标注是从上一个标注或选定标注的基线处创建线性标注、角度标注或坐标标注基线型尺寸标注，如图10-52所示。

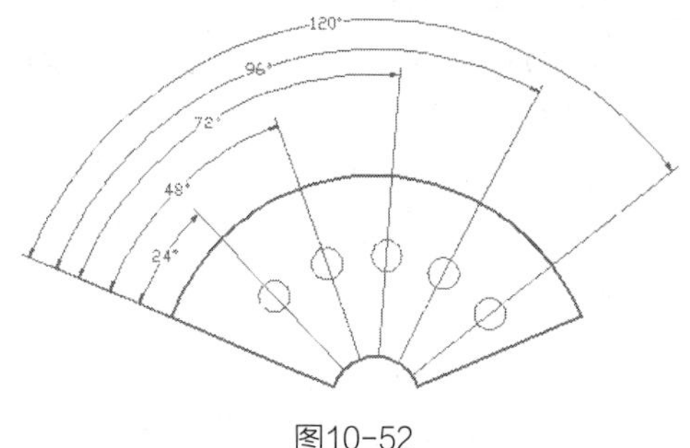

图10-52

1. 命令执行方式

执行基线标注命令的方式有以下3种。

命令行：在命令行中输入Dimbaseline命令并按Enter键。

菜单栏：执行“标注>基线”菜单命令。

工具栏：单击“标注”工具栏中的“基线”按钮。

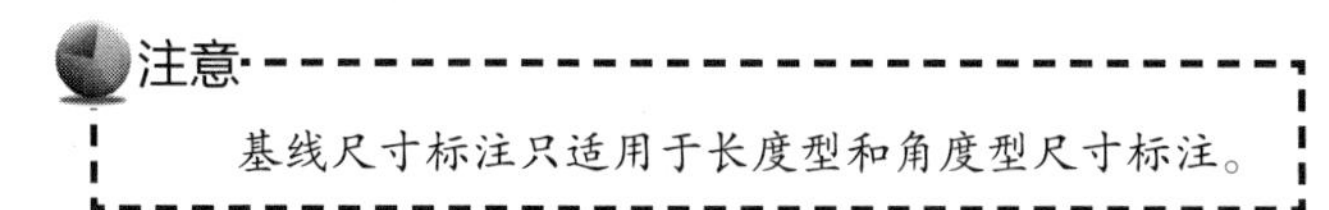

注意

基线尺寸标注只适用于长度型和角度型尺寸标注。

2. 操作步骤

01 打开配套光盘中的“DWG文件\CH10\1038.dwg”文件，如图10-53所示。

02 执行“标注>基线”菜单命令，然后根据命令提示进行基线标注，如图10-54所示。命令执行过程如下。

```
命令: _dimbaseline
选择基准标注:
指定第二条尺寸界线原点或 [放弃(U)/选择(S)] <选择>: //选择已有的标注尺寸
标注文字 = 5
指定第二条尺寸界线原点或 [放弃(U)/选择(S)] <选择>: //捕捉图10-54所示的点1
标注文字 = 25
指定第二条尺寸界线原点或 [放弃(U)/选择(S)] <选择>: //捕捉点2
标注文字 = 30
指定第二条尺寸界线原点或 [放弃(U)/选择(S)] <选择>: //捕捉点3
标注文字 = 55
指定第二条尺寸界线原点或 [放弃(U)/选择(S)] <选择>: //捕捉点4
选择基准标注: ↙              //按Enter键或者Esc键结束命令
```

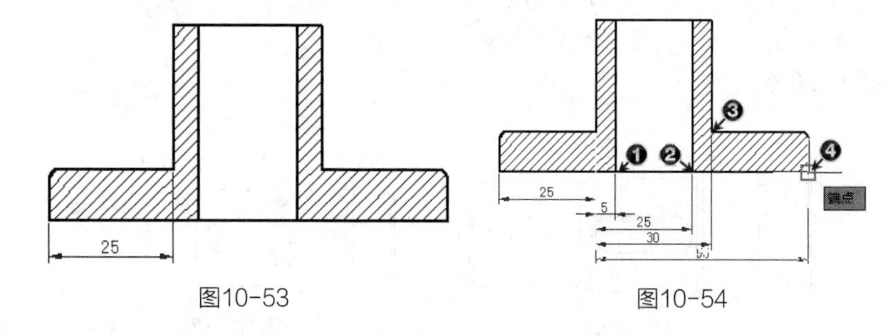

图10-53　　图10-54

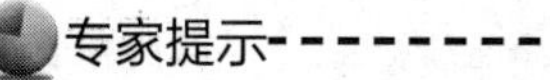

专家提示

在创建基线标注之前，必须先创建线性、对齐或角度标注，也就是说使用基线标注的前提是已经存在尺寸标注。

03 执行“标注>标注间距”菜单命令，可以自动使平行线性标注等间距。命令执行过程如下。

```
命令: _dimspace
选择基准标注: //选择左侧第一个标注
选择要产生间距的标注:指定对角点: 找到 4 个 //选择其余4个标注
选择要产生间距的标注: ↙//结束选择
输入值或 [自动(A)] <自动>: 5 ↙//输入标注之间的间距值，如果不输入值，则自动调整间距
```

10.3.9 连续尺寸标注（Dimcontinue）

连续尺寸标注是尺寸线端与端相连的多个尺寸标注，其中前一个尺寸标注的第二条尺寸界线与后一个尺寸标注的第一条尺寸界线重合。

执行Dimcontinue命令后的提示信息与执行Dimbaseline命令后的提示信息基本类似，只不过Dimcontinue命令是将前一个尺寸标注的第二条尺寸界线作为下一个尺寸标注的第一条尺寸界线。

执行Dimcontinue命令时会不断提示用户指定第二条尺寸界线的原点，并根据用户的输入形成多个相连的尺寸标注，直至按Esc键结束该命令，如图10-55所示。

1. 命令执行方式

执行连续标注命令的方式有以下3种。

命令行：在命令行中输入Dimcontinue命令并按Enter键。

菜单栏：执行“标注>连续”菜单命令。

工具栏：单击“标注”工具栏中的“连续”按钮。

2. 操作步骤

01 打开配套光盘中的“DWG文件\CH10\1039.dwg”文件，如图10-56所示。

02 执行“标注>连续”菜单命令，然后根据命令提示进行连续标注，如图10-57所示。命令执行过程如下。

```
命令: _dimcontinue
选择连续标注:
指定第二条尺寸界线原点或 [放弃(U)/选择(S)] <选择>: //选择原有的线性标注
标注文字 = 3
指定第二条尺寸界线原点或 [放弃(U)/选择(S)] <选择>: //捕捉第一个端点
标注文字 = 25
指定第二条尺寸界线原点或 [放弃(U)/选择(S)] <选择>: //捕捉第二个端点
标注文字 = 3
指定第二条尺寸界线原点或 [放弃(U)/选择(S)] <选择>: //捕捉第三个端点
标注文字 = 52
指定第二条尺寸界线原点或 [放弃(U)/选择(S)] <选择>: //捕捉第四个端点
标注文字 = 48.5
指定第二条尺寸界线原点或 [放弃(U)/选择(S)] <选择>: //捕捉第五个端点
选择连续标注: ↙ //按Enter键或Esc键结束命令
```

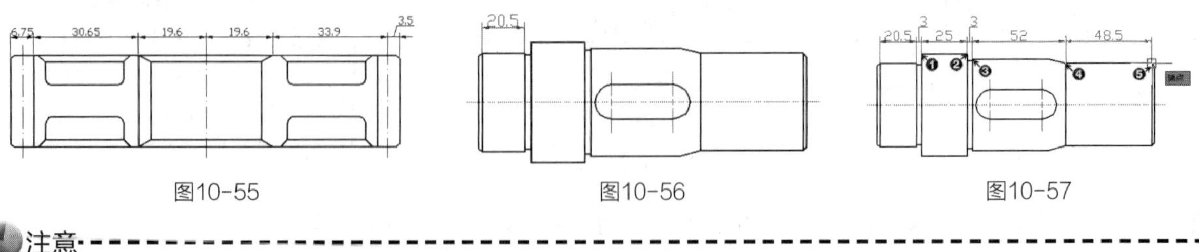

图10-55　　图10-56　　图10-57

注意

在创建连续标注之前，也必须先创建线性、对齐或角度标注。

10.3.10 快速标注（Qdim）

使用Qdim（快速标注）命令就可以实现对图形的快速标注，如图10-58所示。

1. 命令执行方式

执行Qdim（快速标注）命令的常用方法有以下3种。

命令行：在命令提示行输入Qdim并按Enter键。

菜单栏：执行“标注>快速标注”菜单命令。

工具栏：单击“标注”工具栏中的“快速标注”按钮。

2. 操作步骤

单击“标注”工具栏中的“快速标注”按钮。命令执行过程如下。

```
命令: _qdim
关联标注优先级 = 端点
选择要标注的几何图形: 指定对角点: 找到 10 个        //框选所有的图形
选择要标注的几何图形: ↙                          //按Enter键确认选中图形
指定尺寸线位置或 [连续(C)/并列(S)/基线(B)/坐标(O)/半径(R)/直径(D)/基准点(P)/编辑(E)/设置(T)] <连续>: //确定尺寸线的位置
```

10.3.11 创建引线标注（Qleader）

引线标注用于对图形中的某一特征进行文字说明。因为在设计图中，对于有些特征对象可能需要加上一些说明和注释，为了更加明确地表示这些注释与被注释对象之间的关系，就需要用一条引线将注释文字指向被说明的对象，这就是引线标注，如图10-59所示。

引线是由箭头、可选的水平基线、引线或曲线和多行文字对象或块等组成的复杂对象。引线的末端放置注释文本，默认的注释是一个多行文本。引线和注释在图形中被定义成两个独立的对象，但两者是相关的。移动注释会引起引线的移动，而移动引线则不会导致注释的移动。

1. 命令执行方式

创建引线标注（Qleader）命令在菜单栏和工具栏中都没有，需要在命令行中输入Qleader命令并按Enter键来执行。

2. 操作步骤

01 打开配套光盘中的“DWG文件\CH10\10311.dwg”文件，如图10-60所示。

02 在命令提示行输入Qleader并按Enter键，然后根据命令行提示创建引线标注，标注效果如图10-61所示。命令执行过程如下。

```
命令: _qleader
指定第一个引线点或 [设置(S)] <设置>:        //在圆周上拾取一点
指定下一点:                              //拾取第二点
指定下一点:                              //拾取第三点
指定下一点: ↙
指定文字宽度 <20>: 25 ↙                   //设置文字的宽度
输入注释文字的第一行 <多行文字(M)>: 周长34.6 ↙    //输入标注内容
输入注释文字的下一行: 面积50.2 ↙            //输入标注内容
输入注释文字的下一行: ↙
```

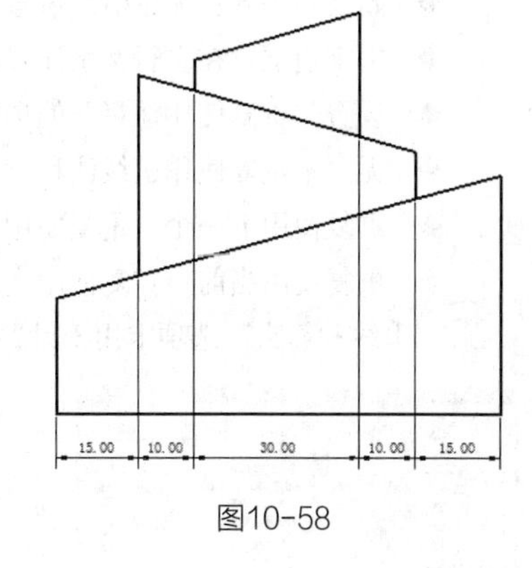

图10-58

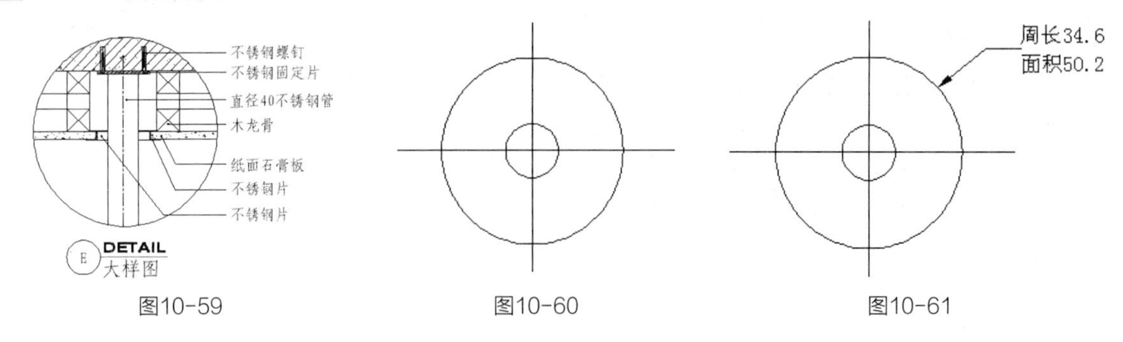

图10-59　　图10-60　　图10-61

3. 技术要点

在“引线设置”对话框中可以设置引线及注释文字，它有3个选项卡，通过对选项卡中各选项的设置，可以实现以下主要功能。

- ◆ 设置引线标注的类型及格式。
- ◆ 设置引线与注释文本的位置关系。
- ◆ 设置引线点的数目。
- ◆ 限制引线线段间的夹角。

设置注释内容。在“注释”选项卡中可以设置注释的类型，如图10-62所示。

设置引线注释类型，选择的类型将更改Qleader引线注释提示。

多行文字：提示创建多行文字注释，单击“确定”按钮后，接下来的命令提示如下

```
指定文字宽度<0>:    //指定多行文本的宽度
输入注释文字的第一行<多行文字（M）>:    //输入第一行文字，如果按一次Enter键，则输入另一行文字，如果按两次Enter键，则直接在图形中显示出引线和注释文本；如果按Esc键，则画一个没有注释的引线。
```

◆ 复制对象：提示用户复制多行文字、单行文字、公差或块参照对象，并将副本连接到引线末端。副本与引线是相关联的，这就意味着如果复制的对象移动，引线末端也将随之移动。基线的显示取决于被复制的对象。

◆ 公差：显示“公差”对话框，用于创建将要附着到引线上的特征控制框，然后将公差放置在引线后面，如图10-63所示。

◆ 块参照：提示插入一个块参照。块参照将插入到自引线末端的某一偏移位置，并与该引线相关联，这就意味着如果块移动，引线末端也将随之移动。没有显示基线。

- ◆ 无：创建无注释的引线。
- ◆ 在“多行文字选项”设置多行文字的相关选项，只有选定了多行文字注释类型时该选项才可用。
- ◆ 提示输入宽度：提示指定多行文字注释的宽度。
- ◆ 始终左对齐：无论引线位置在何处，多行文字注释应靠左对齐。
- ◆ 文字边框：在多行文字注释周围放置边框。
- ◆ 设置“重复使用注释”的选项如下。
- ◆ 无：不重复使用引线注释。
- ◆ 重复使用下一个：重复使用为后续引线创建的下一个注释。
- ◆ 重复使用当前：重复使用当前注释。选择“重复使用下一个”之后，重复使用注释时将自动选择此选项。

“引线和箭头”选项卡用于设置引线的样式，具体设置如图10-64所示。

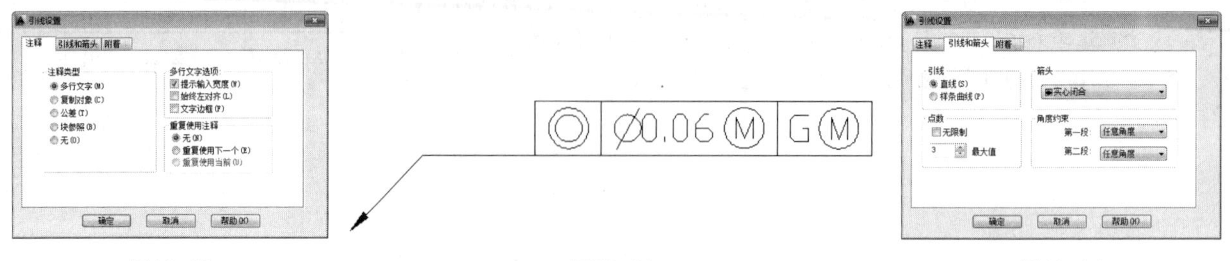

图10-62　　图10-63　　图10-64

◆ 引线：将引线设置为直线或样条曲线。

◆ 箭头：在“用户箭头”下拉列表中选择箭头类型。

◆ 点数：设置引线的点数，提示输入引线注释之前，Qleader命令将提示指定这些点。例如，如果设置点数为3，指定两个引线点之后，Qleader命令将自动提示指定注释。请将此数目设定为比要创建的引线段数目多1的数值。如果将此选项设定为“无限制”，则Qleader命令会一直提示指定引线点，直到用户按 Enter键。

◆ 角度约束：设置第一条与第二条引线的角度约束。

“附着”选项卡用于设置引线和多行文字注释的附着位置。只有在“注释”选项卡上选定“多行文字”时，此选项卡才可用，具体参数如图10-65所示。

注意

只有在“注释”选项卡中选择了“多行文字”单选项时，“附着”选项卡才可用。

◆ 第一行顶部：将引线附着到多行文字的第一行顶部。

◆ 第一行中间：将引线附着到多行文字的第一行中间。

◆ 多行文字中间：将引线附着到多行文字的中间。

◆ 最后一行中间：将引线附着到多行文字的最后一行中间。

◆ 最后一行底部：将引线附着到多行文字的最后一行底部。

◆ 最后一行加下划线：勾选“最后一行加下划线”复选框之后，其余选项变为不可用，文字将显示在下划线上方，如图10-66所示。

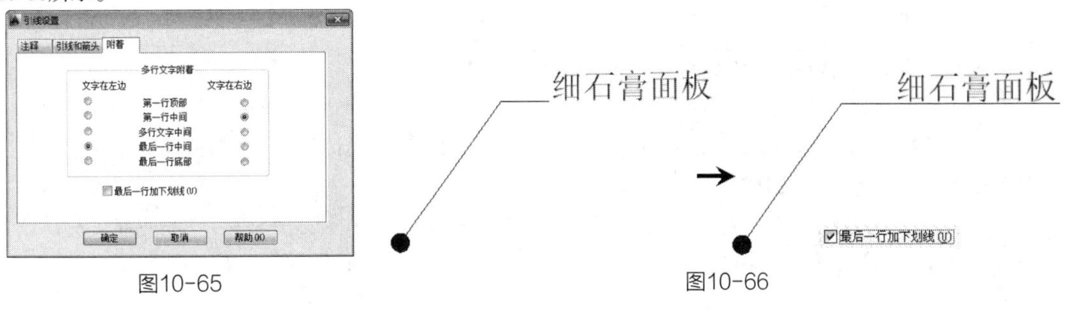

图10-65　　图10-66

10.3.12 多重引线标注（Mleader）

引线对象是一条直线或样条曲线，其中一端带有箭头，另一端带有多行文字对象或块。在某些情况下，有一条短水平线（又称为基线）将文字或块和特征控制框连接到引线上，如图10-67所示。

当打开关联标注，并使用对象捕捉确定引线箭头的位置时，引线则与附着箭头的对象相关联。如果重定位该对象，箭头也重定位，并且基线相应拉伸。注意引线对象不应与自动生成的、作为尺寸线一部分的引线混淆。

多重引线（Mleader）：是具有多个选项的引线对象。对于多重引线，先放置引线对象的头部、尾部或内容均可，也可以将多条引线附着到同一注解，并且可以均匀隔开并快速对齐多个注解，如图10-68所示。

1. 命令执行方式

执行Mleader（多重引线）命令的常用方法如下。

命令行：在命令提示行输入Mleader并按Enter键。

菜单栏：执行“标注>多重引线”菜单命令。

执行“标注>多重引线”菜单命令或者在命令行中输入Mleader命令。命令提示如下。

```
命令: _mleader
指定引线箭头的位置或 [引线基线优先（L）/内容优先（C）/选项（O）] <选项>:
```

2. 技术要点：多重引线命令各选项含义

引线基线优先（L）/内容优先（C）：这两个选项用于设置在添加引线标注时，是先绘制出引线基线，还是先输入内容再绘制引线基线。

选项（O）：在命令提示行后面输入O并按Enter键（也可以直接按Enter键），会出现如下提示。

输入选项 [引线类型（L）/引线基线（A）/内容类型（C）/最大节点数（M）/第一个角度（F）/第二个角度（S）/退出选项（X）] <退出选项>:

这里的选项用于设置引线的样式，要返回到前面的主选项命令行，需要输入X并按Enter键。下面讲解一下各选项的意义和用途。

引线类型（L）：输入选项L，命令行会出现如下提示。

"选择引线类型 [直线(S)/样条曲线(P)/无(N)] <直线>:"

图10-67

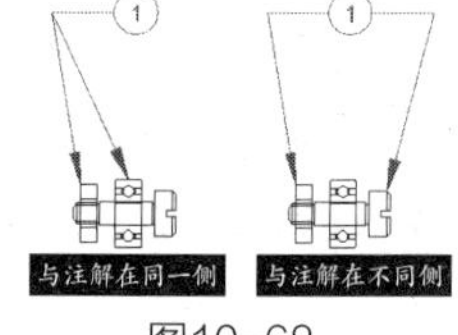

图10-68

其中包含3个选项，用于将引线设置为直线或样条曲线，默认为直线，输入选项P则绘制出样条曲线作为引线基线，如图10-69所示。

引线基线（A）：该选项用于设定引线是否使用基线，在命令提示“使用基线 [是（Y）/否（N）] <是>:”后直接按Enter键，然后输入基线的固定距离（即基线的长度）。如果不需要基线，则输入选项N。

内容类型（C）：设置引线标注内容的类型，命令提示如下。

选择内容类型 [块(B)/多行文字(M)/无(N)] <多行文字>:

默认情况下为多行文字，如果是输入图块，则需要输入选项B，命令提示如下。

选择内容类型 [块(B)/多行文字(M)/无(N)] <多行文字>: b ↙

输入块名称:？ ↙// 输入图块的名称

输入选项 [引线类型(L)/引线基线(A)/内容类型(C)/最大节点数(M)/第一个角度(F)/第二个角度(S)/退出选项(X)] <内容类型>: x ↙//返回了主选项

指定块的插入点或 [引线箭头优先(H)/引线基线优先(L)/选项(O)] <选项>: //在视图中指定引线位置，系统自动将图块插入在引线后面,如图10-70所示。

最大节点数（M）：指定新引线的最大点数，默认为两个节点，如图10-71所示。

第一个角度（F）/第二个角度（S）：指定约束新引线中的第一个点和第二个点的角度。

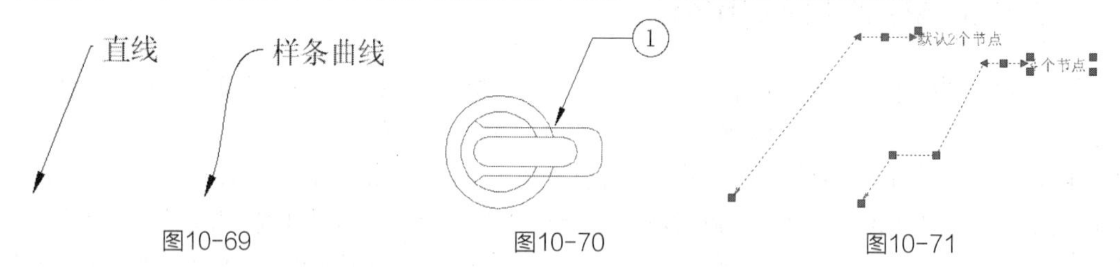

图10-69　图10-70　图10-71

10.4 形位公差标注（Tolerance）

在制造零件时，每个尺寸不可能都绝对准确，表面也不可能绝对光滑，而在实际使用中也是没有必要的。但在指定技术要求时，应该尽量定出合理的技术要求。一般而言，在零件图上应该注明的有尺寸公差、形状、位置公差和表面粗糙度等，这就要用到形位公差标注。

10.4.1 形位公差概述

形位公差定义图形中形状或轮廓、方向、位置和相对精确几何图形的最大允许误差。它们为相应的函数和

AutoCAD中所绘制对象的拟和指定所要求的精确度。

AutoCAD用特征控制框向图形中添加形位公差。特征控制框划分为包含几何特征符号的框格，随后是一个或多个公差值。在使用时，公差前加有直径符号，后面跟随其包容条件的基准和符号，如图10-72所示。

在AutoCAD中，图形的形位公差符号由一些框组成，填入包含公差符号的一组框称之为特征控制框，在特征控制框中添入的内容都是形位公差中的重要组成部分。在形位公差对话框中可以直接填入一个或者多个公差值。

形位公差的标注与尺寸标注相类似，需要注意的是：在形位标注中，必须给定要标注的对象以及符号。在AutoCAD中，系统默认给出了14种常用的形位公差符号，如表10-3所示。同时用户也可以自定义工程符号，常用的方法是通过定义块来定义基准符号或粗糙度符号，如果要修改基准或粗糙度，可以像编辑图块属性的方法那样进行编辑。

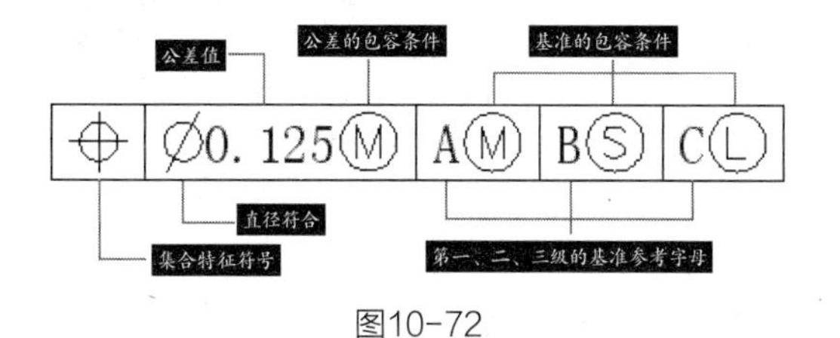

图10-72

表10-3 形位公差符号列表

符号	特征	类型	符号	特征	类型	符号	特征	类型
⌖	位置	位置	//	平行度	方向	⌭	圆柱度	形状
◎	同轴（同心）度	位置	⊥	垂直度	方向	▱	平面度	形状
⌯	对称度	位置	∠	倾斜度	方向	○	圆度	形状
⌓	面轮廓度	轮廓	↗	圆跳动	跳动	—	直线度	形状
⌒	线轮廓度	轮廓	⌰	全跳动	跳动			

形位公差在系统中作为一个实体进行处理，和其他尺寸标注一样，可以对其进行常规的操作，如旋转、移动和复制等。对已标注在图形上的形位公差是可以进行编辑的，AutoCAD把形位公差作为一种特殊的文字注释。

10.4.2 包容条件

包容条件应用于大小可变的几何特征。

第二个框格包含公差值。根据控制类型，可以在公差值前加一个直径符号，在公差值后加一个包容条件符号。

包容条件应用于大小可变的特征有以下几点。

对于最大包容条件（符号为M，也称为MMC），特征包含极限尺寸内的最大包容量。

在MMC中，孔具有最小直径，而轴具有最大直径。

对于最小包容条件（符号为L，也称为LMC），几何特征包含极限尺寸内的最小包容量。

在LMC中，孔具有最大直径，而轴具有最小直径。

不考虑特征尺寸（符号为S，也称为RFS）是指几何特征可以是极限尺寸内的任何尺寸。

特征控制框中的公差值最多可跟随3个可选的基准参考字母及其修饰符号。

10.4.3 投影公差和混合公差

除指定位置公差外，还可以指定投影公差以使公差更加明确。例如，使用投影公差控制嵌入零件的垂直公差带。

延伸公差符号 () 的前面为高度值，该值指定最小的延伸公差带。投影公差带的高度和符号出现在特征控制框下的边框中，如图10-73所示。

混合公差为某个特征的相同几何特征或为有不同基准需求的特征指定两个公差。一个公差与特征组相关，另一个公差与组中的每个特征相关。单个特征公差比特征组公差具有更多的限制。

基准A和B相交的点称为基准轴，从这个点开始计算图案的位置。混合公差可以指定孔组的分布直径和每个单独孔的直径，如图10-74所示。

将混合公差添加到图形中时，首先指定特征控制框的第一行，然后为第二行选择相同的几何特征符号，再创建第二行公差符号，如图10-75所示。设置好之后，单击“确定”按钮，然后在视图中放置公差，该设置的结果如图10-76所示。

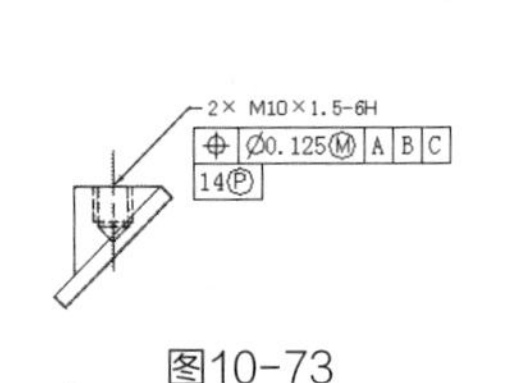

图10-73

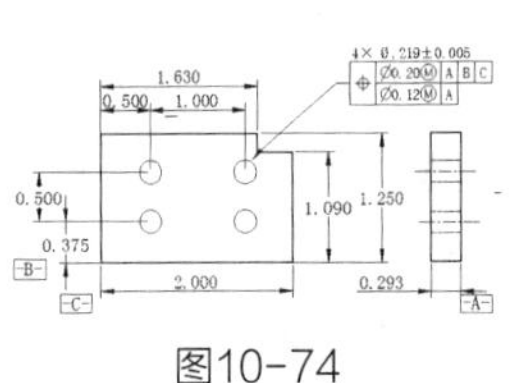

图10-74

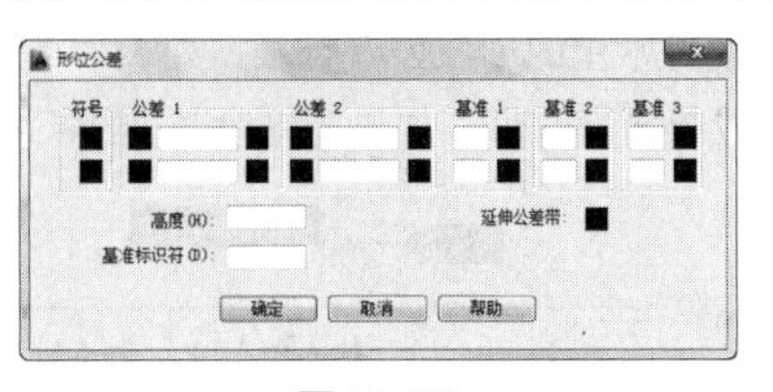

图10-75

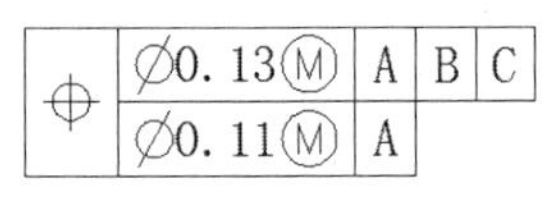

图10-76

案例 054 标注形位公差

- **学习目标** | 本例的目的是通过标注图10-77所示的形位公差，加深对公差标注标的认识。
- **视频路径** | 光盘\视频教程\CH10\标注形位公差.avi
- **结果文件** | 光盘\DWG文件\CH10\标注形位公差.dwg

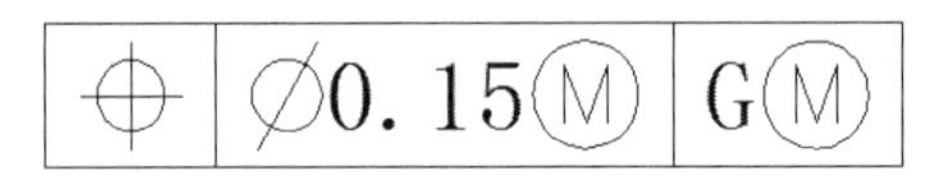

图10-77

01 执行“标注>公差”菜单命令，系统会弹出图10-78所示的“形位公差”对话框。

02 单击“形位公差”对话框左侧“符号”域下面的黑框，系统弹出“特征符号”对话框，如图10-79所示。

03 单击“特征符号”对话框中的几何特征符号，所选择的符号就出现在“符号”选项下面的黑框中，如图10-80所示。

04 单击“公差1”选项中的第一个小黑框，则会出现直径符号*Φ*，如图10-81所示。

图10-78

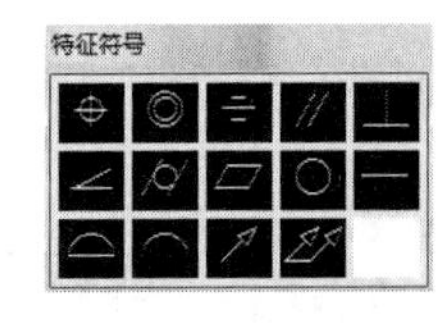

图10-79

05 在“公差1”选项中的白色文本框里输入公差值，如图10-82所示。

06 单击“公差1”选项中的第二个小黑框，系统则弹出“附加符号”对话框，如图10-83所示，从中选择包容条件符号。

07 在“公差2”下面的文本框中输入基准字母，然后单击“公差2”的第二个色块，选择条件符号，如图10-84所示。

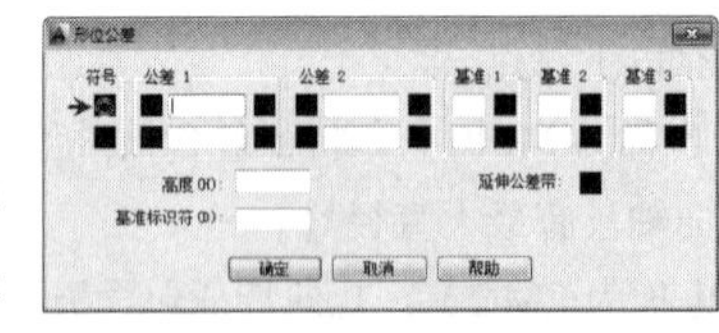

图10-80

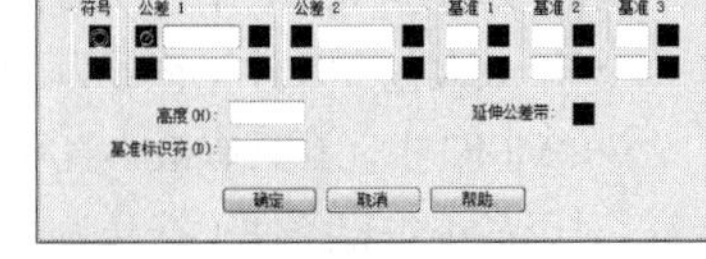

图10-81

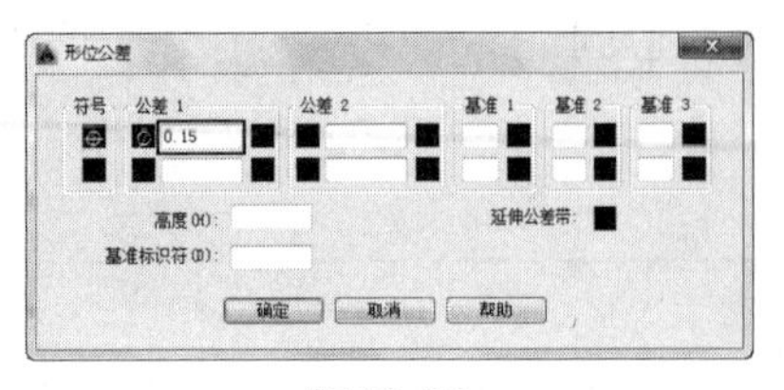

图10-82

图10-83

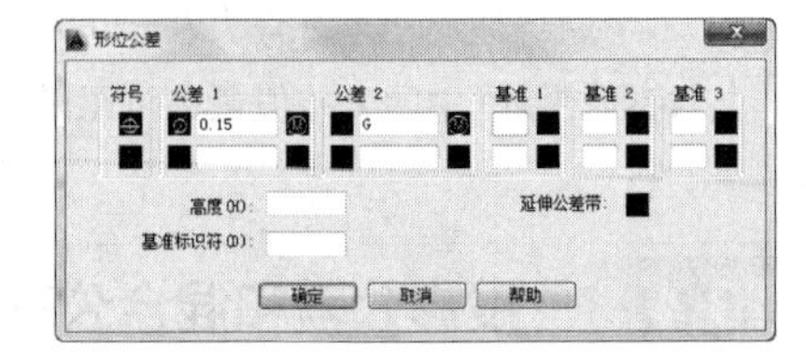

图10-84

08 最后单击对话框的“确定”按钮，系统回到绘图区域，用鼠标拾取公差标注的位置即可，结果如图10-85所示。

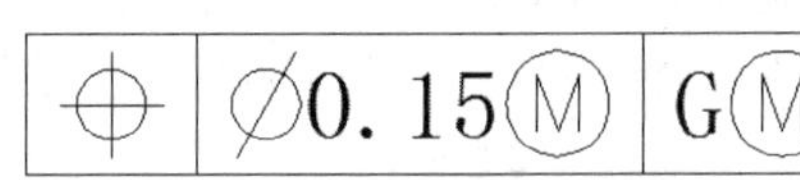

图10-85

10.5 修改尺寸标注

对于图形中已经标注好的尺寸，用户仍可以进行修改编辑。比如，可以使用基本编辑命令对尺寸标注进行移动、复制、删除、旋转和拉伸等通常的编辑操作。除此之外，还可以使用专门的尺寸标注编辑命令，对尺寸标注进行修改特性等编辑工作。

相关命令如表10-4所示。

表10-4 修改尺寸标注命令

命令	简写	功能
Dimedit（编辑标注）	DIMED	旋转、修改或恢复标注文字。更改尺寸界线的倾斜角
Ddedit（编辑文字）	DDE	编辑单行文字、标注文字、属性定义和功能控制边框
Dimtedit（编辑标注文字）	DIMTED	移动和旋转标注文字并重新定位尺寸线
Dimjogline（折弯线性）	DIMJ	在线性标注或对齐标注中添加或删除折弯线
Dimbreak（标注打断）	DIMBR	在标注和尺寸界线与其他对象的相交处打断或恢复标注和尺寸界线
Diminspect（检验标注）	DIMI	为选定的标注添加或删除检验信息
Dimangular（标注间距）	DIMSP	调整线性标注或角度标注之间的间距

10.5.1 使用Dimedit命令改变标注位置

可以使用Dimedit命令对尺寸标注进行修改，命令提示如下。

```
命令: _dimedit ↙
输入标注编辑类型[默认(H)/新建(N)/旋转(R)/倾斜(O)] <默认>:
```

各选项的含义如下。

默认（H）：移动尺寸文本到默认位置。

新建（N）：选择该选项将弹出“文字格式”工具栏。用户可使用该工具栏输入新的尺寸文本，然后单击“确定”按钮关闭工具栏。

旋转（R）：旋转尺寸文本。

倾斜（O）：调整长度型尺寸标注的尺寸界线的倾斜角度，在绘制轴测图时经常会用到该命令，如图10-86所示。

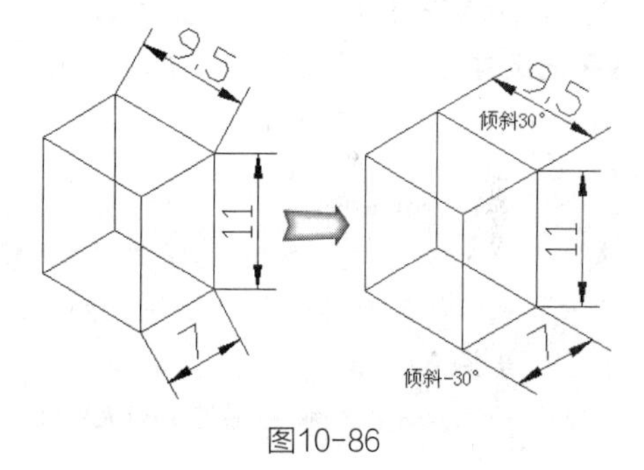

图10-86

10.5.2 使用Ddedit命令编辑标注文本

除了可以使用Dimedit命令对尺寸文本进行修改编辑外，还可以使用Ddedit命令对尺寸文本进行修改编辑。命令执行过程如下。

```
命令: _ddedit ↙
选择注释对象或[放弃(U)]:
```

默认选择为“选择注释对象或[放弃(U)]”，提示用户选择一个尺寸标注。当选择结束后将弹出“文字格式”工具栏，用户可在该工具栏中输入新的尺寸文本，然后单击“确定”按钮结束该处的修改。AutoCAD不断重复以上的提示，以便用户可以连续进行多处修改，直至按Enter键结束该命令。如果选择“放弃（U）”，则撤销上一次所做的修改。

专家提示

在修改尺寸文本或者用键盘输入尺寸文本时，有些尺寸标注中所用的符号（如直径符号、角度符号等）没有直接对应的键码，因此必须用特定的代码来表示。

- “%%c”表示直径符号“ф”。
- “%%d”表示角度符号“°”。
- “%%p”表示公差标注中的“±”。

10.5.3 使用Dimtedit命令改变尺寸文本位置

使用Dimtedit命令可以改变尺寸文本的位置，一般包括对尺寸文本进行移动和旋转。命令提示如下。

```
命令: _dimtedit ↙
选择标注:        //选择一个尺寸标注对象
用户选择要进行编辑的尺寸标注后将显示以下提示。
指定标注文字的新位置或 [左(L)/右(R)/中心(C)/默认(H)/角度(A)]:
```

在默认的情况下，用户可用鼠标直接指定尺寸文本的位置，或者选择其中的某一选项。各选项的含义如下。

默认（H）：移动尺寸文本到默认位置。

左（L）：沿尺寸线左对齐尺寸文本。

中心（C）：尺寸文本放置在尺寸线的中间位置。

右（R）：沿尺寸线右对齐尺寸文本。

角度（A）：改变尺寸文本的角度。

01 打开配套光盘中的“DWG文件\CH10\1053.dwg”文件，如图10-87所示。

02 把尺寸界线倾斜30°。在“标注”工具栏中单击“编辑标注”按钮，然后根据命令提示进行操作，结果如图10-88所示。命令执行过程如下。

```
命令: _dimedit ↙
输入标注编辑类型 [默认(H)/新建(N)/旋转(R)/倾斜(O)] <默认>: o ↙  //输入选项O并按Enter键
选择对象: 找到 1 个    //选择尺寸标注
选择对象: ↙
输入倾斜角度 (按 Enter键 表示无): 30 ↙      //设置倾斜角度
```

03 把标注文字旋转30°。在“标注”工具栏中单击“编辑标注”按钮，然后根据命令提示进行操作，文字旋转效果如图10-89所示。命令执行过程如下。

```
命令: _dimedit
输入标注编辑类型 [默认(H)/新建(N)/旋转(R)/倾斜(O)] <默认>: r ↙  //输入选项R并按Enter键
指定标注文字的角度: 30 ↙        //设置文字的旋转角度
选择对象: 找到 1 个        //选择尺寸标注
选择对象: ↙
```

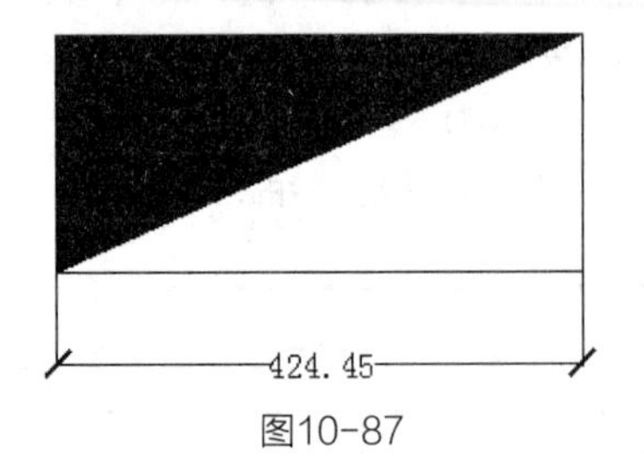

图10-87

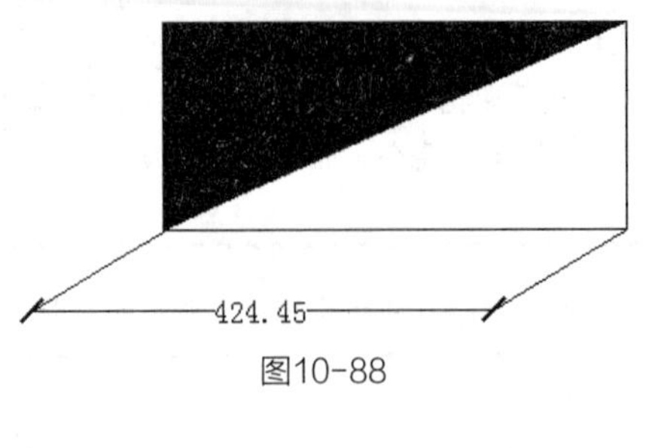

图10-88

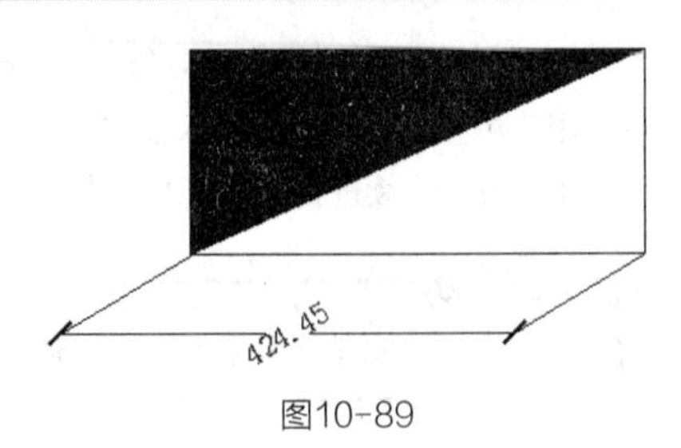

图10-89

10.5.4 折弯线性（Dimjogline）

折弯线用于表示不显示线性标注中的实际测量值的标注值。通常，标注的实际测量值小于显示的值。

折弯由两条平行线和一条与平行线呈52° 角的交叉线组成。折弯的高度由标注样式的“折断大小”值决定，如图10-90所示。

执行Dimjogline命令的方式有以下几种。

命令行：执行“标注>折弯线性”菜单命令。

菜单栏：单击“标注”工具栏中的“折弯线性”按钮。

工具栏：在命令提示行中输入Dimjogline。

使用折弯线性的操作步骤如下。

- 执行“标注>折弯线性”菜单命令。
- 在视图中选择线性标注。
- 在尺寸线上指定一点以放置折弯，或者直接按Enter键将折弯定位在选定尺寸线的中点。
- 将折弯添加到线性标注后，可以选择标注再选择夹点，然后沿着尺寸线将夹点移至另一点，如图10-91所示。

用户也可以选中标注，然后单击右键，选择“特性”命令，在特性选项板上的“直线和箭头”的“折弯高度因子”数值框中输入数值调整线性标注上折弯符号的高度。

如果要删除折弯，同样执行“标注>折弯线性”菜单命令，然后在命令提示行中输入R并按Enter键即可删除折弯。

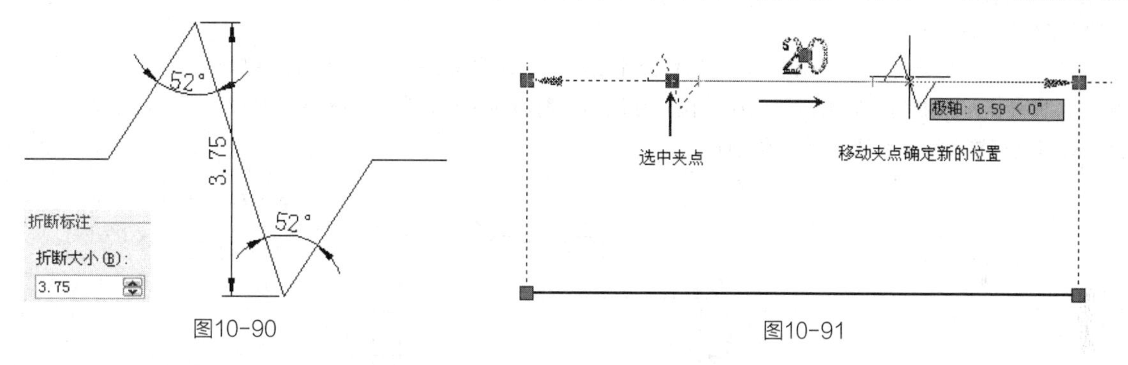

图10-90　　图10-91

10.5.5 标注打断（Dimbreak）

使用折断标注可以使尺寸线、尺寸界线或引线某部分不显示，如图10-92所示。

可以自动或手动将折断标注添加到标注或多重引线。根据与标注或多重引线相交的对象数量选择放置折断标注的方法。

“标注打断”的命令默认为自动打断标注，如果要手动打断标注，则在命令提示后面输入M选项，然后手动指定两个打断点。

执行“标注>标注打断”菜单命令，或者在命令行中输入Dimbreak命令，命令提示如下。

命令: _dimbreak ↙

选择要添加/删除折断的标注或 [多个(M)]: //选择要打断的标注

选择要折断标注的对象或 [自动(A)/手动(M)/删除(R)] <自动>: m ↙//输入“手动”选项

指定第一个打断点:

指定第二个打断点

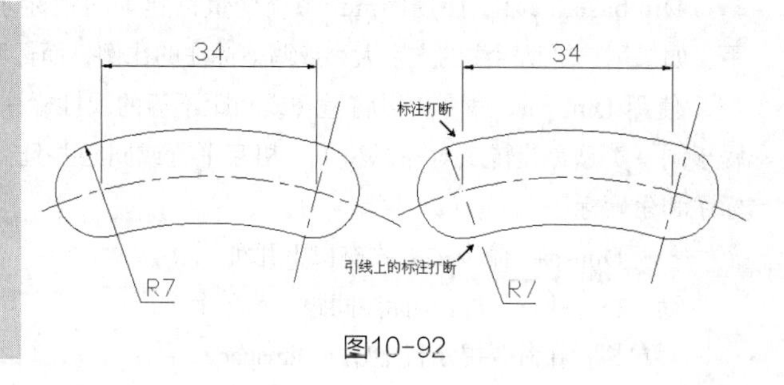

图10-92

10.5.6 检验标注（Diminspect）

检验标注使用户可以有效地传达应检查制造的部件的频率，以确保标注值和部件公差处于指定范围内。检验标注由边框和文字值组成。检验标注的边框由两条平行线组成，末端呈圆形或方形。文字值用垂直线隔开。检验标注最多可以包含3种不同的信息字段：检验标签、标注值和检验率，如图10-93所示。

执行Diminspect命令的方式有以下几种。

命令行：执行“标注>检验”菜单命令。

菜单栏：单击“标注”工具栏中的“检验”按钮。

工具栏：在命令提示行中输入Diminspect。

添加检验标注的操作步骤如下。

- 执行“标注>检验”菜单命令，系统会弹出图10-94所示的“检验标注”对话框。
- 在“检验标注”对话框中单击“选择标注”，然后在视图中选择一个尺寸标注，按Enter键返回到该对话框。
- 在“形状”选项中选择线框类型。
- 在“标签/检验率”选项中指定所需的选项，勾选“标签”复选框，然后在文本框中输入所需的标签。
- 选择“检验率”复选框，然后在文本框中输入所需的检验率。

最后单击“确定”按钮即可。

标签：添加检验标注之前，显示的标签是相同的值。标注值可以包含公差、文字（前缀和后缀）和测量值。标签位于检验标注的中心部分。

检验率：用于传达应检验标注值的频率，以百分比表示。检验率位于检验标注的最右侧部分。

可以将检验标注添加到任何类型的标注。检验标注的当前值显示在特性选项板的“其他”下。这些值包括用于控制边框外观以及标签和检验率值的文字的特性。

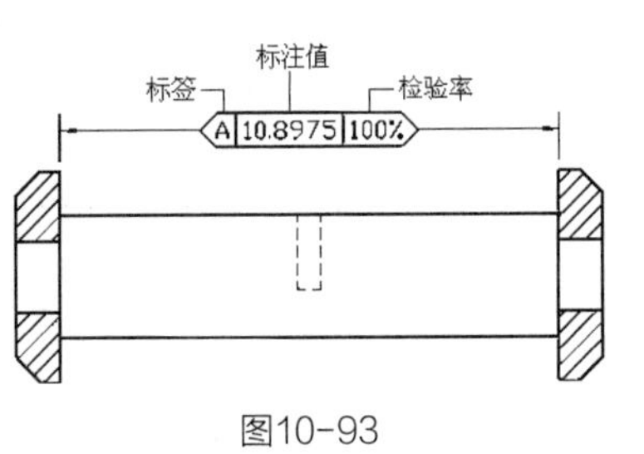

图10-93

图10-94

10.5.7 调整标注间距（Dimspace）

使用Dimspace命令可以自动调整图形中现有的平行线性标注和角度标注，以使其间距相等或在尺 寸线处相互对齐，如图10-95所示。

可以在图形中使用多种不同的方式创建平行线性标注和角度标注。使用Dimlinear 和Dimangular命令可以一次放置一个标注；使用Dimbaseline和Dimcontinue命令则可以根据以前放置的线性标注放置其他的线性标注。

Dimbaseline命令使用Dimdli系统变量创建等间距标注，但是放置标注后更改该系统变量的值不会影响标注的间距。如果用户更改标注的文字大小或调整标注的比例，而标注保留在原来位置，则将会导致尺寸线和文字重叠的问题。

使用 Dimspace 命令可以将重叠或间距不等的线性标注和角度标注隔开。选择的标注必须是线性标注或角度标注并属于同一类型（旋转或对齐标注）、相互平行或同心并且在彼此的尺寸界线上。也可以通过使用间距值“0”对齐线性标注和角度标注。

执行Dimspace命令的方式有以下几种。

命令行：执行“标注>标注间距”菜单命令。

菜单栏：在命令提示行中输入Dimspace。

工具栏：单击“标注”工具栏中的“等距标注”按钮。

执行“标注>标注间距”菜单命令，命令执行过程如下。

```
命令: _dimspace
选择基准标注: //选择值为25的标注作为基准标注
选择要产生间距的标注:找到 4 个 //选择值标注
选择要产生间距的标注: ↙
输入值或 [自动(A)] <自动>: ↙
```

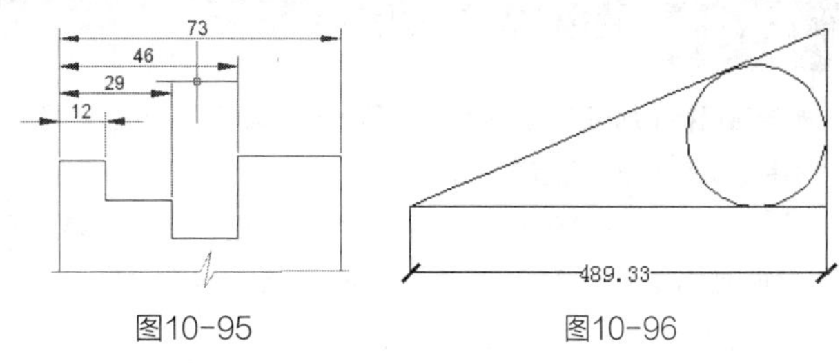

图10-95　　图10-96

案例 055 修改标注

- **学习目标** | 本例的目的是练习使用Ddedit命令对图10-96中的标注进行编辑。
- **视频路径** | 光盘\视频教程\CH10\修改标注.avi
- **源文件** | 光盘\DWG文件\CH10\修改标注.dwg
- **结果文件** | 光盘\DWG文件\CH10\修改标注end.dwg

01 打开配套光盘中的“DWG文件\CH10\修改标注.dwg”文件。

02 移动标注文字。在“标注”工具栏中单击“编辑标注文字”按钮，然后根据命令提示进行操作，移动之后的效果如图10-97所示。命令执行过程如下。

```
命令: _dimtedit
选择标注:                                    //选择图形中的尺寸标注
指定标注文字的新位置或 [左(L)/右(R)/中心(C)/默认(H)/角度(A)]: r ↙ //输入选项R表示文字将右对齐
```

注意

对于上面的操作也可以通过拖动鼠标的方式把标注文字移动到任意位置。

03 旋转标注文字。在“标注”工具栏中单击“编辑标注文字”按钮，然后根据命令提示进行操作，旋转之后的效果如图10-98所示。命令执行过程如下。

04 更改标注文字的内容。双击尺寸标注，打开“特性”管理器，然后在其中的“文字替代”文本框中输入替代文字“500”，如图10-99所示。

05 按Esc键取消对尺寸标注的选择，最终效果如图10-100所示。

```
命令: _dimtedit
选择标注:              //选择图形中的尺寸标注
为标注文字指定新位置或 [左对齐(L)/右对齐(R)/居中(C)/默认(H)/角度(A)]: a ↙ //输入选项A并按Enter键
指定标注文字的角度: 45 ↙          //设置标注文字的旋转角度
```

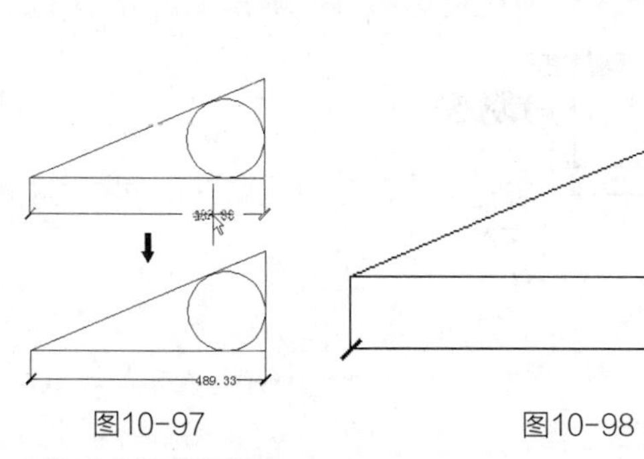

图10-97　　图10-98

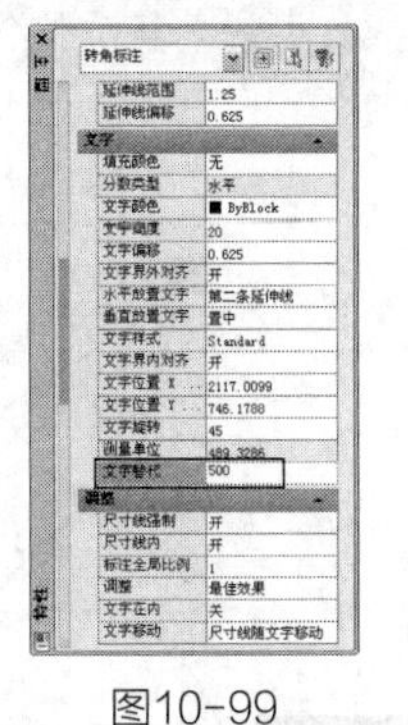
图10-99

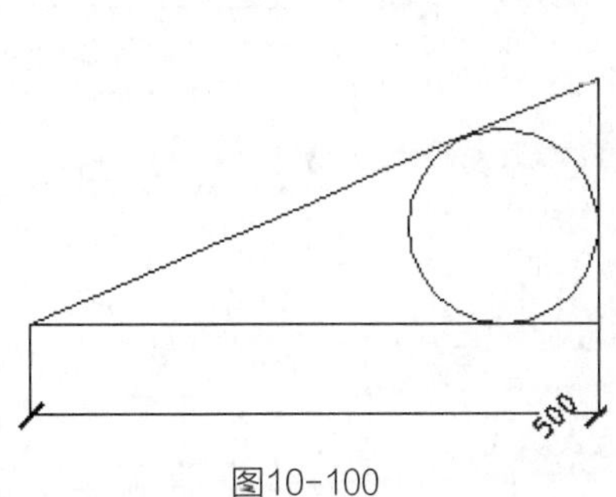

图10-100

专家提示

尺寸标注所有可修改的属性都可在“特性”选项板中进行设置，包括标注样式选择、直线和箭头、文字属性等。

案例 056 使用几何约束绘制图形

- **学习目标** | 几何约束用来定义图形元素和确定图形元素之间的关系。几何约束类型包括重合、共线、品行、垂直、同心、相切、相等、对称、水平和竖直等。

  本例主要练习同心、水平和对称这3种几何约束，让读者对它们的用法有所了解。案例结果如图10-101所示。
- **视频路径** | 光盘\视频教程\CH10\使用几何约束绘制图形.avi
- **源文件** | 光盘\DWG文件\CH10\使用几何约束绘制图形.dwg
- **结果文件** | 光盘\DWG文件\CH10\使用几何约束绘制图形end.dwg

01 打开配套光盘中的“DWG文件\CH10\使用几何约束绘制图形.dwg”文件，如图10-102所示。

02 执行“参数>几何约束>同心”菜单命令，为图形添加“同心”约束，如图10-103所示。命令执行过程如下。

```
命令: _gcconcentric
选择第一个对象: //选择大圆1
选择第二个对象://选择大圆下方的圆2
```

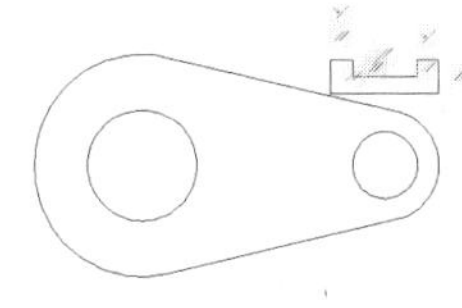

图10-101

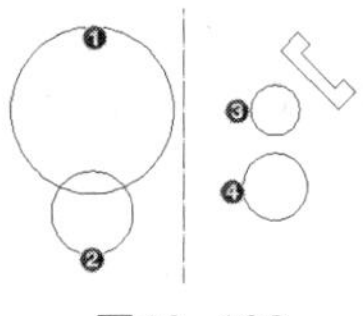

图10-102

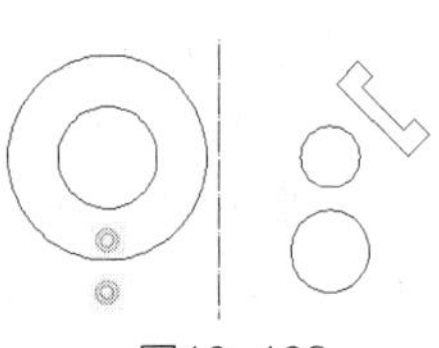

图10-103

03 执行“参数>几何约束>对称”菜单命令，为图形添加“对称”约束，如图10-104所示。命令执行过程如下。

```
命令: _gcsymmetric
选择第一个对象或 [两点(2P)] <两点>: //选择圆2
选择第二个对象: //选择圆4
选择对称直线: //选择垂直直线
```

04 执行“参数>自动约束”菜单命令，为图形添加“自动约束”，然后执行“参数>几何约束>水平”菜单命令，将图形水平放置，如图10-105所示。

05 最后绘制出两个外圆的切线，并进行修剪，完成本例的操作。

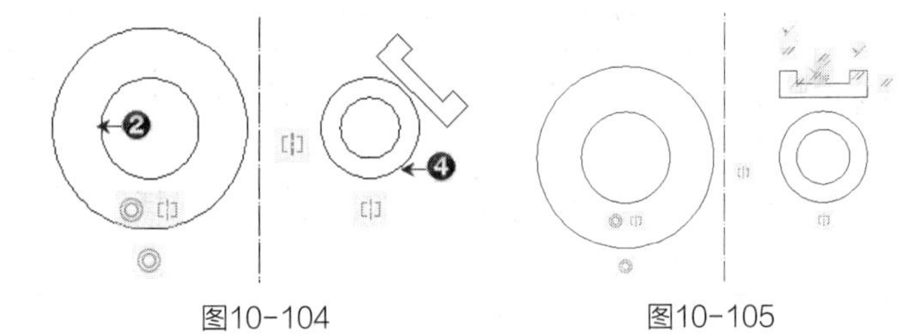

图10-104　　图10-105

10.6 编辑多重引线

用户可以使用夹点拉长或缩短基线、引线或移动整个引线对象，如图10-106所示。

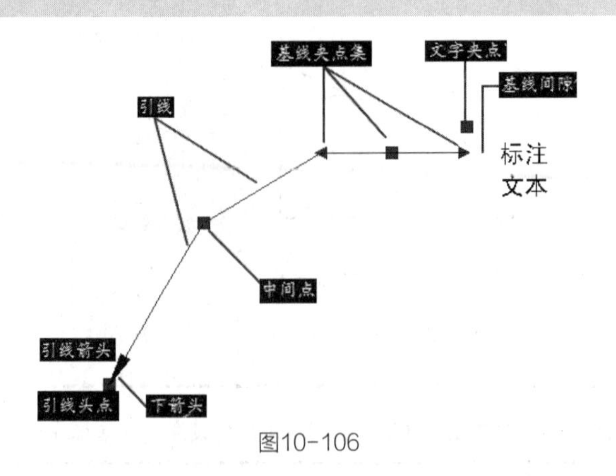

图10-106

相关命令如表10-5所示。

表10-5 编辑多重引线命令

命令	简写	功能
Mleaderstyle（多重引线样式）	MLS	打开“多重引线样式管理器”，用于创建和修改多重引线样式
Mleadercollect（合并多重引线）	MLC	将包含块的选定多重引线整理到行或列中，并通过单引线显示结果
Mleaderalign（对齐多重引线）	MLA	对齐并间隔排列选定的多重引线对象

10.6.1 设置多重引线样式

执行“格式>多重引线样式”菜单命令，或者在命令提示行中输入Mleaderstyle命令，系统会弹出图10-107所示的“多重引线样式管理器”对话框。

在该对话框中单击“新建”按钮以创建一个新的多重引线样式，在“创建新多重引线样式”对话框中指定新多重引线样式的名称，如图10-108所示。

在“修改多重引线样式”对话框中，选择“引线结构”选项卡；在“约束”群组框中选择“最大引线点数”复选框；在右边的框中指定创建新的多重引线时提示的最大点数，如图10-109所示。

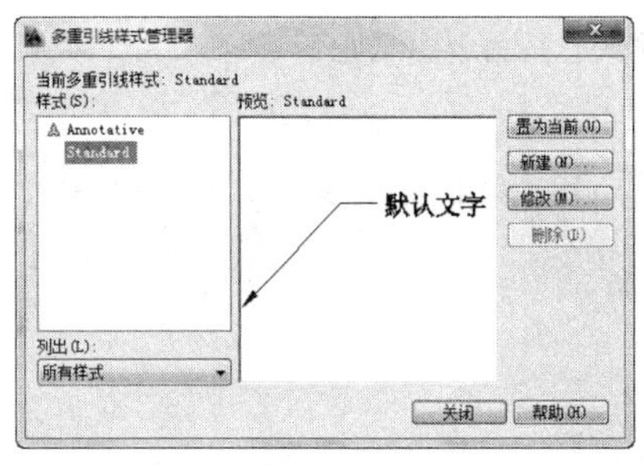

图10-107

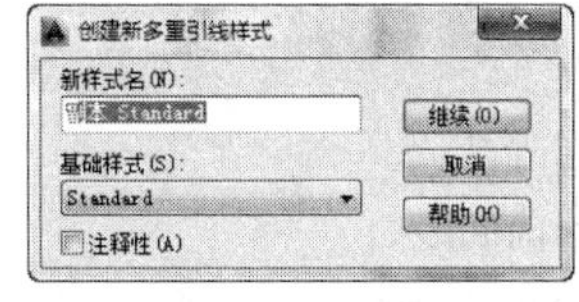

图10-108

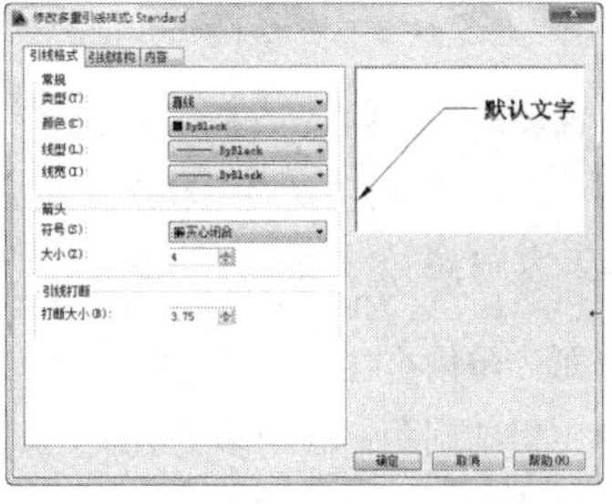

图10-109

单击“确定”按钮，返回到“多重引线样式管理器”，单击“置为当前”以将新的多重引线样式应用到用户创建的新的多重引线。

专家提示

要更改多重引线对象的特性。可以在按住Ctrl键的同时选择引线的线段，再单击鼠标右键，然后从快捷菜单中选择“特性”，在“特性”选项板中指定线段的特性。

10.6.2 合并多重引线（Mleadercollect）

使用Mleadercollect命令，可以根据图形需要而水平、垂直或在指定区域内合并多重引线，如图10-110所示。

01 打开配套光盘中的“DWG文件\CH10\1062.dwg”文件，如图10-111所示。

02 在命令行中输入Mleadercollect命令，或者执行“修改>对象>多重引线>合并”菜单命令。命令执行过程如下。

```
命令: _mleadercollect
选择多重引线: 找到 1 个 //选择1号引线
选择多重引线: 找到 1 个，总计 2 个 //选择2号引线
选择多重引线: 找到 1 个，总计 3 个 //选择3号引线
选择多重引线: ↙
指定收集的多重引线位置或 [垂直(V)/水平(H)/缠绕(W)] <水平>: H ↙
指定收集的多重引线位置或 [垂直(V)/水平(H)/缠绕(W)] <垂直>://手动放置标注的位置，结果如图10-112所示。
```

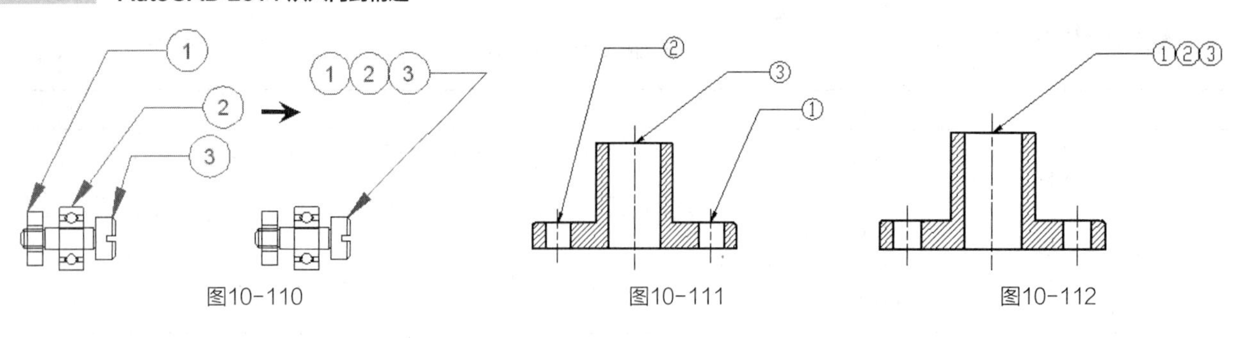

图10-110　　图10-111　　图10-112

10.6.3 对齐多重引线（Mleaderalign）

使用Mleaderalign命令，可以沿指定的线对齐若干多重引线对象。水平基线将沿指定的不可见的线放置，箭头将保留在原来放置的位置，如图10-113所示。

01 打开配套光盘中的“DWG文件\CH10\1063.dwg”文件。

02 执行“修改>对象>多重引线>对齐”菜单命令，或者在命令提示中输入Mleaderalign命令。

03 选择要对齐的多重引线，然后按Enter键。

04 在图形中指定起点以开始对齐，用户选择的点在基线引线头的位置，如图10-114所示。

05 如果要更改多重引线对象的间距，可以在“选项”命令提示后面则输入O，命令提示如下。

```
选择要对齐到的多重引线或 [选项(O)]:o ↙
输入选项 [分布(D)/使引线线段平行(P)/指定间距(S)/使用当前间距(U)] <使用当前间距>: s ↙
指定间距 <0.000000>:5 ↙
```

分布：将内容在两个选定的点之间均匀隔开。

使用当前间距：使用多重引线之间的当前间距。

使引线线段平行：放置内容以使选定的多重引线中最后的每条直线段均平行。

06 在图形中单击一点以结束对齐。

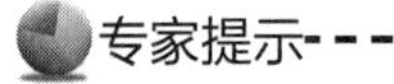专家提示

对齐多重引线对象时，也可以将它们隔开。通过分布多重引线，也可以根据需要使用不可见的线均匀地隔开多重引线对象。多重引线将沿对齐线的长度均匀分布，如图10-115所示。

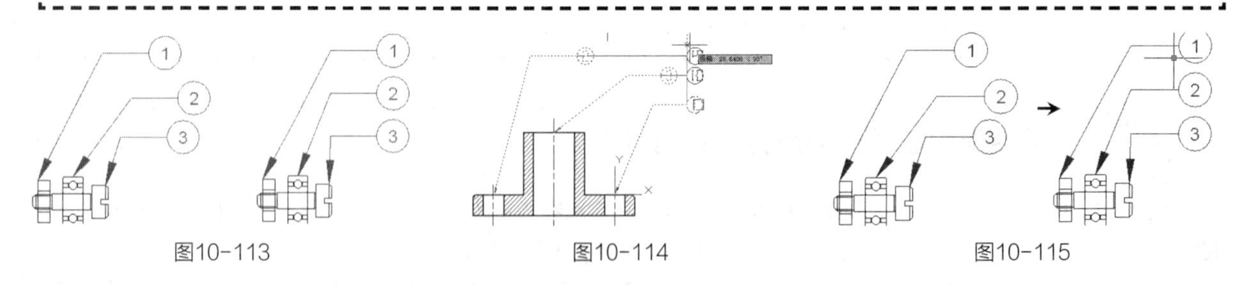

图10-113　　图10-114　　图10-115

案例 057 使用尺寸约束绘制图形

- **学习目标** | 尺寸约束用于控制二维对象的大小、角度以及两点之间的距离，改变尺寸约束将驱动对象发生相应变化，如图10-116所示。尺寸约束类型包括对齐约束、水平约束、竖直约束、半径约束、直径约束以及角度约束等。
- **视频路径** | 光盘\视频教程\CH10\使用尺寸约束绘制图形.avi
- **源文件** | 光盘\DWG文件\CH10\使用尺寸约束绘制图形.dwg
- **结果文件** | 光盘\DWG文件\CH10\使用尺寸约束绘制图形end.dwg

01 打开配套光盘中的“DWG文件\CH10\使用尺寸约束绘制图形.dwg”文件，如图10-117所示。

02 执行“参数>自动约束”菜单命令，为图形添加“自动约束”，如图10-118所示。

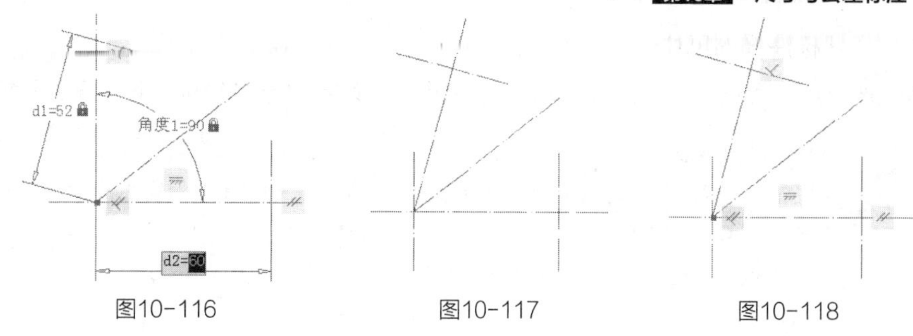

图10-116　　图10-117　　图10-118

03 执行“参数>尺寸约束>对齐”菜单命令，为图形添加“对齐”约束，如图10-119所示。标注方法与对齐标注相同，不同的是这里要求用户更改标注值，当值发生变化时图形也会发生相应变化。

04 执行“参数>尺寸约束>角度”菜单命令，为图形添加“角度”约束。当把角度值由原来的75°更改为90°后，结果如图10-120所示。

05 执行“参数>尺寸约束>水平”菜单命令，为图形添加“水平”约束。当把角度值由原来的52°更改为60°后，结果如图10-121所示。

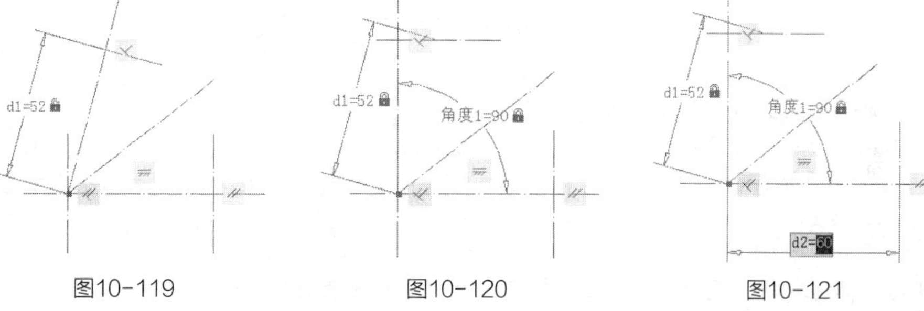

图10-119　　图10-120　　图10-121

10.7 综合实例

本节将学习绘制支架零件主视图。

案例 058 标注轴向尺寸

● **学习目标** | 转轴的尺寸分为径向和轴向两类。标注尺寸要遵循两个原则：一是符合装配要求，二是便于测量各级阶梯的长度。

采用“Dimlinear（线性）”标注或者“Dimaligned（对齐）”标注来标注转轴的径向和轴向尺寸，在标注径向尺寸的时候，还需要添加表示直径的前缀符号“Ø”。

轴上的公差标注主要分3种：圆柱体公差、轴向尺寸公差及特殊结构公差。轴向尺寸公差只有重要的设计尺寸才需要标注，特殊结构公差主要是指平键和花键。

对于表面粗糙度标注，AutoCAD 没有为用户提供专门的“表面粗糙度”标注工具，所以要采用绘图工具来绘制表面粗糙度符号，然后输入表面粗糙度数值。另外，本书的配套光盘提供了“表面粗糙度符号”图块，读者可以直接调用（插入图块）。

● **视频路径** | 光盘\视频教程\CH10\标注轴向尺寸.avi

● **结果文件** | 光盘\DWG文件\CH10\标注轴向尺寸.dwg

主要操作步骤如图10-122所示。

- 使用Dimlinear命令标注横向尺寸和移除剖面的尺寸。
- 标注直径尺寸和上下偏差值。
- 标出表面粗糙度。
- 绘制标题栏。

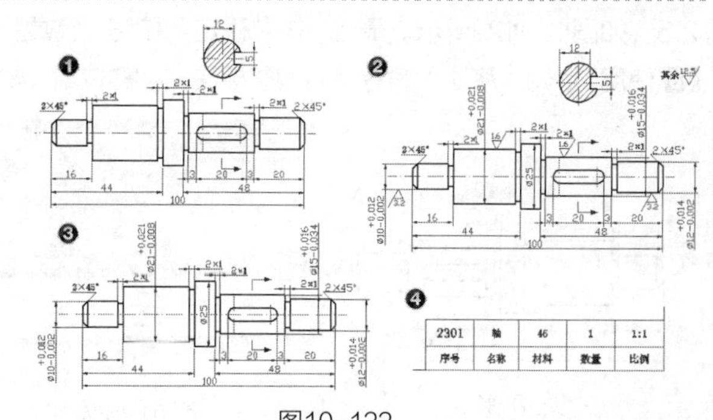

图10-122

1. 标注横向尺寸

01 把“标注”图层设为当前，然后执行“标注>线性”菜单命令标注轴向尺寸，结果如图10-123所示。命令执行过程如下。

```
命令: _dimlinear
指定第一条尺寸界线原点或 <选择对象>:        //捕捉点1（如图10-123所示）
指定第二条尺寸界线原点:                    //捕捉点2
指定尺寸线位置或[多行文字(M)/文字(T)/角度(A)/水平(H)/垂直(V)/旋转(R)]: //在适当位置拾取一点
标注文字 = 100
命令:                          //按Space键继续执行该命令
dimlinear
指定第一条尺寸界线原点或 <选择对象>:        //捕捉点4
指定第二条尺寸界线原点:                    //捕捉点2
指定尺寸线位置或[多行文字(M)/文字(T)/角度(A)/水平(H)/垂直(V)/旋转(R)]: //在适当位置拾取一点
标注文字 = 48
命令:                          //按Space键继续执行该命令
dimlinear
指定第一条尺寸界线原点或 <选择对象>:        //捕捉点1
指定第二条尺寸界线原点:                    //捕捉点3
指定尺寸线位置或[多行文字(M)/文字(T)/角度(A)/水平(H)/垂直(V)/旋转(R)]: //在适当位置拾取一点
标注文字 = 44
```

02 执行“标注>对齐”菜单命令继续标注轴向尺寸，标注结果如图10-124所示。

03 分别双击越程槽和退到槽的尺寸，在弹出的“文字格式”对话框中在其标注后面加上越程槽的深度尺寸“×1”，如图10-125所示。

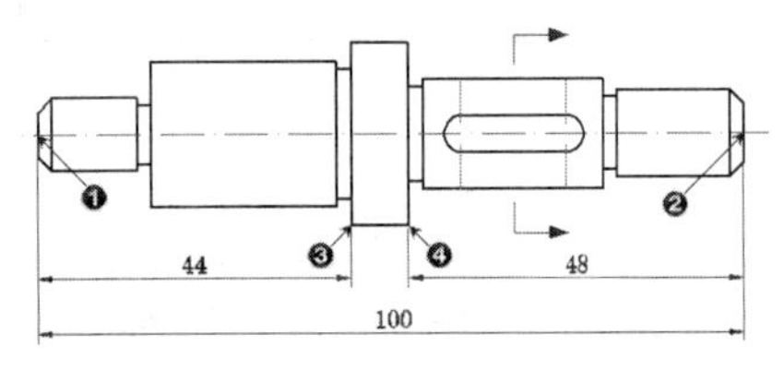

图10-123

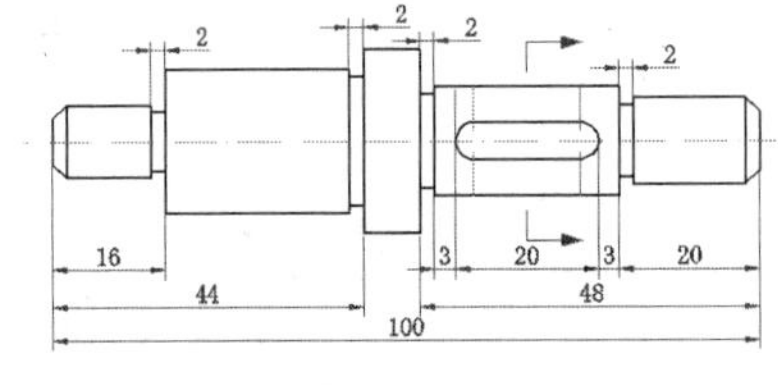

图10-124

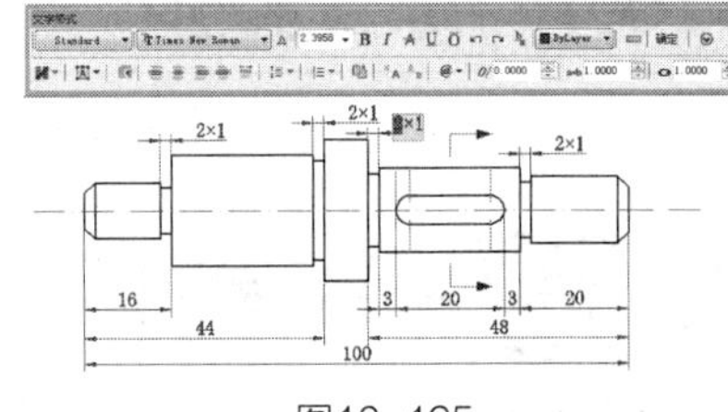

图10-125

04 使用Line命令绘制标注引线，用于标注倒角，如图10-126所示。

05 单击“绘图”工具栏上的“多行文字”按钮，在引线上拖出一个矩形框，系统弹出“文字格式”对话框，首先在该对话框输入2，然后单击鼠标右键，在弹出的菜单中执行“符号>其他”命令，如图10-127所示。

06 执行“符号/其他”命令之后，系统弹出“字符映射表”，首先在“字体”下拉列表中选择“宋体”，然后找到“×”并单击“选择”按钮（选择乘号之后显示在“复制字符”文本框里），接着单击“复制”按钮把乘号复制到“剪贴板”，最后关闭“字符映射表”，如图10-128所示。

07 按快捷键“Ctrl”+“V”，把剪贴板中的乘号复制到“文字格式”对话框中，然后输入“45%%d”（其中“%%d”表示“度数符号”），绘图区域将显示为“45°”。在这里采用Times New Roman字体，字号设置为2.5，如图10-129所示。最后单击“确定”按钮，完成标注文字的输入。

08 使用Move（移动）命令适当调整标注文字的位置，然后继续标注另一端的倒角。

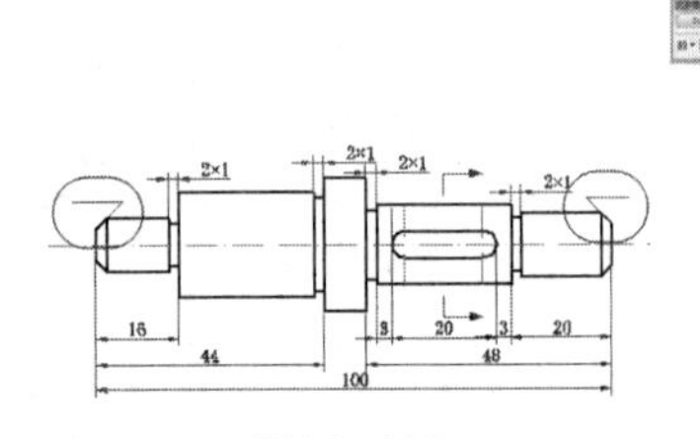

图10-126

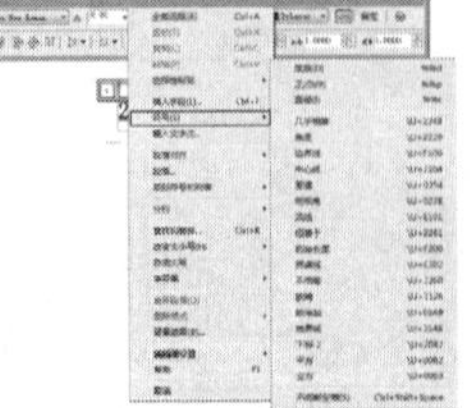
图10-127

图10-128

图10-129

2. 标注直径尺寸

01 新建名为“直径”的标注样式。执行“标注>样式”菜单命令，系统弹出“标注样式管理器”对话框。

02 单击“标注样式管理器”对话框中的“新建”按钮，系统弹出“创建新标注样式”对话框，新样式命名为“直径”，其余的参数设置保持不变，如图10-130所示。

03 单击“创建新标注样式”对话框中的“继续”按钮后，系统弹出“新建标注样式：直径”对话框，单击该对话框的“主单位”选项卡，然后在“前缀”文本框里输入“%%C”，这里的“%%C”就代表直径符号Ø，如图10-131所示。最后单击“确定”按钮。

04 系统返回“标注样式管理器”对话框，系统自动将“直径”设置为当前标注样式，单击“关闭”按钮，然后就可以采用“直径”标注样式进行标注。

05 使用Dimlinear（线性）标注命令标注直径为25的部分，如图10-132所示。

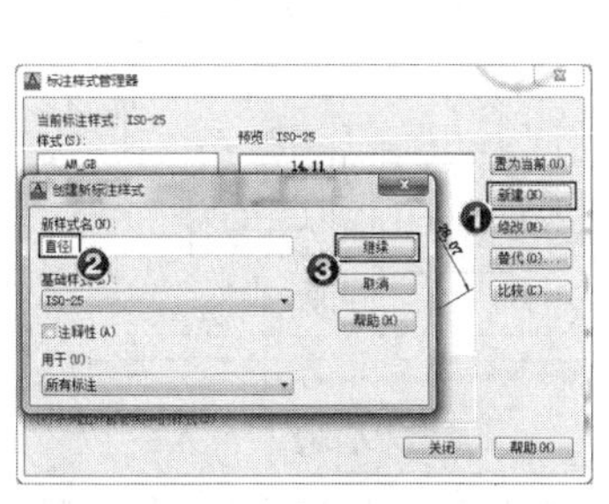

图10-130

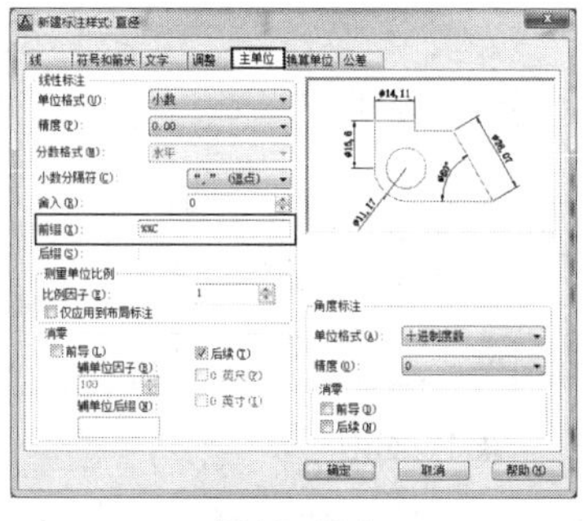

图10-131

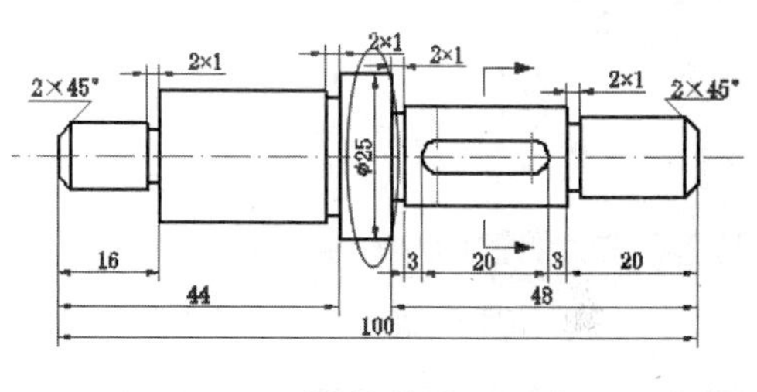

图10-132

06 继续新建一个标注样式（这个标注含有公差），命名为“直径（公差）”，基础样式为“直径”样式，如图10-133所示。

07 在“公差”选项卡下选择“极度偏差”方式，精度设为“0.000”，“上偏差”为0.021，下偏差为0.008（这里使用的是以Ø21为蓝本，其他的公差以这个为基础修改获得），如图10-134所示。

08 继续使用Dimlinear（线性）标注命令标注直径，结果如图10-135所示。

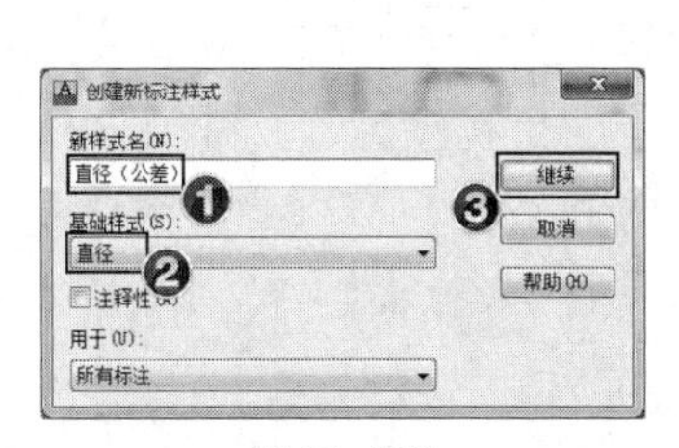

图10-133

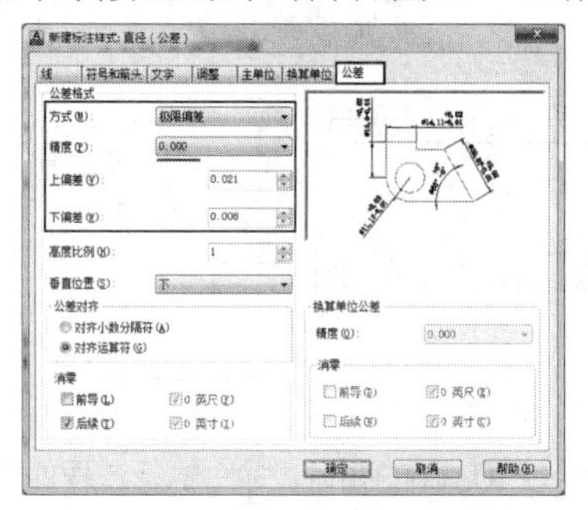

图10-134

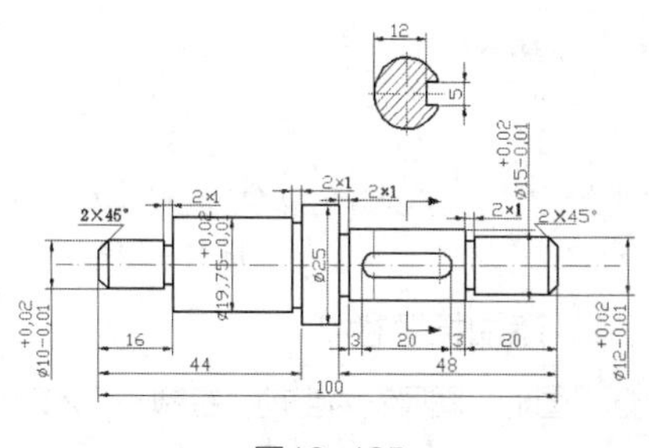

图10-135

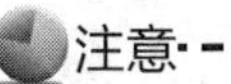

注意

使用宋体字体，当缩小视图时不便于观察。为了更容易查看标注，可以执行“格式>文字样式”菜单命令，将当前的字体改为“txt.shx”格式。

从图10-135中可以发现，直径的公差都是一样的，所以还需要把Ø10、Ø15和Ø12的公差进行调整。

09 双击Ø10标注，系统弹出“特性”对话框，在该对话框中把“公差下偏差”改为0.002，“公差上偏差”改为0.012，如图10-136所示。然后关闭“特性”对话框。

10 采用相同的方式修改Ø15和Ø12的公差，其中Ø15的“公差下偏差”为0.034，“公差上偏差”为0.016；Ø12的“公差下偏差”为0.014，“公差上偏差”为0.002。修改效果如图10-137所示。

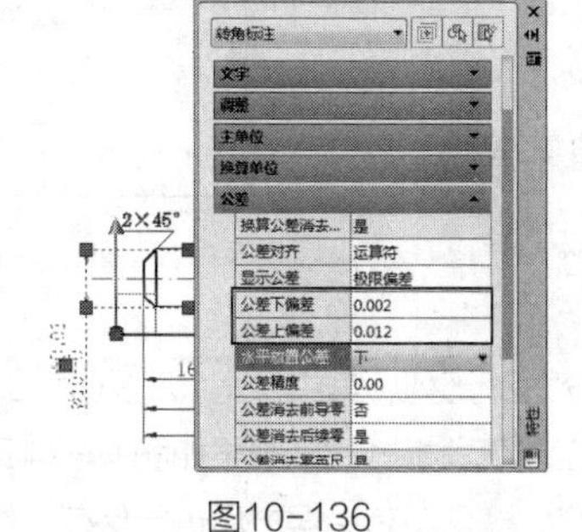

图10-136

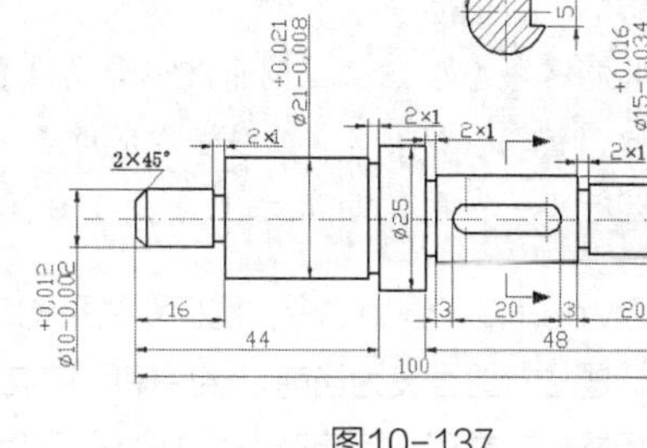

图10-137

3. 标注粗糙度号

01 首先插入表面粗糙度符号。单击“绘图”工具栏中的“插入块”按钮，系统弹出“插入”对话框，单击其中的 浏览(B)... 按钮。

02 系统接着弹出“选择图形文件”对话框，通过该对话框打开本书配套光盘中的“DWG文件\CH10\表面粗糙度.dwg”文件，如图10-138所示。

03 单击“插入”对话框中的“确定”按钮。因为这是一个带属性的图块，在命令行会提示输入粗糙度的值，这里输入1.6，在Ø21部分拾取一点作为表面粗糙度符号的插入位置，完成表面粗糙度的标注，效果如图10-139所示。

04 采用相同的方式插入“表面粗糙度”符号（也可以直接复制到需要标注的位置，然后进行修改即可），如图10-140所示。现在还需要对粗糙度的值和文字方向进行修改。

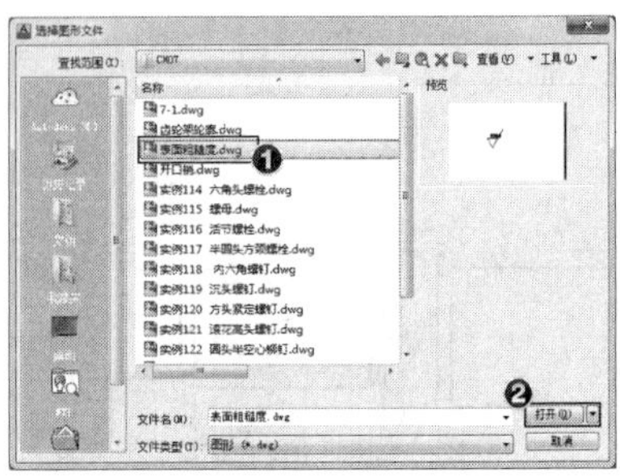

图10-138

图10-139

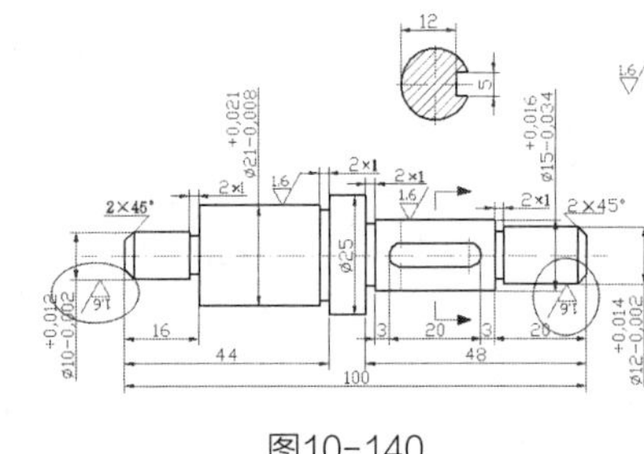

图10-140

05 双击需要修改的粗糙度符号，在弹出的“增强属性编辑器”对话框中首先将值改为3.2。然后切换到“文字选项”，设置文字对正方式为“中上”，并勾选“反向”和“倒置”复选框，如图10-141所示。最后单击“确定”按钮完成设置。

06 使用相同的方法修改其余的粗糙度符号，并使用文字工具在右上角的粗糙度符号左侧输入“其余”二字，该图形的标注工作到此就全部完成了，结果如图10-142所示。

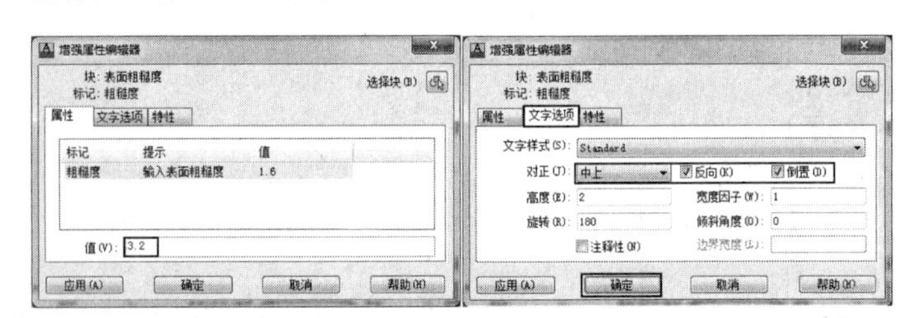

图10-141

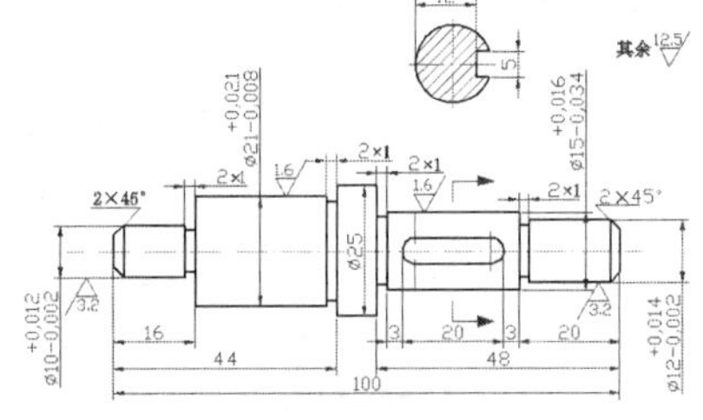

图10-142

4. 添加标题栏

01 把“图框”图层设为当前，绘制一个297mm×210mm的图框。命令执行过程如下。

```
命令: _rectang ↙
指定第一个角点或 [倒角(C)/标高(E)/圆角(F)/厚度(T)/宽度(W)]: 0,0 ↙
指定另一个角点或 [尺寸(D)]: 297,210 ↙
```

02 绘制一个150mm×30mm的标题栏，如图10-143所示。命令执行过程如下。

```
命令: _rectang ↙
指定第一个角点或 [倒角(C)/标高(E)/圆角(F)/厚度(T)/宽度(W)]: //捕捉图框右下角点
指定另一个角点或 [尺寸(D)]: @-150,30 ↙
```

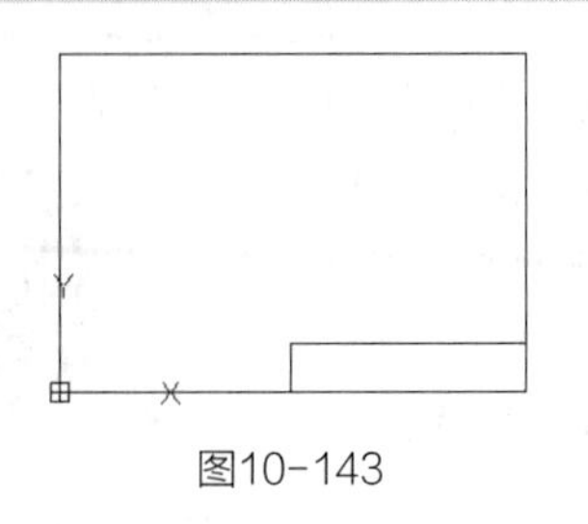

图10-143

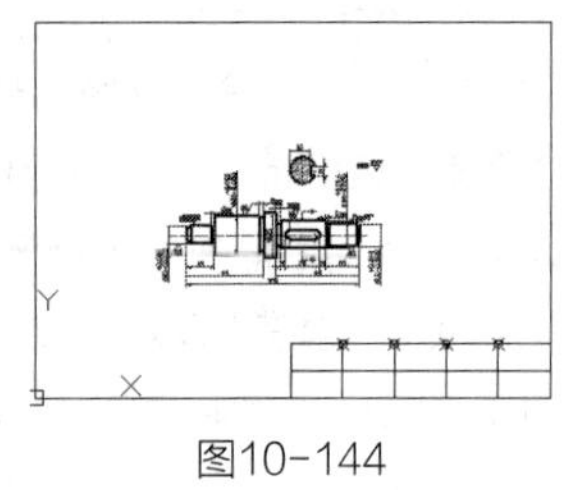

图10-144

03 使用Divide命令和Line命令，把标题栏平均分为2行5列，其中行宽15、列宽30，结果如图10-144所示。

04 把“标题栏”图层设为当前，然后使用文字工具填写标题栏，结果如图10-145所示。

05 完成标题栏的书写，接着对整个图形进行检查，确认没有错误之后进行保存，如图10-146所示。

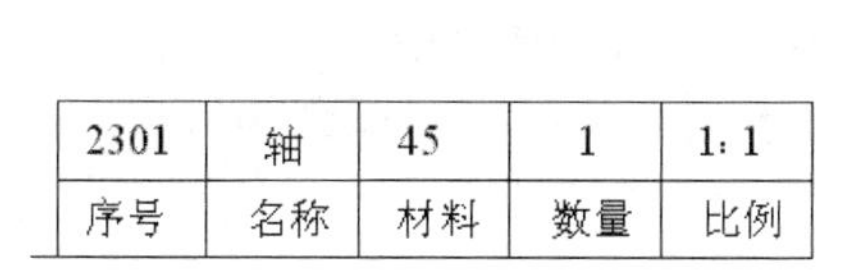

2301	轴	45	1	1:1
序号	名称	材料	数量	比例

图10-145

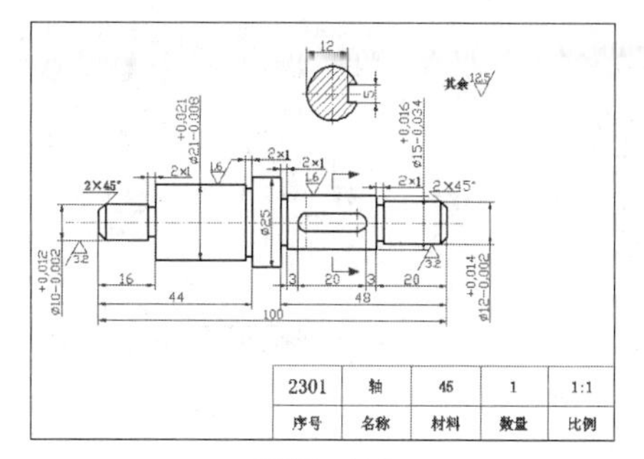

图10-146

案例 059 标注端盖零件尺寸

● **学习目标** | 本例的尺寸标注与上一节案例的尺寸标注基本一致，主要采用“Dimlinear（线性）”标注来标注圆柱面的直径，在标注直径的时候，还需要添加表示直径的前缀符号“Ø”。另外，对于角度和孔的标注主要采用“Dimangular（角度）”标注和“Dimdiameter（直径）”标注。

端盖的公差配合与表面粗糙度标注是根据用途和工作要求来确定的，我们将在绘图过程中解释。标注结果如图10-147所示。

● **视频路径** | 光盘\视频教程\CH10\标注端盖零件尺寸.avi

● **结果文件** | 光盘\DWG文件\CH10\标注端盖零件尺寸.dwg

1. 标注直径尺寸

01 把“标注”图层设为当前，执行“格式>标注样式”菜单命令，将“ISO-25”标注样式设置为当前样式，再选择“使用全局比例”单选项并将值设置为2，如图10-148所示。

02 执行“标注>线性”菜单命令标注横向和垂直方向的尺寸，使用Dimdiameter命令和Dimradius命令标注圆的直径和圆弧半径，结果如图10-149所示。

03 将“直径”标注设置为当前样式（参照实例058中的直径标注样式设置），然后用Dimlinear命令标注出圆孔的直径，用Mtext命令标注出沉孔的直径和深度，如图10-150所示。

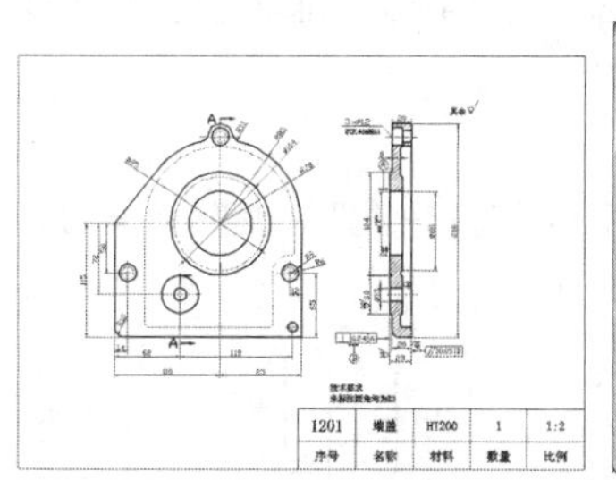

图10-147

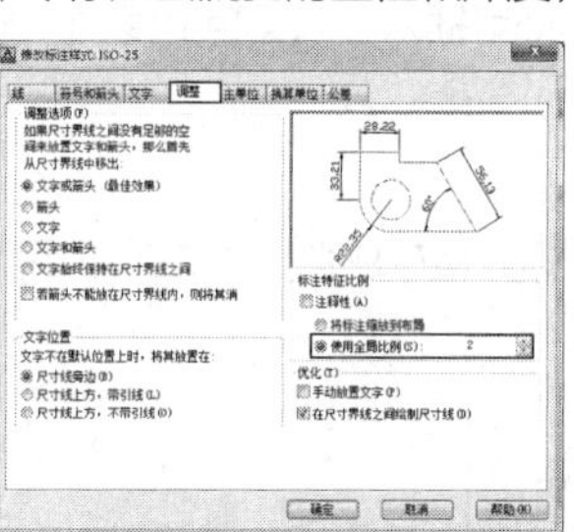

图10-148

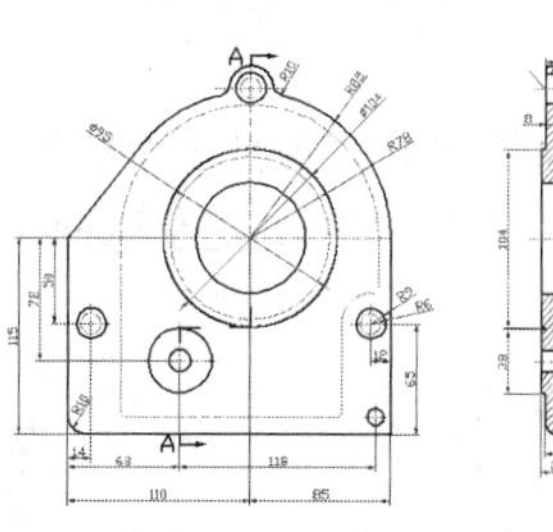

图10-149

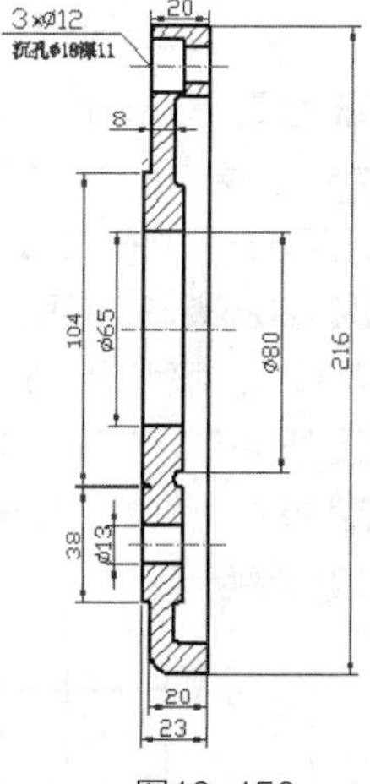

图10-150

2. 标注形位公差

本例需要标注两类形位公差，一类是“垂直度”形位公差，以*A*位置为基准；一类是“平行度”形位公差，以*B*位置为基准。

01 用多段线、圆和文字绘制出“基准*A*”标记，如图10-151所示。

02 在需要形位公差标注的地方，使用“引线标注”绘制带箭头的引线。单击“标注”菜单中的“引线”命令，命令执行过程如下。

```
命令: _qleader
指定第一个引线点或 [设置(S)]<设置>: s ↙//设置注释类型为“公差”，如图10-152所示
指定第一个引线点或 [设置(S)] <设置>: //在长度为23的标注上拾取一点
指定下一点:                    //在水平向左的方向拾取一点
指定下一点: ↙              //按Enter键，系统会弹出“形位公差”对话框
```

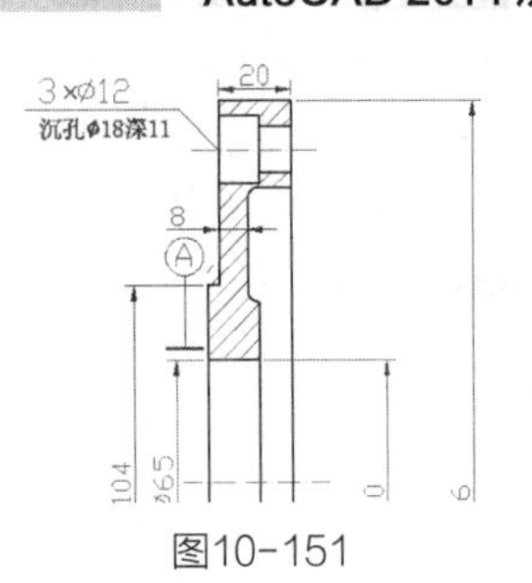

图10-151

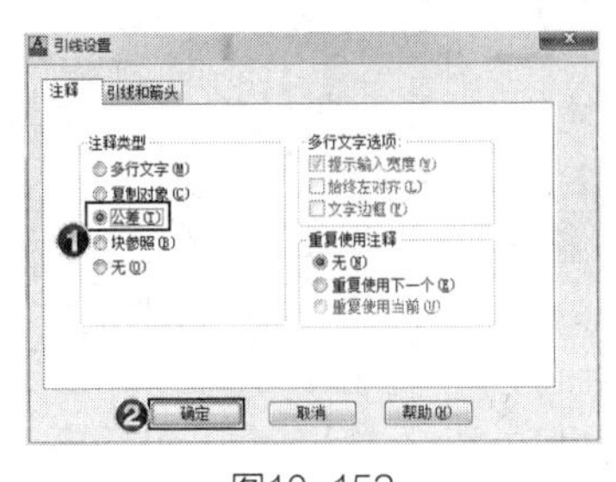

图10-152

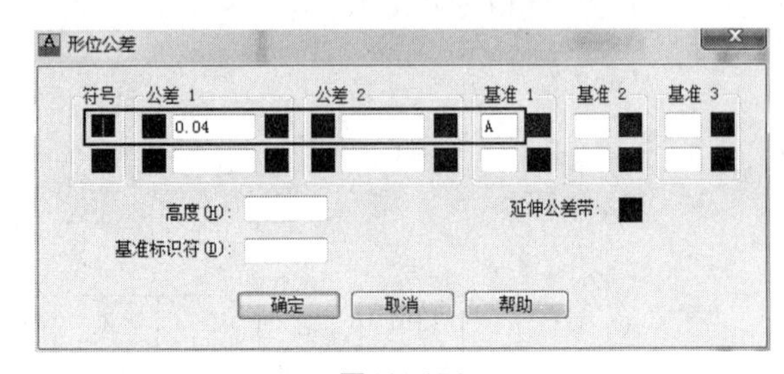

图10-153

03 单击图10-153所示的“形位公差”对话框左侧“符号”下面的黑色图块，在弹出的“特征符号”对话框中选择“垂直度”符号，如图10-154所示。然后在“公差1”文本框里属输入0.04，在“基准1”文本框里输入*A*，最后单击“确定”按钮，结果如图10-155所示。

04 绘制“基准*B*”标记，然后采用相同的方式标注“平行度”形位公差，标注结果如图10-156所示。

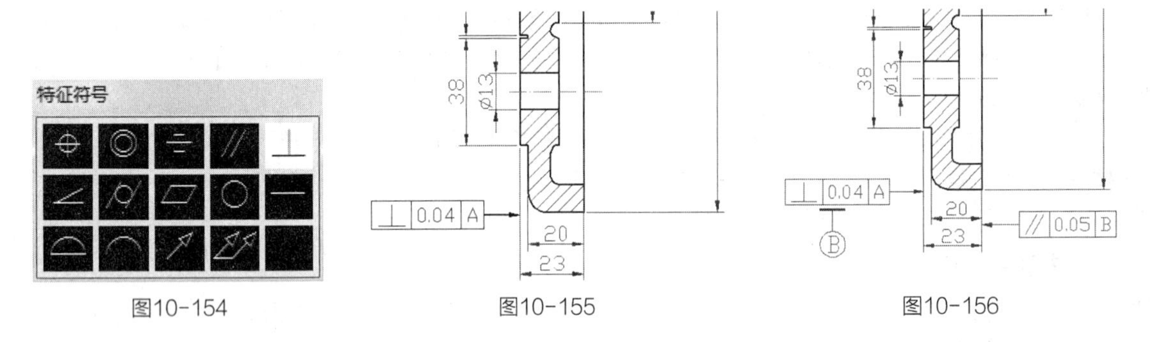

图10-154　　图10-155　　图10-156

3. 标注表面粗糙度

01 把需要标注表面粗糙度的图形放大显示。

02 插入表面粗糙度符号。单击“绘图”工具栏上的“插入块”按钮，系统弹出“插入”对话框，单击“浏览”按钮，打开配套光盘中的“DWG文件/CH10/表面粗糙度-1.dwg”符号，最后单击“插入”对话框中的“确定”按钮。

03 在Ø65标注上拾取一点作为表面粗糙度符号的插入位置，即可插入“表面粗糙度-1”图块，接着输入数值3.2（文字高度为3），如图10-157所示。

04 把粗糙度符号复制4份，复制到图10-158所示的位置。

05 单击“修改”工具栏上的“旋转”按钮，把左侧的两个标注旋转90°，把右侧的两个标注旋转-90°，旋转效果如图10-159所示。

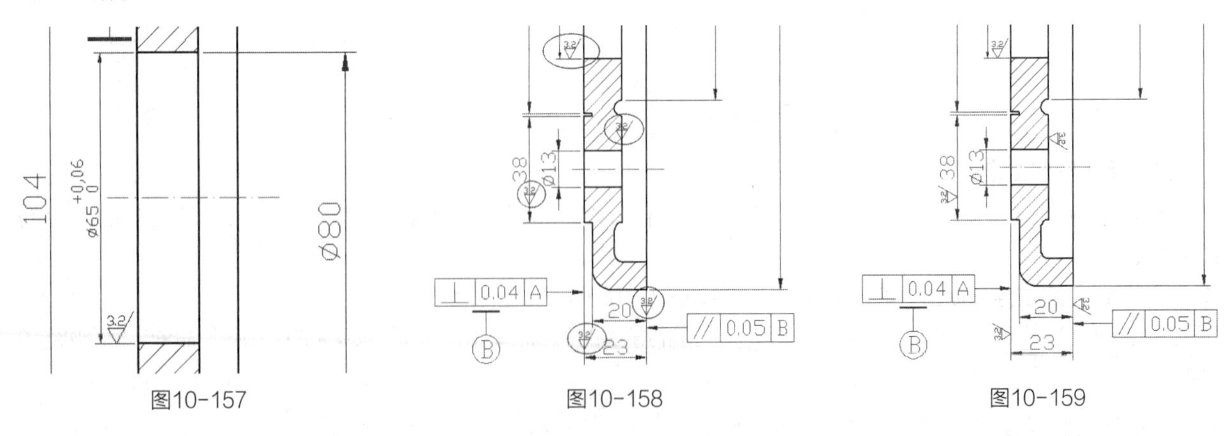

图10-157　　图10-158　　图10-159

06 在图纸的右上角插入符号（配套光盘中的“DWG文件/CH10/表面粗糙度-2.dwg”符号），然后输入文字，结果如图10-160所示。

07 最后绘制图框，填写标题栏，具体过程就不再讲解了。结果如图10-161所示。

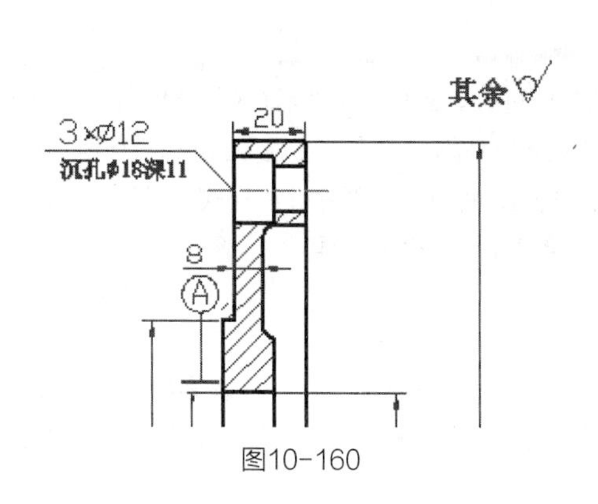

图10-160

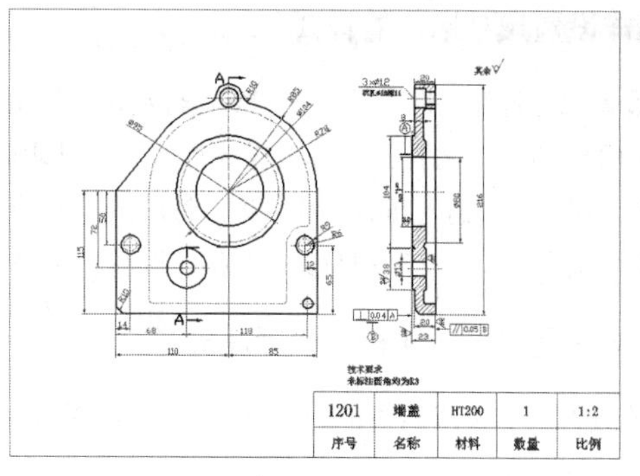
图10-161

10.8 课后练习

1. 选择题

（1）尺寸公差可以精确到小数点后几位？（　　）

A. 2　　B. 8　　C. 3　　D. 0

（2）开始连续标注尺寸时，要求用户事先标出一个尺寸，该尺寸可以是？（　　）

A. 线性型尺寸　B. 直径型尺寸　C. 坐标型尺寸　D. 以上都可以

（3）下面执行Dimangular（角度）命令的方法中，不正确的是哪种？（　　）

A. 执行“标注>角度”菜单命令　B. 单击“标注”工具栏中的“角度”按钮

C. 单击“标注”工具栏中的“角度”按钮　D. 在命令提示行输入Dimangular并按Enter键

2. 上机练习

（1）打开本书配套光盘中的“DWG文件\CH10\上机练习10.8.1.dwg”文件，标注图10-163所示的尺寸及公差。

（2）如图10-164所示，这是一个抽屉柜的正立面图，根据图中尺寸绘制出该图形。

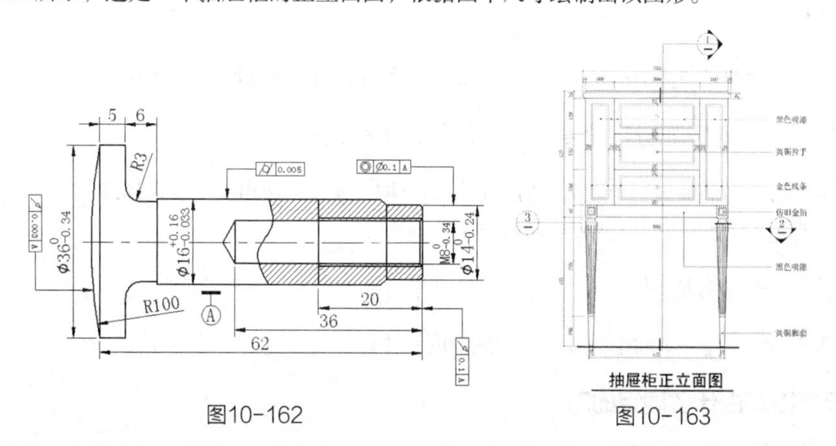

图10-162　　图10-163

10.9 课后答疑

1. 标注尺寸在 AutoCAD 中有什么作用?

答：标注尺寸是AutoCAD 中非常重要的内容。通过对图形进行尺寸标注，可以准确地反映图形中各对象的大小和位置。尺寸标注给出了图形的真实尺寸并为生产加工提供了依据，因此具有非常重要的作用。

2. 使用“线性”标注工具可以标注倾斜的图形吗?

答：使用“线性”标注工具可以标注倾斜的文字，但一般只用它标注垂直和水平方向的线性对象。

3. 怎样设置尺寸标注的样式?

答：设置尺寸标注的样式可以在“新建标注样式”对话框中进行。执行“标注>样式”菜单命令，或者在命令行中执行Dimstyle（D）命令，将打开“标注样式管理器”对话框。在该对话框中单击“新建”按钮，打开“创建新标注样式”对话框，在该对话框中输入新标注的名称。然后单击“继续”按钮，将打开“新建标注样式”对话框。在该对话框中的相应选项卡中可以设置线、符号和箭头、文字、调整、主单位、换算单位和公差等样式。

4. 怎样使用连续标注和快速标注命令?

答：连续标注和快速标注都是在对图形进行一次标注后才能使用，执行“标注>连续标注”菜单命令，或者在命令行中执行Dimcontinue 命令，即可对图形进行连续标注；执行“标注>快速标注”菜单命令，或者在命令行中执行Qdim 命令，即可对图形进行快速标注。

5. 如何修改标注的样式?

答：执行“标注>样式”命令，或者在命令行中执行 Dimstyle（D）命令，打开“标注样式管理器”对话框，在该对话框中选择需要修改的样式。然后单击“修改”按钮，将打开“修改标注样式”对话框，在该对话框中可以对标注的各部分的样式进行修改。

6. 在标注和单行文本中输入汉字不能识别怎么办?

答：在“文字类型”设置的“字体样式”选项中选择能同时接受中文和西文的样式类型，如“常规”样式。在“字体”栏中选择“使用大字体”项，同时在“大字体”项中选择一种中文字体，在“字高”项中输入一个默认字高值，然后分别单击“应用”和“关闭”按钮，即可解决在标注和单行文本中输入汉字不能识别的问题。

7. 在 AutoCAD 中标注时，如何处理中文与直径符号共存的问题?

答：AutoCAD 给中文与直径符号分别设定不同的字型和字体，如中文用宋体，符号用TXT.SHX字体。在标注时选择不同的字体进行标注。

8. 半径标注的特点是什么?

答：半径标注用于标注圆或圆弧的半径，半径标注是由一条具有指向圆或圆弧的箭头的半径尺寸线组成。

9. 使用角度标注命令对圆弧进行角度标注时是怎么进行的?

答：使用角度标注命令对圆弧进行角度标注时，系统则自动计算并标注角度，若选择圆、直线或按Space键，则会继续提示选择目标和尺寸线位置，角度标注尺寸线为弧线。

10. 连续标注适用于什么情况?

答：连续标注用于标注在同一方向上连续的线型或角度尺寸。

11. 标注的尺寸格式由什么确定的?

答：执行Dimcenter 命令，可以自动标注圆或圆弧的中心；用户选择标注对象后，系统即自动进行中心标注，标注形式由尺寸格式设置的相关内容所决定。

12. 怎样才能添加新的折断标注?

答：在具有任何折断标注的标注上方绘制新对象后，在交点处不会沿标注对象自动应用任何新的折断标注。要添加新的折断标注，必须再次执行此命令。

13. 在标注的结尾处有 0 怎么办?

答：执行 Dimzin 命令，设置系统变量为8，这时尺寸标注中的默认值将不会在结尾处带0。

第 11 章

图形打印方法与技巧

图纸绘制完成后需要将其打印输出，从而用来指导施工。AutoCAD的图形打印功能非常强大，用户可以使用多种方法输出，可以将图形打印在图纸上，也可以创建成文件以供其他应用程序使用。对于这两种情况都需要进行打印设置。本章将重点介绍打印的相关设置。

学习重点

- 掌握模型空间和布局空间的区别
- 掌握打印样式的设置方法
- 掌握打印机的设置和图纸尺寸的设置
- 掌握将图纸输出为图片格式的方法
- 掌握在布局空间中设置打印格式的方法

11.1 布局空间与模型空间的概念

很多装饰公司或设计团队在施工图绘制过程中大都是在模型空间内绘图，成图后在模型空间内打印，但就图面管理及打印方便而言，AutoCAD的布局空间的使用还是有很多优势的。

模型空间是AutoCAD图形处理的主要环境，带有三维的可用坐标系，能创建和编辑二维、三维的对象，与绘图输出不直接相关，如图11-1所示。

布局空间是AutoCAD图形处理的辅助环境，带有二维的可用坐标系，能创建和编辑二维的对象，虽然也能创建三维对象，但由于三维显示功能（VPoint/3Dorbit）不能执行而没有意义，如图11-2所示。

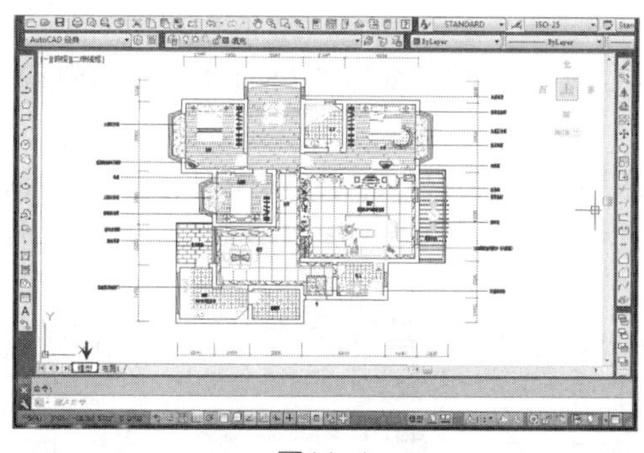

图11-1

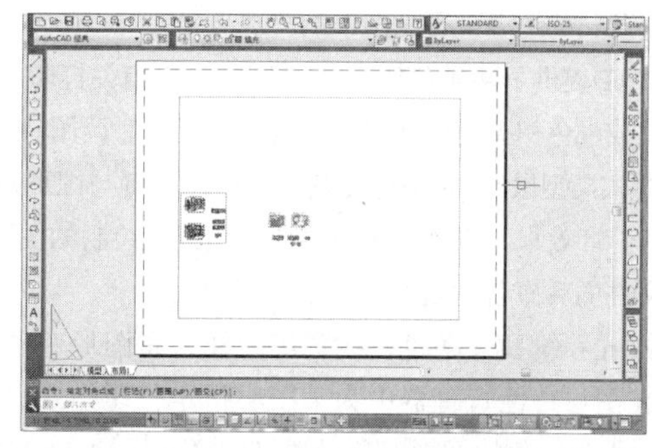

图11-2

布局空间与打印输出密切相关。例如，想要一次性绘图输出所有的布局，可以在布局选项卡上单击右键，在弹出的快捷菜单中选定“选择所有布局（A）”，然后启动Plot命令，设定输出设备，之后再进行输出即可。

如此可见，从根本上来说两者的区别是能否进行三维对象创建和处理以及是否直接与绘图输出相关。粗略地说是：模型空间属设计环境，而布局空间属成图环境。

以手绘图纸为例，比如先在一张纸上画了一些图样，然后将一张白纸覆盖其上，为了看清下面的图样，将两张样垂直品行方向拉开距离，随着距离的加大，看到的图样内容就越来越全，大小也越来越小。对比在AutoCAD绘图中，可将前述画了图样的纸理解为模型空间，将裁开的洞口理解为激活视口，将覆盖其上的硫酸纸理解为视口布局，将覆盖在图样上的白纸与硫酸纸统称为布局空间。当以1:1的比例绘图各种图样后，来到布局空间，在布局空间内设置激活视口并输入需要的比例，在视口布局中确定其最终构图，并在布局空间内进行文字与尺寸标注。

打印分为模型空间打印和布局空间打印两种方式。模型空间打印指的是在模型窗口进行相关设置并进行打印；布局空间打印则是指在布局窗口中进行相关设置并进行打印。接下来就来介绍这两种打印方式。

11.2 设置打印参数

打印参数设置在“打印”对话框中进行，使用Plot（打印）命令就可以打开“打印”对话框。

执行Plot命令的常用方法有以下几种。

菜单栏：执行“文件>打印”菜单命令。

工具栏：在“标准”工具栏中单击“打印”按钮。

快捷键：按快捷键“Ctrl”+“P”。

命令行：在命令行中执行Plot（打印）命令。

11.2.1 选择打印设备

如果要打印图形，需要在“打印”对话框中的“打印机/绘图仪”区域中选择一个打印设备，如图11-3所示。

除了可以选择列表中的打印设备，用户还可以在“绘图仪管理器”中自己添加打印设备。

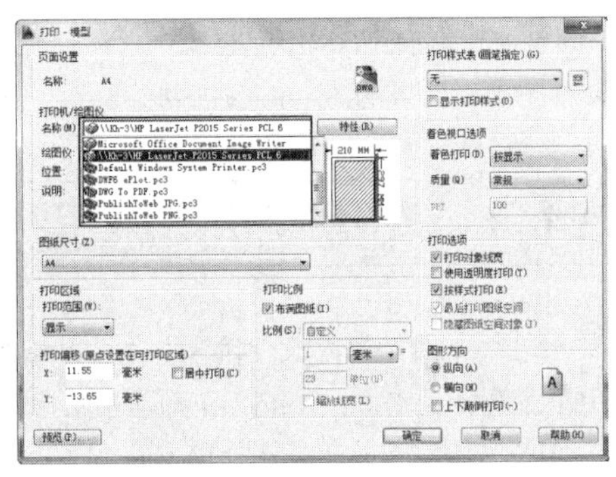

图11-3

11.2.2 使用打印样式

打印样式用于控制图形打印输出的线型、线宽、颜色等外观。如果打印时未调用打印样式，则有可能在打印输出时出现不可预料的结果，影响图纸的美观。

AutoCAD提供了两种打印样式，包括颜色相关打印样式（CTB）和命名打印样式（STB）。一个图形可以调用命名打印样式或颜色相关打印样式，但两者不能同时调用。

CTB样式类型以255种颜色为基础，通过设置与图形对象颜色对应的打印样式，使得所有具有该颜色的图形对象都具有相同的打印效果。例如，可以为所有用红色绘制的图形设置相同的打印笔宽、打印线型和填充样式等特性。CTB打印样式表文件的后缀名为.ctb。

STB样式和线型、颜色、线宽等一样，是图形对象的一个普通属性。可以在图层特性管理器中为某图层指定打印样式，也可以在“特性”选项板中为单独的图形对象设置打印样式属性。STB打印样式表文件的后缀名是.stb。

默认打印样式为“使用颜色相关打印样式”。用户可以在“打印”对话框中的选择一个打印样式用于当前图形，如图11-4所示。

在“打印样式表”下面的列表列中单击“新建”选项，可以添加颜色相关打印样式表。

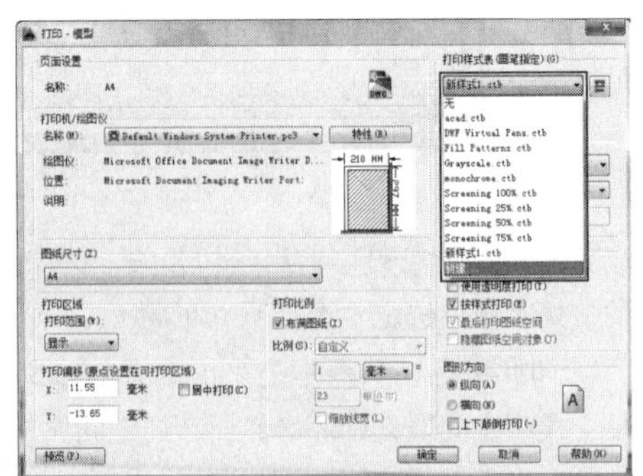

图11-4

1. 激活颜色相关打印样式

AutoCAD默认调用“颜色相关打印样式”，如果当前调用的是“命名打印样式”，则需要通过以下方法转换为“颜色相关打印样式”，然后调用AutoCAD提供的“添加打印样式表向导”快速创建颜色相关打印样式。

在转换打印样式模式之前，首先应判断当前图形调用的打印样式模式。在命令行输入Pstylemode命令并按Enter键，如果系统返回pstylemode=0信息，则表示当前调用的是命名打印样式模式；如果系统返回pstylemode=1信息，则表示当前调用的是颜色相关打印模式。

如果当前是命名打印样式，则在命令行中输入Convertpstyles并按Enter键在系统弹出的提示对话框中单击“确定”按钮，即可转换当前图形为颜色相关打印样式。

2. 创建颜色相关打印样式表

01 在命令行输入Stylesmanager并按Enter键，或者执行“文件>打印样式管理器”菜单命令，打开Plot Styles文件夹，如图11-5所示。该文件夹是所有CTB和STB打印样式表文件的存放位置。

02 双击“添加打印样式表向导”快捷方式图标，启动添加打印样式表向导，在打开的对话框中单击“下一步”按钮，如图11-6所示。

03 在打开的图11-7所示的对话框中选择“创建新打印样式表”单选项，再单击“下一步”按钮。

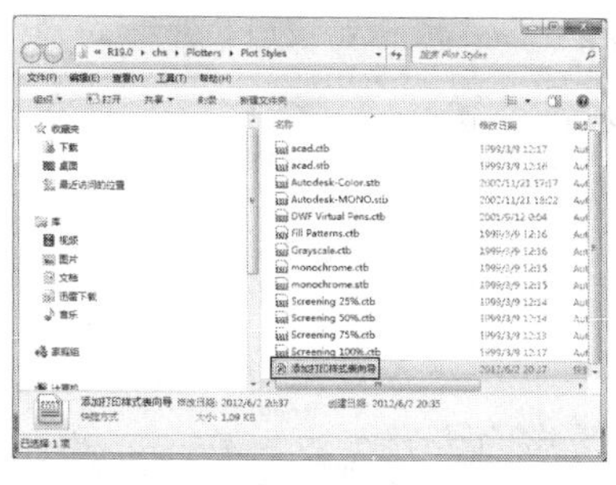

图11-5

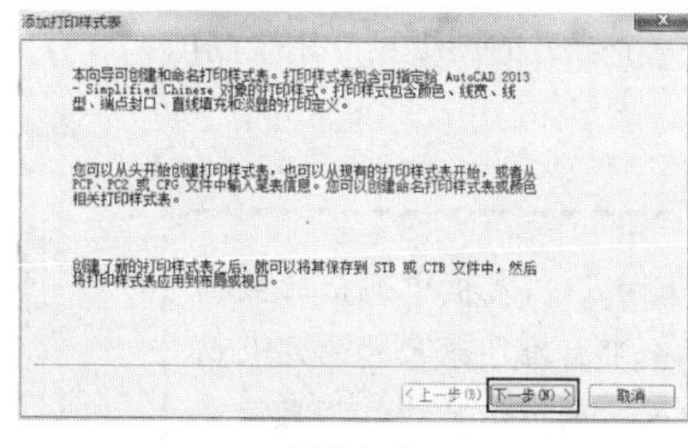

图11-6

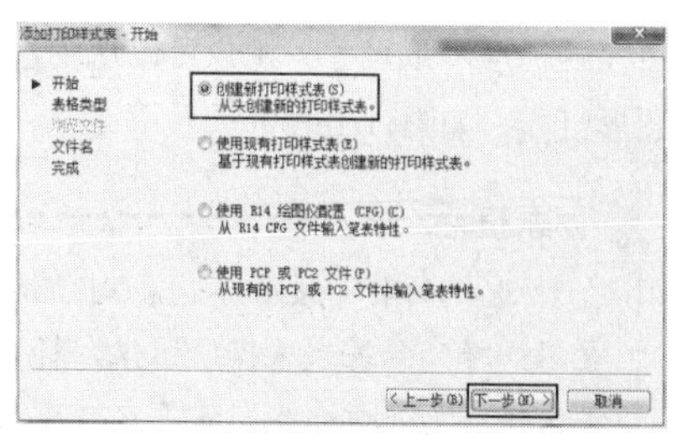

图11-7

04 在打开的“选择打印样式表”对话框中选择“颜色相关打印样式表”单选项，再单击“下一步”按钮，如图11-8所示。

05 在弹出的对话框的“文件名”文本框中输入打印样式表的名称，再单击“下一步”按钮，如图11-9所示。

06 在图11-10所示的对话框中单击“打印样式表编辑器”按钮，在弹出的对话框中设置打印样式，也可以直接单击“完成”按钮，关闭添加打印样式表向导，打印样式创建完毕。

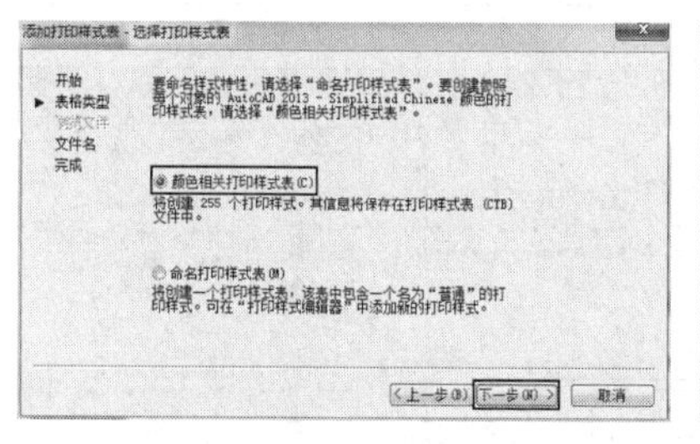

图11-8

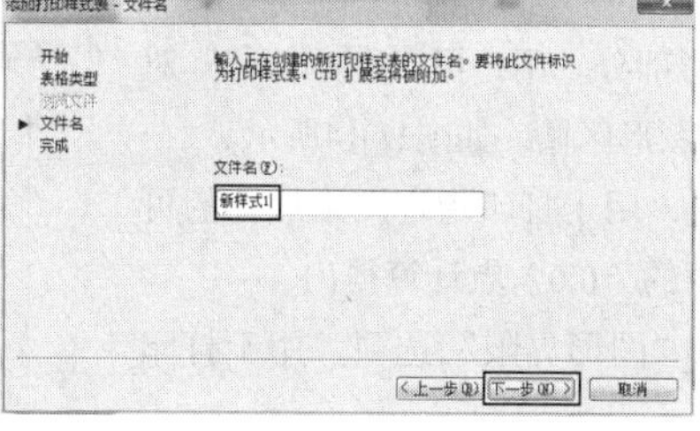

图11-9

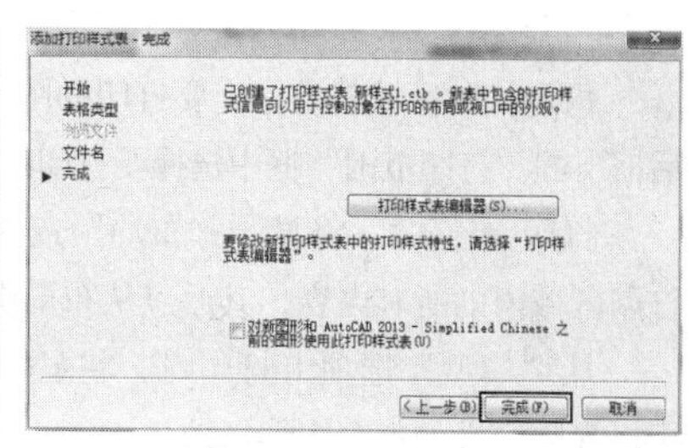

图11-10

3. 编辑打印样式

已创建完成的“A3纸打印样式表”会立即显示在Plot Styles文件夹中，双击该打印样式表，打开“打印样式表编辑器”对话框。在该对话框中单击“表格视图”选项卡，即可对该打印样式表进编辑，如图11-11所示。

“表格视图”选项卡由打印样式、说明和特性3个选择项组组成。“打印样式”列表框显示了255种颜色和编号，每一种颜色可设置一种打印效果；右侧的“特性”选项组用于设置详细的打印效果，包括打印的颜色、线型、线宽等。

在绘制室内施工图时，通常是通过调用不同的线宽和线型来表示不同的结构，例如物体外轮廓调用中实线，内轮廓调用细实线，不可见的轮廓调用虚线，从而使打印出来的施工图清晰、美观。

因为施工图一般采用单色进行打印，所以一般都选择“黑”颜色，而其他参数一般采用为默认值，例如将颜色1（红）的打印颜色设置为“黑”，线型设置为“划点”，线宽设置为0.3000毫米，如图11-12所示。那么在打印时将得到黑色的，线宽为0.3mm，线型为“划点”的图形打印效果。

完成设置后需要单击“保存并关闭”按钮保存打印样式，在打印图形时就可以使用这种样式。

图11-11

图11-12

专家提示

“颜色7”是为了方便打印样式中没有的线宽或线型而设置的。例如，当图形的线型为双点划线而在样式中并没有这种线型时，就可以将图形的颜色设置为黑色，即颜色7。那么在打印时就会根据图形自身所设置的线型进行打印。

11.2.3 选择图纸幅面

在“打印”对话框中的“图纸尺寸”列表框中列出了所选打印设备可用的标准图纸尺寸，用户可以从中选择一个合适的图纸尺寸用于当前图形打印，如图11-13所示。

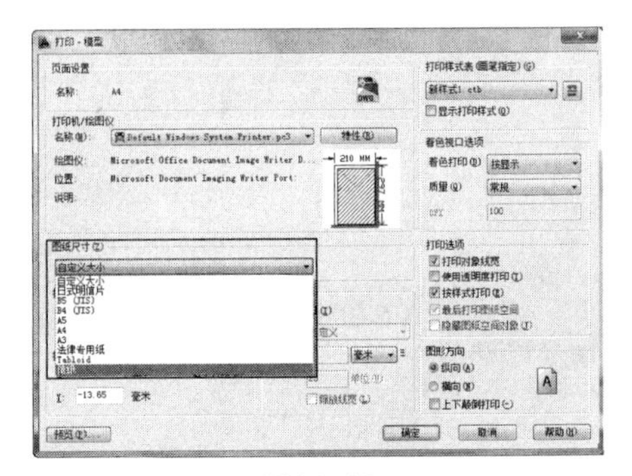

图11-13

专家提示

选择的打印设备不同，则“图纸尺寸”列表框中列出的数据也不一样。如果未选择绘图仪，将显示全部标准图纸尺寸的列表以供选择。如果所选绘图仪不支持布局中选定的图纸尺寸，将显示警告，用户可以选择绘图仪的默认图纸尺寸或自定义图纸尺寸。

11.2.4 设定打印区域

指定打印区域就是指定要打印的图形部分。用户可以在“打印”对话框下的“打印范围”框中选择要打印的图形区域，如图11-14所示。

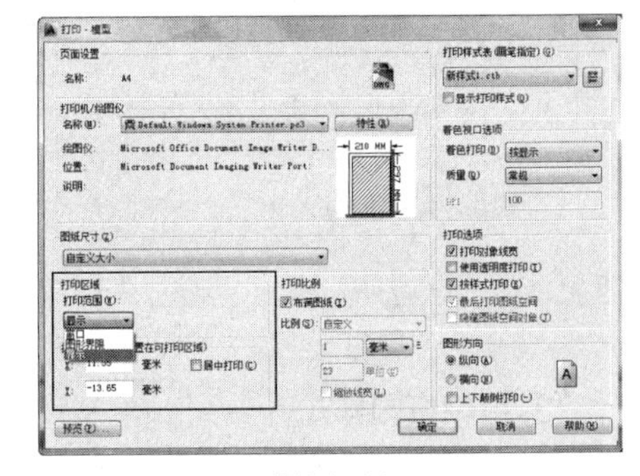

图11-14

打印 布局时，将显示“布局”选项，用于打印指定图纸尺寸的可打印区域内的所有内容，其原点从布局中的（0,0）点计算得出。

从“模型”选项卡打印时，将显示“图形界限”选项，用于打印栅格界限定义的整个图形区域。

图形界限：打印包含对象的图形的部分当前空间。当前空间内的所有几何图形都将被打印。

显示：打印选定的“模型”选项卡当前视口中的视图或布局中的当前图纸空间视图。

窗口：打印指定的图形部分。

11.2.5 设定打印比例

在打印图形时，用户可以在“打印”对话框中设置打印比例，从而控制图形单位与打印单位之间的相对尺寸，如图11-15所示。

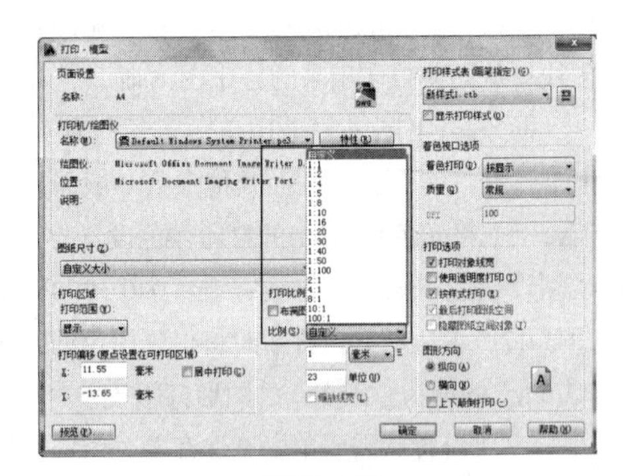

图11-15

专家提示

打印布局时，默认缩放比例设置为1:1；从“模型”选项卡打印时，默认设置为“布满图纸”，该选项可以缩放打印图形以布满所选图纸尺寸，并在“比例”等框中显示自定义的缩放比例因子。要取消勾选“布满图纸”复选框后，才能选择打印比例。

11.2.6 设定着色打印

在“打印”对话框中的“着色视口选项”区域下可以指定着色和渲染视口的打印方式，并确定它们的分辨率大小和每英寸点数，如图11-16所示。

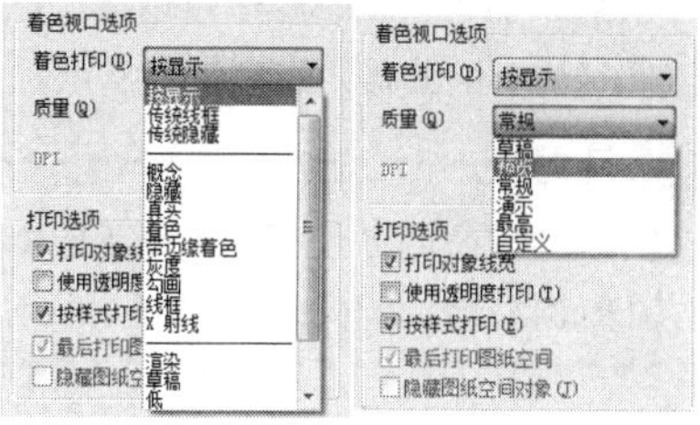

图11-16

在“着色视口选项”区域中各选项主要功能如下。

1. 着色打印

以下是一部分指定视图的打印方式。

按显示：按对象在屏幕上的显示方式打印。

传统线框：在线框中打印对象，不考虑其在屏幕上的显示方式。

传统隐藏：打印对象时消除隐藏线，不考虑其在屏幕上的显示方式。

三维隐藏：打印对象时应用“三维隐藏”视觉样式，不考虑其在屏幕上的显示方式。

三维线框：打印对象时应用“三维线框”视觉样式，不考虑其在屏幕上的显示方式。

概念：打印对象时应用“概念”视觉样式，不考虑其在屏幕上的显示方式。

真实：打印对象时应用“真实”视觉样式，不考虑其在屏幕上的显示方式。

渲染：按渲染的方式打印对象，不考虑其在屏幕上的显示方式。

2. 质量

指定着色和渲染视口的打印分辨率。

草稿：将渲染和着色模型空间视图设置为线框打印。

预览：将渲染模型和着色模型空间视图的打印分辨率设置为当前设备分辨率的1/4，最大值为150 点/英寸。

常规：将渲染模型和着色模型空间视图的打印分辨率设置为当前设备分辨率的1/2，最大值为300 点/英寸。

演示：将渲染模型和着色模型空间视图的打印分辨率设置为当前设备的分辨率，最大值为600点/英寸。

最高：将渲染模型和着色模型空间视图的打印分辨率设置为当前设备的分辨率，无最大值。

自定义：将渲染模型和着色模型空间视图的打印分辨率设置为“点/英寸”框中指定的分辨率设置，最大可为当前设备的分辨率。

3. DPI

指定渲染和着色视图的每英寸点数，最大可为当前打印设备的最大分辨率。

注意

只有在“质量”框中选择了“自定义”后，此选项才可用。

11.2.7 调整图形打印方向

用户可以在“打印”对话框中“图形方向”区域中为支持纵向或横向的绘图仪指定图形在图纸上的打印方向，如图11-17所示。

“图形方向”区域下各选项主要功能如下。

纵向：放置并打印图形，使图纸的短边位于图形页面的顶部。

横向：放置并打印图形，使图纸的长边位于图形页面的顶部。

上下颠倒打印：上下颠倒地放置并打印图形。

图纸图标代表所选图纸的介质方向，字母图标代表图形在图纸上的方向。在更改打印方向选项时，图纸图标会发生相应变化，同时“打印机/绘图仪”区域中的图标也会发生相应变化。

图11-17

11.2.8 设置图形打印偏移位置

在“打印”对话框中可以指定打印区域相对于可打印区域左下角或图纸边界的偏移，如图11-18所示。

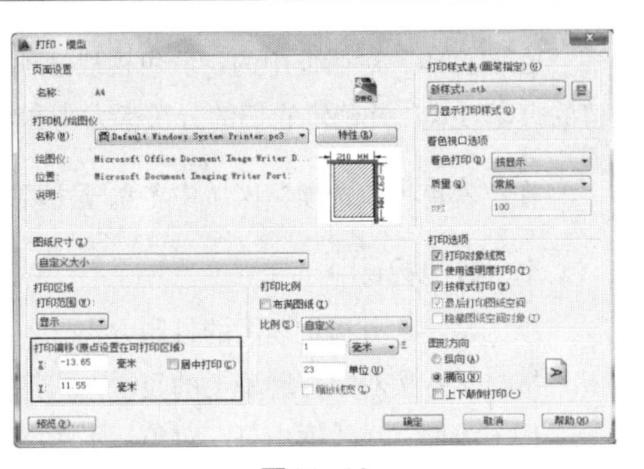

图11-18

注意：

图纸的可打印区域由所选输出设备决定，在布局中以虚线表示。修改为其他输出设备时，可能会修改可打印区域。

“打印偏移”区域中各选项主要功能如下。

x：相对于“打印偏移定义”选项中的设置指定x方向上的打印原点。

y：相对于“打印偏移定义”选项中的设置指定y方向上的打印原点。

居中打印：自动计算x偏移和y偏移值，在图纸上居中打印。当“打印区域”设置为“布局”时，此选项不可用。

11.2.9 预览打印效果

在单击“打印”对话框中的“预览”按钮可以查看当前设置的打印效果，这与使用Preview（打印预览）命令在图纸上打印的方式显示图形相同，执行Preview命令的常用方法有以下几种。

菜单栏：执行“文件>打印预览”菜单命令。

工具栏：在“标准”工具栏中单击“打印预览”按钮。

命令行：在命令行中执行Preview命令（Preview命令的简写为PRE）。

注意：

要使用Preview命令预览打印效果，必须要先在“页面设置”窗口中指定一个打印设备。

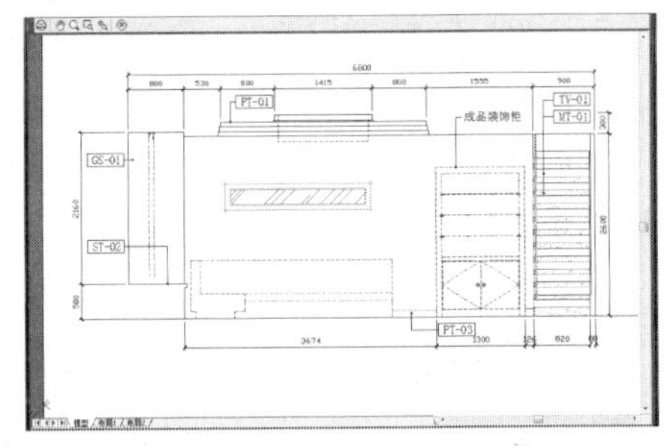

图11-19

预览图形时，将会打开一个预览窗口，在该窗口中可以对图形进行平移、缩放等方式查看，如图11-19所示。

预览窗口显示的效果即为打印效果。如果对效果满意了，可以直接单击预览窗口顶端工具栏中的（打印）按钮进行打印；如果对效果不满意，可以按Esc键或单击顶端工具栏中的“关闭预览窗口”按钮返回“打印”对话框进行修改。

11.2.10 保存页面设置

可以在“打印”对话框中的“页面设置”区域中单击“添加”按钮，从而可以将“打印”对话框中的当前设置保存到命名页面设置，如图11-20所示。

页面设置是包括打印设备、纸张、打印区域、打印样式、打印方向等影响最终打印外观和格式的所有设置的集合。可以将页面设置命名保存，也可以将同一个命名页面设置应用到多个布局图中。

01 执行“文件>页面设置管理器”菜单命令，或者在命令行输入Pagesetup并按Enter键，打开图11-21所示的“页面设置管理器”对话框。

02 单击“新建”按钮，打开图11-22所示的“新建页面设置”对话框，在对话框中输入新页面设置名称，例如选择“A3图纸页设置”，然后单击“确定”按钮，即可创建新的页设置“A3图纸页面设置”。

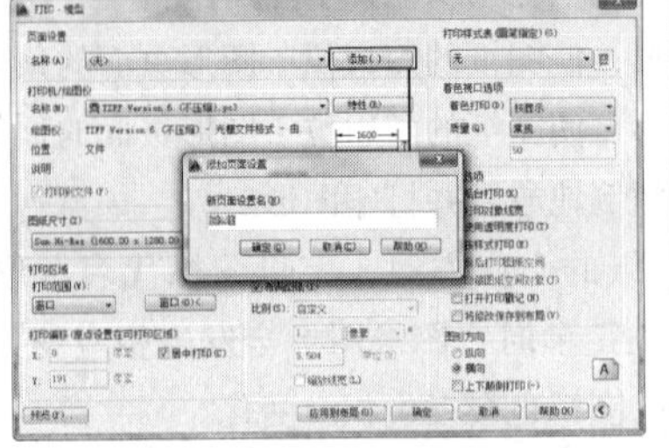

图11-20

图11-21

03 在系统弹出的“页面设置”对话框中的“打印机/绘图仪”选项组中选择用于打印当前图纸的打印机，从“图纸尺寸”选项组中选择A3类图纸，从“打印样式表”列表中选择已设置好的打印样式“A3纸打印样式表”，如图11-23所示，然后在随后弹出的“问题”对话框中单击“是”按钮，将指定的打印样式指定给所有布局。

04 勾选“打印选项”选项组的“按样式打印”复选框，使打印样式生效，否则图形将按其自身的特性进行打印；设置“打印比例”为“自定义”并设置为1:60，在“图形方向”栏中设置“图形方向”为“横向”，设置“打印范围”为“窗口”，然后从绘图窗口中分别拾取图签图幅的两个对角点以确定一个矩形范围，该范围即为打印范围。

05 设置完成后单击“预览”按钮，检查打印效果。

06 单击“确定”按钮返回“页面设置管理器”对话框。在页面设置列表中可以看到刚才新建的页面设置“A3图纸页面设置”，选择该页面设置，单击“置为当前”按钮，如图11-24所示，最后单击“关闭”按钮关闭该对话框。

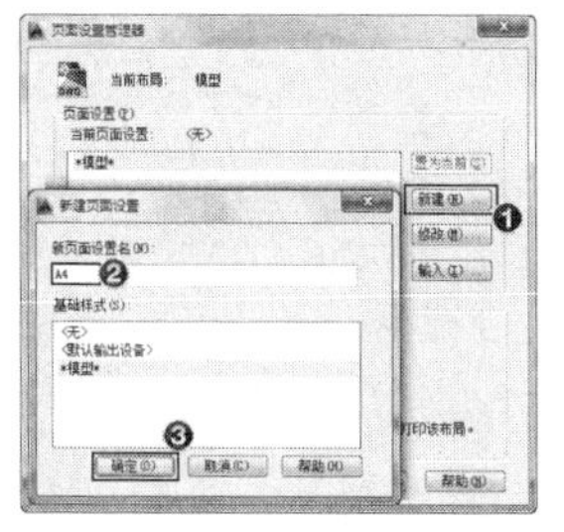

图11-22

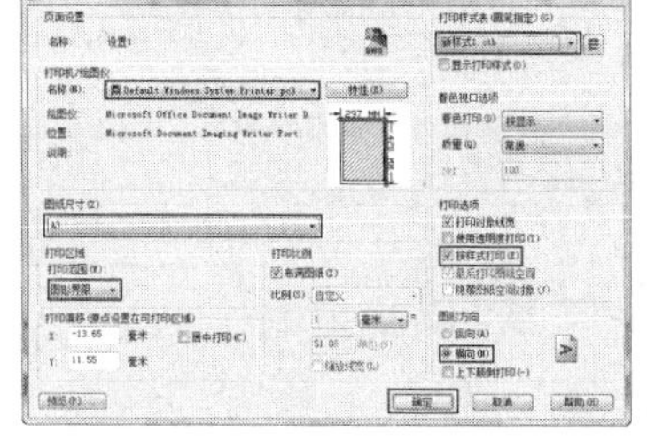

图11-23

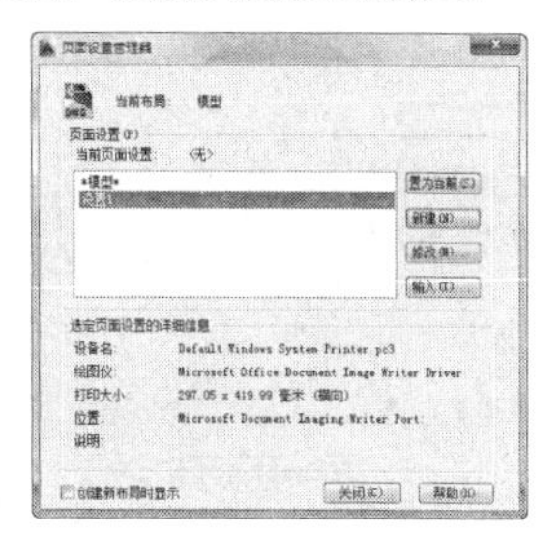

图11-24

11.3 使用布局空间

模型空间打印方式只适用于单比例图形打印，即一次只能打印输出一种比例的图形，而布局打印方式则可以同时输出多种比例的图形。当需要在一张图纸中打印输出不同比例的图形时，可以调用布局空间打印方式。

布局代表打印的页面。用户可以根据需要创建任意多个布局。每个布局都保存在自己的布局选项卡中，可以与不同图纸尺寸和不同打印机相关联。只在打印页面上出现的元素（例如标题栏和注释）将在布局的图纸空间绘制。图形中的对象在“模型”选项卡上的模型空间创建，要在布局中查看这些对象则需要创建布局视口。

在AutoCAD中，用户可以用Layoutwizard命令以向导方式创建一个新的布局，也可以用Layout命令以模板方式创建一个新的布局。

11.3.1 使用向导创建布局

使用向导创建一个新布局时，可以按以下方法来激活Layoutwizard命令。

菜单栏：执行“插入>布局>创建布局向导”菜单命令，如图11-25所示。

命令行：在命令行中输入Layoutwizard命令并按Enter键。

执行Layoutwizard后，系统会弹出一个“创建布局-开始”对话框，如图11-26所示。

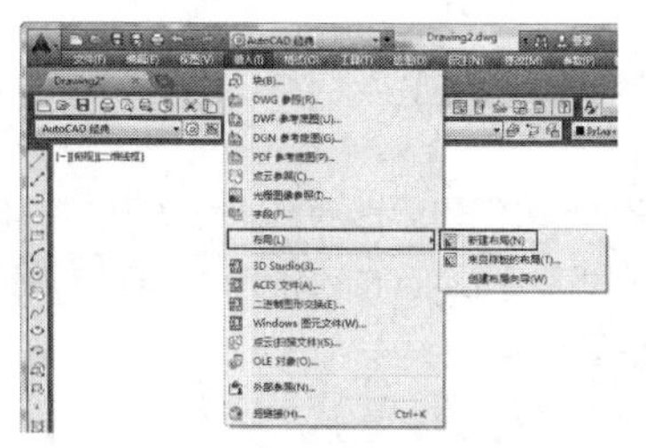

图11-25

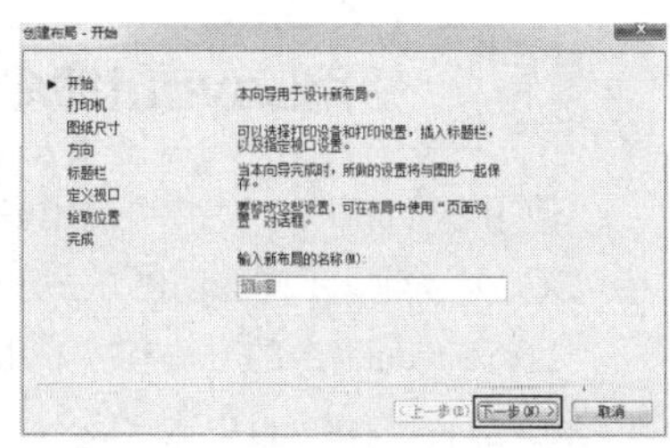

图11-26

01 在“创建布局-开始”对话框中的“输入新布局的名称”编辑行中输入新建布局的名字，然后单击“下一步”按钮，屏幕显示“创建布局-打印机”对话框，如图11-27所示。

02 在“创建布局-打印机”对话框中的“为新布局选择配置的绘图仪”列表框中，选择当前配置的打印机。然后单击“下一步”按钮，屏幕接着显示“创建布局-图纸尺寸”对话框，如图11-28所示。

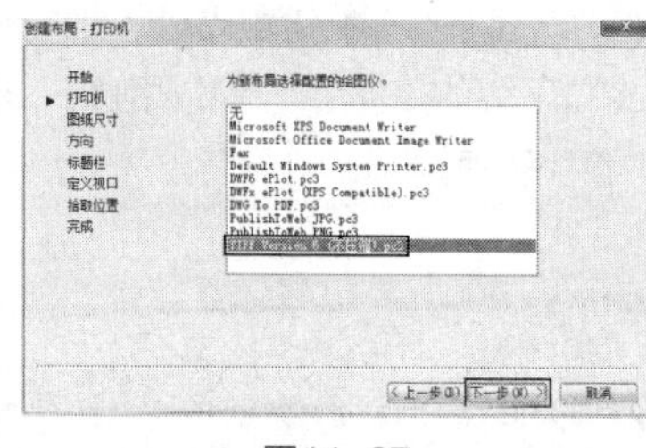

图11-27

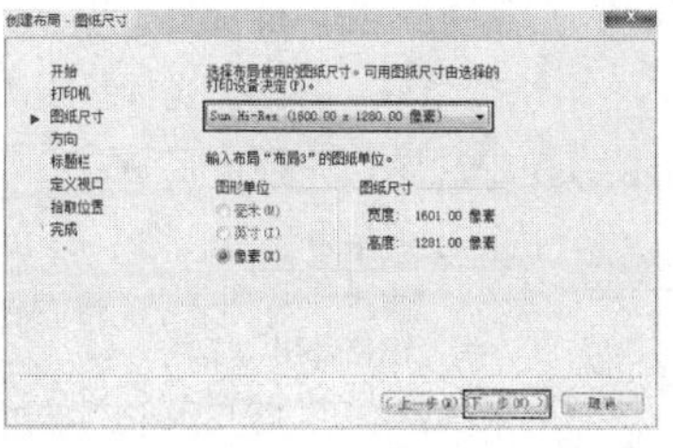

图11-28

03 在“创建布局-图纸尺寸”对话框中可以选择图纸的大小，例如A4（210mm×297mm）；同时还需要选择绘图用的单位，例如毫米或英寸等。选择之后单击“下一步”按钮，屏幕上接着显示“创建布局-方向”对话框，如图11-29所示。

04 在“创建布局-方向”对话框中，可以设置图形在图纸中的摆放方向。例如可以按横向（Landscape）放置图纸，此时图纸的长边是水平的；另外也可以按纵向（Portrait）放置图纸，此时图纸的短边是水平的。小图标中的字母A表示了图形在图纸中的摆放位置。选择结束后单击“下一步”按钮，屏幕上接着显示“创建布局-标题栏”对话框，如图11-30所示。

05 “创建布局-标题栏”对话框用来选择图纸的图框及标题栏的式样。在对话框内的图框名列表中，AutoCAD提供了20余种不同的图框让用户选用，并在右侧的预览框中显示所选图框的预览图像。如果用户不需要图框，则可以选“无”。在对话框的下面有一个“类型”选项，通过其中的选项可指定所选的图框是作为块还是作为外部参照插入到当前的图形中。选择结束后单击“下一步”按钮，屏幕上接着显示“创建布局-定义视口”对话框，如图11-31所示。

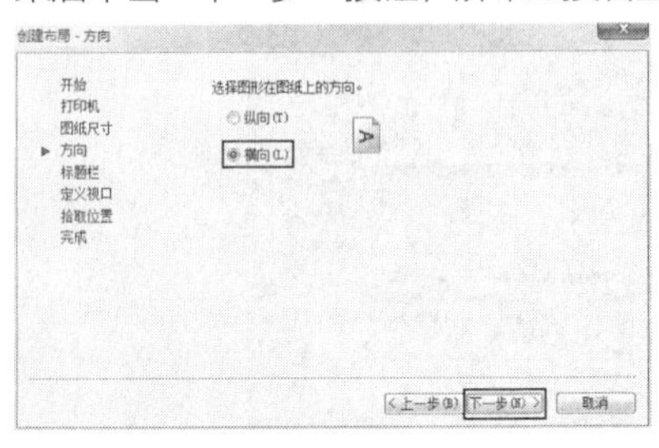

图11-29

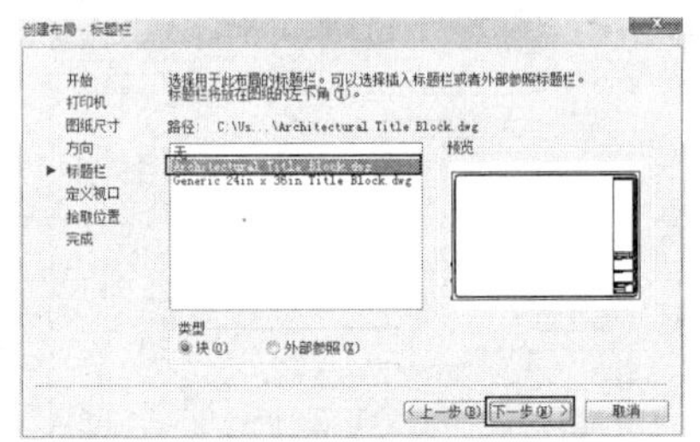

图11-30

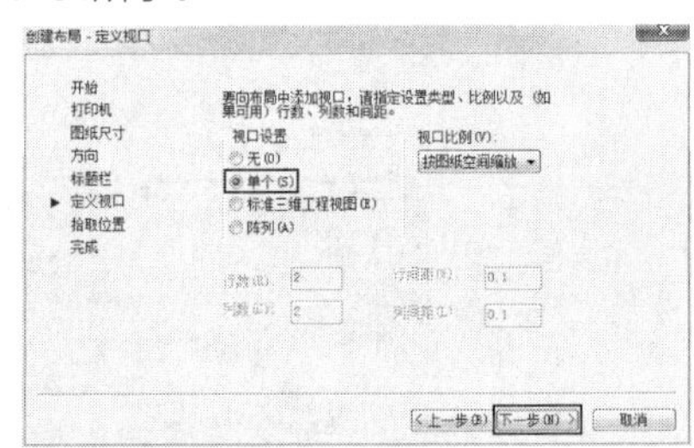

图11-31

06 “创建布局-定义视口”对话框用于确定新创建布局的默认视口的设置和比例。用户可以在“视口比例”下拉列表中选择比例大小。选择结束后单击“下一步”按钮，屏幕上接着显示“创建布局-拾取位置”对话框，如图11-32所示。

07 在“创建布局-拾取位置”对话框中，用户可以在布局中指定图形视口的大小及位置。单击“选择位置”按钮，界面将返回到布局，用户可以用鼠标在布局中指定两点以确定图形视口的大小和位置。在界面回到对话框后，单击“下一步”按钮，屏幕上接着显示“创建布局-完成”对话框，如图11-33所示。

08 在“创建布局-完成”对话框中单击“完成”按钮，结束新布局的创建过程。新创建的布局如图11-34所示。

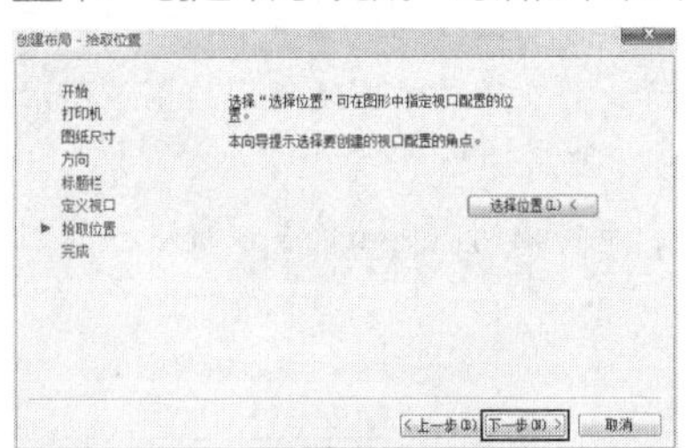

图11-32

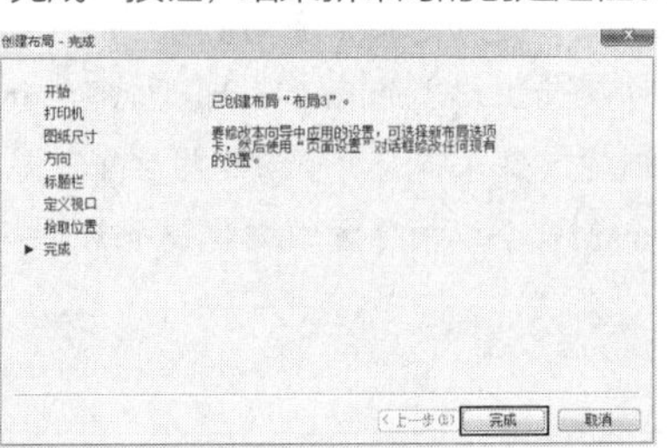

图11-33

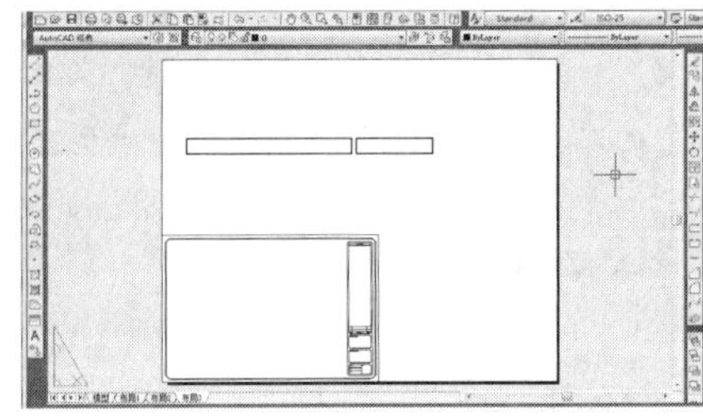

图11-34

11.3.2 使用Layout命令创建布局

使用Layout命令，用户可以用多种方法创建新的布局，比如从已有的模板开始创建，或者从已有的布局创建或者直接从头开始创建。不同的创建方法分别对应于Layout命令的相应选项。另外，Layout命令还可以用于管理已有的布局。

执行Layout命令的方法有以下几种。

命令行：在命令行中输入Layout命令并按Enter键。

菜单栏：执行“插入>布局>新建布局”或“来自样板的布局”菜单命令。

工具栏：在“布局”工具条中单击“新建布局”按钮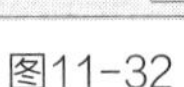或“来自样板的布局”按钮。

快捷菜单：将鼠标光标置于图形窗口下方的“模型”标签或任何一个“布局”标签上，然后右击鼠标，从弹出的快捷菜单中选择“新建布局”或“来自样板”选项。

执行Layout命令后，命令提示如下。

```
命令: _layout ↙
输入布局选项 [复制(C)/删除(D)/新建(N)/样板(T)/重命名(R)/另存为(SA)/设置(S)/?]<设置>:  //让用户选择一个选项
```

以上各选项的含义分别如下。

复制（C）：复制一个布局。在选择该选项后，AutoCAD的提示如下。

```
输入要复制的布局名<布局1>:        //输入要复制的布局名
输入复制后的布局名:             //输入新布局名
```

如果用户不指定新布局的名称，则系统将给新布局命名一个默认名。该默认名是在原布局名后加一个在括弧内的数字序号。例如，原布局名为Layout，则复制后的新布局名为Layout（2）。

删除（D）：从已有的布局中删除一个布局。在选择该选项后，AutoCAD的提示如下。

```
输入要删除的布局名<当前值>:  //输入要删除的布局名
```

如果用户选择了所有布局，则所有布局均被删除。但在所有布局被删除后，AutoCAD仍会保留一个名为Layout 1的空布局。

新建（N）：创建一个新的布局。在选择该选项后，AutoCAD的提示如下。

```
输入新布局名<布局1>:        //输入新布局的名
```

样板（T）：根据模板文件（.dwt）或图形文件（.dwg）中已有的布局来创建一个新布局。选择该选项，则将会显示一个标准的文件选择对话框："选择样板"对话框，用以选择模板或图形文件，如图11-35所示。在模板或图形文件被选定以后，将会接着显示一个"插入布局"对话框，如图11-36所示，用来选择要插入的布局。最后，被指定的模板文件或图形文件中的布局（包括其中的所有图形）将插入到当前图形中。

重命名（R）：给一个已有的布局改名。选择该选项后，AutoCAD的提示如下。

```
输入要重命名的布局<当前值>:        //指定要改名的布局
输入新布局名:                   //输入布局的新名称
```

最后激活的布局名将作为默认名。布局名最多可以由255个字符组成，不区分字母大小写，但只有前32个字符显示在图形区下方的标签中。

另存为（SA）：保存一个布局。所有的布局将保存在模板文件中，用户可以指定要保存的模板文件名。AutoCAD的提示如下。

```
输入要保存到样板的布局<当前值>:
```

最后使用的布局将作为默认布局保存。

设置（S）：设置选定的布局为当前布局。选择该选项后，AutoCAD的提示如下。

```
输入要置为当前的布局<布局2>:        //指定要设置为当前布局的布局名
```

"?"：显示当前图形中所包含的所有布局。

通过创建视口，可以将多个图形以不同的打印比例布置在同一张布局空间的空间中。创建视口的命令有Vports和Solview。下面介绍调用Vports命令创建视口的方法，以将立面图和节点图用不同比例打印在同一张图纸上。

01 打开配套光盘中的"DWG文件\CH11\操作示例11-1.dwg"文件，如图11-37所示。

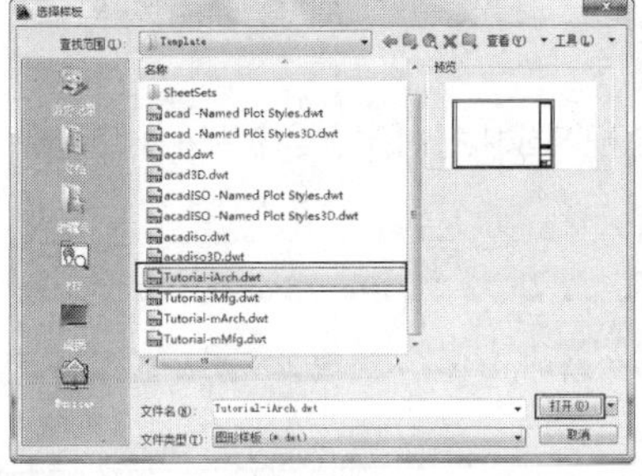

图11-35

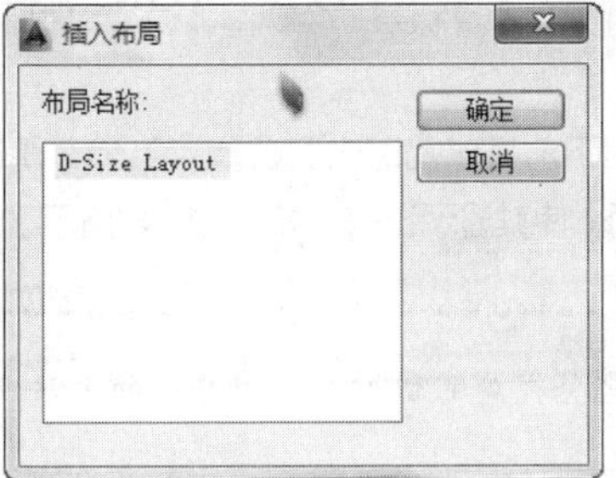

图11-36

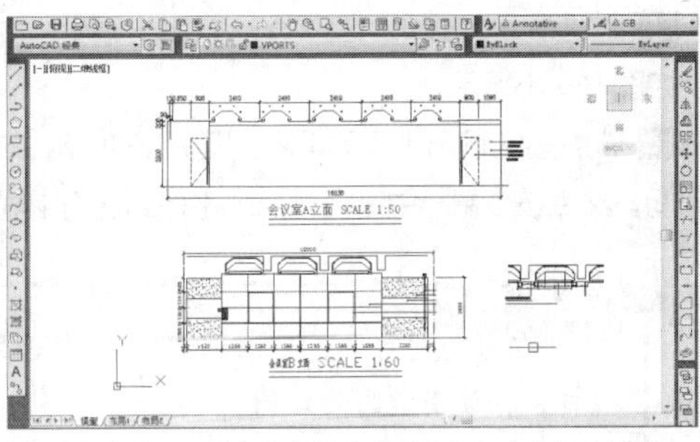

图11-37

02 切换到布局窗口，创建第一个视口。执行“视图>视口>新建视口”菜单命令，或者在命令行中输入Vports命令并按Enter键，打开“视口”对话框，如图11-38所示。

03 从“标准视口”框中选择“单个”，再单击“确定”按钮，然后在布局内拖曳鼠标以创建一个视口，如图11-39所示。该视口用于显示“会议室A立面图”。

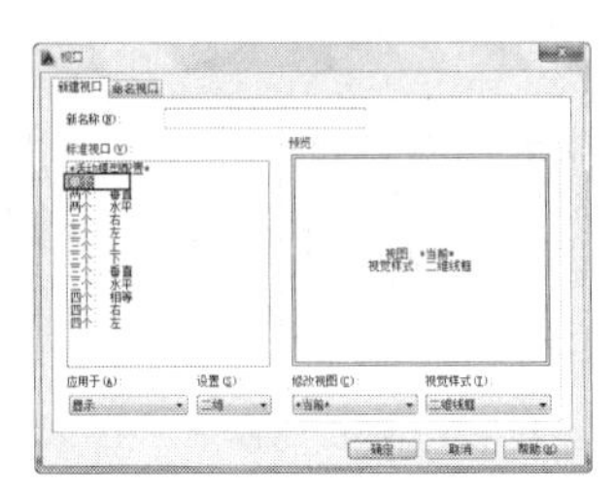
图11-38

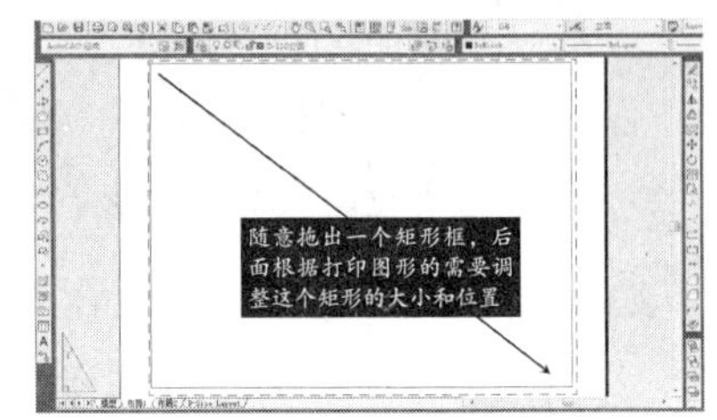

图11-39

04 拖出一个矩形框之后，在视口中会显示出这个模型窗口中的所有图形，如图11-40所示。

05 先单击矩形框，将其选中，再单击矩形框的夹点，移动夹点调整好矩形框的位置和大小，如图11-41所示。

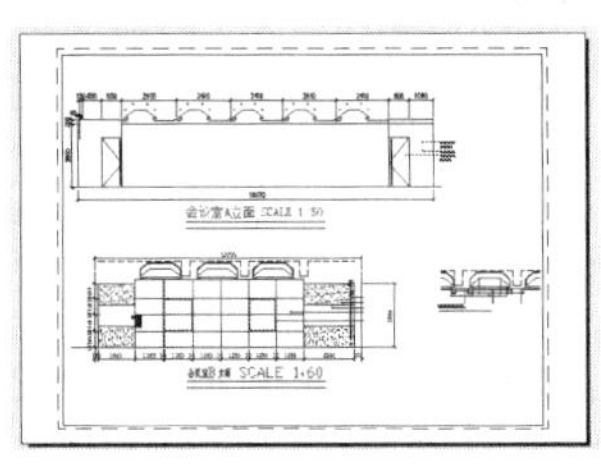
图11-40

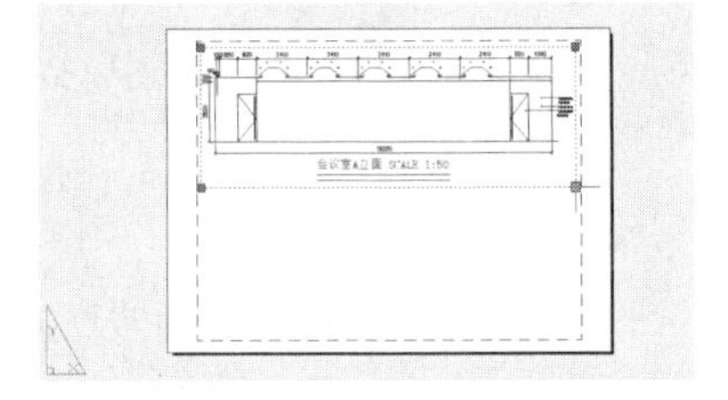
图11-41

06 在创建的视口中双击鼠标，或者在命令行输入Mspace并按Enter键，即可在布局窗口中进入模型空间编辑图形，处于模型空间的视口边框以粗线显示，如图11-42所示。在视口外部双击，即可结束编辑，恢复到原状态。

07 在状态栏右下角设置当前注释比例为1:100，然后按住鼠标中键将图形移动到视口中间，如图11-43所示。

专家提示

对于视口的比例应根据图纸的尺寸进行适当设置，在这里设置为1:100以适合A4图纸，如果是其他尺寸图纸，则应做相应调整。如果在列表中没有需要用到的比例，可以选择“自定义”类型，然后在弹出的“编辑图形比例”对话框中单击“添加”按钮，再设置新的比例，如图11-44所示。

视口比例应与该视口内的图形（即在该视口内打印的图形）的尺寸标注比例相同，这样在同一张图纸内就不会有不同大小的文字或尺寸标注出现（针对不同视口）。

AutoCAD从2008版开始增加了一个自动匹配的功能，即视口中的“可注释性”对象（比如文字、尺寸标注等）可随视口比例的变化而变化。假如图形尺寸标注比例为1:100，当视口比例设置为1:50时，尺寸标注比例也自动调整为1:50。要实现这个功能，只要单击状态栏右下角的按钮使其高亮显示即可，如图11-45所示。启用该功能后，就可以随意设置视口比例，而不需要手动修改图形标注比例（前提是图形标注为“可注释性”）。

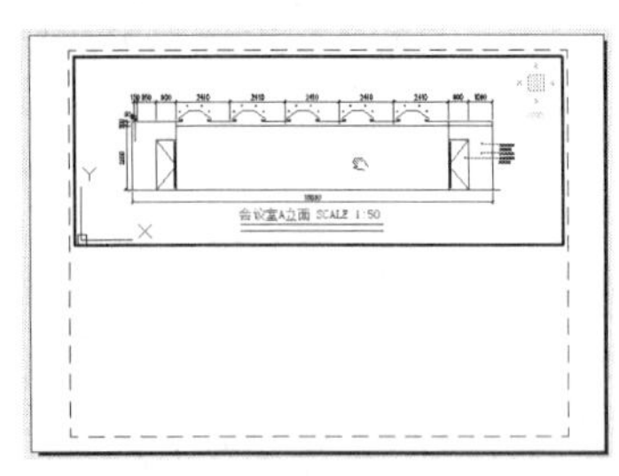
图11-42

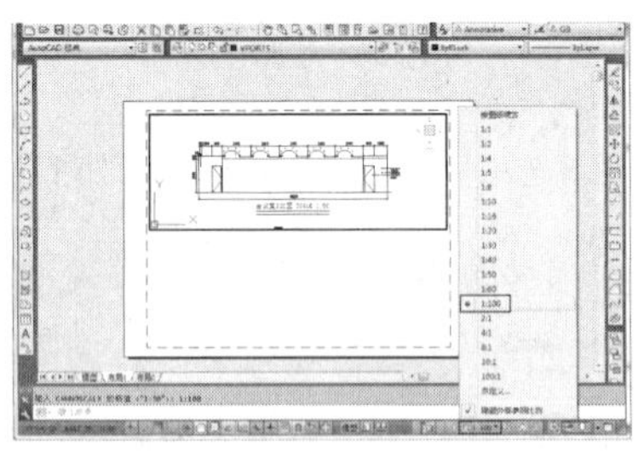
图11-43

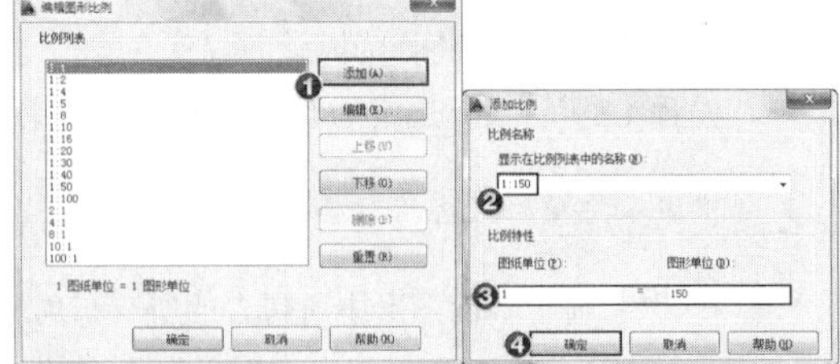
图11-44

08 在视口外双击鼠标，或者在命令行输入Pspace并按Enter键，返回到布局空间。

09 创建第二个视口。选择第一个视口，调用Copy命令复制第二个视口，该视口用于显示“会议室B立面图的节点线图”，如图11-46所示。

10 节点图的输出比例为1:20，因此在状态栏右下角将该视口比例设置为1:20。双击视口或执行Mspace命令进入模型空间，然后按住鼠标中键将节点图平移到视口中间，使其显示出来，如图11-47所示。

专家提示

在布局空间中，可以调用Move命令调整视口的位置。使用相同的方法还可以创建第3个、第4个或者更多的视口，并使用不同的比例。

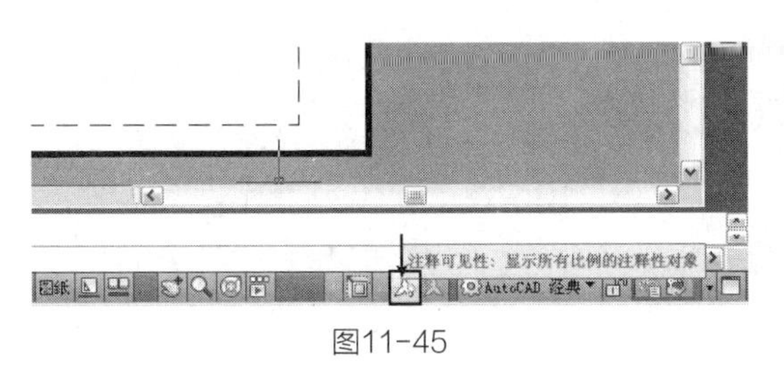
图11-45

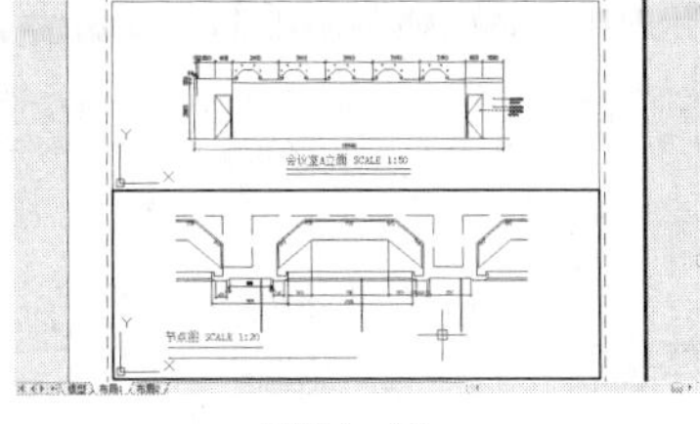
图11-46

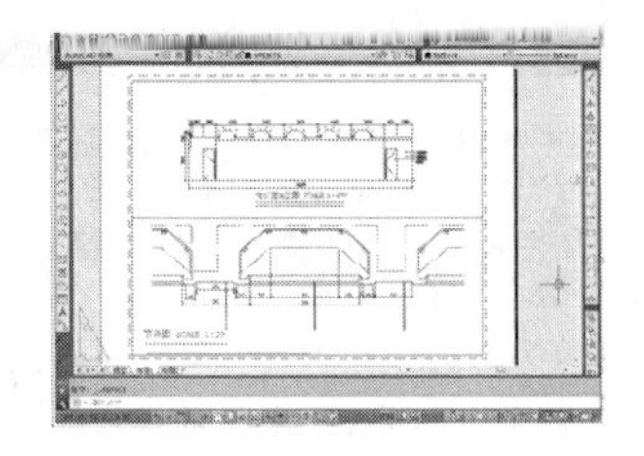
图11-47

在布局空间中，同样可以为图形加上图签。通过缩放命令使插入的图签的大小与当前布局的图纸大小相符。

创建完成视口并加入图签后，接下来就可以打印了。在打印之前，可以先执行“文件>打印预览”菜单命令预览当前的打印效果，如果效果满意则直接单击“打印”按钮开始打印。

11.4 输出为其他格式文件

AutoCAD可以将绘制完成的图形输出为通用的图像文件，方法很简单：执行“文件>输出”菜单命令，系统将弹出“输出”对话框，在“保存类型”下拉列表中选择“.bmp”格式，再单击“保存”按钮，然后用鼠标依次选中或框选出要输出的图形后按Enter键，则被选图形便输出为BMP格式的图像文件印刷工具。

这种输出方法虽然简单，但是输出的图像精度不高。因为使用这种方式输出图像的图幅与AutoCAD图形窗口的尺寸相等，图形窗口中的图形按屏幕显示尺寸输出，输出结果与图形的实际尺寸无关。另外，屏幕中未显示部分无法输出。

下面介绍一种可以输出高精度图片的方法，这个方法对于将尺寸较大的AutoCAD文件输出为较大尺寸的图片非常有用。

11.4.1 添加新的打印机

01 首先需要添加一个打印机。执行“文件>绘图仪管理器”菜单命令，在弹出的窗口中双击“添加绘图仪向导”快捷图标，如图11-48所示。

02 双击“添加绘图仪向导”快捷图标之后，系统会弹出图11-49所示的“添加绘图仪”对话框，在对话框中直接单击“下一步”按钮。

03 在系统弹出的图11-50所示的对话框中选择“我的电脑”，接着单击“下一步”按钮。

图11-48

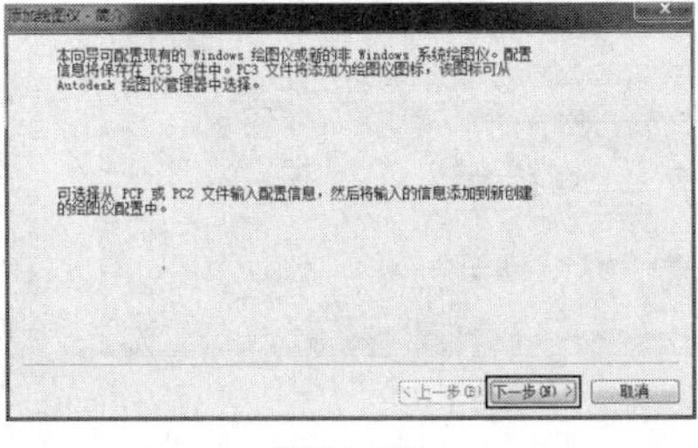
图11-49

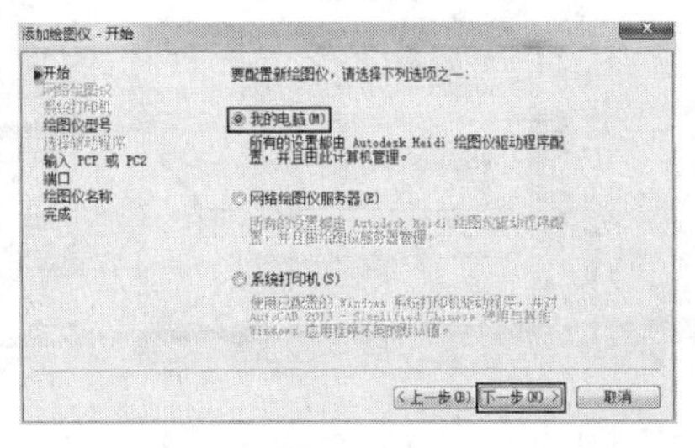
图11-50

04 在弹出的对话框中选择打印机的生产商为“光栅文件格式”，再选择型号为“TIFF Version6（不压缩）”，这样可以输出精度较高的图片，然后单击“下一步”按钮，如图11-51所示。

专家提示

如果想要将图片输出为JPG格式，可以选择型号为“独立JPEG编组JFIF（JPEG压缩）”，如果要想得到矢量的图形，可以选择Adobe的PostScript Level 2这个绘图仪型号，如图11-52所示。

05 在新弹出的对话框中继续单击“下一步”按钮，如图11-53所示。

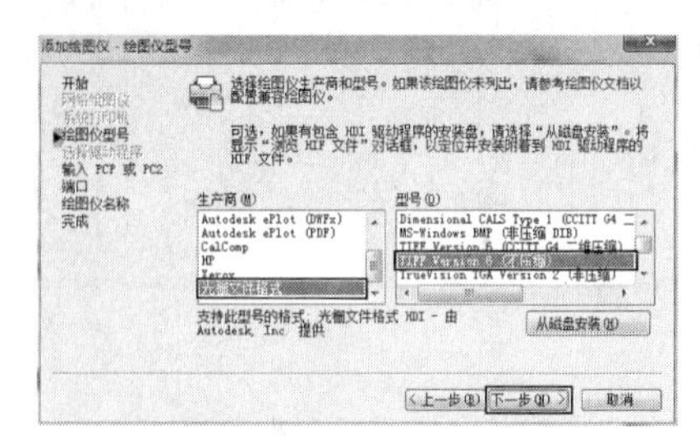

图11-51

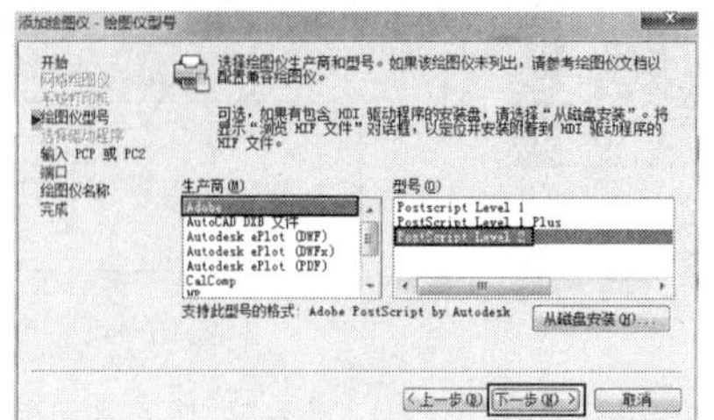

图11-52

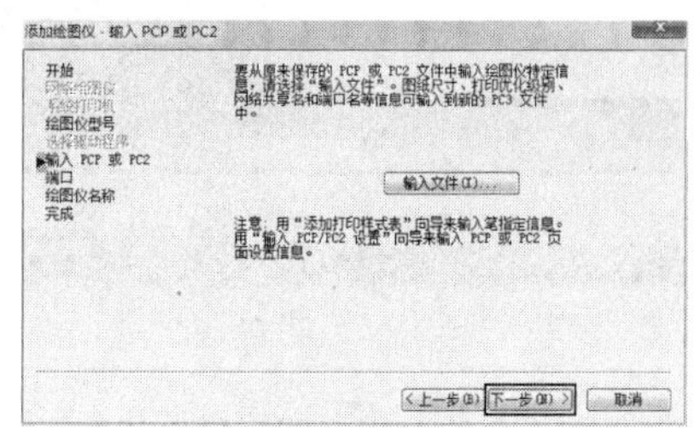

图11-53

06 在新弹出的对话框中选择“打印到文件”，注意这一步比较重要，继续单击“下一步”按钮，如图11-54所示。

07 在新弹出的对话框中输入绘图仪名称，然后继续单击“下一步”按钮，如图11-55所示。

08 在新弹出的对话框中单击“完成”按钮，如图11-56所示。到此就已经添加了一个打印机，在之后输出图片时就要使用这个打印机。

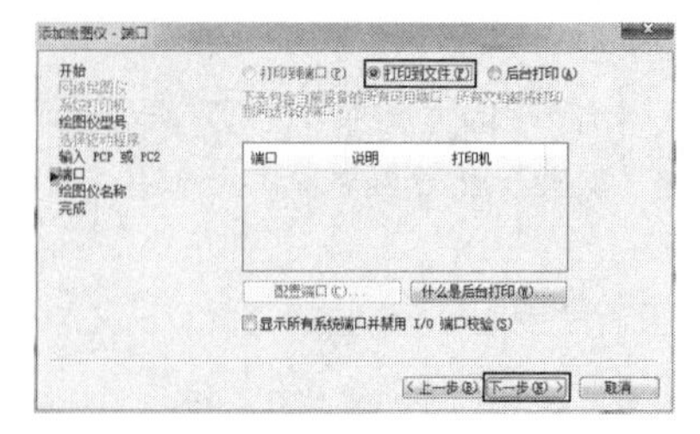

图11-54

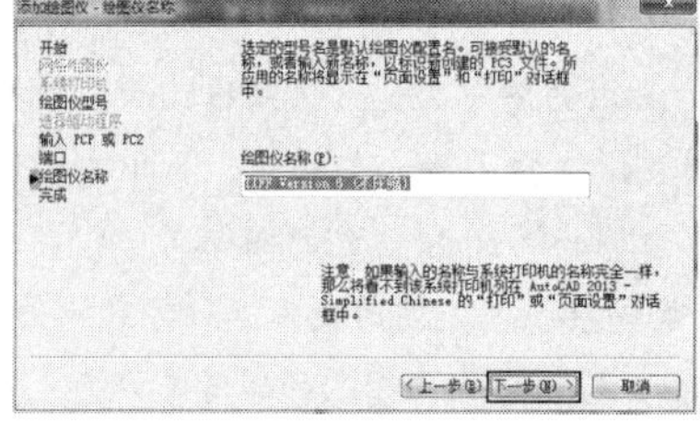

图11-55

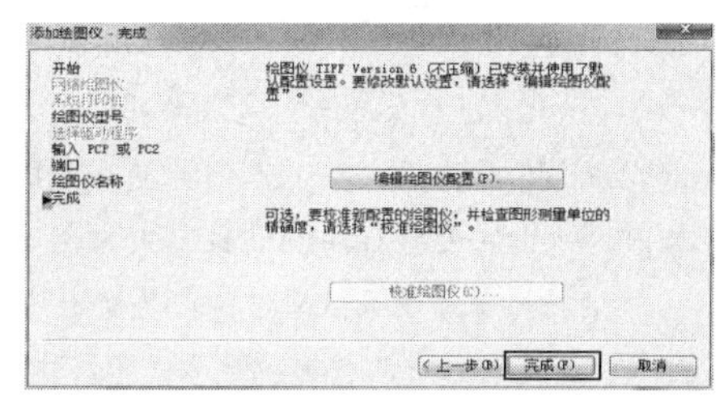

图11-56

11.4.2 输出图片

01 执行“文件>打印”菜单命令，首先在弹出的“打印”对话框中选择新添加的打印机“TIFF Version 6（不压缩）.pc3”，有时系统会弹出一个“打印-未找到图纸尺寸”对话框，需要重新在对话框中选择一个尺寸，如图11-57所示。

02 对于其他参数设置与前面所讲的相同。因为是打印到文件，也就是输出为图片，所以可以不用设置比例，直接勾选“布满图纸”复选框，如图11-58所示。

03 打印参数设置好之后，单击“确定”按钮，然后在弹出的“浏览打印文件”对话框中输入文件名称，再单击“保存”按钮，即可将文件保存为TIF格式的图片，如图11-59所示。

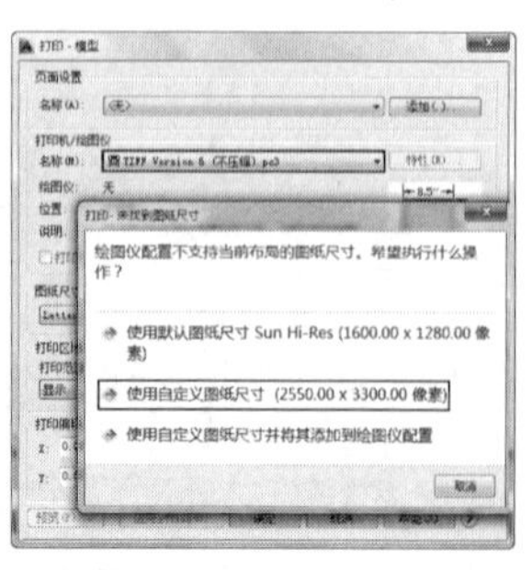

图11-57

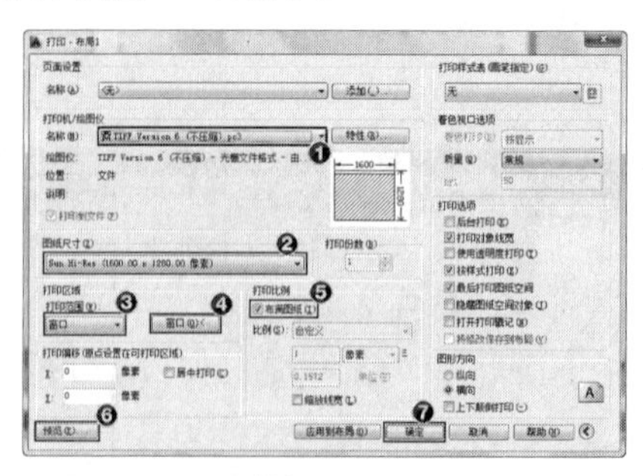

图11-58

图11-59

11.4.3 自定义输出文件的尺寸

在设置输入图片的尺寸时要注意一点，“TIFF Version 6（不压缩）”这个打印机默认的最大尺寸是1600像素

×1280像素，当这个尺寸不能满足用户的需求时，就需要自定义纸张尺寸，操作步骤如下。

01 选择打印机为“TIFF Version 6（不压缩）”，然后单击打印机名称后面的“特性”按钮。

02 在弹出的“绘图仪配置编辑器”对话框中选择“自定义图纸尺寸”，然后单击“添加”按钮，如图11-60所示。

03 在系统弹出的对话框中选择“创建新图纸”，然后单击“下一步”按钮，如图11-61所示。

04 在系统弹出的对话框中输入图纸的宽度和高度，例如设置为2100mm×2970mm，单位为像素，然后单击“下一步”按钮，如图11-62所示。

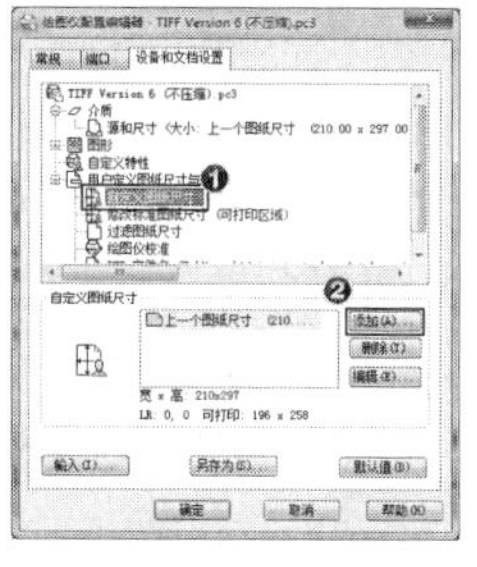

图11-60

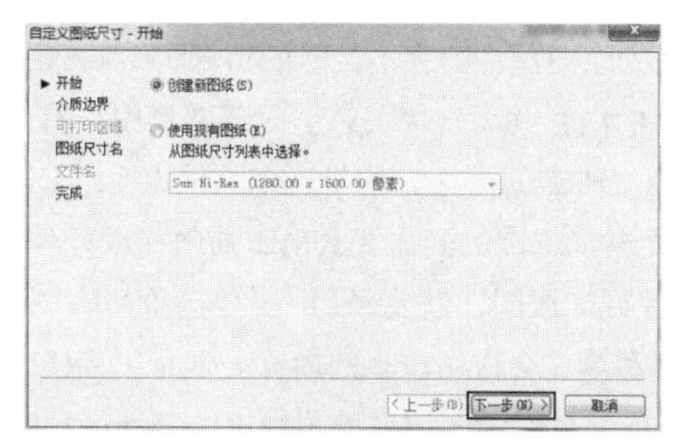

图11-61

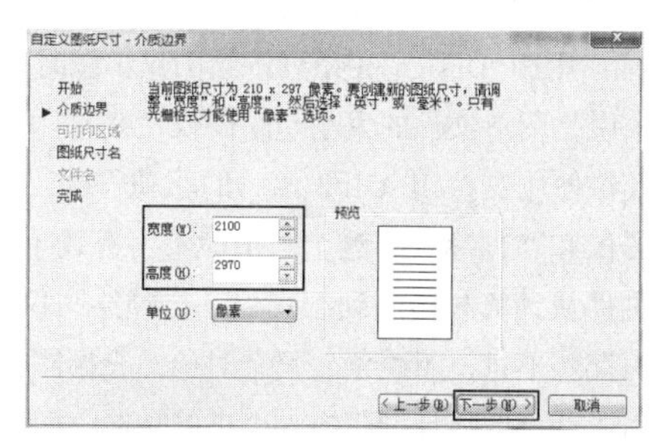

图11-62

05 在系统弹出的对话框中为图纸尺寸命名，一般使用默认的名称即可，然后单击“下一步”按钮，如图11-63所示。

06 在系统弹出的对话框中单击“完成”按钮，完成新图纸的尺寸设置，如图11-64所示。

07 最后在“绘图仪配置管理器”对话框中单击“确定”按钮，完成设置，如图11-65所示。现在就可以在“打印”对话框中的“图纸尺寸”列表中选择自定义的图纸尺寸了。

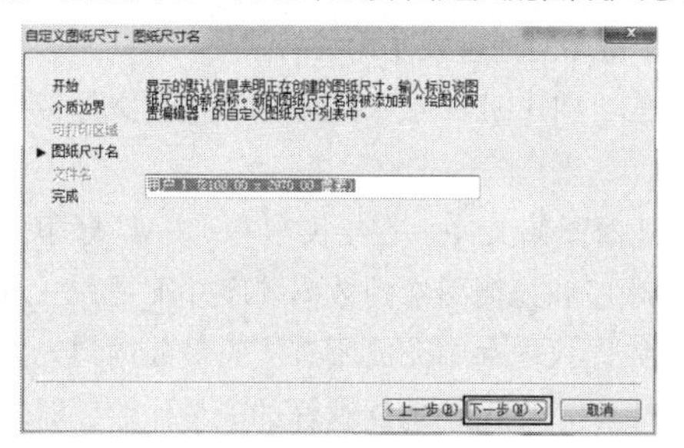

图11-63

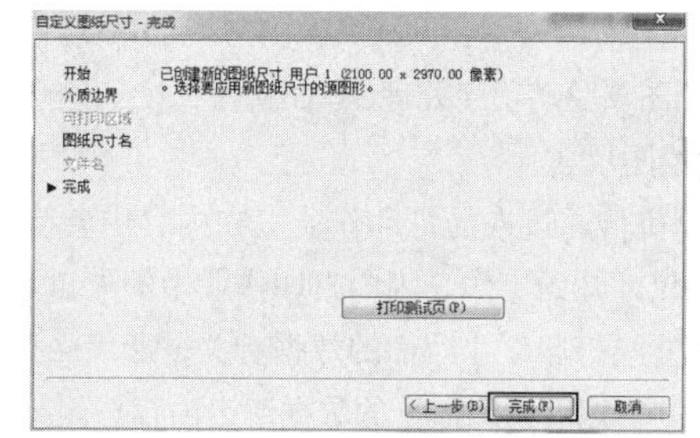

图11-64

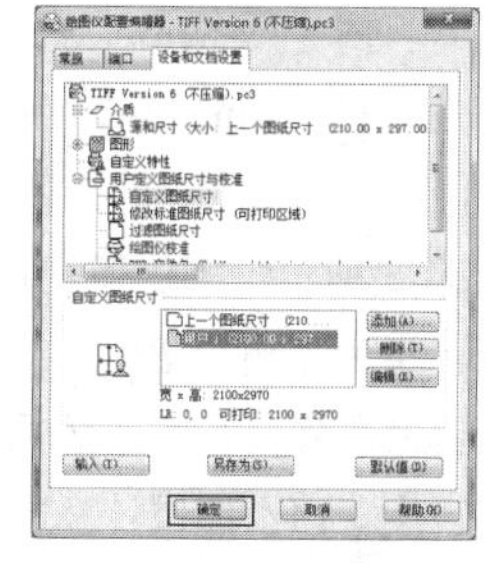

图11-65

11.5 课后练习

选择题

（1）下列哪种方法可进行“添加打印机向导”？（　　）

A. 在“文件”菜单上单击“打印机管理器”　　B. 在“工具”菜单上单击“向导”再单击“添加”

C. 在命令行输入plottermanager　　D. 以上都可以

（2）打印输出的快捷键是？（　　）

A. “Ctrl”+“A”　　B. “Ctrl”+“P”　　C. “Ctrl”+“M”　　D. “Ctrl”+“Y”

11.6 课后答疑

1. 怎样设置图纸的打印尺寸?

答：对于图纸的打印尺寸可以在“页面设置管理器”对话框中进行设置。执行“文件>页面设置管理器”菜单命令，打开“页面设置管理器”对话框，在该对话框中单击“新建”按钮，可以打开“新建页面设置”对话框。在“新页面设置名”文本框中输入新页面设置名称后，单击“确定”按钮，创建一个新的页面设置，将打开“页面设置-模型”对话框，在“图纸尺寸”的下拉列表中可以选择不同的打印图纸，并根据需要设置图纸的打印尺寸。

2. 为什么不能进行图形打印?

答：在打印图形时，如果不能进行图形打印，首选确定打印机是否正确安装，然后检查打印设置中是否选择了正确的打印设备。执行“文件>打印”菜单命令，打开“打印-模型”对话框，在“打印机 / 绘图仪”区域的“名称”下拉列表中可以选择打印设备。

3. 如何解决绘图仪出图时“内存不足”的问题?

答：用HP DesignJet 系列的绘图仪出图时，遇到绘图仪“内存不足”的错误，绘制的图纸就会不完整或发生裁剪。一般来说，图形文件的大小与绘图仪用来打印文件的内存并无直接关系。对于图形中没有光栅图像和TTF字体的打印内存，如果使用支持HP-GL/2 语言的驱动程序，绘图仪所需的内存大约是这个文件大小的1.3 倍。但是，如果图形中含有光栅图像和 TTF字体，这个数值就不再有效了。绘图仪也许的确需要20MB 的内存来处理3MB 的图形文件。实际上，由于文件从计算机传递到绘图仪，再经绘图仪处理打印成图，需要经历一个复杂的过程，无法准确估计打印机要使用多少内存。不过，粗线条、复杂对象（光栅图像）和填充会占用较多的内存。现有型号HP DesignJet 系列的绘图仪没有提供用于计算或估计打印内存需求的功能。DesignJet 650C 绘图仪在绘图结束的统计信息内，能列出绘图仪输出该文件所需的粗略的内存数值。这个在功能HP DesignJet 系列的新型号，（如750C）内已经没有了。用户可以从HP 网站中获得更为详细的资料。

4. 在AutoCAD中执行Plot命令后，图形文件到底经过了何种处理，才在绘图介质上得到了打印结果呢?

答：对于DesignJet 系列的绘图仪，若在AutoCAD中使用ADI驱动程序，打印之前会发生两种转换。

第一种：AutoCAD 使用绘图仪驱动程序处理DWG 文件，按某种绘图语言（HPGL/2 或PostScript）把该文件转换成绘图仪可读的格式，并传递给绘图仪。

第二种：绘图仪接受计算机传递过来的打印作业，在内存中转换成光栅图像文件。在绘图仪中，一旦打印作业完全转换为光栅图像后，绘图仪才开始工作。因为打印作业中的矢量数据顺序和光栅图像的数据顺序并不是一一对应的，转换图像前所需的数据可能与打印作业后面的数据有关，所以必须在绘图仪内存中完成所有从矢量数据到光栅数据的转换，而不能边转换边绘制，把已绘完部分的数据清出内存。因此，对于打印AutoCAD 这样的矢量作业，对打印内存的确有较高要求。对含有光栅图像的DWG文件的打印，情况会更复杂些。在AutoCAD中正确设置，可以尽量减少这种内存问题。具体做法是执行Hpconfig命令，选择“内存优化”选项，并设置打印内存与当前绘图仪的内存相同。如果配置 AutoCAD使用Windows 系统打印机ADI 驱动程序，打印数据将通过Windows 传递给绘图仪。HP DesignJet系列绘图仪提供的Windows 驱动程序，提供让系统帮助绘图仪管理打印数据的功能，如果在打印某一特定文件时出现“内存不足”的信息，可以选择这个功能，不过这可能导致较长的打印时间。具体做法是在Windows 的“打印机设置”对话框中选择“高级”附签，在“处理文档”中选择“在计算机中”选项即可。

5. 为什么输出到 Windows 图元文件格式（WMF）时背景也和图像一起被输出?

答：在 AutoCAD 中，Windows 图元文件的输出（Wmfout 命令）比先前的版本记录了更多的关于空白空间的信息（即整个视图），也包括绘图屏幕的背景颜色。为使WMF 格式输出文件不包括背景，可以使用名为Bwmfout的共享ARX 应用程序。

6. 当在 AutoCAD 中用ADI 驱动程序出图时，AutoCAD 不能设置打印端口参数而出错，为什么?

答：在Windows 中，当AutoCAD 设法用ADI 设备驱动程序向一个捕获的打印端口出图时，AutoCAD会报出一个出错信息。在Windows 中（而不是在AutoCAD 中），用捕获端口配置任意一个打印或绘图设备的具体做法是在打印机控制面板中添加一台这样的打印输出设备，然后在AutoCAD 中出图，这个错误就不会发生了。

7. 粘贴到 Word 文档中的AutoCAD 图形，打印出的线条太细，怎么办?

答：把 AutoCAD 的图形剪贴到MS Word 文档里，看起来一切都比较顺利。但当把文档打印出来后，那些AutoCAD图形线条变得非常细，效果着实不好。我们提供给用户的解决方法是在AutoCAD中使用PostScript打印驱动程序，配置一个PostScript打印机；如果AutoCAD 的背景颜色与MS Word的背景颜色不同，例如AutoCAD默认的背景颜色是黑色，这时要先改变AutoCAD的背景颜色，与MS Word的背景颜色相同；执行Plot命令，选择出图到文件。在画笔指定对话框中设置笔的宽度（可以从0.015开始）；开始一个新图，执行Psin命令输入这个.eps文件，然后再把图形剪贴到Word中即可。

8. AutoCAD 网络版能支持远程登录吗?

答：当然可以。AutoCAD 网络版的客户端能够通过广域网找到它的网络许可权限，也就是说，AutoCAD网络版的网络许可管理器能够安装在远程服务器上，以使更大范围的用户能够共享AutoCAD 资源。

9. 安装 AutoCAD 以后，MS Word里什么字体也没有了，是AutoCAD 毁坏了我的系统吗?

答：当然不是。影响MS Word字体的原因，是与AutoCAD为系统安装的一个叫做Phantom AutoCAD OLE/ADI的虚拟打印机有关。Phantom AutoCAD OLE/ADI虚拟打印机使得AutoCAD 能够通过新的ADI驱动程序打印或绘制光栅图形。AutoCAD典型安装中并不包含这个选项，只有在全安装或定制安装时才会产生这个虚拟打印机，有时它还会被设置为默认系统打印机，而不做任何提示。

10. 为什么我的图打印出来效果非常差，线条居然有灰度的差异?

答：这种情况大多与打印机或绘图仪的配置、驱动程序以及操作系统有关，通常从以下几点考虑就可以解决问题：在配置打印机或绘图仪时，抖动开关是否关闭；打印机或绘图仪的驱动程序是否正确，是否需要升级；如果把AutoCAD配置成以系统打印机方式输出，换用AutoCAD为各类打印机和绘图仪提供的ADI驱动程序重新配置AutoCAD打印机；对不同型号的打印机或绘图仪，AutoCAD都提供了相应的命令，可以进一步详细配置。

11. 想把多个 PLT 文件直接拖动到打印机图标里，以实现批打印，为什么打印机不工作?

答：这样做是不可能得到任何打印结果的。这是因为PLT 文件只能在DOS 环境里，执行拷贝该文件到打印机的命令才能驱动打印机工作。

12. 如何打印层的列表?

答：有两种方法可以使 AutoCAD 层的列表输出到一个文件中。

方法一：首先用非对话框版本的层命令（即Layer），来列出所有层名到AutoCAD 文本窗口中。然后从AutoCAD文本窗口中复制这一列表，再粘贴到一个文本编辑器中。

方法二：使用AutoCAD Log文件。Log文件能够捕捉到一次AutoCAD进程中，所有的命令行提示和文本窗口的内容，起到记录操作历史的作用。可以在环境参数控制中设定LOG 文件的路径，默认路径为C:\Program Files\AutoCAD\acad.log。

13. 如果想下次打印的线型和这次的相同怎么办?

答：首先建立一个属于自己的打印列表，然后在“选项”对话框的“打印”选项卡中添加相应的打印列表即可。

14. 为什么有些图形能显示却打印不出来?

答：如果图形绘制在 AutoCAD 自动产生的图层上，就会出现这种情况。

15. 打印的时候有印戳怎么办?

答：打开“打印机”对话框，在其右侧有一个“打印戳记”选项，取消该选项就可以了。

16. 打印出来的字体是空心的怎么办?

答：执行Textfill命令，将值设置为0 时，字体为空心；将值设置为1 时，则为实心的。

第12章 轴测图的绘制方法与技巧

本章将学习轴测投影图概念、机械零件轴测图的绘制方法和技巧。先讲解了在轴测环境中绘制基本的图形元素，再通过实例对所学的知识加以应用和巩固。

学习重点

- 轴测图的基本概念
- 等轴测绘图环境的设置方法
- 不同轴测面之间的相互切换
- 如何在等轴测图中输入文本

12.1 轴测图的概念

轴测图是采用特定的投射方向，将空间的立体按平行投影的方法在投影面上得到的投影图，采用了平行投影的方法，所以形成的轴测图有以下两个特点。

若两直线在空间相互平行，则它们的轴测投影仍相互平行。

两平行线段的轴测投影长度与空间实长的比值相等。

为了使轴测图具有较好的立体感，一般应让它尽可能多地表达出立体所具有的表面，这可以通过改变投射方向或者改变立体在投影面体系中的位置来实现。对于具有较好立体感的轴测图，立体的基本表面都是与投影面不平行的，这样可以避免在投影中使平面的投影积聚成直线。

轴测投影具有多种类型，最常用的是正等轴测投影，通常简称为“等轴测”或“正等测”。在本章介绍的轴测图均限于等轴测投影，请大家注意这一点。

在轴测投影中，坐标轴的轴测投影称为“轴测轴”，它们之间的夹角称为“轴间角”。在等轴测图中，3个轴向的缩放比例相等，并且3个轴测轴与水平方向所成的角度分别为30°、90°和150°。在3个轴测轴中，每两个轴测轴定义一个“轴测面”。

- ◆ 右视平面（Right）：也就是右视图，由x轴和z轴定义。
- ◆ 左视平面（Left）：也就是左视图，由y轴和z轴定义。
- ◆ 俯视平面（Top）：也就是俯视图，由x轴和y轴定义。

轴测轴和轴测面的构成如图12-1所示。

在绘制轴测图时，选择3个轴测平面之一将导致“正交”和十字光标沿相应的轴测轴对齐，按快捷键“Ctrl”+“E”或者按F5键可以循环切换各轴测平面。同时，大家还要注意区分不同的轴测面，尤其是左视平面和右视平面，如图12-2所示。

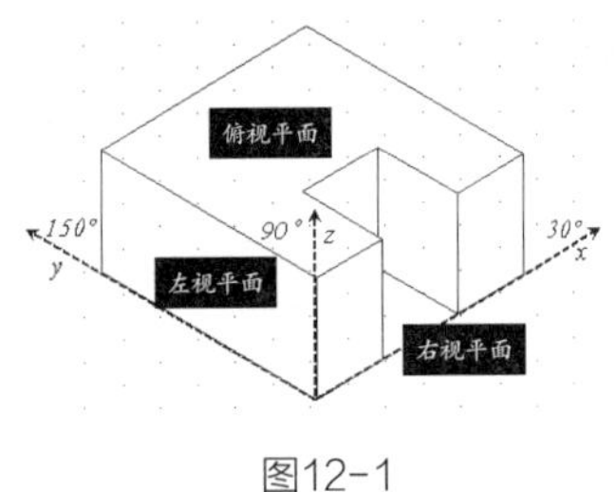

图12-1

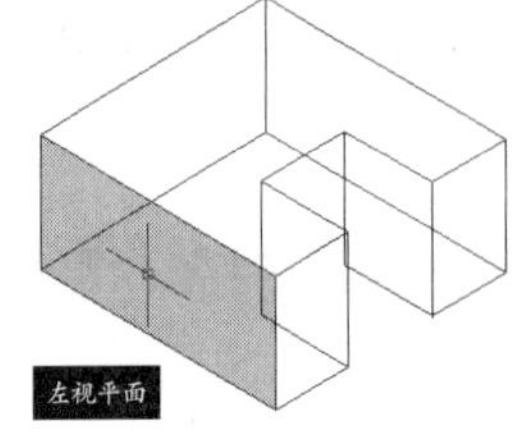

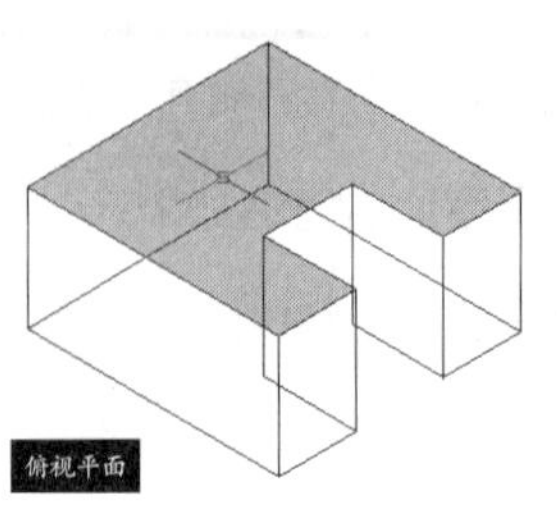

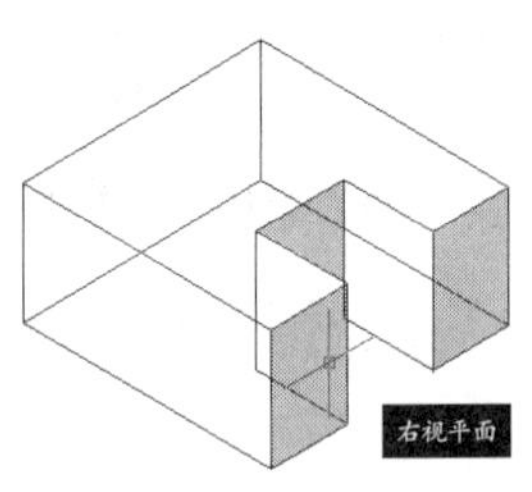

图12-2

下面介绍一下绘制轴测图必须注意的几个问题。

◆ 任何时候用户都只能在一个轴测面上绘图。因此绘制立体不同方位的面时，必须切换到不同的轴测面上去作图。

◆ 切换到不同的轴测面上作图时，十字准线、捕捉与栅格显示都会相应于不同的轴测面进行调整，以便看起来仍像位于当前轴测面上。

◆ 正交模式也要被调整。要在某一轴测面上画正交线，首先应使该轴测面成为当前轴测面，然后再打开正交模式。

◆ 用户只能沿轴测轴的方向进行长度的测量，而沿非轴测轴方向的测量是不正确的。

12.2 在AutoCAD中设置等轴测环境

AutoCAD为绘制等轴测图创造了一个特定的环境。在这个环境中，系统提供了相应的辅助手段，以帮助用户方便地构建轴测图，这就是等轴测图绘制模式。用户可以使用Dsettings命令（如表12-1所示）和Snap命令来设置等轴测环境。

表12-1 Dsettings命令

命令	简写	功能
Dsettings（草图设置）	DS	设置栅格和捕捉、极轴和对象捕捉追踪、对象捕捉模式、动态输入和快捷特性

12.2.1 等轴测环境的设置与关闭

Dsettings命令可用于设置等轴测环境，它的执行方法有以下3种。

命令行：在命令提示行输入Dsettings或Ddrmodes命令并按Enter键。

菜单栏：执行“工具>草图设置”菜单命令。

快捷菜单：用鼠标右键单击状态栏中的“栅格捕捉”按钮，在弹出的菜单中选择“设置”命令，如图12-3所示。

执行上面的操作后系统会弹出“草图设置”对话框，然后单击“捕捉和栅格”选项卡，再选择“等轴测捕捉”单选项，最后单击“确定”按钮，这样就启动了等轴测环境，如图12-4所示。设置等轴测环境后的鼠标光标会变成图12-5所示的形状。

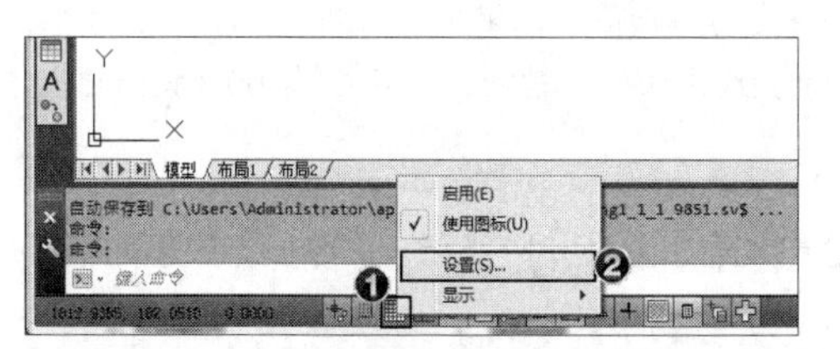

图12-3

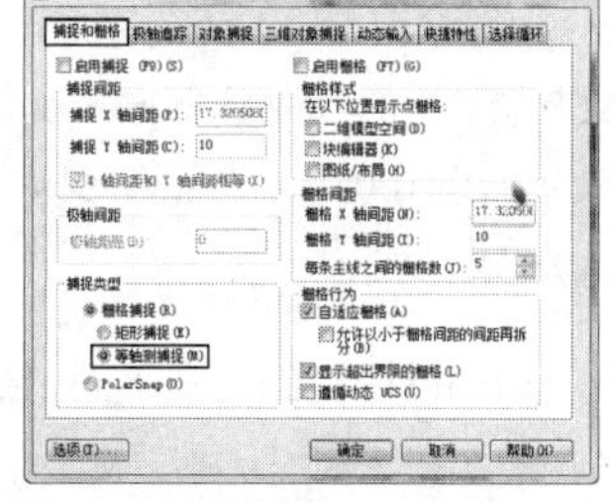

图12-4

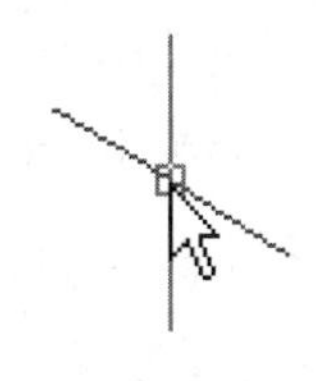

图12-5

关闭等轴测环境的方法很简单。采用前面的方法打开“草图设置”对话框，然后单击“捕捉和栅格”选项卡，再选择“矩形捕捉”单选项，最后单击“确定”按钮，这样就关闭了等轴测环境。

12.2.2 等轴测面之间的切换

采用前面的方法设置等轴测环境，以当前视图为“右视平面”为例，此时的光标显示如图12-6所示。

按F5键，视图会切换到“左视平面”，此时的鼠标光标显示如图12-7所示。

继续按F5键，视图会切换到“俯视平面”，此时的鼠标光标显示如图12-8所示。

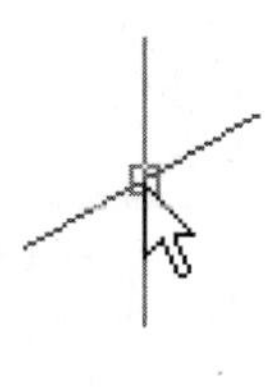

图12-6

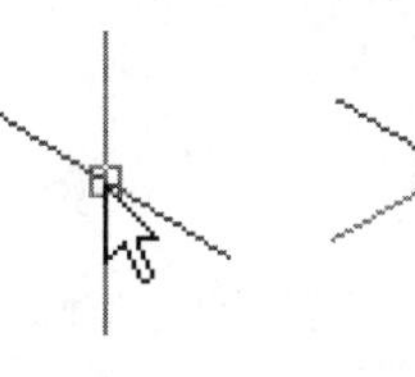

图12-7

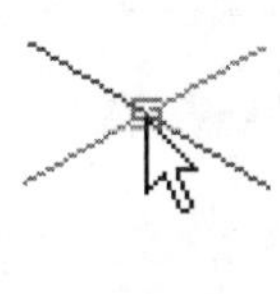

图12-8

专家提示

使用F5键和快捷键“Ctrl”+“E”来切换等轴测视图的效果是一样的。

12.3 等轴测环境中的图形绘制方法

设置为等轴测模式后，用户就可以很方便地绘制出直线、圆、圆弧和文本的轴测图，并由这些基本的图形对象组成复杂形体的轴测投影图。

根据轴测投影的性质，若两直线在空间相互平行，则它们的轴测投影仍相互平行，所以凡是与坐标轴平行的直线，它的轴测图也一定和轴测轴平行。由于3个轴测轴与水平方向的角度分别为30°、90°和150°，所以立体上凡是与坐标轴平行的棱线，在立体的轴测图中也分别与轴测轴平行。在绘图时，可分别把这些直线画成与水平方向呈30°、90°和150°的角。对于一般位置的直线（即与3个坐标轴均不平行的直线），则可以通过平行线来确定该直线两个端点的轴测投影，然后再连接这两个端点的轴测图，组成一般位置直线的轴测图。

案例 060 巧用直线来构成长方体轴测图

- **学习目标** | 本例将练习在等轴测环境中切换到不同的平面和绘制在轴测图中绘制直线的方法，案例效果如图12-9所示。
- **视频路径** | 光盘\视频教程\CH12\绘制长方体轴测图.avi
- **结果文件** | 光盘\DWG文件\CH12\长方体轴测图.dwg

01 采用前面所讲的方法设置等轴测环境，按F8键打开正交捕捉。

02 按F5键切换到右视平面，首先绘制长方体的右视平面，绘制效果如图12-10所示。命令执行过程如下。

```
命令: _l
line 指定第一点:                    //在绘图区域的中间位置捕捉一点
指定下一点或 [放弃(U)]: <正交 开> 100 ↙ //先将光标置于直线走向的正前向，然后输入100并按Enter键
指定下一点或 [放弃(U)]: 50 ↙          //先将光标置于直线走向的正前向，然后输入50并按Enter键
指定下一点或 [闭合(C)/放弃(U)]: 100 ↙  //先将光标置于直线走向的正前向，然后输入100并按Enter键
指定下一点或 [闭合(C)/放弃(U)]: c ↙
```

03 下面绘制长方体的左视平面。按F5键切换到左视平面，绘制效果如图12-11所示。命令执行过程如下。

```
命令: _l
LINE 指定第一点:                 //在绘图区域中捕捉图12-11所示的点1
指定下一点或 [放弃(U)]: 100 ↙      //先将光标置于直线走向的正前向，然后输入100并按Enter键
指定下一点或 [放弃(U)]: 50 ↙       //先将光标置于直线走向的正前向，然后输入50并按Enter键
指定下一点或 [闭合(C)/放弃(U)]: ↙ //在绘图区域中捕捉图12-11所示的端点
指定下一点或 [闭合(C)/放弃(U)]: ↙
```

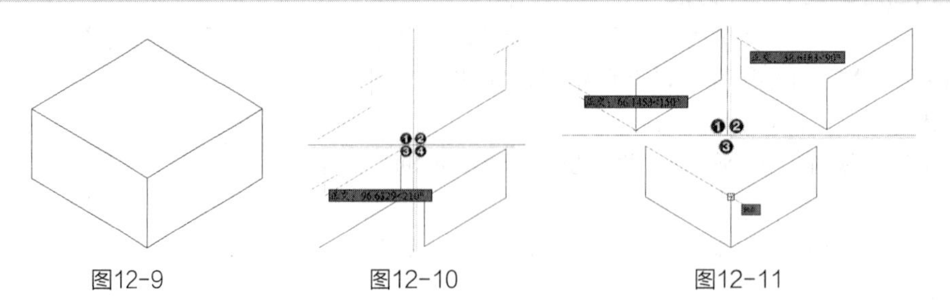

图12-9　　图12-10　　图12-11

04 将左视平面复制出一份并放到目标位置，绘制效果如图12-12所示。

05 绘制出俯视平面上的直线，然后删除被遮挡住的直线，最终效果如图12-13所示。

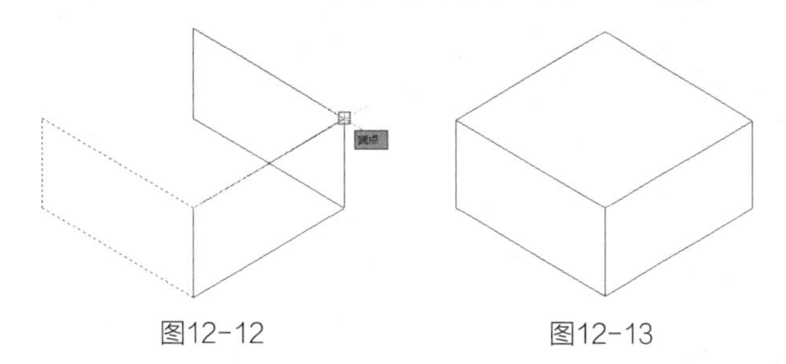

图12-12　　图12-13

每一个圆都有一个外切正方形。正方形的轴测图是一个平行四边形（应特殊化为菱形），也就是圆的轴测图一定是内切于该菱形的一个椭圆，且椭圆的长轴和短轴应分别与该菱形的两条对角线重合。所以要在某一轴测面内画一个圆，必须在该轴测面内把它画成一个椭圆。根据平行于不同坐标平面的正方形在相应轴测面内轴测图的方位，即相应菱形两对角线的方位，就可以确定相应椭圆的画法。椭圆的长轴垂直于不属于该轴测面的第三轴测轴，椭圆的中心即为圆的圆心。

轴测模式下的椭圆可以使用Ellipse（椭圆）命令来直接绘制。当用户设置完轴测模式后，如果在此模式下执行Ellipse（椭圆）命令，则命令的提示中将增加一个“等轴测圆（I）”选择项，选择该选项即可绘制出相应轴测面内的轴测椭圆。

案例 061 绘制圆筒轴测剖视图

- **学习目标** | 本例将练习在等轴测环境中切换到不同的平面和绘制在轴测图中绘制直线的方法，案例效果如图12-14所示。
- **视频路径** | 光盘\视频教程\CH12\绘制圆筒轴测剖视图.avi
- **结果文件** | 光盘\DWG文件\CH12\圆筒轴测剖视图.dwg

01 设置等轴测绘图环境。

02 按F5键切换到右视平面，然后单击“绘图”工具栏上的“椭圆”按钮，绘制两个轴测同心圆，如图12-15所示。命令执行过程如下。

```
命令: _ellipse
指定椭圆轴的端点或 [圆弧(A)/中心点(C)/等轴测圆(I)]: I ↙  //输入I选项表示下面要绘制轴测圆
指定等轴测圆的圆心:                    //在绘图区域的适当位置拾取一点
指定等轴测圆的半径或 [直径(D)]: 30 ↙
命令:                          //按Enter键或Space键继续执行该命令
ellipse
指定椭圆轴的端点或 [圆弧(A)/中心点(C)/等轴测圆(I)]: I ↙
指定等轴测圆的圆心:                    //捕捉前一个轴测圆的圆心
指定等轴测圆的半径或 [直径(D)]: 20 ↙
```

03 按F5键切换到右视图，使用Copy（复制）命令沿z轴复制轴测圆，如图12-16所示。

```
命令: _copy
选择对象: 指定对角点: 找到 2 个 //选择两个轴测圆
选择对象: ↙
当前设置: 复制模式 = 多个
指定基点或 [位移(D)/模式(O)] <位移>: // 捕捉圆心或者任意一点
指定第二个点或 <使用第一个点作为位移>: <等轴测平面 右视> 60 ↙
指定第二个点或 [退出(E)/放弃(U)] <退出>: ↙
```

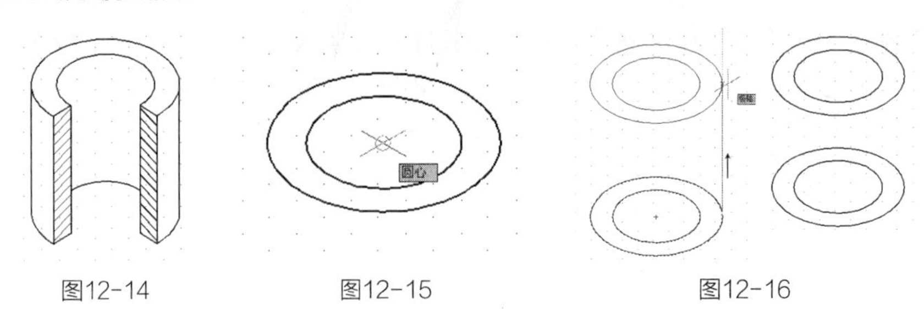

图12-14　　图12-15　　图12-16

04 打开“象限点”捕捉功能，绘制连接象限点1和2、象限点3和4的直线，结果如图12-17所示。

05 按F5键切换到俯视图，然后过圆心绘制两条直线，直线的长度可以不需要很精确，如图12-18所示。

06 按F5键切换到右视图，捕捉底面轴测圆与直线的交点，绘制4条垂直线段，如图12-19所示。

07 单击“修改”工具栏中的“修剪”按钮，将多余部分的线段剪掉，修剪成图12-20所示的形状。

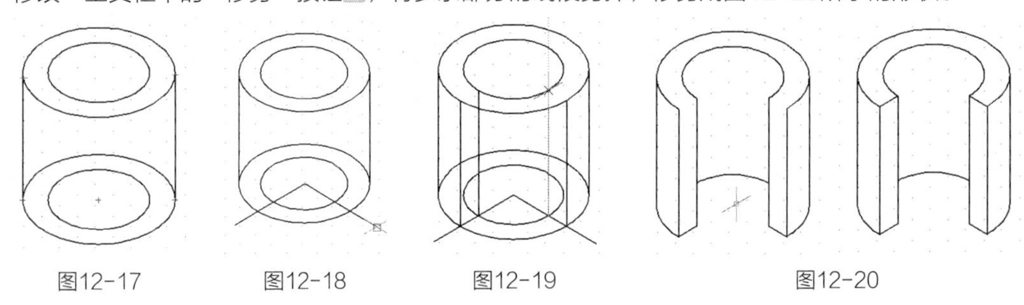

图12-17　　图12-18　　图12-19　　图12-20

08 单击“绘图”工具栏中的“图案填充”按钮，填充被剖切的区域，具体参数设置如图12-21所示，填充效果如图12-22所示。

注意

如图12-23所示，这是在3个不同平面绘制的轴测圆，请大家注意区分一下它们的差别，避免在工作中混淆。

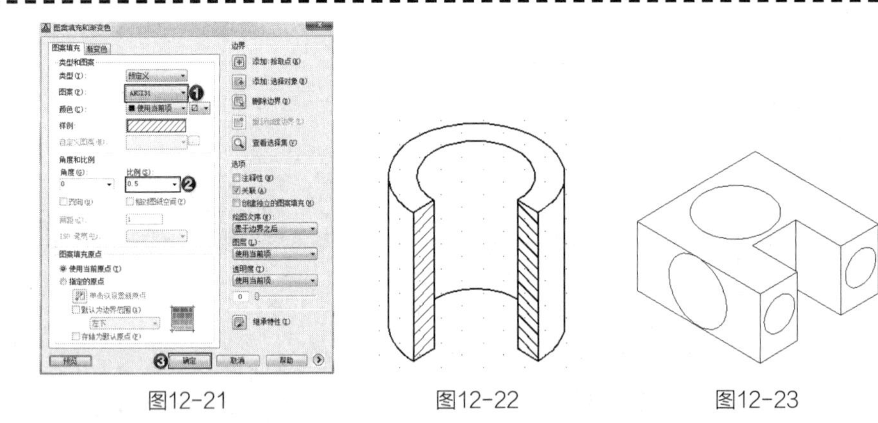

图12-21　　图12-22　　图12-23

12.4 在等轴测环境中输入文字

如果用户要在轴测图中书写文本，并使该文本与相应的轴测面保持协调一致，则必须将文本和所在的平面一起变换成轴测图。将文本变换成轴测图的方法较为简单，只需要改变文本的倾斜角与旋转角成30° 的倍数。

1. 在俯视平面内书写文本

如果用户要在俯视平面内书写文本，且要让文本看起来与x轴平行，则应将文本的倾斜角设置为-30° 以及设置旋转角为30° ；如果要让文本看起来与y轴平行，则应设置文本的倾斜角为30° ，以及设置旋转角为-30° 。

下面举例说明在俯视平面内书写与x轴平行的文本，具体操作如下。

01 仍然使用上述等轴测绘图环境，将轴测面切换到俯视平面。

02 执行“格式>文字样式”菜单命令，系统弹出“文字样式”对话框，在其中取消对“使用大字体”复选框的勾选，然后在“字体名”下拉列表中选择“宋体”，接着设置“倾斜角度”为－30°，如图12-24所示。

03 在命令提示行中输入Text命令并按Enter键。命令执行过程如下。

```
命令: _text ↙
当前文字样式: Standard 当前文字高度: 2.5000
指定文字的起点或 [对正(J)/样式(S)]:          //在绘图区域捕捉一点
指定高度 <2.5000>: 10 ↙             //确定文字的高度
指定文字的旋转角度 <0>: 30 ↙          //输入文字的旋转角度并按Enter键
```

此时在绘图区域出现光标，提示用户输入文字对象，这里输入文字“等轴测环境”，然后连续按Enter键结束文字输入，如图12-25所示。

2. 在左视平面内书写文本

如果用户要在左视平面内书写文本，则应设置文本的倾斜角为－30°，旋转角也为－30°。

3. 在右视平面内书写文本

如果用户要在右视平面内书写文本，则应设置文本的倾斜角为30°，旋转角也为30°。

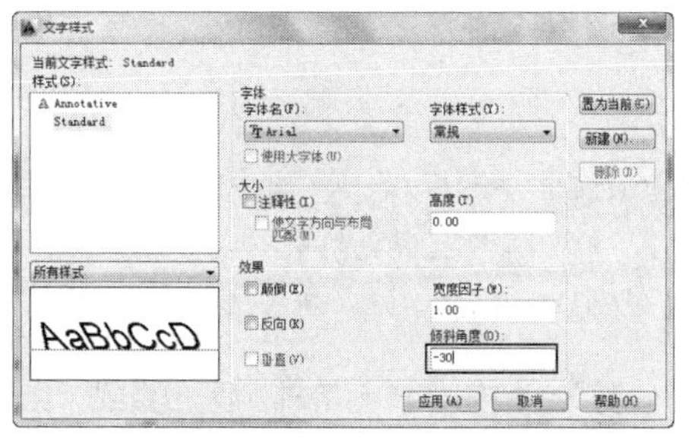

图12-24

图12-25

12.5 综合实例

案例 062 绘制轴承座轴测图

- **学习目标** | 本例将绘制一个简单的轴承座轴测图，主要练习等轴测圆的绘制和复制命令在等轴测图中的应用，案例效果如图12-26所示。
- **视频路径** | 光盘\视频教程\CH12\绘制轴承座轴测图.avi
- **结果文件** | 光盘\DWG文件\CH12\轴承座轴测图.dwg

主要操作步骤如图12-27所示。

- ◆ 切换到右视平面，绘制出轴承座右侧的轮廓。
- ◆ 绘制一个等轴测圆。
- ◆ 修剪等轴测圆。
- ◆ 将绘制完成的图形向左侧复制。
- ◆ 用直线连接两个图形的对应端点。
- ◆ 绘制等轴测圆。
- ◆ 复制等轴测圆并修剪。

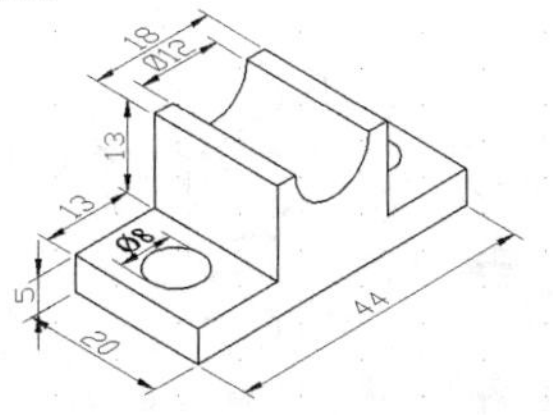

图12-26

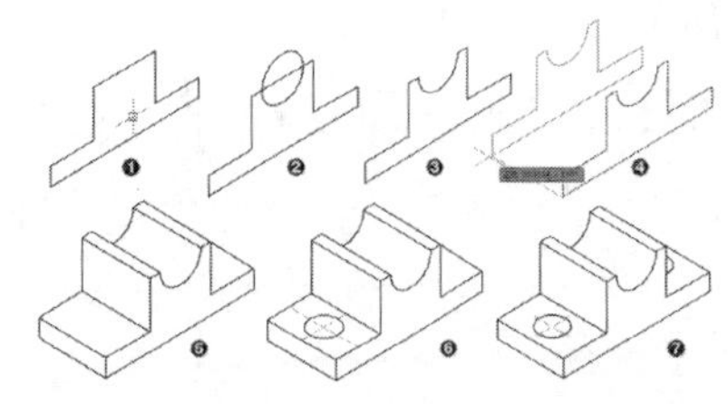

图12-27

01 执行“工具>草图设置”菜单命令，然后在弹出的“草图设置”对话框中设置“捕捉类型”为“等轴测捕捉”。

02 打开“正交”捕捉，如图12-28所示。

03 按F5键切换到右视平面，然后单击“绘图”工具栏中的“直线”按钮，在视图中绘制出图12-29所示的右视平面。命令执行过程如下。

```
命令: _line
```

```
指定第一个点://任意指定一点
指定下一点或 [放弃(U)]: @44,0 ↙
指定下一点或 [放弃(U)]: @0,5 ↙
指定下一点或 [放弃(U)]: @-13,0 ↙
指定下一点或 [闭合(C)/放弃(U)]: @0,13 ↙
指定下一点或 [闭合(C)/放弃(U)]: @-18,0 ↙
指定下一点或 [闭合(C)/放弃(U)]: @0,-13 ↙
指定下一点或 [闭合(C)/放弃(U)]: @-13,0 ↙
指定下一点或 [闭合(C)/放弃(U)]: c ↙
```

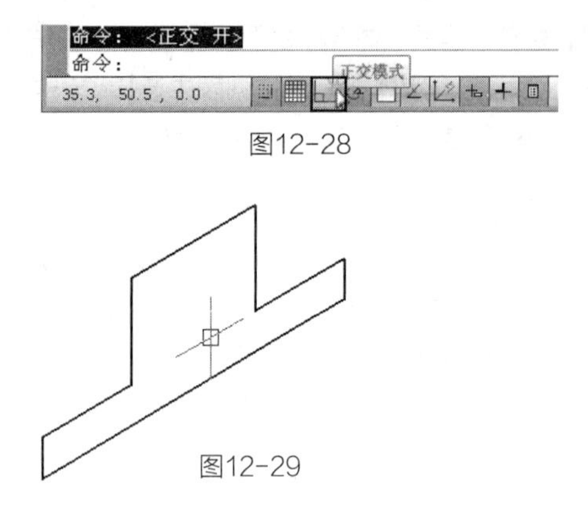

图12-28

图12-29

04 单击“绘图”工具栏中的（椭圆）按钮，捕捉长度为18mm的直线的中点为圆心，绘制一个等轴测圆，如图12-30所示。命令执行过程如下。

```
命令: _ellipse
指定椭圆轴的端点或 [圆弧(A)/中心点(C)/等轴测圆(I)]: i ↙ //选择“等轴测圆”模式
指定等轴测圆的圆心:              //捕捉直线上的中点作为圆心
指定等轴测圆的半径或 [直径(D)]: 6 ↙ //输入半径值
```

05 单击“修改”工具栏上的“修剪”按钮，修剪等轴测圆和直线，结果如图12-31所示。

06 选中图形，单击“修改”工具栏中的“复制”按钮，然后按F5键切换到俯视视平面，将图形复制一个，复制距离为20mm，如图12-32所示。

07 单击“绘图”工具栏中的“直线”按钮，连接对应端点绘制直线，然后删除多余的直线段，再用Trim命令剪掉多余圆弧，结果如图12-33所示。

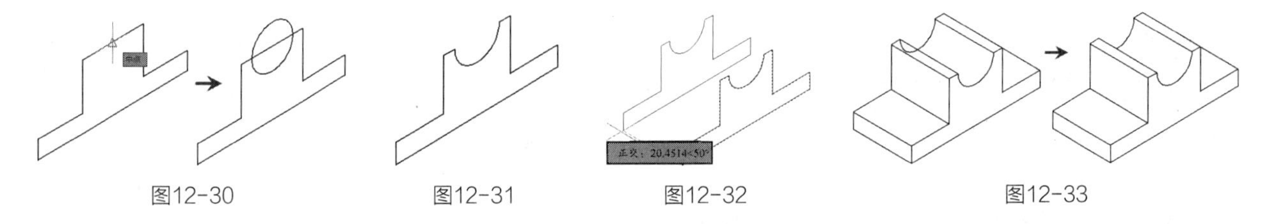
图12-30　图12-31　图12-32　图12-33

08 先捕捉直线段的中点绘制所示的辅助线，然后单击“绘图”工具栏中的“椭圆”按钮，以辅助线的交点为圆心，绘制一个半径为8mm的等轴测圆，如图12-34所示。

09 选中图形，单击“修改”工具栏中的“复制”按钮，复制出另外一端的等轴测圆，然后进行修剪，如图12-35所示。

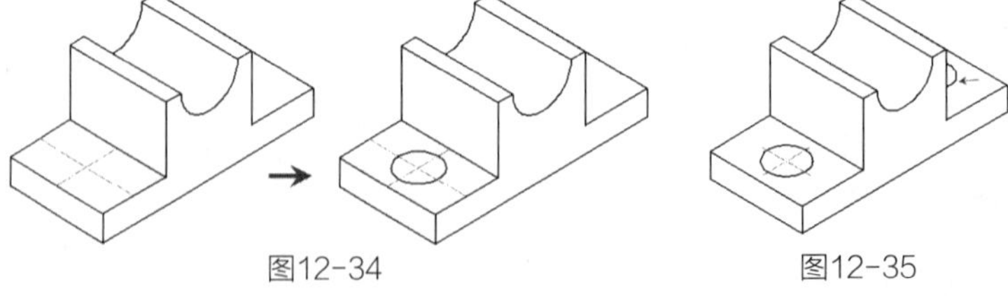
图12-34　图12-35

案例 063 绘制轴承座轴测剖视图

- **学习目标** | 这个案例相对比较复杂，但是通过前面案例的学习，学习本例也不会太难。本例绘制的是剖视图，所以图中的等轴测圆都只保留一半，然后还要填充剖面图案，案例效果如图12-36所示。
- **视频路径** | 光盘\视频教程\CH12\绘制轴承座轴测剖视图.avi
- **结果文件** | 光盘\DWG文件\CH12\轴承座轴测剖视图.dwg

主要操作步骤如图12-37所示。

- ◆ 绘制出辅助线，然后绘制第一层的等轴测圆。
- ◆ 将圆向上复制，进行修剪，用直线连接端点。
- ◆ 绘制第二层的等轴测圆，然后进行修剪。
- ◆ 绘制第三层的等轴测圆，然后进行修剪。
- ◆ 绘制第四层的等轴测圆，然后进行修剪。
- ◆ 填充剖面图案。

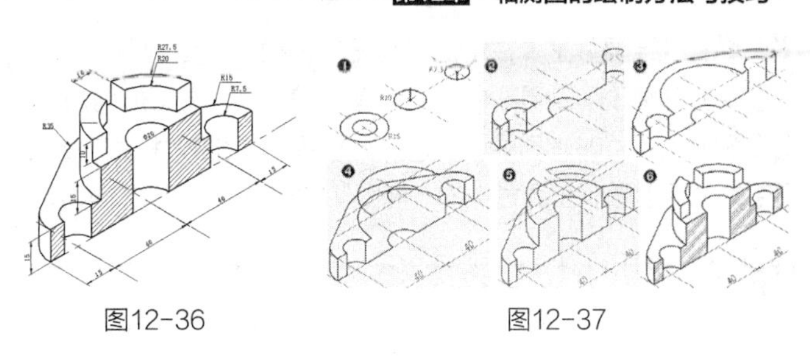

图12-36　　图12-37

01 选择“中心线”图层为当前图层，然后单击“绘图”工具栏中的“直线”按钮，在视图中绘制出图12-38所示的辅助线。

02 选中短的垂直辅助线，使用Copy命令对其进行复制，由于打开了“正交”捕捉，所以在复制时移动鼠标确定复制的方向后，直接输入移动的距离即可。命令执行过程如下。

```
命令: _copy 找到 1 个 ↙
当前设置: 复制模式 = 多个
指定基点或 [位移(D)/模式(O)] <位移>: 指定第二个点或 <使用第一个点作为位移>: 15 ↙
指定第二个点或 [退出(E)/放弃(U)] <退出>: 55 ↙
指定第二个点或 [退出(E)/放弃(U)] <退出>: 95 ↙
指定第二个点或 [退出(E)/放弃(U)] <退出>: 110 ↙
指定第二个点或 [退出(E)/放弃(U)] <退出>: ↙//结束复制，结果如图12-39所示
```

03 单击“绘图”工具栏中的“椭圆”按钮，以图12-40所示的点1为圆心绘制两个等轴测圆，其半径分别为15mm和7.5mm，如图12-40所示。

04 按Space键继续执行Ellipse命令，以点2和点3为圆心绘制等轴测圆，其半径分别为10mm、7.5mm，如图12-41所示。

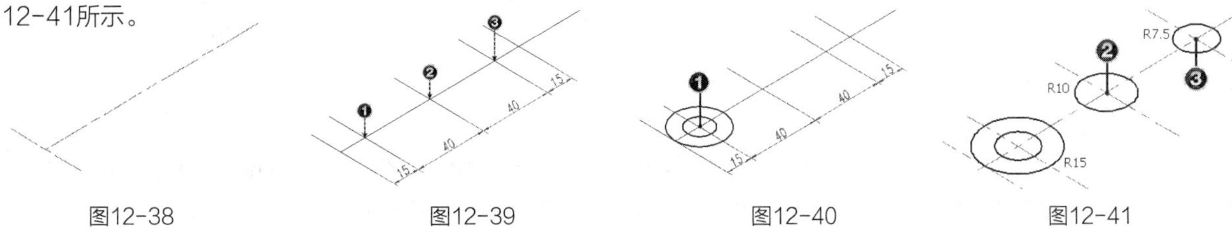

图12-38　　图12-39　　图12-40　　图12-41

05 按F5键切换到等轴测平面右视图，然后单击“修改”工具栏中的“复制”按钮，将辅助线和绘制的等轴测圆向上复制，复制距离为15mm，如图12-42所示。

06 单击“修改”工具栏中的“修剪”按钮，先将辅助线右侧的图形剪掉，只保留一半，如图12-43所示。

07 单击“绘图”工具栏中的“直线”按钮，打开“对象捕捉”将修剪后的圆弧端点连接起来，然后再进行修剪，如图12-44所示。

08 单击“绘图”工具栏中的“椭圆”按钮，以图12-45所示的点1为圆心，绘制半径为22.5mm、17.5mm的等轴测圆，以点2为圆心绘制半径为10mm的等轴测圆。

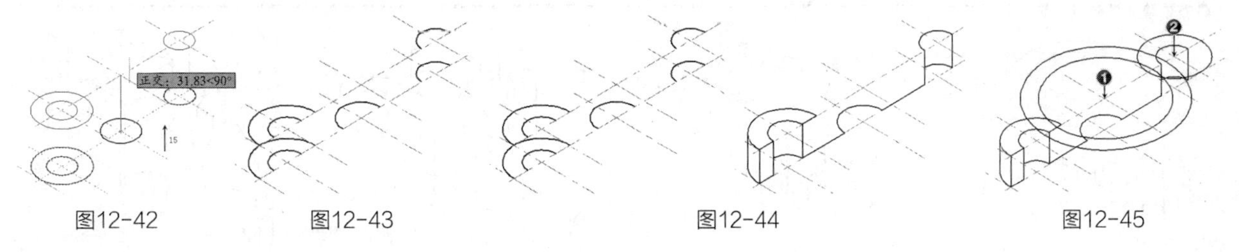

图12-42　　图12-43　　图12-44　　图12-45

专家提示

在绘制等轴测图时需要频繁用到F5键来切换视图，可以在执行命令的过程中进行视图切换。

09 单击“绘图”工具栏中的“直线”按钮，绘制两个圆形的切线，如图12-46所示。

10 单击“修改”工具栏中的“修剪”按钮，将图形剪成图12-47所示的形状。

11 选中第二层的辅助线，按F5键切换到左视图，将其向上分别复制15mm、10mm，如图12-48所示。

12 单击“绘图”工具栏中的“椭圆”按钮，以图12-49所示的点为圆心绘制半径为27.5mm、10mm的等轴测圆。

专家提示

执行“工具>草图设置”菜单命令，设置“对象捕捉模式”为“切点”模式，取消其他模式的捕捉。这样才能方便捕捉到两个圆的切点，等绘制完成切线以后，在打开其他捕捉模式。

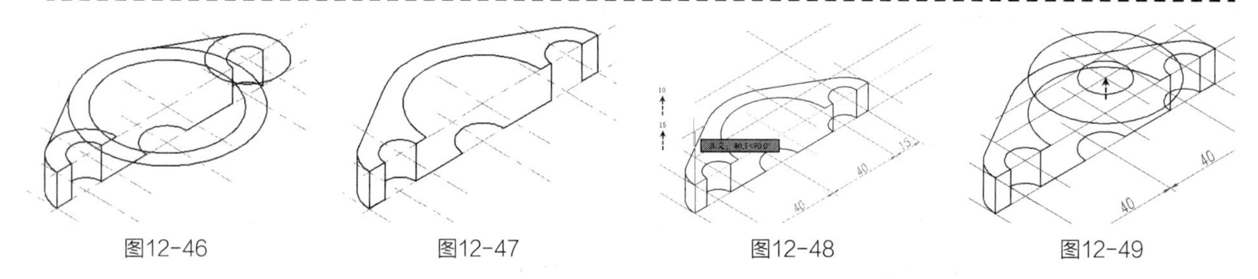

图12-46　　图12-47　　图12-48　　图12-49

13 单击“修改”工具栏中的“修剪”按钮，将图形剪为图12-50所示的形状。

14 单击“绘图”工具栏中的“直线”按钮，打开“对象捕捉”将修剪后的圆弧端点连接起来，如图12-51所示。

15 单击“修改”工具栏中的“修剪”按钮，将图形剪为图12-52所示的形状。

16 单击“绘图”工具栏中的“椭圆”按钮，以图12-53所示的点为圆心绘制半径为20mm、27.5mm的等轴测圆。

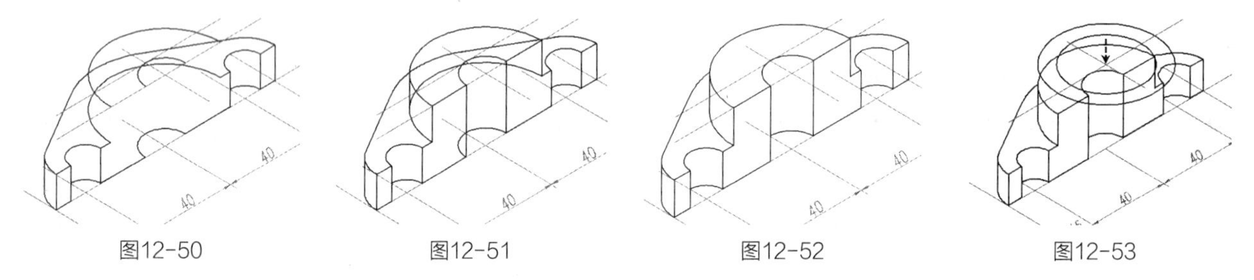

图12-50　　图12-51　　图12-52　　图12-53

17 单击“修改”工具栏中的“复制”按钮，将直线段分别向左右各复制出一条，距离为5mm，如图12-54所示。

18 单击“修改”工具栏中的“修剪”按钮，将辅助线中间的图形剪掉，如图12-55所示。

19 单击“绘图”工具栏中的“直线”按钮，打开“对象捕捉”，以修剪后的圆弧端点为起点绘制直线，对于线段的长度可以不必理会，最后将多余部分剪掉即可，如图12-56所示。

20 将图12-57（左）所示的圆弧向下复制，然后剪掉多余部分，这个零件的等轴测图就绘制好了，如图12-57（右）所示。

专家提示

在轴测图中，如果用Offset（偏移）命令进行复制，得到的辅助线在尺寸上会存在偏差，所以要用Copy命令进行复制。

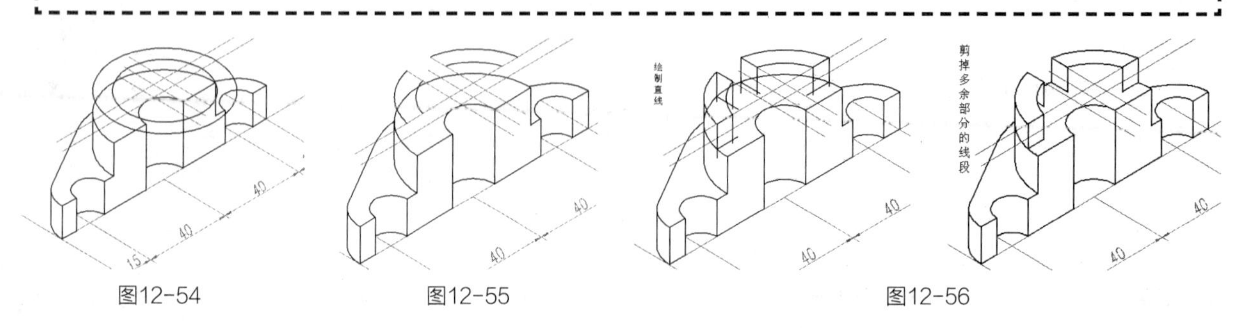

图12-54　　图12-55　　图12-56

21 选择“剖面线”图层为当前图层，然后单击“绘图”工具栏中的“图案填充”按钮，设置填充图案为ANSI，填充比例为0.5，对剖面进行填充，如图12-58所示。

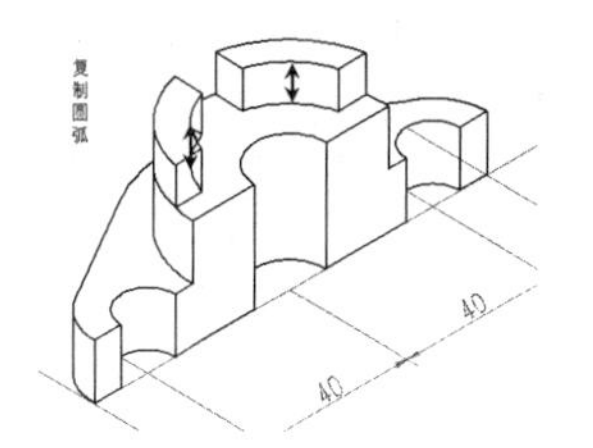

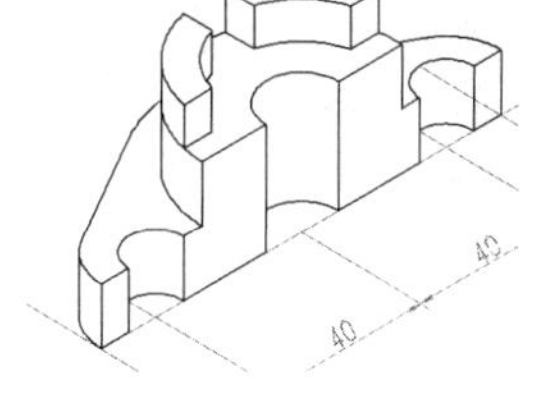

图12-57

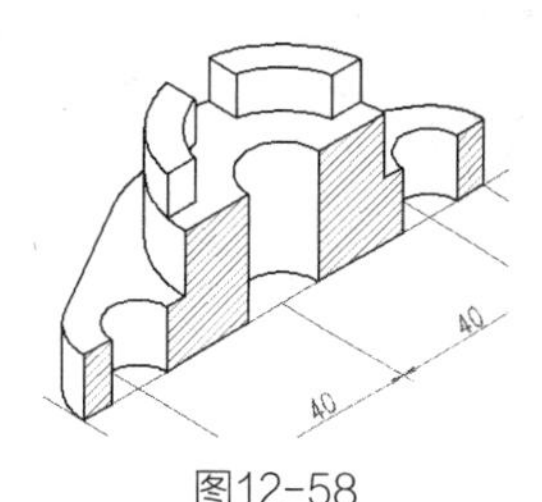

图12-58

案例 064 标注轴承座轴测剖视图尺寸

- **学习目标** | 掌握轴承座轴测剖视图的尺寸标注过程和尺寸的编辑方法，结果如图12-59所示。
- **视频路径** | 光盘\视频教程\CH12\标注轴承座轴测剖视图尺寸.avi
- **结果文件** | 光盘\DWG文件\CH12\标注轴承座轴测剖视图尺寸.dwg

主要操作步骤如图12-60所示。

- ◆ 使用“对齐”标注命令，标注出水平尺寸。
- ◆ 标注出高度尺寸。
- ◆ 倾斜尺寸标注。
- ◆ 标注出半径尺寸。

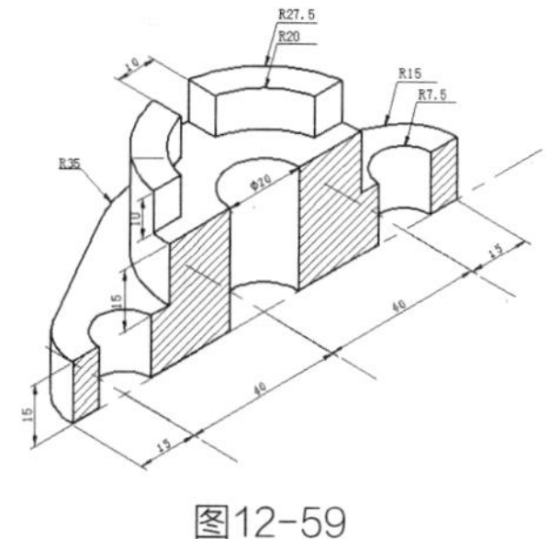

图12-59

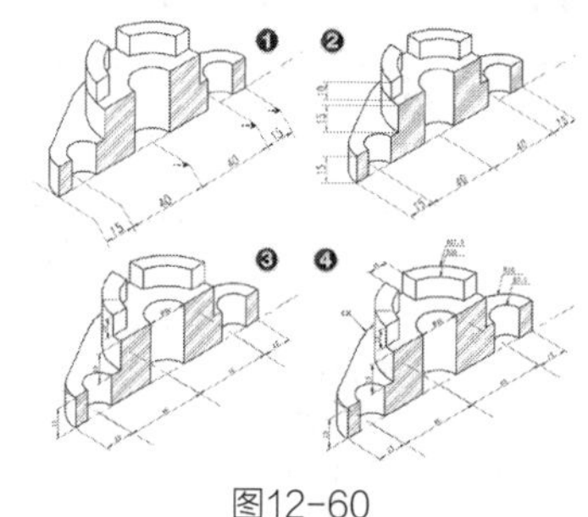

图12-60

01 选择“尺寸标注”图层为当前图层，然后执行“标注>对齐”菜单命令，标注图形的尺寸，如图12-61所示。

02 执行“标注>连续”菜单命令。命令执行过程如下。

```
命令: _dimcontinue
指定第二条延伸线原点或 [放弃(U)/选择(S)] <选择>: //捕捉图12-62所示的点3
标注文字 = 40
指定第二条延伸线原点或 [放弃(U)/选择(S)] <选择>: //捕捉点4
标注文字 = 40
指定第二条延伸线原点或 [放弃(U)/选择(S)] <选择>: //捕捉点5
标注文字 = 15
指定第二条延伸线原点或 [放弃(U)/选择(S)] <选择>: ↙
选择连续标注: ↙
```

03 执行“标注>倾斜”菜单命令，倾斜尺寸标注，结果如图12-63所示。命令执行过程如下。

```
命令: _dimedit
输入标注编辑类型 [默认(H)/新建(N)/旋转(R)/倾斜(O)] <默认>: _o
选择对象: 指定对角点: 找到 4 个 //框选4个尺寸标注
选择对象: ↙
输入倾斜角度 (按 Enter键 表示无): -30 ↙
```

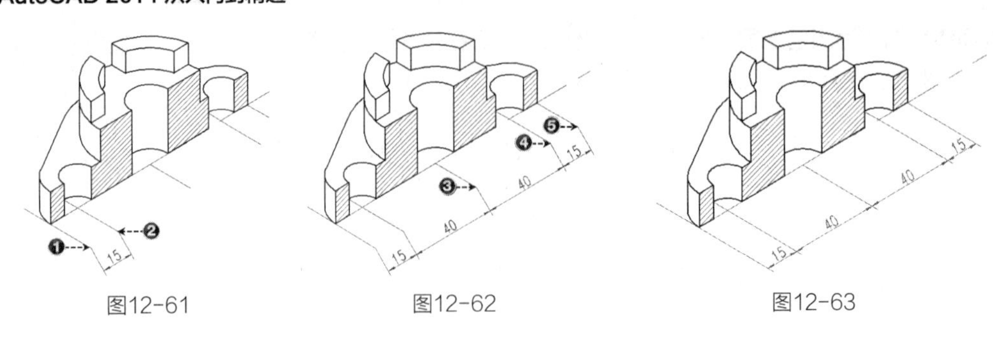

图12-61　　图12-62　　图12-63

04 执行“标注>对齐”菜单命令，标注高度上的尺寸，如图12-64所示。命令执行过程如下。

```
命令: _dimaligned
指定第一条延伸线原点或 <选择对象>: <等轴测平面 右视> //按F5键，再捕捉点1
指定第二条延伸线原点: //捕捉点2
指定尺寸线位置或[多行文字(M)/文字(T)/角度(A)]:  //指定尺寸线位置
标注文字 = 15
```

05 按Space键继续执行“对齐”标注命令，标注其他尺寸，如图12-65所示。

06 执行“标注>倾斜”菜单命令，将高度尺寸标注倾斜30°，并调整位置，如图12-66所示。

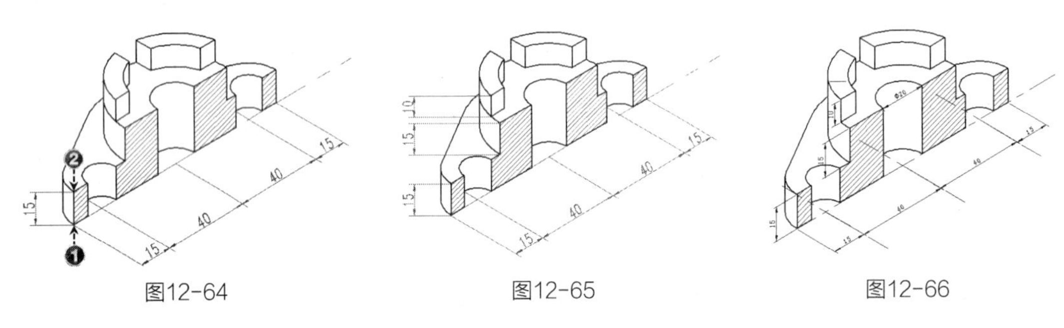

图12-64　　图12-65　　图12-66

注意

用“对齐”命令标注圆形的直径时，需要在标注文字前面加上直径符号∅。

07 由于等轴测圆不是真正的圆，所以不能用半径或直径标注命令，这里可以使用引线标注，手动输入圆的半径。命令执行过程如下。

```
命令: _mleader
指定引线箭头的位置或 [引线基线优先(L)/内容优先(C)/选项(O)] <选项>: <等轴测平面 俯视> //按F5键切换到俯视图
指定引线基线的位置: //在要标注的弧线上单击，这时系统会弹出“多行文字”的输入框，手动输入要标注的半径，如图12-67所示。
```

输入完成之后，单击“确定”按钮即可完成标注，结果如图12-68所示。

08 将引线标注复制到其他需要标注半径的地方，然后双击文字，修改标注文字内容即可，最终效果如图12-69所示。

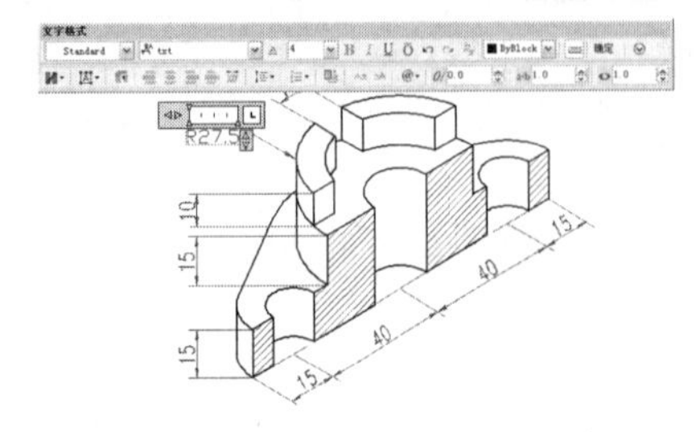

图12-67

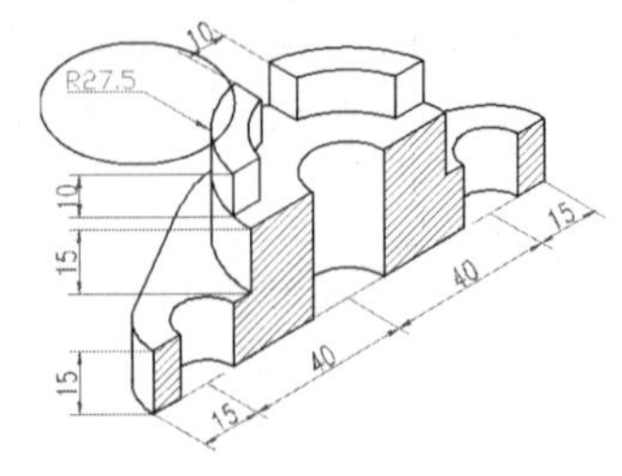

图12-68

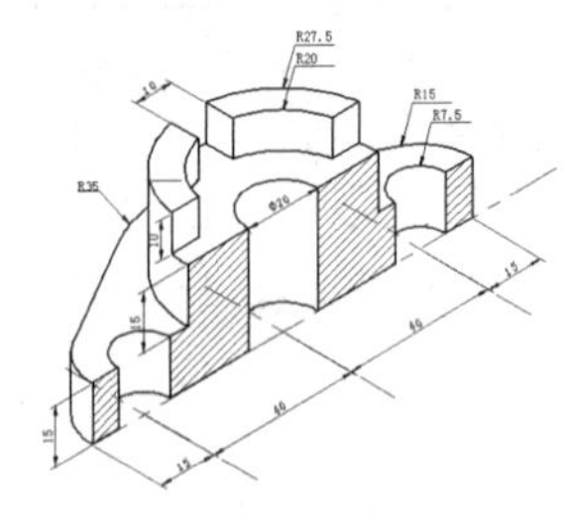

图12-69

12.6 课后练习

1. 选择题

（1）在绘制等轴测图时必须设置的选项是什么？（ ）

A. 对象捕捉 B. 等轴测捕捉 C. 栅格显示 D. 正交模式

（2）在切换等轴测视图时可以使用下面的哪一个快捷键来进行切换？（ ）

A. “Shift” + “E” B. “Alt” + “E” C. “Ctrl” + “E” D“Shift” + “Ctrl” + “E”

（3）在绘制俯视平面的等轴测圆时，需要将等轴测视图切换到哪一个视图？（ ）

A. 西南等轴测视图 B. 俯视平面 C. 左视平面 D. 右视平面

2. 上机练习

（1）绘制图12-70所示的机器底座轴测图（本练习主要针对等轴测直线）。

（2）绘制图12-71所示的轴承座轴测剖视图（本练习难度相对比较大，主要是要找准圆心位置。首先根据尺寸标注绘制出相应的辅助线，然后绘制出底座、钻孔和凹槽，最后填充剖面图形）。

主要操作步骤如图12-72所示。

- 绘制出辅助线。
- 修剪出轴测图的大致轮廓。
- 绘制等轴测圆。
- 修剪等轴测圆。
- 绘制沉孔的轴测图。
- 将图形修剪好之后填充剖面图案。

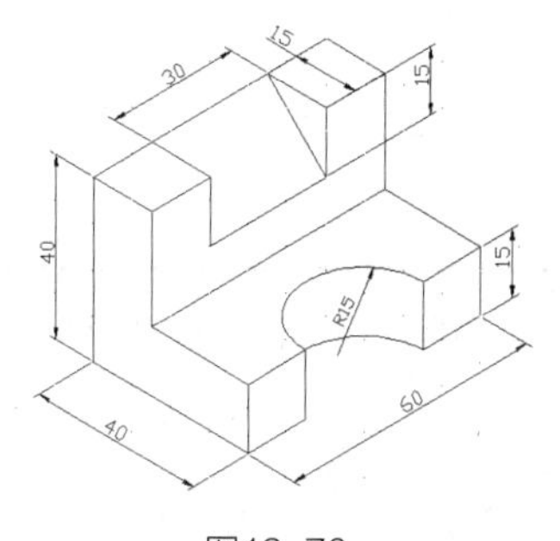

图12-70

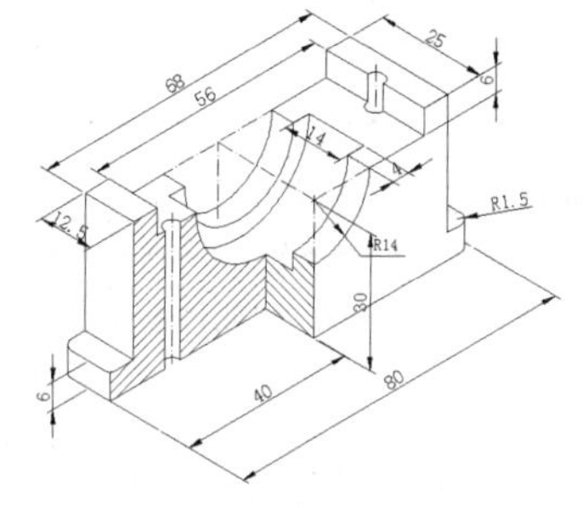

图12-71

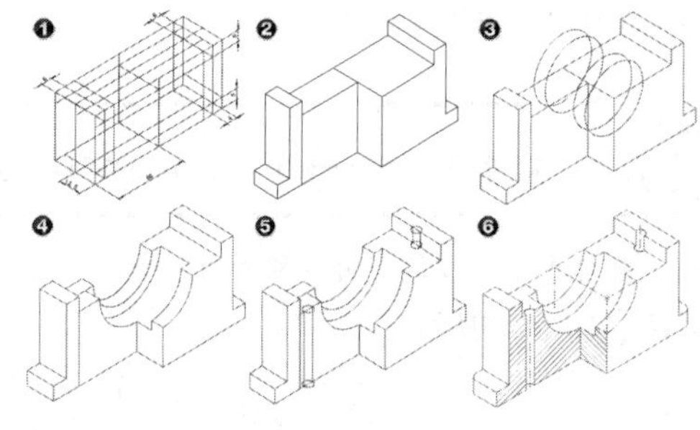
图12-72

第13章 AutoCAD三维建模基础

本章主要让读者理解AutoCAD三维空间的坐标系，熟悉三维坐标系的相关知识并掌握用户坐标系的设置方法，这是3D建模必须掌握的基础知识。另外还要了解三维对象的各种查看方式，以方便绘图。

学习重点

- 世界坐标系（WCS）与用户坐标系（UCS）的概念
- 用户坐标系（UCS）的设置方法
- 基本视图与轴测视图的运用
- 三维动态观察器的运用
- 模型显示质量和视觉样式的控制

13.1 三维模型的类型

三维模型主要分为线框模型、曲面模型和实体模型。

线框模型是由直线和曲线来表示的真实三维图形的边缘或框架（如图13-1所示），它没有关于表面和体的信息，因此不能对线框模型进行隐藏和渲染等操作。

曲面模型除了边界以外还有表面（如图13-2所示），可以对它进行消隐和渲染操作，但是不包括实体部分，所以不能对它进行布尔运算。

> **注意**
>
> 通过系统变量Surftab1和Surftab2可以设置曲面网格的显示密度。

实体模型不仅包含边界和表面，还包含实体部分的各个特征，比如体积和惯性矩等，因此实体之间可以进行布尔运算，如图13-3所示。

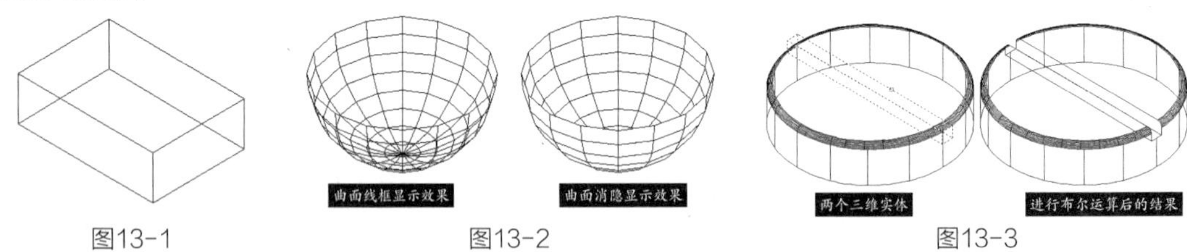

图13-1　图13-2　图13-3

13.2 AutoCAD 的三维坐标系统

AutoCAD的图形空间是一个三维空间，用户可以在AutoCAD三维空间中的任意位置构建三维模型。AutoCAD使用三维坐标系对自身的三维空间进行度量，用户可使用多种形式的三维坐标系。

13.2.1 右手法则

AutoCAD 的三维坐标系由3个通过同一点且彼此垂直的坐标轴构成，这3个坐标轴分别称为x轴、y轴和z轴，交点为坐标系的原点，也就是各个坐标轴的坐标零点。

从原点出发，沿坐标轴正方向上的点用正的坐标值度量，而沿坐标轴负方向上的点用负的坐标值度量。因此，在AutoCAD的三维空间中，任意一点的位置可以由三维坐标轴上的坐标（x,y,z）唯一确定。

AutoCAD三维坐标系的构成如图13-4所示。

在三维坐标系中，3个坐标轴的正方向可以根据右手定则来确定，具体方法是将右手背对着计算机屏幕放置，然后伸出拇指、食指和中指。其中，拇指和食指的指向分别表示坐标系的x轴和y轴的正方向，而中指所指向的方向表示该坐标系z轴的正方向，如图13-5所示。

在三维坐标系中，3个坐标轴的旋转方向的正方向也可以根据右手法则确定。具体方法是用右手的拇指指向某一坐标轴的正方向，弯曲其他4个手指，手指的弯曲方向表示该坐标轴的正旋转方向，如图13-6所示。例如用右手握z轴，握z轴的4根手指的指向代表从正x到正y的旋转方向，而拇指指向为正z轴方向。

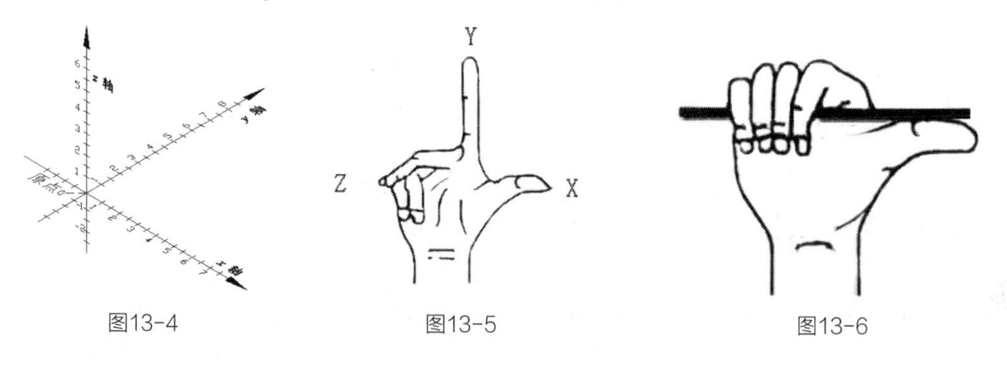

图13-4　　图13-5　　图13-6

13.2.2 AutoCAD三维坐标的4种形式

进行三维建模时，常常需要使用精确的坐标值确定三维点。在AutoCAD中可以使用多种形式的三维坐标，包括直角坐标形式、柱坐标形式、球坐标形式以及这几种坐标类型的相对形式。

直角坐标、柱坐标和球坐标都是对三维坐标系的一种描述，其区别是度量的形式不同。这3种坐标形式之间是相互等效的。也就是说，AutoCAD三维空间中的任意一点，可以分别使用直角坐标、柱坐标或球坐标描述，其作用完全相同，在实际操作中可以根据具体情况任意选择某种坐标形式。

1. 直角坐标

AutoCAD 三维空间中的任意一点都可以用直角坐标（x,y,z）的形式表示，其中x、y和z分别表示该点在三维坐标系中x轴、y轴和z轴上的坐标值。

例如，点（5,4,3）表示一个沿x轴正方向 5个单位，沿y轴正方向4个单位，沿z轴正方向3个单位的点。该点在坐标系中的位置如图13-7所示。

2. 柱坐标

柱坐标用（L<a,z）形式表示，其中 L 表示该点在 xoy 平面上的投影到原点的距离，a表示该点在 xoy 平面上的投影和原点之间的连线与x轴的交角，为该点在z轴上的坐标。z从柱坐标的定义可知，如果L坐标值保持不变，而改变a和z坐标时，将形成一个以z轴为中心的圆柱面，L为该圆柱的半径，这种坐标形式被称为柱坐标。例如，点（6<30，4）的位置如图13-8所示。

3. 球坐标

球坐标用（L<a<b）的形式表示，其中 L 表示该点到原点的距离，a 表示该点与原点的连线在 xoy 平面上的投影与x轴之间夹角，b表示该点与原点的连线与 xoy 平面的夹角。从球坐标的定义可知，如果 L 坐标值保持不变，而改变a和b坐标时，将形成一个以原点为中心的圆球面，L为该圆球的半径，这种坐标形式被称为球坐标。例如，点（6<30<25）的位置如图13-9所示。

4. 相对坐标形式

以上3种坐标形式都是相对于坐标系原点而言的，也可以称为绝对坐标。此外，AutoCAD还可以使用相对坐标形式。所谓相对坐标，在连续指定两个点的位置时，第二点以第一点为基点所得到的相对坐标形式。相对坐标可以用直角坐标、柱坐标或球坐标表示，但要在坐标前加“@”符号。例如，某条直线起点的绝对坐标为（1,2,2），终点的绝对坐标为（5,6,4），则终点相对于起点的相对坐标为（@4,4,2），如图13-10所示。

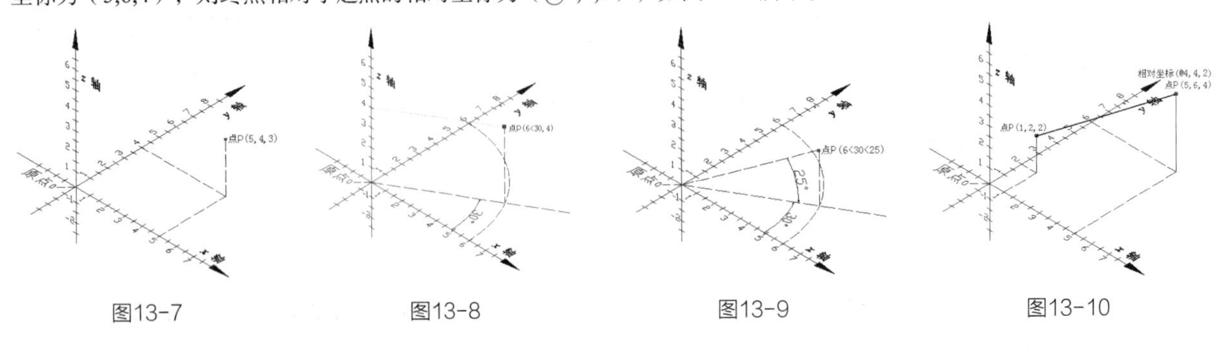

图13-7　图13-8　图13-9　图13-10

13.2.3 构造平面与标高

构造平面是 AutoCAD 三维空间中一个特定的平面，一般为三维坐标系中的 *xoy* 平面。构造平面主要用于放置二维对象和对齐三维对象。通常，创建的二维对象都位于构造平面上，栅格也显示在构造平面上，如图13-11所示。

在进行三维绘图时，如果没有指定*z*轴坐标，或直接使用光标在屏幕上拾取点，则该点的*z*坐标将与构造平面的标高保持一致。

默认情况下，构造平面为三维坐标系中的*xoy*平面，即构造平面的标高为0。也可以改变构造平面的标高，可直接在与*xoy*平面相平行的平面上绘图。

标高是指AutoCAD中默认的*z*坐标值，默认情况下的标高值为0。当在命令提示行中只输入坐标点的*x*、*y*值，或使用光标在屏幕上拾取点时，AutoCAD自动将该点的*z*坐标值指定为当前的标高值。

设置标高的命令执行过程如下。

```
命令: _elev ↙
指定新的默认标高 <0.00>:
指定新的默认厚度 <0.00>:
```

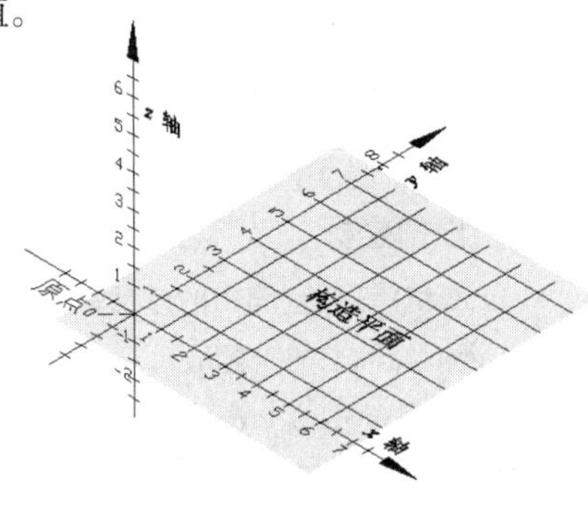

图13-11

专家提示

当坐标系发生变化时，AutoCAD 自动将标高设置为0。AutoCAD将标高值保存在系统变量Elevation中，可以直接修改该系统变量，从而改变当前的标高设置。

13.3 用户坐标系（UCS）

在一个图形文件中，除了WCS之外，AutoCAD还可以定义多个用户坐标系（User Coordinate System，简写为UCS）顾名思义，用户坐标系是可以由用户自行定义的一种坐标系。

控制坐标系的相关命令如表13-1所示。

表13-1 控制坐标系的命令

命令	简写	功能
Ucsicon（UCS图标）	UCSI	控制UCS图标的可见性、位置、外观和可选性
Ucs	UCS	设置当前UCS的原点和方向
Plan	PLAN	显示指定用户坐标系的XY平面的正交视图

13.3.1 控制坐标图标的显示（Ucsicon）

利用Ucsicon命令可以控制坐标图标是否显示，命令执行过程如下。

```
命令: _ucsicon
输入选项 [开(ON)/关(OFF)/全部(A)/非原点(N)/原点(OR)/特性(P)] <开>:
```

1. Ucsicon命令各选项的含义

开（ON）：选择“开（ON）”时，将在当前视口显示坐标图标。

关（OFF）：选择“关（OFF）”时，将在当前视口不显示坐标图标。

全部（A）：选择“全部（A）”时，将改变所有视口的坐标图标。

非原点（N）：选择“非原点（N）”时，只在屏幕左下角显示坐标图标，而不管坐标图标是否位于坐标原点。

原点（OR）：选择“原点（OR）”时，将在坐标原点显示坐标图标。

特性（P）：选择“特性（P）”时，系统将弹出图13-12所示的“UCS图标”对话框。

2. 在“UCS”图标对话框中各选项含义

二维：选中该选项，系统将显示二维坐标图标。

三维：选中该选项，系统将显示三维坐标图标。

线宽：坐标轴z、y和z的线宽设定，只有在三维模式下该选项才可用。

UCS图标大小：设置坐标图标的大小。

模型空间图标颜色：设置在模型空间的坐标图标颜色，用户可以在其下拉列表中选择所需的颜色。

布局选项卡图标颜色：设置布局选项卡图标颜色，也就是坐标图标在图纸空间的颜色，用户也可以在其下拉列表中选择所需的颜色。

预览：预览所设定的坐标图标。

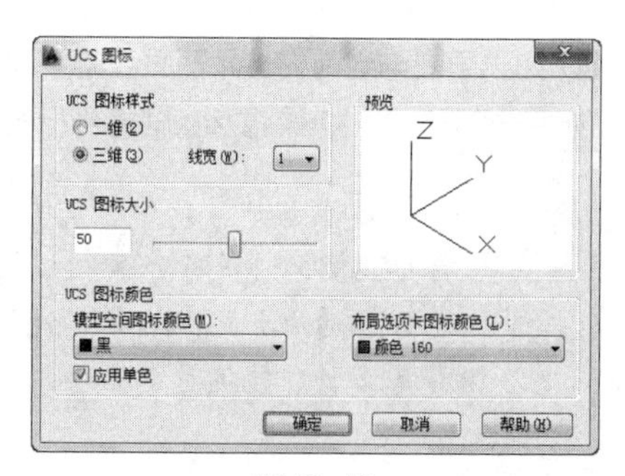

图13-12

13.3.2 管理用户坐标系

为了更好地掌握二维模型的创建，必须埋解坐标系的概念和具体用法。首先要知道即使在AutoCAD三维空间中进行建模，但很多操作都只能限制在xoy平面（构造平面）上进行，所以在绘制三维图形的过程中经常需要调整UCS坐标系。

在AutoCAD中，用户可以在任意位置和方向指定坐标系的原点、xoy平面和z轴，从而得到一个新的用户坐标系，下面举例进行说明。

01 打开配套光盘中的“DWG文件\CH13\1332.dwg”，如图13-13所示，这个实体模型与坐标图标有一定的距离。

02 在命令提示行输入Ucs命令并按Enter键，然后移动坐标原点，将坐标原点定位于实体模型上。命令执行过程如下。

```
命令: _ucs ↙
当前 UCS 名称: *没有名称*
```

指定 UCS 的原点或 [面(F)/命名(NA)/对象(OB)/上一个(P)/视图(V)/世界(W)/X/Y/Z/Z 轴(ZA)] <世界>: //捕捉如图13-14所示的点C，确定新的原点坐标，此时坐标系的*xoy*平面与实体的ABCD面重合

指定 *x* 轴上的点或 <接受>: //捕捉图13-14所示的点E，此时坐标系的XOY平面与实体的CDEF面重合

指定 *xy* 平面上的点或 <接受>: //捕捉图13-14所示的点F，确定z轴方向

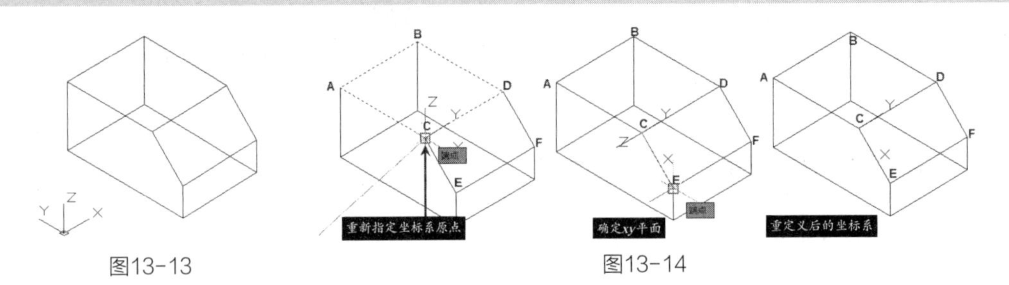

图13-13　　图13-14

03 在命令提示行输入Ucs命令并按Enter键，然后通过将UCS定位于三维实体的表面来设定新的UCS，如图13-15所示。命令执行过程如下。

命令: _ucs ↙
当前 UCS 名称: *世界*
指定 UCS 的原点或 [面(F)/命名(NA)/对象(OB)/上一个(P)/视图(V)/世界(W)/*x*/*y*/*z*/*z* 轴(ZA)] <世界>: ↙
//执行UCS命令，直接按两次Enter键，先将坐标系还原
命令: _ucs ↙
当前 UCS 名称: *没有名称*
指定 UCS 的原点或 [面(F)/命名(NA)/对象(OB)/上一个(P)/视图(V)/世界(W)/*x*/*y*/*z*/*z* 轴(ZA)] <世界>: f ↙
选择实体对象的面: //选择对象的面
输入选项 [下一个(N)/*x* 轴反向(*x*)/*y* 轴反向(*y*)] <接受>: ↙

04 如果要在与当前构造平面垂直的平面上创建对象，就需要将UCS绕坐标轴进行旋转，比如说要在这个零件的侧面创建一个圆，那么就需要绕*x*轴将坐标图标旋转90°，如图13-16所示。命令执行过程如下。

命令: _ucs ↙
当前 UCS 名称: *没有名称*
指定 UCS 的原点或 [面(F)/命名(NA)/对象(OB)/上一个(P)/视图(V)/世界(W)/*x*/*y*/*z*/*z* 轴(ZA)] <世界>: x ↙
指定绕*x*轴的旋转角度 <90>: 90 ↙

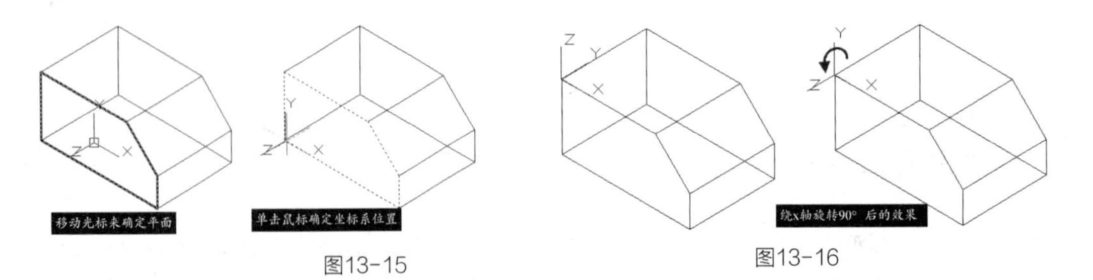

图13-15　　图13-16

13.3.3 显示指定用户坐标系的平面视图（Plan）

1. Plan 命令

Plan命令可以将三维实体的轴测图改变为平面视图，命令提示如下。

```
命令：plan
输入选项 [当前 UCS(C)/UCS(U)/世界(W)] <当前 UCS>:    //输入选项
正在重生成模型。
```

该提示项分别对应下拉菜单中的“当前UCS”“命名UCS”和“世界UCS”。

2. 技术要点：Plan命令各选项含义

当前UCS（C）：缺省选项，它设置当前UCS的*xy*平面为观测画面，生成平面视图。

UCS（U）：设置已命名的UCS的*xy*平面为观测画面，生成平面视图。选择该项时，系统会给出以下提示。

```
输入 UCS 名称或[?]:
```

当选择“?”项时，在屏幕上将列出已命名的UCS的名称，当输入已命名的UCS的名称时，系统将以已命名的UCS的*xy*平面为观测画面，生成平面视图。

世界（W）：设置WCS的*xy*平面为观测面，生成平面视图，它不受当前UCS的影响。

13.4 三维视图模式

三维视图模式相关命令如表13-2所示。

表13-2 三维视图模式命令

命令	简写	功能
Vpoins（视口）	VPORT	在模型空间或布局（图纸空间）中创建多个视口
Vpoint	VPOIN	设置图形的三维可视化观察方向
Ddvpoint	DDVP	设置三维观察方向
Camera	CAM	设置相机位置和目标位置，以创建并保存对象的三维透视视图

13.4.1 基本视图与轴测视图

如果用一个立方体代表三维空间中的三维模型，那么各种预置标准视图的观察方向如图13-17 所示。

在AutoCAD中，用户可以通过视图菜单来设置各种标准视图，如图13-18所示。同时也可以通过“视图”工具栏来设置各种标准视图，如图13-19所示。

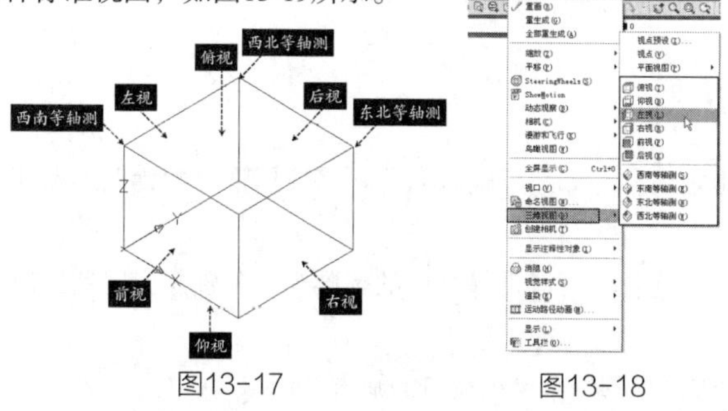

图13-17　　图13-18

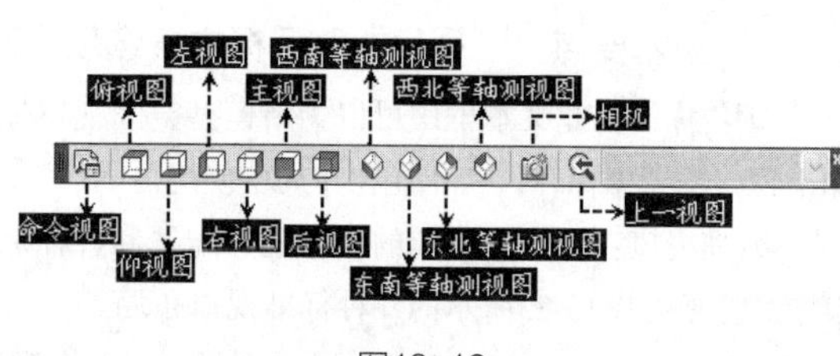

图13-19

在观察三维实体时，虽然从不平行于坐标轴的方向观察可以得到有立体感的轴测图，但由于它难以正确反映三维实体的形状和尺寸，所以当需要获得准确的形状和尺寸时，人们经常使用沿坐标轴方向的观察，即经常使用基本视图，如主视图、俯视图和左视图等，如图13-20所示。

轴测图是常见的立体图，由于它用一个投影面来表示物体的三维空间（长、宽、高），虽然立体感强，但是它难以准确表达图形的尺寸，因而轴测图经常作为辅助视图来使用。

AutoCAD提供了4种常用的轴测图，包括西南等轴测视图、东南等轴测视图、东北等轴测视图和西北等轴测视图，图13-21所示是模型在4种等轴测视图中的显示效果。

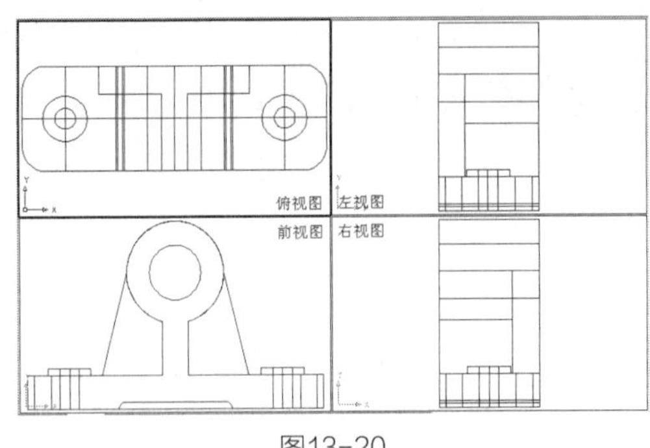

图13-20

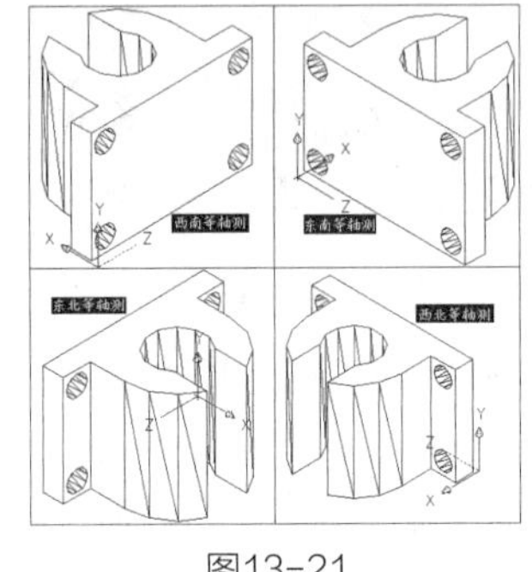

图13-21

表13-3列出了4种常用轴测图的观察角度。

表13-3 4种常用轴测图的观察角度

菜单栏	图标	与x轴夹角	与xy平面夹角
西南等轴测		225°	35.5°
东南等轴测		315°	35.3°
东北等轴测		45°	35.3°
西北等轴测		135°	35.3°

专家提示

使用多个视口时，用户只能在当前视口进行操作，但AutoCAD可在操作过程中切换当前视口，从而可以在不同视口中绘制相同图形。例如，当在多个视口中绘制一条直线对象时，在确定直线的第一个端点后，可以将当前视口切换到其他视口，然后确定直线的另一个端点。使用这种方法可以绘制在同一视口中难于显示或定位的图形，而不必重新调整视图。

1. “视口”对话框

在AutoCAD中，视图是在视口中显示出来的。视口就是图形窗口中的一个特定区域，用于显示各种视图。通常情况下，在模型空间中整个图形窗口作为一个单一的视口，只能显示一个三维视图。同时也可以将图形窗口划分为多个视口，分别在各个视口中显示不同的视图。

在图形窗口中可以创建多个视口，并且可以指定这些视口的数量、排列方式和显示的视图。一组视口的数目、排列方式及其相关设置称为“视口配置”。

在命令行中输入Vports命令，或者单击“视图”选项卡，再单击“视口”面板上的“命名视口”按钮，打开图13-22所示的“视口”对话框，在此可以新建和重命名视口。

2. 技术要点：“视口”对话框中各选项含义

新名称：在此文本框中可以为新模型空间视口配置指定名称。如果不输入名称，将应用视口配置但不保存配置。如果视口配置未保存，将不能在布局中使用。

标准视口：显示了当前的模型视口配置和各种标准视口配置，可以选择其中的标准视口配置并应用到当前图形窗口中。主要有图13-23所示的几种标准视口布局。

预览：显示选定视口配置的预览图像，以及在配置中被分配到每个单独视口的缺省视图。

应用于：将模型空间视口配置应用到整个显示窗口或当前视口。

显示：将视口配置应用到整个“模型”选项卡显示窗口。

当前视口：仅将视口配置应用到当前视口。

设置：指定二维或三维设置。如果选择二维，新的视口配置将最初通过所有视口中的当前视图来创建。如果选择三维，一组标准正交三维视图将被应用到配置中的视口。

修改视图：用从列表中选择的视图替换选定视口中的视图。可以选择命名视图，如果已选择三维设置，也可以从标准视图列表中选择。使用“预览”区域查看选择。

视觉样式：将视觉样式应用到视口。将显示所有可用的视觉样式。

单击“命名视口”选项卡，在此列出了图形中保存的所有模型视口配置，如图13-24所示。

当前名称：显示当前视口配置的名称。

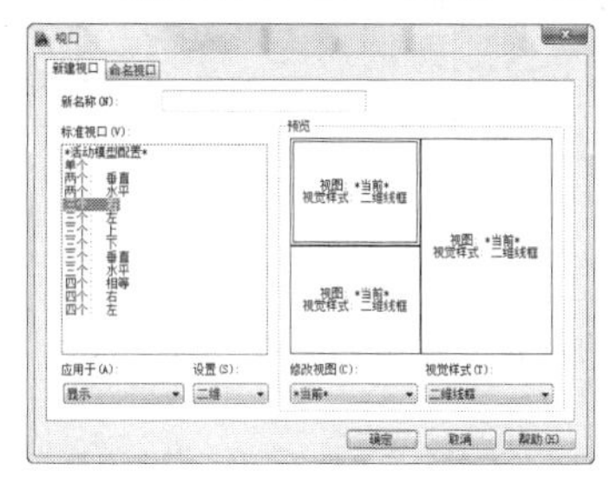

图13-22

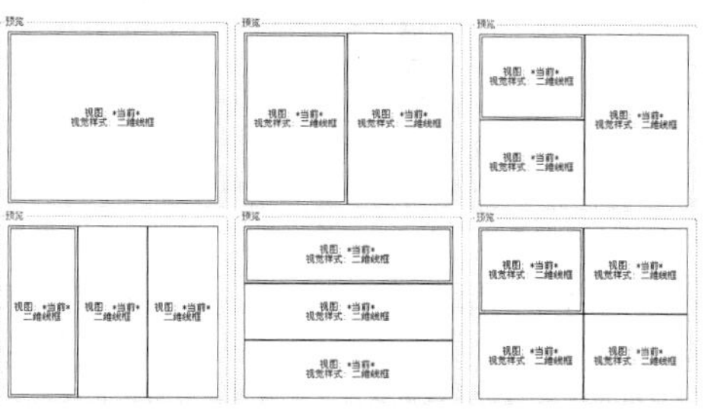

图13-23

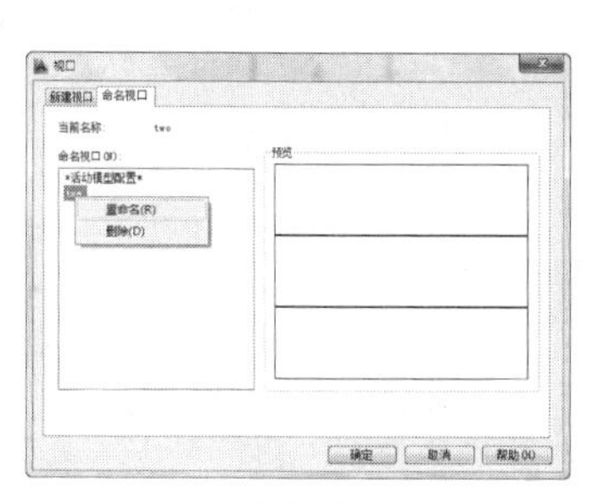

图13-24

案例065 设置多个视口

- **学习目标** | 本例将练习在AutoCAD中使用多个视口，案例效果如图13-25所示。
- **视频路径** | 光盘\视频教程\CH13\设置多个视口.avi
- **结果文件** | 光盘\DWG文件\CH13\设置多个视口.dwg

01 在命令行中输入Vports命令并按Enter键，打开“视口”对话框，在“新建视口”选项卡中选择“四个:相等”的视口配置，如图13-26所示。

02 选择第1个视口，执行“视图>三维视图>俯视图”菜单命令。

03 选择第2个视口，执行“视图>三维视图>前视图”菜单命令。

04 选择第3个视口，执行“视图>三维视图>左视图”菜单命令。

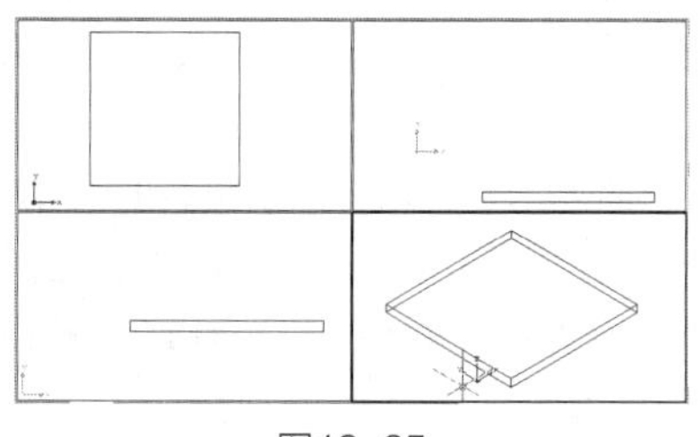

图13-25

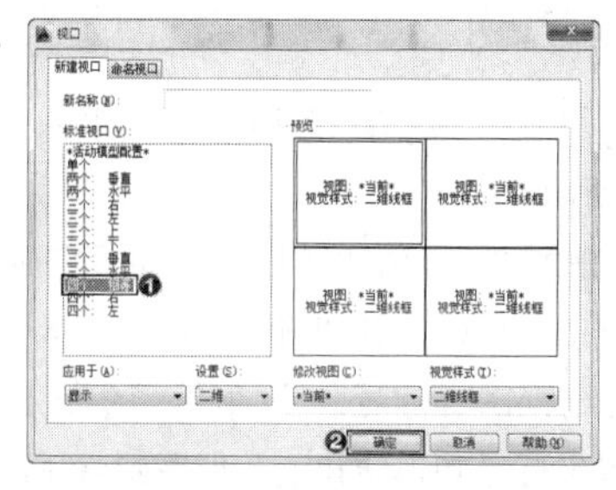

图13-26

05 选择第4个视口，执行“视图>三维视图>西南等轴测”菜单命令，如图13-27所示。

> **专家提示**
>
> 在多个视口中，只能在当前的视口进行操作，但AutoCAD可以在操作过程中切换当前视口，从而可以在不同视口中绘制相同图形。
>
> 例如，当在多个视口中绘制一条直线对象时，在确定直线的第一个端点后，可以将当前视口切换到其他视口，然后再确定直线的另一个端点。使用这种方法，可以绘制在同一视口中难于显示或定位的图形对象，而不必重新调整视图。

06 选择俯视图，在命令行中输入Box命令，在顶视图中创建一个长方体，观察模型在各个视图中的显示效果，如图13-28所示。命令执行过程如下。

```
命令: _box ↙
指定第一个角点或 [中心(C)]: //任意指定一点
指定其他角点或 [立方体(C)/长度(L)]: @900,900,50 ↙ //输入长方体的对角点的相对坐标，也就是长方体的长宽高。
```

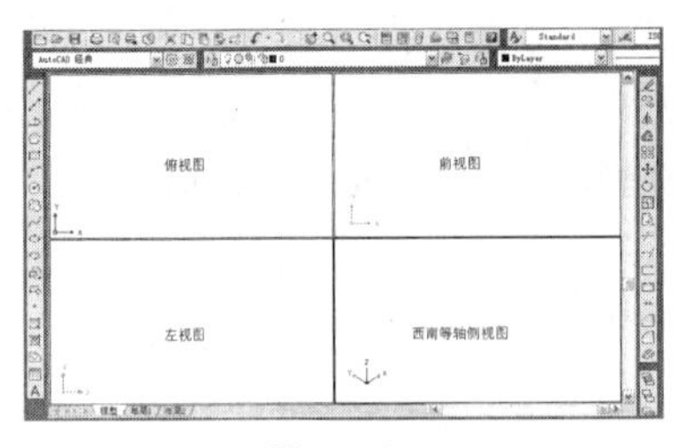

图13-27

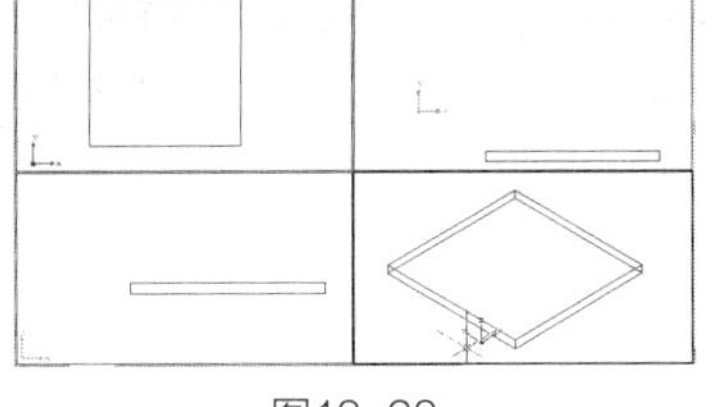

图13-28

专家提示

在图形窗口中当前视口配置的基础上可以执行Vports命令，对当前视口应用新的视口配置，即可以对当前视口进行拆分，还可以执行“视图>视口>合并”菜单命令合并视口。

13.4.2 设置视点（Vpoint）

Vpoint命令是AutoCAD的早期命令，它采用以下3种方法来定义视线方向。

方法一：用两个角度来定义视线方向。

方法二：矢量来定义视线方向。

方法三：用坐标球和三轴架来定义视线方向。

在命令提示行输入Vpoint命令并按Enter键或者执行“视图>三维视图>视点”菜单命令。命令执行过程如下。

```
命令: _vpoint ↙
当前视图方向: Viewdir=0.00,0.00,1.00
指定视点或[旋转(R)] <显示坐标球和三轴架>:
```

当在Vpoint命令的提示项下直接并按Enter键时，就选择了“显示坐标球和三轴架”项，在屏幕上显示坐标球和三向轴项，如图13-29所示。

图13-29的右上角的图形为坐标球；左下角的图形为三轴架，它代表*x*、*y*、*z*轴的正方向。当移动鼠标时，十字线光标将在坐标球上移动，同时三轴架将自动改变方向。在合适位置单击将完成视线方向的设置。

执行“视图>三维视图>视点预设”菜单命令，或者在命令提示行输入Ddvpoint命令并按Enter键，可以打开“视点预置”对话框，设置坐标系和视线角度，如图13-30所示

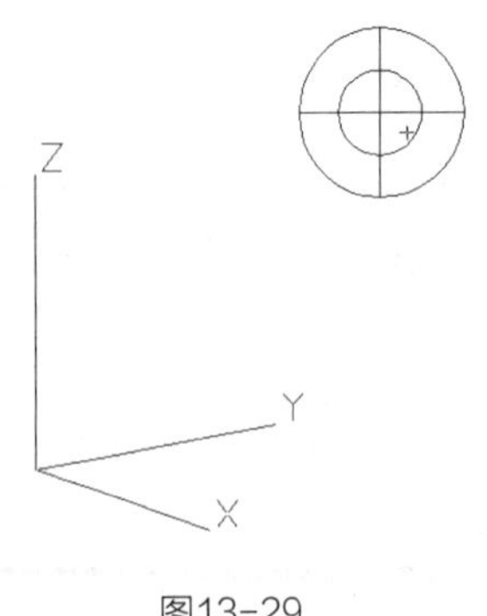

图13-29

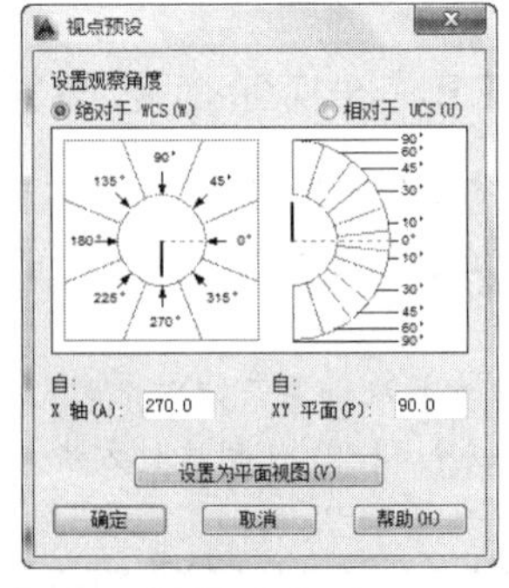

图13-30

13.4.3 创建摄像机视图

在AutoCAD中可以创建一个相机，并将其放置到图形中以定义三维视图。还可以在图形中打开或关闭相机并使用夹点来编辑相机的位置、目标或焦距。可以通过*xyz*坐标、目标*xyz*坐标和视野/焦距（用于确定倍率或缩放比例）定义相

机，还可以定义剪裁平面，以建立关联视图的前后边界。

用户可以通过定义相机的位置和目标，然后进一步定义其名称、高度、焦距和剪裁平面来创建新相机。还可以使用工具选项板上的若干预定义相机类型之一。

1. 命令执行方式

创建摄像机的命令执行方式有以下几种。

命令行：在命令行中输入Camera命令

菜单栏：执行“视图>创建相机”菜单命令。

工具栏：切换到“三维建模”工作空间，单击“渲染”选项卡，再单击“相机”面板中的“创建相机”按钮

2. 操作步骤

01 打开配套光盘中的“DWG文件\CH13\轴承.dwg”，如图13-31所示，当前视图为东南等轴测视图。

02 在命令行中输入Camera命令，并按Enter键，在视图中创建一个摄像机，如图13-32所示。命令执行过程如下。

```
命令: _camera ↙
当前相机设置: 高度=0.0000 焦距=50.0000 毫米
指定相机位置:
指定目标位置:
输入选项 [?/名称(N)/位置(LO)/高度(H)/坐标(T)/镜头(LE)/剪裁(C)/视图(V)/退出(X)] <退出>:
```

指定了相机的位置后，在命令提示行中可以设置相机的位置、高度和坐标等参数。

3. 技术要点：Camera命令提示中各选项含义

“?”：列出相机，显示当前已定义相机的列表。输入要列出的相机名称、输入名称列表或按Enter键列出所有相机。

名称：给相机命名。

位置：指定相机的位置，即要观察三维模型的起点。

高度：更改相机高度。

目标：指定相机的目标。通过指定视图中心的坐标来定义要观察的点。

镜头：更改相机的焦距。定义相机镜头的比例特性。焦距越大，视野越窄。

剪裁：定义前后剪裁平面并设定它们的值。剪裁平面是定义（或剪裁）视图的边界。在相机视图中，将隐藏相机与前向剪裁平面之间的所有对象，同样隐藏后向剪裁平面与目标之间的所有对象。

视图：设定当前视图以匹配相机设置。

退出：取消该命令。

完成对相机的设置后，按Enter键退出命令。在视图中选中相机，系统便会自动弹出“相机预览”窗口，如图13-33所示。在此可以观察相机视图角度是否到达要求。

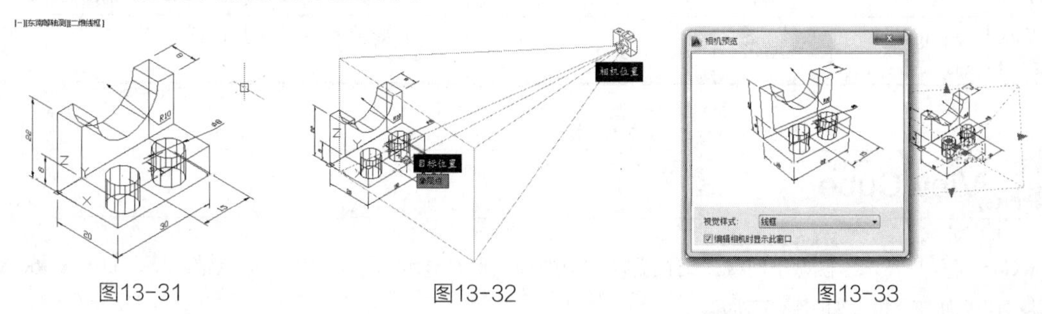

图13-31　　图13-32　　图13-33

如果要进一步定义相机特性，请单击鼠标右键，然后在弹出的快捷菜单中选择“特性”命令，在弹出的对话框中可以修改相机特性。

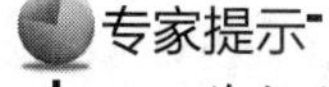

专家提示

单击“渲染”选项卡，再单击“相机”面板中的“显示相机”按钮可以在视图中显示或隐藏相机。

13.4.4 更改相机特性

用户可以修改相机焦距、更改其前向和后向剪裁平面、命名相机以及打开或关闭图形中所有相机的显示。 选择相机时，将打开图13-34所示的“相机预览”对话框以显示相机视图。

用户可以通过多种方式更改相机设置。

方法一：单击并拖动夹点以调整焦距或视野的大小，或对其重新定位，如图13-35所示。

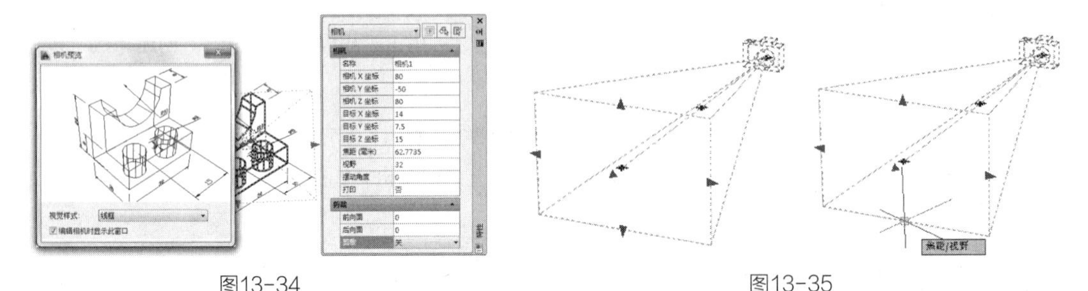

图13-34　　图13-35

方法二：使用动态输入工具提示输入x、y、z坐标值，如图13-36所示。

方法三：在“相机特性”选项板中修改相机特性。

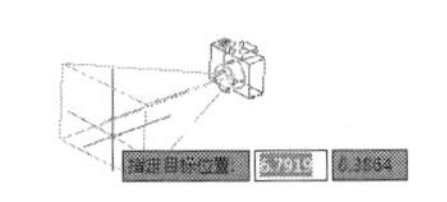

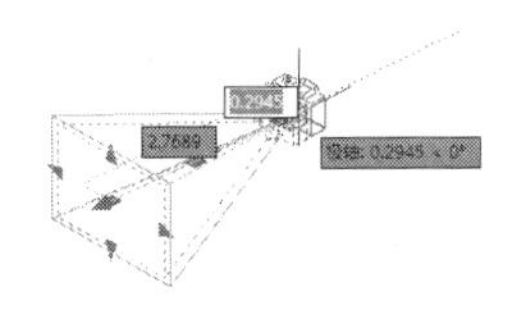

图13-36

13.5 三维导航工具

三维导航工具相关命令如表13-4所示。

表13-4 三维导航工具命令

命令	简写	功能
Navvcube	NAVV	指示当前查看方向。拖动或单击ViewCube可以旋转场景
Navswheel	NAV	提供对可通过光标快速访问的增强导航工具的访问
3Dwalk（漫游）	3DW	交互式更改图形中的三维视图以创建在模型中漫游的外观
Walkflysettings（漫游和飞行设置）	WALK	控制漫游和飞行导航设置

13.5.1 ViewCube

ViewCube工具是在二维模型空间或三维视觉样式中处理图形时显示的导航工具。默认情况下，打开AutoCAD软件后它就会显示在界面右上角，如图13-37所示。

在视图发生更改时，ViewCube工具可以提供有关模型当前视点的直观反映。将鼠标光标放置在ViewCube工具上后，ViewCube将变为活动状态。可以拖动或单击 ViewCube来切换到可用预设视图之一、滚动当前视图或更改为模型的主视图，如图13-38所示。

当ViewCube工具处于不活动状态时，默认情况下它显示为半透明状态，这样便不会遮挡模型的视图。当ViewCube工具处于活动状态时，它显示为不透明状态，并且可能会遮挡模型当前视图中对象的视图。

除控制ViewCube工具在不活动时的不透明度级别，还可以控制ViewCube工具的大小、位置、UCS 菜单的显示、默认方向和指南针显示等。

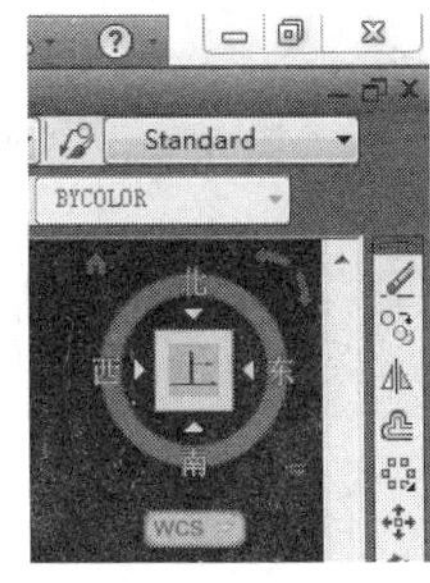

图13-37

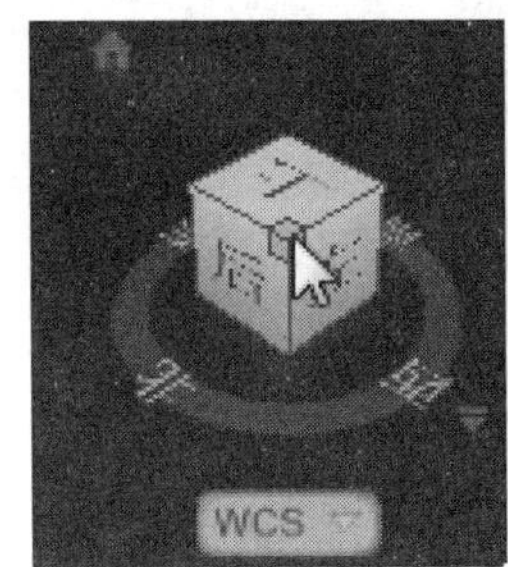
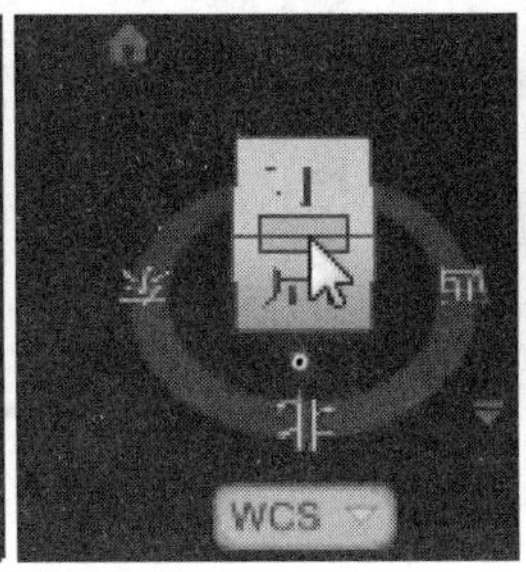
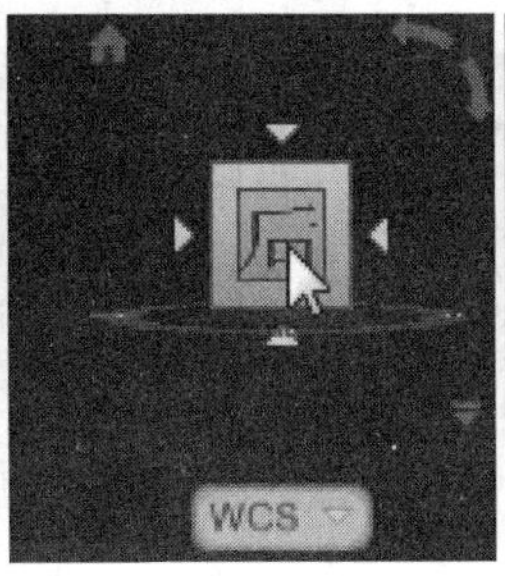
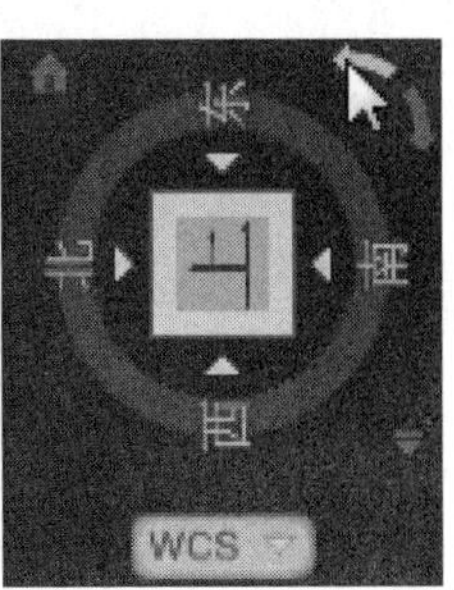

图13-38

1. 命令执行方式

命令行：在命令行中输入Navvcube命令并按Enter键，然后输入S选项并按Enter键。

菜单栏：执行“视图>显示>ViewCube>设置”菜单命令，如图13-39所示。

快捷菜单：在ViewCube上单击右键，在弹出的快捷菜单中选择“ViewCube设置”（如图13-39所示），即可打开图13-40所示的“ViewCube设置”对话框。

指南针显示在ViewCube工具的下方并指示为模型定义的北向。可以单击指南针上的基本方向字母以旋转模型，也可以单击并拖动其中一个基本方向字母或指南针圆环以绕轴心点以交互方式旋转模型。

2. 操作步骤

在当前视口中显示或者隐藏ViewCube 工具的操作步骤如下。

01 在命令提示行中输入Options，然后按Enter键，打开“选项”对话框。

02 在“选项”对话框中单击“三维建模”选项卡。

03 选中图13-41所示的这些复选框，以在二维和三维模型空间的所有视口和图形中显示ViewCube 工具。

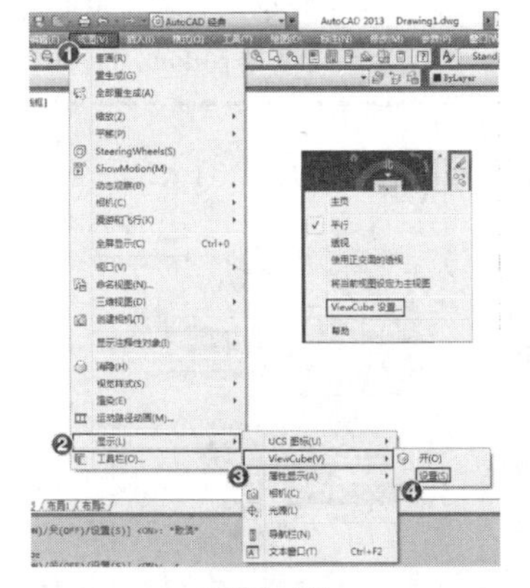

图13-39

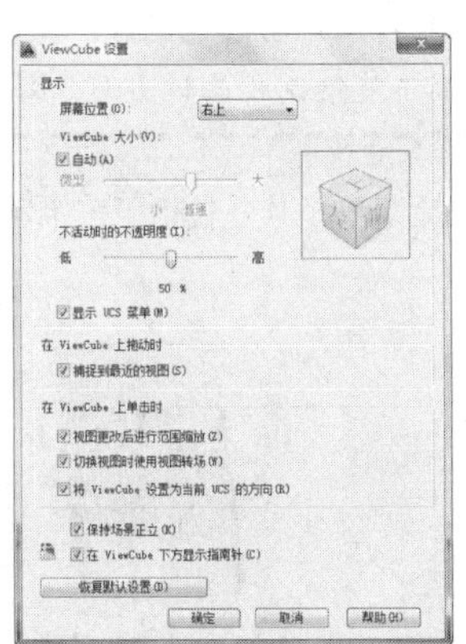

图13-40

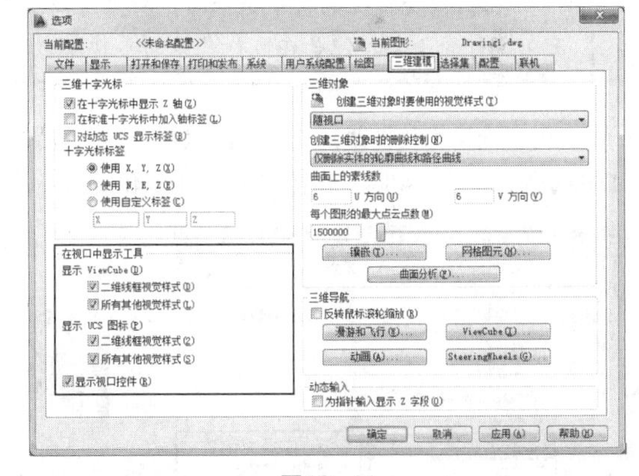

图13-41

13.5.2 SteeringWheels

SteeringWheels（也称作控制盘）将多个常用导航工具结合到一个单一界面中，从而为用户节省了时间。控制盘是任务特定的，通过控制盘可以在不同的视图中导航和设置模型方向，如图13-42所示。

默认情况下，SteeringWheels 是关闭的，可以在命令行中输入Navswheel命令并按Enter键即可将其显示出来。在该控制盘上单击鼠标右键，在弹出的快捷菜单中可以选择控制盘的类型和相关操作命令，如图13-43所示。

在快捷菜单中选择“SteeringWheel设置”命令，可以打开“SteeringWheels设置”对话框，在此可以修改控制盘的相关属性，如图13-44所示。

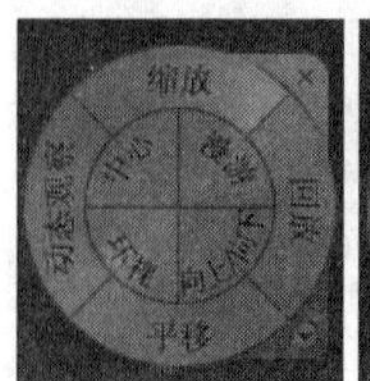

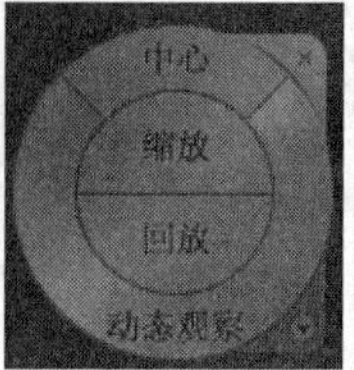

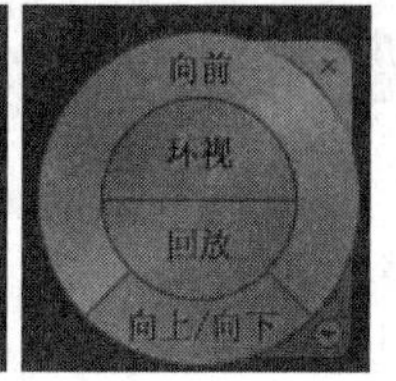

图13-42

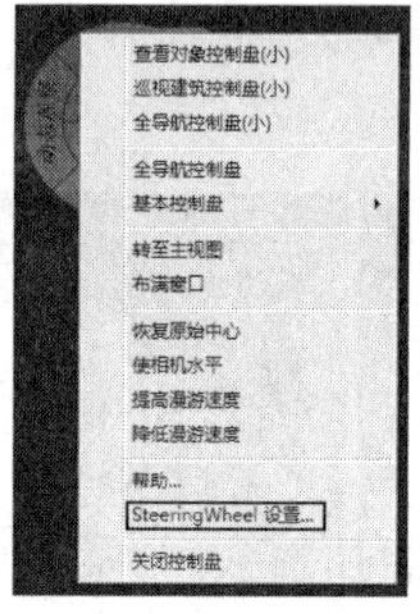

图13-43

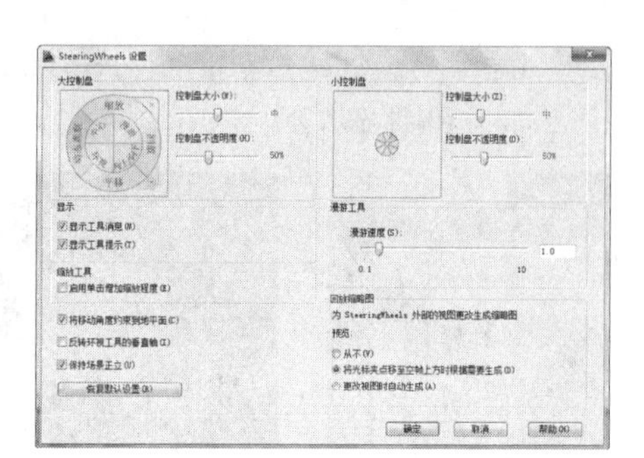

图13-44

13.5.3 动态观察

使用3Dorbit（三维动态观察器）可以实时地设置视点，以便动态观察图形对象。3Dorbit命令的功能与Dview命令的功能相似，只是3Dorbit的表现比较直观易懂。

“视图>动态观察”菜单提供了3种观察方式，如图13-45所示。

第一种：执行“视图>动态观察器/受约束的动态观察”菜单命令，这时光标变成形状，用鼠标交互式拖曳旋转具，在三维环境的各种方位和角度观察实体。

第二种：执行“视图>动态观察器>自由动态观察”菜单命令，这时屏幕上将显示图13-46所示的三维动态观察器图标，把鼠标光标移动到转盘上的不同位置，光标图标将改变，然后拖曳鼠标进行观察，理解不同的图标形状所代表的含义。

第三种：执行“视图>动态观察器>连续动态观察”菜单命令，绘图区域将不显示三维动态观察器，光标变成形状，如图13-47所示。按住鼠标左键拖曳光标，模型就会自动连续旋转，以便用户动态观察。单击鼠标左键即可停止连续动态观察。

专家提示

在执行绘图或编辑命令期间，用户可以透明地执行三维动态观察器，类似于Zoom和Pan等命令，它不会中断正在执行的命令。但是在执行三维动态观察器期间则不能绘制或编辑图形，必须退出之后才能恢复绘图和编辑。

在三维动态观察器模式下单击鼠标右键，则弹出快捷菜单，其中包括了三维动态观察器的所有功能，且大部分都与Dview命令的功能相同，快捷菜单如图13-48所示。

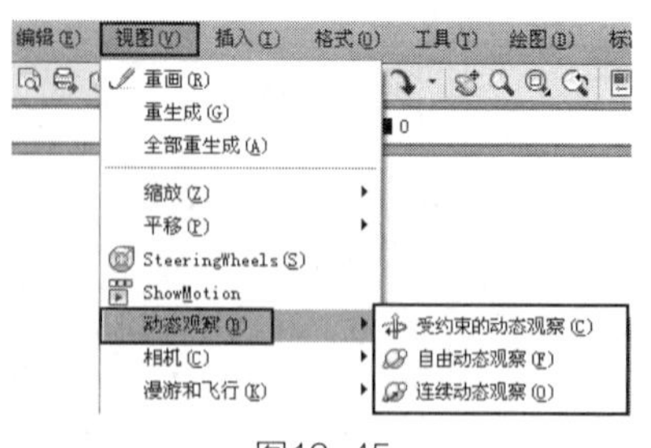

图13-45

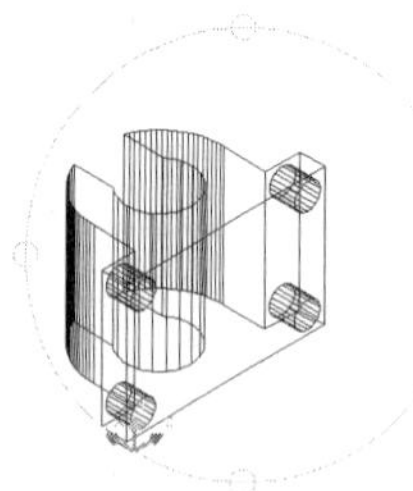

图13-46

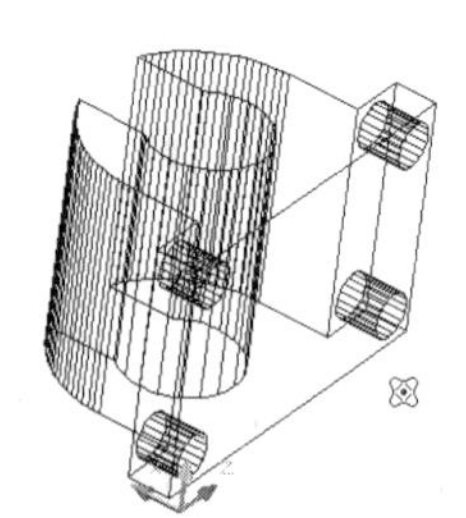

图13-47

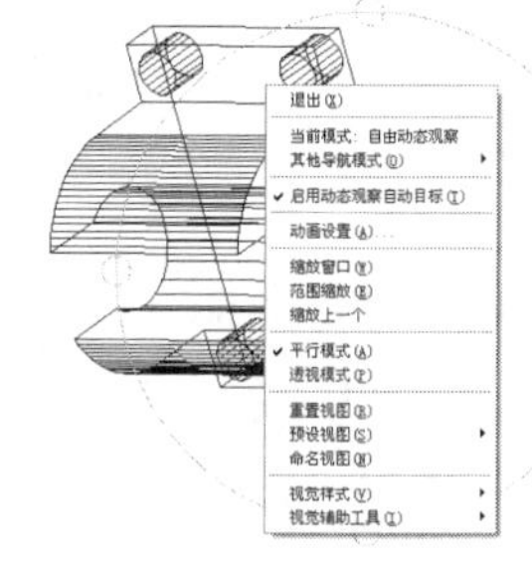

图13-48

13.5.4 在图形中漫游和飞行

用户可以模拟在三维图形中漫游和飞行。穿越漫游模型时，将沿xy平面行进；飞越模型时，将不受xy平面的约束，所以看起来像飞过模型中的区域。

执行“视图>漫游和飞行>漫游”菜单命令，如图13-49所示。

用户可以使用一套标准的按键和鼠标交互在图形中漫游和飞行。使用4个方向键或W键、A键、S键和D键来向上、向下、向左或向右移动。要在漫游模式和飞行模式之间切换，请按F键；要指定查看方向，请沿要查看的方向拖动鼠标。

注意“漫游和飞行导航映射”气泡提供用于控制漫游和飞行模式的键盘和鼠标动作的相关信息。气泡的外观取决于在“漫游和飞行设置”对话框中选择的显示选项。在“漫游和飞行设置”对话框中用户可以设定默认步长（即每秒步数）和其他显示设置，如图13-50所示。

在三维模型中漫游或飞行时，可以跟踪该三维模型中的位置。启动3Dwalk或3Dfly时，“定位器”窗口会显示模型的俯视图。位置指示器显示模型关系中用户的位置，而目标指示器显示用户正在其中漫游或飞行的模型。在开始漫游模式或飞行模式之前或在模型中移动时，用户可以在“定位器”窗口中编辑位置设置。

注意

如果显示“定位器”窗口后计算机性能降低，可以关闭该窗口。

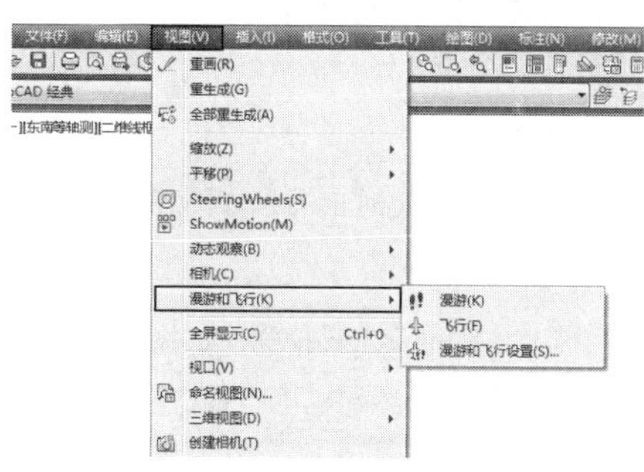

图13-49

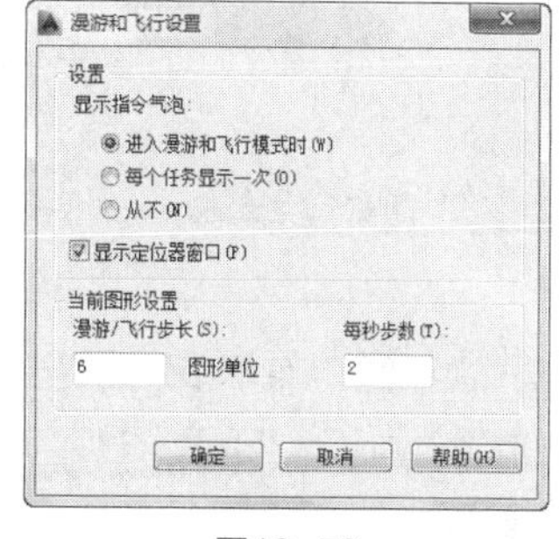

图13-50

用户还可以创建任意导航的预览动画，包括在图形中漫游和飞行。在创建运动路径动画之前请先创建预览以调整动画。用户可以创建、录制、回放和保存该动画。

13.6 三维实体显示质量控制

当三维实体的显示质量太高时，会影响到计算机的运行速度，用户可以通过设置相关变量降低或提高显示质量。

视觉样式命令如表13-5所示。

表13-5 视觉样式命令

命令	简写	功能
Vscurrent（视觉样式）	VS	设置当前视口的视觉样式

13.6.1 模型的视觉样式

模型样式主要表现为二维线框形式、三维线框形式和三维隐藏形式等。要调整模型的视觉样式，可以执行图13-51所示的菜单命令。本节就来介绍一下如何控制模型的视觉样式。

1. 二维线框

正常情况下，用户在AutoCAD中绘制的3D模型是以二维线框形式表现的，如图13-52所示。

2. 三维线框

执行“视图>视觉样式>三维线框”菜单命令，可以将二维线框转化为三维线框，如图13-53所示。观察图形后可以发现除了背景之外，三维线框与二维线框没有什么区别。

3. 三维隐藏

执行“视图>视觉样式>三维隐藏”菜单命令，隐藏模型中被遮挡的线条，如图13-54所示。从本质上来说，这与执行“视图>消隐”菜单命令得到的效果差不多，但是消隐效果会显示网格线，而三维隐藏效果不会显示网格线。

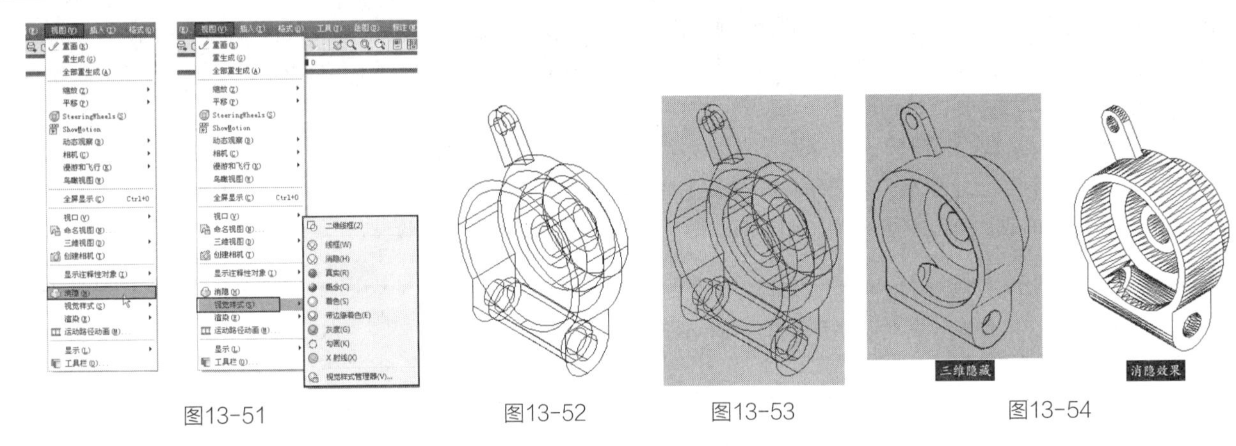

图13-51　　图13-52　　图13-53　　图13-54

4. 真实

执行“视图>视觉样式>真实”菜单命令，给模型上色，同时显示线框轮廓，如图13-55所示。

5. 概念

执行“视图>视觉样式>概念”菜单命令，给模型上色，但并不显示线框轮廓，如图13-56所示。

比较“真实”和“概念”而言，“真实”视觉效果看上去更接近实际效果，而“概念”视觉效果有一点卡通的味道。

6. 视觉样式管理器

执行“视图/视觉样式/视觉样式管理器”菜单命令，调出“视觉样式管理器”面板，如图13-57所示。在其中可以就每个视觉样式进行参数设定，对于这个管理器，大家了解一下即可。

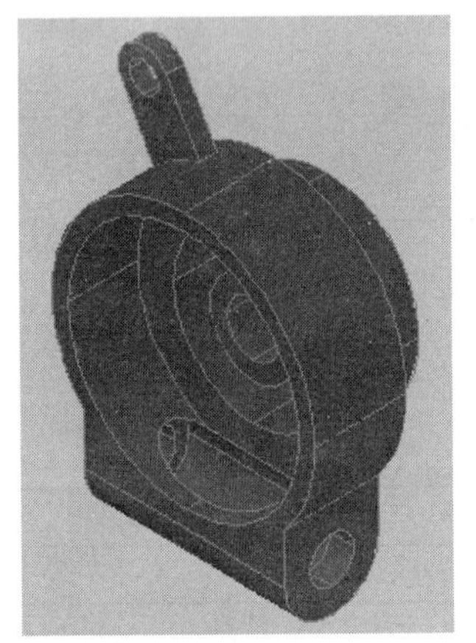

图13-55

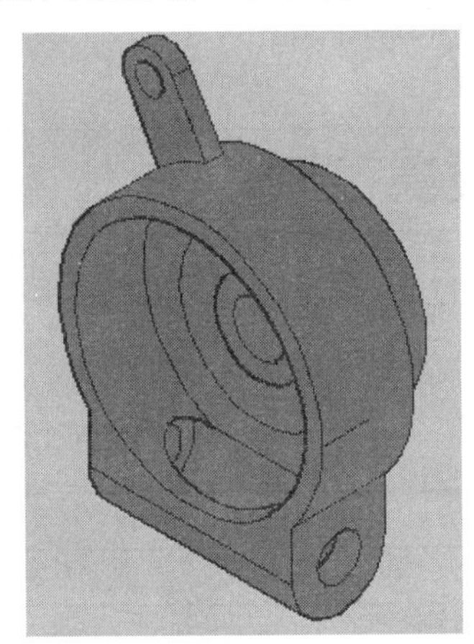

图13-56

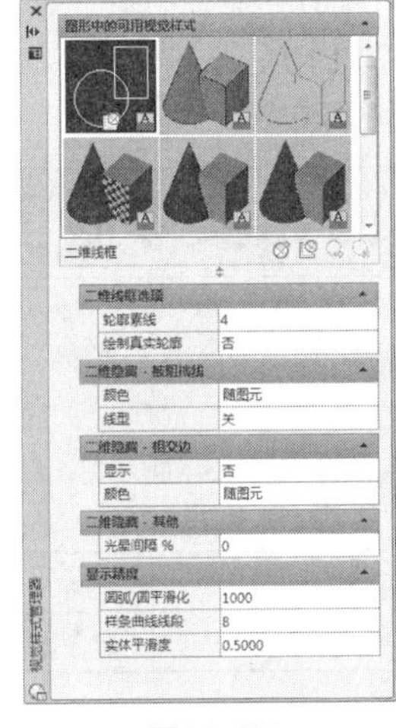

图13-57

13.6.2 控制曲面网格显示密度的系统变量Surftab1和Surftab2

网格密度控制曲面上镶嵌面的数目，它由包含*M*乘以*N*个顶点的矩阵定义，类似于由行和列组成的栅格。*M*和*N*分别指定给定顶点的列和行的位置。

Surftab1为Rulesurf（直纹曲面）和Tabsurf（平移曲面）命令设置要生成的列表数目，同时为Revsurf（旋转曲面）和Edgesurf（边界曲面）命令设置在*M*方向的网格密度。

Surftab2为Revsurf（旋转曲面）和Edgesurf（边界曲面）命令设置在*N*方向的网格密度。

对于Edgesurf（边界曲面）来说，用户可以用任何次序选择4条曲面边界。第一条边（Surftab1）决定了生成网格的*M*方向，该方向是从距选择点最近的端点延伸到另一端，与第一条边相接的两条边形成了网格的*N*（Surftab2）方向的边，如图13-58所示。

通过图13-58可以看出，在绘制边界曲面时调整Surftab1值可以修改*M*方向的网格密度，调整Surftab2值可以修该*N*方向的网格密度。

对于Revsurf（旋转曲面）来说，路径曲线是围绕选定的轴旋转来定义曲面的，生成网格的密度由Surftab1和Surftab2系统变量控制。Surftab1（*M*方向）指定在旋转方向上绘制的网格线数目；Surftab2（*N*方向）指定在旋转轴方向上绘制的网格线数目，如图13-59所示。

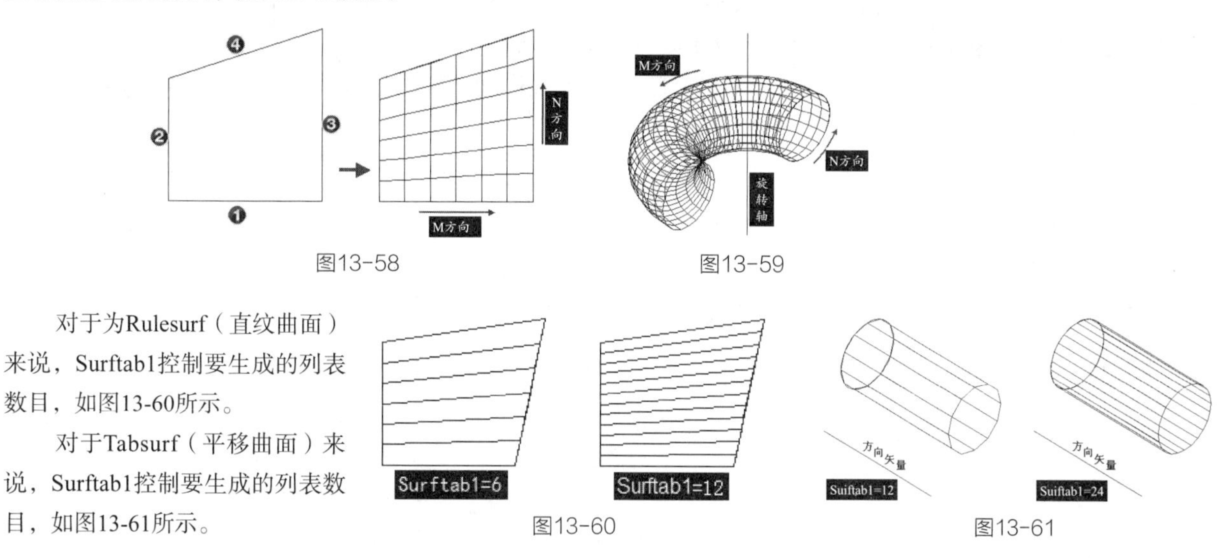

图13-58　图13-59

对于为Rulesurf（直纹曲面）来说，Surftab1控制要生成的列表数目，如图13-60所示。

对于Tabsurf（平移曲面）来说，Surftab1控制要生成的列表数目，如图13-61所示。

图13-60　图13-61

13.6.3 控制实体模型显示质量的系统变量

在线框模式下，三维实体的曲面（如球面、圆柱面等）用曲线来表示，并称这些曲线为网格。显然，替代三维实体真实曲面的小平面的大小以及曲面网格数量的多少，对三维实体的显示效果影响很大。

选择“工具>选项”菜单命令，打开“选项”对话框，如图13-62所示。用户可以使用该对话框“显示”选项卡中的参数来控制三维实体的显示质量。

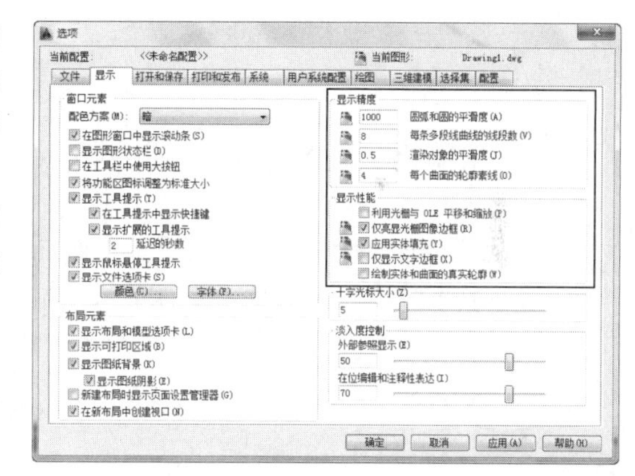

图13-62

13.6.4 曲面光滑程度控制

当使用Hide（消隐）、Shademode（视觉样式）或Render（渲染）命令时，AutoCAD使用很多小矩形平面替代三维实体的真实曲面。显然，替代平面越小、越多，显示的质量将会越光滑，效果越好，但计算量也就越大，花费的时间越多。

如图13-63所示，当“渲染对象的平滑度”值为0.01、1和10时，同一个球体显示的不同效果。

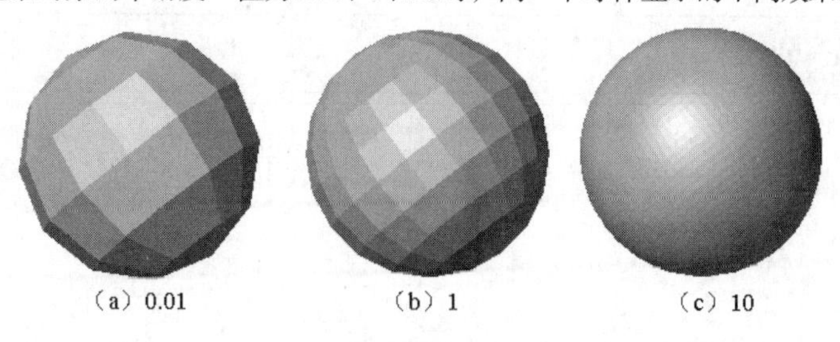

（a）0.01　（b）1　（c）10

图13-63

13.6.5 曲面网格数量控制

在线框模式下，三维实体的曲面（如球面、圆柱面等）用曲线来表示，表示曲线的网格越密集，数量越多，显示效果越好，越接近实际，但计算量越大，花费时间越多。

曲面网格的数量可用“曲面轮廓素线”参数来控制，其数值范围是0 ~ 2047，默认值为4。完成设置后需要再次执行Regen（重生成）命令，才可以看到效果。

另外，用户还可以使用系统变量Isolines来设置曲面网格数量，在命令提示行输入系统变量Isolines并按Enter键，系统提示如下。

```
命令: _isolines ↙
输入 Isolines 的新值<当前值>:        //输入新的曲面网格数量值
```

如图13-64所示，当“曲面轮廓素线”值为4、8、16时，同一个球体的显示效果明显不同。

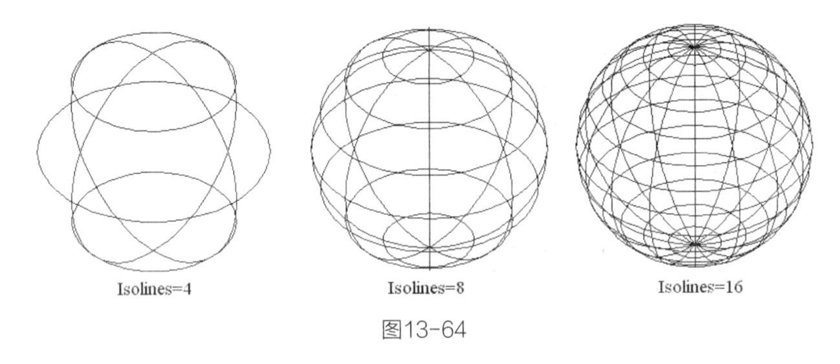

图13-64

13.6.6 网格 / 轮廓显示方式控制

当勾选“显示”选项卡中的“绘制实体和曲面的真实轮廓”复选框时，三维实体将只显示轮廓，不显示网格线；当不勾选该复选框时（默认设置），将显示网格线。完成设置后，需要执行Hide（消隐）命令才能看到效果，如图13-65所示。

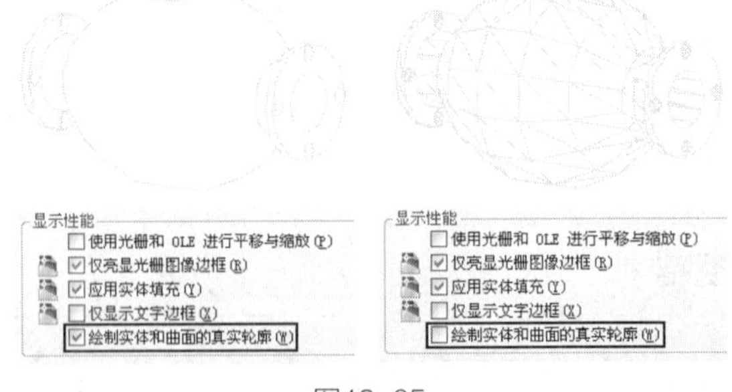

图13-65

13.7 综合实例

这一节将针对本章介绍的知识和下一章所要学习的知识安排几个实例，以帮助读者通过实际操作进一步掌握学习的内容。

案例066 绘制台球模型

● **学习目标** | 单纯地绘制一颗台球是非常简单的，但是怎样才能把这些台球摞起来呢？这才是本例要重点解决的问题，案例效果如图13-66所示。

若是把3颗台球在平面上紧密地靠在一起应该是一件很容易的事，问题是如何把第4颗台球放在它们的上面呢？在本案例中，我们运用正四面体的特性来解决这个问题。

如果把第4颗台球放在紧密靠在一起的3颗台球上面，则这4颗台球的相对位置关系正好与一个正四面体的4个顶点相同。因此我们只要先绘制一个边长正好是台球“直径”的正四面体摆在一旁，然后绘制一个台球，再以正四面体的4个顶点作为参考点，无论是从平面的方向还是立体的方向不断去复制，就可以轻松获得一堆摞起的台球。

● **视频路径** | 光盘\视频教程\CH13\绘制台球模型.avi

● **结果文件** | 光盘\DWG文件\CH13\台球模型.dwg

主要操作步骤如图13-67所示。

◆ 绘制一个正三角形，并绘制出它的中垂线。

◆ 经过中垂线交点绘制一条直线和一个圆。

◆ 使用3Dface（三维面）命令绘制正四面体。

◆ 切换到东南等轴测视图，绘制一个球体并复制出4个。

◆ 以点1为基点，点2为目标点复制球体。

◆ 以点1为基点，点3为目标点复制球体。

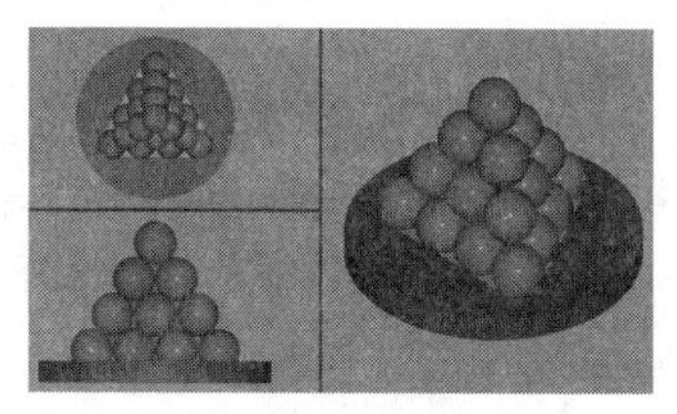

图13-66

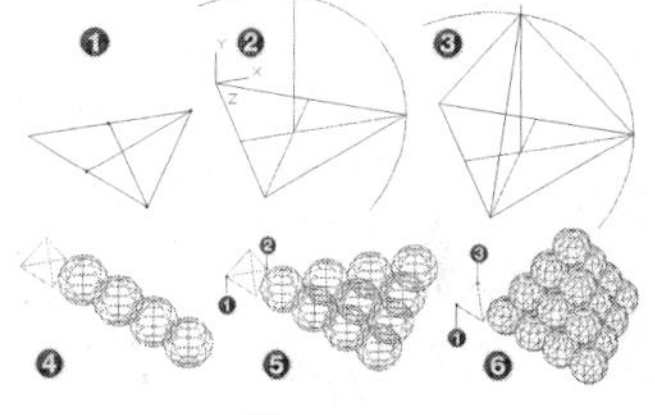

图13-67

01 执行“视图>三维视图>东南等轴测”菜单命令，把视图调整为东南等轴测视图。

02 在命令提示行输入3Dface命令并按Enter键，使用3Dface命令绘制底面，如图13-68所示。命令执行过程如下。

```
命令: _3dface ↙
指定第一点或 [不可见(I)]:          //在绘图区域的适当位置拾取一点
指定第二点或 [不可见(I)]: @10<0 ↙
指定第三点或 [不可见(I)] <退出>: @10<120 ↙
指定第四点或 [不可见(I)] <创建三侧面>: ↙      //直接按Enter键确认
指定第三点或 [不可见(I)] <退出>: ↙
```

03 绘制垂线以确定正三角形的“重心”。关闭“中点”捕捉功能，启用“垂足”捕捉功能，然后绘制连接顶点1和垂足点3的垂线，绘制连接顶点2和垂足点4的垂线，两条垂线的交点即为正三角形的“重心”，结果如图13-69所示。

04 确定正四面体的顶点。以正三角形的重心为起点，绘制一条长度为10mm的直线，且该直线与*xy*面垂直。命令执行过程如下。

```
命令: _line ↙
指定第一点:                 //捕捉重心
指定下一点或 [放弃(U)]: @0,0,10 ↙
指定下一点或 [放弃(U)]: ↙
```

05 重新设置UCS（用户坐标系），用正三角形的底边作为新UCS的*z*轴，如图13-70所示。命令执行过程如下。

```
命令: _ucs ↙
当前 UCS 名称: *世界*
指定 UCS 的原点或 [面(F)/命名(NA)/对象(OB)/上一个(P)/视图(V)/世界(W)/x/y/z/z 轴(ZA)] <世界>: za ↙
指定新原点或 [对象(O)] <0,0,0>: //捕捉点1
在正 z 轴范围上指定点 <-98.3671,289.4354,1.0000>: //捕捉点2
```

06 以点3为圆心，正三角形的高为半径画一个圆，得到圆与垂直线的交点，这个交点就是正四面体的顶点，绘制结果如图13-71所示。命令执行过程如下。

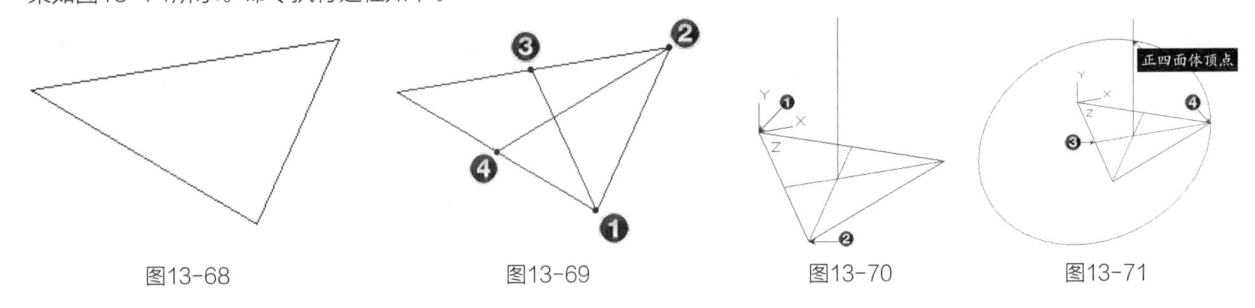

图13-68　　图13-69　　图13-70　　图13-71

07 在命令行中输入Ucs命令并按两次Enter键，即可把坐标系调整为世界坐标系。

08 绘制正四面体的另外3个面。使用3Dface命令绘制其中的一个侧面，命令执行过程如下。

```
命令: _3dface ↙
指定第一点或 [不可见(I)]:                //捕捉图13-72中的点1
忽略倾斜、不按统一比例缩放的对象。
指定第二点或 [不可见(I)]:                //捕捉图13-72中的点2
忽略倾斜、不按统一比例缩放的对象。
指定第三点或 [不可见(I)] <退出>:            //捕捉图13-72中的点3
指定第四点或 [不可见(I)] <创建三侧面>: ↙
指定第三点或 [不可见(I)] <退出>: ↙
```

09 继续使用3Dface命令绘制另外两个侧面，结果如图13-72所示。

10 删除所有的辅助直线和圆，只保留正四面体。

11 切换到“东南等轴测”视图，然后在正四面体的右侧绘制一个半径为5mm的台球，绘制结果如图13-73所示。

12 使用“复制”命令复制出4个台球，如图13-74所示。命令执行过程如下。

```
命令: _co ↙              //输入Copy（复制）命令的简写形式
copy
选择对象: 找到 1 个          //选择球体
选择对象: ↙
指定基点或 [位移(D)] <位移>:      //捕捉球心
指定第二个点或 <使用第一个点作为位移>: @10,0 ↙
指定第二个点或 [退出(E)/放弃(U)] <退出>: @20,0 ↙
指定第二个点或 [退出(E)/放弃(U)] <退出>: @30,0 ↙
指定第二个点或 [退出(E)/放弃(U)] <退出>: ↙
```

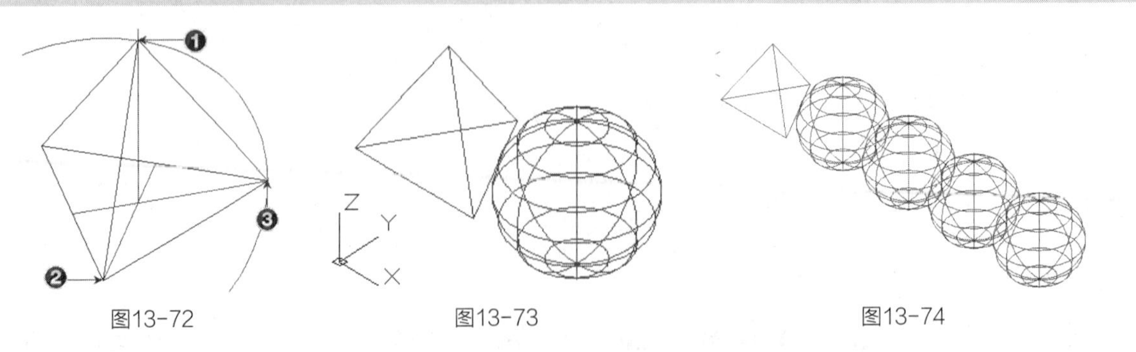

图13-72　　图13-73　　图13-74

13 使用Copy（复制）命令复制台球3、4和5，其中复制基点为点1，复制目标点为点2，复制结果如图13-75所示。

14 继续使用Copy命令复制台球3和4，其中复制基点为点1，复制目标点为点2；再次使用Copy命令复制台球4，其中复制基点为点1，复制目标点为点2，复制结果如图13-76所示。

15 采用Copy命令把靠左下角的6个台球向上复制，其中复制基点为点1，复制目标点为点3，复制结果如图13-77所示。

16 采用Copy命令把第二层靠左下角的3个台球向上复制，其中复制基点为点1，复制目标点为点3；再次使用Copy命令把第三层靠左下角的1个台球向上复制，其中复制基点为点1，复制目标点为点3，复制结果如图13-78所示。

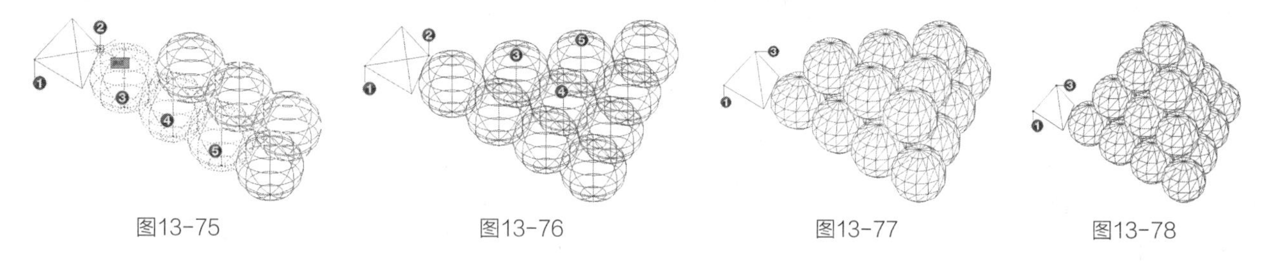

图13-75　图13-76　图13-77　图13-78

案例 067 绘制茶几

- **学习目标 |** 本例的目的是让用户掌握长方体的创建和深入理解三维空间坐标，案例效果如图13-79所示。
- **视频路径 |** 光盘\视频教程\CH13\绘制茶几.avi
- **结果文件 |** 光盘\DWG文件\CH13\茶几.dwg

创建茶几模型的操作步骤如图13-80所示。

◆ 创建一个立方体。
◆ 创建一个长方体并复制3个。
◆ 创建4个长方体作为茶几横档。
◆ 创建长方体。
◆ 创建长方体并阵列复制。
◆ 将上面一层的长方体向下移动。

图13-79

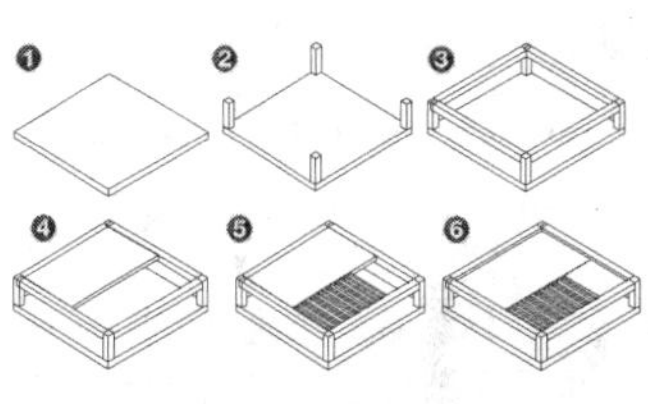

图13-80

01 执行“视图>三维视图>西南等轴测”菜单命令。

02 在命令行中输入Box命令，在视图中创建一个长方体。命令执行过程如下。

```
命令: _box ↙
指定第一个角点或 [中心(C)]:
指定其他角点或 [立方体(C)/长度(L)]: @900,900,50 ↙//输入长方体的对角点的相对坐标，也就是长方体的长宽高。
```

03 在命令行中输入Ucs命令，将坐标原点移动到图13-81所示的位置。命令执行过程如下。

```
命令: ucs
当前 UCS 名称: *没有名称*
指定 UCS 的原点或 [面(F)/命名(NA)/对象(OB)/上一个(P)/视图(V)/世界(W)/x/y/z/z 轴(ZA)] <世界>:
指定 x 轴上的点或 <接受>: //捕捉图13-81所示的点
```

04 在命令行中输入Box命令，以新坐标原点为起点创建一个长方体，如图13-82所示。命令执行过程如下。

```
命令:_box ↙
指定第一个角点或 [中心(C)]: 0,0,0 ↙//指定长方体的起点
指定其他角点或 [立方体(C)/长度(L)]: @-50,50,200 ↙
```

05 在命令行中输入Copy命令，或者单击“修改”工具栏中的“复制”按钮，将长方体复制到其余3个顶点上，如图13-83所示。

06 在命令行中输入Box命令，以图13-84（左）所示的端点为起点创建一个长方体，图13-81（右）所示。命令执行过程如下。

```
命令: _box ↙
指定第一个角点或 [中心(C)]: //指定长方体的起点
指定其他角点或 [立方体(C)/长度(L)]: @800,50,-50 ↙
```

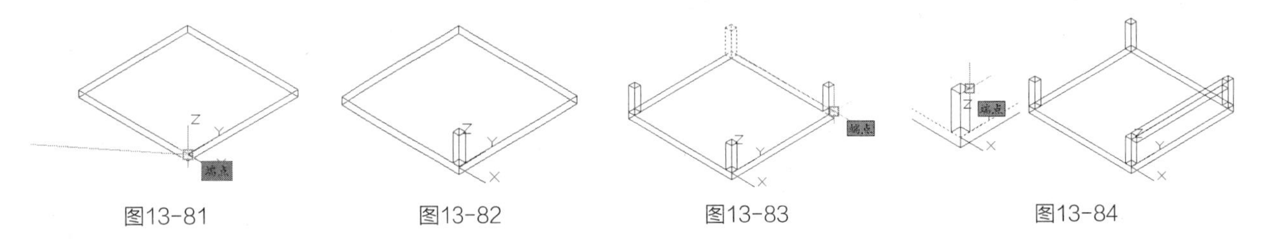

图13-81　　图13-82　　图13-83　　图13-84

07 用同样的方法再复制3个长方体，并将其中两个旋转90°，并打开对象捕捉，移动到图13-85所示的位置。

08 在命令行中输入Box命令，以图13-86（左）所示的端点为起点创建一个长方体，如图13-86（右）所示。命令执行过程如下。

```
命令: _box ↙
指定第一个角点或 [中心(C)]: //指定长方体的起点
指定其他角点或 [立方体(C)/长度(L)]: @450,800, -30 ↙
```

09 在命令行中输入Box命令，以在x轴上距离图13-87（左）所示的端点10个单位的点为起点创建一个长方体，如图13-87（右）所示。命令执行过程如下。

```
命令: _box ↙
指定第一个角点或 [中心(C)]: //按住Shift键的同时单击鼠标右键，在弹出的菜单中选择“自”命令
_from 基点: //捕捉图13-87所示的端点
<偏移>: @10,0,0 ↙
指定其他角点或 [立方体(C)/长度(L)]: @20,350,-30 ↙
```

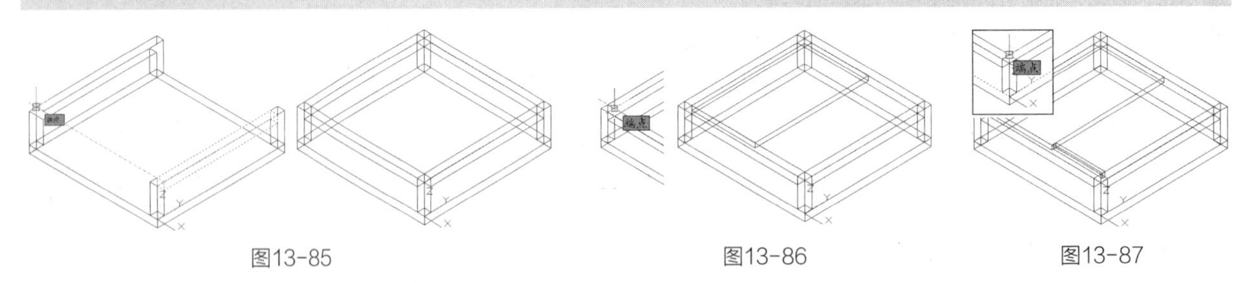

图13-85　　图13-86　　图13-87

10 在顶视图中选中上一步创建的长方体，单击“矩形阵列”按钮，阵列复制上一步创建的长方体，结果如图13-88所示。命令执行过程如下。

```
命令: _arrayrect
选择对象: 找到 1 个 //选择上一步创建的长方体
选择对象: ↙
类型 = 矩形  关联 = 是
选择夹点以编辑阵列或 [关联(AS)/基点(B)/计数(COU)/间距(S)/列数(COL)/行数(R)/层数(L)/退出(X)] : r ↙
输入行数数或 [表达式(E)] <3>: 1 ↙
```

```
指定行数之间的距离或 [总计(T)/表达式(E)] <525>: ↙
指定行数之间的标高增量或 [表达式(E)] <0>: ↙
选择夹点以编辑阵列或 [关联(AS)/基点(B)/计数(COU)/间距(S)/列数(COL)/行数(R)/层数(L)/退出(X)]: col ↙
输入列数数或 [表达式(E)] <4>: 14 ↙
指定列数之间的距离或 [总计(T)/表达式(E)] <30>: 40 ↙
选择夹点以编辑阵列或[关联(AS)/基点(B)/计数(COU)/间距(S)/列数(COL)/行数(R)/层数(L)/退出(X)]: x ↙
```

11 在最右侧创建一个长方体，如图13-89所示。

12 最后将茶几上层中间的长方体全部选中，然后向下移动20个单位，茶几模型就创建完成了，最终效果如图13-90所示。命令执行过程如下。

```
命令: _move
选择对象: 指定对角点: 找到 14 个
选择对象:
指定基点或 [位移(D)] <位移>:
指定第二个点或 <使用第一个点作为位移>: @0,0,-20 ↙
```

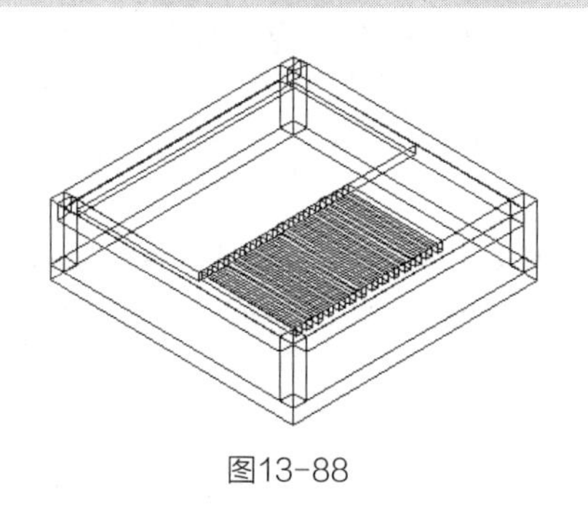
图13-88

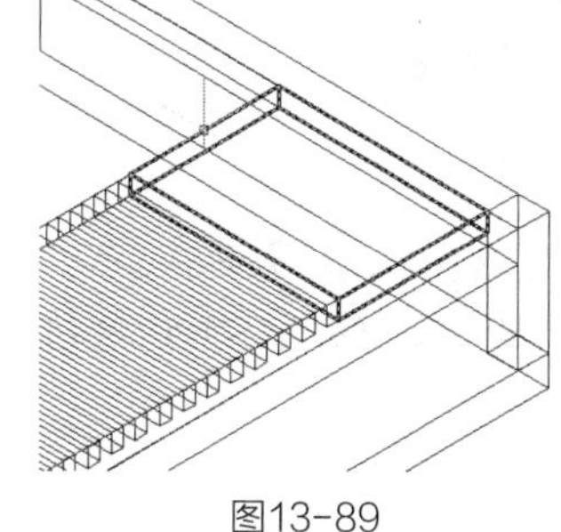
图13-89

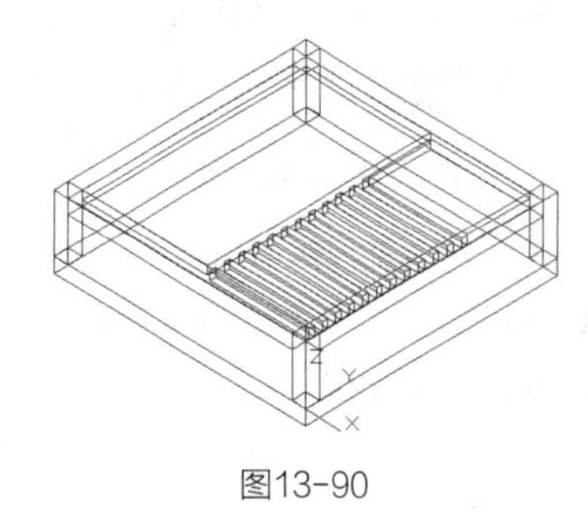
图13-90

13.8 课后练习

1.选择题

（1）Surftab1和Surftab2是设置哪种的系统变量？（ ）

A.三维实体的形状　B.三维实体的网格密度　C.曲面模型的形状　D.曲面模型的网格密度

（2）在下列选项中，哪种不属于AutoCAD提供的视觉样式？（ ）

A.三维线框　B.三维隐藏　C.概念　D.消隐

（3）下列有关“视点”的叙述，错误的是？（ ）

A.在“视点预置”对话框内可以设置视点　B.使用Vports命令可以直接创建视点

C.使用“坐标球和三轴架”可以定位视点　D.使用VP命令可以在命令行直接输入视点坐标

（4）以下对象不可以进行渲染的是？（ ）

A.正等轴测图　B.三维网格　C.三维面　D.实体和面域

2.上机练习

（1）根据图13-91中给出的尺寸，创建一个简单的螺栓实体模型，先创建一个6边形状，然后拉伸成实体，再创建一个圆柱体。

（2）根据图13-92中给出的尺寸，创建一个简单的圆桌实体模型，主要是通过创建圆柱体、长方体和圆锥体来完成。

（3）图13-93所示的套筒是由两个圆柱体合并而成，中间通过创建一个长方体和正六边体，再用布尔运算从圆柱体中减去这两个模型得到的。

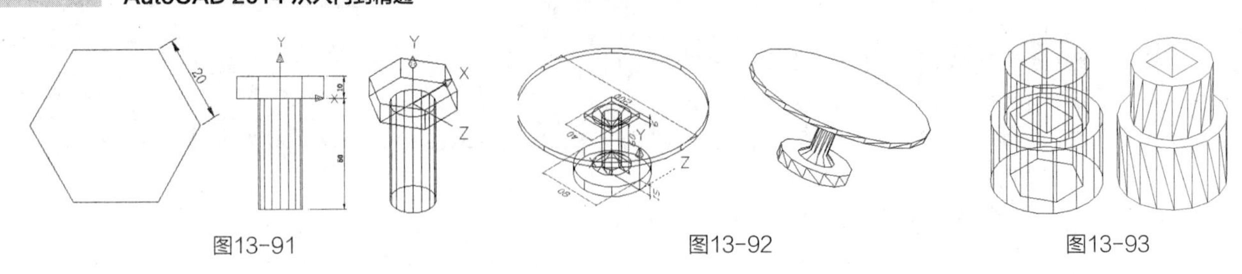

图13-91　　图13-92　　图13-93

13.9 课后答疑

1. 用户坐标系（UCS）的作用是什么?

答：使用用户坐标系可以改变坐标系原点的位置以及*xy*平面和*z*轴的方向。用户可以在任何位置对UCS进行定位，坐标的输入和显示对应于当前的UCS。

2. Elev命令的作用是什么?

答：无论是绘制二维图形还是绘制三维图形和实体，都可使用 Elev命令在绘制该图形前设置高度和厚度值；设置高度和厚度后所绘制的图形，都将处于这一高度平面上。

3. 如何显示三维坐标?

答：在三维视图中用动态观察器改变了坐标显示的方向后，可以在命令行中输入View 命令，然后命令行显示“VIEW 输入选项[?/正交（O）/删除（D）/恢复（R）/保存（S）/UCS（U）/窗口（W）]:”，之后输入O 再确定，就可以回到标准的显示模式了。

第14章 AutoCAD网格与曲面建模

曲面模型由曲面组成，不透明，能挡住视线，有正反面之分；实体模型是实心体，具有不透明的表面。曲面造型是许多对象，尤其是建筑物的最佳选择。另外，不能用实体造型的一些对象也可以用表面造型。

本章将详细讲解在AutoCAD中如何创建各种类型的曲面，以及如何通过简单曲面创建复杂的模型。

学习重点

- 了解AutoCAD中3D图形的3种表达方式
- 了解AutoCAD曲面模型的特征
- 掌握3D多边形网格建模方式
- 掌握3D曲面网格建模方式

14.1 了解AutoCAD模型的特征

在AutoCAD中，3D图形有4种对象，分别是线框、实体、曲面和网格对象。这些对象提供不同的功能，综合使用这些功能时可以提供强大的三维建模工具套件。例如，可以将图元实体转换为网格，以使用网格锐化和平滑处理，然后可以将模型转换为曲面，以使用关联性和NURBS建模。

典型的曲面建模工作流如下。

- 创建合并了三维实体、曲面和网格对象的模型。
- 将模型转换为程序曲面，以利用关联建模。
- 使用Convtonurbs将程序曲面转换为NURBS曲面，以利用NURBS编辑功能。
- 使用曲面分析工具检查缺点和瑕疵。
- 如有必要，使用Cvrebuild重新生成曲面以恢复平滑度。

14.1.1 线框模型

线框模型是指用点、直线和曲线表示三维对象边界的AutoCAD对象，如图14-1所示，这里的线框模型里面就只有描绘边界的直线和曲线。

使用线框对象构建三维模型，可以很好地表现出三维对象的内部结构和外部形状，但不能支持隐藏、着色和渲染等操作。将2D（平面）对象放在3D空间中的任何位置即可创建线框模型，同时AutoCAD还提供了一些3D线框对象，如3D多线段和样条曲线。由于构成线框模型的每个对象都必须单独绘制和定位，因此这种建模方式最为费时。

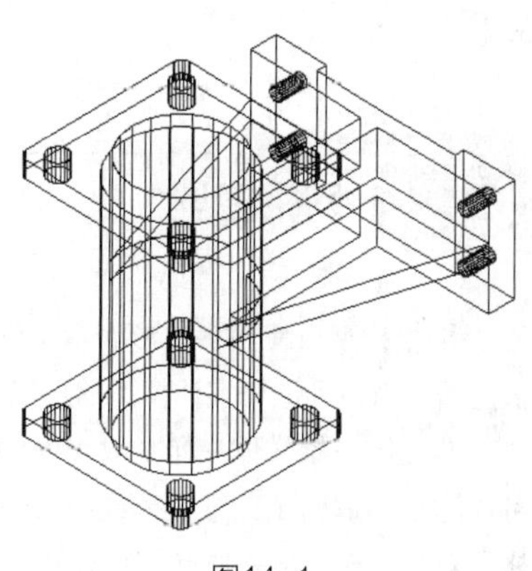

图14-1

虽然构建线框模型较为复杂，且不支持着色、渲染等操作，但使用线框模型可以具有以下几种作用。

- 可以从任何有利位置查看模型。
- 自动生成标准的正交和辅助视图。
- 易于生成分解视图和透视图。
- 便于分析空间关系。

14.1.2 曲面模型

曲面模型是不具有质量或体积的薄抽壳，它除了边界以外还有表面，不透明，能挡住视线，有正反面之分，如图14-2所示。

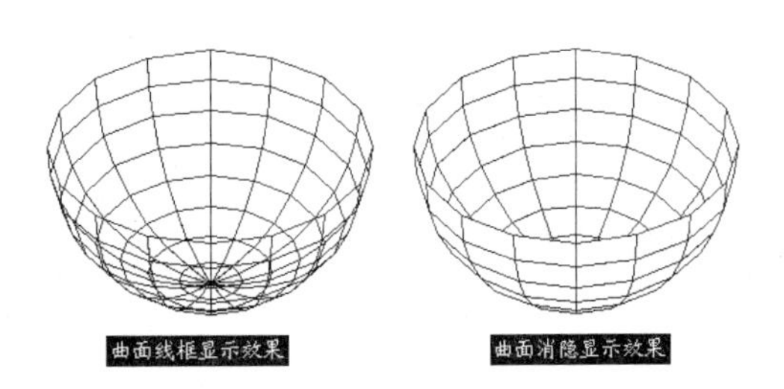

图14-2

曲面对象比线框对象要复杂一些，因为曲面对象不仅包括对象的边界，还包括对象的表面。由于曲面对象具有面的特性，因此曲面对象支持隐藏、着色和渲染等功能。

AutoCAD提供“程序曲面”和“NURBS曲面”两种类型的曲面。使用程序曲面可以利用关联建模功能，而使用NURBS曲面可利用控制点造型功能，如图14-3所示。

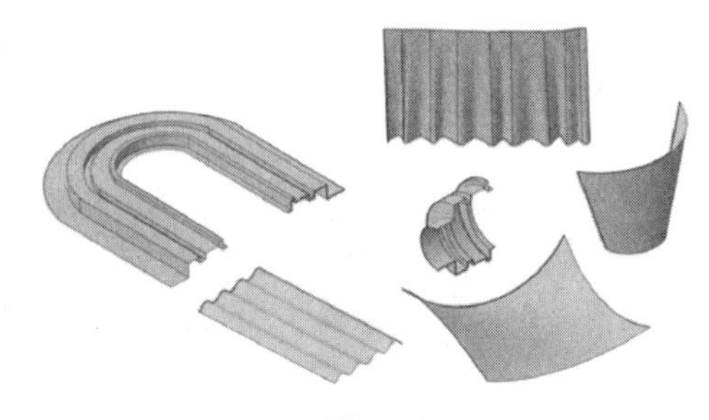

图14-3

典型的建模工作流是使用网格、实体和程序曲面创建基本模型，然后将它们转换为NURBS曲面。这样，用户不仅可以使用实体和网格提供的独特工具和图形，还可使用曲面提供的造型功能：关联建模和NURBS建模。

用户可以使用某些用于实体模型的相同工具来创建曲面模型：例如扫掠、放样、拉伸和旋转。还可以通过对其他曲面进行过渡、修补、偏移、创建圆角和延伸来创建曲面。

尽管AutoCAD提供了很多曲面建模命令，所生成的曲面也各有特点，但所有的曲面都具备以下几个共同的特征。

第一点：没有厚度。曲面模型仅为一空壳，看上去有点像铁丝网（如图14-2所示），其实它是一个极薄的面，有顶、有底、还有四周。曲面里是空的，若要在此面上表示一个孔，就得在其顶部和底部各挖一个圆，再用一圆管来表示孔壁才行。

第二点：对曲面模型执行Hide（消隐）和Shademode（着色）命令后，曲面模型能隐藏其后的对象及曲面。而在透明的线框模式下，曲面总是可见的。

第三点：在线框模式下，面的边界是可见的（在某些场合可消隐）；若为曲面或圆弧面，可用一些图案来表示。这些图形可能是矩形、夹点、三角形网格或者为一组平行线、射线。用何种图案取决于曲面的形状。

第四点：曲面模型在渲染后能被着色和赋予材质，能感受光。这些是仿造物理光学定律，着色的材质产生逼真的3D模型图像。

14.1.3 网格模型

网格模型由使用多边形表示（包括三角形和四边形）来定义三维形状的顶点、边和面组成。使用网格模型可以提供隐藏、着色和渲染实体模型的功能，而不需要使用质量和惯性矩等物理特性。

但是与三维实体一样，从 AutoCAD 2010 开始，用户可以创建诸如长方体、圆锥体和棱锥体等图元网格形式，然后可以通过不适用于三维实体或曲面的方法来修改网格模型。例如，可以应用锐化、分割以及增加平滑度，可以拖动网格子对象（面、边和顶点）使对象变形。要获得更细致的效果，可以在修改网格之前优化特定区域的网格。

网格的密度越大，曲面越光滑，但同时也使数据量大大增加。用户可根据实际情况指定网格的密度。网格的密度由包含$M \times N$个顶点的矩阵决定，类似于用行和列组成栅格，分别指定网格顶点的列和行的数量。

镶嵌是平铺网格对象的平面形状的集合，它以更详细的方式提供了用于建模对象形状的增强功能。可以平滑化、锐化、分割和优化默认的网格对象类型。尽管可以继续创建传统多面网格和多边形网格类型，但是用户可以通过转换为较新的网格对象类型获得更理想的结果。

在未选中的网格对象中可见的镶嵌细分用于标记可编辑网格面的边，如图14-4所示（要以“三维隐藏”或“概念”视觉样式查看这些分块，必须将Vsedges变量设置为1）。

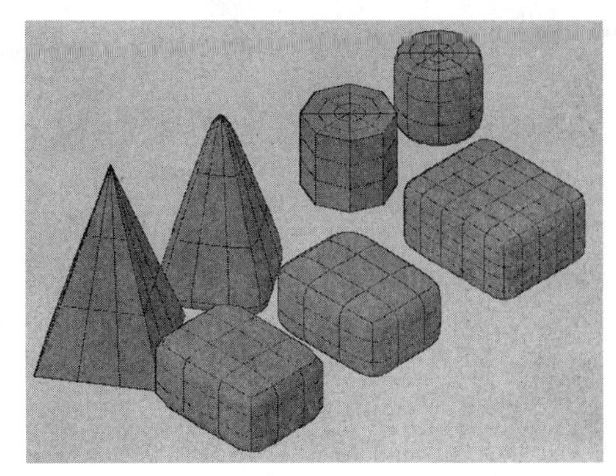

图14-4

对网格对象进行平滑处理和优化时，会增加镶嵌的密度（细分数）。

平滑处理：增加网格曲面与圆整形状的相符程度。可以以增量形式或通过在特性选项板中更改平滑度来增加选定对象的网格平滑度。级别0表示对网格对象应用最低级别的平滑处理，级别3表示应用最高平滑度，如图14-5所示。

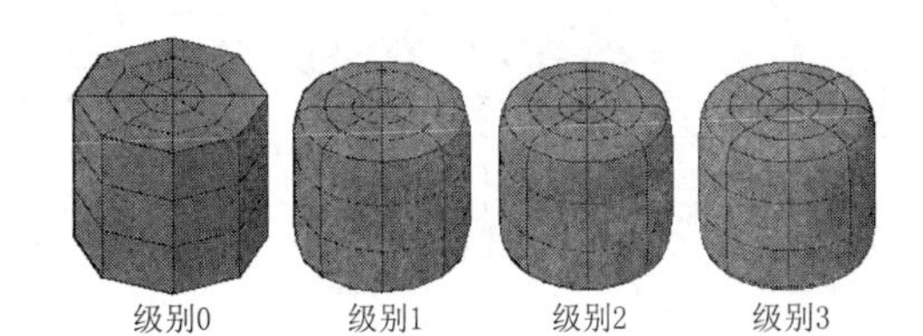

图14-5

优化：将选定的网格对象或选定的子对象（例如面）中的细分数增加4倍，如图14-6所示。优化还可将当前平滑度级别重置为0，以便无法再超过该级别锐化对象。由于优化会显著增加网格的密度，因此用户可能希望将此选项限制到需要进行极其详细的修改的区域。优化还有助于以较少的影响来铸造模型整体形状上较小的截面。

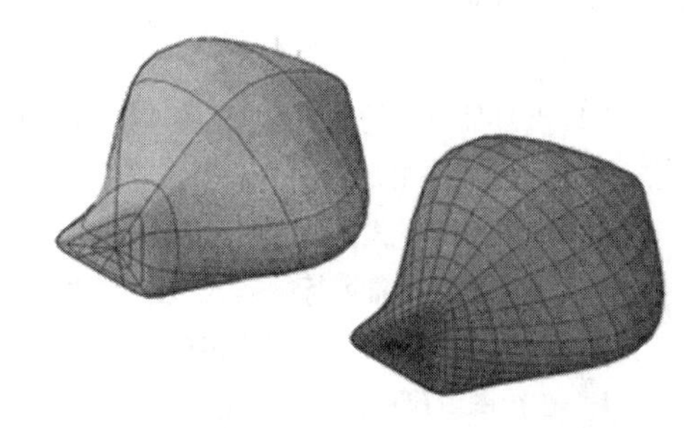

图14-6

高度优化的网格使用户可以进行细节修改，同时也会付出代价——它可能会降低程序的性能。通过保持最大平滑度、面和栅格层，可有助于确保不会创建由于过密而难以有效修改的网格（使用Smoothmeshmaxlev、Smoothmeshmaxface和Smoothmeshgrid。）

14.1.4 实体模型

与线框对象和曲面对象相比，实体对象不仅包括对象的边界和表面，还包括对象的体积，因此具有质量、体积、重心和惯性矩等特性。使用实体对象构建模型比线框和曲面对象更为容易，而且信息完整，歧义最少。

实体模型是最容易使用的3D类模型，用户可以通过创建长方体、圆锥体、圆柱体、球体等基本实体造型，然后对这些形状进行合并，找出它们差集或交集（重叠）部分，结合起来生成更为复杂的实体。另外也可以将2D对象沿路径拉伸或绕轴旋转来创建实体，如图14-7所示。

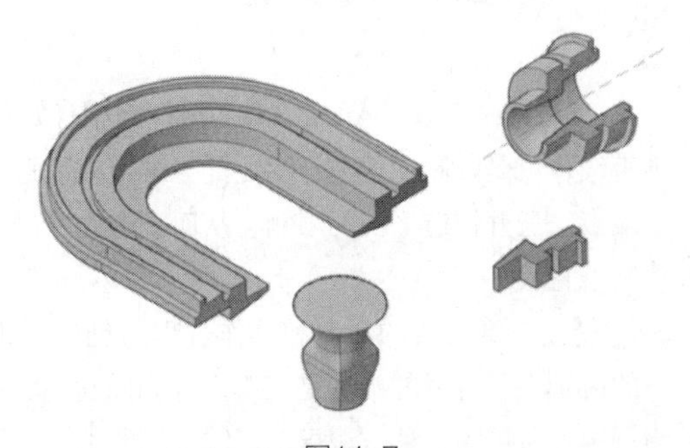

图14-7

此外，还可以从图元实体（例如圆锥体、长方体、圆柱体和棱锥体）开始绘制，然后进行修改并将其重新合并以创建新的形状。或者，绘制一个自定义多段体拉伸并使用各种扫掠操作，以基于二维曲线和直线创建实体，如图14-8所示。

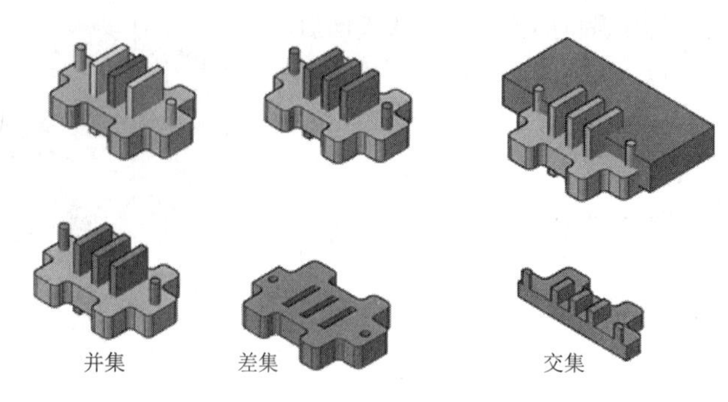

图14-8

14.2 创建三维线框对象

三维线框对象包括三维点、三维直线和三维多段线等三维对象，也包括置于三维空间中的各种二维线框对象。

14.2.1 创建三维点

三维点是最简单的三维对象，创建三维点的过程与创建二维点相同，同样是使用Point命令，区别在于前者需要指定点的三维坐标，例如（8,20,12）。

定义三维点的方式主要有以下几种。

◆ 使用键盘在命令行中输入三维点的三维坐标值，精确地定义一个三维点。用户可以使用三维直角坐标、圆柱坐标、球面坐标以及它们的相对形式确定三维点。

◆ 在绘图窗口中单击以确定一个三维点。该点的x、y坐标为单击鼠标时光标位置处的x、y 坐标，该点的z坐标为当前的标高值。

◆ 利用对象捕捉模式，在已有的三维对象上捕捉三维点。在二维制图中所用到的各种对象捕捉模式均可用于三维点的捕捉。

◆ 利用点过滤器提取不同点的坐标分量构成新的三维点。

14.2.2 创建三维直线

三维直线可以是AutoCAD三维空间中任意两点的连线，因此二维直线也就是限制在构造平面上的三维直线。可以通过指定直线的三维端点来避开构造平面的限制，从而能够在三维空间中的任意位置创建三维直线。

创建三维直线的命令和操作过程与创建二维直线完全相同，唯一的区别在于直线的端点是三维点，如图14-9所示。用户可以使用创建三维点所用的各种方法指定三维直线的端点，从而确定三维空间中任意两点的连线，而不受构造平面的制约。

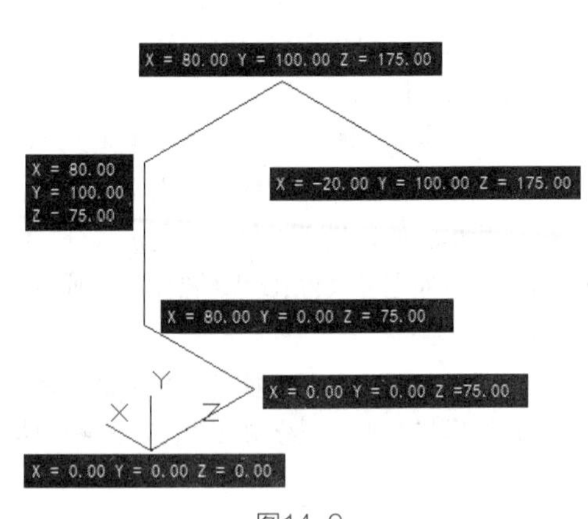

图14-9

与创建三维直线类似，在使用Ray命令创建射线对象和使用Xline命令创建构造线对象时，都可以直接通过指定三维点的方法创建三维射线和三维构造线。

在AutoCAD中，二维多段线对象和三维多段线对象有所不同。不仅创建二维多段线和三维多段线的命令不同，而且二维多段线只能在构造平面或与其平行的平面上创建，而三维多段线则可以直接在三维空间中创建。

14.2.3 使用3Dpoly命令创建三维多段线

使用3Dpoly命令创建三维多段线的过程与创建二维多段线类似，可以依次指定多段线的各个端点，从而确定三维多段线的空间位置，也可以使用创建三维点所用的各种方法指定三维多段线的端点。与创建二维多段线不同的是，三维多段线不能生成弧线段，也不能设置宽度。

案例 068 绘制一个楔体线框图

- **学习目标** | 本例将练习如何在AutoCAD中使用3Dpoly命令创建三维多段线，案例效果如图14-10所示。
- **视频路径** | 光盘\视频教程\CH14\绘制一个楔体线框图.avi
- **结果文件** | 光盘\DWG文件\CH14\楔体线框图.dwg

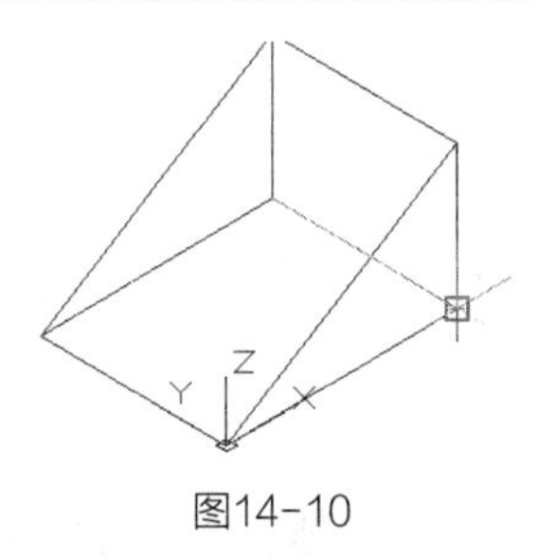

图14-10

01 新建一个文件并执行“视图>三维视图>西南等轴测”菜单命令，切换到西南等轴测视图。

02 单击“曲线”面板上的“三维多段线”按钮，或者在命令行中输入3Dpoly命令。命令执行过程如下。

```
命令: _3dpoly ↙
指定多段线的起点: 0,0,0 ↙
指定直线的端点或 [放弃(U)]: 0,40,0 ↙
指定直线的端点或 [放弃(U)]: @50,0,0 ↙
指定直线的端点或 [闭合(C)/放弃(U)]: @0,0,30 ↙
指定直线的端点或 [闭合(C)/放弃(U)]: @0,-40,0 ↙
指定直线的端点或 [闭合(C)/放弃(U)]: @0,0,-30 ↙
指定直线的端点或 [闭合(C)/放弃(U)]: c ↙
```

03 使用Line命令，用直线连接相应的端点，即可绘制出一个楔体线框图形，如图14-11所示。

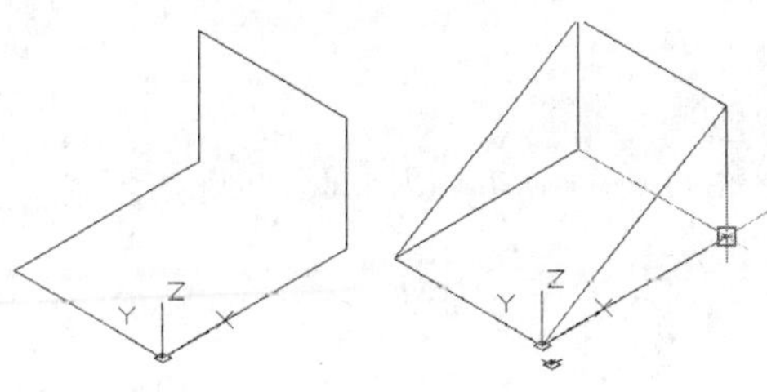

图14-11

14.2.4 创建螺旋线

螺旋线是指开口的二维或三维螺旋线。在创建螺旋线时，可以指定以下特性。

- ◆ 底面半径。
- ◆ 顶面半径。
- ◆ 高度。
- ◆ 圈数。
- ◆ 圈高。
- ◆ 扭曲方向。

如果指定一个值来同时作为底面半径和顶面半径，将创建圆柱形螺旋。默认情况下，为顶面半径和底面半径设定的值相同。不能指定0来同时作为底面半径和顶面半径。如果指定不同的值来作为顶面半径和底面半径，将创建圆锥形螺旋。如果指定的高度值为0，则将创建扁平的二维螺旋。

专家提示

螺旋是真实螺旋的样条曲线近似，长度值可能不十分准确。然而当使用螺旋作为扫掠路径时，得到的值将是准确的（忽略近似值）。

1. 命令执行方式

绘制螺旋线的命令执行方式有以下几种。

命令行：在命令行中输入Helix命令并按Enter键。

菜单栏：执行“绘图>建模>螺旋线”菜单命令。

工具栏：在“AutoCAD 经典”工作空间中单击“建模”工具栏上的“螺旋”按钮。

2. 操作步骤

01 绘制一个底面半径为40mm，顶面半径为20mm，高度为80mm的螺旋线，如图14-12所示。命令执行过程如下。

```
命令: _helix
圈数 = 3.0000    扭曲=CCW
指定底面的中心点: 0,0,0 ↙
指定底面半径或 [直径(D)] <1.0000>: 40 ↙
指定顶面半径或 [直径(D)] <40.0000>: 20 ↙
指定螺旋高度或 [轴端点(A)/圈数(T)/圈高(H)/扭曲(W)] <1.0000>: 60 ↙
```

02 绘制一个底面半径为50mm的圆柱螺旋，扭曲方向为顺时针，圈数为5，圈高为80mm，如图14-13所示。命令执行过程如下。

```
命令: _helix
圈数 = 3.0000    扭曲=CCW
指定底面的中心点: //任意指定一点
指定底面半径或 [直径(D)] <40.0000>: 20 ↙
指定顶面半径或 [直径(D)] <20.0000>: ↙
指定螺旋高度或 [轴端点(A)/圈数(T)/圈高(H)/扭曲(W)] <60.0000>: t ↙
输入圈数 <3.0000>: 5 ↙
指定螺旋高度或 [轴端点(A)/圈数(T)/圈高(H)/扭曲(W)] <60.0000>: 80 ↙
```

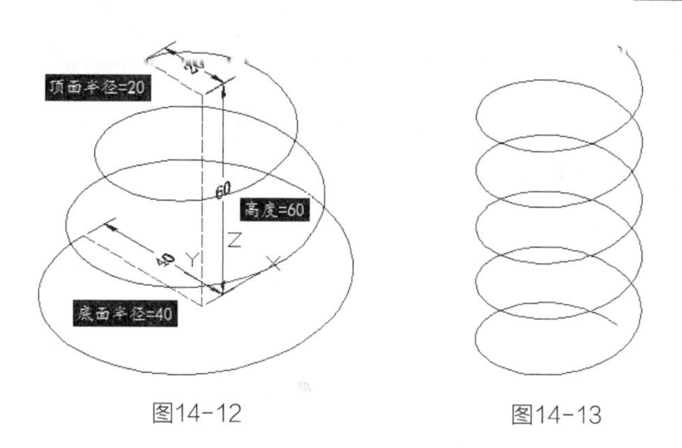

图14-12　　图14-13

14.3 创建三维网格图元

所谓网格图元就是标准形状的网格对象，如长方体网格、圆锥体网格、圆柱体网格、棱锥体网格、球体网格、楔体网格和圆环体网格。

切换到“三维建模”工作空间，单击“网格”选项卡，再单击“网格长方体”下方的三角形按钮，在弹出的下拉列表中列出了AutoCAD的三维网格图元对象，如图14-14所示。单击相应的按钮，即可在视图中创建对应的网格图元。

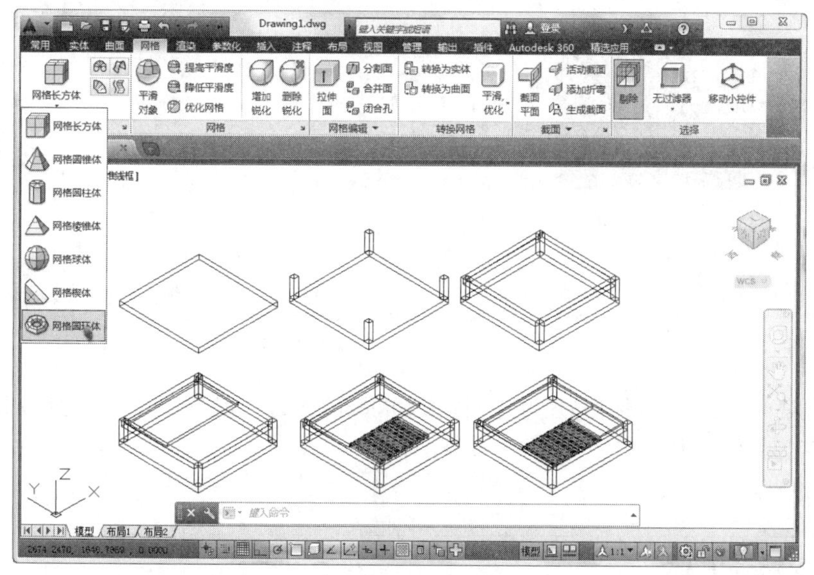

图14-14

三维网格图元相关命令如表14-1所示。

表14-1 三维网格图元命令

命令	简写	功能
Meshprimitiveoptions（网格图元选项）	MESHP	打开“网格图元选项”对话框，此对话框用于设置图元网格对象的镶嵌默认值
Meshoptions（网格镶嵌选项）	MESHO	打开“网格镶嵌选项”对话框，此对话框用于控制将现有对象转换为网格对象时的默认设置
Mesh（网格）	MESH	创建三维网格图元对象，例如长方体、圆锥体、圆柱体、棱锥体、球体、楔体或圆环体

14.3.1 设置网格特性

用户可以在创建网格对象之前和之后设定用于控制各种网格特性的默认设置。

1. 命令执行方式

命令行：在命令行输入Meshprimitiveoptions命令并按Enter键。

工具栏：单击“网格”选项板上的“网格图元选项”按钮。

2. 技术要点

在“网格图元选项”对话框中此可以为创建的每种类型的网格对象设定每个标注的镶嵌密度（细分数），如图14-15所示。

单击“网格”面板上的“网格镶嵌选项”按钮，打开“网格镶嵌选项”对话框，如图14-16所示。在此可以为转换为网格的三维实体或曲面对象设定默认特性。

在创建网格对象及其子对象之后，如果要修改其特性，可以在要修改的对象上双击，打开“特性”选项板，如图14-17所示。对于选定的网格对象，可以修改其平滑度；对于面和边，可以应用或删除锐化，也可以修改锐化保留级别。

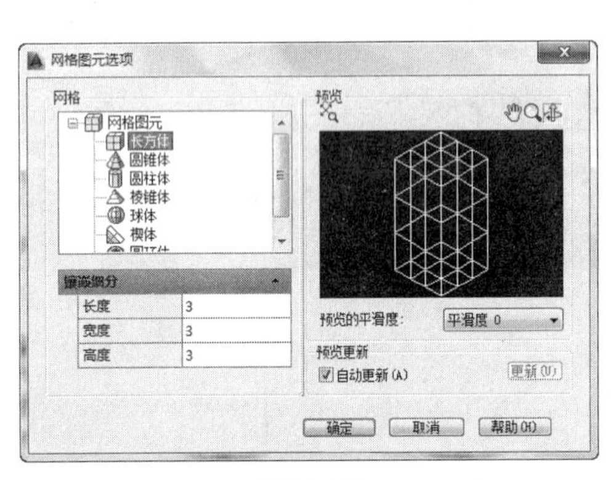

图14-15

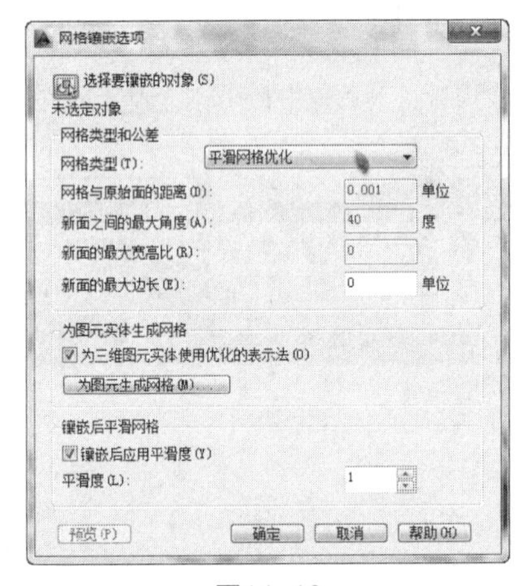

图14-16

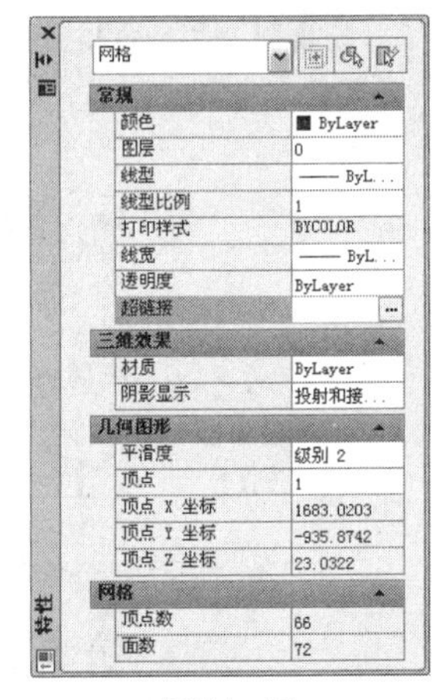

图14-17

默认情况下，创建的网格图元对象平滑度为0。可以使用Mesh命令的“设置”选项更改此默认设置。仅在执行当前绘图任务期间保持修改的平滑度值。

14.3.2 创建网格长方体

长方体表面是指定长、宽、高的长方体的6个表面，其中也包括立方体表面，如图14-18所示。

创建网格长方体时，其底面始终与当前UCS的*xy*平面相平行，并且其初始位置的长度、宽度和高度分别与当前UCS的*x*、*y*和*z*轴平行。在指定长方体的长度、宽度和高度时，正值表示向相应的坐标值正向延伸，负值表示向相应的坐标值负向延伸。最后，需要指定长方体表面绕*z*轴的旋

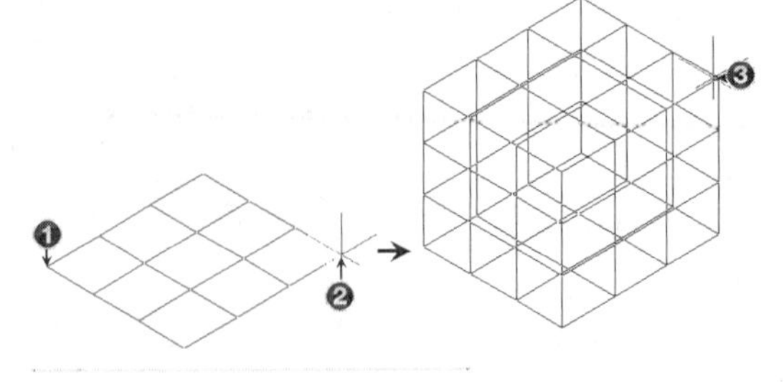

图14-18

转角度，确定其最终位置。

1. 命令执行方式

创建网格长方体的命令执行方式有以下几种。

命令行：在命令行中输入Mesh命令并按Enter键。

菜单栏：执行“绘图>建模>网格>图元>长方体”菜单命令。

工具栏：在“三维建模”工作空间中单击单击“网格”面板中的“网格长方体”按钮。

2. 操作步骤

单击“网格”面板中的“网格长方体”按钮，命令执行过程如下。

```
命令: _mesh
当前平滑度设置为: 0
输入选项 [长方体(B)/圆锥体(C)/圆柱体(CY)/棱锥体(P)/球体(S)/楔体(W)/圆环体(T)/设置(SE)] <楔体>: _box
指定第一个角点或 [中心(C)]:0,0 ↙    //指定底面第一个角点的位置
指定其他角点或 [立方体(C)/长度(L)]: @50,30 ↙//指定底面对角点的位置
指定高度或 [两点(2P)] <246.1613>: 40 ↙//指定高度，结果如图14-19所示
```

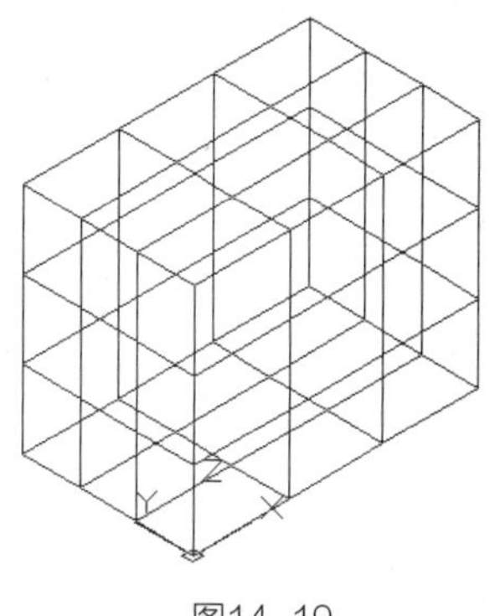

图14-19

3. 技术要点：Mesh命令的“长方体”选项含义

在Mesh命令的“长方体”选项提供了多种用于确定创建的网格长方体的大小和旋转的方法。

创建立方体：可以使用“立方体”选项创建等边网格长方体。

指定旋转：如果要在*xy*平面内设定长方体的旋转，可以使用“立方体”或“长度”选项。

从中心点开始创建：可以使用“中心点”选项创建使用指定中心点的长方体。

14.3.3 创建网格圆锥体

使用Mesh命令的“圆锥体”选项可以创建底面为圆形或椭圆形的尖头网格圆锥体或网格圆台，如图14-20所示。

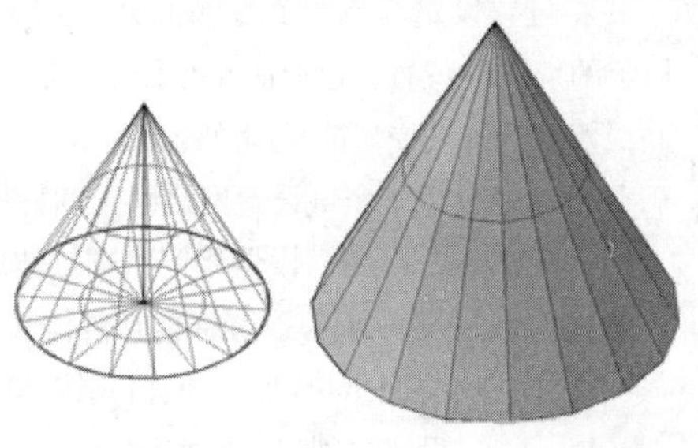

图14-20

1. 操作步骤

01 单击“网格”面板中的“网格圆锥体”按钮，绘制一个标准的网格圆锥体，如图14-21所示。命令执行过程如下。

```
命令: _mesh
当前平滑度设置为: 0
输入选项 [长方体(B)/圆锥体(C)/圆柱体(CY)/棱锥体(P)/球体(S)/楔体(W)/圆环体(T)/设置(SE)] <长方体>: _cone
指定底面的中心点或 [三点(3P)/两点(2P)/切点、切点、半径(T)/椭圆(E)]: 0,0 ↙ //指定底面中心点
指定底面半径或 [直径(D)]: 50 ↙ //指定底面半径
指定高度或 [两点(2P)/轴端点(A)/顶面半径(T)] <0.0001>: 100 ↙ //指定高度
```

02 单击“网格”面板中的“网格圆锥体”按钮，绘制一个标准的网格圆锥体，如图14-22所示。命令执行过程如下。

```
命令: _mesh
当前平滑度设置为: 0
输入选项 [长方体(B)/圆锥体(C)/圆柱体(CY)/棱锥体(P)/球体(S)/楔体(W)/圆环体(T)/设置(SE)] <圆锥体>: _cone
指定底面的中心点或 [三点(3P)/两点(2P)/切点、切点、半径(T)/椭圆(E)]:
指定底面半径或 [直径(D)] <87.0648>: 50 ↙
指定高度或 [两点(2P)/轴端点(A)/顶面半径(T)] <161.5521>: t ↙
指定顶面半径 <0.0000>: 20 ↙
指定高度或 [两点(2P)/轴端点(A)] <161.5521>: 100 ↙
```

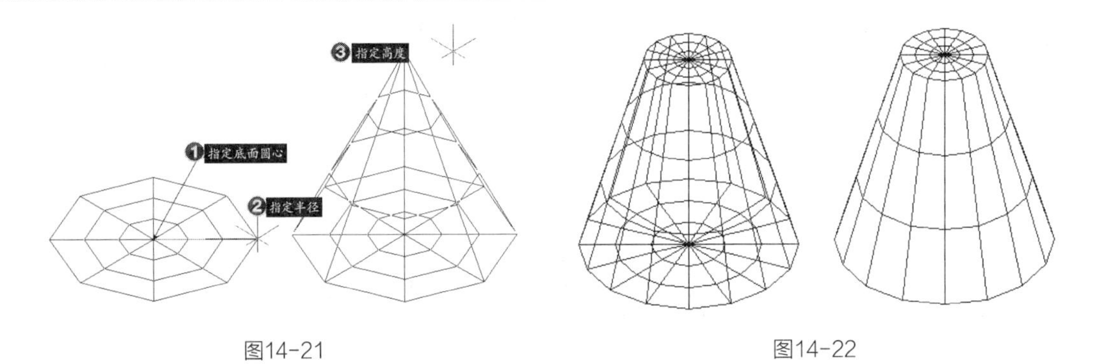

图14-21　　　　图14-22

2. 技术要点：Mesh命令的“圆锥体”选项含义

Mesh命令的“圆锥体”选项提供了多种用于确定创建的网格圆锥体的大小和旋转的方法。

设定高度和方向：如果要通过将顶端或轴端点置于三维空间中的任意位置来重新定向圆锥体，可以使用“轴端点”选项。

创建圆台：使用“顶面半径”选项来创建倾斜至椭圆面或平面的圆台。

指定圆周和底面：使用“三点”选项可在三维空间内的任意位置处定义圆锥体底面的大小和所在平面。

创建椭圆形底面：使用“椭圆”选项可创建轴长不相等的圆锥体底面。

将位置设定为与两个对象相切：使用“相切、相切、半径”选项定义两个对象上的点。新圆锥体位于尽可能接近指定的切点的位置，这取决于半径距离。可以设置与圆、圆弧、直线和某些三维对象相切的切线，切点投影在当前UCS上，切线的外观受当前平滑度影响。

可以通过以下变量设置网格圆锥的特性。

Divmeshconeaxis：设置绕网格圆锥体底面周长的细分数目。

Divmeshconebase：设置网格圆锥体底面周长与圆心之间的细分数目。

Divmeshconeheight：设置网格圆锥体底面与顶点之间的细分数目。

Dragvs：设置在创建三维实体、网格图元以及拉伸实体、曲面和网格时显示的视觉样式。

14.3.4 创建网格圆柱体

使用Mesh命令的“圆锥体”选项可以创建以圆或椭圆为底面的网格圆柱体，如图14-23所示。

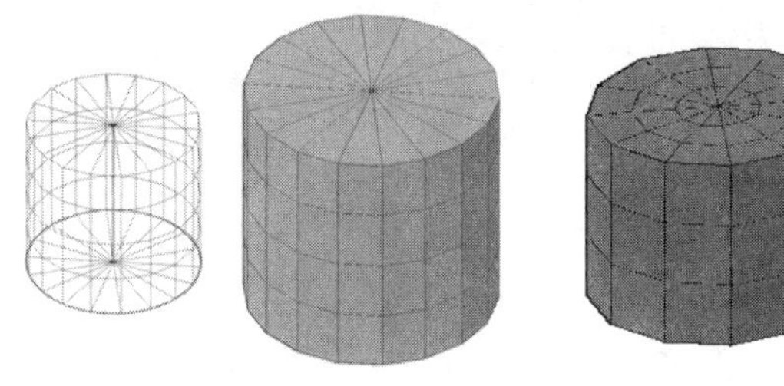

图14-23

1. 操作步骤

单击“网格”面板中的“网格圆柱体”按钮，命令提示如下。

```
命令: _mesh
当前平滑度设置为: 0
输入选项 [长方体(B)/圆锥体(C)/圆柱体(CY)/棱锥体(P)/球体(S)/楔体(W)/圆环体(T)/设置(SE)] <长方体>: _
cylinder
指定底面的中心点或 [三点(3P)/两点(2P)/切点、切点、半径(T)/椭圆(E)]:
指定底面半径或 [直径(D)]:
指定高度或 [两点(2P)/轴端点(A)]:
```

2. 技术要点：Mesh命令的“圆柱体”选项含义

设定旋转：使用“轴端点”选项设定圆柱体的高度和旋转。圆柱体顶面的圆心为轴端点，可将其置于三维空间中的任意位置。

使用三个点以定义底面：使用“三点”选项定义圆柱体的底面。可以在三维空间中的任意位置设定3个点。

创建椭圆形底面：使用“椭圆”选项可创建轴长不相等的圆柱体底面。

将位置设定为与两个对象相切：使用“相切、相切、半径”选项定义两个对象上的点。新圆柱体位于尽可能接近指定的切点的位置，这取决于半径距离。可以设置与圆、圆弧、直线和某些三维对象相切的切线。切点投影在当前UCS上。

14.3.5 创建网格棱锥体

使用Mesh命令的“棱锥体”选项可以创建最多具有32个侧面的网格棱锥体，如图14-24所示。

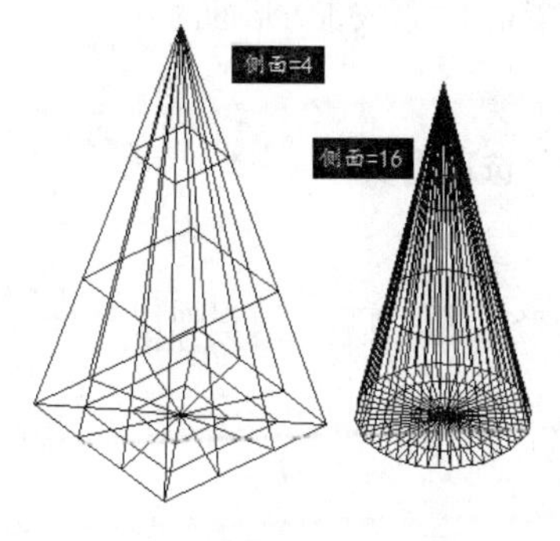

图14-24

1. 操作步骤

单击“网格”面板中的“网格圆柱体”按钮，命令提示如下。

```
命令: _mesh
当前平滑度设置为: 0
输入选项 [长方体(B)/圆锥体(C)/圆柱体(CY)/棱锥体(P)/球体(S)/楔体(W)/圆环体(T)/设置(SE)] <圆锥体>: _pyramid
4 个侧面 外切
指定底面的中心点或 [边(E)/侧面(S)]: s ↙
输入侧面数 <4>: 16 ↙
指定底面的中心点或 [边(E)/侧面(S)]: 0,0,0 ↙
指定底面半径或 [内接(I)] <50.0000>: 40 ↙
指定高度或 [两点(2P)/轴端点(A)/顶面半径(T)] <100.0000>: 80 ↙
```

2. 技术要点：Mesh命令的“棱锥体”选项含义

设定侧面数：使用“侧面”选项设定网格棱锥体的侧面数。

设定边长：使用“边”选项指定底面边的尺寸。

创建棱台：使用“顶面半径”选项创建倾斜至平面的棱台。平截面与底面平行，边数与底面边数相等，如图14-25所示。

设定棱锥体的高度和旋转角度：使用“轴端点”选项指定棱锥体的高度和旋转。该端点是棱锥体的顶点，轴端点可以位于三维空间的任意位置。

设定内接或外切的周长：指定是在半径内部还是在半径外部绘制棱锥体底面，如图14-26所示。

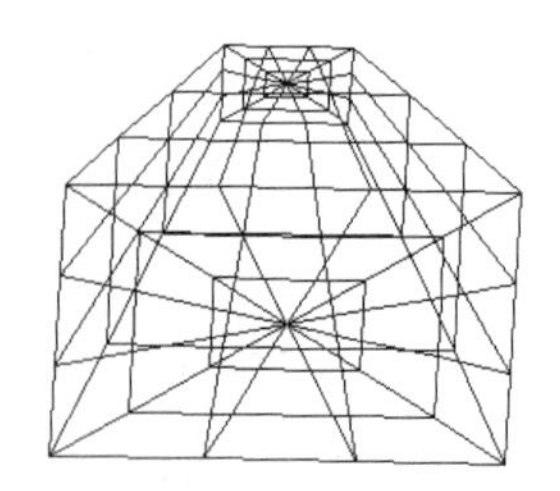
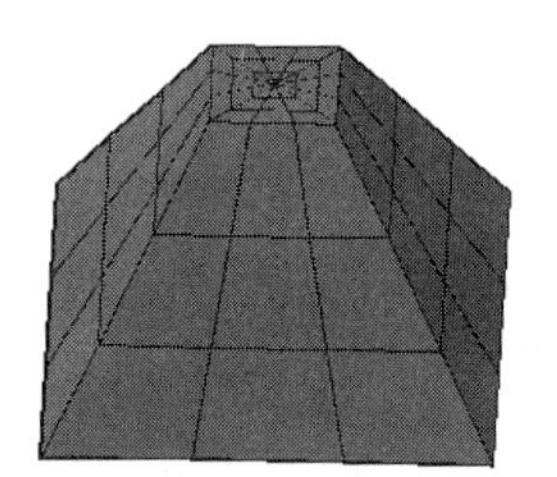

图14-25

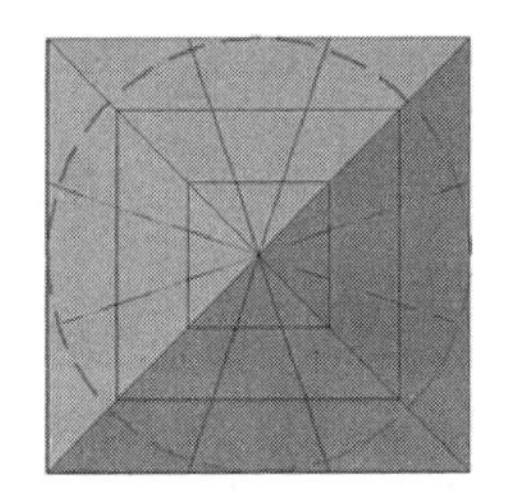
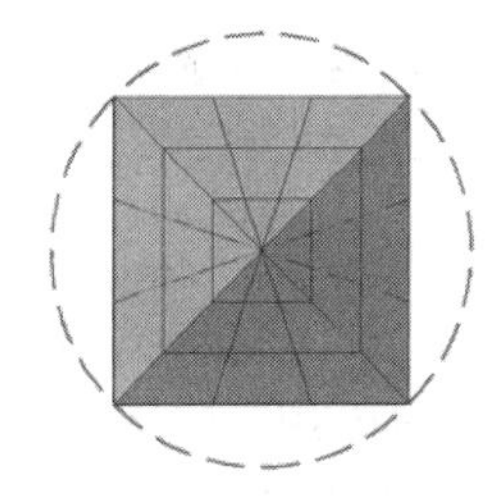

图14-26

14.3.6 创建网格楔体

1. “楔体”选项

使用Mesh命令的“楔体”选项可以创建面为矩形或正方形的网格楔体，如图14-27所示。

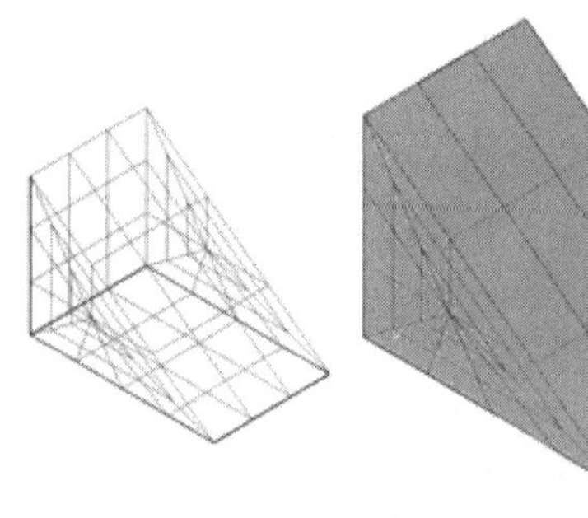

图14-27

2. 技术要点：Mesh命令的“楔体”选项含义

创建等边楔体：使用“立方体”选项。

指定旋转：如果要在*xy*平面内设定网格楔体的旋转，可以使用“立方体”或“长度”选项。

从中心点开始创建：使用“中心点”选项。

14.3.7 创建网格球体

1. “球体”选项

使用Mesh命令的“球体”选项可以使用多种方法中的一种来创建网格球体，如图14-28所示。

2. 技术要点：Mesh命令的“球体”选项含义

指定3个点以设定圆周或半径的大小和所在平面：使用“三点”选项在三维空间中的任意位置定义球体的大小。这3个点还可定义圆周所在平面。

指定两个点以设定圆周或半径：使用“两点”选项在三维空间中的任意位置定义球体的大小。圆周所在平面与第一个点的z值相符。

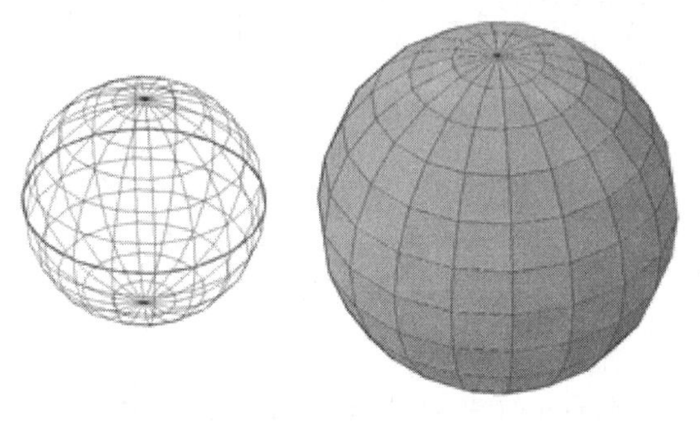

图14-28

将位置设定为与两个对象相切：使用“相切、相切、半径”选项定义两个对象上的点。球体位于尽可能接近指定的切点的位置，这取决于半径距离。可以设置与圆、圆弧、直线和某些三维对象相切的切线。切点投影在当前UCS上。切线的外观受当前平滑度影响。

14.3.8 创建网格圆环体

1. “圆环体”选项

使用Mesh命令的“圆环体”选项可以创建类似于轮胎内胎的环形实体。网格圆环体具有两个半径值，一个值定义圆管，另一个值定义路径，该路径相当于从圆环体的圆心到圆管的圆心之间的距离，如图14-29所示。

2. 技术要点：Mesh命令的“圆环体”选项含义

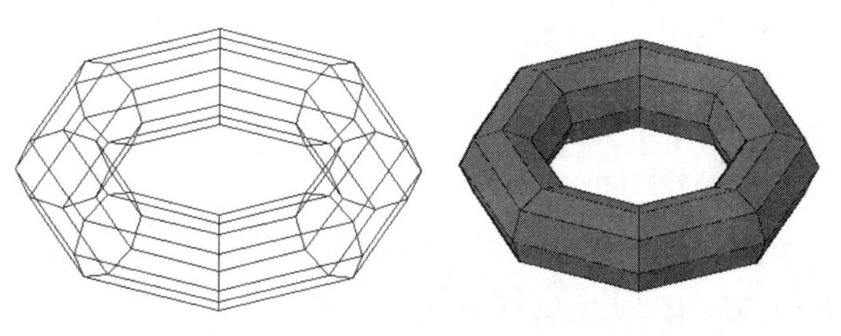

图14-29

设定圆周或半径的大小和所在平面：使用“三点”选项在三维空间中的任意位置定义网格圆环体的大小。这3个点还可定义圆周所在平面。使用此选项可在创建网格圆环体时进行旋转。

设定圆周或半径：使用“两点”选项在三维空间中的任意位置定义网格圆环体的大小。圆周所在平面与第一个点的z值相符。

将位置设定为与两个对象相切：使用“相切、相切、半径”选项定义两个对象上的点。圆环体的路径位于尽可能接近指定的切点的位置，这取决于指定的半径距离。可以设置与圆、圆弧、直线和某些三维对象相切的切线，切点投影在当前UCS，切线的外观受当前平滑度影响。

14.4 以二维图形为基础创建曲面

在AutoCAD中可以使用多种方法以现有对象为基础创建多种网格。使用Meshtype系统变量可以控制新对象是否为有效的网格对象，还可以控制是使用传统多面几何图形还是多边几何图形创建该对象。

创建网格命令如表14-2所示。

表14-2 创建网格命令

命令	简写	功能
Rulesurf（直纹网格）	RU	创建用于表示两条直线或曲线之间的曲面的网格
Tabsurf（平移网格）	TABS	从沿直线路径扫掠的直线或曲线创建网格
Revsurf（旋转网格）	REV	通过绕轴旋转轮廓来创建网格
Edgesurf（边界网格）	EDG	在四条相邻的边或曲线之间创建网格

14.4.1 创建直纹网格（Rulesurf）

Rulesurf（直纹网格）命令用于在两条曲线间创建一个直纹曲面的多边形网格，这是最常用的创建多边形网格的命令。

1. 命令执行方式

在AutoCAD中，执行Rulesurf命令的方法有以下几种。

命令行：在命令行中输入Rulesurf命令并按Enter键。

菜单栏：执行“绘图>建模>网格>直纹网格”菜单命令。

工具栏：单击“图元”面板中的“直纹曲面”按钮，如图14-30所示。

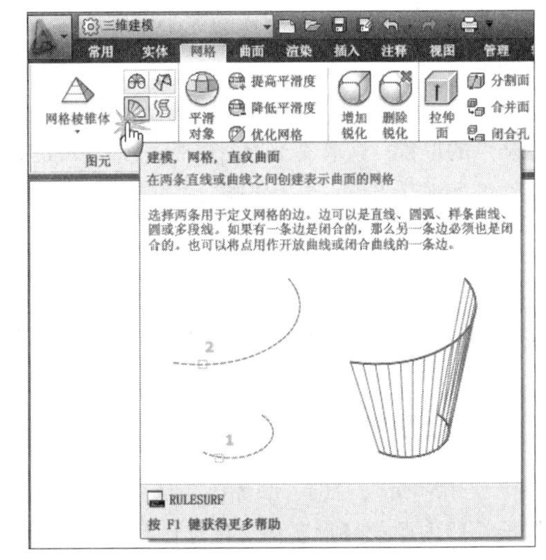

图14-30

2. 操作步骤

- ◆ 执行“绘图>建模>网格>直纹网格”菜单命令。
- ◆ 选择第一条定义曲线。
- ◆ 选择第二条定义曲线。

创建直纹网格的命令提示如下。

```
命令: _rulesurf
当前线框密度: Surftab1=6
选择第一条定义曲线:
选择第二条定义曲线:
```

3. 技术要点

图14-31所示是采用Rulesurf命令生成的直纹网格，其中的轮廓曲线可以是直线、多段线、样条曲线、圆弧，甚至是一个点。

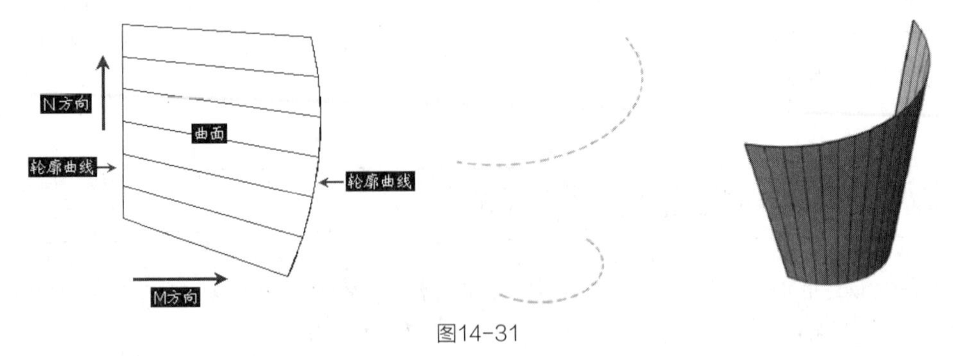

图14-31

曲面上*M*方向是从一边弯向另一边，在这个方向的起点和终点都只有一个轮廓曲线；*N*方向沿着轮廓曲线，并且N=Surftabl，其默认值为6。

拾取点位置的不同也会对曲面造成影响，如图14-32所示，左边的曲面是在轮廓曲线的相应位置指定点生成的曲面，右边的曲面是在轮廓曲线的对角位置指定点生成的曲面，后者产生了交叉，这是需要注意的地方。

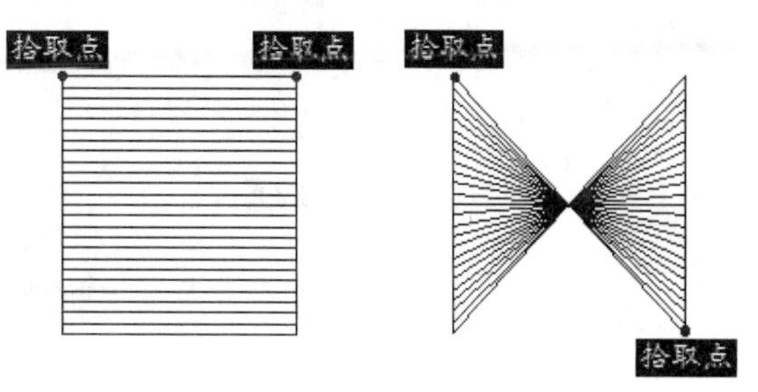

图14-32

专家提示

对于闭合的轮廓曲线，AutoCAD从一些预定位置开始构造曲面，而非对象的选择点。如果边界为圆，则直纹面从0° 象限点处开始绘制并沿顺时针方向继续；如果边界为闭合的多段线，曲面起于最后一个顶点而终于第一个顶点；如果边界为样条曲线，则从一个记录点开始直到最后一个点结束。

14.4.2 创建平移网格（Tabsurf）

使用Tabsurf命令可创建表示常规展平曲面的网格。曲面是由直线或曲线的延长线（称为路径曲线）按照指定的方向和距离（称为方向矢量或路径）定义的，如图14-33所示。

图14-33

1. 命令执行方式

在AutoCAD中，执行Tabsurf（平移网格）命令的方法有以下几种。

命令行：在命令行中输入Tabsurf命令。

菜单栏：执行“绘图>建模>网格>平移网格”菜单命令。

工具栏：单击“网格”选项卡中的“平移曲面”按钮。

2. 操作步骤

01 打开配套光盘中的“DWG文件\CH14\1442.dwg”文件，如图14-34所示。

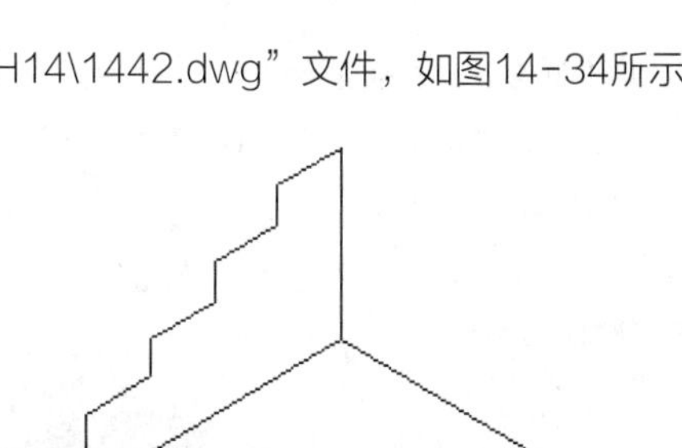

图14-34

02 在命令提示行输入Tabsurf命令并按Enter键，绘制图14-35所示的楼梯。命令执行过程如下。

```
命令: _tabsurf ↙
当前线框密度: Surftab1=6
选择用作轮廓曲线的对象:        //选择要移动的轮廓线
选择用作方向矢量的对象:        //选择方向矢量
```

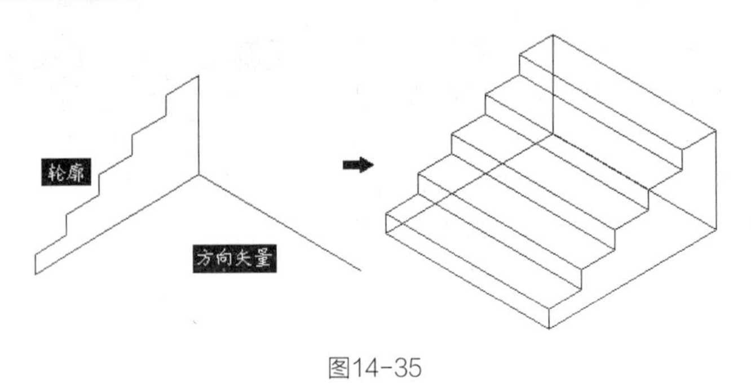

图14-35

专家提示

在执行Tabsurf命令的时候，选择的第一个对象为轮廓曲线，用于定义网格；选择的第二个对象为方向矢量，方向矢量可位于空间的任何位置。网格的长度与方向矢量的长度相等，如果方向矢量是由多段线（非直线）或圆弧组成，则方向矢量的长度由起点和终点的直线距离来决定。平移网格的*M*方向为拉伸方向，*N*方向为轮廓曲线的方向。

3. 技术要点

在使用Tabsurf命令创建平移曲面之前，需要先创建要进行平移的对象和作为方向矢量的对象。如果选择多段线作为方向矢量，则系统将把多段线的第一个顶点到最后一个顶点的矢量作为方向矢量，而中间的任意顶点都将被忽略。

要选择的第一个对象为轮廓曲线，用于定义多边形网格曲面，要选择的第二个对象为方向矢量，方向矢量可位于空间的任何位置，不必放在路径曲线上或其附近。

最终曲面的长度与方向矢量的长度相等。如果方向矢量是由多段线（非直线）或圆弧组成，则长度由起点和终点决定而并不是拉直多段线后的长度。

平移网格的*M*方向为拉伸方向，与Rulesurf命令一样；曲面的*N*方向为轮廓曲线的方向，且网格个数由Surftabl的值决定。但Tabsurf命令使用Surftabl不同于Rulesrf命令，Rulesurf命令只是简单地取*N*方向的网格数等于Surftabl的值；而Tabsurf命令只有当轮廓曲线为直线、圆、圆弧、椭圆、样条曲线或样条拟合多段线时才如此。

案例 069 绘制平移网格

- **学习目标** | 本例将练习使用Tabsurf命令将中间的多段线转换为平移网格，然后使用Tabsurf命令将外侧的多段线转换为平移网格，再使用“边界”命令创建平面，最后进行差集运算即用大面减去小面并删除中间的小面，案例效果如图14-36所示。
- **视频路径** | 光盘\视频教程\CH14\绘制平移网格.avi
- **源 文 件** | 光盘\DWG文件\CH14\平移网格.dwg
- **结果文件** | 光盘\DWG文件\CH14\平移网格end.dwg

图14-36

01 打开配套光盘“DWG文件\CH14\平移网格.dwg”文件，如图14-37所示。

02 执行“绘图>建模>网格>平移网格”菜单命令，将多段线转换为网格，如图14-38所示。命令执行过程如下。

```
命令: _tabsurf
当前线框密度: Surftab1=12
选择用作轮廓曲线的对象: //选择多段线
选择用作方向矢量的对象://选择直线
```

03 使用相同的方法将另外一条多段线也转换为网格，为了便于观察，可以将视觉样式更改为“概念”，效果如图14-39所示。

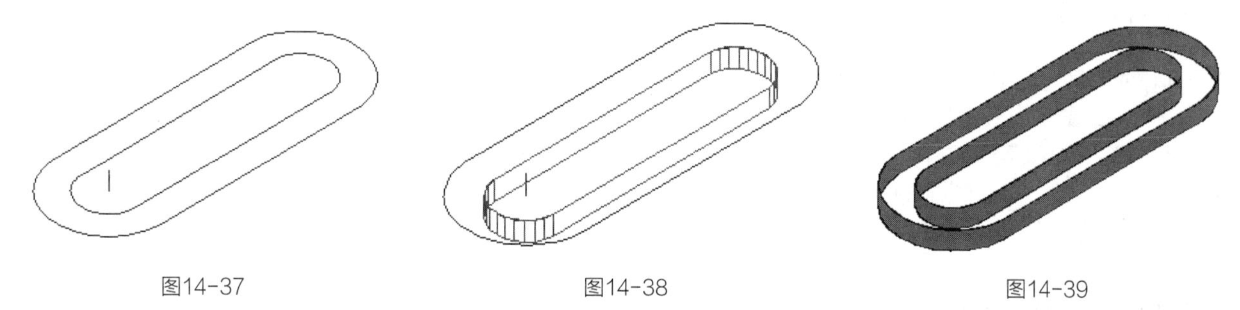

图14-37　　图14-38　　图14-39

04 执行“绘图>创建边界”菜单命令，在弹出的对话框中设置“对象类型”为“面域”（如图14-40所示），然后单击“拾取点”按钮，在图形中间位置单击，即可创建出一个面，如图14-41所示。

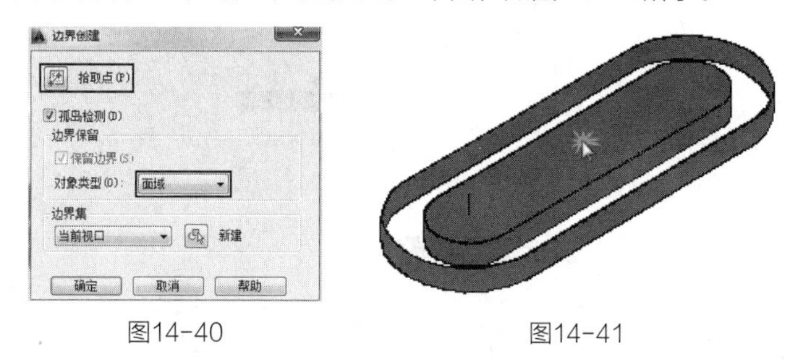

图14-40　　图14-41

05 使用相同的方法再创建一个大的面域，如图14-42所示。

06 单击“建模”工具栏中的“差集”按钮，用大的面域减去小的面域，然后删除中间的小面域，得到图14-43所示的结果。

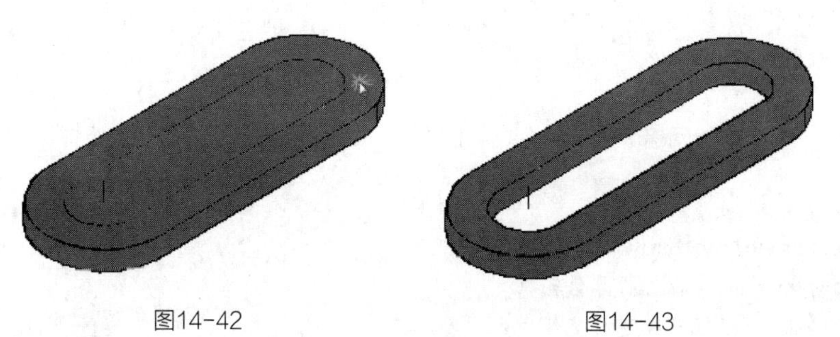

图14-42　　图14-43

14.4.3 创建旋转网格（Revsurf）

在AutoCAD中，可以将某些类型的线框对象绕指定的旋转轴进行旋转，根据被旋转对象的轮廓和旋转的路径形成一个与旋转曲面近似的网格，网格的密度由系统变量Surftab1和Surftab2控制，如图14-44所示。

轮廓可以包括直线、圆、圆弧、椭圆、椭圆弧、多段线、样条曲线、闭合多段线、多边形、闭合样条曲线和圆环。

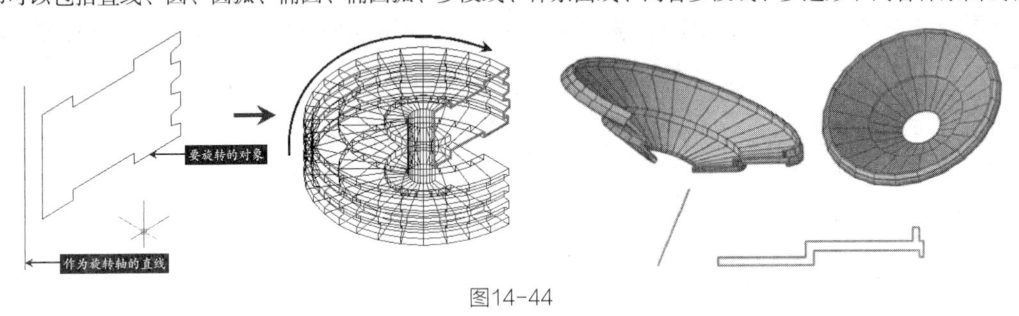

图14-44

1. 命令执行方式

在AutoCAD中，执行Revsurf（旋转网格）命令的方法有以下3种。

命令行：在命令行中输入Revsurf命令并按Enter键。

菜单栏：执行“绘图>建模>网格>旋转网格”菜单命令。

工具栏：单击“图元”面板中的“旋转曲面格”按钮。

2. 操作步骤

01 根据原始文件路径打开图形，如图14-45所示。

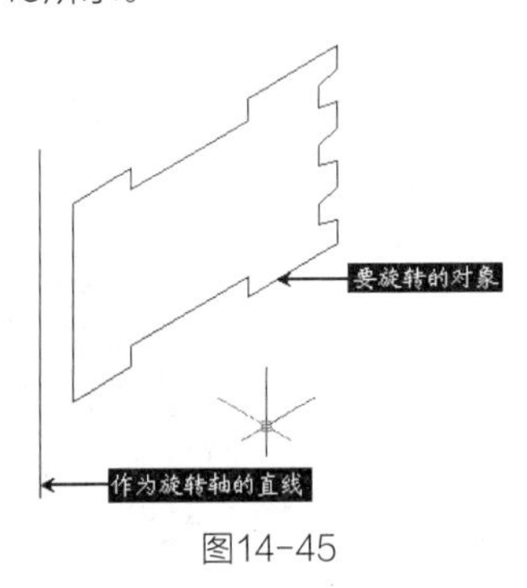

图14-45

02 调整网格密度，这样可以使生成的网格看起来更平滑。命令执行过程如下。

```
命令: _surftab1 ↙
输入 Surftab1 的新值 <6>: 36 ↙
命令: _surftab2 ↙
输入 Surftab2 的新值 <6>: 36 ↙
```

03 执行“绘图>建模>网格>旋转网格”菜单命令，绘制图14-46所示的图形。命令执行过程如下。

```
命令: _revsurf
当前线框密度: Surftab1=36  Surftab2=36
选择要旋转的对象:            //选择零件轮廓
选择定义旋转轴的对象:         //选择直线
指定起点角度 <0>: ↙          //直接按Enter键确认，表示以0° 为起点
指定包含角 (+=逆时针, -=顺时针) <360>: ↙     //输入角度值
```

专家提示

在指定包含角的时候，系统默认是按逆时针方向旋转；如果在度数前面加上“-”（负号），表示按顺时针方向旋转。如图14-47所示，这就是按顺时针方向旋转-270° 生成的实体。

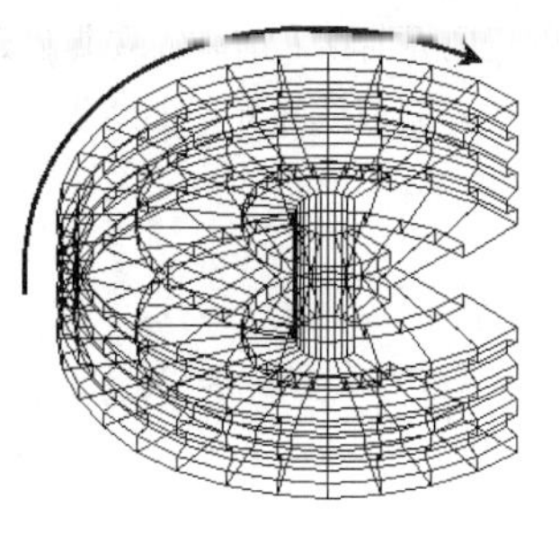

图14-46　　图14-47

3. 技术要点

在使用Revsurf（旋转网格）命令的时候，还有如下几个问题需要大家注意。

旋转对象为最终曲面的横截面形状，用户可以通过拾取其上一点而选中它。

通常轴线与旋转对象不相交，旋转轴线是有方向的，它决定旋转的方向，轴的正端为离拾取点较远的一端。

“指定起点角度<0>:”决定平面从生成旋转网格位置的某个偏移处开始旋转，缺省值为0；“指定包含角（+=逆时针，-=顺时针）<360>:”决定旋转幅值角，指定平面绕旋转轴旋转的角度，缺省值为360，旋转遵循右手定则。

判断旋转方向的一个简单方法是伸出右手，大拇指指向轴的正端，则四指方向为旋转方向，而且从轴的正端看正旋转方向为逆时针方向。

旋转网格上*M*方向为绕轴方向，而*N*方向则沿着轮廓线。

Rulesurf和Tabsurf命令用系统变量Surftabl的值来定*N*方向的曲面密度。而Rulesurf与之不同，它是用系统变量Surftab2的值来定，而Surftabl的值决定*M*方向的曲面密度。这样很容易混淆，因此可以不指明*M*和*N*方向，仅说明沿路径曲线方向的网格数由系统变量Surftabl决定，绕轴方向的则由Surftab2的值定。

14.4.4 创建边界网格（Edgesurf）

Edgesurf命令用4条边界曲线构建三维多边形网格，此多边形网格近似于一个由4条邻接边定义的孔斯曲面片。孔斯曲面片网格是在四条邻接边（这些边可以是普通的空间曲线）之间插入的双三次曲面，如图14-48所示。用Edgesurf命令所构造的多边形网格与前面的Revsur和Tabsurf一样。

1. 命令执行方式

执行Edgesurf命令的方法有以下3种。

命令行：在命令行中输入Edgesurf（边界网格）命令并按Enter键。

菜单栏：执行“绘图>建模>网格>边界网格”菜单命令。

工具栏：单击“图元”面板中的“边界曲面”按钮。

2. 技术要点

作为曲面边界的对象可为直线、圆弧、开放的2D/3D多段线或样条曲线。这些边必须在端点处相交以形成一个拓扑的矩形的封闭路径。

和其他命令一样，通过拾取其上的一点选择边界。如果忘记选了一条边，AutoCAD将重复提示。可以用任何顺序选择这4条边，第一条边决定*M*方向，且网格密度为Surftabl，与第一条边相接的两条边形成了网格的*N*方向，如图14-49所示。

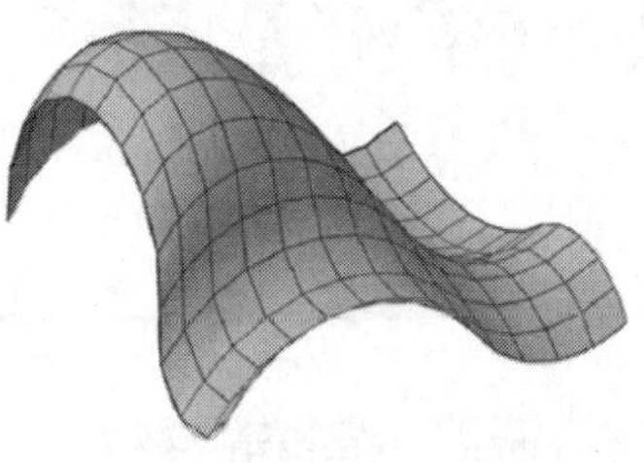

图14-48

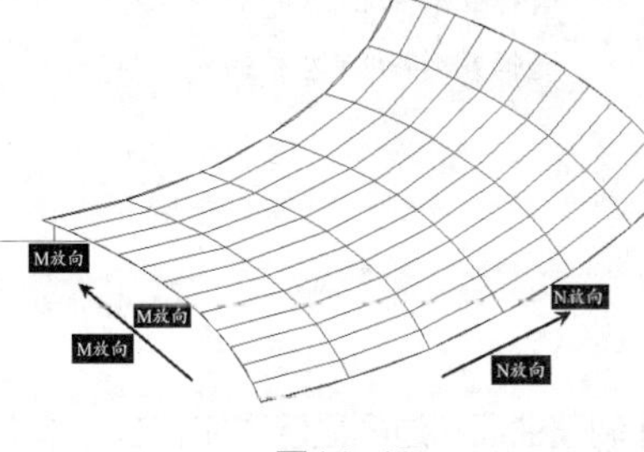

图14-49

在使用Edgesurf命令创建边界曲面之前，需要先创建作为曲面边界的4个曲线对象。能够用于创建边界曲面的曲线对象包括圆弧、椭圆弧、直线、多段线和样条曲线等。这4个边界对象必须在端点处依次相连，形成一个封闭的路径，才能用于创建边界曲面。

案例 070 绘制窗帘

- **学习目标** | 这个案例主要是练习Edgesurf命令的应用，案例效果如图14-50所示。
- **视频路径** | 光盘\视频教程\CH14\绘制窗帘.avi
- **源 文 件** | 光盘\DWG文件\CH14\1444.dwg
- **结果文件** | 光盘\DWG文件\CH14\窗帘.dwg

01 根据原始文件路径打开图形，如图14-51所示。

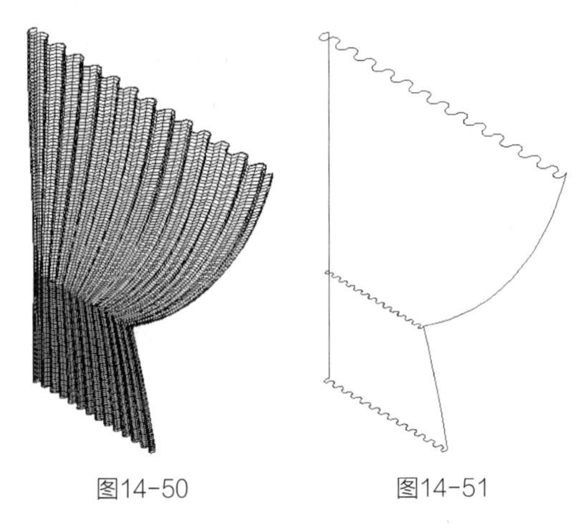

图14-50　　图14-51

02 调整曲面密度，曲面密度越高生成的窗帘就越逼真。命令执行过程如下。

```
命令: _surftab1 ↙
输入 Surftab1 的新值 <6>: 72 ↙
命令: _surftab2 ↙
输入 Surftab2 的新值 <6>: 72 ↙
```

03 在命令提示行输入Edgesurf（边界网格）命令并按Enter键，然后绘制曲面，结果如图14-52所示。命令执行过程如下。

```
命令: _edgesurf ↙
当前线框密度: Surftab1=72  Surftab2=72
选择用作曲面边界的对象 1:        //选择第1条边
选择用作曲面边界的对象 2:        //选择第2条边
选择用作曲面边界的对象 3:        //选择第3条边
选择用作曲面边界的对象 4:        //选择第4条边
```

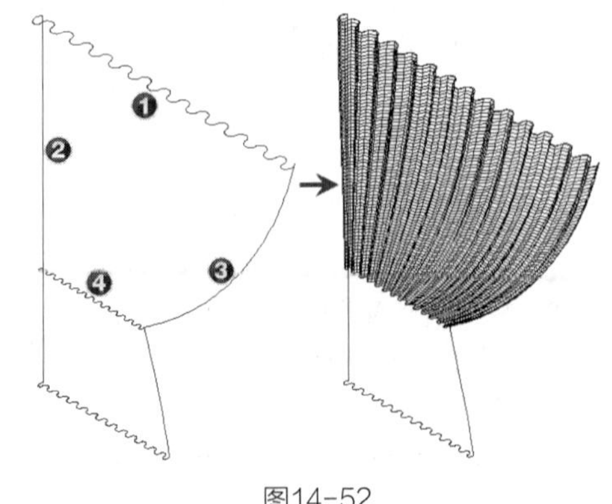

图14-52

04 调整曲面和边界显示次序，首先单击选中曲面，然后单击“绘图次序”工具栏中的“后置”按钮，这样就将曲面“后置”，则边界就“前置”了，便于我们下一步操作选择边界。

05 执行“建模>网格>边界网格”菜单命令，继续绘制曲面，结果如图14-53所示。命令执行过程如下。

```
命令: _edgesurf
当前线框密度: Surftab1=72 Surftab2=72
选择用作曲面边界的对象 1:      //选择第1条边
选择用作曲面边界的对象 2:      //选择第2条边
选择用作曲面边界的对象 3:      //选择第3条边
选择用作曲面边界的对象 4:      //选择第4条边
```

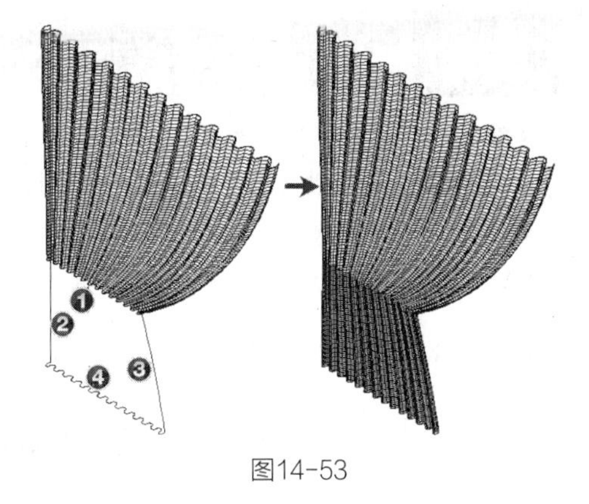

图14-53

14.5 创建自定义网格

在AutoCAD中还可以使用3Dface、Pface和3Dmesh命令，通过指定顶点来创建自定义多边形网格或多面网格。

相关命令如表14-3所示。

表14-3 创建自定义网格命令

命令	简写	功能
3Dface（三维面）	3DFA	在三维空间中创建三侧面或四侧面的曲面
3Dmesh（三维网格）	3DME	创建自由形式的多边形网格
Meshsmooth（平滑网格）	MESHSMOOTH	将三维对象（例如多边形网格、曲面和实体）转换为网格对象

14.5.1 使用3Dface命令创建三维面

使用3Dface命令，可以通过指定每个顶点来创建三维多面网格，常用来构造由3边或4边组成的曲面，其光滑的、无网格的表面以及隐藏边界的功能使之优于AutoCAD的带网格的曲面类型。

如果在执行某些网格平滑处理操作（例如使用Meshsmooth）过程中选择3Dface对象，则系统会提示用户将3Dface对象转换为网格对象。

三维面只显示边界，其间无网格或填充，否则它就能隐藏实体。但是三维面在渲染和着色中可着色，用一些命令可改变其已有的属性控制每条网格边线段的可见性。

执行3Dface命令有以下两种方式。

命令行：在命令行中输入3Dface（三维面）命令并按Enter键。

菜单栏：执行“绘图>建模>网格>三维面”菜单命令。

输入三维面的最后两个点后，该命令自动重复将这两个点用作下一个三维面的前两个点，如图14-54所示。

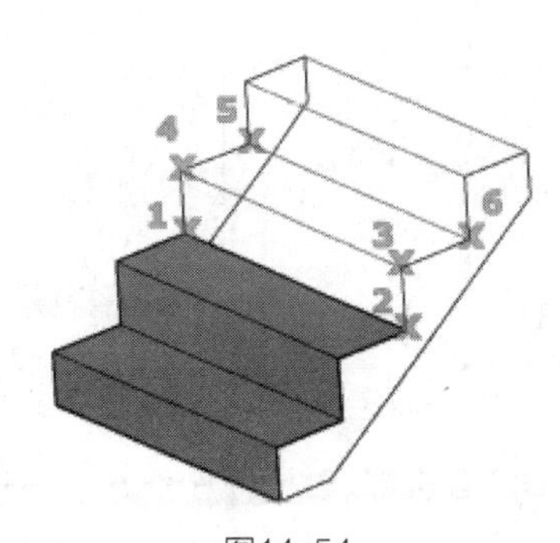

图14-54

案例 071 3Dface——绘制三维面

- **学习目标** | 本例将练习在AutoCAD中使用3Dface命令创建三维面，案例效果如图14-55所示。
- **视频路径** | 光盘\视频教程\CH14\3Dface绘制三维面.avi
- **源 文 件** | 光盘\DWG文件\CH14\1451.dwg
- **结果文件** | 光盘\DWG文件\CH14\三维面.dwg

01 打开配套光盘中的“DWG文件\CH14\120.dwg”文件，如图14-56所示。

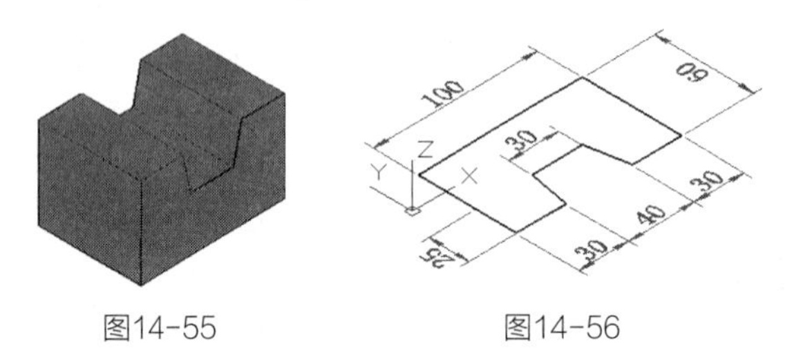

图14-55　　图14-56

02 选中绘制的多段线，执行“修改>三维操作>三维旋转”菜单命令，将线段绕它的底边旋转-90°，结果如图14-57所示。命令执行过程如下。

```
命令: _3drotate
UCS 当前的正角方向: Angdir=逆时针 Angbase=0
指定基点:
拾取旋转轴: //将光标移动到x轴上时，会显示一条红线，单击鼠标即可选中x轴
指定角的起点或键入角度: -90
```

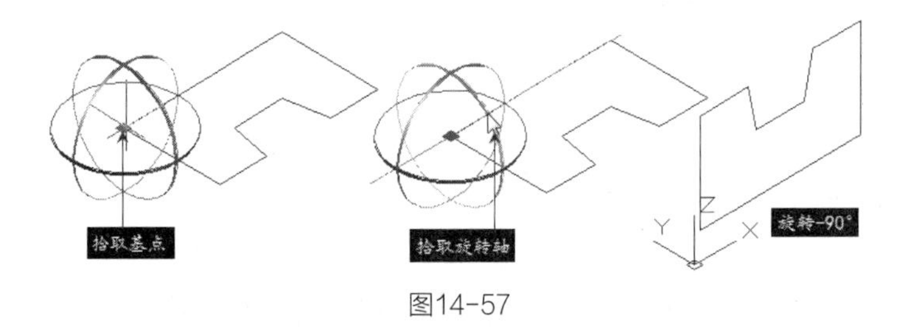

图14-57

03 单击“修改”工具栏中的“复制”按钮，将多段线图形沿y轴复制，复制距离为70mm，如图14-58所示。

04 执行“绘图>建模>网格>三维面”菜单命令，根据命令提示依次捕捉图14-59所示的点，然后按Enter键结束命令，即可创建出图所示的三维面。

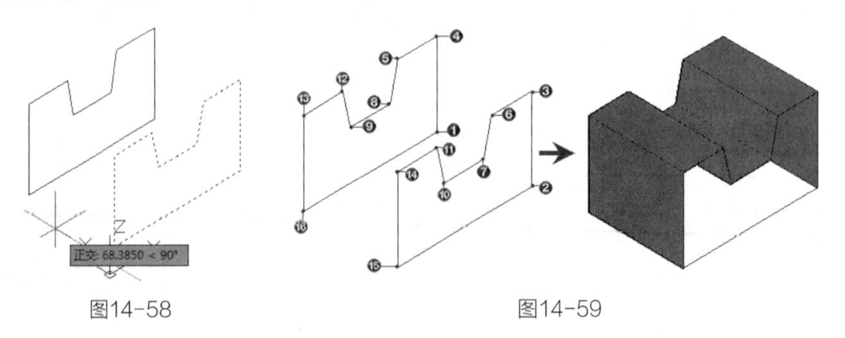

图14-58　　图14-59

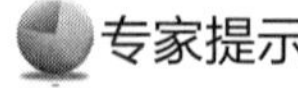专家提示

在线框模式下，看不到创建的三维面。可以执行“视图>视觉样式>概念”菜单命令，以便于观察模型效果。

05 单击“绘图”工具栏中的“面域”按钮，选择多段线图形，将其转换为面，如图14-60所示。

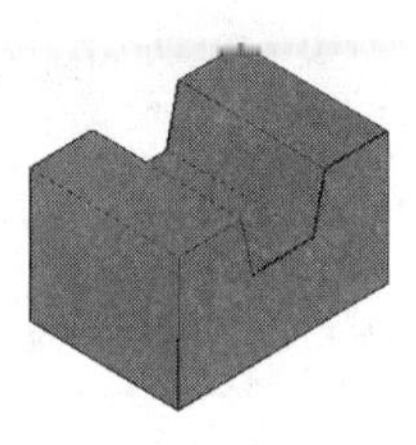

图14-60

通过上面的例子我们可以看出，三维面确实只显示边界，其间无网格或填充，这个问题可以通过后面其他类型的曲面来进行对比。

14.5.2 用Pface命令创建网格

使用Pface命令可以创建多面（多边形）网格，每个面都可以有多个顶点。AutoCAD设计Pface命令是为了使用AutoLISP或其他的自动化方法创建。因此多面网格的数据输入就显得比较麻烦，但是它具有自身的优势。

- 可以绘制任意条边的曲面，与只能有3~4条边的三维面不同。
- 整个曲面是一个对象。
- 同一平面上的各截面不显示边，因此不需要再为这些边的不可见性而花费精力。
- 可以将多面网格分解成三维面。
- 如果在多个平面上创建多面网格，则每一个平面可以分别处于不同的图层或具有不同的颜色。这一点对于为渲染分配材质或其他的选择过程非常有用。

创建多面网格与创建矩形网格类似。要创建多面网格，首先要指定其顶点坐标，然后通过输入每个面的所有顶点的顶点号来定义每个面。创建多面网格时，可以将特定的边设定为不可见，指定边所属的图层或颜色。

要使边不可见，请输入负数值的顶点号。例如，在图14-61中要使顶点5和7之间的边不可见，可以输入：面3，顶点3: -7。在图14-61中面1由顶点1、5、6和2定义，面2由顶点1、4、3和2定义，面3由顶点1、4、7和5定义，面4由顶点3、4、7和8 定义。

Pface命令的提示分为两个阶段：第一个阶段只是询问顶点，第二个阶段要求用户指定哪些顶点构成哪个面或平面。虽然第二个阶段对于单个平面上的多个面网格毫无意义，但无论如何都必须指定这些顶点。

01 打开配套光盘中的“DWG文件\CH14\1452.dwg”文件，并切换到西南等轴测视图，如图14-62所示。

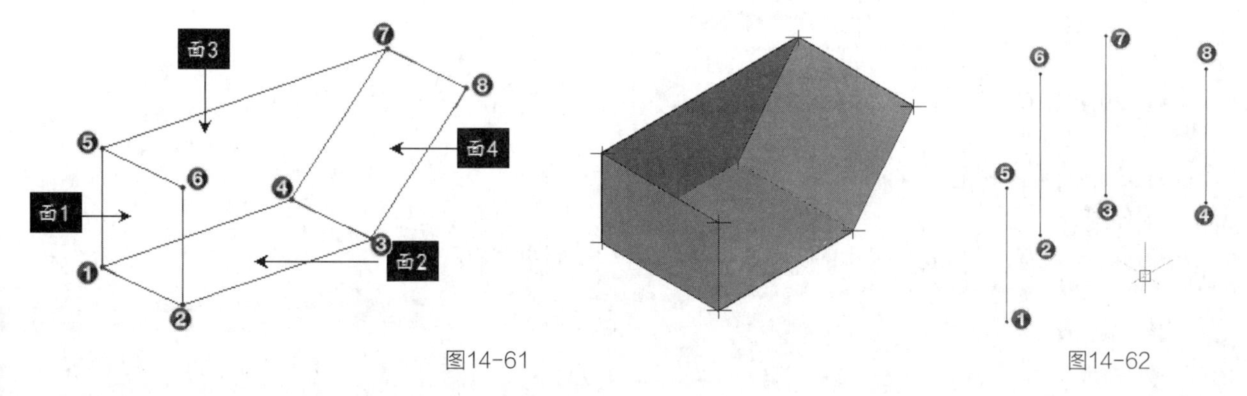

图14-61

图14-62

02 在命令行中输入Pface命令，执行过程如下。

```
命令: _pface
为顶点 1 指定位置:          //捕捉图14-62所示的点1
为顶点 2 或 <定义面> 指定位置: //捕捉点2
为顶点 3 或 <定义面> 指定位置: //捕捉点3
为顶点 4 或 <定义面> 指定位置: //捕捉点4
为顶点 5 或 <定义面> 指定位置: //捕捉点5
```

为顶点 6 或 <定义面> 指定位置: //捕捉点6
为顶点 7 或 <定义面> 指定位置: //捕捉点7
为顶点 8 或 <定义面> 指定位置: //捕捉点8
为顶点 9 或 <定义面> 指定位置: ↙//结束为顶点的指定位置
面 1，顶点 1:
输入顶点编号或 [颜色(C)/图层(L)]: 1 ↙
面 1，顶点 2:
输入顶点编号或 [颜色(C)/图层(L)] <下一个面>: 2 ↙
面 1，顶点 3:
输入顶点编号或 [颜色(C)/图层(L)] <下一个面>: 3 ↙
面 1，顶点 4:
输入顶点编号或 [颜色(C)/图层(L)] <下一个面>: 4 ↙
面 1，顶点 5: ↙
输入顶点编号或 [颜色(C)/图层(L)] <下一个面>: ↙//由点1、2、3、4构成一个面1
面 2，顶点 1:
输入顶点编号或 [颜色(C)/图层(L)]: 1 ↙
面 2，顶点 2:
输入顶点编号或 [颜色(C)/图层(L)] <下一个面>: 5 ↙
面 2，顶点 3:
输入顶点编号或 [颜色(C)/图层(L)] <下一个面>: 6 ↙
面 2，顶点 4:
输入顶点编号或 [颜色(C)/图层(L)] <下一个面>: 2 ↙
面 2，顶点 5:
输入顶点编号或 [颜色(C)/图层(L)] <下一个面>: ↙//由点1、5、6、2构成一个面2
面 3，顶点 1:
输入顶点编号或 [颜色(C)/图层(L)]: 2 ↙
面 3，顶点 2:
输入顶点编号或 [颜色(C)/图层(L)] <下一个面>: 3 ↙
面 3，顶点 3:
输入顶点编号或 [颜色(C)/图层(L)] <下一个面>: 7 ↙
面 3，顶点 4:
输入顶点编号或 [颜色(C)/图层(L)] <下一个面>: 6 ↙
面 3，顶点 5:
输入顶点编号或 [颜色(C)/图层(L)] <下一个面>: ↙//由点2、3、7、6构成一个面3
面 4，顶点 1:
输入顶点编号或 [颜色(C)/图层(L)]: 3 ↙
面 4，顶点 2:
输入顶点编号或 [颜色(C)/图层(L)] <下一个面>: 4 ↙
面 4，顶点 3:
输入顶点编号或 [颜色(C)/图层(L)] <下一个面>: 8 ↙
面 4，顶点 4:
输入顶点编号或 [颜色(C)/图层(L)] <下一个面>: 7 ↙
面 4，顶点 5:
输入顶点编号或 [颜色(C)/图层(L)] <下一个面>: ↙//由点3、4、8、7构成一个面4
面 5，顶点 1:

```
输入顶点编号或 [颜色(C)/图层(L)]: 8 ↙
面 5，顶点 2:
输入顶点编号或 [颜色(C)/图层(L)] <下一个面>: 7 ↙
面 5，顶点 3:
输入顶点编号或 [颜色(C)/图层(L)] <下一个面>: 6 ↙
面 5，顶点 4:
输入顶点编号或 [颜色(C)/图层(L)] <下一个面>: 5 ↙
面 5，顶点 5:
输入顶点编号或 [颜色(C)/图层(L)] <下一个面>: ↙ //由点8、7、6、5构成一个面5
面 6，顶点 1:
输入顶点编号或 [颜色(C)/图层(L)]: ↙ //结束命令，结果如图14-63所示
```

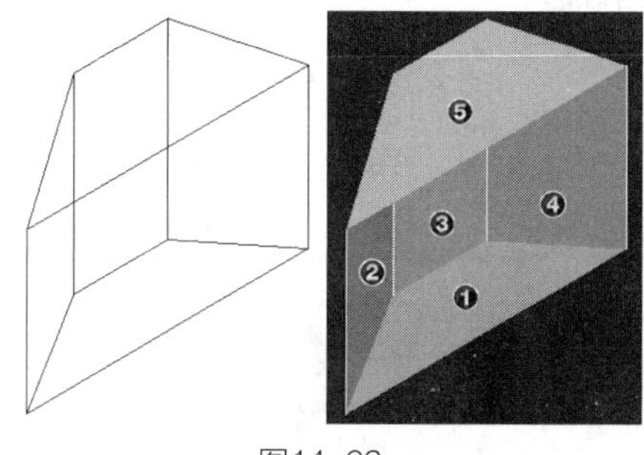

图14-63

14.5.3 使用3Dmesh命令绘制三维网格

在AutoCAD中，为了能够创建复杂的、不规则的网格，可以使用依次指定网格全部顶点坐标的方法创建自由格式的三维网格。

在创建三维网格时，首先要求用户输入M方向的节点或顶点个数，其次为N方向的，表明该网格由$M \times N$个顶点构成，然后即可依次指定这$M \times N$个顶点的坐标，从而形成三维网格对象。

网格中每个顶点的位置由M和N（即顶点的行下标和列下标）定义。定义顶点首先从顶点（0,0）开始，然后是（M+1，N+1），在指定行M+1上的顶点之前，必须先提供行M上的每个顶点的坐标位置。

1. 命令执行方式

执行“三维网格”命令有以下两种方式。

命令行：可以在命令行中输入3Dmesh命令并按Enter键。

菜单栏：执行“绘图>建模>网格>三维网格”菜单命令。

2. 操作步骤

01 根据原始文件路径打开文件，如图14-64所示，这里创建了12个点。如果在打开文件后看不见点，则需要设置一下点的样式。

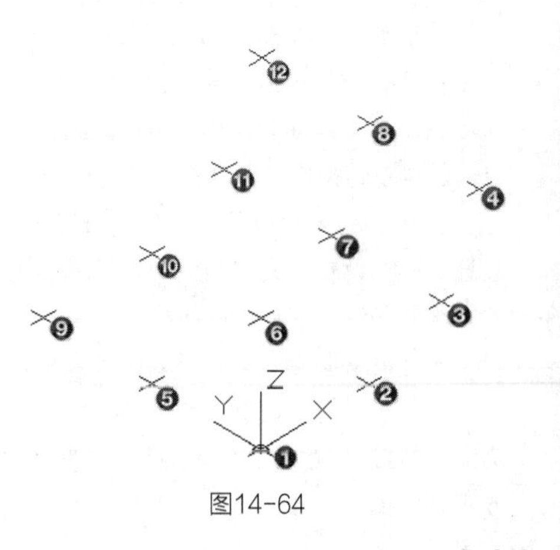

图14-64

02 在命令行中输入3Dmesh命令，命令执行过程如下。结果如图14-65所示。

```
命令: _3dmesh
输入 M 方向上的网格数量: 3 ↙
输入 N 方向上的网格数量: 4 ↙
为顶点 (0, 0) 指定位置: // 第1个点
为顶点 (0, 1) 指定位置: // 第2个点
为顶点 (0, 2) 指定位置: // 第3个点
为顶点 (0, 3) 指定位置: // 第4个点
为顶点 (1, 0) 指定位置: // 第2行第1个点，即点5
为顶点 (1, 1) 指定位置: // 第2行第2个点，即点6
为顶点 (1, 2) 指定位置: // 第2行第3个点，即点7
为顶点 (1, 3) 指定位置: // 第2行第4个点，即点8
为顶点 (2, 0) 指定位置: // 第3行第1个点，即点9
为顶点 (2, 1) 指定位置: // 第3行第2个点，即点10
为顶点 (2, 2) 指定位置: // 第3行第3个点，即点11
为顶点 (2, 3) 指定位置: // 第3行第4个点，即点12，结果如图14-65所示
```

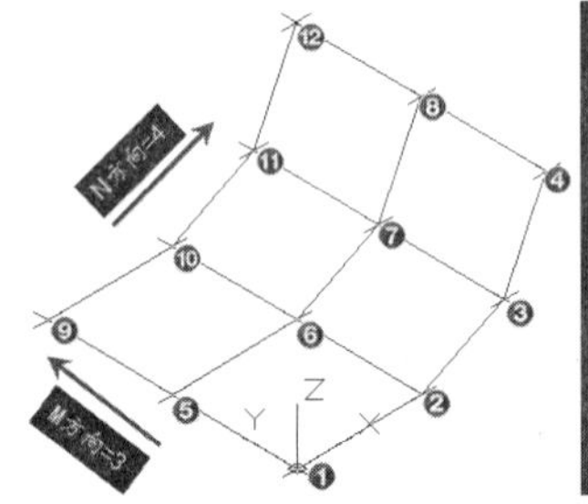

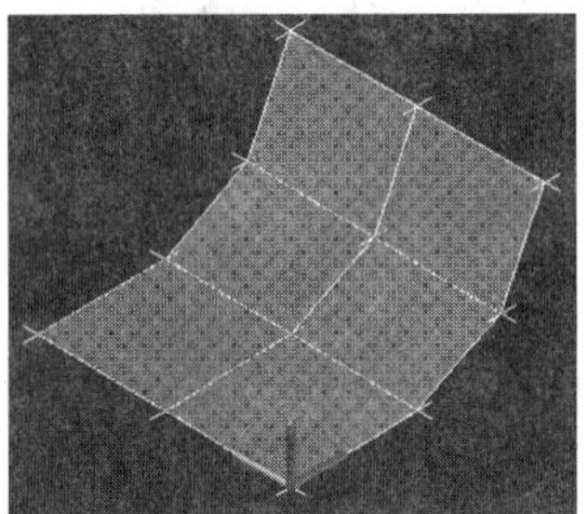

图14-65

> **专家提示**
>
> 由于在指定每个顶点的坐标时，可以将其置于三维空间中的任何一点上，即可以直接构造出三维的、复杂的、极不规则的曲面，但却要花费很大的工作量，因此很少用到此命令。

14.5.4 通过转换创建网格

使用Meshsmooth命令可以将实体、曲面和传统网格类型转换为增强的网格对象，以便利用平滑化、优化、锐化和分割等功能，如图14-66所示。

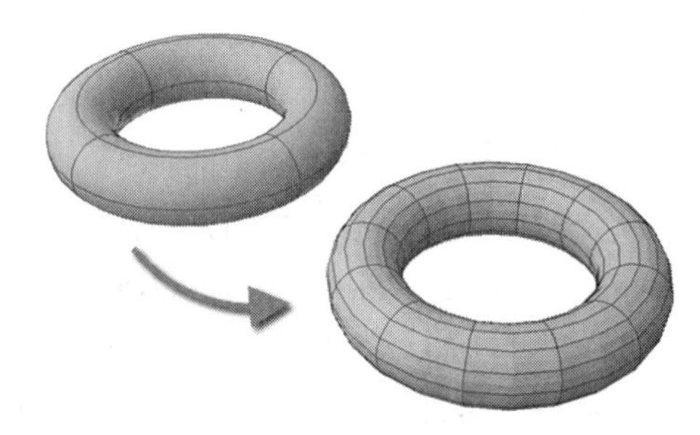

图14-66

将图元实体对象转换为网格时可以获得最稳定的结果，即结果网格与原实体模型的形状非常相似。

尽管转换结果可能与期望的有所差别，但也可以转换其他类型的对象。这些对象包括扫掠曲面和实体、传统多边形和多面网格对象、面域、闭合多段线和使用3Dface创建的对象。对于上述对象，通常可以通过调整转换设置来改善结果。

如果转换未获得预期效果，可以单击“网格”面板上的“网格镶嵌选项”按钮，打开图14-67所示的“网格镶嵌选项”对话框，更改其中的设置。例如，如果“平滑网格优化”网格类型致使转换不正确，可以将镶嵌形状设定为“三角形”或“主要象限点”。

另外还可以通过设定新面的最大距离偏移、角度、宽高比和边长来控制与原形状的相似程度。如图14-68所示，显示了使用不同镶嵌设置转换为网格的三维实体螺旋。已对优化后的网格版本进行平滑处理，但其他两个转换的平滑度为0。但是请注意，镶嵌值较小的主要象限点转换会创建与原版本最相似的网格对象。对此对象进行平滑处理会进一步改善其外观。

图14-67

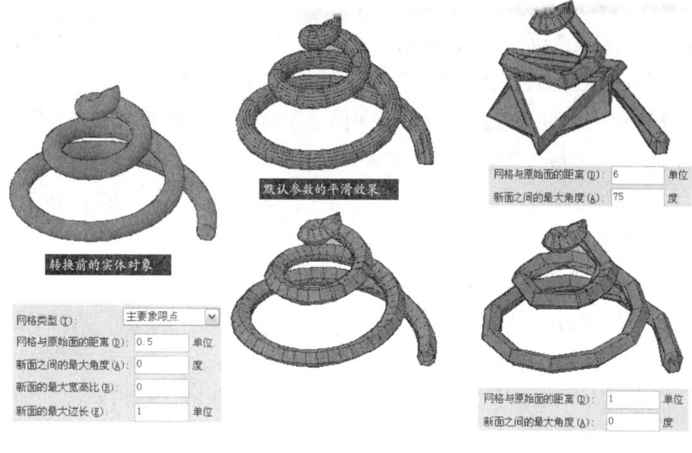

图14-68

同样，如果注意到转换后的网格对象具有大量长薄面（有时可能导致形成间隙），请尝试减小“新面的最大边长”值。

如果转换的是图元实体对象，此对话框还会提供使用与用于创建图元网格对象的默认设置相同的默认设置的选项。

直接从此对话框中选择转换候选对象时，可以在确认结果之前预览结果。

01 打开本书配套光盘中“DWG文件\CH14\操作示例14-11.dwg”文件，如图14-69所示。

02 单击“网格面板”中的“平滑对象”按钮，或者在命令提示中输入Meshsmooth并按Enter键。

03 选择螺旋体对象，系统会弹出图14-70所示的“平滑网格”对话框，单击“创建网格”选项，即可根据“网格镶嵌选项”对话框中的设置将对象转换为网格。

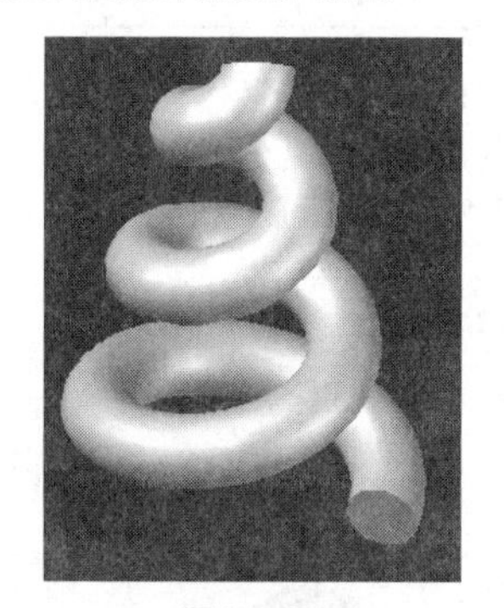

图14-69

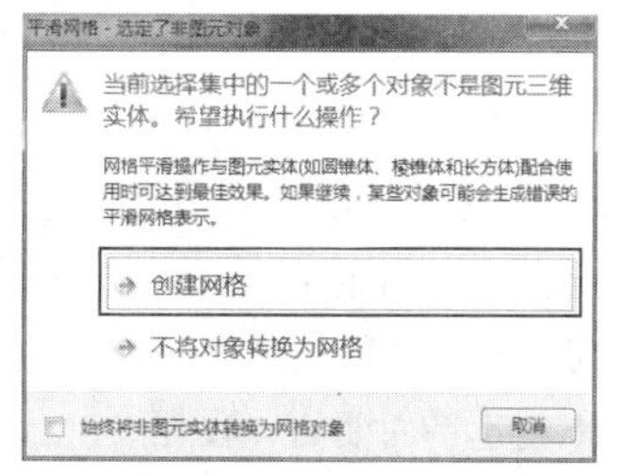

图14-70

14.6 创建程序曲面

创建程序曲面相关命令如表14-4所示。

表14-4 创建程序曲面命令

命令	简写	功能
Planesurf（平面曲面）	PLANE	通过选择关闭的对象或指定矩形表面的对角点创建平面曲面
Surfnetwork（网络曲面）	SURFN	在U 向和V方向（包括曲面和实体边子对象）的几条曲线之间的空间中创建曲面
Surfblend（过渡曲面）	SUR	在两个现有曲面之间创建连续的过渡曲面
Surfpatch（修补曲面）	SURFP	通过在形成闭环的曲面边上拟合一个封口来创建新曲面
Surfoffset（偏移曲面）	SURFO	创建与原始曲面相距指定距离的平行曲面

基于现有曲面创建程序曲面的方法有多种，其中包括过渡、修补及偏移或创建网络曲面和平面曲面。在学习这些内容之前，首先需要了解曲面连续性和凸度幅值以及要用到的一些系统变量，它们是创建曲面时的常用特性。创建了新的曲面后，可以使用特殊夹点改变连续性和凸度幅值。

连续性是衡量两条曲线或两个曲面交汇时平滑程度的指标。如果需要将曲面输出到其他应用程序，连续性的类型可能很重要。连续性类型包括以下内容。

G0（位置）：仅测量位置。如果各个曲面的边共线，则曲面在边曲线处是位置连续的（G0）。请注意，两个曲面能以任意角度相交并且仍具有位置连续性。

G1（相切）：包括位置连续性和相切连续性（G0 + G1）。对于相切连续的曲面，各端点切向在公共边一致。两个曲面看上去在合并处沿相同方向延续，但它们显现的“速度”（方向变化率，也称为曲率）可能大不相同。

G2（曲率）：包括位置、相切和曲率连续性（G0 + G1 + G2）。两个曲面具有相同曲率。

凸度幅值是测量曲面与另一曲面汇合时的弯曲或“凸出”程度的一个指标。幅值可以是0 ~ 1的值，其中0表示平坦，1表示弯曲程度最大。

曲面创建过程中有许多经常使用和更改的系统变量，如表14-5所示。

表14-5 曲面创建过程中的系统变量

变量	功能
Surfacemodelingmode	控制将曲面创建为程序曲面还是 NURBS 曲面
Surfaceassociativity	控制曲面是否保留与从中创建了曲面的对象的关系
Surfaceassociativitydrag	设置关联曲面的拖动预览行为
Surfaceautotrim	设定在将几何图形投影到曲面上时是否自动修剪曲面
Subobjselectionmode	设定在将鼠标悬停于面、边、顶点或实体历史记录子对象上时是否高亮显示它们

14.6.1 创建平面曲面

使用Planesurf命令，用户可以通过命令指定矩形的对角点来创建一个矩形平面曲面，也可以通过选择构成一个或多个封闭区域的一个或多个对象来创建平面曲面，在创建时可以指定切点和凸度幅值。

平面曲面可以通过在“特性”对话框中设置U素线和V素线来控制，如图14-71所示。

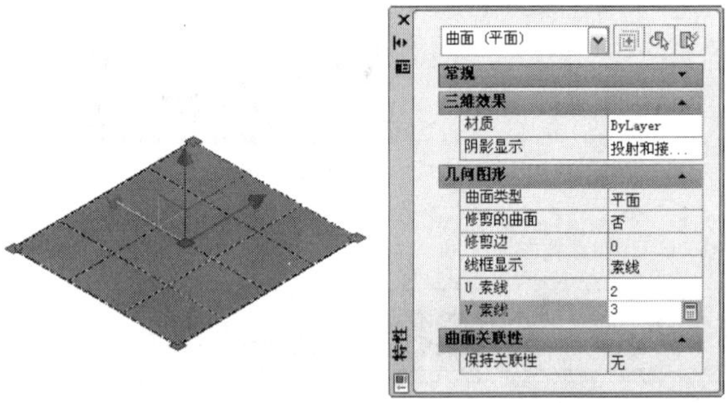

图14-71

在AutoCAD中，执行Planesurf命令的方法有以下3种。

命令行：在命令行中输入Planesurf命令并按Enter键。

菜单栏：执行“绘图>建模>网格>平面”菜单命令。

工具栏：单击“曲面”选项卡，再单击“创建”面板中的“平面”按钮。

01 在视图中创建一个任意大小的圆。

02 在命令行输入Planesurf（平面曲面）命令，将这个圆转换成平面曲面。命令执行过程如下。

```
命令: _planesurf ↙
指定第一个角点或 [对象(O)] <对象>: o ↙
选择对象: 找到 1 个          //选择上一步绘制的圆
选择对象: ↙
```

14.6.2 创建网络曲面

使用Surfnetwork命令可以创建非平面网络曲面。网络曲面与放样曲面的相似之处在于，它们都在*U*和*V*方向几条曲线之间的空间中创建。

执行Surfnetwork命令的方法有以下3种。

命令行：在命令行中输入Surfnetwork命令并按Enter键。

菜单栏：执行“绘图>建模>曲面>网络”菜单命令。

工具栏：单击“曲面”选项卡，再单击“创建”面板中的“网络”按钮

案例 072 创建网络曲面

- **学习目标** | 本例将练习如何在AutoCAD中使用Surfnetwork命令创建网络曲面，案例效果如图14-72所示。
- **视频路径** | 光盘\视频教程\CH14\创建网络曲面.avi
- **源 文 件** | 光盘\DWG文件\CH14\1462.dwg
- **结果文件** | 光盘\DWG文件\CH14\网络曲面.dwg

01 打开配套光盘中的“DWG文件\CH14\1462.dwg”文件，并切换到西南等轴测视图，如图14-73所示。

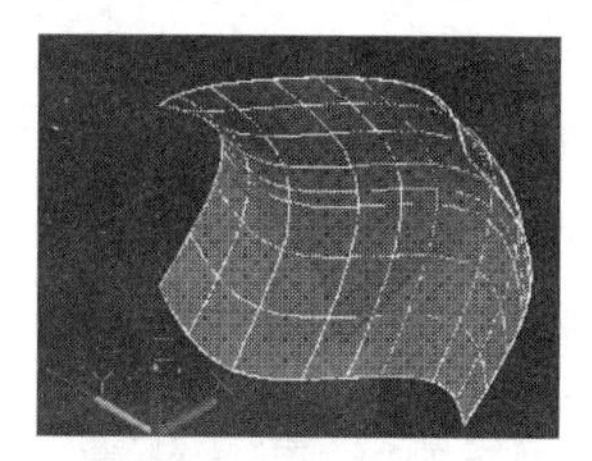

图14-72

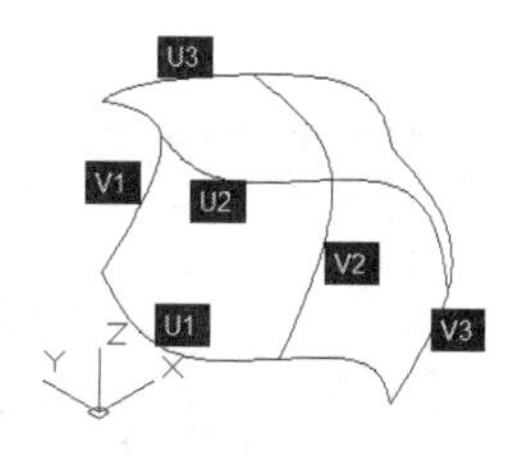

图14-73

02 单击“曲面”面板中的“网络”按钮，或者在命令提示行中输入Surfnetwork命令。

03 在绘图区域中，沿第一个方向（U 或 V）选择横截面曲线，然后按 Enter 键。

04 沿第二个方向选择横截面，然后按Enter键结束命令。命令执行过程如下。

```
命令:_Surfnetwork
沿第一个方向选择曲线或曲面边:找到 1 个            //选择图14-73所示的U1边
沿第一个方向选择曲线或曲面边:找到 1 个，总计 2 个  //选择U2边
沿第一个方向选择曲线或曲面边:找到 1 个，总计 3 个  //选择U3边
沿第一个方向选择曲线或曲面边:↙
沿第二个方向选择曲线或曲面边:找到 1 个            //选择图14-73所示的V1边
沿第二个方向选择曲线或曲面边:找到 1 个，总计 2 个  //选择V2边
沿第二个方向选择曲线或曲面边:找到 1 个，总计 3 个  //选择V3边
沿第二个方向选择曲线或曲面边:↙ //结束命令，结果如图14-74所示
```

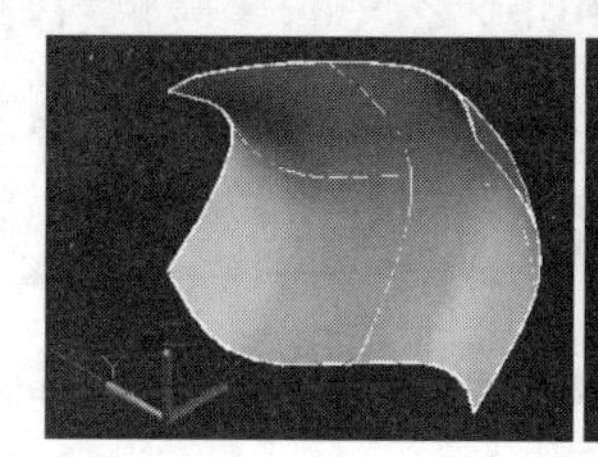
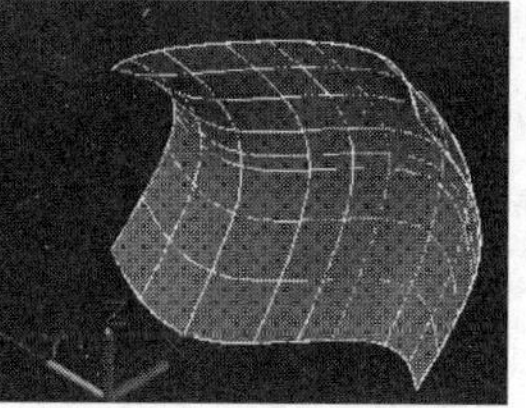

图14-74

14.6.3 创建曲面之间的过渡

可以使用Surfblend命令在现有曲面和实体之间创建新曲面，如图14-75所示。对各曲面过渡以形成一个曲面时，可以指定起始边和结束边的曲面连续性和凸度幅值。

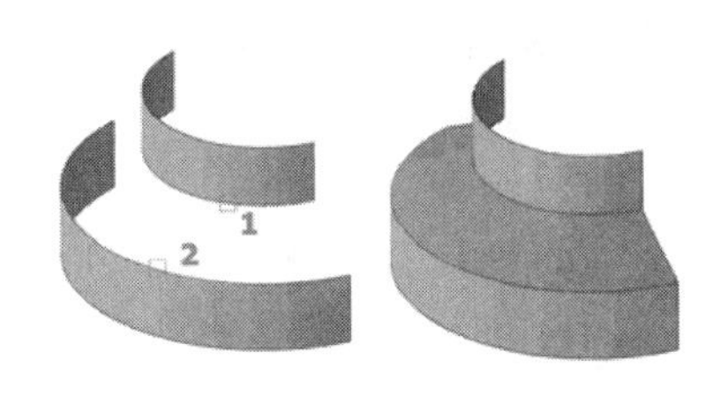

图14-75

执行Surfblend命令的方法有以下3种。

命令行：在命令行中输入Surfblend命令并按Enter键。

菜单栏：执行“绘图>建模>曲面>过渡”菜单命令。

工具栏：单击“曲面”选项卡，再单击“创建”面板中的“过渡”按钮

案例 073 创建过渡曲面

- **学习目标 |** 本例将练习如何在AutoCAD中使用Surfblend命令创建过渡曲面，案例效果如图14-76所示。
- **视频路径 |** 光盘\视频教程\CH14\创建过渡曲面.avi
- **源 文 件 |** 光盘\DWG文件\CH14\1463.dwg
- **结果文件 |** 光盘\DWG文件\CH14\过渡曲面.dwg

01 打开配套光盘中的“DWG文件\CH14\1463.dwg”文件，并切换到西南等轴测视图，如图14-77所示。

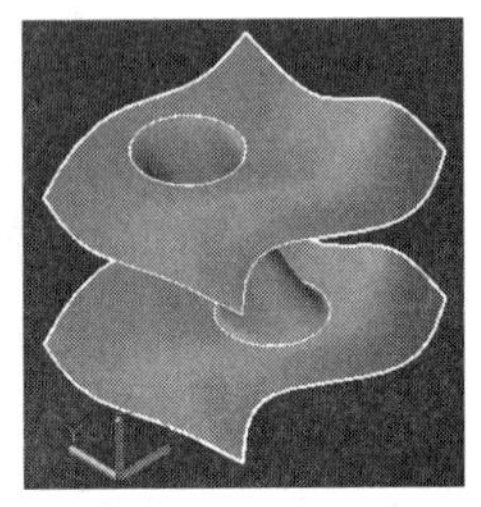

图14-76

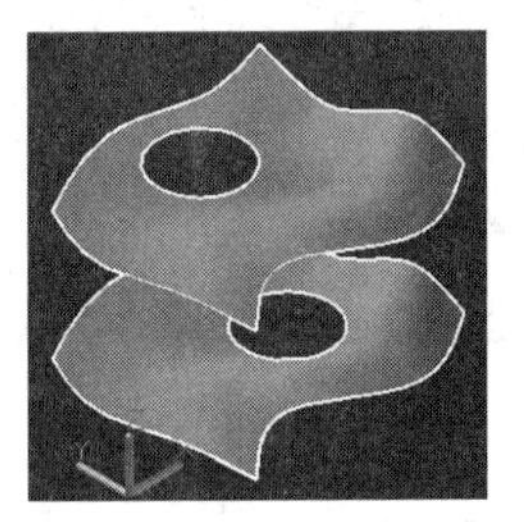

图14-77

02 在命令行中输入Surfblend命令并按Enter键。命令执行过程如下。

```
命令: _surfblend ↙
连续性 = G1 - 相切，凸度幅值 = 0.5
选择要过渡的第一个曲面的边: 找到 1 个
选择要过渡的第一个曲面的边: ↙
选择要过渡的第二个曲面的边: 找到 1 个
选择要过渡的第二个曲面的边: ↙
按 Enter 键接受过渡曲面或 [连续性(CON)/凸度幅值(B)]: c ↙
第一条边的连续性 [G0(G0)/G1(G1)/G2(G2)] <G1>: g0 ↙
第二条边的连续性 [G0(G0)/G1(G1)/G2(G2)] <G1>: g1 ↙
按 Enter 键接受过渡曲面或 [连续性(CON)/凸度幅值(B)]: b ↙
第一条边的凸度幅值 <0.5000>: 0.8 ↙
第二条边的凸度幅值 <0.5000>: ↙
按 Enter 键接受过渡曲面或 [连续性(CON)/凸度幅值(B)]: ↙
```

过渡曲面创建完成后会出现两个夹点，单击该夹点会弹出一个快捷菜单，如图14-78所示。在该菜单中可以很方便地更改过渡曲面的连续性。

图14-78

14.6.4 修补曲面

使用Surfpatch命令可在作为另一个曲面的边的一条闭合曲线（例如闭合样条曲线）内创建曲面，如图14-79所示。另外还可以绘制导向曲线，以使用约束几何图形选项来约束修补曲面的形状。在修补曲面时，需要指定连续性和凸度幅值。

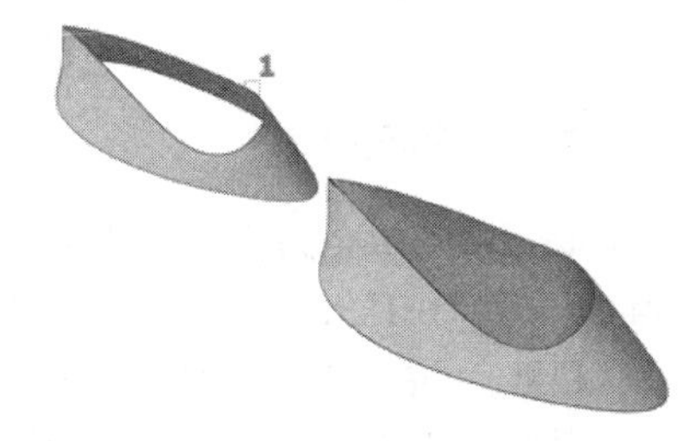

图14-79

执行Surfpatch命令的方法有以下3种。

命令行：在命令行中输入Surfpatch命令并按Enter键。

菜单栏：执行“绘图>建模>曲面>修补”菜单命令。

工具栏：单击“曲面”选项卡，再单击“创建”面板中的“修补”按钮。

案例 074 修补曲面

- **学习目标** | 本例将练习如何在AutoCAD中使用Surfpatch命令修补曲面，案例效果如图14-80所示。
- **视频路径** | 光盘\视频教程\CH14\修补曲面.avi
- **源 文 件** | 光盘\DWG文件\CH14\1464.dwg
- **结果文件** | 光盘\DWG文件\CH14\修补曲面.dwg

01 打开配套光盘中的“DWG文件\CH14\1464.dwg”文件，并切换到西南等轴测视图，如图14-81所示。

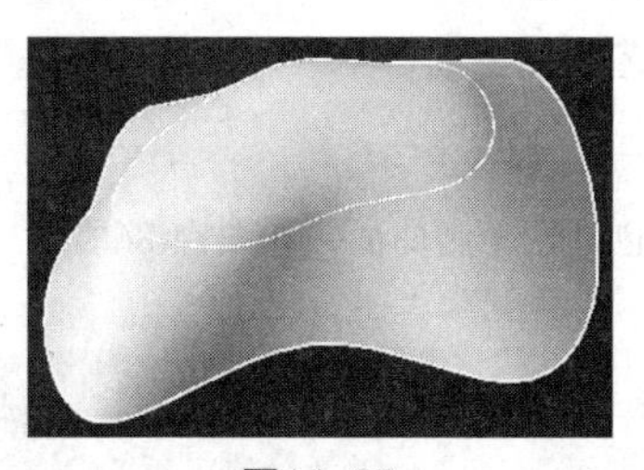
图14-80

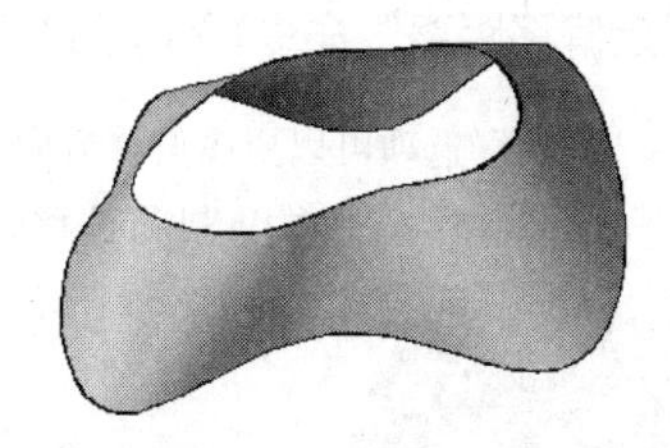
图14-81

02 在命令行中输入Surfblend命令并按Enter键。命令执行过程如下。

```
命令: _surfpatch ↙
连续性 = G0 - 位置，凸度幅值 = 0.5
选择要修补的曲面边或 [链(CH)/曲线(CU)] <曲线>: 找到 1 个 //选择曲面上要修补处的边
选择要修补的曲面边或 [链(CH)/曲线(CU)] <曲线>: ↙
按 Enter 键接受修补曲面或 [连续性(CON)/凸度幅值(B)/导向(G)]: ↙ //结束命令，默认情况下创建出的是一个水平面，结果如图14-82所示。
```

03 选中使用Surfblend命令创建出来的曲面，然后会出现一个向下的箭头，单击该箭头，在弹出的快捷菜单中选择“相切”，可以改变曲面的曲率，如图14-83所示。

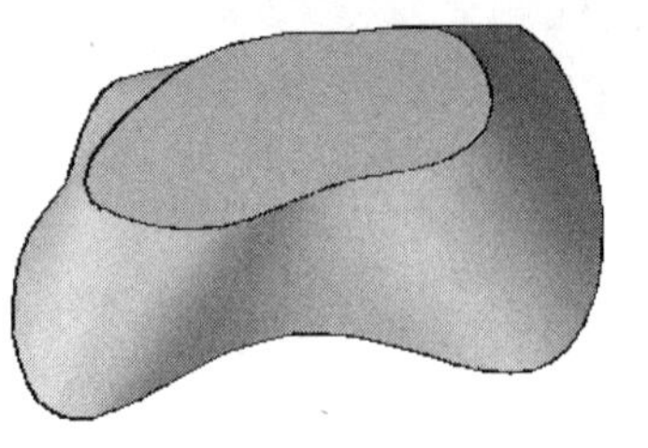

图14-82

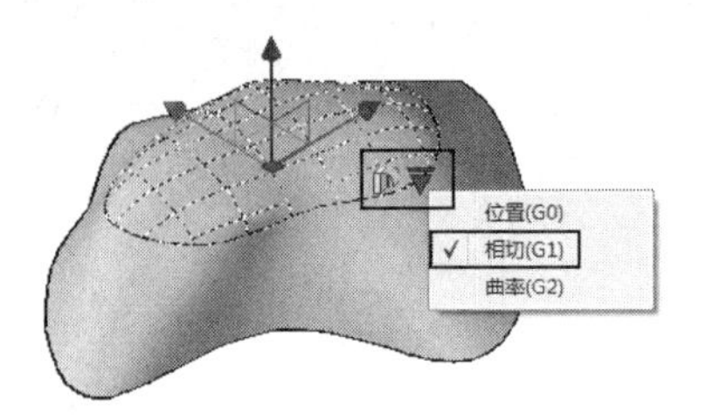

图14-83

14.6.5 偏移曲面

1. Surfoffset命令

使用Surfoffset命令可以创建与原始曲面相距指定距离的平行曲面，如图14-84所示。可以指定偏移距离，以及偏移曲面是否保持与原始曲面的关联性，还可使用数学表达式指定偏移距离。

执行Surfoffset命令的方法有以下3种。

命令行：在命令行中输入Surfoffset命令并按Enter键。

菜单栏：执行“绘图>建模>曲面>偏移”菜单命令。

工具栏：单击“曲面”选项卡，再单击“创建”面板中的“偏移”按钮。

Surfoffset的命令提示如下。

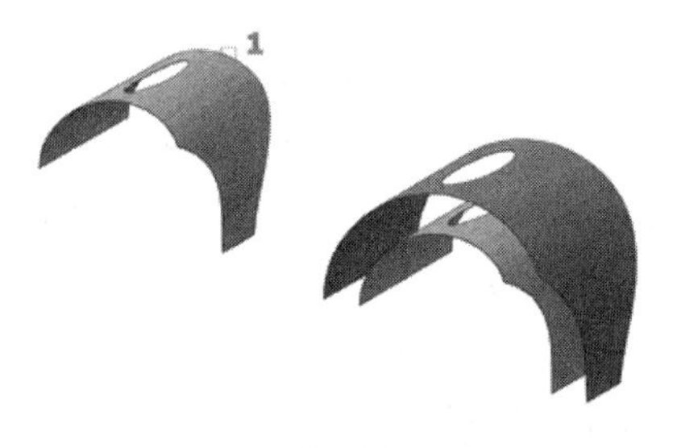

图14-84

```
命令: _surfoffset
连接相邻边 = 否
选择要偏移的曲面或面域: 找到 1 个
选择要偏移的曲面或面域:
指定偏移距离或 [翻转方向(F)/两侧(B)/实体(S)/连接(C)/表达式(E)] <0.0000>:
```

2. 技术要点：“指定偏移距离”命令提示后的各选项含义

翻转方向（F）：使用“翻转”选项可以更改偏移方向，如图14-85所示。

两侧（B）：使用该选项可以在两个方向上进行偏移以创建两个新曲面，如图14-86所示。

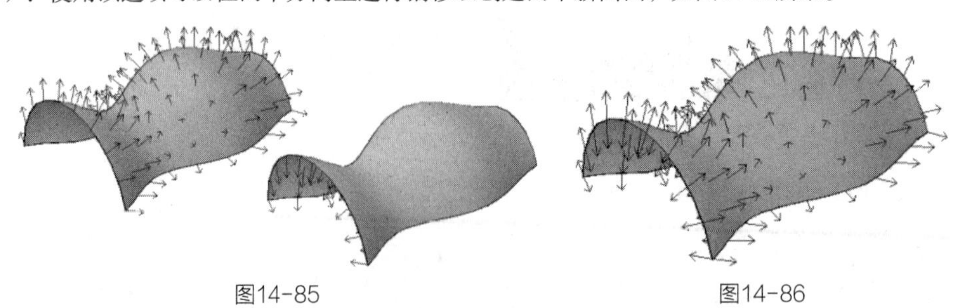

图14-85　　图14-86

实体（S）：使用该选项可以在偏移曲面之间创建实体，如图14-87所示。

连接（C）：如果要对多个曲面进行偏移，使用该选项可以指定偏移后的曲面是否仍然保持连接，如图14-88所示。

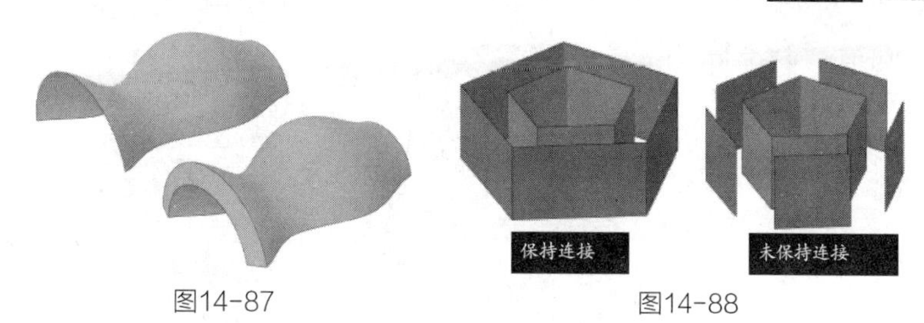

图14-87　　图14-88

表达式（E）：使用该选项可以输入用于约束偏移曲面与原始曲面之间的距离的表达式。此选项仅在关联性处于启用状态时才会显示。

14.6.6 将对象转换为程序曲面

使用Convtosurface命令可以将三维实体、网格和二维几何图形转换为程序曲面，如图14-89所示。

将对象转换为曲面时，可以指定结果对象是平滑的还是具有镶嵌面的，图14-90所示是向平滑的优化曲面的转换。

在转换网格时，结果曲面的平滑度和面数由Smoothmeshconvert系统变量控制。图14-91所示是向镶嵌面的曲面的转换效果，该曲面中的面未进行合并或优化。

Smoothmeshconvert值为1时，平滑处理但不优化；值为2时，镶嵌面处理并优化；值为3时，镶嵌面处理但不优化。

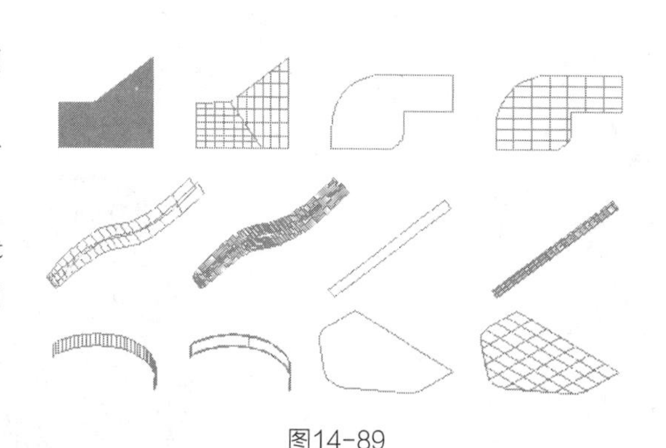
图14-89

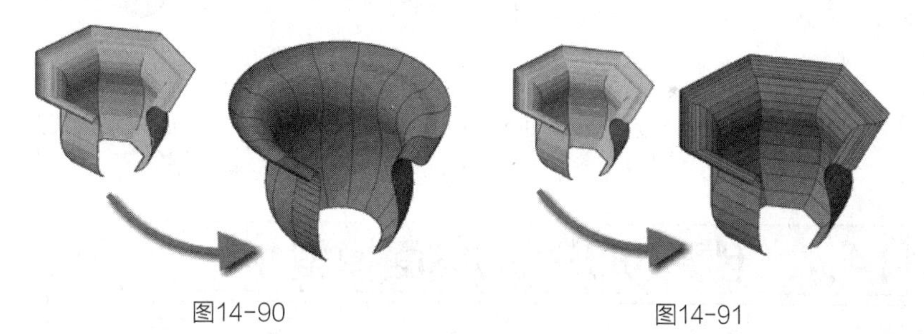
图14-90　　图14-91

专家提示

可以使用Explode命令将具有曲线式面的三维实体（例如圆柱体）分解，从而创建曲面。Delobj利用系统变量可以控制在创建新对象时是自动删除用于创建三维对象的几何图形还是提示用户删除对象。

案例 075 将对象转换为曲面

- **学习目标** | 本例将练习如何在AutoCAD中使用Convtosurface命令将对象转换为曲面，案例效果如图14-92所示。
- **视频路径** | 光盘\视频教程\CH14\将对象转换为曲面.avi
- **源 文 件** | 光盘\DWG文件\CH14\1466.dwg
- **结果文件** | 光盘\DWG文件\CH14\将对象转换为曲面.dwg

01 打开配套光盘中的“DWG文件\CH14\1466.dwg”文件，并切换到西南等轴测视图，将视觉样式设置为“灰度”以便于观察，如图14-93所示。

02 在命令行中输入Vsedges系统变量，将其值设置为1，将未选中的网格对象中可编辑网格面的边显示出来，如图14-94所示。

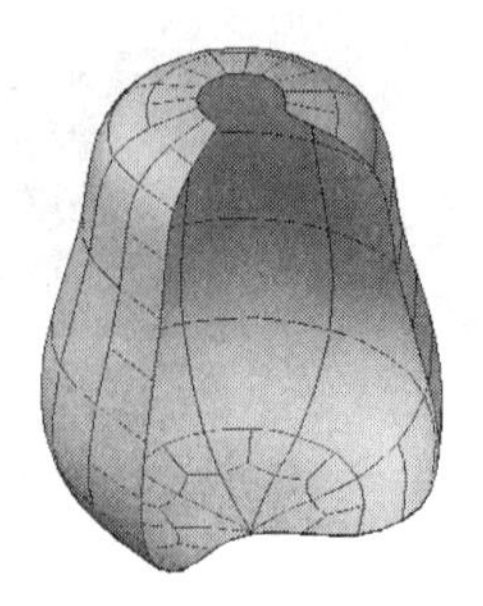

图14-92

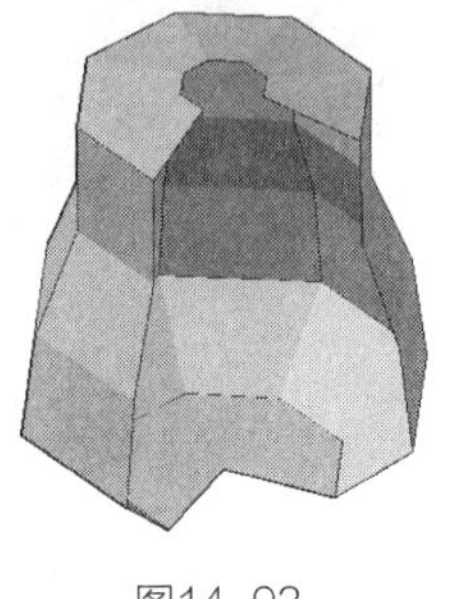

图14-93

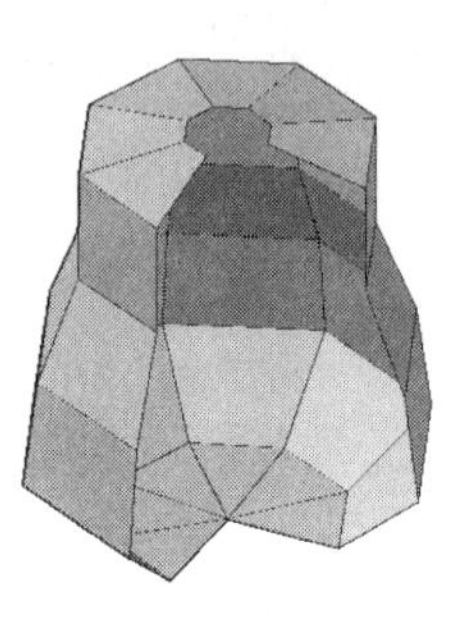

图14-94

03 在命令行中输入Smoothmeshconvert系统变量，将值设置为1。

04 在命令行中输入Convtosurface命令，将对象转换为曲面，结果如图14-95所示。命令执行过程如下。

```
命令: _convtosurface
网格转换设置为: 镶嵌面处理但不优化。
选择对象: 找到 1 个 //选择要转换的对象
选择对象:
```

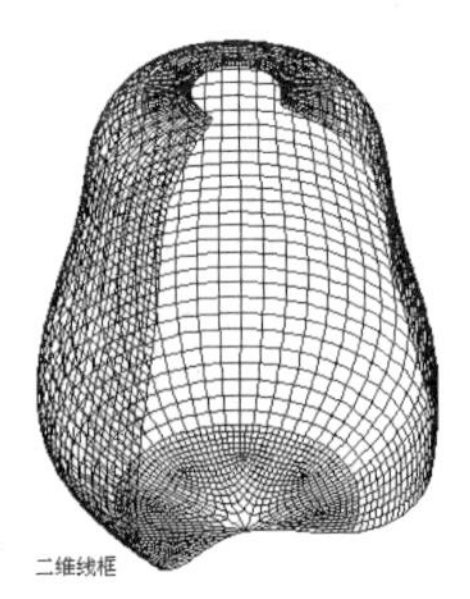

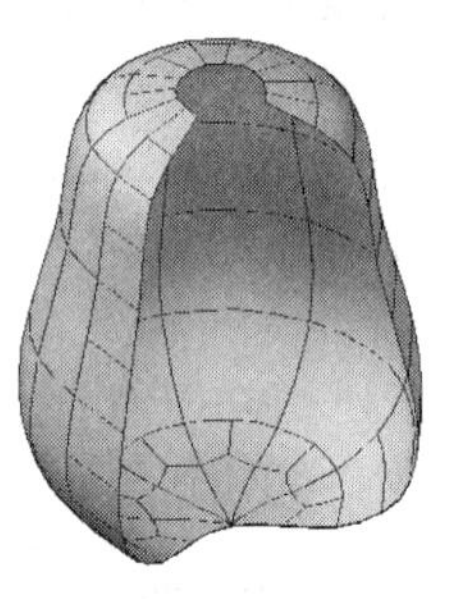

图14-95

用户还可以尝试分别将Smoothmeshconvert系统变量设置为1和3，观察转换后的结果有什么不同。

14.7 创建NURBS曲面模型

在AutoCAD中可以通过启用NURBS创建功能并使用用于创建程序曲面的很多命令来创建NURBS曲面，还可将现有程序曲面转换为NURBS曲面。首先来了解什么是NURBS曲面。

NURBS（非一致有理B样条曲线）曲面是AutoCAD提供的一系列三维建模对象（还包括三维实体、程序曲面和网格）中的一种。

NURBS曲面以Bezier曲线或样条曲线为基础。因此，诸如阶数、拟合点、控制点、线宽和节点参数化等设置对于定义NURBS曲面或曲线很重要。AutoCAD样条曲线经过优化可创建NURBS曲面，使用户可以控制上述很多选项。

图14-96所示为当选择NURBS曲面或样条曲线时显示的控制点。

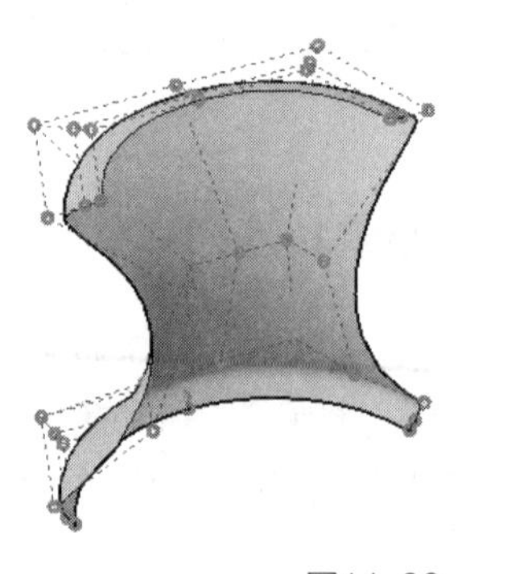

图14-96

创建NURBS曲面有以下两种方法。

- 将Surfacemodelingmode系统变量设定为1，使用任何曲面创建命令创建出来的曲面都是NURBS曲面。
- 使用Convtonurbs命令可以将任何现有曲面转换为NURBS曲面。

14.8 创建关联曲面

关联曲面会根据对其他相关对象所做的更改自动进行调整。曲面关联性处于打开状态时，创建的曲面将带有与创建它们的曲面或轮廓之间的关系。

利用关联性可以进行以下操作。

- 重塑生成曲面所依据的轮廓形状，以自动重塑该曲面的形状。
- 将一组曲面作为一个对象进行处理。正如重塑实心长方体一个面的形状会调整整个图元一样，重塑关联曲面组中一个曲面或边的形状也会调整整个组。
- 对曲面的二维轮廓使用几何约束。
- 可以指定数学表达式来导出曲面的特性（例如高度和半径）。例如，指定拉伸后曲面的高度等于另一个对象长度的一半。

当添加更多对象并进行编辑时，所有这些对象将变得相关并生成一个从属关系链。编辑一个对象可能造成涟漪效应，而影响所有关联的对象。

了解关联性链是很重要的，因为移动或删除链中的一个链接可能会破坏所有对象之间的关系。

注意

如果要修改从曲线或样条曲线生成的曲面的形状，必须选择并修改生成曲面所依据的曲线或样条曲线，而不是曲面本身。如果修改曲面本身，将失去关联性。

当关联性处于启用状态时，将忽略Delobj系统变量。如果“曲面关联性”和“NURBS创建”都处于打开状态，则曲面将创建为NURBS曲面而不是关联曲面。

事先规划模型可以节省时间，创建模型后用户不能再返回并添加关联性。此外，还应该小心不要将对象脱离组而破坏关联性。

单击“曲面”选项卡，再单击“创建”面板中的“曲面关联性”按钮，或者在命令提示行中输入Surfaceassociativity命令，将它的值设置为1，这样任何新程序曲面都会是关联曲面。

注意

NURBS创建会替代“曲面关联性”。如果“曲面关联性”和“NURBS创建”都处于打开状态，则曲面关联性不起作用。

在图形中选择一个关联曲面，打开“特性”选项板，如图14-97所示。在“曲面关联性”的“显示关联性”下拉列表中选择“是”。将鼠标悬停在该曲面和附近的对象上，关联对象（例如生成曲面所依据的曲线或边子对象）会与曲面本身一起高亮显示。

在“曲面关联性”的“保持关联性”下拉列表中选择“无”，曲面将保持与其他对象的关联性。但是所创建的任何新对象将不会与该曲面相关联，该操作打断了关联性链条。

在“曲面关联性”的“保持关联性”下拉列表中选择“删除”，可以从曲面删除关联性，该曲面将成为基本曲面。用户不能再从“特性”选项板中更改任何特性或该曲面的特性，该曲面失去与其他对象的关系。

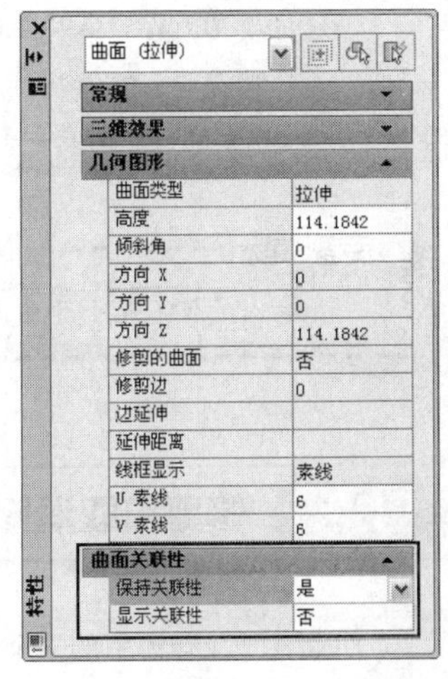

图14-97

14.9 编辑曲面

可以使用基本编辑工具（例如修剪、延伸和圆角处理）编辑程序曲面和NURBS曲面，还可通过拉伸控制点来重塑NURBS曲面的形状。完成曲面设计时，可使用曲面分析工具确保模型质量，并在必要时重新生成模型。

编辑曲面命令如表14-6所示。

表14-6 编辑曲面命令

命令	简写	功能
Surffillet（圆角曲面）	SURFF	在两个其他曲面之间创建圆角曲面
Surftrim（修剪曲面）	SURFT	修剪与其他曲面或其他类型的几何图形相交的曲面部分
Projectgeometry（投影曲面）	PROJ	从不同方向将点、直线或曲线投影到三维实体或曲面上
Surfextend（延伸曲面）	SURFE	按指定的距离拉长曲面

14.9.1 圆角曲面

使用Surffillet命令可以在两个曲面或面域之间创建截面轮廓的半径为常数的相切曲面，以对两个现有曲面或面域之间的区域进行圆角处理，如图14-98所示。

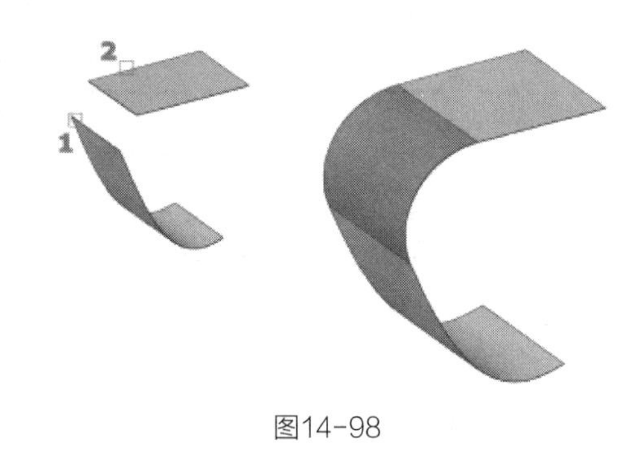

图14-98

默认情况下，圆角曲面使用在Filletrad3D系统变量中设定的半径值。可以在创建曲面时使用半径选项或拖放圆角夹点来更改半径。可以在特性选项板中更改圆角半径或通过数学表达式导出半径。

在命令行中输入Surffillet命令，或者单击“曲面”选项卡，再单击“编辑”面板中的“圆角”按钮。命令执行过程如下。

```
命令: _surffillet
半径 = 100.0000，修剪曲面 = 是
选择要圆角化的第一个曲面或面域或者 [半径(R)/修剪曲面(T)]: r ↙
指定半径 <100.0000>: 200 ↙        //指定圆角半径
选择要圆角化的第一个曲面或面域或者 [半径(R)/修剪曲面(T)]: //选择第一个曲面
选择要圆角化的第二个曲面或面域或者 [半径(R)/修剪曲面(T)]: //选择第二个曲面
按 Enter 键接受圆角曲面或 [半径(R)/修剪曲面(T)]: ↙
```

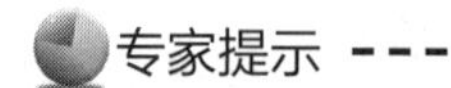
专家提示

输入的值不能小于曲面之间的间隙，如果未输入半径值，将使用Filletrad3D系统变量的值。

14.9.2 修剪和取消修剪曲面

曲面建模工作流中的一个重要步骤是修剪曲面。可以在曲面与相交对象相交处修剪曲面，或者可以将几何图形作为修剪边投影到曲面上。使用Surftrim命令可修剪和取消修剪曲面，以使其适合于其他对象的边。

单击“曲面”选项卡，再单击“编辑”面板中的“修剪”按钮。命令执行过程如下。

```
命令: _surftrim
延伸曲面 = 是，投影 = 自动
选择要修剪的曲面或面域或者 [延伸(E)/投影方向(PRO)]: 找到 1 个 //选择曲面，步骤1如图14-99所示
选择要修剪的曲面或面域或者 [延伸(E)/投影方向(PRO)]: ↙
选择剪切曲线、曲面或面域: 找到 1 个 //步骤2如图14-99所示
选择剪切曲线、曲面或面域: ↙
选择要修剪的区域 [放弃(U)]: //单击要剪掉的区域，步骤3如图14-99所示
选择要修剪的区域 [放弃(U)]:
```

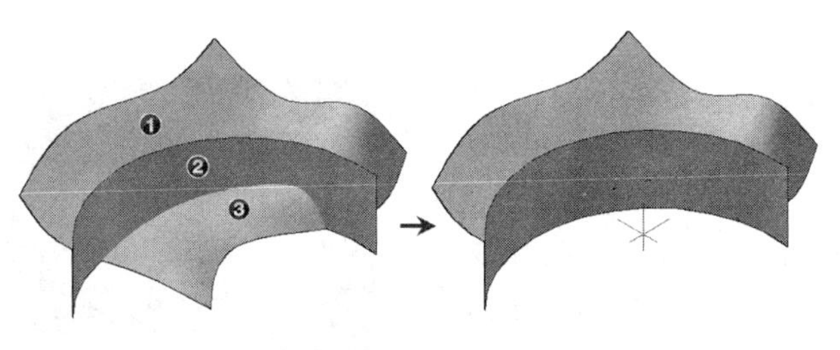

图14-99

修剪曲面后，还可以使用Surfuntrim命令替换删除的曲面区域。

注意

Surfuntrim不会恢复由Surfuntrim系统变量和Projectgeometry删除的区域，而只是恢复由Surftrim修剪的区域。

要取消修剪曲面，可以单击“编辑”面板中的“取消修剪”按钮，或者在命令提示行中输入Surfuntrim命令，然后选择曲面的可见部分，并按Enter键即可。

将几何体投影到曲面、实体和面域上，类似于将影片投影到屏幕上，用户可以将几何体从不同方向投影到三维实体、曲面和面域上，以创建修剪边。

14.9.3 投影曲面

使用Projectgeometry命令可以在对象上创建一条可以移动和编辑的重复曲线，还可以根据并不实际接触曲面、但在当前视图中看上去与对象相交的二维曲线进行修剪。

将Surfaceautotrim系统变量的值设置为1可以在将几何体投影到曲面上时自动修剪该曲面。

将几何体投影到曲面、实体和面域上的操作过程如图14-100所示。命令执行过程如下。

```
命令:_surfaceautotrim的新值 <0>: 1 ↙
命令: _projectgeometry ↙
曲面自动修剪 = 1
选择要投影的曲线、点或 [投影方向(PRO)]: 找到 1 个 //选择二维线段
选择要投影的曲线、点或 [投影方向(PRO)]: ↙
选择一个实体、曲面或面域作为投影目标: //选择曲面
指定投影方向 [视图(V)/UCS(U)/点(P)] <视图>: UCS ↙
已成功投影 1 个对象。
成功执行了 1 个自动修剪操作。
```

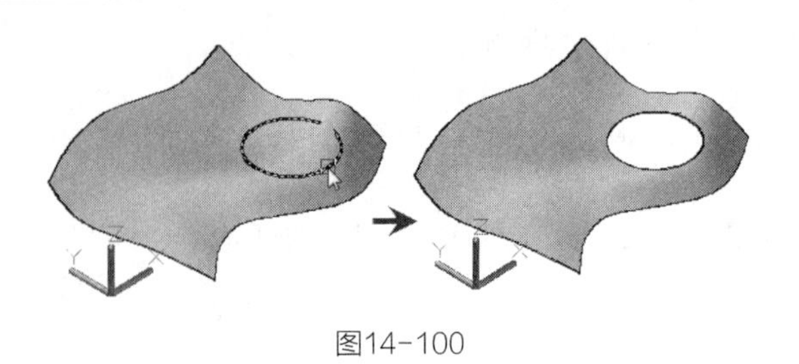

图14-100

在“指定投影方向[视图（V）/UCS（U）/点（P）] <视图>:”命令提示中有3个选项，可以从3个不同角度投影几何体。当前UCS的z轴、当前视图或两点间的路径。

投影到UCS：沿当前UCS的z轴的正向或负向投影几何体。

投影到视图：基于当前视图投影几何体。

投影到两个点：沿两点之间的路径投影几何体。

14.9.4 延伸曲面

使用Surfextend命令可以通过将曲面延伸到与另一对象的边相交或指定延伸长度来创建新曲面，如图14-101所示。

有两种类型的延伸曲面：合并与附加。合并曲面是曲面的延续，没有接缝。附加曲面通过添加另一个曲面来延伸曲面，有接缝。由于附加曲面会生成接缝，因此此类曲面具有连续性和凸度幅值特性。

对于这两种曲面类型，可以在“特性”选项板中更改长度或通过数学表达式导出长度。

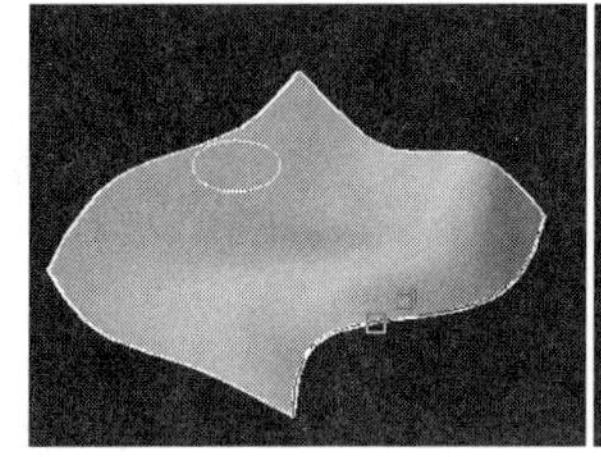
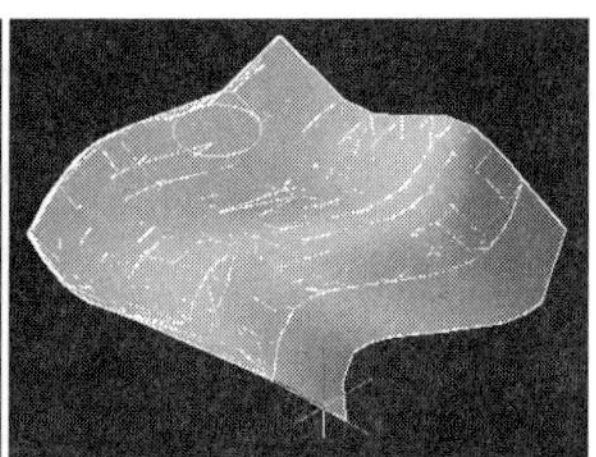

图14-101

14.9.5 编辑NURBS曲面

可以使用三维编辑栏或通过编辑控制点来更改NURBS曲面和曲线的形状，如图14-102所示。

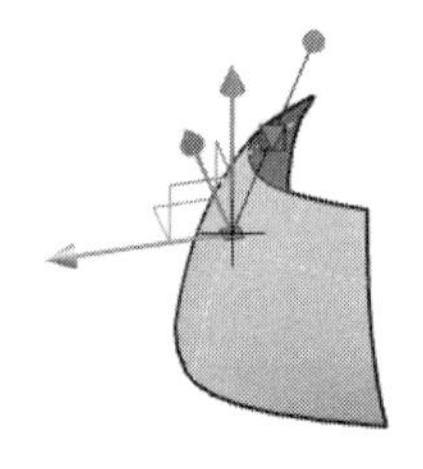
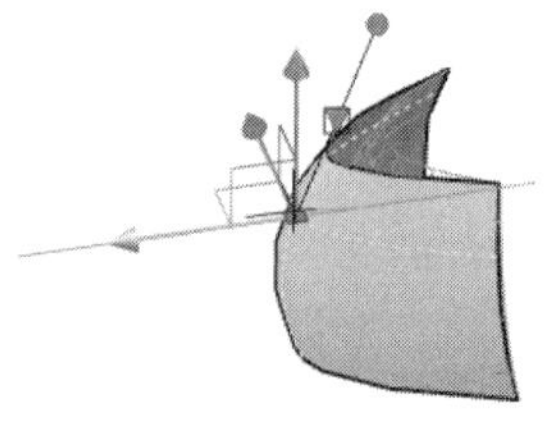
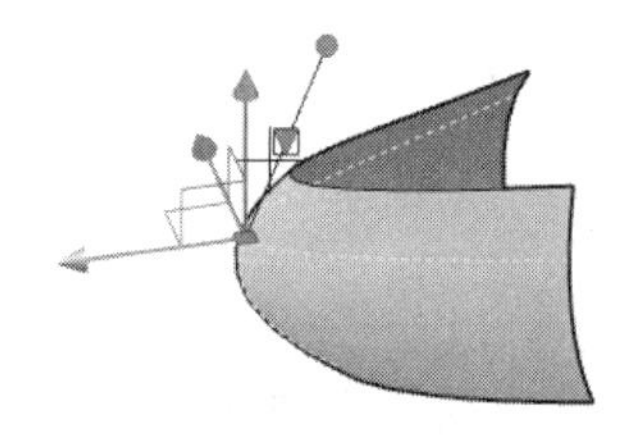

图14-102

另一种编辑NURBS曲面的方法是直接拖动和编辑控制点，如图14-103所示。在按住Shift键时可以选择多个控制点。

可以使用CVSHOW显示NURBS曲面和曲线的控制点，如图14-104所示。

拖动控制点可以重塑曲线或曲面的形状，还可以沿U和V方向添加或删除控制点，如图14-105所示。

编辑NURBS曲面或曲线可能会导致不连续和皱褶，可以通过更改阶数和控制点数重新构造曲面或曲线。重新生成还可让用户删除原始几何图形和（仅适用于曲面）重新放置修剪区域。

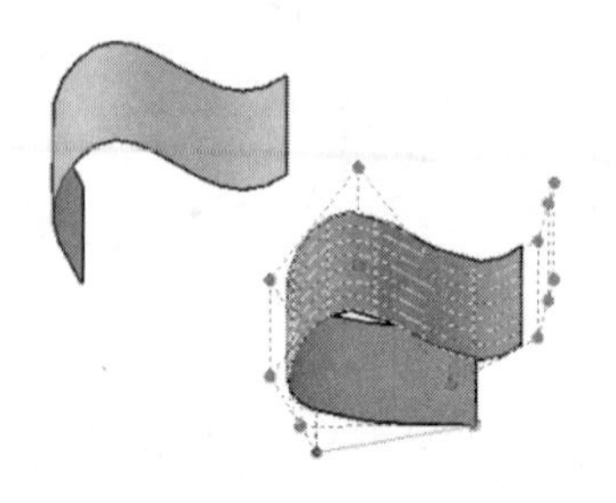

图14-103

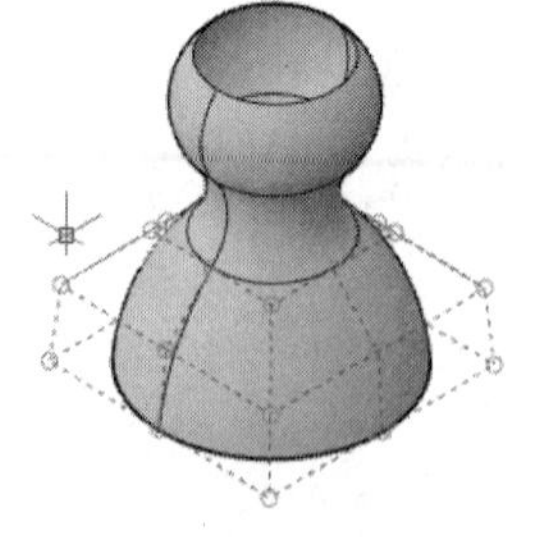

图14-104

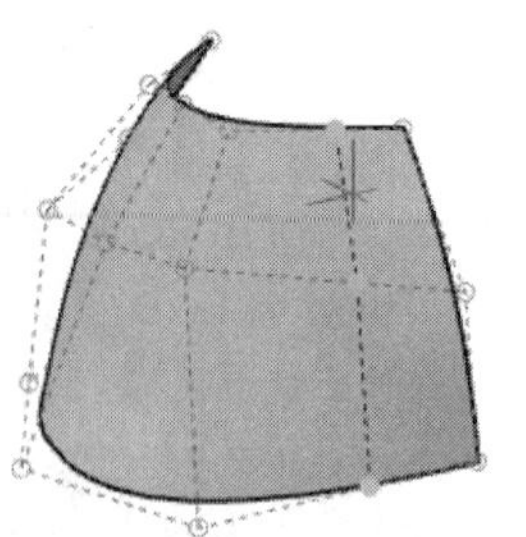
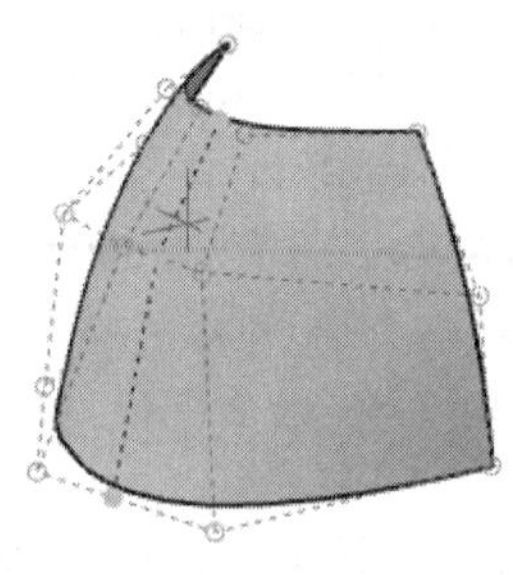

图14-105

14.9.6 分析曲面

可以使用曲面分析工具来检查曲面的连续性、曲率和拔模斜度，以便于在制造前验证曲面和曲线。分析工具包括以下内容。

斑纹分析：通过将平行线投影到模型上来分析曲面连续性，如图14-106所示。

曲线分析：通过显示渐变色，计算曲面曲率高和低的区域，如图14-107所示。

拔模分析：计算模型在零件及其模具之间是否具有足够的拔模，如图14-108所示。

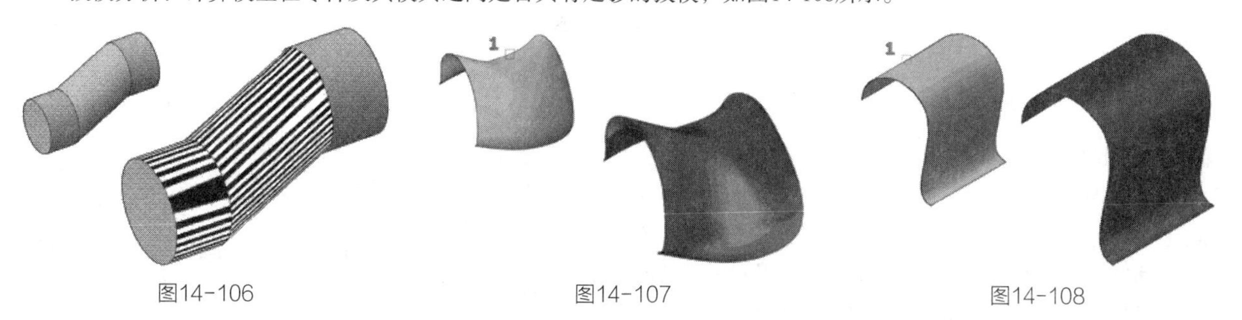

图14-106　图14-107　图14-108

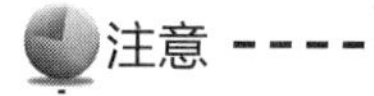

注意

分析工具仅适用于三维视觉样式，而不适用于二维环境。

14.10 综合实例

本节通过创建足球球门模型和热气球模型来练习曲面建模的方法和技巧。

案例 076 绘制足球的球门

- **学习目标** | 本例主要介绍边界曲面的绘制方法，以及如何使用系统变量控制网格密度，案例效果图如图14-109所示。
- **视频路径** | 光盘\视频教程\CH14\绘制足球的球门.avi
- **结果文件** | 光盘\DWG文件\CH14\足球的球门.dwg

绘制足球的球门模型的主要操作步骤如图14-110所示。

- 使用样条曲线和直线绘制出球门的边界线。
- 创建出球门顶部的网格。
- 创建出球门后边的网格。
- 使用样条曲线绘制右侧的边界。
- 将右侧的线段打断并创建出一半的网格。
- 创建出球门右侧另外一半的网格。
- 使用圆柱体创建出球门的横梁和立柱。

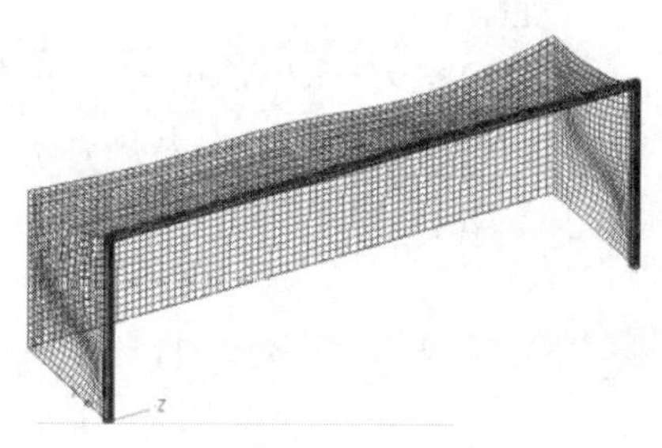

图14-109

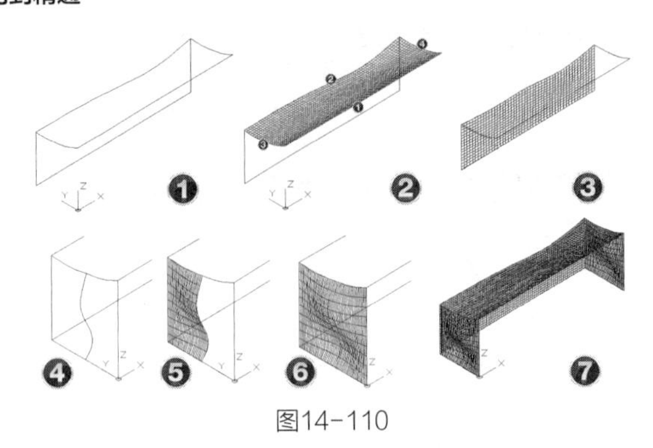

图14-110

1. 绘制顶部和后部的球网

01 打开AutoCAD 2014，创建新的图形文件，并切换到“西南等轴测”视图。

02 执行“格式>图层”菜单命令，在弹出的“图层特性管理器”对话框中创建两个新图层，分别命名为“网格”“线条”，并将“线条”图层设置为当前图层，如图14-111所示。

图14-111

03 在命令提示行输入Line命令并按Enter键，绘制出两条直线作为球门的门柱和底部，如图14-112所示。命令执行过程如下。

```
命令: _l ↙
Line
指定第一个点: 0,200,215 ↙
指定下一点或 [放弃(U)]: @0,0,-215 ↙
指定下一点或 [放弃(U)]: @744,0,0 ↙
指定下一点或 [闭合(C)/放弃(U)]: ↙
```

04 按Space键或Enter键继续执行该命令，绘制顶部的横梁，如图14-113所示。命令执行过程如下。

```
命令:
Line
指定第一个点: 0,0,250 ↙
指定下一点或 [放弃(U)]: @744,0,0 ↙
指定下一点或 [放弃(U)]: ↙
```

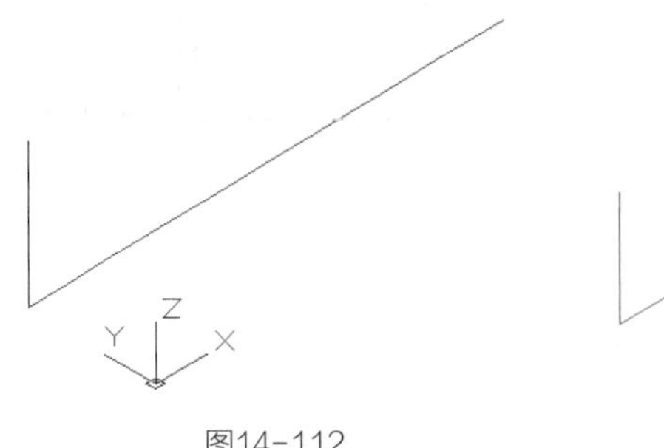

图14-112

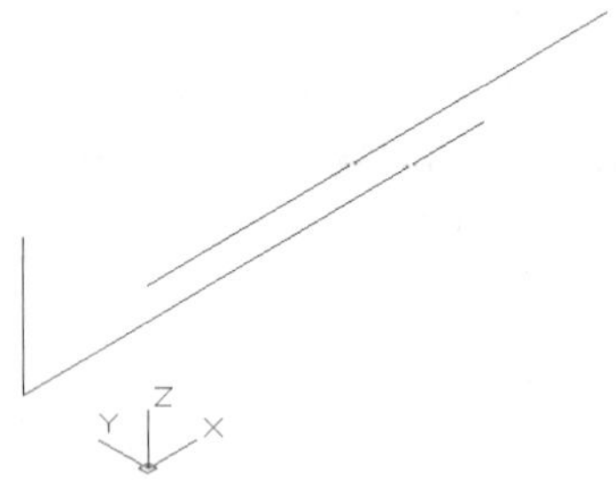

图14-113

05 单击“绘图”工具栏中的“样条曲线”按钮，绘制图14-114所示的样条曲线。命令执行过程如下。

```
命令: _spline
当前设置: 方式=拟合  节点=弦
指定第一个点或 [方式(M)/节点(K)/对象(O)]: 0,200,215 ↙
输入下一个点或 [起点切向(T)/公差(L)]: 370,200,200 ↙
输入下一个点或 [端点相切(T)/公差(L)/放弃(U)]: 560,200,186 ↙
输入下一个点或 [端点相切(T)/公差(L)/放弃(U)/闭合(C)]: 744,200,215 ↙
输入下一个点或 [端点相切(T)/公差(L)/放弃(U)/闭合(C)]: ↙
```

06 按Space键继续绘制样条曲线，结果如图14-115所示。命令执行过程如下。

```
命令: _spline
当前设置: 方式=拟合  节点=弦
指定第一个点或 [方式(M)/节点(K)/对象(O)]: 0,200,215 ↙
输入下一个点或 [起点切向(T)/公差(L)]: 0,148,213 ↙
输入下一个点或 [端点相切(T)/公差(L)/放弃(U)]: 0,96,220 ↙
输入下一个点或 [端点相切(T)/公差(L)/放弃(U)/闭合(C)]: 0,48,230 ↙
输入下一个点或 [端点相切(T)/公差(L)/放弃(U)/闭合(C)]: 0,0,250 ↙
输入下一个点或 [端点相切(T)/公差(L)/放弃(U)/闭合(C)]:
```

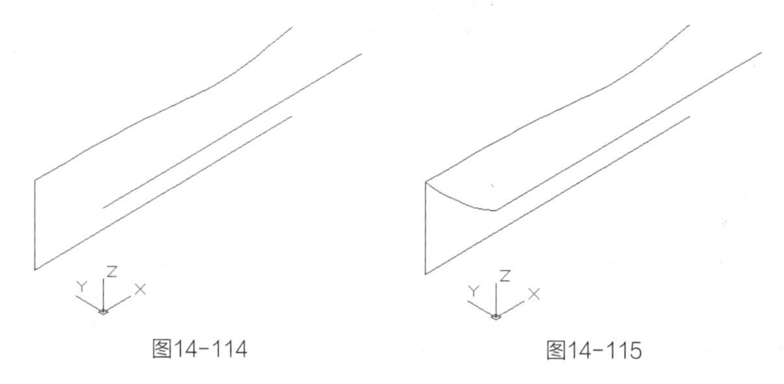

图14-114　　图14-115

07 在命令提示行输入Copy命令并按Enter键，将上一步绘制的样条曲线水平向右复制一份，如图14-116所示。命令执行过程如下。

```
命令: _copy
选择对象:                    //选择上一步绘制的样条曲线
选择对象: ↙
指定基点或位移，或者 [重复(M)]:              //在绘图区域任意拾取一点
指定位移的第二点或 <用第一点作位移>: @744,0 ↙
```

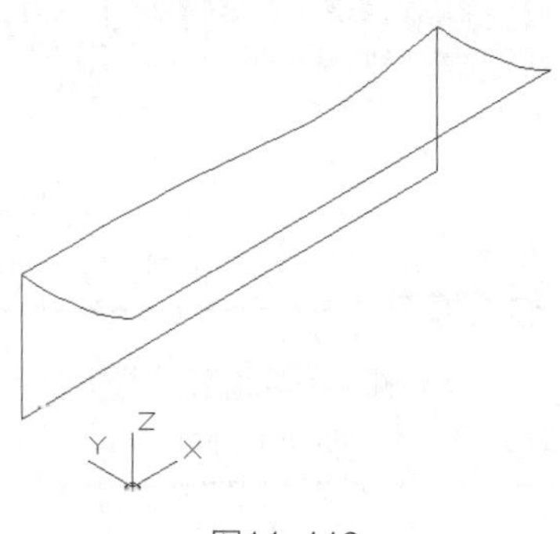

图14-116

08 前面绘制的曲线和直线共同构成了两个面的边界，下面就可以根据边界创建曲面。为了使生成的曲面比较光滑，首先需要设置当前的网格密度。命令执行过程如下。

```
命令: _surftab1 ↙
输入 Surftab1 的新值 <6>: 75 ↙
命令: surftab2 ↙
输入Surftab 2 的新值 <6>: 20 ↙
```

09 执行“绘图>建模>网格>边界网格”菜单命令，绘制图14-117所示的曲面。命令执行过程如下。

```
命令: _edgesurf
当前线框密度: Surftab1=75  Surftab2=20
选择用作曲面边界的对象 1:    //选择较长的样条曲线作为构成顶面的第一条边
选择用作曲面边界的对象 2:    //选择构成顶面的第二条边
选择用作曲面边界的对象 3:    //选择构成顶面的第三条边
选择用作曲面边界的对象 4:    //选择构成顶面的第四条边
```

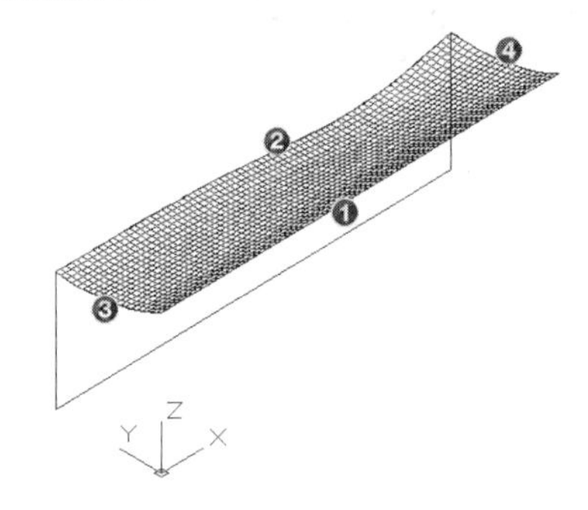

图14-117

专家提示

为了方便绘制球门后部的网格，可以选中绘制的网格，然后在图层列表中将其移动到“网格”图层，并隐藏该图层，如图14-118所示。

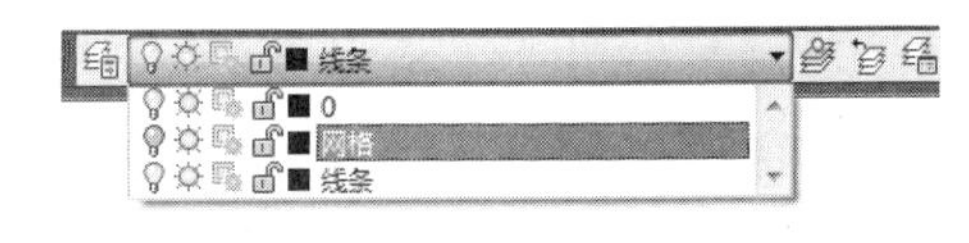

图14-118

10 继续执行“绘图>建模>网格>边界网格”菜单命令，绘制图14-119所示的曲面。命令执行过程如下。

```
命令: _edgesurf
当前线框密度: Surftab1=75  Surftab2=20
选择用作曲面边界的对象 1:    //选择较长的样条曲线
选择用作曲面边界的对象 2:    //选择构成曲面的第二条边
选择用作曲面边界的对象 3:    //选择构成曲面的第三条边
选择用作曲面边界的对象 4:    //选择构成曲面的第四条边
```

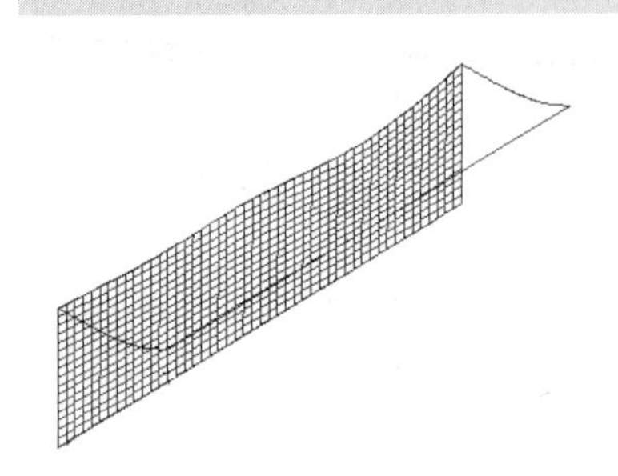

图14-119

专家提示

在创建边界曲面的过程中，选择第一条边界时将使用Surftab1的值对其进行等分，而使用Surftab2的值对其邻边进行等分。

2. 绘制两侧的边网

01 使用L命令绘制图14-120所示的两条直线段。

02 单击“绘图”工具栏中的“样条曲线”按钮，绘制图14-121所示的样条曲线。命令执行过程如下。

```
命令: _spline
当前设置: 方式=拟合  节点=弦
指定第一个点或 [方式(M)/节点(K)/对象(O)]: 0,100,0 ↙
输入下一个点或 [起点切向(T)/公差(L)]: 16,98,26 ↙
输入下一个点或 [端点相切(T)/公差(L)/放弃(U)]: -12,100,130 ↙
输入下一个点或 [端点相切(T)/公差(L)/放弃(U)/闭合(C)]: 0,96,220 ↙
输入下一个点或 [端点相切(T)/公差(L)/放弃(U)/闭合(C)]: ↙
```

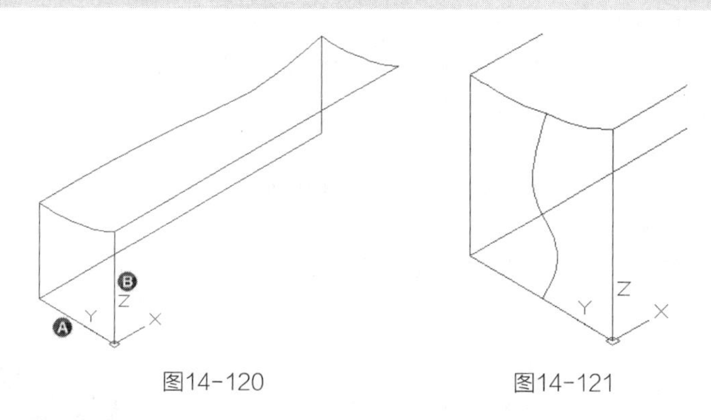

图14-120　　图14-121

03 为了构造两个曲面的边界，需要将上面的曲线和下面的直线分别打断成两段（图14-122所示的交点1和2就是打断点的位置），单击“修改”工具栏中的“打断于点”按钮，从中间打断两条线段。命令执行过程如下。

```
命令: _break
选择对象:                    //选择曲线
指定第二个打断点或 [第一点(F)]: _f
指定第一个打断点:                //捕捉曲线与中间曲线的交点2
指定第二个打断点: @
```

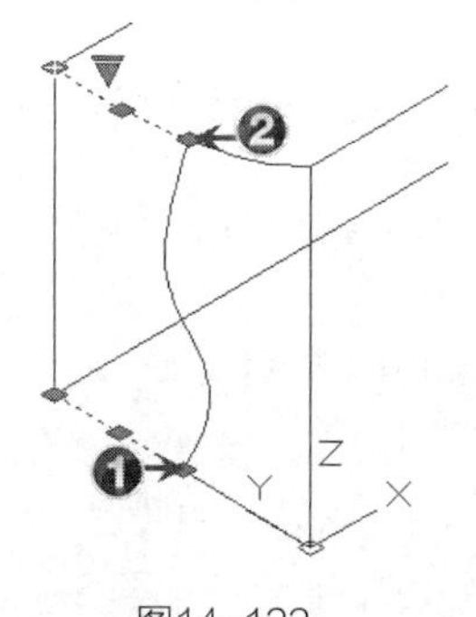

图14-122

专家提示

执行Break命令一次只能打断一个点，要打断两个点则需要执行两次该命令。所以再次执行该命令，将下面的直线也打断。

04 由于边网和顶网、后网的大小不同，因此需要重新设置当前的网格密度。命令执行过程如下。

```
命令: _surftab1 ↙
输入 Surftab1 的新值 <75>: 25 ↙
命令: _surftab2 ↙
输入 Surftab2 的新值 <20>: 10 ↙
```

05 执行“绘图>建模>网格>边界网格”菜单命令，绘制图14-123所示的曲面。命令执行过程如下。

```
命令: _edgesurf
当前线框密度: Surftab1=25  Surftab2=10
选择用作曲面边界的对象 1:      //选择边网左半部的第一条边界（较长的）
选择用作曲面边界的对象 2:      //选择边网左半部的第二条边界
选择用作曲面边界的对象 3:      //选择边网左半部的第三条边界
选择用作曲面边界的对象 4:      //选择边网左半部的第四条边界
```

06 执行“绘图>建模>网格>边界网格”菜单命令，绘制另外一半边网，如图14-124所示。命令执行过程如下。

```
命令: _edgesurf
当前线框密度: Surftab1=25  Surftab2=10
选择用作曲面边界的对象 1:   //选择边网右半部的第一条边界（较长的）
选择用作曲面边界的对象 2:   //选择边网右半部的第二条边界
选择用作曲面边界的对象 3:   //选择边网右半部的第三条边界
选择用作曲面边界的对象 4:   //选择边网右半部的第四条边界
```

07 将生成的边网复制到球门的另一侧，复制距离为（@744,0），完成后的效果如图14-125所示。

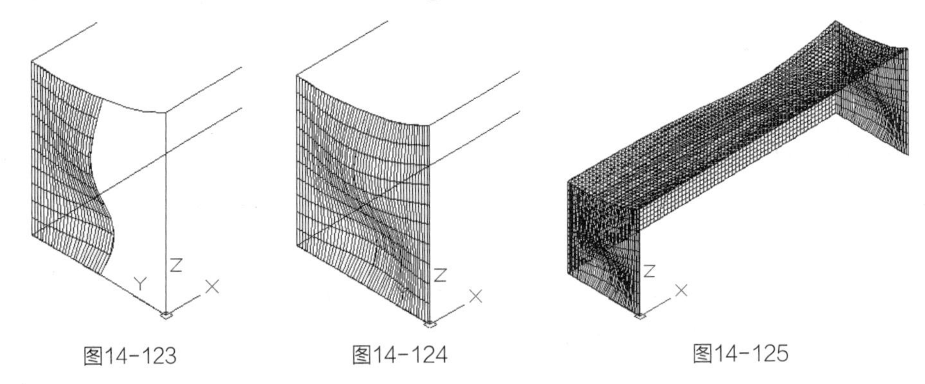

图14-123　　图14-124　　图14-125

3. 绘制立柱和横梁

01 将生成的曲面移动到“网格”图层并隐藏该图层。

02 在命令提示行输入Mesh命令并按Enter键，绘制一个圆柱体曲面，如图14-126所示。命令执行过程如下。

```
命令: _mesh ↙
当前平滑度设置为: 0
输入选项 [长方体(B)/圆锥体(C)/圆柱体(CY)/棱锥体(P)/球体(S)/楔体(W)/圆环体(T)/设置(SE)] <圆锥体>: cy ↙
指定底面的中心点或 [三点(3P)/两点(2P)/切点、切点、半径(T)/椭圆(E)]: 0,0,0 ↙
指定底面半径或 [直径(D)] <6.0000>: 6 ↙
指定高度或 [两点(2P)/轴端点(A)] <250.0000>: 250 ↙
```

03 按Space键继续执行Mesh命令，绘制一个球面，如图14-127所示。命令执行过程如下。

```
命令: _mesh
当前平滑度设置为: 0
输入选项 [长方体(B)/圆锥体(C)/圆柱体(CY)/棱锥体(P)/球体(S)/楔体(W)/圆环体(T)/设置(SE)] <球体>: s ↙
指定中心点或 [三点(3P)/两点(2P)/切点、切点、半径(T)]: 0,0,250 ↙
指定半径或 [直径(D)]: 6 ↙
```

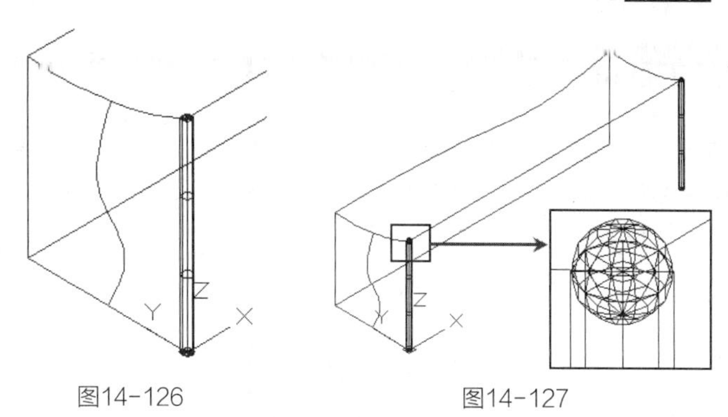

图14-126　　图14-127

04 将圆柱体和球体复制到另一边。命令执行过程如下。

```
命令: _co ↙
copy
选择对象: 指定对角点: 找到 2 个 //选择圆柱体和球体
选择对象: ↙
当前设置: 复制模式 = 多个
指定基点或 [位移(D)/模式(O)] <位移>: //任意指定一点
指定第二个点或 [阵列(A)] <使用第一个点作为位移>: @744,0,0 ↙
```

05 在绘制横梁之前，首先要将坐标系沿*y*轴旋转90°。命令执行过程如下。

```
命令: _ucs ↙
当前 UCS 名称: *世界*
指定 UCS 的原点或 [面(F)/命名(NA)/对象(OB)/上一个(P)/视图(V)/世界(W)/x/y/z/z 轴(ZA)] <世界>: y ↙
指定绕 y 轴的旋转角度 <90>: -90 ↙
```

06 在命令提示行输入Mesh命令并按Enter键，绘制一个圆柱体曲面，如图14-128所示。命令执行过程如下。

```
命令: _mesh ↙
当前平滑度设置为: 0
输入选项 [长方体(B)/圆锥体(C)/圆柱体(CY)/棱锥体(P)/球体(S)/楔体(W)/圆环体(T)/设置(SE)] <圆柱体>: cy ↙
指定底面的中心点或 [三点(3P)/两点(2P)/切点、切点、半径(T)/椭圆(E)]: 250,0,0 ↙
指定底面半径或 [直径(D)] <6.0000>: 6 ↙
指定高度或 [两点(2P)/轴端点(A)] <-744.0000>: -744 ↙
```

07 打开所有被隐藏的图层，显示绘制的图形，最终效果如图14-129所示。

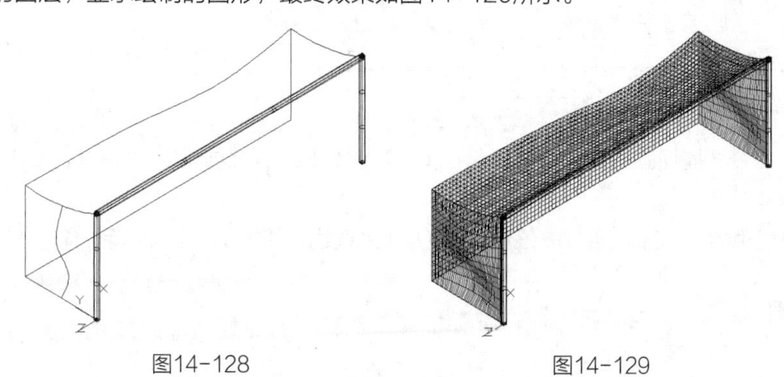

图14-128　　图14-129

案例 077 绘制热气球的曲面模型

● **学习目标 |** 当热气球中充满气体的时候尼龙布会向外膨胀，而支撑的绳索则会相对向内产生一道一道的凹痕，同时尼龙布也是五颜六色，非常漂亮。本例就采用AutoCAD的曲面建模功能来绘制一个热气球，如图14-130所示。

● **视频路径 |** 光盘\视频教程\CH14\绘制热气球的曲面模型.avi

● **结果文件 |** 光盘\DWG文件\CH14\热气球的曲面模型.dwg

主要操作步骤如图14-131所示。

- 绘制出创建曲面所需要的圆弧。
- 调整每段圆弧的高度位置。
- 绘制样条曲线。
- 修剪曲线。
- 将曲线分为3段。
- 创建曲面。
- 阵列复制曲面。
- 调整曲面颜色后再阵列复制。

图14-130

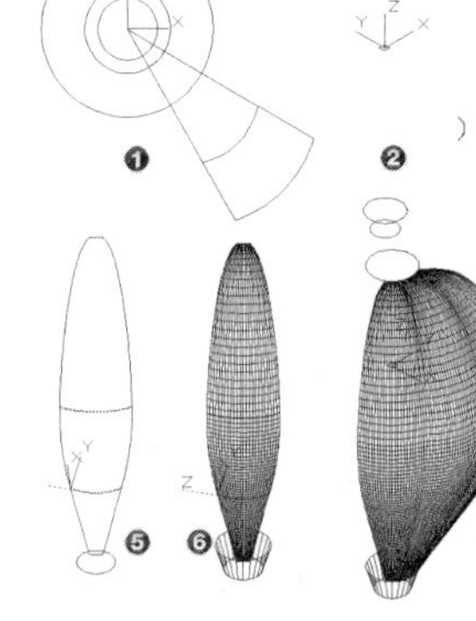

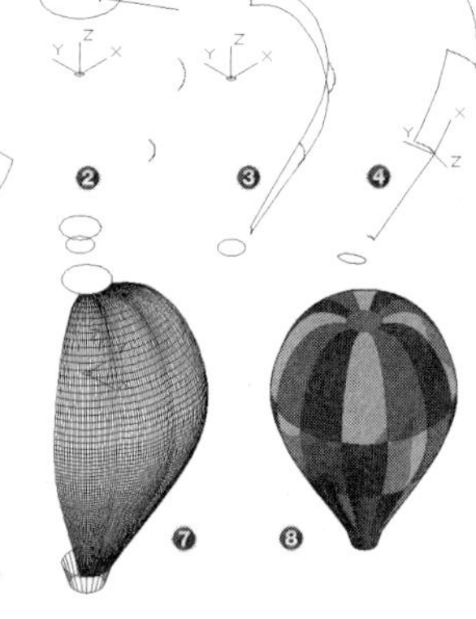

图14-131

1. 设置绘图环境和图层

01 运行AutoCAD，新建一个DWG文件。

02 设置200mm×200mm的绘图界限，然后将绘图区域放大至全屏显示。

03 在命令提示行输入Layer（图层）命令并按Enter键，系统弹出“图层特性管理器”对话框，在该对话框进行图层设定，如图14-132所示。

2. 绘制辅助线

01 把“辅助线”图层设为当前图层，然后以坐标原点为圆心，分别绘制半径为7mm、10mm、20mm、35mm和50mm的同心圆，结果如图14-133所示。

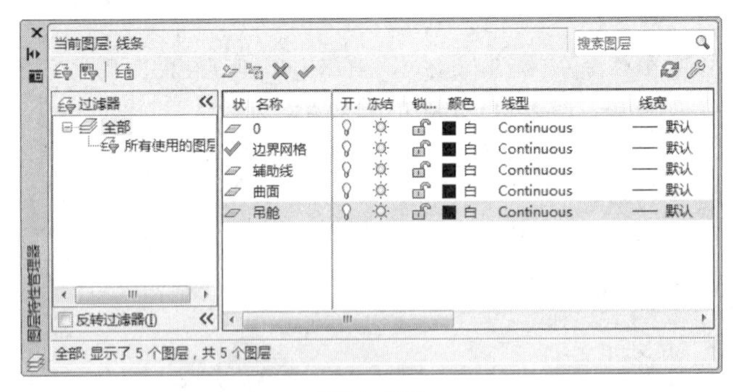

图14-132

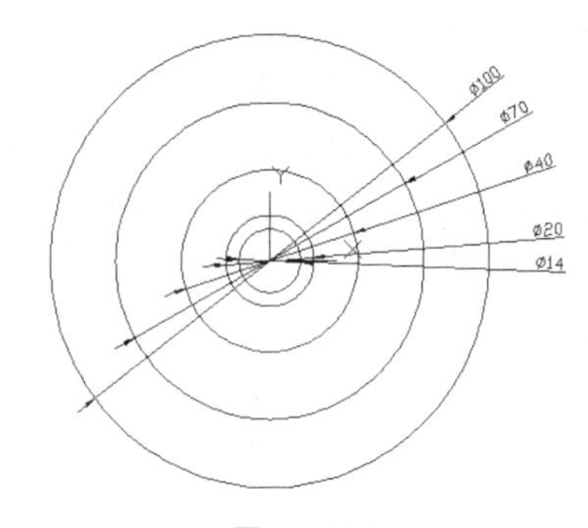

图14-133

02 使用Line（直线）命令，捕捉圆心为起点，以半径为50mm的圆形上的象限点为端点，绘制一条长度为50mm的直线。

03 单击“修改”工具栏中的“环形阵列”按钮，阵列复制*A*直线，如图14-134所示。命令执行过程如下。

```
命令: _arraypolar
选择对象: 找到 1 个 //选择绘制的直线段
选择对象: ↙
```

类型 = 极轴 关联 = 是

指定阵列的中心点或 [基点(B)/旋转轴(A)]: //捕捉圆心

选择夹点以编辑阵列或 [关联(AS)/基点(B)/项目(I)/项目间角度(A)/填充角度(F)/行(ROW)/层(L)/旋转项目(ROT)/退出(X)] <退出>: I ↙

输入阵列中的项目数或 [表达式(E)] <6>: 12 ↙

选择夹点以编辑阵列或 [关联(AS)/基点(B)/项目(I)/项目间角度(A)/填充角度(F)/行(ROW)/层(L)/旋转项目(ROT)/退出(X)] <退出>: ↙

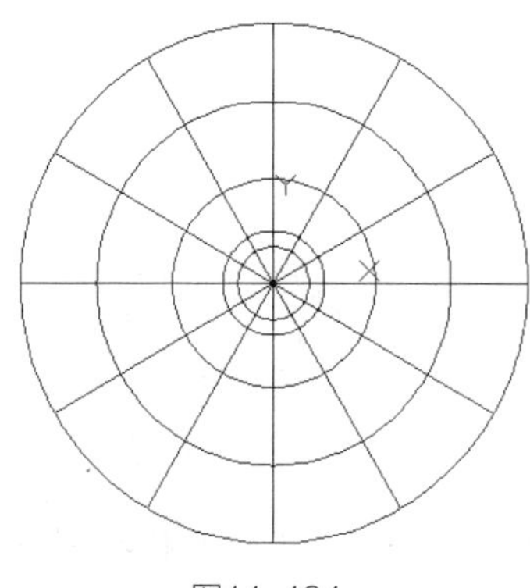

图14-134

3. 编辑直线和圆弧

01 选中阵列后的直线（它现在是一个整体，要对它进行编辑），单击“分解”按钮将其炸开为独立的线段，保留图14-135所示的直线*A*和直线*B*，删除其他的辅助直线。

02 以直线*A*和直线*B*为切割线，使用Trim（修剪）命令修剪半径为50mm、35mm、10mm的圆，修剪效果如图14-136所示。

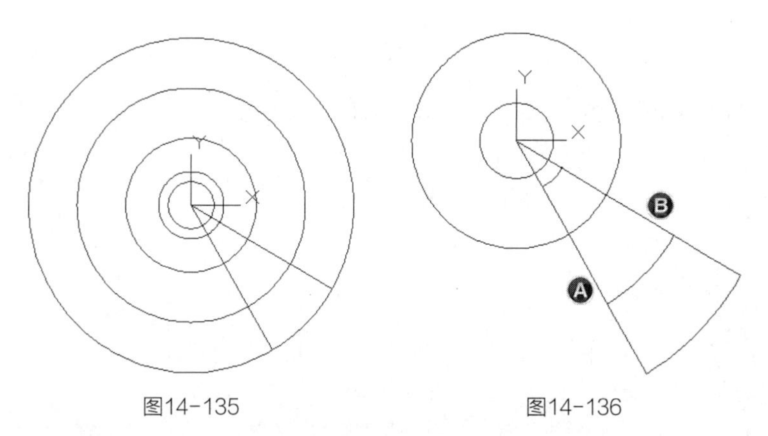

图14-135 图14-136

4. 绘制圆弧

01 打开“中点”捕捉功能，利用Line命令绘制连接圆弧中点*A*和中点*B*的直线，如图14-137所示。

02 在命令行中输入Lengthen命令，把上一步绘制的直线延长1.5mm。命令执行过程如下。

命令: _lengthen ↙

选择对象或 [增量(DE)/百分数(P)/全部(T)/动态(DY)]: de ↙

输入长度增量或 [角度(A)] <0.0000>: 1.5 ↙

选择要修改的对象或 [放弃(U)]: //单击图14-138中A直线的b端

选择要修改的对象或 [放弃(U)]: ↙

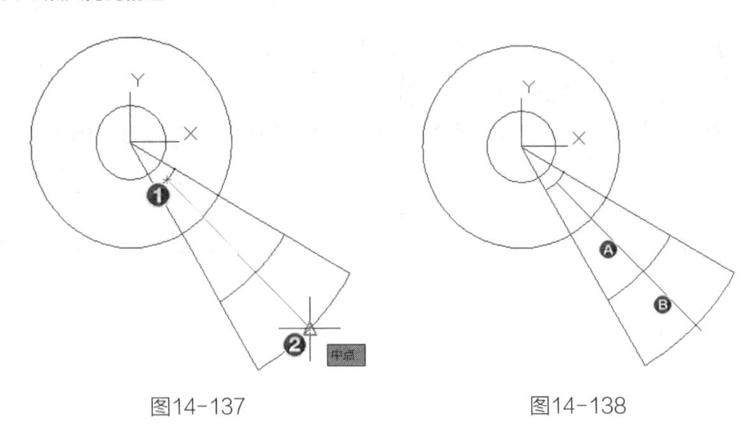

图14-137　　图14-138

03 单击“绘图”工具栏中的“圆弧”按钮，使用“三点”法绘制圆弧，如图14-139所示。命令执行过程如下。

```
命令: _arc 指定圆弧的起点或 [圆心(C)]:          //捕捉点1
指定圆弧的第二个点或 [圆心(C)/端点(E)]:         //捕捉点2
指定圆弧的端点:                                 //捕捉点3
```

04 删除图14-139中连接点1和点3的圆弧，保留连接点1、点2和点3的圆弧。

05 把延长1.5mm之后的直线缩短15mm。命令执行过程如下。

```
命令: _lengthen ↙
选择对象或 [增量(DE)/百分数(P)/全部(T)/动态(DY)]: de ↙
输入长度增量或 [角度(A)] <1.5000>: -15 ↙
选择要修改的对象或 [放弃(U)]:      //单击图14-64中A直线的b端
选择要修改的对象或 [放弃(U)]: ↙
```

06 单击“绘图”工具栏中的“圆弧”按钮，使用“三点”法绘制圆弧，如图14-140所示。命令执行过程如下。

```
命令: _arc 指定圆弧的起点或 [圆心(C)]:          //捕捉点1
指定圆弧的第二个点或 [圆心(C)/端点(E)]:         //捕捉点2
指定圆弧的端点:                                 //捕捉点3
```

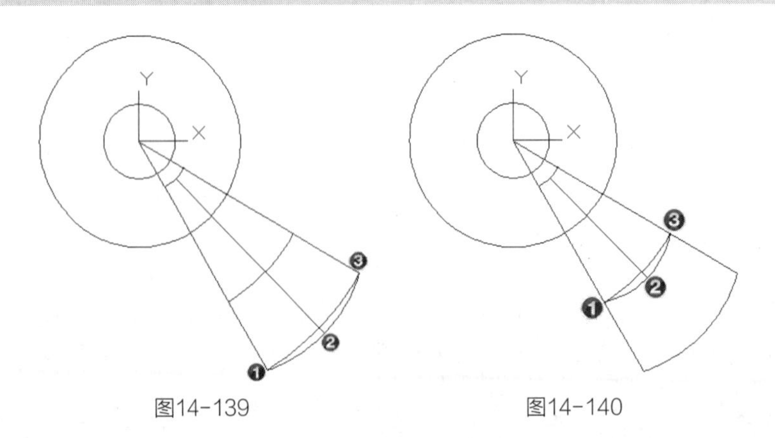

图14-139　　图14-140

07 删除图14-140中连接点1和点3的圆弧，同时把中间的直线也删除，保留连接点1、点2和点3的圆弧。

5. 调整图形位置

01 以坐标原点为圆心绘制一个半径为10mm的圆，结果如图14-141所示。

02 把视图调整为西南等轴测视图，如图14-142所示。

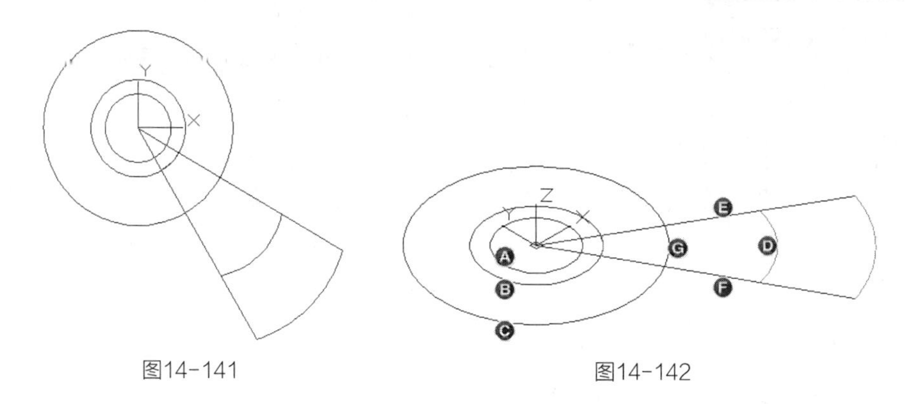

图14-141　　图14-142

03 移动图14-142所示的图形对象。

采用Move（移动）命令把圆*A*垂直向下移动10mm。命令执行过程如下。

```
命令: _move ↙
选择对象: 找到 1 个          //选择A圆
选择对象: ↙
指定基点或 [位移(D)] <位移>:    //捕捉圆心
指定第二个点或 <使用第一个点作为位移>: @0,0,-100 ↙
```

继续使用Move（移动）命令把圆*B*垂直向下移动90mm。

把圆弧*D*垂直向下移动45mm。

把直线*E*、直线*F*和圆*C*垂直向上移动47mm。

把位于直线*E*和直线*F*之间的圆弧*G*垂直向上移动45mm。

继续使用Copy命令把圆弧*G*垂直向下复制135mm，结果如图14-143所示。

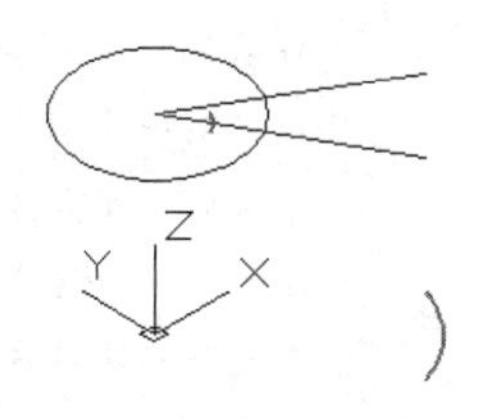

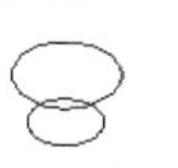

图14-143

6. 绘制直纹网格

01 调整网格密度。命令执行过程如下。

```
命令: _surftab1 ↙
输入Surftab1的新值<6>: 24 ↙
命令: _surftab2 ↙
输入 Surftab2 的新值 <6>: 24 ↙
```

02 把“曲面”图层设定为当前层。

03 使用Rulesurf命令绘制直纹网格，结果如图14-144所示。命令执行过程如下。

```
命令: _rulesurf ↙
当前线框密度：Surftab1=24
选择第一条定义曲线:          //选图14-144所示的圆A
选择第二条定义曲线:          //选图14-144所示的圆B
```

04 删除图14-145中的圆*B*，然后隐藏“曲面”图层，同时把“边界曲线”图层设为当前图层。

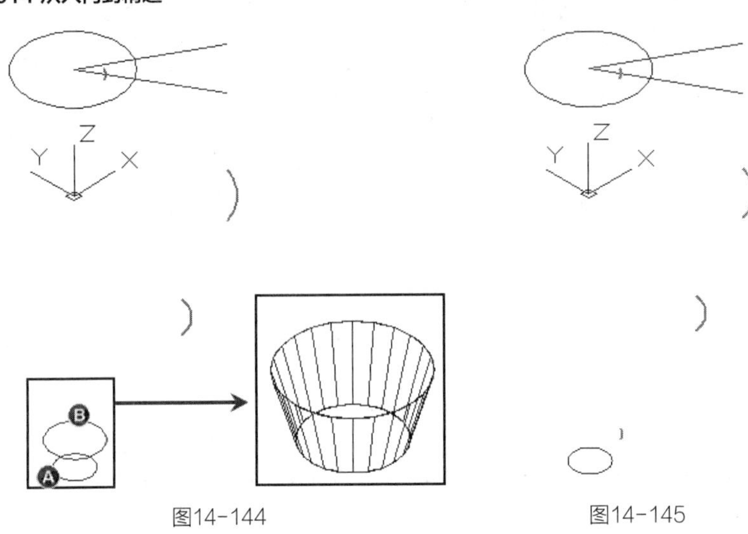

图14-144　　　　图14-145

7. 绘制边界曲线

01 绘制样条曲线作为边界曲线。

使用Spline（样条曲线）命令绘制第一条边界曲线，如图14-146所示。命令执行过程如下。

```
命令: _spline
当前设置: 方式=拟合  节点=弦
指定第一个点或 [方式(M)/节点(K)/对象(O)]: //捕捉图14-146中的点1
输入下一个点或 [起点切向(T)/公差(L)]: //捕捉点2
输入下一个点或 [端点相切(T)/公差(L)/放弃(U)]: //捕捉点3
输入下一个点或 [端点相切(T)/公差(L)/放弃(U)/闭合(C)]: //捕捉点4
输入下一个点或 [端点相切(T)/公差(L)/放弃(U)/闭合(C)]: //捕捉点5
输入下一个点或 [端点相切(T)/公差(L)/放弃(U)/闭合(C)]: ↙
```

采用相同的方式绘制另一条边界曲线，然后删除两条直线和圆，结果如图14-147所示。

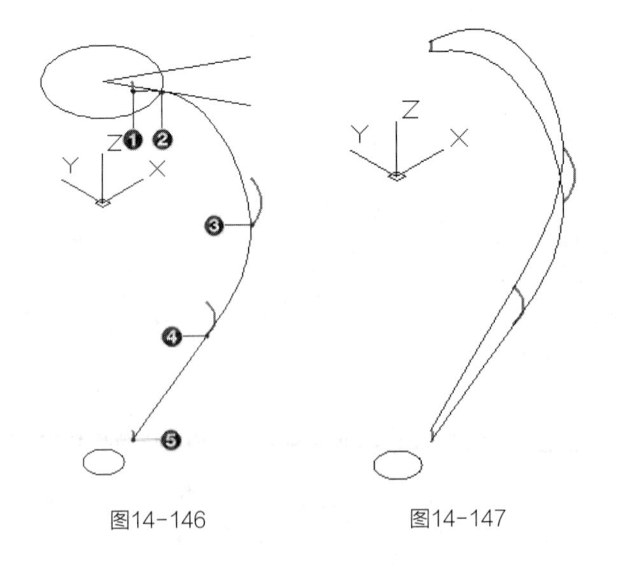

图14-146　　　　图14-147

02 打断边界曲线。

执行“视图>动态观察>自由动态观察”菜单命令，然后拖动鼠标适当调整图形视角，以便清楚观察图形。

单击“修改”工具栏中的“打断于点”按钮。命令执行过程如下。

```
命令: _break
选择对象: //选择右侧的样条曲线
指定第二个打断点 或 [第一点(F)]: _f //捕捉样条曲线与圆弧的交点，例如在图14-148中的点1
指定第一个打断点:
指定第二个打断点: @
```

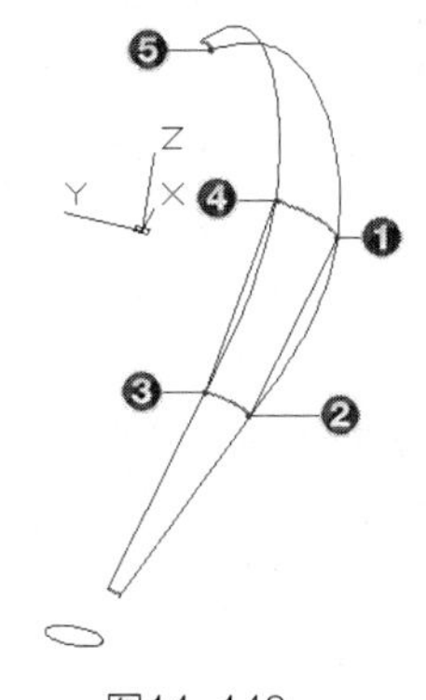

图14-148

继续使用相同的方法，分别将两条样条曲线从图14-149中的圆弧的交接处打断，得到6条样条曲线。

8. 绘制边界网格

01 把“曲面”图层设定为当前层，并将该图层隐藏，这样主要是为了方便选择边界曲线。

02 使用Edgesurf命令绘制边界网格。命令执行过程如下。

```
命令: _edgesurf ↙
当前线框密度:Surftab1=24  Surftab2=24
选择用作曲面边界的对象 1:          //选择图14-149中的曲线A
选择用作曲面边界的对象 2:          //选择图14-149中的曲线B
选择用作曲面边界的对象 3:          //选择图14-149中的曲线C
选择用作曲面边界的对象 4:          //选择图14-149中的曲线D
```

03 继续执行Edgesurf命令，选择曲线*D*、曲线*E*、曲线*F*和曲线*G*（如图14-149所示）生成边界网格；再次执行Edgesurf命令，选择曲线*G*、曲线*H*、曲线*I*和曲线*J*（如图14-149所示）生成边界网格。

04 打开“曲面”图层，观察曲面效果，如图14-149（右）所示。

专家提示

在绘制边界网格时将当前图层“曲面”隐藏，这主要是为了便于选择曲线。生成边界网格之后，部分边界曲线就会被曲面遮住，在执行下一步的操作时，就无法选中被遮住的边界曲线。所以这里把当前图层隐藏，这样既可以把绘制的曲面放置在当前的“曲面”图层上，同时也把新生成的曲面隐藏起来，不会遮挡边界曲线。

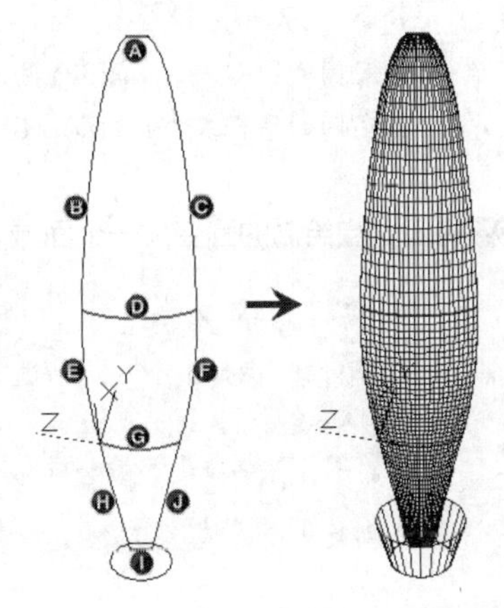

图14-149

05 隐藏“边界曲线”和“辅助线”图层，然后把视图调整为俯视图。

06 选中3个曲面，然后采用Arraypolar（环形阵列）命令阵列复制曲面，阵列效果如图14-150所示。命令执行过程如下。

```
命令: _arraypolar 找到 3 个
类型 = 极轴 关联 = 是
指定阵列的中心点或 [基点(B)/旋转轴(A)]: 0,0,0
选择夹点以编辑阵列或 [关联(AS)/基点(B)/项目(I)/项目间角度(A)/填充角度(F)/行(ROW)/层(L)/旋转项目(ROT)/退出(X)] <退出>: i ↙
输入阵列中的项目数或 [表达式(E)] <6>: 3 ↙
选择夹点以编辑阵列或 [关联(AS)/基点(B)/项目(I)/项目间角度(A)/填充角度(F)/行(ROW)/层(L)/旋转项目(ROT)/退出(X)] <退出>: f ↙
指定填充角度(+=逆时针、-=顺时针)或 [表达式(EX)] <360>: 60 ↙
选择夹点以编辑阵列或 [关联(AS)/基点(B)/项目(I)/项目间角度(A)/填充角度(F)/行(ROW)/层(L)/旋转项目(ROT)/退出(X)] <退出>: ↙
```

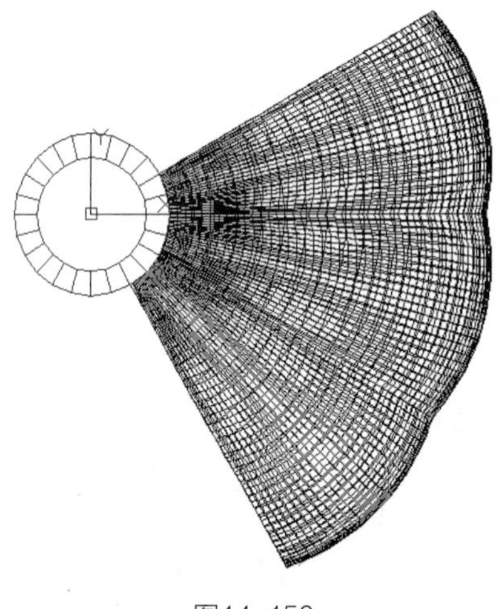

图14-150

9. 绘制顶部面域

01 把视图调整为东南等轴测视图。

02 绘制一个半径为10mm的圆，如图14-151所示。命令执行过程如下。

```
命令: _circle ↙
指定圆的圆心或 [三点(3P)/两点(2P)/相切、相切、半径(T)]: 0,0,45 ↙
指定圆的半径或 [直径(D)]: 10 ↙
```

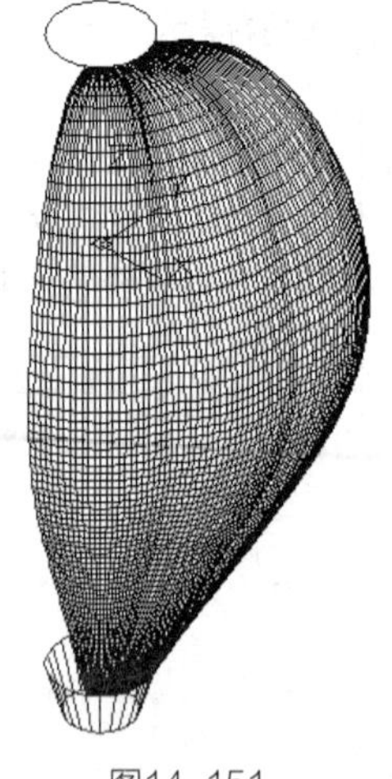

图14-151

03 将上一步绘制的圆变成一个面域。命令执行过程如下。

```
命令: _region ↙
选择对象: 找到 1 个        //选择上一步绘制的圆
选择对象: ↙
已提取 1 个环。
已创建 1 个面域。
```

10. 给直纹网格、边界网格和面域设置不同的颜色

01 将阵列的曲面分解，然后在命令提示行输入Chprop命令并按Enter键，把部分边界网格的颜色设置为绿色。命令执行过程如下。

```
命令: _chprop ↙
选择对象: 找到 1 个  //按逆时针方向，并从下到上，选择第一层边界网格的第一块曲面
选择对象: 找到 1 个，总计 2 个    //按逆时针方向，并从下到上，选择第二层边界网格的第二块曲面
选择对象: 找到 1 个，总计 3 个    //按逆时针方向，并从下到上，选择第三层边界网格的第三块曲面
选择对象: ↙
输入要修改的特性 [颜色(C)/图层(LA)/线型(LT)/线型比例(S)/线宽(LW)/厚度(T)]: c ↙
新颜色 [真彩色(T)/配色系统(CO)] <7 (白色)>: 3 ↙
输入要修改的特性 [颜色(C)/图层(LA)/线型(LT)/线型比例(S)/线宽(LW)/厚度(T)]: ↙
```

02 继续使用Chprop命令把部分边界网格的颜色设置为红色。命令执行过程如下。

```
命令: _chprop ↙
选择对象: 找到 1 个     //按逆时针方向，并从下到上，选择第一层边界网格的第二块曲面
选择对象: 找到 1 个，总计 2 个   //按逆时针方向，并从下到上，选择第二层边界网格的第三块曲面
选择对象: 找到 1 个，总计 3 个   //按逆时针方向，并从下到上，选择第三层边界网格的第一块曲面
选择对象: ↙
输入要修改的特性 [颜色(C)/图层(LA)/线型(LT)/线型比例(S)/线宽(LW)/厚度(T)]: c ↙
新颜色 [真彩色(T)/配色系统(CO)] <7 (白色)>:1 ↙
输入要修改的特性 [颜色(C)/图层(LA)/线型(LT)/线型比例(S)/线宽(LW)/厚度(T)]: ↙
```

03 继续执行Chprop命令把剩余的3块边界网格设置为蓝色（颜色值为5），把直纹网格的颜色设置为褐色（颜色值为196），把面域的颜色设置为品红（颜色值为6）。

04 执行Render（渲染）命令，对图形进行简单渲染，结果如图14-152所示。

图14-152

专家提示

在使用Chprop命令设置图形颜色的时候，用户需要输入颜色值。在AutoCAD中，每一种“索引颜色”都有一个代码，每一种“真彩色”都有一组颜色代码。比如对红色、黄色、绿色、青色、蓝色、品红、白色，它们的颜色代码依次为1、2、3、4、5、6、7。

11. 阵列复制边界网格

01 将视图调整为俯视图。

02 选中3组边界网格，采用Arraypolar（阵列）命令阵列复制，结果如图14-153所示。命令执行过程如下。

```
命令: _arraypolar 找到 9 个
类型 = 极轴 关联 = 是
指定阵列的中心点或 [基点(B)/旋转轴(A)]: 0,0,0 ↙
选择夹点以编辑阵列或 [关联(AS)/基点(B)/项目(I)/项目间角度(A)/填充角度(F)/行(ROW)/层(L)/旋转项目(ROT)/
```

```
退出(X)] <退出>: i ↙
    输入阵列中的项目数或 [表达式(E)] <6>: 4 ↙
    选择夹点以编辑阵列或 [关联(AS)/基点(B)/项目(I)/项目间角度(A)/填充角度(F)/行(ROW)/层(L)/旋转项目(ROT)/
退出(X)] <退出>: ↙
```

03 把视图调整为西南等轴测视图，然后渲染图形，效果如图14-154所示。

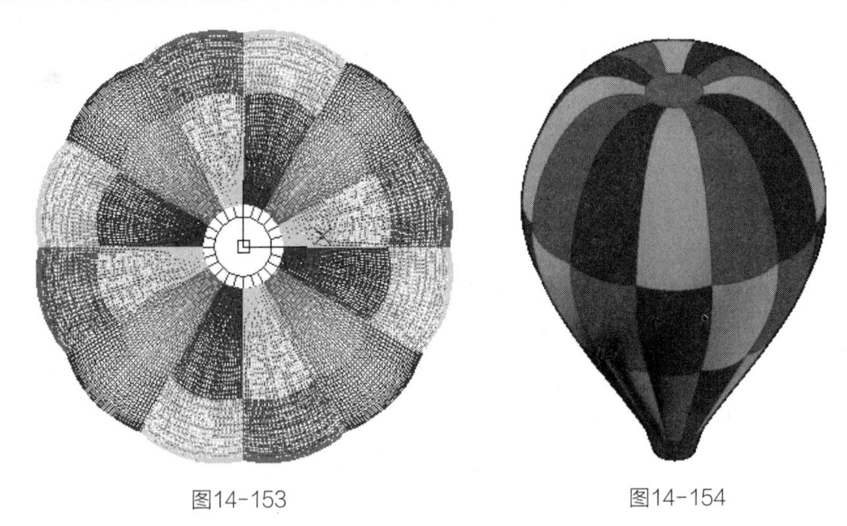

图14-153　　图14-154

14.11 课后练习

1. 选择题

（1）UCS是一种坐标系图标，属于？（　　）

A. 世界坐标系　　B. 用户坐标系　　C. 自定义坐标系　　D. 单一固定的坐标系

（2）Surftab1和Surftab2是设置哪种的系统变量？（　　）

A. 三维实体的形状　　B. 三维实体的网格密度　　C. 曲面模型的形状　　D. 曲面模型的网格密度

（3）在下列选项中，哪种不属于AutoCAD提供的视觉样式？（　　）

A. 三维线框　　B. 三维隐藏　　C. 概念　　D. 消隐

2. 上机练习

（1）使用Revsurf（旋转网格）命令绘制图14-155所示的带轮曲面模型，注意设置Surftab1和Surftab2的值。

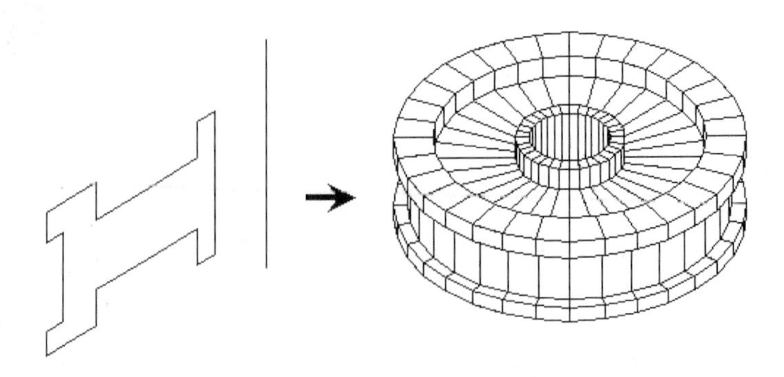

图14-155

（2）使用Edgesurf（边界网格）命令绘制图14-156所示的雨伞曲面模型。

图14-156

专家提示

先绘制一个正八边形，然后分别在前视图和俯视图中绘制圆弧，接着把俯视图中的圆弧打断，得到绘制边界网格所必需的4条边界，然后绘制边界网格，最后进行阵列复制，如图14-157所示。

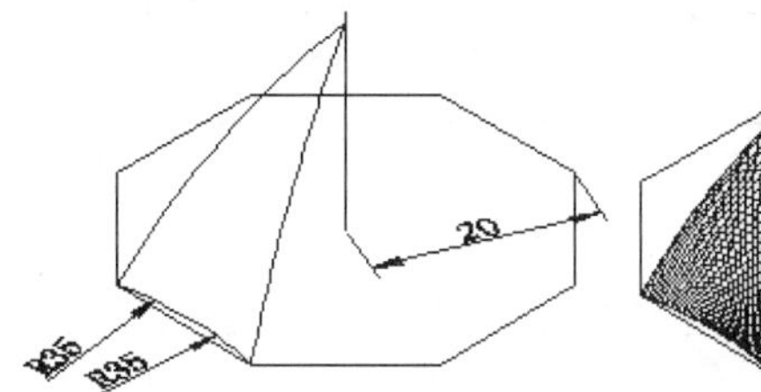

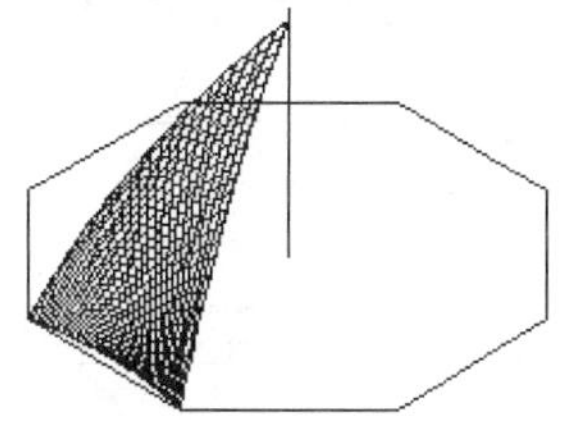
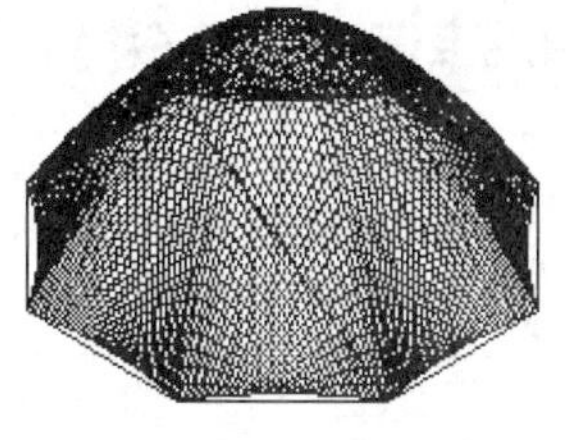

图14-157

第15章 3D实体模型的创建与编辑

实体对象表示整个对象的体积。在各类三维模型中，实体的信息最完整，歧义最少。实体模型比线框模型和网格更容易构造和编辑。在实际绘图与设计中，接触到的三维实体往往是十分复杂的，在AutoCAD中除了系统提供的6种基本实体外，还可以通过拉伸或旋转二维图形生成各种三维实体，并且提供了多种编辑命令，使用户可以创建复杂的三维实体。

学习重点

- 各种基本三维实体的创建方法
- 移动、旋转、复制三维对象
- 布尔运算技法
- 拉伸、放样、扫掠等建模技术
- 三维实体的高级编辑技法

15.1 创建基本三维实体

创建基本三维实体相关命令如表15-1所示。

表15-1 创建基本三维实体命令

命令	简写	功能
Polysolid（多段体）	Polys	用于创建三维墙状实体
Box（长方体）	Box	用于创建实体长方体
Wedge（楔体）	WE	用于创建三维实体楔体
Cone（圆锥体）	CONE	用于创建三维实体圆锥体
Sphere（球体）	SPH	用于创建三维实体球体
Cylinder（圆柱体）	CY	用于创建三维实体圆柱体
Torus（圆环体）	TOR	用于创建圆环形的三维实体
Helix（螺旋）	Heli	用于创建二维螺旋或三维弹簧

15.1.1 绘制多段体（Polysolid）

在AutoCAD中，使用Polysolid（多段体）命令可以创建多段体（如图15-1所示，这是由两段立方体和一段圆弧形实体构成的多段体，其横截面为矩形）；还可以将现有直线、二维多线段、圆弧或圆转换为多段体（如图15-2所示，将一条二维多段线转化为多段体，其横截面为矩形）。

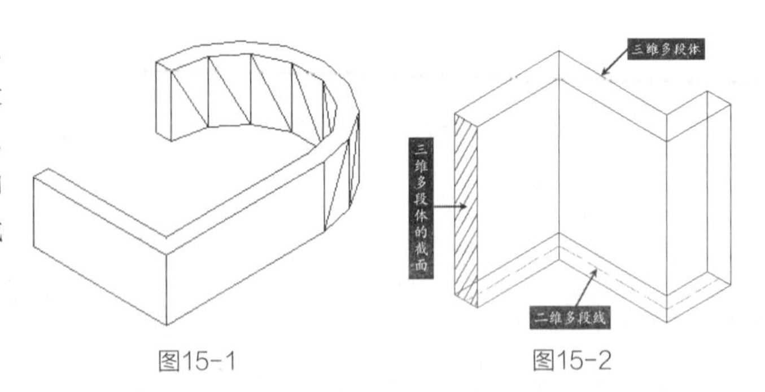

图15-1　图15-2

1. 命令执行方式

在AutoCAD中，执行Polysolid（多段体）命令的方式有如下3种。

命令行：在命令提示行输入Polysolid命令并按Enter键。

菜单栏：执行“绘图>建模>多段体”菜单命令，如图15-3所示。

工具栏：单击“建模”工具栏中的“多段体”按钮，如图15-4所示。

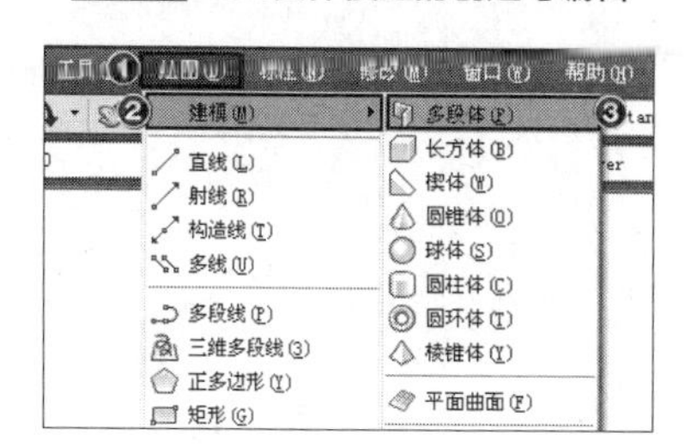

图15-3

图15-4

2. 操作步骤

下面以实际操作的形式介绍绘制多段体的基本方法。

单击“建模”工具栏中的“多段体”按钮，绘制图15-5所示的多段体。命令执行过程如下。

```
命令: _Polysolid 高度 = 80.00, 宽度 = 5.00, 对正 = 居中
指定起点或 [对象(O)/高度(H)/宽度(W)/对正(J)] <对象>: h ↙
指定高度 <80.00>: 300 ↙                //设置多段体的高度
高度 = 300.00, 宽度 = 5.00, 对正 = 居中
指定起点或 [对象(O)/高度(H)/宽度(W)/对正(J)] <对象>: w ↙
指定宽度 <5.00>: 24 ↙                  //设置多段体的宽度
高度 = 300.00, 宽度 = 24.00, 对正 = 居中
指定起点或 [对象(O)/高度(H)/宽度(W)/对正(J)] <对象>: j ↙
输入对正方式 [左对正(L)/居中(C)/右对正(R)] <居中>: c ↙        //设置多段体的对正方式
高度 = 300.00, 宽度 = 24.00, 对正 = 居中              //当前要绘制的多段体的参数设置
指定起点或 [对象(O)/高度(H)/宽度(W)/对正(J)] <对象>:   //任意指定一点
指定下一个点或 [圆弧(A)/放弃(U)]: @400,0 ↙
指定下一个点或 [圆弧(A)/放弃(U)]: @0,-270 ↙
指定下一个点或 [圆弧(A)/闭合(C)/放弃(U)]: a ↙        //表示要绘制圆弧
指定圆弧的端点或 [闭合(C)/方向(D)/直线(L)/第二个点(S)/放弃(U)]: @-400,0 ↙
指定下一个点或 [圆弧(A)/闭合(C)/放弃(U)]: 指定圆弧的端点或 [闭合(C)/方向(D)/直线(L)/第二个点(S)/放弃(U)]: c ↙   //闭合多段体
```

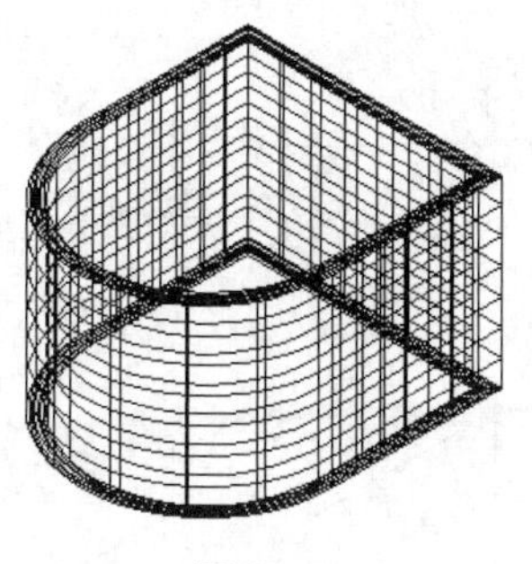

图15-5

专家提示

如果在“指定起点或 [对象（O）/高度（H）/宽度（W）/对正（J）] <对象>:”命令提示后面输入O选项，则可以将已经绘制好的线段按照设置的高度和宽度等参数转换为多段体。可以转换的对象包括直线、圆弧、二维多段线和圆，如图15-6所示。

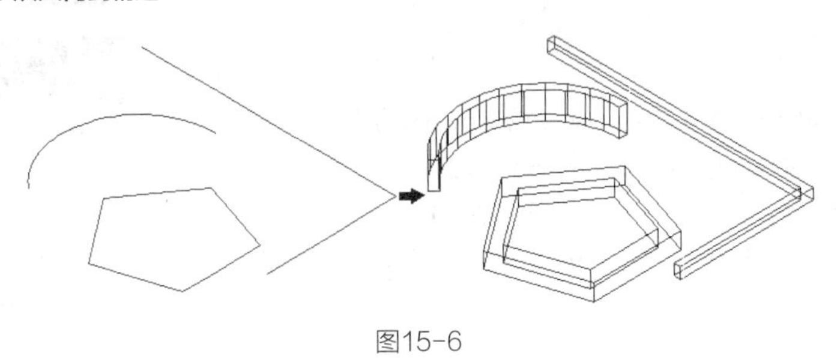

图15-6

15.1.2 绘制长方体（Box）

用Box（长方体）命令可以创建长方体，创建时可以用底面顶点来定位，也可以用长方体中心来定位，所生成的长方体的底面平行于当前UCS的*xy*平面，长方体的高沿*z*轴方向。

在绘制长方体时，一般先绘制一个矩形平面，然后指定高度，如图15-7所示。输入正值表示向相应的坐标值正方向延伸，负值表示向负方向延伸。

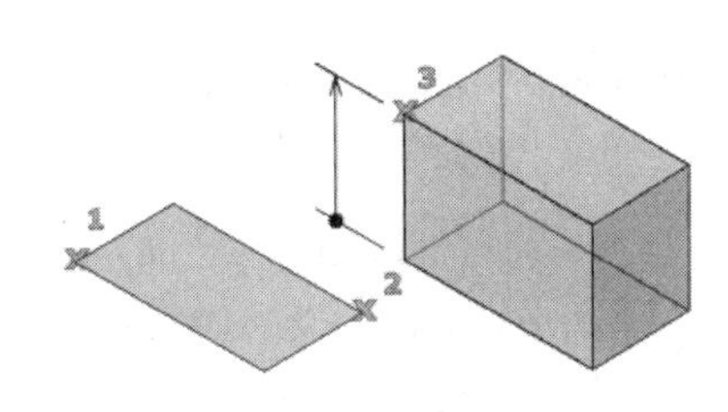

图15-7

1. 命令执行方式

执行Box（长方体）命令的方式有如下3种。

命令行：在命令提示行输入Box命令并按Enter键。

菜单栏：执行“绘图>建模>长方体”菜单命令。

工具栏：在“建模”工具栏中单击“长方体”按钮。

2. 操作步骤

01 已知长方体的两个顶点，绘制一个长方体。在“建模”工具栏中单击“长方体”按钮，绘制图15-8所示的长方体。命令执行过程如下。

```
命令: _box
指定第一个角点或 [中心(C)]: 0,0,0 ↙
指定其他角点或 [立方体(C)/长度(L)]: 50,40,30 ↙    //输入对角顶点坐标
```

02 已知一条边的长度为80mm，绘制一个正方体，如图15-9所示。命令执行过程如下。

```
命令: _box
指定第一个角点或 [中心(C)]:          //指定正方体的第一个角点
指定角点或 [立方体(C)/长度(L)]: c ↙    //输入选项C表示绘制立方体
指定长度 <60.00>: 80 ↙
```

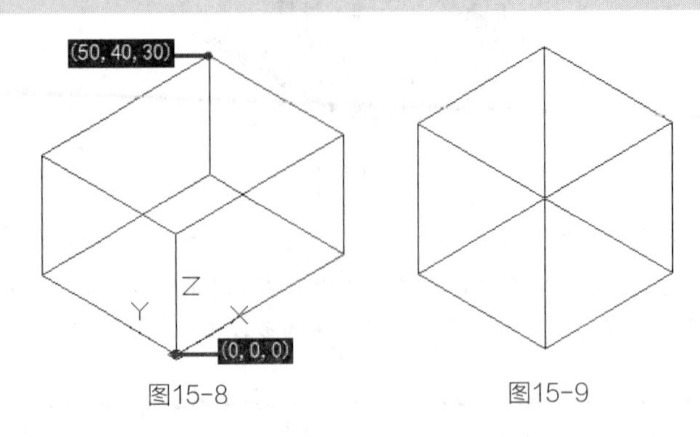

图15-8　　图15-9

03 已知长方体的长、宽、高分别为80mm、50mm、30mm，绘制一个长方体（如图15-10所示）。命令执行过程如下。

```
命令: _box
指定第一个角点或 [中心(C)]:                //指定长方体的一个角点
指定其他角点或 [立方体(C)/长度(L)]: l ↙
指定长度 <20.00>: 80 ↙
指定宽度 <80.00>: 50 ↙
指定高度或 [两点(2P)] <50.00>: 30 ↙
```

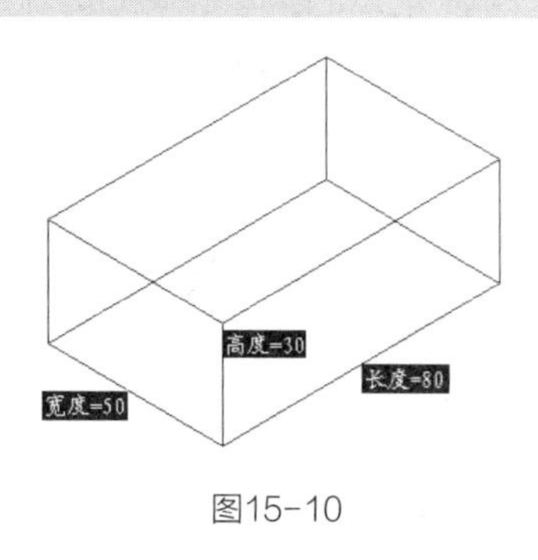

图15-10

15.1.3 绘制楔形体（Wedge）

用Wedge（楔形体）命令可以绘制楔形体，其斜面高度将沿*x*轴正方向减少，底面平行于*xy*平面。它的绘制方法与长方体类似，一般有两种定位方式：一种是用底面顶点定位，如图15-11所示；另一种是用楔形体中心定位。

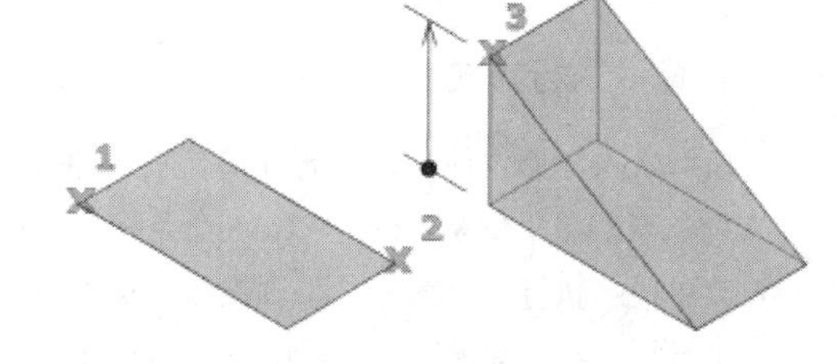

图15-11

1. 命令执行方式

执行Wedge（楔形体）命令的方式有如下3种。

命令行：在命令提示行输入Wedge命令并按Enter键。

菜单栏：执行“绘图>建模>楔体”菜单命令。

工具栏：在“建模”工具栏中单击“楔体”按钮。

2. 操作步骤

01 已知底面顶点和高度，绘制一个楔形体。在命令提示行输入Wedge命令并按Enter键，绘制图15-12所示的楔形体。命令执行过程如下。

```
命令: _wedge
指定第一个角点或 [中心(C)]: 0,0,0 ↙
指定其他角点或 [立方体(C)/长度(L)]: 60,35 ↙
指定高度或 [两点(2P)] <40.00>: 40 ↙
```

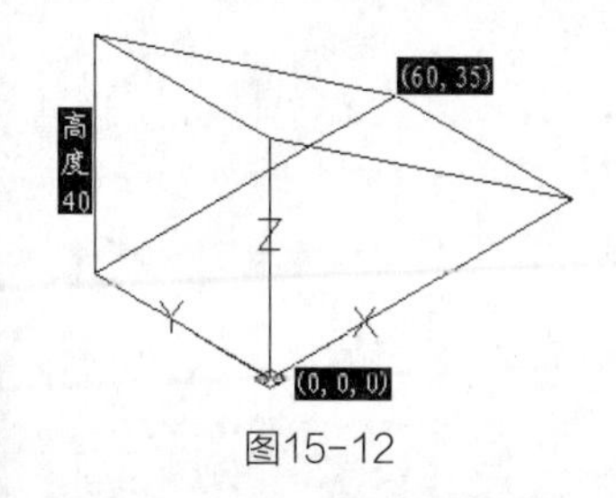

图15-12

专家提示

在已知长、宽、高的时候，也可以直接在“指定其他角点或 [立方体（C）/长度（L）]:”命令提示后面输入“@60,35,40”。

02 已知底面顶点和边长，绘制楔形体。在“建模”工具栏中单击“楔体”按钮，绘制图15-13所示的楔形体。命令执行过程如下。

```
命令：_wedge
指定楔体的第一个角点或[中心点（CE）]<0,0,0>: 0,0,0 ↙
指定角点或[立方体（C）/长度（L）]：c ↙
指定长度: 40 ↙
```

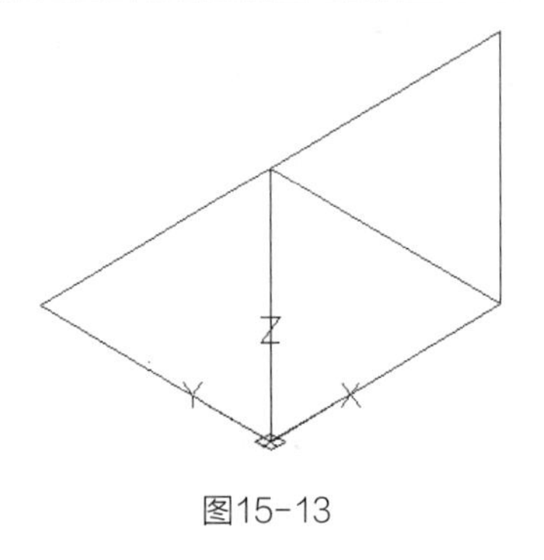

图15-13

15.1.4 绘制圆锥体（Cone）

使用Cone（圆锥体）命令可以绘制圆锥体、椭圆锥体，所生成的圆锥体、椭圆锥体的底面平行于*xy*平面，轴线平行于*z*轴，如图15-14所示。

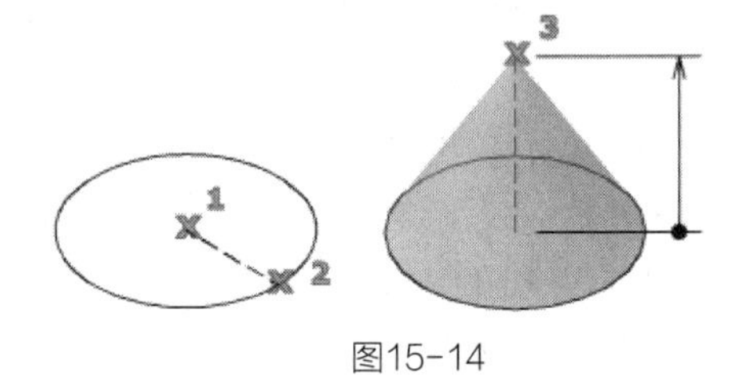

图15-14

1. 命令执行方式

执行Cone（圆锥体）命令的方式有如下3种。

命令行：在命令提示行输入Cone命令并按Enter键。

菜单栏：执行“绘图>建模>圆锥体”菜单命令。

工具栏：在“建模”工具栏中单击“圆锥体”按钮。

2. 操作步骤

01 已知底面中心、半径和高，绘制圆锥体。执行“绘图>建模>圆锥体”菜单命令，绘制图15-15所示的圆锥体。命令执行过程如下。

```
命令: _cone
指定底面的中心点或 [三点(3P)/两点(2P)/相切、相切、半径(T)/椭圆(E)]: 0,0,0 ↙
指定底面半径或 [直径(D)] <10.000>: 100 ↙
指定高度或 [两点(2P)/轴端点(A)/顶面半径(T)] <10.00>: 160 ↙
```

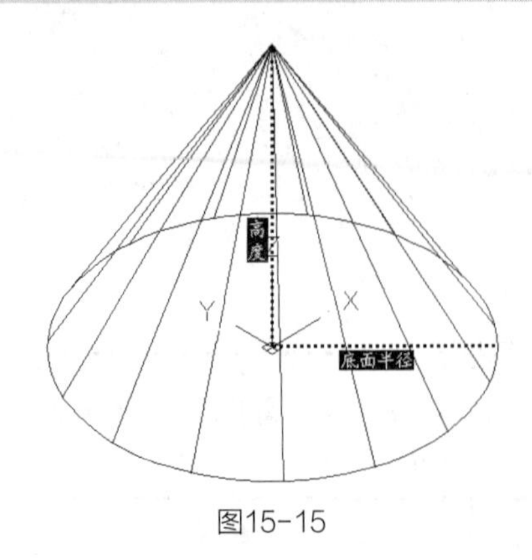

图15-15

02 已知底面长、短轴的长度和高，绘制椭圆锥体。在命令提示行输入Cone命令并按Enter键，绘制图15-16所示的圆锥体。命令执行过程如下。

```
命令: _cone
指定底面的中心点或 [三点(3P)/两点(2P)/相切、相切、半径(T)/椭圆(E)]: e ↙
指定第一个轴的端点或 [中心(C)]: c ↙
指定中心点: 0,0,0 ↙
指定到第一个轴的距离 <50.00>: 120 ↙
指定第二个轴的端点: 75 ↙
指定高度或 [两点(2P)/轴端点(A)/顶面半径(T)] <78.00>: 200 ↙
```

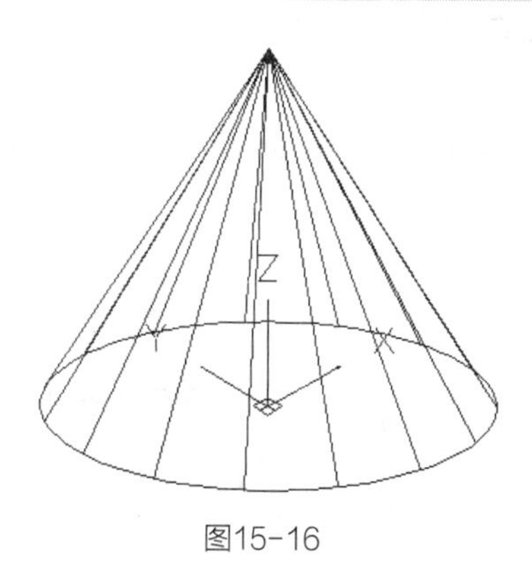

图15-16

15.1.5 绘制球体（Sphere）

球体是最简单的三维实体，使用Sphere（球体）命令可以按指定的球心、半径或直径绘制实心球体，球体的纬线与当前的UCS的xy平面平行，其轴线与z轴平行，如图15-17所示。

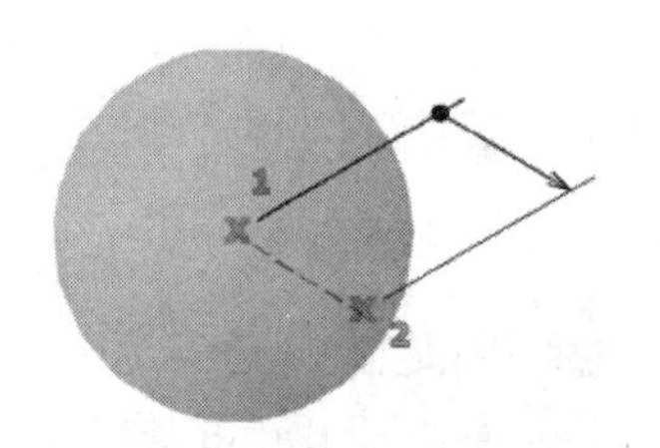

图15-17

1. 命令执行方式

执行Sphere（球体）命令的方式有如下3种。

命令行：在命令提示行输入Sphere命令并按Enter键。

菜单栏：执行“绘图>建模>球体”菜单命令。

工具栏：在“建模”工具栏中单击“球体”按钮。

2. 操作步骤

执行“绘图>建模>球体”菜单命令，绘制图15-18所示的球体。命令执行过程如下。

```
命令: _sphere
指定中心点或 [三点(3P)/两点(2P)/切点、切点、半径(T)]: 0,0,0 ↙  //输入球心坐标
指定半径或 [直径(D)]: 100 ↙   //输入半径值
```

专家提示

系统默认的线框显示密度是4，可以在命令提示行输入Isolines命令来重新定义线框的密度，然后输入Regen命令重新生成模型，即可得到图15-19所示的显示效果（线框显示密度为16）。

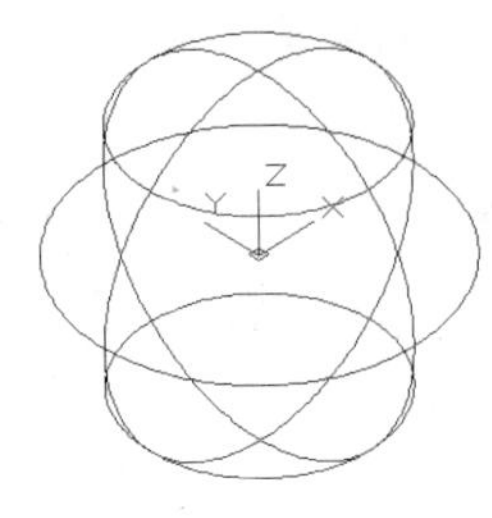

图15-18

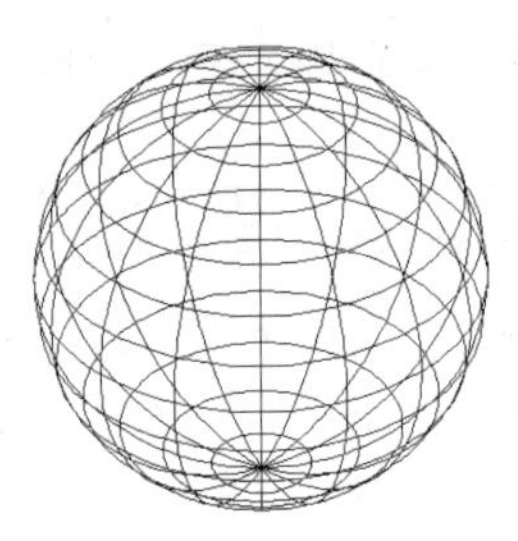

图15-19

15.1.6 绘制圆柱体（Cylinder）

用Cylinder（圆柱体）命令可以绘制圆柱体、椭圆柱体，所生成的圆柱体、椭圆柱体的底面平行于*xy*平面，轴线与*z*轴相平行，如图15-20所示。

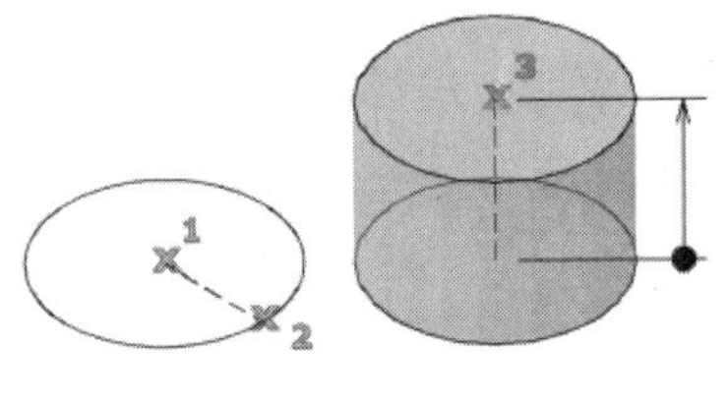

图15-20

1. 命令执行方式

执行Cylinder（圆柱体）命令的方式有如下3种。

命令行：在命令提示行输入Cylinder命令并按Enter键。

菜单栏：执行“绘图>建模>圆柱体”菜单命令。

工具栏：单击“建模”工具栏中的“圆柱体”按钮。

2. 操作步骤

01 已知底面中心坐标为（0,20,40），半径为60mm，高为160mm。单击“建模”工具栏中的“圆柱体”按钮，绘制图15-21所示的圆柱体。命令执行过程如下。

```
命令: _cylinder
指定底面的中心点或 [三点(3P)/两点(2P)/相切、相切、半径(T)/椭圆(E)]: 0,0,0 ↙
指定底面半径或 [直径(D)] <10.00>: 50 ↙
指定高度或 [两点(2P)/轴端点(A)] <60.00>: 100 ↙
```

02 已知底面中心坐标为（0,0,0），高度为100，长、短轴的长度分别为60mm、120mm。在命令提示行输入Cylinder命令并按Enter键，绘制图15-22所示的椭圆柱体。命令执行过程如下。

```
命令: _cylinder
指定底面的中心点或 [三点(3P)/两点(2P)/切点、切点、半径(T)/椭圆(E)]: e ↙
指定第一个轴的端点或 [中心(C)]: c ↙
指定中心点: 0,0,0 ↙
指定到第一个轴的距离 <10.00>: 30 ↙      //输入短轴的半长
指定第二个轴的端点: 60 ↙             //输入长轴的半长
指定高度或 [两点(2P)/轴端点(A)] <80.00>: 100 ↙
```

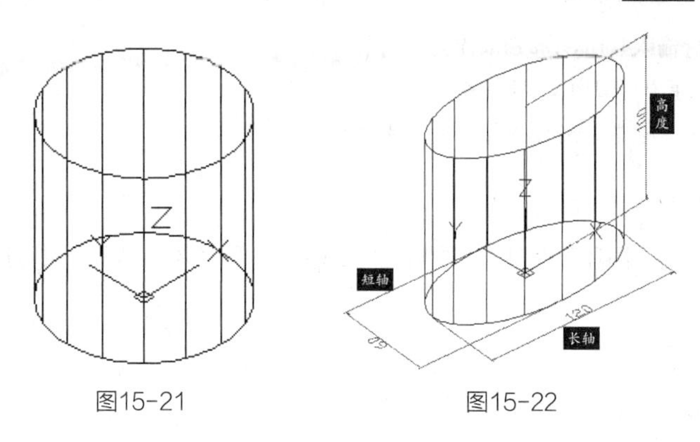

图15-21　　图15-22

03 通过指定轴线的两个端点来调整圆柱体的方向。执行“绘图>建模>圆柱体”菜单命令，绘制图15-23所示的圆柱体。命令执行过程如下。

```
命令: _cylinder
指定底面的中心点或 [三点(3P)/两点(2P)/相切、相切、半径(T)/椭圆(E)]: 0,0,0 ↙
指定底面半径或 [直径(D)] <5.2101>: 40 ↙
指定高度或 [两点(2P)/轴端点(A)] <80.2843>: a ↙
指定轴端点: @40,50,20 ↙
```

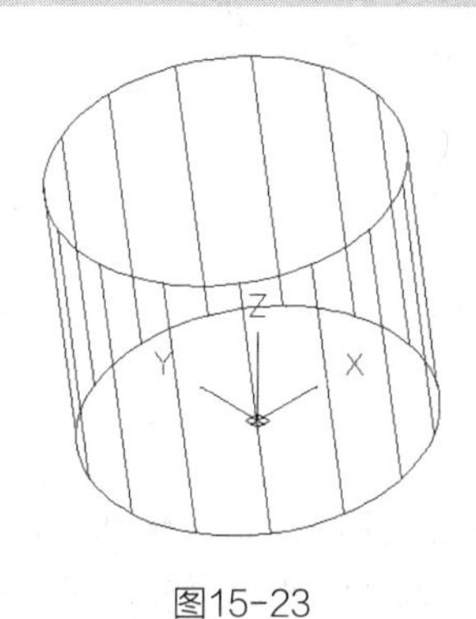

图15-23

15.1.7 绘制圆环体（Torus）

圆环体由两个半径定义，一个是从圆环体中心到管道中心的圆环体半径，另一个是管道半径。随着管道半径和圆环体半径之间的相对大小的变化，圆环体的形状是不同的，如图15-24所示。

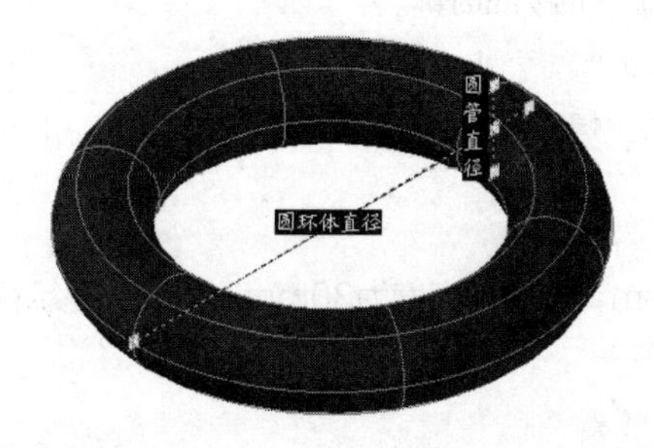

图15-24

1. 命令执行方式

执行Torus（圆环体）命令的方式有如下3种。

命令行：在命令提示行输入Torus并按Enter键。

菜单栏：执行“绘图>建模>圆环体”菜单命令。

工具栏：在“建模”工具栏中单击“圆环”按钮◎。

2. 操作步骤

在“建模”工具栏中单击“圆环”按钮◎，绘制图15-25所示的圆环体。其命令执行过程如下。

```
命令: _torus ↙
当前线框密度: Isolines=11
指定圆环体中心<0,0,0>: 0,0,0 ↙
指定圆环体半径或[直径(D)] : 100 ↙
指定圆管半径或[直径(D)] : 30 ↙
```

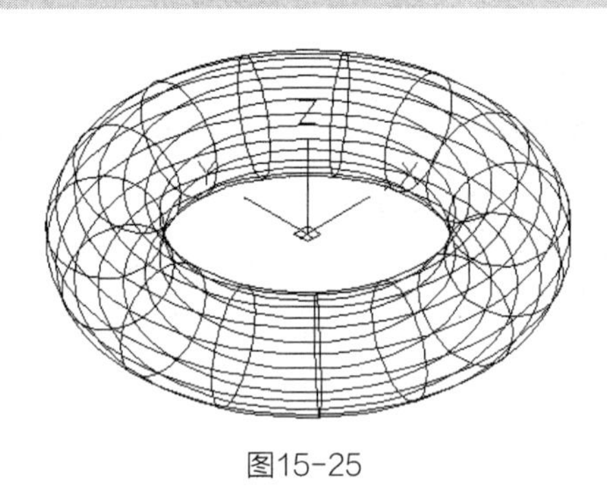

图15-25

15.1.8 绘制螺旋（Helix）

螺旋就是开口的二维或三维螺旋线。如果指定同一个值来作为底面半径和顶面半径，将创建圆柱形螺旋；如果指定不同的值来作为顶面半径和底面半径，将创建圆锥形螺旋；如果指定的高度值为0mm，则将创建扁平的二维螺旋。

专家提示

默认情况下，螺旋的顶面半径和底面半径相同，在绘制圆柱形螺旋时不能指定底面半径和顶面半径为0mm。

1. 命令执行方式

执行Helix（螺旋）命令的方式有如下3种。

命令行：在命令提示行输入Helix命令并按Enter键。

菜单栏：执行“绘图>螺旋”菜单命令。

工具栏：在“建模”工具栏中单击“螺旋”按钮。

2. 操作步骤

01 已知螺旋底面和顶面的半径为50mm，螺旋的高度为30mm。在命令提示行输入Helix命令并按Enter键，绘制图15-26所示的螺旋。命令执行过程如下。

```
命令: _helix
圈数 = 3.00    扭曲=CCW    //显示螺旋的圈数和扭曲的方向（CCW表示逆时针方向旋转）
指定底面的中心点: 0,0,0 ↙    //指定螺旋底面的中心点
```

```
指定底面半径或 [直径(D)] : 50 ↙  //输入底面的半径值
指定顶面半径或 [直径(D)] : 50 ↙  //输入顶面半径值
指定螺旋高度或 [轴端点(A)/圈数(T)/圈高(H)/扭曲(W)] : 30 ↙  //输入螺旋的高度值
```

02 已知螺旋的圈数为5，扭曲方向为顺时针，底面半径为50mm，顶面半径为30mm，高度为80mm。在“建模”工具栏中单击“螺旋”按钮，绘制图15-27所示的螺旋。命令执行过程如下。

```
命令: _helix
圈数 = 5.00    扭曲=CCW
指定底面的中心点:                //指定螺旋底面的中心点
指定底面半径或 [直径(D)] <30.00>: 50 ↙
指定顶面半径或 [直径(D)] <50.00>: 30 ↙
指定螺旋高度或 [轴端点(A)/圈数(T)/圈高(H)/扭曲(W)] <100.00>: t ↙  //输入选项T表示要设置圈数
输入圈数 <3.00>: 5 ↙
指定螺旋高度或 [轴端点(A)/圈数(T)/圈高(H)/扭曲(W)] <100.00>: w ↙ //输入选项W表示要设置扭曲方向
输入螺旋的扭曲方向 [顺时针(CW)/逆时针(CCW)] <CCW>: cw ↙
指定螺旋高度或 [轴端点(A)/圈数(T)/圈高(H)/扭曲(W)] <100.00>: 80 ↙
```

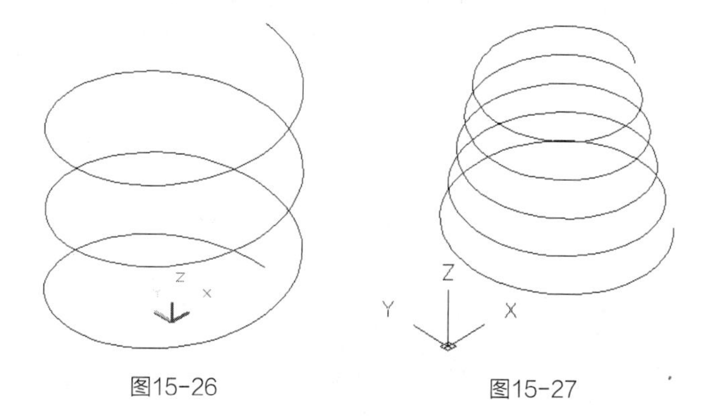

图15-26　　图15-27

03 已知底面半径为100mm，顶面半径为20mm，绘制一个2D螺旋线，如图15-28所示。命令执行过程如下。

```
命令: _helix
圈数 = 3.00    扭曲=CCW
指定底面的中心点: 0,0,0 ↙
指定底面半径或 [直径(D)] <30.00>: 100 ↙
指定顶面半径或 [直径(D)] <50.00>: 20 ↙
指定螺旋高度或 [轴端点(A)/圈数(T)/圈高(H)/扭曲(W)] <10.00>: 0 ↙  //设置螺旋的高度为0
```

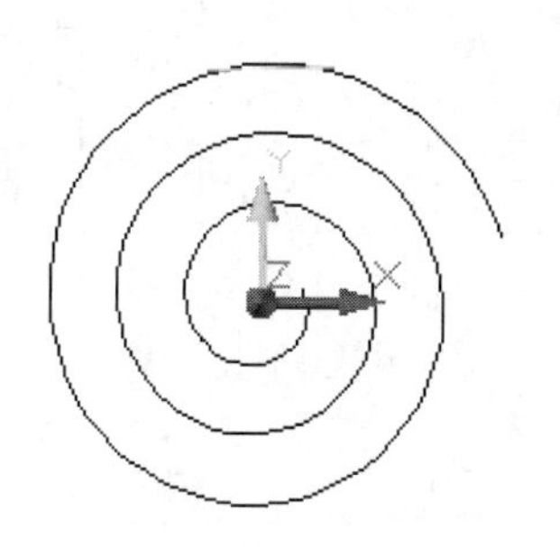

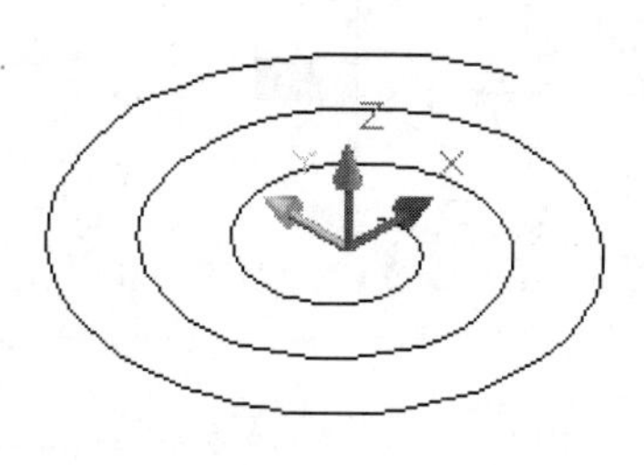

图15-28

案例 078 创建积木组合

- **学习目标** | 本例主要练习基本三维实体的绘制方法，案例效果如图15-29所示。
- **视频路径** | 光盘\视频教程\CH15\创建积木组合.avi
- **结果文件** | 光盘\DWG文件\CH15\积木组合.dwg

01 新建一个DWG文件，然后执行“视图>三维视图>西南等轴测”菜单命令，切换到三维视图。

02 在“建模”工具栏中单击“楔体”按钮，绘制图15-30所示的楔形体。命令执行过程如下。

```
命令: _wedge
指定第一个角点或 [中心(C)]: 0,0,0 ↙
指定其他角点或 [立方体(C)/长度(L)]: @-100,40,60 ↙
```

03 在“建模”工具栏中单击“长方体”按钮，绘制图15-31所示的长方体。命令执行过程如下。

```
命令: _box
指定第一个角点或 [中心(C)]: 0,0,0 ↙
指定其他角点或 [立方体(C)/长度(L)]: @40,40,60 ↙
```

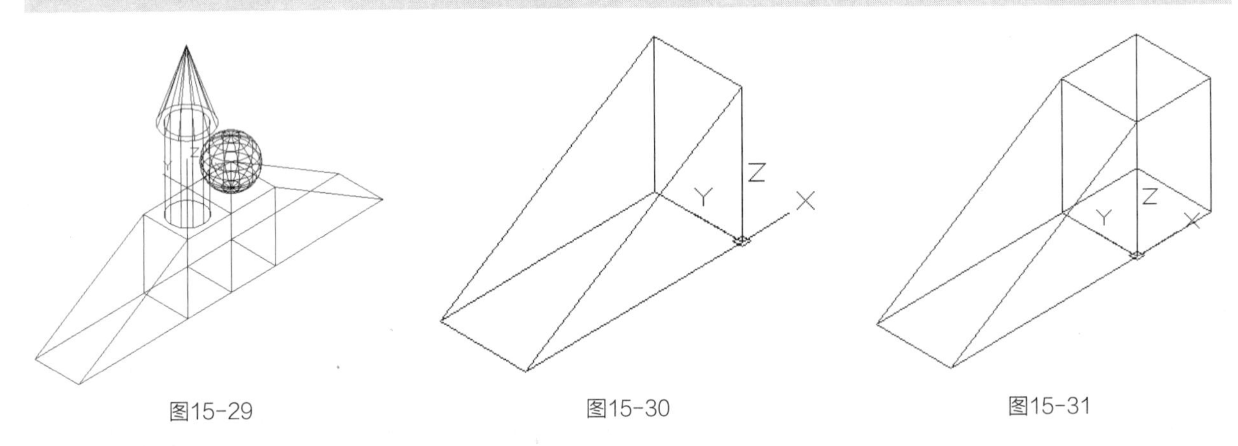

图15-29　　图15-30　　图15-31

04 在命令提示行输入Copy并按Enter键，然后将长方体复制一个，如图15-32所示。

05 执行“绘图>建模>楔体”菜单命令，绘制图15-33所示的楔形体。命令执行过程如下。

```
命令: _wedge
指定第一个角点或 [中心(C)]:                //捕捉图15-33所示的端点
指定其他角点或 [立方体(C)/长度(L)]: @100,40,60 ↙
```

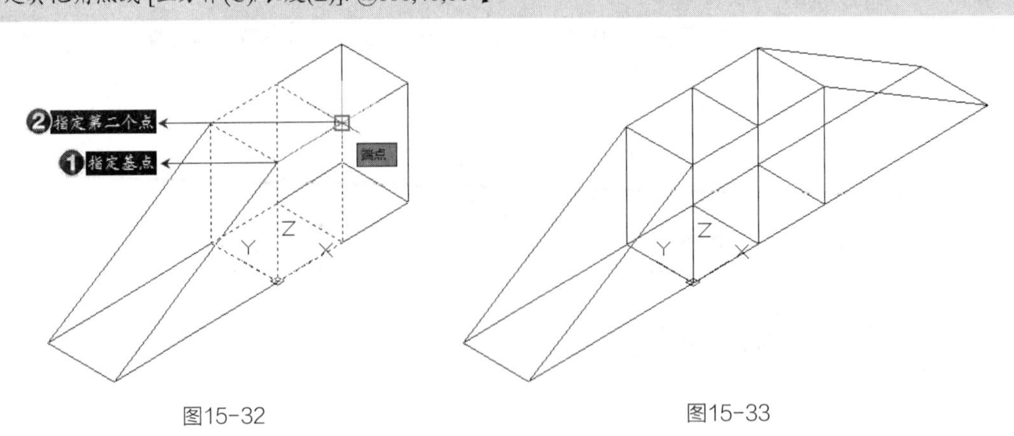

图15-32　　图15-33

06 在命令提示行输入UCS命令并按Enter键，将原点重新定位到图15-34所示的位置。命令执行过程如下。

> 命令: _ucs ↙
> 当前 UCS 名称: *没有名称*
> 指定 UCS 的原点或 [面(F)/命名(NA)/对象(OB)/上一个(P)/视图(V)/世界(W)/x/y/z/z 轴(ZA)] <世界>: //捕捉如图15-48所示的端点作为新的坐标原点
> 指定 x 轴上的点或 <接受>: ↙ //按Enter键结束命令

07 单击“建模”工具栏中的“圆柱体”按钮，绘制一个半径为15mm、高度为70mm的圆柱体，如图15-35所示。命令执行过程如下。

> 命令: _cylinder
> 指定底面的中心点或 [三点(3P)/两点(2P)/切点、切点、半径(T)/椭圆(E)]: -20,-20,0 ↙
> 指定底面半径或 [直径(D)] <300.00>: 15 ↙
> 指定高度或 [两点(2P)/轴端点(A)] <60.00>: 70 ↙

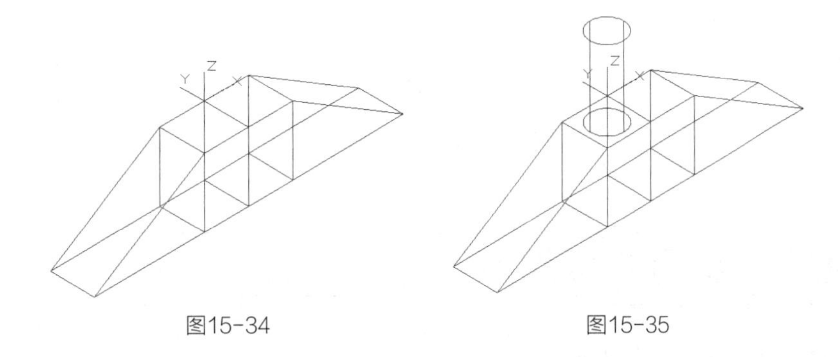

图15-34 图15-35

专家提示

为了观察起来方便美观，可以将Isolines变量的值设置得大一些，然后执行Regen命令重生成视图。

08 在“建模”工具栏中单击“圆锥体”按钮，绘制图15-36所示的圆锥体。命令执行过程如下。

> 命令: _cone
> 指定底面的中心点或 [三点(3P)/两点(2P)/切点、切点、半径(T)/椭圆(E)]: //捕捉圆柱体的顶面圆心
> 指定底面半径或 [直径(D)] <15.00>: 20 ↙
> 指定高度或 [两点(2P)/轴端点(A)/顶面半径(T)] <70.00>: 60 ↙

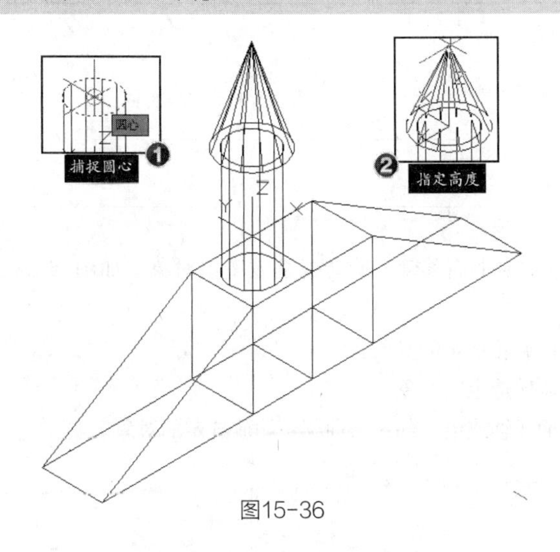

图15-36

09 在“建模”工具栏中单击“球体”按钮◎，绘制一个半径为20mm的球体，如图15-37所示。命令执行过程如下。

```
命令: _sphere
指定中心点或 [三点(3P)/两点(2P)/切点、切点、半径(T)]: 20,-20,20 ↙
指定半径或 [直径(D)] <10.00>: 20 ↙
```

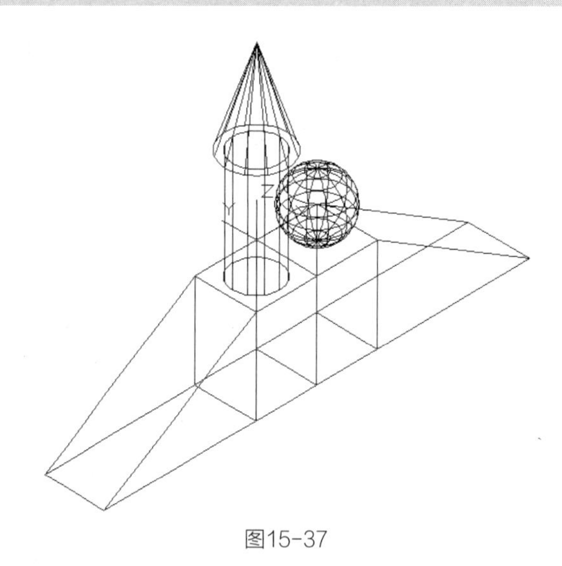

图15-37

15.2 三维对象的基本操作

三维对象基本操作相关命令如表15-2所示。

表15-2 三维对象基本操作命令

命令	简写	功能
3Dmove（三维移动）	3DM	在三维视图中，显示三维移动小控件以帮助在指定方向上按指定距离移动三维对象
3Drotate（三维旋转）	3DR	在三维视图中，显示三维旋转小控件以协助绕基点旋转三维对象
Align（对齐）	AL	在二维和三维空间中将对象与其他对象对齐
3Darray（三维阵列）	3DAR	保持传统行为用于创建非关联二维矩形或环形阵列
Mirror3D（三维镜像）	3DMI	创建镜像平面上选定三维对象的镜像副本

15.2.1 使用小控件

小控件可以帮助用户沿三维轴或平面移动、旋转或缩放一组对象。如图15-38所示，AutoCAD有3种类型的小控件。

三维移动小控件：沿轴或平面旋转选定的对象。

三维旋转小控件：绕指定轴旋转选定的对象。

三维缩放小控件：沿指定平面或轴或沿全部三条轴统一缩放选定的对象。

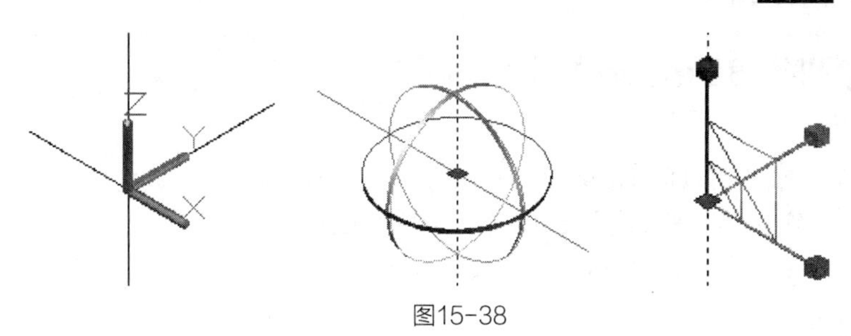

图15-38

默认情况下，在选择视图中具有三维视觉样式的对象或子对象时会自动显示小控件。由于小控件沿特定平面或轴约束所做的修改，因此它们有助于获得更理想的结果。

可以指定选定对象后要显示的小控件，也可以禁止显示小控件。

无论何时选择三维视图中的对象，均会显示默认小控件。可以选择功能区上的其他默认值，也可以更改Defaultgizmo系统变量的值，还可以在选中对象后禁止显示小控件。

激活小控件后，还可以切换到其他类型的小控件。切换行为根据选择对象的时间而变化。

先选择对象。如果正在执行小控件操作，则可以重复按Space键以在其他类型的小控件之间循环。通过此方法切换小控件时，小控件活动会约束到最初选定的轴或平面上。

在执行小控件操作过程中，还可以在快捷菜单上选择其他类型的小控件。

先运行命令。如果在选择对象之前开始执行三维移动、三维旋转或三维缩放操作，小控件将置于选择集的中心。使用快捷菜单上的“重新定位小控件”选项可以将小控件重新定位到三维空间中的任意位置，也可以在快捷菜单上选择其他类型的小控件。

15.2.2 选择三维子对象

用户可以通过选择三维模型的子对象（面、边和顶点），对其进行移动和旋转操作，从而改变模型的形状和大小等。

按住Ctrl键，将鼠标移动到相应的子对象上，然后单击即可将其选中，如图15-39所示。

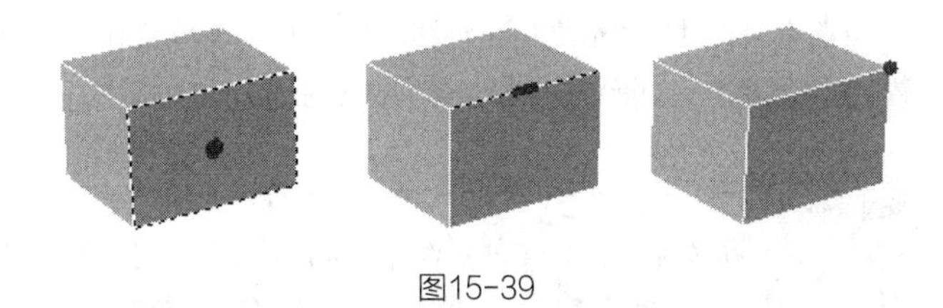

图15-39

用户还可以通过夹点来编辑三维实体，选中三维实体之后，模型将会显示出夹点，如图15-40所示。

先选中一个夹点，然后移动该夹点，可以很方便地调整三维实体的大小，如图15-41所示。

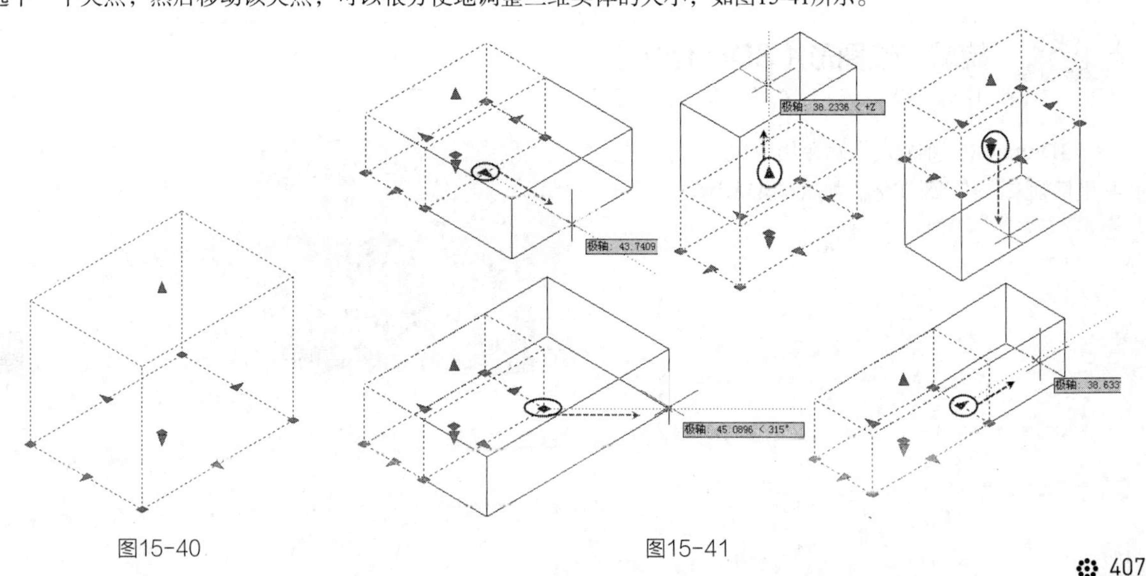

图15-40　　图15-41

15.2.3 移动三维图形（3Dmove）

使用3Dmove（三维移动）命令可以自由移动三维实体模型，执行3Dmove命令的方式有如下3种。

命令行：执行“修改>三维操作>三维移动”菜单命令，如图15-42所示。

菜单栏：在“建模”工具栏中单击“三维移动”按钮，如图15-43所示。

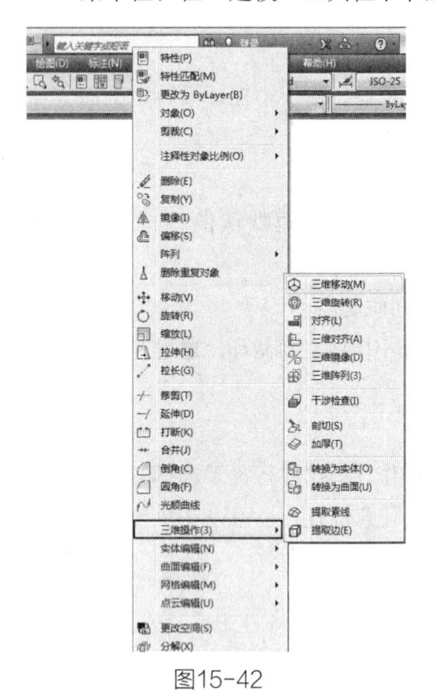

图15-42

图15-43

工具栏：在命令提示行输入3Dmove命令并按Enter键。

执行3Dmove命令之后，其命令提示如下。

命令：_3dmove
选择对象：　　//选择要移动的图形
选择对象：↙　　//按Enter键确认选中图形
指定基点或 [位移(D)] <位移>：　　//确定移动的基点
指定第二个点或 <使用第一个点作为位移>：　　//确定移动的目标点位置

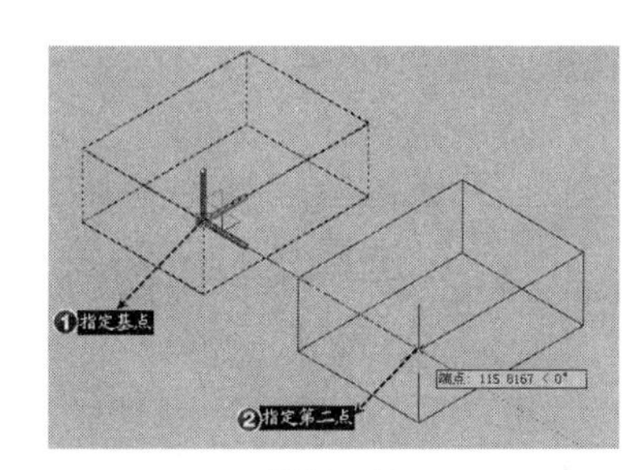

图15-44

选中要移动的图形之后，将移动夹点工具放置在三维空间中的任意位置，然后将图形拖曳到移动夹点工具之外来自由移动图形，如图15-44所示。

专家提示

默认情况下，如果用户在启动3Dmove命令之前已经选中了要移动的图形，那么系统将自动显示移动夹点工具。用户可以通过将Gtauto系统变量设置为0来指定不自动显示移动夹点工具。

15.2.4 旋转三维图形（3Drotate）

3Drotate（三维旋转）命令用于在三维空间绕某坐标轴来旋转三维实体，如图15-45所示。

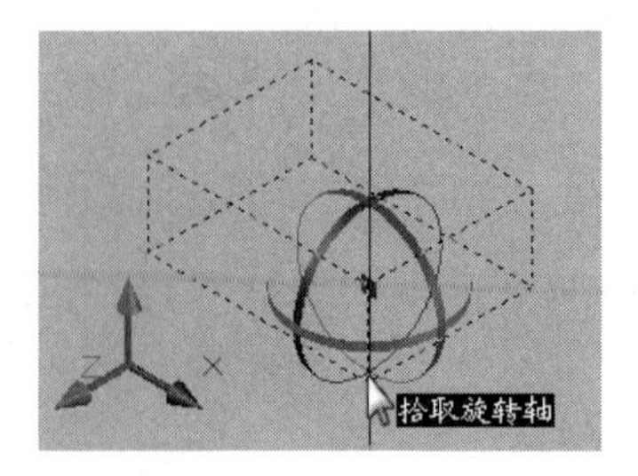

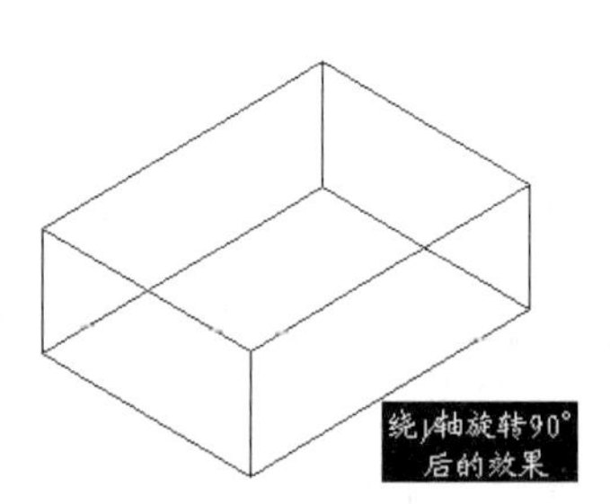

图15-45

1. 命令执行方式

执行3Drotate命令的方式有如下3种。

命令行：在命令提示行输入3Drotate命令并按Enter键。

菜单栏：执行“修改>三维操作>三维旋转”菜单命令。

工具栏：在“建模”工具栏中单击“三维旋转”按钮。

2. 操作步骤

01 执行3Drotate命令。命令提示如下。

```
命令: _3Drotate
UCS 当前的正角方向: Angdir=逆时针 Angbase=0
```

02 命令提示“选择对象:”，选择要旋转的图形。

03 命令提示“选择对象:”，按Enter键确认选中图形。

04 命令提示“指定基点:”，指定旋转的基点。

05 命令提示“拾取旋转轴:”，将鼠标移到旋转夹点工具（如图15-46所示）的任意圆环上，当出现一条轴线时单击即可选中旋转轴。

06 命令提示“指定角的起点或键入角度:”，最后输入旋转角度并按Enter键。

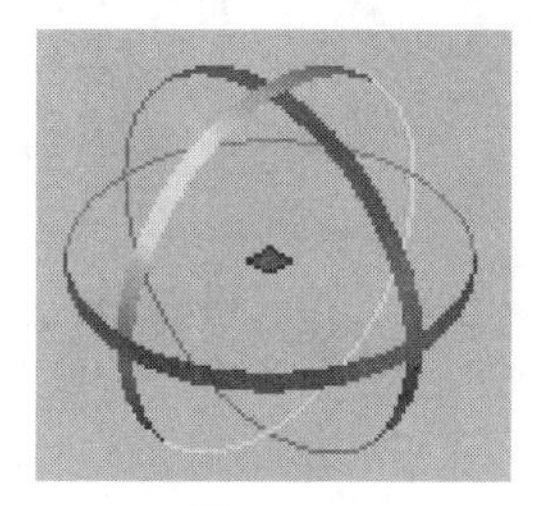

图15-46

15.2.5 对齐三维图形（Align）

使用Align（对齐）命令可以在三维空间中将两个图形按指定的方式对齐，AutoCAD将根据用户指定的对齐方式来改变对象的位置或进行缩放，以便能够与其他对象对齐。执行Align（对齐）命令的方式有如下两种。

命令行：执行“修改>三维操作>对齐”菜单命令。

菜单栏：在命令提示行输入Align命令并按Enter键。

AutoCAD为用户提供了3种对齐方式，下面进行详细的介绍。

1. 一点对齐（共点）

当只设置一对点时，可实现点对齐。首先确定被调整对象的对齐点（起点），然后确定基准对象的对齐点（终点），被调整对象将自动平移位置与基准对象对齐，具体操作如下。

```
命令: _align
选择对象: 找到 1 个      //选择图15-47所示的小长方体
选择对象: ↙
指定第一个源点:       //捕捉小长方体的端点
指定第一个目标点:      //捕捉大长方体的端点
指定第二个源点: ↙
```

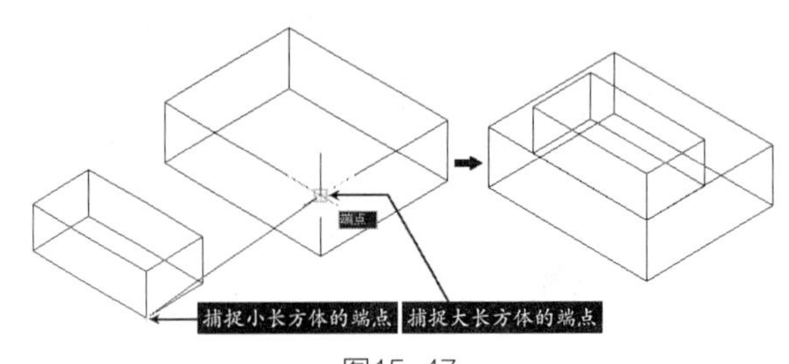

图15-47

2. 两点对齐（共线）及放缩

当设置两对点时，可以实现线对齐。使用这种对齐方式，被调整对象将做两个运动：先按第一对点平移，作点对齐；然后再旋转，使第一、第二起点的连线与第一、第二终点的连线共线，如图15-48所示。

在进行共线操作时，还可以按第一、第二起点之间的线段与第一、第二终点之间的线段长度相等的条件，对被调整对象进行缩放，具体操作如下。

```
命令: _align
选择对象: 找到 1 个        //选择图15-49所示的小长方体
选择对象: ↙
指定第一个源点:          //捕捉点1
指定第一个目标点:         //捕捉点2
指定第二个源点:          //捕捉点3
指定第二个目标点:         //捕捉点4
指定第三个源点或 <继续>: ↙
是否基于对齐点缩放对象? [是(Y)/否(N)] <否>: y ↙   //输入选项Y并按Enter键表示要缩放对象
```

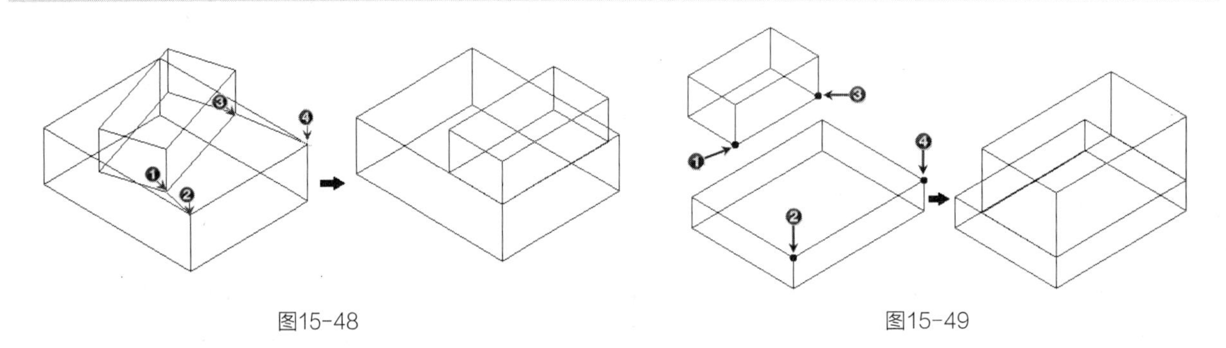

图15-48　　图15-49

专家提示

在上面的操作中，如果不需要缩放对象，那么直接按Enter键即可。

3. 三点对齐（共面）

当选择3对点时，选定对象可在三维空间移动和旋转，并与其他对象对齐，每一对点一一对应，如图15-50所示。

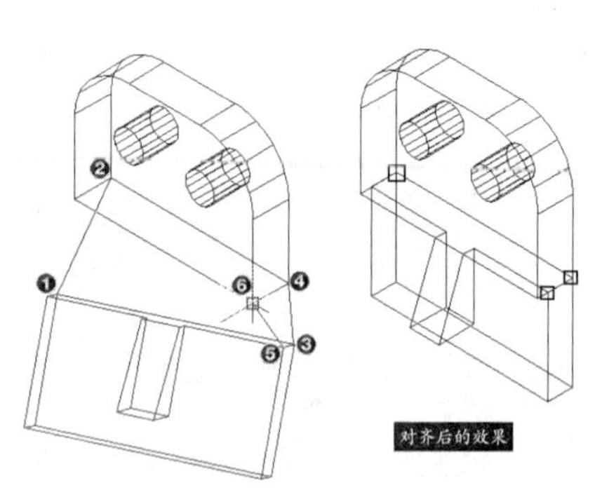

图15-50

15.2.6 阵列三维图形（3Darray）

用3Darray（三维阵列）命令可以进行三维阵列复制，即复制出的多个实体在三维空间按一定阵形排列。使用该命令既可以复制二维图形，也可以复制三维图形。

三维阵列有两种排列方式，分别是矩形阵列和环形阵列。对于矩形阵列需要在三维空间指定行数、列数和层数以及行距、列距和层距；对于环形阵列需要指定阵列数目、填充角度和旋转轴等。

1. 命令执行方式

执行3Darray命令的方式有如下3种。

命令行：在命令提示行输入3Darray命令并按Enter键。

菜单栏：执行“修改>三维操作>三维阵列”菜单命令。

工具栏：在“建模”工具栏中单击“三维阵列”按钮。

2. 操作步骤

01 在命令提示行输入Box命令并按Enter键，绘制一个10mm×15mm×5mm的长方体。命令执行过程如下。

```
命令: _box ↙
指定第一个角点或 [中心(C)]:    //确定长方体的一个角点
指定其他角点或 [立方体(C)/长度(L)]: @10,15,5 ↙
```

02 在命令提示行输入3Darray命令并按Enter键，矩形阵列长方体，如图15-51所示。命令执行过程如下。

```
命令: _3darray ↙
选择对象: 找到 1 个          //选择长方体
选择对象: ↙
输入阵列类型 [矩形(R)/环形(P)] <矩形>: ↙    //直接按Enter键确认采用矩形阵列
输入行数 (---) <1>: 3 ↙
输入列数 (|||) <1>: 4 ↙
输入层数 (...) <1>: 3 ↙
指定行间距 (---): 15 ↙
指定列间距 (|||): 10 ↙
指定层间距 (...): 5 ↙
```

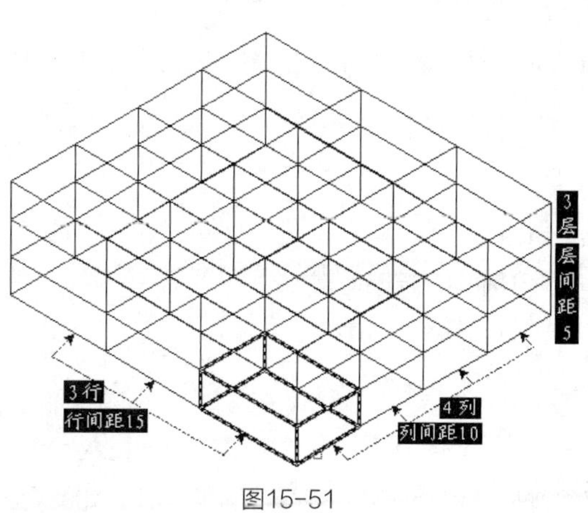

图15-51

下面再来练习一个3Darray命令的实例。

01 打开配套光盘中的“DWG文件\CH15\1526.dwg文件”。

02 在命令提示行输入3Darray命令并按Enter键，环形阵列实体模型，如图15-52所示。命令执行过程如下。

```
命令: _3darray ↙
正在初始化...已加载 3darray。
选择对象: 找到 1 个                    //选择要阵列的对象
选择对象: ↙
输入阵列类型 [矩形(R)/环形(P)] <矩形>: p ↙  //输入选项P表示采用环形阵列方式
输入阵列中的项目数目: 8 ↙
指定要填充的角度 (+=逆时针, -=顺时针) <360>: ↙
旋转阵列对象? [是(Y)/否(N)] <是>: ↙
指定阵列的中心点:                      //捕捉圆心作为阵列中心点
指定旋转轴上的第二点: @0,0,1 ↙
```

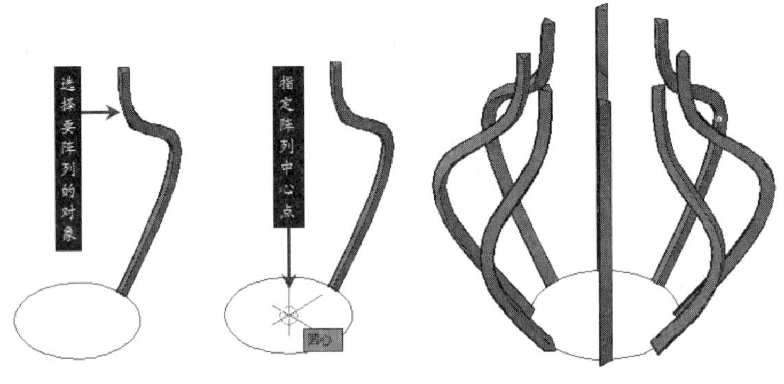

图15-52

专家提示

在环形阵列时，需要设置复制的数量、复制对象所分布的圆周角度，确定复制对象在复制中是否随位置的变化而旋转，并通过设置两点来确定环形阵列复制轴线的位置和方向。

15.2.7 镜像三维图形（Mirror3D）

使用Mirror3D（三维镜像）命令可以将任意空间平面作为镜像面，创建指定对象的镜像副本，源对象与镜像副本相对于镜像面彼此对称。

1. 命令执行方式

执行Mirror3D命令的方式有如下两种。

命令行：在命令提示行输入Mirror3D命令并按Enter键。

菜单栏：执行“修改>三维操作>三维镜像”菜单命令。

2. 操作步骤

01 在视图中随意创建一个楔形体。

02 在命令提示行输入Mirror3D命令并按Enter键，然后镜像复制楔形体，如图15-53所示。命令执行过程如下。

命令: _mirror3d ↙

选择对象: 找到 1 个　　　　//选择楔形体

选择对象: ↙

指定镜像平面(三点)的第一个点或[对象(O)/最近的(L)/z 轴(z)/视图(V)/xy 平面(xy)/yz平面(yz)/zy平面(zx)/三点(3)] <三点>: 3 ↙　//输入选项3表示采用3点法

在镜像平面上指定第一点:　　　//捕捉点1

在镜像平面上指定第二点:　　　//捕捉点2

在镜像平面上指定第三点:　　　//捕捉点3

是否删除源对象? [是(Y)/否(N)] <否>: ↙　//直接按Enter键确认保留原始对象

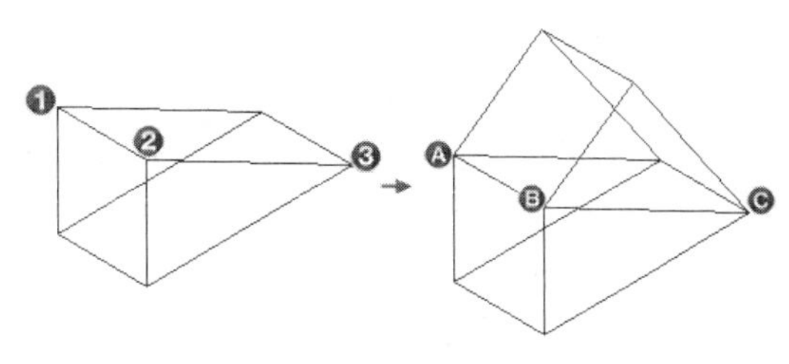

图15-53

注意

在图15-53中，复制生成的新实体在镜像面*ABC*的上方，新旧实体以*ABC*平面为对称面。

03 删除前面复制生成的楔形体。

04 执行“修改>三维操作>三维镜像”菜单命令，继续镜像复制楔形体。命令执行过程如下。

命令: _mirror3d

选择对象: 找到1个　　　　//选择复制的对象

选择对象: ↙

指定镜像平面(三点)的第一个点或[对象(O)/最近的(L)/z 轴(z)/视图(V)/xy 平面(xy)/yz 平面(yz)/zx平面(zx)/三点(3)] <三点>: xy ↙

指定 xy 平面上的点<0,0,0>:　　　//捕捉xy平面上的一点

是否删除源对象? [是(Y)/否(N)] <否>: ↙

镜像效果如图15-54所示，新旧实体以*xy*平面为对称面，拾取不同的点，镜像的方向也会不一样，拾取图15-54所示的*A*点，镜像出的对象在*xy*平面的下方；而拾取*B*点，则相反。

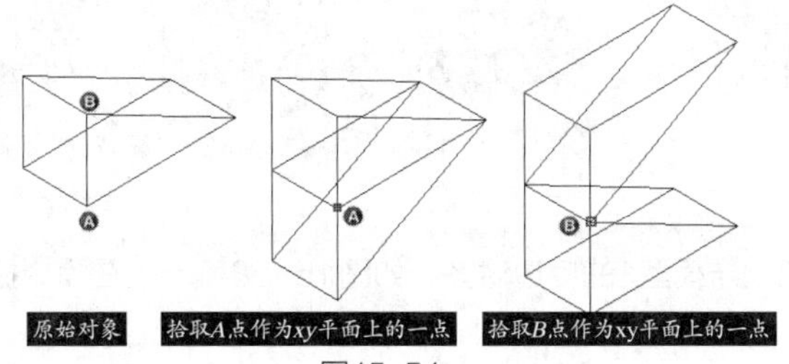

图15-54

专家提示

在三维镜像的时候，可定义平面的二维图形、刚使用过的镜像面、直线的法面、视区平面、*xy*平面、*yz*平面、*zx*平面或由任意3点确定的平面都可以作为镜像面。对于视区平面、*xy*平面、*yz*平面和*zx*平面，还要通过设置镜像面上的一点来确定镜像面的位置。

案例 079 装配零件模型

● **学习目标 |** 这个案例的任务是将图15-55所示的零配件模型组合成一个完整的零件模型，目的是让大家进一步熟悉前面所学的三维移动、三维旋转、对齐和三维镜像等操作。

● **视频路径 |** 光盘\视频教程\CH15\装配零件模型.avi

● **结果文件 |** 光盘\DWG文件\CH15\装配零件模型.dwg

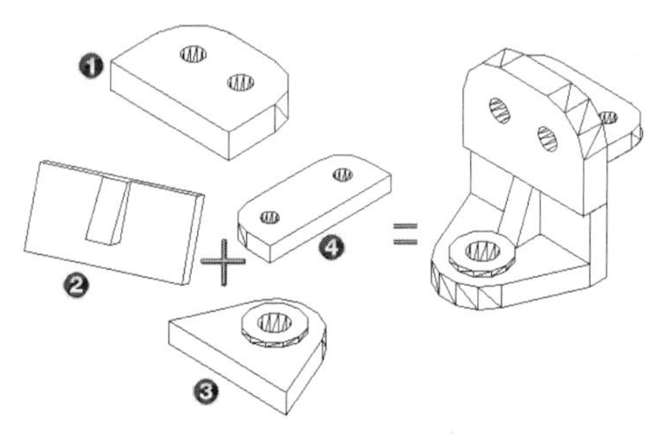

图15-55

01 打开配套光盘中的“DWG文件\CH15\装配零件模型.dwg”文件，如图15-56所示。

02 首先将模型1旋转-90° 。在命令提示行输入3Drotate命令并按Enter键，旋转后的效果如图15-57所示。命令执行过程如下。

```
命令: _3drotate ↙
UCS 当前的正角方向: Angdir=逆时针  Angbase=0
选择对象: 找到 1 个        //选择模型1
选择对象: ↙
指定基点:                //指定旋转的基点
拾取旋转轴:              //拾取y轴
指定角的起点或键入角度: -90 ↙        //输入-90表示旋转-90°
```

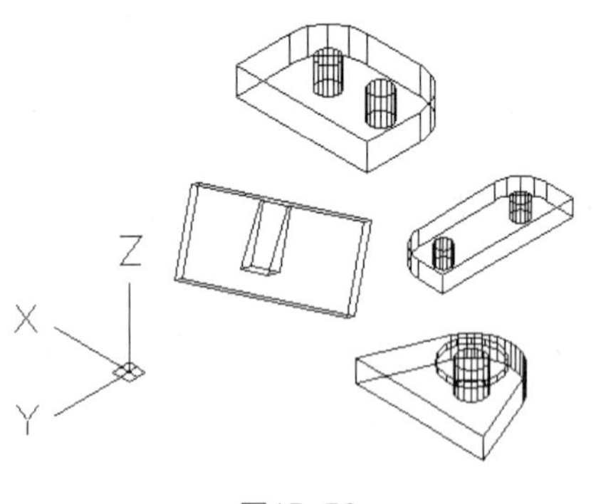

图15-56

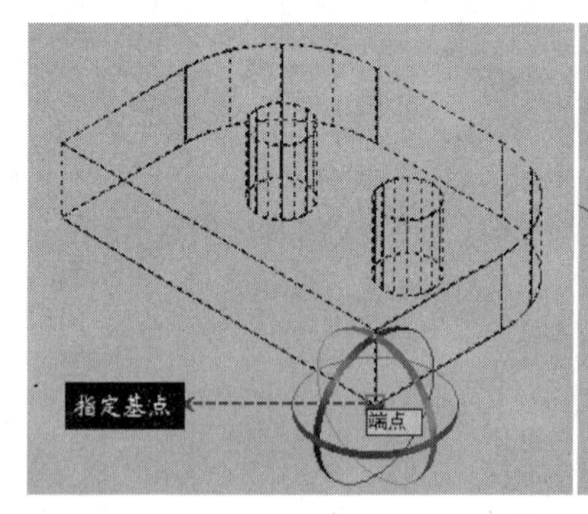

图15-57

03 使用3对点方式将模型2的顶边与模型1的底边对齐，如图15-58所示。在命令提示行输入 Align（对齐）命令。命令执行过程如下。

```
命令: _align
选择对象: 找到 1 个    //选择模型2
选择对象: ↙
指定第一个源点:        //指定点1
指定第一个目标点:       //指定点2
```

指定第二个源点：　　//指定点3
指定第二个目标点：　　//指定点4
指定第三个源点：　　//指定点5
指定第三个目标点：　　//指定点6

04 对模型3作镜像复制。执行“修改>三维操作>三维镜像”菜单命令。命令执行过程如下。

命令: _3dmirror
选择对象: 找到 1 个　　//选择模型3
选择对象: ↙
指定镜像平面 (三点) 的第一个点或 [对象(O)/最近的(L)/z 轴(z)/视图(V)/xy 平面(xy)/yz 平面(yz)/zx 平面(zx)/三点(3)] <三点>: zx ↙　　//选择zx平面
指定 zx 平面上的点 <0,0,0>: ↙　　//任意指定一点或直接按Enter键
是否删除源对象? [是(Y)/否(N)] <否>: y ↙　　//输入选项y并按Enter键表示要删除原对象

05 在命令提示行输入3Dmove命令并按Enter键，然后捕捉模型3右下角的端点，接着捕捉模型2右下角端点，将两个模型组合到一起，如图15-59所示。

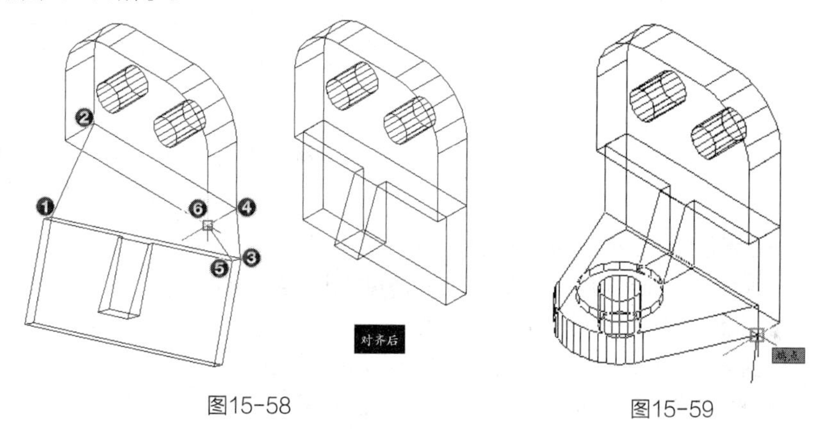

图15-58　　图15-59

06 在命令提示行输入 Align命令并按Enter键，使用两对点方式将模型4与模型1对齐，如图15-60所示。命令执行过程如下。

命令: _align ↙
指定第一个源点：　　//捕捉点1
指定第一个目标点：　　//捕捉点2
指定第二个源点：　　//捕捉点3
指定第二个目标点：　　//捕捉点3
指定第三个源点或 <继续>: ↙
是否基于对齐点缩放对象? [是(Y)/否(N)] <否>: ↙

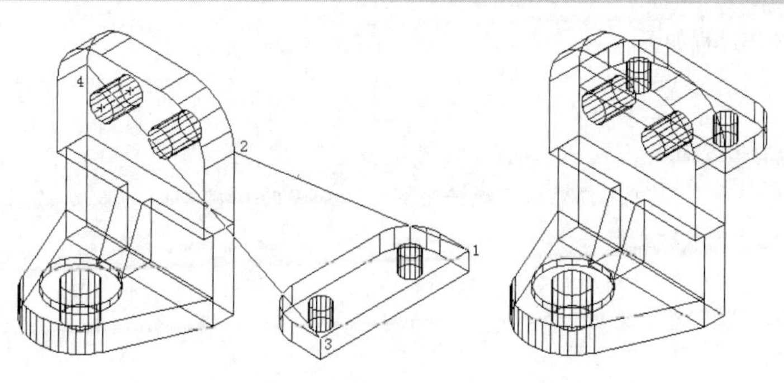

图15-60

15.3 布尔运算

使用布尔运算可以创建出多种复合模型，布尔运算分为并集运算、差集运算和交集运算。

相关命令如表15-3所示。

表15-3 布尔运算命令

命令	简写	功能
Union（并集）	UNI	将两个或多个三维实体、曲面或二维面域合并为一个复合三维实体、曲面或面域
Subtract（差集）	SUB	通过从另一个对象减去一个重叠面域或三维实体来创建新对象
Intersect（交集）	INT	通过重叠实体、曲面或面域创建三维实体、曲面或二维面域

15.3.1 并集运算（Union）

使用Union（并集）命令可以合并两个或两个以上实体（或面域）而成为一个复合对象，如图15-61所示。

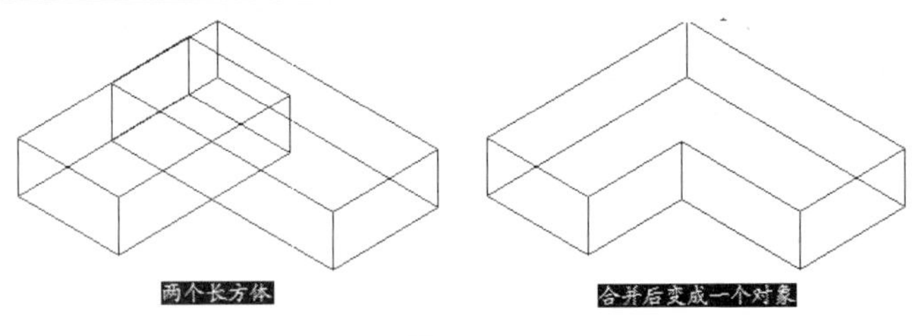

图15-61

Union（并集）命令不仅可以把相交实体组合成为一个实体，而且还可以把不相交实体组合成为一个对象。由不相交实体组合成的对象，从表面上看各实体是分离的，但在编辑操作时它会被作为一个对象来处理。

执行Union（并集）命令的方式有以下3种。

命令行：在命令提示行输入Union（简化命令为Uni）命令并按Enter键。

菜单栏：执行“修改>实体编辑>并集”菜单命令。

工具栏：在“建模”工具栏中单击“并集”按钮。

15.3.2 差集运算（Subtract）

使用Subtract（差集）命令可以将一组实体的体积从另一组实体中减去，剩余的体积形成新的组合实体对象。执行Subtract命令的方式有如下3种。

命令行：在命令提示行输入Subtract（简化命令为Su）命令并按Enter键。

菜单栏：执行“修改>实体编辑>差集”菜单命令。

工具栏：在“建模”工具栏中单击“差集”按钮。

执行Subtract命令的操作过程如下。

```
命令: _subtract
选择要从中减去的实体或面域
选择对象: 找到 1 个              //选择要从中减去的实体，如图15-62所示
选择对象: 选择要减去的实体或面域
选择对象: 找到 1 个              //选择要减去的实体
选择对象: ↙
```

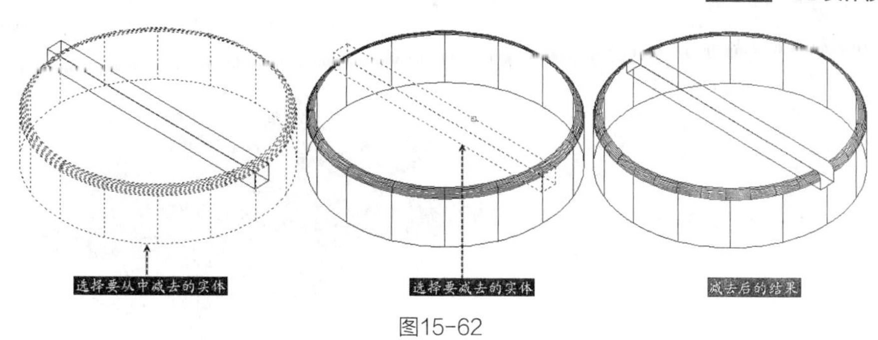

图15-62

15.3.3 交集运算（Intersect）

使用Intersect（交集）命令可以提取一组实体的公共部分，并将其创建为新的组合实体对象，如图15-63所示。

执行Intersect（交集）命令的方式有如下3种。

命令行：在命令提示行输入Intersect（简化命令为In）命令并按Enter键。

菜单栏：执行“修改>实体编辑>交集”菜单命令。

工具栏：在“建模”工具栏中单击“交集”按钮。

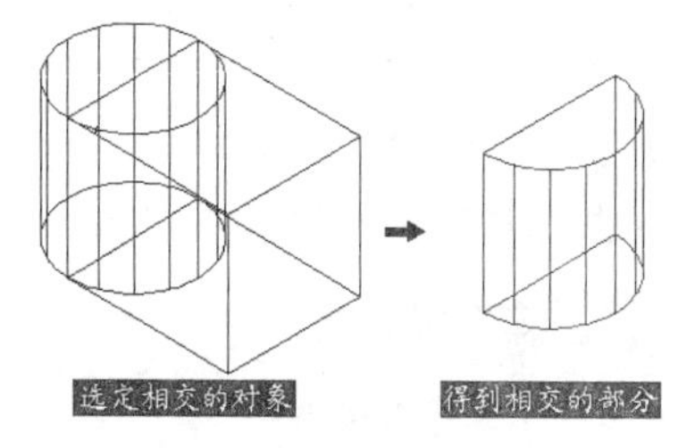

图15-63

专家提示

在进行交集运算的时候，新实体一旦生成，原始实体就被删除。对于不相交实体，Intersect命令将生成空实体，并立即被删除。Intersect命令还可以把不同图层上的实体组合成为一个新实体，新实体位于第一个被选择的实体所在的图层。

案例080 创建齿轮模型

- **学习目标** | 本例主要练习布尔运算在三维建模中的应用，使用交集得到两个模型相交的部分，效果如图15-64所示。
- **视频路径** | 光盘\视频教程\CH15\创建齿轮模型.avi
- **源 文 件** | 光盘\DWG文件\CH15\齿轮模型平面.dwg
- **结果文件** | 光盘\DWG文件\CH15\齿轮模型.dwg

图15-64

01 打开配套光盘中的“DWG文件\CH15\齿轮模型平面.dwg”文件，如图15-65所示，这是一个已经绘制好的齿轮平面轮廓。

02 切换到西南等轴测视图，单击“绘图”工具栏中的“面域”按钮，然后选中整个图形，将其转换为面，这样才能将其拉伸为实体模型，“真实”视觉样式如图15-66所示。

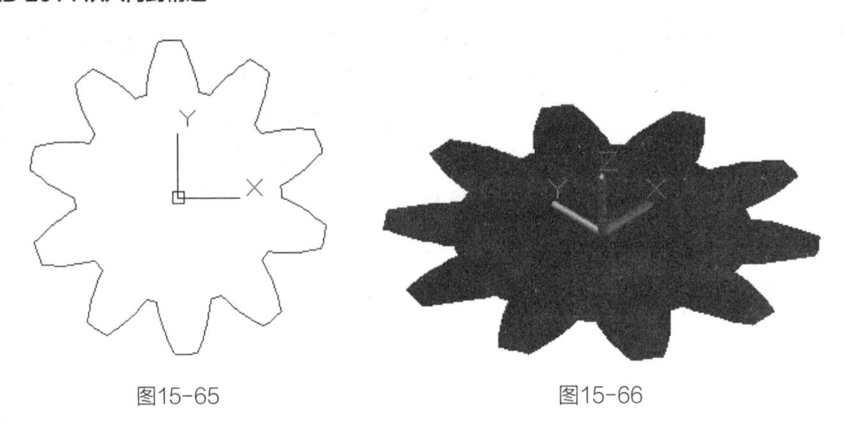

图15-65　　图15-66

专家提示

除了将其转为面域，用Pedit命令将这些独立的线段组合为一条封闭的多段线后，也可以将其拉伸为实体。

03 在命令行中输入Extrude命令，将齿轮平面拉伸为实体，拉伸高度为2mm，如图15-67所示。

04 单击“建模”工具栏中的“球体”按钮，以原点为圆心创建一个半径为50mm的球体。命令执行过程如下。

```
命令: _sphere
当前线框密度: Isolines=4
指定球体球心 <0,0,0>: ↙
指定球体半径或 [直径(D)]: 50 ↙
```

05 切换到前视图，并缩放视图显示全部图形，如图15-68所示。

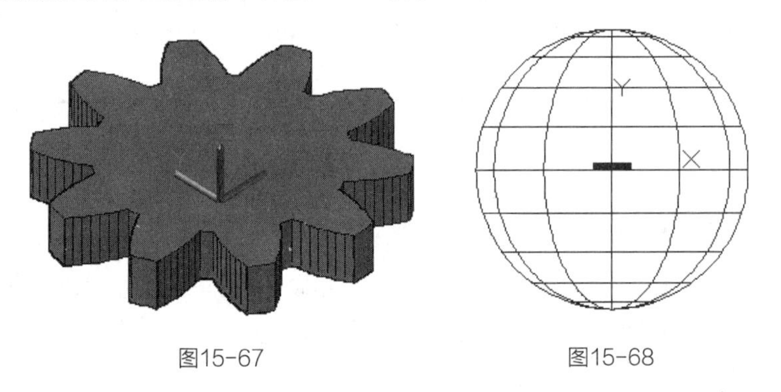

图15-67　　图15-68

06 选中球体，单击“移动”按钮，将球体垂直向下移动48mm，使用球体的顶面与齿轮相交，如图15-69所示。

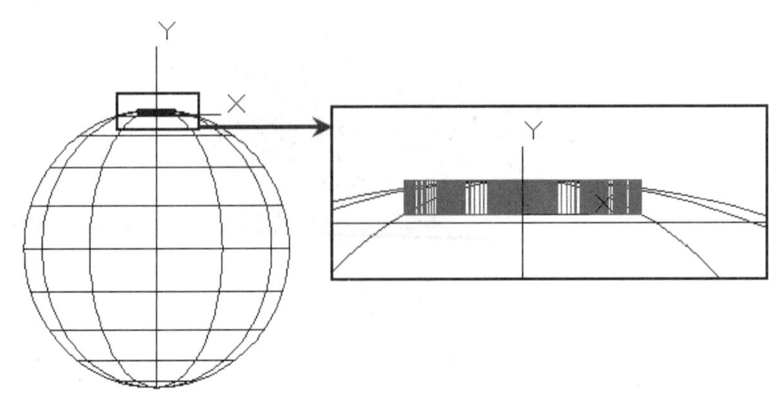

图15-69

07 单击“修改”工具栏中的“镜像”按钮，将球体镜像复制一个，如图15-70所示。命令执行过程如下。

```
命令: _mirror
选择对象: 找到 1 个 //选中球体
选择对象: ↙指定镜像线的第一点: 0,1 ↙指定镜像线的第二点: 1,1 ↙
要删除源对象吗? [是(Y)/否(N)] <N>: ↙
```

08 切换到“西南等轴测”视图，单击“建模”工具栏中的“交集”按钮，然后选中两个球体和齿轮模型，再按Enter键即可得到它们相交部分的模型，结果如图15-71所示。

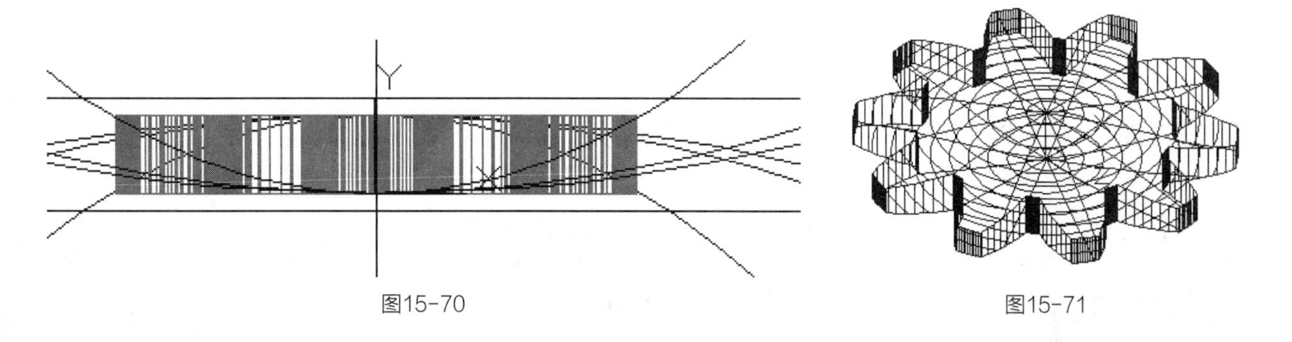

图15-70　　图15-71

15.4 利用2D图形创建3D实体

利用2D图形创建3D实体的相关命令如表15-4所示。

表15-4 利用2D图形创建3D实体命令

命令	简写	功能
Extrude（拉伸）	EXT	通过延伸二维或三维曲线创建三维实体或曲面
Presspull（按住并拖动）	PRES	通过拉伸和偏移动态修改对象
Revolve（旋转）	REV	通过绕轴扫掠对象创建三维实体或曲面
Sweep（扫掠）	SW	通过沿路径扫掠二维对象或者三维对象或子对象来创建三维实体或曲面
Loft（放样）	LOF	在若干横截面之间的空间中创建三维实体或曲面

15.4.1 拉伸（Extrude）

使用Extrude（拉伸）命令可以把一个2D图形拉伸为3D实体，如图15-72所示，一个圆被拉伸成为一个圆柱体。拉伸功能具有两种拉伸方式：一种是高度拉伸，即沿2D对象的法线拉伸，当指定拉伸斜角时，可以产生有锥度的实体；另一种是沿指定路径拉伸，当路径是曲线时，可生成弯曲的实体。

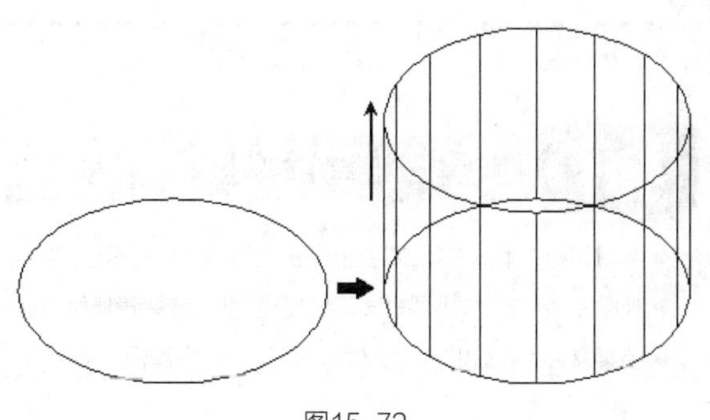

图15-72

如图15-73所示，当做高度拉伸时，指定不同的倾斜角度，可以生成不同造型的实体。

倾斜度=0　倾斜度=10　倾斜度=20　倾斜度=30

图15-73

1. 命令执行方式

执行Extrude命令的方法有以下3种。

命令行：在命令提示行输入Extrude（简化命令为Ext）并按Enter键。

菜单栏：执行“绘图>建模>拉伸”菜单命令。

工具栏：在“建模”工具栏中单击“拉伸”按钮。

2. 操作步骤

01 打开配套光盘中的“DWG文件\CH15\1541.dwg”文件

02 在命令提示行输入Ext并按Enter键，拉伸图中的圆，如图15-74所示。命令执行过程如下。

```
命令: _ext ↙
extrude
当前线框密度: Isolines=4
选择要拉伸的对象: 找到 1 个      //选择圆
选择要拉伸的对象: ↙
指定拉伸的高度或 [方向(D)/路径(P)/倾斜角(T)]: t ↙    //输入选项T表示要设置倾斜角度
指定拉伸的倾斜角度 <1>: 2 ↙
指定拉伸的高度或 [方向(D)/路径(P)/倾斜角(T)]: p ↙    //输入选项P表示要设定拉伸路径
选择拉伸路径:      //选择拉伸路径
```

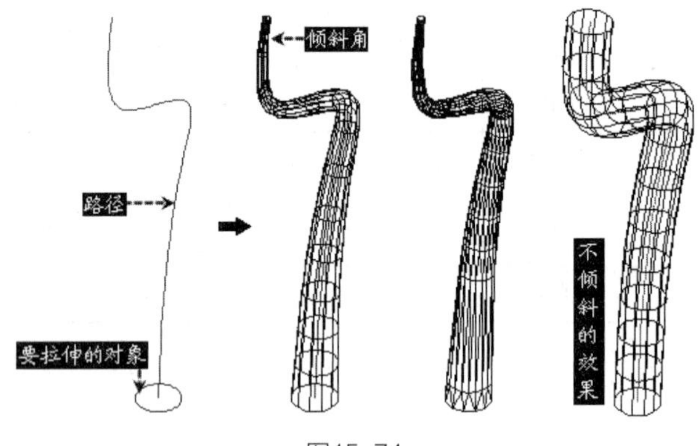

图15-74

专家提示

当沿指定路径拉伸时，拉伸实体起始于拉伸对象所在的平面，终止于路径的终点处的法平面。

案例 081 创建三维弯管模型

- **学习目标** | 本例主要练习使用Extrude命令沿路径拉伸创建三维弯管模型，效果如图15-75所示。
- **视频路径** | 光盘\视频教程\CH15\创建三维弯管模型.avi
- **结果文件** | 光盘\DWG文件\CH15\三维弯管模型.dwg

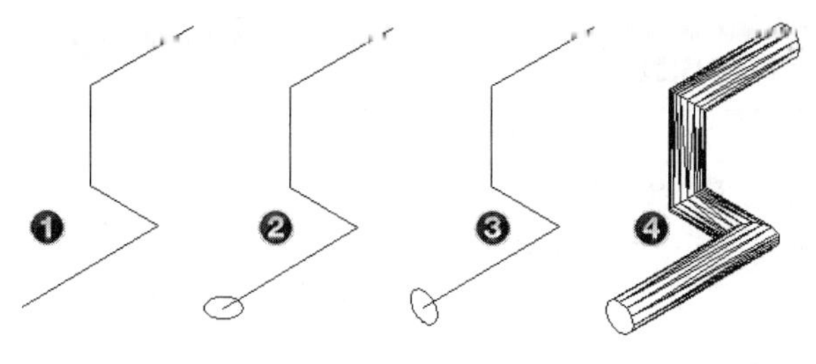

图15-75

01 在命令行中输入3p，绘制一段三维线段作为路径，结果如图15-76所示。命令执行过程如下。

```
命令: _3p ↙
3dpoly
指定多段线的起点:
指定直线的端点或 [放弃(U)]: @40,0,0 ↙
指定直线的端点或 [放弃(U)]: @0,25,0
指定直线的端点或 [放弃(U)]: @0, 0,25 ↙
指定直线的端点或 [闭合(C)/放弃(U)]: @30,0,0
指定直线的端点或 [闭合(C)/放弃(U)]: ↙
```

02 接着绘制要拉伸的对象。在命令行中输入C命令，捕捉三维多段的端点为圆心绘制一个半径为4mm圆，如图15-77所示。

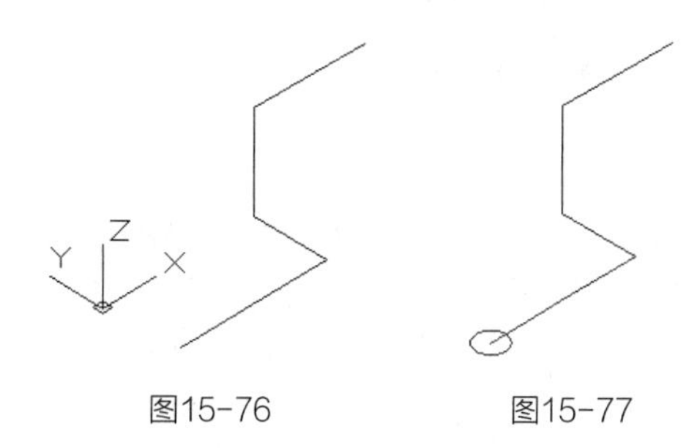

图15-76　　图15-77

03 使用3Drotate将圆沿y轴旋转90°，如图15-78所示。

04 在命令行中输入Extrude命令，将圆形沿着绘制的三围多段线进行拉伸，拉伸结果如图15-79所示。命令执行过程如下。

```
命令：_extrude ↙
当前线框密度：Isolines=12，
选择对象：                    //选择圆形
选择对象： ↙
指定拉伸高度或[路径（P）]：P ↙
选择拉伸路径或[倾斜角]：          //指定拉伸路径
```

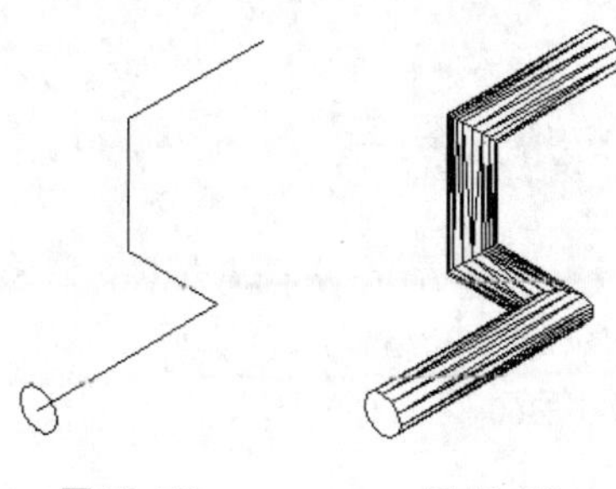

图15-78　　图15-79

15.4.2 按住并拖动（Presspull）

执行Presspull（按住并拖动）命令，然后在有边界的区域内单击并拖曳鼠标，创建一个新的三维实体，如图15-80所示。

执行Presspull命令的方法主要有以下两种。

命令行：在命令提示行输入Presspull命令并按Enter键。

工具栏：在“建模”工具栏中单击“按住并拖动”按钮。

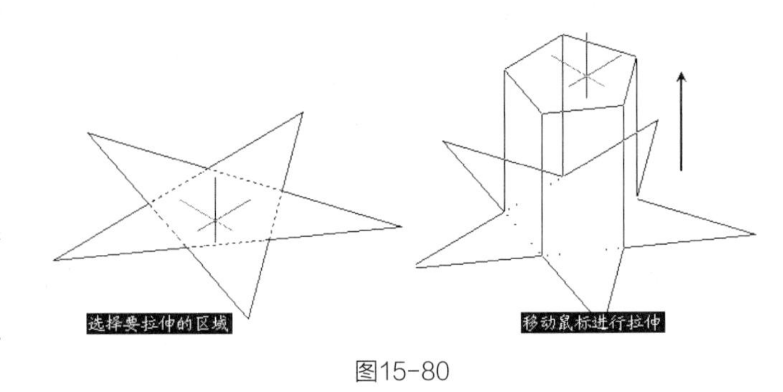

图15-80

15.4.3 旋转（Revolve）

使用Revolve（旋转）命令可以旋转一个2D图形来生成一个3D实体，该功能经常用于生成具有异形断面的旋转体。

1. 命令执行方式

执行Revolve命令的方法主要有以下3种。

命令行：在命令提示行输入Revolve（简化命令为Rev）命令。

菜单栏：执行“绘图>建模>旋转”菜单命令。

工具栏：在“建模”工具栏中单击“旋转”按钮。

2. 操作步骤

01 打开配套光盘中的“DWG文件\CH15\1543.dwg”文件，如图15-81所示。

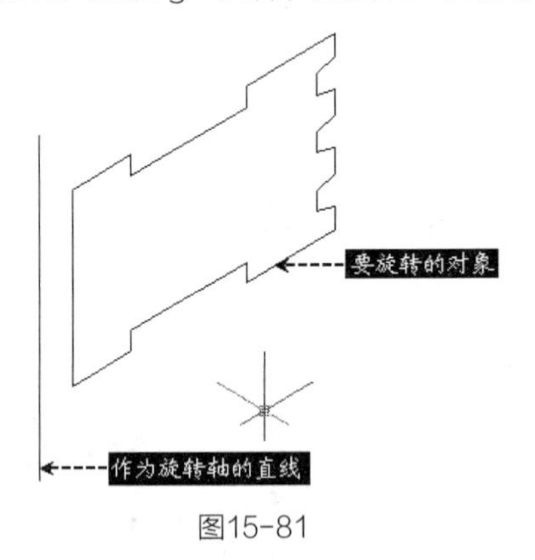

图15-81

02 在命令提示行输入Rev并按Enter键，把2D多段线旋转360°，如图15-82所示。命令执行过程如下。

```
命令:_rev ↙
revolve
当前线框密度: Isolines=4
选择要旋转的对象: 找到 1 个        //选择2D 多段线
选择要旋转的对象: ↙
指定轴起点或根据以下选项之一定义轴 [对象(O)/x/y/z] <对象>: o ↙ //输入选项O表示绕指定对象旋转
选择对象:                    //选择作为旋转轴的直线
指定旋转角度或 [起点角度(ST)] <360>:360 ↙
```

如果把2D多段线从-60° 开始旋转，到270° 终止，如图15-83所示。命令执行过程如下。

```
命令: _revolve ↙
当前线框密度: Isolines=4
选择要旋转的对象: 找到 1 个      //选择2D多段线
选择要旋转的对象: ↙
指定轴起点或根据以下选项之一定义轴 [对象(O)/x/y/z] <对象>: z ↙ //输入选项z表示绕z轴旋转
指定旋转角度或 [起点角度(ST)] <360>: st ↙  //输入选项ST表示将要设置起始角度
指定起点角度 <0.0>: -60 ↙
指定旋转角度 <360>: 270 ↙
```

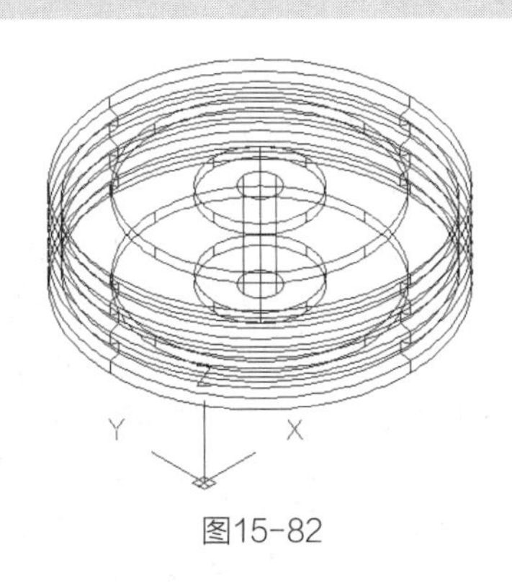

图15-82

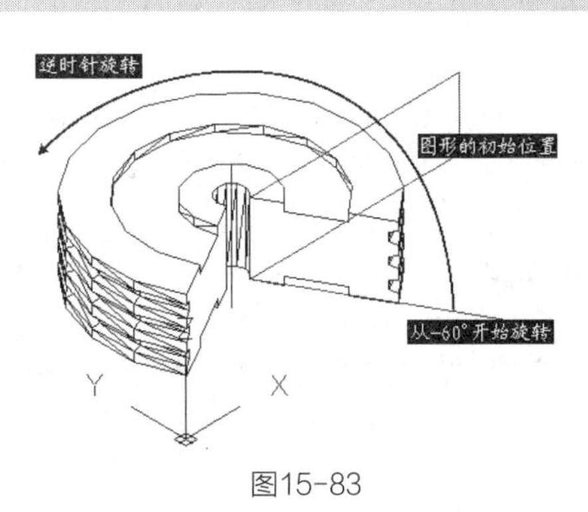

图15-83

专家提示

在AutoCAD中，输入正值是按逆时针方向旋转，输入负值是按顺时针方向旋转。

15.4.4 扫掠（Sweep）

Sweep（扫掠）命令用于沿指定路径以指定轮廓的形状（扫掠对象）绘制实体或曲面，如图15-84所示。它可以扫掠多个对象，但是这些对象必须位于同一平面中。

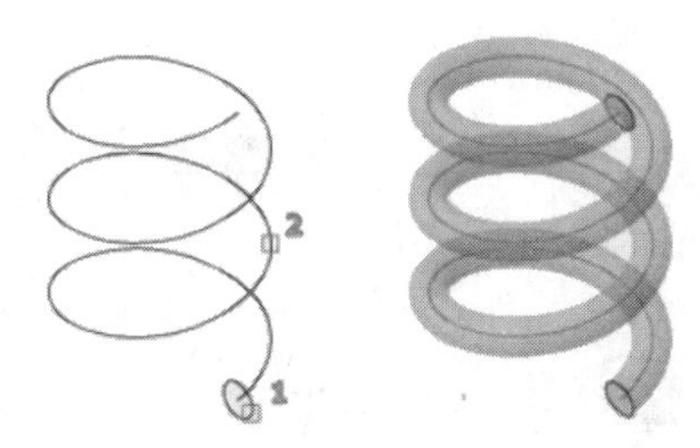

图15-84

执行Sweep命令的方法主要有以下3种。

命令行：在命令提示行输入Sweep命令并按Enter键。

菜单栏：执行“绘图>建模>扫掠”菜单命令。

工具栏：在“建模”工具栏中单击“扫掠”按钮。

15.4.5 放样（Loft）

使用Loft（放样）命令可以通过指定一系列横截面来创建新的实体或曲面，横截面用于定义结果实体或曲面的截面轮廓（形状），横截面（通常为曲线或直线）可以是开放的（如圆弧），也可以是闭合的（如圆）。

**注意**

使用 Loft（放样）命令时必须指定至少两个横截面。

1. 命令执行方式

在AutoCAD中，执行Loft（放样）命令的方式有以下3种。

命令行：在命令提示行输入Loft命令并按Enter键。

菜单栏：执行“绘图>建模>放样”菜单命令。

工具栏：在“建模”工具栏中单击“放样”按钮。

2. 操作步骤

01 打开配套光盘中的“DWG文件\CH15\1545.dwg”文件，如图15-85所示。

02 在命令提示行输入Loft命令并按Enter键，对两个截面进行放样，如图15-86所示。命令执行过程如下。

```
命令: _loft
当前线框密度: Isolines=12，闭合轮廓创建模式 = 实体
按放样次序选择横截面或 [点(PO)/合并多条边(J)/模式(MO)]: _MO 闭合轮廓创建模式 [实体(SO)/曲面(SU)] <实体>: _SO
按放样次序选择横截面或 [点(PO)/合并多条边(J)/模式(MO)]: 指定对角点: 找到 1 个//选择第一个横截面
按放样次序选择横截面或 [点(PO)/合并多条边(J)/模式(MO)]: 找到 1 个，总计 2 个//选择第二个横截面
按放样次序选择横截面或 [点(PO)/合并多条边(J)/模式(MO)]: ↙
选中了 2 个横截面
输入选项 [导向(G)/路径(P)/仅横截面(C)/设置(S)] <仅横截面>: p ↙   //输入选项P并按Enter键
选择路径轮廓: //选择放样路径曲线
```

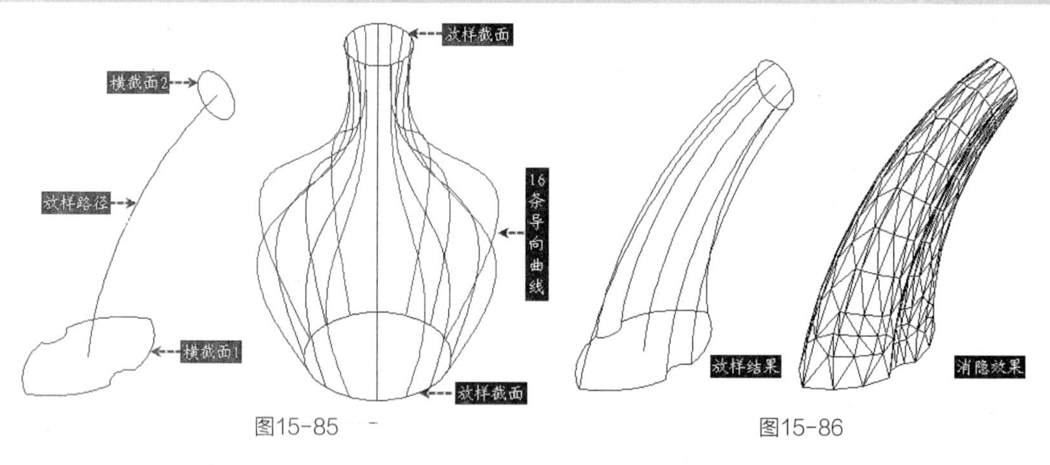

图15-85　　　　图15-86

注意

每条导向曲线从第一个横截面开始，到最后一个横截面结束，必须与每个横截面相交。

03 执行“绘图>建模>放样”菜单命令，创建出图15-87所示的图形。命令执行过程如下。

```
命令: _loft
当前线框密度: Isolines=12，闭合轮廓创建模式 = 实体
按放样次序选择横截面或 [点(PO)/合并多条边(J)/模式(MO)]: 找到 1 个//选择第一个横截面
按放样次序选择横截面或 [点(PO)/合并多条边(J)/模式(MO)]: 找到 1 个，总计 2个//选择第二个横截面
按放样次序选择横截面或 [点(PO)/合并多条边(J)/模式(MO)]: ↙
选中了 2 个横截面
输入选项 [导向(G)/路径(P)/仅横截面(C)/设置(S)] <仅横截面>: g ↙   //输入选项G并按Enter键
选择导向轮廓或 [合并多条边(J)]:指定对角点: 找到 16个//框选16条导向曲线
选择导向轮廓或 [合并多条边(J)]: ↙
```

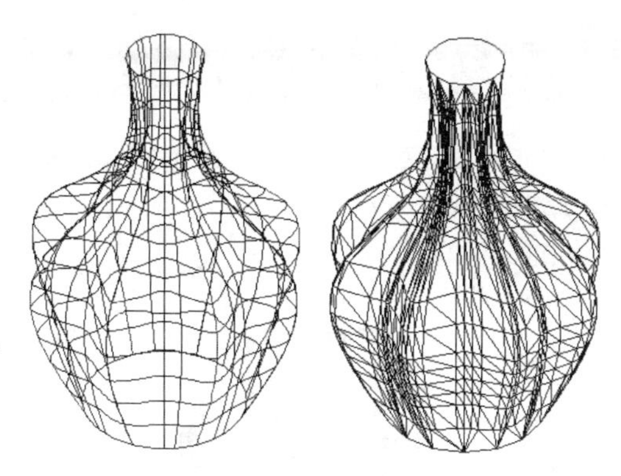

图15-87

3. 技术要点

默认情况下采用“仅横截面”方式进行放样，按Enter键后系统会弹出图15-88所示的“放样设置”对话框。

在该对话框中可以控制放样曲面在其横截面处的轮廓，还可以闭合曲面或实体，它的各项参数含义如下。

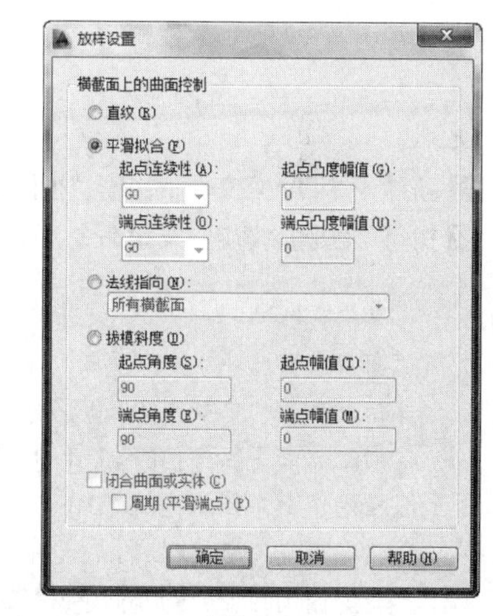

图15-88

直纹：指定实体或曲面在横截面之间是直纹（直的），并且在横截面处具有鲜明边界。

平滑拟合：指定在横截面之间绘制平滑实体或曲面，并且在起点和终点横截面处具有鲜明边界。

法线指向：控制实体或曲面在通过横截面处的曲面法线（系统变量Loftnormals）。

- 起点横截面：指定曲面法线为起点横截面的法向。
- 终点横截面：指定曲面法线为端点横截面的法向。
- 起点和终点横截面：指定曲面法线为起点和终点横截面的法向。
- 所有横截面：指定曲面法线为所有横截面的法向。

拔模斜度：控制放样实体或曲面的第一个和最后一个横截面的拔模斜度和幅值，拔模斜度为曲面的开始方向。0定义为从曲线所在平面向外，1~180的值表示向内指向实体或曲面，181~359的值表示从实体或曲面向外，如图15-89所示。

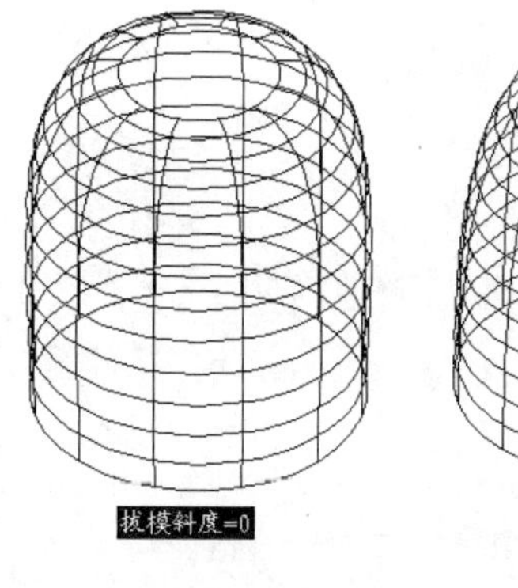

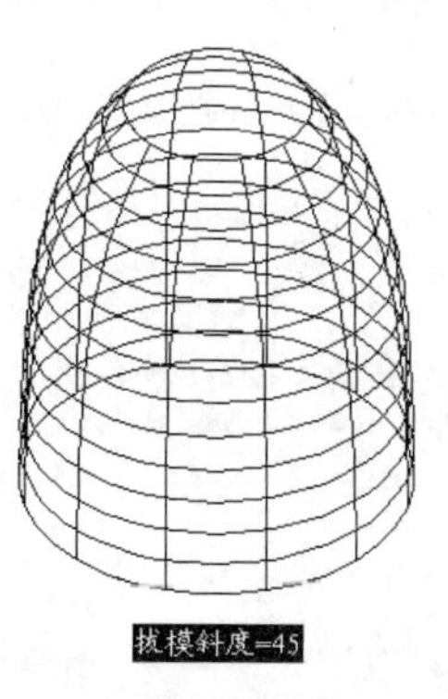

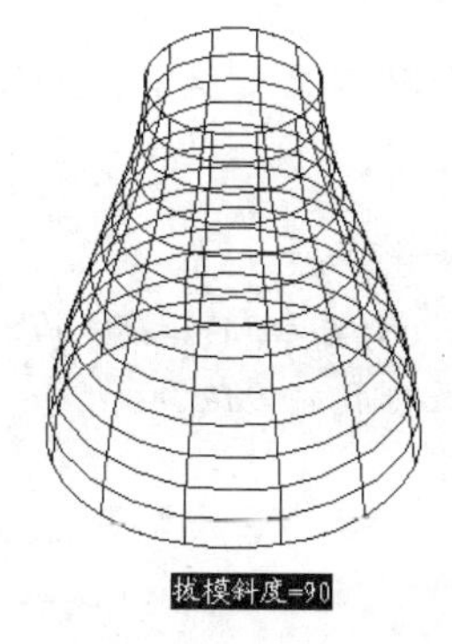

图15-89

- 起点角度：指定起点横截面的拔模斜度。
- 起点幅值：在曲面开始弯向下一个横截面之前，控制曲面到起点横截面在拔模斜度方向上的相对距离。
- 端点角度：指定终点横截面拔模斜度。
- 端点幅值：在曲面开始弯向上一个横截面之前，控制曲面到端点横截面在拔模斜度方向上的相对距离。

闭合曲面或实体：闭合和开放曲面或实体。使用该选项时横截面应该形成圆环形图案，以便放样曲面或实体可以形成闭合的圆管。

案例 082 创建弹簧模型

- **学习目标** | 本例主要练习使用螺旋命令和扫掠命令创建三维弹簧模型，案例效果如图15-90所示。
- **视频路径** | 光盘\视频教程\CH15\创建弹簧模型.avi
- **结果文件** | 光盘\DWG文件\CH15\弹簧模型.dwg

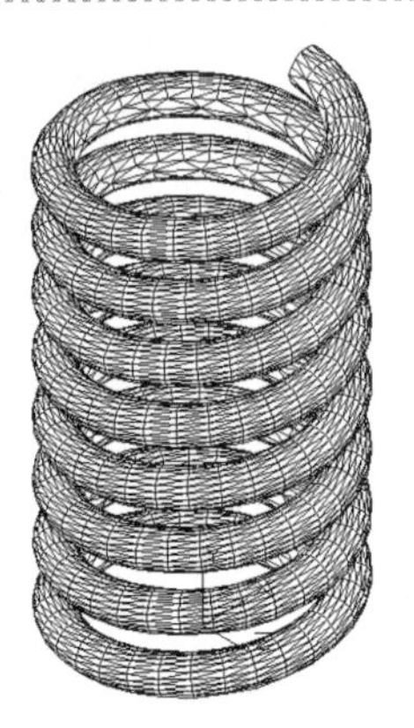

图15-90

01 新建一个DWG文件，执行“视图>三维视图>西南等轴测”菜单命令，把视图调整为西南等轴测视图。

02 执行“绘图>螺旋”菜单命令，绘制一段螺旋线，如图15-91所示。命令执行过程如下。

```
命令: _helix
圈数 = 3.00    扭曲=CCW
指定底面的中心点: 0,0,0 ↙
指定底面半径或 [直径(D)] <1.00>: 20 ↙
指定顶面半径或 [直径(D)] <20.00>: ↙
指定螺旋高度或 [轴端点(A)/圈数(T)/圈高(H)/扭曲(W)] <1.00>: h ↙
指定圈间距 <0.2500>: 10 ↙
指定螺旋高度或 [轴端点(A)/圈数(T)/圈高(H)/扭曲(W)] <1.00>: t ↙
输入圈数 <3.00>: 8 ↙
```

03 先把坐标系绕x轴旋转90°，结果如图15-92所示。命令执行过程如下。

```
命令: _ucs ↙
当前 UCS 名称: *俯视*
输入选项 [新建(N)/移动(M)/正交(G)/上一个(P)/恢复(R)/保存(S)/删除(D)/应用(A)/?/世界(W)] <世界>: x ↙
指定绕x轴的旋转角度 <90>: 90 ↙
```

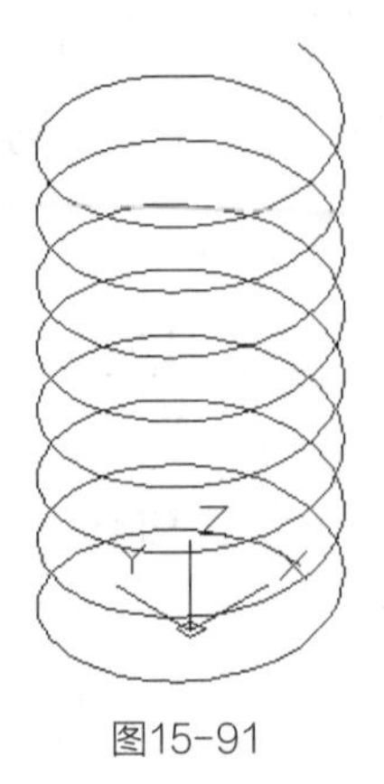

图15-91

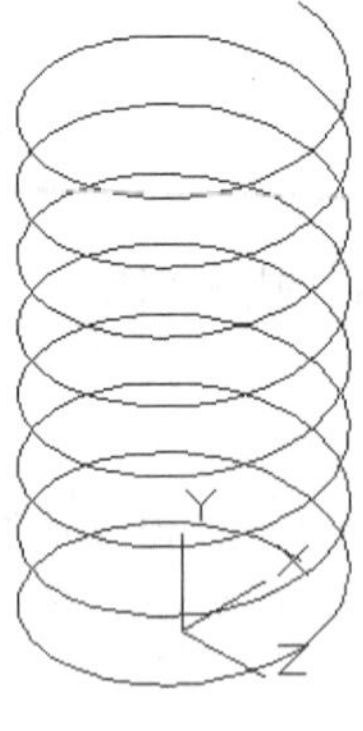

图15-92

04 在螺旋线的下端绘制一个半径为3mm的圆，如图15-93所示。

命令: _circle ↙
指定圆的圆心或 [三点(3P)/两点(2P)/相切、相切、半径(T)]: //捕捉螺旋线的下端点
指定圆的半径或 [直径(D)]: 3 ↙

05 将圆沿螺旋线进行扫掠，生成弹簧实体，如图15-94所示。命令执行过程如下。

命令: _sweep ↙
当前线框密度: Isolines=16
选择要扫掠的对象: 找到 1 个 //选择半径为3mm的圆
选择要扫掠的对象: ↙
选择扫掠路径或 [对齐(A)/基点(B)/比例(S)/扭曲(T)]: //选择螺旋线作为扫掠路径

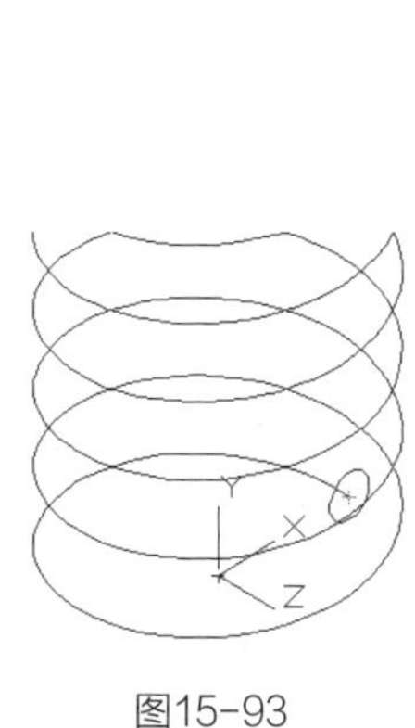

图15-93

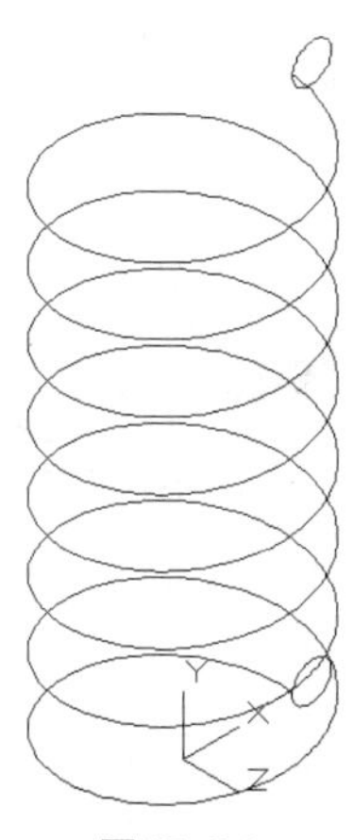

图15-94

06 在命令行中输入Isolines命令，将Isolines的值设置为16或者更大一些，然后执行Regen命令，即可看到螺旋实体的效果，如图15-95所示。命令执行过程如下。

命令: _isolines ↙
输入 Isolines的新值 <4>: 16 ↙
命令: _regen ↙
正在重生成模型。

07 执行“视图>消隐”菜单命令，弹簧的消隐效果如图15-96所示。

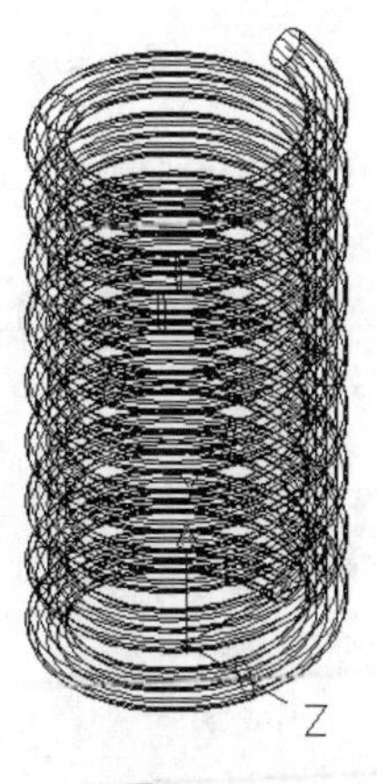

图15-95

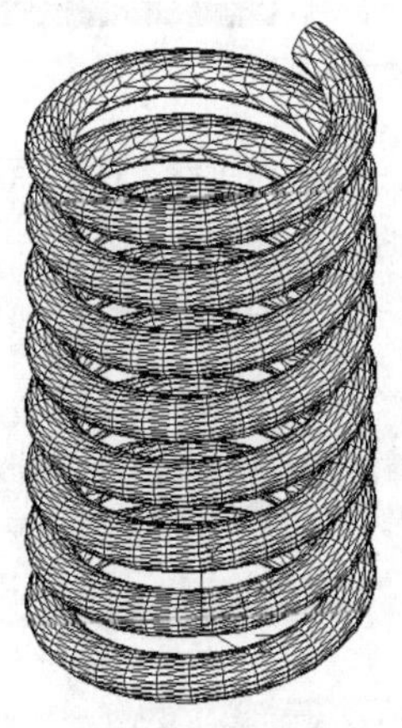
图15-96

15.5 高级实体编辑功能详解

15.5.1 剖切

使用Slice（剖切）命令可以根据指定的剖切平面将一个实体分割为两个独立的实体，并可以继续剖切，将其任意切割为多个独立的实体。

1. 命令执行方式

执行Slice命令的方法有以下两种。

命令行：在命令提示行输入Slice并按Enter键。

菜单栏：执行“修改>三维操作>剖切”菜单命令，如图15-97所示。

2. 操作步骤

01 打开配套光盘中的“DWG文件\CH15\1551.dwg”文件，如图15-98所示。

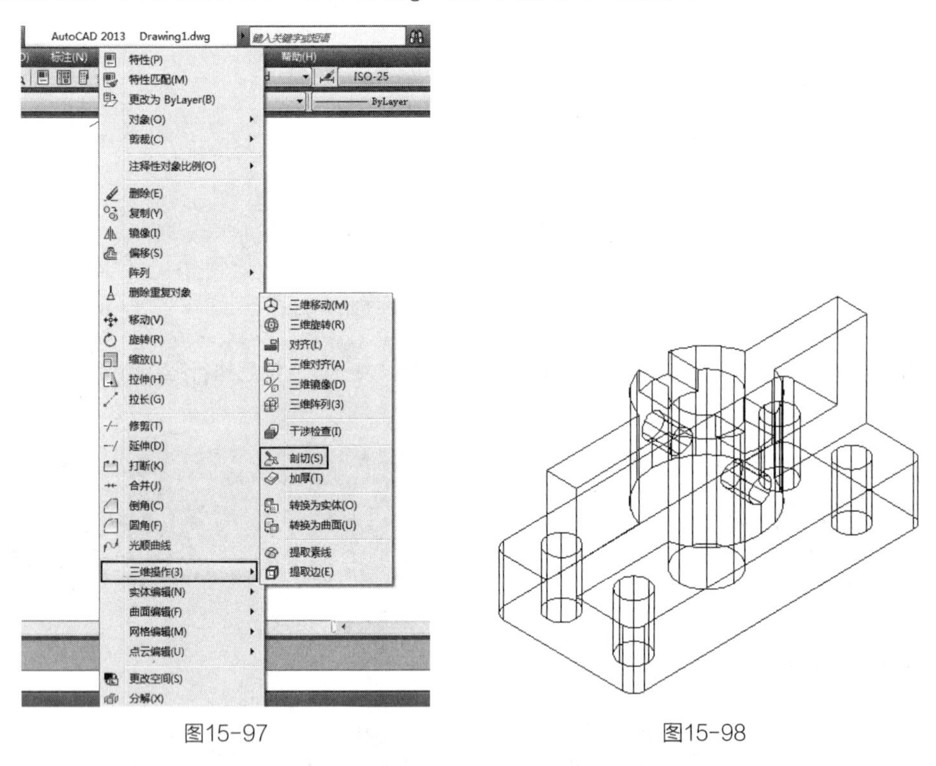

图15-97　　　　图15-98

02 在命令提示行输入Slice命令并按Enter键，用三点法剖切实体，如图15-99所示。命令执行过程如下。

```
命令: _slice ↙
选择要剖切的对象:                    //选择要剖切的实体
选择要剖切的对象: ↙
指定 切面 的起点或 [平面对象(O)/曲面(S)/z 轴(z)/视图(V)/xy/yz/zx/三点(3)] <三点>: 3 ↙
指定平面上的第一个点:                //指定切平面上的点1
指定平面上的第二个点:                //指定切平面上的点2
指定平面上的第三个点:                //指定切平面上的点3
在要保留的一侧指定点或[保留两侧（B）]:    //在要保留的一侧单击
```

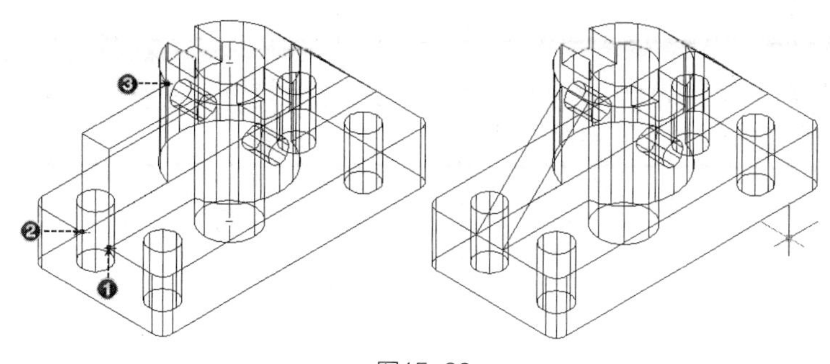

图15-99

专家提示

一个实体只能切成位于切平面两侧的两部分，被切成的两部分可以全部保留，也可以只保留其中一部分。

15.5.2 截面

应用Section（截面）命令可以创建穿过三维实体的剖面，得到表示三维实体剖面形状的二维图形，如图15-100所示。AutoCAD在当前层生成剖面，并放在平面与实体的相交处。当选择多个实体时，系统可以为每个实体生成各自独立的剖面。

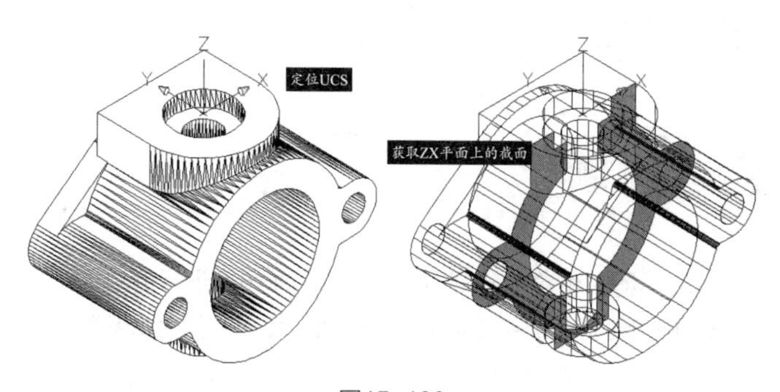

图15-100

01 打开配套光盘中的“DWG文件\CH15\1552.dwg”文件。

02 在命令提示行输入Section命令并按Enter键，绘制实体的剖面，如图15-101所示。命令执行过程如下。

```
命令: _section ↙
选择对象: 找到 1 个            //选择实体
选择对象: ↙
指定截面上的第一个点，依照 [对象(O)/z 轴(z)/视图(V)/xy(xy)/yz(yz)/zx(zx)/三点(3)] <三点>: o ↙
选择圆、椭圆、圆弧、二维样条曲线或二维多段线:    //选择剖切平面
```

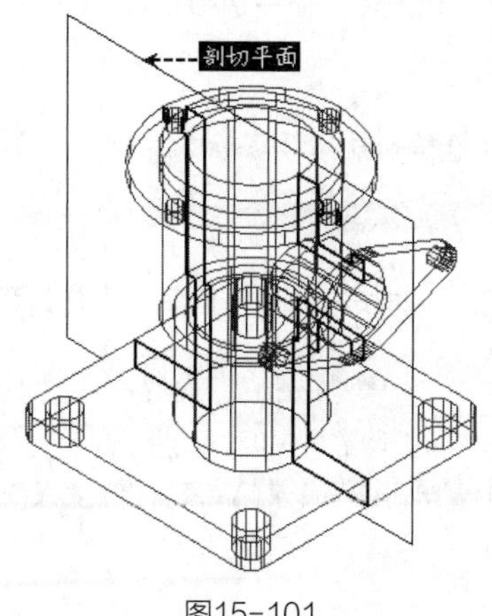

图15-101

专家提示

如果要将填充图案应用到剖面内，必须先将坐标系与剖切平面对齐。拿本例来说，需要将UCS沿y轴旋转-90°，然后才能向剖面中填充图案，如图15-102所示。

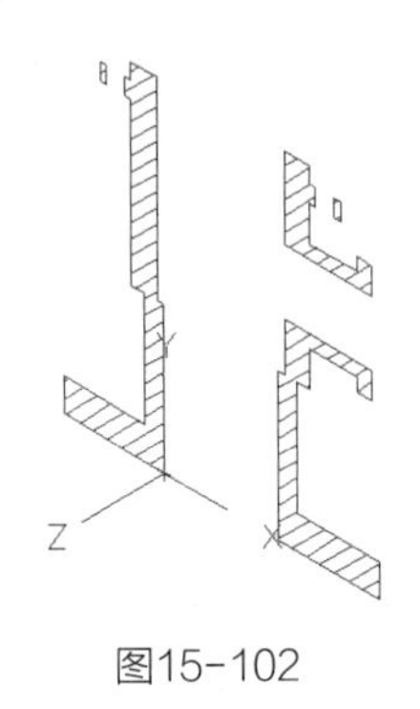

图15-102

专家提示

在定义三维实体的剖面的时候，可以使用的剖切平面包括：可定义平面的2D图形、直线的法平面、视区平面、xy平面、yx平面、zx平面和由任意3点确定的平面。

15.5.3 倒角

Chamfer（倒角）命令不仅可以对平面图形进行倒角，还可以对三维实体进行倒角，如图15-103所示。在对三维实体进行倒角时，必须要先指定一个基面，然后才能对由基面形成的边进行倒角，而不能对非基面上的边进行倒角。

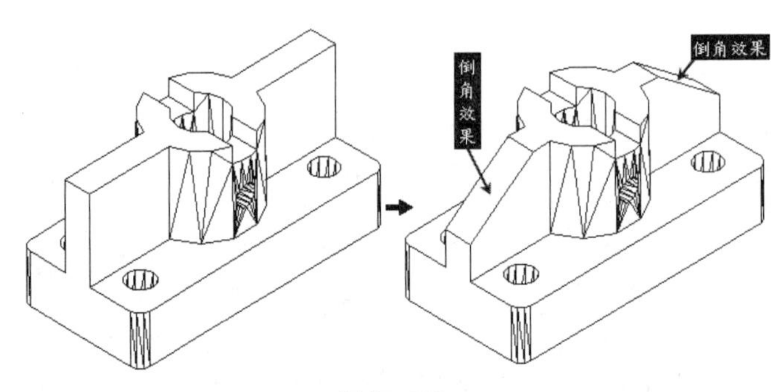

图15-103

01 将视图切换到西南等轴测视图，创建一个长方体。命令执行过程如下。

```
命令: _box
指定第一个角点或 [中心(C)]:        //在绘图区域任意指定一点
指定其他角点或 [立方体(C)/长度(L)]: @10,40,10 ↙
```

02 单击“修改”工具栏中的“倒角”按钮，对长方体进行倒角，操作过程如图15-104所示。命令执行过程如下。

```
命令: _chamfer
(“不修剪”模式) 当前倒角距离 1＝0.00，距离 2＝0.00
选择第一条直线或 [放弃(U)/多段线(P)/距离(D)/角度(A)/修剪(T)/方式(E)/多个(M)]: //单击棱边，这样就可以选中棱边两侧的任意一个面作为基面
基面选择
```

输入曲面选择选项 [下一个(N)/当前(OK)] <当前(OK)>: ↙ //直接按Enter键确认当前被选中的基面
指定基面的倒角距离: 2 ↙
指定其他曲面的倒角距离 <2.00>: 4 ↙
选择边或 [环(L)]: //选择要倒角的边
选择边或 [环(L)]: ↙

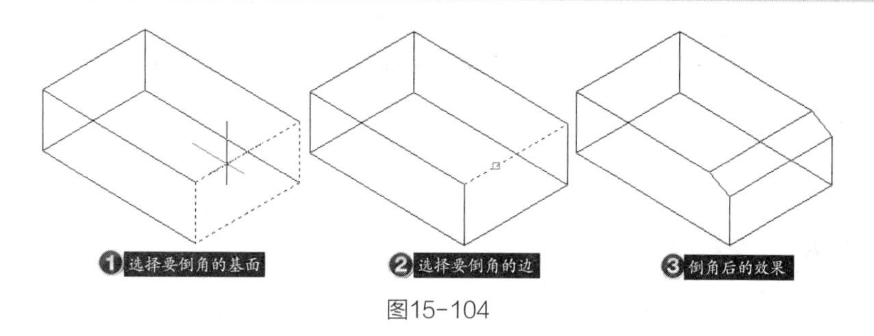

图15-104

专家提示

在上述操作流程中，如果被选中的基面不是我们想要的面，那么可以在“输入曲面选择选项 [下一个（N）/当前（OK）] <当前（OK）>:”后面输入N并按Enter键，这样就可以选中棱边另一侧的那个面。

15.5.4 圆角

Fillet（圆角）命令与Chamfer（倒角）命令类似，不仅可以对平面图形进行圆角，还可以对三维实体进行圆角，如图15-105所示。

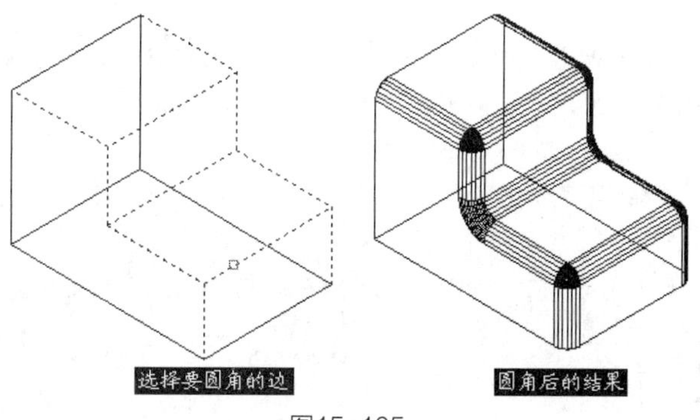

图15-105

01 打开配套光盘中的“DWG文件\CH15\1554.dwg”文件。

02 单击“修改”工具栏中的“圆角”按钮，对实体进行圆角处理，操作过程如图15-106所示。命令执行过程如下。

命令: _fillet
当前设置: 模式 = 修剪，半径 = 3.00
选择第一个对象或 [放弃(U)/多段线(P)/半径(R)/修剪(T)/多个(M)]: //选择其中一条要倒角的边
输入圆角半径 <3.00>: 2 ↙
选择边或 [链(C)/半径(R)]: //继续选择要圆角的边
……
选择边或 [链(C)/半径(R)]: ↙ //选择完毕后按Enter键结束命令
已选定 7个边用于圆角。

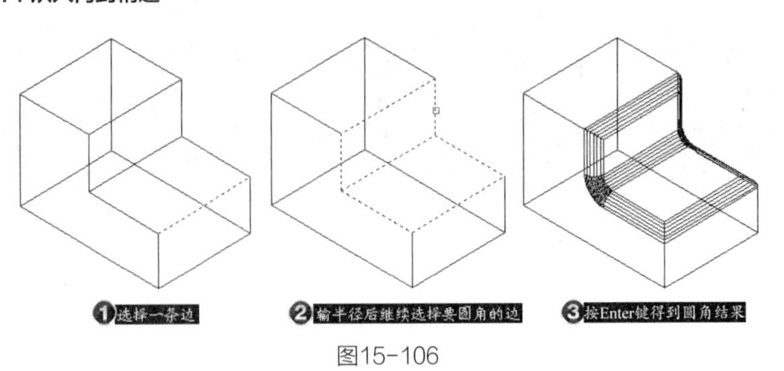

图15-106

案例 083 创建圆柱头螺钉模型

- **学习目标** | 本例通过绘制圆柱头螺栓主要是练习圆角和倒角命令在三维模型上的使用方法，案例效果如图15-107所示。
- **视频路径** | 光盘\视频教程\CH15\创建圆柱头螺钉模型.avi
- **结果文件** | 光盘\DWG文件\CH15\圆柱头螺钉模型.dwg

图15-107

01 单击“建模”工具栏中的“圆柱体”按钮，绘制两个圆柱体，如图15-108所示。命令执行过程如下。

```
命令: _cylinder
指定底面的中心点或 [三点(3P)/两点(2P)/切点、切点、半径(T)/椭圆(E)]: 0,0,0 ↙
指定底面半径或 [直径(D)] <2.5000>: 2.5 ↙
指定高度或 [两点(2P)/轴端点(A)] <25.00>: 20 ↙
命令:              //按Space键继续执行该命令
cylinder
指定底面的中心点或 [三点(3P)/两点(2P)/切点、切点、半径(T)/椭圆(E)]: 0,0,20 ↙
指定底面半径或 [直径(D)] <2.5000>: 5 ↙
指定高度或 [两点(2P)/轴端点(A)] <20.00>: 3.5 ↙
```

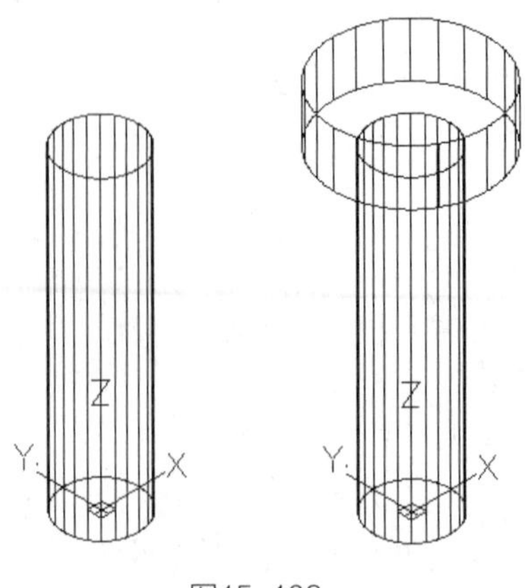

图15-108

02 在“建模”工具栏中单击“长方体”按钮，绘制一个长方体。命令执行过程如下。

命令: _box
指定第一个角点或 [中心(C)]:　　　//任意拾取一点
指定其他角点或 [立方体(C)/长度(L)]: @1.5,12,1.5 ↙

03 在“修改”工具栏中单击“移动”按钮，将长方体移动到圆柱体上面，如图15-109所示。命令执行过程如下。

命令: _move
选择对象: 找到 1 个　　　//选择长方体
选择对象: ↙
指定基点或 [位移(D)] <位移>:　　　//捕捉长方体一条边线的中点
指定第二个点或 <使用第一个点作为位移>:　//捕捉圆柱体的象限点

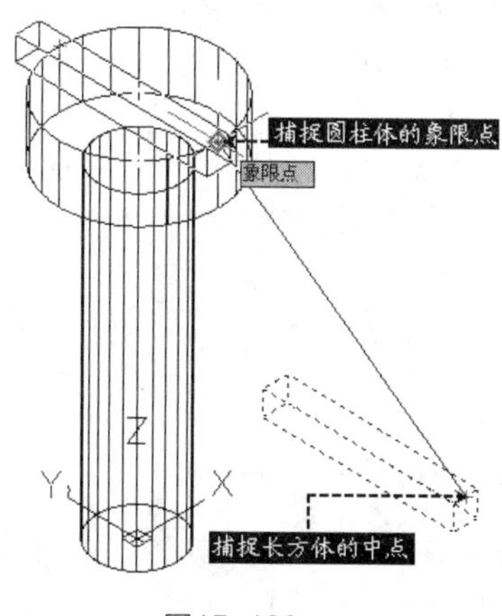

图15-109

04 执行“修改>实体编辑>差集”菜单命令，用上面的圆柱体减去长方体，如图15-110所示。命令执行过程如下。

命令: _subtract
选择要从中减去的实体或面域
选择对象: 找到 1 个　　　//选择圆柱体
选择对象: ↙
选择要减去的实体或面域
选择对象: 找到 1 个　　　//选择长方体
选择对象: ↙

05 单击“修改”工具栏中的“圆角”按钮，对螺帽进行圆角，如图15-111所示。命令执行过程如下。

命令: _fillet
当前设置: 模式 = 不修剪，半径 = 1.00
选择第一个对象或 [放弃(U)/多段线(P)/半径(R)/修剪(T)/多个(M)]:　　//选择一条要圆角的边线
输入圆角半径 <1.00>: 1 ↙
选择边或 [链(C)/半径(R)]:　　　//选择另一条要圆角的边线
选择边或 [链(C)/半径(R)]: ↙
已选定 2 个边用于圆角。

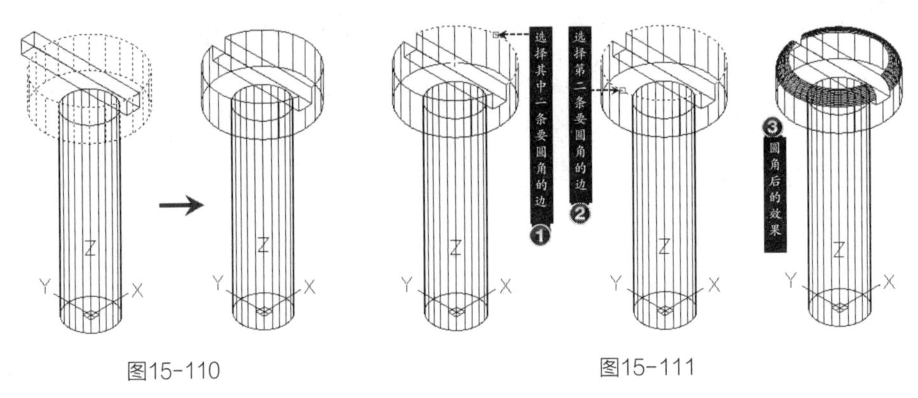

图15-110　　图15-111

06 单击“修改”工具栏中的“倒角”按钮，对圆柱体进行倒角，如图15-112所示。命令执行过程如下。

```
命令: _chamfer
(“不修剪”模式) 当前倒角距离 1 = 0.6000，距离 2 = 0.6000
选择第一条直线或 [放弃(U)/多段线(P)/距离(D)/角度(A)/修剪(T)/方式(E)/多个(M)]: //单击边线以选择基面
基面选择
输入曲面选择选项 [下一个(N)/当前(OK)] <当前(OK)>: ↙  //按Enter键确认选中基面
指定基面的倒角距离: 0.6 ↙          //设置倒角距离
指定其他曲面的倒角距离 <0.6000>: ↙
选择边或[环(L)]:                   //选择要倒角的边
选择边或 [环(L)]: ↙
```

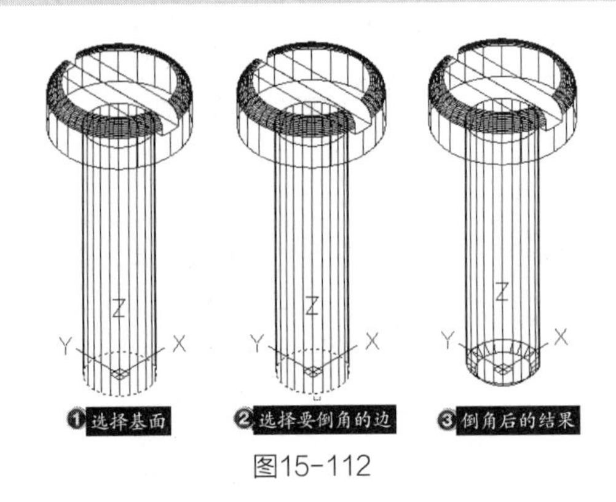

图15-112

07 执行“修改>实体编辑>并集”菜单命令，将所有的实体合并为一个整体。命令执行过程如下。

```
命令: _union
选择对象: 指定对角点: 找到 2 个        //框选所有的实体
选择对象: ↙      //按Enter键确认合并实体
```

15.6 Solidedit（实体编辑）命令的运用

使用 Solidedit（实体编辑）命令可以对实体的面和边进行拉伸、移动、旋转、偏移、倾斜、复制、着色、分割、抽壳、清除、检查或删除操作。

执行Solidedit命令的方式有以下3种。

命令行：执行“修改>实体编辑”菜单中的相应命令。

菜单栏：单击“实体编辑”工具栏中的相应按钮，如图15-113所示。

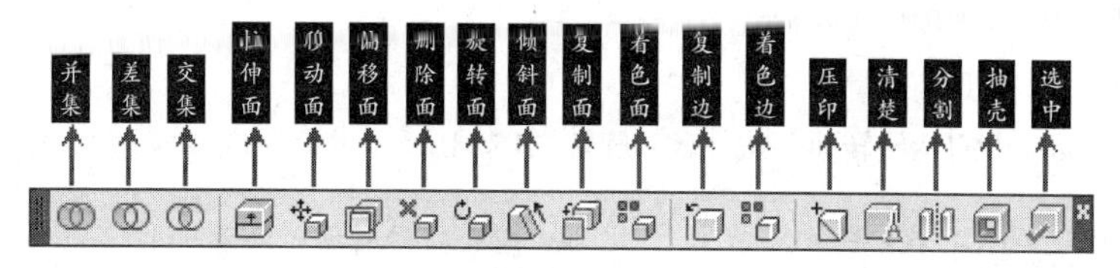

图15-113

工具栏：在命令提示行输入Solidedit命令并按Enter键。

15.6.1 编辑实体的面

在命令提示行输入Solidedit命令并按Enter键，然后输入选项F并按Enter键。命令执行过程如下。

```
命令: _solidedit ↙
实体编辑自动检查: Solidcheck=1
输入实体编辑选项 [面(F)/边(E)/体(B)/放弃(U)/退出(X)] <退出>: f ↙
输入面编辑选项[拉伸(E)/移动(M)/旋转(R)/偏移(O)/倾斜(T)/删除(D)/复制(C)/颜色(L)/材质(A)/放弃(U)/退出(X)]
<退出>:
```

Solidedit命令提示中各选项的含义如下。

1. 拉伸（E）

该选项的功能是拉伸实体的面，与Extrude（拉伸）命令的作用相同，正向拉伸距离将把面挤离三维实体，负向拉伸距离将把面挤入三维实体。

单击“实体编辑”工具栏中的“拉伸面”按钮，拉伸出图15-114所示的面。命令执行过程如下。

```
选择面或 [放弃(U)/删除(R)]: 找到一个面。        //单击需要拉伸的面将其选中
选择面或 [放弃(U)/删除(R)/全部(ALL)]: ↙       //按Enter键确认选中面
指定拉伸高度或 [路径(P)]: 3 ↙               //输入拉伸高度
指定拉伸的倾斜角度 <0>: ↙                  //直接按Enter键确认表示倾斜角度为0
```

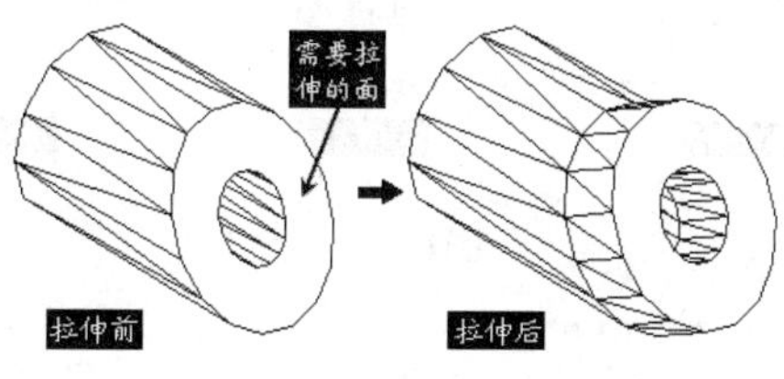

图15-114

2. 移动（M）

该选项的功能与Move（移动）命令相似，通过指定基点和目标点来移动面，在移动实体的面的时候，与其相连的面将会被拉伸或压缩。

单击“实体编辑”工具栏中的“移动面”按钮，移动图15-115中的*abcd*面。命令执行过程如下。

```
选择面或 [放弃(U)/删除(R)]: 找到一个面。     //单击abcd面将其选中
选择面或 [放弃(U)/删除(R)/全部(ALL)]: ↙
指定基点或位移:                      //任意捕捉一点作为基点
指定位移的第二点:     //确定第二点作为被移动面的新位置（图15-104所示的efgh面）
```

3. 旋转（R）

该选项的功能是旋转一个或几个面。

单击“实体编辑”工具栏中的“旋转面”按钮，旋转图15-116所示的面（虚线显示）。命令执行过程如下。

```
选择面或 [放弃(U)/删除(R)]: 找到一个面。          //单击需要旋转的面将其选中
选择面或 [放弃(U)/删除(R)/全部(ALL)]: ↙
指定轴点或 [经过对象的轴(A)/视图(V)/x 轴(x)/y 轴(y)/z 轴(z)] <两点>: z ↙ //使用z轴作为旋转轴
指定旋转原点 <0,0,0>:            //确定旋转原点
指定旋转角度或 [参照(R)]: 30 ↙    //输入旋转角度并按Enter键
```

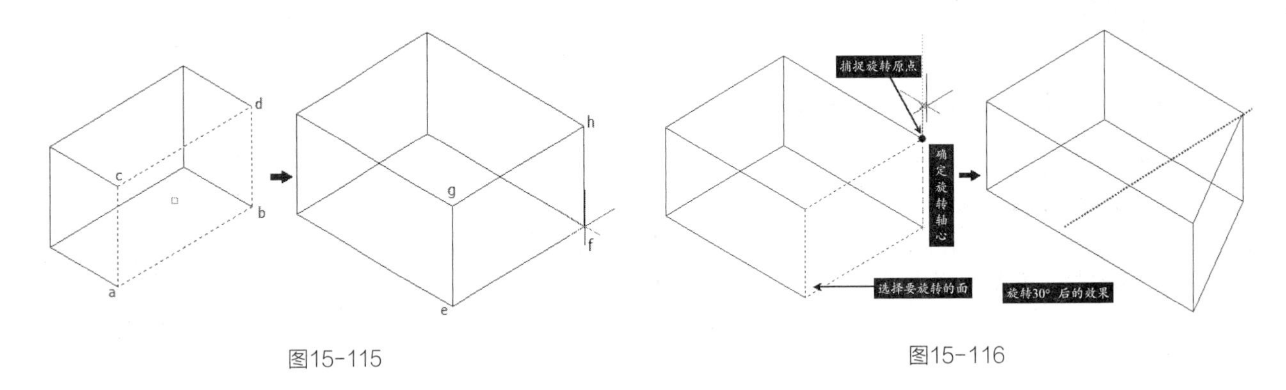

图15-115　　　　图15-116

4. 偏移（O）

如果被选中的实体面是平面，那么该选项的作用与“拉伸（E）”和“移动（M）”选项类似，通过控制偏移的距离来调整面。

如果被选中的实体面是曲面，那么该选项的作用与Offset（偏移）命令类似。如图15-117所示，选择圆柱面进行偏移，正值向内侧偏移，负值向外侧偏移。

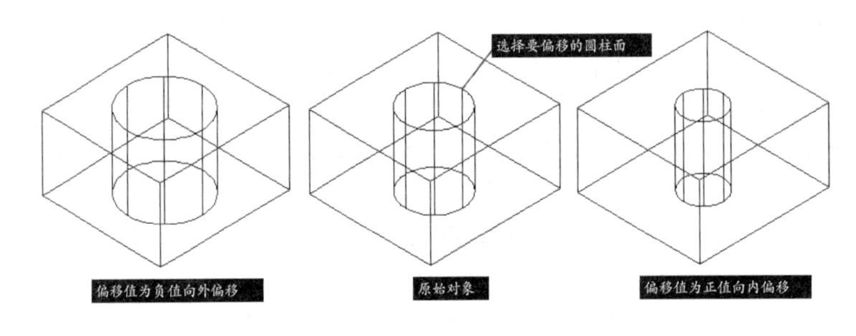

图15-117

5. 倾斜（T）

该选项可以倾斜实体的面。

单击“实体编辑”工具栏中的“倾斜面”按钮，旋转图15-118所示的面（虚线显示）。命令执行过程如下。

```
选择面或 [放弃(U)/删除(R)]: 找到一个面。          //单击需要倾斜的面将其选中
选择面或 [放弃(U)/删除(R)/全部(ALL)]: ↙
指定基点:                       //捕捉基点
指定沿倾斜轴的另一个点:               //捕捉第二点
指定倾斜角度: 45 ↙
```

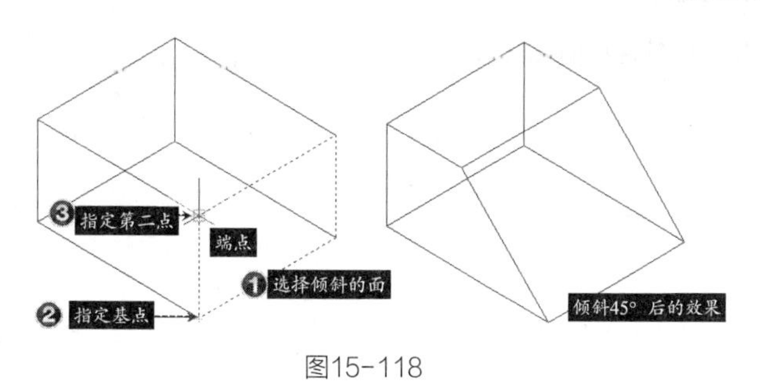

图15-118

6. 删除（D）

把实体的不需要的面删除。

7. 复制（C）

该选项可以复制所选中的面，如图15-119所示。它类似于Copy（复制）命令，首选要选中被复制的面，然后确定基点，最后确定目标点并将复制的面移动到目标位置。被复制的只是面，而不是三维实体，因此用户不能复制一个圆孔或一个槽，只能复制它们的侧面。

8. 颜色（L）

该选项用于设置三维实体上的面的颜色，AutoCAD会显示“选择颜色”对话框以方便用户选择颜色，如图15-120所示。

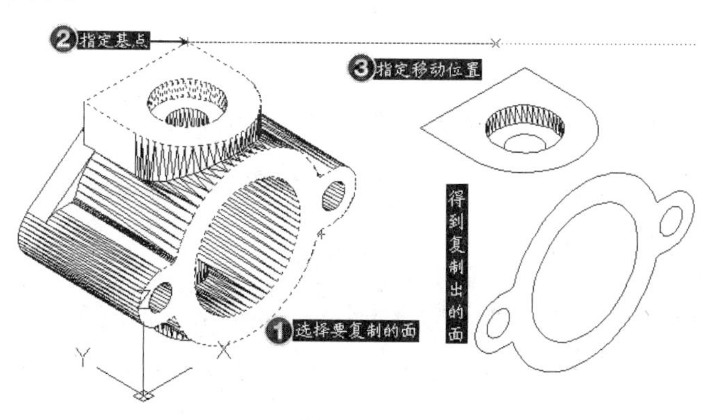

图15-119

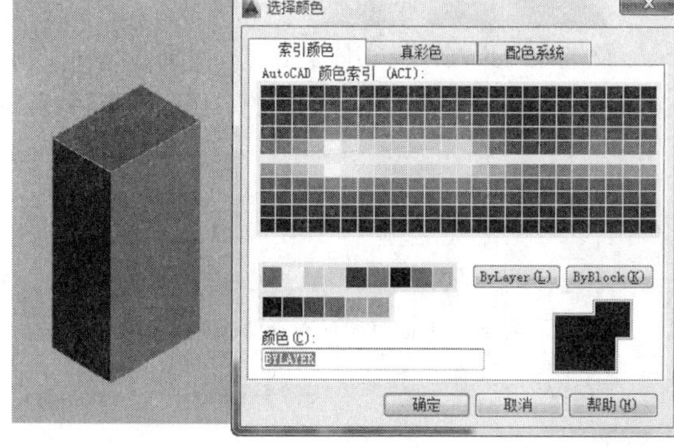

图15-120

专家提示

给指定的面设置了颜色后，可以执行“视图>视觉样式>真实”菜单命令，观察着色后的效果。

15.6.2 编辑实体的边

在命令提示行输入Solidedit命令并按Enter键，然后输入选项E并按Enter键。命令执行过程如下。

```
命令: _solidedit ↙
实体编辑自动检查: Solidcheck=1
输入实体编辑选项 [面(F)/边(E)/体(B)/放弃(U)/退出(X)] <退出>: e ↙
输入边编辑选项 [复制(C)/着色(L)/放弃(U)/退出(X)] <退出>:
```

下面详细介绍上述命令提示中各选项的含义。

1. 复制（C）

该选项用来复制被选中的边。

2. 着色（L）

该选项用于设置边的颜色，AutoCAD会显示“选择颜色”对话框以方便用户选择颜色。

15.6.3 编辑实体

在命令提示行输入Solidedit命令并按Enter键，然后输入选项B并按Enter键。命令执行过程如下。

```
命令: _solidedit ↙
实体编辑自动检查: Solidcheck=1
输入实体编辑选项 [面(F)/边(E)/体(B)/放弃(U)/退出(X)] <退出>: b ↙
输入体编辑选项[压印(I)/分割实体(P)/抽壳(S)/清除(L)/检查(C)/放弃(U)/退出(X)] <退出>:
```

下面详细介绍上述命令提示中各选项的含义。

1. 压印（I）

该选项可以在三维实体上创建一个面。

单击“实体编辑”工具栏中的“压印”按钮，根据图15-121所示的流程进行操作。命令执行过程如下。

```
命令: _imprint
选择三维实体:            //选择立方体
选择要压印的对象:          //选择圆柱体
是否删除源对象 [是(Y)/否(N)] <N>: y ↙   //输入选项Y并按Enter键表示删除圆柱体
选择要压印的对象: ↙
```

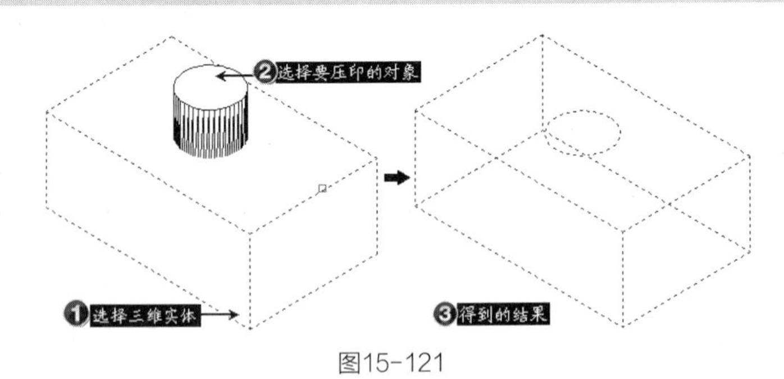

图15-121

专家提示

可以压印的图形对象包括圆弧、圆、直线、二维和三维多段线、椭圆、样条曲线、面域、体和三维实体，压印发生在压印对象和三维实体的交线上。

进行了压印之后，系统会在实体上创建一个子面，用户可以对这个子面做拉伸、移动、复制等操作。如图15-122所示，使用Presspull（按住并拖动）命令也可以拉伸子面。

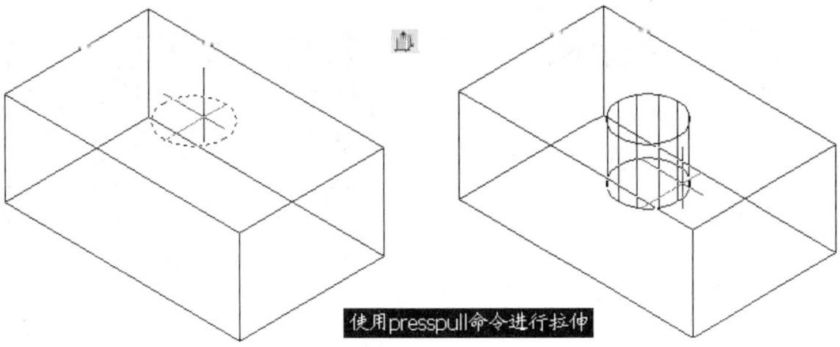

使用presspull命令进行拉伸

图15-122

2. 分割实体（P）

该选项使用不相连的体将一个三维实体分割为几个独立的三维实体，虽然分离的三维实体看起来没有什么变化，但实际上它们已经是各自独立的三维实体。

3. 抽壳（S）

使用该选项可以给三维实体抽壳，它通过偏移被选中的三维实体的面，将原始面与偏移面之外的实体删除。正的偏移距离使三维实体向内偏移，负的偏移距离使三维实体向外偏移。

01 打开配套光盘中的“DWG文件\CH15\1563.dwg”文件，如图15-123所示，左边为线框效果，右边为消隐之后的效果。

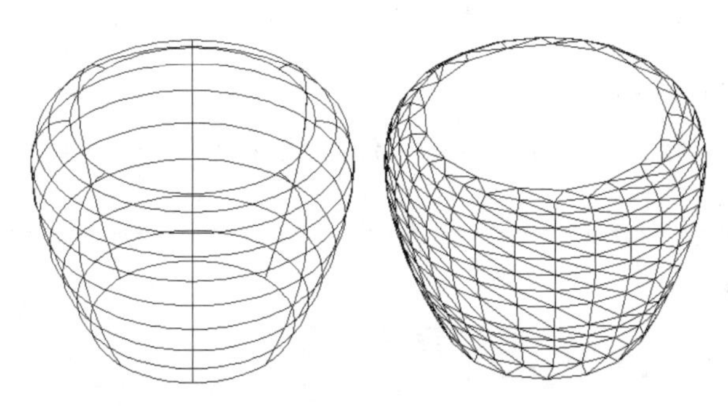

图15-123

02 在命令提示行输入Solidedit命令并按Enter键，对实体进行抽壳，抽壳的结果如图15-125所示。命令执行过程如下。

```
命令: _solidedit ↙
实体编辑自动检查: Solidcheck=1
输入实体编辑选项 [面(F)/边(E)/体(B)/放弃(U)/退出(X)] <退出>: b ↙
输入体编辑选项[压印(I)/分割实体(P)/抽壳(S)/清除(L)/检查(C)/放弃(U)/退出(X)] <退出>: s ↙
选择三维实体:              //选择实体模型，如图15-124（左）所示
删除面或 [放弃(U)/添加(A)/全部(ALL)]: 找到一个面，已删除 1 个。   //选择要删除的面，如图15-124（右）所示
删除面或 [放弃(U)/添加(A)/全部(ALL)]: ↙
输入抽壳偏移距离: 1 ↙       //输入偏移距离
已开始实体校验。
已完成实体校验。
输入体编辑选项[压印(I)/分割实体(P)/抽壳(S)/清除(L)/检查(C)/放弃(U)/退出(X)] <退出>: ↙
实体编辑自动检查: Solidcheck=1
输入实体编辑选项 [面(F)/边(E)/体(B)/放弃(U)/退出(X)] <退出>: ↙
```

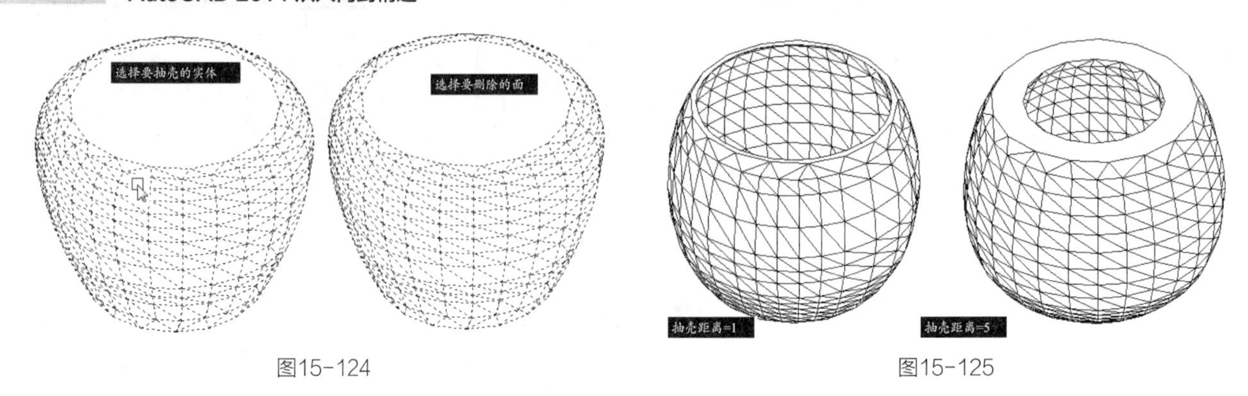

图15-124　　图15-125

专家提示

用Solidedit命令的面编辑时，选取面会有许多困难。如果用多视图，并设定投影方向使得每一个需要编辑的面至少在一个视图上不被遮住，选取面就会容易一些。

4. 清除（L）

该选项用于删除多余和重复的边、顶点以及所选三维实体表面上不用的压印。

5. 检查（C）

该选项用于检查三维实体内部的错误，如果没有错误就报告实体是正确的ACIS实体。

专家提示

当系统变量Solidcheck为1时，每次Solidedit操作完成后检查会自动进行。当系统变量Solidcheck为0时，系统不自动进行检查。

15.7　综合实例

案例 084　创建轮毂模型

- **学习目标 |** 本例将介绍实体模型的面和边的编辑。使用“实体编辑”菜单的命令对简单的实体进行一些深入加工和修饰，案例效果如图15-126所示。
- **视频路径 |** 光盘\视频教程\CH15\创建轮毂模型.avi
- **结果文件 |** 光盘\DWG文件\CH15\轮毂.dwg

图15-126

主要操作步骤如图15-127所示。

- 绘制出轮毂的剖面和平面轮廓。
- 将轮毂剖面旋转为实体。
- 将圆拉伸为圆柱体。
- 绘制圆柱体。
- 进行并集和差集运算。
- 拉伸面。

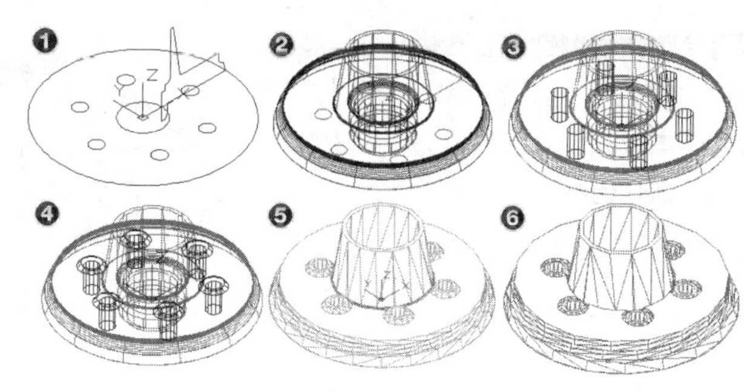

图15-127

01 打开配套光盘中的“DWG文件\CH15\1571.dwg”文件，如图15-128所示，这是已经绘制好的轮毂剖面和平面轮廓。

02 使用Revolve命令将轮毂轮廓线旋转生成实体，如图15-129所示。

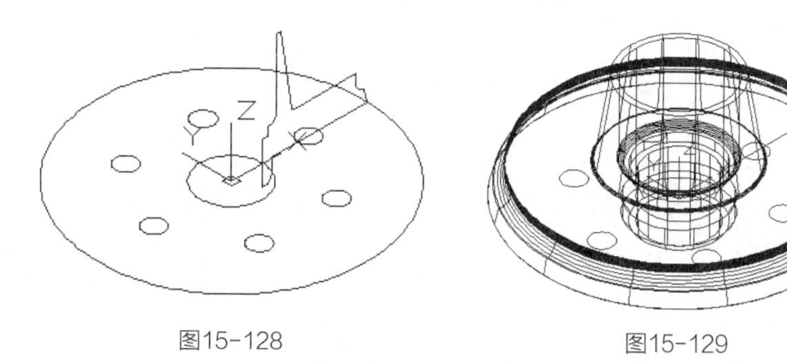

图15-128　　图15-129

03 使用Extrude（拉伸）命令将6个圆拉伸为圆柱体，拉伸高度为34mm，如图15-130所示。

04 以点（75,0,29）为圆心绘制一个半径为18mm的圆，然后将圆拉伸，高度为5mm，锥度为45°，如图15-131所示。

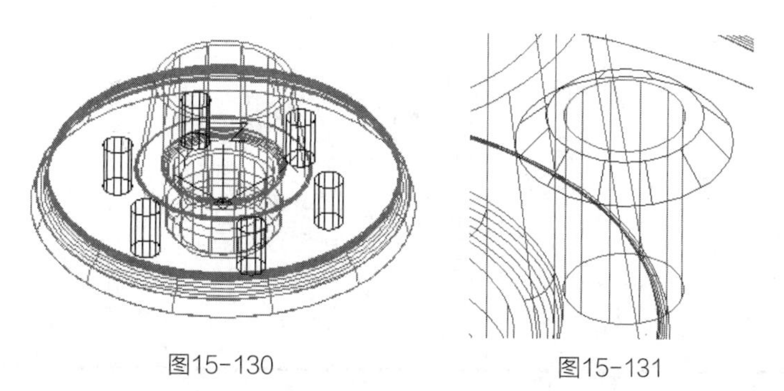

图15-130　　图15-131

05 执行“修改>三维操作>三维阵列”菜单命令，将拉伸的实体环形阵列复制出6个，如图15-132所示。命令执行过程如下。

```
命令: _3darray
选择对象: 找到 1 个
选择对象:
输入阵列类型 [矩形(R)/环形(P)] <矩形>:p ↙
输入阵列中的项目数目: 6 ↙
指定要填充的角度 (+=逆时针, -=顺时针) <360>: ↙
旋转阵列对象? [是(Y)/否(N)] <Y>: ↙
指定阵列的中心点: 0,0,0 ↙
指定旋转轴上的第二点: 0,0,50 ↙
```

06 单击“建模”工具栏中的“差集”按钮，用轮毂上和上述圆柱体圆锥体减去6个圆柱体，结果如图15-133所示。

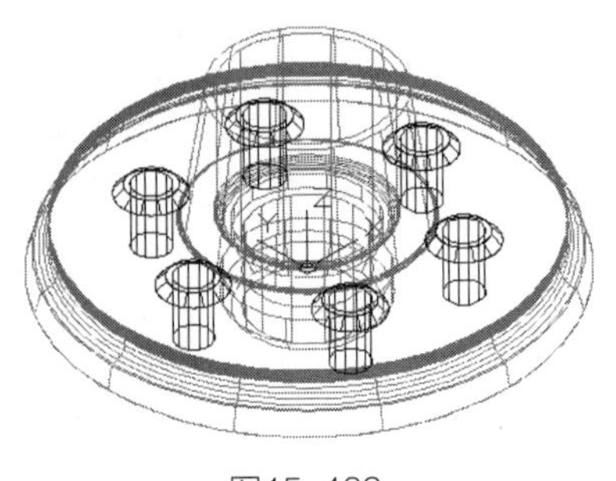

图15-132

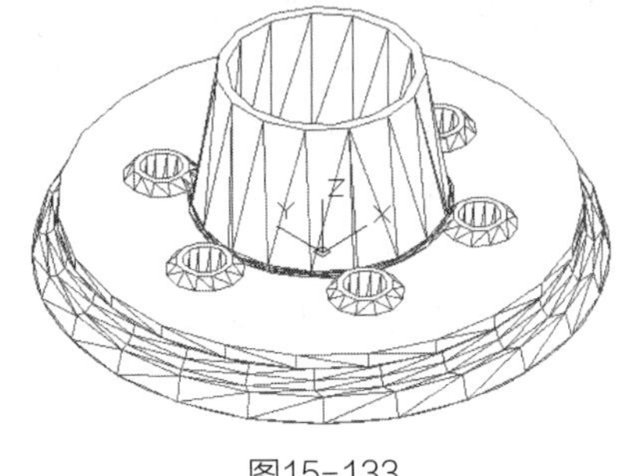

图15-133

07 单击“实体编辑”工具栏中的“拉伸面”按钮，将轮毂底座表面向上拉伸5个单位，如图15-134所示。命令执行过程如下。

```
命令: _solidedit
实体编辑自动检查: Solidcheck=1
输入实体编辑选项 [面(F)/边(E)/体(B)/放弃(U)/退出(X)] <退出>: _face
输入面编辑选项
[拉伸(E)/移动(M)/旋转(R)/偏移(O)/倾斜(T)/删除(D)/复制(C)/颜色(L)/材质(A)/放弃(U)/退出(X)] <退出>: _extrude
选择面或 [放弃(U)/删除(R)]: 找到一个面。 //选择轮毂底座的上表面
选择面或 [放弃(U)/删除(R)/全部(ALL)]: ↙
指定拉伸高度或 [路径(P)]: 5 ↙
指定拉伸的倾斜角度 <45>: 0 ↙
输入面编辑选项[拉伸(E)/移动(M)/旋转(R)/偏移(O)/倾斜(T)/删除(D)/复制(C)/着色(L)/放弃(U)/退出(X)] <退出>:
*取消* //按Esc键退出命令
```

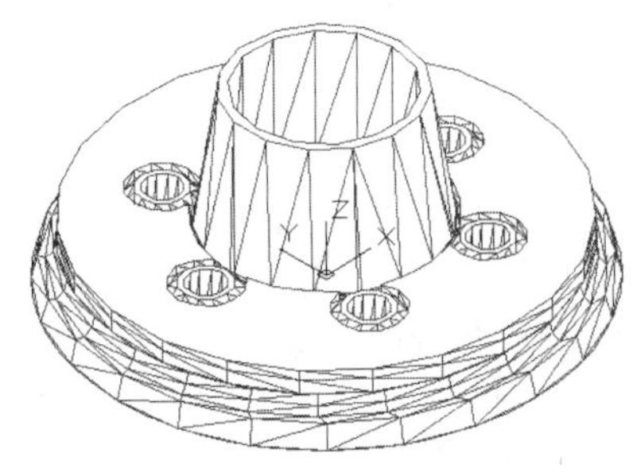

图15-134

专家提示

在环形阵列时，需要设置复制的数量、复制对象所分布的圆周角度，确定复制对象在复制中是否随位置的变化而旋转，并通过设置两点来确定环形阵列复制轴线的位置和方向。

案例 085 创建蝶形螺母

● **学习目标** | 蝶形螺母用于需要经常拆卸又受力不大的场合，要求操作便利、手感舒适。它的结构主要是锥形为基础，辅之展开的两片。锥形桶状结构可以采用圆柱体，拉伸面成锥体，再使用布尔运算的差集即可完成；而蝶片需要采用拉伸面的灵活使用以及剖且命令来共同完成，案例效果如图15-135所示。

通过本实例的学习，重点向读者介绍拉伸面命令、剖切命令、实体倒圆角和布尔运算的使用。

● **视频路径** | 光盘\视频教程\CH15\创建蝶形螺母.avi

● **结果文件** | 光盘\DWG文件\CH15\蝶形螺母.dwg

主要操作步骤如图15-136所示。

◆ 绘制一个矩形并拉伸为锥体。
◆ 拉伸锥体两侧的面。
◆ 剖切实体。
◆ 对实体进行圆角。
◆ 将实体的面拉伸为圆锥体。
◆ 绘制圆柱体并进行差集运算。

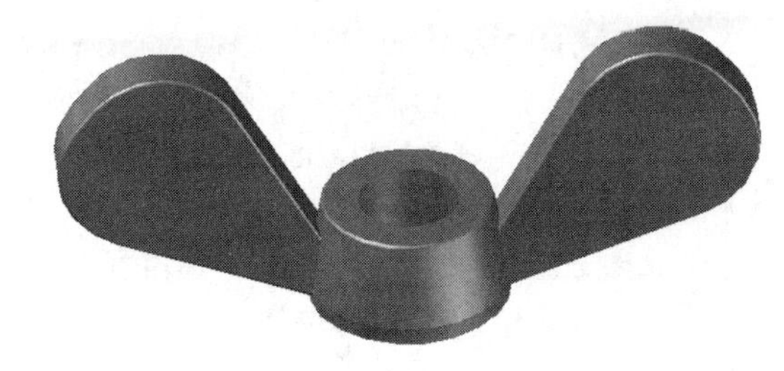
图15-135

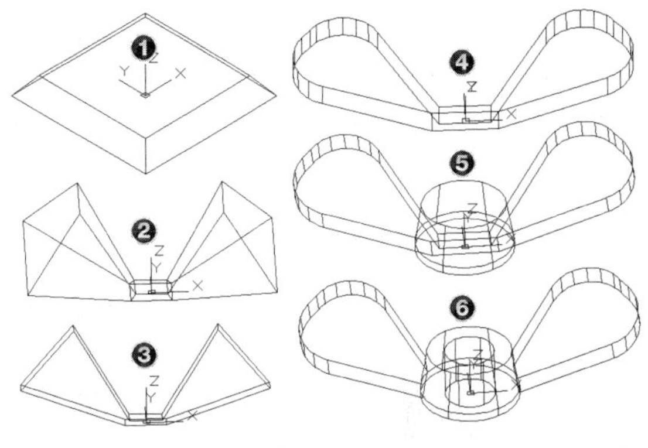
图15-136

01 单击“绘图”工具栏上的“正多边形”按钮，以（0,0）点为圆心，绘制一个半径为4mm，外切于圆的正四边形，如图15-137所示。

02 单击“建模”工具栏中的“拉伸”按钮，拉伸正方形成锥台，如图15-138所示。命令执行过程如下。

```
命令: _extrude
当前线框密度: Isolines=6，闭合轮廓创建模式 = 实体
选择要拉伸的对象或 [模式(MO)]: _MO 闭合轮廓创建模式 [实体(SO)/曲面(SU)] <实体>: _SO
选择要拉伸的对象或 [模式(MO)]: 找到 1 个 //选中正方形
选择要拉伸的对象或 [模式(MO)]: ↙
指定拉伸的高度或 [方向(D)/路径(P)/倾斜角(T)/表达式(E)] <40.0000>: t ↙
指定拉伸的倾斜角度或 [表达式(E)] <1>: 40 ↙
指定拉伸的高度或 [方向(D)/路径(P)/倾斜角(T)/表达式(E)] <40.0000>: 1 ↙
```

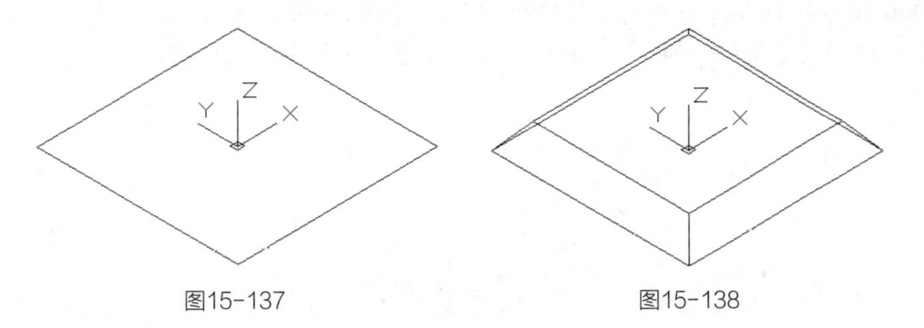
图15-137　　图15-138

03 单击“实体编辑”工具栏的“拉伸面”命令按钮，将锥台左右两侧的面进行拉伸，结果如图15-139所示。命令执行过程如下。

```
命令: _solidedit
实体编辑自动检查: Solidcheck=1
输入实体编辑选项 [面(F)/边(E)/体(B)/放弃(U)/退出(X)] <退出>: _face
```

输入面编辑选项

[拉伸(E)/移动(M)/旋转(R)/偏移(O)/倾斜(T)/删除(D)/复制(C)/颜色(L)/材质(A)/放弃(U)/退出(X)] <退出>: _extrude

选择面或 [放弃(U)/删除(R)]: 找到一个面。

选择面或 [放弃(U)/删除(R)/全部(ALL)]: 找到一个面。

选择面或 [放弃(U)/删除(R)/全部(ALL)]: ↙

指定拉伸高度或 [路径(P)]: 20 ↙

指定拉伸的倾斜角度 <20>: -20 ↙

已开始实体校验。

已完成实体校验。

输入面编辑选项[拉伸(E)/移动(M)/旋转(R)/偏移(O)/倾斜(T)/删除(D)/复制(C)/颜色(L)/材质(A)/放弃(U)/退出(X)] <退出>: *取消* //按 Esc键或Enter键退出

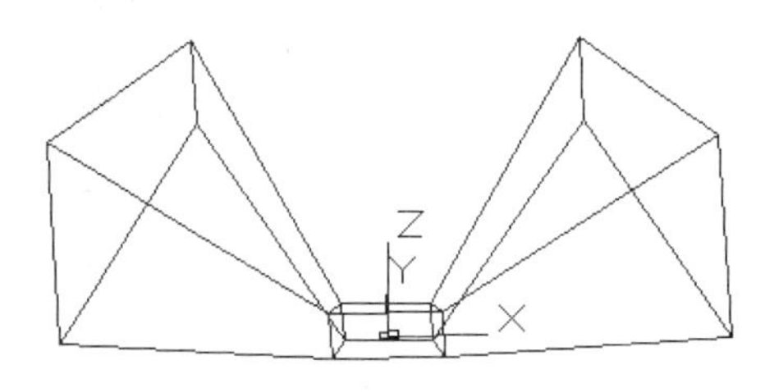

图15-139

专家提示

执行拉伸面命令需要选择拉伸对象时，一定要选择面上的点来确定平面，不能选择线框。而且有时由于视图不太合适可能看不到需要拉伸的面，这时候就需要利用三维动态观察器工具栏的“三维动态观察”按钮来调整视图，使需要拉伸的面呈现出来。

04 执行“修改>三维操作>剖切”菜单命令，剖切实体模型，结果如图15-140所示。命令执行过程如下。

命令: _slice

选择要剖切的对象: 找到 1 个

选择要剖切的对象:

指定 切面 的起点或 [平面对象(O)/曲面(S)/*z* 轴(*z*)/视图(V)/*xy*(*xy*)/*yz*(*yz*)/*zx*(*zx*)/三点(3)] <三点>: *zx* ↙//剖切平面平行于*zx*平面

指定 *zx* 平面上的点 <0,0,0>: 0,-1.5,0 ↙//制定剖切平面上一点，确定剖切平面

在所需的侧面上指定点或 [保留两个侧面(B)] <保留两个侧面>: //单击*y*轴正方向的任一点

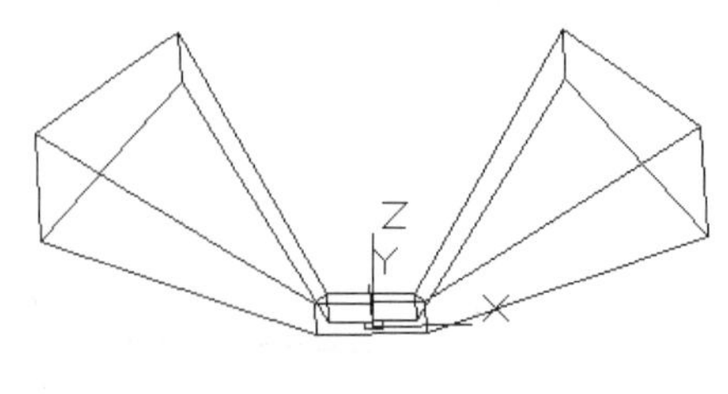

图15-140

专家提示

使用Slice（剖切）命令可以根据指定的剖切平面将一个实体分割为两个独立的实体，并可以继续剖切，将其任意切割为多个独立的实体。

05 执行"修改>三维操作>剖切"菜单命令，同样剖切实体模型于zx平面，注意保留反方向与上一步不同，结果如图15-141所示。命令执行过程如下。

命令: _slicte
选择要剖切的对象: 找到 1 个
选择要剖切的对象:
指定 切面 的起点或 [平面对象(O)/曲面(S)/z 轴(z)/视图(V)/xy(xy)/yz(yz)/zx(zx)/三点(3)] <三点>: zx ↙//剖切平面平行于zx平面
指定 zx 平面上的点 <0,0,0>: 0,1.5,0 ↙//制定剖切平面上一点，确定剖切平面
在所需的侧面上指定点或 [保留两个侧面(B)] <保留两个侧面>: //单击y轴负方向的任一点

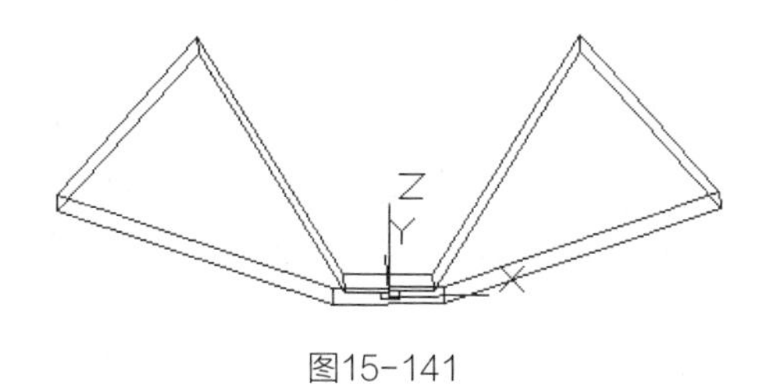

图15-141

06 单击"修改"工具栏中的"圆角"按钮，模型进行圆角处理，结果如图15-142所示。命令执行过程如下。

命令:_fillet
当前设置: 模式 = 修剪，半径 = 5.0000
选择第一个对象或 [放弃(U)/多段线(P)/半径(R)/修剪(T)/多个(M)]://选择图15-142所示的A边
输入圆角半径或 [表达式(E)] <5.0000>:5 ↙
选择边或 [链(C)/环(L)/半径(R)]: //选择图所示的B边
选择边或 [链(C)/环(L)/半径(R)]: //选择图所示的C边
选择边或 [链(C)/环(L)/半径(R)]: //选择图所示的D边
选择边或 [链(C)/环(L)/半径(R)]: ↙
已选定 4 个边用于圆角。

07 单击"建模"工具栏中的"圆柱体"按钮，以（0,0）点为圆心，绘制一个半径为6mm，高度为1mm的圆柱体，如图15-143所示。

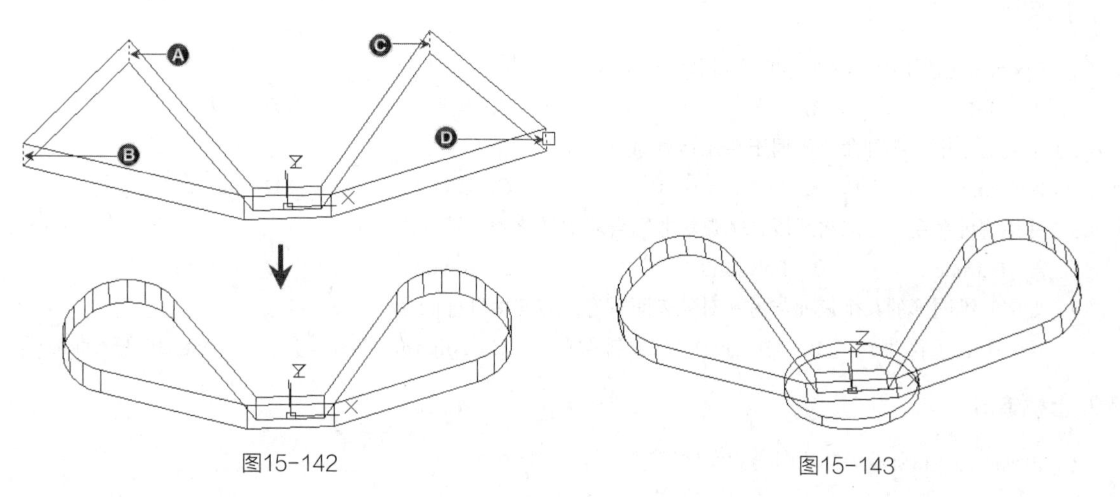

图15-142

图15-143

08 单击“实体编辑”工具栏的“拉伸面”按钮，将圆柱的上端面进行拉伸，设置拉伸高度为5mm，倾斜角度为10°，结果如图15-144所示。

09 单击“建模”工具栏的“并集”按钮，将两个模型合并为一个模型。

10 单击“建模”工具栏中的“圆柱体”按钮，以（0,0,0）为圆心，绘制一个半径为3mm，高度为10mm的圆柱体，如图15-145所示。

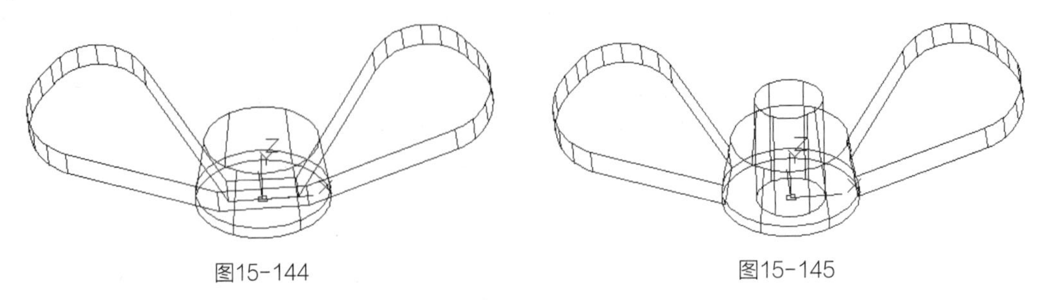

图15-144　　图15-145

11 单击“建模”工具栏的“差集”按钮，将圆柱体中模型中减去，结果如图15-146所示。

12 在命令行中输入Hide命令并按Enter键，观察消隐效果，如图15-147所示。如果需要模型的边缘再平滑一些，可以对边缘进行圆角处理。

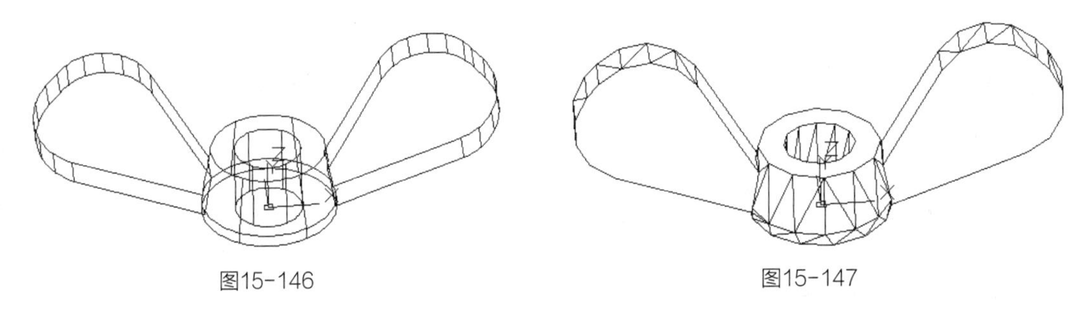

图15-146　　图15-147

15.8 课后练习

1. 选择题

（1）Cylinder是以下哪一种实体的绘制命令？（　　）

A. 圆锥　　B. 圆柱　　C. 楔形　　D. 球形

（2）下列命令中，哪种命令不属于布尔运算命令？（　　）

A. Uni　　B. In　　C. Un　　D. Su

（3）使用哪种命令，可以将线段、圆弧等非闭合对象转化为三维实体？（　　）

A. Extrude　　B. Polysolid　　C. Revolve　　D. Extend

（4）要将三维图形的某个表面与另一对象表面对齐，应使用哪种命令？（　　）

A. Move（移动）　　B. Mirror3D（三维镜像）　　C. Align（对齐）　　D. Rotate 3D（三维旋转）

2. 上机练习

（1）根据图15-148所示的轴测图绘制实体模型。

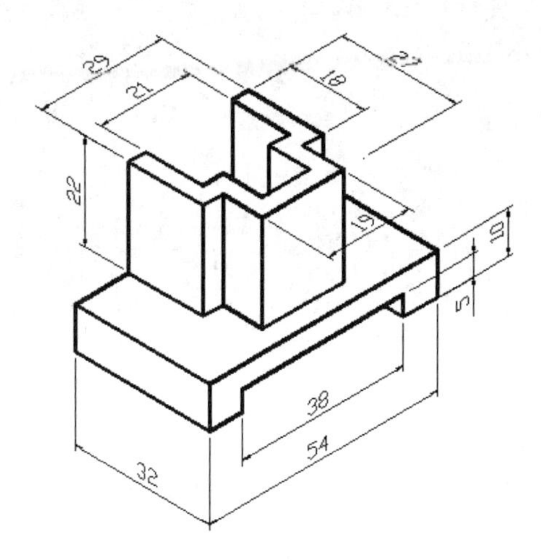

图15-148

（2）根据图15-149所示的两视图绘制零件的实体模型。

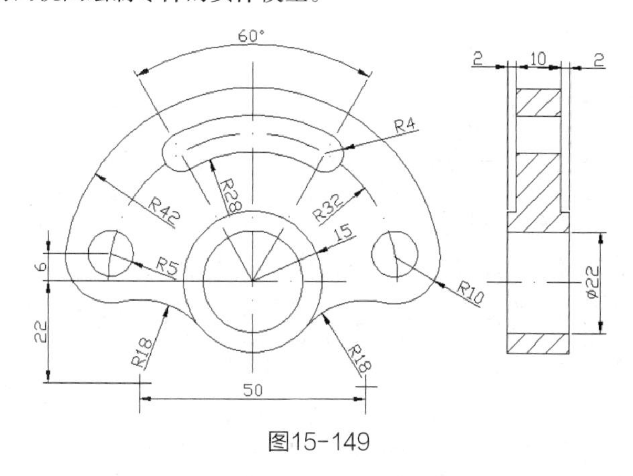

图15-149

第16章

AutoCAD灯光、材质与渲染

AutoCAD 2014为用户提供了更加强大的渲染功能，渲染图除了具有消隐图所具有的所有逼真感措施之外，还提供了调解光源和在模型表面附着材质等功能，使三维图形更加形象逼真，提高了视觉效果。

学习重点

- 掌握渲染参数的设定以及渲染图形输出
- 了解材质的特性，掌握材质的制作方法
- 了解光源的特性，掌握不同光源的设置技巧

16.1 创建光源

正确的光源对于在绘图时显示着色三维模型和创建渲染非常重要。使用默认选项渲染时，AutoCAD使用两个各默认光源照在视图对象上，但是这种效果不太理想，不够逼真。所以AutoCAD另外提供了4种类型的光源，用来创建更加真实的场景。在AutoCAD中用户创建的光源有点光源、聚光灯、平行光以及模拟太阳光。

创建光源的方式有以下3种。

命令行：在命令提示行中输入Light命令并按Enter键或Space键。

菜单栏：执行“视图>渲染>光源”菜单，然后在菜单中选择要创建的光源类型，如图16-1所示。

工具栏：在“渲染”工具栏上单击“光源”按钮。

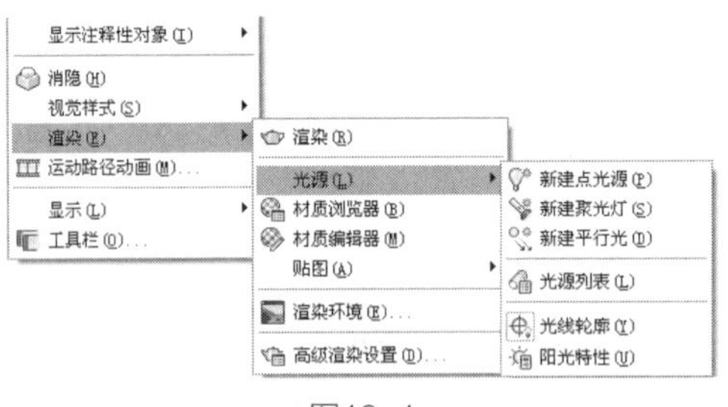

图16-1

创建及调整光源的相关命令如表16-1所示。

表16-1 创建及调整光源命令

命令	简写	功能
Renderexposure（曝光）	Renderex	为最近渲染的输出调整全局光源
Pointlight（点光源）	PointL	创建可以从所在位置向所有方向发射光线的点光源
Spotlight（聚光灯）	SPO	创建可以发射定向圆锥形光柱的聚光灯
Distantlight	DISTA	创建平行光
Weblight	Web	创建光源灯光强度分布的精确三维表示

16.1.1 设置默认光源

AutoCAD的默认照明是由从四面八方均匀照亮模型的两个光源组成，在模型中移动时该光源会跟随视口，模型中所有的面均被照亮，以使其可见。

用户不需要自己创建或放置光源，但是可以控制亮度和对比度，如图16-2所示。必须关闭默认光源，以便显示从用户创建的光源或阳光发出的光线。

当用户打开自己创建的光源时，系统会提示是否关闭默认的光源。

在命令行中输入Renderexposure命令可以打开“调整渲染曝光”对话框，在此可以控制亮度、对比度、中色调、室外日光和过程背景，此对话框在更改值时进行小型渲染，以便于观察到它们的实际效果，如图16-3所示。

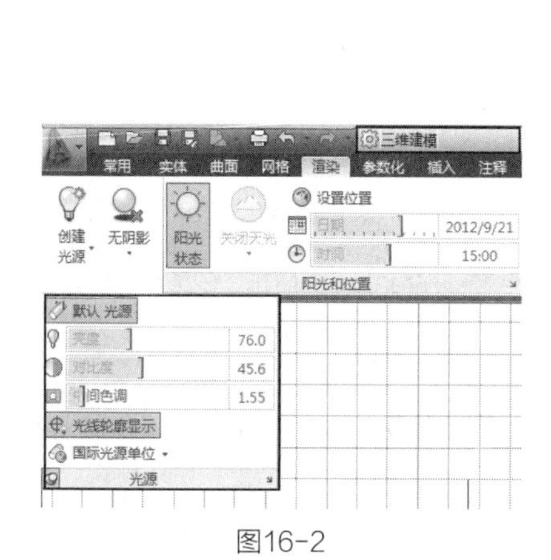

图16-2

调整渲染曝光
预览
调整渲染曝光
亮度 75
对比度 55
中间... 1
室外... 自动
过程... 关
确定 取消 帮助

图16-3

16.1.2 创建点光源

点光源相当于典型的电灯泡或蜡烛，它来自于特定的位置，向四周发散光线（如图16-4所示），除非将衰减设置为“无”，否则点光源的强度将随距离的增加而减弱。可以使用点光源来获得基本照明效果，但是在一个场景中如果使用太多点光源可能会导致场景明暗层次平淡，缺少对比。

要创建点光源，切换到“三维建模”工作空间，在“渲染”面板中单击“创建光源”的小三角形按钮，在弹出的下拉列表中选择“点”按钮，如图16-5所示。

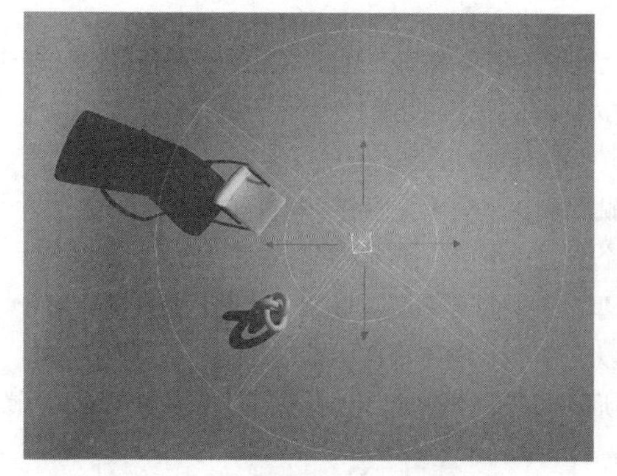

图16-4

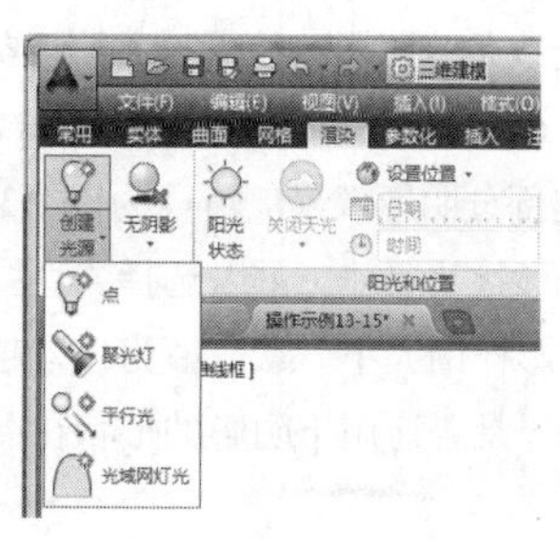

图16-5

在“指定源位置 <0,0,0>:”命令提示出现后，在视图中指定光源的位置。可以使用对象捕捉指定光源位置，如果没有对象可用，需提前设计好位置并在那里放置一个容易见到的点；也可以直接输入绝对坐标值，或者使用“自”对象捕捉根据模型上的点指定坐标。

如果在平面视图中设置*xy*坐标，还要设置合适的*z*坐标。

专家提示

如果在一个不透明的灯罩中放置一个光源，光线只能通过顶部和底部透出，要想使光线透过灯罩，需要将灯罩的材质设置一定的透明度。具体方法可参见“16.2 材质设定”。

后面的命令提示则根据Lightingunits系统变量的值而定，具体如下。

如果值设置为0，命令提示为“输入要更改的选项 [名称（N）/强度（I）/状态（S）/阴影（W）/衰减（A）/颜色（C）/退出（X）] <退出>:”

如果值设置为1或2，则命令提示为“输入要更改的选项 [名称（N）/强度因子（I）/状态（S）/光度（P）/阴影（W）/衰减（A）/过滤颜色（C）/退出（X）] <退出>:”

在命令行中各选项含义如下。

1. 名称

创建光源时，AutoCAD会自动创建一个默认的光源名称——例如点光源1。使用“名称”选项可以修改该名称。

2. 强度

使用“强度”或强度因子选项可以设置光源的强度或亮度。默认值为1，较大的值可以得到更亮的光源。

3. 状态

“状态”选项用于设置光源的“开”和“关”两种状态，以打开或关闭光源，创建出白天和夜晚不同的场景，或者实验不同的照明安排而不用删除或移动光源。

4. 光度

如果启动光度，实验这个选项可以指定光照的强度和颜色，它有以下两个子选项。

强度：可以输入烛光（缩写为cd）为单位的强度，或者指定光通量—感觉到的光强度或照度（某个面域的总光通量）。可以以勒克斯（缩写为lx）或尺烛光（fc）为单位来指定照度。

颜色：可以输入颜色名称或开尔文温度值。使用“？”选项并按Enter键来查看名称列表，如荧光灯、冷白灯、卤素灯等（由于名称滚动太快，在命令行中看不清楚，可以按F2键打开命令文本窗口）。

5. 阴影

阴影会明显地增加渲染图像的真实感，也会极大地增加渲染时间。利用“阴影”选项可以打开或关闭该光源的阴影效果并指定阴影的类型。如果选择创建阴影，可以选择3种类型的阴影。

锐化：有时称为光线跟踪阴影，使用这种阴影类型可以减少渲染时间。

已映射柔和：输入64~4096的贴图尺寸。越大的贴图尺寸越精确，但渲染时间越长。

已采样柔和：创建部分阴影效果。可以为以下3个子选择指定值。

- 形：指定阴影形状及尺寸。可以选择“直线型”“圆盘形”“矩形”“球形”或“圆柱形”。
- 样例：指定阴影样例大小。默认值为16，越大的样例尺寸生成的阴影越精确。
- 可见：可以选择是否让用于阴影的形状在图形中可见。如果选择“是”，将在渲染时看到围绕光源的形状。

专家提示

为了在创建光源和材质时练习渲染，建议在“高级渲染设置”选项板中关闭阴影，待其他设置都满意时再打开阴影。

6. 衰减

设置“衰减”类型，“衰减”即随着与光源距离的增加，光线强度逐渐减弱的方式。有以下3种类型。

◆ 无：光线强度不减弱。

◆ 线性反比：光线强度一线性方式减弱，因此距光源两个单位处光线强度衰减一半，距光源4个单位处衰减为1/4。

◆ 平方反比：光线强度按距离的平方衰减，因此距离光源两个单位处光线强度减弱为1/4，距离光源4个单位处减弱为1/16，使用这种方式意味着光线减弱非常快。

可以设置一个界限，超过该界限之后将没有光，这样做可以减少渲染时间。在某一距离后，只有一点光与没有光的效果几乎没有区别，因而限定在某一误差范围之内可以减少计算时间。如果要使用界限，可以将“使用界限”子选项设置为“是”，然后设置“衰减起始界限”和“衰减结束界限”的值。默认起始界限是0，结束界限是到光源中心的距离。

创建光源以后，在命令行中输入Lightlist命令并按Enter键，可以打开光源列表，在此会显示模型中的光源，可以删除光源、控制光源轮廓是否在视图中显示，如图16-6所示。

选择右键菜单中的“特性”命令，可以打开光源的“特性”面板，在此可以编辑光源的设置，如图16-7所示。

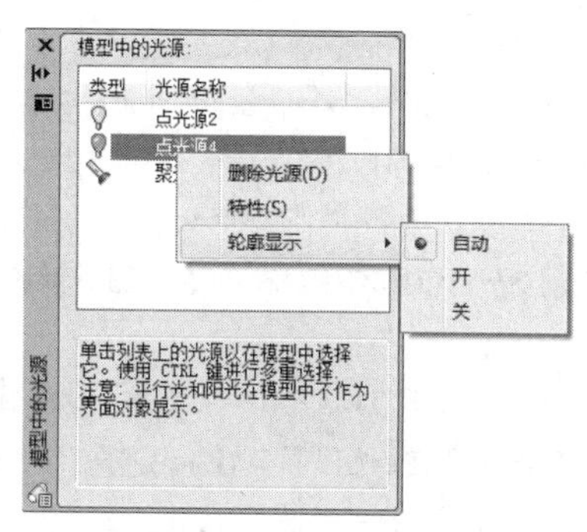

图16-6

图16-7

16.1.3 创建聚光灯

聚光灯可以产生一个锥形的照射区域，可以控制光源的方向和圆锥体的尺寸，区域以外的对象不会受到灯光的影响。聚光灯的强度随着距离的增加而衰减。可以用聚光灯高亮显示模型中的特定特征和区域，如图16-8所示。

要创建聚光灯，切换到“三维建模”工作空间，在“渲染”面板中单击“创建光源”的小三角形按钮，在弹出的下拉列表中选择“聚光灯”按钮，如图16-9所示。

图16-8

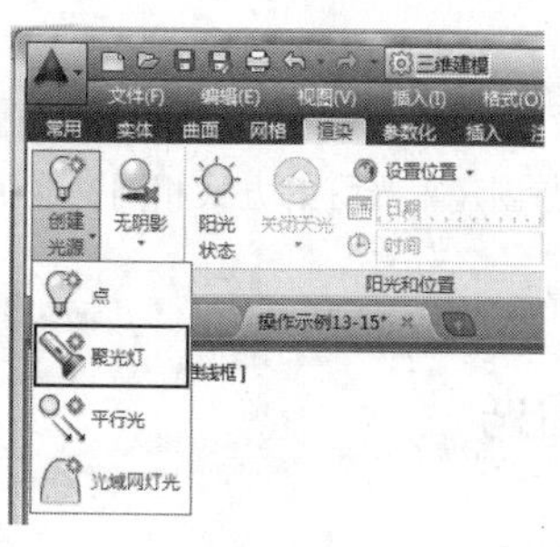

图16-9

创建聚光灯的命令执行过程如下。

```
命令: _light ↙
输入光源类型 [点光源(P)/聚光灯(S)/平行光(D)] <聚光灯>: s ↙
指定源位置 <0,0,0>: 0,0,0 ↙    //输入坐标值或使用定点设备
指定目标位置 <0,0,-10>: 0,100,-30 ↙  //输入坐标值或使用定点设备
输入要更改的选项 [名称(N)/强度(I)/状态(S)/聚光角(H)/照射角(F)/阴影(W)/衰减(A)/颜色(C)/退出(X)] <退出>: n ↙
输入光源名称 <聚光灯2>: //输入光源，名称中可以使用大小写字母、数字、空格、连字符(-)和下划线(_)，最大长度为256个字符
输入要更改的选项 [名称(N)/强度(I)/状态(S)/聚光角(H)/照射角(F)/阴影(W)/衰减(A)/颜色(C)/退出(X)] <退出>: i ↙
输入强度(0.00 - 最大浮点数)<1>: 0.5 //设置光源的强度或亮度，取值范围为0.00到系统支持的最大值
输入要更改的选项 [名称(N)/强度(I)/状态(S)/聚光角(H)/照射角(F)/阴影(W)/衰减(A)/颜色(C)/退出(X)] <退出>: s ↙
输入状态 [开(N)/关(F)] <开>: ↙   //开启或关闭灯光
输入要更改的选项 [名称(N)/强度(I)/状态(S)/聚光角(H)/照射角(F)/阴影(W)/衰减(A)/颜色(C)/退出(X)] <退出>: h ↙
输入聚光角(0.00-160.00)<45>: 60 ↙  //指定定义最亮光锥的角度，也称为光束角。聚光角的取值范围为0° ~160° 或基于Aunits和Aunits的等值数值
输入要更改的选项 [名称(N)/强度(I)/状态(S)/聚光角(H)/照射角(F)/阴影(W)/衰减(A)/颜色(C)/退出(X)] <退出>: f ↙
输入照射角(0.00-160.00)<60>: ↙  //指定定义完整光锥的角度，也称为现场角。照射角的取值范围为0° ~60° ，默认值为45° 或基于Aunits的等价值和Aunits，照射角角度必须大于或等于聚光角角度
输入要更改的选项 [名称(N)/强度(I)/状态(S)/聚光角(H)/照射角(F)/阴影(W)/衰减(A)/颜色(C)/退出(X)] <退出>: w ↙
输入阴影设置 [关(O)/鲜明(S)/柔和(F)] <鲜明>: f ↙   //设置阴影，关闭阴影可以提高性能
输入贴图尺寸 [64/128/256/512/1024/2048/4096] <256>: 512 ↙
输入柔和度(1-10)<1>: 3 ↙
输入要更改的选项 [名称(N)/强度(I)/状态(S)/聚光角(H)/照射角(F)/阴影(W)/衰减(A)/颜色(C)/退出(X)] <退出>: a ↙
输入要更改的选项 [衰减类型(T)/使用界限(U)/衰减起始界限(L)/衰减结束界限(E)/退出(X)] <退出>: t ↙
输入衰减类型 [无(N)/线性反比(I)/平方反比(S)] <无>: s ↙
输入要更改的选项 [衰减类型(T)/使用界限(U)/衰减起始界限(L)/衰减结束界限(E)/退出(X)] <退出>:    //控制光线如何随距离增加而减弱，距离聚光灯越远，对象显得越暗
输入要更改的选项 [名称(N)/强度(I)/状态(S)/聚光角(H)/照射角(F)/阴影(W)/衰减(A)/颜色(C)/退出(X)] <退出>: c ↙
输入真彩色(R,G,B)或输入选项 [索引颜色(I)/HSL(H)/配色系统(B)]<255,255,255>: ↙
输入要更改的选项 [名称(N)/强度(I)/状态(S)/聚光角(H)/照射角(F)/阴影(W)/衰减(A)/颜色(C)/退出(X)] <退出>: ↙   //退出设置
```

16.1.4 创建平行光源

平行光仅向一个方向发射统一的平行光光线。可以在视口中的任意位置指定From点和To点，以定义光线的方向。但图形中没有表示平行光的光线轮廓。

在创建平行光之前，最好先将Lightingunits系统变量设置为0，以关闭光度单位，否则会降低品行光的强度。

创建平行光的方式与创建聚光灯的方式相同，这里就不再赘述了。

16.1.5 模拟太阳光

阳光是一种类似于平行光的特殊光源。用户为模型指定的地理位置以及指定的日期和当日时间定义了阳光的角

度。可以更改阳光的强度和太阳光源的颜色。

要设置阳光特性，可以单击“渲染”面板中“阳光和位置”右侧的小三角形按钮，如图16-10所示。系统会弹出图16-11所示的“阳光特性”选项板。

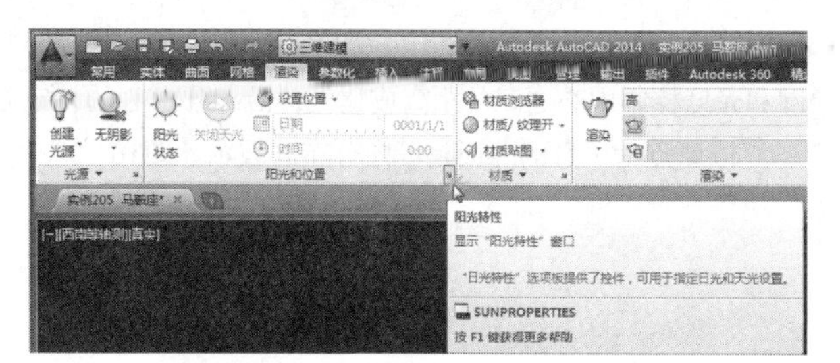

图16-10

1. 天光特性

“天光特性”部分允许在渲染图形时为天空添加背景和照明效果，在常规视口中看不到任何效果。可以关闭天空，只选择天光背景效果，或者同时选择天光和背景照明效果。可以为天光添加强度因子，默认值为1，将其更改为2可以提高天光的亮度。

“雾化”用于在渲染时给对象额外添加一个颜色，每一个对象着色的程度取决于该对象与相机之间的距离。默认值为0.0，最大值为16.0。设置为15将创建透过雾的视觉效果。

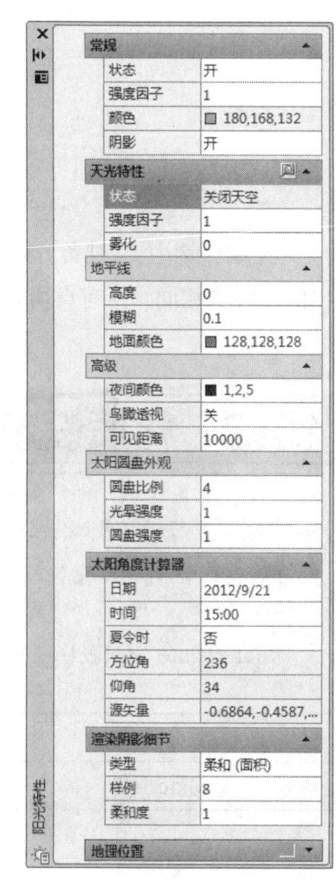

图16-11

2. 地平线

“地平线”部分控制地平线，地平线是天地相交处。要看到地平线，需要有一个显示地平线的视点。如果视口太接近平面视图，则不会看到地平线。可以设置以下特性。

高度：设置地平面相对于z轴0值的位置。以真实世界单位设置比值。

模糊：在天地交汇处创建模糊效果。可以在图形中（不仅是渲染中）看到此效果，特别是在地面颜色和天空颜色形成对比时。

地面颜色：为地面选择一种颜色。

3. 高级

“高级”部分包含3个艺术效果。首先可以选择“夜间颜色”，然后可以打开“鸟瞰透视”（默认情况下是关闭的）。“鸟瞰透视”是一种发蓝的轻微模糊的效果，它创建一种距离感。最后可以设置“可见距离”，它是雾化距离的10%，减少了透明度，此设置也能创建距离感。

4. 太阳圆盘外观

“太阳圆盘外观”部分仅影响太阳的外观，而不是整个光源。在“新建视图”对话框中能更加清楚地看到此时更改所得到的结果。

圆盘比例：指定太阳圆盘本身的比例，值为1是正常大小。

光晕强度：更改圆盘周围的光晕，默认值为1。

圆盘强度：更改太阳圆盘本身的强度，默认值为1。

5. 太阳角度计算器

“太阳角度计算器”部分使我们可以输入日期和时间并指定是否要使用“夏令时”。为了改变日期，要单击“日期”项，然后单击省略号按钮，打开一个小日历。导航到所要的日期并双击它，关闭日历。从下拉列表中选择一个时间，从“夏令时”下拉列表中选择“是”或者“否”。

“方位角”“仰角”和“源矢量”这3项设置是不可改变的，它们是根据在“地理位置”对话框中指定的位置确定的。

16.1.6 创建光域网灯光

使用光域网定义灯光的分布，光域网是光源的灯光强度分布在3D空间中的表示方式。它将测角图扩展到三维，以便同时检查照度对垂直角度和水平角度的依赖性。光域网的中心表示光源对象的中心。任何给定方向中的照度与光域网和光度控制中心之间的距离成比例，沿离开中心的特定方向的直线进行测量，如图16-12所示。

以原点为中心的球面是等向分布的表示。图16-13中的所有点与中心的距离相等，因此光从所有方向均匀发出。

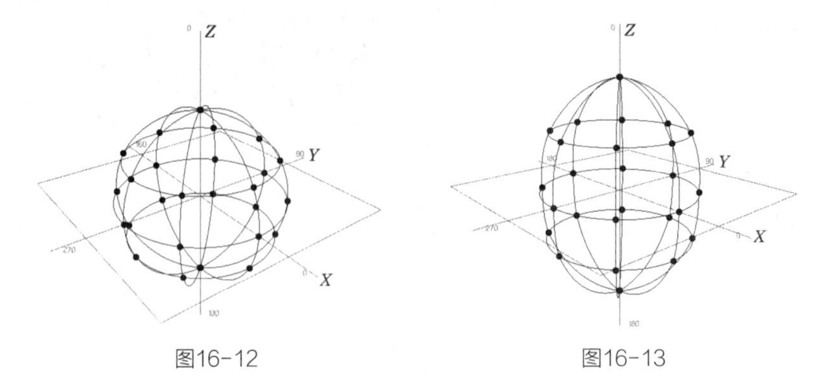

图16-12　　图16-13

在本样例中，z轴负方向中的点与原点的距离与z轴正方向中相应的点与原点的距离相同，因此光源向上和向下发出的光线量相同。所有点均没有很大的x或y分量（不论正负），因此从光源侧面发出的光较少。

16.2 材质设定

为了显著增强模型的真实感，需要为对象添加相应的材质。在渲染环境中，材质描述对象如何反射或发射光线。在材质中，贴图可以模拟纹理、凹凸效果、反射或折射。

Materials命令如表16-2所示。

表16-2 Materials命令

命令	简写	功能
Materials	MATERIALS	打开“材质浏览器”以导航和管理材质

16.2.1 材质编辑器

在AutoCAD中系统提供了一个“材质编辑器”，如图16-14所示，用户可在“材质编辑器”设置各种各样的材质。

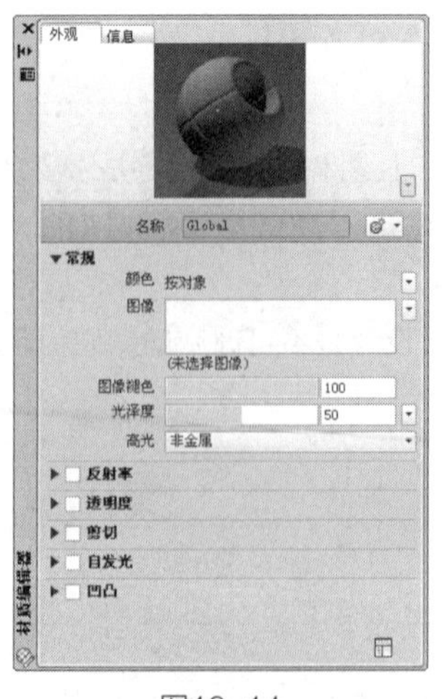

图16-14

打开“材质编辑器”面板的方式有以下几种。

命令行：在命令提示行中输入Materials命令并按Enter键或Space键。

菜单栏：执行“视图>渲染>材质编辑器”菜单命令。

工具栏：在“渲染”工具栏上单击“材质编辑器”按钮。

材质编辑器中个选项含义如下。

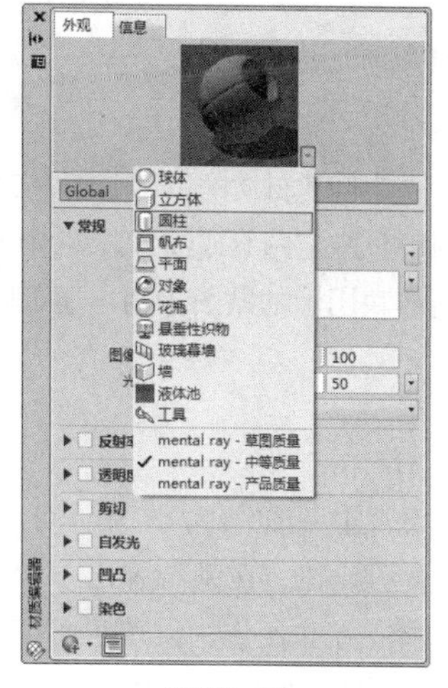

图16-15

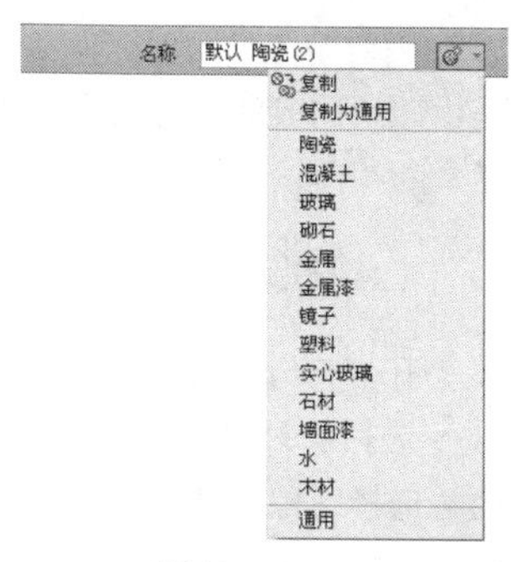

图16-16

1. 外观

单击按钮，弹出图16-15所示的列表，单击其中一个类型，就可以把当前被选中的材质样本变为所选的形状，如设置为圆柱体、立方体或其他类型。

2. 创建或复制材质

单击按钮，可以创建新的材质或者复制一个材质库中的材质，系统会弹出图16-16所示的列表，这里提供了材质库中的所有材质类型。

图形中始终包含默认的“通用”材质，它使用真实样板。用户可以将该材质或任何其他材质用作创建新材质的基础，在此基础上编辑各项材质特性，如图16-17所示。

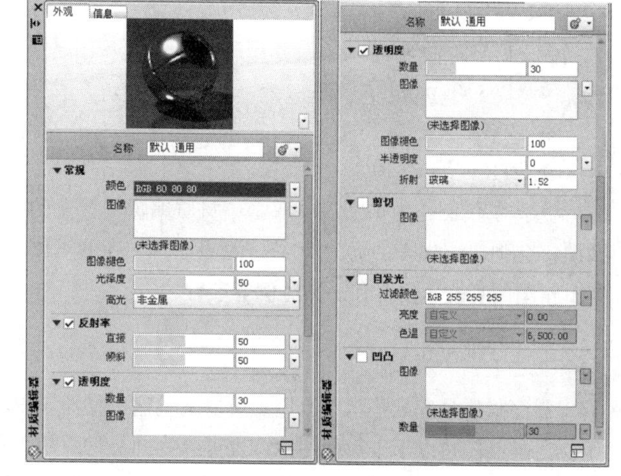

图16-17

3. 常规

颜色：设置材质的漫反射颜色，也可以称之为对象的固有色。注意，彩色光源对材质外观颜色的影响很大。

图像：可以为材质指定一张贴图。可以使用自己的照片或素材作为贴图，如木材、石头或大理石的照片，并用它们创建材质。

图像褪色：控制基础颜色和漫射图像之间的混合。仅当使用图像时才可编辑图像褪色特性。

4. 反射率

材质的反射质量定义了反光度或粗糙度。如果要模拟有光泽的曲面，材质应具有较小的高亮区域，并且其镜面颜色较浅，甚至可能是白色。较粗糙的材质具有较大的高亮区域，并且高亮区域的颜色更接近材质的主色。

5. 透明度

透明对象可以传递光线，但也会散射对象内的某些光线，例如玻璃。透明度值为0时，材质不透明；值为100时，材质完全透明。

6. 剪切

对选择的贴图进行裁剪，只选择需要用到的区域。

7. 自发光

对象本身发光的外观。例如，如果要在不使用光源的情况下模拟霓虹灯，可以将自发光值设定为大于0。没有光线投射到其他对象上（不适用于金属样板）。

16.2.2 贴图

贴图包括二维图像或贴图，作为创建材质的一部分投射到三维对象的表面以创建真实效果。

漫射贴图可以为材质的漫射颜色指定图案或纹理。贴图的颜色将替换材质的漫射颜色。例如，要使一面墙看上去是由砖块砌成的，可以选择具有砖块图像的贴图。用户还可以使用任何纹理贴图，或程序材质（木材材质和大理石材质）的一种。

1. 纹理贴图

在“材质编辑器”面板的“漫反射贴图”参数栏中，可以选择贴图的类型，如图16-18所示。

选择纹理贴图后，单击选择图像按钮，在系统弹出的“选择图像文件”对话框中选择一张位图作为纹理贴图。在AutoCAD中可以使用以下类型的文件作为贴图。

- BMP（.bmp、.rle、.dib）
- GIF（.gif）
- JFIF（.jpg、.jpeg）
- PCX（.pcx）
- PNG（.png）
- TGA（.tga）
- TIFF（.tif）

选择了位图作为贴图后，双击“材质编辑器”上的贴图，会弹出图16-19所示的“纹理编辑器”，在此可以编辑贴图的亮度、位置和贴图比例等参数。

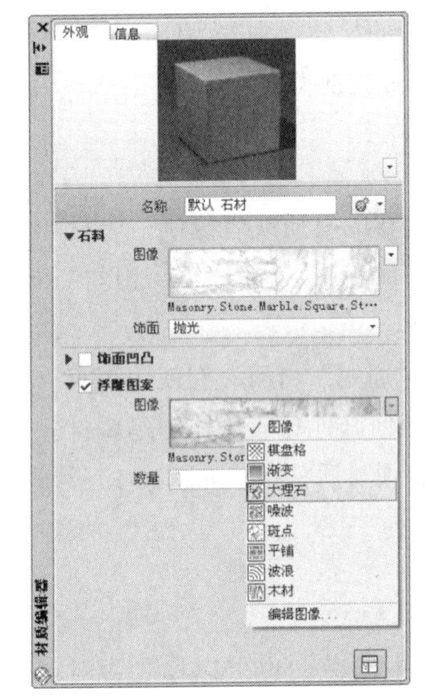

图16-18

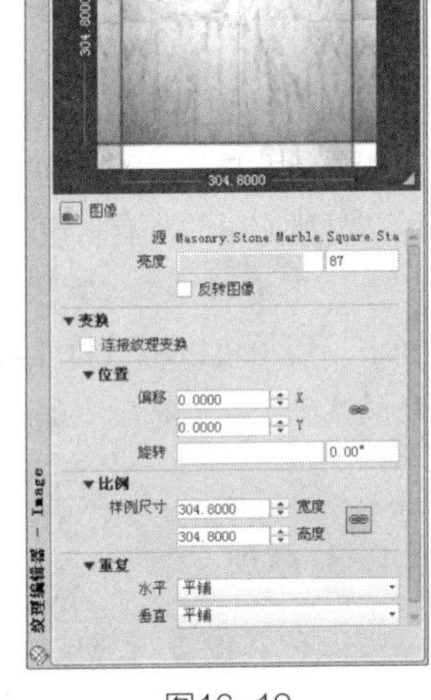

图16-19

2. 程序贴图

程序材质具有某些特性，用户可以调整这些特性获得想要的效果，例如木材材质中木纹的颜色、颗粒。

另外贴图可以用于其他用途，也可以为同一材质使用多个贴图，主要有以下几种。

凹凸贴图：创建浮雕或浅浮雕效果。深色区域被解释为没有深度，而浅色区域被解释为突出。如果图像是彩色图像，将使用每种颜色的灰度值。可以选择任意图像作为凹凸贴图使用。凹凸贴图会显著增加渲染时间，但会增加场景的真实感。

反射贴图：使用环境贴图模拟在有光泽对象的表面上反射的场景。要使反射贴图获得较好的渲染效果，材质应有光泽，反射位图本身应具有较高的分辨率（至少512像素×480像素）。

不透明贴图：指定不透明和透明的区域。例如在位图图像中，在白色矩形中心有一个黑色的圆，将其作为不透明贴图应用，则在圆贴图投射到对象上的位置，对象的表面将显示出一个孔。如果图像是彩色图像，将使用每种颜色的灰度值。

16.2.3 在视图中查看材质

为了方便查看材质效果，可以在视图中显示材质（如图16-20所示），但这样会占用计算机更多的资源。

要在视图中显示材质，可以单击“材质”面板中的“材质”控制台上的“材质和纹理”按钮，并在弹出式按钮中选择“材质/纹理开”按钮，如图16-21所示。为了观察结果，需要将视觉样式设置为“真实”。

图16-20

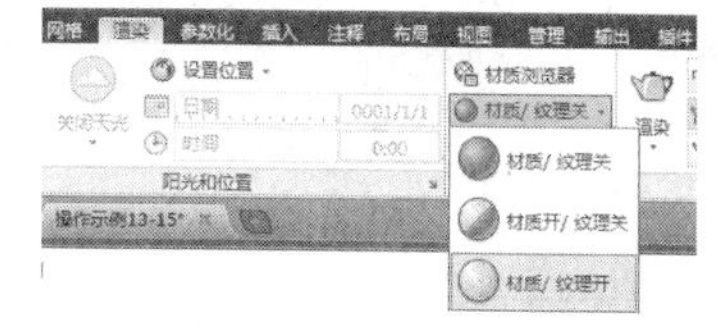

图16-21

专家提示

如果显卡没有得到认证，“自适应降级”过程可能会自动关闭材质。可以使用3Dconfig命令手动打开材质显示。

16.2.4 将材质赋予对象

将材质附着到对象最简单的方法是直接将材质浏览器中设置好的材质拖曳到对象上。

在AuotCAD 2014中，切换到“三维建模”工作空间时，会自动弹出一个“材质编辑器”，其中提供了多种类型的样板材质，用户可以直接使用这些材质。可以在“材质编辑器”中单击“显示材质浏览器”按钮，打开“材质浏览器”，观察AutoCAD自带的材质库中的材质效果，如图16-22所示。

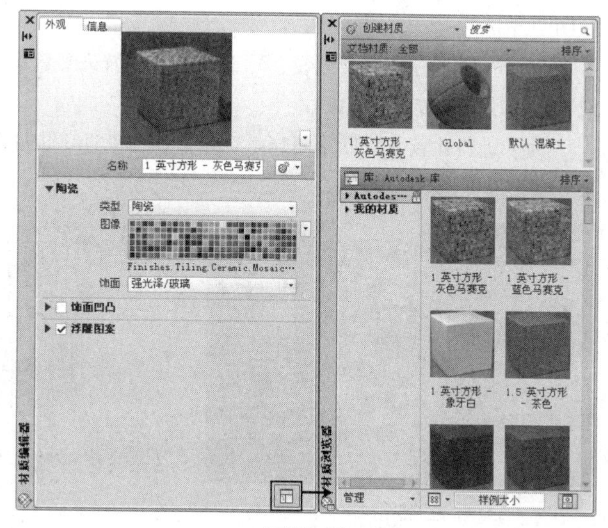

图16-22

16.2.5 创建新材质

要创建自己的材质，可以在“材质编辑器”中单击“创建或复制材质”按钮，系统会弹出图16-23所示的快捷菜单，用户可以选择使用样板来创建材质，也可以不使用样板。

材质样板提供了某类材质共同的基本特性，用户可以直接从“类型”下拉列表中选择一种这些材质，或者选择“用户定义”重新指定特性。

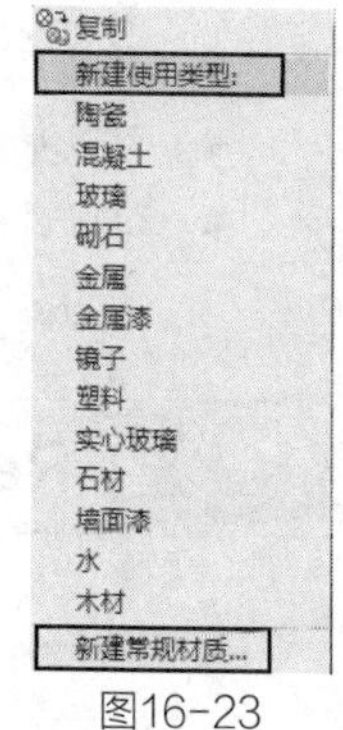

图16-23

16.3 渲染三维场景

绘制图形时，通常绝大部分时间都花在模型的线条表示上，但有时也需要绘制色彩和透视更具有真实感的图像，这时就需要将模型渲染成比打印图形更清晰的概念设计效果图。

Render（渲染）命令如表16-3所示。

表16-3 Render命令

命令	简写	功能
Render	RENDER	创建三维实体或曲面模型的真实照片级图像或真实着色图像

16.3.1 渲染的概念

渲染基于三维场景来创建二维图像，它使用已设置的光源、已应用的材质和环境设置（例如背景和雾化）来为场景的几何图形着色，如图16-24所示。

AutoCAD 2014使用Mental Ray渲染器，它可以生成真实准确的模拟光照效果，包括光线跟踪反射和折射以及全局照明。

对于一系列标准渲染预设、可重复使用的渲染参数均可以使用。某些预设适用于相对快速的预览渲染，而其他预设则适用于质量较高的渲染。

为了进行比较，我们用图16-25中的3张图来进一步说明，它们分别是零件模型的线框图、消隐处理的图像以及渲染处理后的图像。

图16-24

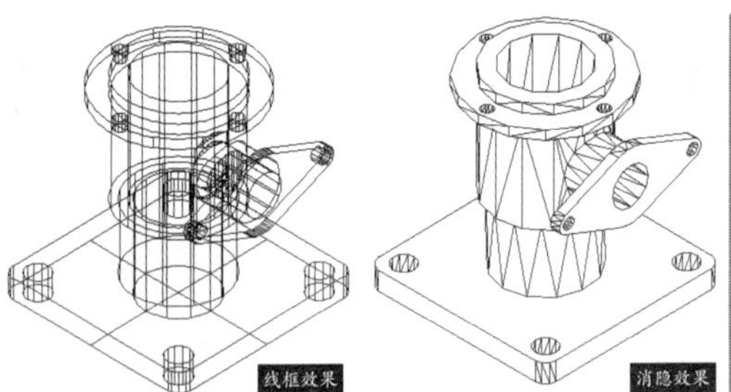

图16-25

AutoCAD的渲染模块基于一个名为Acrender.arx的文件，该文件在使用渲染命令时自动加载。AutoCAD的渲染模块具有如下功能。

- 支持4种类型的光源：点光源、聚光源、平行光源和光域网，另外还可以支持色彩并能产生阴影效果。
- 支持透明和反射材质。
- 可以在曲面上加上位图图像来帮助创建真实感的渲染。
- 可以加上人物、树木和其他类型的位图图像进行渲染。
- 可以完全控制渲染的背景。
- 可以对远距离对象进行明暗处理来增强距离感。

16.3.2 Render（渲染）命令

执行Render（渲染）命令可以创建三维线框或实体模型的照片级真实感着色图像。Render命令用于开始渲染过程并在“渲染”窗口或视口中显示渲染图像。执行Render命令的方式有以下3种。

命令行：在命令提示行中输入Render命令并按Enter键或Space键。

菜单栏：执行“视图>渲染>渲染”菜单命令。

工具栏：在“渲染”工具栏上单击（渲染）按钮。

16.3.3 使用“渲染”面板

在AutoCAD 2014中，切换到三维建模空间后单击“渲染”选项卡，在这里提供了创建灯光、材质和设置渲染参数的控件，如图16-26所示。

图16-26

首次打开图形时，“渲染”面板通常处于收起状态。在这种状态下，如果需要更多控件，可以通过单击每个面板下方的向下箭头来展开隐藏的部分面板。

16.4 设置渲染参数

执行“视图>渲染>高级渲染设置”菜单命令，系统会弹出图16-27所示的“高级渲染设置”选项面板，用户在该面板中可以控制许多影响渲染器如何处理渲染任务的设置，尤其是在渲染较高质量的图像时。

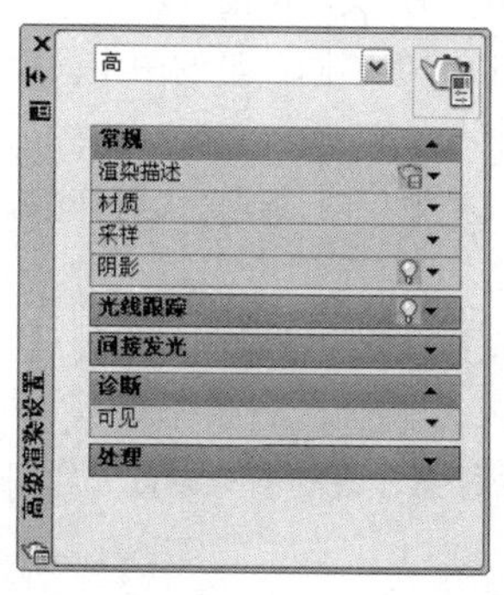

图16-27

该选项面板被分为从基本设置到高级设置的若干部分，“常规”部分包含了影响模型的渲染方式、材质和阴影的处理方式以及反锯齿执行方式的设置。

“反锯齿”可以削弱曲线式线条或边在边界处的锯齿效果；“光线跟踪”部分控制如何产生着色；“间接发光”部分用于控制光源特性、场景照明方式以及是否进行全局照明和最终采集，还可以使用诊断控件来帮助了解图像没有按照预期效果进行渲染的原因。

如果需要更多控件，可以通过单击图标来展开各项参数栏，如图16-28所示。

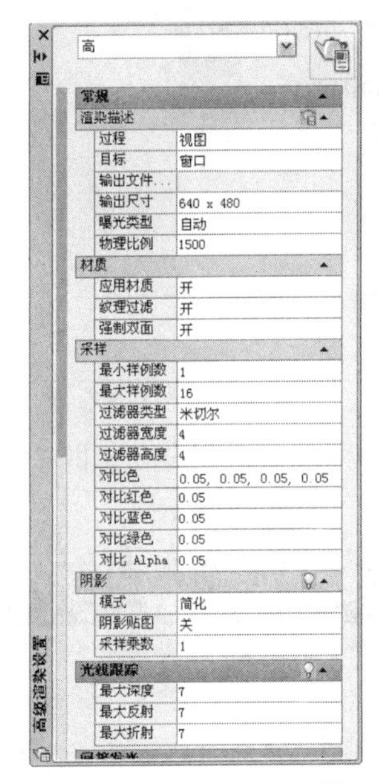

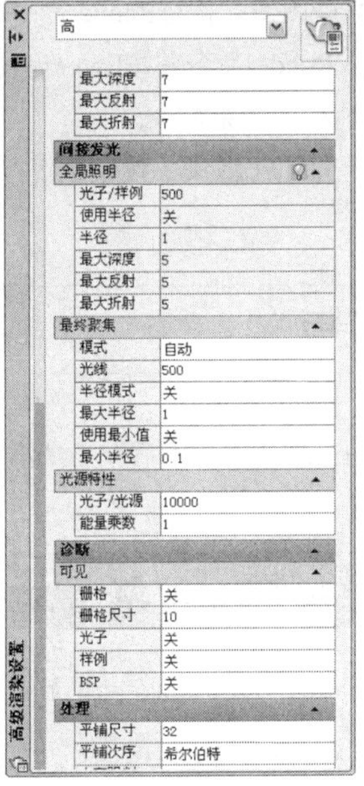

图16-28

渲染参数相关设置命令如表16-4所示。

表16-4 渲染参数设置命令

命令	简写	功能
Rpref	RPR	显示或隐藏用于访问高级渲染设置的“高级渲染设置”选项板
Fog	FOG	打开“渲染环境”，设置背景效果

16.4.1 选择预设渲染品质

从最低质量到最高质量列出标准渲染预设，最多可以列出4个自定义渲染预设，而且用户可以访问渲染预设管理器，还可以从选项面板上的下拉列表中选择一组预定义的渲染设置（称为渲染预设），如图16-29所示。

渲染预设存储了多组设置，使渲染器可以产生不同质量的图像。标准预设的范围从草图质量（用于快速测试图像）到演示质量（提供照片级真实感图像）。

当指定的一组渲染设置能够实现想要的渲染效果时，还可以打开渲染预设管理器，将其保存为自定义预设，以便可以快速地重复使用这些设置。

使用标准预设作为基础，可以尝试各种设置并查看渲染图像的外观。如果用户对结果感到满意，可以创建一个新的自定义预设。

用户可以通过以下方式查看和更改图形中任意预设的渲染设置（如图16-30所示）。

- ◆ 管理和组织现有的渲染预设。
- ◆ 更改标准预设或现有的自定义预设的参数。
- ◆ 创建、更新或删除自定义渲染预设。
- ◆ 设置渲染器使用的渲染预设。

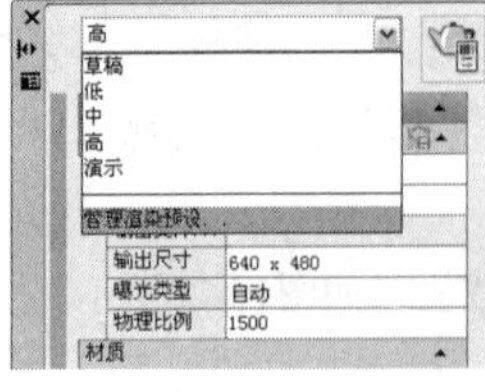

图16-29

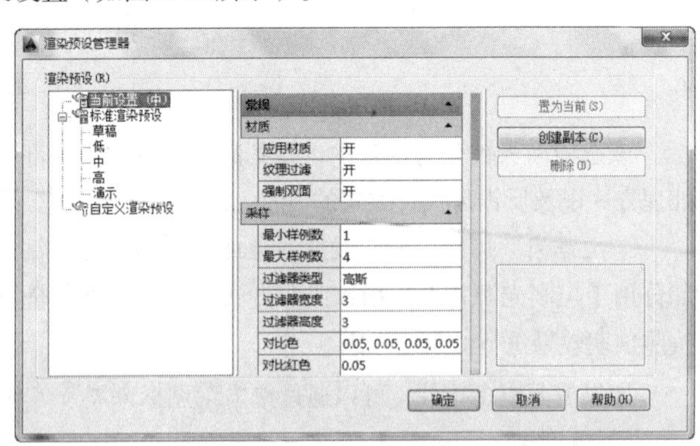

图16-30

16.4.2 渲染描述

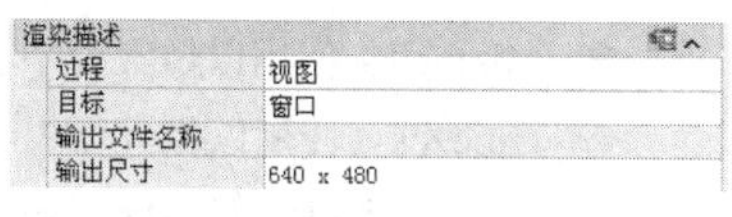

图16-31

“渲染描述”参数栏包含影响模型获得渲染的方式的设置。包括“过程”“目标”“输出”“文件名称”和“输出尺寸”4个选项，如图16-31所示。

过程：控制渲染过程中处理的模型内容。渲染过程中包括3项设置：视图、修剪和选择。

目标：确定渲染器用于显示渲染图像的输出位置，包括渲染到“渲染”窗口和渲染到“视口”两个选项。

输出文件名称：指定文件名和要存储渲染图像的位置。“文件类型”列表将显示下列格式。

- BMP（*.bmp）：以 Windows 位图（.bmp）格式表示的静态图像位图文件。
- PCX（*.pcx）：提供最小压缩的简单格式。
- TGA（*.tga）：支持 32 位真彩色的文件格式（即 24 位色加 Alpha 通道），通常用作真彩色格式。
- TIF（*.tif）：多平台位图格式。
- JPEG（*.jpg）：用于在互联网上发布图像文件的一种较受欢迎的格式，可以使文件大小和下载时间最小化。
- PNG（*.png）：为用于互联网而开发的静态图像文件格式。

输出尺寸：显示渲染图像的当前输出分辨率设置。打开“输出尺寸”列表将显示以下内容。

最多4种自定义尺寸设置。4种最常用的输出分辨率。

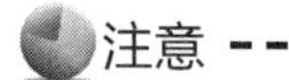

自定义输出尺寸不会与图形一起存储，并且不会跨绘图任务保留。

16.4.3 材质

图16-32

“材质”参数栏（如图16-32所示）包含影响渲染器处理材质方式的设置。

应用材质：应用用户定义并附着到图形中的对象的表面材质。如果未选择“应用材质”选项，图形中的所有对象都假定为Global（全局）材质所定义的颜色、环境光、漫射、反射、粗糙度、透明度、折射和凹凸贴图属性值。

纹理过滤：指定过滤纹理贴图的方式。

强制双面：控制是否渲染面的两侧。

16.4.4 采样

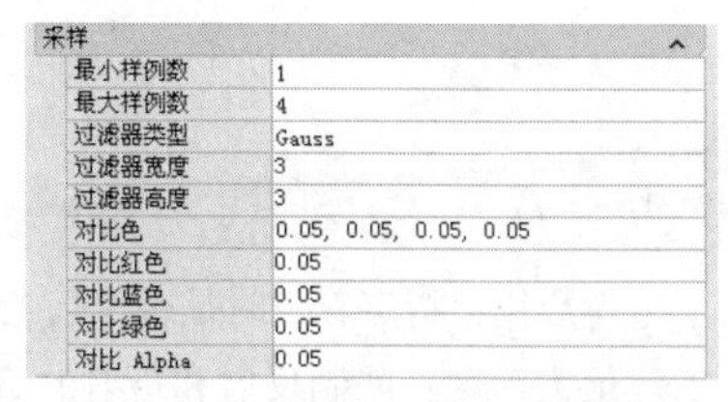

图16-33

“采样”参数栏（如图16-33所示）中的参数是用于控制渲染器执行采样的方式。

最小样例数：设定最小采样率，该值表示每像素的样例数。该值大于或等于1表示每像素计算一个或多个样例。该值为分数表示每N个像素计算一个样例（例如，1/4 表示每4个像素最少计算一个样例），默认值=1/4。

最大样例数：设定最大采样率。如果邻近样例发现对比中的差异超出了对比限制，则包含该对比的区域将细分为最大数指定的深度，默认值=1。

“最小样例数”和“最大样例数”列表的值被“锁定”在一起，从而使最小样例数的值不超过最大样例数的值。如果最小样例数的值大于最大样例数的值，将显示一个错误对话框。

过滤器类型：确定如何将多个样例组合为单个像素值，过滤器类型包括以下几种。

- ◆ Box：使用相等的权值计算过滤区域中所有样例的总和，这是最快的采样方法。
- ◆ Gauss：使用以像素为中心的 Gauss（bell）曲线计算样例权值。
- ◆ Triangle：使用以像素为中心的棱锥面计算样例权值。
- ◆ Mitchell：使用以像素为中心的曲线（比 Gauss 曲线陡峭）计算样例权值。
- ◆ Lanczos：使用以像素为中心的曲线（比 Gauss 曲线陡峭）计算样例权值，降低样例在过滤区域边缘的影响。

过滤器宽度和过滤器高度：指定过滤区域的大小。增加过滤器宽度和过滤器高度值可以柔化图像，但是将增加渲染时间。

对比色：单击 [...] 打开“选择颜色”对话框，从中可以交互指定RGB的阈值，用户通过设置对比红色、对比蓝色和对比绿色分量的阈值的值来控制对比色。

这些值已被正则化且范围为0.1~1.0，其中0.0表示颜色分量完全不饱和（黑色或以8位编码表示的0），1.0表示颜色分量完全饱和（白色或以8位编码表示的255）。

对比 Alpha：指定样例的Alpha成分的阈值。该值已被正则化且范围介于0.0（完全透明或以8位编码表示的0）和1.0（完全不透明或以8位编码表示的255）之间。

16.4.5 阴影

在“阴影”参数栏（如图16-34所示）中包含影响阴影在渲染图像中显示方式的设置。

图16-34

启用：指定渲染过程中是否计算阴影。

模式：阴影模式可以是“简化”模式、“分类”模式或“分段”模式。

- ◆ 简化：按随机顺序生成阴影着色器。
- ◆ 分类：按从对象到光源的顺序生成阴影着色器。
- ◆ 分段：沿光线从体积着色器到对象和光源之间的光线段的顺序生成阴影着色器。

阴影贴图：控制是否使用阴影贴图来渲染阴影。打开该选项时，渲染器将渲染使用阴影贴图的阴影；关闭该选项时，将对所有阴影使用光线跟踪。

16.4.6 光线跟踪

在“光线跟踪”参数栏（如图16-35所示）中包含影响渲染图像着色的设置。

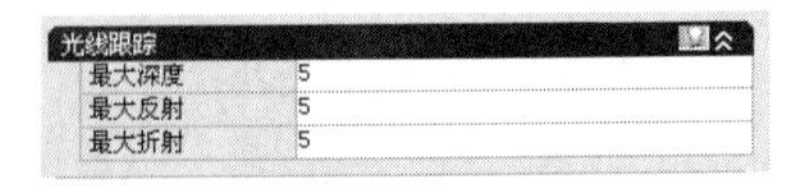

图16-35

启用：指定着色时是否执行光线跟踪。

最大深度：限制反射和折射的组合。当反射和折射总数达到最大深度时，光线追踪将停止。例如，如果“最大深度”等于3并且两个跟踪深度都等于默认值2，则光线可以反射两次，折射一次，反之亦然，但是不能反射和折射4次。

最大反射：设定光线可以反射的次数。设定为0时，不发生反射；设定为1时，光线只能反射一次；设定为2时，光线可以反射两次，以此类推。

最大折射：设定光线可以折射的次数。设定为0时，不发生折射；设定为1时，光线只能折射一次；设定为2时，光线可以折射两次，以此类推。

16.4.7 全局照明

“全局照明”参数栏（如图16-36所示）中的参数用于设置影响场景的照明方式。

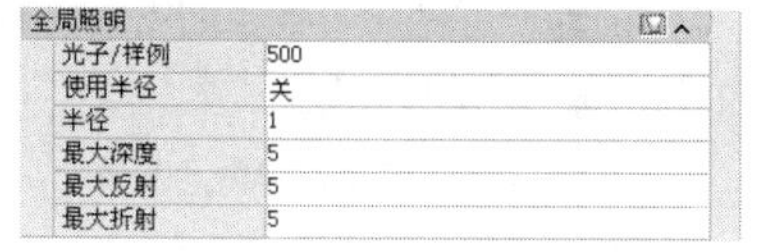

图16-36

启用：指定光源是否应该将间接光投射到场景中。

光子/样例：设定用于计算全局照明强度的光子数。增加该值将减少全局照明的噪值，但会增加模糊程度。减少该值将增加全局照明的噪值，但会减少模糊程度。样例值越大，渲染时间越长。

使用半径：打开该选项时，旋转值可以设定光子的大小。关闭时，每个光子将计算为全场景半径的1/10。

半径：指定计算照明度时将在其中使用光子的区域。

最大深度：限制反射和折射的组合。光子的反射和折射总数等于“最大深度”设置时，反射和折射将停止。例如，如果“最大深度”等于3并且两个跟踪深度都等于2，则光子可以被反射两次，折射一次，反之亦然。但光子不能被反射和折射4次。

最大反射：设定光子可以反射的次数。设定为0时，不发生反射；设定为1时，光子只能反射一次；设定为2时，光子可以反射两次，以此类推。

最大折射：设定光子可以折射的次数。设定为0时，不发生折射；设定为1时，光子只能折射一次；设定为2时，光子可以折射两次，以此类推。

16.4.8 最终采集

“最终采集”参数如图16-37所示。

最终采集	
光线	200
半径模式	关
最大半径	1
使用最小值	关
最小半径	0.1

图16-37

光线：设定用于计算最终采集中间接发光的光线数。增加该值将减少全局照明的噪值，但同时会增加渲染时间。

半径模式：确定最终采集处理的半径模式。可以设置为开、关或视图。

◆ 开：指定该设置表示“最大半径”设置将用于最终采集处理。指定半径以世界单位表示，并且默认值为模型最大周长的 10%。

◆ 关：指定最大半径（以世界单位表示）的默认值为最大模型半径的10%。

◆ 视图：指定“最大半径”设置以像素表示而不是以世界单位表示，并用于最终采集处理。

最大半径：设置在其中处理最终采集的最大半径。减少该值可以提高质量，但会增加渲染时间。

使用最小值：控制在最终采集处理过程中是否使用“最小半径”设置。设置为开时，最小半径设置将用于最终采集处理。设置为关时，将不使用最小半径。

最小半径：设置在其中处理最终采集的最小半径。增加该值可以提高质量，但会增加渲染时间。

16.4.9 光源特性

光源的特性会影响计算间接发光时光源的操作方式。默认情况下，能量和光子设置可应用于同一场景中的所有光源，“光源特性”参数如图16-38所示。

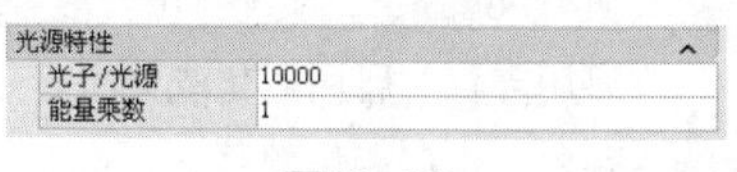

图16-38

光子/光源：设定每个光源发射的用于全局照明的光子数。增加该值将增加全局照明的精度，但同时会增加内存占用量和渲染时间。减少该值将改善内存占用和减少渲染时间，且有助于预览全局照明效果。

能量乘数：增加全局照明、间接光源、渲染图像的强度。

16.4.10 可见

设置“可见”参数（如图16-39所示），有助于用户了解渲染器以特定方式工作的原因。

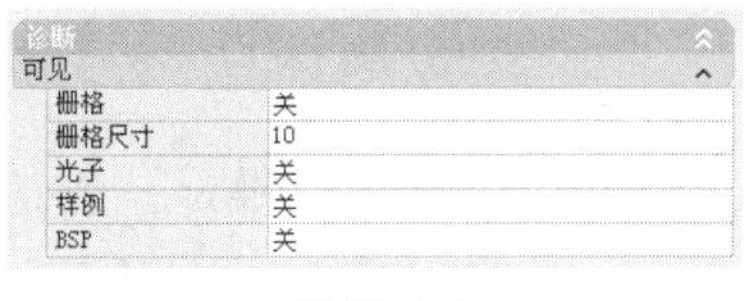

图16-39

栅格：渲染显示对象、世界或相机的坐标空间的图像。

- 对象：显示本地坐标（UVW）。每个对象都有其自己的坐标空间。
- 世界：显示世界坐标（XYZ）。对所有对象应用同一坐标系。
- 相机：显示相机坐标（显示为叠合在视图上的矩形栅格）。

栅格尺寸：设置栅格的大小。

光子：渲染光子贴图的效果。该操作要求光子贴图存在。如果光子贴图不存在，则光子渲染类似于场景的无诊断渲染：渲染器首先渲染着色场景，然后使用伪彩色图像替换。

- 密度：当光子贴图投影到场景中时，渲染光子贴图。高密度以红色显示，且值越小，渲染颜色色调越冷。
- 发光度：与密度渲染类似，但基于光子的发光度对其进行着色。最大发光度以红色渲染，且值越小，渲染颜色色调越冷。

BSP：使用BSP光线跟踪加速方法渲染树使用的可视化参数。如果渲染器消息报告深度或大小值过大，或者如果渲染过程异常缓慢，则该方法可以帮助用户查找问题。

- 深度：显示树的深度，顶面以鲜红色显示，且面越深，颜色色调越冷。
- 大小：显示树中叶子的大小，不同的颜色表示不同大小的叶子。

16.4.11 设置雾化背景效果

Fog（雾化）用于在渲染时给对象额外添加一个颜色，每一个对象着色的程度取决于该对象与相机之间的距离。这个额外颜色的作用是为了产生一个远距离和深度上的视觉假象。如果颜色比较明亮（如白色），则有类似被薄雾笼罩的效果。如果颜色比较暗，则对象变得暗淡模糊，犹如与相机的距离增加了。我们称这一功能为雾化。

实际上，雾化和深度设置是同一效果的两个极端：雾化为白色，而传统的深度设置为黑色。用户可以使用其间的任意一种颜色，如图16-40所示。

图16-40

图16-41

背景主要是显示在模型后面的背景幕。背景可以是单色、多色渐变色或位图图像，如图16-41所示。染静止图像时，或者渲染其中的视图不变化或相机不移动的动画时，使用背景效果最佳。

执行Fog命令的方法有以下几种。

命令行：在命令提示行中输入Fog命令并按Enter键。

菜单栏：执行“视图>渲染>渲染环境”菜单命令。

执行Fog命令，系统弹出“渲染环境”对话框，如图16-42所示。

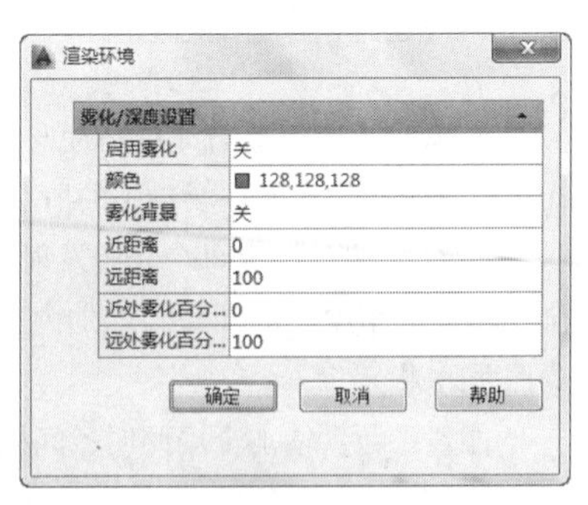

图16-42

启用雾化：启用雾化或关闭雾化，而不影响对话框中的其他设置。

颜色：指定雾化颜色。

单击“选择颜色”打开“选择颜色”对话框。可以从255种AutoCAD颜色索引（ACI）颜色、真彩色和配色系统颜色中进行选择来定义颜色。

雾化背景：不仅对背景进行雾化，也可以对几何图形进行雾化。

近距离：指定雾化开始处到相机的距离。将其指定为到远处剪裁平面距离的十进制小数，可以通过在“近距离”字段中输入或使用微调控制来设置该值，近距离设置不能大于远距离设置。

远距离：指定雾化结束处到相机的距离。将其指定为到远处剪裁平面距离的十进制小数，可以通过在“近距离”字段中输入或使用微调控制来设置该值，远距离设置不能小于近距离设置。

近处雾化百分比：指定近距离处雾化的不透明度。

远处雾化百分比：指定远距离处雾化的不透明度。

16.5 综合实例

案例 086 创建马鞍座模型

- **学习目标** | 本例主要是学习从二维平面图形拉伸出三维实体模型，然后通过布尔运算绘制出所需要的三维实体，案例效果如图16-43所示。
- **视频路径** | 光盘\视频教程\CH16\创建马鞍座模型.avi
- **结果文件** | 光盘\DWG文件\CH16\马鞍座.dwg

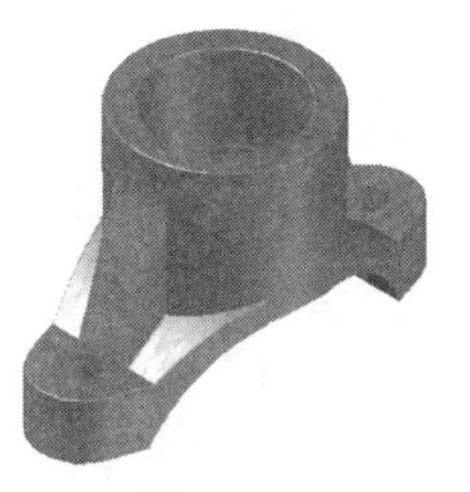

图16-43

主要操作步骤如图16-44所示。

- ◆ 绘制圆柱体并进行差集运算得到圆筒模型。
- ◆ 用多段线绘制出底座轮廓并拉伸为实体。
- ◆ 在俯视图中绘制出模型轮廓。
- ◆ 将二维轮廓拉伸为三维实体。
- ◆ 求模型的交集。
- ◆ 在模型中间绘制一个圆柱体并进行差集运算。
- ◆ 将第一步绘制的圆筒移动到模型中间，并绘制两个楔体。
- ◆ 绘制一个圆柱体并将其与马鞍座模型进行差集运算。

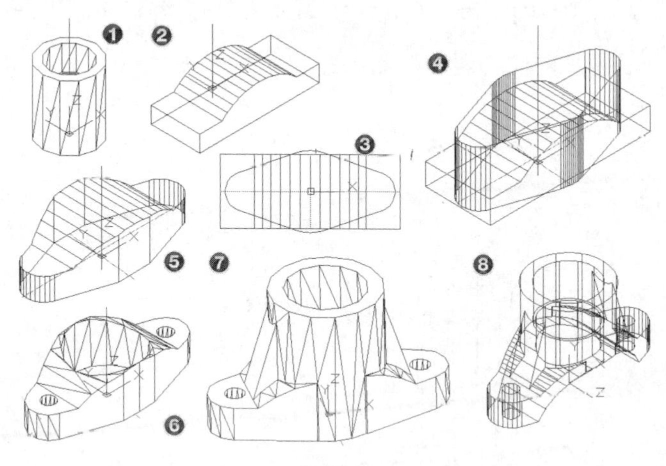

图16-44

01 选择“绘图”菜单中的“直线”命令，以（0，0，-10）和（0，0，120）为两个端点绘制一条线段，如图16-45所示。

02 以（0，0，0）为圆心绘制一个半径为33mm、高度为78 mm的圆柱体和一个半径为22 mm、高度为48 mm的圆柱体，再以（0，0，48）为圆心，绘制一个半径为24 mm、高度为30 mm的圆柱体，如图16-46所示。

03 执行“差集”命令，从半径为30 mm的圆柱体中减去两个小圆柱体，执行“消隐”命令。如图16-47所示。

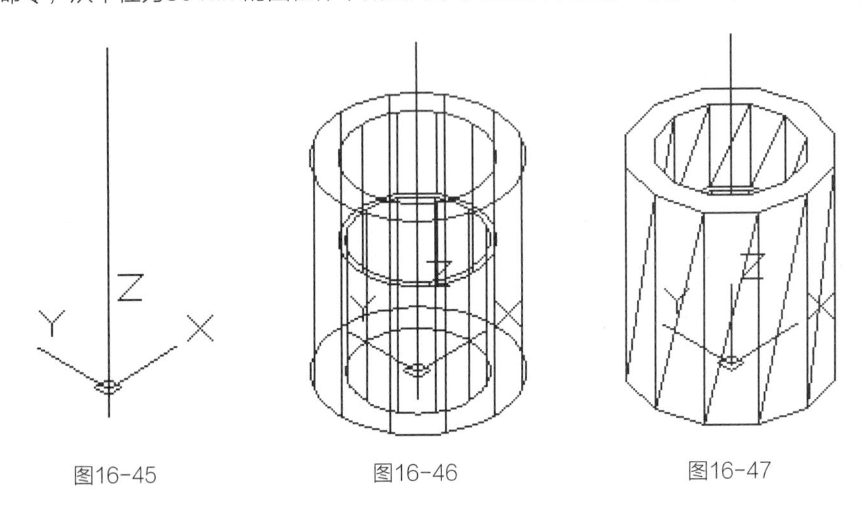

图16-45　　图16-46　　图16-47

04 为了方便绘图，可以将圆柱体沿*x*轴反方向移动150个单位。

05 选择“绘图”菜单中的“多段线”命令，绘制一条多段线，如图16-48所示。命令执行过程如下。

命令: _pline

指定起点: -48,20 ↙

当前线宽为 0.0000

指定下一个点或 [圆弧(A)/半宽(H)/长度(L)/放弃(U)/宽度(W)]: @-28,0 ↙

指定下一点或 [圆弧(A)/闭合(C)/半宽(H)/长度(L)/放弃(U)/宽度(W)]: @0,-20 ↙

指定下一点或 [圆弧(A)/闭合(C)/半宽(H)/长度(L)/放弃(U)/宽度(W)]: @148,0 ↙

指定下一点或 [圆弧(A)/闭合(C)/半宽(H)/长度(L)/放弃(U)/宽度(W)]: @0,20 ↙

指定下一点或 [圆弧(A)/闭合(C)/半宽(H)/长度(L)/放弃(U)/宽度(W)]: @-28,0 ↙

指定下一点或 [圆弧(A)/闭合(C)/半宽(H)/长度(L)/放弃(U)/宽度(W)]: a ↙

指定圆弧的端点或[角度(A)/圆心(CE)/闭合(CL)/方向(D)/半宽(H)/直线(L)/半径(R)/第二个点(S)/放弃(U)/宽度(W)]: r ↙

指定圆弧的半径: 68 ↙

指定圆弧的端点或 [角度(A)]: //选择多段线的起始端点。

指定圆弧的端点或[角度(A)/圆心(CE)/闭合(CL)/方向(D)/半宽(H)/直线(L)/半径(R)/第二个点(S)/放弃(U)/宽度(W)]: ↙

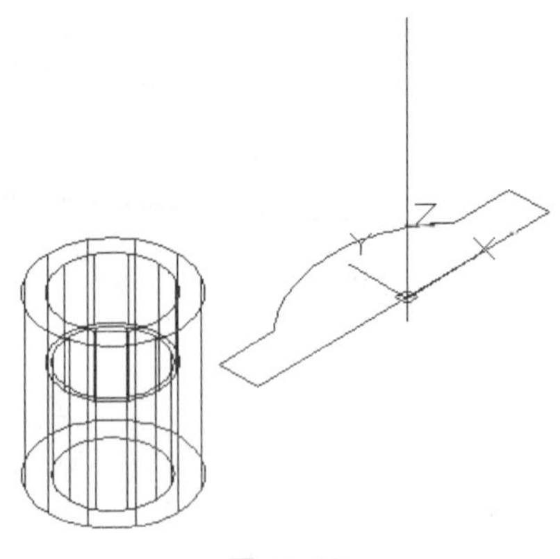

图16-48

06 选择“修改>三维操作>三维旋转”命令，将多段线沿x轴旋转90°。如图16-49所示。

07 执行Extrude（拉伸）命令，将旋转后的多段线拉伸成实体，拉伸高度为60 mm，如图16-50所示。

08 执行“视图>二维视图”菜单中的“俯视图”命令，切换绘图区的观察角度。

09 将由多段线拉伸成的实体的底面中心点为基点，原点为第2点，将实体进行移动,也就是将实体的中心点移动到原点，如图16-51所示。

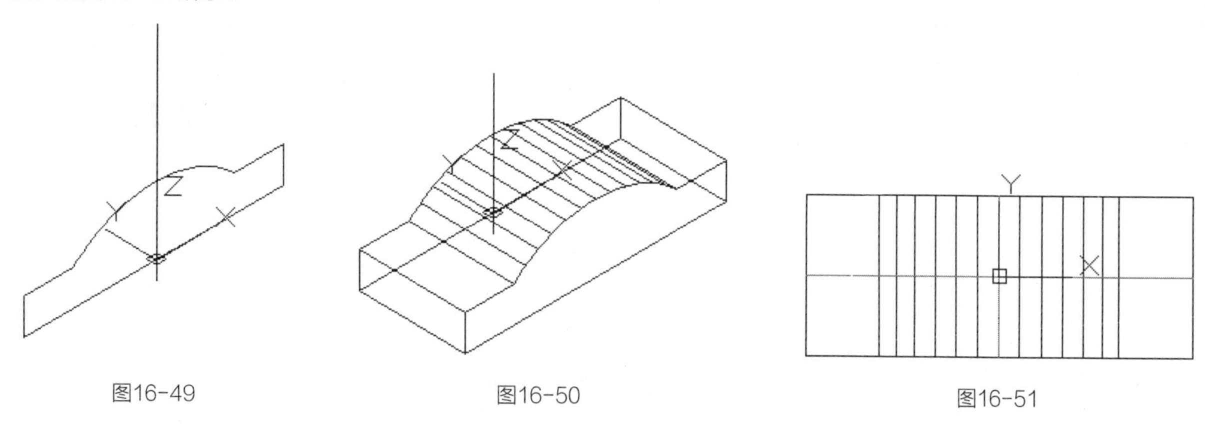

图16-49　　图16-50　　图16-51

注意

要捕捉到实体的中心点，需要绘制两条辅助线辅助线。

10 绘制3个圆。第1个圆以（0，0，0）为圆心，半径为33mm；第2个圆和第3个圆圆心分别为（54，0，0）和（-54，0，0），半径都为16 mm。如图16-52所示。

11 分别绘制连接3个圆的4条切线，然后对3个圆及其切线进行修剪，修剪后如图16-53所示。最后将修剪后的线段合并成一条多线段。

12 执行“绘图>建模>拉伸”命令，将合并后的多段线拉伸成实体，拉伸高度为50 mm，切换到“西南等轴测”视图，观察模型效果，如图16-54所示。

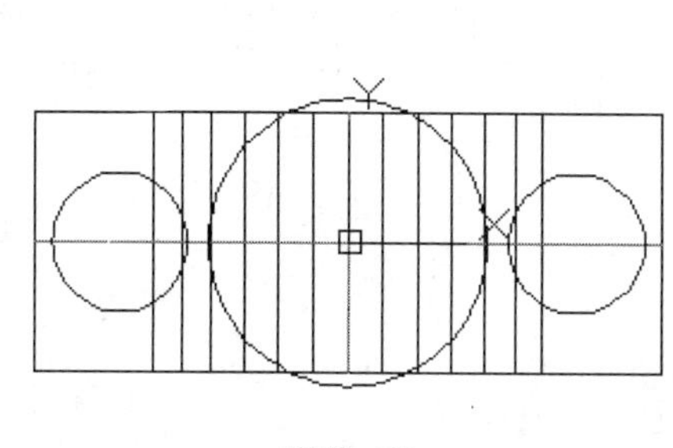

图16-52

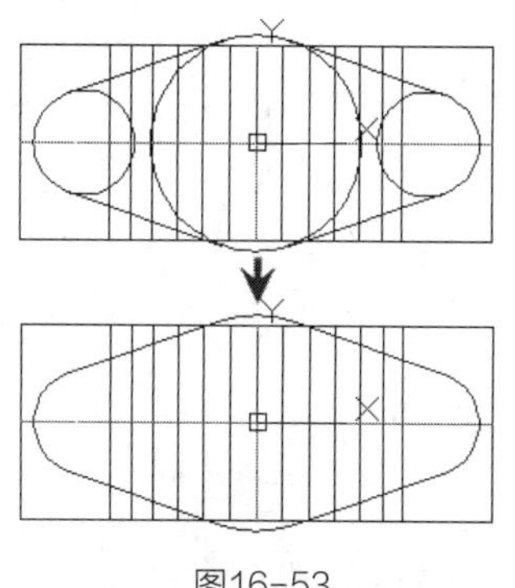

图16-53

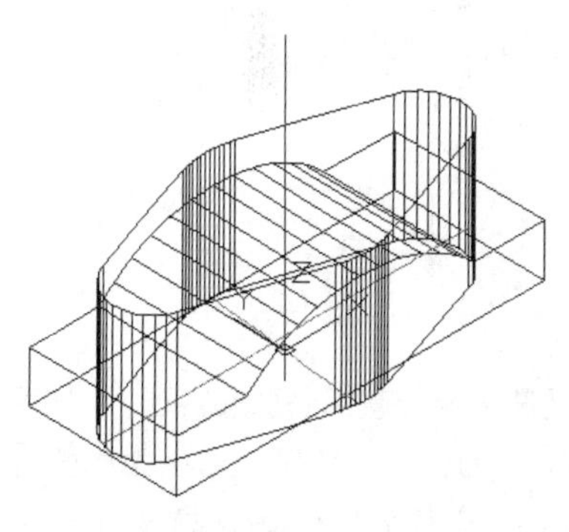

图16-54

13 执行“修改>实体编辑>交集”菜单命令，对两个由多段线拉伸成的实体进行交集处理，如图16-55所示。

14 绘制3个圆柱体。第1个圆柱体的底面圆心为（0，0，0），半径为30mm、高为50mm；第2个圆柱体和第3个圆柱体分别以（54，0，0）和（-54，0，0）为底面圆心，以半径为6mm、高度为25mm绘制进行绘制，如图16-56所示。

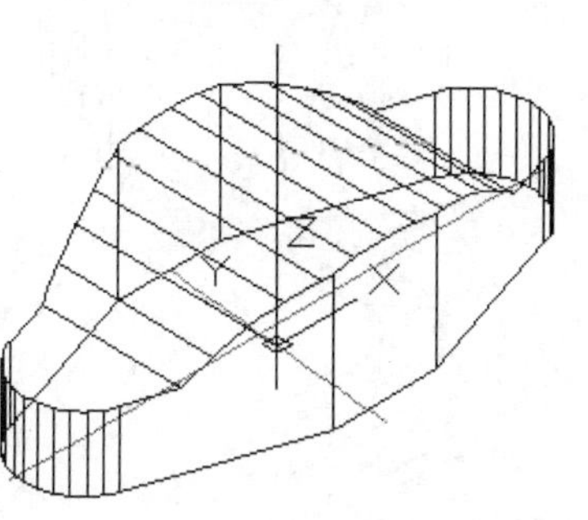

图16-55

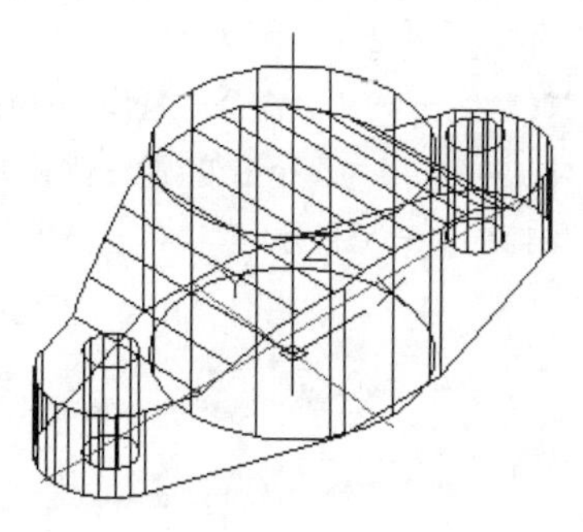

图16-56

15 执行“差集”命令，从大实体中减去半径为30mm的1个圆柱体和半径为6mm的两个圆柱体，然后执行Hide（消隐）命令，效果如图16-57所示。

16 使用Move（移动）命令将图16-58所示的圆柱体进行移动，基点为（-150，0，0），第2点为（0，0，0）。

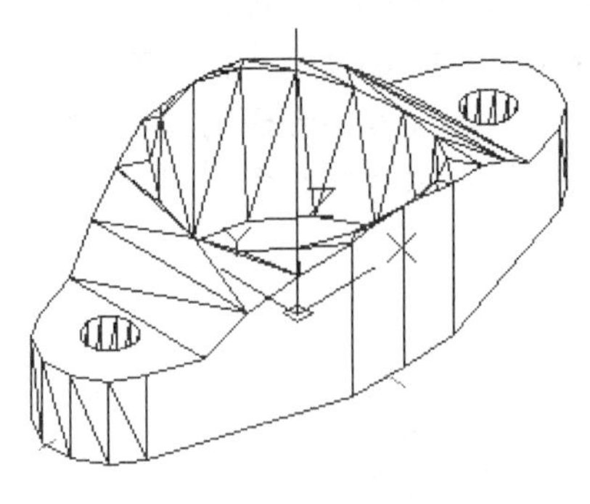

图16-57

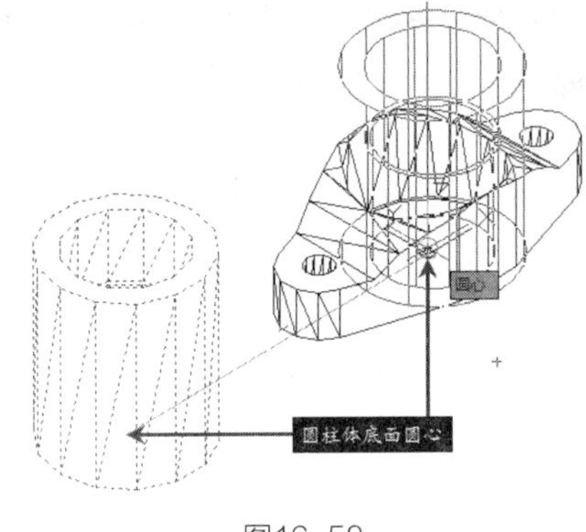

图16-58

17 执行“绘图>建模>楔体”菜单命令，创建一个楔体作为零件的加强筋，如图16-59所示。命令执行过程如下。

```
命令: _wedge
指定第一个角点或 [中心(C)]: -31,9.5,22.5 ↙
指定其他角点或 [立方体(C)/长度(L)]: @-15,-19.5,0 ↙
指定高度或 [两点(2P)] <17.5348>:47.5 ↙
```

18 执行“修改>三维操作>三维镜像”菜单命令，将楔体模型沿*yz*平面镜像复制，如图16-60所示。

19 执行“修改>实体编辑>并集”菜单命令，将所有的绘图中绘制的所有三维实体进行合并，消隐效果如图16-61所示。

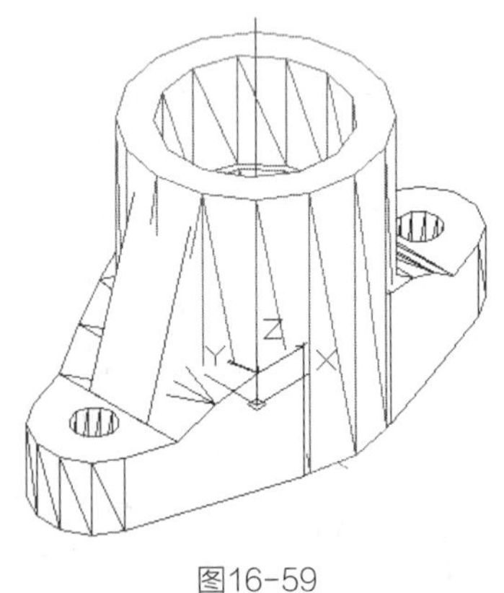

图16-59

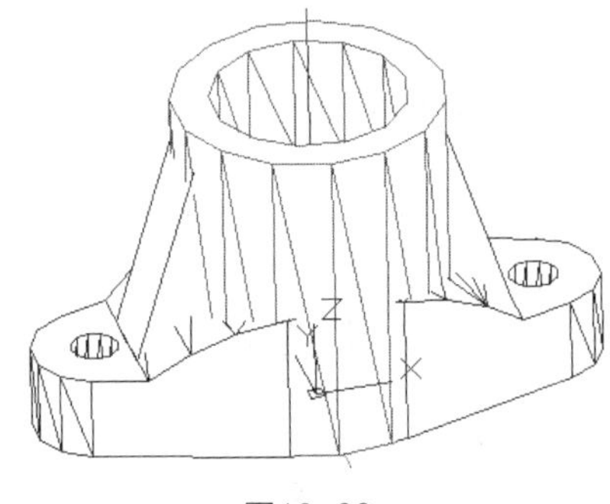

图16-60

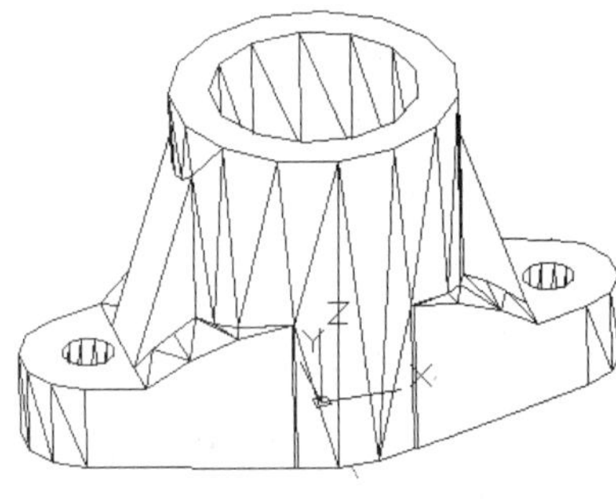

图16-61

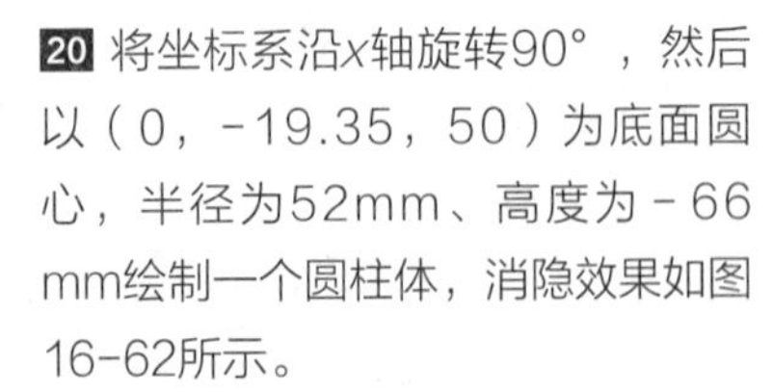

20 将坐标系沿*x*轴旋转90°，然后以（0，-19.35，50）为底面圆心，半径为52mm、高度为-66 mm绘制一个圆柱体，消隐效果如图16-62所示。

21 执行“差集”命令，从组合实体中减去半径为52mm的圆柱体，效果如图16-63所示。

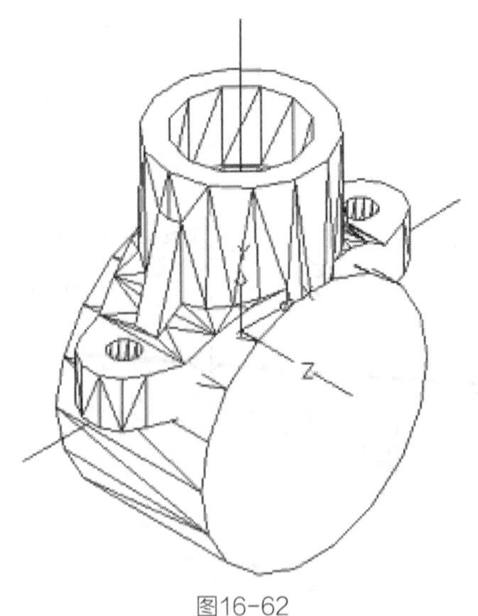

图16-62

图16-63

案例087 渲染模型

- **学习目标** | 通过本例将学习三点照明的布光方法，材质的添加方法和渲染参数设置，案例效果如图16-64所示。
- **视频路径** | 光盘\视频教程\CH16\渲染模型.avi
- **结果文件** | 光盘\DWG文件\CH16\茶几.dwg

主要操作步骤如图16-65所示。

- 添加摄像机并调整位置。
- 添加灯光并设置灯光大小、颜色等参数。
- 渲染测试场景。
- 添加材质再渲染测试。

图16-64

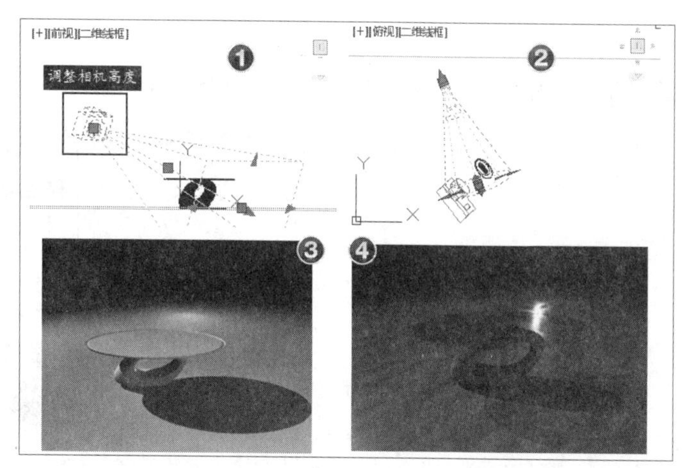

图16-65

1. 调整视图

01 打开配套光盘中的“DWG文件\CH16\茶几.dwg”文件，执行“视图>三维视图>西南等轴测”命令，再执行“视图>视觉样式>灰度”菜单命令，观察模型效果，如图16-66所示。

02 为了便于操作，可以设置3个视口。执行“视图>视口>新建视口”菜单命令，在“视口”对话框中选择“三个：下”，如图16-67所示。

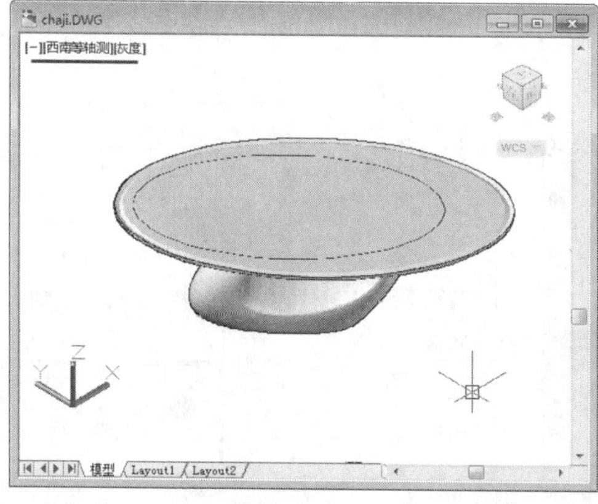

图16-66

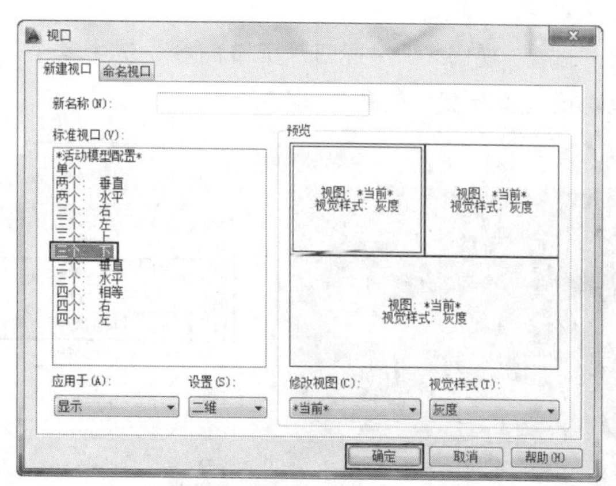

图16-67

03 在视图中选择第一个视口，执行“视图>三维视图>俯视”，选择第2个视口，执行“视图>三维视图>前视”，视图效果如图16-68所示。

04 执行“视图>创建相机”菜单命令，在俯视图中拖曳鼠标创建出一个相机，如图16-69所示。

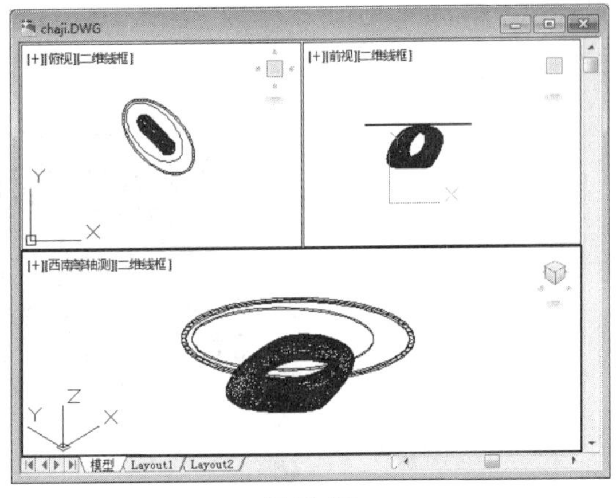

图16-68

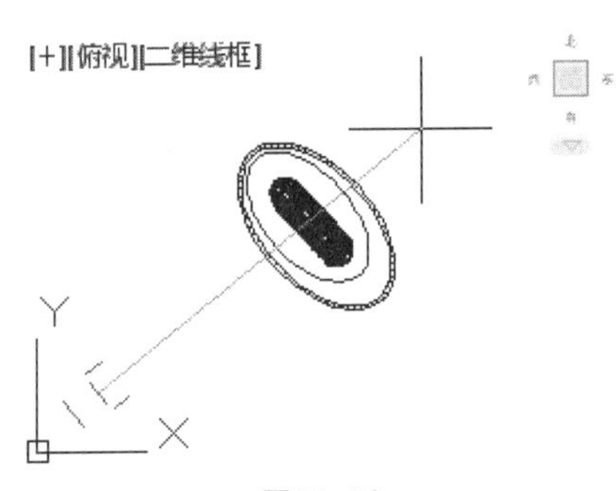

图16-69

05 在俯视图中调整相机的水平位置，在前视图中移动相机以调整它的高度，如图16-70所示。

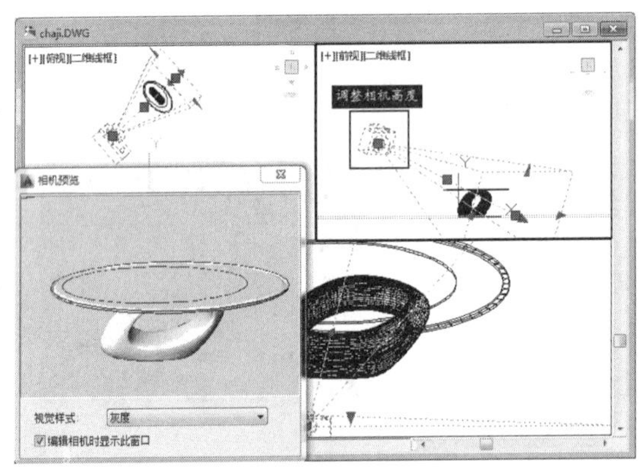

图16-70

专家提示

还有一种方式调整相机位置，就是用鼠标右键单击相机，在快捷菜单中选择“特性”命令，在相机的“特性”对话框中调整相机坐标直到满意为止，如图16-71所示。

06 执行“视图>视口>新建视口”菜单命令，选中第3个视口，将其设置为相机视图，并将预览样式设置为“着色”，以便于观察场景，如图16-72所示。

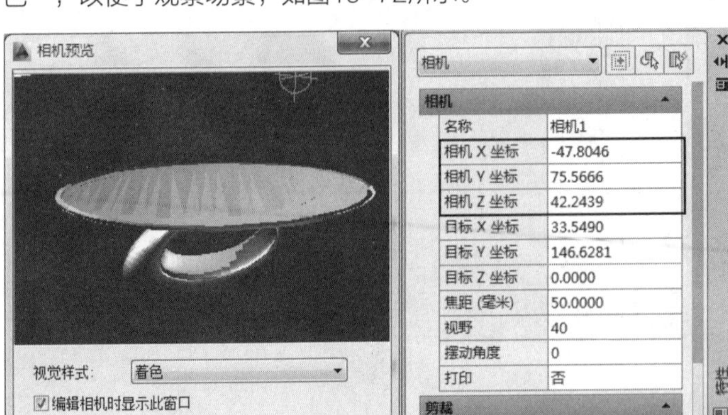

图16-71

图16-72

2. 添加灯光

接下来添加灯光，通常聚光灯来作为主体光。用它来照亮场景中的主要对象与其周围区域，并且担任给主体对象投影的功能。主要的明暗关系由主体光决定，包括投影的方向。根据需要也可以用几盏灯光作为主体光。比如主光灯在15°～30°的位置上称为顺光，在45°～90°的位置上称为侧光，在90°～120°的位置上称为侧逆光。

01 执行“视图>渲染>光源>新建聚光灯”菜单命令，与创建相机的方法相同，先在俯视图中创建，然后在前视图中调整高度，如图16-73所示。

02 对于灯光的位置往往需要调整多次才能达到比较满意的效果。所以当创建出灯光后，先使用默认参数渲染一下场景，效果如图16-74所示。从图中可以看出，灯光的高度不够，所以使得阴影拖得太长，亮度也不够，明暗交界处显得比较生硬，没有一个柔和的过渡。

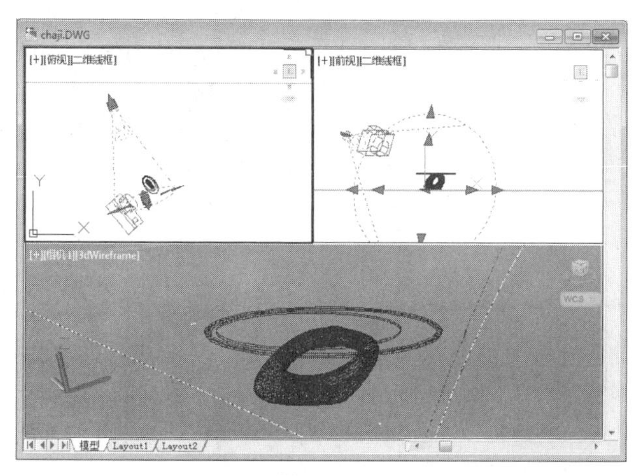

图16-73

图16-74

03 选中聚光灯，单击鼠标右键，在弹出的快捷菜单中选择“特性”命令，在“特性”面板中设置灯光的“聚光角度”“衰减角度”“强度因子”以及灯光的位置，本例中的灯光参数设置如图16-75所示。

图16-75

04 执行“视图>渲染”命令，渲染效果如图16-76所示。从渲染效果来看，场景中还有一些区域没有被灯光照射到，这就需要添加辅助光和背光了。辅助光又称为补光，用它来填充阴影区以及被主体光遗漏的场景区域，调和明暗区域之间的反差，同时能形成景深与层次，而且这种广泛均匀布光的特性使它为场景打一层底色，定义了场景的基调。由于要达到柔和照明的效果，通常辅助光的亮度只有主体光的50%～80%。背景光的作用是增加背景的亮度，从而衬托主体，并使主体对象与背景相分离。一般使用泛光灯，亮度宜暗而不宜太亮。

图16-76

05 执行“视图>渲染>光源>新建点光源”菜单命令，在场景中创建两个点光源作为辅助光和背景光，灯光位置和参数设置如图16-77所示。

06 执行“视图>渲染>渲染”菜单命令，渲染效果如图16-78所示。场景的亮度基本合适，茶几上没有“死黑”的区域了。

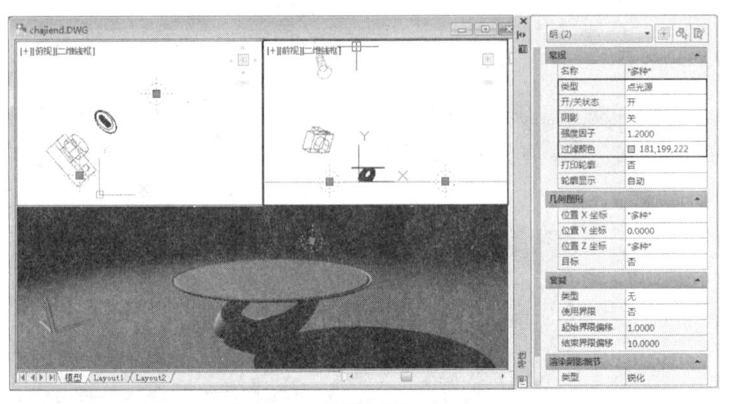

图16-77

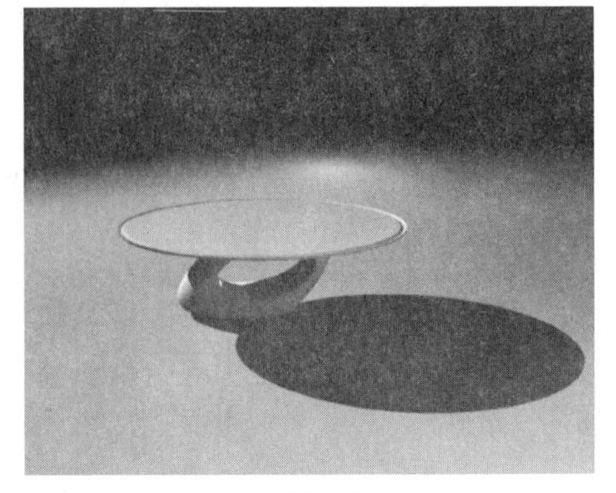

图16-78

3. 添加材质

01 执行“视图>渲染>材质浏览器”菜单命令，在“材质浏览器”中提供了许多已经设置好的材质，直接将选中的材质从浏览器中拖曳到模型上，即可将材质指定给模型，如图16-79所示。

02 执行“视图>渲染>渲染”菜单命令，观察添加了材质后的效果，如图16-80所示。此时场景比添加材质之前暗一些，这是因为材质会吸收光线，这时可以适当提高灯光亮度值。

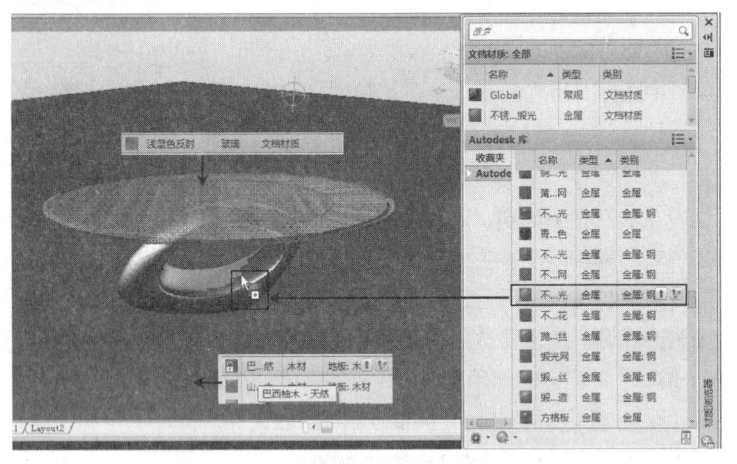

图16-79

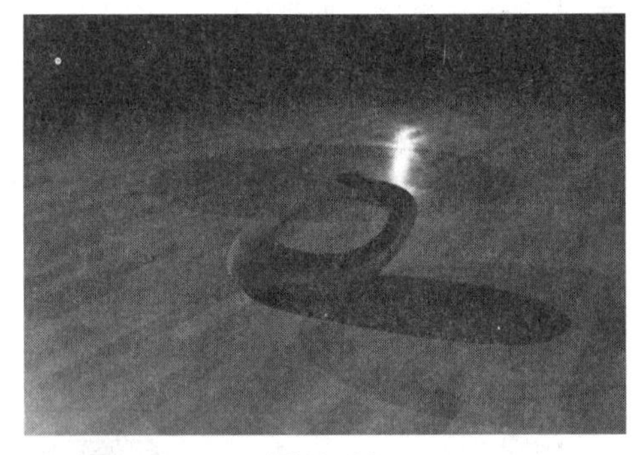

图16-80

03 当测试的渲染效果满意之后，就可以提高渲染参数而渲染大图。

16.6 课后练习

选择题

（1）渲染三维模型时，哪种可以渲染出物体的折射效果？（　　）

A. 一般渲染　　B. 普通渲染　　C. 照片级光线跟踪渲染　　D. 照片级真实感渲染

（2）渲染三维模型时，哪种类型不可以渲染出物体的表面纹理？（　　）

A. 一般渲染　　B. 照片级真实感渲染　　C. 照片级光线跟踪渲染

（3）哪种格式输出的位图文件是与设备无关的，可供图像处理软件（如Photoshop）修改？（　　）

A. BMP　　B. DWG　　C. DXX　　D. WMF